westermann

Dr. Michael Dzieia, Andreas Hoheisel, Heinrich Hübscher, Dieter Jagla, Jürgen Klaue, Michael Krehbiel, Stephan Plichta, Roland Stolzenburg, Ludwig Wenzl, Harald Wickert

Elektrotechnik

Energie- und Gebäudetechnik
Lernfelder 5 – 13

4. Auflage

Bestellnummer 222236

Diesem Buch wurden die bei Manuskriptabschluss vorliegenden neuesten Ausgaben der DIN-Normen, VDI-Richtlinien und sonstigen Bestimmungen zu Grunde gelegt. Verbindlich sind jedoch nur die neuesten Ausgaben der DIN-Normen und VDI-Richtlinien und sonstigen Bestimmungen selbst.

Die DIN-Normen wurden wiedergegeben mit Erlaubnis des DIN Deutsches Institut für Normung e.V. Maßgebend für das Anwenden der Norm ist deren Fassung mit dem neuesten Ausgabedatum, die bei der Beuth-Verlag GmbH, Burggrafenstraße 6, 10787 Berlin, erhältlich ist.

Zusatzmaterialien zu Elektrotechnik, Energie- und Gebäudetechnik, Lernfelder 5 – 13

Für Lehrerinnen und Lehrer

Lösungen: 978-3-14-222237-0
Lösungen Download: 978-3-14-104903-9

BiBox Einzellizenz für Lehrer/-innen (Dauerlizenz)
BiBox Klassenlizenz Premium für Lehrer/-innen und bis zu 35 Schüler/-innen (1 Schuljahr)
BiBox Kollegiumslizenz für Lehrer/-innen (Dauerlizenz)
BiBox Kollegiumslizenz für Lehrer/-innen (1 Schuljahr)

Für Schülerinnen und Schüler

BiBox Einzellizenz für Schüler/-innen (1 Schuljahr)
BiBox Einzellizenz für Schüler/-innen (4 Schuljahre)
BiBox Klassensatz PrintPlus (1 Schuljahr)

Druck und Bindung: Westermann Druck GmbH, Georg-Westermann-Allee 66, 38104 Braunschweig

ISBN 978-3-14-222236-3

5 Energieversorgung und Sicherheit

5.1 Kurzschluss in einer Energieverteilung

Folgenschwerer Kurzschluss im „Heilig Geist" Krankenhaus in Burgheim

BURGHEIM. Ein Stromausfall legte am gestrigen Morgen das „Heilig Geist" Krankenhaus in Burgheim lahm. Ursache für den Stromausfall war ein Kurzschluss, der sich gegen 7:15 Uhr in der Niederspannungsanlage ereignete. Die Stromversorgung aller sensiblen Bereiche – unter anderem die Intensivmedizin sowie die Versorgung der Küche – wurde durch das Notstromaggregat aufrechterhalten. Der Routinebetrieb war nach Aussagen der Klinikleitung durch den Stromausfall erheblich beeinträchtigt. So konnten keine neuen Patienten aufgenommen und viele Behandlungen nicht durchgeführt werden. Die Stromversorgung wurde im Laufe des gestrigen Tages stabilisiert. Bei Redaktionsschluss war der Schaden noch nicht behoben.

Unmittelbar nach dem Auftreten des Stromausfalls erhält die Firma Elektro Kruskop einen Anruf durch Herrn Schneider, den technischen Leiter des „Heilig Geist" Krankenhauses. Die Firma Kruskop hat einen Wartungsvertrag mit dem Krankenhausträger und ist somit mit den örtlichen Gegebenheiten bestens vertraut.

Ein Monteur der Firma erhält per Handy den Auftrag, umgehend zum „Heilig Geist" Krankenhaus zu fahren, um sich dort mit dem technischen Leiter in Verbindung zu setzen.

Im Krankenhaus stellt der Elektroniker folgenden Schaden fest. In der **Niederspannungshauptverteilung** [*low-voltage main distribution centre*] (**NSHV**) ist durch Kurzschluss an mehreren Sicherungs-Lasttrennschaltern (Abb. 1) und dem damit verbundenen Auslösen der vorgeschalteten Sicherungen die gesamte allgemeine Stromversorgung ausgefallen.

1: Sicherungs-Lasttrennschalter

Die elektrische Energieversorgung des Krankenhauses wird durch die **Allgemeine Stromversorgung** (**AV**) und die **Sicherheitsstromversorgung** (**SV**) sichergestellt.

Nach einem ersten Krisengespräch verständigen sich die verantwortlichen Techniker auf folgende Vorgehensweise zur Sicherstellung der Energieversorgung:

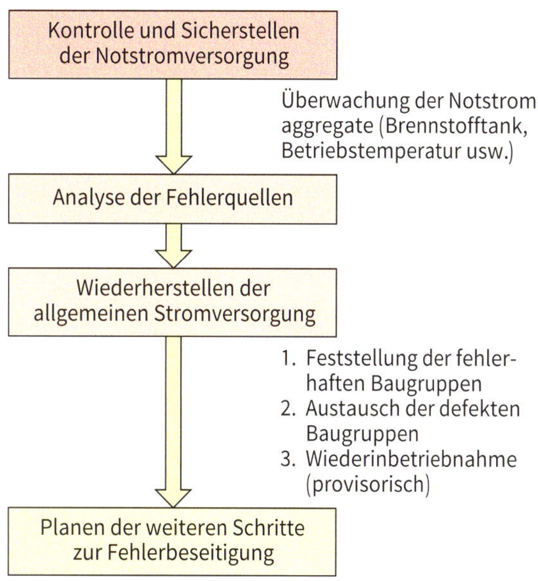

2: Notfallplanung

Die Notstromversorgung in allen Bereichen mit Personengefährdung (z.B. Intensivmedizin, OP-Bereich) ist durch das eigene Notstromaggregat sichergestellt. Die Energieversorgung ist am selben Tag bereits wieder durch provisorische Einspeisungen mit zusätzlichen Verteilern garantiert.

Nach ersten Untersuchungen liegt die Ursache des Kurzschlusses in einem Defekt der veralteten Kabelisolierungen an mehreren Sicherungs-Lasttrennschaltern sowie starken Staubablagerungen an den Kontakten. Ausgelöst wurde der Kurzschluss durch den Austausch einer defekten Sicherung und die daraus resultierenden Erschütterungen beim Wiedereinschalten.

Nachdem der Schaden durch einen hinzugezogenen **Sachverständigen** [*expert*] begutachtet wurde, findet ein Gespräch zur Planung der weiteren Schritte statt. Die Ergebnisse der Sitzung sind in folgender Gesprächsnotiz festgehalten.

GESPRÄCHSPROTOKOLL

Ort: *KH "Heilig Geist" Raum 533*

Datum: *17. 06. 2020*
Uhrzeit: *10:30 Uhr – 11:30 Uhr*

Teilnehmer:
Frau Berger, Herr Klein (Krankenhausverwaltung)
Herr Dipl. Ing. Schneider (Technischer Leiter)
Herr Dipl. Ing. Kleis (Sachverständiger)

Projekt: *Reparatur/Erneuerung der Niederspannungshauptverteilung*

Gesprächsergebnis:
Der Sachverständige bestätigt in seinen Ausführungen die Ursache des Kurzschlusses durch eine Vielzahl poröser Kabelisolierungen. Ein erneut auftretender Fehler dieser Art kann aufgrund des Alters der Anlage nicht ausgeschlossen werden, da in der Verteilung eine Vielzahl von Leitungen mit bruchgefährdeten Isolierungen vorhanden sind. Eine Reparatur der Anlage ist aus technischen und wirtschaftlichen Gründen nicht zu empfehlen.

Nach der anschließenden Diskussion wird folgende Empfehlung an die Krankenhausleitung gegeben: Um weitere Fehlerquellen dieser Art auszuschließen, wird durch den Sachverständigen und die Anlagenverantwortlichen ein Austausch der Niederspannungshauptverteilung empfohlen.

Es wird vorgeschlagen, den Schaden dem zuständigen Sachversicherer zu melden.

P. Schneider (Protokollführer)

Nach einer Rücksprache mit der Sachversicherung zwecks Kostenübernahme wird in der nächsten Sitzung des Verwaltungsrates folgender Beschluss gefasst und zu Protokoll gegeben:

„Ein Austausch der NSHV (AV und SV) ist aus Sicherheitsgründen unumgänglich und wird daher kurzfristig in den Finanzplan mit aufgenommen. Ein Teil der Kosten wird durch die Sachversicherung abgedeckt. Die darüber hinaus entstehenden Kosten werden vom Betreiber übernommen."

Wie wird der Auftrag durchgeführt?

Um eine kurzfristige Ausführung des Auftrags zu garantieren, wird ein Ingenieurbüro umgehend mit der Projektplanung beauftragt. Deren Aufgabe besteht neben der technischen Betreuung des Projektes auch in der Erstellung der notwendigen Ausschreibungsunterlagen.

1: Auftragsplanung

In einem **Lastenheft** werden die fachlichen, rechtlichen und organisatorischen Projektanforderungen zusammengefasst.

Die **technischen Anforderungen** werden gemäß den bestehenden Vorschriften und Normen festgelegt.

Im **Leistungsverzeichnis** [*tender specification*] (**LV**) sind alle Einzelpositionen detailliert aufgelistet. Dadurch wird eine Vergleichbarkeit der Angebote sichergestellt.

Auf der Basis des Leistungsverzeichnisses werden vom Ingenieurbüro **Angebote** bei mehreren Firmen eingeholt.

Nach dem Ende der Angebotsfrist erfolgt die **Vergabe** aus Gründen der Dringlichkeit im so genannten freihändigen Vergabeverfahren. Dabei wird bei der Vergabe kein förmliches Verfahren (Fristen, Angebotseröffnung) angewendet.

Bei der Auftragsvergabe erhält die Firma Kruskop den Zuschlag für den Auftrag. Ausschlaggebend waren neben dem günstigsten Angebotspreis die fachlichen Qualifikationen, die bereits durchgeführten Referenzprojekte und die langjährige gute Zusammenarbeit mit dem Auftraggeber.

- Die Projektanforderungen werden vom Auftraggeber in einem Lastenheft zusammengefasst.
- Grundlage einer Ausschreibung ist das Leistungsverzeichnis.
- Im Leistungsverzeichnis werden die einzelnen Teilleistungen beschrieben und bilden die Basis für die Angebotserstellung.

Bestandteile des Auftrages

Der Auftrag besteht in einer ersten groben Beschreibung im Austausch der kompletten Schaltanlage zur Niederspannungsversorgung im Krankenhaus. Während der Bauausführung darf zu keiner Zeit die Stromversorgung gefährdet sein. Daher ist eine sorgfältige Planung und Koordinierung der Arbeitsschritte erforderlich.

Beschreibung der Teilaufgaben

Der Auftrag besteht in der Kompletterneuerung der zentralen Energieversorgung eines Krankenhauses. Auf den ersten Blick betrachtet, handelt es sich hierbei um einen Auftrag mit einer geringen Komplexität, da lediglich die Schaltanlagen ausgetauscht werden müssen. Die Schwierigkeit besteht allerdings darin, die Energieversorgung so zu ersetzen, dass die Versorgung des Krankenhauses und damit der Patienten zu keinem Zeitpunkt beeinträchtigt wird. Daher sind neben einer ausführlichen Projektplanung (vgl. Kap. 5.2.2) auch eindeutige Absprachen mit den Anlagenverantwortlichen zu treffen.

Welche Komponenten bzw. kritische Faktoren bei der Planung mit berücksichtigt werden müssen, zeigt die Abb. 2.

2: Projektfaktoren

Herr Kruskop beauftragt seinen Mitarbeiter zunächst damit, einen groben Projektplan zu erstellen, der die Grundlage für die weitere Planung bildet.

Dieser Plan gibt einen Überblick über die

- **Teilaufgaben** des Auftrages,
- Planung der eigenen **Ressourcen** und
- grobe **Zeitplanung** (Abb. 3) des Gesamtauftrages.

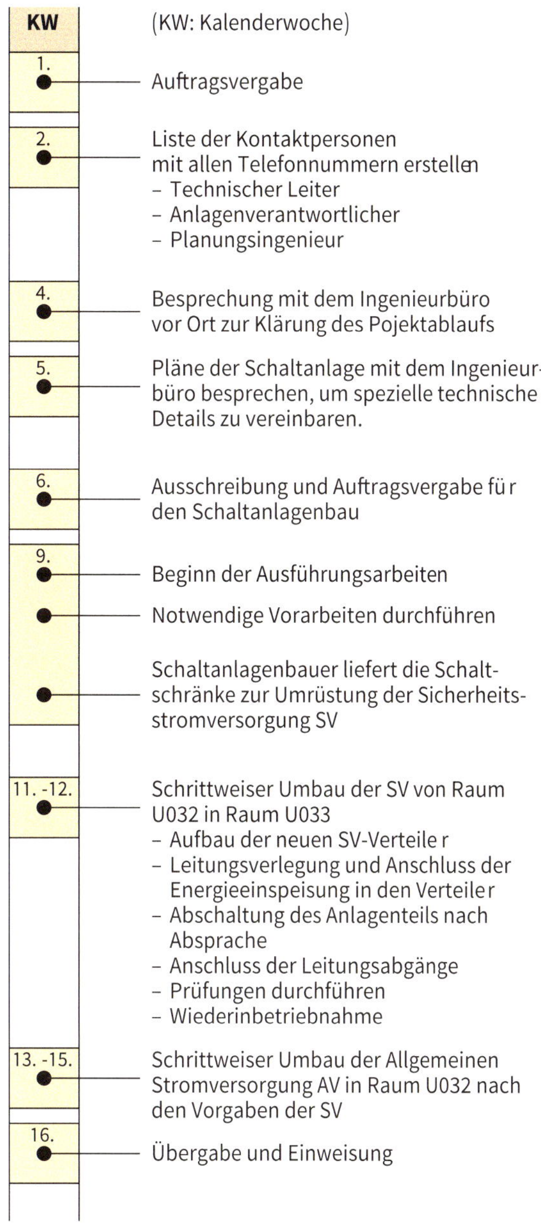

3: Zeitplanung

Aufgabe

1. Finden Sie mit Hilfe des Internets Informationen zu den drei unterschiedlichen Vergabeverfahren eines Auftrages und stellen Sie diese kurz dar (Hinweis: Suchbegriff VOB Vergabeverfahren).

- Bei der Projektplanung werden die Teilaufgaben, Ressourcen und Termine für das Projekt festgelegt.

5.2 Energieverteilanlage planen

5.2.1 Energieverteilanlage analysieren

Die bestehende Energieverteilanlage des Krankenhauses gliedert sich in ein Netz zur **Allgemeinen Stromversorgung** (**AV**) und ein weiteres Netz zur **Sicherheitsstromversorgung** [*safety services supply system*] (**SV**). Die Unterverteilungen in den einzelnen Gebäudeabschnitten sind in der Niederspannungshauptverteilung (NSHV) über Sicherungs-Lasttrennschalter ① einzeln abgesichert (Abb. 1). Messinstrumente ② zeigen die momentane Belastung der Anlage an.

1: Bestehende NSHV

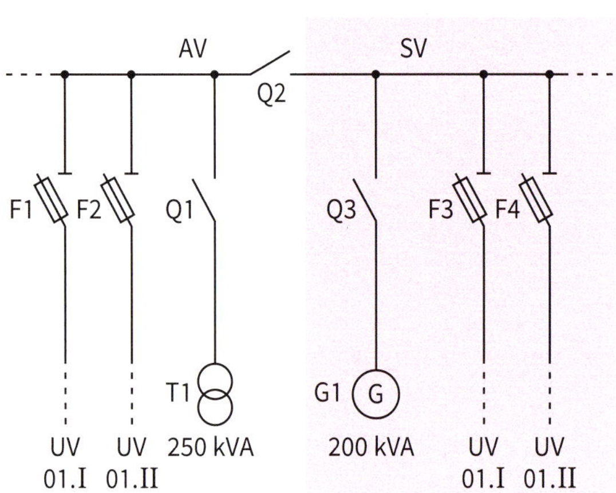

2: Auszug aus dem Übersichtsschaltplan der NSHV

Über den Mittelspannungstransformator T1 (Abb. 2) wird die Energie in die NSHV eingespeist. Von hier erfolgt der Energiefluss über den Leistungsschalter Q1 und den Kuppelschalter Q2 zu den einzelnen Leitungsabgängen der Unterverteiler.

Sinkt die Spannung in mindestens einem Außenleiter um 10 % der Bemessungsspannung ab (für die Dauer von mehr als 0,5 s), wird automatisch das Notstromaggregat durch die permanente Netzüberwachung gestartet. Gleichzeitig erfolgt in der NSHV innerhalb von 15 s die Umschaltung (Q1, Q2 öffnen; Q3 schließt) auf das SV-Netz (vgl. Kap. 5.2.3). Dies hat zur Folge, dass nur die Objekte versorgt werden, die mit der Sicherheitsstromversorgung verbunden sind. Geräte mit lebenserhaltenden Funktionen (z. B. OP-Leuchten) werden über Akkumulatoren versorgt (Umschaltzeit 0,5 s).

Welche Bestandteile werden übernommen?

Lediglich in der NSHV müssen einige Leitungsverbindungen erneuert werden, da diese in Folge einer Gebäudeerweiterung vor drei Jahren vollständig ersetzt wurde. Sie entspricht den gültigen Normen und ist für die Belastung ausreichend dimensioniert. Die Leitungslängen sind für die bevorstehenden Änderungen aufgrund der Leitungsführung im Gebäude ausreichend.

Lediglich einzelne Leitungsverbindungen müssen wegen der Umbaumaßnahmen in der Niederspannungshauptverteilung erneuert werden. Die nachträgliche Verlegung der Leitungen in den elektrischen Betriebsräumen ist ohne großen Aufwand durchführbar, da die betreffenden Räume einen Zwischenboden haben (Abb. 3).

3: Zwischenboden mit Versorgungskabel

- Die Energieverteilanlage eines Krankenhauses besteht aus der Allgemeinen Stromversorgung (AV) und der Sicherheitsstromversorgung (SV).
- Die Sicherheitsstromversorgung im Krankenhaus muss innerhalb von 0,5 s bis 15 s für bestimmte Objekte (z. B. medizinische Geräte) sichergestellt sein.

Die Netze für die AV und SV zeichnen sich durch getrennte Versorgungsleitungen aus. Das Leitungsnetz im Krankenhaus ist in Abb. 4 dargestellt. Die roten Verbindungen symbolisieren das SV-Netz und die schwarzen Leitungsverbindungen das AV-Netz. Die neu zu errichtenden Teile sind grün dargestellt.

Die Verteiler werden über separate Zuleitungen direkt von der NSHV versorgt. Diese Leitungen laufen strahlenförmig durch zentrale Versorgungsschächte und die Zwischendecken der Räume. Die Isolierung der Leitungen des SV-Netzes besteht aus einer **flammwidrigen** [*flame retardant*] Polyolefinmischung. Die Adern sind 2-fach isoliert (FE 180: Isolationserhalt 180 min; E30: Funktionserhalt größer 30 min, siehe Abb. 5).

Leitungstyp	Beschreibung
NYCWY 	Energie- und Steuerkabel mit erhöhtem elektrischen und mechanischen Schutz; konzentrischer Leiter (CW) im Inneren des Kabels
NHXCH-FE 180/E30 	Halogenfreies Sicherheitskabel mit verbessertem Brandverhalten; schwer entflammbar; selbstverlöschend und feuerhemmend

5: Leitungstypen der Energieverteilung

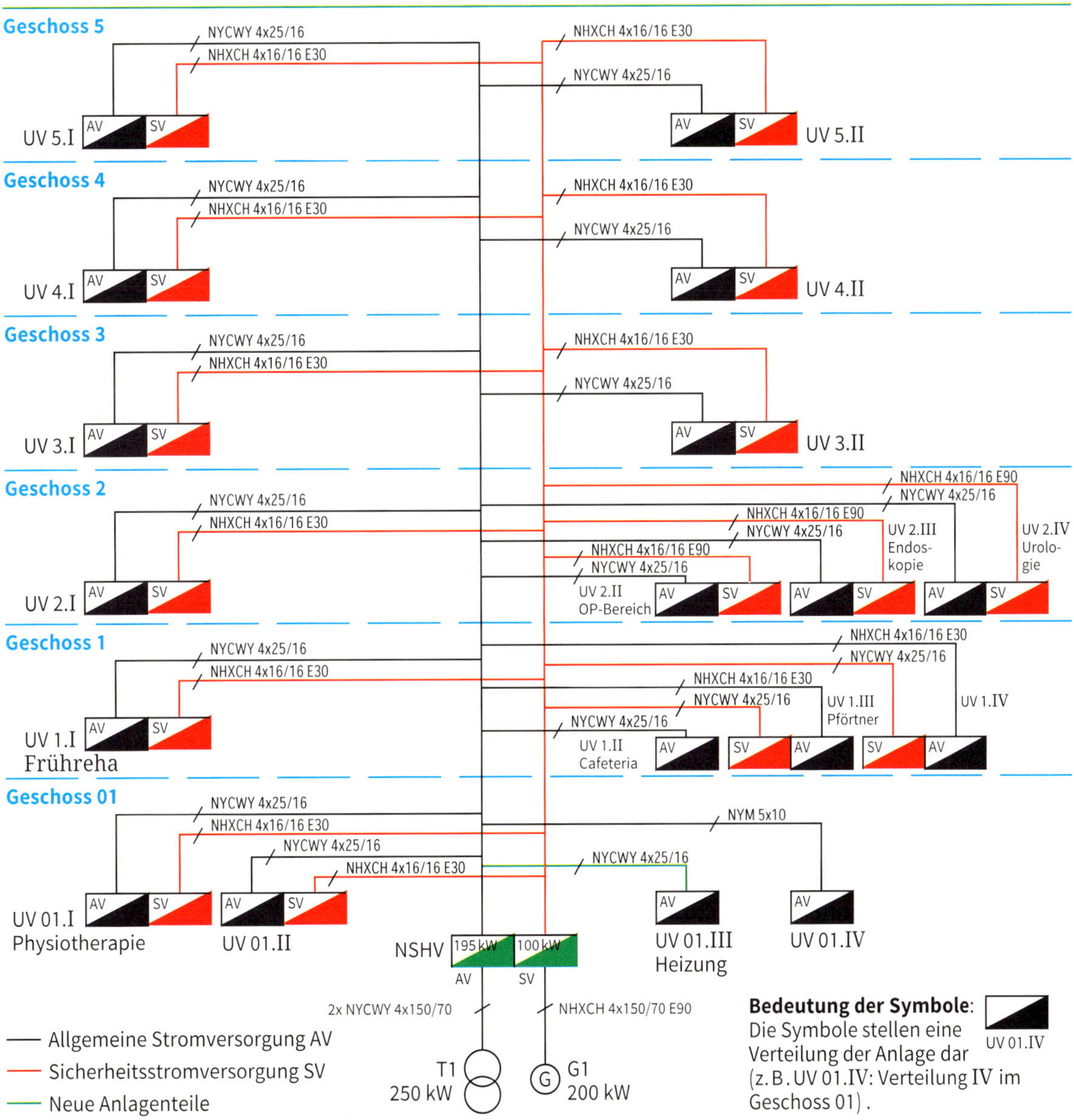

4: Übersichtsschaltplan der Energieverteilanlage

5.2.2 Arbeitsschritte planen

Um einen reibungslosen Austausch der zentralen Energieversorgung ohne Beeinträchtigungen für den Krankenhausbetrieb sicherzustellen, muss im Vorfeld der Bauarbeiten eine genaue Planung der Arbeitsschritte erfolgen. Dazu wird der **Grundriss** [*floor plan*] der Raumaufteilung und deren Nutzung (Abb. 1) verwendet.

Zur Zeit befinden sich die Verteilungen für AV und SV in einem Raum (U032). Die Ausführung der Arbeiten wird erheblich erleichtert, weil der unmittelbar benachbarte technische **Betriebsraum** [*operating area*] U033 keine technischen Anlagen enthält und somit in die Umbaumaßnahme einbezogen wird.

Die Planung durch die Fa. Kruskop sieht eine räumliche Trennung der Verteilungsbereiche für AV und SV vor. Durch die Aufteilung der Verteilungen in zwei unterschiedliche Räume wird es möglich, die neue Verteilung zunächst in einem anderen Raum (U033) aufzubauen und in möglichst kurzer Zeit in Betrieb zu nehmen. Dadurch bleibt der bestehende Versorgungsteil von den Umbaumaßnahmen unberücksichtigt und kann weiter über die alte Verteilung versorgt werden. Die alte NSHV wird somit in der Schrittfolge außer Betrieb gesetzt, sowie die neue Verteilung in Betrieb genommen wird.

Die räumliche Nähe des Raumes U033 zur bisherigen Energieverteilanlage in U032 erleichtert den Umbau zusätzlich, da bestehende Leitungen nur umgelegt werden müssen bzw. neue Leitungsverbindungen einfach installiert werden können.

Im Einzelnen ergeben sich die in Abb. 2 dargestellten Arbeitsschritte.

Planungsübersicht der Arbeitsschritte

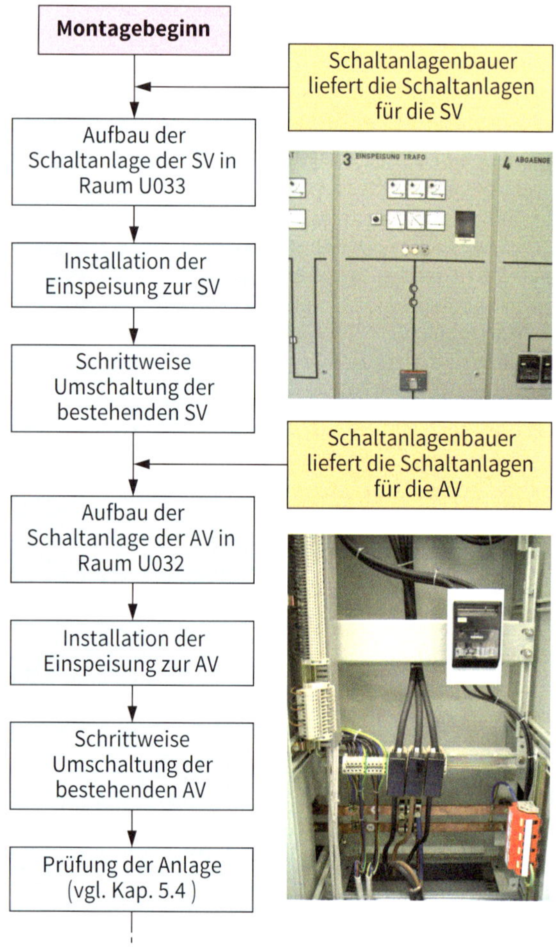

2: Arbeitsschritte

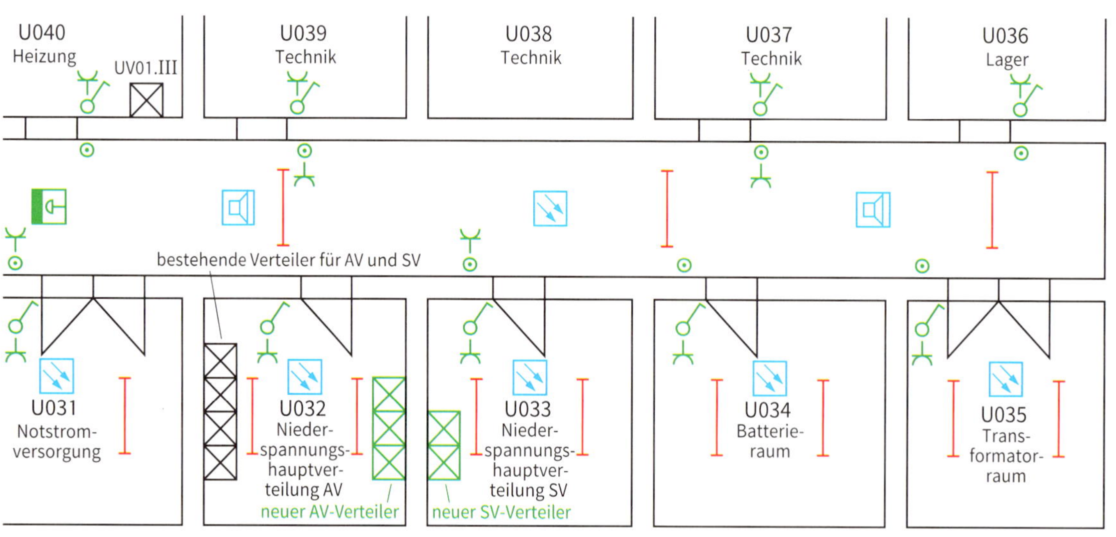

■: Kommunikations-/Meldeeinrichtungen; ■: Beleuchtung; ■: Energieverteilanlage

1: Grundriss der Raumaufteilung (bestehende Anlage)

Projektplanung

Bei einem Projekt dieser Größenordnung empfiehlt sich die Erstellung eines Projektplans mit einer Projektierungssoftware. Durch die softwaregestützte Projektierung ergeben sich folgende Vorteile:

- **Strukturierung** des Projektes in Einzelaufgaben.
- Die **Reihenfolge der Projektschritte** kann jederzeit verändert werden (Abwicklungsplanung).
- Die eigenen **Ressourcen** (z.B. Arbeitskräfte) können genau eingeplant werden (Ressourcenplanung).
- Jeder Aufgabe wird eine **verantwortliche Person** zugeordnet.
- Der **zeitliche Ablauf** ist visualisiert und während der Durchführungsphase kontrollierbar (Terminplanung).
- Das Projekt ist gleichzeitig **dokumentiert**.
- Die **Kosten** können zugeordnet werden.
- Der **Informationsstand** ist für alle beteiligten Personen identisch.

Eine Projektplanung ermöglicht, Abweichungen frühzeitig zu erkennen und diesen gegenzusteuern.

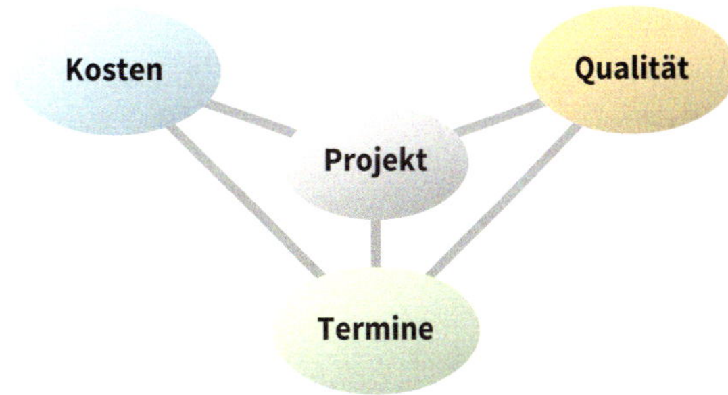

4: Aufgaben der Projektplanung

In einem Projekt ist es sinnvoll, in gewissen Abständen **Pufferzeiten** einzubauen, um eventuell auftretende zeitliche Verzögerungen zu kompensieren. Pufferzeiten werden entweder bewusst eingefügt oder sie ergeben sich als Folge von parallel zu bearbeitenden Vorgängen ($t_{Vorgang1} < t_{Vorgang2} \Rightarrow$ Zeitpuffer bei Vorgang 1).

Der vorliegende Projektplan zeigt, dass Aufgaben parallel durchgeführt werden ①. Daraus ergibt sich ein so genannter **kritischer Pfad** [*critical path*]. Dieser bezeichnet in der Netzplantechnik den Weg mit der kürzesten geplanten Zeitdauer ohne Pufferzeiten.

Maßnahmen auf dem kritischen Pfad müssen genau überprüft werden, da sich Abweichungen sofort auf das Gesamtprojekt auswirken.

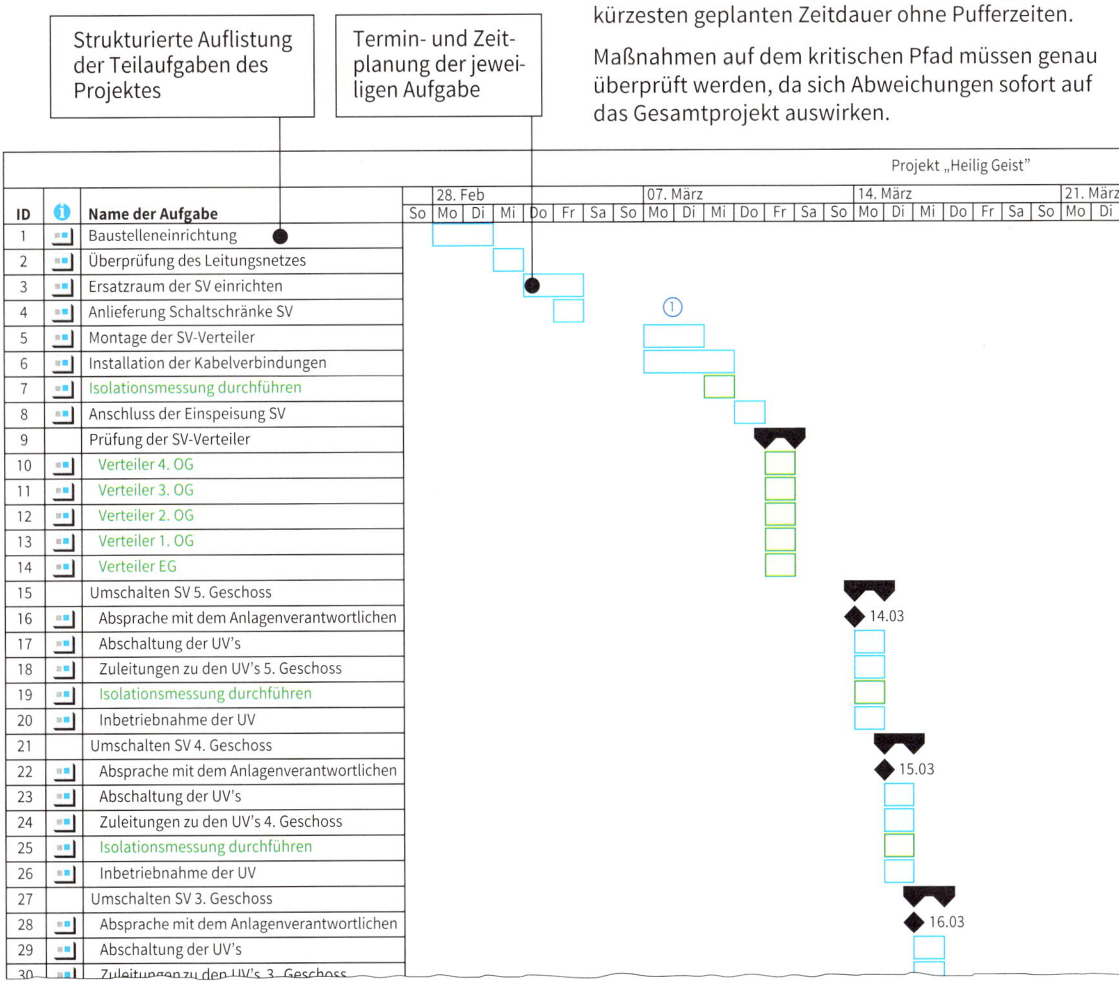

ID	Name der Aufgabe
1	Baustelleneinrichtung
2	Überprüfung des Leitungsnetzes
3	Ersatzraum der SV einrichten
4	Anlieferung Schaltschränke SV
5	Montage der SV-Verteiler
6	Installation der Kabelverbindungen
7	Isolationsmessung durchführen
8	Anschluss der Einspeisung SV
9	Prüfung der SV-Verteiler
10	Verteiler 4. OG
11	Verteiler 3. OG
12	Verteiler 2. OG
13	Verteiler 1. OG
14	Verteiler EG
15	Umschalten SV 5. Geschoss
16	Absprache mit dem Anlagenverantwortlichen
17	Abschaltung der UV's
18	Zuleitungen zu den UV's 5. Geschoss
19	Isolationsmessung durchführen
20	Inbetriebnahme der UV
21	Umschalten SV 4. Geschoss
22	Absprache mit dem Anlagenverantwortlichen
23	Abschaltung der UV's
24	Zuleitungen zu den UV's 4. Geschoss
25	Isolationsmessung durchführen
26	Inbetriebnahme der UV
27	Umschalten SV 3. Geschoss
28	Absprache mit dem Anlagenverantwortlichen
29	Abschaltung der UV's
30	Zuleitungen zu den UV's 3. Geschoss

3: Plan der Projektstruktur (Ausschnitt)

5.2.3 Energieversorgung analysieren

Die Energieversorgung des Krankenhauses setzt voraus, den „Weg des elektrischen Stromes" von der Erzeugung über den Transport zum Verbraucher zu kennen. Dieser Sachverhalt umfasst u. a. folgende Bereiche:

- Unterschiedliche Spannungen im Bereich der Spannungsebenen
- Weiterleitung elektrischer Energie in den einzelnen Netzen
- Spannungstransformation durch Drehstromtransformatoren

Wie erfolgt die Energieversorgung im Krankenhaus?

Krankenhäuser befinden sich oft in der Nähe von Wohngebieten und sind direkt z. B. über ein 10 kV-Kabel oder ein 20 kV-Kabel ① an das öffentliche Versorgungsnetz angeschlossen (Abb. 1). **Netzstationen**, in denen die Hochspannung in Niederspannung transformiert wird, befinden sich

- in Gebäuden oder Gebäudeteilen (z. B. Krankenhaus),
- auf Freileitungsmasten (Maststation) und
- in wetterfesten Schränken in der Nähe von Verbrauchern.

Netzarten

Die **Energieversorgung** kann je nach den örtlichen Bedingungen grundsätzlich durch folgende Netzarten erfolgen:

- **Maschennetze** in dicht besiedelten Gebieten wie Städten,
- **Ringnetze** in weniger dicht besiedelten Regionen und
- **Strahlennetze** für weit voneinander entfernt liegende Verbraucher.

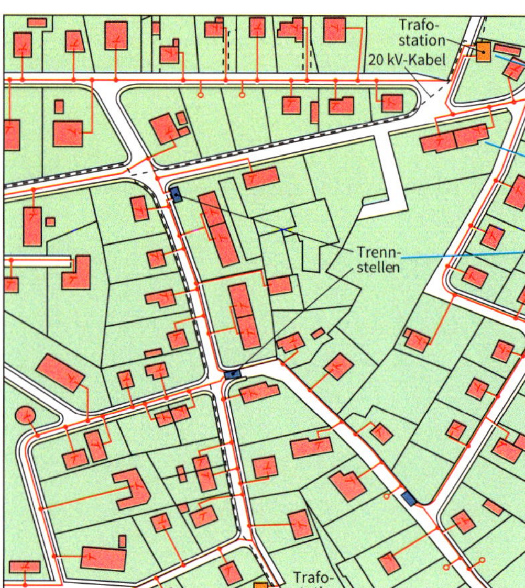

1: Maschennetz

5.2.3.1 Versorgungsnetze

An dicht besiedelte Regionen wie z. B. Städte mit einem **Energiebedarf** *[energy demand]* bis zu 100 MW wird **Hochspannung** von 110 kV herangeführt. Vor Ort wird diese in einer Schaltanlage mit einem Hochspannungstransformator auf **Hochspannung** von z.B. 20 kV transformiert (Abb. 2).

Einzelne Stadtbezirke werden zunächst über Erdkabel mit Hochspannung versorgt. Diese wird dann in **Transformatorstationen** (Abb. 1 ②) *[transformer stations]* in **Niederspannung** von 400/230 V umgewandelt und über Kabelverteilerschränke (Trennstellen ③) weitergeleitet. Zwecks Reparaturarbeiten können über diese Trennstellen bestimmte Verbrauchergruppen vom Netz abgetrennt werden.

Ländliche Gebiete mit größeren Entfernungen zu den einzelnen Verbrauchern werden über die Hochspannungsebene von z. B. 10 kV oder 20 kV versorgt. In den **Ortsnetzstationen** wird die Hochspannung auf Niederspannung transformiert. Die Weiterleitung der elektrischen Energie erfolgt dann über Erdkabel, Freileitungskabel oder bei älteren Anlagen noch über Freileitungen.

2: Schaltanlage – 110 kV/20 kV

Die folgende Übersicht soll die Zusammenhänge und den Ablauf der Energieversorgung verdeutlichen:

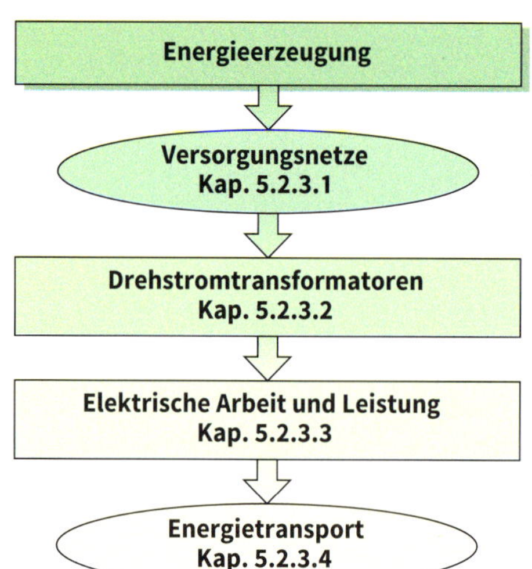

Maschennetze

Maschennetze sind geschlossene Netze. Die Energieversorgung erfolgt durch mehrere Transformatorstationen. Ein Netzende gibt es nicht.

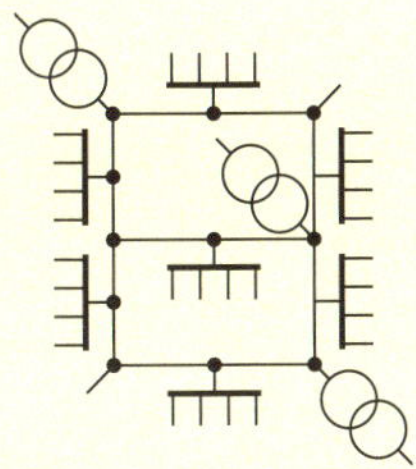

Vorteile:

- Die Vielzahl von Leitungsverbindungen ermöglicht auch bei einer Störung eine zuverlässige Energieversorgung.
- Ein beschädigtes Leitungsstück kann an den Trennstellen zwecks Reparatur herausgetrennt werden, ohne dass die Energieversorgung gefährdet ist.

Nachteile:

- Weil viele Netzstationen eingerichtet werden müssen, sind die Kosten des Netzaufbaus hoch.
- Aufwändiger Schutz durch Betriebsführung.

Ringnetze

Die Energieversorgung erfolgt wie beim Maschennetz von zwei Seiten.

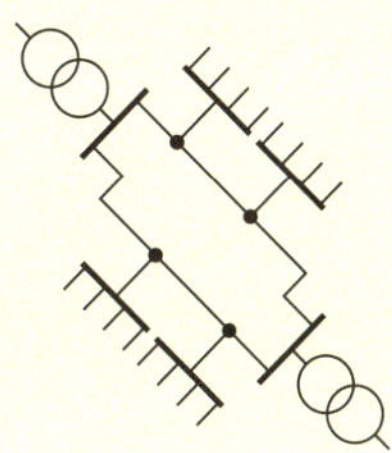

Vorteile:

- Einfache Struktur im Aufbau.
- Die Energieversorgung erfolgt von zwei Seiten. Fehlerhafte Netzteile können über Schaltstellen herausgetrennt werden.

Nachteil:

- Die Energieeinspeisung ist bei einer Störung nur noch von einer Seite möglich. Bei Ringnetzen, die als „offene Ringe" betrieben werden, ist die ringförmige Energieversorgung unterbrochen. Die Verbraucher sind einseitig mit dem Netztransformator verbunden.

Strahlennetze

Die Energieversorgung erfolgt von einer Seite. Weil das Netz jeweils beim entferntesten Verbraucher endet, sind Strahlennetze offene Netze. Die Niederspannungsleitungen bzw. -kabel sind strahlenförmig zu den Verbrauchern verlegt.

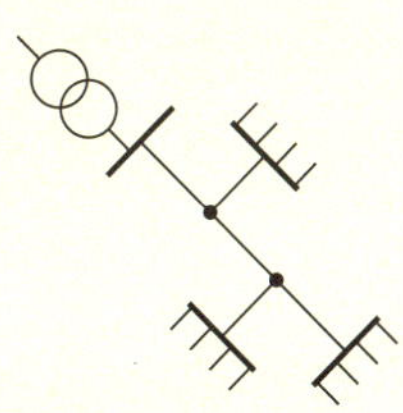

Vorteil:

- Das Netz ist sehr einfach aufgebaut und deshalb kostengünstig.

Nachteil:

- Bei Unterbrechung, z. B. durch Leitungsbruch oder Kurzschluss, sind alle hinter dem Fehler liegenden Verbraucher vom Netz abgeschnitten.

Wie erfolgt die Energieversorgung im Niederspannungsnetz?

Die Energieversorgung im Niederspannungsnetz erfolgt von der **Ortsnetzstation** aus über Freileitungen oder Kabel, die im Erdreich oder auf Masten verlegt sind. In dicht besiedelten Gebieten und in Neubaugebieten wird die Energie auf der Niederspannungsebene durch **Erdkabel** [*underground cable*] übertragen (Abb. 3).

Mehradriges PVC-isoliertes Kabel mit PVC-Mantel

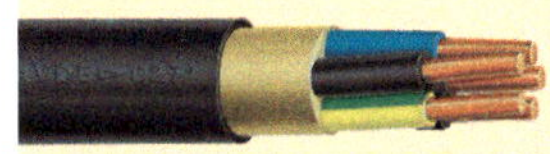

NYY-J – Innenräume; Kabelkanäle; im Erdreich, wenn keine mechanischen Beschädigungen auftreten

Mehradriges VPE-isoliertes Kabel mit Al-Leiter

NA2XY-J – Ortsnetze mit hohen Lastspitzen; extreme Umgebungsbedingungen, z. B. Häufung von Kabeln

Bedeutung der Buchstaben NA2XY-J:

Ader	**N**:	Genormte Ausführung
	A:	Leiter aus Al
	2X:	Isolierhülle aus vernetztem Polyethylen
	Y:	Schutzhülle aus PVC
Mantel	**Y**:	Mantel aus PVC
	J:	Schutzleiter

3: Niederspannungskabel

Energieeinspeisung zum Verbraucher

Beim Freileitungsnetz über

- Dachständer von Haus zu Haus oder
- vom Abspannmast neben dem Haus zum Hausanschluss, z. B. über freitragende Abspannleitung (Typ: YTBKW-J, 3- bis 5-adrig) mit korbverseilten Adern, Außenmantel aus Polyethylen

Hauseinführung der Freileitung

- Ausreichende Festigkeit der Wand oder des Daches mit dem Dachständer.
- Leerrohr (36 mm) je Hauptleitung für Umstellung auf Kabelanschluss bis Keller verlegen.

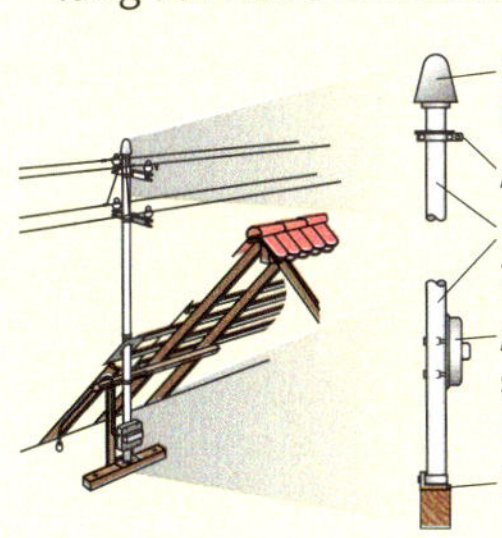

Ortsnetzstation mit Verteileranlage – Containerstation

Lasttrennschalter Q1, Q2
können Leitungen unter Last von Verbrauchern abtrennen, d. h. schalten, jedoch nicht bei Kurzschluss.

Sicherungs-Lasttrennschalter Q5 – Q8
schalten in Niederspannungsanlagen einzelne Verbraucherstromkreise auch bei Belastung.

Übersichtsschaltplan

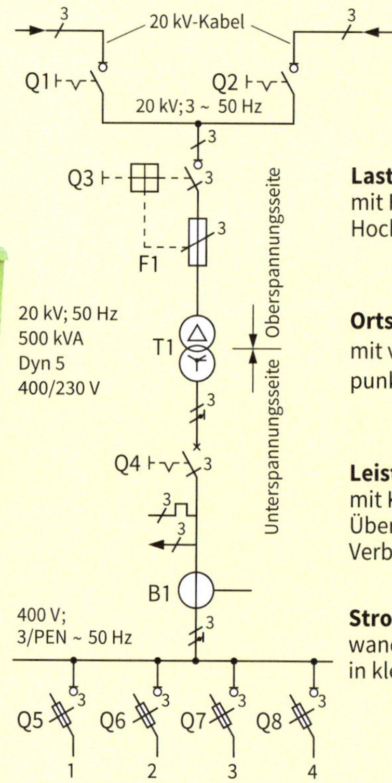

Lasttrennschalter Q3
mit Hochspannungs- und Hochleistungssicherung

Ortsnetztransformator T1
mit voll belastbarem Sternpunkt

Leistungsschalter Q4
mit Kurzschluss und Überlastschutz schalten Verbraucher unter Last.

Stromwandler B1
wandeln größere Ströme in kleinere Messströme um.

Im Niederspannungsnetz mit **Freileitung** [*overhead line*] werden z. B. vier Leiter verlegt. Diese sind mit Isolatoren an den Masten befestigt. Die Niederspannungsisolatoren sind glockenförmig und auf U-förmige Schraubhaken aufgesetzt. Es gibt Leitungen als

- **blanke Leiter** (ohne Isolation) aus Kupfer und
- **VPE-isolierte Leitungen** (**VPE**: **V**ernetztes **P**oly**e**thylen) aus Aluminium.

In das Krankenhaus erfolgt die Energieeinspeisung wegen des erhöhten Energiebedarfs über ein **10 kV-Erdkabel** zum Leistungstransformator im Traforaum des Gebäudes. Diese Stromversorgung ist die **allgemeine Stromversorgung AV**. Sie wird durch einen oder mehrere Leistungstransformatoren zur Verfügung gestellt. Für Krankenhäuser ist zusätzlich eine **Sicherheitsstromversorgung SV** erforderlich. Die Abb. 1 zeigt dazu eine vereinfachte Übersicht.

Aus Sicherheitsgründen sind für Gebäude mit Menschenansammlungen, z. B. für Krankenhäuser, Hochhäuser, Hotels und Flughäfen bestimmte Kabel vorgeschrieben (Sicherheitskabel). Zur Energieversorgung elektrischer Verbraucher im Krankenhaus werden deshalb PVC-Mantelleitungen, halogenfreie Mantelleitungen und halogenfreie Sicherheitskabel verlegt (Abb. 2).

Halogenfreie Sicherheitskabel werden dort eingesetzt, wo bei Bränden Schäden an Menschen und Material auftreten können. Sie haben gegenüber anderen Kabeln u. a. folgende Vorteile:

- schwer entflammbar
- selbstverlöschend und feuerhemmend
- keine Brandfortleitung
- Funktionserhalt im Brandfall, teilweise bei erhöhter Strombelastbarkeit

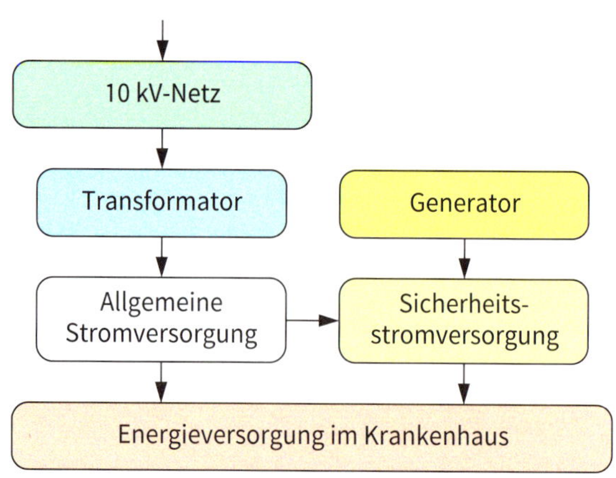

1: Übersicht zur AV und SV

Mehradrige PVC-Mantelleitung	
 **NYM-J**	Industrie- und Hausinstallationen; im Freien; in trockenen und feuchten Räumen; Verlegung auf, in und unter Putz
Mehradrige halogenfreie Mantelleitung	
 **NHXMH-J**	Flammwidrig im Brandfall; Installation wie bei NYM; nicht geeignet für direkte Einbettung in Beton
Mehradrige, halogenfreie Sicherheitskabel	
 **JE-H(St)H**	Flammwidrige Installation; für feste Verlegung; statische Abschirmung für Telekommunikationseinrichtung
 **NHXCH-FE180/E30**	Schwer brenn- und entflammbar; selbstverlöschend und feuerhemmend; Verlegung wie bei NYM

2: Mantelleitungen und Sicherheitskabel

Aufgaben

1. Nennen Sie Anwendungen der drei Netzarten.
2. Welche Ströme schalten Lasttrennschalter, Leistungsschalter und Sicherungs-Lasttrennschalter?
3. Erklären Sie den Aufbau der Kabel NAYY-J und A2XY-J.
4. Welche Art von Leitungen und Kabeln werden in Krankenhäusern verlegt?
5. Nennen Sie wichtige Eigenschaften von halogenfreien Sicherheitskabeln.

- Ortsnetzstationen sind Übergangsstellen von der Hoch- zur Niederspannung.
- Bei größeren Anlagen wie Krankenhäusern befinden sich die Übergangsstellen in besonderen Gebäudeteilen.
- In einem Ortsnetz erfolgt die Energieversorgung je nach Lastdichte über Freileitungen, Freileitungskabel oder Erdkabel.
- Die Energieversorgung in Krankenhäusern erfolgt über Hochspannung, die über einen Leistungstransformator in Niederspannung transformiert wird.
- Halogenfreie Mantelleitungen und halogenfreie Sicherheitskabel werden in Anlagen mit Menschenansammlungen eingesetzt.

5.2.3.2 Drehstromtransformatoren

Zur Energieübertragung wird in den Kraftwerken Dreiphasen-Wechselspannung erzeugt. Zum Energietransport muss diese Spannung mehrmals transformiert werden. Dies geschieht mit Hilfe von Drehstromtransformatoren. Diese Verteilungstransformatoren elektrischer Anlagen, z. B. in Industriebetrieben und Krankenhäusern (Abb. 3), sind nach dem Leistungsbedarf der Verbraucher bemessen.

Wie ist der Drehstromtransformator aufgebaut?

Den **Drehstromtransformator** [*three-phase-transformer*] können wir uns vereinfacht wie drei zusammengeschaltete Einphasentransformatoren vorstellen, deren Ober- ① und Unterspannungswicklungen ② verkettet sind. Diese befinden sich jeweils auf einem Schenkel ③. Die drei Schenkel sind durch ein Joch ④ verbunden (Abb. 4). Der Dreischenkelkern wird aus einzelnen Blechen zusammengesetzt, die gegeneinander isoliert sind.

Fünfschenkelkern

Eine weitere Bauweise des Kerns ist der Fünfschenkelkern. Hier befinden sich auf den drei innen liegenden Hauptschenkeln die Wicklungen. Über die beiden Außenschenkel erfolgt der magnetische Rückfluss.

Unterspannungsseite: Niederspannung 400 V

Oberspannungsseite: Hochspannung 10 kV

3: Transformatorraum im Krankenhaus

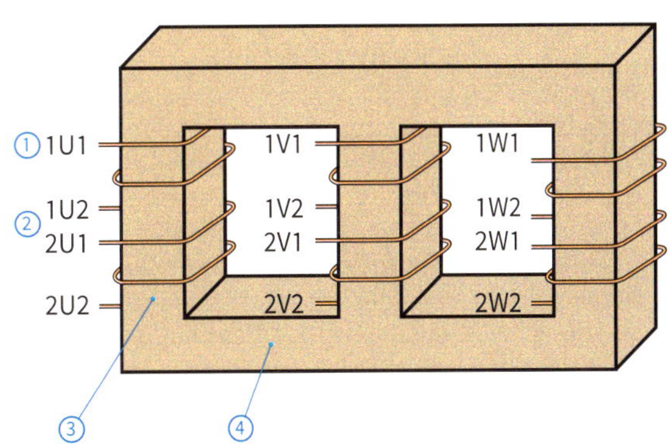

4: Aufbau eines Drehstromtransformators

Im Eisenkern erzeugen die Magnetflussänderungen Wirbelströme I_{Fe}. Diese verursachen durch den Eisenwiderstand R_{Fe} **Wärmeverluste** (Wirbelstromverluste) P_{vFe}. Um diese Verluste niedrig zu halten, sind folgende Maßnahmen erforderlich:

- Durch Legieren des Eisens z. B. mit Silizium verringert sich die **elektrische Leitfähigkeit** $\varkappa_{Fe}$.
  $\varkappa_{Fe} \downarrow \Rightarrow R_{Fe} \uparrow \Rightarrow I_{Fe} \downarrow \Rightarrow P_{vFe} \downarrow$
- Durch den besonderen Aufbau des Eisenkerns aus gegeneinander isolierten Blechen verkleinert sich dessen **Leiterquerschnitt** q_{Fe}.
  $q_{Fe} \downarrow \Rightarrow R_{Fe} \uparrow \Rightarrow I_{Fe} \downarrow \Rightarrow P_{vFe} \downarrow$

Schaltungen des Drehstromtransformators

Die Schaltungen für die **Oberspannungsseite** werden durch große Buchstaben (**D** und **Y**) und für die **Unterspannungsseite** durch kleine Buchstaben (**d**, **y** und **z**) gekennzeichnet. Die Schaltung des Drehstromtransformators im Krankenhaus entnehmen wir dem **Leistungsschild** *[rating plate]* (Abb. 1).

Das Leistungsschild enthält außer der Schaltgruppe folgende Angaben:

- Bemessungsspannungen von Ober- und Unterspannungsseite 10 kV/400 V,
- Bemessungsscheinleistung 250 kVA,
- Bemessungsstromstärken 13,1 A/361 A und
- relative Kurzschlussspannung 4,0 %

PAUWELS TRAFO BELGIUM
PAUWELS TRAFO
TRANSFORMATOR

	kVA	ERW.	kVA	ERW.	NORM	
LEISTUNG IP00 AN	250				DIN 42523	
AF					BAUJAHR	1996
					FREQUENZ	50 Hz
					MAT. KLASSE	F
		O.S.		U.S.	REIHE	12 kV
SPANNUNG V	1	11440			B.I.L.	60 kV
	2	11220			BETRIEB	DAUER
	3	11000		400	PHASEN	3
	4	10780			MAX. UMG. TEMP.	°C
	5	10560			KÜHLUNGSART	AN
					SCHUTZART	IP00
					SCHALTGRUPPE	Dyn5
STROM A	250	13.1		361	KURZSCHL. SPG.	4,0 %
MAX. STROM	250				KURZSCHL. STROM	xIN
TRANSFORMATOR GEWICHT	1020	kg			KURZSCHL. DAUER	s
				NR.	96 5 3282	

1: Leistungsschild des Drehstromtransformators

Schaltungsart z

Diese Schaltungsart der Sekundärseite eines Drehstromtransformators ist an der Bezeichnung **Yzn 5** zu erkennen. Es handelt sich dabei um eine **Zick-Zack-Schaltung**. Hier wird jeweils eine der drei Wicklungen der Sekundärseite zur Hälfte auf zwei Schenkel verteilt. Dadurch teilt sich auch der magnetische Fluss jeder stromdurchflossenen Wicklung auf zwei Schenkel auf. Das magnetische „Gleichgewicht” zwischen den belasteten Schenkeln wird damit hergestellt. Dadurch ist es möglich, den Sternpunkt voll zu belasten.

Dyn 5

Die Kurzbezeichnung der Schaltgruppe Dyn 5 hat folgende Bedeutung:

- **D**: Die Oberspannungsseite (OS) ist in „**Dreieck**” geschaltet. Die drei Wicklungseingänge sind jeweils mit einem Außenleiter und dem nächsten Wicklungsende verbunden.

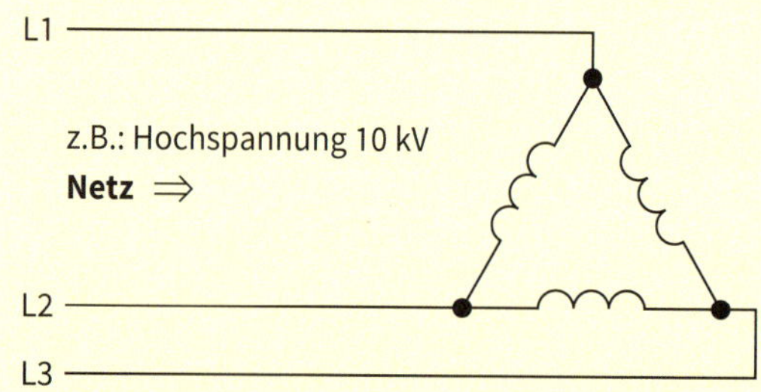

- **y**: Die Unterspannungsseite (US) ist in „**Stern**” geschaltet. Die drei Wicklungseingänge liegen an den drei Außenleitern. Die Wicklungsausgänge sind untereinander zum Sternpunkt ① verbunden.

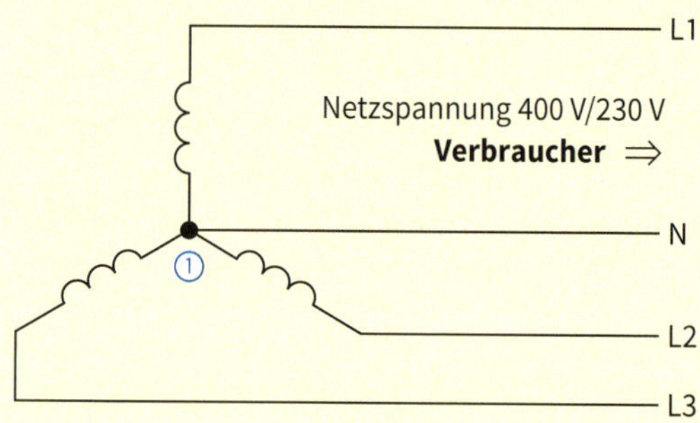

- **n**: Der Sternpunkt wird aus dem Transformator als Neutralleiter (N-Leiter) herausgeführt und ist **voll belastbar**. Das heißt, das entstehende 4-Leiter-System eignet sich für **unsymmetrische Belastung** *[asymmetric load]*.
- **5**: Diese Zahl heißt Kennzahl und gibt an, um das **Wievielfache von 30°** die Strangspannung der US-Seite der Strangspannung der OS-Seite nacheilt. An folgender Abbildung ist dies verdeutlicht.

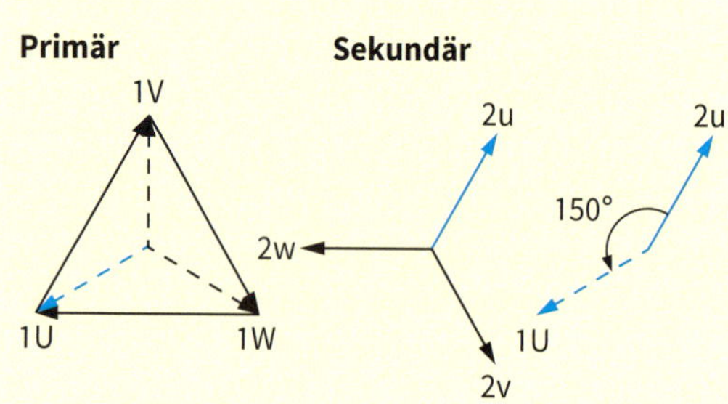

Bevorzugte Schaltgruppen für Drehstromtransformatoren bei unsymmetrischer Belastung						
Schaltgruppe	Zeigerbild		Schaltungsbild		Übersetzung $ü = \frac{U_1}{U_2}$	Einsatz
	Primär	Sekundär	Primär	Sekundär		
Yyn 0	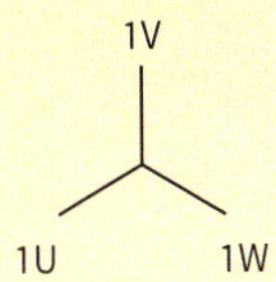	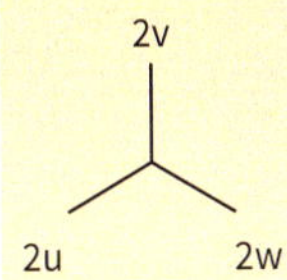	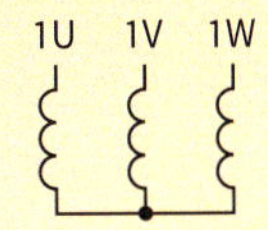	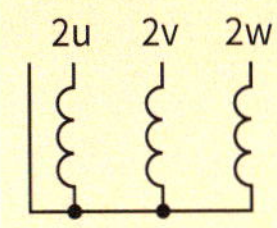	$\frac{N_1}{N_2}$	Verteilungs-Transformator mit kleiner Leistung, Sternpunkt bis 10 % belastbar
Dyn 5	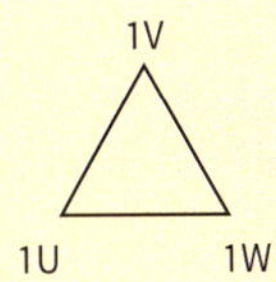	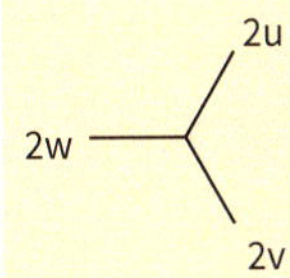	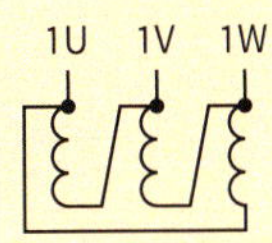	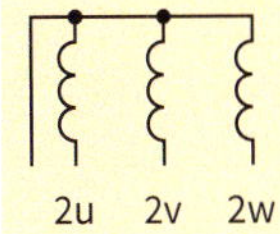	$\frac{N_1}{\sqrt{3} \cdot N_2}$	Verteilungs-Transformator mit voll belastbarem Sternpunkt
Yzn 5	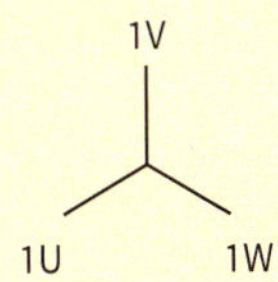	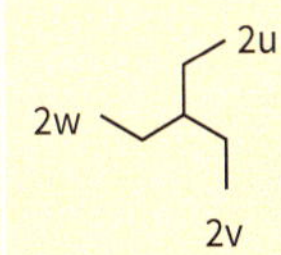	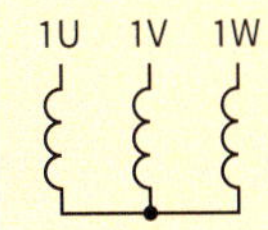	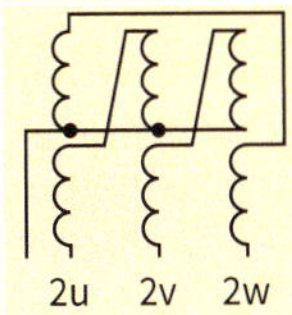	$\frac{2 \cdot N_1}{\sqrt{3} \cdot N_2}$	Verteilungs-Transformator mit kleiner Leistung und voll belastbarem Sternpunkt

2: Schaltgruppen

Schutz von Leistungstransformatoren

Werden z. B. im Krankenhaus Transformatoren eingesetzt, so sind zu deren Schutz folgende Maßnahmen erforderlich:

- **Kurzschlussschutz** auf der Hochspannungsseite durch HH-Sicherungen
- **Überlastschutz** auf der Niederspannungsseite durch NH-Sicherungseinsätze oder thermische Überstromauslöser. Die Auslöser werden nach der Bemessungsstromstärke des Transformators eingestellt.
- **Temperaturüberwachung** durch Thermoelemente in der Transformatorwicklung

Wie kann auf einen höheren Leistungsbedarf reagiert werden?

Durch zusätzliche elektrische Verbraucher erhöht sich der **Leistungsbedarf** [*power demand*]. Die Bemessungsleistung des vorhandenen Drehstromtransformators reicht jetzt im Krankenhaus nicht mehr aus.

Zum vorhandenen Drehstromtransformator wird ein zweiter Drehstromtransformator unter bestimmten Voraussetzungen parallel geschaltet. Damit keine Ausgleichsströme fließen und ungleiche Belastungen der Transformatoren vermieden werden, gelten für das Parallelschalten laut DIN VDE 0532 folgende Bedingungen:

- **Gleiche Kennzahlen** der Schaltgruppen (Abb. 2)
- Möglichst **gleiche Übersetzung**
- Annähernd **gleiche relative Kurzschlussspannungen**
- Verhältnis der **Bemessungsleistungen** < 3:1

Aufgaben

1. Wodurch werden im Eisenkern die Wirbelströme erzeugt?
2. Durch welche Maßnahmen lassen sich die Wirbelstromverluste verringern?
3. Beschreiben Sie, wie die Wicklungsenden beim Drehstromtransformator in der Dreieckschaltung verbunden werden.
4. Welche Bedeutung hat der Buchstabe „n" in der Bezeichnung der Schaltgruppe?
5. Geben Sie die Bedeutung der Buchstaben und der Kennzahlen bei den Schaltgruppen Dyn 5 und Yzn 5 an.

- Drehstromtransformatoren bestehen aus einem Dreischenkelkern mit Joch sowie Schenkel mit je einer Oberspannungs- und einer Unterspannungswicklung.
- Wärme- bzw. Wirbelstromverluste beim Drehstromtransformator werden verringert, indem die Bleche mit Silizium legiert und gegeneinander isoliert werden.
- Die OS-Wicklungen werden in Dreieck oder Stern, die US-Wicklungen in Dreieck, Stern oder Zick-Zack geschaltet.
- Die Schaltgruppe gibt die Schaltungsart von OS und US an.
- Beim Parallelschalten von Drehstromtransformatoren sind Kennzahl, Übersetzung, relative Kurzschlussspannung und Bemessungsleistung zu beachten.

Belastungen im Drehstromnetz

Symmetrische Belastung

Wie wirkt sich symmetrische Belastung auf die Größe der Stromstärke im Neutralleiter aus?

Bei **symmetrischer Belastung** [*symmetric load*] fließen in den drei Außenleitern gleich große Ströme. Diese Belastung liegt dann vor, wenn z.B. ein Drehstrommotor mit gleich großen Wicklungswiderständen das Netz belastet.

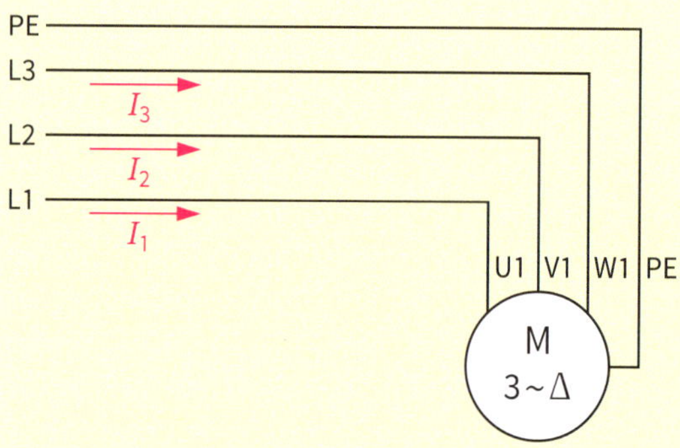

Drehstrommotor – symmetrische Last

Beispiel:

Belastung der drei Außenleiter mit gleich großen Widerständen bedeutet:

Die Stromstärken in den Außenleitern sind gleich groß.

In der Schaltung des Drehstrommotors fällt auf, dass **kein Neutralleiter** angeschlossen ist.

Warum dies zulässig ist, erklären wir mit Hilfe des folgenden Zeigerdiagramms:

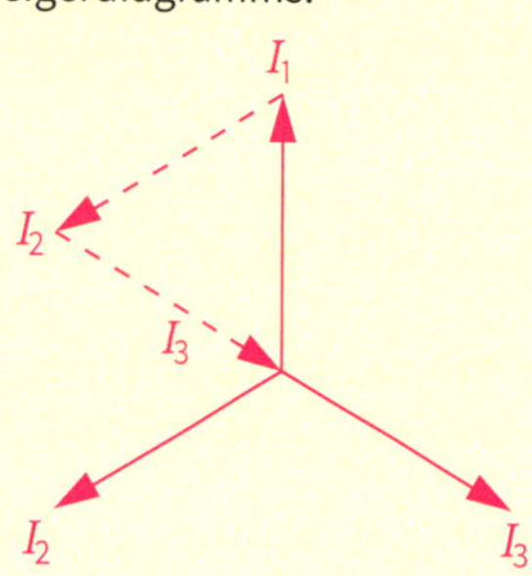

Ergebnis:

Aus dem Zeigerdiagramm ist ersichtlich, dass bei der geometrischen Addition gleich großer Außenleiterströme der resultierende Strom im Neutralleiter Null ist. Es gilt:

$I_1 = I_2 = I_3 \Rightarrow I_N = 0\,\text{A}$

Bei symmetrischer Belastung ist das Mitführen des **Neutralleiters nicht erforderlich**.

Verschiedene Belastungsarten haben unterschiedliche Auswirkungen auf die Ströme in den Außenleitern und besonders auf den Strom im Neutralleiter.

Unsymmetrische Belastung

Wie wirkt sich unsymmetrische Belastung auf die Größe der Stromstärke im Neutralleiter aus?

Bei **unsymmetrischer Belastung** [***unbalanced load***] fließen in den drei Außenleitern verschieden große Ströme. Diese Belastung tritt dann ein, wenn z.B. ein Elektroherd mit unterschiedlicher Belastung der drei Außenleiter eingeschaltet ist.

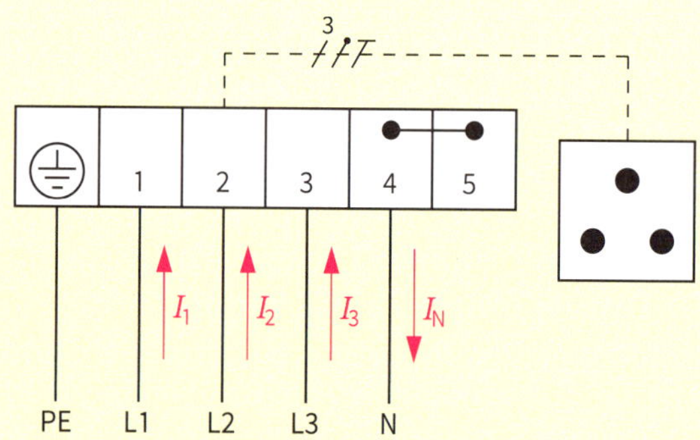

Elektroherd – unsymmetrische Last

Beispiel:

Belastung der drei Außenleiter mit unterschiedlich großen Widerständen bedeutet:

Die Stromstärken in den Außenleitern sind nicht gleich groß.

In dieser Schaltung wird der Neutralleiter mit verlegt.

Warum dies erforderlich ist, beweisen wir wieder mit Hilfe des Zeigerdiagramms:

Die Stromstärken in den Außenleitern betragen z.B.

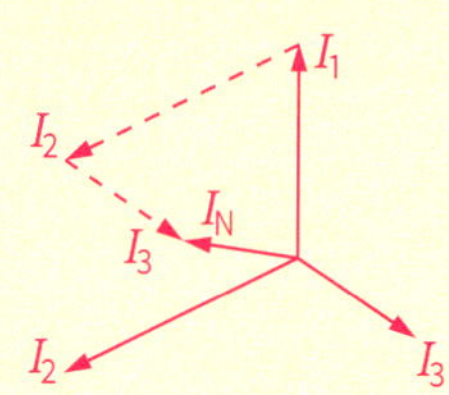

I_1 = 18 A
I_2 = 22 A
I_3 = 12,5 A
$\Rightarrow I_N$ = 10 A

Ergebnis:

Aus dem **Zeigerdiagramm** [***phasor diagram***] ergibt sich, dass bei unsymmetrischer Belastung im Neutralleiter die Stromstärke 10 A beträgt ($I_N \neq 0\,\text{A}$). Hier entstehen **Ausgleichsströme**. Es gilt:

$I_1 \neq I_2 \neq I_3 \Rightarrow I_N \neq 0\,\text{A}$

Bei unsymmetrischer Belastung ist das Mitführen des **Neutralleiters erforderlich**.

In den meisten elektrischen Anlagen kommt als Belastungsart ausschließlich die **unsymmetrische Belastung** vor, weil verschiedene Arten von Verbrauchern die drei Außenleiter nicht gleichmäßig belasten.

5.2.3.3 Elektrische Arbeit und Leistung

Der Transformator im Krankenhaus wird überwiegend unsymmetrisch belastet. Viele elektrische Verbraucher, z.B. medizinische Geräte, sind unterschiedlich auf die Außenleiter verteilt und werden nicht gleichzeitig eingeschaltet.

Wie wird die elektrische Arbeit gemessen?

In Drehstromanlagen wird durch **Vierleiter-Drehstrom-Wirkverbrauchszähler** [*four-wire three-phase active power meter*] die elektrische Arbeit gemessen. In Abb. 1 ist die Schaltung für den unmittelbaren Anschluss im Drehstromnetz dargestellt. Die **elektrische Arbeit** wird am Zählerstand abgelesen.

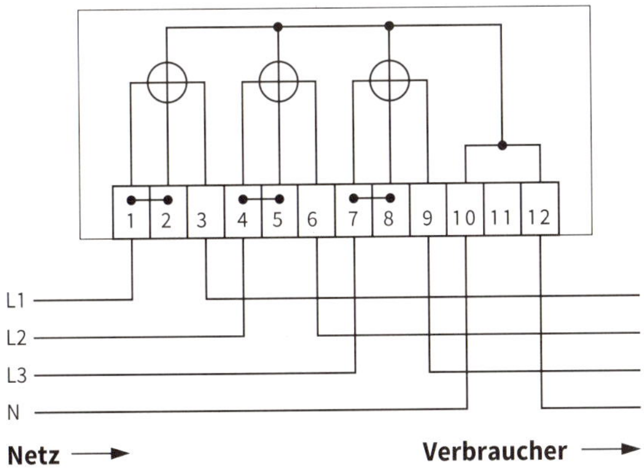

1: Drehstromzählerschaltung

Wie wird die elektrische Leistung ermittelt?

Verbraucher wie Glühlampen und Heizwiderstände erzeugen im Gleich-, Wechselstrom- und Drehstromkreis bei gleicher Spannung dieselbe Wirkung, also denselben Effekt. Die durch Vielfachmessgeräte angezeigten Werte für Spannung und Stromstärke heißen **Effektivwerte** [*root mean square values*]. Mit diesen Werten wird der Effektivwert der elektrischen Leistung bestimmt.

Es gelten im
- Wechselstromkreis: $P = U \cdot I$ und im
- Drehstromkreis: $P = \sqrt{3} \cdot U \cdot I$

Der Faktor $1{,}73 \approx \sqrt{3}$ heißt **Verkettungsfaktor**.

Fernzählgeräte (Datalogger)

Bei Übergabemessungen können diese an die Zähler angeschlossen werden. Sie erfassen die Zählerimpuls- oder Stromausgänge und bilden die Zählerstände und Lastprofile für die Fernabfrage nach und vieles mehr.

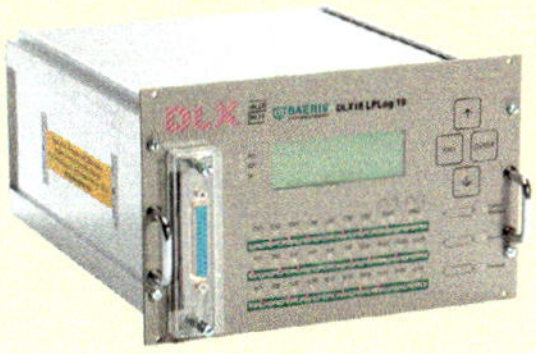

Effektivwert von Strom und Spannung

Die Größen von Stromstärke I und Spannung U werden im Wechselstromkreis als Effektivwerte angegeben.

Mit Hilfe eines Zweikanal-Oszilloskops werden die Strom- und Spannungskurven in einem Wechselstromkreis ausgewertet (Abb. 2).

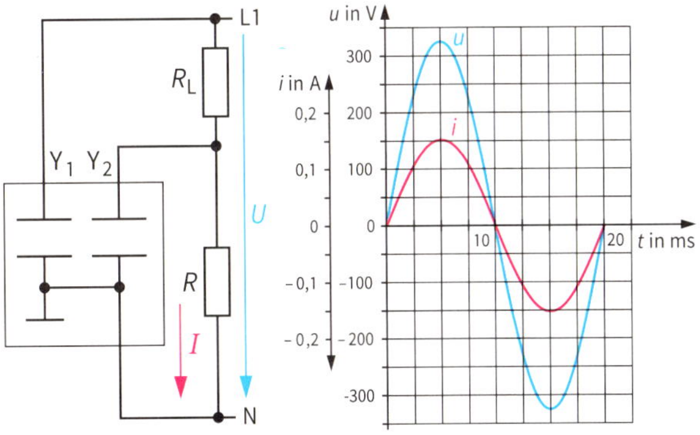

2: Messschaltung und Liniendiagramm

Die **Scheitelwerte** betragen laut Diagramm:
- $\hat{i} = 150$ mA bzw. $\hat{u} = 325$ V

Die Messung mit Vielfachmessgeräten ergibt andere Werte für Stromstärke und Spannung, nämlich
- $I = 110$ mA bzw. $U = 230$ V

Das sind die bereits genannten **Effektivwerte**. Sie werden mit Großbuchstaben gekennzeichnet. Die Augenblickswerte werden hingegen mit Kleinbuchstaben geschrieben. Das Verhältnis von Scheitelwert zu Effektivwert beträgt:

$$\frac{\hat{i}}{I} = \frac{150\text{ mA}}{110\text{ mA}} \quad \frac{\hat{i}}{I} = \sqrt{2} \qquad \frac{\hat{u}}{U} = \frac{325\text{ V}}{230\text{ V}} \quad \frac{\hat{u}}{U} = \sqrt{2}$$

Die Zahl $\sqrt{2}$ heißt **Scheitelfaktor**.

Ermittlung der Leistung

Die Leistungskurve wird durch Multiplikation der **Augenblickswerte von Stromstärke *i* und Spannung *u*** bestimmt. Der Effektivwert der Leistung lässt sich aus den Effektivwerten von Stromstärke und Spannung berechnen.

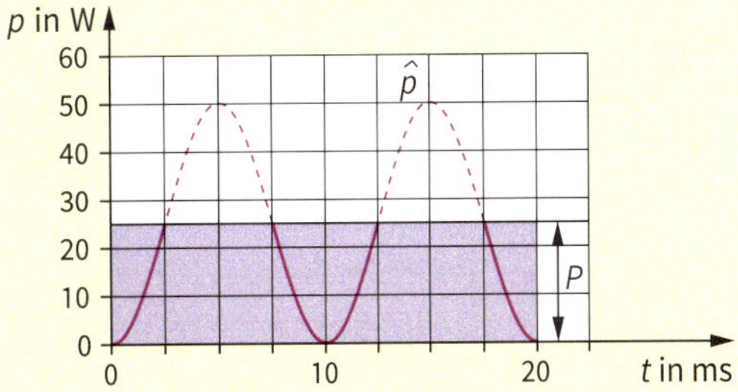

$$P = \frac{\hat{p}}{2} \Rightarrow P = \frac{\hat{u} \cdot \hat{i}}{2} \Rightarrow P = \frac{U \cdot \sqrt{2} \cdot I \cdot \sqrt{2}}{2} \Rightarrow \mathbf{P = U \cdot I}$$

Bei Belastung des Wechsel- und Drehstromnetzes mit Widerständen (Wirkwiderständen) kann die Leistung (Wirkleistung) auf verschiedene Arten ermittelt werden (Abb. 1).

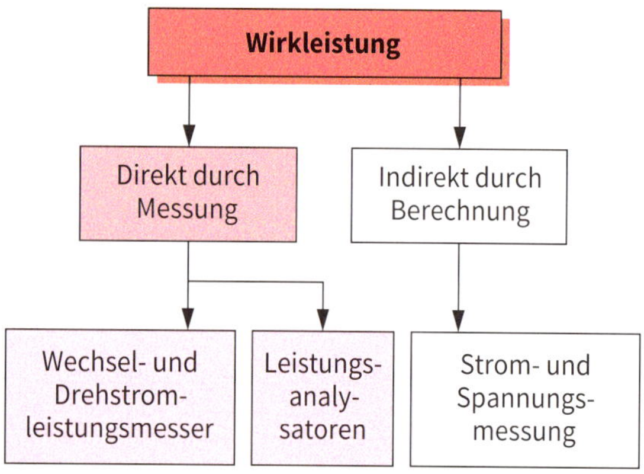

1: Bestimmung der Wirkleistung

Wirkleistungsmesser im Wechselstromnetz

Der Leistungsmesser (Abb. 2) erfasst die Spannung U zwischen dem Außenleiter L1 und dem Neutralleiter sowie die Stromstärke I und zeigt direkt die **Wirkleistung** [*active power*] des Widerstandes an.

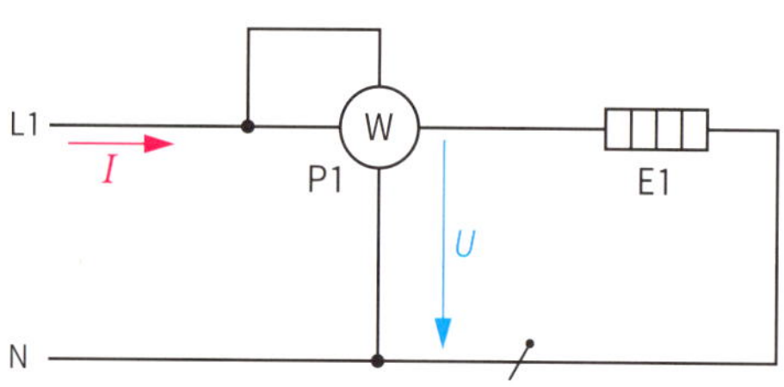

2: Wirkleistungsmesser

Wirkleistungsmesser im Drehstromnetz

Im Drehstrom-Vierleiter-Netz wird nach Abb. 3 die gesamte Wirkleistung P mit einem **Leistungsmesser** [*power meter*] direkt bestimmt. Das Netz kann dabei durch Widerstände symmetrisch (Abb. 6) oder unsymmetrisch (Abb. 7) belastet sein.

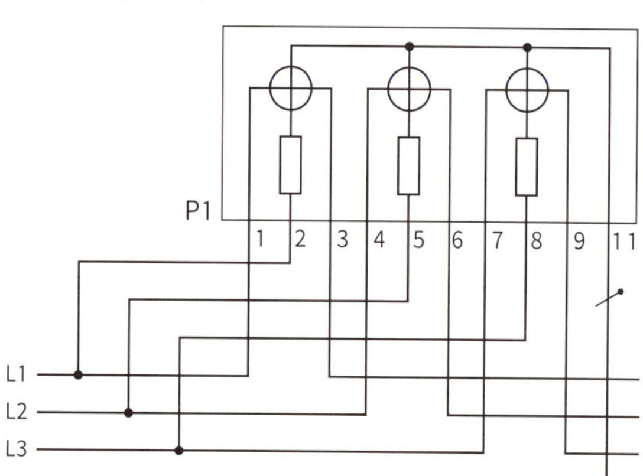

3: Drehstrom-Wirkleistungsmesser

Messzange

Zur Leistungsmessung werden auch Stromzangen mit zusätzlicher Spannungsmessung verwendet (Abb. 4). Mit den Geräten können Messungen von Leistung, Spannung und Stromstärke vor Ort durchgeführt werden. Dabei braucht der Stromkreis nicht unterbrochen zu werden. Die Anzeige erfolgt jeweils direkt auf dem Display.

4: Stromzange mit Voltmeter

Messung mit multifunktionalem Messgerät

Die augenblickliche Leistung einer Anlage lässt sich auch mit Hilfe dreiphasiger Netz- und Stromversorgungsanalysatoren ermitteln (Abb. 5). Das Messgerät wird über vier **Stromzangen** [*current clamps*] für die drei Außenleiter und den Neutralleiter sowie drei Messleitungen für die Spannungen angeschlossen. Die Anzeige der Wirkleistung kann direkt gewählt und auf dem Display angezeigt werden. Das multifunktionale Messgerät ermöglicht die Anzeige und das Aufzeichnen elektrischer Größen (z. B. U und I) über eine Schnittstelle.

5: Multifunktionales Messgerät

- Der Effektivwert ist der Wert, der im Gleich- und Wechselstromkreis die gleiche Leistung bewirkt.
- Im Drehstromnetz fließt bei symmetrischer Belastung im Neutralleiter kein Strom.
- Bei unsymmetrischer Belastung des Drehstromnetzes fließt im Neutralleiter ein Ausgleichsstrom.
- Mit einem Zeigerdiagramm lässt sich die Größe der Stromstärke im Neutralleiter grafisch bestimmen.

Leistungsbestimmung im Drehstromnetz

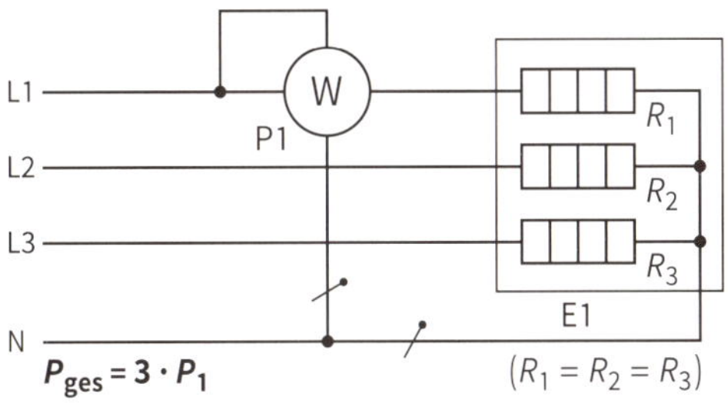

6: Wirkleistung bei symmetrischer Belastung

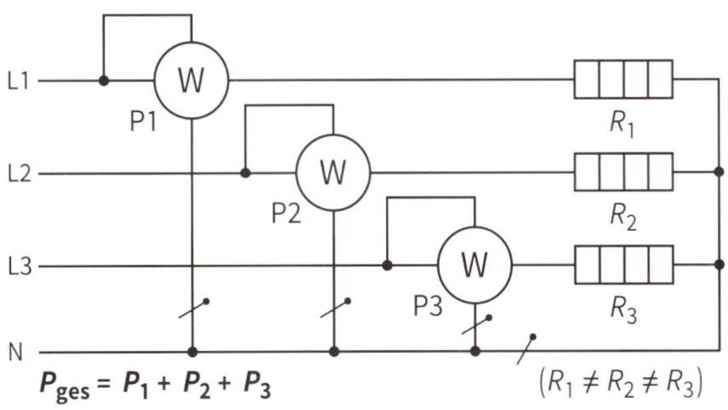

7: Wirkleistung bei unsymmetrischer Belastung

Aufgaben

1. Erklären Sie, was man unter dem Effektivwert versteht.
2. Was versteht man unter symmetrischer und unsymmetrischer Belastung im Drehstromnetz?
3. Begründen Sie, warum die unsymmetrische Belastung in Verbraucheranlagen am häufigsten vorkommt.
4. In einer elektrischen Anlage (400/230 V) werden die Außenleiter durch Wirkwiderstände ($P_1 = 2$ kW; $P_2 = 1{,}5$ kW; $P_3 = 1{,}2$ kW) belastet.
   a) Berechnen Sie die Ströme I_1, I_2 und I_3.
   b) Bestimmen Sie zeichnerisch die Größe der Stromstärke im Neutralleiter.
5. Beschreiben Sie den Anschluss von Messgeräten zur Bestimmung der elektrischen Leistung bei
   a) symmetrischer Last und
   b) unsymmetrischer Last.

Netzbetreiber des nationalen Verbundnetzes

Die folgenden deutschen Netzbetreiber sind in das europäische Verbundnetz eingebunden:

- 50Hertz
- Amprion
- TenneT
- TransnetBW

5.2.3.4 Energietransport

In die Verteileranlage des Krankenhauses wird vom regionalen Netzbetreiber elektrische Energie eingespeist. Der Energietransport erfolgt von den Kraftwerken aus auf verschiedenen **Spannungsebenen** des **Verbundnetzes** (Abb. 8). Folgende Spannungsebenen sind laut DIN VDE 0105-100 festgelegt[1]:

- **Hochspannung** (> 1000 V AC und 1500 V DC) über größere Entfernungen
  - in die Nähe von Industrieanlagen und Städten,
  - zu kleineren Verbraucherzentren
- **Niederspannung** (≤ 1000 V AC und 1500 V DC)
  - zu Mittel- und Kleinbetrieben sowie Haushalten
- **Kleinspannung** (≤ 50 V AC und 120 V DC)

Die Spannung, die in den Generatoren der **Kraftwerke** [*power stations*] erzeugt wird, liegt meistens zwischen 10,5 kV und 27 kV.

[1] Im Alltagsgebrauch werden noch die Begriffe Höchst- und Mittelspannung verwendet.

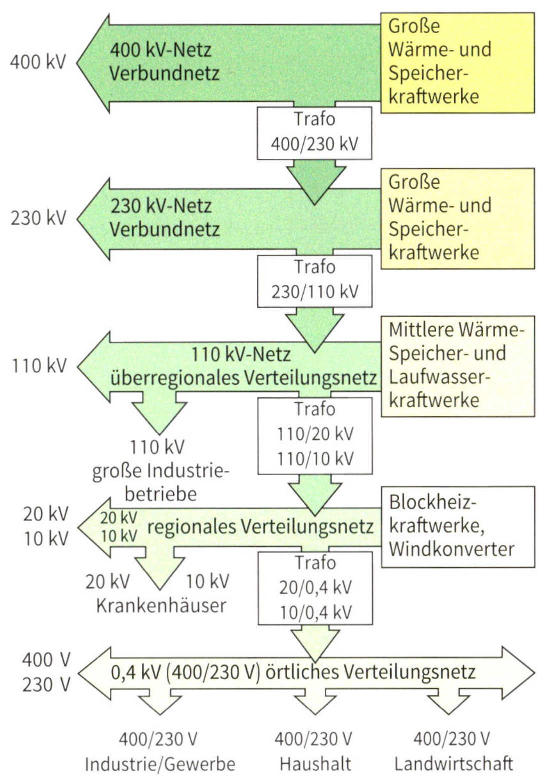

8: Spannungsebenen des Verbundnetzes

Warum werden hohe Spannungen übertragen?

Die Antwort ergibt sich aus folgenden Überlegungen: Die gleiche Leistung P kann übertragen werden entweder durch

- hohe Stromstärken und niedrige Spannungen oder
- kleine Stromstärken und hohe Spannungen.

Dies folgt aus der Beziehung $P = U \cdot I$.

Da jedoch hohe Stromstärken nach $P_v = I^2 \cdot R$ hohe Verluste verursachen, wird durch eine kleine Stromstärke die Verlustleistung klein gehalten. Dies erreicht man durch eine hohe Spannung.

Um die Energie vom Kraftwerk zum Verbraucher ohne große Verluste zu transportieren, wird mit Hilfe von Transformatoren die erzeugte Spannung zunächst in eine höhere Spannung transformiert. Auf kürzeren Übertragungsstrecken sind Leistung und Energieverluste gering, sodass zur Energieübertragung als Netzspannung die Niederspannung ausreicht.

Im Verbundnetz wird die **Dreiphasen-Wechselspannung** zunächst über **Dreileitersysteme** und auf der Niederspannungsebene über ein **Vierleitersystem** zum Verbraucher übertragen.

- Zur Übertragung elektrischer Energie über große Entfernungen wird Hochspannung gewählt, sodass die Stromstärke und die Übertragungsverluste klein sind.

Energieumwandlungskette in einem Wärmekraftwerk

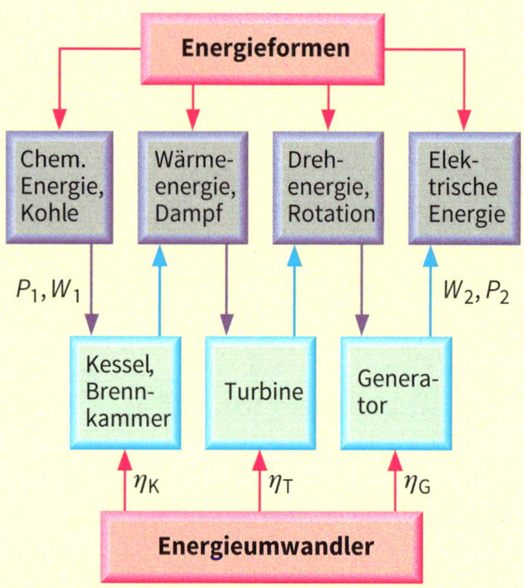

Wirkungsgrad

Der **Wirkungsgrad** [*efficiency*] gibt das Verhältnis von abgegebener zur zugeführten Energie an. Anstelle der Energie kann auch die Leistung in die Formel eingesetzt werden.

$$\eta = \frac{W_2}{W_1} \qquad \eta = \frac{P_2}{P_1} \qquad W_v = W_1 - W_2$$

$$\eta_{ges} = \eta_K \cdot \eta_T \cdot \eta_G \qquad P_v = P_1 - P_2$$

Querschnittsberechnung

Eine elektrische Leistung von 3 MW soll vom Kraftwerk über die Entfernung von 100 km zu Verbrauchern übertragen werden.

- Bei $U = 230$ V beträgt die Stromstärke $I = 13$ kA.
- Wenn wir einen Spannungsfall von $\Delta u = 10\,\%$ am Leiterwiderstand (Hin- und Rückleitung) annehmen, dann ist beim Leitermaterial Kupfer der Leiterquerschnitt:

$$q = \frac{2 \cdot l \cdot I}{\Delta U \cdot \varkappa} \qquad q = \frac{2 \cdot 100\,000\ \text{m} \cdot 13\,000\ \text{A}}{23\ \text{V} \cdot 56 \frac{\text{m}}{\Omega\ \text{mm}^2}}$$

$\underline{\underline{q = 2{,}02\ \text{m}^2}}$ Ein solcher Querschnitt ist technisch nicht möglich.

Bei einer höheren Spannung von 230 kV benötigen wir bei denselben Bedingungen für $I = 13{,}04$ A nur einen Querschnitt von $q = 2{,}02\ \text{mm}^2$.

Ein Netzausfall darf im Krankenhaus zu keinen Störungen führen. Deshalb werden folgende Spannungsquellen ersatzweise zugeschaltet:

- **Akkumulatoren**
  Der Vorteil dieser Anlagen besteht darin, dass wiederaufladbare Akkumulatoren bei Netzausfall sofort für die Energieversorgung, z. B. für **Sicherheitsbeleuchtung und OP-Leuchten**, zur Verfügung stehen.
  Die Batterieanlage besitzt z. B. die Bemessungsspannung von 230 V und die Kapazität von 192 Ah. Sie ist alle 2 Jahre zu überprüfen.
- **Notstromaggregat**
  Zum Antrieb von Notstromgeneratoren werden Dieselmotoren verwendet. Das **Notstromaggregat** [*emergency power supply set*] verfügt über eine Motor-Dauerleistung von 114 kW. Bei einer Bemessungsspannung von 400 V beträgt die Generatorleistung 100 kVA. Der Kraftstoffvorrat muss für einen 24stündigen Notbetrieb bemessen sein.

Aufgaben

1. Skizzieren Sie den Energietransport von einem Kraftwerk auf der Spannungsebene von 400 kV zu einem Krankenhaus mit Einspeisung von der 10 kV-Spannungsebene.
2. Wie groß wird der Leiterquerschnitt nach der Beispielrechnung, wenn die angegebene Leistung mit 400 kV übertragen wird?
3. Welche Verlustleistung fällt bei der Übertragung durch 400 kV auf dieser Spannungsebene an?
4. Begründen Sie die Notwendigkeit zusätzlicher Spannungsquellen im Krankenhaus.

Sicherheitsstromversorgung im Krankenhaus

Die Sicherheitsstromversorgung (SV) in medizinisch genutzten Gebäuden versorgt bei Störungen im allgemeinen Netz alle notwendigen Einrichtungen mit elektrischer Energie (DIN VDE 0100-710). Für die Errichtung ist Folgendes zu beachten:

Merkmale der SV

- Übernahme der Versorgung
- Umschaltdauer
- Versorgungsdauer
- Verbraucher
- Art der Stromquelle

Die Sicherheitsstromversorgung übernimmt den Betrieb, wenn die Bemessungsspannung in einem oder mehreren Außenleitern bei t_a > 0,5 s um mehr als 10 % sinkt. 80 % der Bemessungsleistung müssen sofort übernommen werden, der Rest in den nächsten fünf Sekunden.

Die Versorgung muss für mindestens 24 Stunden sichergestellt sein. Die Versorgungsdauer kann auf drei Stunden herabgesetzt werden, wenn alle medizinischen Anwendungen innerhalb dieser Zeit beendet werden (z.B. OP-Bereich) bzw. die Klinik in drei Stunden evakuierbar ist.

Welche Verbraucher werden wie lange versorgt?

Grundsätzlich sollte die Sicherheitsstromversorgung nur zusätzlich und für eine begrenzte Anzahl von vorab definierten Verbrauchern vorgesehen werden.

1: Dieselaggregat

Verbraucher mit einer Umschaltdauer < 0,5 s:

- OP-Leuchten
- Beleuchtung an endoskopischen Arbeitsbereichen

Verbraucher mit einer Umschaltdauer < 15 s:

- Sicherheitsbeleuchtung
- Medizinische, technische Betriebsmittel:
  - in den Anwendungsbereichen 2
  - für die medizinische Gas- und Druckluftversorgung
- Feuerwehraufzüge und Feuerlöschanlagen
- Personenruf-, Brandmelde- und Alarmanlagen

Verbraucher mit einer Umschaltdauer > 15 s:

- Kühl- und Kocheinrichtungen
- Sterilisationseinrichtungen
- Aufzüge
- Technische Anlagen für Heizung, Klima, Lüftung und Ver-/Entsorgung

Viele Geräte besitzen aus Sicherheitsgründen darüber hinaus eine zusätzliche interne unterbrechungsfreie Stromversorgung (USV).

Welche Stromquellen werden verwendet?

Als Sicherheitsstromquellen werden **Verbrennungsmotoren** nach DIN 6280-13, z.B. ein Dieselaggregat (Abb. 1) oder Verbrennungsmotoren in Blockheizkraftwerken, verwendet.

- Eine zusätzliche Einspeisung aus einem weiteren unabhängig von der allgemeinen Stromversorgung gelegenen Netz sowie die Verwendung von Primärelementen sind als Sicherheitsstromquellen unzulässig.
- Zentrale batteriegestützte Energieversorgungen (Abb. 2) sind gemäß DIN VDE 0558-507 einzurichten. Sie müssen so dicht wie möglich am Verbraucher installiert werden.

Weiterhin muss die Betriebsbereitschaft der SV ständig angezeigt und überwacht werden.

2: Zentrale Batterieversorgung

5.2.3.5 TN-Systeme

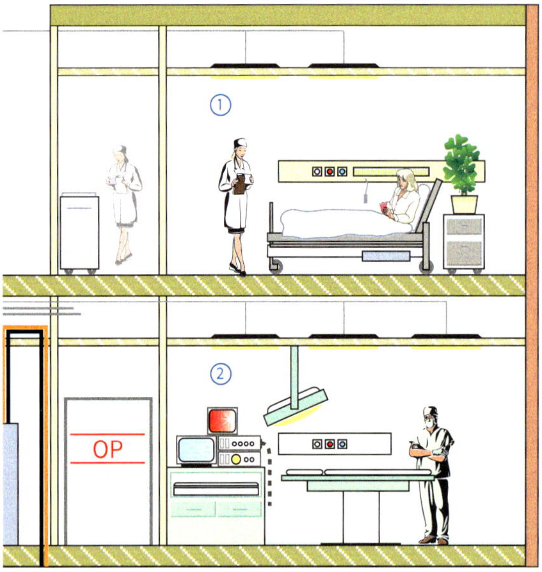

1: Energieversorgung durch TN-S- und IT-System

Welche Arten von Verteilungssystemen gibt es?

Die Energieversorgung elektrischer Verbraucher erfolgt durch verschiedene Verteilungssysteme. Krankenzimmer werden z. B. über ein TN-S-System (Abb. 1, ①), Operationsräume über ein IT-System ② versorgt. TT-Systeme werden in elektrischen Anlagen von Baustellen aufgebaut. Über die einzelnen Verteilungssysteme wollen wir uns einen Überblick verschaffen. Sicherheitsaspekte müssen dabei besonders beachtet werden.

Der **Schutz gegen elektrischen Schlag** wird erreicht durch

- **automatische Abschaltung** in TN- und TT-Systemen durch Schutzeinrichtungen und
- **Meldung** mit Hilfe einer Isolations-Überwachungseinrichtung in IT-Systemen.

TN-Systeme werden von den VNBs in drei verschiedenen Ausführungen betrieben. Trotz des unterschiedlichen Aufbaus werden die einzelnen Sicherheitsaspekte wie

- **Personenschutz** im Fehlerfall,
- **Überlastschutz** [*overload protection*] und
- **Kurzschlussschutz** [*short-circuit protection*]

gewährleistet.

Im **TN-C-System** ist der PEN-Leiter gleichzeitig Neutral- und Schutzleiter (Abb. 2). Er muss grün-gelb gekennzeichnet sein. Die Schutz- und die Rückleitungsfunktionen der beiden Leiter sind hier kombiniert. Deshalb darf der PEN-Leiter an keiner Stelle des TN-C-Systems unterbrochen werden. Der Einbau von Sicherungen und Schaltern im PEN-Leiter ist nicht erlaubt.

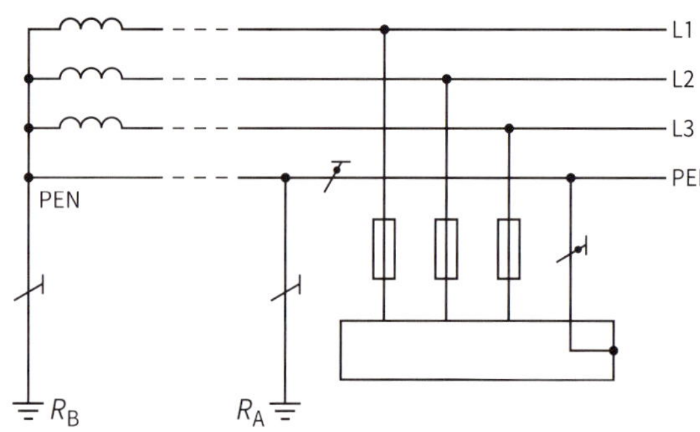

2: TN-C-System

Im **TN-S-System** werden Neutral- und Schutzleiter im gesamten System vom Netztransformator getrennt geführt (Abb. 3). In der Verteilung werden der Neutralleiter und der Schutzleiter mit dem Anlagenerder verbunden. Die Sicherheitsfunktion wird durch die getrennte Verlegung des Schutzleiters besonders erfüllt.

Wegen seiner großen Funktionssicherheit wird das TN-S-System z. B. in Verbraucheranlagen von privaten Haushalten und in Krankenhäusern installiert.

Schutz in Verteilungssystemen

Überstrom-Schutzorgane und RCDs schalten bei der höchst zulässigen Berührungsspannung U_L ab.

⇩ **TN-System** und **TT-System**

Fehlerstrom I_F fließt zum Sternpunkt des Netztransformators über

⇩ **PE-/PEN-Leiter** bzw. **Erder**

Isolations-Überwachungseinrichtung meldet den Fehler „Körperschluss“.

⇩ **IT-System**

⇩ Kein **Fehlerstrom I_F** möglich, da keine Verbindung zwischen Anlagenerder und Sternpunkt des Netztransformators vorliegt.

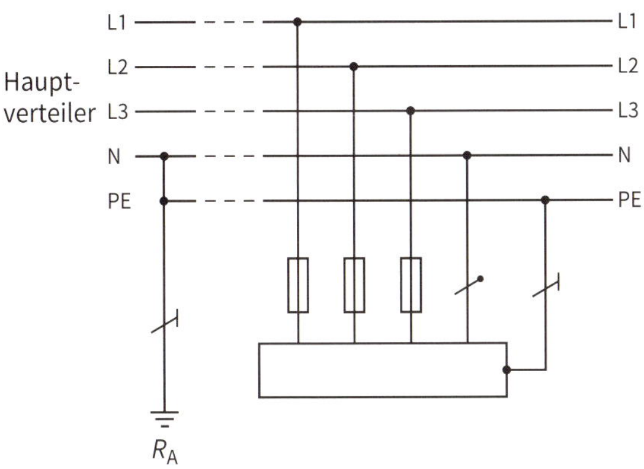

3: TN-S-System

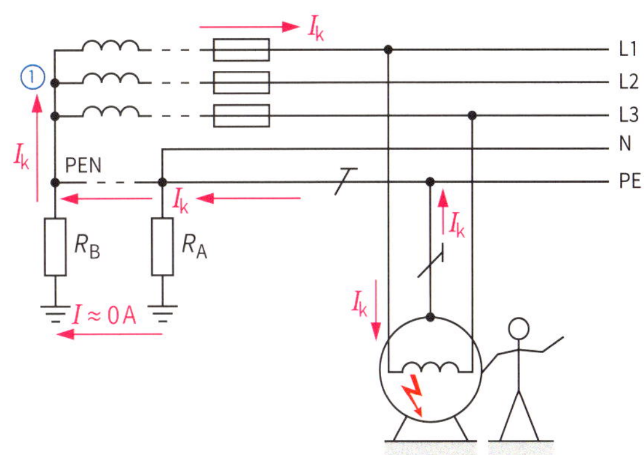

4: Fehlerschleife (ZS) bei Körperschluss

Das **TN-C-S-System** wird ebenfalls in Verbraucheranlagen angewendet. In einem Teil des Systems, wo zum Beispiel die Querschnitte von Neutral- und Schutzleiter $q > 10\ mm^2$ sind, werden beide Leiter in der Verteilung zum PEN-Leiter zusammengefasst. Im weiteren Teil des Versorgungssystems sind dann Neutral- und Schutzleiter getrennt geführt.

Erdung in TN-Systemen

Beim möglichen Erdschluss eines Außenleiters können andere Leiter wie PEN- und PE-Leiter eine Spannung gegen Erde annehmen, welche die zulässige Berührungsspannung von 50 V übersteigt. Um diese Spannungsüberhöhung zu verhindern, wird durch mehrere Erder, also

- **Betriebserder R_B** [*functional earth electrode*] am Netztransformator und
- **Anlagenerder R_A** [*installation earth electrode*] in den Verbraucheranlagen,

der Gesamterdungswiderstand im Niederspannungsnetz verkleinert. Alle Erder bilden zusammen eine Parallelschaltung.

Installation von PEN-, N- und PE-Leiter

In TN-C-Systemen ist der PEN-Leiter zusammen mit den Außenleitern in gemeinsamer Umhüllung verlegt (z. B. Hausanschlusskabel). Im Krankenhaus werden vom Leistungstransformator aus die drei Außenleiter und der PEN-Leiter zu der Hauptverteilung getrennt geführt.

Fehlerschleife

Der Schutzleiter PE übernimmt z. B. bei einem Kurzschluss die Schutzfunktion, da er den Fehlerstromkreis zum Sternpunkt des Netztransformators schließt. Am Beispiel einer Fehlerschleife wird in Abb. 4 die Auslösestromstärke $I_F = I_K$ (Kurzschlussstromstärke) bei einem Körperschluss dargestellt. Der Teilstrom über die Erder R_A und R_B ist dabei vernachlässigbar klein. Der Fehlerstrom I_F fließt zum größten Teil über das **Gehäuse des Gerätes**, den **PE-Leiter** und den **PEN-Leiter** zum Sternpunkt des Leistungstransformators. Der Gesamtwiderstand der Fehlerschleife muss klein sein, damit die Kurzschlussstromstärke groß wird.

Die **Schleifenimpedanz *Z*** [*loop impedance*] setzt sich zusammen aus

- Z_T der Transformatorwicklung,
- R_L des Außenleiters und der Sicherung,
- R_{Kl} den Anschlussklemmen am Objekt,
- R_{PE} des Schutzleiters und
- R_{PEN} des PEN-Leiters.

Das Ersatzschaltbild (Abb. 5) der Schleifenimpedanz Z_S lässt sich wie folgt darstellen:

Sternpunkt ① des Netztransformators

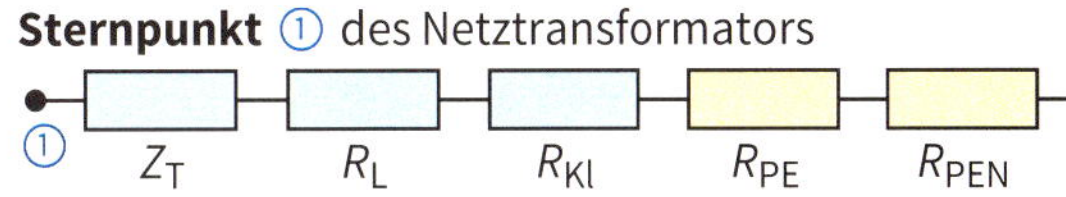

5: Ersatzschaltbild von Z_S

Nach der Auslösecharakteristik der Sicherung oder des LS-Schalters verringert sich die Auslösezeit bei einem größeren Kurzschlussstrom. Zur Abschaltzeit t_a des Überstrom-Schutzorgans lässt sich folgende Wirkungskette aufstellen:

$Z_S \downarrow \Rightarrow I_K \uparrow \Rightarrow t_a \downarrow$

$$\boldsymbol{Z_S \leq \frac{U_0}{I_a}}$$

Damit ein ausreichend großer Abschaltstrom fließen kann, muss die Bedingung für Z_S erfüllt sein. Für die einzelnen Stromkreise gelten maximale Abschaltzeiten (vgl. S. 30, Abb. 1). Die Hersteller von Überstrom-Schutzorganen geben Näherungswerte für die **Höhe des Abschaltstromes I_a (= I_K)** an.

Kleinere Abschaltzeiten werden z. B. in TN-Systemen durch einen **zusätzlichen Schutzpotenzialausgleich** (ZPA) erreicht. Aufgrund der Parallelschaltung des ZPA- zum PE-Leiter lässt sich folgende Wirkungskette aufstellen: $R_{ZPA} \,||\, R_{PE} \Rightarrow R_G \downarrow \Rightarrow I_a \uparrow \Rightarrow t_a \downarrow$

Berührungsspannung

Für die zulässige Berührungsspannung U_L gelten laut DIN VDE 0100-410 maximal die Werte

- 50 V AC (effektiv) und
- 120 V DC.

Anwendung	Spannung gegen Erde	Abschalt-zeit
Steckdosenstromkreise und ortsveränderliche Betriebsmittel	$U_0 \leq 230$ V $U_0 > 120$ V	$t_a \leq 0{,}4$ s
	$U_0 \leq 400$ V $U_0 > 230$ V	$t_a \leq 0{,}2$ s
Endstromkreise mit festem Anschluss von Handgeräten oder ortsveränderlichen Geräten der Schutzklasse I	$U_0 > 400$ V	$t_a \leq 0{,}1$ s
Verteilungsstromkreise in Gebäuden, die z. B. zu einem Schaltschrank führen, und Endstromkreise mit ortsfesten Geräten	$U_0 \leq 400$ V	$t_a \leq 5$ s

1: Abschaltzeiten in TN-Systemen (DIN VDE 0100-410)

Wie wird der Schutz in medizinisch genutzten Bereichen gewährleistet?

Diese Bereiche sind nach DIN VDE 0100-710 in die **Anwendergruppen 0, 1 und 2** eingeteilt. Für die Höhe der zulässigen Berührungsspannung U_L gelten folgende Festlegungen:

- **Gruppe 0**: $U_L \leq 50$ V AC und
- **Gruppen 1 und 2**: $U_L \leq 25$ V AC für TN- und IT-Systeme.

In Krankenhäusern sind diesen drei Gruppen u. a. folgende Räume zugeordnet:

- **Gruppe 0**: Betten- und Praxisräume
- **Gruppe 1**: Therapie- und Massageräume
- **Gruppe 2**: Operationsräume und Intensivstation

In den Bereichen der Gruppe 1 und 2 ist ein **zusätzlicher Schutzpotenzialausgleich** erforderlich. Durch diesen soll erreicht werden, dass in der Umgebung von Patienten keine Potenzialdifferenzen entstehen können zwischen

- leitfähigen Geräteteilen und Fußböden,
- dem **Metallschirm** [*metal screen*] des Transformators für ein eventuell vorhandenes IT-System und
- ortsfesten Operationstischen, die keinen Anschluss zum Schutzleiter haben.

In medizinisch genutzten Bereichen sind **RCDs** mit $I_{\Delta N} \leq$ **30 mA** im TN-S-System nur unter bestimmten Voraussetzungen einzusetzen. Eine Abschaltung darf keine Gefährdung der Patienten verursachen. Diese Festlegung gilt für folgende Raumgruppen:

- **Gruppe 1** in Endstromkreisen mit Steckdosen (bis 32 A) und Leuchten in der Umgebung der Patienten (**keine OP-Leuchten**)
- **Gruppe 2** in Stromkreisen für die elektrische Versorgung von OP-Tischen, elektrischen Verbrauchern und Leuchten in der Umgebung von Patienten, jedoch **nicht bei OP-Leuchten**

TN-Verteilungssysteme

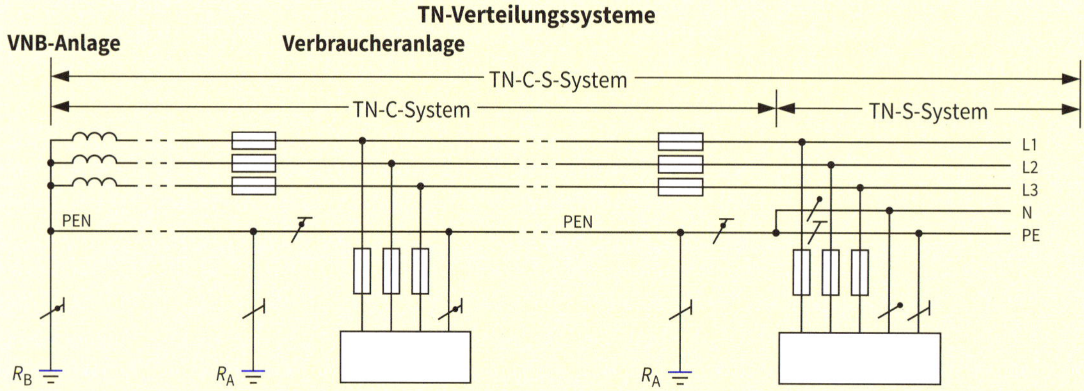

Bedeutung der Buchstaben im **T N - C - S -System**

1. Buchstabe: Beschreibung der Erdungen beim VNB

2. Buchstabe: Beschreibung der Erdungen in der Anlage des Verbrauchers

3. und 4. Buchstabe: Beschreibung der N- und PE-Leiter-Verlegung in der Anlage des Verbrauchers

T: Direkte Erdung des Sternpunktes (Y-Punkt).

N: Komponenten sind direkt mit Y-Punkt des Versorgungssystems verbunden.

C: PEN-Leiter hat Neutralleiter (N)- und Schutzleiter (PE)-Funktion.

S: PE-Leiter ist vom N-Leiter getrennt.

I: Trennung aller aktiven Teile von Erde; Sternpunkt isoliert (oder) über Impedanz mit der Erde verbunden.

Bedeutung: **I**: Isolation (isoliert); **T**: Terre (Erde); **N**: Neutre (neutral); **C**: Combiné (kombiniert); **S**: Separé (getrennt)

5.2.3.6 TT-Systeme

TT-Systeme werden an Baustellen und in Teilbereichen der Industrie aufgebaut. Die Verbraucheranlagen werden zum Schutz mit RCDs und Überstrom-Schutzeinrichtungen ausgestattet. Die Erdung erfolgt direkt am Netztransformator ① und an den Gehäusen der Geräte. Diese können **direkt geerdet** ② oder mit einem **gemeinsamen Erder** der Anlage ③ verbunden sein (Abb. 2). Um einen Ausfall der gesamten Energieversorgung bei einem Körperschluss zu vermeiden, sollten RCDs im Unterverteiler für jeden Stromkreis installiert werden.

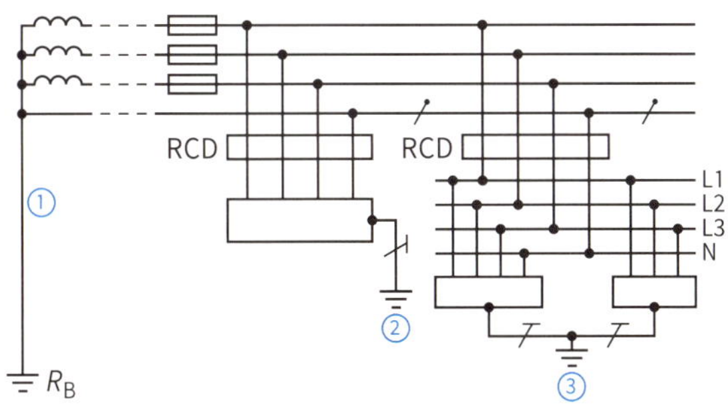

2: Erdungen im TT-System

TT-Systeme können auch in medizinisch genutzten Bereichen der Gruppen 0 und 1 angewendet werden. In Räumen der Gruppe 2 sind TT-Systeme jedoch verboten, weil bei Unterbrechung des PE-Leiters und einem Körperschluss eine gefährliche Fehlerspannung zwischen Gehäuse und Erde auftritt. Ein Fehlerstromkreis mit einer ausreichend hohen Fehlerstromstärke ($I_F = I_K$) kann sich dann nicht aufbauen. Es kommt zu keiner **Abschaltung** [*disconnection*] durch das Schutzorgan.

Unterschied zwischen TN- und TT-Systemen

Im Unterschied zum TN-System besteht im TT-System zwischen dem Betriebserder R_B und dem Anlagenerder R_A keine Leiterverbindung. Alle Erder der Anlage sind über das Erdreich miteinander und mit dem Erder des Netztransformators verbunden.

- Der Schutz im TN-System besteht darin, dass im Fehlerfall ein großer Strom in der Fehlerschleife die Schutzeinrichtung auslöst.
- In medizinisch genutzten Bereichen werden zur Energieversorgung TN-S-Systeme und IT-Systeme eingesetzt.
- Im TT-System dürfen RCDs in Räumen der Gruppe 0 und 1 nur unter bestimmten Voraussetzungen installiert werden.
- Um die Abschaltung im Fehlerfall zu erreichen, müssen im TT-System die Werte für die Erdungswiderstände der Anlagenerder eingehalten oder $I_{\Delta N}$ der RCDs kleiner gewählt werden.

Fehlerstrom bei Körperschluss im TT-System

Der Fehlerstrom I_F fließt vom Netztransformator über den Außenleiter L1 (R_L), die Fehlerstelle ($R_Ü$) und den Erdungswiderstand R_A der Verbraucheranlage durch das Erdreich zum Sternpunkt des Netztransformators. I_F muss mindestens so groß sein wie der Auslösestrom I_a der **Schutzeinrichtung** [*protection equipment*], damit das Überstrom-Schutzorgan im Fehlerfall abschaltet.

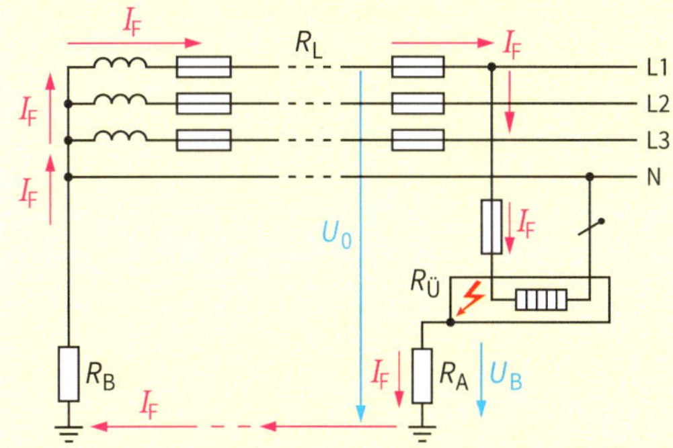

Daraus folgt für das TT-System zur Berechnung des maximal zulässigen Erdungswiderstandes R_A folgende Formel:

$$R_A \leq \frac{U_L}{I_a}$$

Verkleinerung des Erdungswiderstandes R_A

Im TT-System sind niedrige Erdungswiderstände meistens nicht zu erreichen. Deshalb verwendet man RCDs, die bei kleiner Bemessungsfehlerstromstärke $I_{\Delta N}$ und hohem R_A noch abschalten. Für RCDs gilt nebenstehende Bedingung.

$$R_A \leq \frac{U_B}{I_{\Delta N}}$$

Aufgaben

1. Welche Bedeutung haben die einzelnen Buchstaben in der Bezeichnung TN-C-S-System?
2. Beschreiben Sie den Unterschied zwischen einem TN-C-System und einem TN-S-System.
3. Begründen Sie, warum der Einsatz eines TN-S-Systems in medizinisch genutzten Bereichen erforderlich ist.
4. In einem Elektrogerät mit der Bemessungsspannung 230 V entsteht durch einen Isolationsfehler ein Kurzschluss. Welche maximale Abschaltzeit ist im TN-System zulässig?
5. Wie groß darf der Schleifenwiderstand maximal sein, wenn ein Stromkreis (U_0 = 230 V) mit einer Schmelzsicherung (Typ gG) und I_N = 20 A abgesichert ist? ($I_a \approx 8 \cdot I_N$)
6. Wie groß ist R_A im TT-System, wenn die RCD ($I_{\Delta N} \leq 0{,}1$ A) bei U_B = 40 V abschaltet?

5.2.3.7 IT-Systeme

Bei erhöhten Anforderungen an die Versorgungssicherheit werden IT-Systeme verwendet. Im Hinblick auf das **Krankenhaus** hat das IT-System eine besondere Bedeutung.

- Bei einem Fehler darf **keine Gefährdung** der Patienten entstehen.
- Beim **ersten Körperschluss** muss das fehlerhafte **Gerät weiter in Funktion** bleiben.
- **Keine Abschaltung** der Energieversorgung in OP-Räumen und auf Intensivstationen.

Worin besteht der besondere Schutz in IT-Systemen?

Damit sich kein Fehlerstromkreis aufbauen kann, darf im IT-System der Neutralleiter nicht geerdet sein. Lediglich die Gehäuse der Geräte sind z. B. über einen Schutzleiter an den Erder angeschlossen. Weil kein geschlossener Stromkreis besteht, kann sich im Fehlerfall keine gefährliche Fehlerspannung ($U_F = U_B$) aufbauen und auch kein Fehlerstrom I_F fließen (Abb. 1).

IT-Systeme werden auch in Industriebetrieben mit Explosionsbereichen errichtet, wo **beim 1. Fehler keine Abschaltung** der Anlage erfolgen darf.

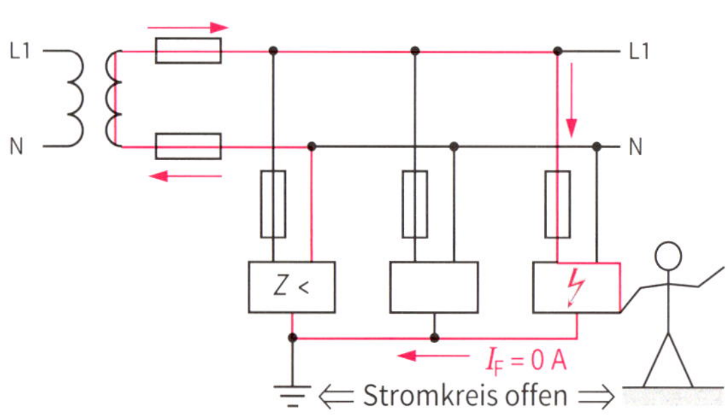

1: Körperschluss im IT-System

Das **medizinische IT-System** versorgt in den Räumen der Gruppe 2

- **Steckdosenstromkreise** mit angeschlossenen, medizinischen elektrischen Geräten und
- **Operationsleuchten** sowie vergleichbare Leuchten mit Bemessungsspannungen über 25 V AC oder über 60 V DC.

Um Potenzialdifferenzen zwischen leitenden Teilen zu vermeiden, muss in den medizinischen Bereichen der Gruppe 1 und 2 ein **zusätzlicher Schutzpotenzialausgleich** [*supplementary protective equipotential bonding*] installiert und mit der Haupterdungsschiene verbunden werden.

Wie ist das IT-System aufgebaut?

Laut DIN VDE 0100-710 ist im Krankenhaus für jede Raumgruppe mindestens ein separates IT-System erforderlich. Zum Aufbau eines gegen Erde isolierten Systems werden IT-Trenntransformatoren nach DIN VDE 0570-2-15 verwendet.

Der Anschluss dieser Transformatoren erfolgt über eine Vorsicherung, die als Kurzschlussschutz dient. Bei Überlast und **Übertemperatur** [*overtemperature*] erfolgen visuell und akustisch Meldungen in einer zentralen Überwachungsstation. Für IT-Trenntransformatoren gelten laut DIN VDE 0100-710 u. a. folgende Festlegungen:

- Bemessungsausgangsleistung: 3,15 kVA < S < 8 kVA
- Maximal zulässige Ableitstromstärke: $I_{Abl} \leq 0{,}5$ mA
- Schutzklasse II

Der besondere Schutz bei Verwendung von Einphasen- und Dreiphasen-Trenntransformatoren besteht darin, dass sich zwischen der Primär- und Sekundärwicklung eine **Schirmwicklung** [*shielding winding*] befindet. Diese verhindert einen möglichen Spannungsüberschlag. Da Sternpunkt und Neutralleiter auf der Sekundärseite nicht geerdet sind, besteht keine leitende Verbindung zur Erde.

Im IT-System sind alle aktiven Leiter gegen Erde isoliert, sodass zur Erde hin ein Isolationswiderstand besteht. Dieser Isolationswiderstand muss durch ein **Isolations-Überwachungsgerät** kontrolliert werden. Deshalb wird das Gerät zwischen Außenleiter bzw. Neutralleiter und Erder R_A geschaltet (Abb. 1). Um die Funktionsfähigkeit des Systems zu gewährleisten, müssen alle metallenen Gehäuse mit dem Anlagenerder R_A verbunden werden. Dadurch haben alle Gehäuse das gleiche Potenzial.

Isolations-Überwachungsgerät

Diese Geräte erzeugen eine pulsförmige Messspannung, die über die Anschlussklemmen L1, L2, L3 und N sowie die Klemme „Erde" dem zu überwachenden IT-System überlagert wird. Tritt nun ein Isolationsfehler zwischen dem IT-System und der Erde auf, z. B. ein Körperschluss, dann wird der Messkreis geschlossen. Der Isolationswiderstand unterschreitet den eingestellten Wert. Es fließt ein Messstrom, der eine Meldung bewirkt. Diese Fehlermeldung kann gespeichert und durch eine externe Taste gelöscht werden.

Was geschieht bei einem Fehler in der Anlage?

Tritt nur an einem Gerät (Abb. 2, ①) ein Körperschluss als **1. Fehler** auf, dann ist keine **Abschaltung** erforderlich, weil alle aktiven Leiter des IT-Systems keine Verbindung zur Erde haben. Trotz des Isolationsfehlers fließt nur ein kleiner, ungefährlicher Fehlerstrom I_d ②. Die vorgeschalteten Sicherungen sprechen nicht an. Die Anlage kann trotz des Fehlers weiter betrieben werden. Folgende Bedingung für IT-Systeme wird sicher eingehalten:

- $R_A \cdot I_d \leq 50$ V

Der 1. Fehler mit dem zulässigen Fehlerstrom I_d wird vom **Isolationswächter** [*earth-leakage monitor*] **visuell und akustisch** angezeigt (**Schutz durch Meldung**). Das Isolations-Überwachungsgerät kontrolliert also ständig den Isolationswiderstand der Anlage.

- Normalbetrieb: grüne Lampe leuchtet
- Fehler $R_{iso} < 50$ kΩ: gelbe Lampe leuchtet

Der Fehler muss sofort beseitigt werden. Nach Beseitigung des Fehlers muss die optische Anzeige von gelb auf grün umgeschaltet werden.

Tritt ein **2. Fehler** (z. B. Körperschluss) an einem zweiten Gerät ③ auf, besteht zwischen den Gehäusen der beiden Geräte eine gefährliche Spannung. Die Anlage muss sofort abgeschaltet werden. Über die Erder bildet sich ein Fehlerstromkreis mit dem Fehlerstrom I_a ④ zwischen den Außenleitern L1 und L3 über die Metallgehäuse der beiden Geräte und R_A. Das IT-System arbeitet jetzt wie ein TT-System. Fließt ein ausreichend großer Strom I_a, dann löst das Überstrom-Schutzorgan aus. Diese Situation darf in medizinisch genutzten Räume nicht vorkommen, weil dann Geräte abgeschaltet würden, die lebenswichtige Funktionen erfüllen (z. B. OP-Leuchten).

Wie wird im IT-System geerdet?

Im IT-System können die Körper der Geräte einzeln geerdet sein (Abb. 2).

Dies ist aus praktischen Gründen oft nicht möglich. Deshalb werden in solchen Fällen alle Körper und fremden leitfähigen Anlagenteile über den zentralen Schutzpotenzialausgleichsleiter PA mit dem Erder R_A verbunden (Abb. 3).

Welche Bedingung gilt für den Erdungswiderstand?

Für den Erdungswiderstand R_A gilt:

$$R_A \leq \frac{U_L}{I_a}$$

U_L ist die höchst zulässige Berührungsspannung.

R_A ist der Widerstand der Schutzpotenzialausgleichsleiter, des PE-Leiters und des Erders der Anlage.

Einzelerdungen eines IT-Systems kommen z. B. in Industrieanlagen vor. Es gelten:

- Abstand der Verbraucher: $a \geq 2{,}5$ m
- I_d (= I_F) ist der Fehler- bzw. Messstrom, der beim 1. Fehler fließt.

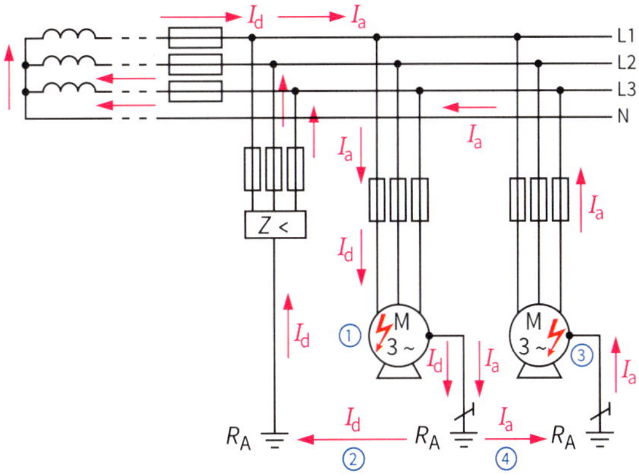

2: Einzelerdungen

Für die **Gemeinsame Erdung** eines IT-Systems gelten folgende Anforderungen an das **Isolations-Überwachungsgerät** nach DIN VDE 0100-710:

- $R_i \geq 100$ kΩ
- Messspannung: $U \leq 25$ V
- Messstrom im Fehlerfall: $I_d \leq 1$ mA
- Erforderliche Anzeige, wenn $R_{iso} < 50$ kΩ

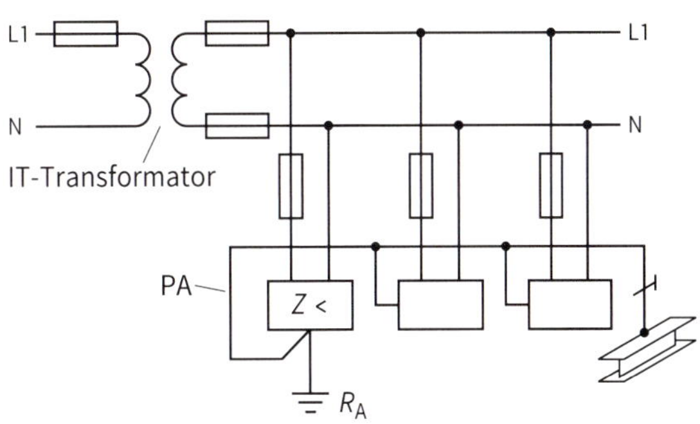

3: Gemeinsame Erdung über PA

- Im IT-System kontrolliert das Isolations-Überwachungsgerät den Isolationszustand zwischen dem Netz und dem Schutzpotenzialausgleich bzw. der Erde.
- Im IT-System bildet sich beim 1. Fehler kein Fehlerstromkreis, da der Sternpunkt des Netztransformators nicht geeerdet ist.
- Beim 2. Fehler liegt die Leiterspannung gegen Erde, sodass eine automatische Abschaltung der Stromversorgung erfolgen muss.
- Im IT-System können die Körper der Geräte einzeln oder gemeinsam geerdet werden.

5.2.3.8 Verteilungssysteme – Übersicht

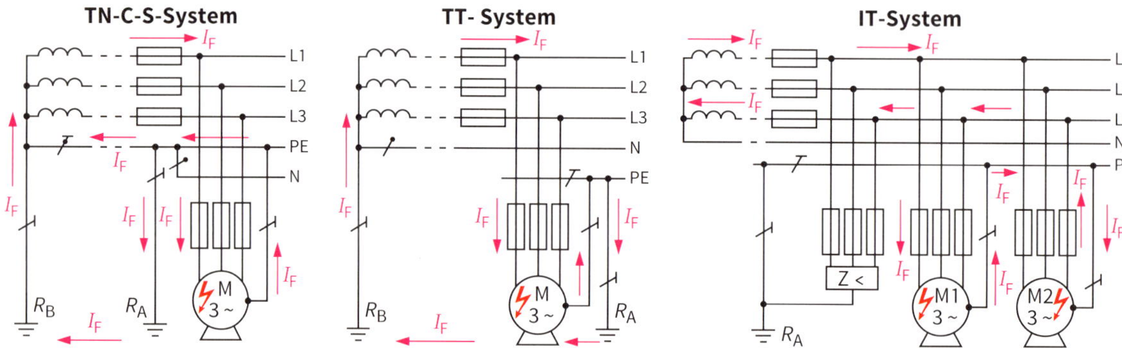

TN-C-S-System	TT-System	IT-System
Fehlerstromkreise		
L1 → Motor → PE → R_A → R_B → Y → L1 bzw. L1 → Motor → PE → PEN → Y → L1	L1 → Motor → PE → R_A → R_B → Y → L1	L1 → Motor 1 → PE → Motor 2 → L3 → Y → L1
Einflussgrößen auf I_F		
• $q_{PE} \uparrow \Rightarrow R_{PE} \downarrow \Rightarrow I_F \uparrow$ • R_A und $R_B \downarrow \Rightarrow I_F \uparrow$ • Übergangswiderstand ($R_Ü$) zwischen Gehäuse und PE-Leiter sowie PEN-Leiter u. Haupterdungsschiene	• $q_{PE} \uparrow \Rightarrow R_{PE} \downarrow \Rightarrow I_F \uparrow$ • R_A und $R_B \downarrow \Rightarrow I_F \uparrow$ • Übergangswiderstand ($R_Ü$) zwischen Gehäuse und PE-Leiter und zu R_A	• $q_{PE} \uparrow \Rightarrow R_{PE} \downarrow \Rightarrow I_F \uparrow$ • Übergangswiderstand ($R_Ü$) zwischen Gehäuse und PE-Leiter und zu R_A
Folgerungen		
• Leiterquerschnitt und Erderwiderstände beeinflussen den Fehlerstrom nur gering. • Je kleiner die Widerstände sind, desto größer wird der Fehlerstrom I_F. • Der Fehlerstrom wird zum Kurzschlussstrom I_K. ⇒ Abschaltstrom I_a für das Überstrom-Schutzorgan.	• Leiterquerschnitt und Erderwiderstände beeinflussen den Fehlerstrom I_F. • Je kleiner die Widerstände sind, desto größer wird der Fehlerstrom I_F. • Der Fehlerstrom I_F (häufig als I_K bezeichnet) fließt über die Erdungsanlagen zum Sternpunkt des Netztransformators ⇒ Abschaltstrom I_a für das Überstrom-Schutzorgan.	• Leiterquerschnitt beeinflusst den Fehlerstrom I_F. • Je kleiner die Widerstände sind, desto größer wird der Fehlerstrom I_F. • Widerstand zwischen Außenleiter und Erde verkleinert sich. ⇒ Isolations-Überwachungseinrichtung zeigt den ersten Fehler an.
Schutz gegen elektrischen Schlag		
• Schleifenimpedanz $Z_s \downarrow \Rightarrow$ • Abschaltstrom $I_a \uparrow \Rightarrow$ • Abschaltzeit $t_a \Rightarrow \downarrow$ • Metallgehäuse sind über den Schutzleiter mit dem Sternpunkt Y verbunden. Zusätzlich sind der PE-Leiter und der Transformator-Sternpunkt geerdet. Bei Körperschluss wird automatisch abgeschaltet.	• Summe der Widerstände des Erders und des PE-Leiters bis Gehäuse $R_A \downarrow \Rightarrow I_a \uparrow \Rightarrow$ • Abschaltzeit $t_a \downarrow$ • Metallgehäuse sind über den Schutzleiter, die Erder und die Erde mit dem Sternpunkt Y verbunden. Bei Körperschluss wird automatisch abgeschaltet.	• Meldung des 1. Fehler • Auftreten eines 2. Fehlers ⇒ Abschaltstrom $I_a \uparrow \Rightarrow$ • Abschaltzeit $t_a \downarrow$ • Metallgehäuse sind über den PE-Leiter mit dem Erder verbunden. Ein Körperschluss wird von der Schutzeinrichtung gemeldet. Bei einem zweiten Körperschluss wird abgeschaltet.

Aufgaben

1. Beschreiben Sie den Aufbau eines IT-Systems vom Netztransformator bis zum Verbraucher.
2. Erklären Sie, warum sich in einem IT-System beim 1. Fehler (Körperschluss) kein Fehlerstromkreis bilden kann.
3. Welche Funktion hat das Isolations-Überwachungsgerät im IT-System?
4. Beschreiben Sie den Verlauf des Fehlerstromes im IT-System bei einem 2. Fehler in der Anlage (vgl. S. 33, Abb. 2).

5.3 Verteilanlage errichten

5.3.1 Struktur der Verteilanlage

Nachdem die Grundlagen zur elektrischen Energieverteilung erarbeitet worden sind, soll die Anlage jetzt dimensioniert werden.

Die Struktur der Verteilung ist durch das Ingenieurbüro vorgegeben. Die Anforderungen und die zu installierenden Objekte sind im Leistungsverzeichnis detailliert beschrieben.

Aufgrund dieser Pläne wird durch den Hersteller der Verteilung die gewünschte Verteilung gefertigt. Es handelt sich hierbei um ein modular aufgebautes System. Dies bedeutet, dass die gesamte Niederspannungshauptverteilung aus einzelnen Schrankelementen (Feldern) vor Ort zusammengesetzt wird (Abb. 1). Der innere Aufbau wird häufig durch ein **Einlinienschema** *[single-phase scheme]* auf den Türen dargestellt.

Durch den Aufbau sind die einzelnen Teilbereiche der gesamten Energieverteilung klar strukturiert. Die Montage vor Ort wird durch die vorgefertigten Schrankfelder wesentlich erleichtert.

Die elektrische Verbindung zwischen den Feldern wird über ein Stromschienensystem hergestellt (Abb. 1). Die **Stromschienen** *[busbars]* ① verbinden die einzelnen Felder untereinander und befinden sich im oberen Teil der Verteiler. Von hier aus führen senkrechte Schienen zu den jeweiligen Schalt- bzw. Schutzeinrichtungen.

Da alle Leitungen bzw. Kabel über den Zwischenboden in die Verteilung eingeführt werden, befinden sich die Klemmen aller Leitungsverbindungen im unteren Bereich der Verteiler ②. Alle Überstrom-Schutzorgane und Messeinrichtungen sind entweder von außen oder nach Öffnen der Tür bedienbar. Hinter der Tür wird je nach Funktion ein Berührungsschutz angebracht.

Die neue Niederspannungshauptverteilung soll aus den folgenden Feldern bestehen:

AV-Netz: (Raum U032)
- Einspeisung Trafo (Feld 1)
- Abgang zur SV und Messeinrichtungen (Feld 2)
- Abgänge AV (Feld 3 und 4)

SV-Netz: (Raum U033)
- Einspeisung Notstromaggregat (Feld 1)
- Abgänge SV (Feld 2)

Der Aufbau und die **Dimensionierung** des Energieverteilers wird bei unserem Bauvorhaben durch den Schaltanlagenbauer vorgenommen. Alle notwendigen Daten werden dem Leistungsverzeichnis und den Schaltplanunterlagen entnommen. Zur Dimensionierung der Schaltgeräte und Schutzeinrichtungen sind sehr komplexe Berechnungen erforderlich. Deshalb wird dafür ein Computerprogramm verwendet. Um die wichtigsten Auswahlkriterien kennen zu lernen, wird hier die Dimensionierung für ein konkretes Beispiel durchgeführt.

- Die Energieverteilanlage besteht aus modular aufgebauten Einzelverteilern (Feldern).
- Die Verteilungen werden untereinander durch Stromschienen versorgt.

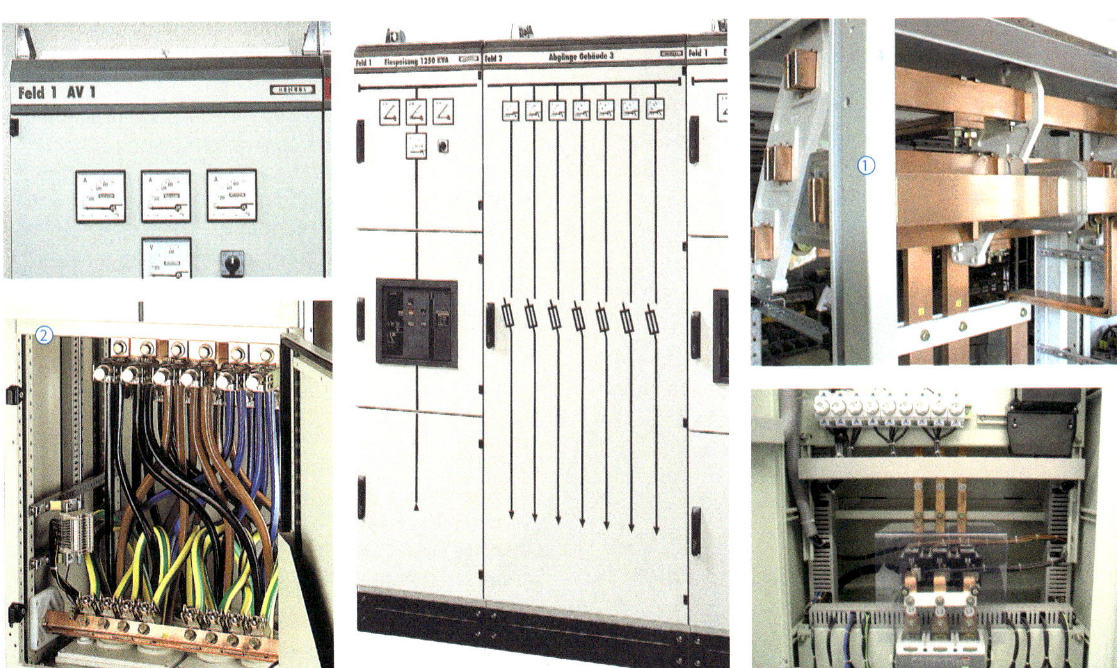

1: Verteilerfeld mit NH-Sicherungsabgängen

Dimensionierung der Objekte

Das Leitungsnetz im Krankenhaus entspricht den technischen Anforderungen und wird deshalb nicht erneuert. Lediglich die Einspeisung des Heizungsverteilers muss wegen des veränderten Verteilungsstandortes erneuert werden.

Um die wichtigsten Auswahlkriterien und Berechnungen zu erklären, zeigen wir beispielhaft am Netzstrang zur Heizung die betreffenden Verfahren zur Dimensionierung der Leitungen und Schutzorgane.

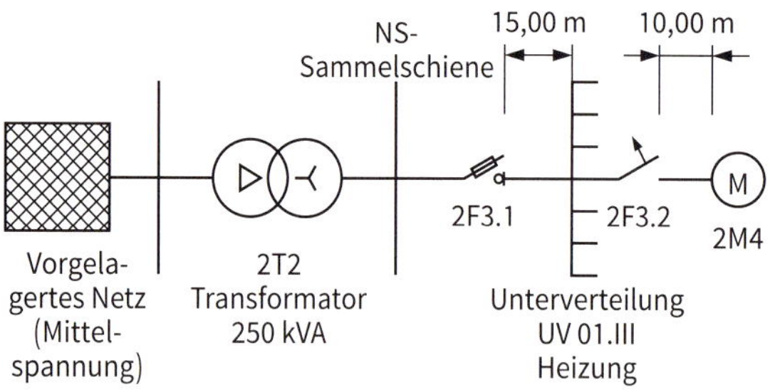

1: Netzstrang zur Pumpe der Heizungsverteilung

Es werden auch alle Schaltgeräte und Überstrom-Schutzorgane innerhalb der Niederspannungshauptverteilung durch den Austausch der Verteilung erneuert.

Die folgende Übersicht (Abb. 2) zeigt die erforderlichen Schritte zur **Auswahl der Schutzeinrichtungen** und **Ermittlung der Leiterquerschnitte**.

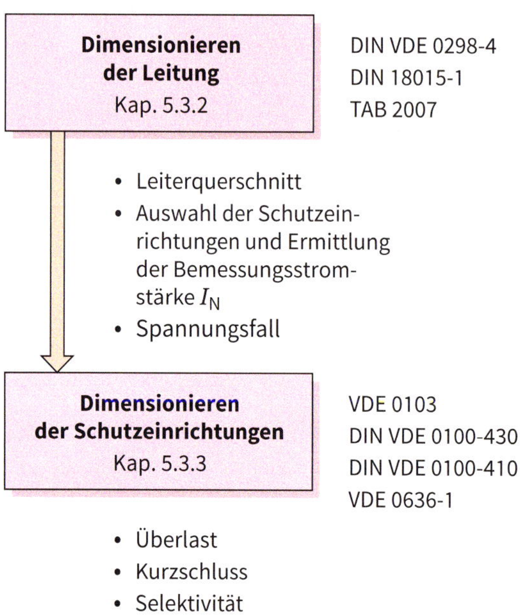

2: Ablaufschema – Leiterquerschnitt und Schutzeinrichtung

Die folgende Berechnung zur Dimensionierung der Zuleitung zum Heizungsverteiler UV01.III kann auf alle anderen Leitungen übertragen werden.

5.3.2 Dimensionieren der Leitung

Bei der Ermittlung der Leiterquerschnitte müssen viele Faktoren und Einflussgrößen berücksichtigt werden. Abb. 3 gibt zunächst einen Überblick über die Auswahlkriterien.

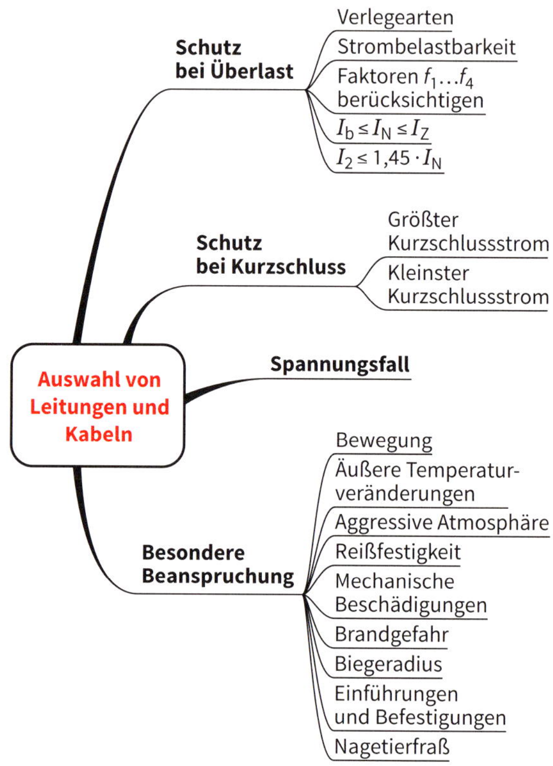

3: Auswahl von Leitungen

5.3.2.1 Ermitteln des Leiterquerschnitts

Zur Dimensionierung wird der Anschlusswert aller angeschlossenen Stromkreise ermittelt. In den Schaltungsunterlagen ist der Anschlusswert der Heizungsanlage mit 38 kW angegeben. Da die Leistung auf drei Außenleiter ($U_N = 400$ V) verteilt ist, ergibt sich eine maximal mögliche Belastungsstromstärke I_b aus der folgenden Formel:

$$P = \sqrt{3} \cdot U_N \cdot I_b$$

$$I_b = \frac{P}{\sqrt{3} \cdot U_N}; \quad I_b = \frac{38000\ \text{W}}{\sqrt{3} \cdot 400\ \text{V}}; \quad \underline{\underline{I_b = 54{,}85\ \text{A}}}$$

Bei der Zuleitung zum Heizungsverteiler handelt es sich um eine mehradrige Mantelleitung, die auf einer gelochten **Kabelwanne** [*cable tray*] verlegt ist. Dies entspricht laut DIN VDE 0298-4 der **Verlegeart E** (Mehradrige Mantelleitung verlegt in Luft bzw. in gelochter Kabelwanne).

Mit Hilfe dieser Angaben kann nun der Leiterquerschnitt aus der Tabelle nach Abb. 4 unter Angabe der Belastbarkeit der Leiterquerschnitte ermittelt werden.

Ein Ausschnitt dieser Tabelle zeigt für jeden Leiterquerschnitt die maximale **Strombelastbarkeit** [*current carrying capacity*] bei einer Umgebungstemperatur von 30 °C.

Wie wird die Strombelastbarkeit ermittelt?

- Bei der Zuleitung zum Heizungsverteiler werden drei Adern belastet. Daher wird zunächst die entsprechende Spalte mit der Verlegeart E und drei belasteten Adern ausgewählt ①.
- Anschließend wird in der Spalte die Strombelastbarkeit gesucht, deren Wert größer ist als die errechnete Belastungsstromstärke I_b = 54,85 A. Die Strombelastbarkeit im Idealfall beträgt I_r = 60 A ②.
- Der erforderliche Mindestquerschnitt kann nun mit q = 10 mm² ③ abgelesen werden.

	Verlegearten				
	C		E		F
Leitertemperatur 70 °C (PVC) Umgebungstemperatur 30 °C					
Erklärung	Verlegung von ein- oder mehradriger Kabel/Mantelleitung auf oder in einer Wand		Verlegung von ein- oder mehradriger Kabel/Mantelleitung in Luft oder Kabelwannen		Verlegung von ein- oder mehradriger Kabel/Mantelleitung in Luft
Beispiel	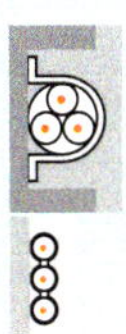		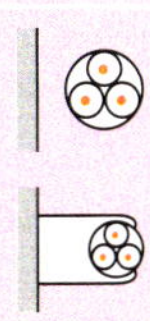		
q in mm²	Belastete Adern				
	2	3	2	3 ①	2
	Strombelastbarkeit I_r (I_Z) *) in A				
1,5	19,5	17,5	22	18,5	–
2,5	27	24	30	25	–
4	36	32	40	34	–
6	46	41	51	43	–
10 ③	63	57	70	60 ②	–
16	85	76	94	80	–
25	112	96	119	101	131
35	138	119	148	126	162
50	168	144	180	153	196
70	213	184	232	196	251

*) I_r: ideale Strombelastbarkeit I_Z: reale Strombelastbarkeit

4: Auszug aus der Tabelle für die Strombelastbarkeit

5.3.2.2 Korrektur der Strombelastbarkeit

Bei dem abgelesenen Leiterquerschnitt handelt es sich um einen Wert unter „Idealbedingungen". Dieser Wert gilt nur, wenn keine weiteren Einflüsse hinzukommen. Es muss aber auch untersucht werden, ob folgende Größen (Einflussfaktoren $f_1 \dots f_4$) die Wärmeerzeugung und -abfuhr beeinflussen.

- Umgebungstemperatur $\Rightarrow f_1$
- Gebündelte (gehäufte) Verlegung $\Rightarrow f_2$
- Belastete Adern $\Rightarrow f_3$
- Oberschwingungen $\Rightarrow f_4$

Zur Ermittlung der einzelnen Faktoren werden Tabellen verwendet, die das Ergebnis ausführlicher Messreihen darstellen.

Erhöhte Umgebungstemperatur (Faktor f_1)
Wird eine Leitung in der Umgebung mit einer höheren Temperatur als 30 °C installiert, wirkt sich dieser Einfluss negativ auf die Strombelastbarkeit aus. Dies wird durch den Faktor $f_1 < 1$ berücksichtigt. Da im Bereich der Heizungsverteilung eine erhöhte **Umgebungstemperatur** [*ambient temperature*] von 35 °C herrscht, ergibt sich aus Abb. 5 für den Faktor f_1 ein Wert von 0,94 ④.

Erhöhte Umgebungstemperatur (Faktor f_1)						
ϑ in °C	10	15	20	25	30	35
f_1	1,22	1,17	1,12	1,06	1,0	0,94 ④
ϑ in °C	40	45	50	55	60	65
f_1	0,87	0,79	0,71	0,61	0,50	0,35

5: Tabelle zur Ermittlung des Faktors f1 (Auszug)

Gehäufte Leitungsverlegung (Faktor f_2)
Die Angaben zur Strombelastbarkeit in der Tabelle (Abb. 4) berücksichtigen nicht die gebündelte Leitungsverlegung. Jede weitere parallel geführte Leitung/Kabel wirkt sich ebenfalls negativ auf die Belastbarkeit der Leiter aus. Die Zuleitung zur Heizungsverteilung wird in einer Kabelwanne mit insgesamt vier parallel geführten Leitungen verlegt. Aus der Abb. 6 wird somit ein Wert von f_2 = 0,79 abgelesen ⑤.

Gehäufte Leitungsverlegung (Faktor f_2)						
Verlegung	Anzahl der mehradrigen Leitungen mit zwei oder drei belasteten Leitern					
	1	2	3	4	6	9
gebündelt in Elektroinstallationsrohr/-kanal oder direkt auf oder in der Wand 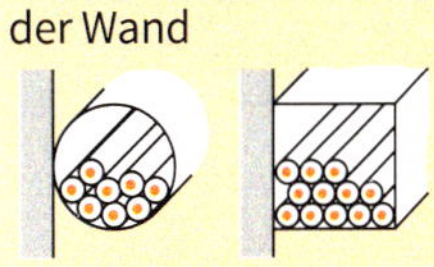	1,0	0,8	0,7	0,65	0,57	0,5
Einlagig auf die Wand oder dem Fußboden mit Berührung 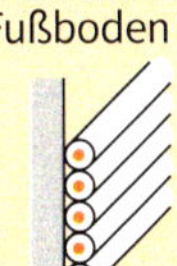	1,0	0,85	0,79	0,75	0,72	0,7
in gelochter Kabelwanne mit Berührung 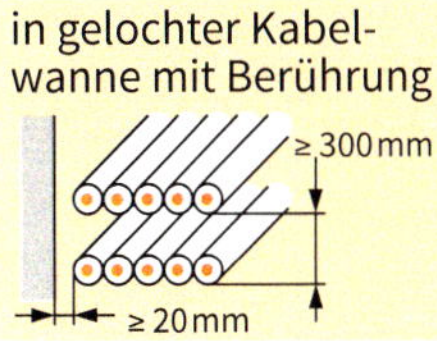	1,0	0,88	0,82	⑤ 0,79	0,76	0,73

6: Tabelle zur Ermittlung des Faktors f_2 (Auszug)

Anzahl der belasteten Adern (Faktor f_3)
Da der Wert der Strombelastbarkeit in der Tabelle (vgl. Abb. 4, S. 37) nur für 2 bzw. 3 belastete Adern gilt, wird der negative Einfluss jeder weiteren (belasteten) Ader durch den Faktor f_3 berücksichtigt. Die Zuleitung aus unserem Beispiel verfügt allerdings nur über drei belastete Adern. Der Wert für f_3 ist daher 1.

Mehr als drei belastete Adern (Faktor f_3)				
Belastete Adern	3	5	7	10
Umrechnungsfaktor f_3	1,00	0,75	0,65	0,55

1: Tabelle zur Ermittlung des Faktors f3 (Auszug)

Auswirkung von Oberschwingungen (Faktor f_4)
Durch den Einsatz nichtlinearer Verbraucher (z.B. elektronische Netzteile, Computer, elektrische Vorschaltgeräte) treten zusätzlich Oberschwingungen (vgl. Kap. 6.1.4) auf. Dadurch kommt es im Neutralleiter zu einer höheren Stromstärke als in den drei Außenleitern. Aus diesen Gründen muss der Planer von vier anstatt von drei belasteten Adern ausgehen.

Beispiel: Geg.: $P_{VOs} = 300\ \text{W}$, $P_{ges} = 2500\ \text{W}$ Ges.: f_4

$$P_{\%} = \frac{P_{VOs}}{P_{ges}} \cdot 100\ \%; \qquad P_{\%} = \frac{300\ \text{W}}{2500\ \text{V}} \cdot 100\ \%;$$

$\underline{\underline{P_{\%} = 12\ \%}}$ $\Rightarrow$ abgelesener Wert $f_4 = 1{,}00$ ①

Auswirkung von Oberschwingungen (Faktor f_4)	
Anteil der Leistung in % (Summe der Leistung aller Verbraucher die Oberschwingungen erzeugen, bezogen auf die Gesamtleistung aller Verbraucher)	Umrechnungsfaktor f_4
0 % … 15 %	1,00 ①
16 % … 25 %	0,95
26 % … 35 %	0,90
36 % … 45 %	0,85
46 % … 55 %	0,80
56 % … 65 %	0,75
66 % … 75 %	0,70
> 75 %	0,65

2: Tabelle zur Ermittlung des Faktors f_4 (Auszug)

Die auf Seite 37 ermittelte Strombelastbarkeit I_r (bei idealen Bedingungen) muss nun korrigiert werden. Aus den ermittelten Faktoren wird die reale Strombelastbarkeit I_Z mit folgender Formel berechnet:

$$I_Z = I_r \cdot f_1 \cdot f_2 \cdot f_3 \cdot f_4$$

$$I_Z = 60\ \text{A} \cdot 0{,}94 \cdot 0{,}79 \cdot 1 \cdot 1; \qquad \underline{\underline{I_Z = 44{,}56\ \text{A}}}$$

Da I_Z kleiner ist als die Belastungsstromstärke I_b, ist der gewählte Querschnitt von $q_n = 10\ \text{mm}^2$ nicht ausreichend. Es muss jetzt ein größerer Querschnitt gewählt werden. Wir wählen 16 mm² mit $I_r = 80$ A. Daraus ergibt sich eine neue Strombelastbarkeit I_Z.

$$I_Z = I_r \cdot f_1 \cdot f_2 \cdot f_3 \cdot f_4$$

$$I_Z = 80\ \text{A} \cdot 0{,}94 \cdot 0{,}79 \cdot 1 \cdot 1; \qquad \underline{\underline{I_Z = 59{,}41\ \text{A}}}$$

5.3.2.3 Ermitteln der Bemessungsstromstärke I_N

Folgende Bedingungen müssen zum Schutz bei Überlast gemäß DIN VDE 0100-430 zur Prüfung der sicheren Abschaltung der vorgeschalteten Überstrom-Schutzeinrichtung erfüllt sein:

1. $I_b \le I_N \le I_Z$ und 2. $I_2 \le 1{,}45 \cdot I_Z$

I_2: **Großer Prüfstrom** *[high test current]*
(Er wird unter definierten Bedingungen innerhalb einer Stunde abgeschaltet.)

Wie groß muss I_N gewählt werden?
Die **erste Bedingung** stellt folgende Forderung an I_N:

$54{,}85\ \text{A} \le I_N \le 59{,}41\ \text{A}$

Es zeigt sich, dass diese Bedingung nicht erfüllt werden kann, da es keine Bemessungsstromstärke für ein Überstrom-Schutzorgan gibt, die zwischen diesen Werten liegt. Der nächst größere Wert für I_N beträgt 63 A. Dies hat zur Folge, dass die tatsächliche Strombelastbarkeit I_Z nicht groß genug ist und ein weiteres Mal erhöht werden muss. Der nächste größere abgelesene Wert aus der Tabelle für die Strombelastbarkeit (vgl. Abb. 4, S. 37) beträgt $I_r = 101$ A bei einem Querschnitt $q = 25\ \text{mm}^2$. Daraus errechnet sich der Wert $I_Z = 75$ A. Die erste Bedingung ist somit erfüllt:

$54{,}84\ \text{A} \le I_N \le 75\ \text{A}$

Die **zweite Bedingung** ($I_2 \le 1{,}45 \cdot I_Z$) wird bei Verwendung handelsüblicher Sicherungen bzw. LS-Schalter durch die Hersteller erfüllt.

Die Berechnungen ergeben, dass der Leiterquerschnitt der Zuleitung zur Heizungsverteilung mit $q = 25\ \text{mm}^2$ gewählt werden muss. Somit betragen die Strombelastbarkeit $I_Z = 75$ A und die Bemessungsstromstärke der vorgeschalteten NH-Sicherung 63 A.

- Die Leitung muss so dimensioniert werden, dass der Schutz bei Überlast und Kurzschluss sowie der zulässige Spannungsfall eingehalten werden.
- Die Strombelastbarkeit einer Leitung wird durch die Verlegeart, die Umgebungstemperatur, die Betriebstemperatur und die Belastungsstromstärke beeinflusst (DIN VDE 0298-4).
- Die Belastbarkeit einer Leitung wird durch eine erhöhte Umgebungstemperatur, eine gehäufte Verlegung, mehrere belastete Adern und eventuell vorhandene Oberschwingungen verringert.
- Die Bemessungsstromstärke einer Leitung muss so gewählt werden, dass die Bedingung $I_b \le I_N \le I_Z$ erfüllt ist.

5.3.2.4 Überprüfen des Spannungsfalls

Die Leitungslänge wird gegebenenfalls durch den maximal zulässigen Spannungsfall ΔU begrenzt. Der zulässige Spannungsfall zwischen Haupt- und Unterverteiler beträgt maximal 3 %.

Berechnung des Spannungsfalls in der Zuleitung

Zur Berechnung gilt folgende Formel:

$$\Delta U = \frac{\sqrt{3} \cdot l \cdot I}{\varkappa \cdot q} = \frac{\sqrt{3} \cdot 15\text{ m} \cdot 54{,}85\text{ A}}{56\,\frac{\text{MS}}{\text{m}} \cdot 25\text{ mm}^2}; \qquad \underline{\underline{\Delta U = 1{,}02\text{ V}}}$$

$$\Delta U_{\text{Zul}} = \frac{3\,\% \cdot 400\text{ V}}{100\,\%}; \qquad \underline{\underline{\Delta U_{\text{Zul}} = 12\text{ V}}}$$

Der tatsächliche Spannungsfall $\Delta U = 1{,}02$ V ist geringer als der maximal zulässige Wert. Der Leiterquerschnitt ist somit richtig dimensioniert.

Aus den bisherigen Ausführungen ergibt sich der Ablauf für die Querschnittsberechnung in Abb. 3.

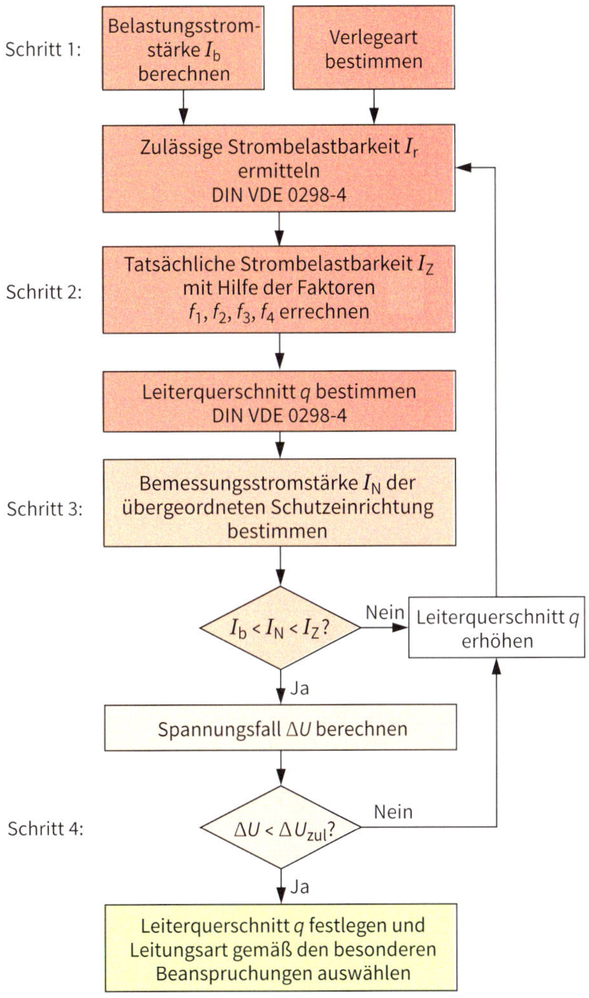

3: Ablaufschema zur Berechnung des Leiterquerschnitts

Bislang wurden bei der Leitungsdimensionierung nur die Bedingungen zum Schutz bei Überlast berücksichtigt. Darüber hinaus muss jedes Kabel- und Leitungsnetz auch vor den Wirkungen eines Überstroms durch einen **Kurzschluss** geschützt werden.

Die Strombelastbarkeit der **Isolierwerkstoffe** [*insulation materials*] und Verbindungselemente ist gefährdet, wenn eine kleine Stromstärke eine lange Zeit oder eine große Stromstärke nur kurze Zeit fließt. Hieraus ergeben sich zwei Grenzfälle. Die Überstrom-Schutzeinrichtungen müssen daher so gewählt werden, dass

- der **kleinste Kurzschlussstrom** in $t_a \leq 5$ s und
- der **größte Kurzschlussstrom** in $t_a \leq 0{,}1$ s

abgeschaltet werden.

Die Größe der Kurzschlussstromstärke muss durch das jeweils vorgeschaltete Überstrom-Schutzorgan so begrenzt werden, dass keine Beschädigungen am Leitungssystem auftreten. Die Kurzschlussströme wirken sich somit auf die Leitungsdimensionierung und die Auswahl der Schutzeinrichtungen aus. Deshalb werden wir die genaue Betrachtung der Kurzschlussströme bei der Dimensionierung der Schutzeinrichtungen in Kapitel 5.3.3.2 behandeln. Unabhängig hiervon gilt folgende Regel:

Wenn sich in einer Anlage oder einem Anlagenteil eine Schmelzsicherung mit einer Bemessungsstromstärke von $I_N \leq 63$ A als vorgeschaltete Sicherung befindet, ist der Kurzschlussschutz erfüllt.

Aufgaben

1. Welcher Mindestquerschnitt muss für eine dreiadrige Leitung (I_b = 20 A) bei der Verlegeart C gewählt werden?
2. Wie groß ist die Strombelastbarkeit der Leitung aus Aufgabe 1 für den gewählten Leiterquerschnitt?
3. Wie groß ist I_Z, wenn die Leitung aus Aufgabe 1 zusammen mit drei weiteren Leitungen in einem Kabelkanal geführt wird?
4. Bestimmen Sie den Spannungsfall für die Leitung aus Aufgabe 1 bei einer Leitungslänge von 20 m.

- Der maximal zulässige Spannungsfall darf im Niederspannungsnetz maximal 3 % und in Endstromkreisen 4 % der Bemessungsspannung betragen.
- Ist der tatsächliche Spannungsfall größer als der zulässige Grenzwert, muss der Leiterquerschnitt erhöht werden.
- Die Strombelastbarkeit der Isolierwerkstoffe und Verbindungselemente wird begrenzt, wenn eine kleine Stromstärke eine lange Zeit oder eine große Stromstärke eine kurze Zeit fließt.

5.3.3 Dimensionieren der Schutzeinrichtungen

Das Dimensionieren der Schutzeinrichtungen ist stets in Verbindung mit der Auswahl von Leiterquerschnitt und Leitungslängen zu betrachten. Abb. 1 gibt eine Übersicht über die Kriterien zur Auswahl von Überstrom-Schutzeinrichtungen.

Eine Überstrom-Schutzeinrichtung schützt die nachgeschaltete Anlage bei

a) **Überlast** (z.B. Pumpe in der Heizungsanlage sitzt fest → Stromaufnahme des Motors steigt) und
b) **Kurzschluss** (z.B. Feuchtigkeit dringt in den Pumpenmotor ein und verursacht einen Kurzschluss zwischen L1 und N).

5.3.3.1 Schutz bei Überlast

Der **Überlastschutz** unterbricht den Stromkreis, bevor eine **Schädigung** der

- Leitung (Leiterisolierung),
- Anschluss- und Verbindungsstellen oder
- Umgebung von Kabeln, Leitungen bzw. Stromschienen

durch Erwärmung eintritt.

Der Schutz bei Überlast wird eingehalten, wenn die Planungsbedingungen (vgl. S. 38) erfüllt werden.

$$I_b \leq I_N \leq I_Z$$
$$I_2 \leq 1{,}45 \cdot I_Z$$

Das Überstrom-Schutzorgan schützt die Leitung nur dann wirkungsvoll, wenn ein Strom, der 45 % über der Strombelastbarkeit I_Z liegt, spätestens in der Zeit abgeschaltet wird, in der sie auch den größten Prüfstrom I_2 abschaltet.
Aus Sicherheitsgründen sollte davon abgesehen werden, die Bemessungsstromstärke I_N des Überstrom-Schutzorgans an der Grenze der maximalen Betriebsstromstärke I_b zu wählen.

Die Überstrom-Schutzeinrichtung der Heizungszuleitung 2F3.1 (vgl. S. 36, Abb. 1) ist mit I_N = 63 A bereits bei der Dimensionierung der Leitung so gewählt, dass die Bedingung $I_b \leq I_N \leq I_Z$ erfüllt wird.

Die Bemessungsstromstärke I_N darf nur dann gleich der Strombelastbarkeit I_Z sein, wenn die zweite Bedingung $I_2 \leq 1{,}45 \cdot I_Z$ durch die Schutzeinrichtung erfüllt ist.

Beispiele:

- Leitungsschutz-Schalter nach DIN VDE 0641-21
- Leistungsschalter nach VDE 0660-101
- Leitungsschutz-Sicherungen nach DIN VDE 0636

Wo werden die Schutzeinrichtungen eingebaut?

Die Schutzeinrichtungen zum Schutz bei Überlast müssen überall dort eingebaut werden, wo sich die Strombelastbarkeit verringert und die vorgeschaltete Sicherung diesen Schutz nicht übernimmt. Die Strombelastbarkeit wird gemindert bei

- Verringerung des Leiterquerschnitts,
- Änderung der verwendeten Kabel bzw. Leitungen und
- Änderung der Verlegeart.

Der Überlastschutz darf für Kabel- und Leitungsverbindungen entfallen, in denen nicht mit Überlastströmen gerechnet werden muss, z.B. zwischen Stromquellen (Generator, Transformator, Akkumulator) und deren Schaltanlagen, in Hilfsstromkreisen sowie bei im Erdreich oder als Freileitung ausgeführten öffentlichen Verteilungsnetzen.

In IT-Systemen darf auf den Schutz bei Überlast nicht verzichtet werden. Ausnahmen: Stromkreise, die durch eine RCD geschützt sind oder alle vom Stromkreis gespeisten Betriebsmittel sowie Leitungen, die die Schutzisolierung nach DIN VDE 0100-410 erfüllen.

- Die Überstrom-Schutzeinrichtung schützt die angeschlossenen Leitungen bei Überlast und Kurzschluss.
- Ein Überlastschutz muss bei jeder Verringerung der Strombelastbarkeit eingebaut werden.

1: Auswahlkriterien für Überstrom-Schutzeinrichtungen

5.3.3.2 Schutz bei Kurzschluss

Der Schutz wird erreicht, indem die Schutzeinrichtung den Stromkreis unterbricht, bevor

- die Isolierung der Leiter,
- die Anschlussstellen sowie
- die Umgebung der Kabel und Leitungen

durch Erwärmung und mechanische Einwirkungen geschädigt werden.

Wie wird die Kurzschlussstromstärke errechnet?

Bei der Beurteilung der Kurzschlussstromstärke wird zwischen zwei unterschiedlichen Strömen unterschieden:

- Größter Kurzschlussstrom I_{Kmax}
- Kleinster Kurzschlussstrom I_{Kmin}

Die Berechnungen der Kurzschlussströme sind nur über aufwendige Berechnungsverfahren nach VDE 0102 oder mit Hilfe von Computerprogrammen möglich.

Der Bildschirmausdruck (Abb. 2) zeigt die Ergebnisse einer Computerberechnung für die Heizungsverteilung.

Bei der Wahl der Überstrom-Schutzeinrichtung muss deren **Ausschaltvermögen** *[breaking capacity]* mindestens den Wert der größten Kurzschlussstromstärke erreichen.

Das Bemessungsausschaltvermögen der im Knoten S eingebauten NH-Sicherung ist mit 129 kA (Abb. 3, ①) größer als die an dieser Stelle berechnete größte Kurzschlussstromstärke (I_{K1max} = 9,729 kA, Abb. 2, ②).

Technische Daten

Bemessungsspannung		500 V AC
Bemessungsausschaltvermögen		AC: 129 kA, DC: 25 kA ①
Bemessungsfrequenz		50 Hz
Betriebsfrequenz		45 … 62 Hz
Selektivität		1:1,6 bis 500 V AC 1:1,25 bis 400 V AC
Aufbau	Isolierteile	Keramik
	Metallteile	Korrosionsgeschützt
Kontaktmesser		Vollkontaktmesser, Cu versilbert
Schutzgrad/Schutzart		IP 00 nach DIN VDE 0470-1
Prüfungen		VDE 0636
Schaltzustandsanzeige		Federkennmelder Mindestansprechspannung 10 V/42 V

Elektrisch		
Normen und Bestimmungen		IEC/EN 60947-2
Bemessungsbetriebsspannung	V AC	230/400
	V DC	48 (je Pol)
Bemessungsschaltvermögen	kA	15 ④
Betriebsschaltvermögen	kA	7,5
Charakteristik		B, C, D, K, Z, S
maximale Vorsicherung	A g 6	125
Selektivitätsklasse		3
Lebensdauer	Schaltspiele	> 10 000
Energie-Einspeiserichtung		beliebig

3: Datenblatt NH-Sicherung/LS-Schalter (Hersteller)

Im Knoten 1 ist der Wert I_{K1max} = 6,738 kA ③ unterhalb der Ausschaltstromstärke von 15 kA des LS-Schalters (Abb. 3, ④).

Beide Schutzeinrichtungen sind somit in der Lage, den am Einbauort maximal auftretenden Kurzschlussstrom zu schalten.

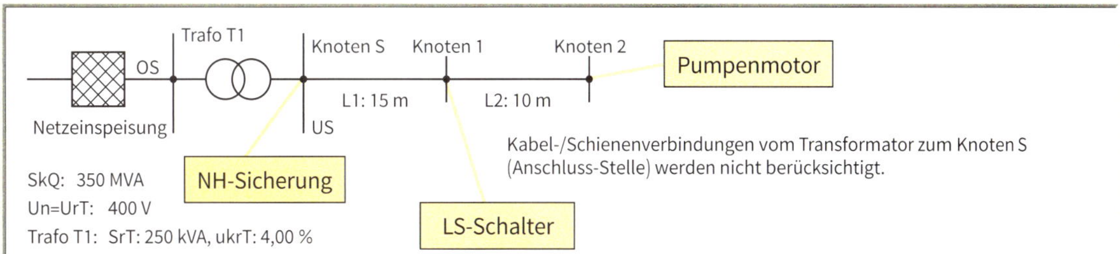

Projekt: Heizungsverteiler

Fehlerstellen: 3 [Knoten S bis Knoten 2]

Kurzschluss-Stelle	Zk1max [mOhm]	Ik1max [kA]	ip1 [kA]	Zk1min [mOhm]	Ik1min [kA]	
Knoten S	74,77	9,729 ②	18,917	74,681	8,813	
Knoten 1	107,966	6,738 ③	10,707	117,263	5,613	
Knoten 2	788,837	0,922	1,330	970,425	0,678	

Anschluss-Stelle L1: Niederspannungshauptverteiler

Länge	Zielbezeichnung	Kabel/Leitung [Bauart]
L1	Heizungsverteilung	NYM
L2	Pumpenmotor	NYM

2: Ergebnis einer Computerberechnung

Kurzschlussstromstärke eines Transformators

Der Innenwiderstand des vorgeschalteten Versorgungsnetzes wird als nahezu Null angenommen. Die Kurzschlussstromstärke wird dann einzig durch den Transformator und die Leiterwiderstände begrenzt. Die Kurzschlussstromstärke, die vom Transformator (Spannungsquelle) maximal geliefert werden kann, lässt sich als Näherung über folgende Formel errechnen:

$$I_{KTr} = \frac{S_{NTr} \cdot 100\,\%}{\sqrt{3} \cdot U_N \cdot u_{K\%}} \qquad I_{KTr} = \frac{250\text{ kVA} \cdot 100\,\%}{\sqrt{3} \cdot 400\text{ V} \cdot 4{,}0\,\%}$$

$$\underline{\underline{I_{KTr} = 9{,}02\text{ kA}}}$$

I_{KTr}: Kurzschlussstromstärke in kA
S_{NTr}: Bemessungsleistung des Transformators in kVA
U_N: Bemessungsspannung in V
$u_{K\%}$: Kurzschlussspannung in %

Prüfung der Abschaltzeiten

Für die Prüfung der Abschaltzeiten wird in der Praxis ebenfalls ein Berechnungsprogramm eingesetzt (Abb. 1).

Die Ergebnisse zeigen die unterschiedlichen Abschaltstromstärken I_a für Schmelzsicherungen und LS-Schalter bei vorgegebener Bemessungsstromstärke des Überstrom-Schutzorgans. Die kleinste Kurzschlussstromstärke I_{K1min} muss dabei immer noch groß genug sein, um die sichere Abschaltung innerhalb der vorgegebenen Abschaltzeiten zu garantieren. Das Kriterium zur Einhaltung der Abschaltzeit lautet daher $I_{K1min} > I_a$ ①.

Diese Bedingung ist für alle berechneten Überstrom-Schutzorgane erfüllt. Somit ist garantiert, dass innerhalb der geforderten Zeit $t_a \leq 5$ s bzw. $t_a \leq 0{,}4$ s sicher abgeschaltet wird.

Betriebsklassen von Schmelzsicherungen

Jede Schmelzsicherung wird nach DIN VDE 0636 durch die Angabe der Betriebsklasse gekennzeichnet.

Beispiel: g G

Funktionsklasse (g) — Schutzobjekt (G)

g: Ganzbereichsschutz
a: Teilbereichsschutz

G: Schutz für allgem. Zwecke, z.B. Kabel- und Leitungen
M: Motoren
R: Halbleiter
B: Bergbauanlagen
Tr: Transformatoren

Ganzbereichssicherungen schalten sowohl im Überlast- als auch im Kurzschlussfall sicher ab.
Teilbereichssicherungen werden im Allgemeinen für den Kurzschlussschutz eingesetzt.

Aufgaben

1. Welchen Schutz muss eine Überstrom-Schutzeinrichtung übernehmen?
2. Wie groß muss die kleinste Kurzschlussstromstärke mindestens sein, um bei einem LS-Schalter der Charakteristik C noch sicher abzuschalten?

- Die größte bzw. kleinste Kurzschlussstromstärke muss zur Dimensionierung einer Überstrom-Schutzeinrichtung berechnet werden.
- Das Schaltvermögen des Überstrom-Schutzorgans muss mindestens so groß sein wie die größte Kurzschlussstromstärke.
- Die kleinste Kurzschlussstromstärke beeinflusst die Einhaltung der Abschaltzeiten.

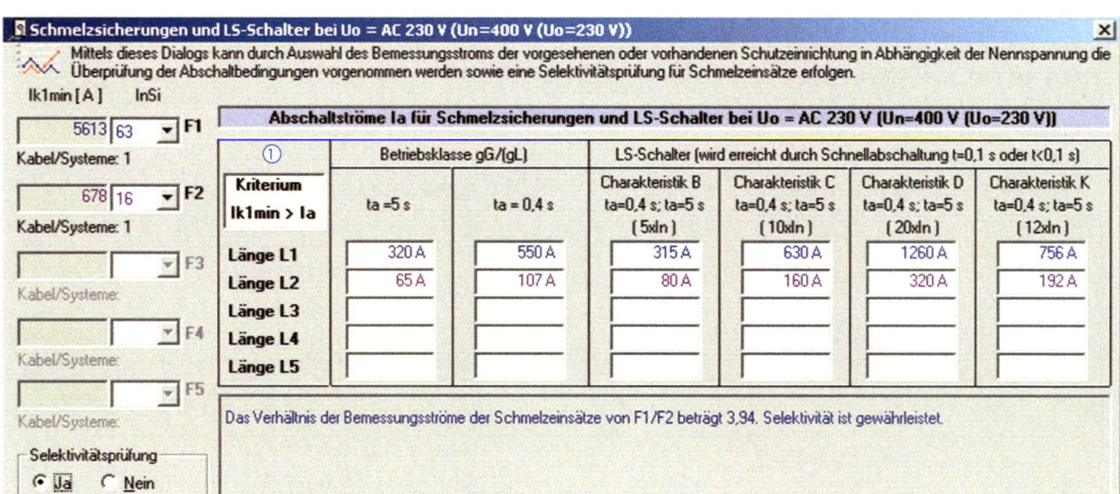

1: Berechnung der Abschaltstromstärke

5.3.3.3 Selektivität

Die Betriebssicherheit ist bei den Planungen einer elektrischen Anlage ein wichtiges Kriterium. In diesem Zusammenhang darf im Fehlerfall nur die Schutzeinrichtung ausschalten, die der Fehlerstelle am nächsten liegt. Man spricht dann von **Selektivität** [*selectivity*].

Die Selektivitätsprüfung kann mit Hilfe der **Zeit/Strom-Kennlinie** (Auslösekennlinien) oder der so genannten **I^2t-Werte** (Durchlassenergie) erfolgen. Selektivität zwischen zwei Überstrom-Schutzorganen liegt grundsätzlich dann vor, wenn sich die entsprechenden Kennlinien nicht schneiden. Abb. 2 zeigt die I^2t-Kennlinien verschiedener LS-Schalter.

Der I^2t-Wert einer NH-Sicherung mit I_N = 63 A beträgt laut Herstellerangaben 9000 A^2s.

- Zeichnen wir nun diesen Wert in das Diagramm ein, so entsteht ein Schnittpunkt mit der Kennlinie des LS-Schalters (16 A) ①.
- Das senkrechte Lot ② (I = 2400 A) wird als **Selektivitätsgrenze** [*selectivity limit*] bezeichnet.
- Übersteigt die Stromstärke diesen Wert, schaltet die NH-Sicherung schneller ab als der LS-Schalter. Man spricht dabei von der **Teilselektivität**.

Volle Selektivität ist dann gegeben, wenn der maximale Kurzschlussstrom (I_{K1max} = 0,922 kA, vgl. S. 41, Abb. 2) der nachgeordneten Schutzeinrichtung unterhalb der Selektivitätsgrenze liegt.

Selektivität zwischen Überstrom-Schutzorganen

a) Zwischen zwei Schmelzsicherungen
Zwischen zwei in Reihe geschalteten Schmelzsicherungen besteht Selektivität, wenn das Verhältnis der Bemessungsströme mindestens 1:1,6 beträgt (z.B. 63 A und 35 A). Dies gilt nur für Bemessungsstromstärken $I_N \geq 16$ A.

b) Schmelzsicherung und LS-Schalter
Dazu werden die I^2t-Werte der Sicherungen verglichen und die Selektivitätsgrenze bestimmt. Ist der maximale Kurzschlussstrom kleiner als die Selektivitätsgrenze, besteht zwischen den Schutzeinrichtungen Selektivität.

Selektivitätsgrenze in kA (Herstellerangaben)

I_N des LS-Schalters in A		I_N der vorgeschalteten Sicherung in A 16	20	25	35	50	63
B-Charakteristik	6	0,2	0,4	0,7	1,5	3,0	5,5
	10	0,2	0,4	0,6	1,2	2,0	3,3
	16	o	o	0,6	1,12	1,8	2,8
	20	o	o	o	o	1,6	2,4
	25	o	o	o	o	1,3	2,4
	32	o	o	o	o	1,3	2,2

o: keine Selektivität gegeben

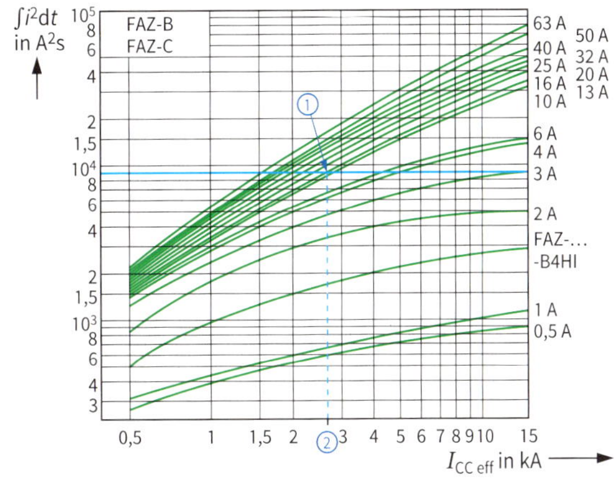

2: I^2t-Kennlinien von LS-Schaltern

Schaltet die nachgeordnete Schutzeinrichtung kleine und große Kurzschlussströme bis zur Bemessungsstromstärke allein ab, spricht man von der **absoluten Selektivität**.

Somit muss die 15 m lange Zuleitung zur Heizungsverteilung UV01.III mit einem Querschnitt von 25 mm^2 dimensioniert werden. Die Verteilung wird mit einer NH-Sicherung 63 A abgesichert (Abb. 3):

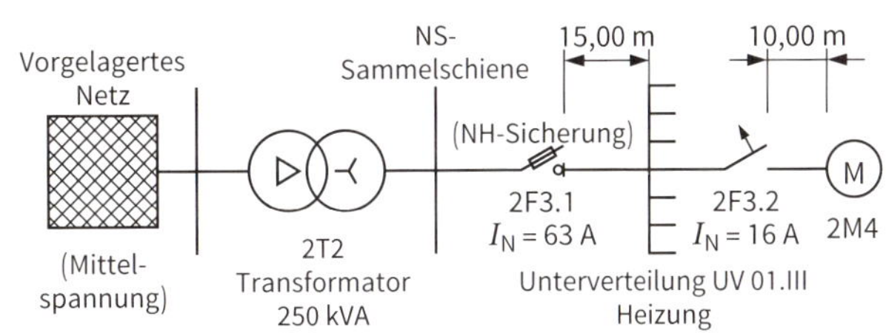

3: Netzstrang zur Pumpe der Heizungsverteilung

Die Überstrom-Schutzorgane (LS-Schalter und NH-Sicherung) erfüllen die geforderten Bedingungen zur Einhaltung der Abschaltzeiten, zum Kurzschlussverhalten und zur Selektivität.

Aufgaben

1. Prüfen Sie, zwischen welchen Schmelzsicherungen mit 16 A ≤ I_N ≤ 63 A Selektivität besteht.
2. Ermitteln Sie die Selektivitätsgrenze zwischen einer NH-Sicherung mit I_N = 63 A und einem LS-Schalter 25 A (Charakteristik B).

- Selektivität bedeutet, dass nur das dem Fehler unmittelbar vorgeschaltete Überstrom-Schutzorgan auslösen darf.
- Selektivität ist erfüllt, wenn sich die I^2t- bzw. Zeit/Strom-Kennlinien der Überstrom-Schutzorgane nicht schneiden.

5.3.4 Personenschutz

Nach der Wiederherstellung der durch Kurzschluss zerstörten NSHV im Krankenhaus muss die **Sicherheit der Patienten** und des Personals gewährleistet sein. So darf z. B. für die Patienten keine Gefahr entstehen, wenn ärztliche Untersuchungen, Behandlungen und medizinische Eingriffe erfolgen. Neben der unterbrechungsfreien, elektrischen Versorgung von Geräten muss der **Personenschutz** [*personal protection*] sicher gewährleistet sein (Abb. 1). Dieser wird nach DIN VDE 0100 allgemein beschrieben in

- Teil 410: Schutzmaßnahmen – Schutz gegen elektrischen Schlag
- Teil 710: Anforderungen für Betriebsstätten, Räume und Anlagen besonderer Art – Medizinisch genutzte Bereiche

5.3.4.1 Spannungsbereiche

Welche Spannungsbereiche gibt es?

In Anlagen wird häufig an elektrischen Geräten gearbeitet. So können z. B. beim Auswechseln eines LS-Schalters in einer Unterverteilung des Krankenhauses Gefährdungen für Personen durch die Spannung entstehen. Diese wird in **zwei Spannungsbereiche** eingeteilt, nach denen Anlagen mit Wechselspannung und Gleichspannung betrieben werden (Abb. 2).

Bereits im **Spannungsbereich I** können gefährliche Situationen entstehen. Der niedrige Stromfluss durch den menschlichen Körper, der die **Wahrnehmungsschwelle** [*threshold perception*] übersteigt, kann auch zu Schreckunfällen führen.

Besondere Vorsicht ist geboten, wenn die **Berührungsspannung** [*touch voltage*] größer als 50 V AC bzw. 120 V DC wird. Dann müssen vor Beginn der Arbeiten in elektrischen Anlagen die fünf Sicherheitsregeln unbedingt beachtet werden.

Wechselspannung	Gleichspannung
Spannungsbereich I Signal-, Klingel- und Fernmeldeanlagen Meldestromkreise	
$U \leq 50$ V Außenleiter gegen Erde; zwischen den zwei Leitern	$U \leq 120$ V Leiter gegen Erde; zwischen beiden Leitern
Spannungsbereich II Anlagen der Hausinstallation, des Gewerbes und der Industrie	
50 V < $U \leq 600$ V Außenleiter gegen Erde 50 V < $U \leq 1$ kV zwischen den Außenleitern	120 V < $U \leq 900$ V Leiter gegen Erde 120 V < $U \leq 1{,}5$ kV zwischen zwei Leitern

2: Spannungsbereiche

Mit Hilfe der Grafik in Abb. 1 wird ein Überblick über die verschiedenen Schutzmaßnahmen gegeben. Dabei wird zunächst der Personenschutz beschrieben, durch den Schäden ausgeschlossen werden sollen.

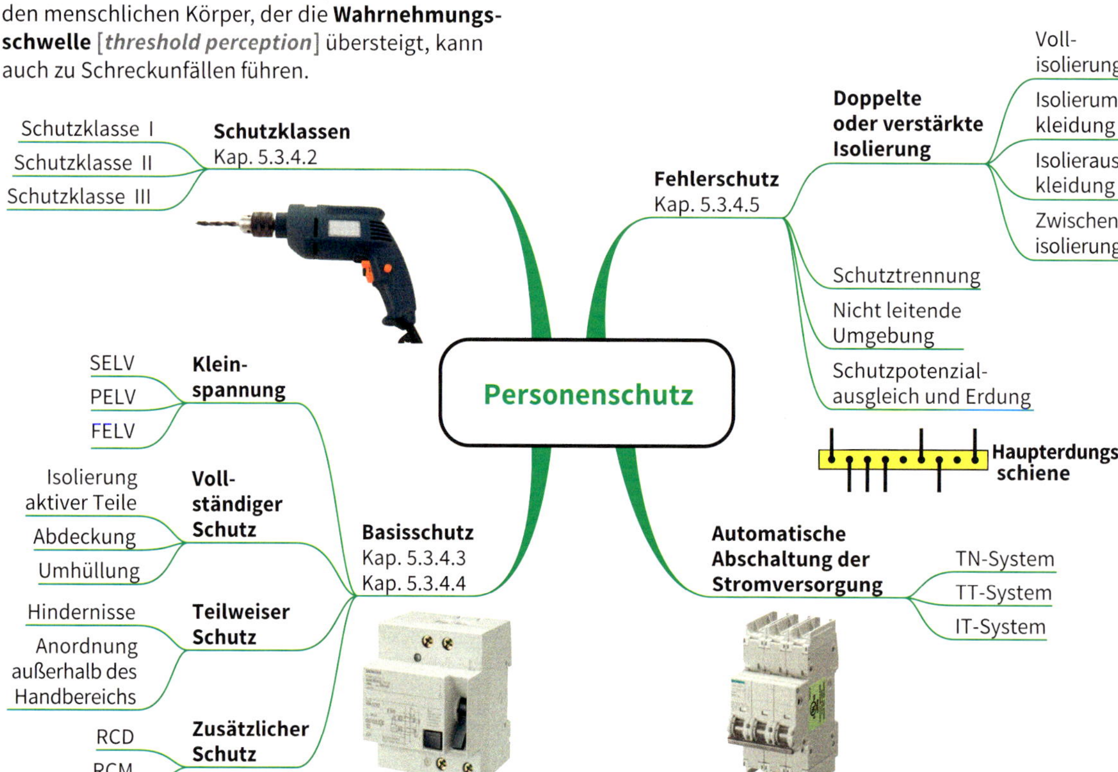

1: Übersicht zum Personenschutz

5.3.4.2 Schutzklassen

Für den Personenschutz werden in elektrischen Anlagen verschiedene Schutzmaßnahmen eingesetzt. Sie sollen Menschen vor elektrischem Schlag schützen. Der Personenschutz bei Geräten wird durch die **Schutzklasse** des jeweiligen Gerätes ausgewiesen (Abb. 3).

Elektrische Betriebsmittel müssen eine Schutzklasse besitzen. Diese wird durch ein entsprechendes **Symbol** auf dem Gerät kenntlich gemacht.

Schutzklasse I

Bei elektrischen Geräten dieser Klasse wird der Schutz gegen **elektrischen Schlag** [*electric shock*] dadurch gewährleistet, dass alle berührbaren Metallteile über den Schutzleiter und die Haupterdungsschiene mit dem **Erder** [*earth electrode*] der Anlage verbunden sind.

Zur Schutzklasse I gehören z.B. auch leitfähige Gehäuseteile (Abb. 4, ①) von Operationsleuchten im Krankenhaus. Diese müssen über den Schutzleiter mit der **Haupterdungsschiene** [*main earthing bar*] verbunden werden. In den medizinisch genutzten Bereichen 1 und 2 müssen durch den **zusätzlichen Schutzpotenzialausgleich** auftretende Potenzialunterschiede zwischen leitfähigen Teilen ausgeglichen werden. Deshalb ist die Erdungsschiene in der Nähe des Operationsraumes zu installieren, um lange Zuleitungen zu vermeiden.

Schutzklasse I Schutzmaßnahme mit Schutzleiter 	Betriebsmittel mit Metallgehäuse, z. B. OP-Leuchten, Elektromotoren
Schutzklasse II Doppelte oder verstärkte Isolierung (Schutzisolierung) 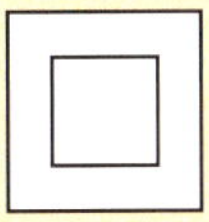	Betriebsmittel mit Kunststoffgehäuse, z. B. elektrische Handbohrmaschinen
Schutzklasse III Kleinspannung 	Betriebsmittel mit Bemessungsspannungen bis 50 V AC und 120 V DC, z.B. elektrische Handleuchten, elektrische Geräte in landwirtschaftlichen Betrieben

3: Schutzklassen

An die **Haupterdungsschiene** sind anzuschließen:

- Schutzleiter und fremde Metallteile, die zur Gebäudekonstruktion gehören
- Metallschirme von Trenntransformatoren des IT-Systems
- Verbindungen zu leitfähigen Fußböden
- Ortsfeste Operationstische

Schutzklasse II

Bei dieser Schutzklasse wird der Schutz gegen elektrischen Schlag durch die besondere Bauweise des Gerätes gewährleistet. Zusätzlich zur Basisisolierung besitzt das Gerät eine weitere Isolierung, also eine doppelte Isolierung. Diese bietet insbesondere bei medizinischen Geräten einen sicheren Schutz vor Gefährdung der Patienten.

Schutzklasse III

Geräte mit der Schutzklasse III werden mit **Kleinspannung** betrieben. Die maximale Bemessungsspannung der Geräte, z.B. $U \leq 50$ V AC, ist nach DIN VDE 0100-410 festgelegt. Durch die niedrigen Spannungswerte wird gewährleistet, dass im Fehlerfall (vgl. Kap. 5.3.4.3) z.B. beim Berühren von zwei aktiven Leitern auf der Kleinspannungsseite kein gefährlich hoher Strom fließt.

- Wechselspannung AC wird je nach Betriebsspannung dem Spannungsbereich I mit $U \leq 50$ V und dem Spannungsbereich II mit $U > 50$ V zugeordnet.
- Der Personenschutz bei Geräten wird durch eine entsprechende Schutzklasse gewährleistet.
- In medizinisch genutzten Bereichen 1 und 2 ist ein zusätzlicher Schutzpotenzialausgleich erforderlich.
- An die Haupterdungsschiene müssen Schutzleiter, Metallteile von Geräten und metallene Gebäudekonstruktionen angeschlossen werden.

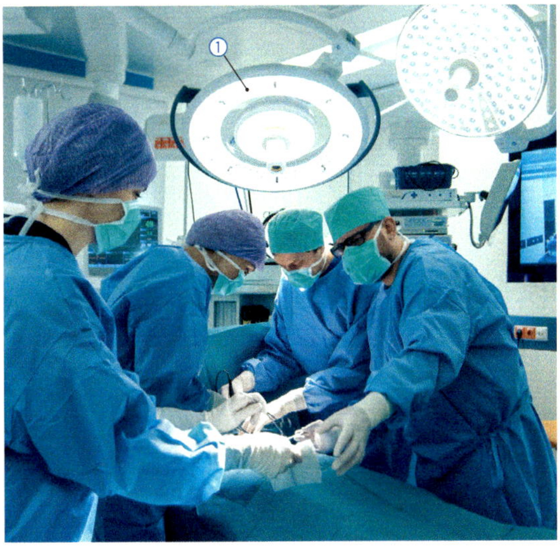

4: OP-Raum mit Operationsleuchten

5.3.4.3 Basisschutz und Fehlerschutz

Der Schutz gegen direktes Berühren (Basisschutz) wird z.B. durch **Isolierung, Abdeckung und Umhüllung** Spannung führender Leiter gewährleistet. Somit ist keine direkte Berührung eines aktiven Leiters möglich.

Der Schutz bei indirektem Berühren (Fehlerschutz) liegt vor, wenn bei einem Isolationsfehler ein Schutz gegen elektrischen Schlag z.B. durch **Begrenzung der Spannung** erreicht wird (vgl. Spannungsbereich I, Seite 44).

Die Kleinspannungen **SELV** und **PELV** erfüllen beide die oben genannten Schutzfunktionen, weil durch **Isolierung** und **Betriebsspannung** ($U \leq 50$ V) größte Sicherheit gewährleistet ist (Abb. 1).

Weiterhin sind die Wicklungen des Sicherheitstransformators (Abb. 2, ①, ②) voneinander isoliert, sodass auf der Ausgangsseite keine gefährliche Spannung auftreten kann. Auch bei direkter Berührung eines aktiven Leiters auf der Ausgangsseite fließt kein Strom ($I_K = 0$ A, ③).

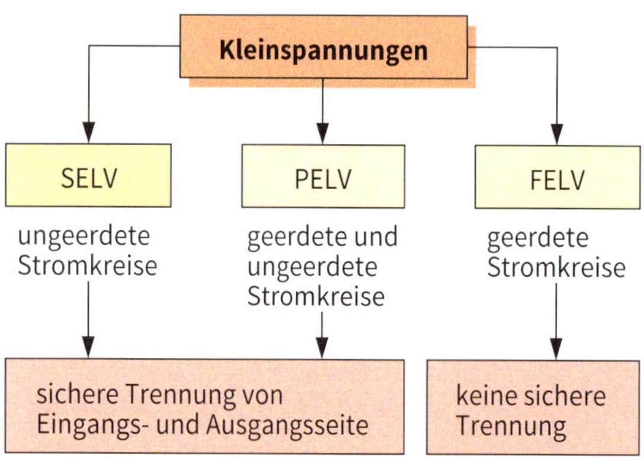

1: Übersicht zu den Kleinspannungen

Bei **SELV** (**S**afey **E**xtra **L**ow **V**oltage) werden Stromkreise **ungeerdet** betrieben, weil sonst bei einem Fehler auf der Eingangsseite des Sicherheitstransformators höhere Spannungen über den Schutzleiter in den SELV-Stromkreis übertragen werden können (Abb. 2a).

Im **PELV**-Stromkreis (**P**rotective **E**xtra **L**ow **V**oltage) dürfen aktive Teile des Stromkreises auf der Kleinspannungsseite mit dem **geerdeten Schutzleiter** und den Gehäusen der Betriebsmittel verbunden werden (Abb. 2b).

Eine weitere Kleinspannung ist **FELV** (**F**unctional **E**xtra **L**ow **V**oltage). Sie wird als Funktionskleinspannung bezeichnet. FELV bietet **keinen Schutz** gegen elektrischen Schlag im Fehlerfall, weil keine sichere Trennung zur Eingangsseite des Transformators vorliegt.

FELV-Stromkreise sind deshalb in medizinisch genutzten Räumen der Gruppe 1 und 2 verboten. Diese Stromkreise werden z.B. zur Energieversorgung von

- Fernschaltern,
- Relais und Schützen verwendet.

In diesen Stromkreisen ist eine sichere Trennung nicht erforderlich.

Für die **metallenen Gehäuse** auf der Kleinspannungsseite gelten folgende Festlegungen:

SELV: Verbindung mit Erde oder Schutzleiter verboten.

PELV: Erdung oder Verbindung mit Schutzleiter möglich.

FELV: Verbindung mit Schutzleiter auf der Eingangsseite des Transformators erforderlich.

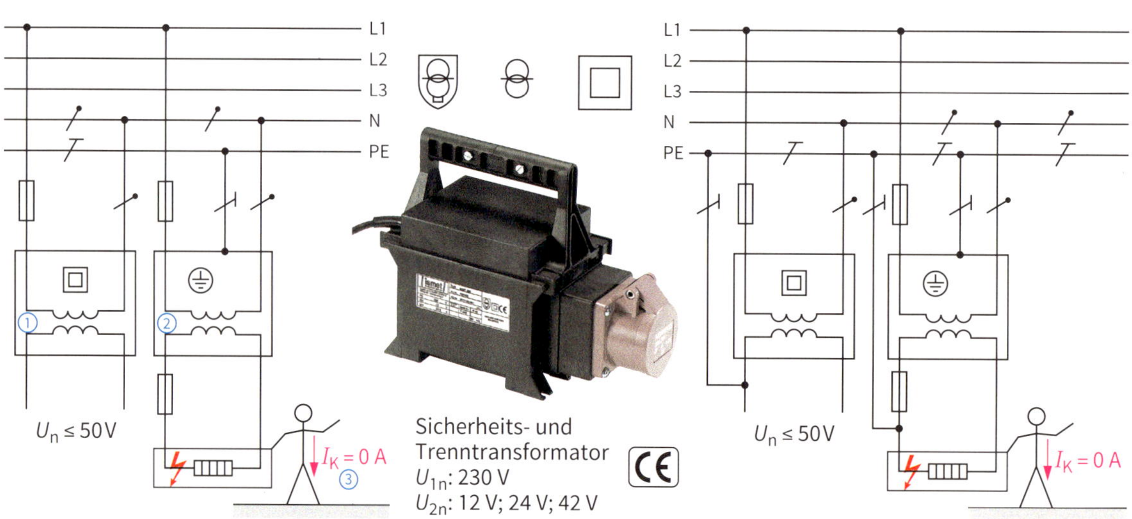

a) SELV b) PELV

2: Stromkreise mit Schutzmaßnahmen

Wie wird Kleinspannung erzeugt?

Folgende **Spannungsquellen** werden für die Erzeugung von Kleinspannung verwendet (Abb. 3):

- Elektrochemische Spannungsquellen wie z. B. Akkumulatoren und Batterien
- Sicherheitstransformatoren mit getrennten Wicklungen ①
- Elektronische Geräte zur Erzeugung von Gleich- und Wechselspannung ②
- Motorgeneratoren (Umformer) mit getrennten Wicklungen ③

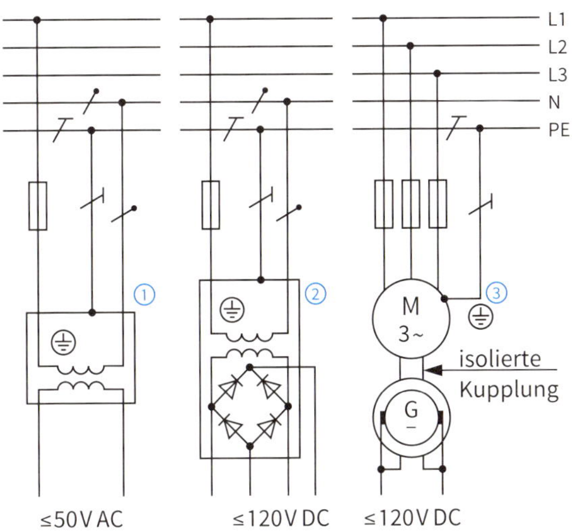

3: Erzeugung von Kleinspannung

Steckvorrichtungen bei Kleinspannungen

Für Kleinspannungen sind **CEE-Steckvorrichtungen** vorgeschrieben. Sie unterscheiden sich durch **Kennfarbe**, **Polzahl** und **Lage der Hilfsnase**:

- 20 V–25 V/50/60 Hz, violett, ohne Hilfsnase
- 40 V–50 V/50/60 Hz, weiß, Hilfsnase (12 h)
- 20 V–25 V/100/200 Hz, grün, Hilfsnase (4 h)
- 20 V–25 V/DC, grau, Hilfsnase (10 h)

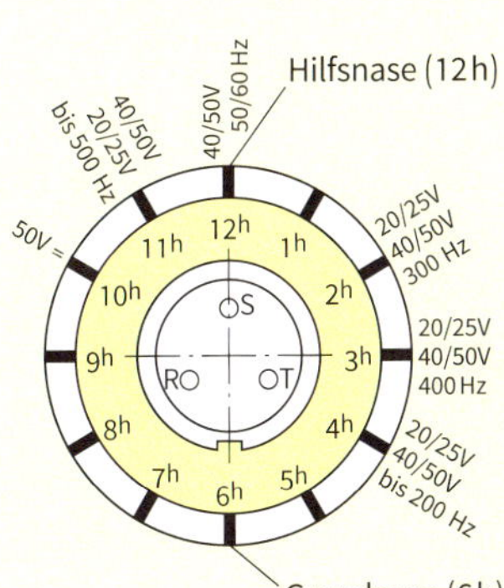

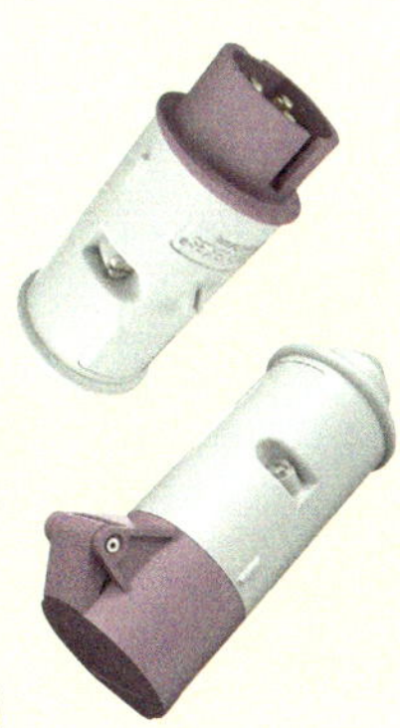

Stecker *[plugs]* und **Kupplungsdosen** *[coupling sockets]* sind für verschiedene Kleinspannungen aufeinander abgestimmt, sodass keine Verwechslungen vorkommen können.

Für Kleinspannungsstromkreise gelten folgende Bestimmungen:

- **Stecker** sind für die jeweiligen Kleinspannungen **genormt**. Sie passen nicht in Steckdosen oder Kupplungsdosen anderer Spannungssysteme.
- Stecker und Steckdosen dürfen keine **Schutzkontakte** *[earthing pins]* haben.
- Leiter von SELV- und PELV-Stromkreisen müssen zusätzlich zur Basisisolierung bei gemeinsamer Verlegung gegeneinander isoliert sein.
- **Gemeinsame Verlegung** von Leitungen verschiedener Spannungen und Stromkreise ist möglich, wenn die Isolierung der Leiter für die höchste Spannung bemessen ist.

Welche Kleinspannungen sind vorgeschrieben?

Folgende Kleinspannungen sind für bestimmte Geräte vorgeschrieben:

- $U_n \leq 6$ V: **medizinische Geräte**, z. B. für die Untersuchung mit stromführenden Teilen im Körper
- $U_n \leq 12$ V: **Geräte**, z. B. in Badewannen
- $U_n \leq 24$ V: **Spielzeug**, z. B. Eisenbahn
- $U_n \leq 24$ V: **Geräte in landwirtschaftlichen Betrieben**, z. B. ortsveränderliche Scher- und Melkmaschinen

Aufgaben

1. Auf welchen Wert ist die höchst zulässige Berührungsspannung bei Wechselstrom festgelegt? Erklären Sie, warum die Einhaltung dieses Wertes eine Gefährdung vermindert.
2. Welche Schutzklasse haben OP-Leuchten? Welche Vorschrift gilt für deren Schutzleiteranschluss?
3. Warum ist die Funktionskleinspannung FELV in medizinisch genutzten Bereichen verboten?
4. Mit welchen Spannungsquellen können Kleinspannungen erzeugt werden?

- Kleinspannung bietet Schutz sowohl gegen direktes als auch bei indirektem Berühren.
- Bei den Kleinspannungen SELV und PELV liegt eine sichere Trennung zwischen Eingangs- und Ausgangsseite des Transformators vor.
- SELV-Stromkreise sind ungeerdet. PELV-Stromkreise werden geerdet betrieben.
- Für Kleinspannungen sind bestimmte CEE-Steckvorrichtungen vorgeschrieben.

5.3.4.4 Basisschutz

Einige Maßnahmen zum Schutz gegen direktes Berühren wurden bereits auf Seite 46 kurz beschrieben. Dabei handelt es sich um den Schutz von Menschen vor elektrischem Schlag beim direkten Berühren Spannung führender Teile. Diese Maßnahmen werden auch als **Basisschutz** bezeichnet. Sie schützen nur sicher in Verbindung mit automatischer Abschaltung. Die höchste Sicherheit bietet **vollständiger Schutz**.

Wie wird vollständiger Schutz erreicht?

Ein vollständiger **Schutz gegen direktes Berühren** [*protection against direct contact*] wird erreicht, wenn die unter Spannung stehenden Teile mit 2-facher Isolierung des Leiters ausgestattet sind und zwar mit

- **Aderisolierung** als direkte Isolierung des Leiters und
- **Basisisolierung** als zusätzliche Isolierung.

Die Basisisolierung bietet Schutz gegen gefährliche Berührungsspannung bei Beschädigung der Aderisolierung.

Die Abb. 1 zeigt eine Übersicht zu allen Maßnahmen, die zum Basisschutz gehören.

Davon sind für medizinisch genutzte Räume nur folgende Maßnahmen zulässig:

- **Schutz durch Isolierung aktiver Teile** ①
- **Schutz durch Abdeckung oder Umhüllung** ②
- zusätzlicher Schutz durch **Fehlerstrom-Schutzeinrichtung** (RCD) ③

Diese Einschränkung ist deshalb notwendig, weil bei Verwendung netzbetriebener elektrischer Geräte für Patienten eine größere Gefährdung entstehen kann, wenn aktive Teile direkt berührt werden. Deshalb müssen in medizinisch genutzten Bereichen auch bei Anwendung der Kleinspannung (SELV und PELV) zusätzlich Maßnahmen zum Basisschutz verwendet werden.

Die Maßnahme **Schutz durch Hindernisse** wird im Krankenhaus für den Transformatorraum angewendet. Zu diesem haben nur elektrisch unterwiesene Personen Zugang.

Warum zusätzlicher Schutz durch RCD?

Die RCDs bieten einen zusätzlichen Schutz bei direktem Berühren, wenn andere Schutzmaßnahmen versagen, z. B. die **automatische Abschaltung** [*automatic disconnection*] des Fehlerstromkreises durch Sicherungen oder Leitungsschutz-Schalter.

Im Krankenhaus müssen bei der Energieversorgung über das **TN-S-System** in den Bereichen der Gruppe 1 und 2 RCDs mit der Bemessungsdifferenzstromstärke von 30 mA eingesetzt werden. Lediglich für Beleuchtungsanlagen außerhalb der Patientenumgebung sind RCDs mit 300 mA erlaubt.

Baugrößen von RCDs

- RCD-Bemessungsstromstärke I_N in A: 16; 25; 40; 63
- Bemessungsdifferenzstromstärke $I_{\Delta N}$ in mA: 10; 30; 100; 300; 500

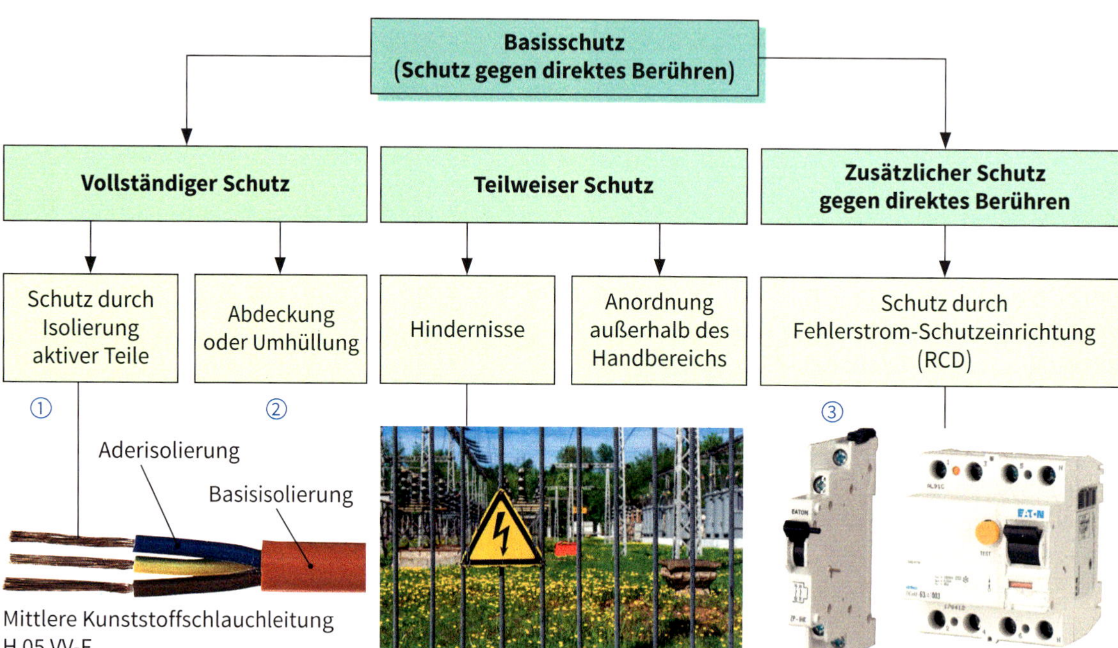

1: Schutzmaßnahmen zum Basisschutz

Hindernisse

Durch Hindernisse erreicht man, dass Personen sich nicht zufällig aktiven Teilen nähern können. Die Hindernisse bieten nur **teilweisen Schutz**, weil sie ohne besonderes Werkzeug entfernt werden können. Verwendete Geländer, Ketten oder Seile sollten durch farbliche Kennzeichnung in gelb/schwarz oder rot/weiß auf **Gefahrenbereiche** aufmerksam machen.

Beispiele:
Geländer, Schranken und Gitter in Schaltanlagen

Anordnung außerhalb des Handbereichs

Auch hier liegt nur ein teilweiser Schutz vor. Die aktiven Teile, d.h. auch elektrische Geräte, müssen außerhalb des Handbereichs liegen. Die Mindestabstände von 2,50 m nach oben und 1,25 m zur Seite und nach unten grenzen den **Handbereich** (s. Abb.) ein.

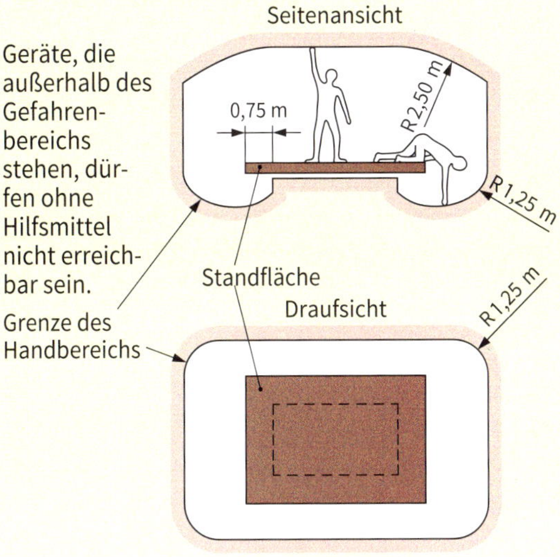

Schutz durch Fehlerstrom-Schutzeinrichtung

Der zusätzliche Schutz durch **RCD** mit $I_{\Delta N} \leq 30$ mA ist gewährleistet, wenn das fehlerhafte Gerät bei Berühren innerhalb von $t_a \leq 200$ ms (Gerätenorm für RCD) abschaltet. In der Praxis erfolgt die Abschaltung durch die RCD wesentlich schneller und zwar in **40 bis 50 ms**. Der Fehlerstrom ($I_F = \Delta I$) fließt daher nur kurzzeitig durch den menschlichen Körper und verursacht Muskelverkrampfungen, aber keine bleibenden Schäden.

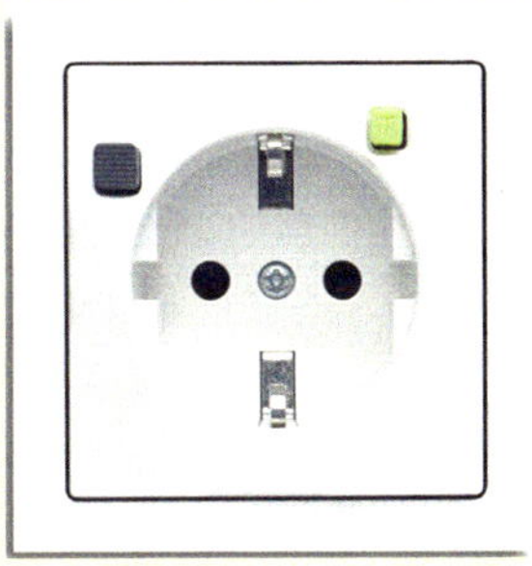
Steckdoseneinsatz mit RCD

In Bereichen, wo eine besondere Gefährdung für Menschen vorliegt, werden Schutzeinrichtungen mit $I_{\Delta N} \leq 30$ mA (DIN VDE 0100-739) gefordert, z.B. in

- Räumen mit Bädern und Duschen,
- Schwimmhallen und Schwimmbädern im Freien innerhalb der Schutzbereiche,
- Unterrichtsräumen mit Experimentierständen und
- Wohnungen bzw. für bestehende Anlagen als zusätzlicher Schutz.

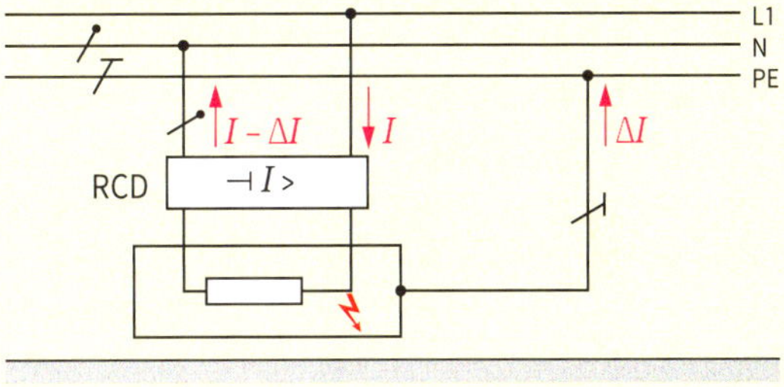

Aufgaben

1. Beschreiben Sie die Basis- und Aderisolierung an der Mantelleitung NYM.
2. Warum muss bei Anwendung der Kleinspannung SELV in medizinischen Bereichen auch der Basisschutz z.B. durch Isolierung aktiver Teile angewendet werden?
3. Warum dürfen RCDs in den Bereichen 1 und 2 nur in Verbindung mit dem TN-S-System und nicht im IT-System verwendet werden?
4. Beschreiben Sie die Abstände des Handbereichs an einem Beispiel.
5. In welchen Räumen bzw. Einrichtungen müssen RCDs mit $I_{\Delta N} \leq 30$ mA eingesetzt werden?

- Vollständiger Basisschutz wird durch Abdeckung, Umhüllung und Isolierung aktiver Teile erreicht.
- In medizinisch genutzten Räumen dürfen nur bestimmte Schutzmaßnahmen und als zusätzlicher Schutz RCDs im TN-S-System eingesetzt werden.
- In den medizinisch genutzten Bereichen 1 und 2 dürfen nur RCDs mit der Bemessungsdifferenzstromstärke von 30 mA verwendet werden.
- Handbereich ist der Bereich, in dem eine Person die Abgrenzung mit der Hand von der Standfläche aus nicht erreichen kann.

5.3.4.5 Fehlerschutz

In medizinisch genutzten Bereichen der Gruppen 0, 1 und 2 werden zum Schutz bei indirektem Berühren (Fehlerschutz) (Abb. 3) folgende Schutzmaßnahmen verwendet:

- **Doppelte oder verstärkte Isolierung** [*double or reinforced insulation*]
- **Schutztrennung** [*protective separation*]

Beide Schutzmaßnahmen sollen hier erklärt werden. Der **Schutz durch Abschaltung** wurde bereits in Kap. 5.2.3.5 behandelt.

In DIN VDE 0100-410 wird der Schutz bei indirektem Berühren auch als **Fehlerschutz** bezeichnet. Das heißt, dass bei einem Isolationsfehler an einem elektrischen Gerät oder bei Körperschluss keine Gefährdung von Personen eintreten darf. Das Entstehen und Bestehenbleiben einer gefährlichen Berührungsspannung muss verhindert werden.

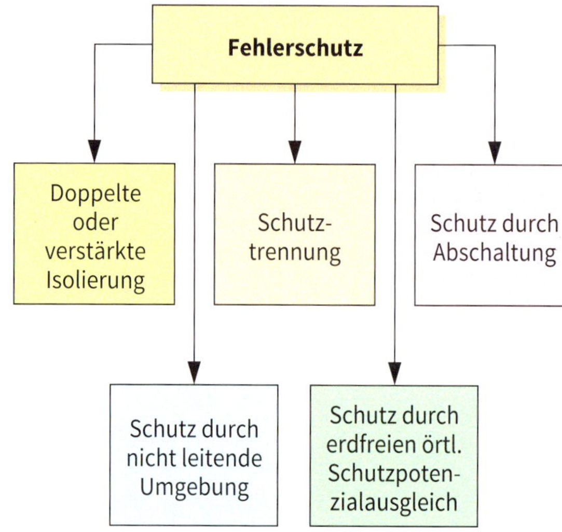

3: Schutzmaßnahmen

Doppelte oder verstärkte Isolierung

Durch die besondere Isolation der Geräte wird verhindert, dass bei schadhafter Basisisolierung unter Spannung stehende Teile des Gerätes berührt werden können. Die beschriebene Basis- und Betriebsisolierung wird hier durch eine **zusätzliche Isolierung** verstärkt. Überzüge aus Farbe, Lack oder Eloxal sind nicht ausreichend. Geräte mit der zusätzlichen bzw. verstärkten Isolierung tragen das Symbol der **Schutzklasse II**.

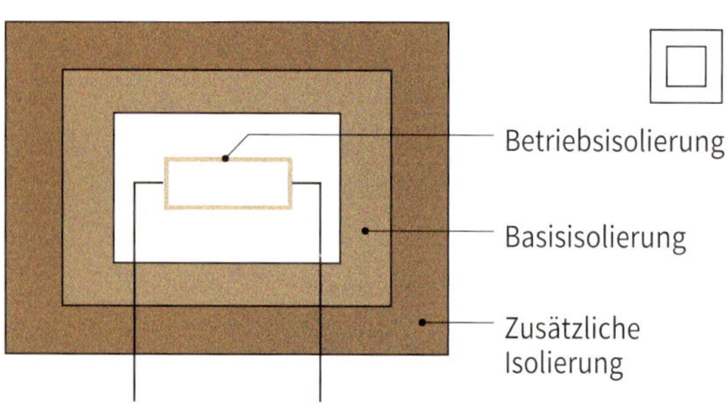

1: Aufbau der Isolierung

Das unter Spannung stehende Teil ist nach außen mehrfach durch Isolierschichten abgeschirmt (Abb. 1). Es gibt Geräte, wie z.B. **Bohrmaschinen** [*drilling machines*], bei denen die mechanische Festigkeit durch eine zusätzliche metallene Gehäuseumhüllung erhöht wird. Diese Metallteile dürfen keinesfalls mit dem Schutzleiter verbunden werden, weil eine Fehlerspannung nach außen „verschleppt" werden kann und dann die Schutzmaßnahme unwirksam wird. In Abb. 2 sind vier mögliche Arten der Isolierung genannt.

Welche Anschlussleitungen dürfen verwendet werden?

Anschlussleitungen [*connecting leads*] zu Geräten mit doppelter oder verstärkter Isolierung:

- zwei- oder dreiadrige Leitungen **ohne Schutzleiter**
- drei- oder vieradrige Leitungen **mit Schutzleiter**

Ein vorhandener Schutzleiter in der Anschlussleitung von Geräten mit zusätzlicher Isolierung muss am Stecker angeschlossen sein. Der Anschluss des Schutzleiters an Metallteilen des Gerätes ist verboten.

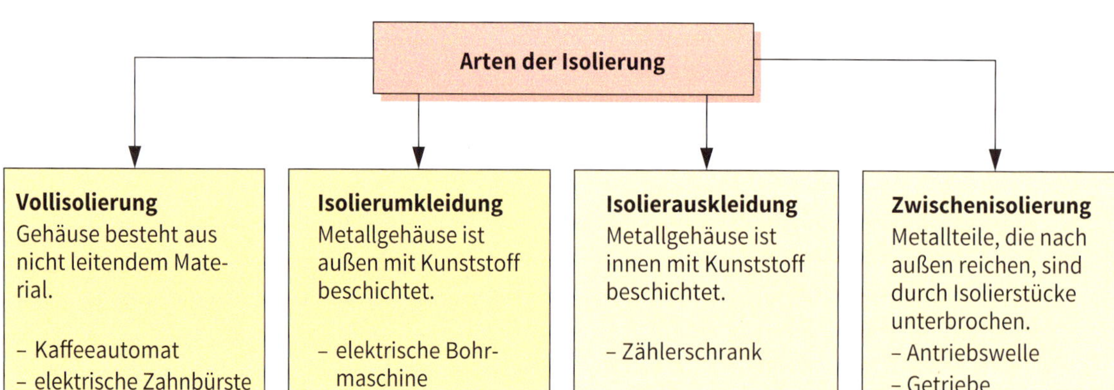

2: Isolationsarten

Anschluss von Geräten mit doppelter Isolierung

Innerhalb dieser Geräte, wie z.B. in Schaltern, Schaltgerätekombinationen und Verteilerschränken, können **Metallklemmen** [*metal terminals*] mit dem Schutzleiterzeichen vorhanden sein. Sie dienen zum Anschluss oder Durchschleifen des Schutzleiters. Diese Klemmen müssen dann zu allen Metallteilen des Gerätes isoliert sein, damit im Fehlerfall keine Fehlerspannung zwischen Metallgehäuse und Erde entstehen kann.

Bei der Installation von Verteilerschränken mit doppelter Isolierung gilt:

- Keine **Metallschrauben** [*metal screws*] von außen in das Gehäuse hineindrehen.
- Für Leitungsdurchführungen in den Gehäusen müssen **Verschraubungen aus Kunststoff** oder **Würgenippel** verwendet werden.

- Doppelte Isolierung besteht aus einer zusätzlichen Isolierung zur Betriebs- und Basisisolierung.
- Doppelt isolierte Geräte sind durch das folgende Symbol gekennzeichnet: 
- Ein vorhandener Schutzleiter in der Zuleitung zu einem doppelt isolierten Gerät muss am Stecker, darf aber nicht am Gerät angeschlossen werden.

Schutztrennung

Bei der Schutztrennung werden Verbraucherstromkreise durch **Trenntransformatoren** nach VDE 0570-2-4 oder Motorgeneratoren mit getrennten Wicklungen versorgt. Dadurch sind Netzstromkreis und Verbraucherstromkreis galvanisch voneinander getrennt.

Nach Abb. 4 entsteht deshalb kein Fehlerstromkreis, weil zum Versorgungsnetz keine leitende Verbindung vorliegt. Personen werden bei Anwendung der Schutztrennung nicht gefährdet, wenn

- bei einem Körperschluss das Metallgehäuse des Gerätes oder
- einer der beiden aktiven Leiter berührt werden.

Erst beim Berühren beider aktiven Leiter wird die lebensgefährliche Spannung von 230 V überbrückt.

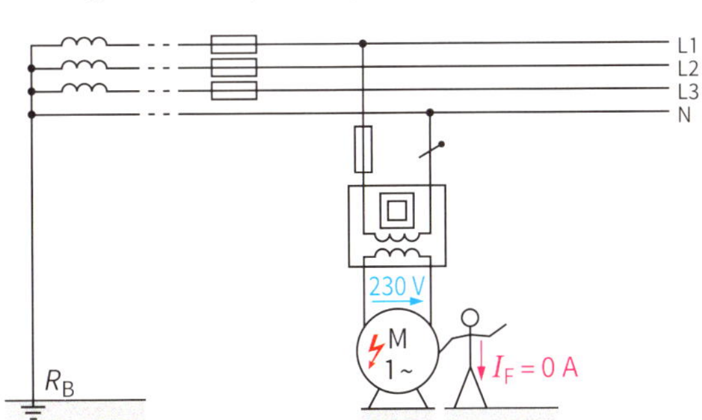

4: Berühren eines Spannung führenden Gehäuses

Welche Leitungen dürfen verwendet werden?

Um die Gefahr des Erdschlusses bei **ortsveränderlichen Verbrauchern** [*portable consumers*] auszuschließen, muss auf ausreichende Isolierung der Leitungen geachtet werden, d.h. für die **Leitungsauswahl und -verlegung** gilt:

- Gummischlauchleitungen von Typ H07RN-F oder gleichwertige Leitungen,
- Leitungen von Stromkreisen mit Schutztrennung getrennt verlegen oder
- Mehraderleitungen in Installationsrohre oder -kanäle einziehen.

Nach DIN VDE 0100-410 können auf der Sekundärseite des Trenntransformators mehrere Verbraucher angeschlossen werden (Abb. 5). Die **Metallgehäuse** [*metal cases*] der Geräte müssen jedoch durch einen isolierten Schutzpotenzialausgleichsleiter bzw. PE-Leiter ① miteinander verbunden sein. Damit wird verhindert, dass bei zwei Fehlern ② und ③ zwischen den Gehäusen eine gefährliche Spannung entsteht. Bei einem 2-fachen Körperschluss muss die Abschaltung der Stromversorgung innerhalb folgender Zeiten erfolgen:

- $U_{2n} = 230$ V innerhalb $t_a \leq 0{,}4$ s
- $U_{2n} = 400$ V innerhalb $t_a \leq 0{,}2$ s

Beim **Anschluss mehrerer Verbraucher** gelten nach DIN VDE folgende Festlegungen:

- Keine Erdung der Metallteile und aktiven Teile des Stromkreises mit Schutztrennung
- Bemessungsspannungen:
  Oberspannung $U_1 \leq 1000$ V
  Unterspannung $U_2 \leq 500$ V
- Leitungslänge zum Verbraucher: $l \leq 500$ m
- Produkt aus Betriebsspannung und Leitungslänge: $U \cdot l \leq 100\,000$ Vm

Anwendungen

- Elektrische Werkzeuge und Lampen bei Arbeiten in Metallbehältern
- Schütz- und Relaisstromkreise
- Rasiersteckdosen in Baderäumen

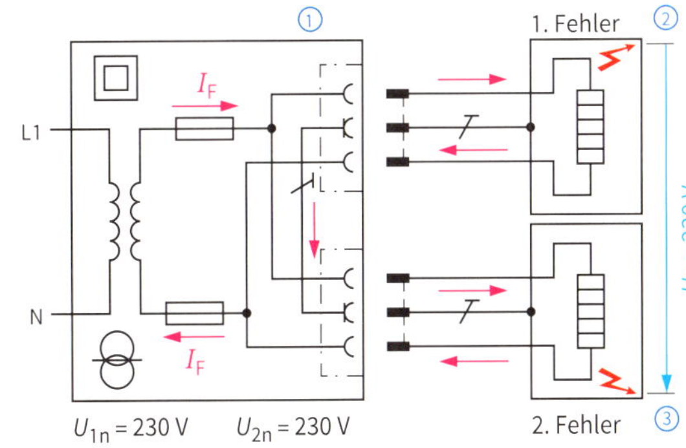

5: Schutztrennung mit mehreren Verbrauchern

Welche Einschränkungen gelten bei Anwendung der Schutztrennung im Krankenhaus?

Im Krankenhaus müssen bei Anwendung der Schutztrennung in Bereichen der Gruppe 1 und 2 **Trenntransformatoren mit verstärkter Isolierung** verwendet werden. Für die Sekundärseite gelten folgende Einschränkungen:

- Anschluss nur **eines Verbrauchers**
- **Keine Erdung** der Metallteile von Betriebsmitteln und keine Verbindung mit einem Schutzleiter
- **Sichtbare Verlegung** beweglicher Leitungen, wo mechanische Belastungen vorliegen.

Weitere Schutzmaßnahmen zum Fehlerschutz (vgl. Seite 50) sind

- Schutz durch **nicht leitende Umgebung** und
- Schutz durch **erdfreien örtlichen Schutzpotenzialausgleich**.

Diese Maßnahmen werden jedoch im Krankenhaus und in Wohngebäuden nicht angewendet. Sie werden hauptsächlich in **Industrieanlagen** [*industrial installations*] eingesetzt, wo sich andere Schutzmaßnahmen wegen der örtlichen Bedingungen nicht einsetzen lassen.

Nicht leitende Umgebung

Sehr schlecht leitende Räume werden als **nicht leitende Umgebung** bezeichnet. Tritt an einem Betriebsmittel, z.B. Elektromotor, ein Körperschluss auf, dann fließt beim Berühren ein kleiner Fehlerstrom über den Körperwiderstand der Person und den hochohmigen Widerstand des Fußbodens (Abb. 1). Dieser Strom wird kaum wahrgenommen.

Haben wir es mit zwei fehlerhaften Motoren zu tun, die jeweils einen Körperschluss mit verschiedenen Außenleitern haben, dann liegt zwischen den Metallgehäusen der Motoren die gefährliche Leiterspannung 400 V. Zum Schutz von Personen muss deshalb zwischen den Motoren und anderen leitfähigen Teilen der **Mindestabstand für den Handbereich** eingehalten werden ①, ②.

In nicht leitender Umgebung müssen Wände und Fußböden isoliert sein. Für den **Isolationswiderstand R_{iso}** [*insulation resistance*] (vgl. Kap. 5.4.4) gelten folgende Mindestwerte für Anlagen mit Wechselspannung:

- $U_n \leq 500$ V AC mit Prüfspannung $U_n \geq 500$ V DC
- $U_n > 500$ V AC mit Prüfspannung $U_n \geq 1000$ V DC
  $\Rightarrow R_{iso} \geq 1$ MΩ

Erdfreier örtlicher Schutzpotenzialausgleich

In nicht leitender Umgebung darf an fest eingebauten Geräten der Schutzklasse I und an Steckdosen kein Schutzleiter angeschlossen werden. Es ist jedoch erlaubt, über einen Schutzleiter die metallenen Gehäuse aller Geräte miteinander zu verbinden (Abb. 2). Damit wird erreicht, dass alle leitfähigen Teile dasselbe Potenzial haben. Diese Maßnahme wird als **erdfreier örtlicher Schutzpotenzialausgleich** [*non-earthed local protection equipotential bonding*] bezeichnet. Ein Mindestabstand zwischen den Geräten ist in solchen Räumen nicht erforderlich. Eine gefährliche Berührungsspannung kann hier nicht entstehen, weil zwischen den Geräten kein Potenzialunterschied entstehen kann.

Installationsbedingungen

- Örtlicher Schutzpotenzialausgleich darf nicht mit der Erde verbunden sein.
- An den Geräten darf kein Schutzleiter angeschlossen werden.

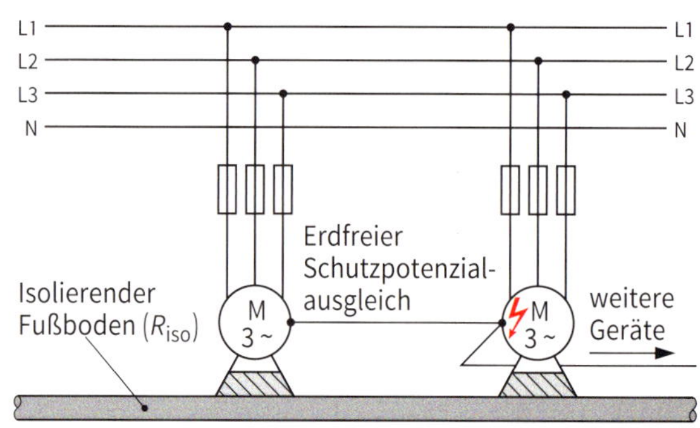

2: Erdfreier örtlicher Schutzpotenzialausgleich

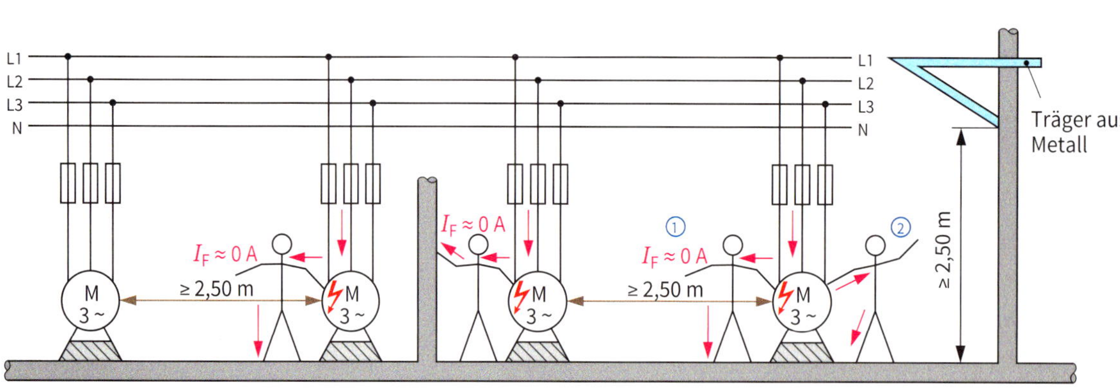

1: Fehlerstrom in nicht leitender Umgebung

Aufgaben

1. Beschreiben Sie den besonderen Schutz der doppelten oder verstärkten Isolierung.
2. An einem Elektrogerät der Schutzklasse II soll die schadhafte Anschlussleitung ausgewechselt werden. Beschreiben Sie die Auswahl und den Anschluss der Leitung.
3. An einen Trenntransformator sollen zwei Verbraucher angeschlossen werden. Nennen Sie fünf Sicherheitsmaßnahmen, die zu beachten sind.
4. Welche vier Einschränkungen gelten bei Anwendung der Schutztrennung im Krankenhaus?
5. Beschreiben Sie den besonderen Schutz für Personen in nicht leitender Umgebung.
6. Begründen Sie, warum beim erdfreien örtlichen Schutzpotenzialausgleich die Metallgehäuse von Verbrauchern nicht mit dem PE-Leiter des Netzes verbunden werden dürfen.

- Bei der Schutztrennung sind die Verbraucher durch galvanische Trennung vom Versorgungsnetz getrennt.
- In medizinischen Bereichen der Gruppe 1 und 2 darf Schutztrennung nur zur Versorgung eines Betriebsmittels verwendet werden.
- In nicht leitender Umgebung gelten für den Isolationswiderstand von Fußböden und Wänden z.B. die Werte $R_{iso} \geq 50\ k\Omega$ bei $U_n \leq 500\ V\ AC$ und $R_{iso} \geq 100\ k\Omega$ bei $U_n > 500\ V\ AC$.
- Beim erdfreien örtlichen Schutzpotenzialausgleich müssen die Metallgehäuse miteinander verbunden sein, jedoch nicht mit dem PE-Leiter des Netzes.

Basischutz und Fehlerschutz
Kap. 5.3.4.3
→ **Stromschlag wird ausgeschlossen** →

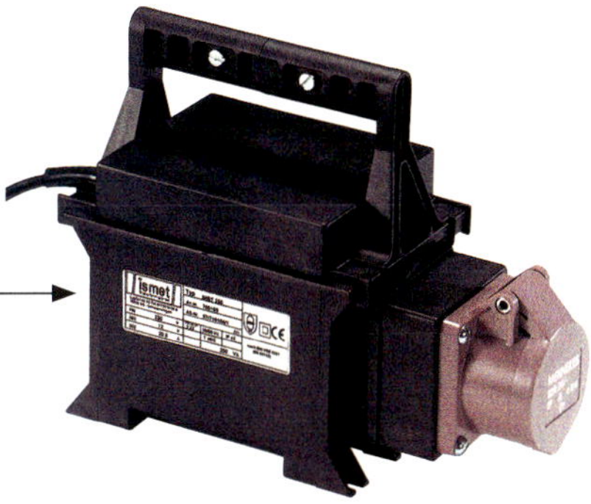

↓
SELV PELV FELV

Basischutz
Kap. 5.3.4.4
→ **Berühren von Spannung führenden Teilen wird verhindert** →

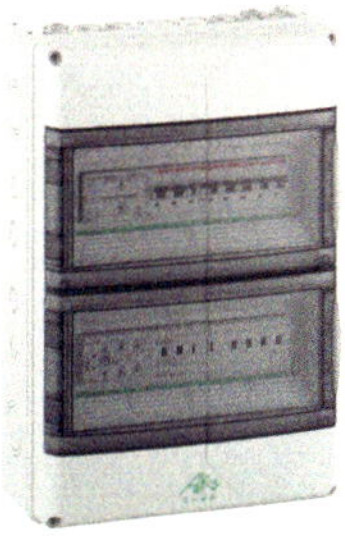

↓
Schutz durch Isolierung, Abdeckung oder Umhüllung, Hindernisse und Abstand, zusätzlicher Schutz durch RCD

Fehlerschutz
Kap. 5.3.4.5
→ **Entstehen einer gefährlichen Berührungsspannung wird ausgeschlossen bzw. verhindert** →

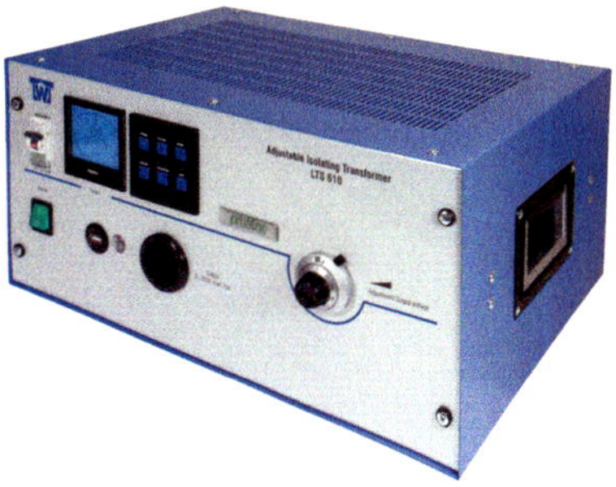

↓
Doppelte oder verstärkte Isolierung,
Schutztrennung,
Schutz durch automatische Abschaltung,
Schutz durch nicht leitende Umgebung,
Schutz durch erdfreien örtlichen Schutzpotenzialausgleich

3: Zusammenfassung zum Personenschutz

5.3.5 Besondere Räume

Zum Schutz von Personen gelten in bestimmten Räumen besondere DIN VDE-Vorschriften. Folgende Mind-Map soll dazu eine kurze Übersicht geben (Abb. 1).

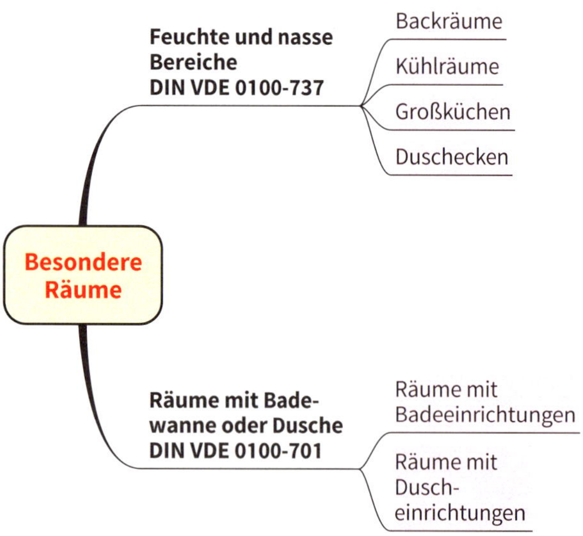

1: Vorschriften für Besondere Räume

Wegen des besonderen Personenschutzes werden für **Bade- und Duschräume** *[bath and shower rooms]* weitere Informationen und Erklärungen vorgestellt.

In einem Bad bestehen im Bereich der Badewanne und der Dusche besondere Gefahrenzonen. Durch die Feuchtigkeit der Haut und die gute Verbindung zum Erdpotenzial über das Wasserrohrsystem wird der Widerstand der Fehlerschleife verringert. So können bereits kleine Berührungsspannungen einen gefährlichen Körperstrom auslösen.

In Bädern mit Bade- oder Duschwannen gibt es die drei **Schutzbereiche** *[protective zones]* 0, 1 und 2 (Abb. 2 und 3). Für Duschecken mit ebenerdiger, flacher Duschwanne gelten die Schutzbereiche 1 und 2. Je nach Schutzbereich werden unterschiedliche Anforderungen an die Elektroinstallation gestellt.

Welche Bedingungen sind für diese Schutzbereiche vorgeschrieben?

Schutzbereich 0

Es dürfen nur solche Betriebsmittel ortsfest installiert werden, die für den Einsatz in einer Dusch- oder Badewanne geeignet sind, z. B. Beleuchtungen ($U_n \leq 12$ V AC oder $U_n \leq 30$ V DC).
Schutzart der Betriebsmittel: IPX7 .

Schutzbereich 1

Dort dürfen nur ortsfeste Verbrauchsmittel, z. B. Wasserwärmer und Handtuchtrockner, installiert werden, die nach Herstellerangaben für diesen Schutzbereich geeignet sind. Erlaubt sind darüber hinaus auch Betriebsmittel, die durch Kleinspannung ($U_n \leq 25$ V AC oder $U_n \leq 60$ V DC) geschützt sind. Die Leitungen müssen senkrecht zu den Betriebsmitteln geführt werden. Schutzart der Betriebsmittel: IPX4.

Schutzbereich 2

Hier dürfen Betriebsmittel verwendet werden, die mit SELV bzw. PELV (z. B. für Betriebsmittel der Kommunikationstechnik) betrieben werden. Erlaubt sind Rasiersteckdosen-Einheiten nach DIN EN 61588-2-5. Dabei handelt es sich um Steckdosen, die durch Schutztrennung geschützt werden. Schutzart der Betriebsmittel: IPX4.

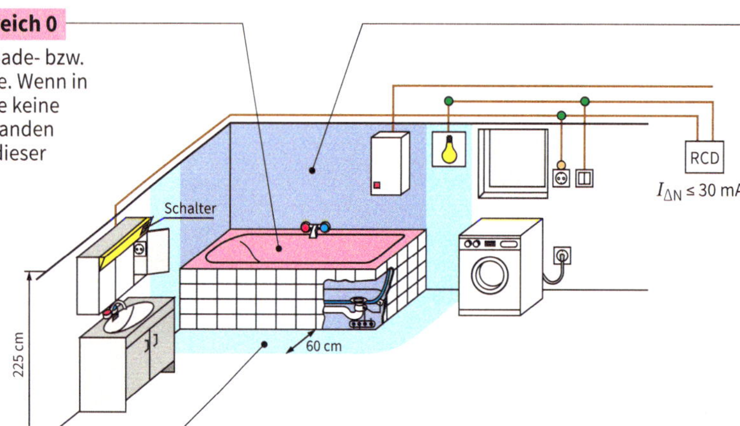

2: Baderaum

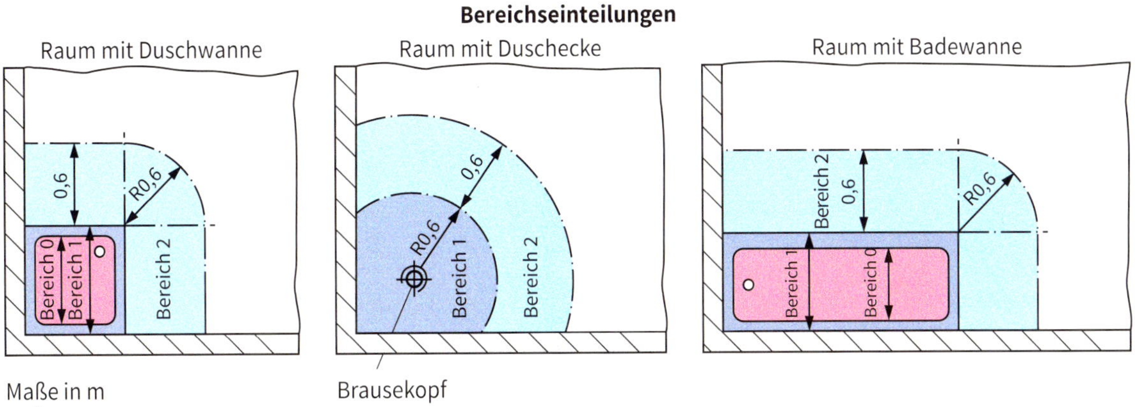

Maße in m

3: Übersicht zu den Bereichen

Installationshinweise

Bei der Verlegung von Leitungen auf der Rückseite der angrenzenden Wände zu den Schutzbereichen 1 und 2 muss nach der Installation der Betriebsmittel (z. B. Steckdosen) im Nachbarraum eine Restwandstärke von 6 cm erhalten bleiben.

Die Energieversorgung der Stromkreise in Bade- und Duschräumen muss grundsätzlich über

- Fehlerstrom-Schutzeinrichtungen (RCDs, $I_{\Delta N} \leq 30$ mA) erfolgen,

Steckdosen in den Bereichen 1 und 2 über

- SELV- oder PELV-Stromkreise (25 V AC, 60 V DC),

Rasiersteckdosen im Bereich 2 über

- Trenntransformatoren nach DIN EN 61558-2-4.

Bei einem **Ausstattungswert** *[room setup grade]* 2 nach HEA/RAL (z. B. für Mietwohnungen) sind folgende elektrische Anschlüsse erforderlich:

- ein Deckenauslass für Allgemeinbeleuchtung,
- zwei Wandauslässe für die Spiegelbeleuchtung,
- vier Steckdosen und
- je ein Waschmaschinen- und Trockneranschluss.

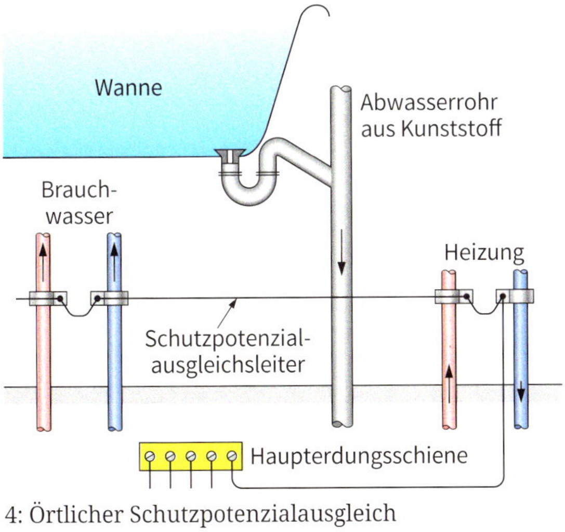

4: Örtlicher Schutzpotenzialausgleich

Installation des örtlichen Schutzpotenzialausgleichs

Leitfähige Teile und **Rohrsysteme** *[conduit systems]* im Bad werden mit dem Schutzleiter ohne Unterbrechung verbunden. Durch diesen zusätzlichen örtlichen Schutzpotenzialausgleich (Abb. 4) wird verhindert, dass sich kein Potenzialunterschied zwischen metallenen Rohrsystemen und Gebäudeteilen aufbauen kann. Der zusätzliche Schutzpotenzialausgleich ist dann **nicht** erforderlich, wenn in der Verbraucheranlage der Schutzpotenzialausgleich über die Haupterdungsschiene vorhanden ist.

Ausnahmen:

- Türzargen *[door cases]*, Fensterrahmen und Handtuchhalter aus Metall,
- metallene Abflussabdeckungen im Boden und
- Badewannen.

Querschnitt des Schutzpotenzialausgleichsleiters

Der Leiterquerschnitt beträgt

- $q \geq 2{,}5$ mm^2 bei mechanisch geschützter Verlegung (z. B. in Rohr, Kanal) und
- $q \geq 4$ mm^2 bei ungeschützter Verlegung.

Aufgaben

1. Beschreiben Sie die Abmessungen der drei Schutzbereiche.
2. Worauf müssen Sie achten, wenn an der rückwärtigen Wand zum Schutzbereich 1 ein elektrisches Gerät installiert werden soll?
3. Welche Teile müssen in den örtlichen Schutzpotenzialausgleich im Bad mit einbezogen werden?

- Steckdosen und Schalter dürfen nicht in den Schutzbereichen 0, 1 und 2 installiert werden.
- Die Restwandstärke innerhalb der Schutzbereiche 1 und 2 und auf der Rückseite installierter Geräte muss 6 cm betragen.
- Die Stromkreise innerhalb des Bades werden über eine RCD ($I_{\Delta N} \leq 30$ mA) angeschlossen.

5.3.6 Anlagenschutz

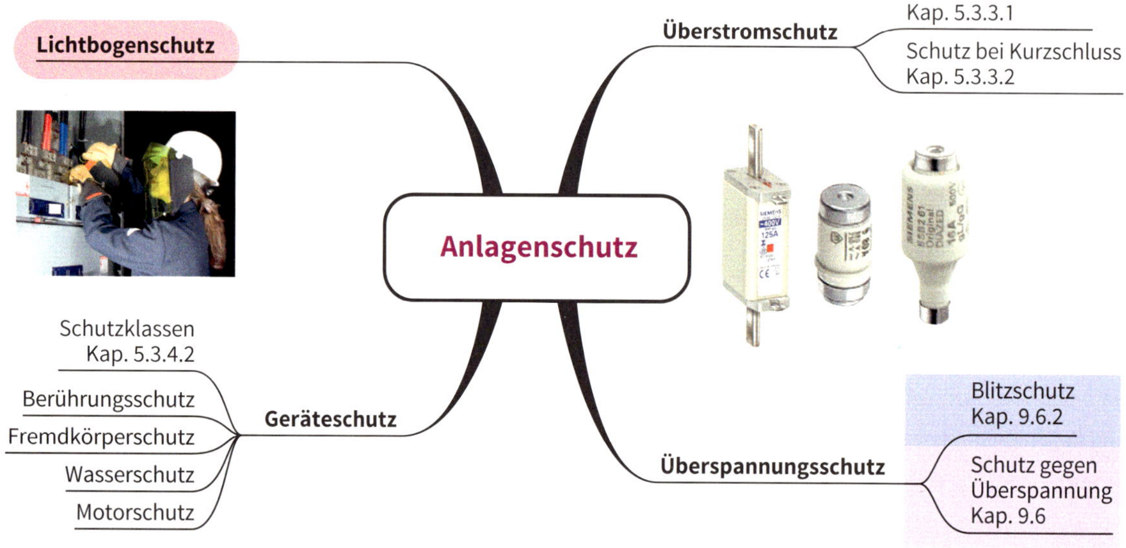

1: Übersicht zum Anlagenschutz

Der Schutz von Anlagen besteht aus der Anwendung bestimmter Schutzmaßnahmen (Abb. 1) und deren ständiger Überwachung (vgl. Kap. 5.4.15). Der Anlagenschutz gehört damit auch in den Bereich der Instandhaltung (Wartung). Trotzdem kann es in Anlagen zu Störungen kommen, bei denen z.B. Lichtbögen auftreten.

Lichtbögen können entstehen, wenn z.B. Handhabungsfehler bei der Montage oder Wartung von Niederspannungs-Schaltanlagen (Abb. 2) vorliegen.

Weitere **Fehlerquellen** sind:

- Schäden an der Isolation von Geräten und Leitungen, z.B. durch Alterung,
- Bedienfehler, z.B. beim Auswechseln von Geräten in Geräte- und Anschlussräumen,
- Niederspannungs-Schaltanlage nach Störlichtbogen (Abb. 2),
- falsch dimensionierte Geräte,
- Beschädigung der Isolation durch Tiere, die über Kabelkanäle in die Anlage gelangen und
- Verunreinigung durch Staubablagerungen.

2: Schaltanlage nach Störlichtbogen

Wie entstehen Störlichtbögen ?

Durch die **Ionisation** [*ionization*] von Gasen entstehen leitende Verbindungen in Form von Lichtbögen zwischen Leitern. Auch leitende Fremdkörper, z.B. Werkzeuge, die zwischen die Leiter fallen, erzeugen einen Kurzschluss und lösen dadurch einen Lichbogen aus. Lichtbögen, die nicht betriebsmäßig an Anlagen oder Betriebsmitteln auftreten, heißen **Störlichtbögen**. Bei Niederspannung entstehen Störlichtbögen durch einen **Kurzschluss**, bei Hochspannung durch **Verkürzung des Luftabstandes** zwischen unter Spannung stehenden Anlageteilen.

Auswirkungen von Störlichtbögen

Die Auswirkungen von Störlichtbögen hängen von **Stärke** und **Brennzeit** der Lichtbögen ab. Es können Temperaturen bis zu 10000 °C entstehen. An der Stelle des Entstehens von Lichtbögen sogar weit über diesen Wert hinaus.

Es baut sich dann folgende Wirkungskette auf:

Metall verdampft und bildet eine leitende Verbindung zwischen Leitern.

↓

Stromfluss verstärkt sich und erhöht die Temperatur.

↓

Metalldampf dehnt sich explosionsartig aus und flüssige Metallspritzer werden weggeschleudert.

↓

Metalldampf kühlt sich wieder ab und bildet mit Sauerstoff giftiges Metalloxid.

Das explosionsartige Ausdehnen des Metalldampfes verursacht einen hohen Druckanstieg und eine **Druckwelle** *[pressure wave]*. Durch die Druckwelle und Wärmeentwicklung können Schaltanlagen vollständig zerstört werden. Auch an Gebäuden können Folgeschäden durch Brand entstehen. Die Anlagen müssen daraufhin stillgelegt werden, z.B. die Energieversorgung im Krankenhaus. In Industriebetrieben kommt es zum Produktionsstillstand. Um den Ausfall der Energieversorgung zu vermeiden, sind vorbeugende Maßnahmen unbedingt erforderlich.

Maßnahmen zur Verhinderung von Störlichtbögen

Die technische Entwicklung zielt darauf, den Schutz bei Störlichtbögen weiter zu vervollständigen. Zunächst wird **passiver Schutz** vorgesehen. Er verhindert die Ausbreitung von Störlichtbögen in Anlagen und damit das Entstehen von Bränden. Als Maßnahme wird Abschottung der Objekte eingesetzt.

Der **aktive Schutz** soll die Auswirkungen durch Lichtbogenlöschung unterbinden. Beide Schutzarten können parallel angewendet werden (Abb. 3).

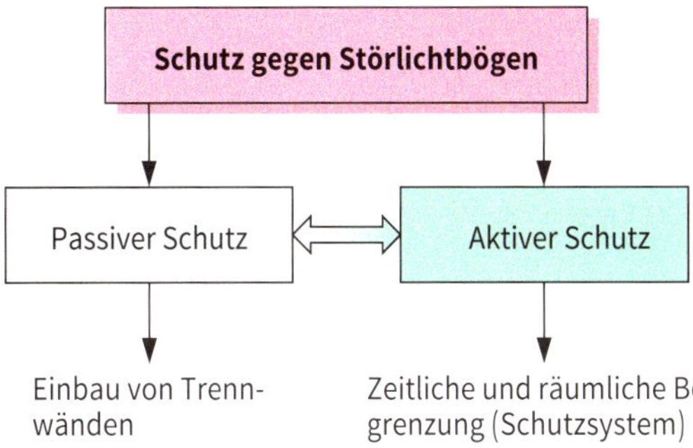

3: Schutzarten gegen Störlichtbögen

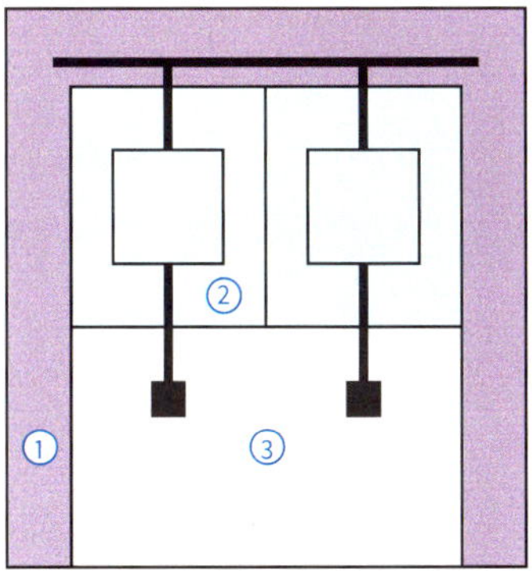

4: Raumunterteilung

Dieser Schutz bezieht sich auf die innere Unterteilung von Schaltgerätekombinationen.

Eine mögliche Teilung ist in Abb. 4 dargestellt. Hier ist der Raum mit den Sammelschienen ① vom Geräteraum ② und Anschlussraum ③ getrennt.

Durch die **räumliche Trennung** der drei Bereiche wird erreicht, dass ein entstehender Störlichtbogen auf den abgegrenzten Bereich beschränkt bleibt und sich nicht auf andere Bereiche ausdehnen und Schäden verursachen kann.

Wegen der Trennung der einzelnen Funktionseinheiten ist außerdem **Personenschutz** gewährleistet.

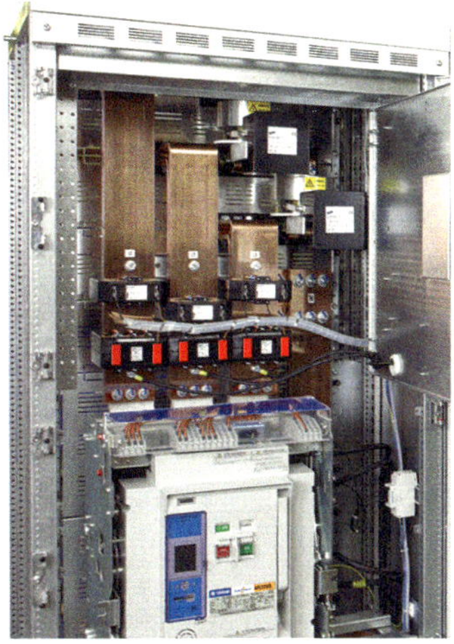

5: Störlichtbogen-Schutzsystem im Einspeisefeld

Prinzip von Schutzsystemen

Durch Schutzsysteme (Abb. 5) wird das Licht eines Störlichtbogens bereits während des Entstehens im Einspeisefeld von **Sensoren** erfasst. Das Signal wird an die **Auslöseeinheit** (Mastereinheit) weitergeleitet. Von dort erfolgt der Löschbefehl an das **Löschgerät** *[electric arc extinguisher]*. Dies erzeugt parallel zur Fehlerstelle einen dreipoligen Kurzschluss. Das Schutzorgan schaltet den Stromkreis ab. Der Lichtbogen erlischt in $t_a < 2$ ms (Herstellerangabe).

Aufgaben

1. Nennen Sie vier Arten des Schutzes in elektrischen Anlagen.
2. Nennen Sie vier Fehlerquellen, durch die Lichtbögen in Schaltanlagen entstehen können.
3. Beschreiben Sie die Entstehung von Störlichtbögen.
4. Beschreiben Sie die Auswirkungen von Störlichtbögen mit Hilfe einer Wirkungskette.
5. Wie können in einem Raum mit Schaltgeräten Störlichtbögen eingegrenzt werden?
6. Welche Maßnahmen gibt es, um Störlichtbögen zu verhindern bzw. zu löschen?

- Störlichtbögen entstehen durch Ionisation von Gasen und durch leitende Fremdkörper.
- Raumunterteilungen bei Schaltgerätekombinationen grenzen Störlichtbögen ein.
- Störlichtbögen bewirken durch die Druckwellen Zerstörungen und sind durch Rauchentwicklung gesundheitsschädlich.
- Mit Schutzsystemen wird über Sensoren ein Störlichtbogen erfasst und durch Löschgeräte gelöscht.

5.3.7 Brandschutz

Laut einer Untersuchung des Instituts für Schadensverhütung und Schadensforschung der öffentlichen Versicherer (IFS) ist in etwa einem Drittel der Fälle ein elektrotechnischer Fehler die Ursache für einen Brand. Die **Fehlerlichtbogen-Schutzeinrichtung AFDD** (engl. **A**rc **F**ault **D**etection **D**evice (AFDD)), kurz Brandschutzschalter, stellt für diesen Fehlerfall einen effektiven Schutz dar.

Lichtbögen können eine Temperatur von bis zu 6000 °C erreichen und werden z. B. durch lose Kontaktstellen, gebrochene Leitungen (serielle Lichtbögen) oder beschädigte Kabelisolierungen (parallele Lichtbögen) verursacht.

Einsatzbereiche

Für einphasige Wechselspannungssysteme mit einer maximalen Betriebsstromstärke von 16 A ist laut DIN VDE 0100-420 der **Einbau in folgenden Bereichen** verpflichtend gefordert:

- Schlaf- und Aufenthaltsräume von Heimen oder Tageseinrichtungen für Kinder, behinderte oder alte Menschen,
- Schlaf- und Aufenthaltsräume von barrierefreien Wohnungen nach DIN 18040,
- Räume und Orte mit
  - einem Feuerrisiko durch verarbeitete und gelagerte Materialien (feuergefährdete Betriebsstätten),
  - brennbaren Baustoffen, z. B. in Holzhäusern und
  - Gefährdungen für unersetzbare Güter (z. B. Museum, Bahnhof, Flughafen).

Ferner wird der Einbau empfohlen für Räume mit Schlafgelegenheiten sowie Räume oder Orte mit Feuer verbreitenden Strukturen (z. B. Hochhäuser).

Aufbau und Wirkung des Branschutzschalters

Abb. 1 zeigt den schematischen Aufbau eines Brandschutzschalters.

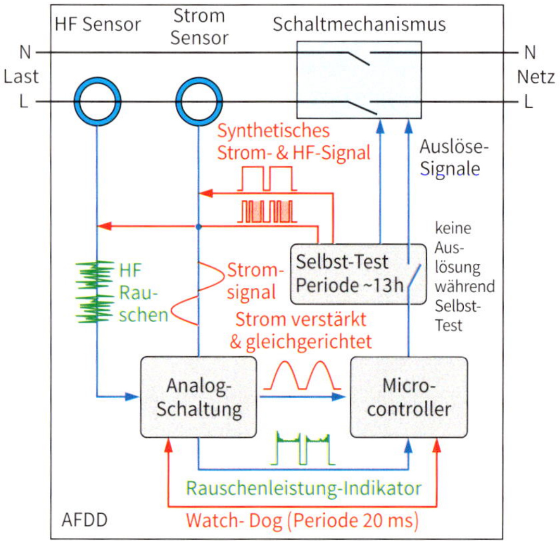

1: Blockschaltbild eines Brandschutzschalters

Die Fehlerlichtbogen-Schutzeinrichtung misst den nieder- und hochfrequenten Anteil des Betriebsstroms über zwei Sensoren. Die nachgeschaltete Elektronik erkennt anhand der charakteristischen HF-Signale, ob der Stromanstieg durch einen Fehlerlichtbogen oder betriebsmäßige Lichtbögen (z. B. Bürstenmotor) hervorgerufen wurde. Die Abschaltung erfolgt nur bei einem echten Fehlerlichtbogen.

Durch einen Selbsttest werden in die interne Elektronik synthetisch generierte HF-Testsignale eingespeist, die einem Fehlerlichtbogen ähneln. Die Auslösung wird während der Testphase unterbrochen. Die unterschiedlichen Betriebszustände (z.B. Fehlerlichtbogen erkannt) können über optische Anzeigen abgelesen werden.

Der Branschutzschalter darf nicht als Alternative für eine Fehlerstrom-Schutzeinrichtung eingesetzt werden, da er z. B. keine Isolationsfehler erkennt. Eine gesonderte Prüfung des Schalters ist nicht erforderlich.

Bauarten

Gemäß DIN EN 62606 sind drei Bauarten des Brandschutzschalters klassifiziert:

- AFD-Einheit und Ausschaltvorrichtung werden mit einer vom Hersteller angegebenen Schutzeinrichtung in Reihe geschaltet.
- AFDD als eine Einrichtung bestehend aus einer Schutzeinrichtung mit integrierter AFD-Einheit.
- AFDD bestehend aus einer AFD-Einheit und einer vom Hersteller angegebenen Schutzeinrichtung, die vor Ort zusammengebaut werden.

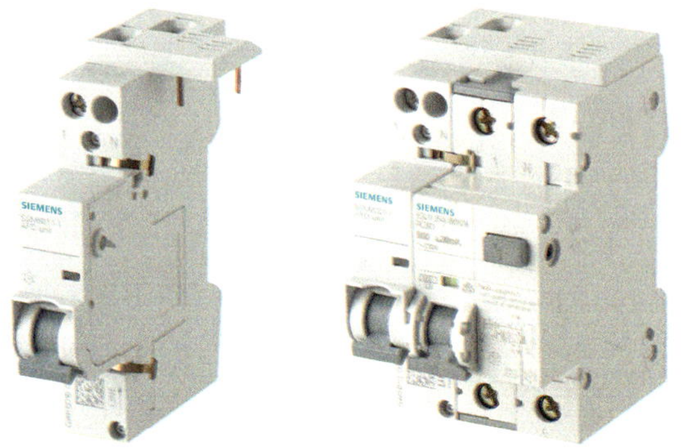

2: a) AFD-Einheit b) AFD-Einheit mit angebautem FI/LS-Schalter

- Brandschutzschalter schützen vor Fehlerlichtbögen (parallele und serielle Lichtbögen), die eine häufige Brandursache sind.
- Der Einbau von Brandschutzschaltern wird gemäß DIN VDE 0100-420 in Schlaf- und Aufenthaltsräumen von Heimen, Tageseinrichtungen und barrierefreien Wohnungen sowie in besonders gefährdeten Räumen und Orten gefordert.

5.4 Prüfen und Messen

Vor der Inbetriebnahme der elektrischen Anlage im Krankenhaus bzw. bei wesentlichen Änderungen oder Instandsetzungen müssen umfangreiche Prüfungen durchgeführt werden. Bei diesen **Erst- bzw. Wiederholungsprüfungen** müssen folgende Vorschriften zur Prüfung elektrischer Anlagen beachtet werden:

- DIN VDE 0100-600
- DIN VDE 0100-710
- DIN VDE 0105
- DGUV Vorschrift 3
- BetrSichV (Betriebssicherheitsverordnung)

Darüber hinaus müssen auch spezielle Prüfverordnungen der jeweiligen Bundesländer berücksichtigt werden:

- Landesbauordnung
- Krankenhausbauverordnung (KhBauVO)
- Technische Prüfungsverordnung (TPrüfVO)

Als Grundsatz gilt, dass die Prüfungen abgeschlossen sein müssen, bevor die Anlage in Betrieb geht. Daher empfiehlt sich eine gründliche Planung der durchzuführenden Teilprüfungen unter Mitarbeit des späteren Betriebspersonals in allen Phasen des Projektes. Er-fahrungsgemäß sind Teilprüfungen weniger zeitintensiv als die nachträgliche Beseitigung der Fehler bzw. Mängel im laufenden Betrieb der Anlage.

Integration der Prüfungen in die einzelnen Projektphasen:

Planungsphase
- Schutzmaßnahmen planen
- angrenzende Anlagenteile in die Planung mit einbeziehen
- Art/Umfang der Dokumentation festlegen

Ausführungsphase
- Überwachung der Montage
- Teilprüfungen durchführen
- Technisches Personal schulen

Erstprüfung
- Bestandsunterlagen prüfen
- Personenkreis der Prüfer festlegen
- Messgeräte bereitstellen
- Messungen durchführen
- Dokumentation erstellen

Planung der Instandhaltung
- Prüf- und Wartungsintervalle festlegen
- Ersatzteilliste erstellen

Durch diese Vorgehensweise wird ein sicherer und ordnungsgemäßer Zustand der Anlage bereits bei der Inbetriebnahme sichergestellt. Somit können aufwendige und oftmals kostenintensive Prüfungen im laufenden Betrieb einer elektrischen Anlage entfallen. Spätere Probleme mit der Gewährleistung und den damit verbundenen Ansprüchen entfallen für den ausführenden Betrieb.

5.4.1 Erstprüfung

Bevor mit einer Prüfung begonnen wird, müssen folgende Fragen beantwortet werden:

Erstprüfung
- Wer darf prüfen?
- Welche Prüfungen müssen durchgeführt werden?
- Welche Messgeräte sollen verwendet werden?

Diese Vorbereitungen sind sowohl bei einer **Erstprüfung** als auch nach Änderungen, Erweiterungen oder Instandsetzungen durchzuführen.

Wer darf prüfen?

Für die Durchführung der erforderlichen Prüfungen sind bestimmte Qualifikationen der Prüfer notwendig.

Die Prüfungen nach DIN VDE 0100-600 müssen von einer **Elektrofachkraft** mit Erfahrung beim Prüfen durchgeführt werden. Eine Elektrofachkraft besitzt eine fachliche Ausbildung, kann Gefahren beurteilen und ist mit den einschlägigen Vorschriften vertraut.

Nach der Betriebssicherheitsverordnung muss der Betrieb einer überwachungsbedürftigen Anlage von einer **zugelassenen Stelle** (z.B. Staatlich anerkannter Sachverständiger, TÜV) oder einer **befähigten Person** überprüft werden. Befähigte Personen zeichnen sich durch ihre Berufsausbildung und Berufserfahrung sowie ihre zeitnahe berufliche Tätigkeit bei der Durchführung von Prüfungen aus.

Welche Prüfungen müssen durchgeführt werden?

In unserem vorliegenden Projekt (Krankenhaus „Heilig Geist") sind nach DIN VDE 0100-600 folgende Prüfungen vor der Inbetriebnahme erforderlich:

- Niederohmmessung der Schutzleiter und Schutzpotenzialausgleichsleiter
- Isolationswiderstand R_{iso}
- Erdungswiderstand R_E
- Schleifenimpedanz Z_S
- Netzinnenwiderstand R_i
- Fehlerstrom-Schutzeinrichtung
- Drehfeldrichtung
- Funktionsprüfung
- Spannungspolarität und -fall

- Vor dem Betrieb einer elektrischen Anlage muss eine Erstprüfung deren Sicherheit gewährleisten.
- Prüfungen nach DIN VDE 0100-600 müssen von einer Elektrofachkraft durchgeführt werden.

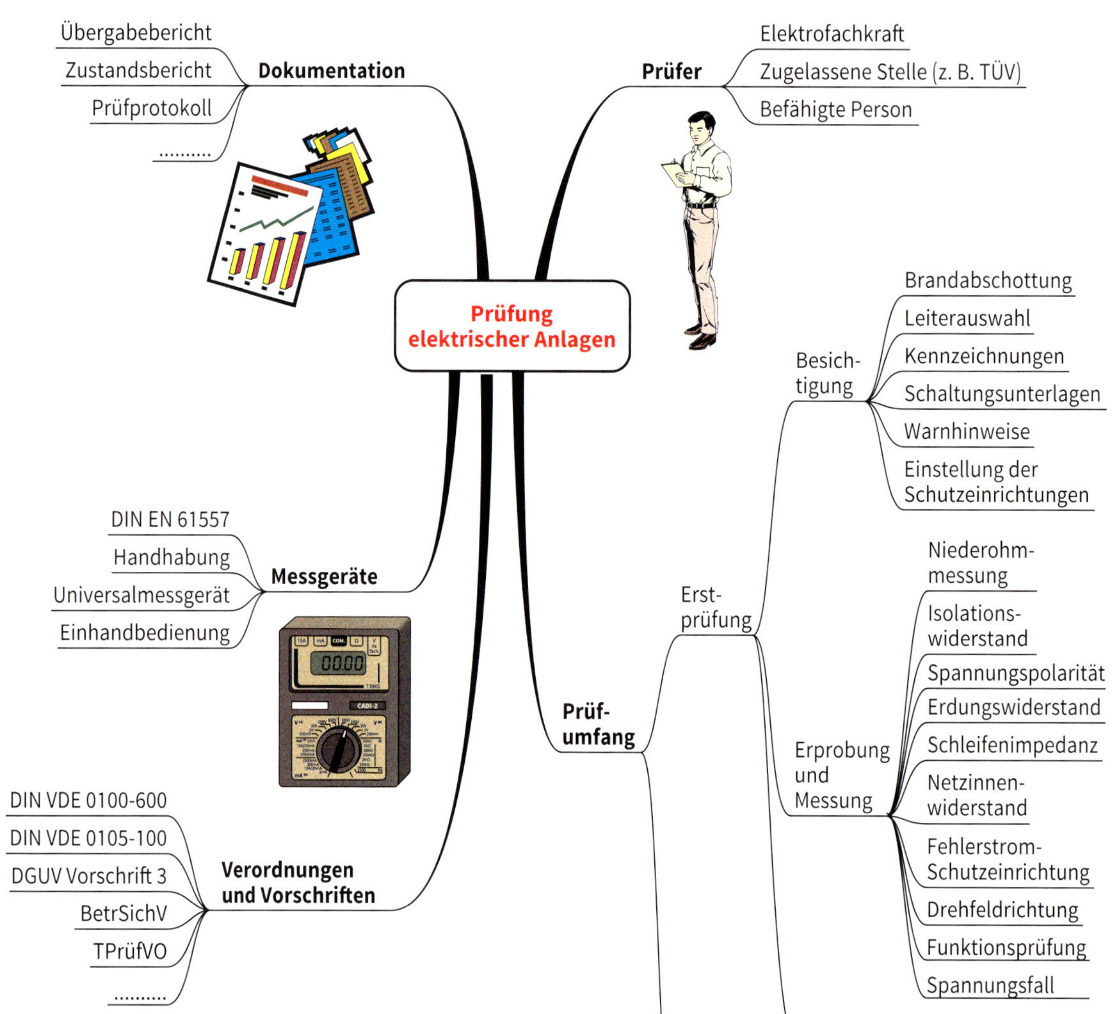

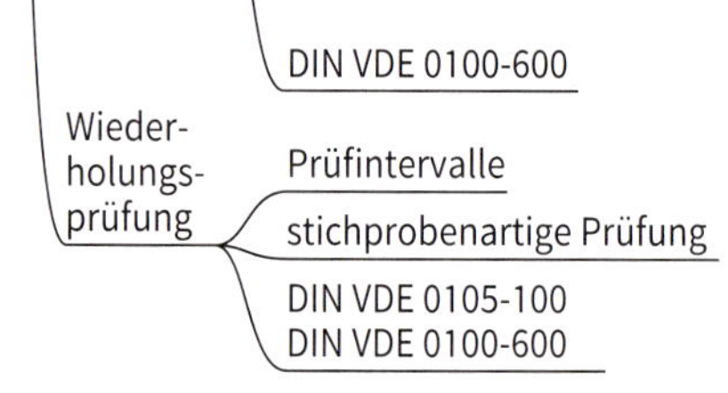

1: Übersicht „Prüfung einer elektrischen Anlage"

Welche Messgeräte sollen verwendet werden?

Bei der Wahl der **Messgeräte** [***measuring instruments***] (DIN EN 61557) gelten wegen der häufigen Verwendung folgende Grundsätze für die **Handhabung** [***handling***] in der Praxis:

- einfache Handhabung und Bedienung
- sicher gegen Überlastung und Kurzschluss
- klein und leicht
- alle Messungen mit einem Gerät durchführbar (Universalmessgerät)
- Möglichkeit der Einhandbedienung des Prüfsteckers bei den Messungen
- direkte Anzeige von gefährlichen Spannungen (z.B. spannungsführender Schutzleiter)

■ Die Erstprüfung setzt sich aus einer Besichtigung sowie der anschließenden Erprobung und Messung zusammen.

Sanierung von Elektroanlagen

Bei einer **Änderung** oder **Erweiterung** einer bestehenden elektrischen Anlage muss die Einhaltung der Normen aus der Reihe DIN VDE 0100 geprüft werden. Die Sicherheit der bestehenden Anlage darf keinesfalls beeinträchtigt werden.

Eine Anpassung der bestehenden Anlage an neue oder überarbeitete Normen ist nur dann erforderlich, wenn eine Nachrüstpflicht besteht. In jedem Fall muss die gesamte Anlage auf eine bestehende Unfall- bzw. Brandgefahr überprüft und gegebenenfalls saniert werden.

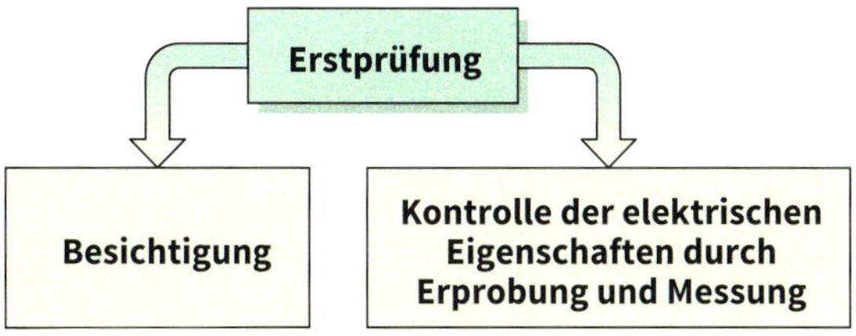

5.4.2 Besichtigung

Die **Besichtigung** [*visual inspection*] wird grundsätzlich vor dem anschließenden Erproben und Messen durchgeführt.

Bei der Besichtigung wird festgestellt, ob die elektrische Anlage normgerecht errichtet wurde, die eingebauten Betriebsmittel richtig ausgewählt sind und keine sichtbaren Sicherheitsmängel aufweisen.

Umfang der Besichtigungen:

- **Schutzart gegen elektrischen Schlag** kontrollieren (z.B. Abstandsmaße in der Trafostation).
- **Brandabschottungen** sowie andere Vorsorgemaßnahmen gegen die Ausbreitung von Feuer kontrollieren.

- **Leiterauswahl** hinsichtlich Spannungsbelastbarkeit und Spannungsfall prüfen.
- Auswahl und Einstellung von **Überwachungs- und Schutzeinrichtungen** prüfen (z.B. Isolationsüberwachung).
- Eignung und Einstellung der **Schalt- und Trenneinrichtungen** prüfen.
- Auswahl der **Betriebsmittel und Schutzmaßnahmen** im Hinblick auf äußere Einflüsse kontrollieren (z.B. Einhaltung der Schutzart für Außenleuchten).
- Kennzeichnung von **Neutral- und Schutzleiter** kontrollieren (z.B. bei Stromschienen innerhalb der Verteilung).
- Dauerhafte **Kennzeichnung** der Stromkreise, Schalter, Klemmen und Sicherungen kontrollieren.

- **Leiterverbindungen** auf Festigkeit prüfen.
- Vollständigkeit der **Schaltungsunterlagen** kontrollieren.
- **Warnhinweise** und zusätzliche Beschilderungen kontrollieren.
- **Zugänglichkeit** der Betriebsmittel im Hinblick auf die Bedienung, Wartung und Identifizierung prüfen.
- Verbindung der leitfähigen Körper mit der Erdungsanlage.

5.4.3 Niederohmmessung

Bei dieser Messung müssen die Schutzleiter, Schutzpotenzialausgleichsleiter sowie Erdungsleiter im kompletten Verlauf auf einen **niederohmigen Durchgang** [*low-resistance continuity*] überprüft werden.

Die Besichtigung stellt dabei einen wesentlichen Bestandteil der Prüfung dar. Da eine teilweise unterbrochene Verbindung bei der Messung nicht lokalisiert werden kann, muss bei der Besichtigung auf

- die festen Verbindungen der Anschlussstellen,
- die normgerechte Verlegung,
- den ausreichenden Querschnitt und
- die richtige Kennzeichnung

geachtet werden. Aus rationellen Gründen empfiehlt es sich, die Besichtigung bereits während der Bauphase schrittweise durchzuführen, da eine spätere Besichtigung erheblich zeitaufwendiger ist (z.B. Öffnen von Anschlussdosen usw.).

An welchen Punkten wird die Messung durchgeführt?

Der niederohmige Durchgang ist in folgenden **Messkreisen** zu prüfen:

- zwischen PE-Schiene der Verteiler und den Verbrauchern (z.B. Steckdosen)
- zwischen fremden leitfähigen Teilen (Rohrsysteme) und dem Schutzpotenzialausgleich
- zwischen den Anlagenerdern R_A und den Schutzpotenzialausgleichsschienen (z.B. Fernmeldeanlage)

Die Messwerte in Stromkreisen mit geringen Leiterquerschnitten ($q \leq 2{,}5\ \text{mm}^2$) liegen zwischen 0,3 Ω und 1 Ω und bei Leitern mit größeren Querschnitten nur im Bereich weniger Zehntel Ω.

Aufgaben

1. Finden Sie für jede der geforderten Besichtigungen im Rahmen der Erstprüfung Beispiele aus der Praxis und listen Sie diese auf.
2. Zwischen welchen Messpunkten muss eine Niederohmmessung durchgeführt werden?
3. Welche Besichtigungen müssen im Rahmen der Niederohmmessung unbedingt erfolgen? Begründen Sie die Notwendigkeit dieser Besichtigungen.

- Die Besichtigung erfolgt vor der Erprobung und Messung.
- Bei der Niederohmmessung werden der niederohmige Durchgang aller Schutzleiter, Schutzpotenzialausgleichsleiter sowie der Erder überprüft.

5.4.4 Messen des Isolationswiderstandes

Die Messung des **Isolationswiderstandes** [*insulation resistance*] R_{iso} muss generell in jeder elektrischen Anlage durchgeführt werden, und zwar unabhängig von der verwendeten Schutzmaßnahme. Sie dient als einzige Messung auch dem Brandschutz, da Isolationsfehler zwischen zwei Leitern leicht zu einer Erwärmung bzw. einem Brand führen können.

Wie wird der Isolationswiderstand gemessen?

Die Messung erfolgt mit Gleichspannung im freigeschalteten Zustand. Die Messung kann daher bereits während der Bauphase durchgeführt werden. An Schaltleitungen zu den Betriebsmitteln (z.B. in Lichtstromkreisen) muss ebenso gemessen werden.

Erforderliche Messungen gemäß DIN VDE 0100-800 an den Abgängen bzw. Trennklemmen im Verteiler:

1. zwischen aktiven Leitern (Außen- und Neutralleiter)
2. zwischen aktiven Leitern und dem mit der Erdungsanlage verbundenen Schutzleiter

Wenn die Betriebsmittel die Messung beeinflussen oder beschädigt werden können, ist nur die 2. Messung erforderlich.

In Abb. 1 sind die unteren Grenzwerte des Isolationswiderstandes R_{iso} für unterschiedliche Stromkreise aufgelistet.

Art des Stromkreises	Messgleichspannung DC	R_{iso}
SELV und PELV	U = 250 V	≥ 0,5 MΩ
Netzspannung $U_0 \leq 500$ V z. B. in elektrischen Anlagen mit trockenen und feuchten Bereichen	U = 500 V	≥ 1 MΩ
Netzspannung $U_0 > 500$ V z. B. in Anlagen mit elektrischen Maschinen	U = 1000 V	≥ 1 MΩ

1: Grenzwerte für den Isolationswiderstand

Abb. 2 zeigt die Messung des Isolationswiderstandes an einem Verteilerschrank der Niederspannungshauptverteilung. Das Display zeigt bei der Messung folgende Werte an:

R_{iso} = 15,8 MΩ U = 516 V DC

Der gemessene Widerstand liegt somit weit über dem geforderten Mindestwert von 1 MΩ für Stromkreise mit einer Spannung $U_0 \leq 500$ V. Die Messspannung ist mit 516 V DC ausreichend groß.

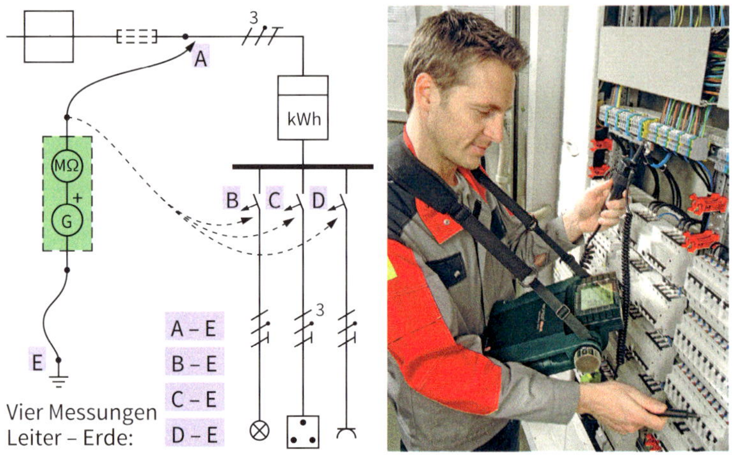

2: Messung des Isolationswiderstandes in der NSHV

Der Messwert wird durch den Einfluss von Feuchtigkeit (z.B. Anlagen im Freien, große Temperaturunterschiede) stark beeinflusst. So kann der Messwert allein durch Feuchtigkeit unter den geforderten Grenzwert sinken.

In Stromkreisen mit elektronischen Bauteilen muss bei der Messung darauf geachtet werden, dass durch die hohe Messspannung keine Betriebsmittel beschädigt werden. Weiterhin müssen vorhandene Überspannungsschutzgeräte ausgebaut werden, da sie sonst ie Messung beeinträchtigen.

5.4.5 Spannungspolarität

Die Spannungspolarität wird zunächst am Eingang der Anlage geprüft, bevor diese in Betrieb geht. Außerdem wird festgestellt, ob alle verbauten einpoligen Schalteinrichtungen nur im Außenleiter installiert wurden. Durch die Prüfung der Spannungspolarität wird weiterhin sichergestellt, dass Außen-, Neutral- und Schutzleiter aller Betriebsmittel (Steckdosen, Anschlussdosen usw.) einheitlich angeschlossen sind. In Stromkreisen mit geerdetem Neutralleiter muss in Lampenfassungen (E14 und E27) sowie Bajonettfassungen der äußere Kontakt mit dem Neutralleiter verbunden sein.

Aufgabe

1. Beschreiben Sie die Schritte zur Messung des Isolationswiderstandes an den Verbrauchern in einer Unterverteilung.

- Der Isolationswiderstand wird in jeder Anlage unabhängig von der Schutzmaßnahme gemessen.
- Der Isolationswiderstand wird bei abgeschalteter Anlage zwischen allen aktiven Leitern und der Erde gemessen.

5.4.6 Messen des Erdungswiderstandes

Die Erdung stellt einen wesentlichen Bestandteil zur sicheren elektrischen Energieversorgung dar. Durch sie wird das gemeinsame Bezugspotenzial gebildet. Sie ist eine Schutzmaßnahme zum Schutz gegen **Überspannungen** [*overvoltages*].

Erdungswiderstand R_E

- **Erdungsleitung**: Verbindung zwischen PA-Schiene und dem Erder
- **Erder**:
  - Fundamenterder
  - Staberder
  - Banderder
- **Erdausbreitungswiderstand R_A**: Widerstand R_A zwischen dem Erder und der Erde

Der **Erdungswiderstand** ist somit in erster Linie von der Beschaffenheit des umgebenden Erdreiches und vom Erder abhängig (Abb. 3).

Bodenart	Erdungswiderstand R_E in Ω			
	Staberder in einer Tiefe von		Banderder der Länge	
	3 m	6 m	10 m	20 m
Lehm, Ton	33	17	20	10
Sand	330	165	200	100
steiniger Boden	1000	500	600	300

3: Abhängigkeit des Erdungswiderstandes

Damit im Fehlerfall ein möglichst hoher Kurzschlussstrom über den Erder fließen kann, muss der Erdungswiderstand niederohmig sein. Bei der Erstprüfung im Krankenhaus wird ein Erdungswiderstand $R_E = 1{,}8\ \Omega$ gemessen.

Wie wird die Messung durchgeführt?

Die Messung wird nach dem **Strom-Spannungs-** oder dem **Kompensations-Messverfahren** durchgeführt (Abb. 4). Beim Strom-Spannungs-Messverfahren wird der Erdungswiderstand indirekt gemessen. R_E ergibt sich aus folgender Formel:

$$R_E = \frac{U_E}{I_E}$$

In dicht bebauten Gebieten, in denen keine Sonde eingesetzt werden kann, empfiehlt sich die **Erder-Schleifenwiderstandsmessung**. Sie wird mit einem Schleifenwiderstandsmessgerät durchgeführt. Die gemessene **Erder-Schleifenimpedanz** [*earthing loop impedance*] (Abb. 5) besteht aus dem zu messenden Erder R_E, dem Betriebserder R_B, der Transformatorwicklung und dem Außenleiter. Zur Bestimmung des R_E müssen vom abgelesenen Wert a die Widerstände des Betriebserders und des Transformators abgezogen werden. Somit liegt der Wert stets auf der „sicheren Seite". Näherungsweise kann die nachfolgende Formel angewendet werden.

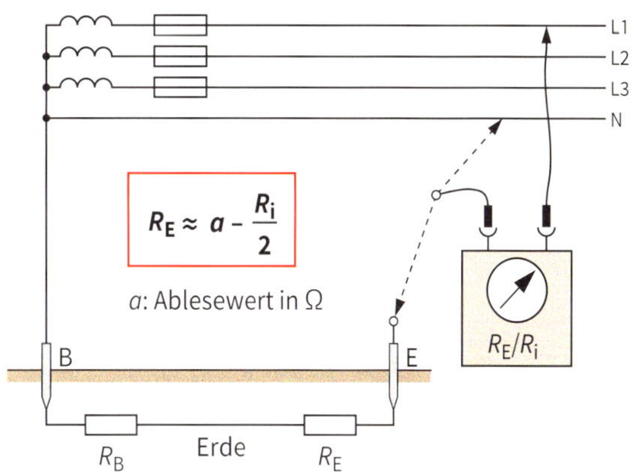

5: Erder-Schleifenwiderstandsmessung

Strom-Spannungs-Messverfahren
Sonde + Netz + Strommesser + Spannungsmesser + abgetrennter Erder R_A

Kompensations-Messverfahren
Erdungsmessgerät + Sonde + Hilfserder + abgetrennter Erder R_A

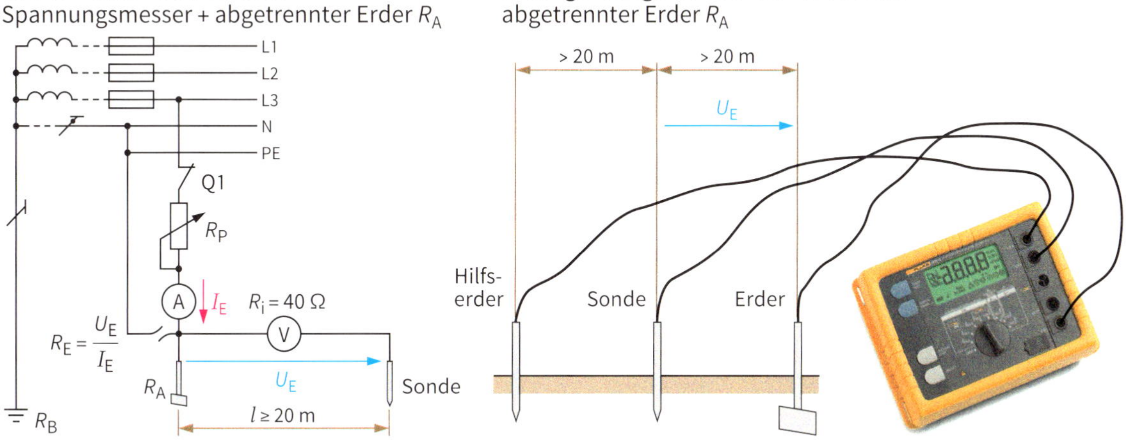

4: Messverfahren zur Bestimmung des Erdungswiderstandes

5.4.7 Messen der Schleifenimpedanz

Die Messung der **Schleifenimpedanz Z_S** [*loop impedance*] im TN-S-System des Krankenhauses ist zur Ermittlung der Kurzschlussstromstärke wichtig.

Gemessen wird der Widerstand zwischen

- Außenleiter und Schutzleiter bzw.
- Außenleiter und PEN-Leiter

an einer möglichst weit von der Verteilung entfernten Stelle (z.B. Steckdose). Moderne Messgeräte zeigen neben der Schleifenimpedanz auch die Kurzschlussstromstärke direkt als Messwert an (Abb. 1).

1: Messung der Schleifenimpedanz

Damit im Fehlerfall der Anlagenteil durch einen hohen Abschaltstrom möglichst schnell abgeschaltet werden kann, muss der Wert für Z_S gering sein.

Die gemessene Schleifenimpedanz muss dabei folgende Bedingung erfüllen:

$$Z_S \leq \frac{U_0}{I_a}$$

Z_S: Schleifenimpedanz
I_a: Abschaltstromstärke
U_0: Netzspannung (230 V)

Der Wert der Abschaltstromstärke ist von dem eingesetzten Überstrom-Schutzorgan abhängig.

Abschaltstromstärke	
Überstrom-Schutzorgan	**Abschaltstromstärke**
Schmelzsicherung, Typ gG	$I_a = 8 \times I_N$
Leitungsschutz-Schalter, Typ B	$I_a = 5 \times I_N$
Leitungsschutz-Schalter, Typ C	$I_a = 10 \times I_N$
Leitungsschutz-Schalter, Typ D	$I_a = 20 \times I_N$
Leitungsschutz-Schalter, Typ K	$I_a = 14 \times I_N$
Leitungsschutz-Schalter, Typ Z	$I_a = 3 \times I_N$
I_N = Bemessungsstromstärke des Überstrom-Schutzorgans	

2: Abschaltstromstärken

Wie wird die Abschaltstromstärke ermittelt?

Der Grenzwert für die Abschaltstromstärke kann direkt aus der Strom-Zeit-Kennlinie des eingesetzten Überstrom-Schutzorgans abgelesen werden.

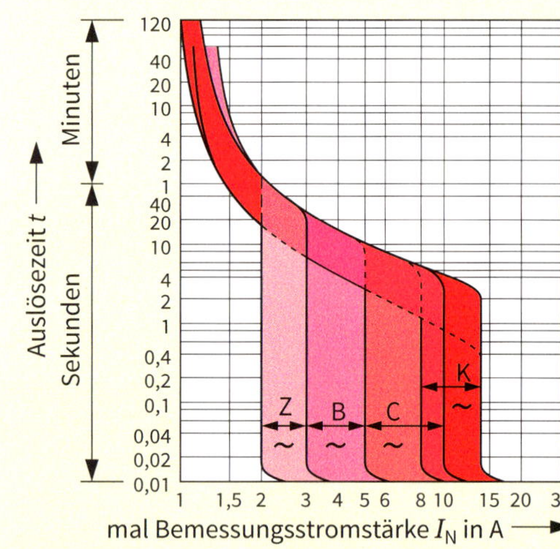

Die Kennlinie zeigt den Bereich, in dem der LS-Schalter sicher auslöst.

Leitungsschutz-Schalter der Charakteristik B:

$$I_a = 3 \ldots 5 \times I_N$$

Damit ein sicheres Auslösen garantiert ist, wird der obere Grenzwert zur Bestimmung der Abschaltstromstärke verwendet ($I_a = 5 \times I_N$).

Maßnahmen bei zu hoher Schleifenimpedanz

- Austausch des Überstrom-Schutzorganes gegen Leitungsschutz-Schalter mit geringem I_a.
- Einbau einer RCD.
- Verlegung einer Leitung mit größerem Leiterquerschnitt zur Verringerung des Leiterwiderstands.

Aufgaben

1. Welche Bedeutung hat die Messung der Schleifenimpedanz für die Sicherheit der Anlage?
2. Wie groß darf die Schleifenimpedanz in einem Stromkreis bei einer Spannung von 230 V und einem LS-Schalter I_N = 16 A (Typ C) maximal sein?

- Die Schleifenimpedanz dient zur Ermittlung der Kurzschlussstromstärke und somit zur Prüfung der Wirksamkeit der verwendeten Schutzmaßnahme.
- Die Schleifenimpedanz wird an der entferntesten Stelle zwischen Außenleiter und PE-Leiter in jedem Stromkreis bestimmt.

5.4.8 Messen des Netzinnenwiderstandes

Die Messung des **Netzinnenwiderstandes** [*internal system resistance*], auch kurz **R_i-Messung** genannt, ist zur Prüfung der Wirksamkeit von Schutzmaßnahmen nicht zwingend vorgeschrieben. Sie stellt jedoch für den Prüfer einen wichtigen Vergleichswert bei der Fehlersuche dar (Abb. 3).

Wie wird der Netzinnenwiderstand gemessen?

Die Messung ist vergleichbar mit der Messung der Schleifenimpedanz (vgl. S. 64). Es wird im Gegensatz dazu zwischen Außenleiter und Neutralleiter gemessen (Abb. 2).

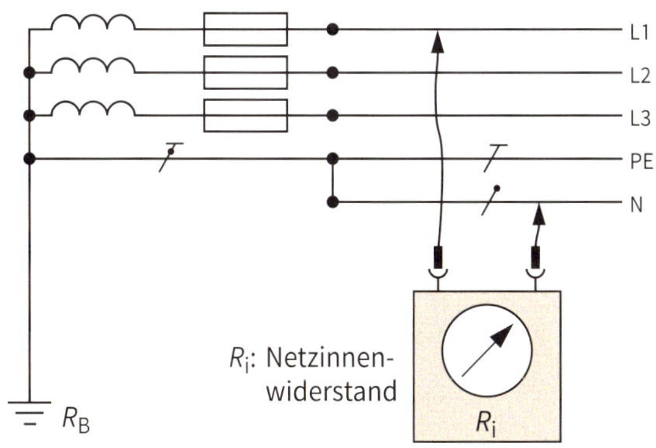

2: Messung des Netzinnenwiderstandes

Bedeutung des Messwertes für R_i

1. **Für die Prüfung des zulässigen Spannungsfalls**
   Laut DIN VDE 0100-520 darf der maximale Spannungsfall zwischen Hausanschlusskasten und Verbraucher maximal 4 % betragen. Mit dem Messwert für R_i lässt sich diese Forderung leicht überprüfen.

2. **Für die Schleifenimpedanzmessung**
   Liegt der Wert für Z_S zu hoch, so liefert die Messung des Innenwiderstandes an gleicher Stelle einen Vergleichswert zur Analyse der möglichen Fehlerursache.
   - Bei großem R_i kann die Ursache in einem großen Übergangswiderstand im Außenleiter liegen.
   - Bei deutlich geringerem R_i liegt der Fehler im Schutzleiter.

3. **Für die Fehlerstrom-Schutzeinrichtung**
   Sind Neutral- und Schutzleiter vertauscht, so führt die Messung von R_i zum sofortigen Auslösen der RCD, da nun ein Strom über den PE-Leiter fließt. Die Summe der zufließenden Ströme ist somit ungleich der Summe der abfließenden Ströme. Diese Differenz führt letztlich zum Auslösen der RCD.

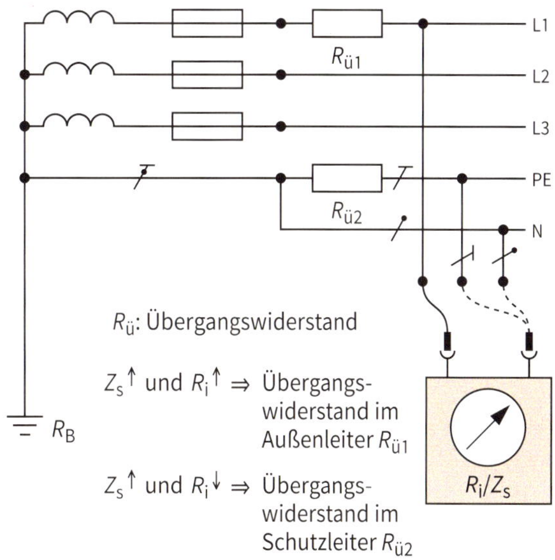

3: Fehleranalyse mit Hilfe des Netzinnenwiderstandes

Prüfung des Spannungsfalls bei der R_i-Messung

Bei der Messung des Netzinnenwiderstandes ergibt sich ein Messwert von $R_i = 0{,}28\ \Omega$.

Geg.: $R_i = 0{,}28\ \Omega$ Ges.: Δu
$I_N = 16\ \text{A}$
$U = 230\ \text{V}$

max. Spannungsfall:

$$\Delta u = \frac{U \cdot 4\,\%}{100\,\%}$$

$$\Delta u = \frac{230\ \text{V} \cdot 4\,\%}{100\,\%}$$

$$\underline{\underline{\Delta u = 9{,}2\ \text{V}}}$$

tatsächlicher Spannungsfall:

$$\Delta u = R_i \cdot I_N$$

$$\Delta u = 0{,}28\ \Omega \cdot 16\ \text{A}$$

$$\underline{\underline{\Delta u = 4{,}48\ \text{V}}}$$

⇒ Der Spannungsfall liegt mit 4,48 V unterhalb des geforderten Wertes von 9,2 V.

Aufgabe

1. Berechnen Sie den maximal zulässigen Wert für R_i bei einem Steckdosenstromkreis (I_N = 16 A, U_0 = 230 V) bei einem zulässigen Spannungsfall von 4 %.

- Der Netzinnenwiderstand wird zwischen dem Außenleiter und dem Neutralleiter gemessen.
- Der Netzinnenwiderstand dient zur Überprüfung des maximal zulässigen Spannungsfalls.

5.4.9 Prüfen der Fehlerstrom-Schutzeinrichtung

Für die Prüfung der RCD sind drei Messgrößen von Bedeutung:

- maximal **zulässige Berührungsspannung** U_L
- **Fehlerstrom** I_Δ (früher I_F)
- **Erdungswiderstand** R_A

Es wird geprüft, ob die RCD innerhalb von 0,4 s (TN-System) bzw. 0,2 s (TT-System) allpolig abschaltet, wenn die **Berührungsspannung** [*touch voltage*] den Grenzwert von 50 V AC überschreitet.

Zunächst müssen durch eine Besichtigung die Kriterien nach Abb. 1 in Abhängigkeit vom jeweiligen Verteilungssystem überprüft werden.

Verteilungs-system	Prüfkriterien bei der Besichtigung	
TN-System	$Z_S \cdot I_a \leq U_0$	Z_S: Schleifenwiderstand I_a: Abschaltstromstärke U_0: Bemessungsspannung
TT-System	$R_A \cdot I_a \leq 50$ V	I_a: Abschaltstromstärke R_A: Erdungswiderstand
IT-System	$R_A \cdot I_d \leq 50$ V	I_d: Fehlerstromstärke beim ersten Fehler

1: Prüfkriterien bei Besichtigung

Bei der anschließenden **Erprobung** wird durch Betätigung der **Prüftaste** [*test button*] die Funktion der RCD getestet. Diese Prüfung gibt jedoch keinen Aufschluss über die ordnungsgemäße Funktion der Schutzmaßnahme, da lediglich ein geräteinterner Prüfstrom die RCD auslöst.

Neben der Niederohmmessung (vgl. Kap. 5.4.3) und der Isolationsmessung (vgl. Kap. 5.4.4) müssen zusätzlich die Berührungsspannung $U_{L\Delta N}$ bezogen auf die Bemessungsdifferenzstromstärke $I_{\Delta N}$ der RCD sowie die Auslösezeit gemessen werden.

Durch die Messung des Isolationswiderstandes wird zusätzlich festgestellt, ob nach der RCD keine Verbindung zwischen dem Neutralleiter und dem Schutzleiter besteht.

Die Messung der Berührungsspannung kann wahlweise nach der Methode

- mit ansteigendem Prüfstrom (RCD löst aus) oder
- der Impulsmessung (RCD löst nicht aus)

durchgeführt werden. Bei beiden Verfahren wird ein Fehlerstrom erzeugt. Die Messwerte für $U_{L\Delta N}$ und I_Δ werden angezeigt bzw. errechnet.

Auswahl der Bemessungs-Differenzstromstärke

Maximalwert für $I_{\Delta N}$	
Anwendung	$I_{\Delta N}$
- Beleuchtungsanlagen - Räume mit Badewanne oder Dusche - Experimentierräume - Feuchte und nasse Bereiche - Zusätzlicher Schutz bei direktem Berühren (Basisschutz) in Wohnungen	≤ 30 mA
- Feuergefährdete Betriebsstätten - Ersatzstromversorgungsanlagen - netzgekoppelte Photovoltaikanlagen	≤ 300 mA
Medizinisch genutzte Bereiche: - Anwendungsgruppe 1 - Anwendungsgruppe 2 (nur für unkritische Verbraucher, z. B. OP-Tisch)	 ≤ 30 mA ≤ 30 mA
Mögliche Bemessungsdifferenzstromstärken: $I_{\Delta N}$ = 10 mA; 30 mA; 100 mA; 300 mA; 500 mA	

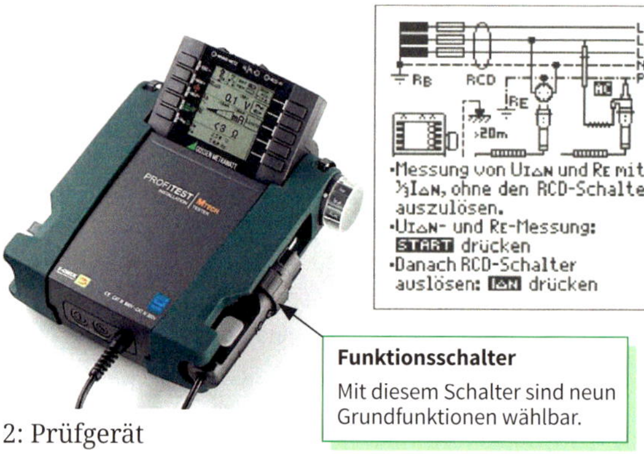

2: Prüfgerät

Die Anzeige des Prüfgerätes in Abb. 2 gibt an, dass die RCD bei einer Fehlerspannung von $U_{I\Delta N}$ innerhalb der Auslösezeit t_a auslöst. Die Anlage unterschreitet den vorgegebenen **Sollwert** [*specified value*] (U_L = 50 V) und entspricht somit den DIN VDE-Vorschriften.

Aufgabe

1. Die Neutral- und Schutzleiter sind hinter einer RCD versehentlich verbunden worden. Welche Probleme ergeben sich daraus für die Wirksamkeit der Schutzmaßnahme und den fehlerfreien Betrieb?

- Die Prüfung der zulässigen Berührungsspannung kann mit Hilfe der Methode des ansteigenden Prüfstromes oder der Impulsmessung erfolgen.
- Bei der Prüfung der Fehlerstrom-Schutzeinrichtung werden durch ein Prüfgerät ein Fehlerstrom simuliert und die Berührungsspannung sowie die Auslösezeit bestimmt.

5.4.10 Prüfen der Drehrichtung

Im Krankenhaus werden, z.B. in der Küche, Drehstromverbraucher eingesetzt. Daher muss an diesen Verbrauchern eine Prüfung der **Drehrichtung** [direction of rotation] durchgeführt werden. Ein Rechtsdrehfeld ist für andere Betriebsmittel (z.B. Hausanschlüsse, Verteilungen) nach DIN VDE 0100 nicht zwingend vorgeschrieben. Es kann jedoch vom Betreiber einer Anlage aus Betriebsgründen gefordert werden.

5.4.11 Funktionsprüfung

Durch diese Prüfung wird sichergestellt, dass

- Schalt- und Steuergeräte,
- Antrieb,
- Steuerungen und
- Verriegelungen

entsprechend den Anforderungen richtig montiert, eingestellt und errichtet sind.

Beispiele für Funktionsprüfungen:

- Prüfung der Wirksamkeit von **Sicherheitseinrichtungen** [*safety devices*], wie z.B. Druckwächter, Verriegelungen, Not-Aus-Einrichtungen.
- **Funktionsprüfung** [*functional test*] von RCDs, Isolations-Überwachungseinrichtungen durch Betätigung der Prüftaste.
- Funktionsprüfung von Melde- und Anzeigeeinrichtungen, wie z.B. ferngesteuerte Antriebe, Meldeleuchten nicht einsehbarer Schranken.

5.4.12 Prüfen des Spannungsfalls

Der **Spannungsfall** [*voltage drop*] in Niederspannungsanlagen, die an das öffentliche Versorgungsnetz angeschlossen sind, beträgt zwischen dem HAK und dem Verbraucher bei Beleuchtungsanlagen 3 % und ansonsten 5 % der Nennspannung. Zur Bestimmung des Wertes werden folgende Messungen durchgeführt:

- Spannungsunterschied mit und ohne angeschlossene Nennlast oder mit und ohne Verbraucher inklusive Hochrechnung auf die Nennlast
- Impedanz des Stromkreises

- ▪ An jeder Drehstrom-Steckdose muss ein Rechtsdrehfeld vorhanden sein.
- ▪ An sicherheitstechnischen Einrichtungen wie z.B. Not-Aus-Schaltungen, RCD, Isolationswächtern oder Meldeleuchten muss eine getrennte Funktionsprüfung durchgeführt werden.
- ▪ In medizinisch genutzten Bereichen müssen zusätzliche Prüfungen nach DIN VDE 0100-710 erfolgen.

Zusätzliche Prüfungen in medizinisch genutzten Bereichen

An die medizinisch genutzten Bereiche im Krankenhaus werden hohe Anforderungen an die Sicherheit, Verfügbarkeit und Leistungsfähigkeit der elektrischen Betriebsmittel und Sicherheitsmaßnahmen gestellt. Daher sind ergänzend zu den Kriterien bei der Erstprüfung aus der DIN VDE 0100-600 (vgl. Kap. 5.4.1) zusätzliche Prüfungen gemäß DIN VDE 0100-710 erforderlich.

Diese Prüfungen müssen sowohl vor der ersten Inbetriebnahme als auch nach jeder Erweiterung oder Reparatur vor einer **Wiederinbetriebnahme** [*restart*] erfüllt werden.

Prüfumfang durch Besichtigung

- Getrennte Raumanforderungen für
  - Netztransformatoren,
  - Schaltanlagen mit Bemessungsspannungen über 1 kV,
  - Hauptverteiler für AV und SV,
  - Ortsfeste Stromerzeugungsaggregate und
  - Batterieräume

  einschließlich der erforderlichen Be- und Entlüftung.
- Getrennte Führung von AV- und SV-Netzen.
- Einhaltung der Brandschutzbestimmungen und des Funktionserhaltes der Kabel und Leitungen.

Prüfumfang durch Erproben und Messen

- Funktionstest der Isolations-Überwachungseinrichtungen in den IT-Systemen sowie der optischen und akustischen Alarmsysteme.
- In den medizinischen Bereichen der Gruppe 1 und 2 muss ein zusätzlicher Schutzpotenzialausgleich installiert sein.
- Messung des Ableitstroms in medizinischen IT-Transformatoren in unbelastetem Zustand.
- In medizinisch genutzten Gebäuden muss eine Sicherheitsstromversorgung innerhalb von 15 s für die Dauer von 24 Stunden den sicheren Betrieb aufrechterhalten. Für medizinische Bereiche mit Patientengefährdung muss eine unterbrechungsfreie Stromversorgung mit einer Umschaltzeit von 0,5 s installiert sein.
- Übereinstimmung der Schutzmaßnahmen in den Anwendungsgruppen 1 und 2 gemäß den Anforderungen (vgl. Kap. 5.3.4.4).
- Einhaltung der Selektivität der Sicherheitsstromversorgung.
- Gleichmäßige Belastung der Netze kontrollieren.
- Leuchten im Gebäude müssen auf das AV- und SV-Netz aufgeteilt sein. In medizinisch genutzten Räumen muss mindestens eine Leuchte an das SV-Netz angeschlossen sein.

5.4.13 Dokumentation

Sowohl bei der Erstprüfung als auch bei der Wiederholungsprüfung (vgl. Kap. 5.4.13) einer elektrischen Anlage sind die Ergebnisse zu dokumentieren. Dazu muss vom Prüfer ein **Prüfbericht** angefertigt werden.

Zur Vereinfachung und Standardisierung der Prüfungen hat der Zentralverband der Deutschen Elektrohandwerke (ZVEH) vorgefertigte Prüfprotokolle und Übergabe-/Zustandsberichte erstellt (Abb. 1).

Prüfbericht

Übergabebericht + Prüfprotokoll
- Wird bei einer Neuanlage gefordert
- Eine Bewertung ist nicht erforderlich, da eine Neuanlage immer mängelfrei sein muss.

Zustandsbericht + Prüfprotokoll
- Gibt Auskunft über den Zustand einer bestehenden Anlage
- Eine Bewertung der Anlage ist erforderlich.

Der Prüfer bzw. Sachverständige erstellt den Prüfbericht und übergibt diesen an den Anlagenbetreiber. Der Betreiber hat wiederum die Pflicht, diesen Bericht aufzubewahren. Die **Aufbewahrungsfrist** [*retention period*] sollte so bemessen werden, dass der Zustand der Anlage über eine längere Zeitdauer dokumentiert ist. Sind die Ergebnisse der Erstprüfung nicht mehr vorhanden, so ist jede Wiederholungsprüfung wie eine Erstprüfung zu behandeln.

Für das Krankenhaus fertigt ein unabhängiger Sachverständiger den Prüfbericht an.

Welche Informationen enthält der Prüfbericht?

- **Bestandsdaten** der elektrischen Anlage (Auftraggeber/-nummer ①, Standort ②, Prüfzeitpunkt ③, Namen der Prüfer ④, usw.).
- **Prüfbestimmungen** ⑤
- **Art der Prüfung** ⑥ (z.B. Erst- oder Wiederholungsprüfung).
- Vorgegebene **Checkliste** dient als Prüfgrundlage für Besichtigung und Erprobung.
- **Messwerte** übersichtlich in Tabellen dokumentieren.
- Spätere **Analyse und Fehlersuche** ist einfach möglich.
- **Mängel und Abweichungen** von den Bestimmungen bei der Wiederholungsprüfung unter Angabe des Anlagenteils sind festgehalten.
- Durch den Vergleich der Prüfergebnisse über eine längere Zeitdauer werden **Tendenzen und Schwachstellen** innerhalb der Anlage leichter sichtbar.

Moderne Prüfgeräte verfügen über umfangreiche Funktionen zur Datenspeicherung. Somit lassen sich die Messergebnisse direkt auf einen PC übertragen und mit einer geeigneten Software auswerten (**Prüfdaten-Management**). Hierzu müssen die Messstellen zur Identifizierung eindeutig bezeichnet werden.

- Die Ergebnisse jeder Erst- und Wiederholungsprüfung müssen in einem Prüfbericht dokumentiert werden.
- Die Ergebnisse der Besichtigung, Erprobung und Messung werden in vorgegebenen Vordrucken festgehalten.

Prüfung elektrischer Anlagen
Prüfprotokoll

Nr.	Blatt .... von	Kunden Nr.:
Auftraggeber:	Auftrag Nr.: ①	Auftragnehmer:
Anlage: ②		Matthias Kruskop Elektrotechnik Lindenstraße 3 29553 Bienenbüttel Tel.: 0 58 23 /98 17-0 Fax: 0 58 23 /98 17-20

Prüfung nach: ⑤ DIN VDE 0100 Teil 600☐ DIN VDE 0105☐ DGUV Vorschrift 3☐ .... / ....☐

Neuanlage ☐ ⑥ Erweiterung ☐ Änderung ☐ Instandsetzung ☐ Wiederholungsprüfung ☐ E-CHECK ☐

Beginn der Prüfung: ③ Ende der Prüfung:	Beauftragter des Auftraggebers:	Prüfer: ④

Netz .... / .... V Netzform: TN-C ☐ TN-S ☐ TN-C-S ☐ TT ☐ IT☐

EVU/VNB

1: Vorgefertigtes Prüfprotokoll

Wie wird das Prüfprotokoll ausgefüllt?

Nachdem die Bestandsdaten (vgl. S. 69) im ersten Teil des Prüfprotokolls vollständig ausgefüllt sind, werden die Ergebnisse der anschließenden Prüfschritte im zweiten Teil des Protokolls eingetragen (Abb. 2).

Die Ergebnisse der **Besichtigung und Erprobung** in Form einer Checkliste bearbeiten.

- Bei einer Wiederholungsprüfung die fehlerhaften Bestandteile kennzeichnen.
- Bei der Erstprüfung muss jeder Fehler umgehend beseitigt werden und durch erneute Kontrolle der fehlerfreie Zustand der Anlage bestätigt werden.

Besichtigen	i.O.	n.i.O.		i.O.	n.i.O.		i.O.	n.i.O.
Auswahl der Betriebmittel	☐	☐	Kennzeichnung Stromkreis, Betriebsmittel	☐	☐	Zugänglichkeit	☐	☐
Trenn- und Schaltgeräte	☐	☐	Kennzeichnung N- und PE-Leiter	☐	☐	Schutzpotenzialausgleich	☐	☐
Brandabschottungen	☐	☐	Leiterverbindungen	☐	☐	Zus. Schutzpotenzialausgl.	☐	☐
Gebäudesystemtechnik	☐	☐	Schutz- und Überwachungseinrichtungen	☐	☐	Dokumentation	☐	☐
Kabel, Leitungen, Stromschienen	☐	☐	Basisschutz	☐	☐	siehe Ergänzungsblätter ☐		
Erproben			Funktion der Schutz-, Sicherheits- und			Rechtsdrehfeld der		
Funktionsprüfung der Anlage	☐	☐	Überwachungseinrichtungen	☐	☐	Drehstromsteckdose	☐	☐
FI-Schutzschalter (RCD)	☐	☐	Drehrichtung der Motoren	☐	☐	Gebäudesystemtechnik	☐	☐

Messen Stromkreisverteiler Nr.:

Stromkreis		Leitung/Kabel		Überstrom-Schutzeinrichtung			R_{iso} (MΩ)	Fehlerstrom-Schutzeinrichtung (RCD)					Fehlercode
Nr.	Zielbezeichnung	Typ	Leiter Anzahl Querschnitt (mm^2)	Art Charakteristik	I_N [A]	Z_s [Ω] ☐ I_k [A] ☐	ohne ☐ mit ☐ Verbraucher	I_N/Art [A]	$I_{\Delta N}$ [mA]	I_Δ [mA]	Ausl.-Zeit t_a [ms]	U_L = ...V U_{mess} (V)	
			X										
			X										
			X										
			X										
			X										
			X										
			X										
			X										
			X										
			X										
			X										
			X										

In der vorgegebenen Tabelle werden die technischen Daten für jeden Stromkreis erfasst und die zugehörigen **Messergebnisse** eingetragen. Bei einer Wiederholungsprüfung werden die Fehler in Form eines Fehlercodes (vgl. S. 73) dokumentiert.

Der Messwert des Erdungswiderstandes sowie das Ergebnis der Niederohmmessung wird nur auf dem ersten Blatt des Prüfprotokolls eingetragen.

Durchgängigkeit Schutzpotenzialausgleich (≤ 1 Ω nachgewiesen) — Erdungswiderstand: R_E .... Ω

Fundamenterder ☐	Hauptwasserleitung ☐	Heizungsanlage ☐	EDV-Anlage ☐	Antennenanlage BK ☐
Haupterdungsschiene ☐	Hauptschutzleiter ☐	Klimaanlage ☐	Telefonanlage ☐	Gebäudekonstruktion ☐
Wasserzwischenzähler ☐	Gasinnenleitung ☐	Aufzugsanlage ☐	Blitzschutzanlage ☐	☐
verwendete Messgeräte nach DIN VDE	Fabrikat: Typ:	Fabrikat: Typ:		Fabrikat: Typ:

Prüfergebnis: keine Mängel festgestellt ☐ / Mängel festgestellt ☐	Prüf-Plakette angebracht: ja ☐ / nein ☐	Nächster Prüftermin:

Auftraggeber:	**Prüfer:**
Gemäß Übergabebericht elektrische Anlage vollständig übernommen ☐	Die elektrische Anlage entspricht den anerkannten Regeln der Elektrotechnik ☐
Zustandsbericht erhalten ☐	Die elektrische Anlage entspricht nicht den anerkannten Regeln der Elektrotechnik ☐
Ort Datum — Unterschrift	Ort Datum — Unterschrift

 Bundesfachbereich Elektrotechnik

Das Prüfprotokoll enthält weiterhin nur auf dem ersten Blatt die genaue **Typenbezeichnung** der verwendeten **Messgeräte**.

Abschließend werden das **Gesamtergebnis der Prüfung** sowie der nächste **Prüftermin** eingetragen.

- Der Prüfer bestätigt durch die **Unterschrift** gegenüber dem Auftraggeber und seinem Unternehmer, dass die Prüfung vorschriftsmäßig durchgeführt wurde.
- Der Auftraggeber bzw. der Beauftragte unterschreibt bei der Erstprüfung, dass er die Anlage vollständig funktionsfähig übernimmt.
- Diese Unterschriften sind auf jedem weiteren Blatt des Protokolls zu leisten.

2: Prüfprotokoll (Ausschnitt)

Aufgaben

1. Welche Pflichten haben Prüfer und Anlagenbetreiber im Hinblick auf den Umgang mit dem Prüfbericht?
2. Nennen Sie die Bestandteile, die ein Prüfbericht mindestens enthalten muss.
3. Erklären Sie den Unterschied zwischen einem Übergabebericht und einem Zustandsbericht.

5.4.14 Prüfplan

Da die elektrische Energieversorgung zu keinem Zeitpunkt gefährdet sein darf, unterliegen die Messungen im Krankenhaus einer genauen **Zeitplanung** und **Absprache** mit dem **Anlagenverantwortlichen** [*nominated person in control of an electrical installation*].

Aus diesem Grund ist die Abfolge der Prüfungen in die gesamte Projektplanung integriert. Die Abb. 1 zeigt, dass die Isolationsmessungen unmittelbar im Anschluss an die Umschaltung der Verteiler erfolgen. Dadurch wird eine erneute unnötige Abschaltung vermieden. Die zeitlich präzise Abfolge garantiert nicht nur die fristgerechte Fertigstellung des gesamten Projektes, sondern dient für den Bereich der Prüfungen als Checkliste aller durchzuführenden Prüfarbeiten.

So werden die Verteiler abschnittsweise von alt auf neu umgeschaltet und müssen sofort wieder in Betrieb gehen. Alle Teilprüfungen, die im spannungsfreien Zustand erfolgen (z.B. Isolationswiderstand), werden bereits bei der Montage durchgeführt. Alle notwendigen Prüfschritte zur Besichtigung und Erprobung in jedem einzelnen Verteiler werden vor dem Anschluss der einzelnen Verbraucher durchgeführt.

Bei dieser Vorgehensweise lässt sich die Abschaltzeit der einzelnen Abschnitte (Verteilungen) minimieren. Ein Abschalten im Zuge der Messung kann entfallen.

Wird bei einer Teilprüfung ein Fehler festgestellt, so muss nach der Beseitigung des Mangels diese Prüfung wiederholt werden.

Welche Zwischenprüfungen sind möglich?

Am Beispiel eines Verteilers soll der Prüfablauf verdeutlicht werden:

Vorbereitungen

Besichtigung des Verteilers	– Schaltgeräte und Sicherungseinsätze
Niederohmmessung	– Leitungszugänge und Schutzpotenzialausgleichsleiter prüfen

Montage

Isolationsmessung der Leitungsabgänge	– Sämtliche Leitungsabgänge vor der Inbetriebnahme prüfen
Prüfung der Schutzmaßnahme	– Wirksamkeit der Schutzmaßnahme (RCD, Isolationsüberwachung) prüfen
Prüfung der Drehfeldrichtung	– Rechtsdrehfeld der Zu- bzw. Abgänge prüfen

Inbetriebnahme

Prüfung des Schleifen- und des Netzinnenwiderstandes	– Am entferntesten Verbraucher der angeschlossenen Unterverteiler messen
Prüfung des Erdungswiderstandes	

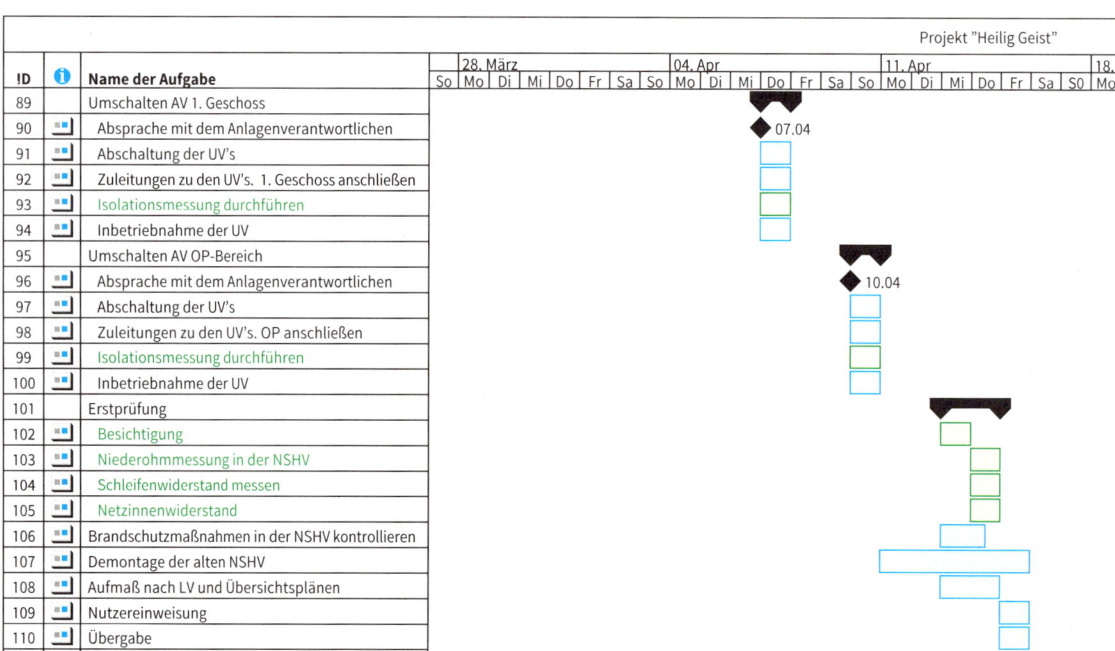

1: Projektschritte zur Erstprüfung der elektrischen Anlage

5.4.15 Wiederkehrende Prüfungen

Um den ordnungsgemäßen Zustand der elektrischen Anlagen und der zugehörigen Objekte sicherzustellen, müssen z.B. in Folge von Alterung oder Veränderungen in regelmäßigen Abständen wiederkehrende Prüfungen durchgeführt werden. Hierauf muss der Betreiber der Anlage vom Hersteller/Errichter in den Betriebsanleitungen ausdrücklich hingewiesen werden.

Wozu dienen die wiederkehrenden Prüfungen?

- Minderung von Ausfällen in der elektrischen Anlage
- Sicherheitsprüfung der Schutzeinrichtungen
- Kontrolle der eingesetzten Schutzmaßnahmen
- Einhaltung der Normen nach einer Nutzungsänderung
- Minderung der Brandgefahr

Der **Umfang der Prüfungen** ist in der DIN VDE 0105-100 und DIN VDE 0100-600 festgelegt. Im Krankenhaus gelten zusätzlich die technische Prüfordnung und eventuelle Zusatzbedingungen der Sachversicherer. Die **Prüfintervalle** [*inspection intervals*] werden durch die DIN VDE 0100-710 sowie die DGUV Vorschrift 3 geregelt.

Bei der wiederkehrenden Prüfung wird vorausgesetzt, dass bei Inbetriebnahme oder Instandsetzung der An-lage eine Erstprüfung nach DIN VDE 0100-600 stattgefunden hat. Je nach Bedarf kann die Prüfung **stichprobenartig** durchgeführt werden. Dies ist jedoch nur dann möglich, wenn der ordnungsgemäße Zustand der Anlage durch die Stichproben sichergestellt werden kann.

Wer darf prüfen?

Die Wiederholungsprüfungen müssen von einer **Eletrofachkraft** durchgeführt werden. Der Prüfer muss Erfahrung bei der Prüfung vergleichbarer Anlagen besitzen.

Wird stichprobenartig geprüft, muss der Prüfer darüber hinaus gute Kenntnisse der betreffenden Anlage besitzen.

Die Elektrofachkraft ist verantwortlich für die Durchführung aller notwendigen Tätigkeiten im Rahmen der Prüfung. Den Auftrag zur Prüfung erhält sie vom Anlagenverantwortlichen (Betreiber bzw. Eigentümer). Über die Art und den Umfang der Prüfungen wird eigenverantwortlich entschieden.

Die Wiederholungsprüfung gliedert sich wie die Erstprüfung in die **Besichtigung** sowie **Erprobung** und **Messung**.

Welche Prüffristen sind einzuhalten?

Grundsätzlich müssen die **Prüffristen** so bemessen sein, dass die vorhersehbaren entstehenden Mängel rechtzeitig festgestellt werden. Die Länge der Prüfintervalle kann mehrere Jahre betragen und wird durch eine Gefährdungsbeurteilung bestimmt. In Anlagen mit einem erhöhten Sicherheitsrisiko werden jedoch kurze Fristen gefordert.

Beispielanlagen mit erhöhtem Sicherheitsrisiko:

- Anlagen mit Explosions- oder Brandgefahr (Chemische Industrie)
- Arbeits- und Betriebsstätten mit Hoch- und Niederspannungsanlagen (Trafostation)
- Öffentliche Einrichtungen (Theater)
- Baustellen
- Krankenhäuser
- Betriebsstätten, in denen ortsveränderliche Betriebsmittel eingesetzt werden.

Wenn keine Prüffristen durch Gesetze und Verordnungen festgelegt sind, sollten von einer Elektrofachkraft unter Berücksichtigung der Anlagenkriterien Fristen bestimmt werden (Gefährdungsbeurteilung).

Anlage	Prüffrist	Prüfung
Elektrische Anlage und ortsfeste Betriebsmittel	4 Jahre	Ordnungsgemäßer Zustand (VDE 0105-100)
Schutzmaßnahme mit Fehlerstrom-Schutzeinrichtungen in nichtstationären Anlagen (z.B. Baustellen)	1 Monat	Wirksamkeit
RCD	6 Monate	Funktion
Krankenhaus	1 Monat	Funktionstest Sicherheitsstromquellen bis 100 % Leistung
	6 Monate	Funktionstest Umschalteinrichtung und Isolationsüberwachung
	1 Jahr	Einstellwert der Schutzgeräte
	3 Jahre	Zusätzlicher Schutzpotenzialausgleich

2: Prüffristen

- Der Umfang der Wiederholungsprüfungen ist in der DIN VDE 0105-100 und DIN VDE 0100-600 festgelegt.
- Die Prüfung muss von einer Elektrofachkraft durchgeführt werden.

Bestandteile der Wiederholungsprüfung

Besichtigung | **Erprobung und Messung**

Besichtigung

Die Besichtigung spielt bei der Beurteilung des ordnungsgemäßen Sicherheitszustandes der Anlage eine wesentliche Rolle.

Prüfumfang durch Besichtigung:

- ☑ Elektrische Anlage und Betriebsmittel auf äußere Schäden bzw. Mängel prüfen.
- ☑ Basisschutz aktiver Teile prüfen.
- ☑ Schutzmaßnahmen bei indirektem Berühren (Fehlerschutz) prüfen.
  - a) Schutzmaßnahme mit Schutzleiter: Mindestquerschnitte der Schutzleiter normgerecht; Schutzleiter und -anschlüsse gekennzeichnet; Schutzleiter und Neutralleiter nicht verwechselt; Schutzkontakte an den Steckvorrichtungen ordnungsgemäß
  - b) Schutzmaßnahme ohne Schutzleiter: Trennung der aktiven Teile der Sekundärstromkreise bei Schutztrennung; bei vorgeschriebener Schutztrennung nur ein Verbraucher angeschlossen (z.B. OP-Bereich); Anordnung der Körper in nicht leitender Umgebung; bei Verwendung von Kleinspannung (SELV) keine Verbindung zwischen aktiven Teilen und Erde, Schutzleitern sowie aktiven Teilen anderer Stromkreise
- ☑ Einrichtungen zum Brandschutz und zur Unfallverhütung prüfen.
- ☑ Einstellung und Anordnung der Überstrom-Schutzeinrichtungen sowie der zugehörigen Leiterquerschnitte prüfen.
- ☑ Komponenten des Schutzpotenzialausgleichs (z.B. Fundamenterder, Blitzschutz, Rohrsysteme, metallene Gebäudekonstruktionen usw.) auf zuverlässige Verbindung mit dem Haupterder prüfen.
- ☑ Bestandteile des zusätzlichen Schutzpotenzialausgleichs (Schutzleiteranschlüsse, gleichzeitig berührbare Körper und fremde leitfähige Teile) prüfen.

Erprobung und Messung

Zunächst werden die unterschiedlichen Sicherheitseinrichtungen auf ihre Funktionsfähigkeit überprüft.

- RCDs und Isolations-Überwachungseinrichtung durch Betätigen der Prüftaste
- Stromkreise und Betriebsmittel mit besonderen Sicherheitseinrichtungen (Not-Aus-Schalter, Verriegelungen usw.)
- Rechtsdrehfeld der Drehstrom-Steckvorrichtungen
- Anzeigeeinrichtungen von ferngesteuerten Anlagenteilen (ferngesteuerte Betriebsmittel)

Eine Messung wird immer dann erforderlich, wenn der sichere Zustand der Anlage durch die Besichtigung und Erprobung nicht garantiert werden kann (z.B. Beschaffenheit des Kabel- und Leitungssystems). In der Tabelle sind die Messaufgaben und die entsprechenden Grenzwerte aufgelistet.

Messungen zur Wiederholungsprüfung

Messaufgabe	Messung	Grenzwert
Isolationswiderstand des Schutzleiters zum Neutral- und Außenleiter	Isolationswiderstandsmessung	≥ 300 Ω/V (ohne Verbraucher) ≥ 1000 Ω/V (mit Verbraucher) ≥ 50 Ω/V (im IT-System)
Durchgängigkeit Schutzpotenzialausgleichsleiter und Schutzleiter	Niederohmmessung	≤ 1 Ω
Verwechslung von Neutral- und Schutzleiter	Niederohmmessung	≤ 1 Ω
Fehlerstrom-Schutzeinrichtung	Berührungsspannung	TN- und IT-System: $U_{LAN} \leq 50$ V
	Erdungswiderstand	TT-System: $R_A \cdot I_a \leq 50$ V

Bei jeder Wiederholungsprüfung muss außerdem festgestellt werden, ob die vorhandenen Betriebsmittel der Beanspruchung bzw. Belastung (Strombelastung oder äußere thermische Einflüsse) noch genügen und ob eine Anpassung an veränderte VDE-Vorschriften notwendig ist.

Arbeitssicherheit beim Prüfen! (z.B. bei Prüfungen unter Spannung)

- Absprache mit dem Arbeits- oder Anlagenverantwortlichen
- Sicherheitsregeln beachten
- Genaue Terminabsprache
- Sicherheitshinweise anbringen

Es wird gearbeitet!
Ort:
Entfernen des Schildes nur durch:

Dokumentation der Mängel

Die bei der Wiederholungsprüfung festgestellten **Mängel** werden im Zustandsbericht (Abb. 3) dokumentiert. Dieser Bericht kann bei einer umfangreichen elektrischen Anlage aus mehreren Blättern bestehen. Im Fall einer Erstprüfung werden in diesem Formular die Anzahl der installierten Betriebsmittel aufgeführt.

Im ersten Teil des Berichtes werden wiederum die Bestandsdaten (vgl. S. 68) erfasst.

Die Mängel können in Form eines **Fehlercodes** (Abb. 2) eingetragen werden. Dieser Code besteht aus einer zweistelligen Ziffer und einem Buchstaben.

Mangelart	**83 A**	**Mangelbewertung**
1. Ziffer		2. Ziffer
z. B. 83: Leitungseinführung nicht vorschriftsmäßig		z. B. A: Geringe (leichte) Gefährdung

Die **Mängelarten** [*types of defect*] sind in einer Liste zusammengefasst. Diese Liste enthält vordefinierte Mängel (Abb. 2) sowie freie Ziffern. Darin kann der Prüfer alle anlagenspezifischen Fehler beschreiben.

	Mangelbewertung
O	Ohne Gefährdung: Kein Handlungsbedarf
A	Geringe (leichte) Gefährdung: Anlage kann weiterbetrieben werden; Mangel muss bei nächster Gelegenheit behoben werden.
B	Erhöhte (mittlere) Gefährdung: Anlage kann weiterbetrieben werden; Mangel muss umgehend beseitigt werden.
C	Hohe (akute) Gefährdung; Anlage ist sofort außer Betrieb zu setzen.

1: Ziffern zur Mangelbewertung

Ort/Anlagenteil Anzahl Betriebsmittel ☐ Fehlercodes ☒	UV01.III	UV01.III	UV01.III	UV01.III	Haupteingang
Stromkreisverteiler	83 A	25 O	60 A	85 B	
Aus-/Wechselschalter					
Serienschalter					
Taster					
Dimmer					
Jalousietaster/-schalter					
Schlüsseltaster/-schalter					
Not-Aus-Taster/-schalter					68 B

3: Auszug aus dem Zustandsbericht

Der Zustandsbericht in Abb. 2 zeigt folgende Mängel:

Stromkreisverteiler UV 0.1 III

- 83 A: Leitungseinführung nicht vorschriftsmäßig
- 25 O: Dokumentation unvollständig
- 60 A: Zielbezeichnung fehlt
- 85 B: Adernendhülsen fehlen

Not-Aus-Schalter [*emergency stop switch*]
Drehtür Haupteingang

- 68 B: Abdeckung fehlt

- Die Mängel können in Form eines Fehlercodes im Zustandsbericht festgehalten werden.
- Der Fehlercode besteht aus der Mangelart (zweistellige Ziffer) und der Mangelbewertung (Buchstabe).

Beispiele für Fehlercodes

1. Ziffer

1 und **2** Allgemeines

10 Abdeckung schadhaft
11 Abdeckung fehlt
14 Gehäuse defekt
20 Wärmeschaden
25 Dokumentation unvollständig
26 Dokumentation nicht aktualisiert
27 Neutralleiter fehlt

4 und **5** Schutzmaßnahmen

40 Schutzleiter nicht wirksam
42 Schutzleiter fehlt
43 Berührungsschutz fehlt
49 Fehlerstrom-Schutzeinrichtung fehlt

6 Verteiler

60 Zielbezeichnung fehlt
61 Passeinsätze falsch
62 Verdrahtung mangelhaft

8 Kabel, Leitungen und Verlegesysteme

80 Leitungsverlegung unsachgemäß
81 Leitung beschädigt
82 Leitung unzulässig

9 Installationsgeräte

90 Leuchtmittel falsch
91 Leuchtmittel defekt
92 Leuchtenabdeckung fehlt

2: Fehlercodes (Auszug)

5.5 Nutzer einweisen

Die Einweisung des Nutzers in die Bedienung und Wartung einer elektrischen Anlage dient dem sicheren Betrieb und trägt zu einem hohen Maß zur Verhütung von Unfällen bei. Der **Betrieb einer Anlage** umfasst nach VDE 0105 folgende beispielhafte Tätigkeiten:

- In- bzw. Außerbetriebnahme
- Überwachung
- Schalten, Steuern, Regeln
- Instandhaltung (Inspektion, Warten, Instandsetzen, Verbessern)
- Störungsbehebung
- Wiederinbetriebnahme

Wer ist der Nutzer der elektrischen Anlage?

Nicht immer ist der Nutzer einer Anlage auch gleichzeitig der Auftraggeber. Daher muss bei der Einweisung darauf geachtet werden, dass der Personenkreis angesprochen wird, der die Anlage betreibt. In größeren Betrieben, z.B. im Krankenhaus, erfolgt die **Nutzereinweisung** [*user instruction*] unter Beteiligung einer Elektrofachkraft oder des Anlagenverantwortlichen. Dieser kann dann das wechselnde Personal in die spezifischen Gegebenheiten vor Ort einführen (z.B. zentrale Bedienung und Kontrolle der elektrischen Einrichtungen in der Gebäude- bzw. Anlagenleitstelle).

In der folgenden Tabelle (Abb. 1) sind beispielhaft Anlagen und Anlagenbereiche sowie der Personenkreis aufgeführt, an den sich eine Nutzereinweisung richtet.

Anlage	Personenkreis
Wohnhaus	Nutzer der Wohnung (Eigentümer, Mieter), Hausmeister
Anlagen zur elektrischen Spannungsversorgung in Betrieben (Verteiler usw.)	Anlagenverantwortlicher, beauftragte Elektrofachkraft, Sicherheitsbeauftragter
sicherheitstechnische Einrichtungen	Anlagenverantwortlicher, Sicherheitsbeauftragter
frei zugängliche Einrichtungen zum Steuern, Schalten usw.	Bedienpersonal unter Aufsicht des Anlagenverantwortlichen

1: Zielgruppen einer Nutzereinweisung

Für große Projekte ist es vorteilhaft, den späteren technischen Betreuer der Anlagen bereits in der Errichtungsphase mit den spezifischen Gegebenheiten vor Ort vertraut zu machen. Dies erleichtert den sicheren Betrieb und die Wartung der Betriebsmittel.

Eine Wiederholung der Einweisung ist erforderlich bei

- jeder **Veränderung der Anlage** sowie
- allen sicherheitsrelevanten Einrichtungen in regelmäßigen Abständen durch den Sicherheitsbeauftragten.

Pflichten des Anlagenbetreibers

Nach dem Arbeitsschutzgesetz (ArbSchG) und der DGUV Vorschrift 1 ist der Betreiber einer elektrischen Anlage dazu verpflichtet, alle Mitarbeiter mindestens einmal jährlich über mögliche auftretende Gefahren bei der Arbeit und die **Unfallverhütungsvorschriften** [*accident prevention regulation*] einzuweisen.

Jährliche elektrotechnische Unterweisungen:

- Schaltberechtigte Personen auf sicheres Schalten belehren (5 Sicherheitsregeln)
- Verhalten bei der Feststellung von gravierenden Mängeln (Informationsweg zur Instandsetzung)
- Erste Hilfe Maßnahmen bei elektrischen Unfällen auffrischen (z.B. Wiederbelebungsmaßnahmen)
- Verhalten beim Betreten elektrischer Betriebsstätten (z.B. Niederspannungshauptverteilung)
- Benutzung der Schutzeinrichtungen und Schutzkleidung (z.B. Augen- und Kopfschutz)
- Verwendung von speziellen Werkzeugen mit intakter Isolierung (z.B. Wechseln von NH-Sicherungseinsätzen)

Was muss bei der Nutzereinweisung beachtet werden?

Der Umfang der Einweisung hängt in erster Linie von der Größe der Anlage ab. Der Betrieb und die Bedienung der elektrischen Energieversorgung eines Wohnhauses ist weitaus einfacher als eine komplexe Anlage mit zusätzlicher Sicherheitsstromversorgung (ZSV) und weiteren sicherheitstechnischen Einrichtungen, wie im Beispiel des Krankenhauses.

Bei der Einweisung sollte der Elektroniker grundsätzlich darauf achten, dass

- **genügend Zeit** zur Verfügung steht,
- eine **kundenorientierte Sprache** verwendet wird,
- ausführlich alle **Anlagendetails** besprochen werden,
- dem Kunden Gelegenheit zu **Rückfragen** gegeben wird und
- eine **Begehung** vor Ort stattfindet.

Aufgaben

1. Was müssen Sie bei der Einweisung eines Kunden in eine neu installierte Anlage berücksichtigen? Erstellen Sie eine Liste.
2. In welchen Fällen ist eine Nutzereinweisung erforderlich?

- Die Nutzereinweisung ist Bestandteil der Übergabe und trägt zum sicheren Betrieb einer elektrischen Anlage bei.
- Die Nutzereinweisung ist ausführlich, kundenorientiert, vor Ort und ohne Zeitdruck durchzuführen.

Bei der Einweisung der Nutzer in die neu errichtete elektrische Energieversorgung des Krankenhauses wird zur Kontrolle und Dokumentation der durchgeführten Schritte eine firmeneigene Checkliste eingesetzt (Abb. 2).

Checkliste zur Nutzereinweisung

KRUSKOP Blatt ..... von .....

ELEKTROTECHNIK

Lindenstraße 3 Telefon (0 58 23) 98 17 - 0
29553 Bienenbüttel Telefax (0 58 23) 98 17 - 20

Projekt:

Ansprechpartner:

Teilnehmer/eingewiesene Personen:

Arbeiten an elektrischen Anlagen (VDE 0105-100)
- Hinweis auf Anlagenverantwortlichen ☑
- Hinweis auf Arbeitsverantwortlichen ☑

Hauptverteilung
- Einweisung in die Schalthandlungen ☑ (5 Sicherheitsregeln, Schaltberechtigungen, Arbeitsschutz) ☑
- Einweisung in die Messeinrichtungen ☑
- Einweisung in die Schaltpläne/Dokumentation
  - Betriebsanleitungen ☑
  - Checklisten ☑
  - Kennzeichnung der Objekte ☑
  - Lage der Sicherungen in der Verteilung ☑
  - Größe und Bemessungsstrom von Sicherungen ☑
  - Einstellwerte der Schutzeinrichtungen ☑
  - Zielbezeichnung von Kabel und Leitungen ☑
  - Kabel- und Leitungstyp mit Angabe von Querschnitt und Adernzahl ☑
- Kontrolle der Beschilderung ☑
- Handlampe als Notbeleuchtung ☑
- Ersatzsicherungen ☑

Unterverteilungen (........ Verteiler)
- Einweisung in die Schaltpläne/Dokumentation
  - Betriebsanleitungen ☑
  - Checklisten ☑
  - Kennzeichnung der Betriebsmittel ☑
  - Lage der Sicherungen in der Verteilung ☑
  - Größe und Bemessungsstrom von Sicherungen ☑
  - Einstellwerte der Schutzeinrichtungen ☑
  - Zielbezeichnung von Kabel und Leitungen ☑
  - Kabel- und Leitungstyp mit Angabe von Querschnitt und Adernzahl ☑
- Ersatzsicherungen ☑

Trafostation
- Sicherheitsbestimmungen (Schutz gegen direktes Berühren) ☑
- Sicherheitsabstände ☑
- Zutrittsberechtigungen ☑
- Verschlusspflicht der Räume ☑
- Schlüsselmanagement ☑
- Einweisung in den Arbeitsschutz ☑

Notstromaggregat
- Startvorgang erläutern ☑
- Einweisung in die Messeinrichtungen ☑
- Kraftstoffvorrat ☑
- Fehlermeldungen und Fehlerbehebung ☑
- Wartungsintervalle ☑

Batterieräume
- Einweisung in die Messeinrichtungen ☑
- Fehlermeldungen und Fehlerbehebung ☑
- Wartungsintervalle ☑

Sicherheitsrelevante Einrichtungen
- .... ☐
- .... ☐

Ersatzteilbestand kontrollieren ☐

Wiederholungsprüfungen
- Hinweis auf Prüfintervalle ☐
- zu prüfende Betriebsmittel ☐

Prüfbericht übergeben ☑

Mit der Unterschrift wird die Übergabe der nach den geltenden Vorschriften und Normen installierten Elektroanlage bestätigt. Die Ergebnisse der Prüfungen sind in einem separaten Prüfbericht dokumentiert.

....	....
Ort, Datum	Unterschrift Einweisender

Original verbleibt beim Auftragnehmer!
Kopie verbleibt beim Auftraggeber!

....	....
Ort, Datum	Unterschrift Eingewiesener

2: Checkliste zur Nutzereinweisung

Die folgende Übersicht fasst die wichtigsten Schritte zur Errichtung der Energieversorgungseinrichtung ausgehend von der Planung über die Realisierung bis zur Übergabe der Anlage zusammen.

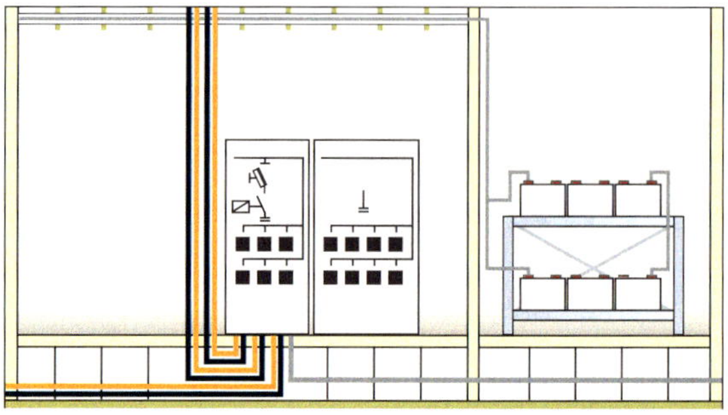

Bauvorhaben:
Erneuerung der Niederspannungshauptverteilung im „Heilig Geist" Krankenhaus

↓

Auftragsvergabe auf der Basis des Leistungsverzeichnisses ← Auftraggeber erstellt das Leistungsverzeichnis (LV) und Auftragnehmer verfasst ein Angebot auf der Basis des Leistungsverzeichnisses.

↓

Planung der **Projektschritte** ← Auftragnehmer erstellt einen Projektplan zur Planung der Teilaufgaben und Termine.

↓

Analyse des bestehenden Energieversorgungsnetzes ← Netzsysteme (TN, TT bzw. IT) festlegen; Welche Vorschriften und Richtlinien müssen angewendet werden?

↓

Leitungsschutz festlegen:
- Leiterquerschnitt und
- Schutzeinrichtung dimensionieren

←
- Schmelzsicherungen, LS-Schalter und Lasttrennschalter dimensionieren
- Leiterquerschnitt der Leitungsverbindungen dimensionieren (Spannungsfall, Umgebungsfaktoren f_1, f_2, f_3, f_4)

↓

Vergabe externer Aufträge
(z. B. Bau der Verteilungsmodule der Niederspannungshauptverteilung) bzw. Absprache mit Lieferanten

←
- Art und Umfang der Arbeit definieren
- Ausschreibung der erforderlichen Arbeiten
- Auftragsvergabe und Terminierung

↓

Auftrag durchführen

←
- Lieferung der Verteilungsmodule
- Verteilung aufbauen
- Leitungssystem installieren und anschließen
- Funktionsprüfung

↓

Einhaltung der Bestimmungen zum **Personenschutz** prüfen ← Die sicherheitsrelevanten Anlagenbestandteile auf die Einhaltung der DIN-Vorschriften und Sicherheitsbestimmungen prüfen.

↓

Erstprüfung der elektrischen Anlagen ← Besichtigung, Erprobung und Messung, Dokumentation und Prüfbericht erstellen

↓

Nutzereinweisung und Übergabe der Anlage ← Dokumentation übergeben, Begehung der Anlage mit einer Einweisung in die Bedienung, Wartung und Instandhaltung

6 Anlagen, Geräte und Baugruppen

6.1 Elektroinstallation und EDV-Vernetzung

6.1.1 Analyse von Energieversorgungssystemen

Telefonische Anfrage

Lokales Rundsch

Dispositionscomputer verschmort

Spediteur verzweifelt: Alle Kundendaten fehlen

Nach Aussage eines ortsansässigen Spediteurs ist ihm am vergangenen Wochende sein Dispositionscomputer verschmort. Dies hat bedauerlicherweise zur Folge, dass dabei alle seine Kundendaten verlorengegangen sind. Nach Aussage eines ortsansässigen Spediteurs ist ihm am vergangenen Wochende sein Dispositionscomputer verschmort. Dies hat bedauerlicherweise zur Folge, dass dabei alle seine Kundendaten verlorengegangen sind.

Nach Aussage eines ortsansässigen Spediteurs ist ihm am vergangenen Wochende sein Dispositionscomputer verschmort. Dies hat bedauerlicherweise zur Folge, dass dabei alle seine Kundendaten verlorengegangen sind. Nach Aussage eines ortsansässigen Spediteurs ist ihm am vergangenen Wochende sein Dispositionscomputer verschmort. Dies hat bedauerlicherweise zur Folge, dass dabei alle seine Kundendaten verlorengegangen sind. Nach Aussage eines ortsansässigen Spediteurs ist ihm am vergangenen Wochende sein Dispositionscomputer verschmort.

Dies hat bedauerlicherweise zur Folge, dass dabei alle seine Kundendaten verlorengegangen sind. Nach Aussage eines ortsansässigen Spediteurs ist ihm am vergangenen Wochende sein Dispositionscomputer verschmort. Dies hat bedauerlicherweise zur Folge, dass dabei alle seine Kundendaten verlorengegangen sind.

Nach Aussage eines ortsansässigen Spediteurs ist ihm am vergangenen Wochende sein Dispositionscomputer verschmort. Dies hat bedauerlicherweise zur Folge, dass dabei alle seine Kundendaten verlorengegangen sind. Nach Aussage eines ortsansässigen Spediteurs ist ihm am vergangenen Wochende sein Dispositionscomputer verschmort. Dies hat bedauerlicherweise zur Folge, dass dabei alle seine Kundendaten verlorengegangen sind. Nach Aussage eines ortsansässigen Spediteurs ist ihm am vergangenen Wochende sein Dispositionscomputer verschmort.

Dies hat bedauerlicherweise zur Folge, dass dabei alle seine Kundendaten verlorengegangen sind. Nach Aussage eines ortsansässigen Spediteurs ist ihm am vergangenen Wochende sein Dispositionscomputer verschmort. Dies hat bedauerlicherweise zur Folge, dass dabei alle seine Kundendaten verlorengegangen sind.

Nach Aussage eines ortsansässigen Spediteurs ist ihm am vergangenen Wochende sein Dispositionscomputer verschmort.

Dies hat bedauerlicherweise zur Folge, dass dabei alle seine Kundendaten verlorengegangen sind. Nach Aussage eines ortsansässigen Spediteurs ist ihm am vergangenen Wochende sein Dispositionscomputer verschmort. Dies hat zur Folge, dass dabei alle seine Kundendaten verlorengegangen sind.

KRUSKOP
ELEKTROTECHNIK

- Licht-, Kraft-, Schwachstromanlagen
- Beleuchtung • EDV-Verkabelung
- Planung und Beratung
- Verkauf von Elektro-Material und -Geräten
- Kundendienst

Architekturbüro
Weber

Kruskop Elektrotechnik, guten Morgen

Hier Architekturbüro Weber, wir wollen unsere Büroräume erweitern, das heißt, wir wollen unsere EDV auf zwei Etagen verteilen, da soll es so Probleme mit vagabundierenden Strömen geben, bin ich bei Ihnen richtig?

Moment mal, da muss ich unseren Chef rufen …

Mathias Kruskop – wo ist das Problem?

Wie gesagt, unsere EDV-Anlage ist angewachsen, sodass wir jetzt die zweite Etage nutzen müssen. Die PCs sind vernetzt und ich habe gehört, dass mitunter die Elektroinstallation nicht EDV-gerecht ist und dadurch Schäden entstehen können. Man liest z.B., dass sogar PCs zerstört werden, das darf uns nicht passieren, unsere Daten dürfen nicht verloren gehen, ist da was dran?

Da sind Sie bei uns richtig. Wie alt ist denn das Gebäude?

So etwa 30 Jahre, aber die Elektroinstallation ist in Ordnung, wir ha-ben durch Umbauten weitere Steckdosen installieren lassen, neue Büroleuchten sind angebracht und wir haben sogar Drehstrom im Haus.

Ja, … da müssen wir wohl Ihre Elektroinstallation mal genau durchchecken, vor 30 Jahren gab es noch keine PCs, es kann sein, dass Ihr Energienetz den Erfordernissen angepasst werden muss.

Das verstehe ich nicht, wir haben bisher keine Probleme gehabt, wir haben auch die modernsten EDV-Geräte, sogar Schutzschalter. Wenn Sie aber meinen, dann sollten Sie sich doch mal die Anlage ansehen, wie gesagt, wir können uns keinen Datengau erlauben.

Ja dann hole ich mal unseren Terminplan, passt es Ihnen am …

Vielen Dank, bis dann…

Aufgrund der Anfrage durch das Architekturbüro Weber formuliert Herr Kruskop für seine Mitarbeiter in Kurzform folgenden Auftrag:

> KRUSKOP
> ELEKTROTECHNIK
>
> **Auftraggeber:** **Datum: ...**
>
> Architekturbüro Weber
> Spessartweg 35
> 21682 Stade
>
> **Auftrag:** 05-09-375 Weber
>
> Die EDV-Tauglichkeit in den Etagen I und II ist zu überprüfen.
>
> 1. Welches Energiesystem ist installiert (Hausanschlusskasten untersuchen)?
> 2. Die Stromkreise für die Steckdosen in den Etagen I und II müssen untersucht werden. Wie sind N- und PE-Leiter angeschlossen?
> 3. Werden im Haus elektronische Geräte, z. B. EVGs für Leuchtstofflampen verwendet?

Die Analyse wird von einem Gesellen mit einer Auszubildenden durchgeführt und wie folgt dokumentiert:

> KRUSKOP
> ELEKTROTECHNIK
>
> **Auftraggeber:** **Datum: ...**
>
> Architekturbüro Weber
> Spessartweg 35
> 21682 Stade
>
> **Auftrag:** 05-09-375 Weber
>
> Die EDV-Tauglichkeit in den Etagen I und II ist zu überprüfen.
>
> **Ergebnis:**
>
> **1. Energiesystem**
> 4-adriges TN-C-System, PE- und N-Leiter werden gemeinsam als PEN-Leiter geführt.
> Vom Hausanschluss führt eine 4-adrige Leitung (L1, L2, L3 und PEN) zu den Unterverteilungen der Etage.
>
> **2. Stromkreise**
> Für die Steckdosen ist jeweils ein Außenleiter vorgesehen. Der PEN-Leiter wird in den Unterverteilungen in den N- und PE-Leiter aufgeteilt.
>
> **3.** Die Leuchtstofflampen in den Räumen werden mit elektronischen Vorschaltgeräten betrieben. Insgesamt sind es 12 Lampen.

Die Auszubildende bringt den Bericht zu Herrn Kruskop mit den Worten „alles OK Chef, Steckdosen sind vorhanden – ordnungsgemäße Installation – PCs können in die zweite Etage gebracht und vernetzt werden".

Herr Kruskop ist mit diesem spontanen Vorschlag nicht einverstanden und verdeutlicht die Problematik. Er zieht dabei die DIN VDE 0100-444 heran, in der es um den Schutz gegen elektromagnetische Störungen in Anlagen und Geräten geht. Für seine Auszubildenden erstellt er eine Skizze (Abb. 1). Sie entspricht einer Zeichnung aus der DIN VDE 0100-444. Durch die räumliche Darstellung und den Verlauf der einzelnen Leitungen kann das Problem in besonderer Weise verdeutlicht werden.

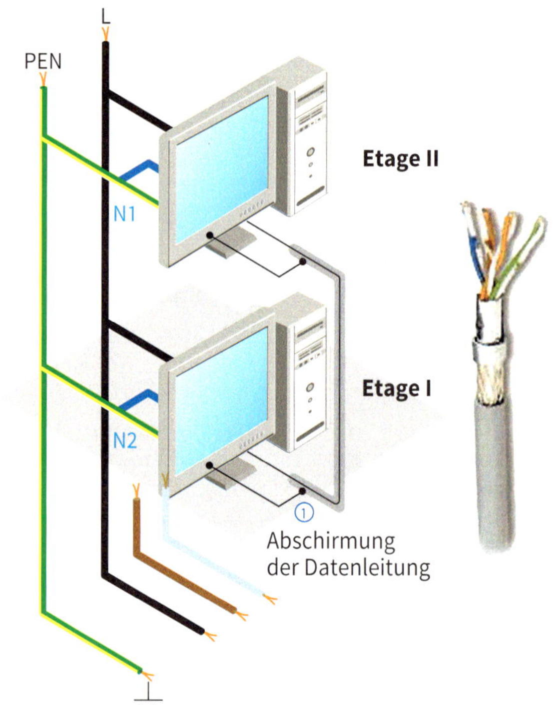

1: Energieversorgung für vernetzte EDV-Geräte über zwei Etagen

Der für beide Etagen verwendete **PEN-Leiter** wird in jeder Etage in einen **PE- und N-Leiter** aufgeteilt (Punkt N1 und N2 in Abb. 1). Alle metallenen Gehäuseteile der EDV-Anlage (hier nur durch zwei Geräte dargestellt) sind mit dem PE-Leiter verbunden.

Zusätzlich gibt es eine **abgeschirmte Datenleitung** ①. Sie stellt eine leitende Verbindung zwischen den Gehäusen der Geräte auf beiden Etagen her.

Wie die Ströme verlaufen, wird aus Abb. 1 noch nicht deutlich, deshalb werden in der nachfolgenden Abb. 2 die Geräte als Widerstände R_{G1} und R_{G2} eingezeichnet. Die angenommenen Stromrichtungen sind durch Pfeile gekennzeichnet. Die Stromstärke I_{G2} wurde größer als I_{G1} angenommen.

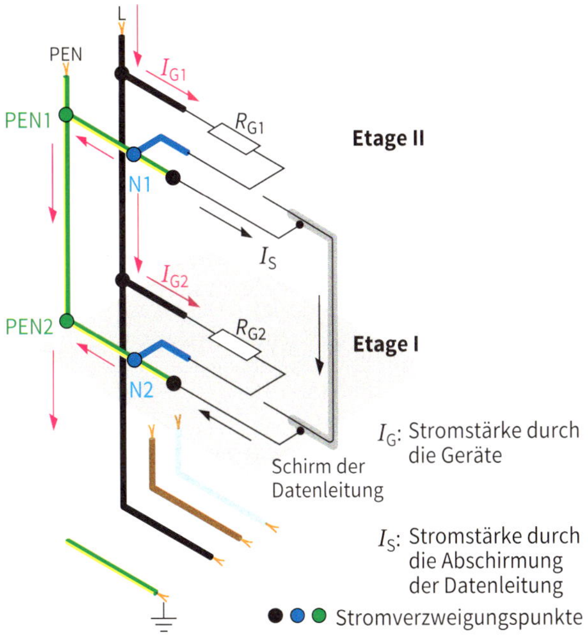

2: Stromkreise

Folgende Stromkreise ergeben sich:

- L → R_{G1} → N1 (PEN wird in N und PE aufgeteilt) PEN1 → PEN2 → Erde
- L → R_{G2} → N2 (PEN wird in N und PE aufgeteilt) → PEN2 → Erde

Neben den Strömen durch die Geräte (I_{G1} und I_{G2}) kann auch ein Strom (I_S) über die Abschirmung der Datenleitung fließen.

Wie ist das aber möglich? Die Leitungen sind doch parallel geschaltet. Zur Lösung geht Herr Kruskop schrittweise vor.

Im ersten Schritt zeichnet er die räumliche Darstellung in einen Stromlaufplan um (Abb. 3a), in dem die Leitungen als widerstandslose Verbindungen dargestellt sind. Für die Lösung der Frage ist es nun hilfreich, dass auch die Leitungen als Widerstände eingezeichnet werden (Abb. 3b). Sie sind im Vergleich zu den Gerätewiderständen sehr gering. Da sie verschieden groß sind, entstehen auch unterschiedliche Spannungsfälle. Als Besonderheit wurde in Abb. 3b der Widerstand der Abschirmung der Datenleitung noch nicht eingezeichnet. Dieses wäre beispielsweise dann der Fall, wenn die EDV-Geräte nicht vernetzt sind.

Um Vorstellungen über die Größenordnungen dieser Brückenschaltung zu erhalten, sind für die Anlage folgende Werte angenommen worden:

$I_{G1} = 10\ \text{A}$; $I_{G2} = 1\ \text{A}$

Leiterlängen: $l_1 = 10\ \text{m}$ (von N1 nach PEN2)
$l_2 = 5\ \text{m}$ (von N2 nach PEN2)

Aus diesen Leiterlängen ergeben sich mit der Formel

$R = \dfrac{l}{\varkappa \cdot q}$ und $q = 1{,}5\ \text{mm}^2$ folgende Widerstände:

$R_{N1} + R_{PEN} = 0{,}12\ \Omega$ $\qquad R_{N2} = 0{,}06\ \Omega$

Mit den angenommenen Stromstärken erhalten wir folgende Spannungen ($U = I \cdot R$):

$U_{N1} = 1{,}2\ \text{V}$ $\qquad U_{N2} = 0{,}06\ \text{V}$

Zwischen N1 und N2 besteht somit eine **Potenzialdifferenz** von $U_{12} = U_{N1} - U_{N2}$; $U_{12} = 1{,}14\ \text{V}$.

Wenn jetzt wie in Abb. 3b dargestellt, die Punkte N1 und N2 durch die Abschirmung der Datenleitung verbunden werden (Widerstand R_S), fließt aufgrund des Potenzialunterschiedes ein Ausgleichsstrom I_S.

Warum ist Strom über die Abschirmung der Datenleitung unerwünscht?

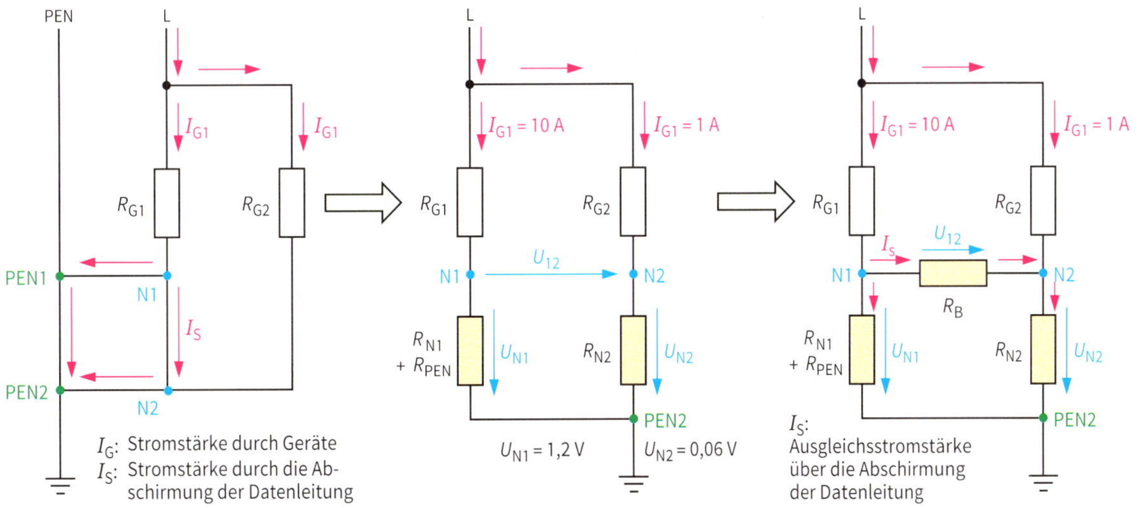

a) Leitungen verlustlos
b) Leitungen als Widerstände ohne abgeschirmte Datenleitung
c) Ausgleichsstrom durch die Abschirmung der Datenleitung

3: Stromverzweigungen durch Vernetzung

Beeinträchtigungen und Fehlermöglichkeiten durch Ströme in den Abschirmungen von Datenleitungen

Datenverlust
Ströme durch die Abschirmung der Datenleitung verursachen magnetische Wechselfelder. Durch Induktion können so zusätzliche Spannungen auf der Datenleitung entstehen.

Zerstörung elektronischer Bauteile
Elektronische Schaltungen werden mit geringen Spannungen betrieben. Sie sind in der Regel nicht gegen höhere Spannungen isoliert. Wenn jetzt die Stromstärke über die Abschirmung zu groß wird, entsteht zwischen den metallenen Leitern der EDV (z. B. Gehäuse) und den im Innern befindlichen elektronischen Schaltungen eine Spannung, die zu Überschlägen führen kann.

Brandgefahr
Die Abschirmungen der Datenleitungen bestehen in der Regel aus dünnen Folien und/oder einem Drahtgeflecht. Wenn die Stromstärke zu groß wird, kann es zu einer großen Wärmeentwicklung kommen.

1: Gefahren durch Ströme auf Abschirmungen von Datenleitungen

Die möglichen Beeinträchtigungen und Gefahren sind in Abb. 1 dargestellt. Herr Weber aus dem Architekturbüro hatte also mit seinen Befürchtungen Recht. Bevor aber eine Lösung für seine EDV-gerechte Energieversorgung gefunden wird, erörtert Herr Kruskop mit seinen Auszubildenden ein weiteres Problem.

Die an der Elektroinstallation des Architekturbüros Weber betriebenen Geräte lassen sich grob in zwei Gruppen einteilen:

- In Geräte (z. B. Glühlampen), die kontinuierlich elektrische Energie in andere Energieformen umwandeln. Es handelt sich hierbei um Wirkwiderstände.

  Die **Belastung** [*load*] ist **linear** [*linear*].

- Zahlreiche andere eingeschaltete Geräte, z. B. PCs, Drucker oder Leuchtstofflampen mit elektronischen Vorschaltgeräten (EVGs), beziehen nur dann Energie aus dem Netz, wenn diese benötigt wird. Das Netz wird somit nicht kontinuierlich, sondern impulsartig belastet.

  Die Belastung ist **nichtlinear** [*non-linear*].

Was ändert sich für das Netz bei nichtlinearen Belastungen?

Herr Kruskop demonstriert dieses mit einer Strom- und Spannungsmessung für ein Gerät, in dem die Gleichspannungsversorgung durch ein Schaltnetzteil erzeugt wird. Mit dem verwendeten Vielfachmessgerät können die gemessenen Werte als Zahlenwert und/oder in Kurvenform (Oszilloskopfunktion) angezeigt werden.

Das Ergebnis ist in Abb. 2 zu sehen. Die obere Kurve ① ist die Spannungskurve. Sie zeigt einen etwas geringfügig veränderten Verlauf. Die Spitzen der ursprünglich sinusförmigen Spannung sind leicht abgeflacht. Die Kurve ist also verzerrt, die Spannung ist gewissermaßen „unsauber" geworden. Die Qualität des Netzes hat durch diese Belastung „gelitten". Ursache hierfür sind die impulsartigen Ströme ②.

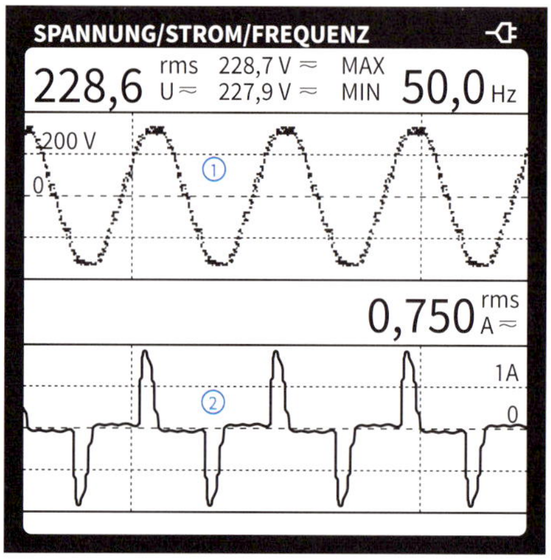

2: Strom und Spannung bei nichtlinearer Belastung

Welche Auswirkungen hat eine verzerrte Spannungskurve?

Durch diese Verzerrung der ursprünglich sinusförmigen Strom- und Spannungskurve entstehen Störungen mit Frequenzen, die ein Vielfaches der Netzfrequenz betragen. Sie werden als **Oberschwingungen** [*harmonics*] (vgl. Kap. 6.1.6) bezeichnet. Deshalb sollten in einer EDV-gerechten Elektroinstallation diese Störungen minimiert werden.

Herr Kruskop schlägt dem Architekturbüro Weber folgende Maßnahmen vor:

1. Umrüstung des TN-C-Systems in ein **TN-S-System**. Bei diesem Energieversorgungssystem fließt kein Strom über den PE-Leiter (vgl. Kap. 6.1.2). Als zusätzliche Kontrolle wird eine Differenzstromüberwachung eingebaut (vgl. Kap. 6.1.3).
2. Minimierung der Störungen durch **Begrenzung der Oberschwingungen** (vgl. Kap. 6.1.4).

- Die Energieversorgung für vernetzte EDV-Geräte muss so konzipiert sein, dass über die Abschirmung kein Strom fließt. Dieses ist im TN-S-System gegeben.

6.1.2 EDV-gerechte Energieversorgung

Nachdem die Überprüfung der Elektroinstallation des Architekturbüros Weber abgeschlossen ist, erstellt die Fa. Kruskop einen ausführlichen Bericht. Um den Kunden sachgerecht zu informieren, enthält der Bericht verschiedene Begründungen. Der Bericht ist mit einem Angebot verbunden.

Lindenstraße 3
29553 Bienenbüttel
Telefon (0 58 23) 98 17-0
Telefax (0 58 23) 98 17-20

KRUSKOP
ELEKTROTECHNIK

• Licht-, Kraft-, Schwachstromanlagen • Beleuchtung • EDV-Verkabelung • Planung und Beratung • Verkauf von Elektro-Material und -Geräten • Kundendienst

Kruskop Elektrotechnik, Lindenstr. 3, 29553 Bienenbüttel

Architekturbüro Weber
Spessartweg 35
21687 Stade

14. Februar 2020

Sehr geehrter Herr Weber,

die Überprüfung Ihrer Elektroinstallation hat stattgefunden. Leider muss ich Ihnen mitteilen, dass die Elektroinstallation nicht mehr den gegenwärtigen Vorschriften für einen störungsfreien Einsatz von EDV-Geräten entspricht. Folgende Mängel wurden festgestellt, die zu Problemen führen können:

1. Das Energieversorgungssystem ist ein so genanntes TN-C-System. Das heißt, der N- und PE-Leiter werden teilweise gemeinsam geführt. Für die Energieversorgung von vernetzten EDV-Geräten ist dieses System denkbar ungeeignet. In der VDE 0100-444 heißt es dazu:

   *„**Vermeiden von TN-C-Systemen in Anlagen mit störanfälligen Betriebsmitteln***
   In Gebäuden, die in bedeutendem Umfang Betriebsmittel der Informationstechnik aufweisen oder von denen dies für die Zukunft zu erwarten ist, muss ab dem Gebäudeeintritt der Stromversorgung die Anwendung des TN-S-Systems, d. h. die Verlegung getrennter Schutzleiter (PE) und Neutralleiter (N) in Betracht gezogen werden, um die Wahrscheinlichkeit von elektromagnetischen Problemen infolge der Verschleppung von Neutralleiterströmen auf Signalkabeln oder -leitungen zu minimieren, die Schäden oder Störungen verursachen können."

   Wir bieten hierzu folgende Lösung an:
   Ihr bestehendes TN-C-System wird in ein TN-S-System umgerüstet. Damit PE- und N-Leiter getrennt verlaufen, müssten wir zwischen den Etagen und bis zum Hausanschlusskasten eine neue Leitung verlegen. Zusätzlich müssten wir alle Steckdosen auf unzulässige Überbrückungen zwischen N und PE überprüfen. Außerdem ist es sinnvoll, einen zentralen Erdungspunkt einzurichten.
   Die Arbeiten könnten kurzfristig durchgeführt werden und würden Ihren Bürobetrieb nur geringfügig beeinträchtigen.
   Die Kosten entnehmen Sie bitte dem beigefügten Angebot.
   Als Optimierung schlage ich weiter vor, dass wir ein Gerät zur Überwachung „vagabundierender" Ströme einsetzen.

2. In Ihren Büros werden zahlreiche Geräte eingesetzt, die Störungen in das Energienetz einspeisen. Die Störungen können aber auch von Geräten aus der Umgebung in Ihr Netz gelangen. Diese Störungen können die Datenübertragung beeinträchtigen. Ich schlage deshalb Folgendes vor:
   - Wir überprüfen die Geräte (z. B. Kompaktleuchtstofflampen) und ersetzen die störenden Geräte.
   - Wir schützen Ihre Geräte durch Filter gegen selbst erzeugte und von außen kommende Störungen.

   Hierfür habe ich noch kein Angebot erstellt. Wenn Sie es wünschen, werde ich es nachreichen.

3. Es besteht auch die Möglichkeit, die Vernetzung Ihrer EDV mit Lichtwellenleitern durchzuführen. Die Elektroinstallation müsste in diesem Fall nicht geändert werden. Allerdings ist weiterhin die Überlastung des PEN-Leiters gegeben, weil er die Schutz- und Neutralleiterfunktion übernehmen muss. Auch hierfür kann ich Ihnen kurzfristig ein Angebot erstellen.

Zusammenfassend empfehle ich die Lösungen 1 und 2. Sie erhalten durch die Umrüstung eine optimale und zukunftssichere Energieversorgung.

Mit freundlichen Grüßen

M. Kruskop

Steuer-Nr. 47/124/01469

info@kruskop-elektro.de
www.kruskop-elektro.de

Inhaber:
Matthias Kruskop

Sparkasse Uelzen
(BLZ 258 501 10) Kto. 21 36 448

Volksbank Uelzen
(BLZ 258 622 92) Kto. 20 30 90 000

Fachbetrieb im
Vertrauenskreis Elektro VKE

Das Architekturbüro Weber erteilt der Fa. Kruskop den Auftrag, die Punkte 1 und 2 des Angebots durchzuführen. Die hierfür erforderlichen Arbeiten sollen nun in drei Schritten durchgeführt werden:

1. Umbau des TN-C-Systems in ein TN-S-System

2. Einbau einer Differenzstromüberwachung (RCM, vgl. Kap. 6.1.3)

3. Minimierung von Netzstörungen durch Oberschwingungen (vgl. Kap. 6.1.4)

TN-C-System in TN-S-System umrüsten

Die räumliche Skizze (Abb. 2) verdeutlicht nochmals die Problematik des TN-C-Systems für vernetzte EDV-Geräte. Zwischen dem Hausanschlusskasten und der Unterverteilung befindet sich der PEN-Leiter, der die Rolle des N-Leiters (Leiter für die Rückströme der Betriebsmittel) und PE-Leiters (Schutzleiter) **gemeinsam** [*common*] übernimmt. Wenn z. B. aufgrund hoher Ströme im PEN-Leiter zwischen den Verzweigungspunkten ① und ② ein Spannungsunterschied besteht, fließen Ausgleichsströme über die Abschirmungen der vernetzten EDV-Geräte. Es muss deshalb die 4-adrige Leitung zwischen den Etagen durch eine 5-adrige ausgetauscht werden (Abb. 3). Es entsteht ein TN-S-System mit **getrennten** (separaten [*separate*]) Leitern für N und PE.

Steckdosen überprüfen

Da die Elektroinstallation der Büroräume etwa 30 Jahre alt ist, könnten einige Steckdosen entsprechend Abb. 1 verdrahtet sein (klassische Nullung). Um Leitungskosten zu sparen, wurden damals gelegentlich Leitungen mit 2 Leitern (L und N) verwendet. Als Schutzmaßnahme wurde dann der N-Leiter mit dem Schutzkontakt verbunden. Diese Maßnahme ist heute nicht zulässig. Damit die Schutzfunktion im TN-S-System bestehen bleibt, müssen deshalb die Zuleitungen durch eine 3-adrige Leitung ausgetauscht werden. Wenn dieses nicht möglich ist, muss die Steckdose stillgelegt werden. Weiterhin muss gewährleistet sein, dass kein angeschlossenes Gerät eine Verbindung zwischen N und PE herstellt. Es darf also in der Hausinstallation nur einen **einzigen Verbindungspunkt zwischen N und PE** geben.

1: Nicht zulässige Schutzmaßnahme

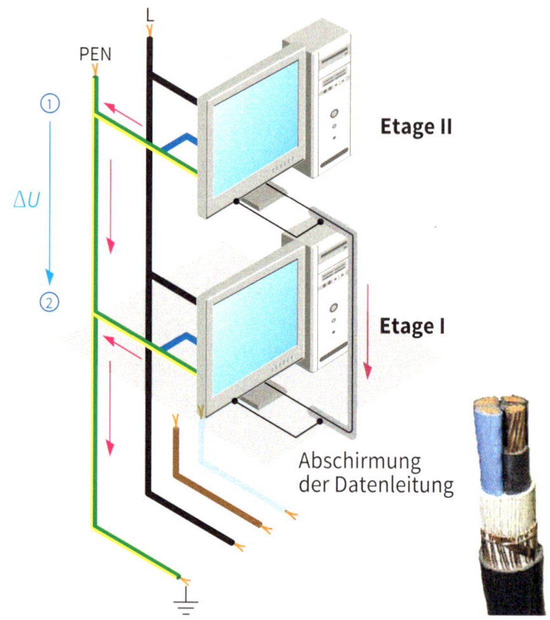

2: TN-C-System

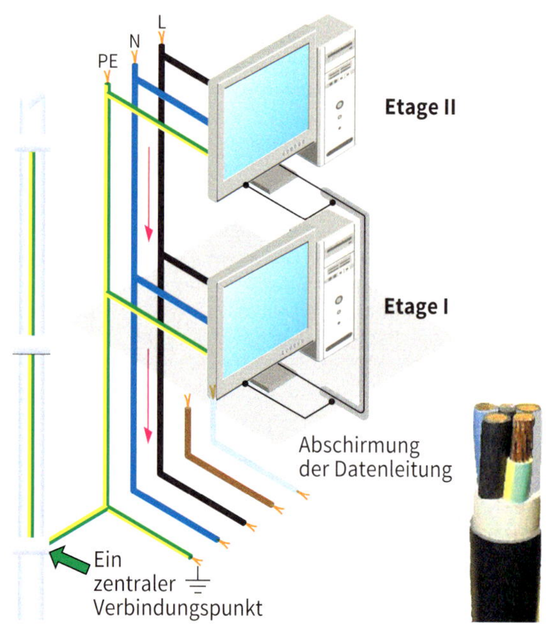

3: TN-S-System

- Durch die getrennte Führung von N- und PE-Leitern im TN-S-System können keine Ausgleichsströme über die Abschirmungen der Datenleitungen fließen.
- Im TN-S-System werden N- und PE-Leiter separat geführt. Die getrennte Führung von PE- und N-Leiter muss bis zur letzten Steckdose und zu jedem Betriebsmittel der Schutzklasse I eingehalten werden.

Für die einzelnen Steckdosen der EDV-Geräte ergibt sich somit der Schaltplan von Abb. 4. Alle metallenen Teile der Geräte (Gehäuse, Abschirmungen der Datenleitungen usw.) sind mit dem PE-Leiter verbunden. Es besteht keine leitende Verbindung mit dem N-Leiter.

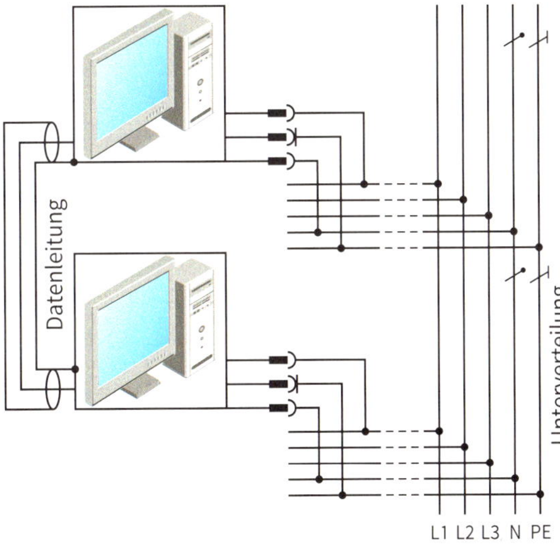

4: Energieversorgung für EDV-Geräte

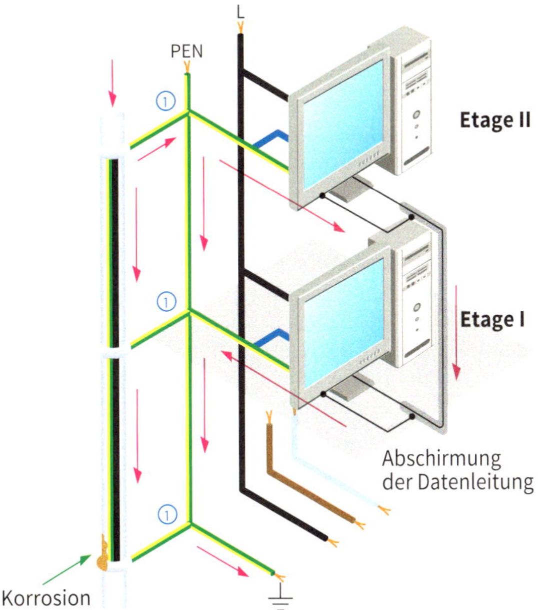

6: Ausgleichsströme über leitfähige Teile

Ausgleichsströme über fremde leitfähige Teile

Im Architekturbüro Weber waren Heizungsrohre und Wasserleitungen mit dem PEN-Leiter verbunden (Abb. 6). Ausgleichsströme konnten also auch über diese metallenen Leiter fließen. Die Richtung hing vom jeweiligen Potenzialunterschied ab. Diese Ströme verursachen zusätzlich Magnetfelder, die mit Störungen verbunden sind. Um diese zu verhindern, werden alle Verbindungen gelöst ① und das Rohrsystem nur an einem zentralen Verbindungspunkt mit dem PE-Leiter verbunden (Haupterdungsschiene).

Wenn Ströme über fremde metallene Leiter eines Gebäudes fließen, kann es an verschiedenen Stellen zur Korrosion kommen. Eine Ursache ist dabei, dass der Stromfluss auch über die benetzten Oberflächen fließt.

Es kommt dabei zu Zersetzungen (Elektrolyse) von Metallen in Form von „Ausblühungen" und farbigen Ablagerungen.

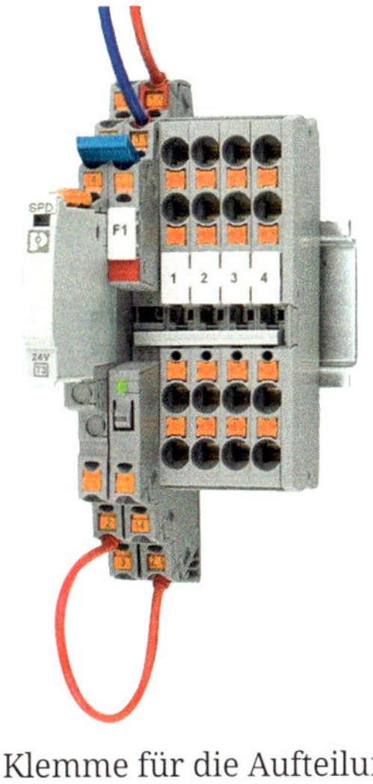

5: Klemme für die Aufteilung des PEN-Leiters in N- und PE-Leiter

Nach der Umrüstung des TN-C-Systems in ein TN-S-System wird noch die Energiezuführung in dem Hausanschlusskasten überprüft. Die Zuführung erfolgt über eine vieradrige Leitung mit den Leitern L1, L2, L3 und PEN. Die Auftrennung des PEN- in die N- und PE-Leiter erfolgt an dieser Stelle (Aufteilungsklemme Abb. 5), sodass ein TN-S-System entsteht.

Aufgaben

1. Stellen Sie fest, mit welchem System die Energieversorgung Ihres Hauses erfolgt und schätzen Sie die EDV-Tauglichkeit ein.
2. Folgende Aussage wird getroffen:
   Wenn im Architekturbüro alle EDV-Geräte von einer zentralen Energieversorgung gespeist werden würden (z.B. eine Mehrfachsteckdose), fließen über die Abschirmungen der Datenleitungen keine Ausgleichsströme.
   Begründen bzw. widerlegen Sie diese Aussage.

- Bei einer EDV-gerechten Elektroinstallation soll die Aufteilung des PEN-Leiters in die N- und PE-Leiter frühzeitig erfolgen, möglichst bei der Einspeisung in die Hausinstallation. Der N-Leiter ist nur an einer zentralen Stelle mit dem PE-Leiter zu verbinden.
- In einer EDV-gerechten Elektroinstallation müssen Ausgleichsströme über fremde leitfähige Teile (z.B. Wasserleitungen, Heizungsrohre, Metallkonstruktionen des Gebäudes) unterbunden werden.

6.1.3 Differenzstromüberwachung

Das Architekturbüro Weber ist damit einverstanden, dass der Erfolg der Umrüstung durch eine zusätzliche Sicherheitsmaßnahme ergänzt werden soll. Es soll ein Differenzstrom-Überwachungsgerät (**RCM**) eingebaut werden. Aus einer Firmenunterlage entnimmt Herr Kruskop die grundsätzliche Einbaumöglichkeit einer RCM im TN-S-System (Abb. 1).

Welchen Schutz bietet ein RCM?

Im Architekturbüro muss die Energieversorgung für die EDV-Geräte permanent gewährleistet sein. Deshalb könnte ein in der Elektroinstallation sich allmählich entwickelnder Isolationsfehler die Schutzeinrichtung auslösen. Ein Datenverlust wäre die Folge.

Mit einem RCM können Störungen oder eine fehlerhafte Installation (z.B. Verbindung zwischen PE- und N-Leiter) erkannt werden. Dazu werden die Ströme in den Stromkreisen überwacht (Abb. 1). Wenn kein Fehler vorliegt, ist die Summe aller Ströme Null. Bei Fehlerströmen entsteht eine Differenz, die angezeigt und/oder gemeldet wird. Auf diese Weise kann rechtzeitig eine Fehlerbeseitigung vorgenommen werden. RCMs unterbrechen also nicht wie RCDs die Energiezufuhr.

Wie funktioniert ein RCM?

Der Messaufnehmer (Sensor) ist ein Stromwandler. Er arbeitet im Prinzip wie ein Transformator. Durch den Innenbereich eines Eisenkerns (Abb. 2 ②) werden die zu überprüfenden Leiter geführt. In fehlerfreien Systemen ist die Summe aller Ströme gleich Null, sodass in der auf dem Eisenkern befindlichen Spule keine Spannung induziert wird. Fließt allerdings ein Fehlerstrom über die Erde oder über einen anderen Weg vorher ab, verursacht diese **Stromdifferenz** [*differential current*] eine Induktionsspannung. Sie kann angezeigt werden bzw. ein Signal auslösen.

Wie wird ein RCM installiert?

Herr Kruskop entscheidet sich für ein Gerät mit einem **externen Stromwandler** [*external measuring current transformer*] (Abb. 2 ①), der in die Unterverteilung eingebaut wird. Die drei Außenleiter L1, L2, L3 sowie der N-Leiter der Energieversorgung werden durch den Innenbereich des Eisenkerns geführt ②. Das Messsignal gelangt über eine Zweidrahtleitung ③ (z.B. verdrillt 2 x 0,75 mm^2, bis 10 m) an die Auswerteeinheit. Diese bietet folgende Anzeigen und Einstellmöglichkeiten:

- Test-Taste ④
- Betriebs-LED ⑤
- Melde-LED ⑥
  Sie leuchtet, wenn der Differenzstrom einen eingestellten Ansprechwert überschreitet bzw. eine Unterbrechung im Wandler vorliegt.
- Einstellung der Ansprechverzögerung (0…1 s) ⑦
- Einstellung des Ansprechwertes (30…300 mA) ⑧

Die hier vorgenommene Installation ist in der Regel zur Überwachung ausreichend.

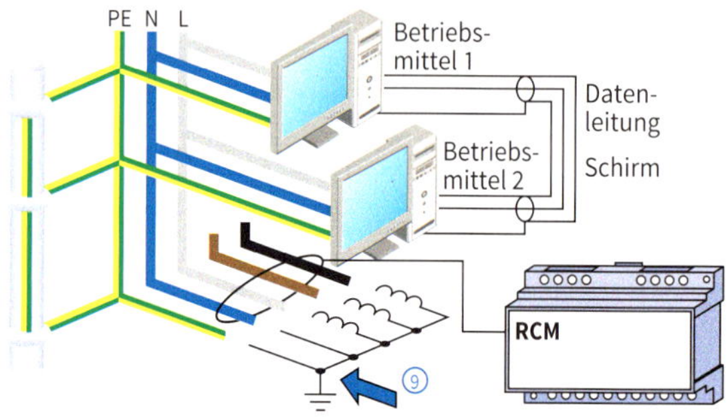

1: Grundsätzlicher RCM-Einsatz im TN-S-System (Herstellerunterlage)

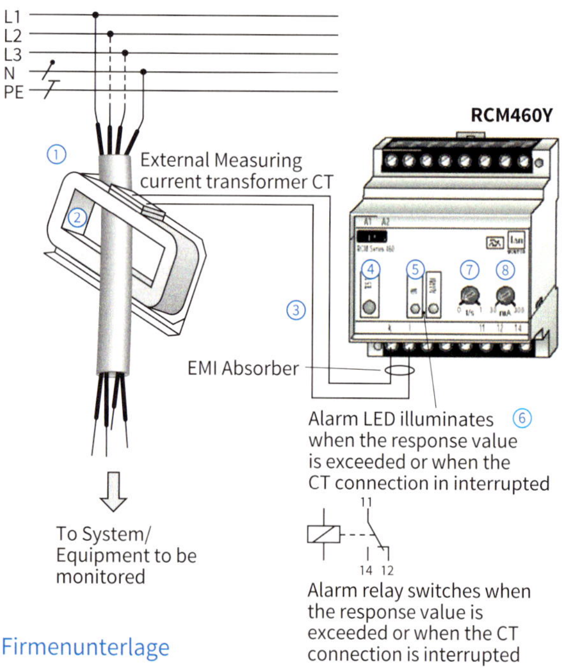

Firmenunterlage

2: Anschlussschema RCM (Herstellerunterlage)

Eine weitere Überwachungsstelle wäre die Verbindung zwischen N und PE (Abb. ⑨). In einem EDV-gerechten TN-S-System darf kein Strom fließen. Mit einem Sensor und einem entsprechenden Anzeigegerät kann dieses kontrolliert werden.

Aufgabe

1. Erklären Sie mit Hilfe der Abb. 2, wodurch bei Überschreitung eines Einstellwertes ein Alarm ausgelöst werden kann.

- RCMs sind Anzeige- bzw. Meldeeinrichtungen für Differenzströme. Sie werden zur rechtzeitigen Fehlererkennung eingesetzt.
- Als Stromsensor für ein RCM wird ein Stromwandler verwendet.

6.1.4 Filter zur Störungsbegrenzung

Mit dem dritten Teil der Umbaumaßnahmen soll die Fa. Kruskop die im Netz vorhandenen Oberschwingungen verringern (vgl. Kap. 6.1.2). Vorher kommt es aber noch zu folgendem Telefonat:

Architekturbüro Weber

Guten Morgen Herr Kruskop, ich möchte auf Ihren ausführlichen Bericht vom 14. Februar 2016 zurückkommen, in dem Sie uns empfohlen haben, unser Energieversorgungssystem gegen Störungen abzusichern. Unsere Anlagen laufen bestens, erklären Sie mir mal, weshalb Sie die weiteren Installationen überhaupt vornehmen müssen!

KRUSKOP
ELEKTROTECHNIK

- Licht-, Kraft-, Schwachstromanlagen
- Beleuchtung • EDV-Verkabelung
- Planung und Beratung
- Verkauf von Elektro-Material und -Geräten
- Kundendienst

Ja Herr Weber, mit den Störungen ist das so eine Sache. Sie treten meistens dann auf, wenn man sie nicht erwartet. Wir hatten bei der Messung in Ihrer Energieversorgung festgestellt, dass der Anteil der Störungen durch Oberschwingungen 66,7 % betrug.
Dieser Wert ist erheblich zu hoch, akzeptabel sind höchstens 20 %, da müssten wir etwas tun.

Wo kommen denn diese Störungen her?

Die Störungen sind z. T. hausgemacht. Sie entstehen z. B. in EDV-Geräten, Energiesparlampen und in Geräten, die noch nicht der EN 61000-3-2 entsprechen.
Sie können aber auch von außerhalb in Ihr Energienetz gelangen, sie wissen ja, dass alles mit Leitungen verbunden ist.

Vom Bundesverband für den Fachbereich Elektronik und EDV der öffentlich bestellten und vereidigten Sachverständigen wurde z. B. festgestellt, dass 70 % bis 80 % der Netzwerkkarten unnötigerweise ausgetauscht wurden, da Hardwarefehler vermutet wurden. Die Fehler lagen jedoch im Energieversorgungssystem.

Sie haben mich überzeugt, was kann man dagegen tun?

Es gibt die Möglichkeit, Filter einzubauen, die wie Sperren für die unerwünschten Schwingungen wirken. Sie lassen einerseits keine Störungen in Ihre Energieversorgung hinein und andererseits werden die selbst produzierten Störungen nicht in das öffentliche Netz abgegeben. Sie leisten damit einen Beitrag für die „Qualität" des Netzes. Es gibt aber auch die Möglichkeit, Filter einzubauen, die unerwünschte Störungen gewissermaßen ableiten, d. h. sie werden kurzgeschlossen.

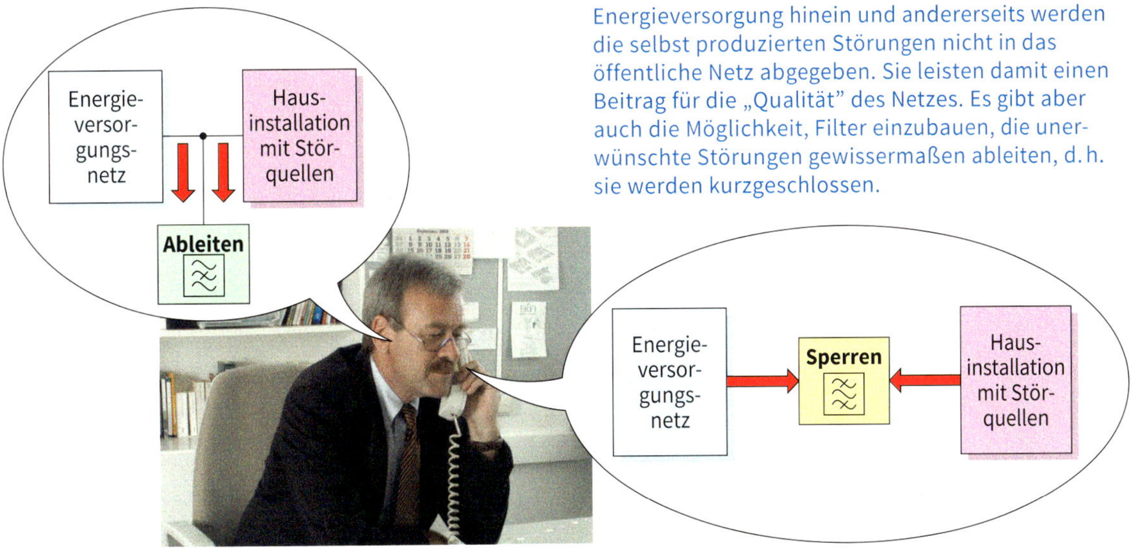

3: Beratungsgespräch – Sperren oder Ableiten?

Nach dem Telefonat entscheidet sich Herr Kruskop zur Verringerung der Oberschwingungen für den Einbau eines **Filters**. Er zieht dabei die folgenden Firmenunterlagen (Auszug) hinzu.

Netzfilter

Der Filter reduziert die dritte Harmonische des Stromes. Es beseitigt die durch die dritte Oberschwingung verursachten Probleme. Es reduziert bei richtiger Dimensionierung ca. 90 % des im Neutralleiter fließenden 150 Hz-Stromes. Es verkleinert deutlich die Magnetfelder und den Leistungsverbrauch. Durch die Verringerung der Verlustleistung können Einsparungen beim Energieverbrauch von 4 % bis 9 % erzielt werden.

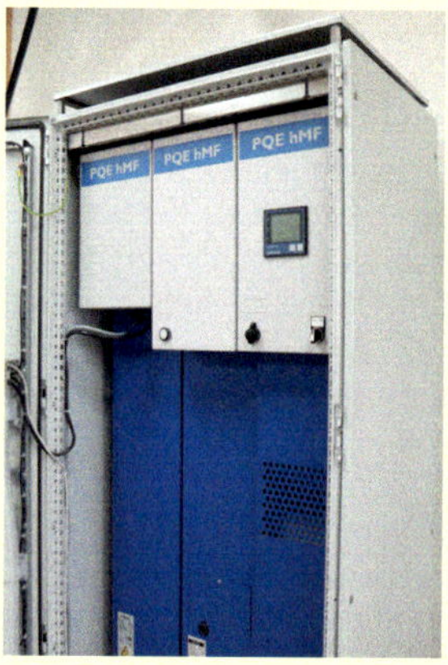

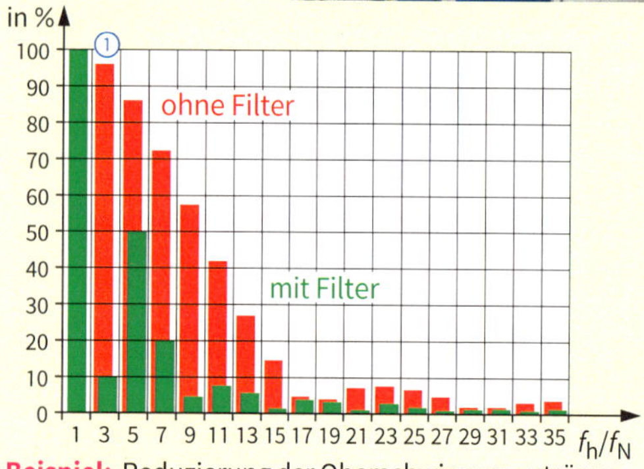

Beispiel: Reduzierung der Oberschwingungsströme in einem Netz durch Einsatz eines Filters

Die Beseitigung von Oberschwingungen bringt Ihnen viele Vorteile:

- Verringerung der 3. Harmonischen
- Geringere Temperatur der Leiter
- Reduzierung der Leitungsverluste
- Reduzierung von Magnetfeldern
- Verbesserung der Versorgungsqualität
- Einsparungen bei der Instandhaltung

Tipp:

Prüfen Sie doch einfach einmal die Neutralleiter in Ihren Anlagen mit einem Echt-Effektivwert-Messgerät. Ist der N-Leiterstrom deutlich größer als der größte Unterschied zwischen den Phasenströmen, liegt wahrscheinlich ein 150 Hz-Problem vor. Dann sollte eine genauere Untersuchung der erste Schritt zur Problemlösung sein!

Das Liniendiagramm der Firmenunterlage macht deutlich, dass durch das Filter die **Ströme der 3. Oberschwingung** (150 Hz) erheblich gemindert werden ①. Im Filter sind passive Bauteile vorhanden (Kondensator, Spule, Abb. 1 ②). Die Einkopplung in den N-Leiter erfolgt über einen Transformator.

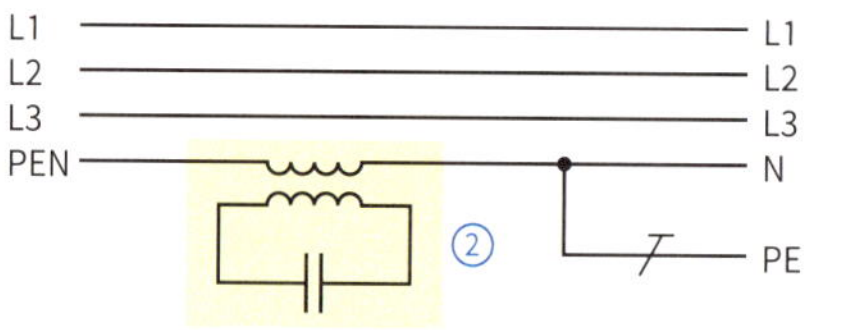

1: Filter im N-Leiter

Wie arbeitet ein Filter?

Das hier verwendete Filter wirkt wie eine Sperre für Ströme mit 150 Hz (**Sperrkreis** [*blocking filter*]). Die Sperrung erfolgt in beide Richtungen. Die Schaltung ist vergleichbar mit einem großen Widerstand (Abb. 3 ②), der nur bei einer bestimmten Frequenz oder in einem kleinen Frequenzbereich auftritt (frequenzabhängiger Widerstand, Abb. 2).

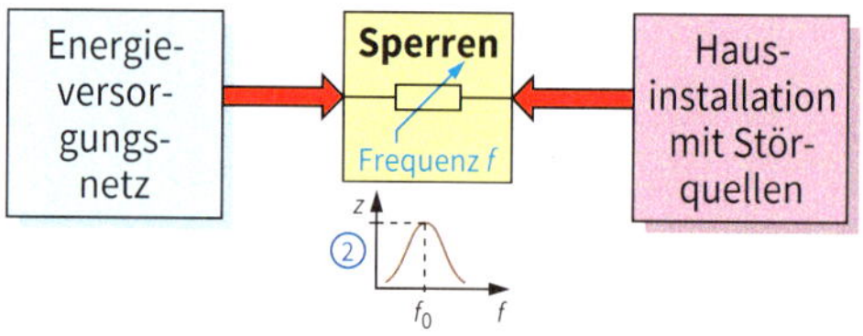

2: Arbeitsweise eines Sperrkreises

Warum wurde kein Filter zum Ableiten der Ströme verwendet?

Diese Filter (Abb. 3, ③) wirken in einem engen Frequenzbereich wie ein kleiner Widerstand. Für die selbst verursachten Störungen wäre zwar der Schutz gewährleistet, aber auch Störungen aus dem Verbundnetz werden durch dieses Filter wie nach dem Staubsaugerprinzip angezogen (**Saugkreis** [*suck filter*]). Eine Überlastung und zusätzliche Energiekosten wären die Folge (nähere Begründung Kap. 6.1.9).

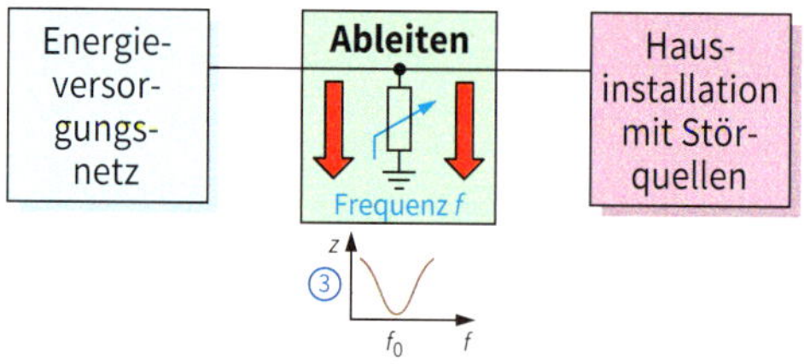

3: Arbeitsweise eines Saugkreises

- Passive Filter bestehen aus Spulen und Kondensatoren. Sie sind frequenzabhängige Widerstände.
- Mit Filtern können Ströme bestimmter Frequenz gesperrt (Sperrkreis) oder abgeleitet (Saugkreis) werden.

Herr Kruskop hat eine sehr kundenorientierte Beratung durchgeführt und aufgrund seines fundierten Wissens eine fachgerechte Installation durch seine Mitarbeiter ausführen lassen. Es gilt nun im nächsten Teil dieses Buches die Grundlagen, die zu seinen Entscheidungen führten, systematisch aufzuarbeiten.

Zu klären sind folgende Themen:

- Was sind nichtlineare Belastungen?
- Was versteht man unter Oberschwingungen?
- Welche Funktion haben Kondensatoren und Spulen?

6.1.5 Nichtlineare Belastungen

Im Architekturbüro Weber werden unterschiedliche elektrische Geräte eingesetzt. Es sind herkömmliche Glühlampen (Wirkwiderstände) vorhanden, die keine Veränderung der Sinusform hervorrufen (**lineare** [*linear*] Belastung, z.B. drei Glühlampen, Abb. 5a ①).

Allerdings werden die Außenleiter nicht immer gleichmäßig (**symmetrisch** [*symmetric*]) belastet, sodass im N-Leiter Ausgleichsströme fließen (**unsymmetrische** [*asymmetric*] Belastung, vgl. auch Kap. 5.2.3.3).

Daneben gibt es aber zahlreiche Geräte (Leuchtstofflampen mit EVGs, PCs, Drucker, …) die nicht gleichmäßig, sondern impulsartig Energie aus dem Netz beziehen, z.B. wie die drei Kompaktleuchtstofflampen in Abb. 5b ②. Diese Belastung wird als **nichtlinear** bezeichnet. Bei nichtlinearen Belastungen treten besondere Probleme auf, die nun untersucht werden sollen.

Wodurch entstehen nichtlineare Belastungen?

Für die zahlreichen elektronischen Geräte dient als Beispiel die Zweipuls-Brückenschaltung B2B in Abb. 6. Sie wird benutzt, um Wechselspannung in Gleichspannung umzuformen. Der Kondensator mit der Kapazität C_L dient als Ladungsspeicher.

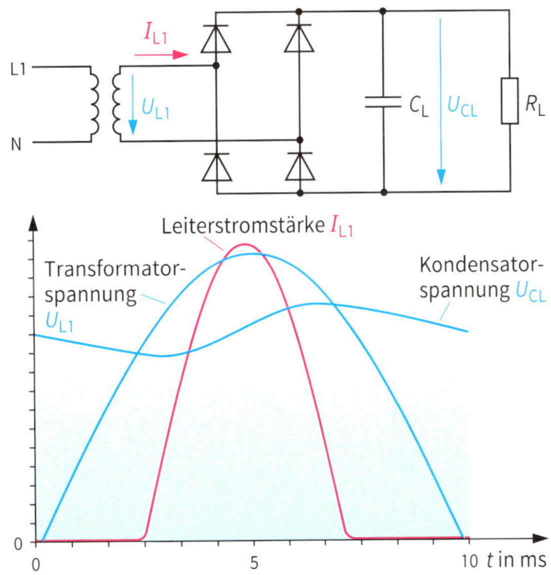

6: Impulsbelastung durch eine Gleichrichterschaltung

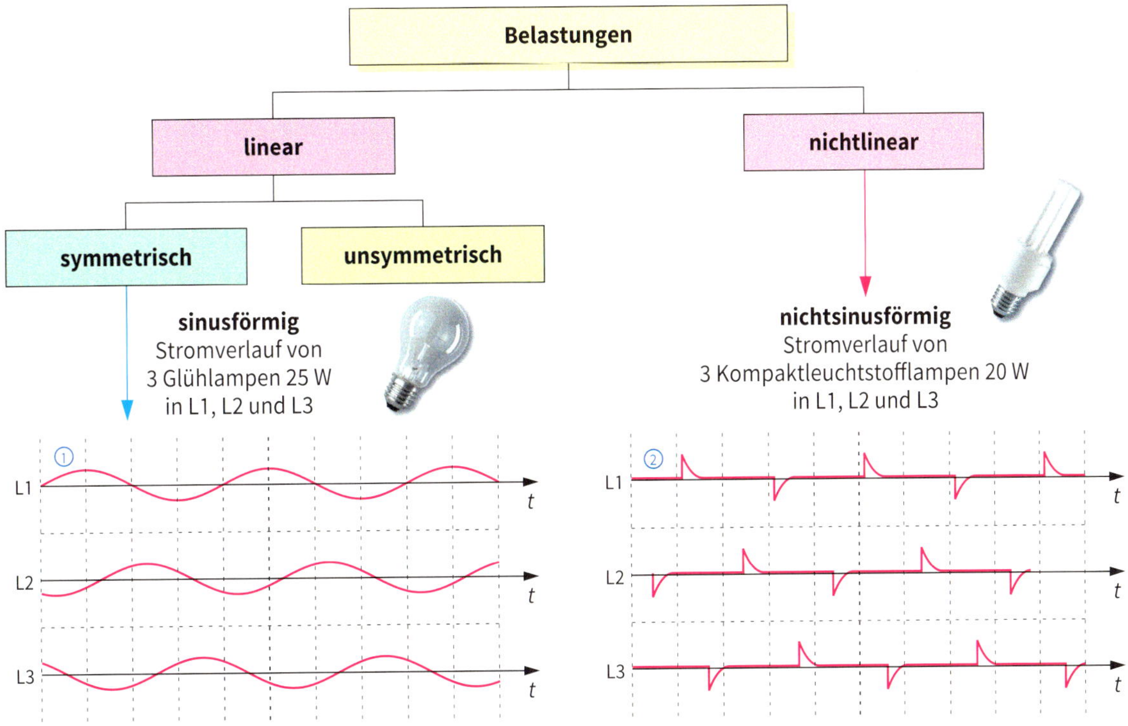

5: Belastungen im Energienetz

Der Kondensator wird während jeder Halbschwingung über zwei leitende Dioden nachgeladen. Es fließt aber nur dann ein Strom, wenn die Spannung am Eingang der Dioden kleiner ist als die Spannung am Ladekondensator. Innerhalb jeder Halbschwingung (10 ms) fließt also in einer kleineren Zeitspanne ein großer Strom. Es ist also eine nichtlineare Belastung vorhanden.

Symmetrische Belastung der Außenleiter

Wir wollen jetzt untersuchen, was sich ändert, wenn jeder einzelne Außenleiter (L1, L2 und L3) belastet wird. Zunächst betrachten wir nochmals eine lineare und symmetrische Belastung (vgl. Abb. 4 ①, S. 86). Der Verlauf der einzelnen Ströme ist sinusförmig. Sie sind um 120° gegeneinander phasenverschoben. Zeichnet man alle Ströme in ein Liniendiagramm (Abb. 1a), dann sieht man, dass sich die Ströme aufgrund der **Phasenverschiebung** *[phase shift]* im N-Leiter aufheben, also zu Null addieren (Zeigerdiagramm in Abb. 1b).

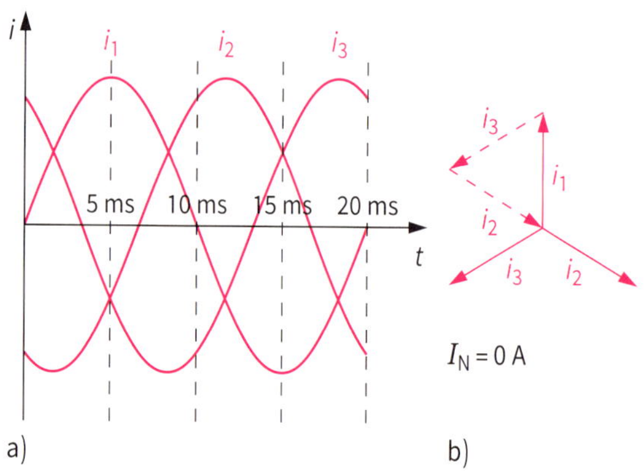

1: Aufhebung der Ströme im N-Leiter bei sinusförmiger und symmetrischer Belastung

Nichtlineare Belastung der Außenleiter

Um die Zusammenhänge bei einer nichtlinearen Belastung besser verstehen zu können, ist auch in Abb. 2 eine symmetrische Belastung – allerdings von drei Kompaktleuchtstofflampen mit EVGs – dargestellt. In jedem Außenleiter (L1 ①, L2 ② und L3 ③) fließen impulsartige Ströme, die sich jedoch nicht mehr im N-Leiter aufheben. Sie addieren sich (Abb. 2 ④) und sorgen dadurch für eine erheblich höhere Belastung des N-Leiters. Der Mittelwert der Stromstärke im N-Leiter ist etwa dreimal so groß wie in jedem Außenleiter.

Zusätzlich kommt es bei starken nichtlinearen Belastungen zu einer Verformung der sinusförmigen Spannung. Die Kurve flacht sich ab und die Qualität des Netzes sinkt.

Wenn, wie in der ursprünglichen Elektroinstallation, außerdem N- und PE-Leiter gemeinsam als PEN-Leiter geführt werden, können erhebliche Störungen durch Ausgleichsströme und Magnetfelder auftreten.

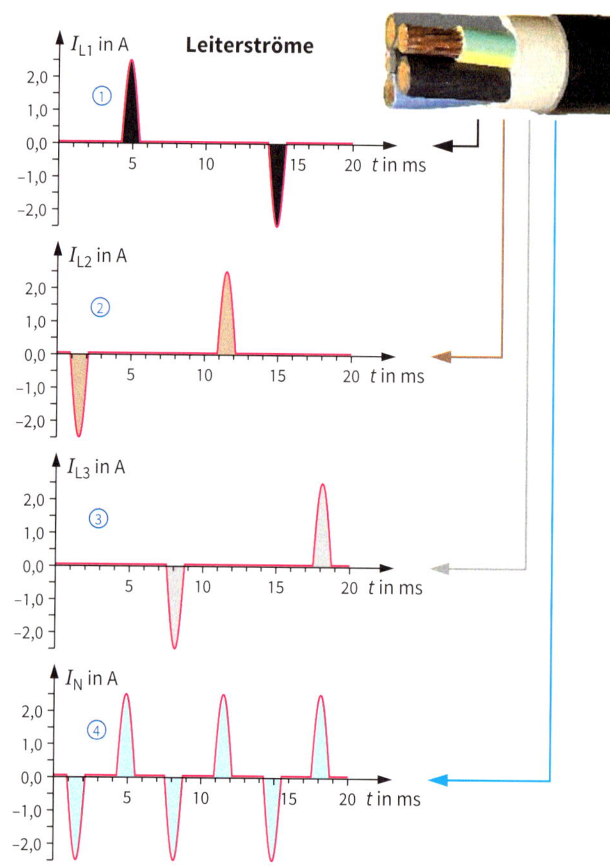

2: Nichtlineare Belastung durch drei Leuchtstofflampen mit EVGs

Störungen durch nichtlineare Belastungen beeinflussen nicht nur das eigene Energieversorgungssystem, sondern breiten sich über das Verbundnetz in andere Systeme aus. Sie müssen deshalb durch entsprechende Maßnahmen verringert werden. Hilfreich für die Beseitigung der Störungen ist es, wenn die impulsartigen Leiterströme in sinusförmige Einzelschwingungen aufgelöst werden. Man nennt sie dann **Oberschwingungen**.

Aufgabe

1. Ermitteln Sie aus Abb. 1 auf Seite 88 den Zeitbereich, in dem während einer Halbschwingung Strom fließt.

- Bei nichtlinearen Belastungen entstehen impulsartige Ströme in L1, L2 und L3. Die Spannungskurve verformt sich und wird flacher.
- Bei nichtlinearer Belastung heben sich die Ströme im N-Leiter nicht auf. Die Belastung des N-Leiters ist größer als die Belastung der einzelnen Außenleiter.

6.1.6 Oberschwingungen

Für den Bericht über die EDV-Tauglichkeit der Elektroinstallation des Architekturbüros Weber hat Herr Kruskop die Störungen durch Oberschwingungen messtechnisch ermittelt. Dazu wurde ein Universalmessgerät (Abb. 4) eingesetzt. Das verwendete Messgerät ist vielseitig.

Gemessen werden können z. B.:

- Spannung (Effektivwert AC und DC)
- Stromstärke (Effektivwert AC und DC)
- Frequenz (10 Hz bis 15 kHz)
- Leistung (Wirk-, Schein- und Blindleistung)
- Oberschwingungen (2. bis 51.)
- Widerstand (bis 30 MΩ)
- Durchgang
- Kapazität (50 nF bis 500 µF)

Die gemessenen Werte können als Zahlenwert und/oder in Kurvenform (Zweikanal-Oszilloskop) angezeigt werden.

Die ermittelten Messwerte können gespeichert (20 Messergebnisse), über eine optisch isolierte RS-232 Schnittstelle ausgedruckt oder mit einem PC verarbeitet werden.

Messung von Stromoberschwingungen
Verbraucher mit nichtlinearem Verhalten erzeugen Stromoberschwingungen, die zu einer Spannungsverzerrung führen können.

1 MENU Öffnen Sie das Hauptmenü.

2 ◆ OBERSCHWINGUNGEN ⇨ ENTER

3 F2 Wählen Sie STROM.

4 Stellen Sie die Verbindungen in der nachstehend gezeigten Weise her:

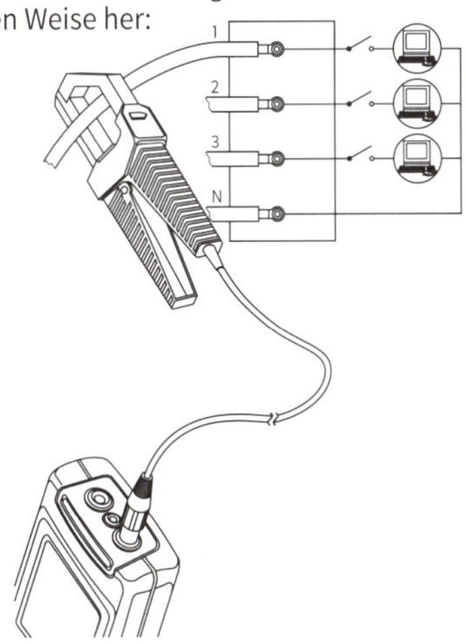

(5) Skalieren Sie den Schirm des Oberschwingungsspektrums, sodass Sie mehr oder weniger Details sehen können.

3: Auszug aus einer Bedienungsanleitung

Messen mit der Stromzange
Wie Stromoberschwingungen gemessen werden, zeigt der Ausschnitt aus der Bedienungsanleitung (Abb. 3). Für die Messungen ist eine Auftrennung der Stromkreise nicht erforderlich. Es erfolgt eine indirekte und berührungslose Messung mit Hilfe einer **Stromzange**. Die Zange wird dazu um den Leiter gelegt. Danach werden beide Zangenhälften geschlossen (magnetischer Kreis geschlossen). Da um den stromdurchflossenen Leiter ein magnetisches Wechselfeld vorhanden ist, kann über die Stärke des Magnetfeldes die Stromstärke indirekt gemessen werden.

Da die Messung unter Betriebsbedingungen stattfindet, müssen Vorschriften für das Arbeiten an unter Spannung stehenden Teilen gewissenhaft beachtet werden (Abb. 4, Handschuhe, kleine Kunststoffplatten zum Abschirmen usw.).

4: Messen mit Stromzange und Universalmessgerät

Aufgabe

1. Informieren Sie sich mit Hilfe der Bedienungsanleitung (Quelle: z. B. www.fluke.de) über das abgebildete Gerät in Abb. 3 und stellen Sie fest, welche Größen gemessen werden können.

- Mit Hilfe von Stromzangen und entsprechenden Auswertungsgeräten lassen sich Stromstärken berührungslos und indirekt messen. Dabei sind besondere Sicherheitsmaßnahmen zu beachten.

Auswertung der Oberschwingungsmessung

Das Ergebnis der Strommessung ist in Abb. 1 dargestellt. Angezeigt wird die Stromstärke (AMPS ①) in Form von zahlreichen senkrechten Balken ②, die allmählich kleiner werden. Was ist an dieser Darstellung zu erkennen?

Den Balken sind die Ziffern von 1, 3, 5, 7, 9 usw. ③ zugeordnet. Der Balken mit der Ziffer 1 entspricht der Grundschwingung mit der Frequenz von 50 Hz. Danach folgt die Ziffer 3 ④ mit 150 Hz ⑤ usw. Jeder Balken stellt also einen Strom mit einer bestimmten Frequenz dar. Die Höhe des Balkens entspricht der jeweiligen Stromstärke. Diagramme dieser Art werden als **Frequenzspektrum** [*frequency spectrum*] bezeichnet.

Der gemessene Strom besteht also aus einer 50 Hz Grundschwingung (Ziffer 1) und den Oberschwingungen 150 Hz (Ziffer 3), 250 Hz (Ziffer 5) usw. Die Oberschwingungen werden auch als **Harmonische** [*harmonics*] ⑥ und die Zahlen als **Ordnungszahlen** [*ordinal numbers*] bezeichnet.

Stromzangen

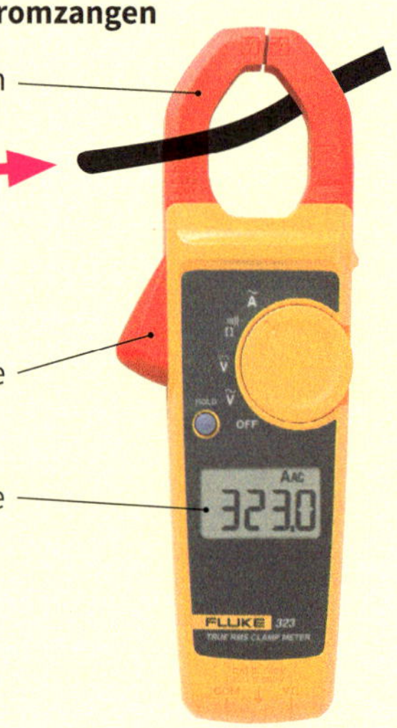

Bei der Stromzange werden zwei unterschiedliche Zangensensoren verwendet:

- **Transformatorprinzip**: Die Zange ist der Eisenkern eines Transformators (Stromwandler). Der stromdurchflossene Leiter ist die Primärwicklung. Im Innern befindet sich die Sekundärwicklung mit der Anzeigeauswertung. Es können nur sinusförmige Ströme gemessen werden.
- **Magnetfeldsensor**: Eine Hallsonde im Eisenkern der Zange wandelt die Änderungen des magnetischen Flusses in Spannungsänderungen um. Diese werden elektronisch aufbereitet und angezeigt. Gemessen werden können beliebige Effektivwerte von Gleich- und Wechselströmen, inklusiv Oberschwingungen (TrueRMS: Echte Effektivwerte, inklusiv Oberschwingungen).

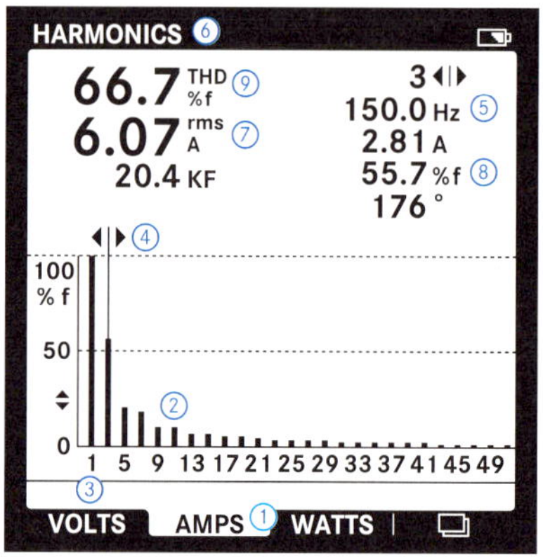

1: Frequenzspektrum eines nichtsinusförmigen Stromes

Beispiel: Die Spannung mit 150 Hz ist die 3. Oberschwingung.

Das abgebildete Frequenzspektrum verdeutlicht auch, dass bei der analysierten Signalform nur ungeradzahlige Oberschwingungen (3., 5. usw.) auftreten. Bei anderen Kurvenformen kommen auch geradzahlige Oberschwingungen vor.

Aus dem Messergebnis kann die effektive Stromstärke (**rms** [*root mean square*]) abgelesen werden. Sie beträgt 6,07 A ⑦. In diesem Wert sind alle Schwingungen – Grundschwingung 50 Hz und alle Oberschwingungen – berücksichtigt.

Effektivwerte von Wechselspannungen und Wechselströmen entsprechen den Gleichspannungen und Gleichströmen, die die gleiche Leistung erzeugen.

Aber auch die Effektivwerte der Oberschwingungen lassen sich ablesen. Z. B. hat die 3. Oberschwingung von 150 Hz einen Wert von 2,81 A. Dieser Wert ist beträchtlich, denn er entspricht 55,7 % ⑧ der Grundschwingung von 50 Hz.

Aufgaben

1. Stellen Sie fest, welche Schwingungen mit welchen Ordnungszahlen in Abb. 1 auftreten.
2. Ermitteln Sie aus Abb. 1 die Amplitude der 5. Oberschwingung.

- Nichtsinusförmige Ströme (impulsartige, rechteckförmige usw.) bestehen aus einer Vielzahl von sinusförmigen Schwingungen (Oberschwingungen, Harmonische).
- Der Frequenzabstand zwischen den Oberschwingungen und der Grundschwingung ist ein Vielfaches der Grundschwingung.
- Zur vollständigen Darstellung einer nichtsinusförmigen Spannung oder Stromstärke sind unendlich viele Oberschwingungen erforderlich.

Aus welchen Oberschwingungen bestehen nichtsinusförmige Spannungen und Ströme?

Rechteck

In der ersten unteren Abbildung sind in einem Liniendiagramm die Verläufe der drei Strömen i_1, i_3 und i_5 dargestellt. Sie unterscheiden sich in Amplitude und Frequenz.

i_1: Grundschwingung mit 50 Hz

i_3: 3. Oberschwingung mit 150 Hz

i_5: 5. Oberschwingung mit 250 Hz

Addiert man jetzt diese drei Ströme, dann ist bereits andeutungsweise eine Rechteckform erkennbar. Aus Gründen der Übersicht sind hier nur die 3. und die 5. Oberschwingung eingezeichnet worden. Werden unendlich viele Oberschwingungen addiert, entsteht ein ideales Rechtecksignal.

Entdeckt hat diese Zusammenhänge der französische Mathematiker Fourier. Nach ihm werden entsprechende Analyseverfahren benannt.

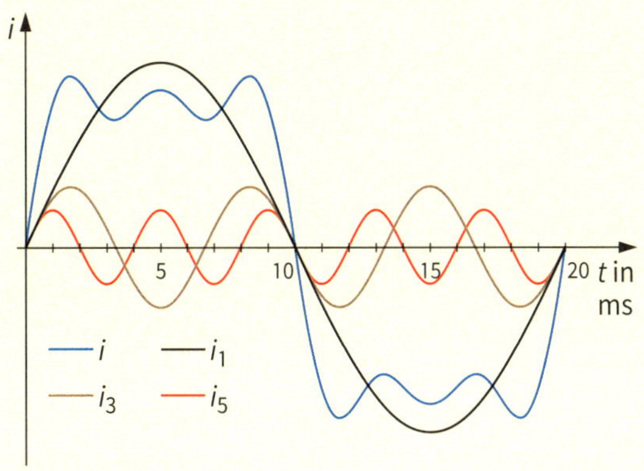

Spitze

Schaltnetzteile, Energiesparlampen usw. erzeugen Stromimpulse. Aus welchen Oberschwingungen sich der Impuls zusammensetzt, zeigt die untere Abbildung.

Der gesamte Verzerrungsgehalt wird als **THD** [*Total Harmonic Distortion*] bezeichnet (auch **Gesamtklirrfaktor**). Er wird z.B. auf dem Display des verwendeten Netz- und Stromversorgungsanalysators (Abb. 1) angezeigt. Der Wert betrug dort 66,7 % ⑨.

THD-Berechnung

Der Wert ist eine Verhältniszahl. Er wird in % angegeben.

$$\frac{\text{Effektivwert der Oberschwingungen}}{\text{Effektivwert der Gesamtschwingung}}$$

Mathematisch ausgedrückt:

$$THD_r = \frac{\sqrt{I_2^2 + I_3^2 + I_4^2 + \ldots}}{I}$$

Der Index „r" kommt von **rms** (**r**oot **m**ean **s**quare, quadratischer Mittelwert, Gesamteffektivwert). Der THD-Wert kann aber auch für eine einzelne Schwingung angegeben werden (THD_f).

Anteile der Oberschwingungen (s. unten)

Die Angaben erfolgen in % des Gesamteffektivwertes. Negative Vorzeichen bedeuten, dass die Schwingung mit einer negativen Halbschwingung beginnt.

	in %	I in A	I^2 in A^2
Grundschwingung	47	0,472	0,223
3. Oberschwingung	−45	0,455	0,207
5. Oberschwingung	42	0,421	0,178
7. Oberschwingung	−38	0,375	0,141
9. Oberschwingung	32	0,321	0,103
11. Oberschwingung	−26	0,261	0,068
13. Oberschwingung	20	0,202	0,041
15. Oberschwingung	−15	0,145	0,021
17. Oberschwingung	10	0,100	0,010

Gesamter Effektivwert:
Summe aus I^2 bilden und Wurzel ziehen:
$I = 1$ A

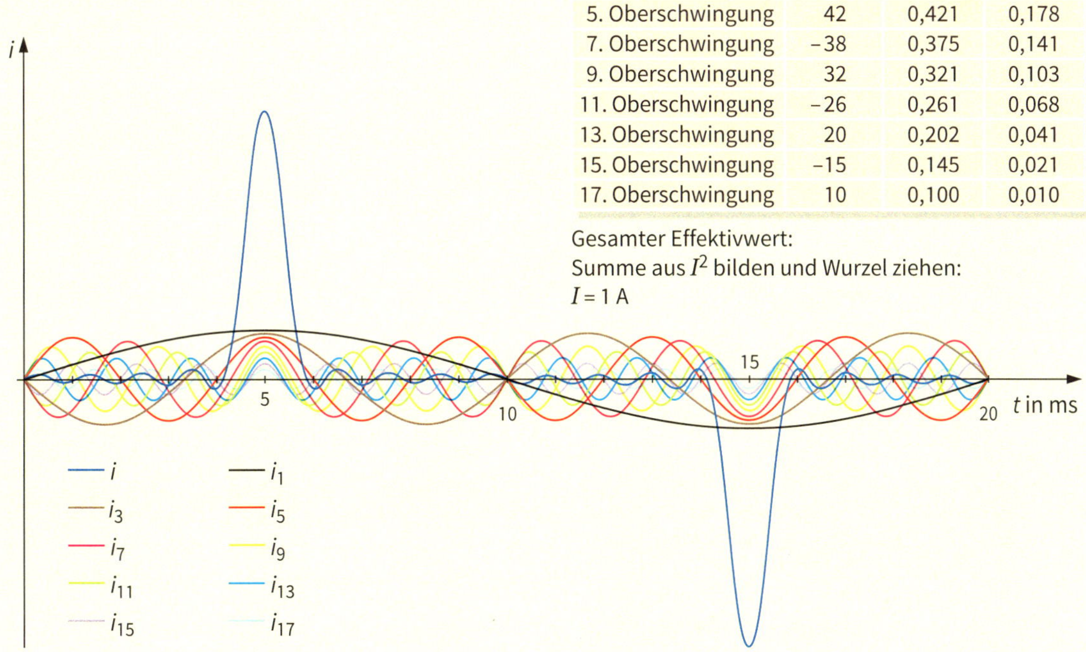

Wo entstehen Oberschwingungen?

Die innerhalb einer Hausinstallation auftretenden Oberschwingungen werden durch eingeschaltete Geräte hervorgerufen. Die Ausbreitung erfolgt unkontrolliert. Die Geräte arbeiten dabei im Prinzip wie Spannungsquellen, die Störsignale abgeben.

Folgende Geräte können Oberschwingungen verursachen:

- Fernsehgeräte
- Energiesparlampen, Vorschaltgeräte
- EDV-Anlagen: PCs, Drucker, Monitore, ...
- Netzteile
- Umrichter

Diesen Geräten ist gemeinsam, dass sie nicht kontinuierlich, sondern nur in kurzen Zeitabschnitten Energie aus dem Netz beziehen. Für die Gleichspannungsversorgung elektronischer Bauteile besitzen sie in der Regel Schaltnetzteile.

Wohin breiten sich Oberschwingungen aus?

Die Ausbreitungsrichtung geht vom Gerät in das angeschlossene Leitungsnetz (Abb. 1 ①). Die Oberschwingungsströme kommen in den Leitern L1, L2, L3 vor und erreichen im N- bzw. PEN-Leiter besonders hohe Werte. Über den Netztransformator gelangen die Oberschwingungen auch in das öffentliche Netz ② (Netzrückwirkung).

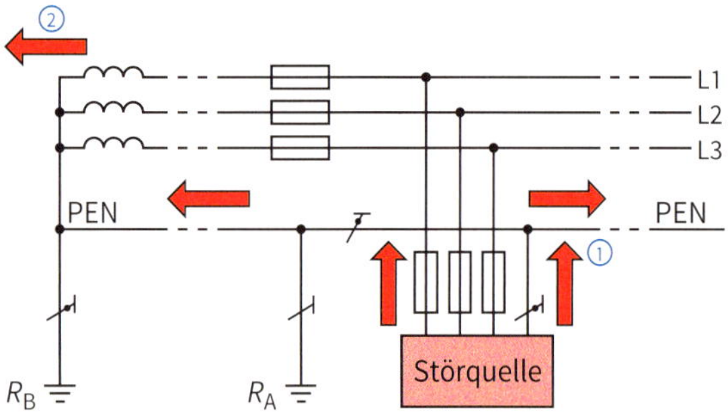

1: Ausbreitung von Oberschwingungen

Welche Auswirkungen durch Oberschwingungen gibt es?

- Minderung der Leistungsfähigkeit des Netzes sowie der Qualität der Netzspannung, z.B. Abflachung der Sinuskurve
- Erhöhte Verluste durch Schein- und Blindleistung (Verzerrungsblindleistung)
- Erhöhte Wirbelstromverluste in Transformatoren und Asynchronmotoren ($f > 50$ Hz)
- Fehlfunktionen, z.B. Lichtschwankungen, Bildstörungen, Datenverlust
- Funktionsausfall, Beschädigung, z.B. Überhitzung von Leitungen und Kondensatoren
- Verkürzte Lebensdauer bis zur Zerstörung von Geräten bzw. Anlagen, z.B. zerstörte PC-Komponenten, Schnittstellen

Besondere Belastungen des N-Leiters durch Oberschwingungen

Die Firma Kruskop hat bei ihrer Überprüfung der EDV-Tauglichkeit der Elektroinstallation im Architekturbüro festgestellt, dass auf dem N-Leiter besonders die 3. Oberschwingung stark vertreten ist. Die Stromstärken sind größer als in den Leitern L1, L2 und L3. Wie lässt sich dieses erklären?

In Abb. 2 sind dazu die Liniendiagramme für die Leiterströme dargestellt. Es sind jeweils die Stromstärken (I_{L1}, I_{L2}, I_{L3}) der Grundschwingung (50 Hz) und die 3. Oberschwingung (150 Hz) eingezeichnet ($I_{L13}, I_{L23}, I_{L33}$). Erkennbar ist, dass die Grundschwingung und die Oberschwingung gemeinsame Nulldurchgänge haben. Dieses ist bei allen Oberschwingungen der Fall, deren Ordnungszahl durch 3 teilbar ist (6., 9., ...).

Da die Ströme der Grundschwingung jeweils um 120° phasenverschoben sind, heben sie sich im N-Leiter auf. Durch sie wird der N-Leiter also nicht belastet.

Problematisch wird es jedoch mit den Strömen der Oberschwingungen im N-Leiter. Sie liegen alle in Phase, sodass sie sich addieren. Die Stromstärke der 3. Oberschwingung I_{N3} übersteigt deshalb die Werte der Stromstärken der Grundschwingung in den Außenleitern (I_{L1}, I_{L2} und I_{L3}).

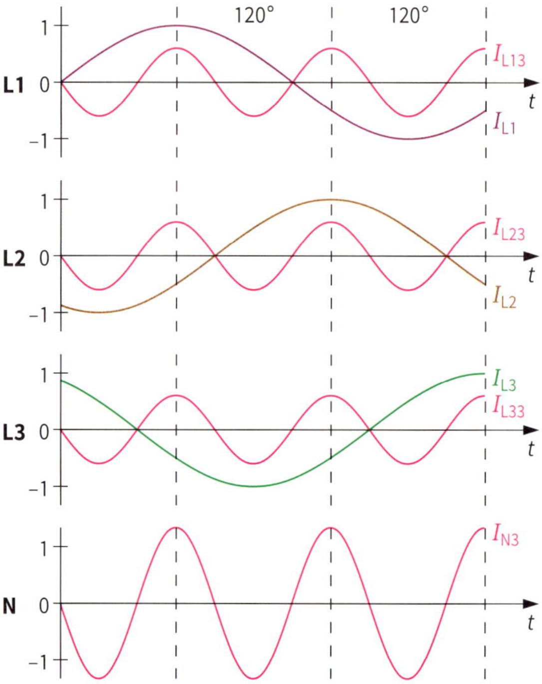

2: Stromaddition von Oberschwingungen im N-Leiter

- Ströme von Oberschwingungen im N-Leiter können sich addieren und zu einer erheblichen Überlastung des N-Leiters beitragen.

Welche Geräte sind durch Oberschwingungen betroffen?

In der Regel sind es die Geräte, die sich in der eigenen Hausinstallation befinden. Darüber hinaus werden Oberschwingungen auch in das angeschlossene Energienetz abgegeben, sodass benachbarte Geräte bzw. Anlagen beeinträchtigt werden. Letztendlich ist somit auch das Energieversorgungsunternehmen betroffen, das für eine einwandfreie Qualität der Netzspannung zu sorgen hat.

Um die Störungen in Netzen zu verringern, sind Vorschriften für Geräte und Netze erlassen worden. Die nachfolgende Übersicht enthält wesentliche Vorschriften.

Aufgabe

1. Ermitteln Sie, wie groß die Spannungen der 3., 5. und 7. Oberschwingungen im öffentlichen Netz bei 230 V Netzspannung höchstens sein dürfen.

- Oberschwingungen können sich von der Quelle unkontrolliert im Netz ausbreiten.
- Oberschwingungen stören die Qualität der Energieversorgung in einem Netz und müssen deshalb durch bauliche Maßnahmen (z.B. Filter) gering gehalten werden.

Vorschriften für Netze

In den Vorschriften der DIN EN 61000-2-2, 2-4 sowie in der DIN EN 50160 sind einzuhaltende Grenzwerte für Oberschwingungen in öffentlichen und industriellen Netzen festgelegt. Folgende Klassen werden unterschieden:

- **Klasse 1**: Netze mit sensiblen Geräten (Laborgeräte, …)
- **Klasse 2**: Öffentliche Netze
- **Klasse 3**: Industrienetze

Grenzwerte von Oberschwingungen in Netzen

Ordnungszahl n			Frequenz in Hz	Klasse 1 (in % der Netzspannung)	Klasse 2 (in % der Netzspannung)	Klasse 3 (in % der Netzspannung)
5	ungeradzahlig	nicht durch 3 teilbar	250	3	6	8
7	ungeradzahlig	nicht durch 3 teilbar	350	3	5	7
11	ungeradzahlig	nicht durch 3 teilbar	550	3	3,5	5
13	ungeradzahlig	nicht durch 3 teilbar	650	3	3	4,5
17	ungeradzahlig	nicht durch 3 teilbar	750	2	2	4
19	ungeradzahlig	nicht durch 3 teilbar	850	1,5	1,5	4
23	ungeradzahlig	nicht durch 3 teilbar	1150	1,5	1,5	3,5
25	ungeradzahlig	nicht durch 3 teilbar	1250	1,5	1,5	3,5
3	ungeradzahlig	durch 3 teilbar	150	3	5	6
9	ungeradzahlig	durch 3 teilbar	450	1,5	1,5	2,5
15	ungeradzahlig	durch 3 teilbar	750	0,3	0,3	2
21	ungeradzahlig	durch 3 teilbar	1050	0,2	0,2	1,75
2	geradzahlig		100	2	2	3
4	geradzahlig		200	1	1	1,5
6	geradzahlig		300	0,5	0,5	1
8	geradzahlig		400	0,5	0,5	1
10	geradzahlig		500	0,5	0,5	1

Beispiel:

Für einen Monitor mit den Angaben 230 V und 1,2 A soll der **maximale Grenzwert** [*maximum limit value*] für die Stromstärke der 3. Oberschwingung ermittelt werden.

Lösung:

$$I_{3max} = \frac{3{,}4\ \text{mA} \text{ ① } \cdot 230\ \text{V} \cdot 1{,}2\ \text{A}}{\text{W}} \qquad \underline{\underline{I_{3max} = 0{,}938\ \text{A}}}$$

Vorschriften für Geräte

Oberschwingungsgrenzwerte für Geräte sind in der DIN EN 61000-3-2 festgelegt. Sie müssen von Herstellern durch entsprechende schaltungstechnische Maßnahmen eingehalten werden. Die Geräte werden in Klassen eingeteilt.

Geräteklassen

Klasse	Geräte
A	- Symmetrische dreiphasige Geräte, - Haushaltsgeräte (ausgenommen Geräte der Klasse D), - Elektrowerkzeuge (ausgenommen Geräte der Klasse B), - Beleuchtungseinsteller (Dimmer) für Glühlampen bis 1000 W, - Audio-Einrichtungen und - Geräte, die nicht in eine der drei Klassen fallen.
B	- Tragbare Elektrowerkzeuge
C	- Beleuchtungseinrichtungen einschließlich Beleuchtungsreglern, - ausgenommen Dimmer bis 1000 W
D	- Personal-Computer und Monitore, - Fernsehgeräte mit einer Eingangsleistung von 75 W bis 600 W

Für Geräte der Klasse D sind die einzuhaltenden Grenzwerte in der nachfolgenden Tabelle aufgeführt.

Grenzwerte von Oberschwingungen für Geräte der Klasse D

Ordnungszahl der Oberschwingung n	Maximal zulässige Stromstärke der Oberschwingung pro Leistung in mA/W	Maximal zulässige Stromstärke der Oberschwingung in A
3	3,4 ①	2,30
5	1,9	1,14
7	1,0	0,77
9	0,5	0,40
11	0,35	0,33
$11 \leq n \leq 39$	3,86/n	s. Klasse A

6.1.7 Frequenzabhängige Widerstände

6.1.7.1 Spulen

In der bisher behandelten Filterschaltung (vgl. Kap. 6.1.4) wurden Spulen und Kondensatoren im Wechselstromkreis verwendet. Wir wollen uns nun genauer mit dem Verhalten dieser Bauteile befassen, indem wir zunächst den Aufbau und danach das Verhalten bei Gleich- und Wechselspannung betrachten.

Was sind Spulen?

Spulen bestehen aus einer Kupferwicklung und einem Kern (Abb. 1), auf dem der Leiter aufgewickelt ist. Je nach Anwendungsgebiet ist der Kern massiv oder aus Eisenblechlamellen aufgebaut.

1: Verschiedene Spulen

Spulen findet man aber auch in elektromechanischen Schaltern, Schützen und Relais. Wenn Strom durch die Wicklung fließt, entsteht ein Magnetfeld, mit dem auf Schaltglieder Kräfte ausgeübt werden. Kontakte werden geschlossen bzw. geöffnet. Wenn Relais in Gleichstromkreisen eingesetzt werden, müssen besondere Schutzmaßnahmen ergriffen werden.
In einer Herstellerunterlage heißt es dazu:

... Bei einem reinen DC-Eingang kommt als wichtigstes Schaltungselement die Freilaufdiode hinzu. Sie begrenzt die induktive Abschaltspannung, die an der Spule entsteht, auf einen Wert von ca. 0,9 V, der für eine angeschlossene Steuerelektronik ungefährlich ist.
Da die Freilaufdiode nur bei polungsrichtigem Spannungsanschluss ihre Funktion erfüllt, wird in den Eingangskreis zusätzlich eine Verpolschutzdiode geschaltet.

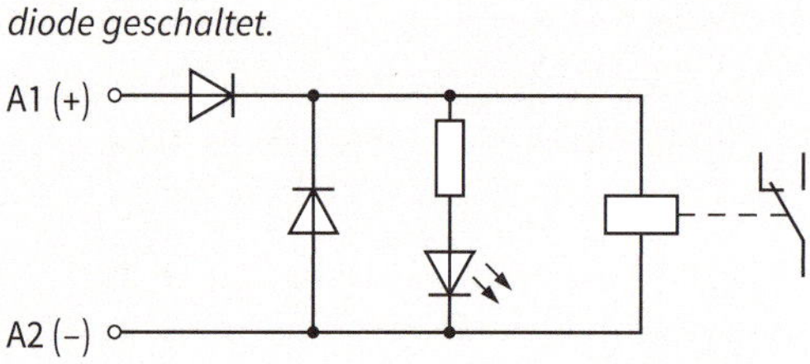

Aus der Firmenunterlage wird deutlich, dass beim Abschalten der Relaisspule (Unterbrechung des Stromkreises) eine hohe Spannung entsteht, die begrenzt werden muss. Warum an Spulen im Gleichstromkreis beim Abschalten Spannungsspitzen entstehen, zeigen wir mit der folgenden Versuchsbeschreibung.

Versuch 1: Induktionsspannung an einer Spule

Planung

Als Spannung wird eine Gleichspannung von 12 V verwendet. Zur Anzeige der zu erwartenden hohen Spannung wird eine Glimmlampe mit einer Zündspannung von etwa 100 V angeschlossen.

Durchführung

Der Schalter wird geschlossen (Abb. 2) und wieder geöffnet.

Ergebnis

Beim Öffnen des Schalters leuchtet die Glimmlampe kurzzeitig auf.

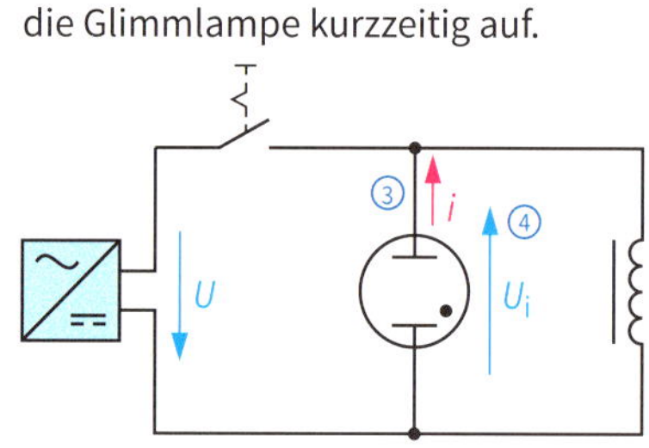

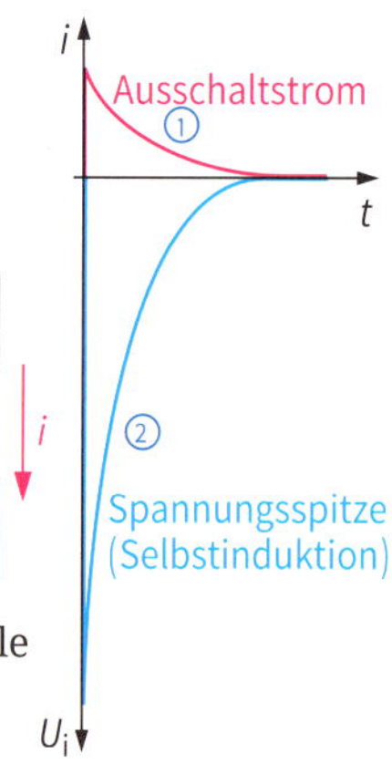

2: Ausschaltverhalten bei einer Spule (Schalter erst geschlossen, dann geöffnet)

Erklärung

Dieses Ergebnis lässt sich mit Hilfe der Induktionsspannung erklären. Beim Ausschalten ändert sich die Stromstärke i ① in einer sehr kurzen Zeit. Das Magnetfeld „bricht" rasch zusammen (Δt ist klein). An der Spule entsteht die hohe Induktionsspannung U_i (**Selbstinduktionsspannung** [*self-induction voltage*]) ②.

Da die Glimmlampe kurzzeitig nach dem Abschalten der Spannungsquelle leuchtete, ist durch sie weiterhin Strom geflossen. Die Spule arbeitete also wie eine Spannungsquelle mit der Induktionsspannung U_i. Der Strom nimmt zwar ab, er fließt aber immer noch in dieselbe Richtung durch die Lampe ③.

Wenn wir jetzt die Richtung der Induktionsspannung U_i mit der Richtung der angelegten Gleichspannung U vergleichen, stellen wir für U_i eine umgekehrte Richtung fest ④.

Ersetzt man jetzt die Glimmlampe durch eine Diode, dann wird zum Zeitpunkt des Abschaltens die Diode (**Freilaufdiode** [*freewheeling diode*]) leitend. Durch den kleinen Durchlasswiderstand wird die hohe Induktionsspannung auf 0,7 – 0,9 V begrenzt. Die Diode hat somit eine Schutzfunktion und muss deshalb mit F gekennzeichnet werden (Objektkennzeichnung).

Versuch 2:
Wie verhält sich die Spule beim Einschalten?

Auch diese Frage soll mit der Beschreibung eines Experiments beantwortet werden.

Zielsetzung

Das Strom- und Spannungsverhalten einer Spule soll im Gleichstromkreis nach dem Einschalten ermittelt werden.

Planung

Um den Unterschied zwischen einem Stromkreis mit und ohne Spule zu verdeutlichen, verwenden wir die Parallelschaltung in Abb. 3. Zur Anzeige des Stromflusses verwenden wir zwei gleiche Glühlampen. Der Einstellwiderstand wird vorher bei geschlossenem Schalter so verändert, dass beide Lampen gleich hell leuchten (gleiche Widerstände in jedem Zweig).

Durchführung

Der Schalter wird geschlossen und das Verhalten der Lampen beobachtet.

Ergebnis

Nach dem Schließen des Schalters leuchtet die Lampe E2 sofort auf, die Lampe E1 im Spulenstromkreis dagegen verzögert. Sie erreicht erst allmählich ihre maximale Helligkeit.

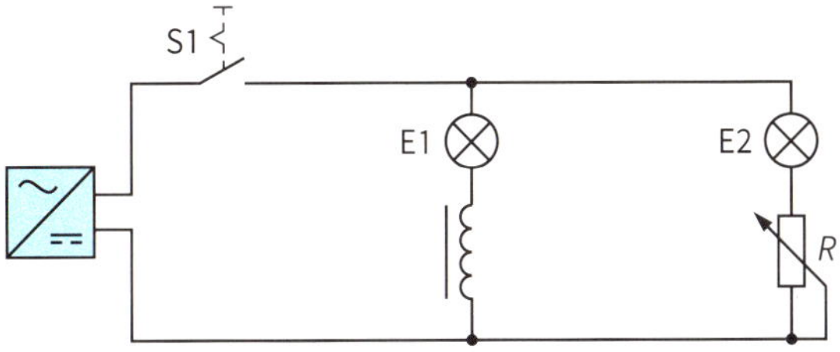

3: Einschaltvorgang bei einer Spule

Erklärung

Die allmählich ansteigende Helligkeit der Lampe E1 im Stromkreis mit der Spule kann nur mit einem langsamen Ansteigen der Stromstärke erklärt werden. Da die Betriebsspannung aber sofort anlag, muss ihre Wirkung durch eine Gegenspannung (**Selbstinduktionsspannung**) behindert worden sein. Die Behinderung war am Anfang groß und am Ende Null. Die Selbstinduktionsspannung beim Einschalten ist demnach so gerichtet, dass sie der angelegten Spannung entgegenwirkt (Lenzsche Regel).

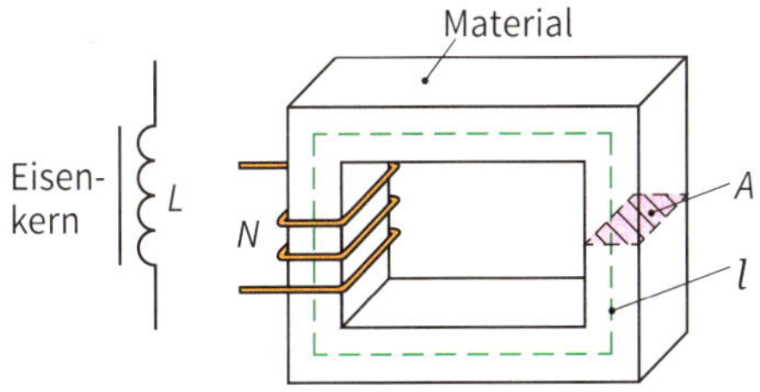

4: Baugrößen einer Spule

Die Größe der Induktionsspannung hängt von den Baugrößen Windungszahl (N), Kernmaterial (μ_0, μ_r), Kernquerschnitt (A) und der Feldlinienlänge (l) ab (Abb. 4). Führt man alle Abhängigkeiten zusammen, ergibt sich die folgende Formel:

$$L = \frac{\mu_0 \cdot \mu_r \cdot N^2 \cdot A}{l}$$

Mit dieser Größe kennzeichnet man die Eigenschaft der Spule. Sie wird als **Induktivität *L*** [*inductance*] bezeichnet. Als Einheit ist **Henry** (Formelzeichen H) festgelegt worden (Joseph Henry, amerik. Physiker, 1797 – 1878).

$$1\,\text{H} = \frac{1\,\text{Vs}}{1\,\text{A}}$$

Die Abhängigkeiten zwischen den einzelnen Größen lassen sich auch mit Hilfe magnetischer Größen erklären (siehe nachfolgende Darstellung).

Induktivität und Magnetfeld

Wenn sich der **magnetische Fluss Φ** [*magnetic flux*] (Magnetfeld) in der Spule rasch ändert, ist die Selbstinduktionsspannung U_i groß. Deshalb gelten bei der Spule folgende Abhängigkeiten:

Windungszahl *N* [*number of turns*]
Je größer die Windungszahl, desto größer ist der magnetische Fluss. $N\uparrow \Rightarrow \Phi\uparrow \Rightarrow U_i\uparrow$
Genaue Untersuchungen zeigen eine quadratische Abhängigkeit. $(U_i \sim N^2)$

Querschnitt *A* [*cross section*]
Je größer der Querschnitt der Spule, durch den die Feldlinien hindurchtreten, desto größer ist der magnetische Fluss. $A\uparrow \Rightarrow \Phi\uparrow \Rightarrow U_i\uparrow$

Feldlinienlänge *l* [*field line length*]
Je länger die Feldlinien, desto geringer ist der magnetische Fluss (größere Behinderung).
$l\uparrow \Rightarrow \Phi\downarrow \Rightarrow U_i\uparrow$

Kernmaterial [*core material*]
Die magnetischen Eigenschaften des Kernmaterials werden durch zwei Größen gekennzeichnet.
μ_0: Magnetische Feldkonstante (Luft bzw. Vakuum) $\mu_0 = 1{,}257 \cdot 10^{-6}\,\text{V} \cdot \text{s/A} \cdot \text{m}$
μ_r: Permeabilitätszahl (Materie: Eisen, Ferrit, Luft, ...)
Beide werden oft zu μ zusammengefasst.
μ: Permeabilität ($\mu = \mu_0 \cdot \mu_r$) $\mu\uparrow \Rightarrow \Phi\uparrow \Rightarrow U_i\uparrow$

- Wenn bei einer Spule im Gleichstromkreis der Strom unterbrochen wird, entsteht eine hohe Spannungsspitze. Sie hat im Vergleich zur ursprünglich angelegten Spannung eine umgekehrte Richtung.
- Beim Einschalten einer Spule im Gleichstromkreis steigt durch die Selbstinduktionsspannung die Stromstärke allmählich an.

6.1.7.2 Spulen im Wechselstromkreis

Um das Widerstandsverhalten eines Filters (vgl. Kap. 6.1.5) mit Spule und Kondensator für Oberschwingungen im Wechselspannungsnetz verstehen zu können, wollen wir jetzt das Verhalten der Spule genauer untersuchen. Dazu dienen die Ergebnisse eines Experiments aus Abb. 1.

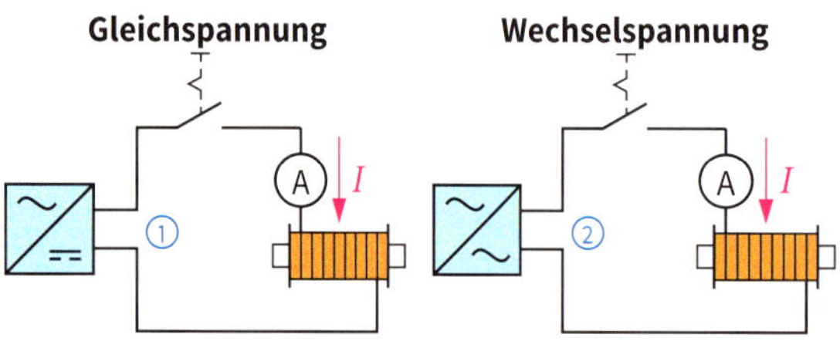

$I = 1{,}5$ A
⇒ Widerstand: **13,3** Ω

$I = 0{,}029$ A
⇒ Widerstand: **689,7** Ω

1: Spule an Gleich- und Wechselspannung

Eine Spule mit $N = 1000$ wurde an eine Gleichspannung ① von 20 V und danach an eine Wechselspannung ② von ebenfalls 20 V gelegt. Der Widerstand wurde mit Hilfe der gemessenen Stromstärke und der Formel U/I berechnet.

Da eine Spule aus einer Kupferwicklung besteht, ist bei Gleichstrom der berechnete Widerstand von $R = 13{,}3\ \Omega$ der Widerstand des Kupferleiters (Gleichstromwiderstand). In ihm wird die elektrische Energie in Wärme umgewandelt. Er wird deshalb auch als **Wirkwiderstand *R*** [*active resistor*] bezeichnet.

Im Wechselstromkreis ist der Wirkwiderstand *R* ebenfalls vorhanden (Spule erwärmt sich). Hinzugekommen ist ein weiterer Widerstand, der nur durch die Wechselspannung hervorgerufen wird. Er wird deshalb als **Blindwiderstand X_L** (induktiver Blindwiderstand) [*re-actance*] bezeichnet. Der Widerstand von 689,7 Ω besteht also aus zwei Anteilen (Abb. 2). Der insgesamt wirkende Widerstand (scheinbare Widerstand) wird als **Scheinwiderstand *Z*** [*impedance*] bezeichnet.

Berechnung des Scheinwiderstandes

Der Scheinwiderstand *Z* lässt sich aus dem Verhältnis von Spannung und Stromstärke im Wechselstromkreis ermitteln (Abb. 2).

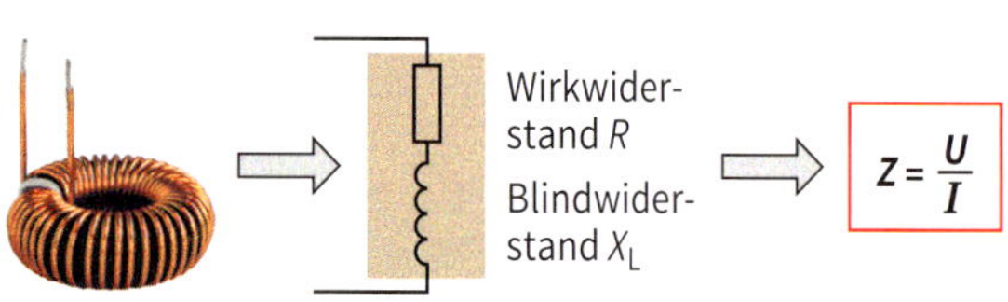

2: Spule als Scheinwiderstand

> ■ Der Scheinwiderstand *Z* der Spule setzt sich aus dem Wirkwiderstand *R* (Wirkanteil) und dem Blindwiderstand X_L (Blindanteil) zusammen.

Wovon hängt der Blindwiderstand X_L ab?

Um diese Frage beantworten zu können, stellen wir folgende Überlegungen an:

Der Blindwiderstand wird durch die sich ständig ändernde Spannung (Wechselspannung) hervorgerufen.

Je häufiger diese Änderungen erfolgen, desto größer wird der Einfluss sein. Wir nehmen an:

- Je größer die Frequenz *f* der Wechselspannung, desto größer ist der Widerstand X_L.

Die Baugrößen der Spule (Eisenkern, Windungszahl, usw.) beeinflussen den Blindwiderstand X_L ebenfalls. Sie sind in der Induktivität *L* zusammengefasst (vgl. Kap. 6.1.7.1). Wir vermuten deshalb:

- Je größer die Induktivität *L*, desto größer ist der Blindwiderstand X_L.

Die Vermutungen lassen sich durch folgenden Versuch bestätigen:

Versuch 3: Blindwiderstand der Spule

Durchführung

1. Eine Spule wird an Wechselspannungen mit unterschiedlichen Frequenzen gelegt. Die Stromstärke wird gemessen.
2. Spulen mit verschiedenen Induktivitäten werden an eine Spannung mit gleich bleibender Frequenz gelegt. Die Stromstärke wird gemessen.

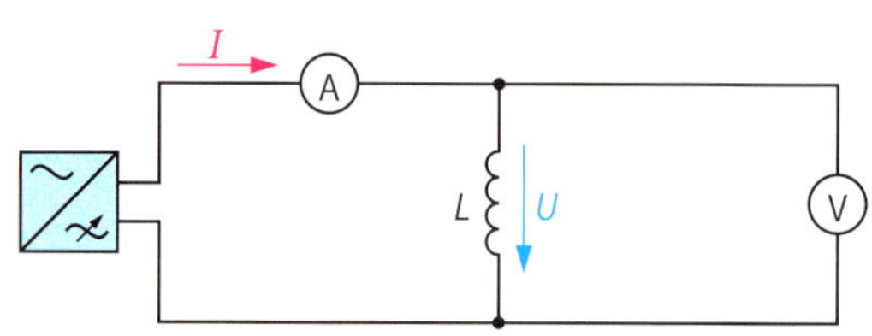

3: Messschaltung zum Versuch

Für beide Messreihen werden für jeden Messpunkt die Verhältnisse U/I gebildet und dann die Werte in Diagrammen grafisch dargestellt (Abb. 4).

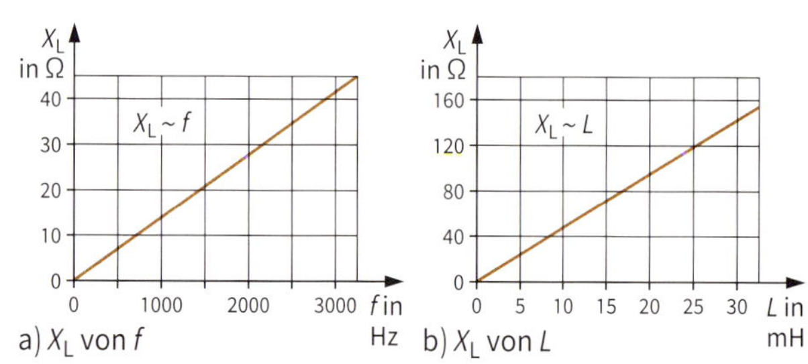

4: Abhängigkeiten

Auswertung

Aus den Abhängigkeiten lassen sich Proportionalitäten bilden:

$X_L \sim f$ $X_L \sim L$ $\Rightarrow X_L \sim f \cdot L$

Damit aus der Proportionalität eine Gleichung entsteht, muss noch eine Konstante hinzugefügt werden.

Die Konstante kann mit Hilfe der Mess- und Einstellwerte aus den Diagrammen berechnet werden ($X_L/f \cdot L$). Sie besitzt den Wert 6,3. Dieses entspricht dem Wert 2π. Die Größen $2 \cdot \pi \cdot f$ werden zusammengefasst und als **Kreisfrequenz** ω [*angular frequency*] bezeichnet: $\omega = 2 \cdot \pi \cdot f$

Die Formel für den Blindwiderstand der Spule lautet dann:

$$X_L = 2 \cdot \pi \cdot f \cdot L \qquad X_L = \omega \cdot L$$

Induktivität

Die Induktivität der Spule im Diagramm auf S. 96 (Abb. 4) soll berechnet werden.

Geg.: Diagramm Ges.: L

$X_L = 2 \cdot \pi \cdot f \cdot L$

$$L = \frac{X_L}{2 \cdot \pi \cdot f}$$

Aus dem Diagramm: $f = 2{,}5\ \text{kHz} \Rightarrow X_L = 34\ \Omega$

$$L = \frac{34\ \Omega}{2 \cdot \pi \cdot 2{,}5\ \text{kHz}} \qquad \underline{\underline{L = 2{,}2\ \text{mH}}}$$

Das Frequenzverhalten des Blindwiderstandes der Spule wird benutzt, um z.B. Oberschwingungen von nichtlinear arbeitenden Geräten im Wechselspannungsnetz zu begrenzen (zu drosseln). Spulen filtern keine bestimmten Frequenzen heraus, sondern reduzieren ab einer Grenze die höherfrequenten Schwingungen. Sie werden dazu direkt in den Stromweg geschaltet. Aufgrund dieser Eigenschaft werden sie auch als **Drosseln** [*chokes*] bezeichnet. Ein Beispiel hierfür befindet sich in der rechten Spalte (Herstellerinformation).

Aufgaben

1. Erklären Sie den Unterschied zwischen einem Wirk- und einem Blindwiderstand.
2. In eine Spule wird ein Eisenkern eingefügt. Was ändert sich am Widerstandsverhalten und was bleibt konstant?
3. Eine Spule hat eine Induktivität von 10 H (Wirkwiderstand vernachlässigbar klein). Wie groß ist die Stromstärke, wenn an der Spule eine Spannung von 230 V mit 50 Hz liegt?
4. An einer Spule liegt eine Wechselspannung von 24 V. Die Stromstärke beträgt 0,4 A. Berechnen Sie den Scheinwiderstand.

- Der Blindwiderstand X_L der Spule steigt proportional mit der Frequenz f und der Induktivität L.
- Mit Drosseln lassen sich bestimmte Frequenzbereiche begrenzen.

PFC-Drosseln

Seit dem 01. 01. 2001 gilt die EN 61000-3-2, die Grenzwerte der Oberschwingungen nach Geräteklassen definiert. Die einfachste und kostengünstigste Möglichkeit, diese Norm zu erfüllen, ist die passive **PFC** (**P**ower **F**actor **C**orrection).

Anwendungsbeispiel

Die Drossel wird vor der Gleichrichterbrücke ① eingefügt. Auf diese Art lassen sich Geräte leicht nachrüsten. Hinzu kommt, dass diese Art der Verminderung des Anteils der Harmonischen einen relativ hohen Wirkungsgrad besitzt (98 … 99 %).

Prinzip einer Gleichrichterstufe mit Glättungskondensator

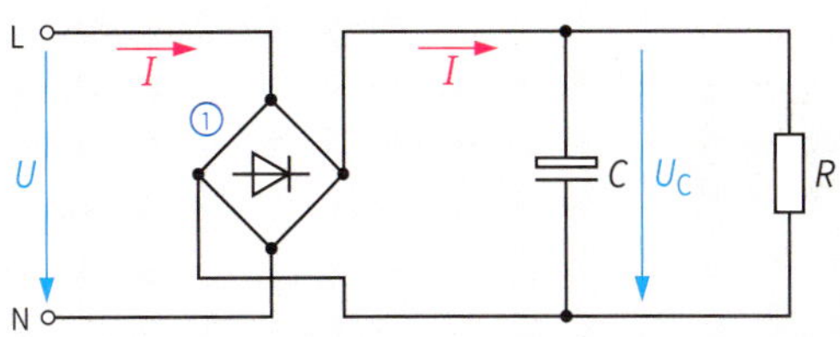

In den Diagrammen ist die zulässige Stromstärke für die 3. Harmonische eingezeichnet. Ohne Drossel würde der Wert überschritten werden. Erst durch Einbau von zwei Drosseln (3. Diagramm) werden die Grenzwerte eingehalten.

Einfluss von Drosseln auf die Harmonischen

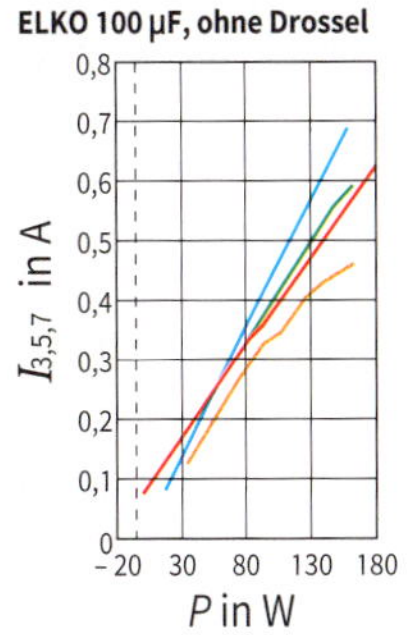

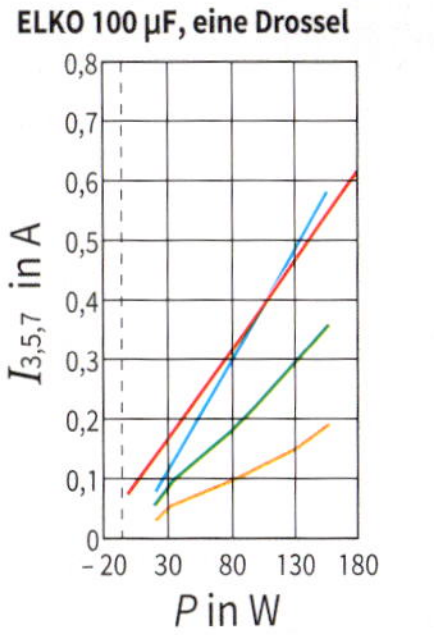

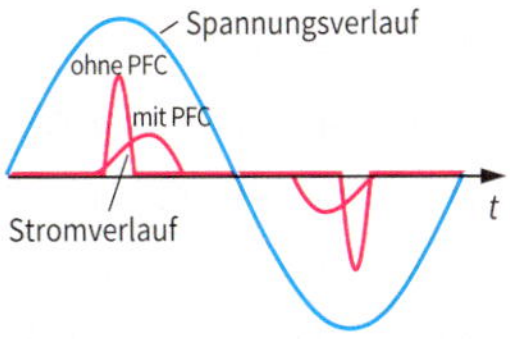

Die Wirksamkeit von PFC-Drosseln lässt sich mit einem Oszilloskop nachweisen. Der Stromverlauf ist abgeflacht.

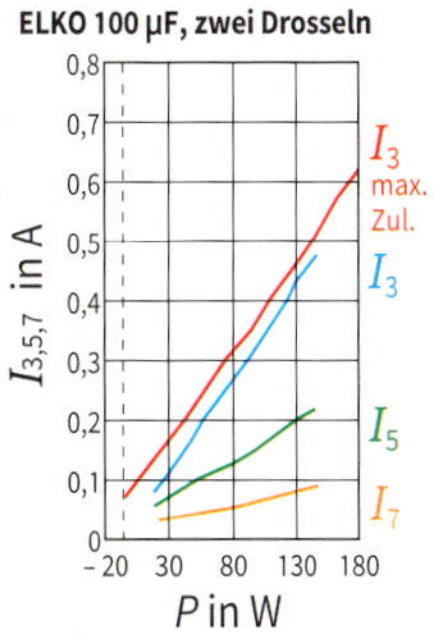

6.1.7.3 Kondensator im Wechselstromkreis

Kondensatoren bestehen im Prinzip aus zwei Platten, die durch ein **Dielektrikum** [*dielectric*] voneinander isoliert sind (Abb. 1). Das Dielektrikum ist kein idealer Isolator, sodass Ausgleichsströme fließen. Wir stellen uns diese Verluste wie einen parallel liegenden Widerstand vor. Er ist sehr groß und liegt im MΩ-Bereich.

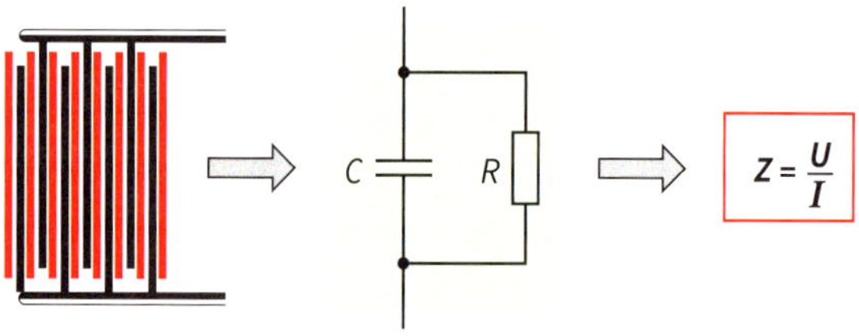

1: Kondensator als Scheinwiderstand

Zur Klärung des Verhaltens im Wechselstromkreis greifen wir zunächst auf Kenntnisse über das Verhalten im Gleichstromkreis zurück (Lernfeld 1). Wenn ein Kondensator an eine Gleichspannungsquelle angeschaltet wird, ändert sich die Spannung. Es fließt kurzzeitig Strom.

Bei Wechselspannung ändert sich die Spannung aber ständig, sodass ständig ein Strom fließen muss. Der Kondensator wird gewissermaßen fortwährend aufgeladen und entladen. Mit den Größen Stromstärke und Spannung kann wie bei der Spule der Scheinwiderstand Z angegeben werden (Abb. 1). Da der große Isolationswiderstand in der Parallelschaltung vernachlässigbar ist, ist dieses der **Blindwiderstand X_C** [***reactance***].

Der in Abb. 2 abgebildete Versuch und die Auswertekennlinie bestätigen diese Annahme. Zwischen Spannung und Stromstärke besteht ein proportionaler Zusammenhang.

$$U_C\uparrow \Rightarrow I_C\uparrow \quad I_C \sim U_C$$

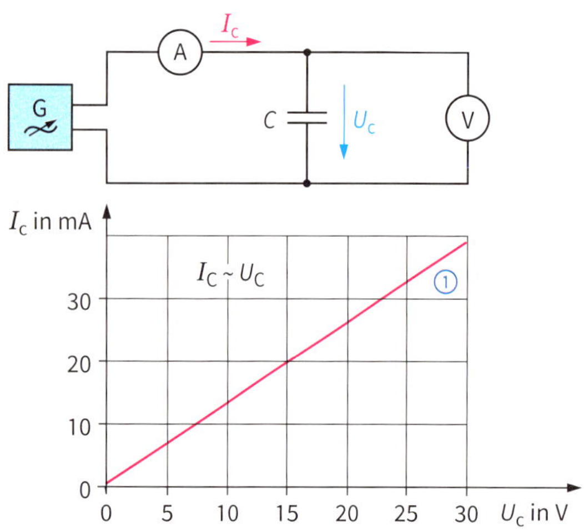

2: Zusammenhang zwischen Spannung und Stromstärke beim Kondensator

Wie bei der Spule ist das Verhältnis von U_C zu I_C der Blindwiderstand X_C.

$$\frac{U_C}{I_C} = \frac{25\,\text{V}}{32\,\text{mA}} \quad ① \qquad \frac{U_C}{I_C} = 781\,\Omega$$

$$X_C = \frac{U_C}{I_C}$$

Wie bei der Spule vermuten wir auch beim Kondensator, dass der Blindwiderstand von der Frequenz f und von den Baugrößen (Kapazität C) abhängig sein wird.

Je größer die Frequenz der Wechselspannung, desto mehr Änderungen finden innerhalb einer bestimmten Zeitspanne statt. Die Stromstärke wird größer und der Widerstand kleiner. $f\uparrow \Rightarrow X_C\downarrow$ (Abb. 3)

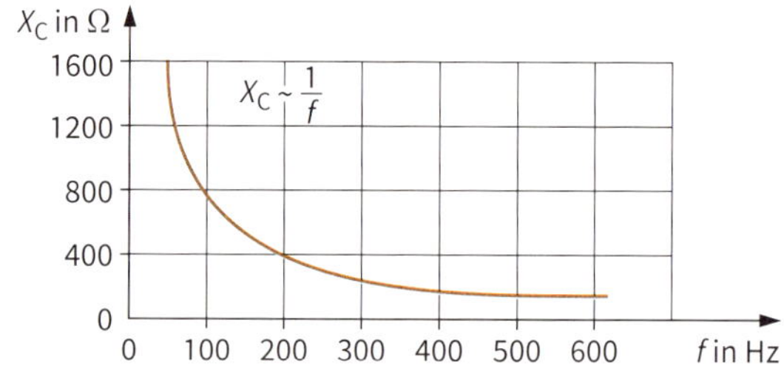

3: X_C in Abhängigkeit von der Frequenz f

Je größer die Kapazität, desto mehr Ladungen können auf die Platten fließen. Der Widerstand wird also auch mit zunehmender Kapazität kleiner.

$$C\uparrow \Rightarrow X_C\downarrow \text{ (Abb. 4)}$$

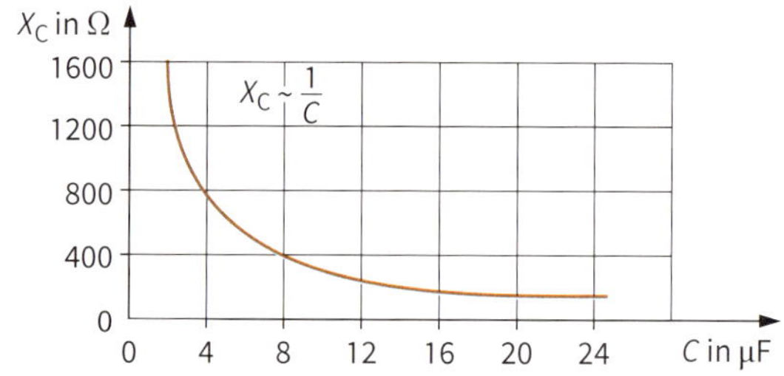

4: X_C in Abhängigkeit von der Kapazität C

Wie bei der Spule muss auch hier die Konstante 2π eingefügt werden, damit aus der Proportionalität eine Gleichung entsteht.

Blindwiderstand des Kondensators:

$$X_C = \frac{1}{2 \cdot \pi \cdot f \cdot C} \qquad X_C = \frac{1}{\omega \cdot C}$$

Kreisfrequenz: $\omega = 2 \cdot \pi \cdot f$

- Der Kondensator verhält sich im Wechselstromkreis wie ein Blindwiderstand X_C. Der parallele Wirkwiderstand ist in der Regel durch seinen großen Wert vernachlässigbar.
- Der Blindwiderstand X_C des Kondensators verringert sich mit zunehmender Frequenz f und zunehmender Kapazität C.

6.1.7.4 Ströme und Spannungen bei Widerständen

Um die Gemeinsamkeiten und Unterschiede zwischen den verschiedenen Widerständen besser erkennen zu können, werden in der folgenden Übersicht alle drei Widerstände parallel betrachtet.

Wirkwiderstand

Wenn ein Wirkwiderstand an eine Gleich- oder Wechselspannung geschaltet wird, folgt der Strom der Spannung gleichsinnig. Wenn die Spannung groß ist, wird auch die Stromstärke groß sein und umgekehrt. Wir sprechen davon, dass beide Größen in **Phase** [*phase*] sind.

Mit einem Oszilloskop lassen sich die Spannungs- und Stromverläufe abbilden bzw. durch Linien und Zeigerdiagramme darstellen.

Stromstärke Spannung

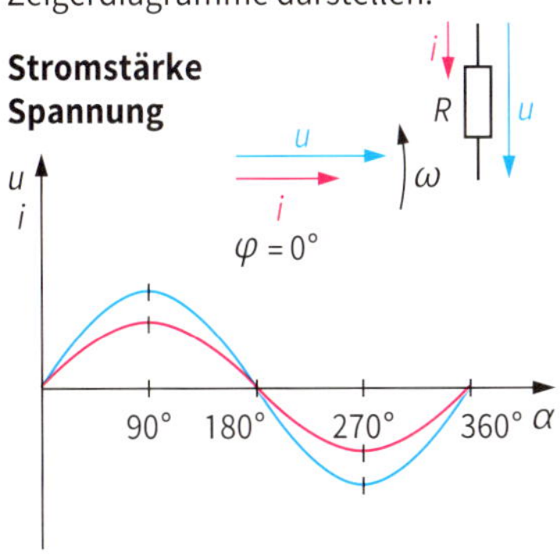

Stromstärke und Spannung sind in Phase.

Leistung

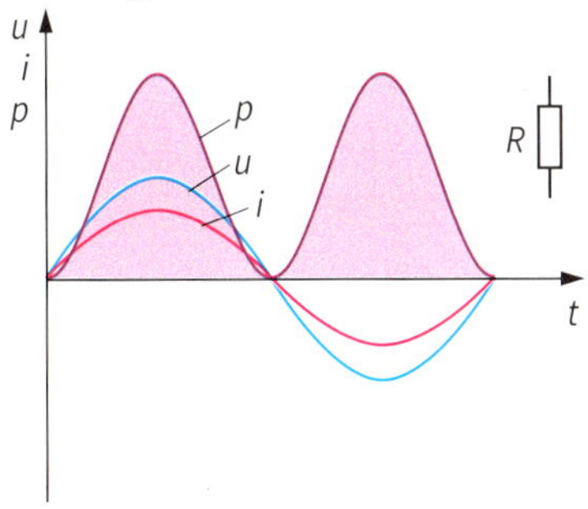

Die Leistung ist zu jedem Zeitpunkt das Produkt aus *u* und *i*. Wenn beide Größen negativ sind, ergibt sich trotzdem eine positive Leistung.

Diese Leistung wird als **Wirkleistung *P*** [*active power*] bezeichnet.

Induktivität (ideale Spule)

Wenn Spulen an Gleichspannungen geschaltet werden, ist die Spannung sofort in voller Höhe vorhanden. Aufgrund der Selbstinduktion ist der Strom Null. Er erreicht erst am Ende seinen Maximalwert. Beide Größen verhalten sich nicht gleichsinnig. Wir sprechen von einer **Phasenverschiebung** [*phase shift*]. Sie beträgt 90°.

Stromstärke Spannung

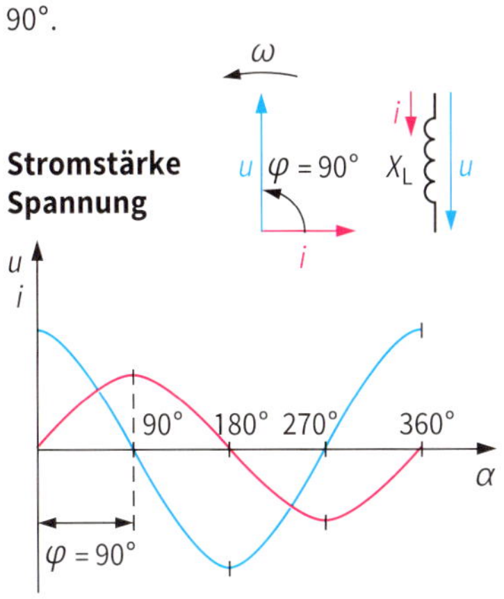

Stromstärke und Spannung sind nicht in Phase. Die Spannung eilt der Stromstärke um 90° voraus.

Leistung

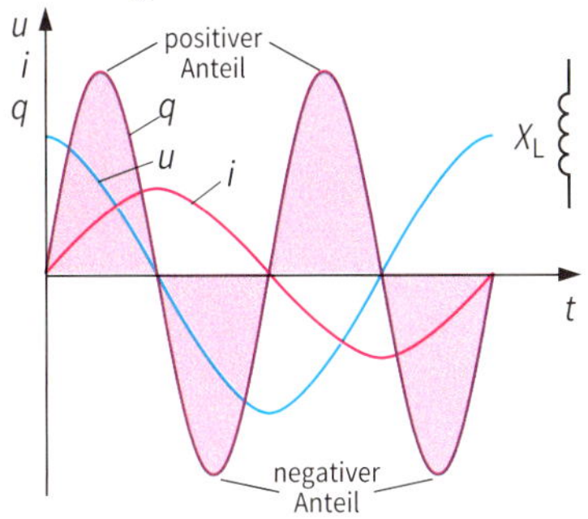

Auch hier ist zu jedem Zeitpunkt das Produkt aus *u* und *i* die Leistung. Neben positiven entstehen negative Anteile. Sie heben sich auf, sodass im Mittel keine Energie in Wärme umgewandelt wird.

Diese Leistung wird als **induktive Blindleistung Q_L** [*inductive reactive power*] bezeichnet.

Kapazität (idealer Kondensator)

Wenn ein Kondensator an eine Gleichspannungsquelle geschaltet wird, fließt zunächst ein großer Strom. Er nimmt ab und wird am Ende Null. Die Spannung steigt allmählich auf den Maximalwert. Eine Gleichzeitigkeit wie beim Wirkwiderstand ist nicht mehr gegeben. Wie bei der Spule gibt es eine Phasenverschiebung von 90°.

Stromstärke Spannung

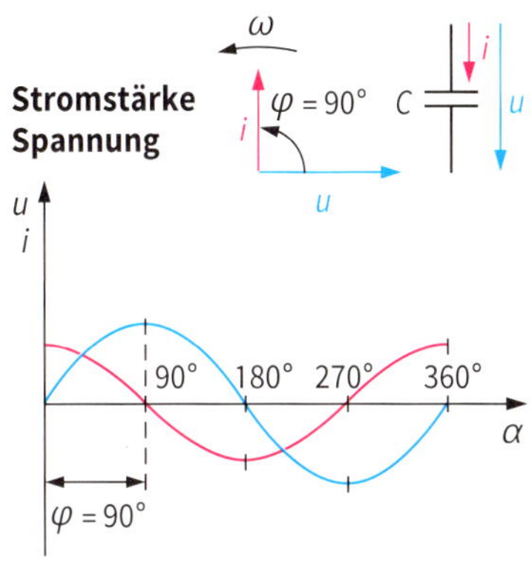

Stromstärke und Spannung sind nicht in Phase. Die Stromstärke eilt der Spannung um 90° voraus.

Leistung

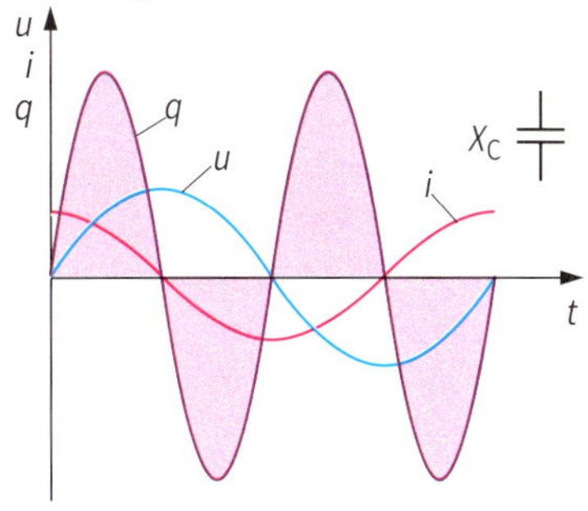

Wie bei der Induktivität ergeben sich negative und positive Leistungsanteile. Es entsteht keine Wirkleistung, die in Wärmeenergie umgesetzt wird.

Diese Leistung wird als **kapazitive Blindleistung Q_C** [*capacitive reactive power*] bezeichnet.

5: Widerstände im Wechselstromkreis

6.1.7.5 Parallelschaltung mit R und X_L

In der Filterschaltung, die die Elektrofirma Kruskop zur Begrenzung der Oberschwingungen in den N-Leiter eingebaut hat (vgl. Kap. 6.1.4), sind ein induktiver (Spule) und ein kapazitiver Blindwiderstand (Kondensator) parallel geschaltet. Wie diese beiden Bauelemente die Filterung hervorrufen, wollen wir jetzt untersuchen.

Da neben den Blindwiderständen stets Wirkwiderstände vorhanden sind, berücksichtigen wir auch diese und untersuchen die Parallelschaltung in folgender Reihenfolge:

- R und X_L
- R und X_C
- R, X_L und X_C

Dabei gehen wir zuerst von den Strömen und der Spannung aus, danach folgt eine Widerstandsbetrachtung und am Ende die Leistung.

- **Stromstärken und Spannung**

An beiden Bauteilen liegt die Spannung U. Die Ströme teilen sich auf. Mit Hilfe von Linien- und Zeigerdiagrammen (vgl. Anhang) lassen sich jetzt die Beziehungen zwischen diesen Größen erarbeiten.

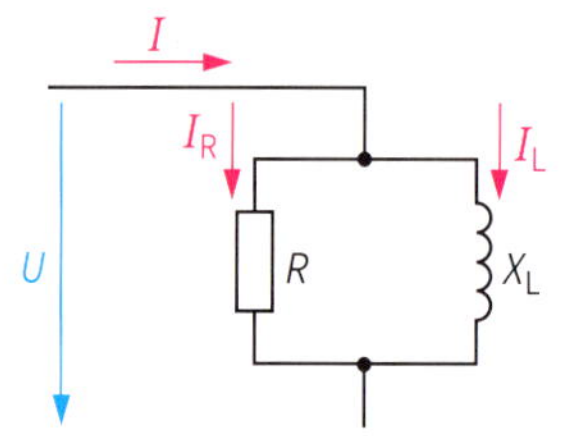

1: Parallelschaltung

- Da die Spannung u an beiden Bauteilen liegt, ist sie die gemeinsame Größe (Bezugsgröße, Abb. 3a, dargestellt sind die Momentanwerte).
- Die Stromstärke i_R durch den Wirkwiderstand R ist in Phase mit der Spannung u (Abb. 3b).
- Die Stromstärke i_L durch den Blindwiderstand X_L eilt der anliegenden Spannung u um 90° nach ($\varphi = 90°$, Abb. 3c).
- Die Gesamtstromstärke i ergibt sich aus der Addition der **Momentanwerte** i_R und i_L (Abb. 3d). Der Phasenverschiebungswinkel φ ist kleiner als 90°.

In dieser Parallelschaltung gibt es drei Stromstärken. Es lässt sich deshalb das rechtwinklige Dreieck in Abb. 2 zeichnen (es werden Effektivwerte verwendet, deshalb Großbuchstaben).

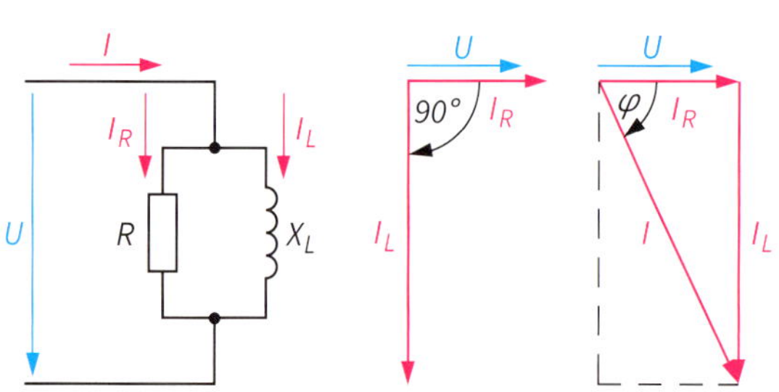

2: Zeigerdiagramm und Stromstärken

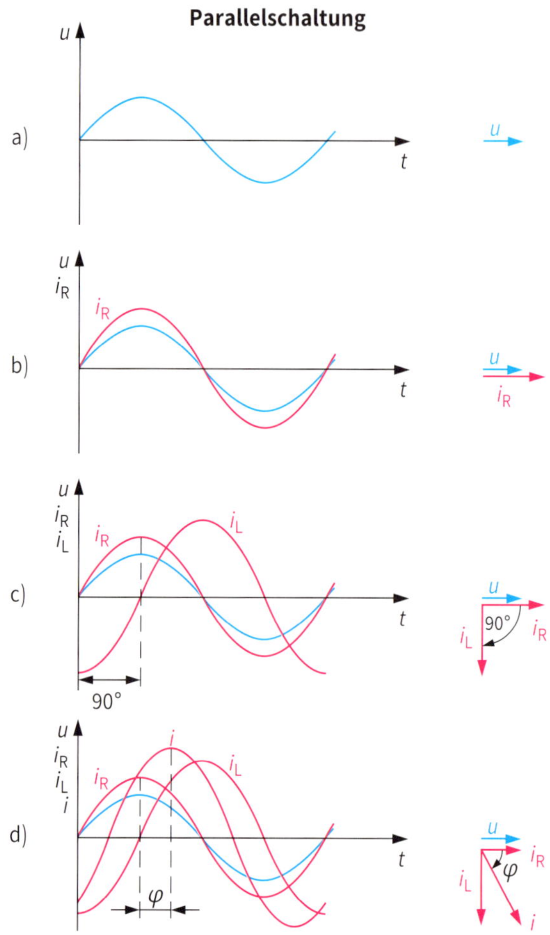

3: Linien- und Zeigerdiagramme

Unter Verwendung des Lehrsatzes von Pythagoras und der Winkelfunktionen (s. Anhang) ergeben sich folgende Berechnungsformeln:

$$I^2 = I_R^2 + I_L^2$$

$$I = \sqrt{I_R^2 + I_L^2} \qquad I_R = \sqrt{I^2 - I_L^2} \qquad I_L = \sqrt{I^2 - I_R^2}$$

$$\cos\varphi = \frac{I_R}{I} \qquad \sin\varphi = \frac{I_L}{I} \qquad \tan\varphi = \frac{I_L}{I_R}$$

- In der Parallelschaltung aus R und X_L ist die Spannung U die gemeinsame Größe (Bezugsgröße).
- In der Parallelschaltung aus R und X_L entsteht zwischen der anliegenden Spannung U und der Gesamtstromstärke I eine Phasenverschiebung von weniger als 90°.

- **Leitwerte und Widerstände**

Für die Parallelschaltung gibt es die drei Stromstärken und das entsprechende Stromdreieck (Abb. 2). Wir gehen von Letzterem aus und stellen für die einzelnen Stromstärken folgende Formeln auf:

$$I = \frac{U}{Z} \qquad I_R = \frac{U}{R} \qquad I_L = \frac{U}{X_L}$$

Die einzelnen Widerstände sind im Nenner der jeweiligen Formeln vorhanden (Kehrwerte). Es können deshalb in die Formeln auch die entsprechenden Leitwerte G, B_L und Y (Einheit Siemens, 1 S = 1/Ω) eingesetzt werden:

$$I = U\left(\frac{1}{Z}\right) \qquad I_R = U\left(\frac{1}{R}\right) \qquad I_L = U\left(\frac{1}{X_L}\right)$$

$$Y = \frac{1}{Z} \qquad G = \frac{1}{R} \qquad B_L = \frac{1}{X_L}$$

Y: Scheinleitwert $\quad$ G: Wirkleitwert $\quad$ B: Blindleitwert

$$I = U \cdot Y \qquad I_R = U \cdot G \qquad I_L = U \cdot B_L$$

In jeder Formel ist die Spannung U als gemeinsame Größe vorhanden. Die Leitwerte sind also den jeweiligen Stromstärken proportional. Aus dem Stromstärkendreieck ergibt sich dann das ähnliche Leitwertdreieck in Abb. 4.

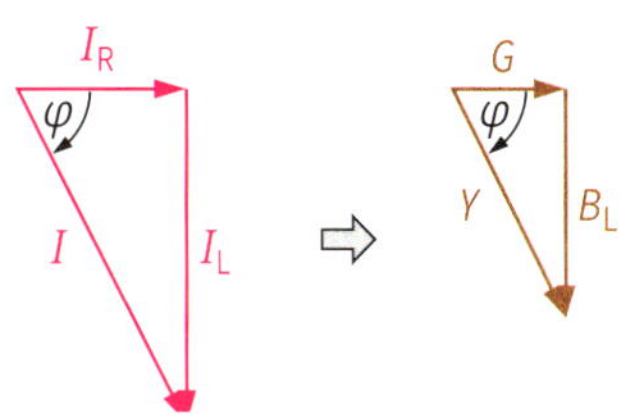

4: Stromstärken- und Leitwertdreieck

Mit Hilfe des Leitwertdreiecks lassen sich die folgenden Formeln zur Berechnung aufstellen (Pythagoras und Winkelfunktionen im Anhang).

$$\boxed{Y^2 = G^2 + B_L^2} \qquad \boxed{\left(\frac{1}{Z}\right)^2 = \left(\frac{1}{R}\right)^2 + \left(\frac{1}{X_L}\right)^2}$$

$$Y = \sqrt{G^2 + B_L^2} \qquad G = \sqrt{Y^2 - B_L^2} \qquad B_L = \sqrt{Y^2 - G^2}$$

$$\boxed{\cos\varphi = \frac{Z}{R}} \qquad \sin\varphi = \frac{Z}{X_L} \qquad \tan\varphi = \frac{R}{X_L}$$

- Zur Berechnung von Größen in der Parallelschaltung aus R und X_L wird ein rechtwinkliges Dreieck aus den Stromstärken bzw. Leitwerten verwendet.
- Der Scheinwiderstand der Parallelschaltung aus R und X_L ist kleiner als der kleinste Einzelwiderstand.
- Die Scheinleistung S setzt sich zusammen aus der Wirkleistung P und der Blindleistung Q.

- **Leistung**

Leistungen und Stromstärken sind proportional. Aus dem Stromdreieck lässt sich deshalb ein ähnliches Leistungsdreieck zeichnen (Abb. 5):

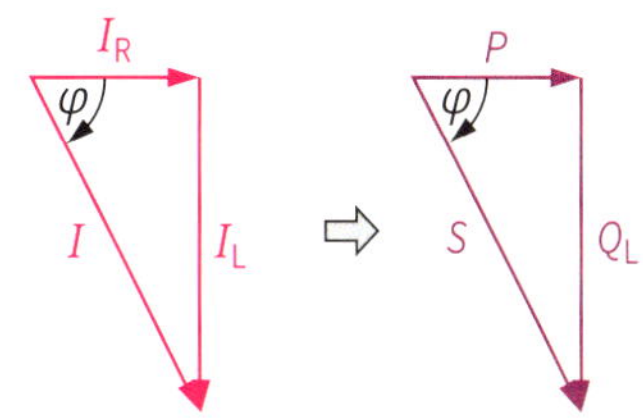

$$S = U \cdot I \qquad P = U \cdot I_R \qquad Q_L = U \cdot I_L$$

5: Stromstärken- und Leistungsdreieck

Aus dem Leistungsdreieck ergibt sich folgende Berechnungsformel:

$$\boxed{S^2 = P^2 + Q_L^2}$$

Ersatzschaltbild

Ein elektrisches Gerät wird mit 24 V betrieben. Die Stromstärke beträgt I = 68 mA. Stromstärke und Spannung sind nicht in Phase. Die Spannung eilt der Stromstärke um $\varphi = 36{,}7°$ voraus (Messung mit dem Oszilloskop). Es sollen der Scheinwiderstand für ein Ersatzschaltbild (Parallelschaltung) sowie die Stromstärken berechnet werden.

Geg.: $U = 24\text{ V}$; $I = 68\text{ mA}$; $\varphi = 36{,}7°$

Ges.: Z, I_R, I_L

$$Z = \frac{U}{I} \qquad Z = \frac{24\text{ V}}{68\text{ mA}}$$

$$\underline{Z = 353\ \Omega}$$

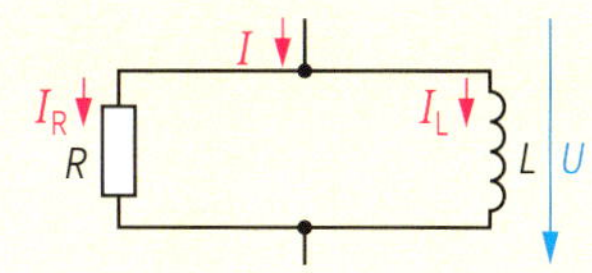

$$I_R = I \cdot \cos\varphi \quad I_R = 68\text{ mA} \cdot \cos 36{,}7° \quad \underline{\underline{I_R = 54{,}5\text{ mA}}}$$

$$I_L = I \cdot \sin\varphi \quad I_L = 68\text{ mA} \cdot \sin 36{,}7° \quad \underline{\underline{I_L = 40{,}6\text{ mA}}}$$

Aufgaben

1. Zeichnen Sie ein Stromstärken- und Leitwertdreieck der Parallelschaltung aus R = 50 Ω und X_L = 30 Ω, wenn die Schaltung an der Netzwechselspannung 230 V liegt (10 ms ≙ 1 cm). Ermitteln Sie den Scheinwiderstand Z und den Phasenverschiebungswinkel.
2. Der Wirkwiderstand einer Parallelschaltung aus R und X_L wird bei konstant bleibender Spannung vergrößert. Welche Auswirkungen hat diese Änderung auf die Größen Z, I, I_R, I_L, φ, S, P und Q?
3. Zu einer Induktivität von 2 H liegt parallel ein Wirkwiderstand von 390 Ω. Die Gesamtspannung beträgt 230 V (50 Hz).
   a) Ermitteln Sie den Scheinwiderstand.
   b) Zeichnen Sie das Leitwert- und Leistungsdreieck.

6.1.7.6 Parallelschaltung mit R und X_C

Bei der Ermittlung dieser Beziehungen kann man ebenso vorgehen wie bei R und X_L auf den vorangegangenen Seiten. Die Herleitungen können deshalb verkürzt dargestellt werden (Abb. 1).

- Bei der Parallelschaltung ist die Spannung u die gemeinsame Bezugsgröße.
- Die Stromstärke i_R durch den Wirkwiderstand ist in Phase mit der Spannung u.
- Die Stromstärke i_C durch den Blindwiderstand eilt der Spannung u um 90° voraus.
- Die Gesamtstromstärke i erhält man durch die Addition der Momentanwerte von i_R und i_C.
- Das Stromdreieck wird benutzt, um das Leitwert- und Leistungsdreieck zu entwickeln. Alle Dreiecke sind ähnlich, weil die Phasenverschiebungswinkel gleich sind.

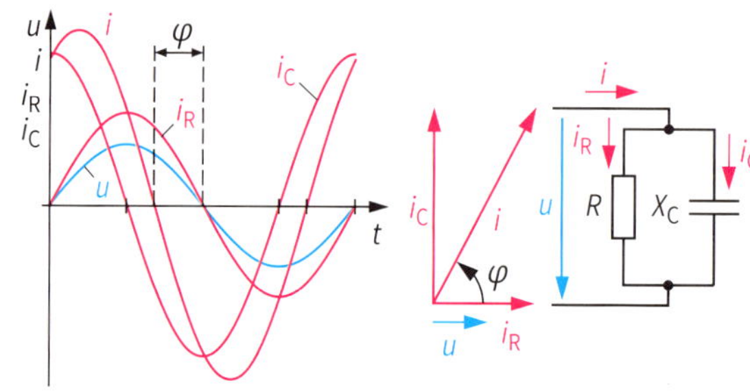

1: Parallelschaltung mit R und X_C

Berechnungsformeln zur Parallelschaltung aus R und X_C

Stromstärken

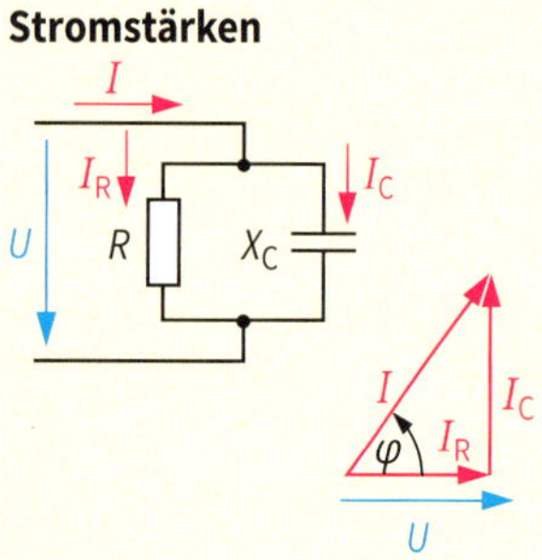

$$I^2 = I_R^2 + I_C^2$$

$$\tan\varphi = \frac{I_C}{I_R} \qquad \sin\varphi = \frac{I_C}{I} \qquad \cos\varphi = \frac{I_R}{I}$$

Widerstände und Leitwerte

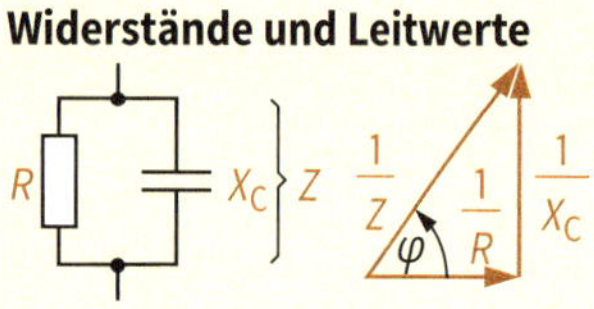

$$I = \frac{U}{Z} \qquad I_R = \frac{U}{R} \qquad I_C = \frac{U}{X_C}$$

$$\left(\frac{1}{Z}\right)^2 = \left(\frac{1}{R}\right)^2 + \left(\frac{1}{X_C}\right)^2$$

$$Y^2 = G^2 + B_C^2$$

$$\tan\varphi = \frac{R}{X_C} \qquad \sin\varphi = \frac{Z}{X_C} \qquad \cos\varphi = \frac{Z}{R}$$

Leistungen

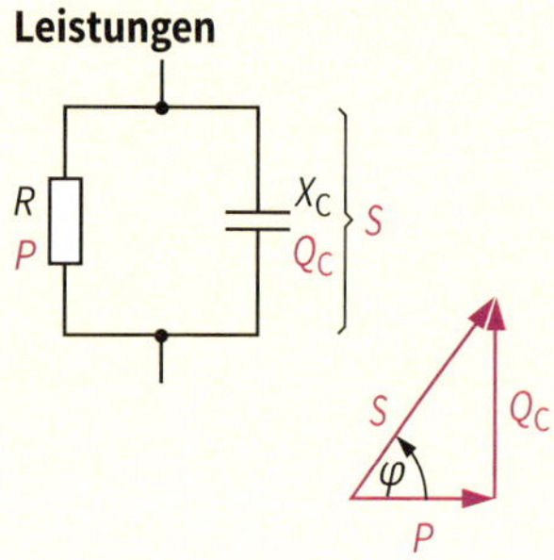

$$S^2 = P^2 + Q_C^2$$

$$\tan\varphi = \frac{Q_C}{P} \qquad \sin\varphi = \frac{Q_C}{S} \qquad \cos\varphi = \frac{P}{S}$$

Größen in der Parallelschaltung

In einer Schaltung liegen ein Kondensator und ein Wirkwiderstand parallel. Es treten Wechselspannungen mit 50 Hz und 15 kHz auf. Zwischen welchen Werten ändern sich Z und φ?

Geg.: $R = 1\,\text{k}\Omega$, $C = 33\,\text{nF}$, $f_1 = 50\,\text{Hz}$, $f_2 = 15\,\text{kHz}$

Ges.: $Z_1, Z_2, \varphi_1, \varphi_2$

$$X_{C1} = \frac{1}{2\pi \cdot f_1 \cdot C} \qquad X_{C1} = \frac{1}{2\pi \cdot \frac{50}{\text{s}} \cdot 33 \cdot 10^{-9}\,\frac{\text{As}}{\text{V}}}$$

$$X_{C1} = 96{,}5\,\text{k}\Omega \Rightarrow X_{C1} >> R \qquad \underline{\underline{Z_1 = R = 1\,\text{k}\Omega}}$$

$$\tan\varphi_1 = \frac{R}{X_{C1}} \qquad \tan\varphi_1 = \frac{1\,\text{k}\Omega}{96{,}5\,\Omega} \qquad \underline{\underline{\varphi_1 = 0{,}594°}}$$

$$X_{C2} = \frac{1}{2\pi \cdot \frac{15 \cdot 10^3}{\text{s}} \cdot 33 \cdot 10^{-9}\,\frac{\text{As}}{\text{V}}} \qquad X_{C2} = 322\,\Omega$$

$$\left(\frac{1}{Z_2}\right)^2 = \left(\frac{1}{322\,\Omega}\right)^2 + \left(\frac{1}{1000\,\Omega}\right)^2 \qquad \underline{\underline{Z_2 = 307\,\Omega}}$$

$$\tan\varphi_2 = \frac{R}{X_{C2}} \qquad \tan\varphi_2 = \frac{1\,\text{k}\Omega}{0{,}307\,\text{k}\Omega} \qquad \underline{\underline{\varphi_2 = 72{,}9°}}$$

Aufgaben

1. Zur Parallelschaltung aus R und X_C wird ein weiterer Kondensator parallel geschaltet. Wie verändern sich X_{Cg}, Z, I, I_{Cg}, I_R, φ, S, Q_g und P, wenn die Spannung konstant bleibt?
2. Zu einem Wirkwiderstand von 100 Ω soll ein Kondensator parallel geschaltet werden, damit sich an 230 V (50 Hz) eine Scheinleistung von 620 VA ergibt. Berechnen Sie die
   a) Stromstärke,
   b) Wirk- und Blindleistung und
   c) Kapazität des Kondensators.
3. Durch Zuschalten von C_2 soll eine Phasenverschiebung zwischen Spannung und Strom - stärke von 35° erreicht werden. Wie groß ist die Kapazität des Kondensators C_2?

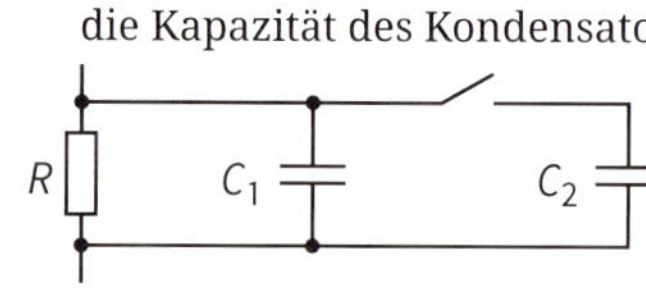

$R = 1\,\text{k}\Omega$
$f = 50\,\text{Hz}$
$C_1 = 1{,}0\,\mu\text{F}$

6.1.7.7 Parallelschaltung mit R, X_L und X_C

Da im THF-Filter (vgl. 6.1.4) die Widerstände R, X_L und X_C vorhanden sind, wollen wir jetzt klären, wie sie gemeinsam im Stromkreis wirken.

Bei der Parallelschaltung ist für alle Größen die Spannung die gemeinsame Bezugsgröße. Für die Entwicklung des Zeigerdiagramms in Abb. 2 verwenden wir Effektivwerte (Großbuchstaben) und nehmen an, dass $X_L > X_C$ ist. Im Einzelnen ergibt sich:

- Die Stromstärke I_R ist in Phase mit der Spannung U ①.
- Die Stromstärke I_C eilt der Spannung um 90° voraus ②.
- Die Stromstärke I_L eilt der Spannung um 90° nach ③.
- Zwischen I_C und I_L besteht eine Phasenverschiebung von 180° (vgl. Kap. 6.1.7.4). Beide Stromstärken können voneinander abgezogen werden. Da $X_L > X_C$ ist, wird $I_L < I_C$ sein ④. Der induktive Blindstrom wird durch den kapazitiven vollständig aufgehoben (**Kompensation** [*compensation*]). Die sich ergebende Stromstärke I ist dann die Differenz der beiden Stromstärken ($I_C - I_L$).

Die Schaltung wirkt somit kapazitiv. Das bedeutet, dass sie bei dieser Frequenz wie ein Kondensator mit einem parallel liegenden Wirkwiderstand arbeitet. Der induktive Blindwiderstand „verschwindet" also durch den Kondensator.

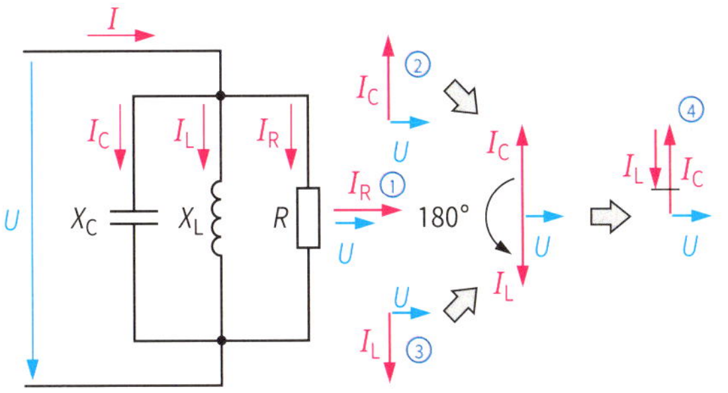

2: Parallelschaltung aus R, X_L und X_C

Aus den phasenmäßigen Beziehungen lassen sich ein Dreieck mit den Stromstärken zeichnen und entsprechende Formeln aufstellen (Abb. 3).

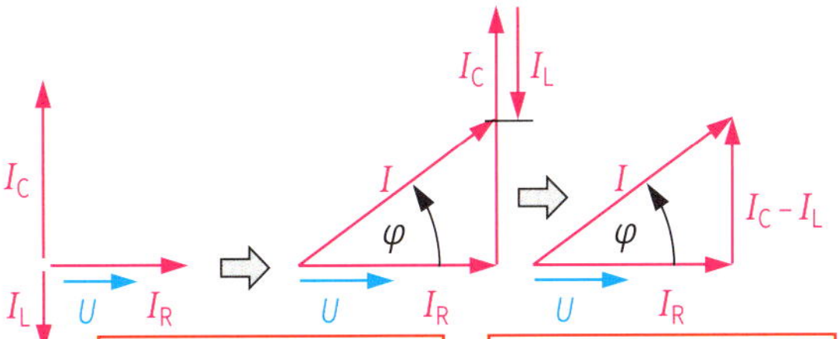

$$I^2 = I_R^2 + (I_C - I_L)^2 \qquad \cos\varphi = \frac{I_R}{I}$$

3: Stromstärken

Stromstärken und Leitwerte sind proportional. Es lässt sich deshalb ein Leitwertdreieck zeichnen (Abb. 4), das dem Stromstärkendreieck ähnlich ist. Da $X_L > X_C$ ist, gilt zwischen den Kehrwerten folgende Beziehung:

$$\frac{1}{X_L} < \frac{1}{X_C} \text{ oder } B_L < B_C$$

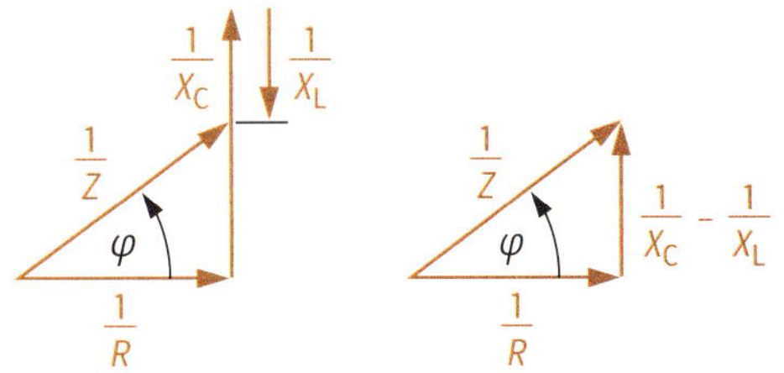

$$\cos\varphi = \frac{\frac{1}{R}}{\frac{1}{Z}} \qquad \cos\varphi = \frac{G}{Y} \qquad \cos\varphi = \frac{Z}{R}$$

$$\left(\frac{1}{Z}\right)^2 = \left(\frac{1}{R}\right)^2 + \left(\frac{1}{X_C} - \frac{1}{X_L}\right)^2$$

$$Y^2 = G^2 + (B_C - B_L)^2$$

4: Leitwerte und Widerstände

Bei der Parallelschaltung aus X_L und X_C können sich die Wirkungen dieser Blindwiderstände auch vollständig aufheben (kompensieren). Das folgende Berechnungsbeispiel verdeutlicht diesen Sachverhalt:

$X_L \approx X_C$

Geg.: Parallelschaltung mit $R = 500\ \Omega$; $C = 10\ \mu F$; $L = 1\ H$; $U = 230\ V$; $f = 50\ Hz$

Ges.: I, I_C, I_L und I_R

$X_C = 318{,}8\ \Omega \qquad \frac{1}{X_C} = 3{,}14\ mS$

$X_L = 314{,}2\ \Omega \qquad \frac{1}{X_L} = 3{,}18\ mS$

$$\frac{1}{Z} = \sqrt{\left(\frac{1}{R}\right)^2 + \left(\frac{1}{X_L} - \frac{1}{X_C}\right)^2} \qquad Z = 500\ \Omega$$

$I = \frac{U}{Z} \qquad \underline{\underline{I = 460\ mA}} \qquad I_C = \frac{U}{X_C} \qquad$ ② $\underline{\underline{I_C = 723\ mA}}$

$I_L = \frac{U}{X_L} \qquad$ ① $\underline{\underline{I_L = 732\ mA}} \qquad I_R = \frac{U}{R} \qquad \underline{\underline{I_R = 460\ mA}}$

Die Blindstromstärken I_L ① und I_C ② im Berechnungsbeispiel heben sich in ihren Wirkungen nahezu auf, sodass in der Schaltung allein der Widerstand R wirksam ist. Er bestimmt die Gesamtstromstärke der Schaltung. Die Stromstärken in den Blindwiderständen können größer als die Gesamtstromstärke werden (**Stromüberhöhung** [*current rise*]).

Dieser Sonderfall wird auch als Resonanzfall oder kurz als **Resonanz** [*resonance*] bezeichnet. Er tritt in dem Berechnungsbeispiel nur bei einer bestimmten Frequenz (50 Hz) auf, der **Resonanzfrequenz** f_0 [*resonance frequency*]. Diese ist von der gewählten Kapazität und Induktivität abhängig. Mit anderen Größen ergeben sich andere Resonanzfrequenzen.

Für die Herleitung einer allgemeinen Formel gehen wir von der Resonanzbedingung aus:

$$X_L = X_C$$

$$2\pi \cdot f_0 \cdot L = \frac{1}{2\pi \cdot f_0 \cdot C} \qquad f_0^2 = \frac{1}{4\pi^2 \cdot L \cdot C}$$

Resonanzfrequenz

$$f_0 = \frac{1}{2\pi \cdot \sqrt{L \cdot C}}$$

In einem letzten Schritt wollen wir die elektrische Energie im Resonanzfall betrachten. Die Spannung liegt an allen drei Bauteilen und es fließen drei Ströme. Der Wirkstrom ist in Phase mit der anliegenden Spannung. Die Blindströme (Abb. 1a) sind zu der anliegenden Spannung um 90° vor- und 90° nacheilend in der Phasenlage verschoben. Die Blindströme besitzen also zueinander eine Phasenverschiebung von 180° (Abb. 1b und 1c). Da die elektrische Energie das Produkt aus Leistung und Zeit ist, bedeutet das für die Leistungskurven, dass in dem einen Bauteil positive und in dem anderen gleichzeitig negative Anteile entstehen. Im Mittel heben sich diese Blindleistungen auf (Abb. 1d und 1e). Die Energie pendelt gewissermaßen zwischen den Bauteilen hin und her (Schwingung).

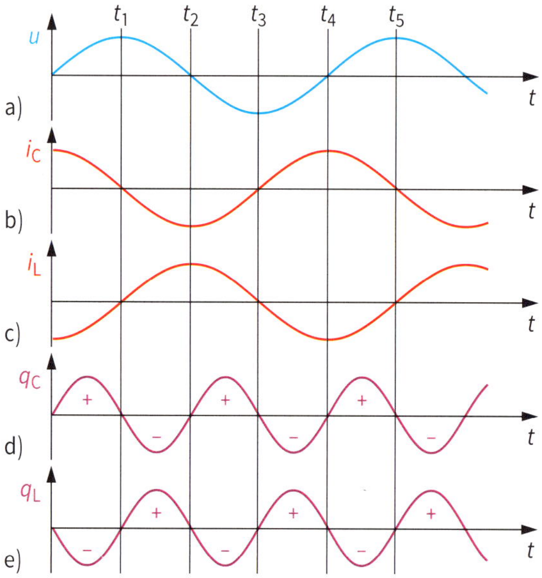

1: Spannung, Blindströme und Blindleistungen im Resonanzfall

Die Schaltung wird deshalb auch als **Schwingkreis** [*resonant circuit*] bezeichnet.

Da diese Resonanzeigenschaft nur bei einer bestimmten Frequenz auftritt, wird dieser Schwingkreis auch als Filter eingesetzt (THF-Filter, vgl. Kap. 6.1.8). Dort werden wir untersuchen, wie sich diese Schaltung bei Resonanz sowie unter- und oberhalb der Resonanzfrequenz verhält.

Aufgaben

1. Zeichnen Sie das Stromstärkendreieck einer Parallelschaltung, wenn folgende Größen gegeben sind: $I_C = 50$ mA; $I_L = 120$ mA; $I_R = 250$ mA
   Ermitteln Sie aus der Zeichnung I und φ.
2. In einer Parallelschaltung aus R, X_L und X_C wird der Kondensator entfernt.
   Wie verändern sich bei konstant bleibender Spannung die Stromstärken und der Phasenverschiebungswinkel (größer, kleiner oder konstant angeben)?
3. Zeichnen Sie das Leistungsdreieck der Parallelschaltung aus R, X_L und X_C, wenn X_L größer als X_C ist.
4. Welche Größen werden in der Parallelschaltung aus R, X_L und X_C maximal bzw. minimal, wenn bei konstanter Spannung $X_L = X_C$ ist?
5. Von einer Parallelschaltung aus R, X_L und X_C sind folgende Größen gegeben:
   $R = 200\ \Omega$; $I_L = 100$ mA; $I_C = 60$ mA; $I_R = 30$ mA
   Berechnen Sie U, I, X_L, X_C und Z.
6. Ein Wirkwiderstand von 300 Ω, eine Spule mit der Induktivität von 63,3 mH und ein Kondensator von 1 µF sind parallel geschaltet.
   Wie groß sind bei einer Frequenz von 1 kHz der Scheinwiderstand und der Phasenverschiebungswinkel zwischen der anliegenden Spannung und der Gesamtstromstärke?

- Bei der Parallelschaltung von X_L und X_C besteht zwischen I_L und I_C eine Phasenverschiebung von 180°.
- Bei der Parallelschaltung von X_L und X_C können die Stromstärken in den einzelnen Blindwiderständen größer als die Gesamtstromstärke (Stromüberhöhung) werden.
- Resonanz tritt auf, wenn die Blindwiderstände X_L und X_C gleich groß sind.
- Bei Resonanz heben sich kapazitive und induktive Blindwiderstände in ihren Wirkungen auf (Kompensation), sodass nur der Wirkwiderstand in der Schaltung vorhanden ist.
- Die Resonanzfrequenz eines Schwingkreises wird nur durch die Kapazität und Induktivität bestimmt.

6.1.8 Sperrkreis

Die bisher erarbeiteten Grundlagen über die Blindwiderstände lassen sich jetzt verwenden, um die Sperrwirkung des THF-Filters für die 3. Oberschwingungen zu verstehen. Der grundsätzliche Aufbau mit den Werten ist in Abb. 2 zu sehen. Für die Spule ist das Ersatzschaltbild mit R_{ser} und X_{Lser} gezeichnet. Wie kann mit den Größen aus Abb. 2 erreicht werden, dass bei 150 Hz die Schaltung wie eine Sperre mit einem hohen Widerstand wirkt?

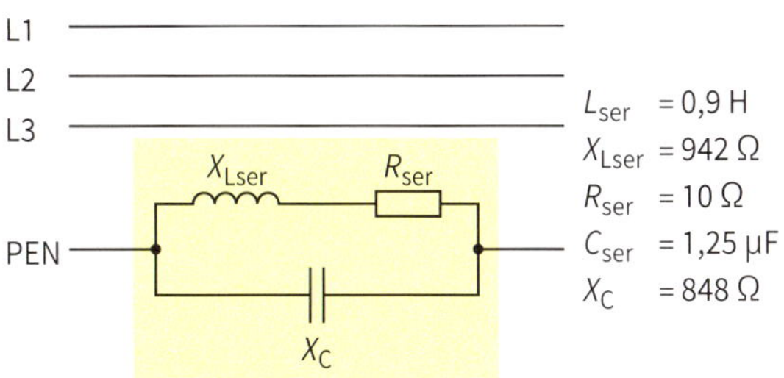

2: THF-Filter im PEN-Leiter

Zunächst überprüfen wir durch die nachfolgende Berechnung, ob die Resonanzfrequenz bei 150 Hz liegt. Wir können bei diesen Werten annehmen, dass die Serieninduktivität gleich der Parallelinduktivität ist.

Resonanzfrequenz

$$f_0 = \frac{1}{2\pi \cdot \sqrt{L \cdot C}} \qquad f_0 = \frac{1}{2\pi \cdot \sqrt{0{,}9\ \text{H} \cdot 1{,}25\ \mu\text{F}}}$$

$$\underline{\underline{f_0 = 150{,}1\ \text{Hz}}}$$

Der Wert für die Resonanzfrequenz beträgt wie erwartet 150 Hz. Nun muss noch geklärt werden, wie groß der Widerstand der Schaltung bei dieser Frequenz ist. Wir verwenden dazu die Messschaltung in Abb. 3 und gehen wie folgt vor:

- Spannung von 100 V einstellen
- Stromstärken bei verschiedenen Frequenzen messen
- Scheinwiderstand mit $Z = U/I$ berechnen

Die Messwerte sind in einer Tabelle der Abb. 3 festgehalten. Die Kurve, die den Scheinwiderstand Z in Abhängigkeit von der Frequenz wiedergibt, verdeutlicht die Filterwirkung. Für einen Strom im N-Leiter mit 150 Hz ist ein sehr großer Widerstand wirksam ①. Ströme mit der Frequenz von 150 Hz werden erheblich gedämpft. Ein Strom, dessen Frequenz kleiner bzw. größer als 150 Hz ist, wird nicht gedämpft.

Auffällig ist dabei, dass bei der Resonanzfrequenz von 150 Hz der Scheinwiderstand der Schaltung 71,4 kΩ beträgt ②. Dies ist der große **Ersatzwirkwiderstand** für die gesamte Schaltung (R_{par}, Abb. 4) und nicht der kleine Serienwiderstand der Spule. Die Induktivität und die Kapazität haben sich bei diesem Resonanzfall kompensiert (vgl. Kap. 6.1.7.7).

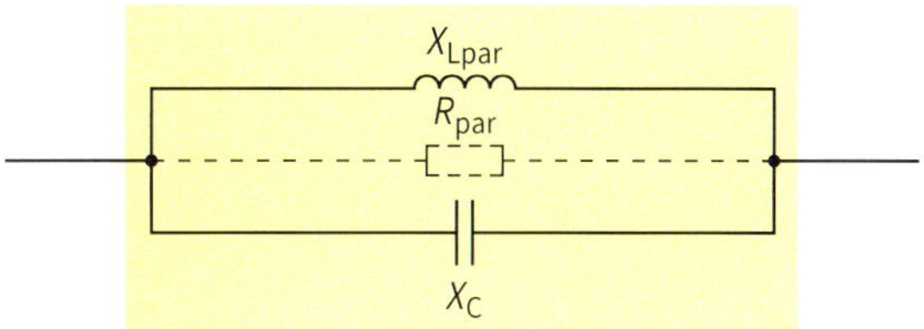

4: Ersatzschaltbild der Filterschaltung

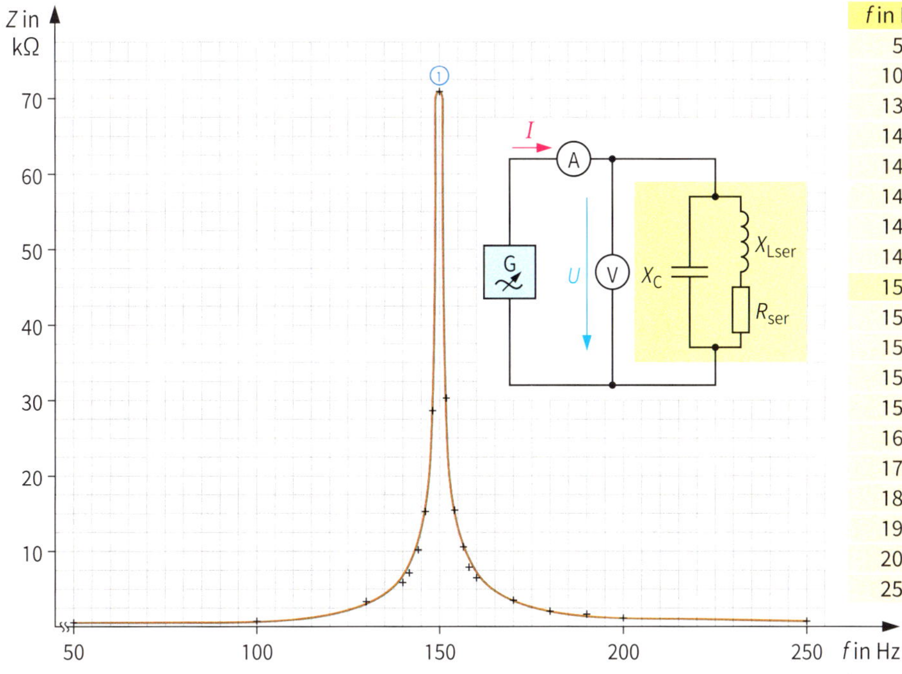

f in Hz	I in mA	Z in Ω
50	353	283
100	177	565
130	34	2941
140	16,4	6100
142	13,1	7634
144	9,8	10204
146	6,6	15152
148	3,5	28571
150	1,4	71429 ②
152	3,3	30303
154	6,3	15873
156	9,3	10753
158	12,3	8130
160	15,2	6579
170	29,1	3559
180	43,3	2309
190	56,2	1779
200	68,6	1458
250	125,6	796

3: Filterwirkung eines THF-Filters

Die recht komplexen Zusammenhänge sind in Abb. 1 dargestellt. Dort werden die bisherigen Ergebnisse zusammengefasst und vertieft.

- Die Stromstärke I_L ($I_L = U/X_L$) nimmt mit steigender Frequenz ab ①.
- Die Stromstärke I_C dagegen steigt mit zunehmender Frequenz ②.
- Im Resonanzfall ($f = f_0$) sind die beiden Stromstärken gleich groß, sie heben sich auf ③.
- Im Resonanzfall ist nur noch der große Wirkwiderstand vorhanden ④.
- Unterhalb der Resonanzfrequenz verhält sich die Schaltung wie die Parallelschaltung aus X_L und R, also induktiv ⑤.
- Oberhalb der Resonanzfrequenz verhält sich die Schaltung wie die Parallelschaltung aus X_C und R, also kapazitiv ⑥.

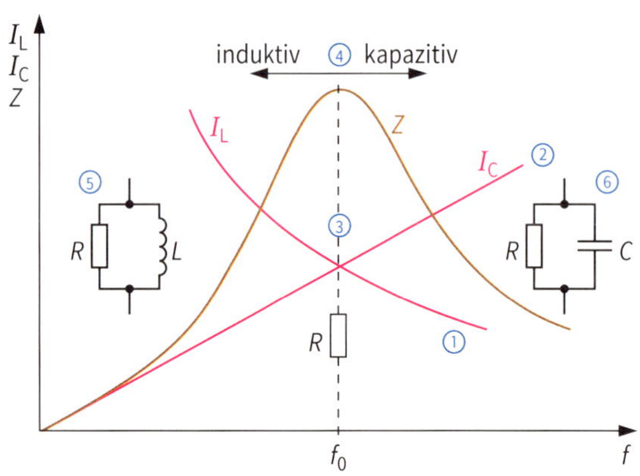

1: Zusammenhänge im Sperrkreis

Aufgaben

1. Skizzieren Sie zu Abb. 4 die Gesamtstromstärke in Abhängigkeit von der Frequenz.
2. Wodurch lässt sich in dem Beispiel von S. 105 die Sperrwirkung des Filters vergrößern, wenn man die Kapazität des Kondensators nicht verändern kann?
3. Berechnen Sie die einzelnen Stromstärken für den Resonanzfall des THF-Filters (Abb. 3, S. 105).
4. Wie groß ist der wirksame Widerstand des THF-Filters (Abb. 3, S. 105) bei 50 Hz?
5. Berechnen Sie die Kapazität für einen Sperrkreis der 5. Oberschwingung mit der Spule von Abb. 1 auf S. 104.

- Ein Sperrkreis verhält sich bei seiner Resonanzfrequenz wie ein großer Wirkwiderstand.
- Ein Sperrkreis verhält sich bei Frequenzen $f < f_0$ induktiv und bei Frequenzen $f > f_0$ kapazitiv.

6.1.9 Saugkreis

Herr Kruskop hat sich für den Einbau eines Sperrkreises entschieden und nicht für einen Saugkreis. Eine Begründung war, dass durch den Saugkreis auch „fremde" Oberschwingungen aus dem Netz „angesogen" werden (zusätzlicher Stromfluss). Weitere Begründungen lassen sich aus dem Diagramm einer Firmenunterlage (Fa. KBR: Energiemanagement mit System) entnehmen (Abb. 2).

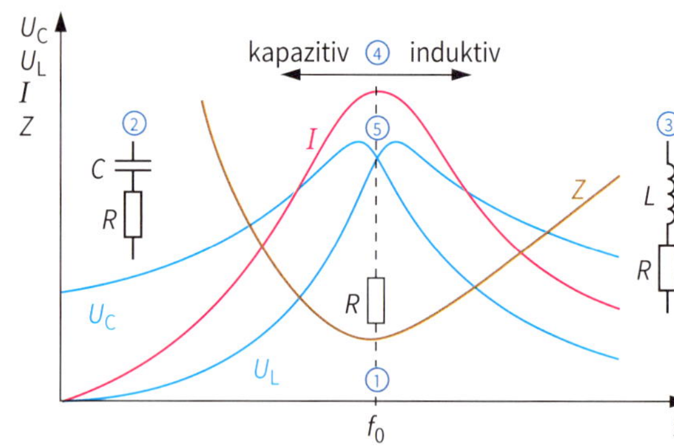

2: Zusammenhänge im Saugkreis

Bei einem Saugkreis sind eine Spule und ein Kondensator in Serie geschaltet. Auch hier tritt der Resonanzfall bei $X_L = X_C$ auf. Im Einzelnen können die Kurven im Diagramm wie folgt interpretiert werden:

- Im Resonanzfall ist nur der kleine Serienwiderstand der Spule wirksam ①.
- Unterhalb der Resonanzfrequenz wirkt die Schaltung wie eine Serienschaltung aus R und X_C (kapazitiv) ②.
- Oberhalb der Resonanzfrequenz wirkt die Schaltung wie eine Serienschaltung aus R und X_L (induktiv) ③.
- Die Stromstärke ist im Resonanzfall maximal ④.
- Durch die große Stromstärke bei Resonanz entstehen an den Blindwiderständen hohe Spannungen (**Spannungsüberhöhung**). Sie können die Betriebsspannung erheblich überschreiten (Gefährdung von Personen und Bauelementen) ⑤.

Aufgaben

1. Berechnen Sie die Stromstärke im Resonanzfall, wenn das THF-Filter von S. 105 als Saugkreis aufgebaut wird (U = 230 V).
2. Wie groß sind die Spannungen an den Blindwiderständen im Resonanzfall (U = 230 V)?

- Bei einem Saugkreis ist der Widerstand im Resonanzfall am kleinsten.
- Da beim Saugkreis im Resonanzfall die Stromstärke maximal wird, können an den Blindwiderständen große Spannungen entstehen, die größer als die Betriebsspannung sind.

6.1.10 Reihenschaltung mit R und X_L

Wie bei der Parallelschaltung soll auch bei der Erarbeitung der Beziehungen in der Reihenschaltung schrittweise vorgegangen werden. Da der Strom in der Reihenschaltung überall gleich ist, wird die Stromstärke i als gemeinsame Ausgangsgröße für die folgende Herleitung (Abb. 4a) verwendet:

- Die Stromstärke verursacht am Widerstand R eine Spannung u_R, die in Phase mit der Stromstärke i ist (Abb. 4b).
  Wirkspannung: $u_R = i \cdot R$
- Die Stromstärke i und die Spannung u_L (Blindspannung) am Blindwiderstand X_L sind nicht in Phase (Abb. 4c). Dieses Ergebnis wurde bereits beim Ein- und Ausschalten von Spulen im Gleichstromkreis deutlich (vgl. Kap. 6.1.7.1). Nur wenn die Änderung der Stromstärke groß ist, wird auch die Spannung groß und umgekehrt.
- Die abgebildete Spannung u_R ist phasengleich mit der Stromstärke i. Somit ist bei einem induktiven Blindwiderstand ein Phasenverschiebungswinkel φ zwischen Spannung u_L und Stromstärke i von 90° vorhanden (Abb. 4c).
  Blindspannung: $u_L = i \cdot X_L$ bzw. $U_L = I \cdot X_L$
- Die Gesamtspannung u lässt sich durch Addition der jeweiligen Momentanwerte aus den beiden Teilspannungen u_R und u_L ermitteln. Es ist die anliegende Gesamtspannung u (Abb. 4d).

Die einzelnen Größen lassen sich auch durch Zeiger darstellen (vgl. Anhang). Sie sind in Abb. 4 neben den Liniendiagrammen zu sehen ①. Der Phasenverschiebungswinkel macht deutlich, dass durch den Wirkwiderstand R zwischen der Stromstärke i und der anliegenden Spannung u eine Phasenverschiebung von weniger als 90° besteht ②.

Wie lässt sich die Gesamtspannung aus den Einzelspannungen errechnen?

Das Zeigerdiagramm in Abb. 4d muss dazu in ein Dreieck umgezeichnet werden (Abb. 3). An Stelle der Momentanwerte verwenden wir jetzt Effektivwerte (Großbuchstaben) und verschieben die Blindspannung U_L parallel. Es entsteht ein rechtwinkliges Dreieck mit den Seiten der Teilspannungen U_L und U_R sowie der Gesamtspannung U.

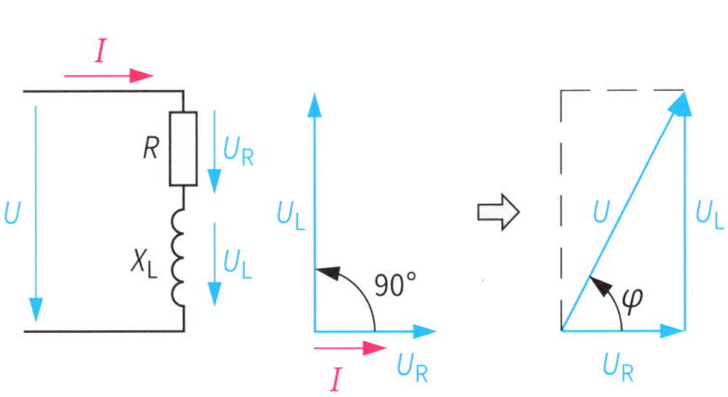

3: Zeigerdiagramm und Spannungsdreieck

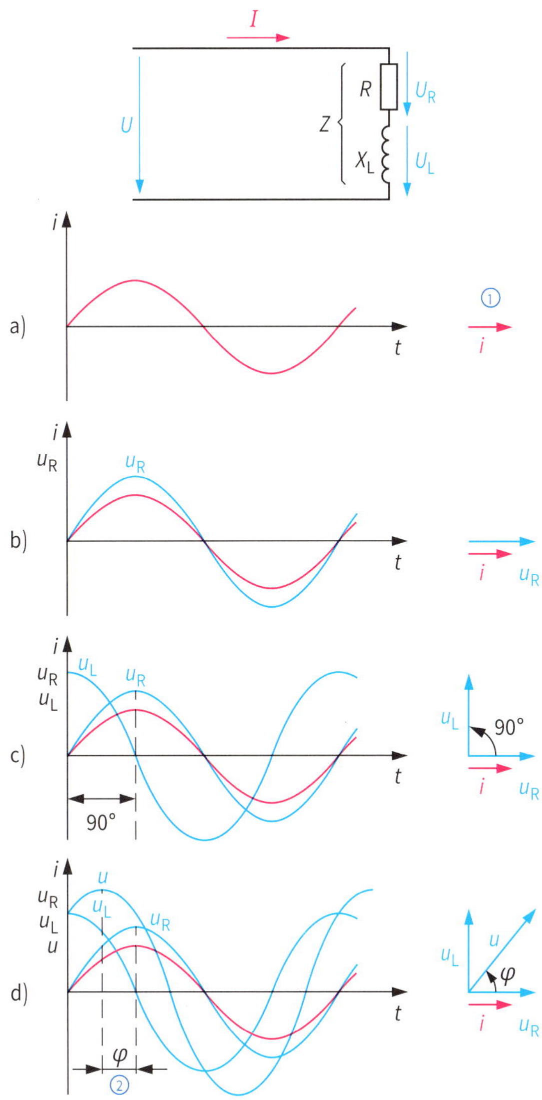

4: Linien- und Zeigerdiagramm

Zur Berechnung rechtwinkliger Dreiecke verwenden wir den Lehrsatz des Pythagoras. Es ergibt sich folgende Formel mit entsprechenden Umstellungen:

$$U^2 = U_R^2 + U_L^2$$

$$U_R = \sqrt{U_R^2 + U_L^2} \qquad U_R = \sqrt{U^2 - U_L^2} \qquad U_R = \sqrt{U^2 - U_R^2}$$

- In der Reihenschaltung aus R und X_L besteht zwischen U_R und U_L eine Phasenverschiebung von $\varphi = 90°$.
- In einer Reihenschaltung aus R und X_L ergibt sich zwischen Stromstärke und Gesamtspannung ein Phasenverschiebungswinkel $\varphi < 90°$.

Mit Hilfe von Winkelfunktionen (vgl. Anhang) kann der Phasenverschiebungswinkel φ ermittelt werden.

$$\boldsymbol{\cos\varphi = \frac{U_R}{U}} \qquad \sin\varphi = \frac{U_L}{U} \qquad \tan\varphi = \frac{U_L}{U_R}$$

Spannungen und Phasenverschiebung

Eine Spule mit vernachlässigbar kleinem Wirkwiderstand besitzt einen Blindwiderstand von 40 Ω. In Reihe liegt ein Wirkwiderstand von 20 Ω. Bei einer angelegten Spannung von 230 V beträgt die Stromstärke 5,15 A. Wie groß sind der Scheinwiderstand, die Einzelspannungen und der Phasenverschiebungswinkel?

Geg.: $X_L = 40\ \Omega$; $R = 20\ \Omega$; $U = 230\ V$; $I = 5{,}15\ A$

Ges.: Z, U_R, U_L und φ.

$$Z = \frac{U}{I} \qquad Z = \frac{230\ V}{5{,}15\ A} \qquad \underline{\underline{Z = 44{,}7\ \Omega}}$$

$$U_R = I \cdot R \qquad U_R = 5{,}15\ A \cdot 20\ \Omega \qquad \underline{\underline{U_R = 103\ V}}$$

$$U_L = I \cdot X_L \qquad U_L = 5{,}15\ A \cdot 40\ \Omega \qquad \underline{\underline{U_L = 206\ V}}$$

$$\cos\varphi = \frac{U_R}{U} \qquad \cos\varphi = \frac{103\ V}{230\ V} \qquad \cos\varphi = 0{,}448$$

$$\underline{\underline{\varphi = 63{,}4°}}$$

Das Beispiel zeigt, dass zur Berechnung der Spannungen die Widerstände mit der gleich bleibenden Stromstärke multipliziert werden müssen. Bestimmend für die Länge der Pfeile im Spannungsdreieck ist also die konstante Größe I und der jeweilige Widerstand R, X_L oder Z. Die Spannungen und die dazugehörigen Widerstände sind proportional (Widerstandsdreieck, Abb. 1).

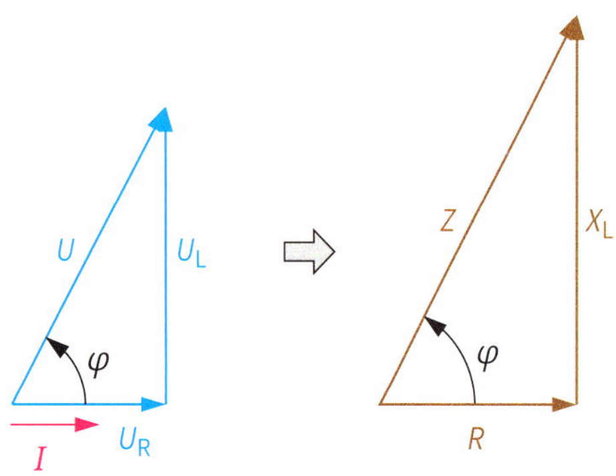

1: Widerstandsdreieck mit R und X_L

Wenn wir den Lehrsatz des Pythagoras und die Winkelfunktionen (vgl. Anhang) auf das Widerstandsdreieck anwenden, ergeben sich folgende Formeln:

$$\boldsymbol{Z^2 = R^2 + X_L^2}$$

$$Z = \sqrt{R^2 + X_L^2} \qquad R = \sqrt{Z^2 - X_L^2} \qquad X_L = \sqrt{Z^2 - R^2}$$

$$\boldsymbol{\cos\varphi = \frac{R}{Z}} \qquad \sin\varphi = \frac{X_L}{Z} \qquad \tan\varphi = \frac{X_L}{R}$$

Scheinwiderstand und Phasenverschiebung

Gesucht sind der Scheinwiderstand und der Phasenverschiebungswinkel bei einer Reihenschaltung aus einem Blindwiderstand von 40 Ω mit einem Wirkwiderstand von 20 Ω.

Geg.: $X_L = 40\ \Omega$; $R = 20\ \Omega$ Ges.: Z und φ

$$Z = \sqrt{R^2 + X_L{}^2} \qquad Z = \sqrt{400\ \Omega^2 + 1600\ \Omega^2}$$

$$\underline{\underline{Z = 44{,}7\ \Omega}}$$

$$\tan\varphi = \frac{X_L}{R} \qquad \tan\varphi = \frac{40\ \Omega}{20\ \Omega} = 2 \qquad \underline{\underline{\varphi = 63{,}4°}}$$

Die Leistungen unterscheiden sich von den jeweiligen Spannungen nur durch die Stromstärke (konstante Größe, $P = U \cdot I$). Für die Leistungen kann deshalb ein dem Spannungsdreieck ähnliches Leistungsdreieck gezeichnet werden (Abb. 2).

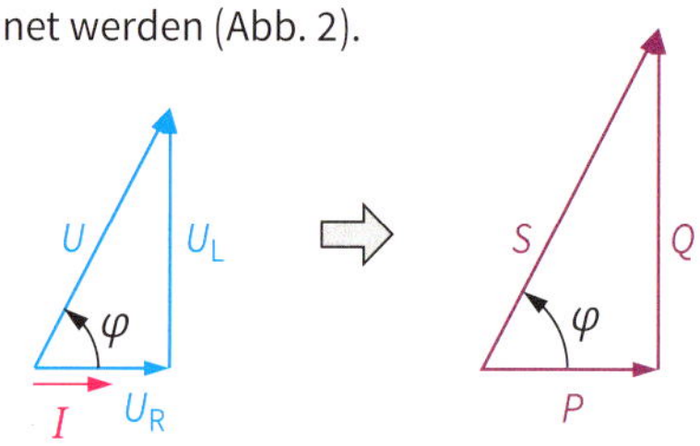

2: Leistungsdreieck

Mit dem Leistungsdreieck lassen sich folgende Berechnungsformeln aufstellen:

$$\boldsymbol{S^2 = P^2 + Q^2}$$

$$S = \sqrt{P^2 + Q^2} \qquad P = \sqrt{S^2 - Q^2} \qquad Q = \sqrt{S^2 - P^2}$$

$$\boldsymbol{\cos\varphi = \frac{P}{S}} \qquad \sin\varphi = \frac{Q}{S} \qquad \tan\varphi = \frac{Q}{P}$$

Der cos φ (auch Formelzeichen λ) hat in der Energietechnik eine besondere Bedeutung. Er ist das Verhältnis von Wirkleistung zu Scheinleistung. Er gibt also an, wie viel von der Scheinleistung in Wirkleistung umgesetzt wird. Er heißt deshalb auch **Leistungsfaktor** [**power** *factor*] oder **Wirkleistungsfaktor** [**active** *power factor*]. Er kann Werte zwischen 0 und 1 annehmen. Daneben gibt es den **Blindleistungsfaktor** [**reactive** *power factor*] sin φ. Er ist das Verhältnis von Blindleistung zu Scheinleistung.

Aufgaben

1. In einer Reihenschaltung aus R und X_L werden folgende Spannungen gemessen: $U_R = 4$ V; $U_L = 3$ V
   a) Zeichnen Sie das Liniendiagramm für zwei Perioden.
   b) Zeichnen Sie in a) den Verlauf der Gesamtspannung ein und ermitteln Sie den Maximalwert.
2. Ermitteln Sie mit Hilfe eines Zeigerdiagramms den Phasenverschiebungswinkel zwischen der angelegten Spannung und der Stromstärke bei einer Reihenschaltung aus R und X_L.
   Folgende Spannungen wurden gemessen:
   $U_R = 140$ V; $U_L = 170$ V
3. Eine Reihenschaltung aus R und X_L besitzt bei $f = 1$ kHz einen Scheinwiderstand von 1,7 kΩ. Der Wirkwiderstand hat einen Wert von 1,2 kΩ. Die Gesamtspannung beträgt 5,8 V.
   Berechnen Sie X_L, L, U_L, U_R und φ.
4. Eine Spule besitzt einen Scheinwiderstand von 1,2 kΩ und einen Wirkwiderstand von 820 Ω.
   a) Wie groß ist der Wirkleistungsfaktor?
   b) Wie groß ist die Wirkleistung bei einer Stromstärke von 0,3 A?
5. Eine Reihenschaltung aus R und X_L liegt an einer konstanten Spannung.
   a) Der Wirkwiderstand wird vergrößert.
   b) Der Blindwiderstand wird vergrößert.
   Wie verändern sich die Stromstärke, die Teilspannungen, die Leistungen und der Phasenverschiebungswinkel (größer bzw. kleiner angeben)?

- In Reihenschaltungen aus Blindwiderständen und Wirkwiderständen ist die Stromstärke die gemeinsame Größe (Bezugsgröße).
- Die Spannungs-, Widerstands- und Leistungsdreiecke der Reihenschaltung aus R und X_L sind ähnlich (Phasenverschiebungswinkel φ ist gleich groß).
- Der Leistungsfaktor gibt an, welcher Anteil der Scheinleistung in Wirkleistung umgesetzt wird. Sein Wert liegt zwischen 0 und 1.

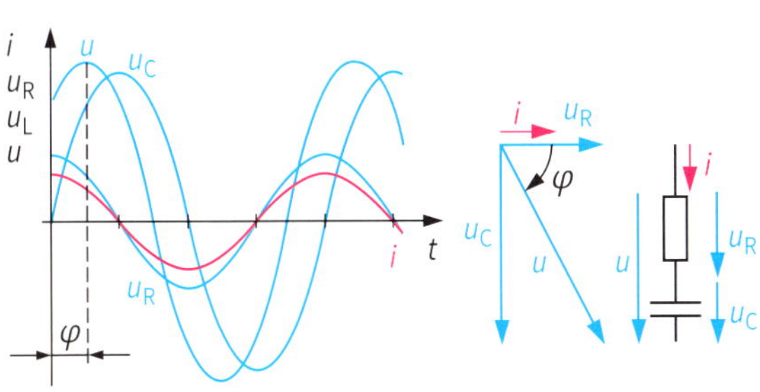

3: Diagramme der Reihenschaltung aus R mit X_C

6.1.11 Reihenschaltung mit R und X_C

Bei der Reihenschaltung teilt sich die Gesamtspannung auf die Widerstände auf. Bei der Entwicklung des Linien- und Zeigerdiagramms von Abb. 3 muss wie folgt vorgegangen werden:

- Die Stromstärke i ist die gemeinsame Bezugsgröße.
- Die Spannung u_R am Wirkwiderstand ist in Phase mit der Stromstärke i.
- Die Spannung u_C am Blindwiderstand eilt der Stromstärke um 90° nach.
- Die Gesamtspannung u ergibt sich durch Addition der Momentanwerte u_R und u_C.
- Das Spannungsdreieck wird benutzt, um das Widerstands- und Leistungsdreieck zu entwickeln. Alle Dreiecke sind ähnlich. Die jeweiligen Phasenverschiebungswinkel φ sind gleich.

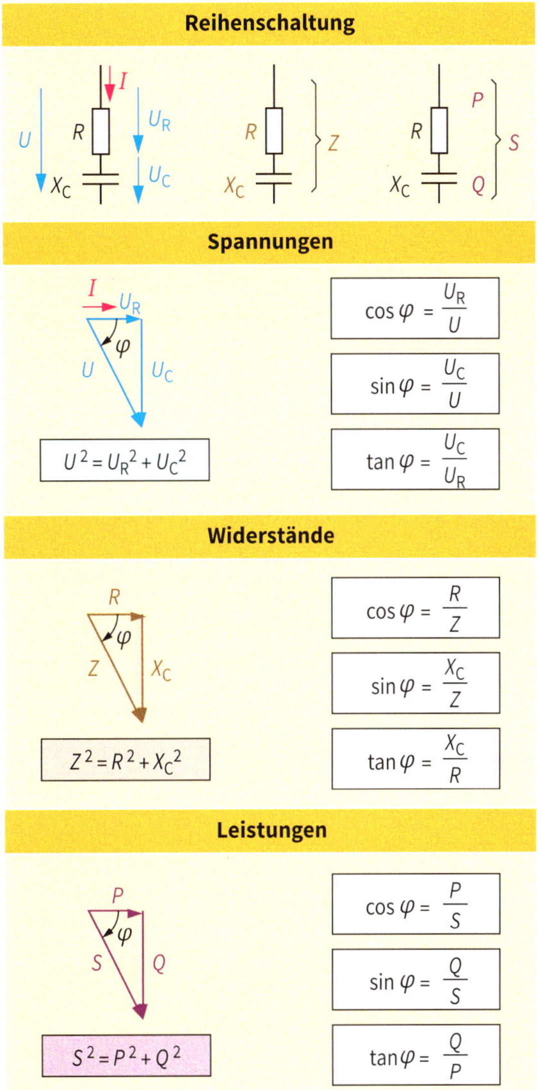

4: Formeln zur Reihenschaltung

6.1.12 Reihenschaltung mit R, X_L und X_C

Als Anwendungsbeispiel für diese Reihenschaltung verwenden wir den Zweig einer Leuchtstofflampen-Schaltung (Abb. 1), in dem sich zusätzlich ein Kondensator befindet. Die Schaltung wurde messtechnisch untersucht und die angegebenen Spannungen und Stromstärke gemessen.

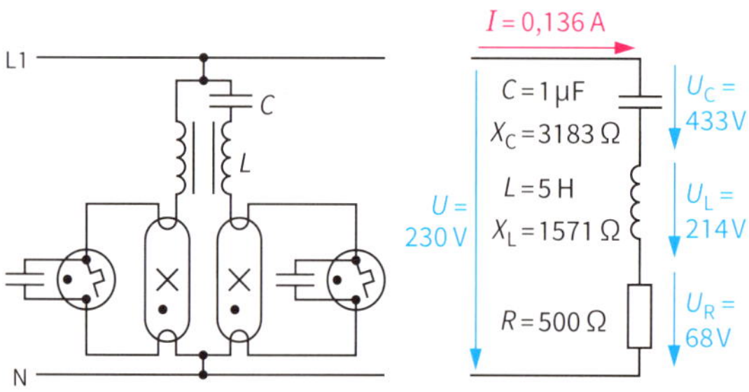

1: Duo-Schaltung

Wie lässt sich erklären, dass am Kondensator eine Spannung liegt, die fast doppelt so groß ist wie die Betriebsspannung 230 V?

Hilfreich ist, wenn wir die phasenmäßigen Beziehungen zwischen den einzelnen Größen betrachten und diese in einem Zeigerdiagramm darstellen (Abb. 2).

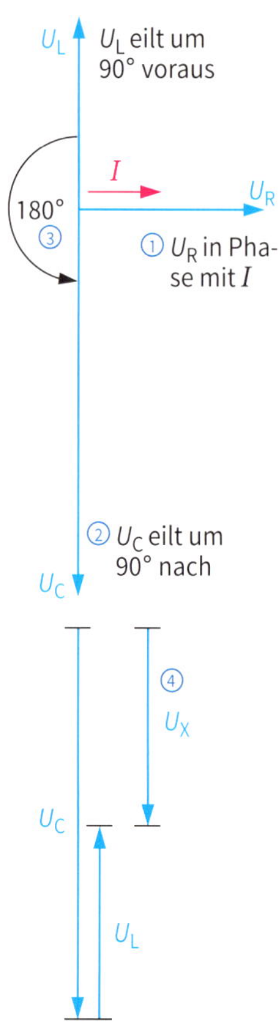

2: Spannungen

- Am Wirkwiderstand R sind Stromstärke und Spannung in Phase ①.
- Die Stromstärke I in der Reihenschaltung verursacht an X_C eine um 90° nacheilende Spannung U_C ②.
- Dieselbe Stromstärke I verursacht an X_L ebenfalls eine um 90° phasenverschobene Spannung U_L, allerdings voreilend. Zwischen U_C und U_L besteht somit eine Phasenverschiebung von 180° ③.
- Die beiden Spannungen U_C und U_L sind entgegengesetzt gerichtet (180° Phasenverschiebung). Sie heben sich also in ihrer Wirkung teilweise auf. Die insgesamt wirksame Spannung aus den Blindwiderständen U_X ist die Differenz aus beiden Spannungen ④:

$U_X = U_C - U_L$

$U_X = 433\ \text{V} - 214\ \text{V}$

$U_X = 219\ \text{V}$

Mit den drei Spannungen lässt sich das Spannungsdreieck zeichnen (Abb. 3). U_C und U_L sind gegeneinander gerichtet.

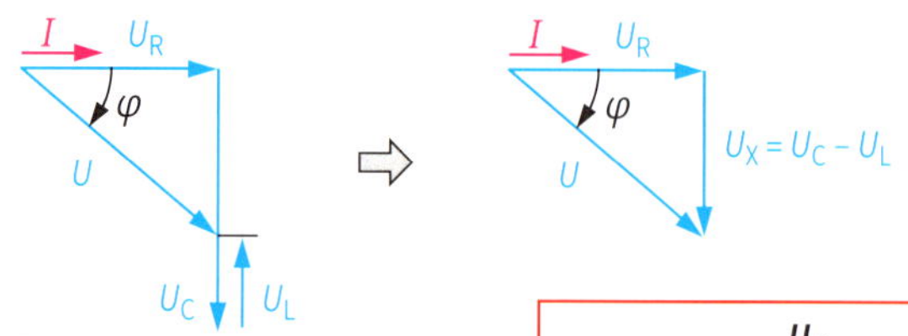

$$U^2 = U_R^2 + (U_C - U_L)^2$$

$$\cos\varphi = \frac{U_R}{U}$$

3: Spannungsdreieck

Wie die Spannungen zeigen auch die beiden Blindwiderstände X_C und X_L ein gegensätzliches Verhalten (Abb. 4). Die Blindwiderstände heben sich in ihren Wirkungen teilweise auf (**Kompensation** [*compensation*]). Wirksam für die Schaltung ist die Differenz aus den Einzelwiderständen. Da in diesem Fall der kapazitive Blindwiderstand größer als der induktive ist, bezeichnen wir den verbleibenden Widerstand mit $X_C{}^*$ (kapazitive Wirkung).

$X_C{}^* = X_C - X_L$

$X_C{}^* = 3183\ \Omega - 1571\ \Omega \qquad X_C{}^* = 1612\ \Omega$

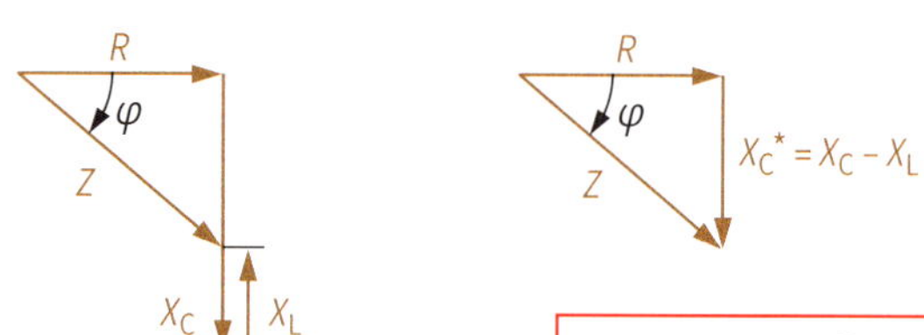

$$Z^2 = R^2 + (X_C - X_L)^2$$

$$\cos\varphi = \frac{R}{Z}$$

4: Widerstandsdreieck

Wie bei der Parallelschaltung gibt es auch hier den Resonanzfall bei $X_L = X_C$. Nur der Wirkwiderstand bestimmt dann die Stromstärke. Da die Stromstärke an jedem Widerstand einen Spannungsfall verursacht ($U \sim I$), sind diese an großen Blindwiderständen ebenfalls groß. Sie können erheblich größer als die anliegende Betriebsspannung werden (Spannungsüberhöhung $U_C = 433$ V, Abb. 3).

- Bei Reihenschaltungen aus X_L und X_C sind die Spannungen an den Blindwiderständen um 180° phasenverschoben.
- Bei Reihenschaltungen aus X_L und X_C können die Spannungen an den Blindwiderständen erheblich größer als die Gesamtspannung werden (Spannungsüberhöhung).
- Bei $X_L = X_C$ heben sich die Blindwiderstände in ihren Wirkungen auf. Die Schaltung verhält sich wie ein reiner Wirkwiderstand.

6.2 Instandsetzung einer Maschinensteuerung

Paul ist als Elektroniker mit seinen Kollegen für den Bau und die Reparatur von Steuerungen zuständig. Diese Instandsetzungsaufträge sind eine besondere Herausforderung, da häufig neue oder unbekannte Anlagen zu analysieren sind.

6.2.1 Auftragsannahme

Frau Freundlich, die Sekretärin, nimmt morgens den Anruf eines Kunden entgegen. Sie bittet ihn, kurz sein Problem zu erläutern, sodass sie eine Telefonnotiz in der digitalen Auftragsverwaltung anlegen kann. Paul sieht nach der Anmeldung im Firmennetzwerk die nötigen Informationen.

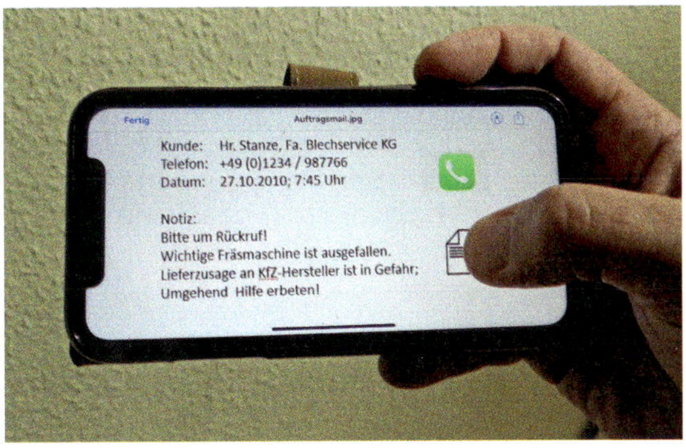

5: Telefonnotiz

Bevor ein Mitarbeiter zum Kunden fährt, sind einige Entscheidungen und Vorbereitungen zu treffen. Nur so ist es möglich, die Zeit beim Kunden effizient zu nutzen und unnötige Fahrzeiten zu vermeiden.

Da es sich um einen wichtigen Auftrag handelt, bespricht Pauls Chef zunächst die bevorstehenden Tätigkeiten mit seinem Mitarbeiter.

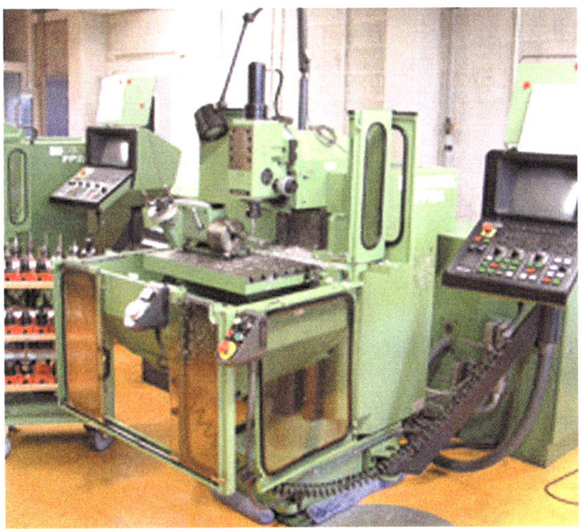

6: Defekte Fräsmaschine

Chef: „Hallo Paul! Gut, dass du schon da bist. Ein großer Kunde von uns hat ein Problem."

Paul: „Ich habe die Notiz gelesen. Soll ich das mal schnell erledigen?"

Chef: „Unsere Kunden sollten wir nicht **eben mal schnell** bedienen. Außerdem handelt es sich um eine Maschinensteuerung, die viel Sicherheitstechnik enthält. Da muss die genaue Fehlerursache gefunden werden, um einen erneuten Maschinenausfall zu vermeiden. Bevor du losfährst, müssen wir über einige spezielle Dinge sprechen:

- Die defekte Fräsmaschine ist eine Maschine, die große Gefahren birgt, z.B. wenn der Fräsvorgang läuft und ein Mensch seine Hand im **Gefahrenbereich** [*danger zone*] hat. Deshalb darf die Maschine nicht ohne die Sicherheitseinrichtungen und ohne **Aufsicht** [*supervision*] in Betrieb gesetzt werden.
- Die Fräsmaschine hat eine CE-Kennzeichnung. Das bedeutet z.B., dass die Maschine die EU-Maschinenrichtlinie erfüllt.
  Wir dürfen keine Änderungen an den sicherheitsrelevanten Teilen der Steuerung vornehmen. Ansonsten müssten wir eine neue Konformitätserklärung ausstellen und das ist viel Arbeit.
- Mach zunächst nur eine Bestandsaufnahme. Es ist nicht nur wichtig zu wissen, was an der Maschine kaputt ist - sondern auch WARUM. Nur so können wir vermeiden, dass die Maschine aus dem gleichen Grund bald wieder defekt ist.
- Lass dir die Dokumentation der Maschine geben (Schaltpläne, Bedienungsanleitung usw.).
- Die Mitarbeiter der Blechservice KG sollen dir erklären, wie die Maschine bisher funktioniert hat und welche **Sicherheitseinrichtungen** [*safety devices*] sie hat. Prüfe z.B. ob Not-Aus-Schalter oder Lichtschranken verwendet werden.
- Telefoniere unbedingt noch mit dem Kunden und kündige dich für heute Vormittag an."

Vorbereitungen auf den Kundenbesuch

1. Ziel des Kundenbesuches festlegen:
   - Störung komplett beheben,
   - Bestandsaufnahme vor Störungsbehebung machen,
   - Informationen für Angebotserstellung sammeln.
2. Geeignete Mitarbeiter auswählen (Anzahl, Ausbildung, Erfahrung ...)
3. Arbeitsmittel zusammenstellen (Werkzeug, Messgeräte ...)

Regeln für das Telefonieren mit Kunden

- Höflich und hilfsbereit sein.
- Erreichbar sein (selbst oder eine Vertretung).
- Den Anrufer ernst nehmen.
- Hilfe und Lösungsmöglichkeiten anbieten.
- Versprochene Rückrufe schnell durchführen.

6.2.2 Arbeitsfreigabe

Der Elektroniker Paul ist zum ersten Mal bei der Firma Blechservice KG. Herr Fertig holt ihn an der Pforte ab und bringt ihn zum Einsatzort.

Bevor mit der Arbeit begonnen werden kann, muss Paul über mögliche Gefahren am Einsatzort sowie Schutzmaßnahmen informiert werden. In kleinen Firmen erfolgt dies durch ein kurzes Gespräch, in dem besondere Gefahren der Anlage, Schutzeinrichtung (z.B. Not-Aus-Schalter), Rettungswege und -mittel vorgestellt werden.

In großen Firmen können durch den Betrieb oder dessen Größe besondere Gefahren auftreten. Dies sind beispielsweise Firmen der Automobil- oder Chemieindustrie. Hier sind umfangreiche Informations- und Arbeitsfreigabesysteme vorhanden.

Das Verfahren, mit dem der ausführende Mitarbeiter informiert und die Arbeitsstelle gesichert wird, nennt man **Arbeitsfreigabe** [*permit to work*].

Vor Betreten des Werksgeländes führt der Auftraggeber eine **allgemeine Sicherheitsunterweisung** durch.

Hierbei informiert er über allgemeine

- **Gefahren** [*dangers*], z.B. bewegende Maschinen wie Fertigungsroboter, selbstfahrende Transportfahrzeuge, Explosionsgefahr,
- **Verbote** [*prohibitions*] wie Rauchverbot, Alkoholverbot und
- **Gebote** [*mandatories*] wie
  - Geschwindigkeitsbegrenzungen,
  - Aufforderung zum Tragen von persönlicher Schutzausrüstung,
  - Verlassen der Gebäude bei Alarm.

Die durchgeführten Unterweisungen werden in einem kurzen Bericht schriftlich dokumentiert.

Vor Beginn der Arbeit muss dann durch die **spezielle Sicherheitsunterweisung** die eigentliche Arbeitsstelle zur Arbeit freigegeben werden. Dies ist notwendig, da die großen Firmen aus vielen verschiedenen Bereichen bestehen. Die Gefahren, die in den einzelnen Bereichen herrschen, können jedoch sehr unterschiedlich sein. Tätigkeiten/Arbeiten z.B. an einer Fräsmaschine und einem Lackierautomat können beide in der Firma Blechservice stattfinden. Trotzdem sind die Gefährdungen sehr verschieden.

Zu jedem Teilbereich gibt es einen oder mehrere namentlich benannte Verantwortliche, die berechtigt sind, eine Arbeitsstelle freizugeben.

Hierzu muss der Verantwortliche

- über Gefahren informieren,
- bei Bedarf Sicherungsmaßnahmen anordnen und deren Anwendung kontrollieren,
- die Arbeitsstelle freigeben (z.B. durch Freigabeprotokoll).

Meistens wird hierüber ein **Arbeitsfreigabeprotokoll** erstellt (Abb. 2, S.113). Hiervon erhalten die freigebende und die arbeitende Person je ein Exemplar. Ein weiteres Exemplar wird an der Arbeitsstelle ausgehängt.

Arbeitsfreigaben sind nur für die Zeitspanne gültig, die auf dem Freigabeprotokoll genannt ist. Sollen andere Arbeiten bzw. Arbeiten an anderen Orten durchgeführt werden, ist eine neue Freigabeprozedur zu durchlaufen.

Nach Beendigung der Arbeiten sind die getroffenen Sicherungsmaßnahmen aufzuheben.

Ablauf zur Arbeitsfreigabe

Anmeldung bei Pforte/Empfang

Generelle Sicherheitsunterweisung
- Information über generelle Verhaltensregeln und Gefahren auf dem Werksgelände (z. B. durch Film, Vortrag)

Anmeldung beim Betrieb/im Gebäude

Spezielle Sicherheitsunterweisung
- Information über spezielle Verhaltensregeln und Gefahren an der Arbeitsstelle

Ausfüllen eines Arbeitsfreigabeprotokolls
mit Unterschrift von: – Auftraggeber und – Auftragnehmer
je ein Exemplar bei: – Auftragnehmer – Auftraggeber – Aushang an der Arbeitsstelle

Nach Arbeitsende
- Aufhebung der Schutzmaßnahmen
- Sammlung aller Freigabeprotokolle
- Ablage der Protokolle beim Auftraggeber

Tätigkeit von:

Auftragnehmer | Auftraggeber | Auftragnehmer und -geber

1: Ablauf zur Arbeitsfreigabe

Aufgaben

1. Welche weiteren EU-Richtlinien erfordern eine CE-Kennzeichnung? Recherchieren Sie im Internet und beschreiben Sie diese kurz.
2. Durch welche Maßnahmen müssen Gefahren an einer Maschine vermieden/verringert werden? Welche Reihenfolge ist dabei zu beachten?
3. Wer bekommt das Arbeitsfreigabeprotokoll?
4. Wer ist für die Arbeitssicherheit auf der Baustelle verantwortlich?

Sicherheitsbesprechung vor Arbeitsbeginn

am: 29.06.2020

Ort der Arbeit: Blechservice KG, Fräsmaschine in Geb. A 17

Auszuführende Arbeiten: Störung analysieren und instand setzen

Sicherheitsmaßnahmen (Zutreffendes ankreuzen):

- ☐ Arbeitsgenehmigung/Befahrerlaubnis
- ☐ Absaugung bzw. Frischluft erforderlich
- ☐ Gerüst erforderlich
- ☒ Absperrung
- ☐ Sicherheitsgurt erforderlich
- ☐ Sielabdeckung erforderlich
- ☐ Trenntrafo erforderlich/Schweißmaschine
- ☐ mit der Kennzeichnung „S"
- ☐ Augenschutz
- ☐ Gehörschutz
- ☐ Arbeitshandschuhe
- ☐ Atemschutz
- ☐ Staubmaske
- ☐ Brandschutzdecken erforderlich
- ☐ Sicherheitsposten erforderlich

Bemerkungen:

Die bei der Besprechung festgelegten Punkte bzw. die allgemeinen Unfallverhütungsmaßnahmen sind einzuhalten.
Stellt sich während der Arbeit heraus, dass zusätzliche Sicherheitsmaßnahmen erforderlich sind, so müssen diese dem Baustellenleiter sofort mitgeteilt bzw. eingeleitet werden.

Besteht eine gegenseitige Gefährdung ☐ ja ☒ nein

Koordinator: G. Fahr

Beteiligte Firmen: Blechservice KG/Elektro-Schmitt

Ausführende Personen (mit Name und Unterschrift): Paul Müller P. Müller

Belehrung durchgeführt von P. Schneider

2: Arbeitsfreigabeprotokoll

- Arbeitsfreigaben stellen sicher, dass an der Arbeitsstätte Sicherheitsmaßnahmen getroffen wurden und das Personal über spezielle Gefahren informiert wurde.
- Vor Arbeitsbeginn in fremden Firmen muss sich die ausführende Person über spezielle Gefahren unterrichten lassen.
- Bei speziellen Gefahren im Betrieb des Auftraggebers müssen geeignete Schutzmaßnahmen festgelegt werden.

Maschinenrichtlinie 2006/42/EG (MaschRL)

Die **Maschinenrichtlinie** [*machinery directive*] ist in Deutschland durch das Geräte- und Produktsicherheitsgesetz (GPSG) verbindlich einzuhalten. Sie sorgt europaweit für vergleichbare Sicherheitsstandards bei Maschinen und sichert dadurch den freien europäischen Warenverkehr-

Was sind Maschinen?

Maschinen sind die Gesamtheit von miteinander verbundenen Teilen oder Vorrichtungen, von denen mindestens eine beweglich ist, sowie gegebenenfalls von Betätigungsgeräten, Steuer- und Energiekreisen usw., die für eine bestimmte Anwendung, wie die Verarbeitung, die Behandlung, die Fortbewegung und die Aufbereitung eines Werkstoffes zusammengefügt sind. Handbetriebene Einrichtungen bilden eine Ausnahme, wenn sie nicht für Hebezwecke eingesetzt werden (z.B. Kettenzug).

Pflichten des Herstellers:

- Vor dem Bauen der Maschine eine Gefahrenanalyse durchführen.
  Mögliche Gefahren müssen durch
  1. **Konstruktion** [*construction*] vermieden,
  2. **Schutzeinrichtungen** [*protection equipment*] vermindert und
  3. Unterrichtung des **Benutzers** [*users*] bekannt gemacht werden.
- Sicherheitsfunktionen erfüllen
  - Not-Aus-Funktionen,
  - Vermeidung selbstständigen Anlaufens.
- Betriebsanleitung, Dokumentation erstellen
- Eine **Konformitätserklärung** [*declaration of conformity*] ausstellen.
  Diese beinhaltet:
  - Name, Anschrift des Herstellers
  - Auflistung aller relevanten und angewandten Bestimmungen und nationalen Normen
  - Angabe zum Unterzeichner (z.B. Planer, Sicherheitskoordinator ...)
- Kennzeichnung der Maschine mit
  - dem **CE-Zeichen** [*CE mark of conformity*] (sichtbar, lesbar und dauerhaft gekennzeichnet)

Änderungen:

Durch Veränderungen an einer Maschine verliert die **Konformitätserklärung** und CE-Kennzeichnung ihre Gültigkeit.

Änderungen sind z.B. Leistungserhöhungen, Funktionsänderungen oder Änderungen der Sicherheitstechnik.

Es ist dann wie bei einer neuen Anlage zu verfahren und mit der Gefahrenanalyse zu klären, ob neue oder zusätzliche Gefahren zu erwarten sind.

6.2.3 Systemanalyse

Bevor der Fehler gesucht werden kann, müssen Informationen über die Anlage und ihre Funktion bekannt sein. Die Zusammenhänge innerhalb einer Maschine lassen sich in einem **Funktionsschema** [*functional scheme*] darstellen. Bei diesem wird die Maschine in **Teilsysteme** [*subsystems*] und **Komponenten** [*components*] untergliedert. Als erste Untergliederung können folgende Teilsysteme verwendet werden:

Antriebseinheit [*drive unit*] **...**

... dient zum Antreiben beweglicher Einrichtungen (Arbeitsspindel, verfahrbarer Tisch ...) und kann z.B. ein Elektromotor oder Hydraulikzylinder sein.

Arbeitseinheit [*work unit*] **...**

... erbringt die eigentliche Arbeit der Maschine, z.B. die Arbeitsspindel mit Fräskopf oder Greifer eines Roboters.

Stütz- und Trageinheit [*support and bearing unit*] **...**

... gibt der Maschine die notwendigen mechanischen Verbindungen. Diese halten die Antriebs- bzw. Arbeitseinheiten und leiten auftretende Kräfte an das Maschinengestell oder Gehäuse weiter.

Energieübertragungseinheit [*power transmission unit*] **...**

... überträgt die benötigte Energie von der Quelle zum Verwendungsort. Elektrische Leitungen, Keilriemen, Getriebe sind Energieübertragungseinheiten.

Steuerungseinheit [*control unit*] **...**

... nimmt Informationen auf und gibt Informationen ab, um durch veränderbare/schaltbare Energieübertragung gewünschte, automatische Maschinenabläufe zu gewährleisten.

Versorgungseinheit [*supply unit*] **...**

... versorgt die Anlage mit den benötigten Stoffen (Schmiermittel, Kühlwasser ...) und Energien (Hydraulikdruck, elektrischer Strom ...).

Informationen über die Funktion kann man über ein Gespräch mit dem Maschinennutzer oder die Maschinendokumentation bekommen.

Paul wird die defekte Fräsmaschine gezeigt (Abb. 1). Hr. Fertig erklärt ihm, dass die Fräsmaschine computergesteuert mit einer SPS arbeitet. Nach Einlegen eines Werkstückes wird die Schutztür geschlossen. Nach dem Startbefehl am Bedientableau läuft die Maschine automatisch an. Sollte die Schmierung ausfallen, jemand die Schutztür öffnen oder den Not-Aus-Taster betätigen, wird die Anlage sofort abgeschaltet.

Paul fasst zusammen, dass es unterschiedliche Bedingungen gibt, die für den Motorstart erforderlich sind. Den Zusammenhang hält er in einer Skizze fest (Abb. 2).

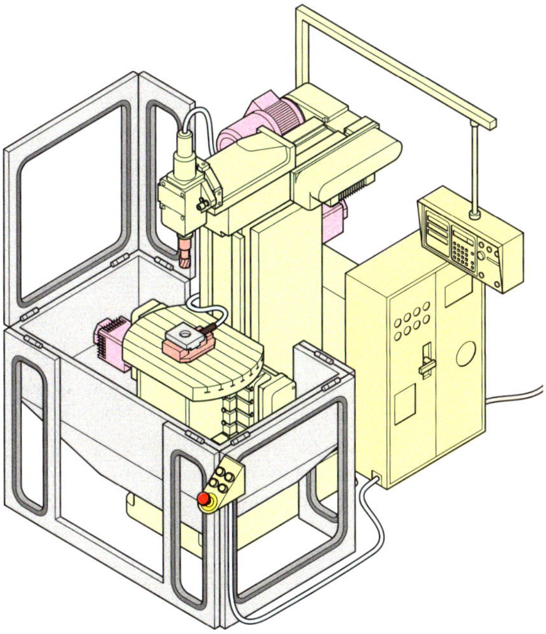
1: Fräsmaschine

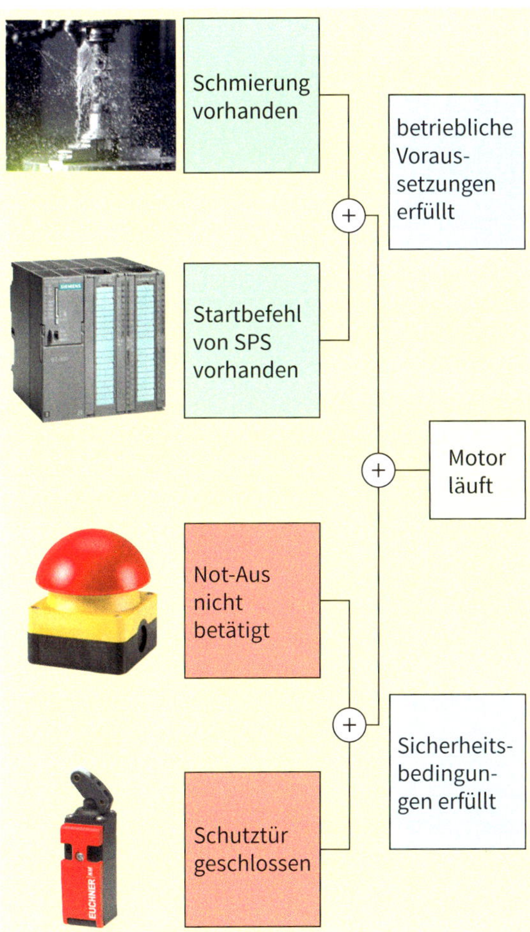

2: Startbedingungen

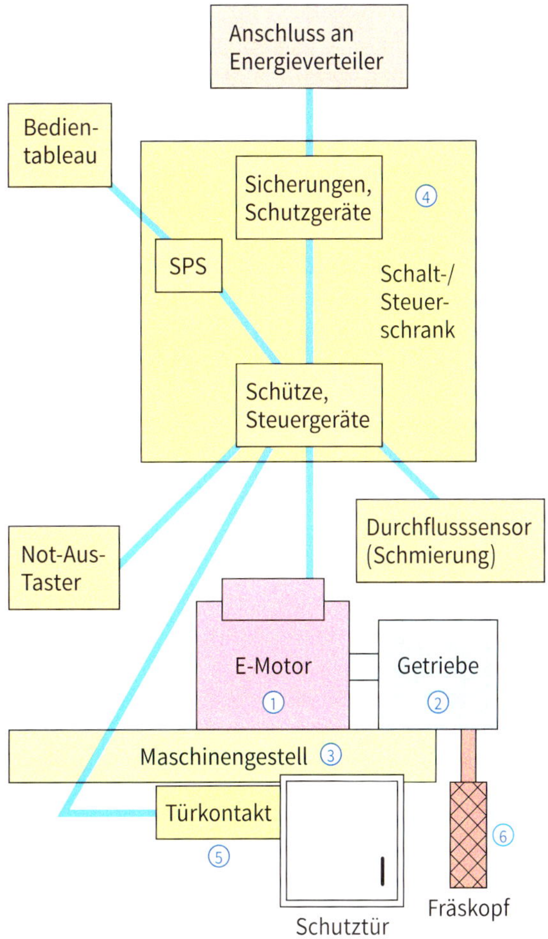

3: Funktionsschema Fräsmaschine

Weitere Informationen über die Fräsmaschine sind in der **Bedienungsanleitung** [*instruction manual*] und der Elektrodokumentation enthalten. Die Dokumente geben einen Überblick über die vorhandenen Teilsysteme, Anlagenkomponenten und deren Funktionen.

Folgende Komponenten lassen sich an der Fräsmaschine finden und einem Teilsystem zuordnen (Abb. 3):

- Motor (Antriebseinheit) ①
- Getriebe (Energieübertragungseinheit) ②
- Maschinengestell (Stütz-/Trageinheit) ③
- Schalt-/Steuerschrank (Steuerungseinheit) ④
- Schutztürschalter (Steuerungseinheit) ⑤
- Hauptspindel/Fräskopf (Arbeitseinheit) ⑥
- u.s.w.

Die einzelnen Teilsysteme werden schematisch aufgezeichnet. Zwischen den Teilsystemen werden alle Verbindungen dargestellt, die für die Funktion der Maschine wichtig sind.

Auf diese Weise wird das Funktionsschema einer Maschine entwickelt. Es ist die Grundlage für die anstehende systematische Fehlersuche.

Schnittstellen ermitteln

Am Motor der Fräsmaschine lassen sich verschiedene Schnittstellen definieren (Abb. 1). **Schnittstellen** *[interfaces]* sind Verbindungsstellen zwischen Komponenten. Sie werden auch als **Systemgrenze** bezeichnet.

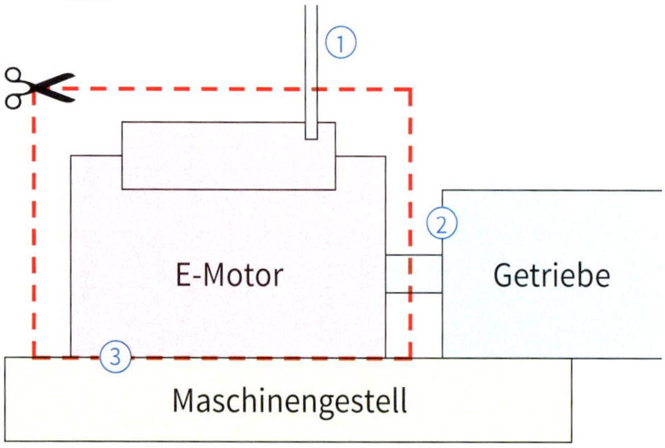

1: Motorschnittstellen

Jede Komponente in der Maschine hat Verbindungen zu anderen Komponenten und damit Schnittstellen. Eigenschaften einer Schnittstelle sind ihre Funktion und physikalische Größen.

① Am Klemmbrett muss zwischen den Anschlüssen jeweils eine Spannung von 400 V gemessen werden.

② Bei ausgeschaltetem Motor muss sich die Welle des Motors mit der Kupplung zum Getriebe mit geringem Drehmoment bewegen lassen.

③ Die Befestigungsschrauben des Motors müssen fest angezogen sein, um die richtige Ausrichtung der Motorwelle und Getriebewelle zu gewährleisten.

Auflistung der Schnittstellen

Die Schnittstellen lassen sich systematisch in einer Tabelle auflisten (Abb. 2). Dabei wird willkürlich eine Komponente ausgewählt (z.B. Motor) und in der ersten Spalte (Funktionseinheit A) eingetragen. In der zweiten Spalte (Funktionseinheit B) befinden sich alle über Schnittstellen verbundenen Komponenten. Weitere Spalten sind für die Schnittstellenart und die physikalische Größe vorgesehen.

Diese Tabelle dient gleichzeitig als Grundlage für die **Prüfung** und **Fehlersuche**. Dazu enthält sie weitere Spalten für Prüfvermerke und Bemerkungen.

Aufgaben

1. Welche Aufgaben haben Energieübertragungseinheiten?
2. Zu welchem Teilsystem gehört der Fräskopf?
3. Welche Schnittstellen hat der Türkontakt?
4. Erstellen Sie mit Hilfe eines PC eine Schnittstellentabelle für den Türkontakt.
5. Ergänzen Sie die Tabelle in Abb. 2 um das Maschinengestell und die Schutztür.

- Jede Anlage lässt sich in Teilsysteme untergliedern.
- Teilsysteme dienen zum Antreiben, Arbeiten, Stützen und Tragen, Energie übertragen, Steuern und Versorgen.
- Ein Funktionsschema zeigt nur die Zusammenhänge, die für die Funktion wichtig sind.
- Schnittstellen sind die Grenze zwischen zwei Komponenten. Sie lassen sich durch ihre Art und eine physikalische Größe beschreiben.

Funktionseinheit A	Funktionseinheit B	Schnittstelle	physikalische Größe	geprüft	Bemerkung
Motor (Antriebseinheit)	Getriebe	Welle	Drehmoment	✔	drehbar
	Maschinengestell	Befestigungsschrauben	Kraft	✔	OK
	Elektrische Energieversorgung	Klemmbrett	Stromstärke/Spannung	✔	$U = 0$ V
Getriebe	Motor	Welle	Drehmoment		
	Maschinengestell	Befestigungsschrauben	Kraft		
	Hauptspindel	Welle	Drehmoment		
Hauptspindel	Getriebe	Welle	Drehmoment		
	Lager	Wälzkörper	Kraft		

2: Schnittstellentabelle

6.2.4 Fehlersuche

Mit der **Fehlersuche** [*fault locating*] soll die defekte Komponente gefunden werden.

Diese Komponente hat einen Schaden, das heißt, sie kann die eigentlich geforderte Funktion nicht mehr ausführen. Alle Systeme, die mit dem schadhaften Bauteil verbunden sind, können damit in ihrer **Funktionsfähigkeit** [*functionality*] behindert sein.

Der Schaden kann zu Fehlern an weiteren Teilsystemen und Komponenten führen, die selbst keinen Schaden haben.

Der umgangssprachliche Begriff „Fehlersuche" müsste daher eigentlich „Schadenssuche" heißen.

Beispiel: Sicherung defekt (Schaden)

⇒ keine Spannung auf der Leitung (Fehler)

⇒ keine Spannung an der Lampe (Fehler)

⇒ Lampe leuchtet nicht (sichtbarer Fehler)

Der Schaden wirkt daher über weitere Teilsysteme und ist deshalb meistens nicht direkt zu erkennen. Bei der Fehlersuche können verschiedene Strategien angewendet werden.

Begriffe zur Fehlersuche

Funktion [*function*]
ist eine Aufgabe, die durch den Verwendungszweck der Maschine vorgegeben ist.
Z.B. Drehen des Fräskopfes mit einer bestimmten Geschwindigkeit zum Fräsen eines Werkstückes.

Fehler [*failure*]
ist der Ausfall einer oder mehrerer Funktionen einer Maschine.
Der Fehler in unserem Beispiel besteht darin, dass die Funktion „Fräsen" nicht mehr ausgeführt werden kann.

Schaden [*damage*]
ist der Zustand eines (Teil-) Systems, bei dem eine unzulässige Beeinträchtigung der Funktionsfähigkeit besteht.

Beispiel:
Eine Glühlampe hat beispielsweise die Funktion „Abgabe von Licht bei anliegender Betriebsspannung". Wird das Licht nicht abgegeben, dann liegt ein Fehler vor. Der Schaden besteht darin, dass z.B. der Glühfaden geschmolzen ist.

Fehlersuchstrategien

Prinzipiell lassen sich zwei Strategien unterscheiden.

1. Vorwärtsstrategie:

Es wird von übergeordneten Systemen zum fehlerhaften Teilsystem gesucht, z.B. Suche vom Versorgungsnetz in Richtung Lampe.
→ Suche **in** Richtung Fehlfunktion

2. Rückwärtsstrategie:

Es wird vom fehlerhaften Teilsystem zu übergeordneten Systemen gesucht, z.B. Suche von der Lampe in Richtung Versorgungsnetz.
→ Suche **von** der Fehlfunktion weg

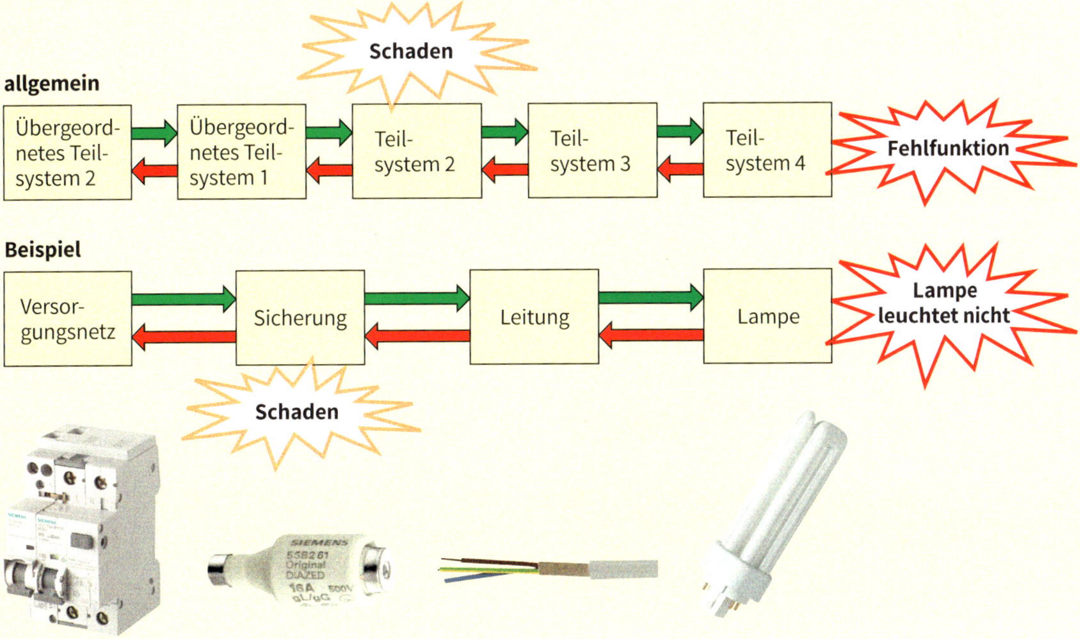

Fehlerort

Der Fehler der Fräsmaschine zeigt sich an der Welle des Fräskopfes. Diese dreht sich nicht, obwohl alle betrieblichen und sicherheitstechnischen Vorgaben erfüllt sind. Da der Fehlerort gut zugänglich ist, wird in diesem Fall die Rückwärtsstrategie verfolgt.

- **Teilsystem 1: Welle**

  Als erstes Teilsystem wird die Welle betrachtet, die den Fräskopf antreibt. Als Schnittstellen ergeben sich hier:
  - Lagerung
  - Kupplung zum Getriebe

  Die Schnittstellen lassen sich prüfen, indem man die Welle von Hand dreht. Zur Sicherheit sollten der Fräser ausgebaut und die Anlage ausgeschaltet sein. Die Welle lässt sich leicht drehen. Der Schadensort ist daher nicht die Welle.

- **Teilsystem 2: Getriebe**

  An die Welle schließt sich das Getriebe als nächstes zu prüfendes Teilsystem an. Auch das Getriebe ist von Hand drehbar und daher ohne Schaden. Als nächstes Teilsystem wird der Elektromotor betrachtet.

- **Teilsystem 3: Motor**

  Am Motor befinden sich folgende Schnittstellen:
  - Getriebe
  - Maschinengestell
  - Klemmbrett

  Die Befestigung am Maschinengestell sowie die Leichtgängigkeit der Welle können wieder von Hand geprüft werden.

  Für die Prüfung der Klemmen muss zunächst der Klemmenkasten geöffnet werden (Abb. 1). Anschließend wird die Anlage unter Spannung gesetzt. Jetzt wird an den offen liegenden Klemmen die Spannung mit einem Spannungsmessgerät gemessen. Hierbei sind alle drei Außenleiter-Spannungen gegeneinander sowie gegen den Schutzleiter zu messen.

  Zwischen allen Messpunkten wird die Spannung $U = 0\,V$ gemessen.

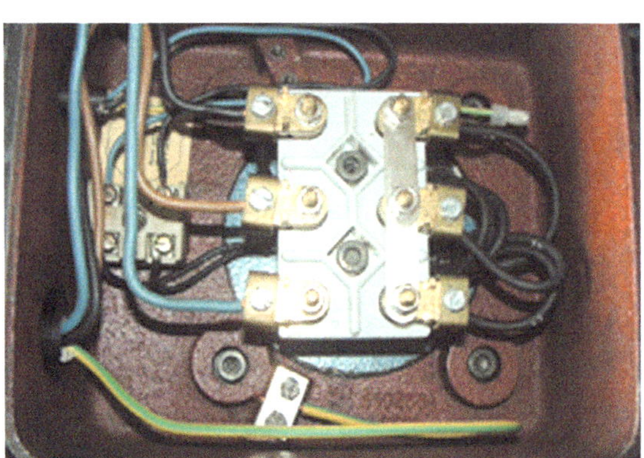

1: Geöffneter Klemmenkasten

Fehlerbaum

Die Suche nach dem Schaden wird bei komplexen Anlagen häufig durch vorgefertigte Fehlerbäume erleichtert. Am Anfang eines Fehlerbaumes steht der „sichtbare" Anlagenfehler. Anhand eines Flussdiagrammes werden dann die einzelnen Schnittstellen der Teilsysteme geprüft. Mit dem Ergebnis der Prüfungen wird das Instandsetzungspersonal systematisch zu der schadhaften Komponente geleitet.

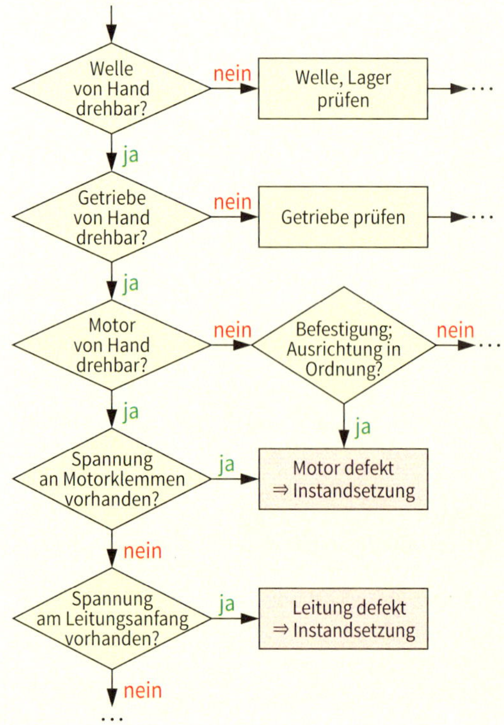

Aufgaben

1. Erläutern Sie den Unterschied zwischen den Begriffen Fehler und Schaden.
2. Wegen einer Reifenpanne kann ein Auto nicht weiterfahren. Beschreiben Sie die Funktion, den Fehler und den Schaden am Auto.
3. Wie können die Schnittstellen eines Schalters geprüft werden?

- Schäden und Fehlfunktionen liegen meistens nicht an derselben Stelle.
- Die Suche nach dem Schaden kann in unterschiedlichen Richtungen erfolgen (vorwärts/rückwärts).
- Fehlerbäume können bei der Suche nach dem Schaden helfen.

Aufgrund der Messung ist klar, dass dem Motor die nötige Spannung nicht zur Verfügung steht. Die Schnittstelle zum Klemmbrett ist die Anschlussleitung. Diese hat als weitere Systemschnittstelle die Klemmen im Schaltschrank.

Da der Verlauf der Anschlussleitung wegen der verdeckten Leitungswege nicht nachvollzogen werden kann, muss die Elektrodokumentation mit ihren Schaltplänen gesichtet werden (Umgang mit Anlagendokumentation, vgl. Anhang).

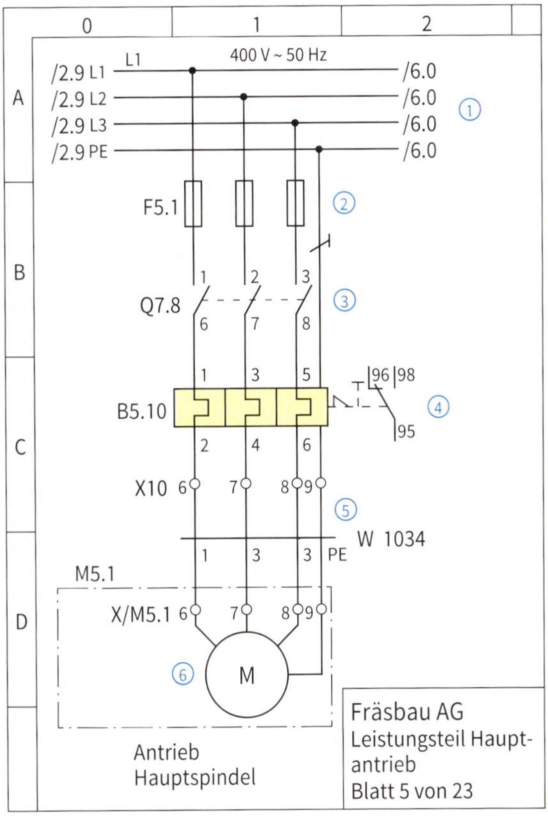

2: Schaltplan „Leistungsteil der Motorsteuerung"

In der Inhaltsübersicht der Elektrodokumentation findet man den Hinweis, dass der Leistungsteil des Hauptspindelantriebes auf Blatt 5 des Plansatzes zu finden ist.

Bevor die Suche nach dem Schaden fortgesetzt wird, ist der vorhandene Plan zu analysieren (Abb. 2). Er enthält verschiedene Objekte, die unterschiedliche Funktionen ausführen:

Objekte:
- Sammelschiene (Versorgungseinheit) ①
- Sicherung (Schutzfunktion) ②
- Schütz (Steuerungseinheit) ③
- Motorschutzrelais (Schutzfunktion) ④
- Leitung (Übertragungseinheit) ⑤
- Motor (Arbeitseinheit) ⑥

Auf diesem Plan lässt sich der Energiefluss von der Sammelschiene bis zum Motor nachvollziehen. Im **fehlerfreien Betrieb** [*faultless operation*] fließt die elektrische Energie von der Sammelschiene über alle Objekte bis zum Motor.

Die Energie fließt jedoch nur, wenn mehrere Bedingungen erfüllt sind (Abb. 3).

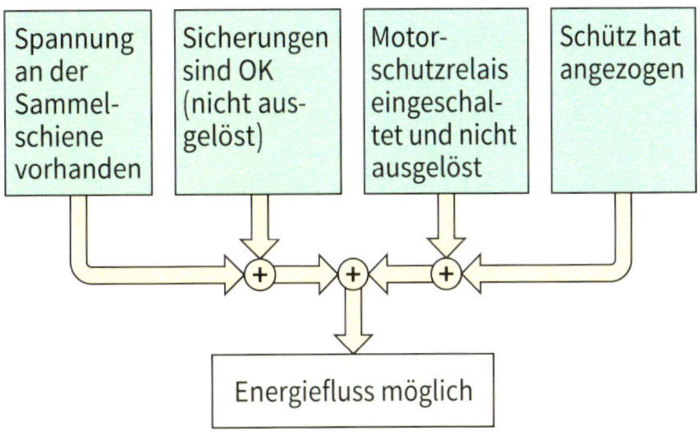

3: Bedingung für Energiefluss

Prüfungen

Die Bedingungen werden kontrolliert, indem an allen Anschlussstellen der Objekte die anliegende Spannung überprüft wird.

Je nach Reihenfolge der Messungen kann hier die Vorwärts- oder Rückwärtsstrategie angewendet werden. Das Ergebnis der Messungen zeigt Abb. 4. An den Messergebnissen lässt sich erkennen, dass die Versorgungsspannung bis zu den netzseitigen Klemmen des Schützes Q7.8 anliegt. An den abgangsseitigenKlemmen liegt keine Spannung.

	Messpunkt	*U*
↓ Vorwärtsstrategie ↓ / ↑ Rückwärtsstrategie ↑	Sicherungen F5.1 Sammelschienenseite	3 x 400 V
	Sicherungen F5.1 abgangsseitig	3 x 400 V
	Schütz Q7.8 Klemmen 1, 2, 3	3 x 400 V
	Schütz Q7.8 Klemmen 6, 7, 8	3 x 0 V
	Motorschutzschalter B5.10 Klemmen 1, 2, 3	3 x 0 V
	Motorschutzschalter B5.10 Klemmen 6, 7, 8	3 x 0 V
	Klemmleiste X10 Klemmen 6, 7, 8	3 x 0 V

4: Messergebnisse an allen Messpunkten zwischen L1–L2, L1–L3, L2–L3

Motorschutzrelais

Funktion:
Der Motorstrom fließt durch das Motorschutzrelais. Jede Phase des Motorstromes erwärmt jeweils ein **Bimetall** [*bimetal*] ①. Je größer die Temperatur ist, desto mehr krümmt sich der Bimetallstreifen. Ist eine bestimmte Krümmung erreicht, wird ein Schaltschloss ausgelöst. Dies betätigt einen Wechslerkontakt, der über die Schützsteuerung den Motor abschaltet.

Der Krümmungsgrad, bei dem die Auslösung erfolgt, lässt sich durch eine verstellbare Feder ändern. Hierdurch kann das Motorschutzrelais an die Bemessungsstromstärke unterschiedlicher Motoren angepasst werden. Mit Hilfe einer Skala ② wird das Relais auf den jeweiligen Wert eingestellt.

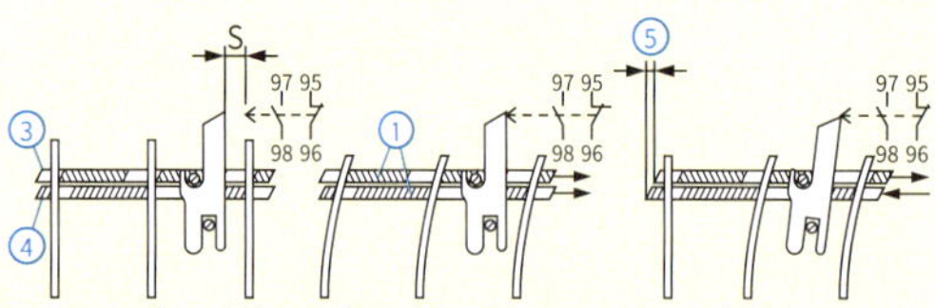

Normalbetrieb ungestört — dreiphasige Überlast — Ausfall einer Phase

③ Auslösebrücke ④ Differenzialbrücke ⑤ Differenzweg

Erwärmen sich die einzelnen Bimetallstreifen unterschiedlich stark, löst das Schaltschloss ebenfalls aus. Dies ist zum Beispiel der Fall, wenn nur eine von drei Vorsicherungen ausgelöst hat. Der Motor befindet sich dann im Betrieb mit **unsymmetrischer Belastung** [*asymmetric load*] und erwärmt sich hierbei stark.

Nach der Auslösung ist das Relais gesperrt. Obwohl die Temperatur der Bimetallstreifen sinkt, kommt es nicht zu einer Wiedereinschaltung. Erst nach Betätigen der Rückstelltaste ⑥ befindet sich das Gerät wieder in betriebsbereiter Grundstellung.

Montage
Das Motorschutzrelais wird mit seinen Anschlussfahnen ⑦ direkt unter die Abgangsklemmen des Schützes geklemmt. An der Abgangsseite des Motorschutzrelais wird die Motorleitung angeschlossen ⑧.

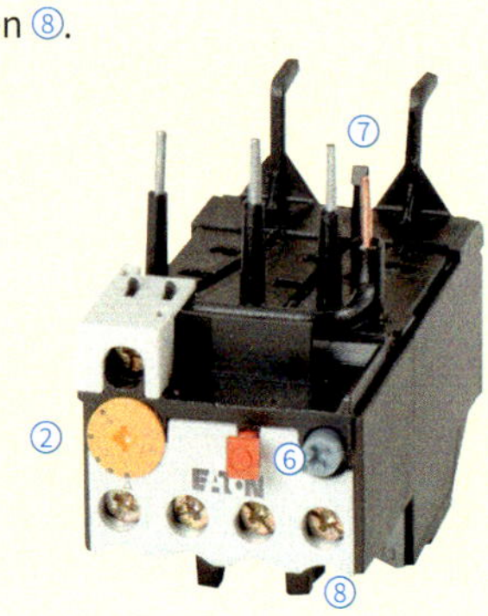

Das Schütz kann wieder als Teilsystem mit Schnittstellen betrachtet werden (Abb. 1). Um die Funktion „Kontakte schließen" auszuführen, muss an der Spule ⑨ die **Steuerspannung** [*control voltage*] liegen oder der Druckknopf ⑩ betätigt werden.

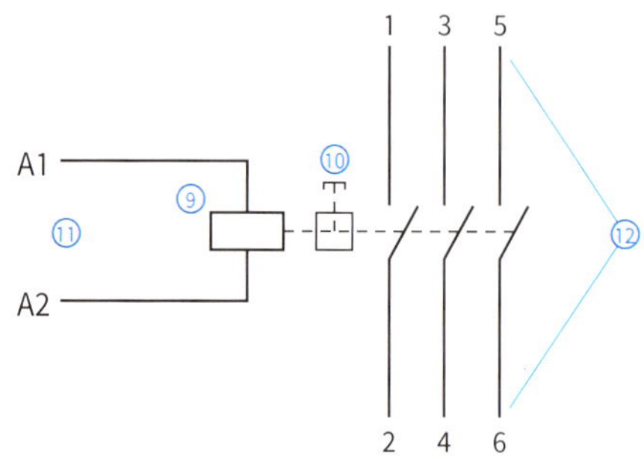

⑩ Handbetätigung ⑪ Spulenanschluss
⑫ Schaltkontakt-Anschlüsse

1: Schütz als Teilsystem

Schnittstellenprüfung
Die Prüfung ergibt, dass nach Betätigen des Druckknopfes am Schütz der Motor anläuft. Die Schnittstellen ⑩ und ⑫ sind also fehlerfrei.

Eine Messung an den Klemmen A1, A2 (Abb. 2) ergibt, dass die Spule spannungslos ist. Die Bedingungen für das Anziehen des Schützes sind nicht erfüllt. Als Nächstes ist die Ursache für die fehlende Steuerspannung zu ermitteln.

Hierfür ist es wichtig zu wissen, woher das Schütz seine Steuerspannung bekommt und unter welchen Bedingungen es einschalten soll. Aus der Schützbezeichnung Q.8 ergibt sich, dass die Schützspule im Stromlaufplan auf Blatt 7 in der Spalte 8 eingezeichnet ist (Abb. 3, S. 121). Dort befinden sich alle **Schaltkontakte** [*switching contacts*], die für die Ansteuerung des Schützes erforderlich sind.

2: Messung mit zweipoligem Spannungsprüfer

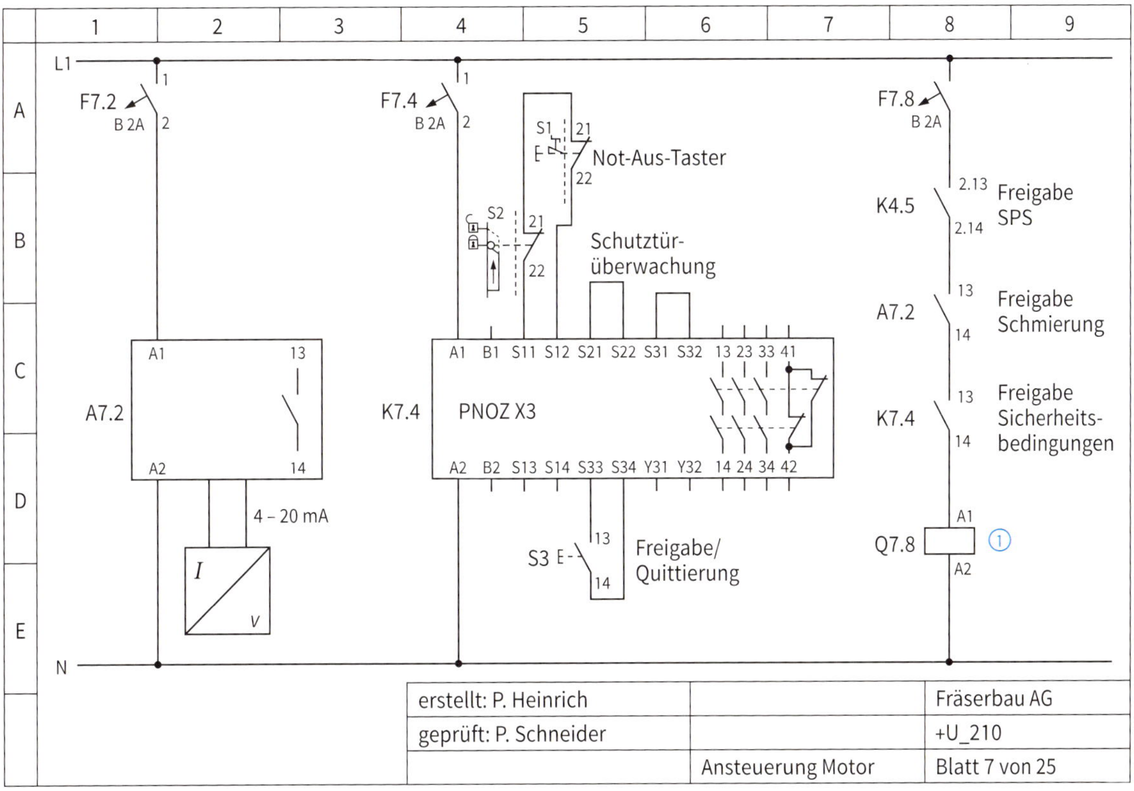

3: Schaltplan „Ansteuerung Motorschütz"

Um das Schütz Q7.8 anziehen zu lassen, muss an den Klemmen A1, A2 eine Spannung von 230 V anliegen.

Dies wird erreicht, wenn

- an der Sammelschiene Spannung anliegt,
- der Sicherungsautomat F7.8 eingeschaltet ist und nicht ausgelöst hat, sowie
- die Hilfsschütze K4.5, K7.4 und A7.2 angezogen haben.

Messungen und Prüfungen

Um diese Bedingungen zu überprüfen, sind Messungen notwendig. Entweder wird mit Hilfe der Vor-/Rückwärtsstrategie an allen Schützen die Spannung gemessen oder es wird eine Durchgangsprüfung vorgenommen.

Um die Durchgangsprüfung gefahrlos durchführen zu können, muss vor der Messung der Messzweig spannungsfrei geschaltet werden.

Maßnahmen vor einer Durchgangsprüfung:

- Messpunkte festlegen
- Messgerät auswählen
- Spannungsfrei schalten (z.B. Steuersicherung entfernen)
- Funktion des Messgerätes prüfen (z.B. Messspitzen eines Durchgangsprüfers zusammenführen)

Danach wird der Durchgangsprüfer auf Funktion geprüft, indem beide Messspitzen zusammengeführt werden. Ist die Signalleuchte bzw. der Signalton an, ist das Messgerät funktionsbereit. Die eine Messspitze wird an ein Ende der Reihenschaltung gelegt. Mit der zweiten Messspitze werden nacheinander die einzelnen Messpunkte der Reihenschaltung berührt.

Wenn die erste Messstelle erreicht wird, bei der kein Signal kommt, wurde die Fehlerstelle mit dem letzten Schritt übersprungen (Abb. 4 ①).

Aus der Messung lässt sich schließen, dass die Klemmen 13, 14 im Relais Q7.4 keine leitfähige Verbindung haben.

Schritt	Messpunkt von K4.5, Klemme 2.13 nach ...	Durchgang ja/nein
1	Q4.5, Klemme 2.14	ja
2	Q7.2, Klemme 13	ja
3	Q7.2, Klemme 14	ja
4	Q7.4, Klemme 13	ja
5	Q7.4, Klemme 14	nein ①

4: Messergebnisse der Durchgangsprüfung

Anlagen, Geräte und Baugruppen

Auszug Bedienungsanleitung PNOZ X3

Function Description

The relay PNOZ X3 provides a safety-oriented interruption of a safety circuit. When the operating voltage is supplied the LED "Power" is illuminated. The unit is ready for operation, when the reset circuit S13-S14 is closed or a reset contact at S33-S34 was opened and closed again.

- Input Circuit closed (e.g. the Emergency Stop button is not pressed): Relays K1 and K2 energise and retain themselves. The status indicators for "CH.1" and "CH.2" illuminate. The safety contacts (13-14/23-24/33-34) are closed, the auxiliary contact (41-42) is open.
- Input Circuit is opened (e.g. Emergency Stop is pressed): Relays K1 and K2 de-energise. The status indicators for "CH.1" and "CH.2" go out. The safety contacts (13-14/23-24/33-34) will be opened (redundant), the auxiliary contact (41-42) closed.

Semi-conductor output

The semi-conductor Y32 conducts if the relays K1 and K2 are energised. Y32 switches off when the relays de-energise to rest position.

Operating Modes

- Single-channel operation: Input wiring according to VDE 0113 and EN 60204, no redundancy in the input circuit. Earth faults are detected in the emergency stop circuit.
- Two-channel operation: Redundancy in the input circuit. Earth faults in the Emergency Stop circuit and shorts across the emergency stop push button are also detected.
- Automatic reset: Unit is active as soon as the input circuit is closed.
- Automatic activation following a loss/return of supply voltage is thereby prevented.
- Manual reset with monitoring: The unit is only active if the reset circuit (S33-S34) is opened before closing the safety input circuit and then the reset circuit is closed at least 300 ms after closing the safety input circuit. This prevents automatic reset and the reset button bridging.

fig.: Internal Wiring Diagram

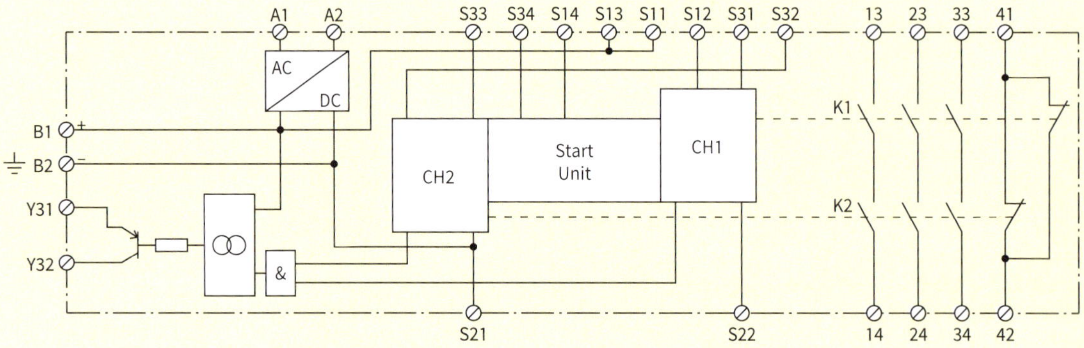

Das Relais K7.4 ist ein Sicherheitsrelais mit der Typbezeichnung PNOZ X3. Es verfügt über mehrere Eingänge und Ausgänge (Abb. 1). Aus der vereinfachten Darstellung des Stromlaufplans geht jedoch nicht hervor, unter welchen Eingangsbedingungen der Relaisausgang aktiv (geschlossen) ist. Diese Information kann z.B. dem Datenblatt der Bedienungsanleitung oder einem Katalog entnommen werden.

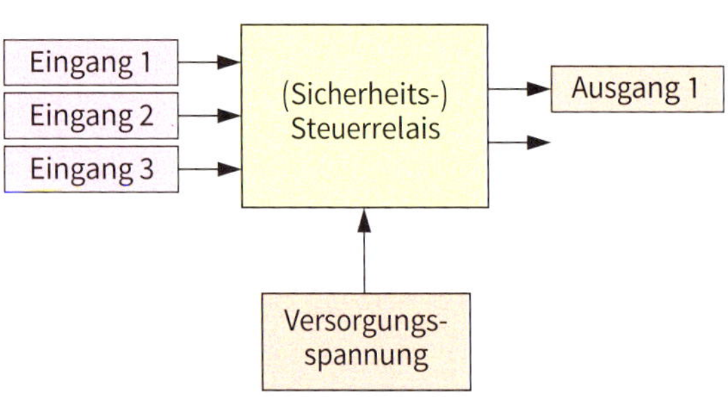

1: Schnittstellen des Sicherheitsrelais

Das zugehörige Datenblatt kann beispielsweise über die Homepage des Herstellers bezogen werden. Aus der Bedienungsanleitung können nun die Voraussetzungen für das Schließen der Schaltkontakte entnommen werden.

Diese Voraussetzungen sind:

1. Die Versorgungsspannung muss vorhanden sein. (LED power is illuminated, when operating voltage is supplied)
2. Der Eingangskreis muss geschlossen sein.
3. Der Reset-/Starteingang muss erst geöffnet sein und dann geschlossen werden.

Bei Unterbrechung der Versorgungsspannung oder Öffnen des Eingangskreises wird der Schaltausgang des Sicherheitsrelais sofort geöffnet.

Mit Hilfe eines Vielfachmessgerätes werden die Versorgungsspannung sowie die Schaltkreise (Eingangskreis, Reset/Start) überprüft (Abb. 2).

Da alle Eingangs-Schnittstellen des Relais funktionieren, steht nun fest, dass das Sicherheitsrelais defekt ist und ausgetauscht werden muss.

operating voltage	230 V AC	OK
input circuit	Durchgang vorhanden	OK
reset	Durchgang vorhanden	OK

2: Messergebnis

Alternative Suchverfahren:

Trial and Error

Alternativ zu der Fehlersuche über Schnittstellen kann an der Anlage zunächst nach Auffälligkeiten gesucht werden. Diese ergeben sich z.B. aus Beobachtungen der Maschinenbediener (Rauchentwicklung, Geräusche) oder einer Sichtkontrolle.

Auffälligkeiten bei einer Sichtkontrolle können sein:
- Rauchspuren,
- ausgelöste Sicherungen / LS-Schalter,
- Verformungen durch Wärmeeinwirkung
- u.s.w.

Diese Maßnahmen führen im Gegensatz zur systematischen Fehlersuche über Schnittstellen nicht sicher zum Schadensort. Um mit Hilfe der genannten Kennzeichen den Schaden zu ermitteln, ist viel Erfahrung erforderlich. Diese Art der Schadenssuche sollte nur bei eindeutig erkennbaren Schäden sowie zur ersten Orientierung angewendet werden, da sie einige Nachteile hat.

Diese Nachteile sind z.B.:
- „Trial and Error" führt nicht sicher zum Ziel.
- Die Schadensursache wird nicht immer beseitigt.
- Es können Elemente getauscht werden, die nicht schadhaft sind.

6.2.5 Instandsetzung

Bevor die **Instandsetzung** *[repair]* erfolgen kann, müssen die benötigten **Ersatzteile** *[spare parts]* vorhanden sein. Die Bereitstellung von Ersatzteilen kann unterschiedlich erfolgen.

Beispiele:
- Entnahme aus firmeneigenem Lager
- Abholung bei Großhändler
- Bestellung bei Großhändler, Hersteller oder Internetshop

Je nachdem wie das Ersatzteil beschafft wird, unterscheidet sich die Lieferzeit und damit der früheste Zeitpunkt der möglichen Reparatur. Dieser Zeitpunkt sollte dem Kunden mitgeteilt werden, sodass er sich auf die unvermeidbare Stillstandszeit seiner Anlage einrichten kann.

- Reihenschaltungen von Schützkontakten entsprechen einer UND-Verknüpfung.
- Objektkennzeichen bestehen aus einem Kennbuchstaben und einer Nummerierung.
- Für die Fehlersuche an Steuerungen können zweipolige Spannungsprüfer, Vielfachmessinstrumente und Durchgangsprüfer verwendet werden.

Austausch

Für den Austausch des defekten Bauteils sind mehrere Schritte erforderlich (Abb. 3), die ein sicheres, schnelles und fehlerfreies Arbeiten ermöglichen.

1. Material und Werkzeug zusammenstellen.
2. Die fünf Sicherheitsregeln anwenden.
3. Angeschlossene Leiter eindeutig kennzeichnen, sodass ihre zugehörige Anschlussklemme erkennbar bleibt.
4. Alle am defekten Bauteil angeschlossenen Leiter abklemmen und seitlich verwahren.
5. Defektes Bauteil lösen und ausbauen.
6. Ersatzteil einbauen und befestigen.
7. Alle gelösten Leiter nach der Kennzeichnung anklemmen.
8. Kennzeichnung entfernen.
9. Sicherheitsregeln aufheben.

3: Arbeitsablauf beim Bauteiltausch

Inbetriebnahme

Nachdem der Austausch abgeschlossen ist, kann die Anlage wieder in Betrieb genommen werden. Gemeinsam mit dem Nutzer müssen alle wichtigen und sicherheitsrelevanten Funktionen geprüft werden. Die Ergebnisse der Prüfung sind in einem Protokoll festzuhalten.

Aufgaben

1. Auf welcher Seite des Stromlaufplanes ist die Speicherprogrammierbare Steuerung (SPS) zu finden (vgl. S. 121)?
2. Beschaffen Sie sich die komplette Bedienungsanleitung und das Datenblatt zum PNOZ X3. Ermitteln Sie die genaue Bestellbezeichnung für das benötigte Ersatzteil.
3. Listen Sie die möglichen Betriebsarten des verwendeten Sicherheitsrelais auf und übersetzen Sie diese ins Deutsche.
4. How long must the manual reset be open before reclosing?
5. Beschreiben Sie die Funktion des Halbleiter-Ausgangs des PNOZ X3.
6. Ermitteln Sie im Internet mögliche Lieferanten des benötigten Ersatzteils.
7. Welche Methoden der Schadenssuche gibt es? Nennen Sie jeweils Vor- und Nachteile.
8. Was heißt Trial and Error auf Deutsch?

6.3 Schalten in Steuerungen

Pauls Firma legt Wert darauf, dass ihre Mitarbeiter weiter geschult werden. Sie führt eine interne Schulung durch, bei der Paul die Steuerungskomponenten der Fräsmaschine vorstellt. In der gemeinsamen Diskussion wird die Frage gestellt, ob noch andere Schnittstellen vorhanden sind, die Paul nicht geprüft hat. Bei genauer Analyse der Schaltpläne stellt sich heraus, dass es zahlreiche Schnittstellen gibt, die bis jetzt nicht betrachtet wurden. Dies sind z.B. der Transistorschaltausgang des Sicherheitsrelais ① (Abb. 1) und die Stromschnittstelle des Strömungssensors ②.

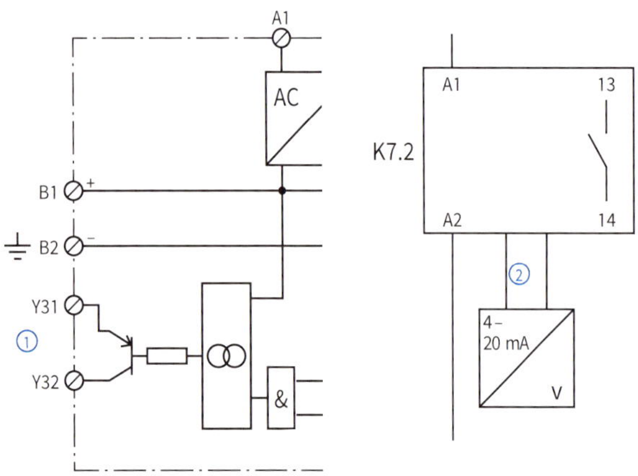

1: Weitere Schnittstellen

Gemeinsam überlegen die Kollegen, wie eine Schnittstelle beschrieben werden kann. Die vielen spontanen Einfälle und Begriffe werden dann in einer Grafik zusammengefasst, die mögliche Bauelemente und Eigenschaften von Schnittstellen enthält (Abb. 2).

Binäre Schnittstellen [*binary interfaces*] unterscheiden nur die zwei Zustände 1/0 bzw. Ein/Aus. Sie dienen hauptsächlich zur Übermittlung von Zuständen, Grenzwertüberschreitungen oder Schaltbefehlen.

In der Elektronik werden dabei Stromkreise geschlossen bzw. geöffnet. Dies erfolgt mit elektromechanischen oder elektronischen Bauelementen (Abb. 3).

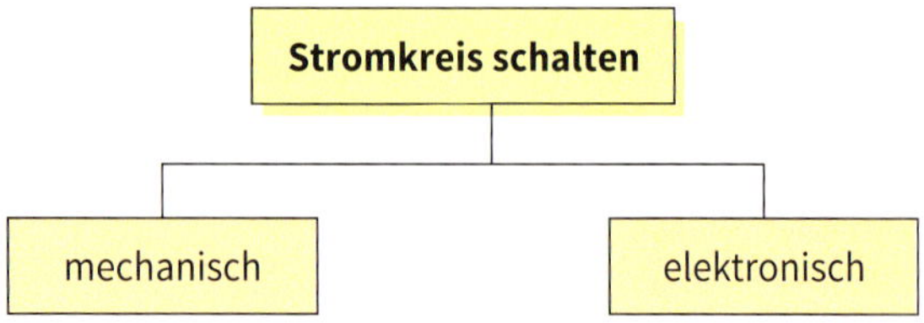

3: Schaltmöglichkeiten

Beide Lösungen haben Vor- und Nachteile. Je nach Bauelement gibt es verschiedene Schaltungsmöglichkeiten. Für die Projektierung von Steuerungen sowie die Fehlersuche ist eine genaue Kenntnis der Eigenschaften erforderlich. Nur so können die Geräte mit ihren Schnittstellen richtig dimensioniert und geprüft werden.

6.3.1 Mechanisches Schalten mit Relais

6.3.1.1 Relaisverhalten

Relais sind elektromagnetische Bauteile, die aus einer Spule mit innenliegendem Eisenkern, einem Anker und den Schaltkontakten bestehen (Abb. 4).

Wird die Magnetspule von Strom durchflossen, bildet sich ein magnetisches Feld. Dieses erzeugt eine Kraft, die den Anker anzieht. Dadurch öffnen bzw. schließen die Schaltkontakte.

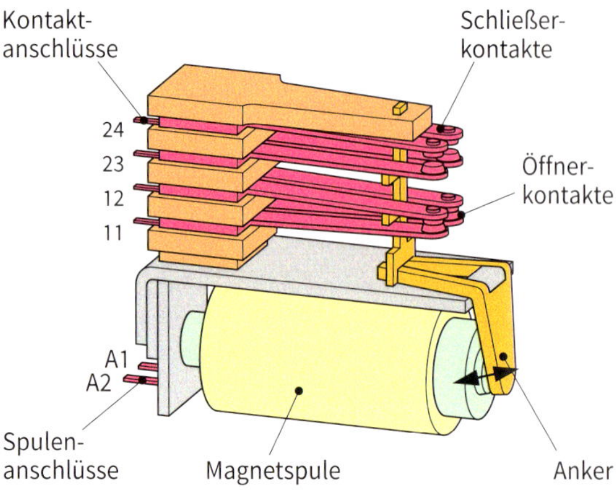

4: Prinzipaufbau eines Relais

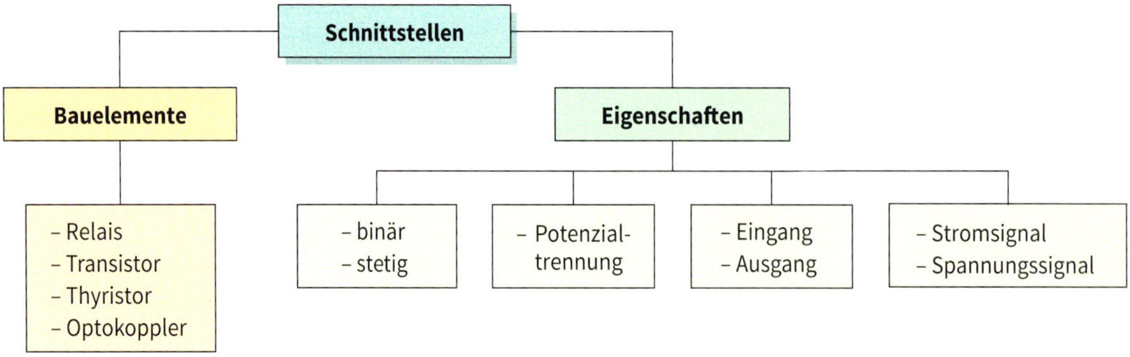

2: Schnittstellen in Steuerung

Wird der Stromfluss durch die Spule unterbrochen, geht der Anker in die Ausgangsstellung zurück. Die Kontakte nehmen wieder den ursprünglichen Schaltzustand ein. Relais mit diesem Verhalten nennt man **monostabil** [*monostable*], da sie nur einen (mono) stabilen Zustand haben.

Relais mit zwei stabilen Zuständen sind **bistabil** [*bistable*]. Sie werden entweder durch eine zweite Spule oder einen zweiten Stromstoß zurückgesetzt.

Wie verhalten sich Relaisspulen?

Um das richtige Relais für eine Anwendung auswählen zu können, müssen wir das Verhalten an den Schnittstellen kennen. Schnittstellen des Relais sind seine Anschlüsse (Abb. 5). Dies sind

- die Spulenanschlüsse als Eingang und
- die Kontaktanschlüsse als Ausgang.

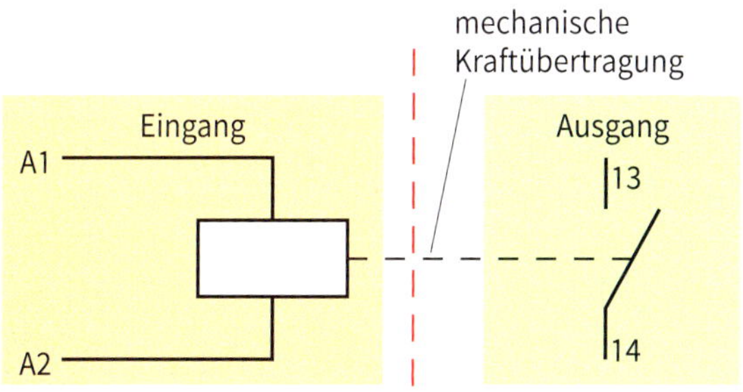

5: Funktionsgruppen eines Relais

Die Funktionsgruppen Spule und Schaltkontakte sind mechanisch und isolierend verbunden. Dadurch kann kein Strom zwischen dem Eingang und dem Ausgang fließen. Wir sprechen von **Potenzialtrennung** [*potential separation*].

Relaiseingang

Im Eingangskreis liegt die Spule. Sie hat neben dem Leiterwiderstand R auch die Induktivität L. Deshalb verhält sie sich bei Anschluss an Gleichspannung anders als an Wechselspannung.

Wechselstrombetrieb

Bei Betrieb des Relais an Wechselspannung wirken die Induktivität und der Wicklungswiderstand gemeinsam strombegrenzend. Das Relais kann daher ohne weitere Beschaltung an Wechselspannung angeschlossen werden. Zur Anzeige des Betriebszustandes wird häufig eine Leuchtdiode eingebaut. Diese ist parallel zur Spule geschaltet (P1 in Abb. 6a).

Gleichstrombetrieb

Beim Einschalten der Gleichspannung wirkt zunächst die Spuleninduktivität X_L, wodurch die Stromstärke langsam ansteigt, bis sie nur noch durch den Spulenwiderstand R_L begrenzt wird. Das Abschalten verursacht eine hohe Induktionsspannung. Diese Überspannung kann andere Bauelemente zerstören. Sie muss daher vermieden werden. Durch Einfügen einer **Freilaufdiode** F1 (Abb. 6b) kann der Spulenstrom langsam abklingen. So wird nur eine kleine Spannung induziert. Wenn die Anschlüsse vertauscht werden, kann die Freilaufdiode zerstört werden. Sie muss daher durch eine Verpolungsschutzdiode F2 geschützt werden.

Relais, die sowohl mit Gleich- als auch mit Wechselspannung betrieben werden, erhalten im Eingangskreis einen Brückengleichrichter. Dieser ermöglicht bei Wechselstrombetrieb den Stromfluss bei positiver und negativer Halbschwingung. Bei Gleichstrombetrieb wirkt der Brückengleichrichter gleichzeitig als Freilauf- und Verpolungsschutz (Abb. 6c)

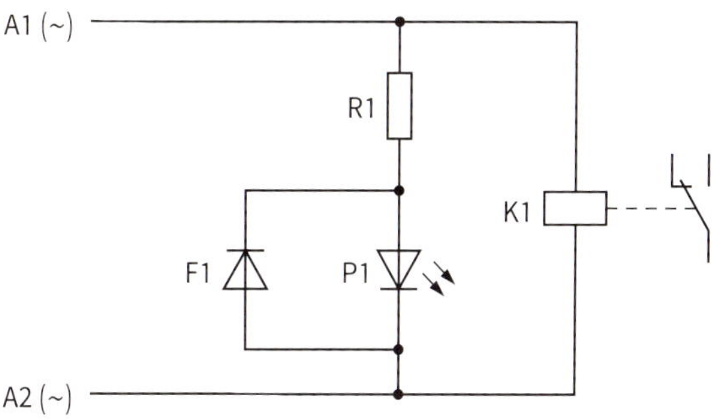

a) Wechselstrombeschaltung

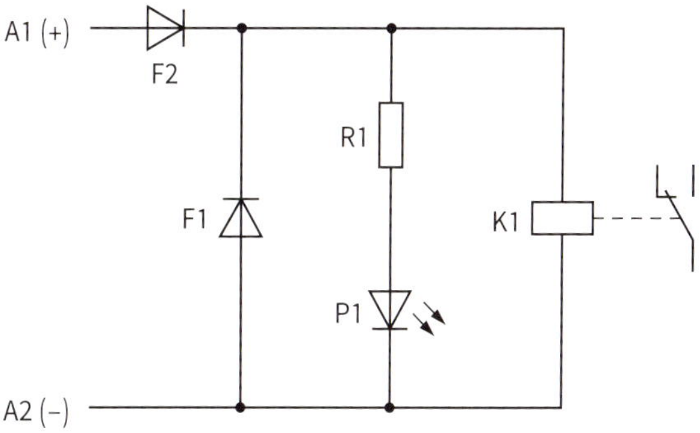

b) Gleichstrombeschaltung

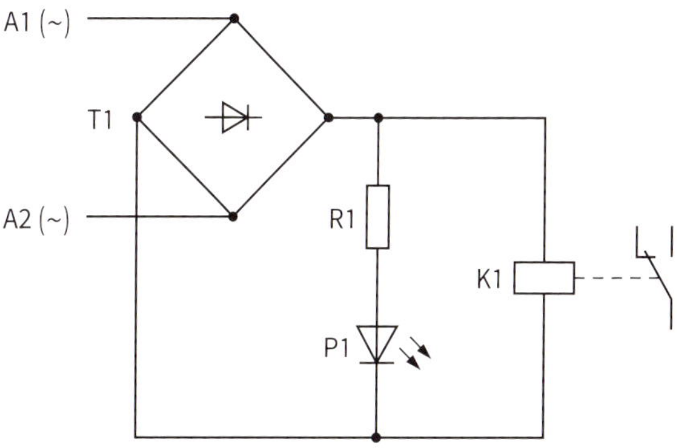

c) Universalbeschaltung (AC und DC)

6: Eingangsbeschaltung von Relais

Was muss am Relaiskontakt beachtet werden?

Relais unterscheiden sich in der Art und Anzahl ihrer Schaltkontakte (Abb. 1). Die Bezeichnung der Anschlüsse erfolgt wie bei Schützen durch Funktionsziffern (Abb. 1a). Haben Relais mehrere Schaltglieder, so wird der Funktionsziffer noch eine fortlaufend durchnummerierte Ordnungsziffer vorangestellt (Abb. 1b). Die Relaiskontakte werden bei Stromfluss und bei jedem Ein-/Ausschalten belastet. Diese Belastung ist abhängig von den geschalteten Spannungen und Strömen und kann zu einer Schädigung führen.

Einschalten

Beim Einschalten werden die Schaltkontakte zusammengeführt. Bis der Kontakt vollständig hergestellt ist, kann es jedoch zu mehrfachen kurzen Kontaktunterbrechungen kommen. Diesen Effekt nennt man **Prellen** *[bouncing]*. Bei jeder kurzen Kontaktöffnung kommt es bei Stromfluss zu einem kleinen Funken. Je höher der Strom in diesem Moment ist, desto größer sind die Wärmeentwicklung und die Schädigung der Kontakte.

Besonders kapazitive Lasten und Glühlampen bilden hierbei eine hohe Kontaktbelastung. Diese Lasten verursachen im Einschaltmoment den größten Strom, der den Dauerstrom um ein Vielfaches übersteigen kann.

Geschlossener Zustand

Die sich berührenden Kontakte bilden einen Übergangswiderstand. Fließt hierüber ein Laststrom, entwickelt sich an der Kontaktstelle Wärme. Der angegebene maximale Laststrom darf nicht überschritten werden, da es sonst zu einem Verschmelzen der Kontakte kommen kann.

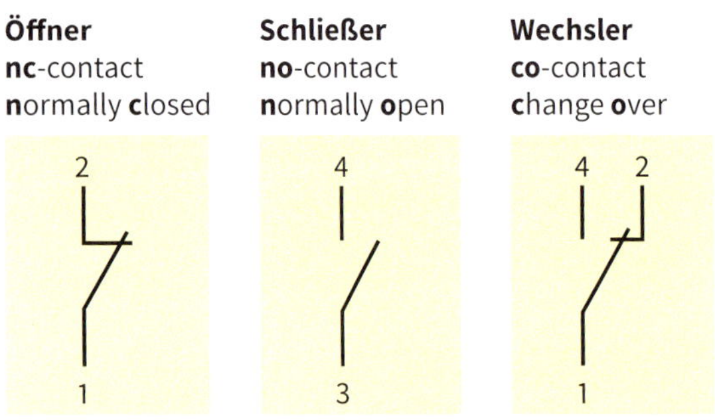

a) 1-polige Relais

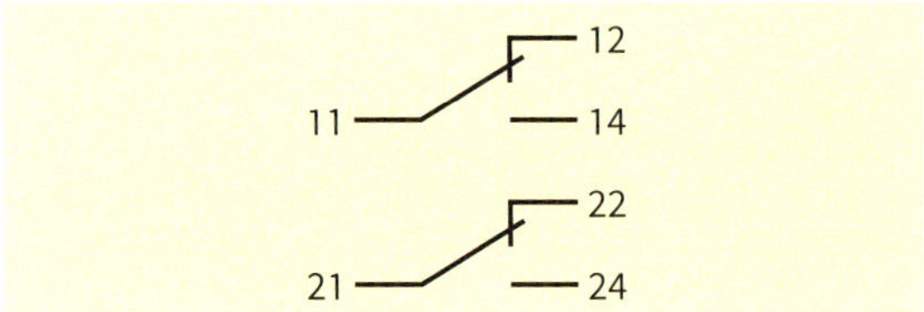

b) 2-poliges Relais (Wechsler)

1: Relaiskontakte

Ausschalten

Bei jedem Ausschalten der stromführenden Relaiskontakte kommt es zu einem kleinen Lichtbogen. Der Strom fließt dann kurzzeitig durch die Luftstrecke zwischen den Schaltkontakten weiter. Die elektrische Energie wird im Lichtbogen (Funke) in Wärme umgesetzt (Abb. 2).

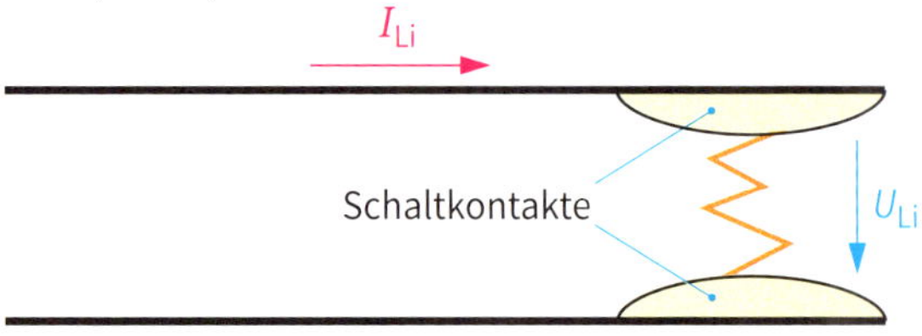

$P = U_{Li} \cdot I_{Li}$ $\quad W_{Li} = U_{Li} \cdot I_{Li} \cdot t$

2: Wirkleistung bei Schaltfunken

Der **Lichtbogen** *[arc]* verlöscht, wenn der Strom einen Nulldurchgang hat. Wechselströme haben einen natürlichen Stromnulldurchgang und können daher einfacher als Gleichströme abgeschaltet werden.

Liegt während des Stromnulldurchgangs eine Spannung über den Schaltkontakten an, besteht die Gefahr, dass der Lichtbogen erneut zündet. Dies ist bei **Lasten mit Blindwiderständen** der Fall (Abb. 3b). Die meisten Lasten sind eine Mischung aus Wirkwiderständen und induktiven Widerständen (z.B. Relais-/Schützspulen, Motoren). Der induktive Anteil führt dazu, dass der Stromfluss über der geöffneten Kontaktstelle länger anhält und dadurch mehr Wärme im Lichtbogen entwickeln kann. Diese Wärme beschädigt auf Dauer die Kontakte. Es ist daher besonders bei diesen Lasten auf die maximale Schaltleistung der Relais zu achten.

Bei **Belastung mit Wirkwiderständen** gibt es keine Phasenverschiebung zwischen Strom und Spannung. D.h. beim Stromnulldurchgang ist auch die Spannung Null, sodass Wiederzündungen vermieden werden (Abb. 3a).

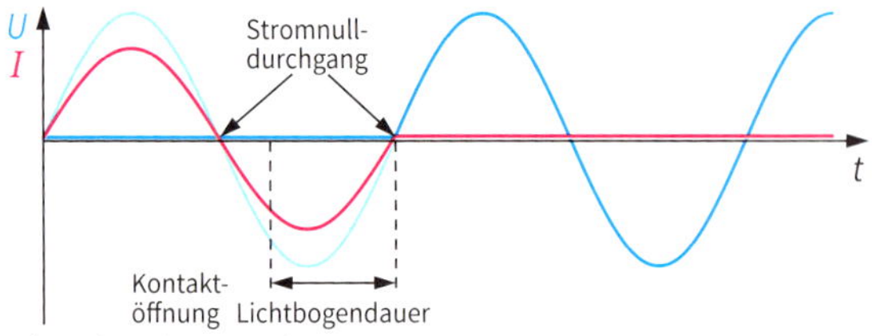

a) Wirkwiderstände

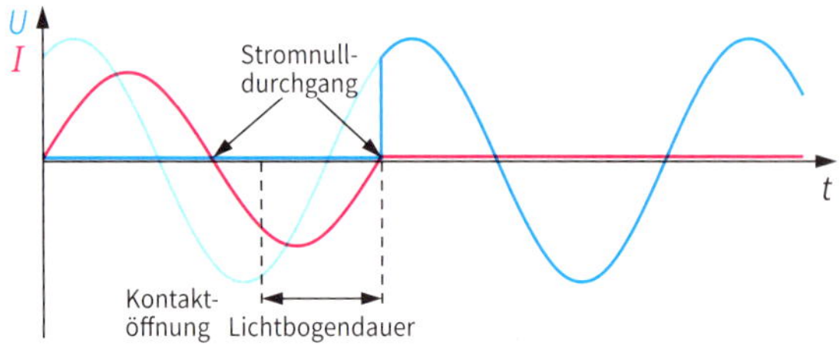

b) Blindwiderstände

3: Kontaktspannung beim Ausschalten

Schaltvermögen [*switching capacity*]

Die Standardangaben der Hersteller zur Kontaktbeanspruchung und Lebensdauer beziehen sich meistens auf einen zu schaltenden Wechselstrom bei Belastung mit Wirkwiderständen. Alle anderen Stromformen führen zu einer schnelleren Alterung oder müssen durch Schutzbeschaltungen unschädlich gemacht werden.

Die **Freilaufdiode** ist bereits von der Eingangsbeschaltung bekannt und für Gleichspannungen an induktiven Lasten geeignet (Abb. 4a).

Für Spannungsspitzen unterschiedlicher Polarität sind Z-Dioden und Varistoren geeignet (Abb. 4b,c). **Z-Dioden** werden oberhalb einer bestimmten Spannung leitfähig und schließen so die Spannungsspitzen kurz.

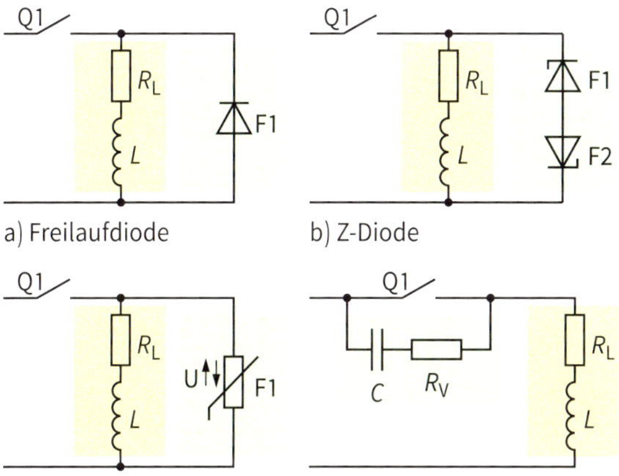

a) Freilaufdiode
b) Z-Diode
c) Varistor
d) RC-Beschaltung

4: Schutzbeschaltungen der Kontakte

Der **Varistor** ist ein spannungsabhängiger Widerstand, der ebenfalls die Spannungsspitzen vermindert.

Die **RC-Beschaltung** des Relaiskontaktes bewirkt, dass bei schnell ansteigenden Spannungen ein Strom über R_V und C fließen kann (Abb. 4d). Dieser Strom bewirkt den Abbau von Spannungsspitzen.

Da das Schaltvermögen von vielen Parametern abhängig ist, wurden in DIN VDE 0660 Gebrauchskategorien gebildet. Hierbei sind verschiedene Belastungsarten bei Gleich- und Wechselstrom beschrieben (Abb. 5).

6.3.1.2 Relaisauswahl

Die Eingangsbeschaltungen und LED-Anzeigen können auf verschiedene Weise realisiert werden (Abb. 6).

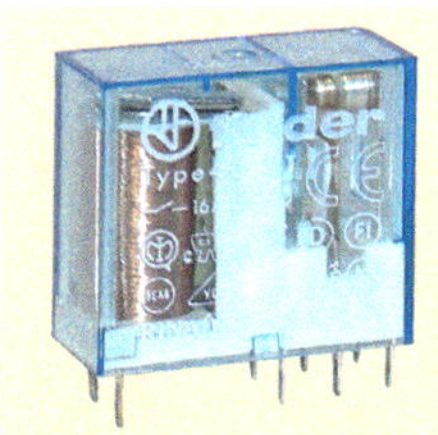

- Relais ist in ein Gehäuse integriert.
- Montage in Stecksockel oder auf Platinen verlötet (auch als SMD-Bauteil verfügbar)
- Keine Schutzbeschaltung enthalten

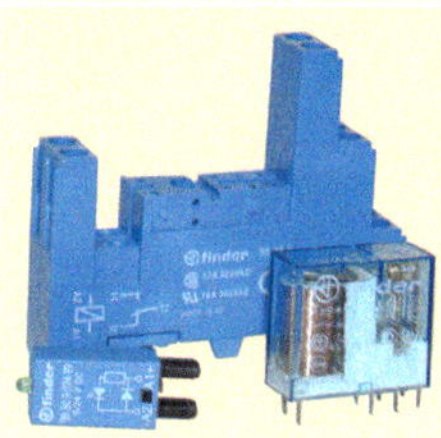

- Stecksockelmontage
- Sockel für Hutschienenmontage
- LED-Anzeige und Schutzbeschaltung sind steckbar.

6: Relaisbauformen

DC		AC	
Kategorie	Typische Anwendung	Kategorie	Typische Anwendung
DC-1	Nicht induktive oder schwach induktive Last, Widerstandsöfen	AC-1	Nicht induktive oder schwach induktive Last, Widerstandsöfen
DC-2	Nebenschlussmotor: Anlassen, Ausschalten	AC-2	Schleifringmotor: Anlassen, Ausschalten
DC-3	Nebenschlussmotor: Anlassen, Gegenstrombremsen, Widerstandsbremsen, Reversieren, Tippbetrieb	AC-3	Käfigläufermotor: Anlassen, Ausschalten während des Laufens
DC-4	Reihenschlussmotor: Anlassen, Ausschalten	AC-4	Käfigläufermotor: Gegenstrombremsen, Widerstandsbremsen, Reversieren, Tippbetrieb
DC-5	Nebenschlussmotor: Anlassen, Gegenstrombremsen, Widerstandsbremsen, Reversieren, Tippbetrieb	AC-5a/b	Schalten von Gasentladungslampen (a) oder Glühlampen (b)
DC-6	Schalten von Glühlampen	AC-6a/b	Schalten von Transformatoren (a), Kondensatorbänken (b)
DC-12	Steuerung von Widerstands- und Halbleiterlast mit Trennung durch Optokoppler	AC-7a/b	Haushaltsgeräte mit schwach induktiver Last (a), mit Motorlast (b)
DC-13	Steuerung von Elektromagneten	AC-15	Elektromagnetische Lasten
DC-20	Schalten ohne Last	AC-20	Schalten ohne Last
DC-21	Ohmsche Last (einschließlich geringer Überlast)	AC-21	Ohmsche Last (einschließlich geringer Überlast)
DC-22	Ohmsch-induktive Last (einschließlich geringer Überlast)	AC-22	Ohmsch-induktive Last (einschließlich geringer Überlast)
DC-23	Große induktive Lasten (z. B. Reihenschlussmotor)	AC-23	Motorlasten und andere große induktive Lasten

5: Gebrauchskategorien von Schaltgeräten (DIN VDE 0660)

Was bei der Auswahl von Relais beachtet werden muss, ist in Abb. 1 dargestellt.

Parameter	Eigenschaften
Spulenart	– monostabil – bistabil
Spulendaten	– Bemessungsspannung – Spulenwiderstand – Bemessungs-Leistungsbedarf
Arbeitsdaten	– Arbeitsbereich – Haltespannung – Rückfallspannung
Temperatur	– zulässige Umgebungstemperatur – Schaltzyklen
Sonstige	– Schaltzeiten/Schaltfrequenz – Einfluss magnetischer Felder auf weitere Objekte – Vibrationsempfindlichkeit
Kontakt-funktionen	– Anzahl der Schaltpole – Schaltfunktionen (Öffner, Schließer, Wechsler) – Kontaktsystem
Lasten	– schaltbare Spannung – Lastart (ohmsch, induktiv, kapazitiv) – Laststrom – Einschaltstromspitzen
Schalt-charakteristik	– Kontaktwiderstand – maximaler Dauerstrom – maximaler Einschaltstrom – maximale Schaltleistung – Spannungsfestigkeit zwischen den Polen – Lebensdauer

1: Auswahlkriterien für Relais

Aufgaben

1. Wodurch erfolgt die Kraftübertragung von der Spule zu den Schaltkontakten?
2. Erklären Sie die Potenzialtrennung im Relais.
3. Wozu werden bei der Gleichstrombeschaltung von Relaisspulen zwei Dioden benötigt?
4. Warum ist das Einschalten von Glühlampen eine hohe Belastung für Schaltkontakte?
5. Von welchen physikalischen Größen hängt die umgesetzte Wärmeenergie des Lichtbogens ab?
6. Zeichnen Sie das Schaltzeichen eines Relais mit drei Schaltkontakten (je 1 Schließer) und beschriften Sie die Anschlüsse.
7. Erklären Sie den Unterschied zwischen Haltespannung und Rückfallspannung.

- Relais sind Objekte zum elektromechanischen Schalten.
- Relaiseingänge müssen je nach Spannungsart (AC, DC) unterschiedlich beschaltet werden.
- Beim Schalten entstehen Lichtbögen, die zu einer Kontaktabnutzung führen.
- Schalten von Wechselströmen belastet die Schaltkontakte geringer als das Schalten von Gleichströmen.
- Relaisausgänge werden durch zu große Belastungen beschädigt.
- Relaiskontakte werden mit Funktionsziffern und Ordnungsziffern gekennzeichnet.

Relaisverhalten und Kenngrößen

- **Arbeitsbereich** (Betriebsspannungsbereich)
  Zulässige Toleranz der Betriebsspannung (abhängig von der Temperatur)
- **Ansprechspannung**
  Kleinster Wert an der Wicklung, bei dem ein Relais sicher anspricht.
- **Zeitverhalten**

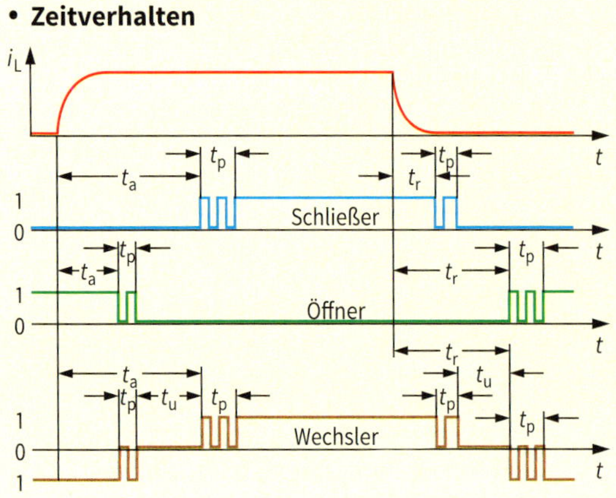

- **Haltespannung**
  Spannung an der Relaisspule, bei der ein Relais noch im Arbeitszustand verbleibt.
- **Rückfallspannung**
  Größte zulässige Spannung an der Wicklung, bei der ein Relais sicher zurückfällt.
- **Ansprechzeit t_a**
  Zeit vom Einschalten der Spule bis zum ersten Öffnen/Schließen des Kontaktes.
- **Prellzeit t_p**
  Zeit von erster Zustandsänderung bis Eintritt des stationären Zustands.
- **Rückfallzeit t_r**
  Zeit vom Ausschalten der Spule bis zur ersten Änderung des Kontaktzustands.
- **Umschaltzeit t_u**
  Bei Wechselkontakt die Zeit zwischen Ende des Prellens (Öffner) bis zum ersten Schließen des Schließers.

6.3.2 Elektronisches Schalten

Zu den Aufgaben der Instandhaltung gehört auch, Verbesserungsmöglichkeiten zu ermitteln. Als Ursache für das häufige Relaisversagen werden Kontaktverschleiß und starkes Prellen vermutet. Elektronische Relais **SSR** (**S**olid **S**tate **R**elay) haben dabei ein besseres Verhalten.

Es soll deshalb geprüft werden, ob das elektromechanische Relais (Abb. 2) durch ein elektronisches Relais ersetzt werden kann.

Elektronische Relais befinden sich in einem Gehäuse und sind daher kaum von einem elektromechanischen Relais zu unterscheiden.

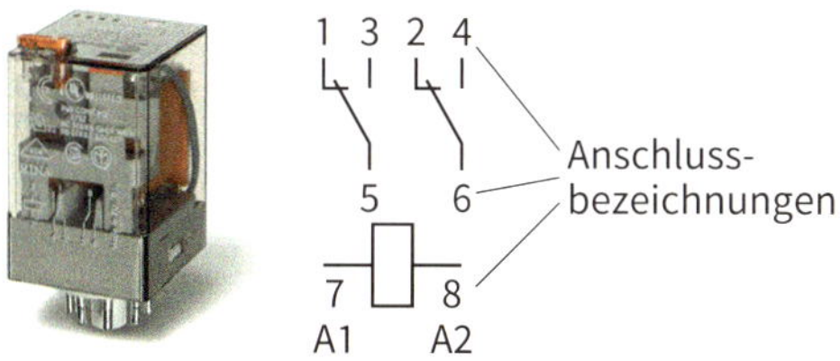

Kontakte		
Anzahl der Kontakte		2 Wechsler
Max. Dauerstrom/max. Einschaltstrom	A	12/20
Bemessungsspannung/max. Schaltspannung	V AC	250/400
Max. Schaltleistung AC-1	VA	3000
Spule		
Lieferbare Bemessungsspannungen (U_r)	VAC (50/60 Hz)	6 – 12 – 24
	V DC	6
Allgemeine Daten		
Mech. Lebensdauer AC/DC	Schaltspiele	$20 \cdot 10^6/50 \cdot 10^6$
Elektrische Lebensdauer AC-1	Schaltspiele	$200 \cdot 10^3$
Ansprech-/Rückfallzeit	ms	8/8

2: Daten des mechanischen Relais (Auszug aus Herstellerangaben)

6.3.2.1 Elektronisches Relais

Um die SSR richtig auswählen und betreiben zu können, müssen wir deren Funktionen und die Angaben des Datenblattes (Abb. 4) verstehen.

Auch elektronische Relais müssen an die Spannungsform am Ein- und Ausgang angepasst werden. Die Eingangsbeschaltung besteht bei AC-Eingängen aus einem Gleichrichter. DC-Eingänge benötigen keine Freilaufdiode, da elektronische Relais keine Induktivitäten enthalten. Um die elektronischen Bauelemente z.B. vor Überspannungen zu schützen, sind Schutzelemente wie Z-Dioden bzw. Varistoren integriert. Am Ausgang wird mit einem Halbleiterbauelement geschaltet. Um wie bei elektromechanischen Relais eine Potenzialtrennung zu erreichen, ist zwischen Ein- und Ausgang z.B. ein Optokoppler geschaltet (Abb. 3).

Im einfachsten Fall besteht ein elektronisches Relais nur aus einem Optokoppler.

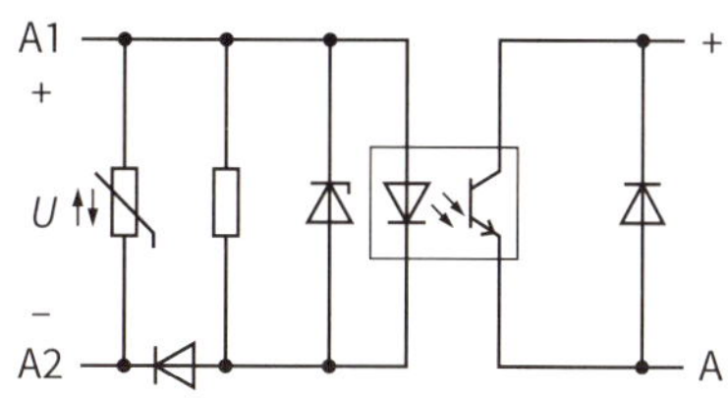

a) DC-Eingang, DC-Ausgang (2 Leiter)

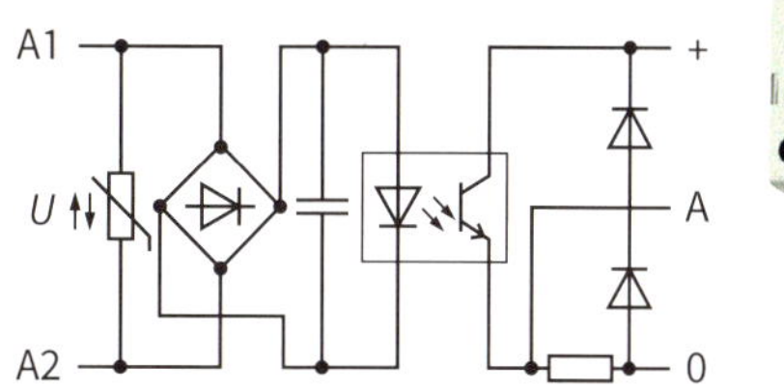

b) AC/DC-Eingang, DC-Ausgang (3 Leiter)

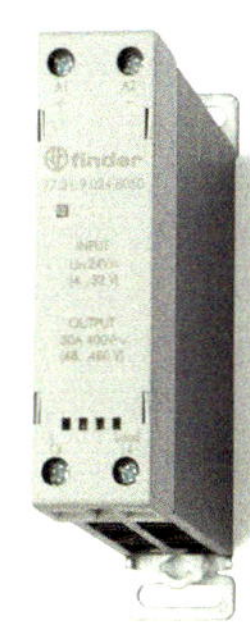

4: Elektronische Relais

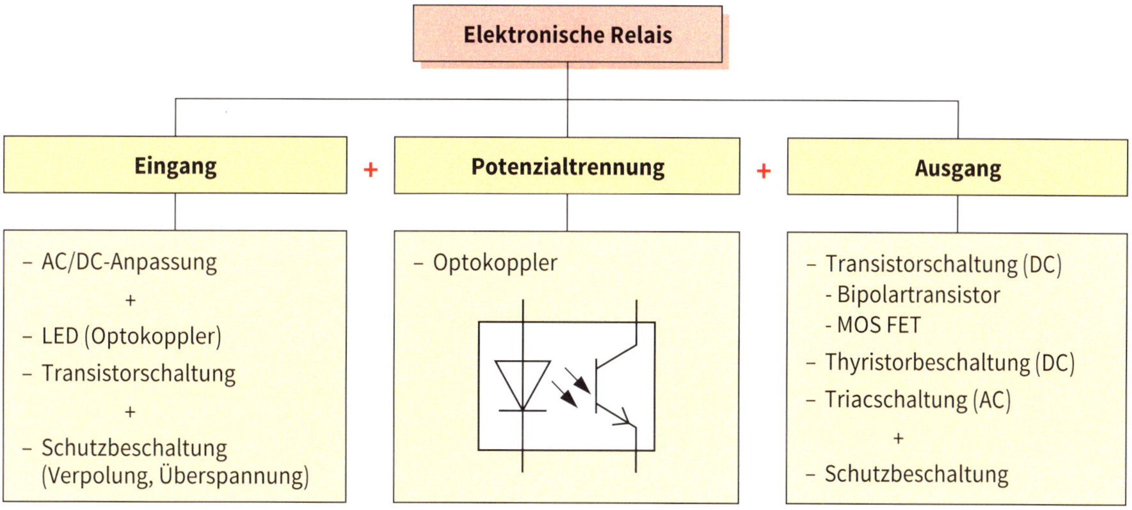

3: Komponenten in elektronischen Relais

6.3.2.2 Optokoppler

Optokoppler bestehen aus zwei elektronischen Bauelementen (Abb. 1). Die Diode und der Fototransistor sind in ein Gehäuse integriert.

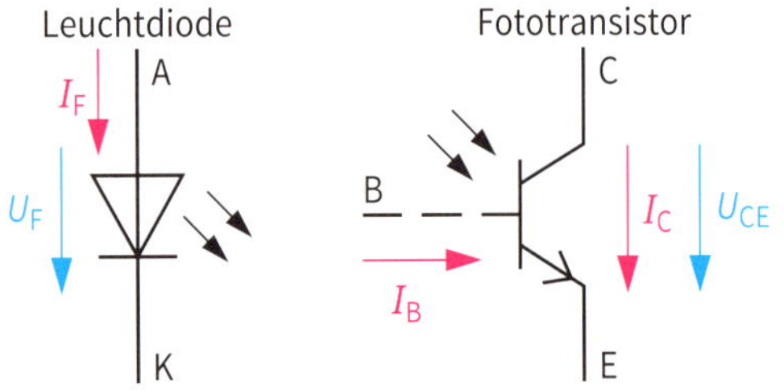

1: Elemente des Optokopplers

Die **Leuchtdiode** ist der Eingang des Optokopplers. Um die LEDs bei höheren Spannungen nicht durch einen zu großen Vorwärtsstrom zu zerstören, sind Widerstände vorgeschaltet. Soll der Eingang auch bei Wechselspannung aktiv sein, sind entweder zwei antiparallele LEDs oder ein Gleichrichter erforderlich.

Wirkungsweise des Fototransistors

Der Fototransistor ist der Ausgang des Optokopplers.Er ist eine besondere Form des Transistors. Trifft Licht auf die Halbleiterschicht, erhöht sich die Anzahl freier Elektronen im PN-Übergang und damit die Leitfähigkeit. Das Licht wirkt wie der Basisstrom bei normalen Transistoren. Da der Transistor einen Verstärkereffekt hat, ist die Empfindlichkeit auf das einfallende Licht sehr hoch. Der Strom I_{CE} ist nahezu proportional zur Beleuchtungsstärke E (Abb. 2).

Es gibt Fototransistoren mit und ohne Basisanschluss. Bei Fototransistoren mit Basisanschluss lässt sich mit einem voreingestellten Basisstrom der Arbeitspunkt des Transistors einstellen.

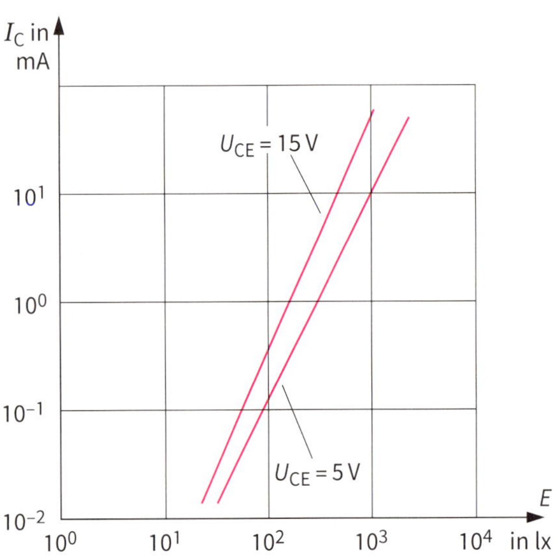

2: Kennlinie eines Fototransistors

Wirkungsweise des Optokopplers

Sobald die LED leuchtet, strahlt ihr Licht auf den Fototransistor. Die Intensität des Lichts steuert den Transistor. Er schaltet damit im Ausgang des Optokopplers.

LEDs verändern mit dem Strom I_F ihre Leuchtkraft. Dadurch kann der Fototransistor stetig angesteuert werden. Mit Optokopplern lassen sich deshalb nicht nur Schaltaufgaben lösen sondern auch stetige Größen übertragen.

Durch die galvanische Trennung zwischen Leuchtdiode und Fototransistor können Ein- und Ausgang mit unterschiedlichen Spannungsquellen betrieben werden. Sie sind daher sehr gut zur **Potenzialtrennung** von Signalen geeignet.

- Ein Optokoppler besteht aus LED und Fototransistor.
- Optokoppler sind zur Potenzialtrennung geeignet, da zwischen Eingang und Ausgang keine elektrische Verbindung besteht.
- Wechselspannungen am Eingang von Optokopplern sind nur mit Zusatzbeschaltung möglich.
- Die Belastbarkeit des Fototransistors begrenzt die Schaltleistung des Optokopplers.

Optokoppler

Ausführungsvarianten

Schaltung	Bemerkung
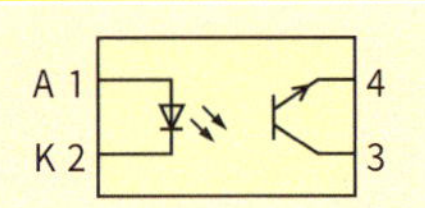	Basisanschluss nicht vorhanden
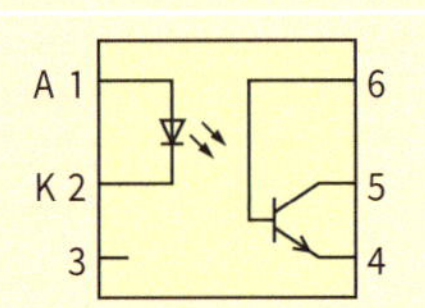	Basisanschluss vorhanden, Erhöhung der Grenzfrequenz mit R_{BE} möglich.
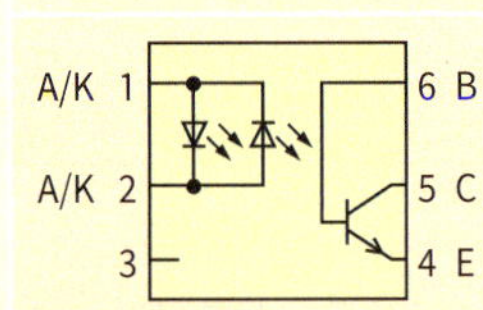	Antiparallel geschaltete Lumineszenzdioden (Wechselspannungsübertragung)

Kenngrößen:

U_{Isol}:	Isolationsprüfung	(max. 10 kV)
I_F:	Dioden-Durchlassstrom	(max. 80 mA)
I_C:	Kollektorstrom	(max. 100 mA)

$CTR = \frac{I_C}{I_F}$ (in %) bei $I_F = 10\,mA$ und $U_{CE} = 5\,V$

Übersteigt der zu schaltende Ausgangsstrom den Wert von $I = 100$ mA, müssen andere Bauelemente im Ausgang der elektronischen Relais eingesetzt werden.

Es gibt zahlreiche Halbleiterbauelemente, mit denen Stromkreise geschaltet werden können (Abb. 3).

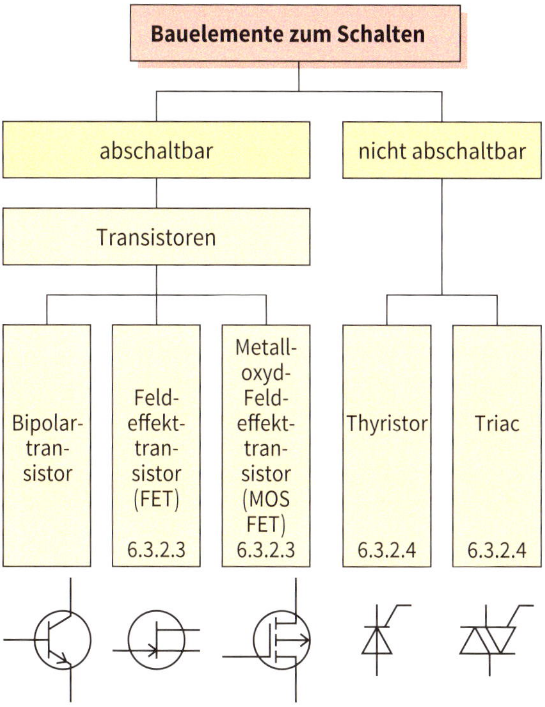

3: Übersicht

6.3.2.3 Feldeffekttransistor (FET)

Neben Bipolartransistoren werden zum Schalten auch Feldeffekttransistoren (FET) verwendet. Diese Transistoren haben drei Anschlüsse (Abb. 4):

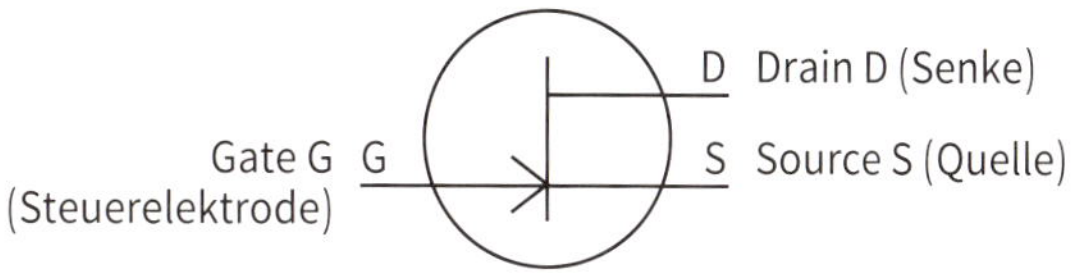

4: FET-Anschlüsse

Die Arbeitsweise eines FET lässt sich wie folgt kurz beschreiben:

- Der Strom fließt über einen positiv oder negativ dotierten Halbleiterkanal von Drain zu Source.
- Durch Anlegen einer Spannung an der Steuerelektrode (Gate) entsteht ein elektrisches Feld. Dies führt dazu, dass dem Stromkanal ① (siehe unten) freie Elektronen entzogen werden. Die Leitfähigkeit der Strecke Drain-Source nimmt damit ab.
- Der PN-Übergang vom Gate zum Stromkanal wird in Sperrrichtung betrieben. Deshalb fließt über das Gate kein Strom. Der FET wird nur über die anliegende Gatespannung ohne erforderliche Steuerleistung gesteuert.

Solange der Feldeffekttransistor im geraden Teil der Kennlinie ② (siehe unten) betrieben wird, verhält sich dieser wie ein steuerbarer Widerstand. Steigt die Spannung U_{DS} weiter, erreicht der Transistor den **Abschnürbereich** [*pinch-off area*] ③. In diesem Bereich lässt sich der Strom I_D nicht weiter steigern.

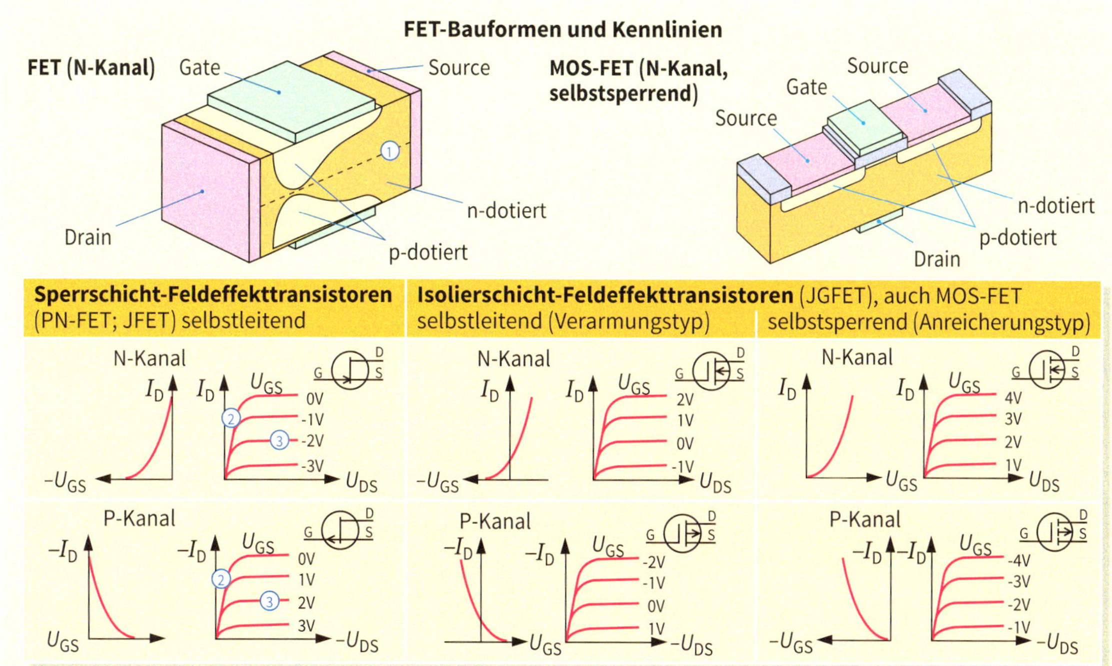

Im FET kann der Strom nur in eine Richtung fließen. Je nach Stromrichtung unterscheidet man N-Kanal und P-Kanal FET. Bei einer Spannung $U_{GS} = 0$ V ist der FET leitend. Man bezeichnet ihn daher als **selbstleitend**.

Isolierschicht FET

Isolierschicht FET haben zwischen der Gatezone und dem Hauptstromkanal eine Isolierschicht. Diese kann z.B. durch eine Metalloxydschicht gebildet werden.

Im Hauptstrompfad kann eine weitere Dotierung eingebaut werden, die den Transistor sperren lässt, wenn keine Gatespannung anliegt. Man nennt diese Transistoren **selbstsperrende** [*self-blocking*] FET (vgl. S. 131, Übersicht).

Diese Transistorart hat verbesserte Eigenschaften bei hohen Schaltgeschwindigkeiten/ -frequenzen und damit verbundenen Schaltverlusten.

Wichtige Parameter für FET sind in Abb. 1 enthalten.

Kanalart	N-/P-Kanal (Stromrichtung) selbstsperrend/-leitend
I_D	maximaler Drainstrom
U_{DS}	maximale Drain-Source-Spannung
P_D	maximale Verlustleistung
$R_{DS(on)}$	Widerstand zwischen Drain und Source im eingeschalteten Zustand

1: FET-Kenngrößen

MOS-FET

Zum Schalten großer Spannungen und Ströme werden hauptsächlich **MOS** FET (**M**etal **O**xyd **S**emiconductor) eingesetzt. Hierbei besteht die isolierende Schicht zwischen Gate und dem Stromkanal aus einer dünnen Oxydschicht. MOS-FET schalten elektrische Größen bis zu $U_{DS} = 1$ kV und $I_D = 1$ kA.

Die Sperrschicht bzw. Isolierschicht von Feldeffekttransistoren ist gegen Überspannungen sehr empfindlich. Überspannungen können auftreten, wenn elektrostatisch aufgeladene Personen die Anschlüsse berühren. Die elektrostatische Entladung wird auch als **ESD** (**E**lectro **S**tatic **D**ischarge) bezeichnet.

Bei der Montage ist daher auf Folgendes zu achten:

- Bauelemente durch Schutzbeschaltungen schützen (z.B. Varistoren)
- Personen, die empfindliche Bauelemente berühren, mit einer ableitfähigen Verbindung zum Erdpotenzial ausrüsten (Abb. 2)

Häufig sind die MOS FET in elektronischen Relais integriert, um große Leistungen mit einem Bauteil schalten zu können (Abb. 3).

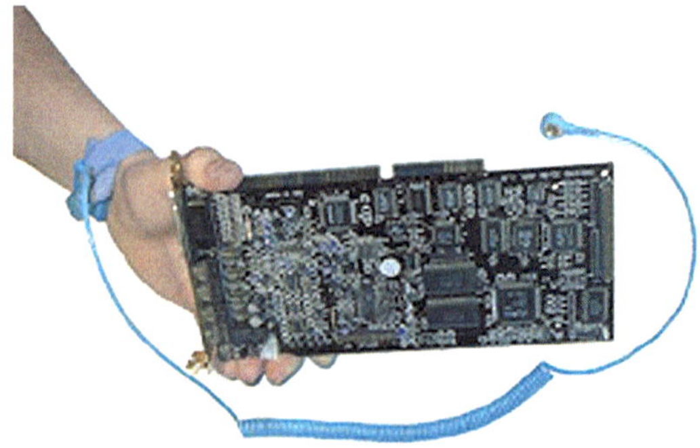

2: Schutz vor elektrostatischer Entladung

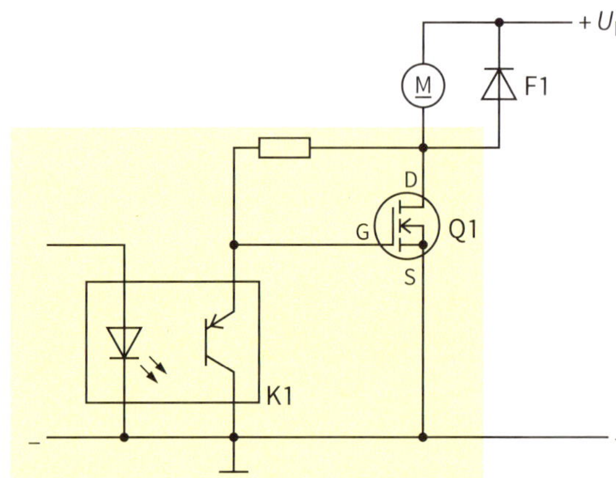

3: Elektronisches Leistungsrelais für Gleichströme

Aufgaben

1. Zeichnen Sie den Aufbau eines N-Kanal FET mit seiner Raumladungszone bei $U_{GS} = 0$ V und $U_{GS} = -3$ V. Verwenden Sie die Kennlinien von S. 131.
2. Bei einem selbstleitenden N-Kanal FET liegt die Spannung $U_{GS} = 0$ V an. Kann über den FET ein Drainstrom fließen? Wenn ja, muss dann die Spannung U_{GS} erhöht oder verringert werden, um einen Strom $I_d = 0$ A zu erreichen?

- Feldeffekttransistoren haben einen Hauptstromkanal zwischen Drain und Source.
- FET können nahezu leistungslos geschaltet werden.
- FET sind nur für eine Stromrichtung geeignet.

Wie werden Transistorausgänge angeschlossen?

Zweileiteranschluss

Bei **Zweileiterausgängen** liegt die zu schaltende Last ① direkt in Reihe zu der Spannungsquelle. In ausgeschaltetem Zustand ist der Anschluss A ohne Bezugspotenzial (massefrei).

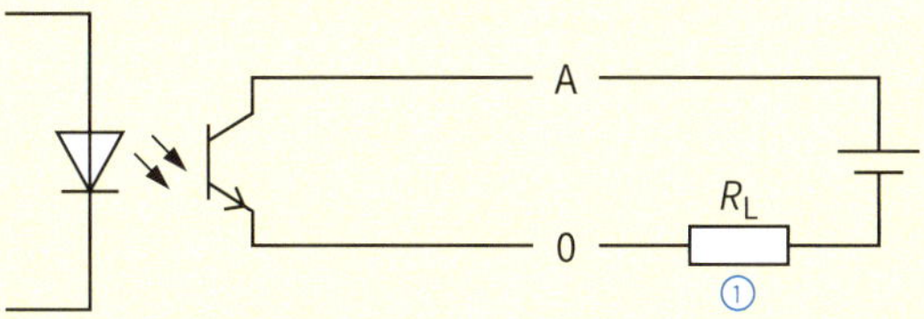

Dreileiteranschluss

Die Dreileiterschaltung stellt über den Widerstand R_0 einen Bezug zwischen dem Anschluss A und dem Massepotenzial (0) her. Diese Schaltung ist deshalb massegebunden.

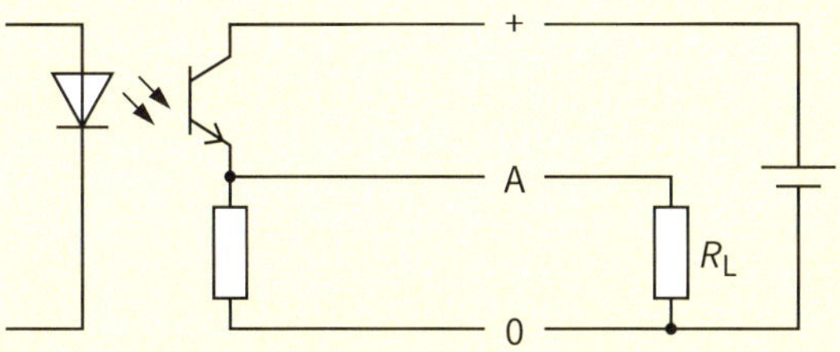

PNP-/NPN-Ausgänge

Bei Dreidrahtanschlüssen kann gewählt werden, welche Polarität geschaltet werden soll. Je nach Anwendungsfall ist es erforderlich, am positiven oder negativen Pol der Last zu schalten. Die Ausgänge heißen deshalb plus- bzw. minusschaltend. Zum Schalten muss je nach Polarität ein NPN- bzw. PNP-Transistor verwendet werden. Die Ausgänge werden auch als PNP- bzw. NPN-Ausgänge bezeichnet.

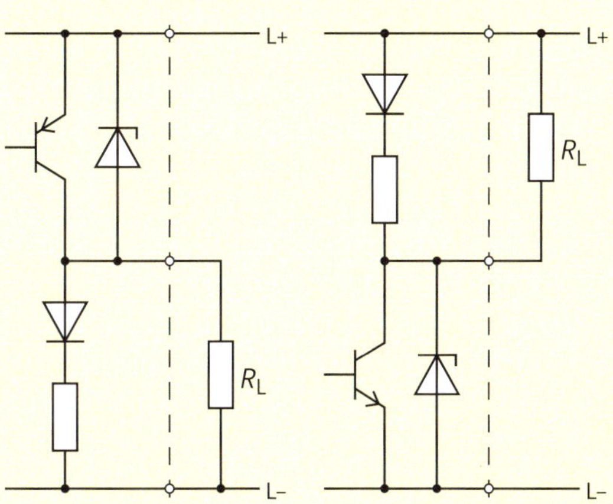

PNP-Ausgang (plusschaltend)

NPN-Ausgang (minusschaltend)

Offener Kollektor [*open collector*]

Um eine Last durch mehrere Signale einschalten zu können (ODER-Funktion), gibt es verschiedene Möglichkeiten:

- Logische Verknüpfung von Signalen vor dem Schalteingang
- Parallelschaltung mehrerer Schaltausgänge

Die Parallelschaltung mehrerer Schaltausgänge ist jedoch nur möglich, wenn der Kollektor des Schalttransistors nicht mit einem Potenzial verbunden ist. In diesem Fall spricht man von einer Open-Collector-Schaltung.

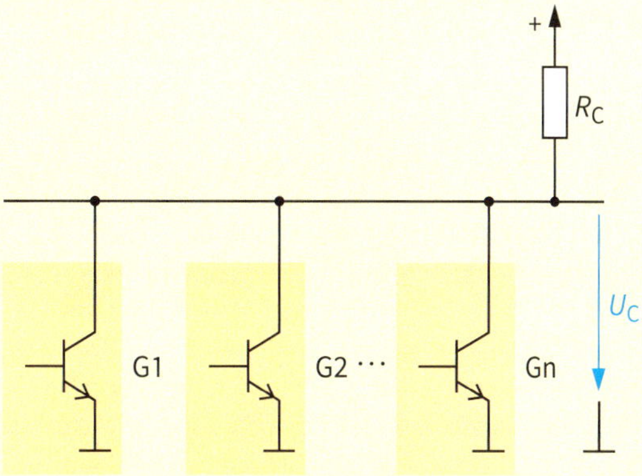

Reihenschaltung von Schaltausgängen

Soll eine Last nur geschaltet werden, wenn mehrere Signale vorhanden sind (UND-Funktion), können wieder verschiedene Varianten zum Ziel führen.

- Logische Verknüpfung von Signalen vor dem Schalteingang
- Reihenschaltung mehrerer Schaltausgänge

Um eine Reihenschaltung mehrerer Schaltausgänge zu realisieren, ist es erforderlich, dass diese massefrei sind. Massefreie Schaltausgänge sind nur in Zweidrahttechnik verfügbar. Das Schalten der Last kann dabei als plusschaltend oder minusschaltend ausgeführt werden.

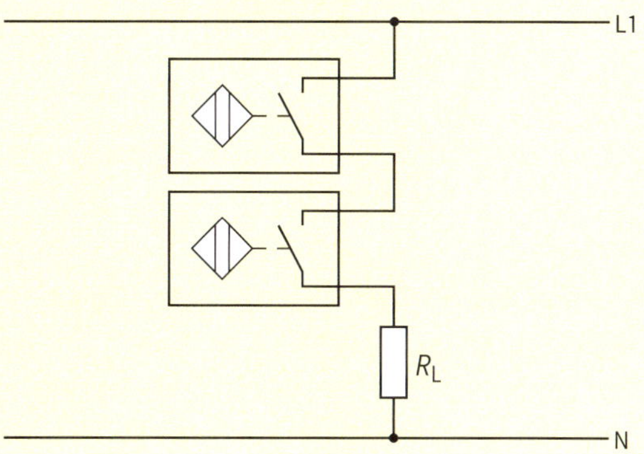

6.3.2.4 Thyristor

Auch ein Thyristor lässt sich als elektronischer Schalter einsetzen. Mit dem Thyristor in Q1 (Abb. 1) wird der Strom durch die Lampe geschaltet. Hierzu ist ein Steuersignal am Gate des Thyristors erforderlich.

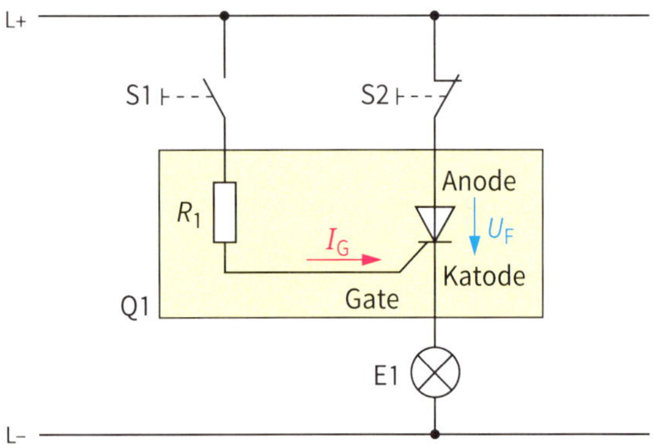

1: Baugruppe mit Thyristorausgang

Wie funktioniert der Thyristorschalter?

- Um leiten zu können, muss am Thyristor eine positive Spannung U_F anliegen. Man spricht dann von einem Betrieb in Vorwärtsrichtung ① (Abb. 2).
- Wird der Schalter S1 (Abb. 1) geschlossen, fließt ein positiver Gatestrom I_G. Dieser führt gemeinsam mit der Vorwärtsspannung dazu, dass der Thyristor **zündet** [*fires*]. Das bedeutet, der Thyristor wechselt vom sperrenden in den leitfähigen Zustand ②.
- Der gezündete Thyristor verhält sich in seiner Kennlinie wie eine Diode ③.
- Die Leitfähigkeit bleibt auch bestehen, wenn der Strom I_G wieder Null wird. Sie wird erst aufgehoben, wenn der Strom I_F den Haltestrom I_H unterschreitet ④. Dies kann künstlich durch Unterbrechen des Stromkreises erfolgen (S2, Abb. 1) oder durch einen natürlichen Stromnulldurchgang bei Wechselströmen.

Wird die Spannung zwischen Anode und Katode umgepolt, befindet sich der Thyristor im Sperrbereich ⑤ und kann nicht gezündet werden.

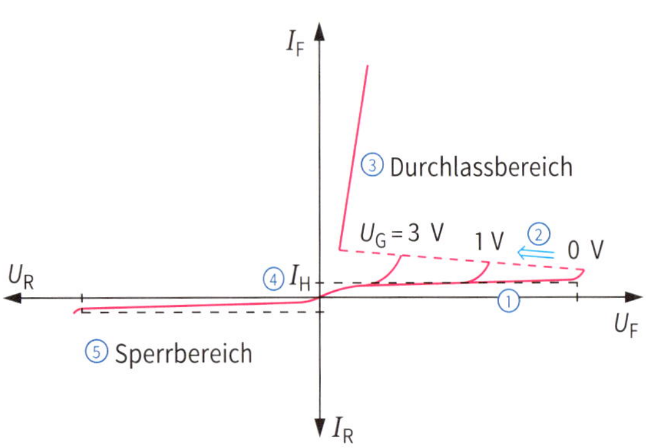

2: Thyristorkennlinie

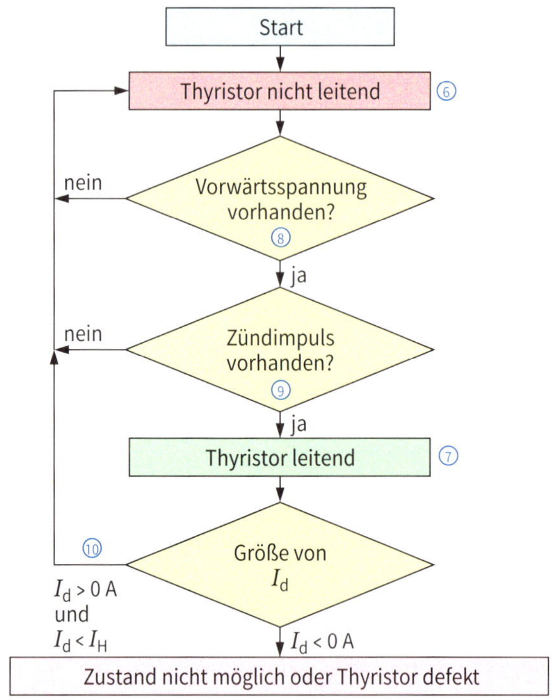

3: Zustandsänderungen im Thyristor

Das Verhalten des Thyristors lässt sich auch mit Hilfe eines Flussdiagramms beschreiben (Abb. 3). Der Thyristor kann nur zwischen zwei Zuständen wechseln (nicht leitend ⑥ ↔ leitend ⑦). Für den Wechsel zwischen den Zuständen müssen bestimmte Bedingungen erfüllt sein.

Zum Zünden sind folgende Bedingungen erforderlich: Vorwärtsspannung ⑧ und Zündimpuls ⑨.

Um vom leitenden in den sperrenden Zustand zu wechseln, muss der Strom I_F den Haltestrom I_H unterschreiten ⑩.

Thyristoren gibt es je nach Leistungsfähigkeit in verschiedenen Bauformen. Sie sind in der maximalen Sperrspannung U_{RM}, der Vorwärtsstromtragfähigkeit I_F und der Verlustleistung P_V begrenzt. Sie werden in Standard-Halbleitergehäusen oder in integrierten Schaltungen (z.B. SSR) geliefert (Abb. 4).

Größe	Bedeutung	Beispiel (IR 50RIA)
U_{GT}, I_{GT}	Triggerspannung Triggerstrom	3,5 V 100 mA
U_{RM}	max. Sperrspannung	1600 V
$I_{T(RMS)}$	max. Vorwärtsstromstärke (Effektivwert)	80 A
I_{TSm}	einmaliger Stromspitzenwert (10 ms)	1200 A
I_H	Haltestromstärke	200 mA

4: Thyristorkenngrößen (Beispiel)

6.3.2.5 Triac

Ein Triac wirkt wie zwei antiparallel geschaltete Thyristoren, die nur einen Gateanschluss haben. Er kann daher den Strom in beiden Richtungen führen. Damit ist er als Schalter für Wechselströme geeignet.

Liegt am Triac eine Spannung $U_{12} \neq 0$ V an (Abb. 5 ①), kann der Triac durch einen Gatestrom gezündet werden. Im Gegensatz zum Thyristor ist die Polarität des Gatestromes egal.

Wie der Thyristor lässt sich der Triac nur dadurch löschen, dass der Strom I_{12} den Haltestrom I_H ② unterschreitet.

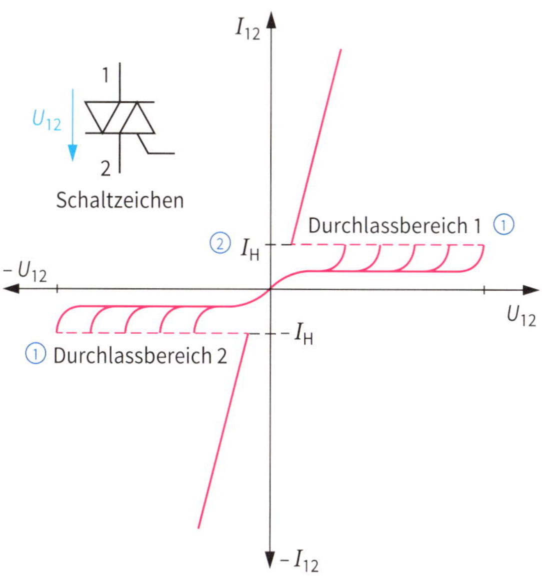

5: Triac-Kennlinie

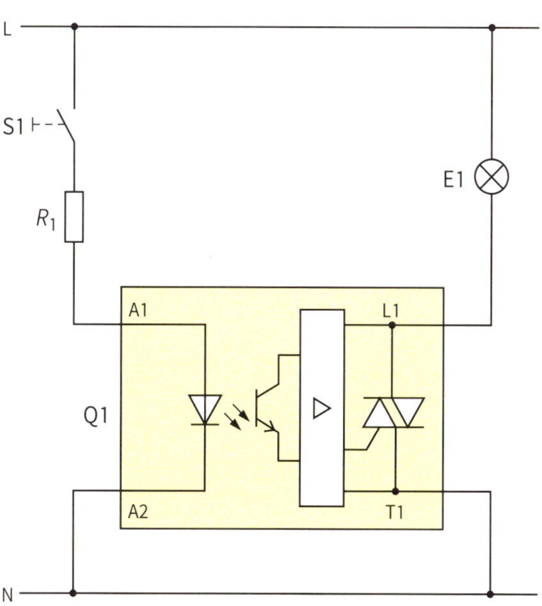

6: Triac im elektronischen Relais

Größe	Bedeutung	Beispiel (IR 50RIA)
U_{GT}, I_{GT}	Triggerspannung Triggerstrom	1 V 10 mA
U_{RM}	max. Sperrspannung	700 V
$I_{T(RMS)}$	max. Vorwärtsstromstärke (Effektivwert)	4 A
I_{TSm}	einmaliger Stromspitzenwert	30 A
I_H	Haltestromstärke	20 mA

7: Triac-Kenngrößen (Beispiel)

Vergleich elektronischer Schalter

Eigenschaften	Bauelement		
	Transistor	Thyristor	Triac
mögliche Stromrichtungen	unipolar	unipolar	bipolar
Abschaltung	jederzeit	Stromnulldurchgang	
Schaltfrequenz	sehr hoch	maximal Netzfrequenz	

Aufgaben

1. Unter welchen Bedingungen zündet ein Thyristor?
2. Welche Unterschiede bestehen zwischen Thyristor und Triac?
3. Zeichnen Sie das Flussdiagramm eines Triacs. Verwenden Sie als Hilfe Abb. 3, S. 134.
4. Warum arbeiten elektronische Schalter verschleißfrei?

- Thyristoren und Triacs werden durch Gateimpulse gezündet. Sie bleiben auch ohne Zündimpuls leitend.
- Thyristoren können Strom nur in eine Richtung führen.
- Triacs können Wechselströme schalten.
- Der leitfähige Zustand eines Thyristors/Triacs endet, wenn die Stromstärke I_F bzw. $I_{12} = 0$ A ist.

6.3.2.6 Zusatzfunktionen elektronischer Relais

Werden Stromkreise zu einem beliebigen Zeitpunkt geschlossen, kann es dazu kommen, dass der Strom sprungartig ansteigt ① (Abb. 1). Solche sprungartigen Stromänderungen verursachen im Versorgungsnetz Oberschwingungen und sollten vermieden werden.

Wie können Strom-/Spannungssprünge vermieden werden?

Bei mechanischen Relais lässt sich der Einschaltzeitpunkt aufgrund der trägen mechanischen Bauteile nicht genau bestimmen. Elektronische Relais schalten so schnell, dass hier ein genauer Schaltzeitpunkt getroffen werden kann. Eine integrierte Logiksteuerung ermöglicht zusätzliche Funktionen beim Schalten.

Ein Beispiel hierfür sind die **Nullspannungsschalter**. Unabhängig vom Zeitpunkt des Einschaltsignals erfolgt die Einschaltung des Ausgangs genau in dem Zeitpunkt, in dem die Netzspannung gleich Null ist ②. Dies bewirkt, dass der Spannungsverlauf an der Last genau im Spannungsnulldurchgang beginnt.

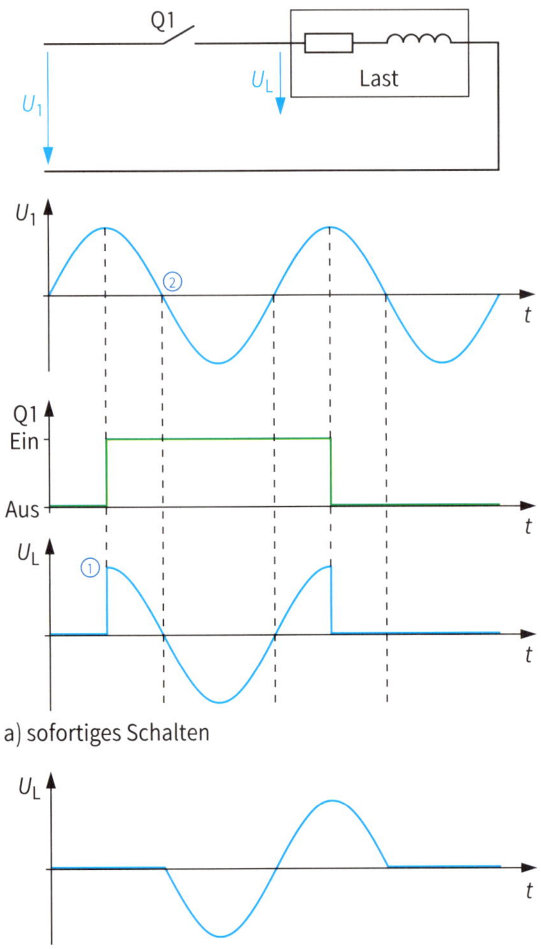

1: Zeitschaltpunkte elektronischer Relais

Eigenschaft	elektro-mechanisch	elektronisch
Steuerleistung	–	+
Lebensdauer	–	+
Prellverhalten	–	+
Schaltzeit/-frequenz	–	+
Kontaktzahl/-art	+	–
galvanische Trennung in der Schaltstrecke	+	–
Überlastbarkeit	+/–	–
zusätzliche Schaltfunktionen	–	+
Vibrationsfestigkeit	–	+
Preis	+	–

2: Vergleich von elektromechanischen und elektronischen Relais

6.3.2.7 Auswahl elektronischer Relais

Soll ein elektromechanisches Relais gegen ein elektronisches Relais getauscht werden, sind einige Auswahleigenschaften zu beachten (Abb. 2). Neben den Auswahldaten mechanischer Relais sind zusätzlich die

- Stromform (AC, DC) und
- Anschlussart (Zwei-/Dreileiter)

wichtige Auswahlkriterien. Weiterhin muss berücksichtigt werden, dass elektronische Relais nur über eine Schließfunktion verfügen. Öffner und Wechselkontakte können nur durch zusätzliche Logik bzw. Verwendung mehrerer elektronischer Relais realisiert werden.

Die wichtigsten Auswahlparameter für elektronische Relais sind in Abb. 3 aufgelistet.

Parameter	Eigenschaften
Eingangsdaten	– Bemessungsspannung – Spannungsform – Bemessungs-Leistungsbedarf
Arbeitsdaten	– Arbeitsbereich – Haltespannung – Rückfallspannung
Temperatur	– zulässige Umgebungstemperatur – Schaltzyklen
Sonstige	– Schaltzeiten/Schaltfrequenz – Einfluss magnetischer Felder auf weitere Objekte – Vibrationsempfindlichkeit
Ausgangs-daten	– Anzahl der Schaltpole – AC/DC
Lasten	– schaltbare Spannung – maximale Laststromstärke – maximale Stromspitzen

3: Auswahlkriterien für elektronische Relais

6.3.3 Stetige Ein- und Ausgänge

In einer Fräsmaschinensteuerung wird die Temperatur des Kühlmittels gemessen. Die Messgröße (Temperatur) wird vom Sensor zu einem Auswertegerät und einer Anzeige übertragen (Abb. 4 und 4).

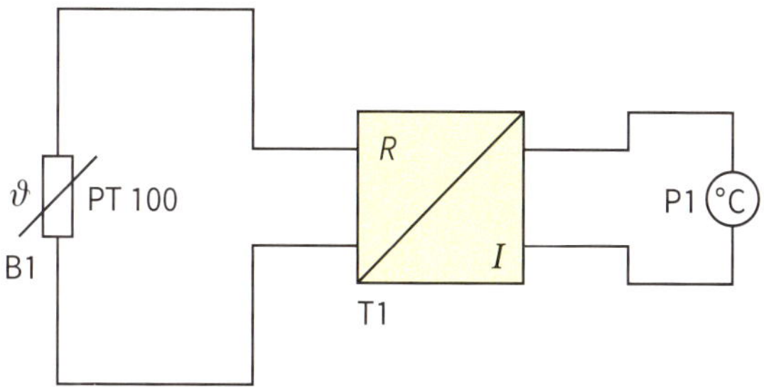

4: Temperaturerfassung

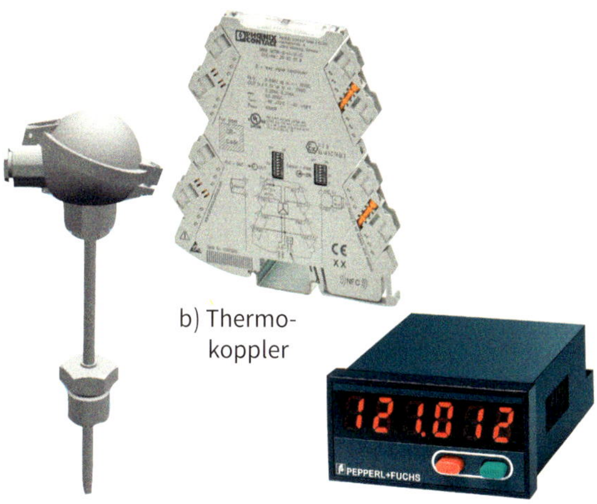

b) Thermokoppler

a) Temperatursensor c) Temperaturanzeige

5: Komponenten der Temperaturerfassung

Im Gegensatz zu den bisher behandelten binären Größen werden hier stetig veränderliche Größen, d.h. ohne Sprünge, übertragen. Der Temperatursensor wird dabei an ein Gerät angeschlossen, das die Widerstandsgröße in ein normiertes Signal wandelt.

Bei der Bestimmung der Signalwandler muss zwischen mehreren Ausgangssystemen gewählt werden.

- Stromschnittstelle 0 – 20 mA bzw. 4 – 20 mA
- Spannungsschnittstelle 0 – 5 V bzw. 0 – 10 V

Das Schnittstellensignal der Ein-/Ausgangsgröße nimmt nur Werte innerhalb eines bestimmten Bereichs ein. Jedem übertragenen Strom- bzw. Spannungswert wird eine bestimmte physikalische Größe zugeordnet (Abb. 6).

Die Schnittstellenwandler, Auswertegeräte und Anzeigen werden dabei so eingestellt, dass ihnen für den minimalen und maximalen Strom-/Spannungswert eine physikalische Größe zugeordnet wird. Dies wird vom Benutzer festgelegt.

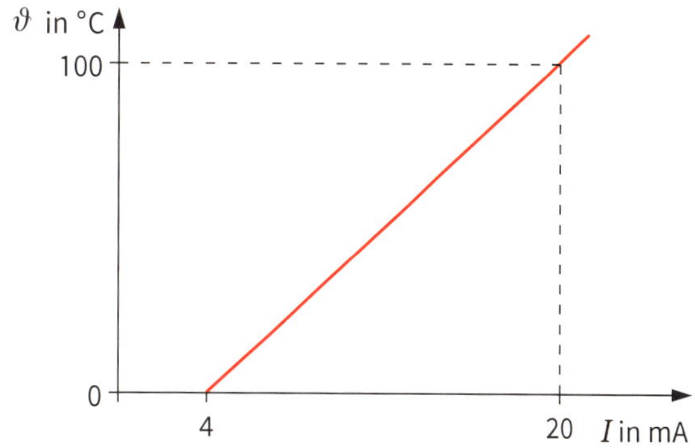

6: Temperatur-Strom-Schnittstelle (4 – 20 mA)

Im Beispiel aus Abb. 6 entspricht
4 mA ≙ 0 °C und 20 mA ≙ 100 °C.

Aus den Stromwerten zwischen den Grenzen werden dann automatisch die zugehörigen Temperaturen errechnet.

Stromschnittstelle

Für Stromschnittstellen werden Gleichströme verwendet. Diese haben einen Wertebereich von
0 – 20 mA bzw. 4 – 20 mA.

Die Schnittstellenwerte von 0 – 20 mA ermöglichen eine größere Auflösung der Messwerte als der 4 – 20 mA-Wertebereich. Bei 4 – 20 mA Schnittstellen ist es dagegen möglich, einen Drahtbruch im Sensorkreis zu erfassen.

Bei Drahtbruch oder Sensorfehler ist die Schnittstellenstromstärke $I = 0$ A. Da dieser Stromwert nicht im Wertebereich der Schnittstelle liegt, kann so auf einen Fehler im Sensorkreis geschlossen werden.

Sollen mehrere Auswertegeräte ein Stromsignal auswerten, so sind diese in Reihe zu schalten (Abb. 7).

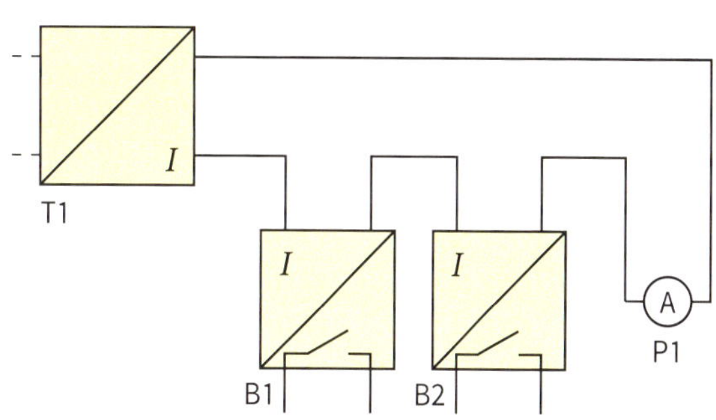

7: Reihenschaltung von Signaleingängen

Da der Ausgangsstrom unabhängig von den angeschlossenen Geräten und der Leitungslänge sein muss, ist im Ausgang von Stromschnittstellen eine Konstantstromquelle geschaltet.

Durch den geregelten Ausgangsstrom haben Spannungsfälle auf der Messleitung keinen Einfluss auf die Übertragungsqualität.

Spannungsschnittstelle

Bei der Auswahl der Sensoren und Auswertegeräte ist darauf zu achten, dass alle Geräte mit dem gleichen Wertebereich arbeiten.

Der übertragene Strom zwischen Sensor und Auswertegerät ist sehr klein. Dennoch haben der Leitungswiderstand und damit die Leitungslänge einen verfälschenden Einfluss auf das Messergebnis.

Sollen mehrere Auswerte- und Anzeigegeräte angeschlossen werden, so sind diese parallel zu schalten (Abb. 1).

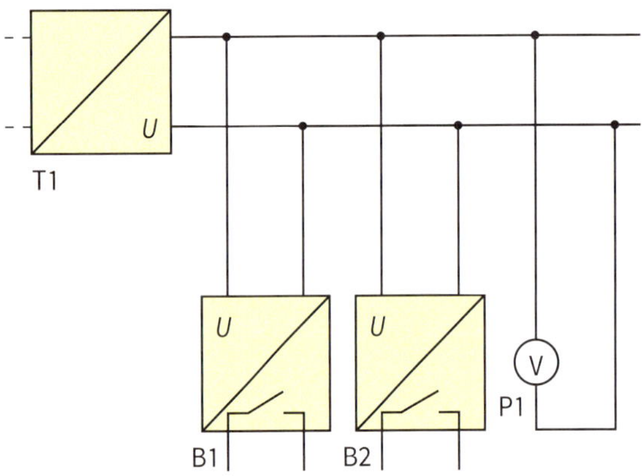

1: Parallelschaltung von Signaleingängen

Um die Ausgangsspannung des Sensors auch bei unterschiedlicher Anzahl von angeschlossenen Geräten konstant zu halten, ist der Ausgang als steuerbare Konstantspannungsquelle ausgeführt.

Aufgaben

1. Warum lässt sich bei mechanischen Relais der Einschaltzeitpunkt nicht exakt bestimmen?
2. Bei der Stromschnittstelle in Abb. 6, S. 137 wird ein Strom von 18 mA übertragen. Ermitteln Sie die zugehörige Temperatur.
   a) zeichnerisch
   b) rechnerisch
3. Zeichnen Sie das unten stehende Mind Map mit Hilfe eines PC und ergänzen Sie die fehlenden Begriffe.

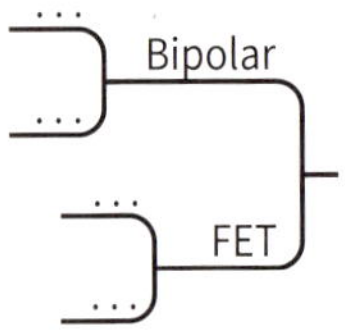

4. Erklären Sie, warum bei einer Stromschnittstelle das Messergebnis unabhängig von der Leitungslänge ist. Welcher Unterschied besteht hier zur Spannungsschnittstelle?

- Elektronische Relais können Zusatzfunktionen ausführen (z.B. Nullspannungsschaltung).
- Elektronische Relais haben gegenüber mechanischen Relais eine geringere Steuerleistung und Vibrationsempfindlichkeit.
- Stetige Größen können als Strom- oder Spannungssignal übertragen werden. Für die Signalgrößen gibt es feste Wertebereiche.
- Anschlüsse bei Stromschnittstellen erfolgen als Reihenschaltung. Bei Spannungsschnittstellen wird die Parallelschaltung angewendet.

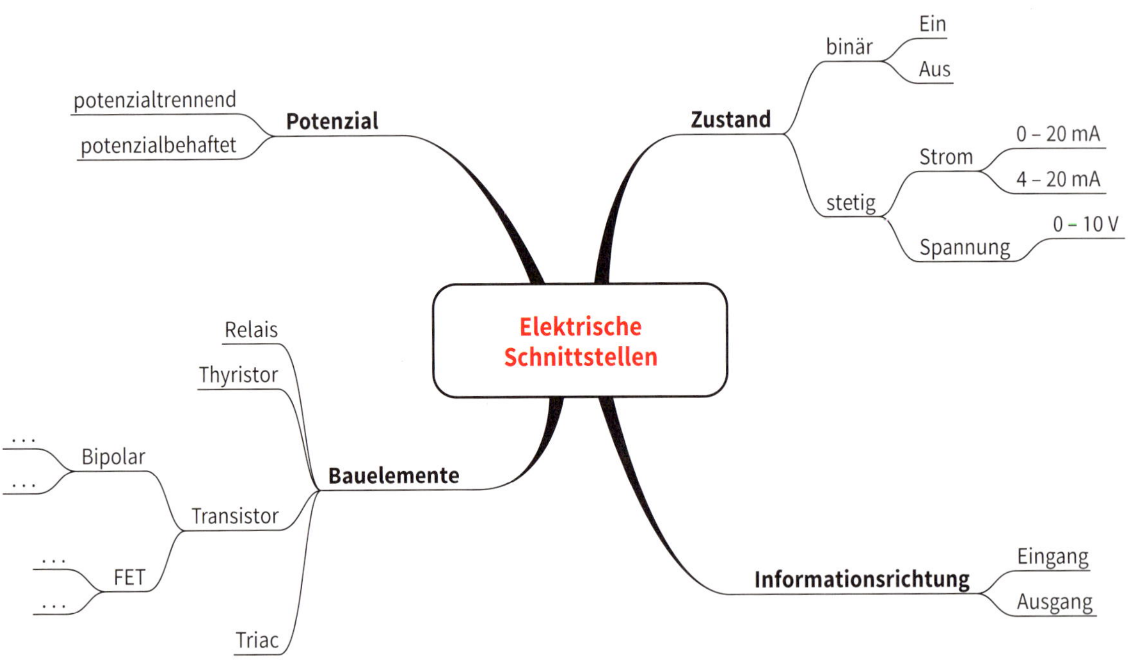

2: Eigenschaften elektronischer Schnittstellen

7 Steuerungstechnik

Die Firma BSC-Home-Electronic soll beim Kunden, Herrn Rolf Meier, die elektrische Steuerung einer Wintergartenbeschattung planen und montieren (Abb. 3). Herr Meier hat eine elektrisch angetriebene Markise gekauft und möchte sich nun bei Ihrer Firma über verschiedene Möglichkeiten zur Beschattung seines Wintergartens beraten lassen. Da er als Stammkunde darauf vertraut, dass die vereinbarte Lösung fachgerecht und kostengünstig ausgeführt wird, verzichtet Herr Meier auf ein Angebot. Ihr Chef beauftragt Sie, diesen Auftrag selbstständig zu planen und auszuführen. Bei der Besprechung mit Herrn Meier notieren Sie die gewünschten Steuerungsanforderungen (Abb. 4).

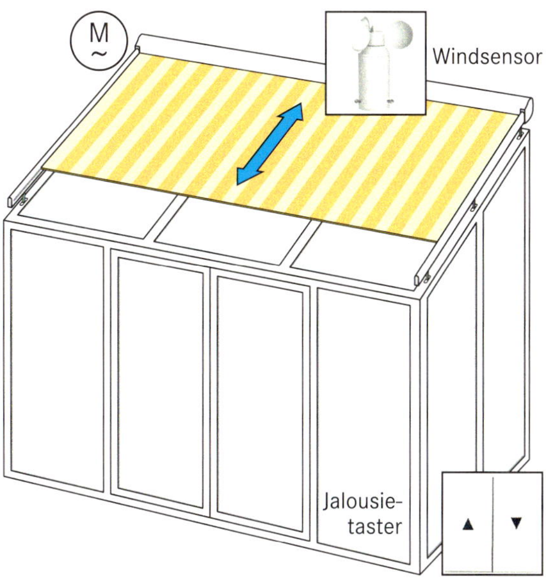

3: Technologieschema Wintergartenbeschattung

4: Steuerungsanforderungen der Wintergartenbeschattung

Vorgehensweise bei der Planung und Realisierung von Steuerungsaufgaben

Am Beispiel der Markisensteuerung soll die prinzipielle Vorgehensweise bei der Bearbeitung von Steuerungsaufgaben erläutert werden (Abb. 5).

Im ersten Schritt, der **Aufgabenanalyse** [*task analysis*], haben Sie sich beim Kunden über die auftragsbezogenen Anforderungen informiert. Die dabei gewonnenen Erkenntnisse haben Einfluss auf die Auswahl der **Hardwarekomponenten**, die im zweiten Schritt Ihrer Projektplanung vorgenommen wird. Nach Abschluss der Hardware-Projektierung ist die Erstellung des Steuerprogramms an der Reihe.

Neben der eigentlichen Programmierung sind in der **Softwareprojektierung** auch die Programmdokumentation und der Programmtest enthalten.

Bei der **Inbetriebnahme** [*commissioning*] wird das Zusammenwirken von Hard- und Software aufeinander abgestimmt.

Ziel der gesamten Projektabwicklung ist es, dem Kunden im vereinbarten Zeitrahmen eine mängelfreie Anlage zu übergeben, die den vereinbarten Anforderungen entspricht.

1. Aufgabenanalyse (Kap. 7.1.1)
- Analyse der Eingangs-/Ausgangsgrößen
- Analyse der Systemeigenschaften

2. Hardware-Projektierung (Kap. 7.1.2)
- Geräteliste der Eingangs-/Ausgangsobjekte
- Auswahl des Steuergerätes
- Zuordnungsliste
- Anschlussplan

3. Software-Projektierung (Kap. 7.1.3)
- Zuordnungsliste, Anschlussnamen
- Programmentwicklung, Dokumentation
- Programmeingabe
- Simulation, Fehlersuche

4. Inbetriebnahme (Kap. 7.1.4)
- Überprüfung der Ein- und Ausgangssignale mit Hilfe eines Testprogramms
- Schrittweise Inbetriebsetzung, Prüfung
- Dokumentation, Kundenübergabe

5: Schritte der Projektplanung und -realisierung

Überblick Steuerungstechnik

Steuerungsvorgänge finden in Technik und Alltag in vielfältigen Formen statt. Meist ist dem Anwender überhaupt nicht bewusst, dass bei der Bedienung technischer Einrichtungen und Maschinen Steuerungsprozesse ausgeführt werden. Als Beispiel sollen im folgenden die Steuerung einer Wintergartenbeschattung und einer Parkhausschranke bearbeitet werden.

Steuerungsarten

Steuerungen lassen sich nach verschiedenen Merkmalen unterscheiden (Abb. 1, vgl. Lernfeld 3).

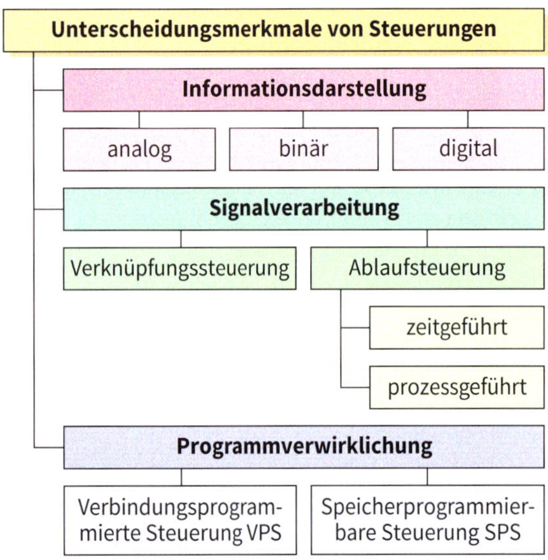

1: Steuerungsarten im Überblick

Unterscheidung von Steuerungen nach der Programmverwirklichung

Bei elektrischen und elektronischen Steuerungen unterscheidet man zwei Arten der Programmverwirklichung:

- **VPS** (**V**erbindungs**p**rogrammierte **S**teuerung)
- **SPS** (**S**peicher**p**rogrammierbare **S**teuerung)

Verbindungsprogrammierte Steuerungen

In **verbindungsprogrammierten Steuerungen** [*hardwired control systems*] wird die **Steuerfunktion durch feste Verbindungen** hergestellt.

Beispiele hierfür sind (Abb. 2):

- Schützsteuerungen (vgl. Lernfeld 3) oder
- Integrierte Schaltungen (**IC**: **I**ntegrated **C**ircuit)

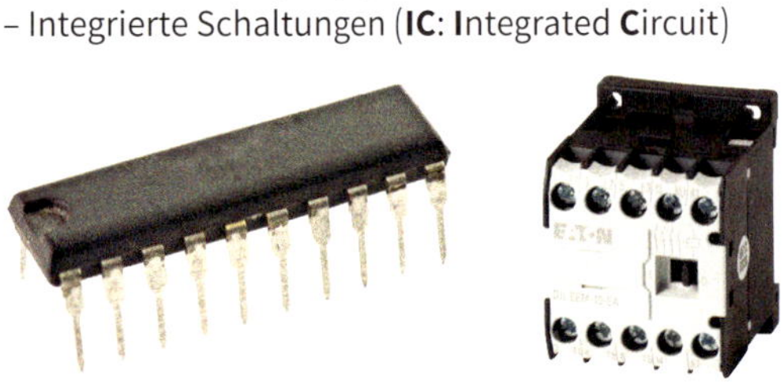

2: Hardware zur Realisierung von VPS

Viele verbindungsprogrammierte Steuerungen werden aus elektromagnetischen Relais oder Schützen aufgebaut. Dann bezeichnet man sie als **kontaktbehaftete Steuerungen** (Abb. 3). Obwohl VPS-Aufbauten relativ robust und zuverlässig sind, haben die elektromagnetischen Kontakte lange Schaltzeiten und verschleißen auf Dauer. Deshalb sind sie für moderne, schnell ablaufende Produktionssteuerungen kaum geeignet.

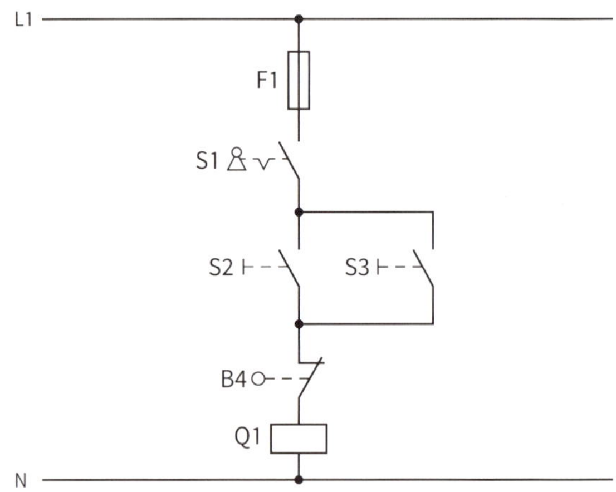

3: Verbindungsprogrammierte Steuerung (VPS)

Ein weiterer, entscheidender Nachteil von VPS ist, dass beim Ändern der Steuerfunktion auch meist erhebliche schaltungstechnische Änderungen (z. B. Umverdrahten) erforderlich sind. Deshalb nimmt die Bedeutung der VPS immer mehr ab.

Statt dessen werden Steuerungen in zunehmendem Maße frei **programmierbar** (z. B. SPS) realisiert.

Speicherprogrammierbare Steuerungen [*programmable logic controllers*]

Im Bereich der frei programmierbaren Steuerungen haben SPS-Geräte eine große Bedeutung erlangt. Dies liegt daran, dass es sich um standardisierte Baugruppen mit genormten Schnittstellen handelt. Sie können vom Anwender an die jeweilige Steuerungsaufgabe angepasst werden.

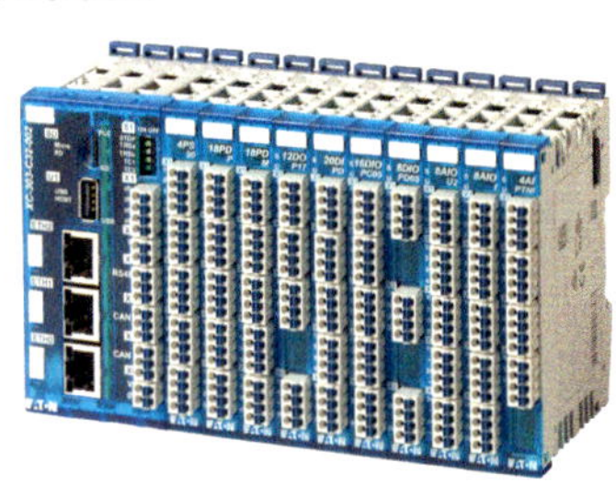

4: Speicherprogrammierbare Steuerung

Neben den marktüblichen SPS-Steuergeräten (z. B. Simatic S7, Eaton Steuerung XC303 mit I/O-Komponenten des XN300-Systems, Abb. 4) werden vor allem im Bereich der Konsumelektronik (z. B. Hausgeräte) spezielle Mikrocontrollersteuerungen eingesetzt.

Programmierbare Steuerrelais

Diese Kleinsteuerungen (z. B. Siemens LOGO!, Moeller easy, Abb. 5) sind zwar keine vollwertigen SPS-Geräte, jedoch wird ihr Funktionsumfang zunehmend größer (vgl. Kap. 7.1.2).

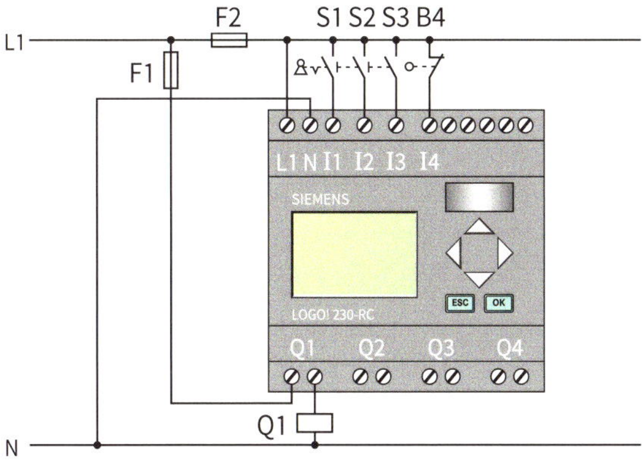

5: Schaltung mit programmierbarem Steuerrelais

Gemeinsames Kennzeichen aller programmierbaren Steuerungen ist die **Verknüpfung** der einzelnen Signale **über ein Programm**. Das Programm wird vom Anwender erstellt, auf Speicherbausteinen abgelegt und von einem Prozessor verarbeitet.

Programmierbare Steuerungen haben gegenüber der verbindungsprogrammierten Technik den entscheidenden Vorteil, dass Änderungen der Steuerfunktion relativ einfach durch das Verändern des Steuerprogramms möglich sind. Hardwareänderungen (z. B. Umverdrahten) entfallen hingegen meist.

Preis-Leistungsvergleich von Steuergeräten

Je nach Komplexität der Steuerungsaufgabe erfolgt die Auswahl der erforderlichen Steuergeräte-Hardware.

Dabei lässt sich eine grobe Einteilung in die drei verschiedenen Kategorien vornehmen (Abb. 6):
- Schützsteuerung (VPS; vgl. Lernfeld 3)
- Steuerrelais (z. B. LOGO!, easy; Kap. 7.1)
- SPS-Geräte (z. B. Simatic S7; Kap 7.2)

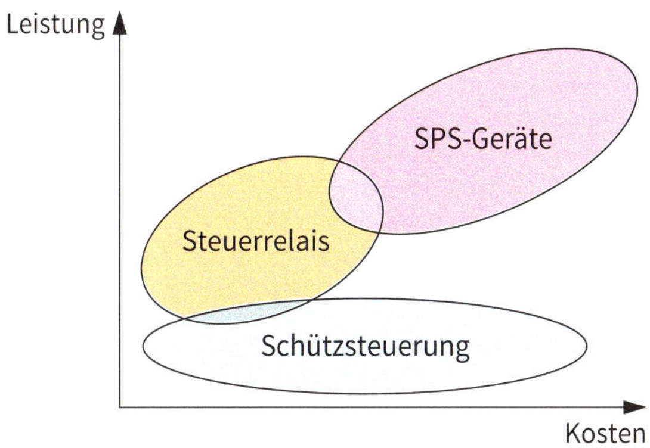

6: Preis-Leistungsvergleich verschiedener Steuerungen

Funktionsprinzip programmierbarer Steuerungen

Programmierbare, elektrische Steuerungen besitzen die Aufgabe, Anlagen und Maschinen nach einem vorgegebenen Programm zu beeinflussen. Die Verarbeitung der Steuersignale erfolgt dabei nach dem EVA-Prinzip (Eingabe – Verarbeitung – Ausgabe, Abb. 7).

Eingabeebene [*input level*] ①

Hier werden physikalische Eingangsgrößen von den Eingabeobjekten (z. B. Taster, Sensoren) erfasst. Sie geben Signale an die Eingänge der Steuergeräte.

Verarbeitungsebene [*processing level*] ②

Die Eingangssignale werden in den Steuergeräten (z. B. SPS, programmierbare Steuerrelais) nach vorgegebenen Programm-Regeln verknüpft und ausgewertet.

Das Steuerprogramm wird mit Hilfe spezieller Software in einem PC oder Programmiergerät erstellt und dann über Kabel in das Steuergerät übertragen.

Ausgabeebene [*output level*] ③

Auf der Ausgabeebene wird über die Ausgabeobjekte (Stellglieder, Aktoren) auf die zu steuernde Anlage eingewirkt.

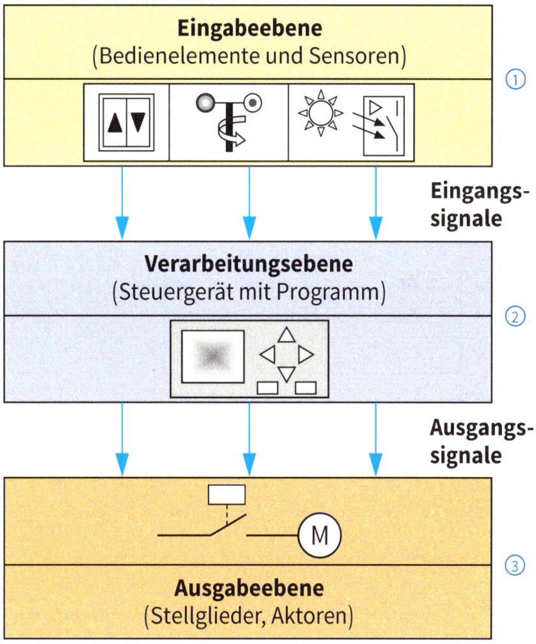

7: Signalverarbeitung an programmierbaren Steuerungen

- Bei Steuerungsvorgängen werden Ausgangsgrößen durch eine oder mehrere Eingangsgrößen nach vorgegebenen Regeln beeinflusst.
- Es findet keine Rückmeldung der Ausgangsgrößen an die Steuerung statt (= offener Wirkungsweg, Steuerkette).

Steuerungstechnik

7.1 Steuern einer Wintergartenbeschattung mit programmierbarem Steuerrelais

7.1.1 Aufgabenanalyse

Die Wintergartenbeschattung stellt ein **technisches System** dar, das aus der Markise, dem Elektroantrieb und der zugehörigen Steuerungstechnik besteht. Der Ablauf des Steuerungsprozesses wird vom Bediener und von den Umgebungsbedingungen (Wind, Sonne) beeinflusst.

Was wird gesteuert?

Die Position der Markise bestimmt den Lichteinfall in den Wintergarten. Weil diese Größe durch den Steuerungsprozess beeinflusst wird, bezeichnet man sie als „**Steuergröße *x***" [*controlled variable x*] (Abb. 1).

Im Fall des Wintergartens versteht man unter der Steuergröße

– physikalisch: den Lichteinfall,

– technisch: die Position der Markise.

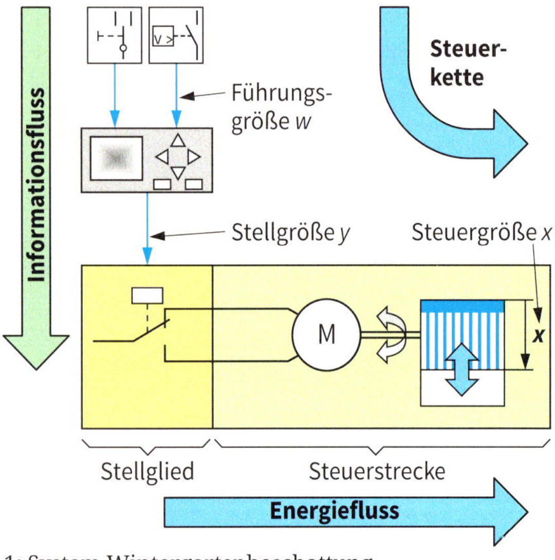

1: System Wintergartenbeschattung

Die **Eingangsgrößen** stellen dem „System Wintergartenbeschattung" Informationen über Bedienbefehle und Umweltbedingungen zur Verfügung. Diese Informationen werden im System verarbeitet und beeinflussen die **Ausgangsgröße** (Markisenbewegung). Die Weitergabe und Verarbeitung der Informationen im System nennt man Informationsfluss (Abb. 1).

Zum Bewegen der Markise wird im System elektrische Energie in mechanische Energie umgesetzt. Der Energieumsatz im System wird als **Energiefluss** bezeichnet (Abb. 1).

Der gesamte Steuerungsablauf lässt sich in Form einer **Steuerkette** darstellen, die den Signalfluss zwischen Führungsgröße *w* und Steuergröße *x* aufzeigt (Abb. 1).

Analyse der Ein- und Ausgangsgrößen

Bei der Auswahl der steuerungstechnischen Ausrüstung muss genau festgelegt werden, **WAS** erfasst und ausgegeben werden soll. Aus dieser Analyse der Ein- und Ausgangsgrößen ergeben sich die erforderlichen Eingabe- und Ausgabeobjekte.

Anzahl und Art der Ein- und Ausgabeobjekte richten sich nach den technischen Erfordernissen und den Kundenwünschen.

Es sind folgende Eingangsobjekte erforderlich:

- Doppelwippentaster (Abb. 2 und Abb. 3, ①, ②)
- Grenztaster für Endpositionen (Abb. 3, ③, ④)
- Windsensor (Abb. 2 und Abb. 3, ⑤)

Der Motor der Markise wird als Ausgabeobjekt direkt an die Ausgänge der Steuerung angeschlossen, da der Laststrom unter der maximalen induktiven Laststromstärke von 3 A liegt.

Die erforderlichen Eingabe- und Ausgabeobjekte werden nach der Besichtigung der Anlage in ein Technologieschema eingetragen (Abb. 3).

Systemeigenschaften

Bis jetzt wurde untersucht, welche Eingangs- und Ausgangsobjekte zur Steuerung der Markise notwendig sind. Es wurde jedoch noch nicht festgelegt, **WIE** diese Objekte verknüpft werden sollen.

Aus der Festlegung der Systemeigenschaften geht hervor, wie die einzelnen Komponenten oder Teilsysteme innerhalb einer Anlage zusammenarbeiten.

Diese Forderungen stellen somit den Ausgangspunkt für die Entwicklung der Software (z. B. Hand- bzw. Automatikbetrieb) dar.

Wie sollen die Steuerungsvorgänge ablaufen?

Vorerst soll nur die Handbedienung der Markise und das automatische Einfahren bei Sturmgefahr gesteuert werden. Später soll auf eine helligkeitsabhängige, automatische Beschattung erweitert werden können. Dieser Automatikbetrieb soll wahlweise zugeschaltet werden können (Abb. 4).

Mit dem Jalousietaster S1 ist es möglich, die Markise im Handbetrieb aufwärts (Abb. 3, ①) oder abwärts ② zu fahren. Der Taster besitzt eine Doppelwippe mit sogenannter „Umkehrsperre". Diese mechanische Verriegelung verhindert ein gleichzeitiges Aktivieren der beiden Schaltkontakte. Spätestens in den beiden Endlagen wird der reversierbare Antrieb durch die Grenztaster B5 ③ bzw. B6 ④ abgeschaltet.

Bei Überschreiten eines Grenzwertes der **Windgeschwindigkeit *v*** gibt der Windsensor B4 (Abb. 2 und Abb. 3, ⑤) ein binäres Signal aus. Damit kann die Markise bei Sturmgefahr eingefahren werden bzw. das Ausfahren wird in diesem Fall verhindert.

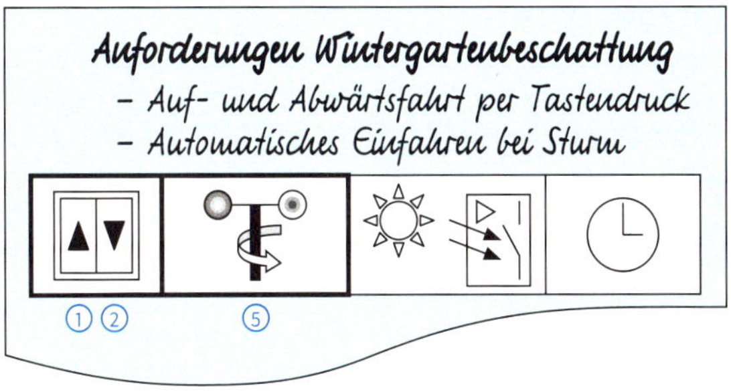

2: Ein-/Ausgabeobjekte nach Kundenanforderung

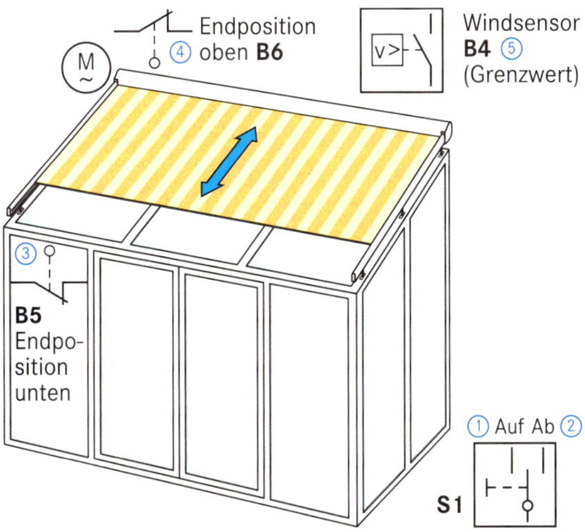

3: Technologieschema mit Ein-/Ausgabeobjekten

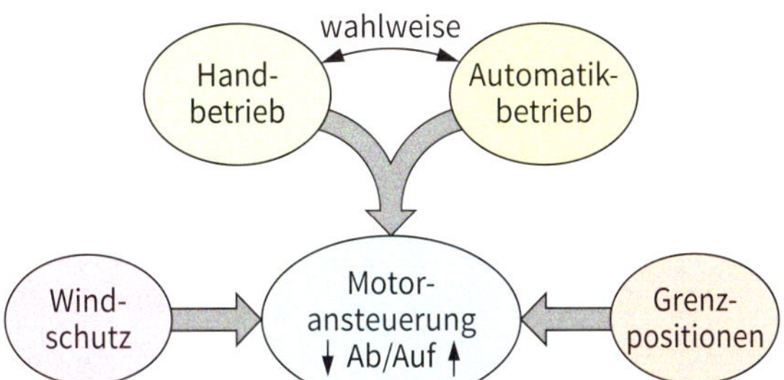

4: Systemeigenschaften der Markisensteuerung

7.1.2 Hardwareprojektierung

Programmierbare Steuerrelais verfügen über einen großen Umfang an Grund- und Sonderfunktionen, die bei allen Basisgeräten im gleichen Umfang zur Verfügung stehen.

Bei der Geräteauswahl spielen vor allem die Anzahl und die Art der Eingangssignale (Geber) und der Ausgangssignale eine entscheidende Rolle:

- Wie viele Geber sollen an das Steuerrelais angeschlossen werden?
- Mit welcher Signal- und Betriebsspannung arbeiten die Geber? (binär oder analog, Spannungspegel)
- Wie groß sind Spannung und Stromstärke der anzuschließenden Aktoren?

Geräteliste *[device list]*

Als Hilfe zur Hardware-Auswahl wird eine Geräteliste (Abb. 5) der angeschlossenen Objekte erstellt. In dieser wird vermerkt, ob das Objekt an einen Eingang (**DI** = **D**igital **I**nput) oder an einen Ausgang (**DO** = **D**igital **O**utput) anzuschließen ist.

Objekt	**Objekt-Kennz.**	**LOGO!**	
		DI	**DO**
Jalousie-Taster AB, Wippe rechts	S1	X	
Jalousie-Taster AUF, Wippe links	S1	X	
Helligkeitssensor (geplant, Reserve)	B3	X	
Windsensor, Grenzwertüberwachung	B4	X	
Endlagentaster, Markise ausgefahren	B5	X	
Endlagentaster, Markise eingefahren	B6	X	
Motoransteuerung, Markise ausfahren	Q1		X
Motoransteuerung, Markise einfahren	Q2		X
Steuersicherung LS-Automat B 6A	F1		
Lastabsicherung LS-Automat B 6A	F2		
LOGO! Basic 230 RC	K1		
Anzahl der digitalen Inputs		**6**	
Anzahl der digitalen Outputs			**2**

5: Geräteliste der Markisensteuerung

Zuordnungsliste/Anschlussnamen

In der **Zuordnungsliste** *[assignment list]* werden den einzelnen Objekten Adressen des Steuerrelais zugewiesen.

Diese Zuweisung ist wichtig
- für den Hardware-Projekteur zur Erstellung der Anschlusspläne und
- den Programmierer des Steuerprogramms wegen der Belegung der Ein-/Ausgänge.

Die Anschlusstabelle (Abb. 6) wird in LOGO!Soft Comfort im Menü **„Bearbeiten"** → **„Anschlussnamen"** geöffnet und kann dann erstellt bzw. geändert werden.

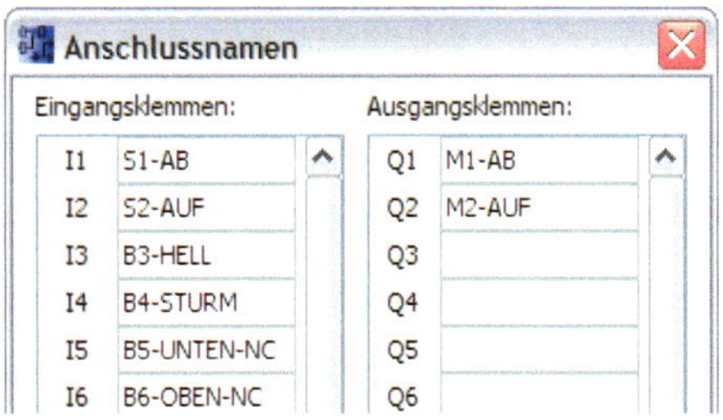

6: Anschlusstabelle für das Projekt Wintergarten

Steuerungstechnik

LOGO! Steuerrelais

Zur Steuerung der Markise sind laut Geräteliste folgende Objekte erforderlich:
- 6 Digitaleingänge (DI) und
- 2 Digitalausgänge (DO).

Analogsignale sind nicht zu verarbeiten, weshalb keine Analogeingänge erforderlich sind.

Da alle Eingabeobjekte eine Spannung von 230 V bereitstellen, wird ein Steuerrelais **LOGO! Basic 230RC** ausgewählt. Dieses besitzt acht Digitaleingänge (DI) und vier Digitalausgänge (DO) (Abb. 1).

LOGO! Basismodul										
Varianten		Basic	Pure	Clock		Digital			Analog
		mit Tastatur	ohne Tastatur			8 Eingänge	4 Ausgänge		2 Eingänge
		mit Display	ohne Display	mit	ohne		Transistor	Relais	Digital
24 V	AC/DC								
24 V	DC								
12 V/24 V	DC								
115 V/ 240 V	**AC/DC**	**X**				**X**		**X**	

1: Geräteauswahl des LOGO! Steuerrelais

Das ausgewählte Steuerrelais (Abb. 2) bietet für den auszuführenden Auftrag der Markisensteuerung folgende Vorteile:

2: LOGO! Basic 230RC zur Steuerung der Markise

- Relaisausgänge, die mit 230 V/3 A induktiv belastet werden können. Damit ist eine direkte Ansteuerung des Markisenmotors (ohne Motorschütze) möglich.
- Die Betriebs- und Steuerspannung von 115 V/240 V entspricht der Netzspannung von 230 V. Da kein 24 V-Netzgerät erforderlich ist, sind die Gerätekosten relativ gering.

easy Steuerrelais

Die programmierbaren Steuerrelais **easy** des Herstellers Eaton (vormals Moeller) besitzen ähnliche Eigenschaften wie die zuvor erwähnten LOGO!-Geräte.

Auch diese Gerätereihe ist mit den geläufigen Steuerspannungen erhältlich. Alle Basisgeräte sind auch in einer Variante ohne Display und Tastatur erhältlich. Jedes Basisgerät verfügt zudem über eine eingebaute RTC. Bis 11 Erweiterungen können an jedem Basisgerät betrieben werden, auch ein Mischen von Modulen unterschiedlicher Spannungsbereiche ist möglich.

Baureihen der easy-Steuerrelais:
- easyE4 (Abb. 3)
- easy Safety (wird Anfang 2024 vom Markt genommen)

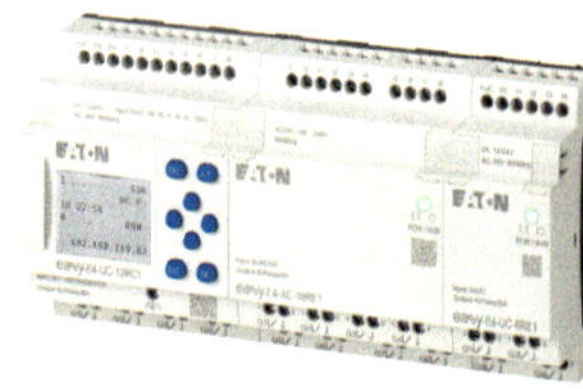

3: easyE4 Steuerrelais

Alle Geräte sind mit Schraub- oder Push-In-Klemmen erhältlich (Abb. 4). Die Programmierung der Geräte erfolgt über die easysoftV8 in KOP, FUP oder in ST.

Basisgerät	Digitaleingänge	als Analogeingänge verwendbar	Digitalausgänge (Relais oder Transistor)
24 V DC	**8**	**0 bis 4**	**4 (Transistor)**
12/24 V DC	8	0 bis 4	4 (Relais)
100–240 V AC/DC	8	–	4 (Relais)

4: Geräteavarianten des easy-Steuerrelais

- Programmierbare Steuerrelais besitzen in der Grundausführung acht Eingänge und vier Ausgänge.
- Mit Hilfe von Erweiterungsmodulen können an die Steuerrelais mehr Ein- und Ausgänge angeschlossen werden.
- Die gebräuchlichsten Steuerspannungen der Steuerrelais sind 24 V DC und 230 V AC.
- Das Programm kann direkt am Steuerrelais oder am PC erstellt werden.
- Die Übertragung des Programms vom PC zum Steuerrelais erfolgt über Kabel bzw. SD-Karte.
- Ein integrierter Webserver erlaubt Internetfähigen Geräten wie Smartphone bzw. SD-Karte oder Tablet HMI Daten der easy darzustellen und mittels SSL/TLS Verbindung auf diese zuzugreifen.
- Über Modbus TCP können anspruchsvolle Visualisierungen realisiert und übergeordnete Steuerungen mit Werten bedient werden.

7.1.3 Softwareprojektierung

Programm Handbetrieb

Zur Programmierung des LOGO!-Steuerrelais wird zuerst das Schaltprogramm entsprechend der Steuerungsaufgabe entwickelt. Ein erster Schritt dazu kann ein Entwurf in Papierform sein.

Meist wird das Programm jedoch direkt mit Hilfe der Software Logo!Soft Comfort im PC/Notebook erstellt. Dann kann die korrekte Funktion des Programms unmittelbar per Simulation überprüft werden. Eventuelle Fehler können dadurch bereits im Vorfeld korrigiert werden.

Zur Inbetriebnahme wird das getestete Programm vom PC/Notebook über ein Verbindungskabel in den Speicher des Steuerrelais übertragen.

Entwicklung des Programms

Die Markise soll vorerst nur im Handbetrieb mit dem Jalousietaster S1 auf- und abwärts gefahren werden, die Integration des Windsensor soll Sturmschäden verhindern.

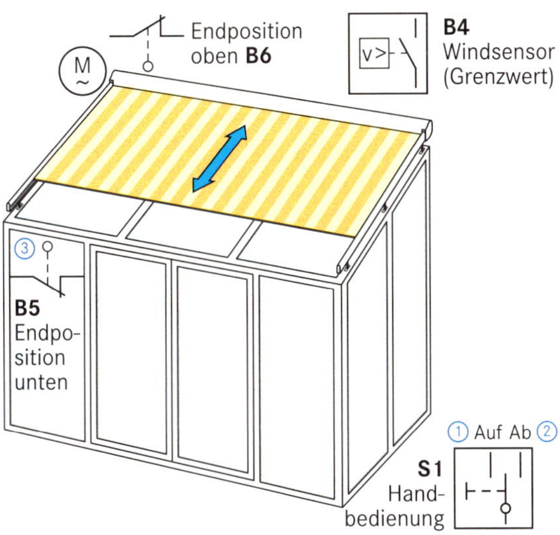

5: Geber zur Steuerung des Handbetriebs

Bei der Programmentwicklung sind folgende Bedingungen zu beachten:

- **Tippbetrieb** [*inching mode*]: Die Markise wird nur so lange auf- bzw. abwärts bewegt, wie der Doppelwippentaster S1 (Abb. 5, ①, ②) betätigt wird.
- Bei Loslassen des Tasters, spätestens jedoch bei Erreichen einer der beiden Endlagen, stoppt der Motor.
- Die Endlagentaster B5 und B6 sind als Öffner ausgeführt. Dadurch wird bei einer Unterbrechung der Signalleitungen ein automatisches Stoppen erreicht (≙ Drahtbruchsicherheit).
- **Windsensor** [*wind sensor*]: Sollte die Windgeschwindigkeit über dem zulässigen Grenzwert liegen, wird die Markise aufgerollt (Auf). Die Abwärtsfahrt ist bei Windalarm nicht möglich.

Nachdem Sie die Software LOGO!Soft Comfort gestartet haben und anschließend die „Eigenschaften" und „Anschlussnamen" (vgl. Kap. 7.1.2) festgelegt haben, soll nun das Steuerprogramm in der Funktionsblockdarstellung (FBD) erstellt werden.

Die einzelnen Eingänge werden der Reihe nach von I1 bis I6 eingefügt, indem bei geöffnetem Elemente-Katalog (Abb. 6, ③) das Symbol „Eingang" mit der Maus angeklickt wird. In gleicher Weise wird mit den beiden Ausgängen Q1 und Q2 verfahren.

Um den Objektkatalog anzuzeigen, wird der Button „Wiederherstellen/Minimieren" ④ betätigt.

Wurden den eingefügten Elementen in der Anschlusstabelle Anschlussnamen zugewiesen, so werden diese neben den jeweiligen Blöcken im Programm angezeigt ⑤.

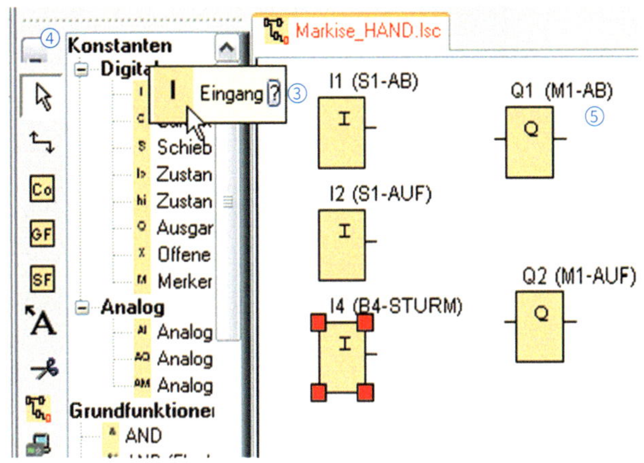

6: Einfügen der Connectoren

Die eingefügten Connectoren werden nun über das Schaltprogramm mit den Ausgängen verbunden, wozu der Button „Verbinden" aktiviert wird (Abb. 7, ⑥).

Da das zu realisierende Programm im Tippbetrieb arbeitet, sind lediglich logische Verknüpfungen (UND ⑦, ODER) erforderlich.

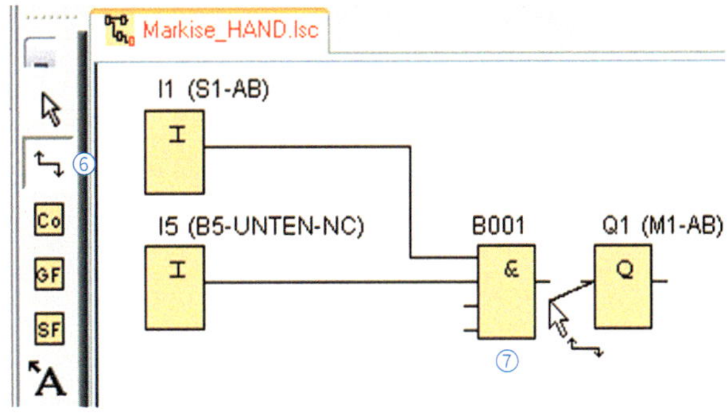

7: Eigenschaften-Fenster mit den Projektdaten

Invertierung von Signalen [*inverting of signals*]
Der Eingang I4 (Windwächter) muss invertiert werden, da die Markise nur dann fahren darf, wenn kein Windalarm vorliegt. Dann hat der Windwächter den Zustand 0. Die Invertierung eines Einganges kann entweder durch Doppelklick ① des zugehörigen UND-Einganges oder als eigener Block (Grundfunktion ②) vorgenommen werden.

Abwärtsfahrt [*downward movement*] (Abb. 1)
Die Markise lässt sich mit S1 ③ nur abwärts fahren, wenn

- der Öffner-Grenztaster B5 ④ **nicht betätigt** ist, sodass er den 1-Zustand besitzt **und**
- der Windwächter B4 ⑤ **nicht aktiviert** ist **und**
- der Aufwärts-Taster an I2 ⑥ **nicht betätigt** ist (Tasterverriegelung).

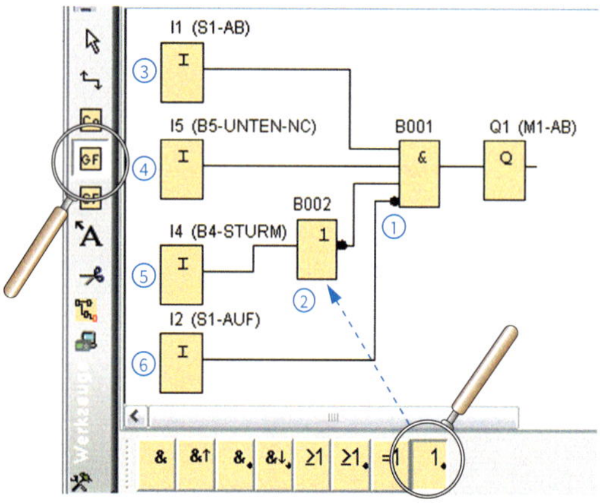

1: Programm für die Abwärtsfahrt der Markise

Aufwärtsfahrt [*upward movement*] (Abb. 2)
Die Markise fährt nach oben, wenn

- der Windwächer B4 ⑦ aktiviert ist **oder**
- mit Taster S1 der Eingang I2 ⑧ angesteuert wird, wobei beide Richtungen gegenseitig verriegelt sind, weshalb I1 **negiert** abgefragt wird ⑨ und
- der Grenztaster B6 ⑩ **nicht betätigt** ist (1-Zustand).

Dann schaltet die UND-Verknüpfung ⑪ durch (siehe Abb. 2).

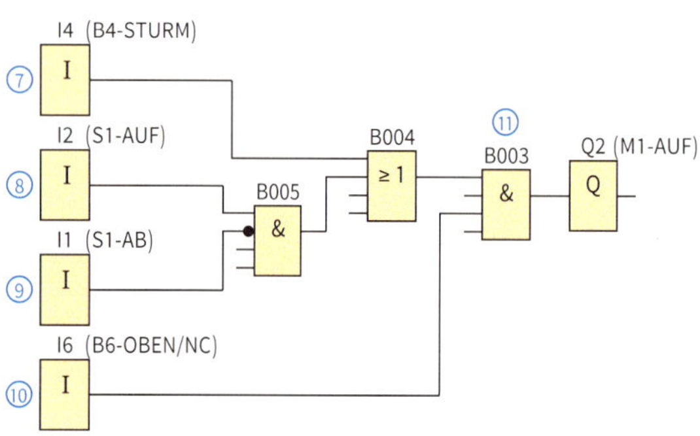

2: Programm für die Aufwärtsfahrt der Markise

Gesamtprogramm Handbetrieb
Die beiden Teilprogramme der linken Spalte sind unten zum Gesamtprogramm zusammengefügt (Abb. 3). Da Connectoren im Programm nur einmal eingefügt werden können, müssen einige Eingänge verzweigt werden.

Die beiden Eingänge I1 und I2 dürfen nicht gleichzeitig betätigt werden, damit Q1 und Q2 nicht gleichzeitig aktiviert werden können. Der verwendete Wechseltaster besitzt eine mechanische „Umkehrsperre", welche die gleichzeitige Ansteuerung der Auf- und Abwärtsfahrt durch mechanische Verriegelung unterbindet. Trotzdem werden die beiden Eingänge I1 und I2 auch im Programm gegenseitig verriegelt. So ist das Programm auch dann gegen Fehlbedienung geschützt, wenn andere Taster angeschlossen würden.

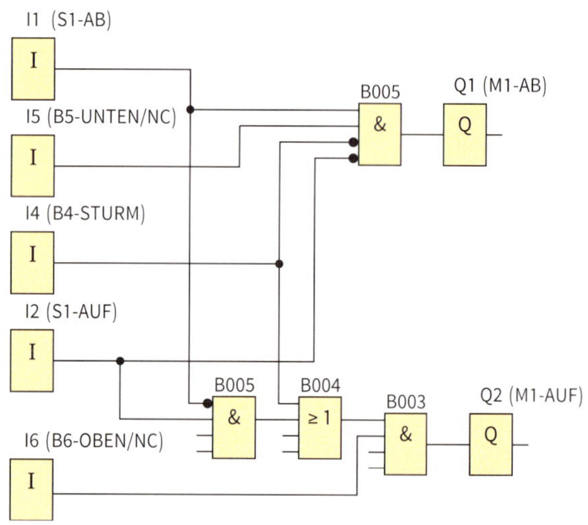

6: Gesamtprogramm des Handbetriebs der Markise mit Windautomatik

Simulation [*simulation*]
LOGO!Soft Comfort bietet die Möglichkeit, das Schaltprogramm vor dem Einsatz im Steuerrelais per Simulation zu testen. Dies hat den Vorteil, dass Fehler im Programmablauf erkannt werden können, bevor diese in der Anlage Störungen oder Schäden verursachen können.

Durch Anklicken des Button „Simulation" erscheint am unteren Bildschirmrand eine Bedienleiste. In dieser sind die verwendeten Eingänge als Schalter und die Ausgänge als Lampen dargestellt. Sowohl die Schaltersymbole (Abb. 4) als auch die Eingangssymbole im Schaltplan (Abb. 3) können durch Anklicken aktiviert werden. Die Lampen leuchten, wenn ein Ausgang aktiv ist.

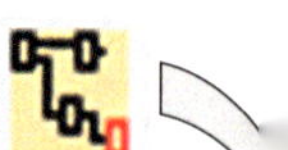

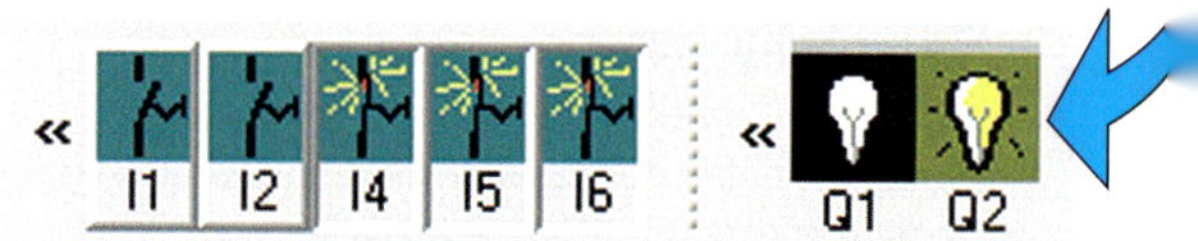

4: Simulationsleiste und Button „Simulation" (oben)

Simulationsschalter auswählen

Die Art der Simulationsgeber kann vor dem Ausführen der Simulation angepasst werden. Durch Auswahl der Objekteigenschaften (Doppelklick auf das jeweilige Connectorsymbol ①) öffnet sich folgendes Fenster. Im Register „Simulation" ② stehen Schalter, Schließer- und Öffnertaster zur Verfügung.

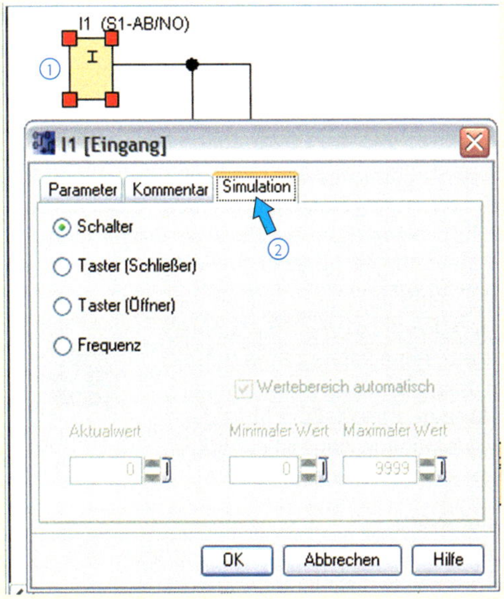

Für die beiden Grenztaster an I5 und I6 wird die Option „Taster (Öffner)" ausgewählt, um die Simulation an die Anlage anzupassen. Die anderen Eingänge sollten Sie momentan mit Schaltern belegt lassen. Diese Option ist automatisch für alle Eingänge voreingestellt. Die Verwendung mehrerer Taster kann bei der Simulation Probleme verursachen, da mit der Maus immer nur ein Taster betätigt werden kann. Schalter hingegen behalten ihr Signal nach dem Schaltvorgang bei.

Neben der Simulation des Betriebsverhaltens kann auch das Verhalten bei **Netzausfall** *[power failure]* simuliert werden. Unter sicherheitstechnischen Aspekten hat diese Möglichkeit große Bedeutung, da Gefahr bringende Antriebe nach einem Netzausfall nicht wieder von alleine anlaufen dürfen. Durch Drücken des Buttons „Netzausfall" (Abb. 5) während der Simulation kann die Speicherung von Betriebszuständen, Wiederanlauf usw. überprüft werden.

5: Button „Netzausfall"

Da das zuvor erstellte Markisenprogramm keine Speicherfunktionen enthält, hat die Taste „Netzausfall" in der Simulation keine Bedeutung. Das Programm hat nach Netzwiederkehr den gleichen Zustand wie vorher.

In Abb. 6 ist die Simulation des Gesamtprogramms bei Windalarm dargestellt. Der Eingang I4 bewirkt eine Ansteuerung von Q2, sodass die Markise bei Sturm selbstständig hochfährt. Ein Abwärtsfahren der Markise – angesteuert von I1 – wird verhindert, da Q1 nur angesteuert werden kann, wenn der Windwächter I4 einen 0-Zustand ③ hat.

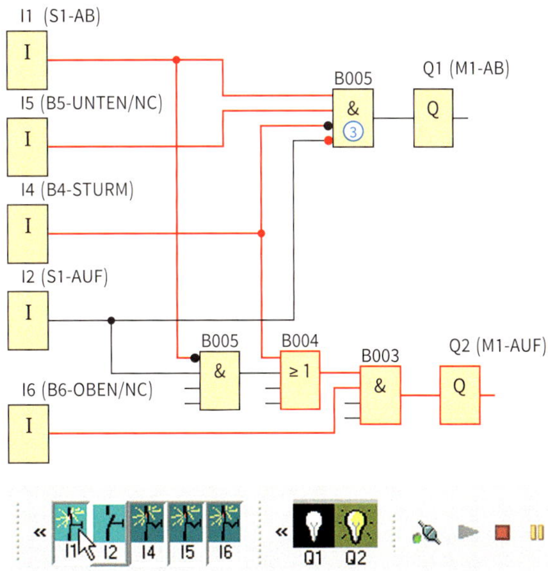

6: Simulation der Markisensteuerung bei Windalarm

Die beiden Grenztaster an I5/I6 sind in der Simulation als Öffner-Taster ausgewählt worden. Beide haben 1-Zustand, weil die Markise nicht in Endstellung steht.

7.1.4 Inbetriebnahme

Übertragen des Programms *[program transfer]*

Nach der Erstellung kann das Steuerprogramm in die LOGO! übertragen werden. Während der Inbetriebnahmephase kann das Programm online getestet werden, was bei der Fehlersuche hilfreich sein kann.

7: Anschluss des PC-Verbindungskabels

Die Onlinekommunikation zwischen PC/Notebook und LOGO! setzt Folgendes voraus:

- LOGO!Soft Comfort in Vollversion, da die Demoversion nicht onlinefähig ist.
- Verbindungskabel zwischen PC/Notebook und LOGO! (Abb. 7).
- Das Steuerrelais darf sich nicht im Run- oder Editier-Modus befinden.

Verbinden des PC/Notebook mit der LOGO!
Das Verbindungskabel ist an der entsprechenden Schnittstelle des PC/Notebook anzustecken. An der LOGO! ist die Abdeckkappe bzw. das Programm-Modul (Card) zu entfernen, um dort das Verbindungskabel anzuschließen.

Schnittstelle einstellen [*interface setting*]
Bei der Verwendung der seriellen Schnittstellen muss in LOGO!Soft Comfort die Schnittstelle eingestellt werden. Dies erfolgt im Menü:
Extras → Optionen → Schnittstelle (Abb. 1)

Die Schnittstelle kann mit dieser Option auch automatisch ermittelt werden ①.

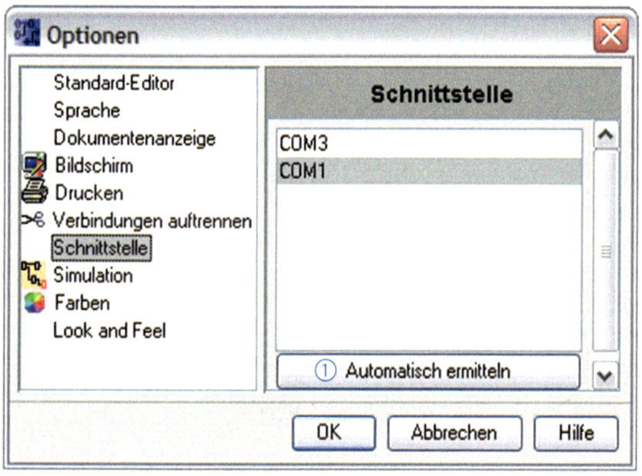

1: Einstellen der Schnittstelle für Online-Verbindung

Betriebsart PC ↔ LOGO! einstellen
Falls sich das Steuerrelais in der Betriebsart Run befindet, ist vor der Programmübertragung der Stopp-Zustand herzustellen. Dies ist auf zwei Arten möglich:

- Vom PC aus per Button „Betriebsart wechseln" (Abb. 2, ②).
- Am Steuerrelais durch die **ESC-Taste** und **>STOPP**.

2: Software-Buttons zur Programmübertragung

Beim Start der Programmübertragung stellt sich automatisch die Betriebsart **PC ↔ LOGO!** (Abb. 6) ein.

Aufgaben

1. Erstellen Sie mit Hilfe von LOGO!Soft Comfort bzw. easy-Soft das Programm zur Markisensteuerung (vgl. Kap. 7.1.3).
2. Testen Sie das Programm mit Hilfe des Simulationsmodus der Software. Verwenden Sie dabei für S1 und S2 Taster, für alle anderen Eingangsobjekte Schalter. Schalten Sie die Schalter in die erforderliche Grundstellung.

Programmübertragung zur LOGO! (Upload)
Zur Übertragung des Steuerprogramms wird die LOGO! in den STOP-Modus versetzt. Dies kann von der Software LOGO!Soft Comfort aus oder über die Bedientasten am Steuerrelais erfolgen. Nach Anzeige der Verbindung am Display (Abb. 3) bzw. in LOGO!Soft Comfort wird der Button für den Upload (Abb. 4) angeklickt.

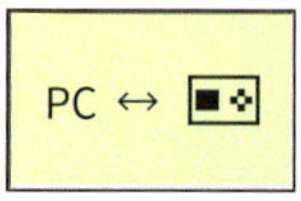

3: Displayanzeige bei der Programmübertragung

4: Button PC → LOGO!

Programme von der LOGO! laden (Download)
LOGO!Soft Comfort bietet auch die Möglichkeit, Programme aus dem Steuerrelais in den PC zu übertragen und dort abzuspeichern. Falls diese Programme durch ein Password geschützt sind, gilt dieser Schutz auch für den Aufruf im PC.

Für den Download von Programmen aus dem Steuerrelais gelten prinzipiell die gleichen Voraussetzungen wie für den Upload. Zum Start der Programmübertragung ist der Button **LOGO! → PC** anzuklicken (Abb. 5).

5: Button LOGO! → PC

Online-Test
Mit Hilfe des „Online-Tests" (Abb. 6) kann „live" beobachtet werden, wie das Schaltprogramm in der LOGO! auf verschiedene Eingangssignale reagiert. Im Gegensatz zur Simulation werden hier die tatsächlichen Zustände an der LOGO! angezeigt. Dies erleichtert die Fehlersuche in der Anlage (z. B. bei Drahtbrüchen, defekten Sensoren, falscher Parametrierung usw.), weil die jeweils aktuellen Eingangssignale am PC beobachtet werden können. Dazu ist der Beobachtungsmodus (Abb. 7) zu aktivieren. Im Programm sind die zu überwachenden Blöcke des Programms anzuwählen.

6: Button Online-Test

7: Button Beobachtungsmodus

Voraussetzungen für den Online-Test:

- PC und LOGO! müssen über Kabel verbunden sein.
- Die LOGO! muss sich im Run-Modus befinden.
- Das zu testende Programm muss in FBD vorliegen sowie im PC und Steuerrelais identisch sein.
- Es können die Parameter von max. 30 Blöcken beobachtet werden.

- Die korrekte Funktion von Steuerprogrammen kann im PC mit Hilfe des Simulationsmodus von LOGO!Soft Comfort bzw. easy-Soft geprüft werden.
- Der Button „Netzausfall" simuliert das Verhalten des Programms nach der Wiederkehr der Netzspannung.

7.1.5 Erweiterung der Steuerung auf Automatikbetrieb

Die bisherige Steuerung der Markise im Handbetrieb (vgl. Kap. 7.1.3) hat sich beim Kunden bewährt. Insbesondere das Hochfahren bei Sturmgefahr gewährleistet den sicheren Betrieb der Markise. Es stellte sich jedoch heraus, dass sich der Wintergarten an heißen Sommertagen oft stark aufheizte, wenn die Markise nicht von Hand herunter gefahren wurde.

Wie lässt sich die Beschattung optimieren?

Der Kunde Herr Meier erinnert sich daran, dass ihm bereits bei der Erstmontage zum Einbau eines **Helligkeitssensors** [*brightness sensor*] geraten wurde, der jedoch aus Kostengründen nicht installiert wurde. Mit Hilfe dieses Sensors wäre die automatische Beschattung des Wintergartens möglich.

Da der Besitzer mehr Komfort bei der Beschattung seines Wintergartens wünscht, fragt er an, wie hoch der Aufwand für die erforderliche Nachrüstung sei. Sie erklären ihm, dass sich der Material- und Installationsaufwand in Grenzen hält.

Da jedoch einige Änderungen im Schaltprogramm notwendig sind, muss neben den Material- und Montagekosten auch die Arbeitszeit für die Programmerweiterung und Inbetriebnahme einkalkuliert werden.

Welchen Aufwand erfordert der Automatikbetrieb?

Am vorhandenen Steuerrelais sind noch die drei Eingänge I3, I7 und I8 frei, sodass für die LOGO! kein Erweiterungsgerät erforderlich ist.

Als Hardwareerweiterung ist hauptsächlich die Montage und der Anschluss eines Helligkeitssensors (Abb. 8) notwendig. Der Anschluss am Steuerrelais erfolgt an Eingang I3 (vgl. Geräteliste, Kap. 7.1.2). Zusätzlich ist ein Betriebsartenschalter S7 (Hand-Auto) erforderlich. Dieser wird an I7 und I8 angeschlossen. Mit ihm kann der Automatikbetrieb blockiert werden, was im Winter sinnvoll ist.

Das Schaltprogramm ist so abzuändern, dass die neuen Geber B3 und S7 einen automatischen Betrieb der Markise bewirken.

Die Erweiterung der Steuerung auf helligkeitsgesteuerten Automatikbetrieb erfordert folgenden Aufwand:

- Montage und Anschluss eines Helligkeitssensors und eines Hand-Automatik-Umschalters.
- Erweiterung des Schaltprogramms auf Automatikbetrieb.
- Dokumentation der vorgenommenen Hard- und Software-Änderungen.

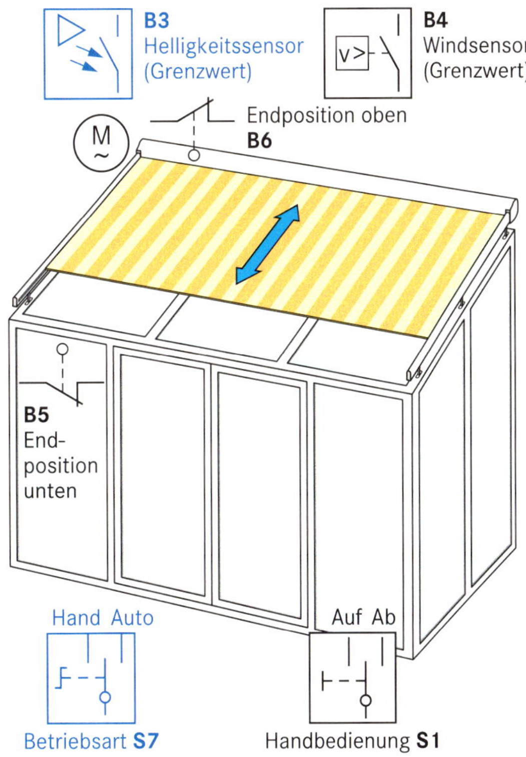

8: Erweiterung der bestehenden Anlage um Helligkeitssensor B3 und Hand-/Automatikschalter S7

Der Helligkeitssensor B3 besitzt einen einstellbaren Grenzwert, ab dem er ein binäres1-Signal schaltet. Bei Unterschreiten des Grenzwertes wird das Ausgangssignal abgeschaltet. Zwischen oberem und unterem Grenzwert existiert ein Unterschied, die so genannte Hysterese.

Der Drehschalter S7 besitzt zwei Positionen:

Hand → Anschluss an I7 des Steuerrelais

Auto → Anschluss an I8 des Steuerrelais

Aufgabe

1. Erstellen Sie eine Kostenkalkulation für den Auftrag zur Erweiterung der Markisensteuerung.
   Berücksichtigen Sie den Materialaufwand für Geber und Leitungsverlegung. Die Lohnkosten setzen sich aus Montage, Programmierung, Inbetriebnahme und Dokumentation zusammen.

Programm kopieren [*program copying*]

Um das bisherige Projekt „Markisensteuerung" zu kopieren, wird es mit den Befehlen „**Datei**" → „**Speichern unter**" unter einem neuen Namen (z. B. „**Markise_AUTO.lsc**") abgespeichert.

Das Kopieren des bisherigen Projekts bietet den Vorteil, dass die „**Anschlusstabelle**" und die „**Eigenschaften**" aus dem bisherigen Projekt übernommen werden. Zur Abänderung des Projektnamens rufen Sie mit „**Datei**" → „**Eigenschaften**" das folgende Fenster (Abb. 1) auf.

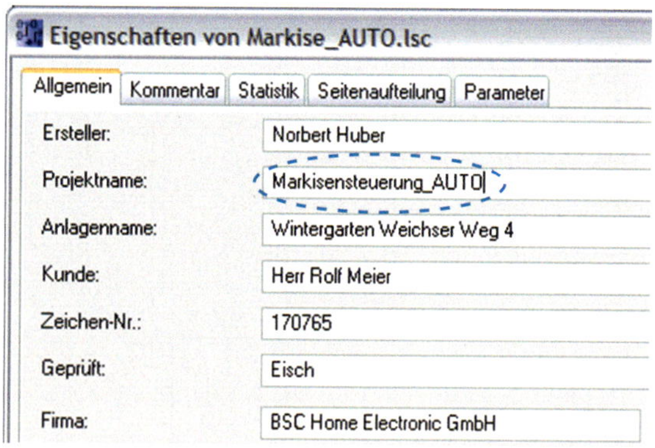

1: Änderungen des Projektnamens in Fenster „Eigenschaften"

In der Anschlusstabelle (Abb. 2) ist der Sensor B3 ① und der Hand-/Automatikschalter S7 ② einzufügen. Die Anschlusstabelle wird mit „**Bearbeiten**" → „**Anschlussnamen**" aufgerufen.

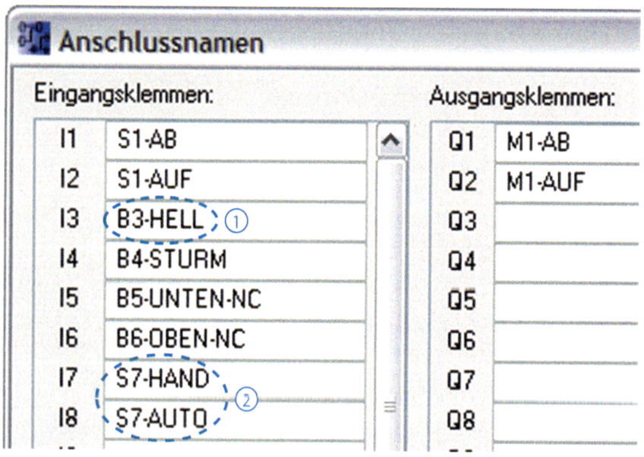

2: Ergänzung von Sensor B3 und Automatikschalter S7 in der Anschlusstabelle

Um vorhandene Steuerungsprogramme abzuändern oder zu erweitern, ist es sinnvoll, diese vorher wie folgt zu kopieren:

- Öffnen des ursprünglichen Projekts.
- Abspeichern des Projekts unter einem neuen Namen.
- Abändern/erweitern der neu erzeugten Kopie.

Systemeigenschaften im Automatikbetrieb

Die Markise soll zukünftig im Automatikbetrieb fahren, sodass sie bei ausreichendem Sonneneinfall von selbst in die untere Position fährt. Ein automatischer Zwischenstopp ist nicht vorgesehen. Daneben kann unabhängig vom Lichteinfall mit dem Jalousietaster S1 auf- und abwärts gefahren werden. Der Windsensor soll die Markise bei Sturmgefahr automatisch hochfahren. Dann ist auch ein Abwärtsfahren im Handbetrieb nicht mehr möglich.

Bei der Programmentwicklung sind folgende Bedingungen zu beachten:

- **Handbetrieb** [*manual mode*]: Wird der Wechseltaster S1 für länger als 0,4 Sekunden betätigt, so bewirkt dies die Fahrt der Markise in die jeweilige Endlage. Dort erfolgt ein Stopp durch die Grenztaster.

  Ein kurzes Antippen von S1 in der gegenläufigen Richtung bewirkt einen Stopp der fahrenden Markise. Der Richtungswechsel findet jedoch nur statt, wenn S1 länger als 0,4 Sekunden betätigt bleibt.
- **Windalarm**: Bei einer Überschreitung des Grenzwertes wird die Markise aufgerollt (Auf). Unabhängig von der Betriebsart ist bei Windalarm ein Abwärtsfahren nicht möglich.
- **Automatikbetrieb**: Bei ausreichendem Lichteinfall an Sensor B3 wird die Markise ganz nach unten gefahren. Falls dann der Lichteinfall unter den Grenzwert sinkt, wird sie nach einer Verzögerungszeit automatisch nach oben gefahren.

Programm für Handbedienung [*program for manual mode*]

Fügen Sie als erstes alle erforderlichen Eingänge (I1 – I7) und Ausgänge (Q1, Q2) in bekannter Weise ein (Abb. 3). Die meisten dieser Connectoren sind bereits aus dem vorherigen Programm vorhanden, sodass nur die Verbindungen mit der Selektionstaste (Pfeil-Button) gelöscht werden müssen.

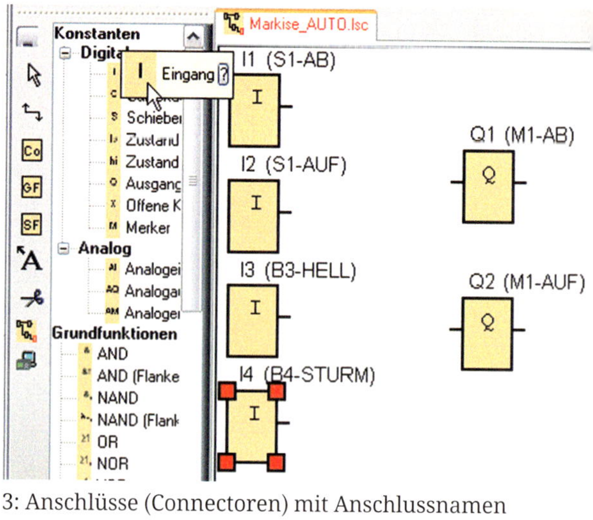

3: Anschlüsse (Connectoren) mit Anschlussnamen

Speicherglieder einfügen

Damit die Markisenbewegung auch durch kurzzeitige Signale wie z. B. das Antippen des Wipptasters dauerhaft eingeschaltet wird, ist eine Speicherung der Bewegungszustände notwendig. Dazu werden in LOGO!Soft zwei Selbsthalterelais eingesetzt, die zum Speichern der beiden Bewegungsrichtungen dienen.

Die Selbsthalterelais befinden sich im Elemente-Katalog unter „**Sonderfunktionen → Sonstige**" ①.

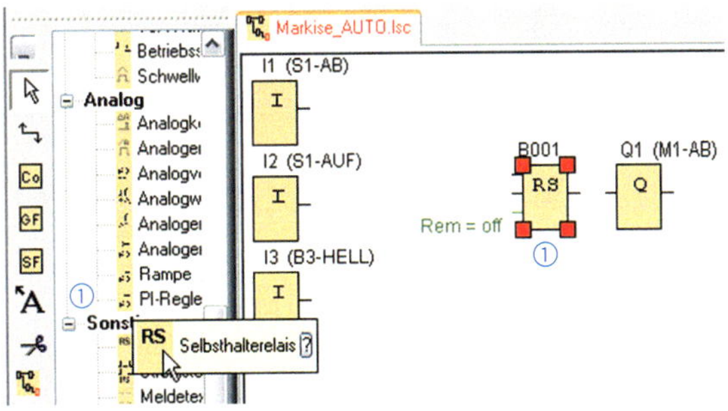

4: Einfügen der Selbsthalterelais

Zeitglieder einfügen *[inserting timers]*

In den Schaltplan werden zwei Zeitglieder „Einschaltverzögerung" eingefügt. Diese verhindern ein direktes Umschalten der Bewegungsrichtung. Dies ist notwendig, um den Antrieb zu schonen. Daneben soll ein kurzzeitiges Antippen der Wipptaster nur die Markisenbewegung stoppen, während ein längeres Drücken der Taster die Drehrichtung des Antriebs umkehren soll.

Die Zeitglieder befinden sich im Elemente-Katalog unter „**Sonderfunktionen → Timer**" ②.

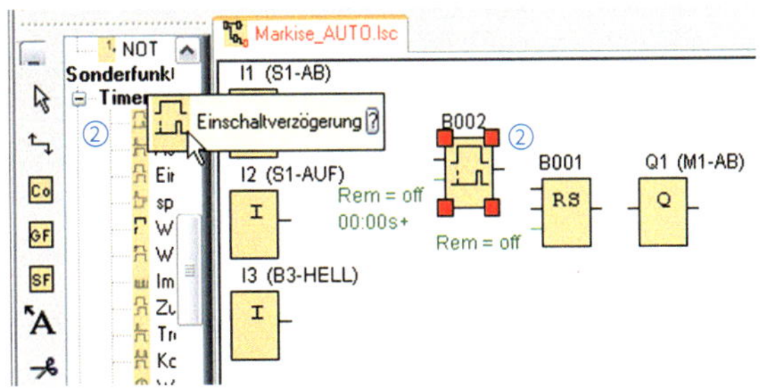

5: Einfügen der Zeitglieder

Programmteil: Abwärtsfahrt mit Handbedienung

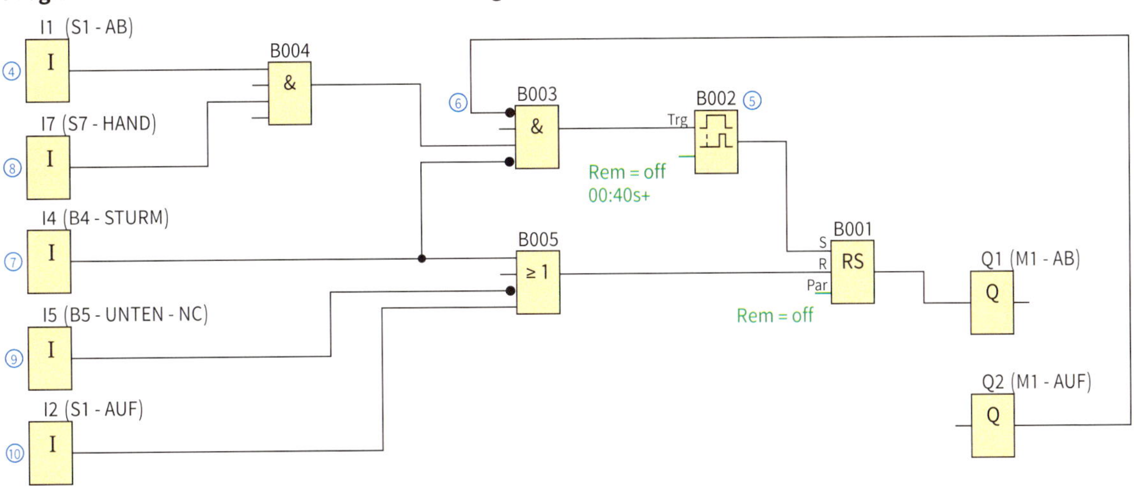

6: Programmteil zur **Abwärts**-Steuerung der Markise mit Handbedienung

Im vorherigen Programm (vgl. Kap. 7.1.3) mussten die Taster während der Markisenbewegung dauerhaft betätigt werden. Nun soll die Handbedienung der Markise über kurze Tastsignale möglich sein. Die Ausgangszustände müssen deshalb in Selbsthalterelais gespeichert werden.

Setzen des Ausgangs Q1

- ④ Taster S1-AB wird mindestens 0,40 Sekunden betätigt. Erst nach dieser Einschaltverzögerung kann vom Timer ⑤ das RS-Glied B001 gesetzt werden.
- ⑥ Ausgang Q2 muss ausgeschaltet sein. Diese Abfrage entspricht in VPS einer Schützverriegelung. Deshalb wird er negiert abgefragt.
- ⑦ Windsensor B4 hat 0-Zustand (= kein Windalarm). Die Markise kann nur abwärts gefahren werden, wenn die Windgeschwindigkeit unterhalb des Grenzwertes liegt.
- ⑧ Schalter S7 ist auf „Hand" geschaltet.

Rücksetzen des Ausgangs Q1

- ⑦ Windalarm: B4 hat 1-Signal oder
- ⑨ unterer Grenztaster B5 hat bei Betätigung den Zustand 0 oder
- ⑩ Taster S1 wird in Aufwärtsrichtung, also in Umkehrrichtung, betätigt (S1-AUF).

Aus Übersichtlichkeitsgründen wurde in diesem Beispiel darauf verzichtet, die Taster S1-Ab und S1-Auf softwaremäßig gegeneinander zu verriegeln.

Da die Taster eine mechanische Umkehrsperre besitzen, wird das gleichzeitige Aufwärts- und Abwärtsfahren verhindert. Dies ist zur Verriegelung der beiden Eingänge ausreichend.

Einstellen der Timer-Parameter

Die Verzögerungszeit lässt sich einstellen, indem man mit Doppelklick am Zeitglied das Fenster „Parameter" öffnet und anschließend den entsprechenden Wert mit Hilfe der Auf-/Ab-Pfeiltasten angibt. Beachten Sie, dass der vordere Ziffernblock das Vielfache der Grundeinheit angibt, während der hintere Ziffernblock nur ein Hundertstel dieser Grundeinheit angibt.

Im Bild ist die Einstellung für 0,40 Sekunden ① dargestellt. 0:40 Sekunden mit der Grundeinheit 1/100 Sekunden bedeutet 0 ganze Sekunden und 40/100 Sekunden.

Die Anwahl von Remanenz ② bewirkt, dass bei Netzausfall der aktuelle Zeitwert gespeichert bleibt.

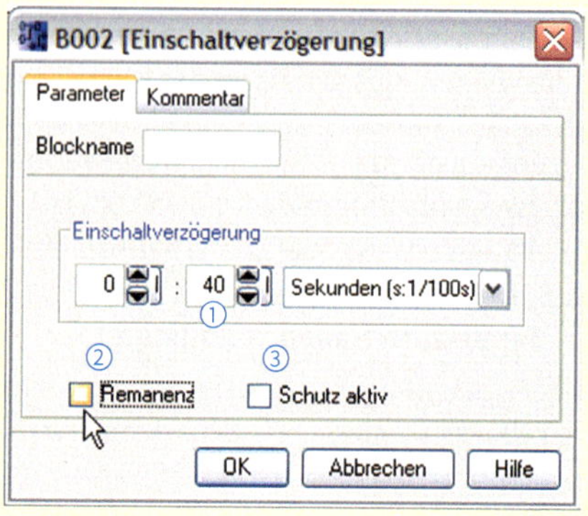

Wird „Schutz aktiv" ③ aktiviert, kann die Zeit im RUN-Modus der LOGO! nicht verändert werden.

Programmdarstellung als Kontaktplan (KOP)

Wegen der großen Verbreitung des programmierbaren Steuerrelais easy wird das vorherige Programm „Abwärtsfahrt mit Handbedienung" in der Kontakplan-Darstellung (KOP) der Software easy-Soft gezeigt (Abb. 1).

Der **Kontaktplan** *[ladder diagram]* kann auch mit Hilfe von LOGO!-Soft verwendet werden. Die Umschaltung erfolgt dazu mit Hilfe des dargestellten Buttons (Abb. 5).

5: Button zum Wechsel der Darstellungsart

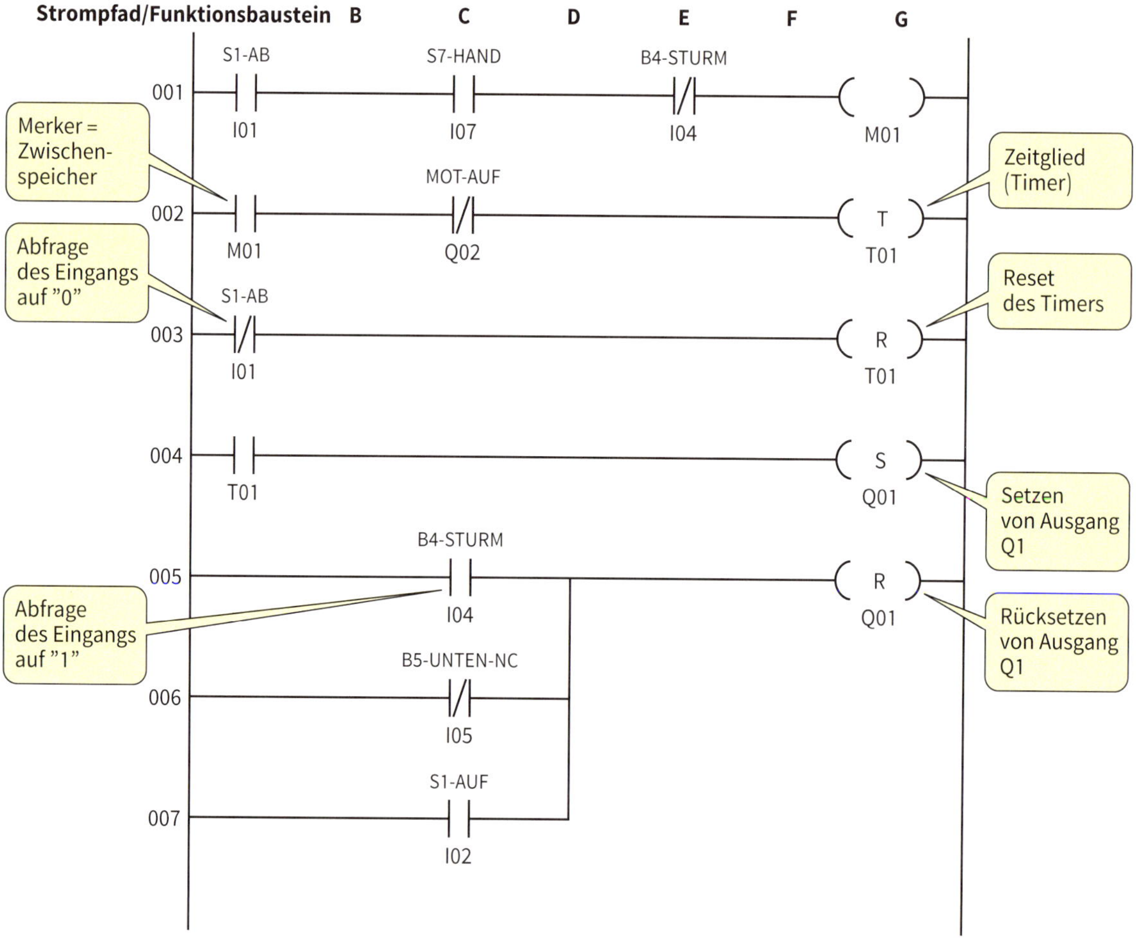

1: Programmteil für die Abwärtssteuerung der Markise mit Handbedienung – erstellt mit easy-Soft

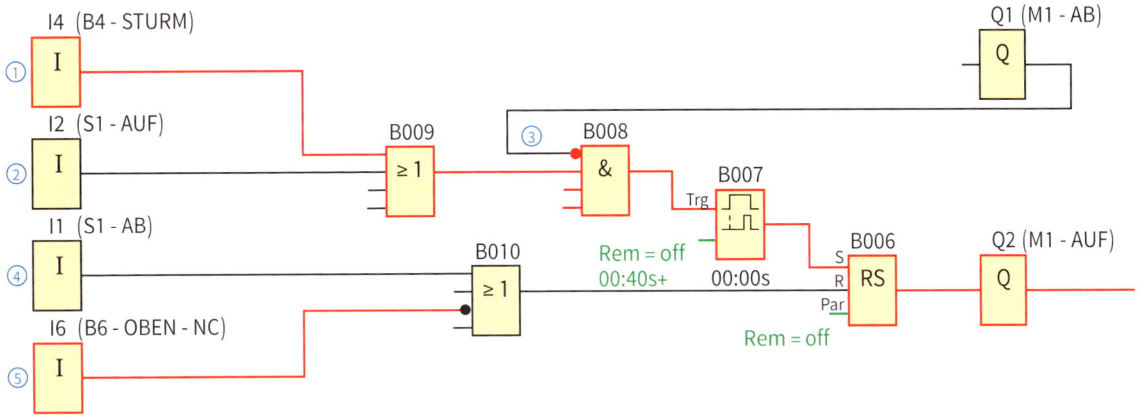

2: Programm zur **Aufwärts**-Steuerung der Markise mit Simulation des Windalarms

Aufwärtsfahrt mit Handbedienung (Abb. 2)

Das Programm für die Aufwärtsfahrt der Markise (Ausgang Q2) ist vom Prinzip her ähnlich aufgebaut wie bei der Abwärtsfahrt. Der Unterschied besteht hauptsächlich darin, dass hier auch der Windwächter das Hochfahren der Markise auslösen kann.

Die Simulation in Abb. 2 zeigt das Verhalten des Programms bei Windalarm. Am Windsensor B4 liegt ein „1"-Signal, das den Ausgang Q2 einschaltet. Die obere Endlage bei Grenztaster B6 ist noch nicht erreicht, da der Eingang I6 noch ein „1"-Signal erhält.

Setzen des Ausgangs Q2 (Abb. 2)

Das RS-Speicherglied wird gesetzt von den Gebern

- ① B4-Sturm (Windwächter) oder
- ② S1-AUF (Jalousietaster, Eingang I2)

Zum Setzen des Ausgangs ist es erforderlich, dass

- ③ Q1 (Abwärtsfahrt) ausgeschaltet ist (gegenseitige Verriegelung zwischen Q1 und Q2).

Rücksetzen des Ausgangs Q2 (Abb. 2)

Das Rücksetzen des Speichergliedes erfolgt entweder

- ④ mit I1, also dem Taster zum Abwärtsfahren oder
- ⑤ bei Betätigung von Grenztaster B6, der dann ein „0"-Signal abgibt.

Gesamtprogramm Handbedienung [*complete program manual mode*] (Abb. 3)

Nachfolgend ist das bisher erstellte Programm zur Handbedienung dargestellt. Das Aufwärtsfahren der Markise bei Sturmgefahr hat Vorrang.

Zum Einschalten der jeweiligen Bewegungsrichtung muss die zugehörige Wippe von Taster S1 für einen Zeitraum von 0,4 Sekunden betätigt werden. Ein kurzes Antippen des Tasters in der Gegenrichtung stoppt die Markisenbewegung.

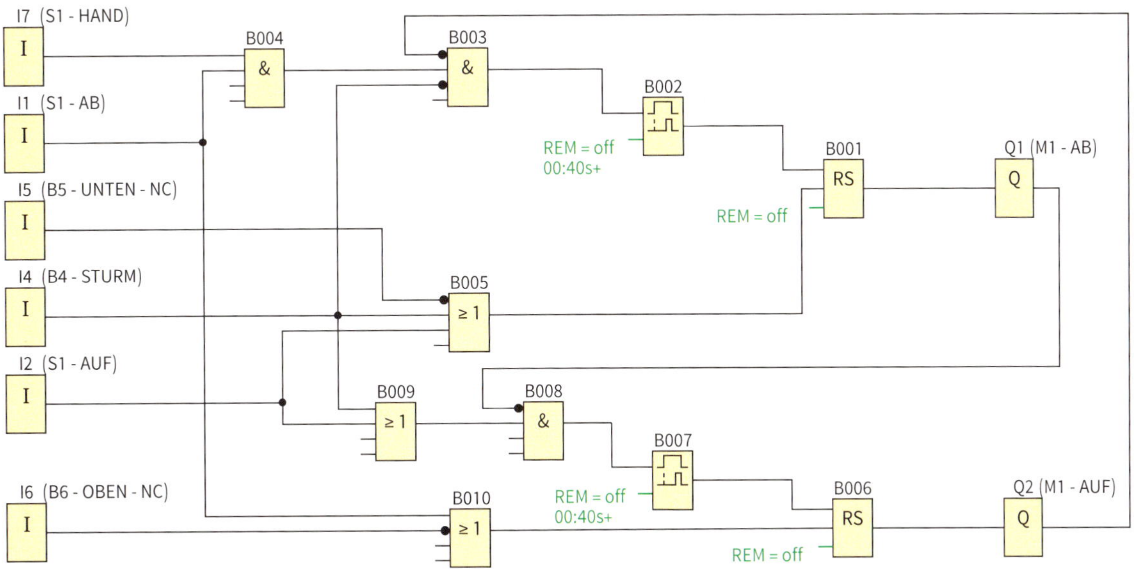

3: Programm zur Steuerung der Markise im Handbetrieb mit zeitverzögerter Richtungsumkehr und Sturmwarnung

Steuerungstechnik

Gesamtprogramm für Automatikbetrieb

Bisher wurde die Markise nur über Handbedienung gesteuert, was alternativ zur nachfolgend beschriebenen, automatischen Beschattung möglich sein soll. Nun soll der nachgerüstete Helligkeitssensor B3 in das Programm eingebunden werden und so eine automatische Beschattung sicherstellen (Abb. 1). Neben dem Sensor B3 wurde auch der Schalter S7 (Hand-Auto) nachgerüstet. Mit diesem kann man von der Handbedienung auf den Automatikbetrieb umschalten. Der Handbetrieb verhindert, dass die Markise ungewollt (z. B. im Winter) fährt.

Verbindung trennen *[connection disconnect]*

Umfangreiche Schaltpläne werden wegen der vielen Leitungskreuzungen oft unübersichtlich. Ein Trennen der Leitungen vermeidet diese Leitungskreuzungen. Die zu trennende Leitung ist mit Rechtsklick anzuwählen.

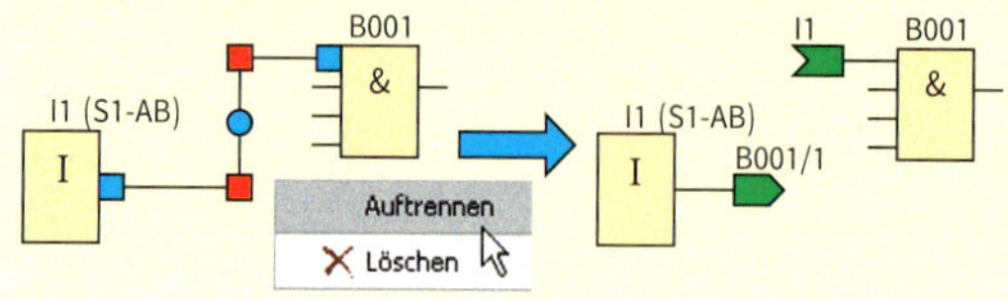

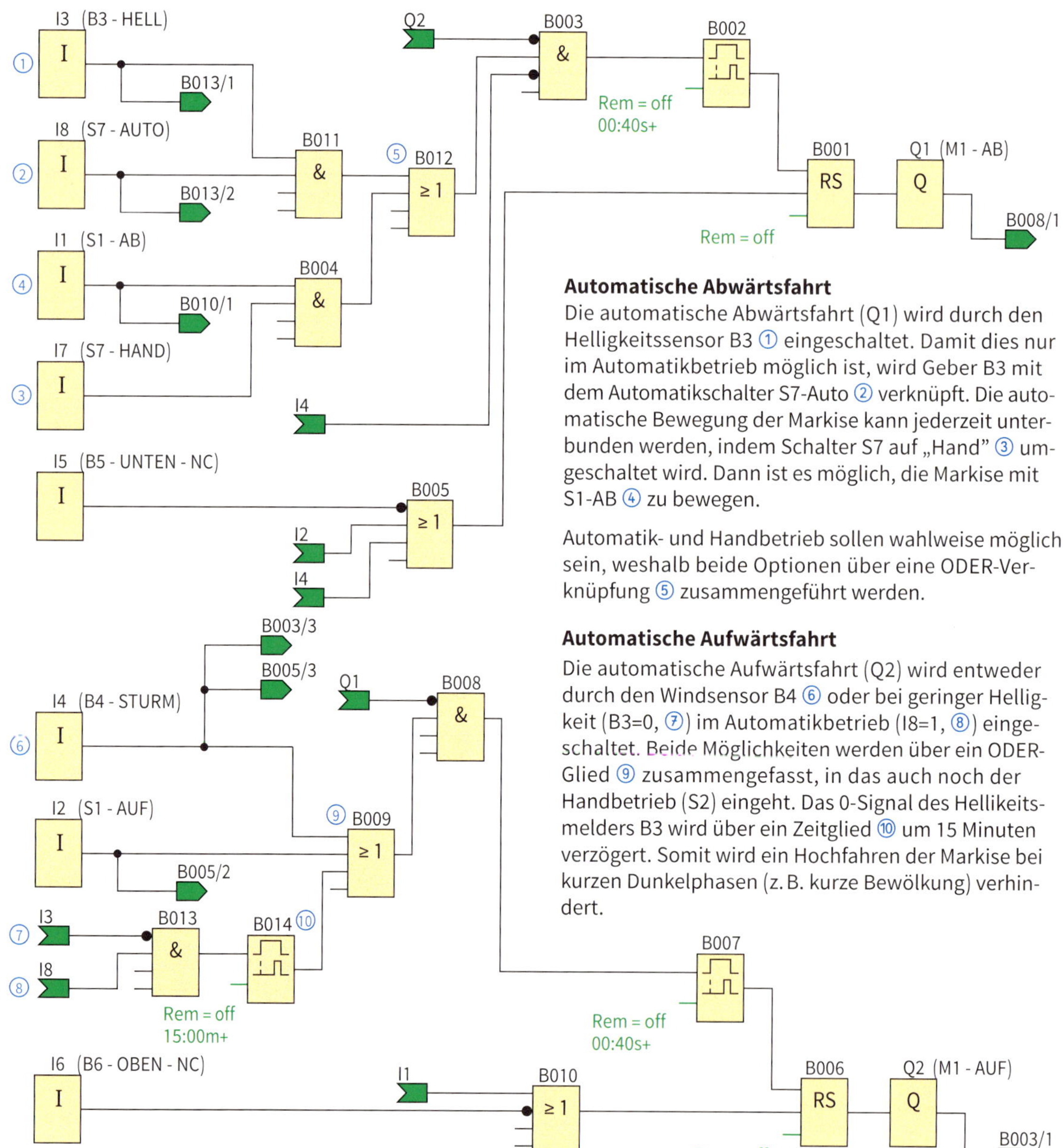

1: Gesamtprogramm zur automatischen Steuerung

Automatische Abwärtsfahrt

Die automatische Abwärtsfahrt (Q1) wird durch den Helligkeitssensor B3 ① eingeschaltet. Damit dies nur im Automatikbetrieb möglich ist, wird Geber B3 mit dem Automatikschalter S7-Auto ② verknüpft. Die automatische Bewegung der Markise kann jederzeit unterbunden werden, indem Schalter S7 auf „Hand" ③ umgeschaltet wird. Dann ist es möglich, die Markise mit S1-AB ④ zu bewegen.

Automatik- und Handbetrieb sollen wahlweise möglich sein, weshalb beide Optionen über eine ODER-Verknüpfung ⑤ zusammengeführt werden.

Automatische Aufwärtsfahrt

Die automatische Aufwärtsfahrt (Q2) wird entweder durch den Windsensor B4 ⑥ oder bei geringer Helligkeit (B3=0, ⑦) im Automatikbetrieb (I8=1, ⑧) eingeschaltet. Beide Möglichkeiten werden über ein ODER-Glied ⑨ zusammengefasst, in das auch noch der Handbetrieb (S2) eingeht. Das 0-Signal des Hellikeitsmelders B3 wird über ein Zeitglied ⑩ um 15 Minuten verzögert. Somit wird ein Hochfahren der Markise bei kurzen Dunkelphasen (z. B. kurze Bewölkung) verhindert.

7.2 Steuern einer Schrankenanlage mit SPS

7.2.1 Analysieren der Schrankenanlage

Die Zufahrt zur Mitarbeitertiefgarage der Stadtverwaltung Göttingen wird durch eine **Schrankenanlage** [*barrier system*] ermöglicht. Während des Betriebes traten in der Vergangenheit häufig Störungen auf. Die Schranke lässt sich oft nicht öffnen oder schließen. Die Anlage wurde vor etwa 15 Jahren installiert. Somit besteht auch kein **Gewährleistungsanspruch** [*warranty claim*] mehr. Die Stadtverwaltung hat sich daher entschlossen, eine Neuinstallation durchführen zu lassen.

7.2.1.1 Funktion der neuen Anlage

Dabei soll die neue Anlage wartungsarm und auch für zukünftige Änderungen bzw. Erweiterungen geeignet sein. Für diese komplexen Steuerungsaufgaben der Schrankenanlage soll die Simatic S7 in TIA-Portal zum Einsatz kommen. Die zu installierende Technik ist perspektivisch an die Leittechnikanlage der Stadtverwaltung anzubinden. Somit wird für das Technische Personal die Überwachung und der Zugriff auf die Schrankenanlage von der übergeordneten Leitwarte aus ermöglicht. Auf notwendige Änderungen im System kann das Bedienpersonal sofort über die Leittechnikanlage reagieren und in laufende Prozesse eingreifen.

Die Fa. Elektro Krapf, die einen **Wartungsvertrag** [*maintenance contract*] mit der Stadtverwaltung hat, soll für die neu zu errichtende Anlage die technische Umsetzung durchführen. Dies geschieht anhand des in Abb. 2 dargestellten Handlungsschemas.

1. Aufgabenanalyse
2. Hardware-Auswahl
3. Softwareprojektierung
4. Inbetriebnahme

2: Handlungsschema

Damit werden allgemein die Arbeitsschritte festgelegt, die für die Projektierung der neuen Anlage notwendig sind.

Ein Mitarbeiter der Fa. Krapf, welcher gleichzeitig als Ausbilder im Unternehmen tätig ist, besichtigt zusammen mit zwei Auszubildenden Elektroniker für Energie- und Gebäudetechnik im 2. Ausbildungsjahr und dem Technischen Leiter der Stadtverwaltung die Schrankenanlage. Dabei werden die Funktionen und die Arbeitsweise der bestehenden Anlage ermittelt und in einem Gesprächsprotokoll dokumentiert. Im erstellten Dokument wird detailliert festgehalten, worum es bei der Besprechung ging.

GESPRÄCHSPROTOKOLL

Ort: *Tiefgarage Stadtverwaltung* Datum: *17.05.2020*

Auftrag: *Neuinstallation der Schrankenanlage*

Gespächsergebnis:

- *Bewegung der Schranke über Drehstrommotor und Getriebe ①.*
- *Öffnung der Schranke über induktiven Sensor (Induktionsschleife) im Boden vor der Schranke ② und über Personenidentifikation mittels Zahlencode-Eingabe ③.*
- *Schließen der Schranke über zweiten induktiven Sensor hinter der Schranke ④ und über eine Lichtschranke ⑤.*
- *Schließ- und Öffnungsvorgang der Schranke werden durch ein Lichtsignal angezeigt ⑥.*
- *Die Schranke ist mit einem Quetschschutz (Sicherheitsleiste) ⑦ ausgestattet, der Unfälle im Falle einer Fehlfunktion ausschließen soll. Dabei öffnet sich die Schranke wieder, sobald ein Hindernis (z. B. ein Fahrzeugdach) das Absenken der Schranke verhindert.*

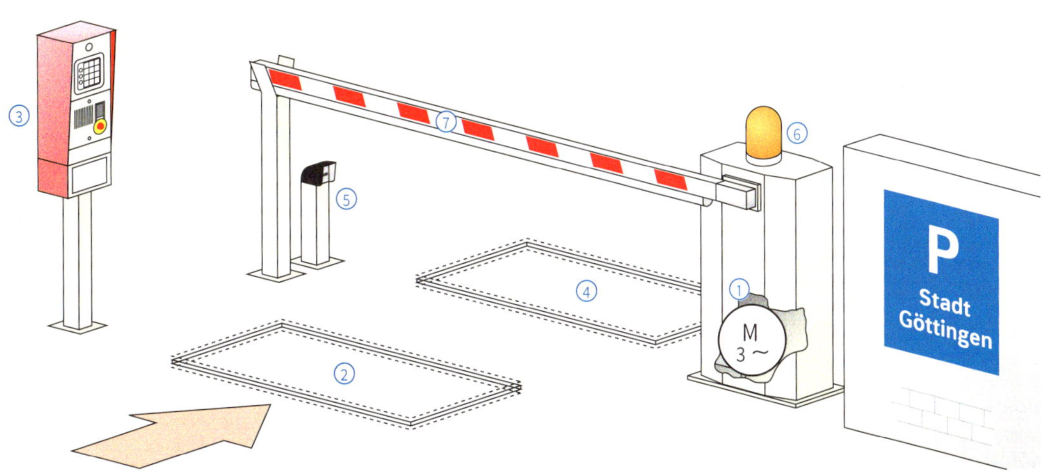

3: Technologieschema der Schrankenanlage

Aus dem Gespräch mit der Stadtverwaltung ergeben sich zudem Anlagenerweiterungen, die mit der neu zu errichtenden Anlage erfüllt werden sollen.

Auftrag: *Geforderte Erweiterungen der Schrankenanlage*

Gespächsergebnis:

- Die Anzahl der freien Parkplätze soll erfasst und
  • über eine Anzeigetafel vor der Einfahrt sowie
  • über zwei Signallampen (Parkplätze frei – Garage belegt) in einer zentralen Warte (Pforte) angezeigt werden.

- Auslegung für zukünftige Erweiterungen, beispielsweise zur Erfassung der Anlagenzustände in einer zentralen Warte (Fernwartung).

Die neu zu erstellende Anlage besteht somit aus zwei Objektgruppen:

Schranken-anlage | **Anzeige freier Parkplätze**

Um die Funktion der Anlage besser verstehen zu können, ist die Betrachtung der **Sensoren** [*sensors*] und **Aktoren** [*actuators*] der einzelnen Objektgruppen sinnvoll.

Schrankenanlage

Induktiver Sensor (Induktionsschleife) [*inductive sensor*]

Fährt ein Auto über die im Boden eingelassene Induktionsschleife, verändert sich die Stromstärke in der Zuleitung. Diese Veränderung wird von einem Schleifendetektor erfasst und als Spannungssignal an die Steuerung weitergegeben.

Personenidentifikation [*user identification*]

Mittels einer Einfahrtsstation wird die Zugangsberechtigung des Fahrers erfasst. Dazu muss dieser über ein Zahlenfeld (Abb. 1) eine Zahlenkombination eingeben. Bei korrekter Eingabe wird von dem Gerät ein Spannungssignal ausgegeben, welches durch die Steuerung verarbeitet wird.

1: Zahlenfeld zur Personenidentifikation

Lichtschranke [*light barrier*]

Objekte, die den Lichtstrahl zwischen Sender und Empfänger unterbrechen, lösen eine Schaltfunktion aus. Dabei wird ein Spannungssignal an die Steuerung übertragen.

Endschalter [*end position switch*]

Erreicht der Schrankenbaum die jeweilige Endlage oben oder unten, wird dies über Endschalter erfasst. Diese liefern bei Betätigung ein Spannungssignal. Die Bewegung muss dann durch die Steuerung gestoppt werden.

Quetschschutz [*anti-squeeze protection*]

Entsprechend der gültigen Maschinenrichtlinie ist die Absicherung des Schrankenarmes vor einer gefahrbringenden Absenkung notwendig. Dies geschieht über eine Sicherheitsleiste, die an der Unterkante des Schrankenbaums befestigt ist.

Sicherheitsleiste (Quetschschutz)

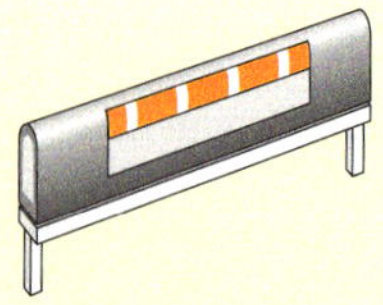

Sie dienen zur Absicherung von Personen und Gegenständen gegenüber bewegten Teilen. Eine Sicherheitsleiste besteht aus einem Gummiprofil, in dessen Hohlraum elektrische Kontakte (Schließer) integriert sind. Beim Auftreffen auf ein Hindernis wird der Hohlraum verformt. Dadurch werden die Kon-takte geschlossen. Dies wird von der Steuerung erfasst und der Bewegungsvorgang gestoppt. Anwendung finden Sicherheitsleisten z. B. auch an Zugtüren, um das Einklemmen von Personen zu verhindern.

Schütz [*contactor*]

Über Schütze werden die Steuersignale zum Leistungsteil der Steuerung übertragen. Sie schalten die Netzspannung auf den Motor des Schrankenantriebes.

Ausgehend vom Kundenwunsch der Stadtwerke Göttingen muss die Fa. Krapf für die Erweiterung folgende Anlagenteile neu errichten:

Anzeige freier Parkplätze

Über eine Anzeige (Abb. 2) sollen die Mitarbeiter der Stadtverwaltung über die Anzahl der freien Parkplätze informiert werden. Dazu werden die ein- und ausfahrenden Fahrzeuge gezählt.

Die Ansteuerung der Anzeigetafel erfolgt über die Steuerung der Anlage. Hierfür erhält die Steuerung über die Induktionsschleifen im Einfahrts- und Ausfahrtsbereich ein Signal. Diese Signale dienen zur Berechnung der freien Parkplätze.

2: Anzeige freier Parkplätze

7.2.1.2 Auswahl der Steuerung

Im Anschluss an die Analyse der Steuerungsaufgabe erfolgt die Auswahl der notwendigen Hardware (Abb. 3).

> **2. Hardware-Auswahl**
> - Auswahl der Steuerung
> - Auswahl des Hardware-Komponenten
> - Geräteliste

3: Handlungsschema

Die defekte **Steuerung** [*control system*] besteht aus elektromechanischen Schaltbaugruppen (z. B. Schütze, Zeitrelais). Die Funktion der Steuerung wird durch deren Verdrahtung festgelegt. Diese Art der Steuerung bezeichnet man als **verbindungsprogrammierte Steuerung (VPS)**.

Die elektromechanischen Schaltbaugruppen verbindungsprogrammierbarer Steuerungen sind aufgrund des Kontaktabbrandes der Schütze verschleißanfällig. Das ist auch die Ursache für die Funktionsbeeinträchtigung der Schrankenanlage.

Hinzu kommt, dass eine Funktionsänderung oder Funktionsergänzung der Anlage nur über eine Änderung der gegebenen Verdrahtung und gegebenenfalls auch durch Ergänzung von Schaltbaugruppen möglich wird.

Dies ist oft sehr aufwändig und kostspielig. Diese Nachteile einer VPS sowie die von der Stadtverwaltung geforderten Erweiterungen veranlassen den Techniker der Fa. Krapf über die Verwendung einer **softwarebasierenden Steuerung** [*software based control system*] nachzudenken.

Hierbei kommen zwei Arten in Betracht:
- Programmierbares Steuerrelais
- Speicherprogrammierbare Steuerung (SPS)

Speicherprogrammierbare Steuerung (SPS)

Um größere Steuerungsaufgaben bewältigen zu können, werden speicherprogrammierbare Steuerungen (SPS) eingesetzt. Sie sind die derzeit am weitesten verbreitete Hardwareeinheit in der Steuerungstechnik. Durch eine SPS werden Hilfsschütze und Relais ersetzt (Abb. 4). Die Steuerung dieser Betriebsmittel wird durch das **Steuerungsprogramm** [*control program*] realisiert ①. Eine Änderung der Steuerungsaufgabe, sofern keine Erweiterung notwendig wird, erfolgt lediglich durch die Anpassung des Steuerungsprogramms. Eingangsbaugruppen ② (Sensoren oder Geber) und Ausgangsbaugruppen ③ (Aktoren) sind allerdings weiterhin notwendig. Der folgende Vergleich dieser Steuerungsarten hilft zu entscheiden, welche Steuerung für die Schrankenanlage am besten geeignet ist.

Welche Vorteile hat eine SPS?

Eine SPS erfüllt die gleichen Aufgaben wie eine Schützsteuerung (VPS). Folgende Punkte sprechen jedoch für die Verwendung einer SPS:
- Eine SPS stellt unterschiedliche Steuerungsoperationen (z. B. logische Verknüpfungen, Zeitfunktionen oder Zählfunktionen) zur Verfügung. Damit lassen sich komplizierte Steuerungsaufgaben lösen.
- Die Anpassung an eine sich ändernde Steuerungsaufgabe erfolgt durch die Änderung des Programms. Eine zeit- und kostenaufwändige Umverdrahtung ist nicht mehr erforderlich.
- SPS sind für die Anbindung an unterschiedliche Datenbussysteme ausgelegt.
- Die Kosten für eine SPS sind bei größeren Steuerungsaufgaben geringer als bei einer VPS.
- Die Fehlerursache ist meist einfacher, da über die Software Signalzustände der Anlage abgefragt werden können. Defekte sind somit leicht zu lokalisieren und die Ausfallzeit der Anlage verringert sich.
- Der Platzbedarf einer SPS ist gering.

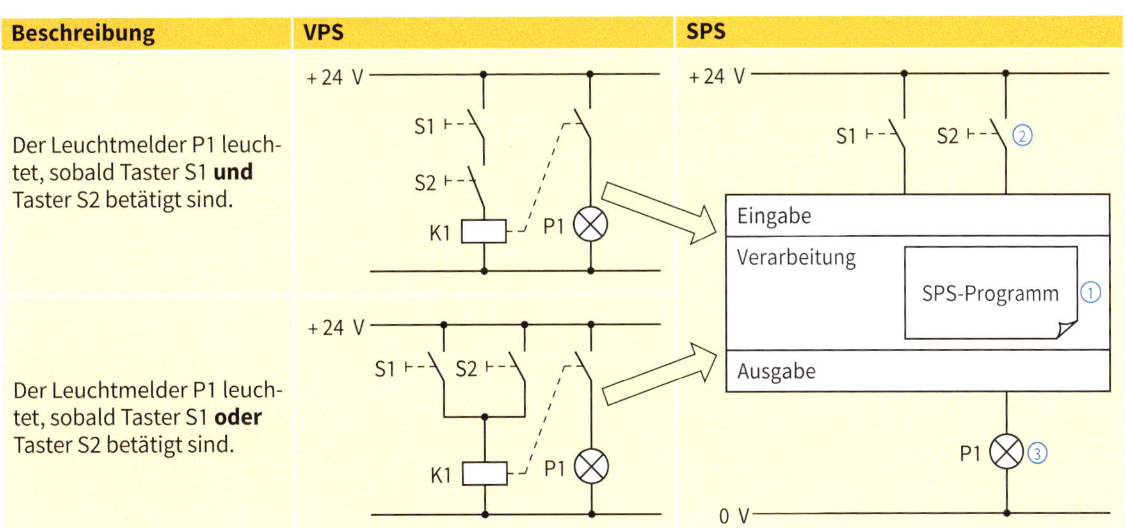

4: Gegenüberstellung VPS und SPS

7.2.2 Aufbau und Funktion einer SPS

Die Stadtverwaltung ist von den Vorteilen, die eine SPS gegenüber einer VPS bietet, überzeugt. Sie beauftragt die Fa. Krapf zur Neuinstallation der Schrankensteuerung.

7.2.2.1 Struktur

Eine SPS ist eine für Steuerungsaufgaben ausgelegte Datenverarbeitungsanlage, die nach dem **EVA-Prinzip** (**E**ingabe-**V**erarbeitung-**A**usgabe) aufgebaut ist.

Die Signale der an den Eingängen angeschlossenen Sensoren (z. B. ein Schalter) werden an digitalen bzw. analogen Eingabebaugruppen erfasst und an die jeweilige PLC weitergeleitet und entsprechend der Programmierung verarbeitet.

Das Resultat dieser Verarbeitung ist die Ansteuerung von Aktoren (z. B. eine Leuchte) über die entsprechenden Ausgabebaugruppen. Diese Betriebsmittel sind an den Ausgängen der SPS angeschlossen.

Die gesamte Steuerung setzt sich aus folgenden Ebenen zusammen:
- Eingabeebene
- SPS (oder Automatisierungssystem AS)
- Ausgabeebene

Eingabeebene
Über Eingabeobjekte (Taster, Sensoren wie Induktionsschleifen oder Lichtschranken) werden die Eingänge der SPS angesteuert.

Ausgabeebene
Die Ausgänge der SPS steuern die Aktoren (z. B. 24 V-Gleichspannungsschütze für die Schaltung des Leistungsteils oder Anzeigegeräte wie Signalleuchten) an. Da die Schaltleistung der Ausgänge einer SPS begrenzt ist, lassen sich Baugruppen großer Leistung nur durch Zwischenschaltung eines Schützes oder Relais ansteuern.

- Eine SPS erhält Signale der Sensoren und Bedienelemente der Eingabeebene.
- Die SPS enthält das Programm zur Steuerung der Anlage. Das Programm wird durch einen PC oder einen Speicherbaustein eingegeben.
- Die SPS schaltet die Aktoren entsprechend dem Steuerprogramm.

Aufgaben

1. Ihr Vorgesetzter beauftragt Sie als Mitarbeiter der Fa. Krapf, einen Vortrag vorzubereiten, der den Einbau einer SPS für die Schrankenanlage nahe legt. Erstellen Sie dafür eine Stichwortsammlung mit den wichtigsten Punkten, um dies zu begründen.

7.2.2.2 Baugruppen der SPS

Um die Arbeitsweise einer SPS verstehen zu können, ist es notwendig, die Funktion der einzelnen Baugruppen zu kennen. Wir beschreiben dies anhand der Produktreihe Simatic S7-1500 im TIA-Portal der Fa. Siemens. Sie ist Grundlage für die Darstellungen in diesem Buch.

Bei der Auswahl eines SPS-Herstellers sollten folgende Aspekte beachtet werden:

- Wie leistungsfähig ist das Servicenetz?
- Ist eine sichere Ersatznachlieferung von Baugruppen gewährleistet?
- Wie anwenderfreundlich ist die Inbetriebnahme und Handhabung des SPS-Systems?
- Wie leistungsfähig ist die Programmiersoftware?

Die einfachste Form einer SPS besteht aus folgenden Baugruppen:
- **Netzteil** [*power supply unit*]
- **Zentralbaugruppe (CPU)** [*central processing unit*]
- **Eingabebaugruppe** [*input module*]
- **Ausgabebaugruppe** [*output module*]

Ein- und Ausgabebaugruppen bezeichnet man auch als **Signalbaugruppen**.

Um Sensoren und Aktoren mit den jeweiligen Signalbaugruppen zu verbinden, verwendet man **Frontstecker** (Abb. 1).

Diese dienen zur Befestigung der Signalleitungen und werden auf die Signalbaugruppen gesteckt. Dies erweist sich dann als Vorteil, wenn eine Signalbaugruppe ausgewechselt werden muss. Die Ausfallzeit der SPS wird verringert, da kein umständlicher Neuanschluss der Leitungen notwendig wird.

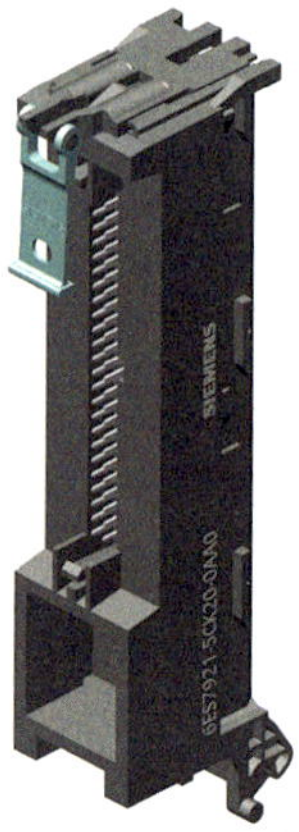

1: Frontstecker

Es gibt unterschiedliche Ausführungsformen speicherprogrammierbarer Steuerungen. Bei **Kompaktgeräten** (Abb. 2) sind alle notwendigen Baugruppen (Netzteil, Zentralbaugruppen, Signalbaugruppen) in einem Gehäuse untergebracht. Sie vereinen CPU samt Front-Display sowie Ein- und Ausgabebaugruppen in **einem Gehäuse** und empfehlen sich vor allem für kompakte Konstruktionen.

① PLC
② AE/AA-Baugruppe
③ DI/DQ-Baugruppe

2: Kompakt CPU S7-1511C-1PN (V2.8)

Technische Daten der Kompaktbaugruppe:
CPU mit Display; Arbeitsspeicher 175kB
PROFINET-Anschluss, 2 Ports,
Digitaleingabemodul DI16 x DC24V,
Digitalausgabemodul DQ16 x DC24V/0,5A
Analogeingabemodul AI5
Analogausgabemodul AQ2

Bei den Reihen S7-1500 stehen auch unterschiedliche Baugruppen der SPS einzeln zur Verfügung. Man spricht von **modularer Bauweise** (Abb. 3). Diese hat den Vorteil, dass das Steuergerät entsprechend der jeweiligen Steueraufgabe aufgebaut (konfiguriert) werden kann. Bei einer Erweiterung werden die dafür notwendigen Baugruppen einfach hinzugefügt.

Die Auszubildenden erhalten von Ihrem Ausbilder einen Auftrag, sich über Aufbau und Wirkungsweise der einzelnen Baugruppen der SPS zu informieren Diese Informationen sollen bei der Planung der später zu errichtenden Schrankenanlage genutzt werden.

7.2.2.3 Auswahl der SPS

Im Rahmen der Gespräche zwischen dem Techniker der Stadtverwaltung Göttingen und der Fa. Krapf wurden die gewünschten Anforderungen an die neue Anlage beschrieben und ein entsprechendes Lastenheft erstellt (Abb. 3).

Das Lastenheft beschreibt die Vorgaben des Kunden (Auftraggeber) an die Funktion der neu zu errichtenden Anlage. Es enthält jedoch noch keine technischen Details, da dem Kunden häufig das technische Wissen darüber fehlt. Die Vorgaben des Lastenheftes sind bei der Umsetzung durch die Fa. Krapf (Auftragnehmer) einzuhalten.

Folglich richtet sich die Auswahl der Komponenten einer SPS zum einen nach den Anforderungen der zu steuernden Anlage laut Pflichtenheft. Hinzu kommen die baulichen und gerätetechnischen Vorgaben der vorhandenen Sensoren und Aktoren.

Netzteil (PS)		**Zentralbaugruppe (CPU)**		**Eingabebaugruppe (DI)**		**Ausgabebaugruppe (DO)**	
						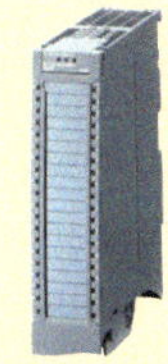	
Die Spannungsversorgung (power supply) für alle Baugruppen der SPS wird durch ein Netzteil realisiert. Es liefert die für den Betrieb notwendige stabilisierte Gleichspannung von 24 Volt.		Die Zentralbaugruppe führt das Steuerprogramm aus. Die Eingangssignale werden entsprechend dem Steuerprogramm verarbeitet und an die Ausgabebaugruppe übertragen. Die CPU bestimmt die Leistungsfähigkeit der SPS.		Die Eingabebaugruppe überträgt Informationen der zu steuernden Anlage an die CPU. Eingabebaugruppen passen die unterschiedlichen Signalpegel der Geber an das Steuergerät an. Man unterscheidet digitale und analoge Eingabebaugruppen.		Die Ausgabebaugruppe überträgt Informationen der CPU an die Aktoren der zu steuernden Anlage. Dazu passen sie das Ausgangssignal an den jeweiligen Aktor an. Man unterscheidet digitale und analoge Ausgabebaugruppen.	
Technische Daten Auszug S7-1500 **PS**		Technische Daten Auszug S7-1500 **CPU 1511C-1PN**		Technische Daten Auszug S7-1500 **DI 16x DC 24V**		Technische Daten Auszug S7-1500 **DQ 16x DC 24V**	
Eingangsspannung U_e	AC 120/ 230 V	Arbeitsspeicher Programm Daten	150 kB 1 MB	Eingangsspannung	24 V	Ausgangsspannung	24 V
Netzfrequenz	50/60 Hz	Versorgungsspannung	24 V	Verpolschutz	ja	Ausgangsspannung	24 V
Ausgangsspannung U_a	DC 24 V	Stromaufnahme (Nennwert) Eingangsstrom	0,7 A	Eingangsstrom	20 mA	Eingangsstrom	30 mA
Betriebsspannungsanzeige	LED grün für 24 V	Einspeiseleistung in den Rückwandbus	10 W	Anzahl der Eingänge	16	Anzahl der Ausgänge	16
Einspeiseleistung in den Rückwandbus	25 W	Anzahl Schnittstellen für Profinet	1	Leistungsaufnahme aus Rückwandbus	1,1 W	Leistungsaufnahme aus Rückwandbus	1,1 W
Schutzart	IP 20	Anzahl Zähler	2048	Gewicht	240 g	Gewicht	230 g
Schutzklasse	III	Anzahl Timer	2048	Eingangsstrom für „1“-Signal	2,5 mA	Ausgangsstrom für „1“-Signal	0,5 A

3: Baugruppen einer SPS

An die **digitale Eingabebaugruppe (DI)** werden Sensoren angeschlossen, die nur die Spannungspegel 0 V oder 24 V (digitales Signal) liefern. Dies gilt für
- den Not-Aus-Schalter (Meldekontakt),
- den Zahlencode-Schalter,
- die Endschalter zur Erfassung der Schrankenstellung,
- die Lichtschranke,
- die Induktionsschleifen und
- die Sicherheitsleiste (Quetschschutz).

Der Gaswarnsensor liefert eine variable Ausgangsspannung entsprechend der CO-Konzentration der Luft (analoges Signal). Dieses Signal wird über eine **analoge Eingabbaugruppe** (AI) erfasst.

Für die Steuerung der Schranke ist eine **digitale Ausgabebaugruppe (DO)** ausreichend, da das anzusprechende Schütz entweder ein- oder ausschalten soll. Dies gilt auch für die Lichtsignalanlage. Die zu installierende Zähleinrichtung wird ebenfalls über digitale Signale der Ausgabebaugruppe gesteuert.

Objekt	Objekt-kenn-zeichen	SPS S7-1500			
		Eingänge		Ausgänge	
		Eingang digital	Eingang analog	Ausgang digital	Ausgang analog
Not-Aus	S0	1			
Zahlencode-Schalter	S1	1			
Endschalter unten	B2	1			
Endschalter oben	B3	1			
Lichtschranke	B4	1			
Sicherheitsleiste	B5	1			
Induktionsschleife vor der Schranke	B6	1			
Induktionsschleife nach der Schranke	B7	1			
CO-Warnsensor	B8		1		
Motorschütz Schranke öffnen	Q1			1	
Motorschütz Schranke schließen	Q2			1	
Signallampe „Schrankenbewegung"	P3			1	
Signallampe „Frei"	P4			1	
Signallampe „Belegt"	P5			1	
Schütz Lüfter	Q3			1	
CO-Warnanzeige	Q4			1	
Zähleranzeige	P6			12	
Anzahl der Ein- und Ausgänge		8	1	19	

Für die SPS benötigt man folglich mindestens 8 digitale Eingänge, 19 digitale Ausgänge sowie einen Analogeingang. Die Vorgabe einer möglichen Erweiterung wird durch die Verwendung einer modular aufgebauten SPS berücksichtigt.

1: Geräteliste der Schrankenanlage

Folgende Geräte (Profilschiene und SPS-Baugruppen) müssen für das zu realisierende Projekt Schrankenanlage ausgewählt werden:
- Signalbaugruppen
- Netzteil
- Zentralbaugruppe

Ansteuerung		
Arbeitsbereich der Magnetspulen (U_S = 24 V)		0,85 ...1,1 x U_S
Leistungsaufnahme der Magnetspulen (bei kalter Spule und 1,0 x U_S)		
• AC-Betätigung	VA	4,4
$\cos \varphi$		0,9 (brummfrei)
• DC-Betätigung	W	4

2: Leistung eines Kleinschützes (Auszug aus der Herstellungsunterlage)

Auswahl der Signalbaugruppen

Die Auswahl der **Ein- und Ausgabebaugruppen** bestimmen die Signalarten (analoge oder digitale Signale) der Sensoren und Aktoren. Weiterhin ist die notwendige Anzahl der Ein- bzw. Ausgänge zu berücksichtigen.

Hierzu erstellt man in der Praxis eine Geräteliste (Abb. 1). Sie enthält die wesentlichen Informationen zur Auswahl der Signalbaugruppen (Ein- und Ausgabebaugruppen).

3: Lastenheft (Auszug)

Auswahl des Netzteils

Die Auswahl eines Netzteils richtet sich nach dem Strombedarf der anzuschließenden Baugruppen. Laut **Herstellerangaben** kann man mit einer durchschnittlichen Stromstärke von ca. 100 mA pro verwendeter Baugruppe rechnen. Hinzu kommt die Spannungsversorgung der Aktoren und gegebenenfalls der Sensoren, sofern dies nicht von einer externen Spannungsquelle übernommen wird. Für die Ansteuerung der Aktoren werden 4 Kleinschütze benötigt. Laut Herstellerangaben (Abb. 2) beträgt dessen Leistung 4W bei einer 24 V Gleichspannungsbetätigung. Dies entspricht einer Stromstärke von 167 mA pro Schütz. Die Leistung je Signallampe beträgt durchschnittlich 10 W.

Daraus ergibt sich eine Gesamtstromstärke von ca. 1,9 A (Abb. 4). In der S7-1500 Familie sind derzeit Netzgeräte mit den Ausgangsstromstärken 3 A, und 8 A lieferbar. Wegen einer möglichen Erweiterung der Anlage wird ein Netzteil PM mit einer Ausgangsstromstärke von 3 A gewählt.

CPU	100 mA
Digital In/Out	2 x 100 mA
2 x Kleinschütz	334 mA
3 x Signallampe	1250 mA
gesamt	ca. 1,88 A

4: Gesamtstromstärke

Auswahl der Zentralbaugruppe

Für **Zentralbaugruppen** [*central processing units*] ist der zu verarbeitende Befehlsvorrat ein wichtiges Auswahlkriterium. Darunter versteht man die Anzahl unterschiedlicher Steuerungsoperationen. Die Zahl von Operationen, die das Steuergerät bearbeiten kann, wird durch die **Speichergröße** [*memory size*] einer CPU festgelegt.

Zu beachten ist auch die Verarbeitungsgeschwindigkeit der CPU. Diese Kenngröße ist bei Steuerungen zeitkritischer Systeme wie beispielsweise Werkzeugmaschinen wichtig, da sie sehr schnell auf Prozessveränderungen reagieren müssen.

Die relativ einfache Steueraufgabe der Schrankenanlage stellt nur geringe Anforderungen an die Leistungsfähigkeit der CPU. Die benötigten Programmbefehle und die Speichergröße zur Steuerung der Anlage werden von allen CPU-Typen zur Verfügung gestellt. Die Beachtung der Verarbeitungsgeschwindigkeit als Auswahlkriterium ist für eine Schrankenanlage von geringer Bedeutung, da diese im Millisekundenbereich liegt. Der Grund dafür liegt in der technischen Möglichkeit, diese in ein Busnetz einzubinden. Dies ermöglicht die fast uneingeschränkte Erweiterung der Anlage bis hin zur Anbindung an modernste Kommunikationstechnik z. B. zur Realisierung einer Fernüberwachung.

Zur Informationsbeschaffung und Auswahl der erforderlichen SPS-Baugruppen erhalten die Auszubildenden von Ihrem Ausbilder folgende Internetadresse: www.Produktübersicht für Simatic S7-1500 (Industry Online Support, gewünschte Artikelnummer anklicken, In Industry Online Support anzeigen, 6ES7..., Produktdetails, Technische Daten).

Auswahl Signalbaugruppen

- **Digitale Eingabebaugruppe**: SIMATIC S7-1500, Digitaleingabemodul **DI 16x DC 24V**
  Versorgungsspannung: 24 V

erforderliche digitale Eingänge		tatsächliche digitale Eingänge
8	<	16

- **Digitale Ausgabebaugruppe**: SIMATIC S7-1500, Digitalausgabemodul **DQ 16x DC 24V/0,5A**
  Versorgungsspannung: 24 V
- **Digitale Ausgabebaugruppe**: SIMATIC S7-1500, Digitalausgabemodul **DQ 8xDC 24V/2A**
  Versorgungsspannung: 24 V

  Vergleich der erforderlichen Ein- und Ausgänge:

erforderliche digitale Eingänge		tatsächliche digitale Eingänge
19	<	24

Auswahl Zentralbaugruppe

- SIMATIC S7-1500, **CPU 1511-1 PN**, Zentralbaugruppe

Versorgungsspannung:	24 V
Eingangsstrom:	0,7A
Einspeiseleistung in den Rückwandbus:	10 W

Peripheriebaugruppen im zentralen Rack der S7-1500 benötigen eine Systemstromversorgung über den Rückwandbus (Kommunikationsverbindung zur CPU) und eine Lastromversorgung (Ein- und Ausgabekreise für Sensoren und Aktoren).

Auswahl Systemstromversorgung PS

Die Systemstromversorgung besitzt einen Anschluss zum Rückwandbus (U-Verbinder) und liefert ausschließlich die intern benötigte Systemspannung für den Rückwandbus. Diese Systemspannung versorgt Teile der Modulelektronik und die LEDs.

- SIMATIC S7-1500, **Systemstromversorgung PS 25W DC 24V**, versorgt den **Rückwandbus** der S7-1500 mit Betriebsspannung

Versorgungsspannung:	24 V
Eingangsstrom bei 24 V:	1,3 A
Einspeiseleistung in den Rückwandbus:	25 W

Auswahl Laststromversorgung

Die Laststromversorgung speist die Ein- und Ausgabestromkreise der Module und die Sensorik und Aktorik. Gleichzeitig wird eine Laststromversorgung benötigt, wenn die CPU und die Systemstromversorgung mit 24 V versorgt werden soll.

- SIMATIC **PM 1507 24 V/3 A Geregelte Stromversorgung** für SIMATIC S7-1500 Eingang: AC 120/230 V Ausgang: DC 24 V/3 A

Versorgungsspannung:	120 / 230 V
Ausgangsspannung:	24 V
Ausgangsstrom:	3 A
abgegebene Wirkleistung:	72 W

7.2.2.4 Aufbaurichtlinien und Pflichtenheft

Bei modular aufgebauten SPS-Stationen werden die einzelnen Baugruppen auf einer Profilschiene befestigt.

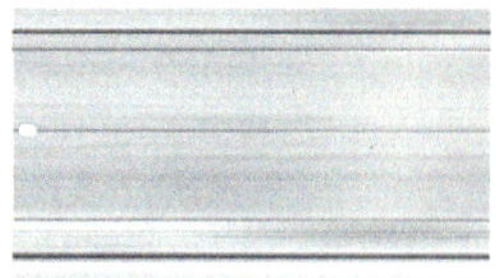

1: Profilschiene

Die Anordnung geschieht dabei in einer fest vorgegebenen Reihenfolge (Abb. 2). Die Abbildung zeigt die Anordnung der Baugruppen auf der Profilschiene nach softwareseitiger Auswahl (**Hardwarekonfiguration**).

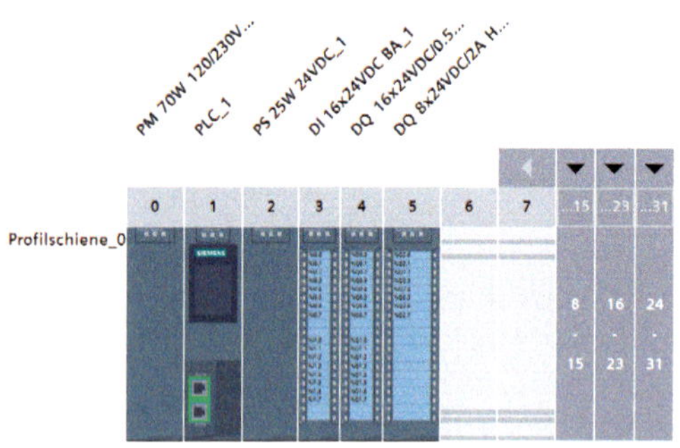

2: Anordnung der SPS Baugruppen auf Profilschiene

U-Verbinder

Mit dem U-Verbinder verbinden Sie die einzelnen Module miteinander ①. Der U-Verbinder stellt die mechanische und elektrische Verbindung zwischen den Modulen der SPS her.

Wie werden die Peripheriemodule montiert?

1. Stecken Sie den U-Verbinder rückseitig rechts auf das Peripheriemdul ①.
2. Hängen Sie das Peripheriemodul in die Schiene ②.
3. Schwenken Sie das Modul nach hinten ③.

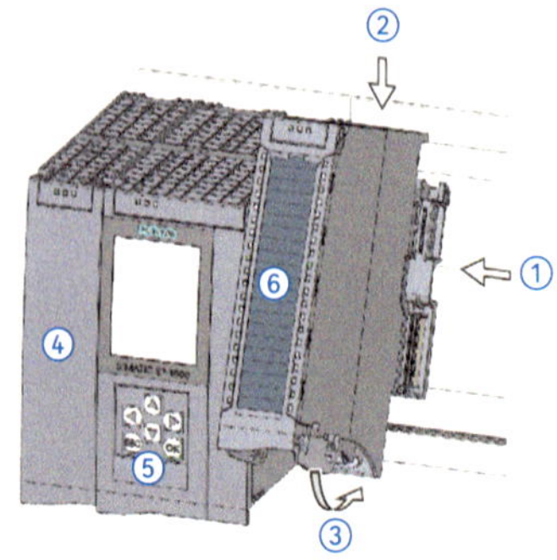

3: Peripheriemodul montieren

④ Stromversorgungsbaugruppe PS
⑤ Zentralbaugruppe PLC_1
⑥ digitale Eingabebaugruppe DI

Erstellung des Pflichtenheftes

Anschließend wird durch die Fa. Krapf als Auftragnehmer ein **Pflichtenheft** (Auszug Abb. 4) erstellt. Es legt zum einen die technischen Details fest, die zur Erstellung der neuen Schrankenanlage notwendig sind. Dies sind beispielsweise die zuvor ausgewählten Komponenten der SPS. Weiterhin werden häufig rechtliche und organisatorische Angaben gemacht (z. B. Gewährleistungsansprüche oder Terminvorgaben), die für den Auftragnehmer verbindlich sind.

- Auswahlkriterien für die Signalbaugruppen sind die Anzahl der notwendigen Ein- und Ausgänge sowie der Signalverarbeitung.
- Auswahlkriterien für das Netzteil sind die Leistungsaufnahme der Komponenten einer SPS als auch die Spannungsversorgung der Sensoren und Aktoren.

Elektro Krapf		Adam-Regensburger-Str. 20		37075 Göttingen
Blatt 1: Allgemeine Angaben				
Kontaktperson / Firma		Stadtverwaltung Göttingen Gebäudeverwaltung Goethestrasse 6 – 8, 37075 Göttingen Herr Georg Müller (technischer Leiter), Tel.: 0501-22		
Objekt / Objektadresse		Schrankenanlage / Stadtverwaltung 37075 Göttingen, Goethestrasse 6 – 8		
Blatt 2: Angaben zur technischen Ausführung				
Instandsetzung der Steuerung	1	Einbau einer SPS Simatic S7-1500	1	Laststromversorgung, Ausgangsstrom 3 A Systemstromversorgung PS, Ausgangsstrom 1 A
			1b	Zentralbaugruppe, CPU 1511-1 PN
			1c	Digitaleingabemodul DI 16x DC 24 V
			1d	Digitalausgabemodul DQ 16x DC 24 V/0,5 A
			1e	Digitalausgabemodul DQ 8x DC 24 V/2 A
	2	Anschluss der Sensoren und Aktoren, defekte Baugruppen ersetzen		
	3	Programmierung der SPS nach Lastenheft		
Errichtung einer Parkplatzzählanlage	1	Installation zweier Signallampen (Parkplätze frei – Garage belegt) in der Zentralwarte		
	2	Installation der Anzeigetafel (Garageneinfahrt)		
Dokumentation und ergänzende Darstellungen				
1	Installationsplan			

4: Pflichtenheft (Auszug)

7.2.3 Programmieren einer SPS

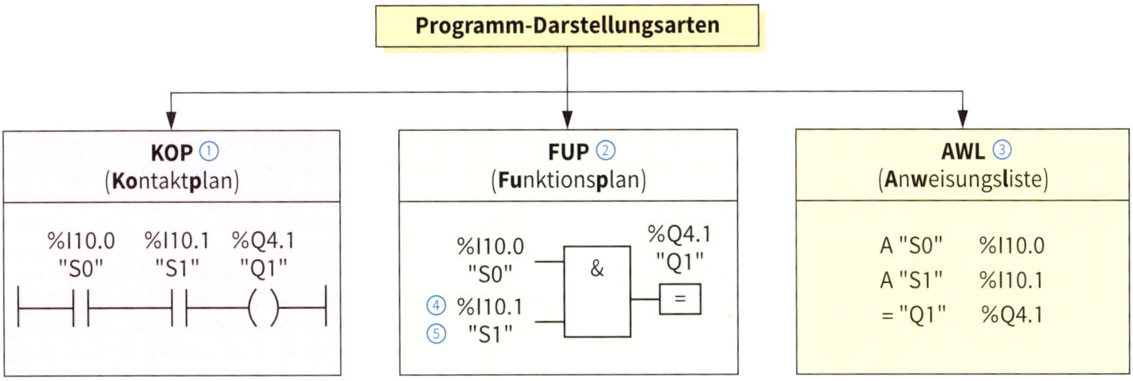

5: SPS-Programm im TIA-Portal (Darstellungsarten)

7.2.3.1 Grundlagen der SPS-Programmierung

Einfache Steuerprogramme lassen sich innerhalb von Step 7 im TIA-Portal in drei Darstellungsarten erstellen, im KOP, FUP und in AWL (Abb.5).

- Der **Kontaktplan** (**KOP**) ① [*LAD; ladder diagramm*] stellt die Verknüpfung der einzelnen Eingangssignale in ähnlicher Form wie der Stromlaufplan dar, wodurch einfache Programme leicht durchschaubar sind.
- Der **Funktionsplan** (**FUP**) ② [*SCF; sequential function chart*] benutzt logische Verknüpfungssymbole zur Darstellung der Steuerfunktion. Dadurch wird eine gute Strukturierung von Programmen ermöglicht.
- Die **Anweisungsliste** (**AWL**) ③ [STL; *statement list*] ist die umfangreichste Darstellungsform, sodass mit ihr auch komplizierte Verknüpfungsbefehle möglich sind, für die in KOP/FUP keine grafischen Symbole existieren.

Zur Darstellung einzelner Programme von Step7 im TIA-Portal ist vor der Programmierung die gewünschte Darstellungsart auszuwählen. Eine Umwandlung in eine andere Darstellung ist nur zwischen KOP und FUP möglich.

Die verwendeten Bauelemente zur Programmierung sind einer Box in der Projektansicht der Programmiersoftware Step 7 im TIA-Portal zu entnehmen. Die Abb. 5 zeigt die drei Steuerprogramme mit **absoluter** ④ und **symbolischer** ⑤ **Adressierung**.

Absolute Adressen sind direkt festgelegte und notierte Speicheradressen, wie z. B. %I10.1. **Symbolische Adressen** (z. B. „S1“) entsprechen symbolischen Namen, die in einer Symboltabelle erstellt werden und zum besseren Verständnis des Anwenderprogrammes dienen. Im TIA-portal ist es nicht möglich, ohne symbolische Darstellung zu arbeiten. Jedem Operanden müssen ein Symbol und ein Datentyp zugeordnet sein.

Umfangreiche Programme werden in **Netzwerke** aufgegliedert. Diese stellen kleine Programmeinheiten dar, die jeweils für sich ein Ergebnis liefern.

Aufbau von AWL-Befehlen

AWL-Befehle sind in Form eines alphanumerischen Codes aufgebaut, der aus den zwei Bestandteilen Operation und Operand besteht (Abb. 6).

Operation: **WAS** soll getan werden?
Operand: **WOMIT** wird die Operation ausgeführt?

Es ist zu beachten, dass die Bit-Adresse im Bereich von Bit 0 bis Bit 7 liegen muss. Die Byte-Adresse hängt vom Steckplatz der Hardware in der Geräteanordnung ab.

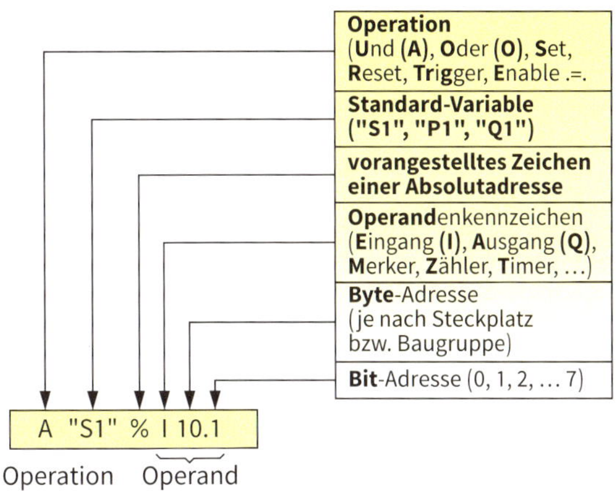

6: Aufbau eines AWL-Befehls

- SPS-Programme können dargestellt werden als KOP, FUP oder AWL.
- Zur Darstellung einzelner Programme von Step 7 im TIA-Portal ist vor der Programmierung die gewünschte Darstellungsart auszuwählen.
- Eine Umwandlung in eine andere Darstellung ist nur zwischen KOP und FUP möglich.
- Operationen verknüpfen Eingangs- und Ausgangssignale.
- Operanden geben die Adressen der zu verknüpfenden Signale an.

Operanden [*operands*]

Operanden sind derjenige Teil einer Steueranweisung, der angibt, **womit** eine Verknüpfung stattfinden soll. Die häufigsten Operanden sind:

Eingangssignale | Ausgangssignale

Eingänge (I) und Ausgänge (Q) sind Steuersignale (nach IEC 61131-3), die Informationen zwischen der Steuerung und der Anlage oder Maschine vermitteln. Sie werden **globale Variable** genannt, da sie in allen Bausteinen benutzbar sind.

Weiterhin werden häufig folgende Operanden verwendet, bei denen es sich ebenfalls um globale Variablen handelt:

Merker | Zeitfunktionen (Timer) | Zählfunktionen (Zähler)

Globale Variable		
Kennzeichen	**Operanden-Bezeichnung**	**Erklärung, Beispiel**
I	Eingangs-Bit	Nur Bit 0…7 zulässig z. B. I 32.5
IB	Eingangs-Byte	Umfasst Bit 0…7 des jeweiligen Byte z. B. IB 32
IW	Eingangs-Wort	Umfasst 2 Byte z. B. IW 32 = IB 32 + IB 33
ID	Eingangs-Doppelwort	Umfasst 2 Worte = 4 Byte = 32 Bit
Q, QB, QW, QD	Ausgangs-Bit, -Byte, -Wort, -Doppelwort	Analog zu Eingangs-Operanden (s. oben)
M, MB, MW, MD	Merker-Bit, -Byte, -Wort, -Doppelwort	Speicherplatz, in dem Zwischenergebnisse des Programms abgelegt werden.
T	Timer (Zeiten)	Zeitzellen, die im Programm eingestellt und gestartet werden.
Z	Zähler	Speicherbereiche, die für Zähleroptionen reserviert sind.

1: Operanden in Steuerprogrammen

Verknüpfungsergebnis (VKE)

Die Operanden werden im Steuerprogramm nach vorgegebenen Regeln (Operationen) miteinander verknüpft. Die hierbei gebildeten Verknüpfungsergebnisse (VKE) stellen SPS-interne **Zwischenergebnisse** [*extensions*] dar. Sie liegen in binärer Form (0 oder 1) vor. Diese Zwischenergebnisse können dann durch das Programm weiterverarbeitet, gespeichert oder als Steuersignale auf der Ausgangsseite ausgegeben werden.

Die Bildung der einzelnen Verknüpfungsergebnisse soll anhand des Programms in Abb. 2 verdeutlicht werden. Das Programm empfängt über die Eingabebaugruppen die in Spalte 2 angegebenen Eingangssignale und gibt nach deren Verknüpfung das VKE auf Ausgänge aus.

Tabelle	**Ein-/**	**VKE**
	Ausgangssignal	**VKE**
O "S1" %I10.1	0	0 ①
O "S2" %I10.2	1	1 ②
= "P1" %Q4.0	1	1 ③
A "S3" %I10.3	1	0 ④
A "S4" %I10.4	0	0
= "P2" %Q4.1	0	0 ⑤

2: Bildung des Verknüpfungsergebnisses

① Der erste Eingang der ODER-Verknüpfung liegt auf 0. Deshalb bleibt auch das VKE noch auf 0.

② Da der zweite Eingang 1 bekommt, ist die ODER-Verknüpfung erfüllt, das VKE wird 1.

③ Das VKE wird nun auf Q 4.0 zugewiesen. Dieser Ausgang ist dann aktiv und steuert das dort angeschlossene Stellglied oder Meldegerät an.

④ Die Zuweisung in der vorhergehenden Zeile ist VKE-begrenzend, d. h., es wird nun ein neues VKE 0 gebildet, das durch die nächsten Operationen wieder geändert werden kann.

⑤ Da beide Eingänge auf 0 liegen, wird die UND-Verknüpfung nicht erfüllt. Das VKE bleibt hier stets auf 0, der Ausgang Q 4.1 bleibt inaktiv.

- Das Verknüpfungsergebnis (VKE) ist ein programminterner Zwischenspeicher.
- Nach Abschluss einer Verknüpfung enthält das VKE das Ergebnis dieser Operation in binärer Form.
- Das VKE kann über einen Ausgang ausgegeben werden.
- Bei AWL-Programmen kann das VKE am Programmiergerät beobachtet werden, was eine Fehlersuche erleichtert.

Operationen [*logic operations*]

Binäre Verknüpfungen sind einfache Operationen, die in den meisten Steuerprogrammen vorkommen. In nahezu allen technischen Systemen sind die verschiedensten Eingangssignale nach logischen Regeln zu verknüpfen, um daraus Ausgangssignale abzuleiten.

Als Beispiele einfacher Operationen sind nachfolgend die UND- sowie die ODER-Verknüpfung dargestellt. Das Programmpaket STEP 7 enthält eine Reihe weiterer Binärverknüpfungen (z.B. NAND, NOR, EXOR ...).

UND-Verknüpfung [*AND operation*]

Als Beispiel für die Anwendung einer einfachen UND-Verknüpfung wird die „Zweihand-Bedienung" einer Maschine verwendet.

Das Motorschütz Q1 soll nur dann einschalten, wenn die beiden Taster S0 und S1 gleichzeitig betätigt sind, (Abb. 3, ①).

- **VPS**

  Die UND-Verknüpfung wird erzielt, indem beide Taster in Reihe geschaltet werden.

- **SPS**

  Die Geber werden der Reihe nach an die Eingangsseite des Steuergerätes angeschlossen. Die Verknüpfung erfolgt im Steuergerät (SPS), Abb. 3 ②.

  In dessen Speicher befindet sich das Programm (Abb. 3, ③) mit den Verknüpfungsvorschriften.

ODER-Verknüpfung [*OR operation*]

Als Anwendungsbeispiel einer ODER-Verknüpfung dient die Ansteuerung eines Förderbandes von zwei Bedienstellen aus. Das Motorschütz Q1 soll wahlweise von S0 oder S1 eingeschaltet werden.

- **VPS**

  Die ODER-Verknüpfung wird durch Parallelschaltung der beiden Geber realisiert (Abb. 3, ④).

- **SPS**

  Die Anordnung der Geber und der Aktoren ist identisch mit dem obigen Beispiel der UND-Verknüpfung (Abb. 3, ② und ⑤).

  Die ODER-Verknüpfung der Geber wird durch die Verarbeitung eines anderen Steuerprogramms hergestellt (Abb. 3, ⑥).

In allen drei Darstellungsarten können selbstverständlich beliebig viele Eingangssignale an einer Verknüpfung anliegen.

- Die Verknüpfungen des SPS-Programms legen fest, wie die Ein- und Ausgänge miteinander verschaltet werden.
- Funktionsänderungen sind durch Austausch des Programms ohne Umverdrahten möglich.

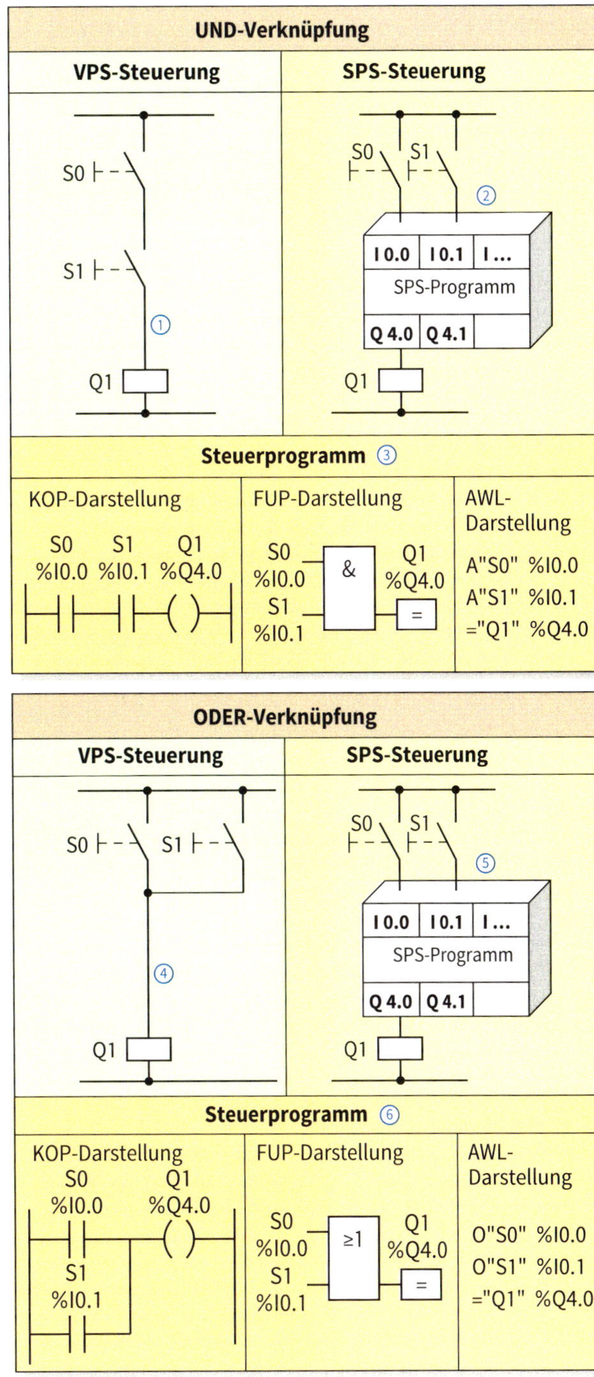

3: Binäre Verknüpfungen UND/ODER

Aufgabe

1. Entwerfen Sie in FUP und KOP ein Programm, das folgende Steuerfunktion erfüllt: Das Schütz Q1 (Q4.0) wird dann angesteuert, wenn
   - der Taster S1 (I0.1) und gleichzeitig
   - der Taster S2 (I0.2) oder S3 (I0.3) betätigt wird.

Zuweisung

Mit der Operation „Zuweisung" („=") gibt man das Verknüpfungsergebnis an die Ausgänge, Merker (= interne Speicherzellen) und andere Operanden weiter. Wird einem Ausgangsbit ein Verknüpfungsergebnis (VKE) 1 zugewiesen, so wird der entsprechende Digitalausgang der Ausgabebaugruppe angesteuert. Abb. 1 zeigt die Zuweisung in den drei Darstellungsarten.

AWL	FUP	KOP
A %I1.0 A %I1.1 = %Q4.0	%I1.0, %I1.1 → & → = %Q4.0	%I1.0 %I1.1 %Q4.0 ─┤├──┤├──( )─

1: Zuweisungsoperation

Invertierung [*negation*] von Zuweisungen

Die Zuweisung eines Verknüpfungsergebnisses ist auch in invertierter Form möglich. Dies erfolgt in STEP 7 durch den NOT-Befehl (in AWL/KOP) bzw. ein Kreissymbol in FUP. Liefert eine Verknüpfung (Abb. 2) das Verknüpfungsergebnis 0, so wird der invertierte Ausgang aktiviert. Aus der UND-Verknüpfung wird NAND.

AWL	FUP	KOP
A %I1.0 A %I1.1 NOT = %Q4.0	%I1.0, %I1.1 → & →o = %Q4.0	%I1.0 %I1.1 %Q4.0 ─┤├──┤├─NOT─( )─

2: NAND-Verknüpfung

Invertierung von Eingangssignalen

In der Regel werden Eingänge auf den Zustand 1 abgefragt (nicht-invertiert). Dies ist vor allem dann üblich, wenn ein betätigter Geber (Schließer) eine Reaktion auslösen soll.

Öffner-Geber besitzen bereits in Ruhe den 1-Zustand. Sie schalten bei **Betätigung** auf den **0-Zustand** um. Da die meisten Operationen (z. B. logische Verknüpfungen, Zeitbausteine, Zähler) zur Ansteuerung ein 1-Signal (Abb. 3, ⑤) benötigen, würde ein betätigter Öffner an ihnen keine Reaktion hervorrufen.

Aus diesem Grund müssen 0-Signale (Abb. 4, ④) vor der Verknüpfung im Programm häufig invertiert werden.

Diese Invertierung von Eingangssignalen erfolgt:

① in AWL durch das Zeichen „**N**" nach Operationen (z. B. U**N**, O**N** ...).

② in FUP durch ein Kreissymbol am Eingang.

③ in KOP mit Schrägstrich im Abfragesymbol.

AWL	FUP	KOP
AN %I1.0 bzw. ON %I1.0 ①	%I1.0 ─o ②	%I1.0 ─┤/├─ ③

3: Invertierung von Eingangssignalen

Werden Öffner-Signale grundsätzlich invertiert?

Häufig wird angenommen, dass die Eingangssignale von Öffner-Kontakten grundsätzlich invertiert abgefragt werden. Im Gegenzug herrscht die Meinung, dass Schließer-Kontakte stets auf Signalzustand 1 abzufragen sind. Beides ist in den meisten Fällen zutreffend. Es gibt aber auch Ausnahmen (Abb. 4).

Die SPS kann nicht feststellen, ob es sich bei den angeschlossenen Gebern um Öffner oder Schließer handelt. Im Programm werden lediglich die anliegenden Spannungspegel (0 oder 1) ausgewertet.

Bei der Abfrage von Gebern sind deshalb folgende Aspekte zu beachten (Abb. 4 und 5):

- **Funktion des Gebers**: Ist der Geber ein Öffner oder Schließer?
- **Reaktion der SPS** Soll die SPS beim Betätigen oder beim Nicht-Betätigen (z. B. Loslassen, Ruhezustand) reagieren?

Aus beiden Überlegungen ergibt sich, ob das empfangene Signal invertiert werden muss. Die Abb. 5 zeigt dazu Beispiele.

	Geber	Zustand	Signal
Öffner	(nicht betätigt)	1	Bei Betätigung: 1 → 0 Signal
	(betätigt)	0	(**0-Signal**) ④
Schließer	(nicht betätigt)	0	Bei Betätigung: 0 → 1 Signal
	(betätigt)	1	(**1-Signal**) ⑤

4: Geber und Signale

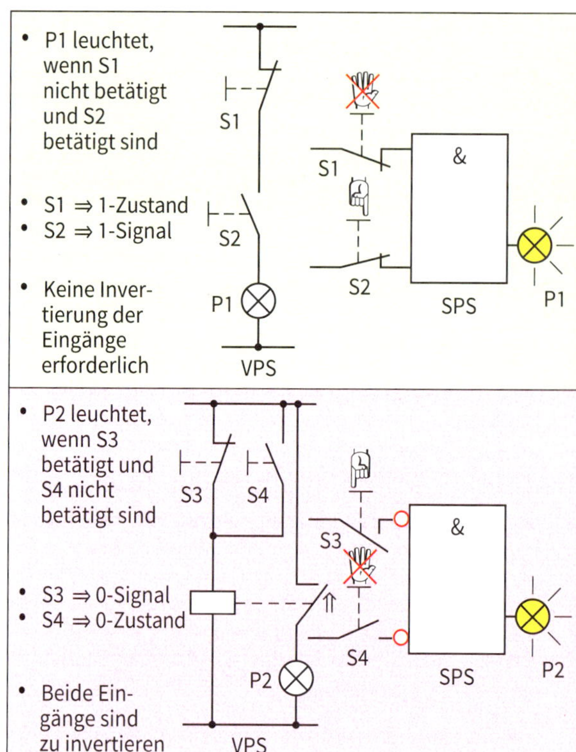

5: Programmbeispiele zur Abfrage von Gebern

Merker

Merker sind Speicherglieder, deren binärer Zustand in internen Speicherbereichen der CPU-Baugruppe abgelegt wird. Es handelt sich um **globale Variablen**, da sie von allen Bausteinen erkannt werden. Die Anzahl der verfügbaren Merker richtet sich nach der Leistungsfähigkeit der jeweiligen CPU-Baugruppe.

Beispiel:

Jede CPU verfügt über eine spezielle Anzahl von Merkerbytes. Nähere Informationen sind dem jeweiligen Gerätehandbuch der CPU-Baugruppe zu entnehmen.

Bei der Verwendung von Merkern muss übersichtlich gearbeitet werden. Die mehrfache Verwendung von Merkern für verschiedene Zwecke führt zu Programmfehlern!

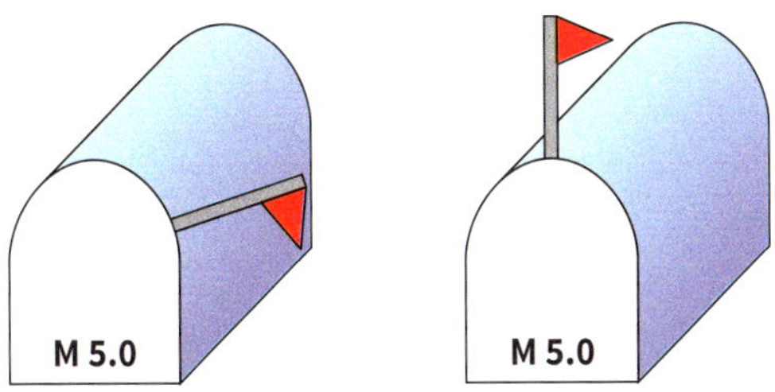

Zustand 0 (Ausgangszustand)   Zustand 1 (gesetzt)

6: Zustände von Merkern

Im Ausgangszustand sind alle Merker mit dem Signalzustand 0 vorbelegt. Über entsprechende Zuweisung von Verknüpfungsergebnis = 1 können sie dann „gesetzt" werden.

Je nachdem, ob die Merker bei Spannungsausfall gelöscht werden, unterscheidet man

- **Nicht-remanente** Merker oder
- **Remanente** Merker.

Nicht-remanente Merker [*non-retentive flags*]

Diese Merker werden beim Wiederanlauf (nach Spannungsausfall, beim Übergang von STOP auf RUN) der SPS gelöscht. Sie besitzen dann wieder den Zustand 0.

- Vorteil: Nach dem Netzausfall werden selbstständige Reaktionen (z.B. Anlauf von Antrieben) verhindert.
- Nachteil: Wichtige Informationen (z.B. Anlagenzustände, Stückzahlen) werden gelöscht.

Remanente Merker [*retentive flags*]

Ein Teil des SPS-Speichers ist für die remanenten Merker vorgesehen. Die Zustände remanenter Merker bleiben gespeichert bei

- Ausfall der Netzspannung (Überbrückung durch Pufferbatterie) und
- Wiederanlauf (Übergang STOP → RUN).

Remanente Merker können rückgesetzt werden durch

- Urlöschen der CPU oder
- reguläres Rücksetzen im Anwenderprogramm.

Die Anzahl der remanenten Merker ist bei den CPUs standardmäßig eingestellt. Sie kann jedoch über Software-Einstellungen erweitert werden.

Ablegen von VKE in Merkern

Bei der Programmerstellung ist es durchaus üblich, bestimmte Teilergebnisse in Merkern abzulegen, um auf diese im weiteren Programmverlauf oder in anderen Programmteilen wieder zuzugreifen. Die Zuweisung von Verknüpfungsergebnissen erfolgt dabei in der gleichen Weise wie bei Ausgängen.

Beispiel: Hydraulische Presse

Programm	Kommentar
A "B1" %I1.1	Öldruck
A "B2" %I1.2	Temperatur
= "M" %M5.0	Betriebsbereit
...	
A "M" %M5.0	Betriebsbereit
A "S2" %I2.1	Start-Taste
= "P" %Q4.0	Presse-Ab

Der Merker „Betriebsbereit" wird gebildet, wenn Öldruck und Temperatur stimmen.

Im späteren Programm wird der Merker erneut abgefragt, bevor die Presse abwärts fährt.

Speicheroperationen Set und Reset

Über die Zuweisung (=) bleiben Ausgänge, Merker und andere Operanden nur so lange angesteuert, wie dies durch die vorangehende Operation (z.B. UND, ODER) ermöglicht wird. Ist die Verknüpfungsbedingung nicht mehr erfüllt, so wechselt der Ausgang oder Merker wieder nach 0.

Die Funktion „**S**et" (Abb. 7) ermöglicht es, die Operanden (z.B. Ausgänge) durch ein **kurzzeitiges** 1-Signal **dauerhaft** zu setzen, sodass diese auch nach Wegfall dieses Set-Signals eingeschaltet bleiben.

Die Funktion „**R**eset" (Abb. 8) ermöglicht es, gesetzte Operanden durch ein **kurzzeitiges** 1-Signal wieder zu löschen.

AWL	FUP	KOP
A %I1.0 **S** %Q4.0	%I1.0 —[S] %Q4.0	%I1.0 —| |— %Q4.0 —(S)—

7: Setzen eines Ausgangsbits

AWL	FUP	KOP
A %I1.0 **R** %Q4.0	%I1.0 —[R] %Q4.0	%I1.0 —| |— %Q4.0 —(R)—

8: Rücksetzen eines Ausgangsbits

SR- und RS-Speicherfunktionen (Flip-Flops)

SR- und RS-Speicherfunktionen (Flip-Flops) besitzen sowohl einen Set-Eingang als auch einen Reset-Eingang. Sie stellen ein **bistabiles Speicherglied** dar.

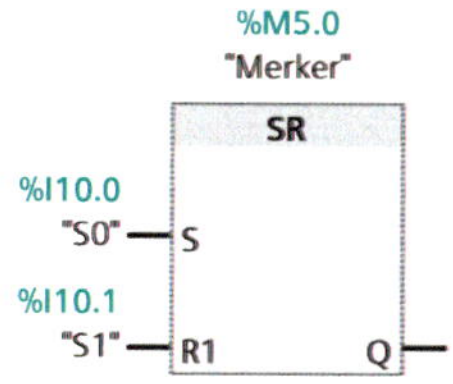

1: SR-Speicherfunktion

Welcher Eingang hat Vorrang?

Bei gleichzeitigem Set- und Reset-Signal muss einer der beiden Eingänge Vorrang haben:

- SR-Flip-Flops besitzen **Reset-Vorrang**
- RS-Flip-Flops besitzen **Set-Vorrang**

Bei der Erstellung von Programmen muss auf den Vorrang der Eingänge geachtet werden. Nur so ist gewährleistet, dass bei gleichzeitiger Ansteuerung beider Eingänge die gewünschte Reaktion erfolgt.

SR-Speicherfunktion

Bei der **SR**-Speicherfunktion (Abb. 5) hat der **Reset-Eingang Vorrang**. Dies ist vor allem dort sinnvoll, wo Gefahr bringende Antriebe vorrangig abzuschalten sind.

Der Binäroperand (Ausgang, Merker, Datenbit ...) steht in FUP/KOP (Abb. 2, ①) oberhalb des Symbols.

AWL	FUP	KOP
A %I0.0 S %Q4.0 A %I0.1 R %Q4.0	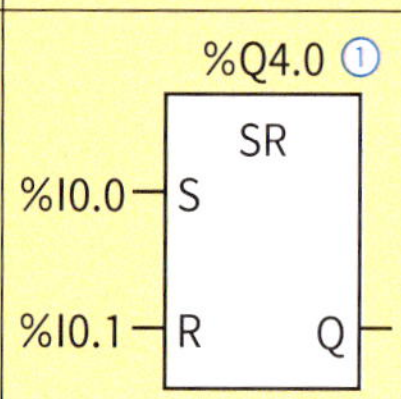	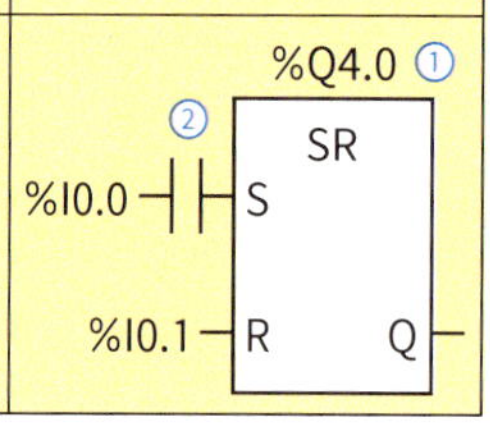

2: SR-Speicherfunktion (Reset-Vorrang)

RS-Speicherfunktion

Bei der **RS**-Speicherfunktion (Abb. 3) hat der **Set-Eingang Vorrang**. Dies ist dort sinnvoll, wo bestimmte Funktionen (z.B. Bremsen) unbedingt aufrechterhalten werden müssen.

Ein Vergleich der beiden AWL-Programme (Abb. 2, 3) zeigt, dass der Eingang, der zuletzt im Programm abgefragt wird, Vorrang hat. Er beeinflusst nämlich als letzter das Resultat (hier z.B. %Q4.0).

AWL	FUP	KOP
A %I0.1 R %Q4.0 A %I0.0 S %Q4.0	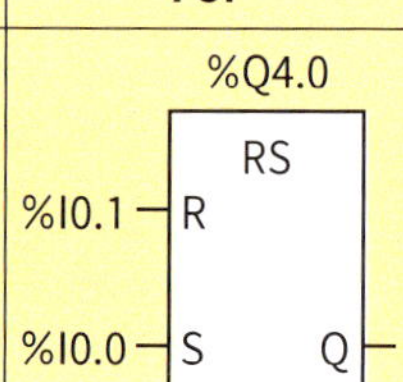	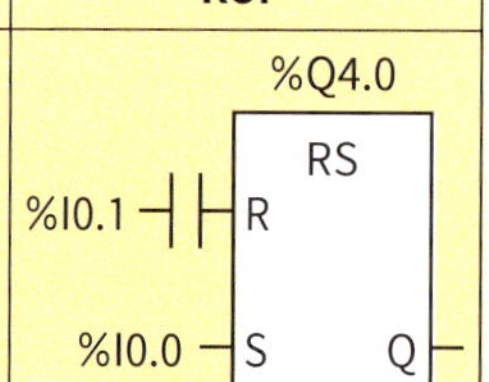

3: RS-Speicherfunktion (Set-Vorrang)

Welche Operanden können gespeichert werden?

Die binären Zustände von Flip-Flops können den folgenden Operanden zugewiesen werden:

- Eingänge (I),
- Ausgänge (Q),
- Merker (M),
- Datenspeicher (D) eines Datenbausteins.

Durch Angabe der Ausgangsadresse oberhalb des Speichergliedes (Abb. 4, ①) wird festgelegt, welcher Ausgang dauerhaft gespeichert werden soll.

Sollen Ergebnisse in Merkern gespeichert werden, vermerkt man deren Adresse ebenfalls am Symbol ②.

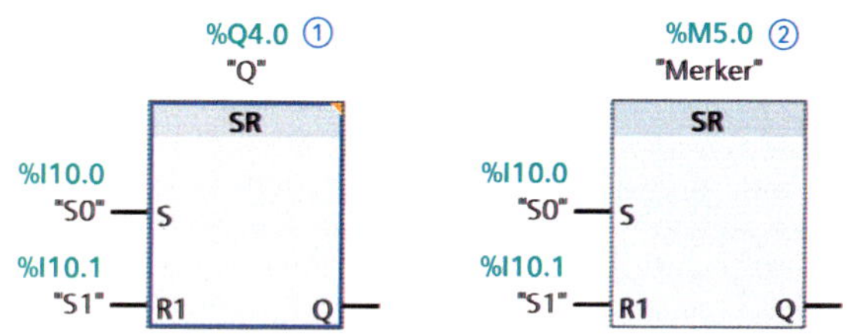

4: Speicherung von Ausgängen und Merkern

Indem man eine Zuweisung (=) unmittelbar an einen Merker anhängt, wird dessen Zustand auf den Operanden (z.B. Ausgang) gegeben (Abb. 5, ③).

Merkerzustände können auch später, z.B. am Programmende auf Ausgänge zugewiesen werden. Dadurch kann der Inhalt in unterschiedlichen Programmteilen ausgelesen oder geändert werden ④.

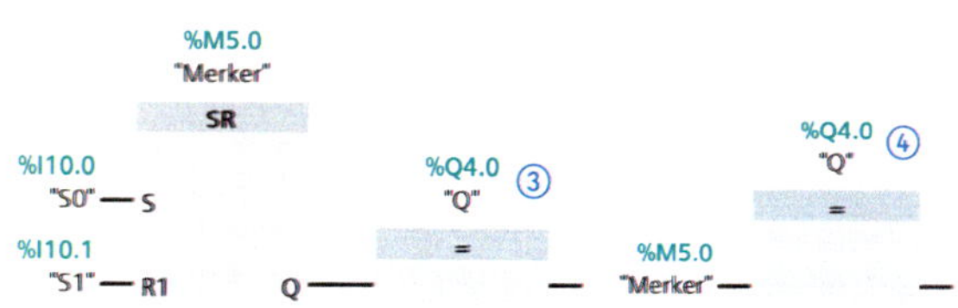

5: Zuweisung von Merkerzuständen

- Die Bezeichnung der Speicherglieder gibt Auskunft über den Set-/Reset-Vorrang.
- In KOP-/FUP-Darstellung wird der untere Eingang des Symbols zuletzt abgefragt.
- In AWL-Darstellung wird der zuletzt genannte Eingang (z.B. Reset beim SR-Flip-Flop) auch zuletzt abgefragt und hat Vorrang.
- Wenn an beiden Eingängen einer Speicherfunktion „1" anliegt, so hat der zuletzt abgefragte Eingang Vorrang.

7.2.3.2 Zeitfunktionen – Timer

Zeitfunktionen kommen in Steuerungen zur Anwendung, um zeitgeführte Aktionen auszuführen. Die Zeit, in welcher der technische Prozess abläuft, ist dabei fest vorgegeben. So kann z. B. ein Transportband nur für 5 s eingeschaltet sein.

Um verschiedenen **Zeitfunktionen** auszuführen, sind in den Zentralbaugruppen der SPS eine Vielzahl von **Zeitgebern** (Zeitzellen) integriert. Die Anzahl der verfügbaren Zeitzellen, auch Timer genannt, richtet sich nach dem CPU-Typ. Je nach Leistungskategorie sind 64 bis 512 Zeitfunktionen programmierbar.

STEP 7 im TIA-Portal bietet verschiedene **Zeitfunktionen**, welche sich hinsichtlich Ausgangs- und Ablaufverhalten unterscheiden. Sie werden meist durch IEC-Bausteine nach EN 61131-3 realisiert. Sie lassen sich in der Programmiersprache KOP, FUP und AWL programmieren. Die Vorschrift nennt drei Standardfunktionen in Funktionsbausteinsprache (FBS). Es sind:

- TP Impulsbildung, verlängerter Impuls ①
- TON Einschaltverzögerung ②
- TOF Ausschaltverzögerung ③

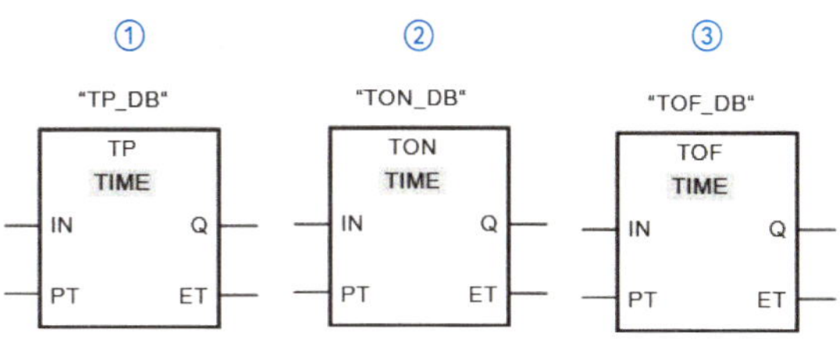

6: Aufrufbare Zeitfunktionen im TIA-Portal

Die Beschaltung der Ein- und Ausgänge der Zeitfunktion TP hat folgendes Aussehen.

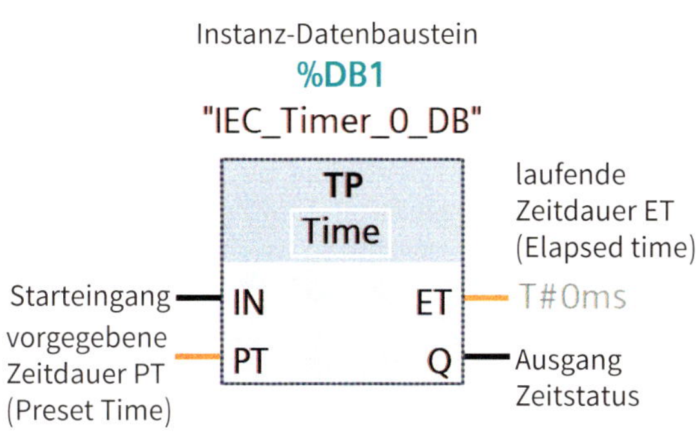

7: Beschaltung Zeitfunktion TP

Name	Beschreibung	Deklaration	Datentyp
IN	Starteingang	Input	Bool
PT	vorgegebene Zeitdauer	Input	Time
Q	Zeitstatus	Output	Bool
ET	lauf. Zeitdauer	Output	Time

Beispiel Einschaltverzögerung TON:
Nach dem Start (1-Signal am Starteingang IN) geht nach Ablauf der an PT angegebenen Zeit der Ausgang Q auf den Wert 1.

Die einzustellende Zeitdauer Time eines Zeitgebers beträgt: T#-24d 20h 31m 23s 648ms bis
T#+24d 20h 31m23s 647ms

Die Darstellung enthält Angaben für Tage (d), Stunden (h), Minuten (m), Sekunden (s) und Millisekunden (ms).

IEC-Zeiten benötigen für die Programmierung einen Datenbaustein, genannt „**Instanzdatenbaustein**". Dieser beinhaltet eine Struktur vom Datentyp der angewendeten Timerart.

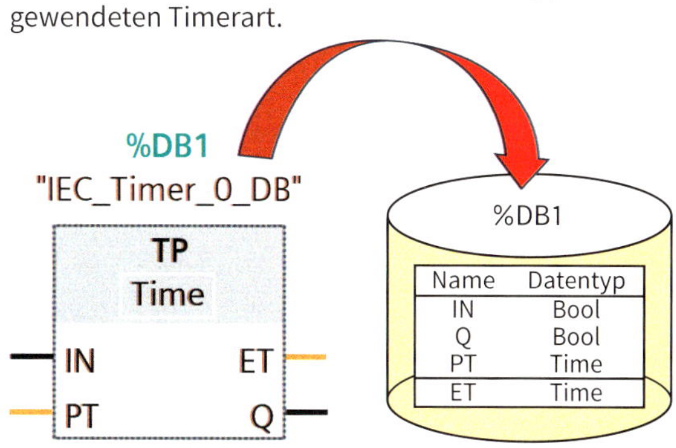

8: Ablage der Daten im Instanzdatenbaustein

Eine Zeitfunktion ist eine Anweisung mit eigenen Daten. Beim Programmieren einer Zeitfunktion im TIA-Portal geben Sie an, in welchem Datenbaustein die Daten des gewählten Bausteins abgelegt werden sollen. Wählen Sie die Schaltfläche **Einzelinstanz**, muss es jedes Mal ein anderer Datenbaustein sein.

Um in automatisierten Anlagen die Funktionsweise verschiedener Zeitgeber zu analysieren, ist es notwendig, die Zusammenhänge zwischen Eingangs- und Ausgangsgrößen von Timern zu kennen. Diese Ein- und Ausgangsparameter dienen zum Auslesen der programmierten Zeitwerte bzw. zum Ansteuern der verwendeten Aktoren. Die folgende graphische Darstellung zeigt das Zeit-Ablaufdiagramme des Bausteins der Impulsbildung.

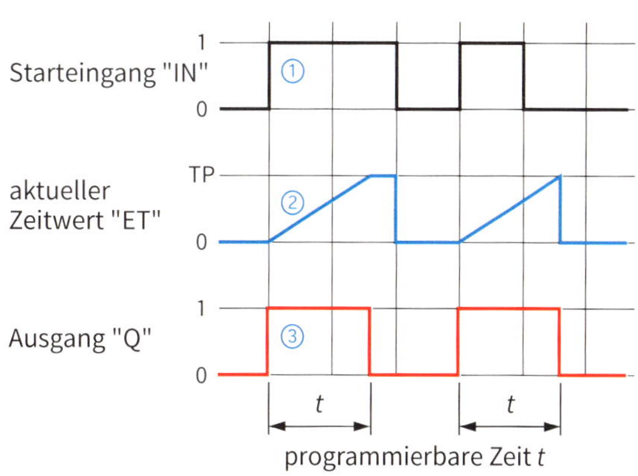

9: Zeit-Ablauf-Diagramm Impulsbildung TP

Wechselt der Signalzustand am Starteingang IN der Zeitfunktion von "0" nach "1" ①, startet die Zeitfunktion ②. Sie läuft mit der am Eingang PT programmierten Zeitdauer ab, **unabhängig** vom weiteren Verlauf des Signalzustands am Starteingang. Der Ausgang Q liefert Signalzustand "1"③, solange die Zeit läuft.

Zeitgeber stellen SPS-Interne Zeitzellen dar, deren Werte vom laufenden Programm zyklisch abgefragt werden. Die Zeitwerte (**Laufzeit *t***) sowie deren Start werden im Anwenderprogramm aktiviert.

Beispiel Impulsbildung TP:
Ein Transportband soll nur für 5 s eingeschaltet werden. Mit dem Taster S1 wird das Motorschütz Q1 eingeschaltet. Das Zeitglied TP im SPS-Programm erhält mit S1, Q1 und dem Zeitwert 5s folgende Beschaltung:

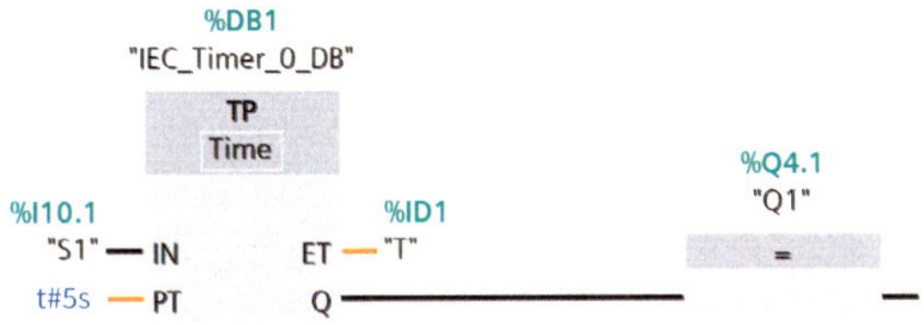

1: Beschaltung Zeitgeber TP

Symbolische Darstellung von Timern

Die symbolische Darstellung der Zeitfunktionen

- Impulsbildung, verlängerter Impuls ①
- Einschaltverzögerung und ②
- Ausschaltverzögerung ③

sind in Abb. 3 grafisch dargestellt.

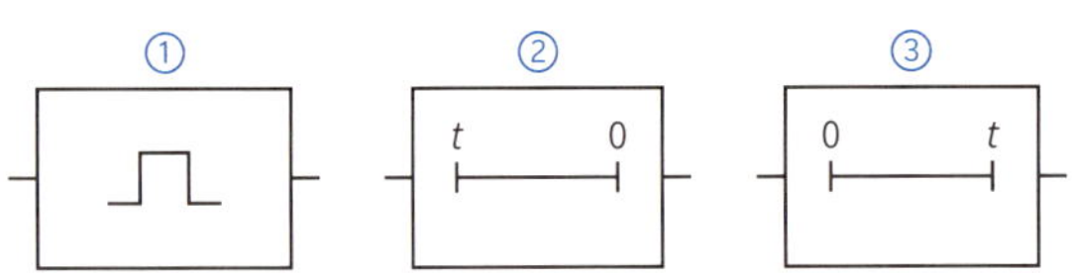

2: Symbole der Zeitfunktionen TP, TON, TOF

Blockschaltbild von Timern

In Blockschaltbildern oder Funktionsplänen kommen auch Darstellungen von Zeitgebern zur Anwendung, welche nur das funktionelle Verhalten der programmierten Schaltung beschreiben. Das Beispiel zeigt einen Ausschnitt aus einer Garagenbeleuchtung.

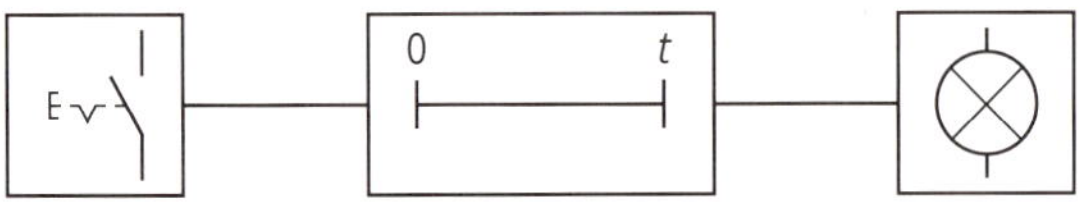

3: Blockschaltbild Garagenbeleuchtung

Anwendungsbeispiel: Programmieren Sie ein Transportband mit einer Einschaltverzögerung 5s. Der Motor des Bandes soll über den Taster S1 ein- und über den Taster S2 ausgeschaltet werden.

Einschaltverzögerung TON

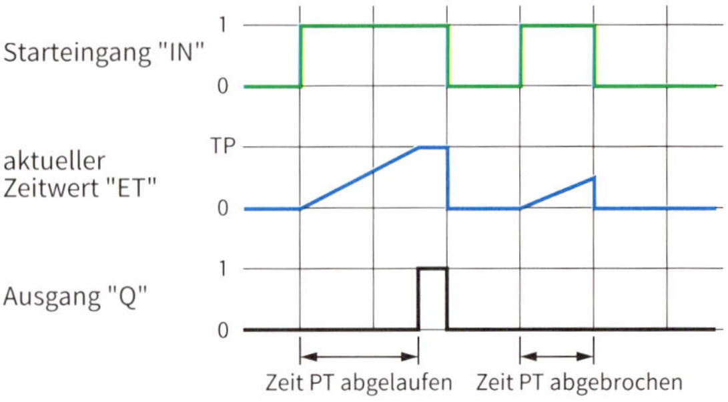

4: Zeit-Ablauf-Diagramm Impulsbildung TON

Wechselt der Signalzustand am Starteingang IN der Zeitfunktion von "0" nach "1", startet die Zeitfunktion. Sie läuft mit der am Eingang PT programmierten Zeitdauer ab. Der Ausgang Q liefert Signalzustand "1", wenn die Zeit abgelaufen ist und solange der Starteingang noch "1" führt. Wechselt vor Ablauf der Zeit der Signalzustand am Starteingang IN von "1" nach "0", wird die laufende Zeit rückgesetzt. Mit der nächsten positiven Flanke am Eingang IN startet sie wieder.

Ausschaltverzögerung TOF

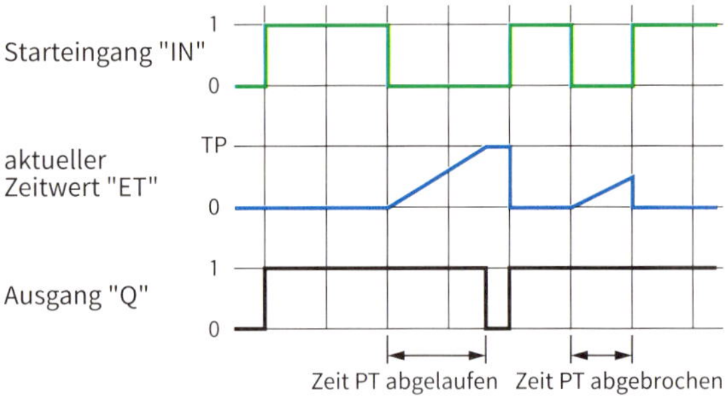

5: Zeit-Ablauf-Diagramm Impulsbildung TOF

Wechselt der Signalzustand am Starteingang IN der Zeitfunktion von "0" nach "1", führt der Ausgang Q Signalzustand "1". Wechselt der Signalzustand am Starteingang zurück nach "0", läuft die Zeit mit der am Eingang PT programmierten Zeitdauer an. Solange die Zeit läuft, bleibt der Ausgang Q auf Signalzustand "1". Ist die Zeit abgelaufen, wird der Ausgang Q zurückgesetzt. Wechselt vor Ablauf der Zeit der Signalzustand am Starteingang erneut auf "1", wird die Zeitdauer zurückgesetzt und der Ausgang Q bleibt "1".

- Zeitfunktionen einer SPS können Signale begrenzen oder verzögern.

Aufgaben

1. Aus dem abgebildeten Stromlaufplan einer Einschaltverzögerung ist der Funktionsplan im TIA-Portal zu entwickeln.

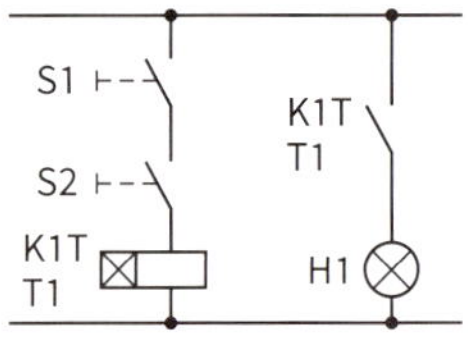

7.2.3.3 Zählfunktionen – Zähler

In der Steuerungstechnik werden für das Erfassen von Stückzahlen, Bewegungen, Abläufen usw. häufig Zählfunktionen benötigt. Die Programmiernorm DIN EN 61131-3 beschreibt drei Zählerfunktionen als Standardfunktionsbausteine:

- den Vorwärtszähler CTU: Count-Up
- den Rückwärtszähler CTD: Count Down
- und den Vor- und Rückwärtszähler CTUD: Count-Up-Down

Wodurch unterscheiden sich Vorwärts- und Rückwärtszähler?

- Vorwärtszähler können den jeweils erreichten Zählerstand anzeigen.
- Bei einem Rückwärtszähler wird von einem programmierten Anfangszustand aus nach Null gezählt. Bei Null wird ein Schaltsignal ausgegeben.

Die Anzahl der verfügbaren Zähler richtet sich nach dem jeweilig verwendeten CPU-Typ.

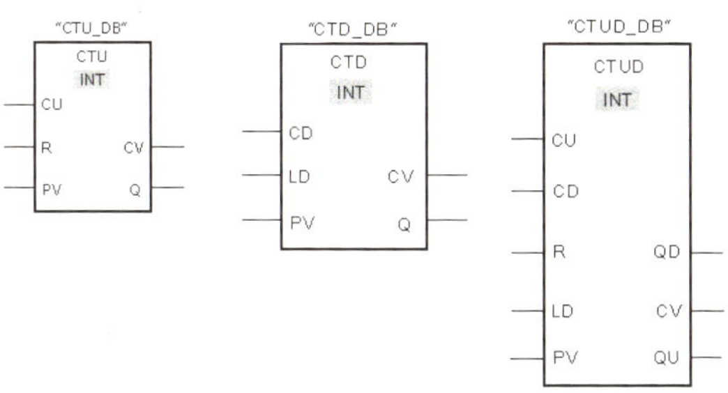

6: Symbol Vorwärts- und Rückwärtszähler

Vorwärtszähler

Die Zähler-Symbole besitzen verschiedene Eingangs- und Ausgangsparameter, die zur Vorgabe des Zählerwerts sowie zum Auslesen des Zählerstandes dienen.

Parameter	Deklaration	Datentyp	Beschreibung
CU	Input	Bool	Zähleingang
R	Input	Bool	Rücksetzeingang
PV	Input	Ganzzahlen	Wert, bei dem der Ausgang Q gesetzt wird
Q	Output	Bool	Zählerstatus
CV	Output	Ganzzahlen	Aktueller Zählwert

7: Parameter Vorwärtszähler

Beschreibung des Vorwärtszählers

Wenn der Signalzustand am Eingang CU von "0" auf "1" wechselt (positive Signalflanke), wird die Anweisung ausgeführt und der aktuelle Zählwert am Ausgang CV um eins erhöht. Ist der obere Grenzwert erreicht, hat der Signalzustand am Eingang CU keine Wirkung mehr auf die Anweisung.

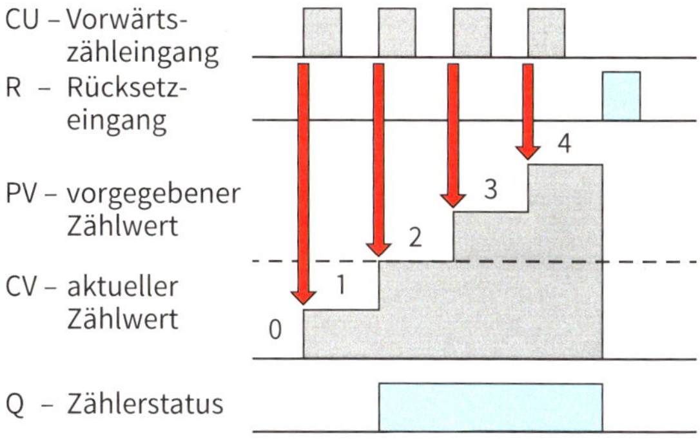

8: Signalzustandswechsel Vorwärtszähler

Rückwärtszähler

Parameter	Deklaration	Datentyp	Beschreibung
CU	Input	Bool	Zähleingang
LD	Input	Bool	Ladeeingang
PV	Input	Ganzzahlen	Wert, bei dem der Ausgang CV bei LD = 1 gesetzt wird
Q	Output	Bool	Zählerstatus
CV	Output	Ganzzahlen	Aktueller Zählwert

9: Parameter Rückwärtszähler

Beschreibung des Rückwärtszählers

Wenn der Signalzustand am Eingang CD von "0" auf "1" wechselt (positive Signalflanke), wird die Anweisung ausgeführt und der aktuelle Zählwert am Ausgang CV um eins verringert. Wenn der untere Grenzwert erreicht ist, hat der Signalzustand am Eingang CD keine Wirkung mehr auf die Anweisung.

Wenn der aktuelle Zählwert kleiner oder gleich "0" ist, wird der Ausgang Q auf den Signalzustand "1" gesetzt. In allen anderen Fällen ist der Signalzustand am Ausgang Q "0".

Der Wert am Ausgang CV wird auf den Wert des Parameters PV gesetzt und in einem Flankenmerker gespeichert, wenn der Signalzustand am Eingang LD von "0" auf "1" wechselt.

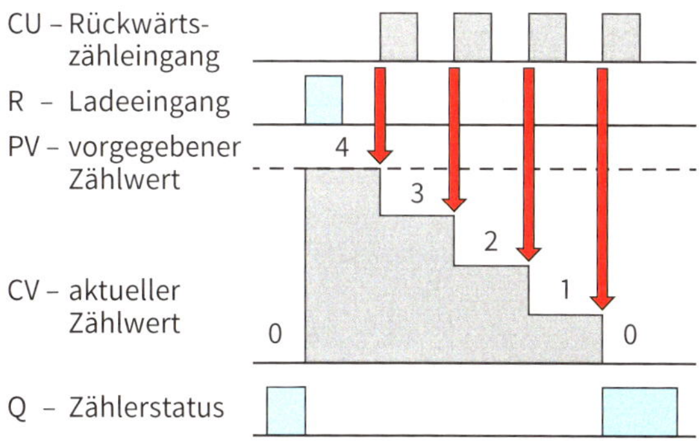

10: Signalzustandswechsel Rückwärtszähler

Eine Zählfunktion ist eine Anweisung mit eigenen Daten. Beim Programmieren einer Zählfunktion geben Sie an, in welchem Datenbaustein die Daten abgelegt werden sollen. Wählen Sie die Schaltfläche Einzelinstanz, muss es jedes Mal ein anderer Datenbaustein sein (vgl. Timerfunktion).

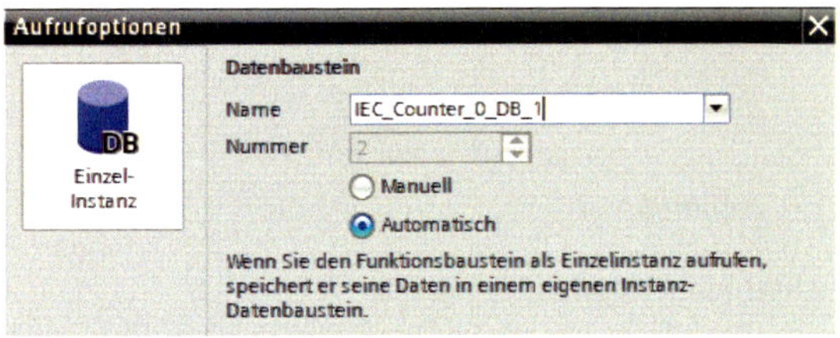

1: Aufrufoption Datenbaustein

Beim Aufruf einer Zählfunktion muss der Starteingang CU und der vorgegebenen Zählwert **PV** (**P**reset **V**alue) mit Variablen belegt sein. Die Belegung des Zählerstatus Q und des aktuellen Zählwerts **CV** (**C**ount **V**alue) ist freigestellt. Der Zählwert am Eingang PV der Zählfunktion liegt zulässigen im Bereich von 32767 bis 32768. Er wird in einem 16-Bit-Datenwort abgelegt.

Beispiel Selektieren von leeren Verpackungen:

Ein kapazitiver Näherungssensor B1 schaltet, wenn sich keine Lampe in der Verpackung befindet. Wiederholt sich der Schaltbefehl ein zweites Mal, signalisiert eine Meldeleuchte P1 diesen Zustand.

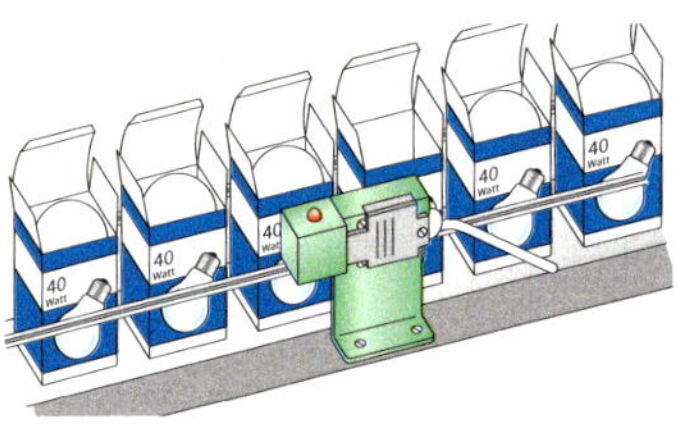

2: Erfassen leerer Verpackungen

Wird die vierte leere Verpackung erkannt, wird der Vorgang manuell beendet, der Zähler über den Taster S1 zurückgesetzt, der Zählvorgang wird erneut gestartet.

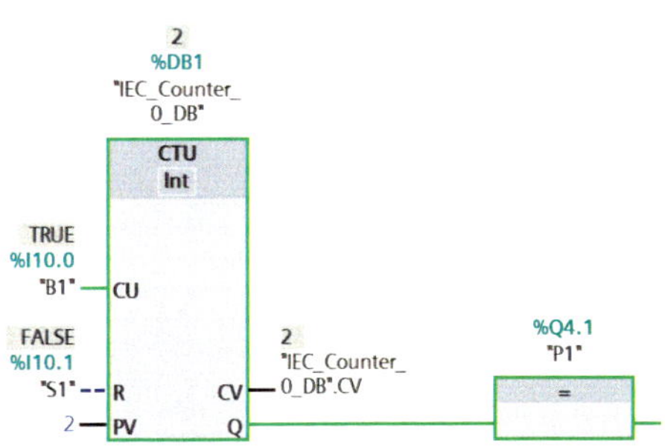

3: Zählvorgang

- Die Anzahl der verfügbaren Zähler richtet sich nach der verwendeten CPU.

Aufgabe

1. Welche Zählfunktionen werden grundsätzlich unterschieden?

7.2.3.4 Flankenauswertung des Verknüpfungsergebnisses

Zur Steuerung automatischer Anlagen ist es oft notwendig, den Sgnalzustandswechsel am Eingang eines Bauelementes zu erffassen und zu verarbeiten. Diese Aufgabe übernimmt der Flankenwerker.

Durch eine Flankenauswertung werden Änderungen von Signalen am Eingang eines Bausteins erfasst (**Eingangsoperand-CLK** ①). Beim Signalzustandswechsel von 0 auf 1 am liegt eine positive Flanke, beim Signalwechsel von 1 auf 0 eine negative Flanke vor. Die Auswertung im Baustein ergibt **einen Impuls**, der durch den **Flankenoperand** ② gebildet und am Ausgang des Bausteins (**Impulsoperand-Q** ③) anliegt. Der Impulsoperand nimmt für **einen Zyklus** den Zustand „HIGH" an und kann in dieser Zeit ausgewertet werden.

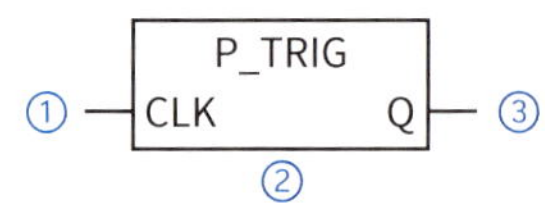

4: Positiver Flankenmerker P_TRIG

Für die Erzeugung des Impulses stehen die P_TRIG-Box für eine positive Flanke und die N_TRIG-Box für die Auswertung einer negativen Flanke zur Verfügung.

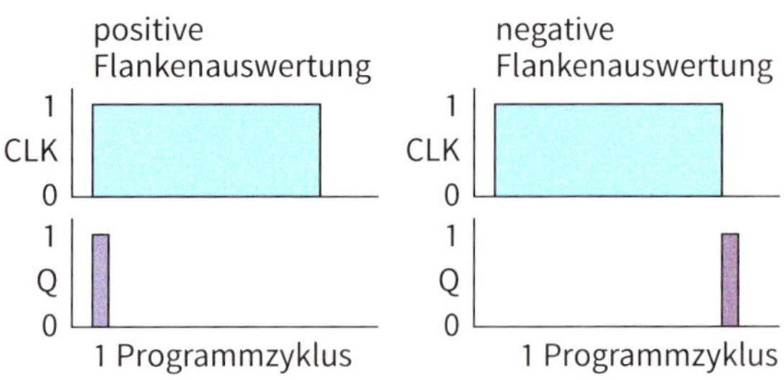

5: Positive und negative Flankenauswertung

Beispielaufgabe: Das Betätigen von S2 wird mit einer Flakenauwswertung erfasst. Führt der Eingang S1 am UND-Glied ein 1-Signal und wechselt anschließend der Eingang des positiven Flankenmerkers S2 von 0 auf 1, so liefert der Ausgang Q1 den Signalzustand1. Ändern Sie die Eingänge des UND-Gliedes und wiederholen Sie die Einschaltreihenfolge.

Hinweis: Der Eingang des positiven Flankenmerkers wird dynamisch überwacht, d. h. jeder Signalzustandswechsel von 0 auf 1 wird erkannt.

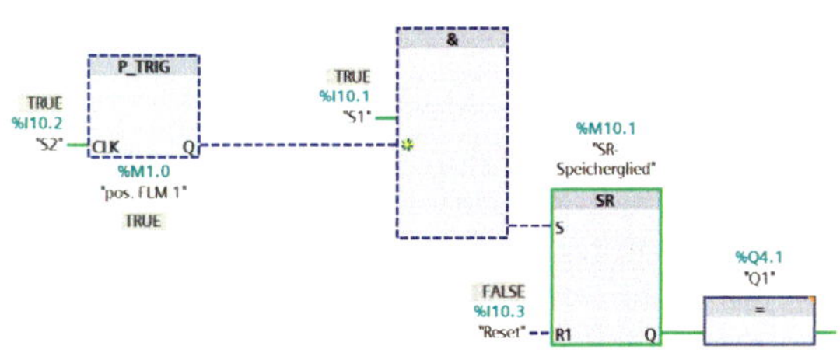

6: Steuerprogramm positiver Flankenmerker

7.2.3.5 Vergleichsfunktionen – Vergleicher

Vergleichsoperationen bieten die Möglichkeit, zwei Zahlenwerte in der SPS miteinander zu vergleichen. Ist die Vergleichsbedingung erfüllt, wird das Verknüpfungsergebnis (VKE) zu 1 und kann an den Ausgang weitergeschaltet werden.

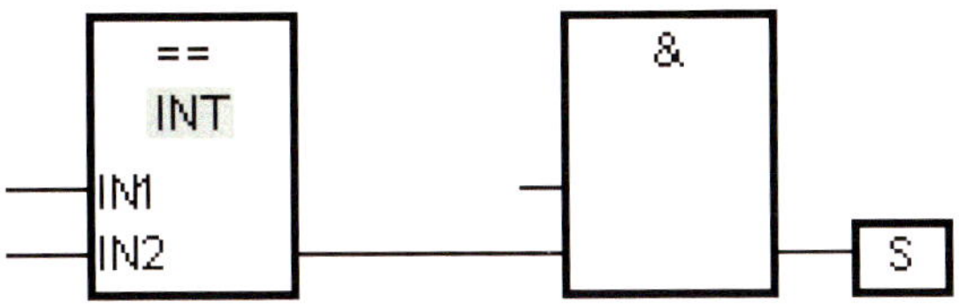

7: Beispiel: Funktion eines Vergleichs auf gleich (=)

Symbol und Parameter

Die folgende Abbildung zeigt das Symbol und die Tabelle der Parameter eines Vergleichers.

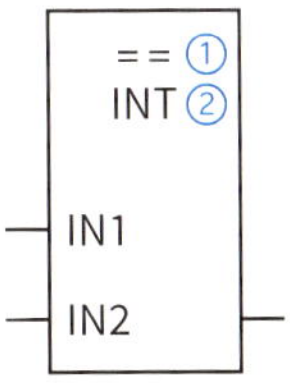

① Vergleichsfunktion (i.B. gleich)

② Datentyp (i.B. Integer)

Parameter	Deklaration	Speicherbereich	Beschreibung
IN1	Input	E, A, M, D	erster Vergleichswert
IN2	Input	E, A, M, D	zweiter Vergleichswert

8: Parameter Vergleicher

Vergleichsfunktionen ①

Im TIA-Portal stehen verschiedene Vergleichsfunktionen zur Verfügung (Auszug).

Vergleichsoperationen		Beschreibung
==	gleich	Operand1 ist gleich Operand2
<>	ungleich	Operand1 ist ungleich Operand2
>	größer	Operand1 ist größer Operand2
>=	größer gleich	Operand1 ist größer oder gleich Operand2
<	kleiner	Operand1 ist kleiner Operand2
<=	kleiner gleich	Operand1 ist kleiner oder gleich Operand2

9: Vergleichsfunktionen

Datentypen ②

Voraussetzung für den Vergleich ist, dass beide Zahlen an den Eingängen des Vergleichers den **gleichen Datentyp** aufweisen. Mit einem Datentyp ist es möglich, **unterschiedliche Zahlenformate** darzustellen und zu vergleichen.

Datentyp	Bit	Beispiel für konstanten Eintrag
Bit	1	TRUE, FALSE, 0, 1
Byte	8	16#12, 16#AB
Word	16	16#ABCD, 16#0001
Integer	16	123, –123

10: Datentypen von Vergleichsoperationen

Anwendungen von Vergleichern

- Vergleicher können bei der Überwachung von Zählern oder Timern genutzt werden, wenn z. B. nach Über-/Unterschreitung von Grenzwerten eine Reaktion erfolgen soll.
- Vergleiche sind oft nach Zählvorgängen notwendig. So kann beispielsweise mittels eines Vergleichs überprüft werden, ob in einem Parkhaus die maximale Anzahl der Stellplätze belegt ist, um in diesem Fall eine „Überfüllt-Meldung" auszugeben.
- Ein Vorwärtszähler mit einem nachgeschalteten Vergleicher, welcher den aktuellen Zahlenwert des Zählers mit der Dezimalzahl 10 vergleicht, ist zu programmieren. Die Lampen P1 und P2 signalisieren die Ergebnisse. Als Datentyp ist Word zu verwenden.

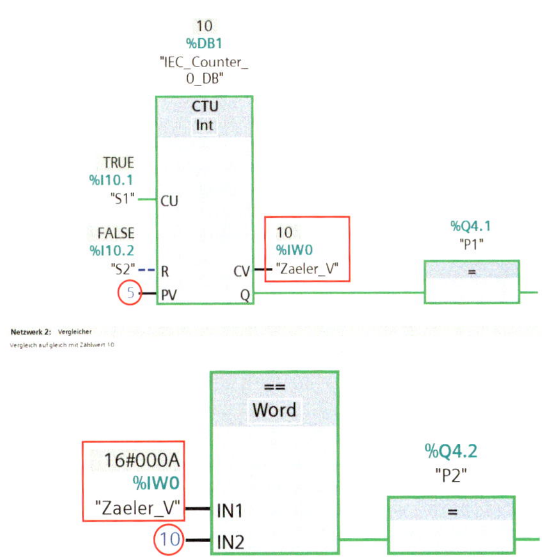

11: FC1: Vergleich auf gleich

Standard-Variablentabelle

	Name	Datentyp	Adresse
1	S1	Bool	%I10.1
2	S2	Bool	%I10.2
3	Zähler_V	Word	%IW0
4	P1	Bool	%Q4.1
5	P2	Bool	%Q4.2

12: Variablentabelle: Vergleich auf gleich

7.2.4 Erstellen des Steuerprogramms

Die Realisierung umfangreicher Steuerungsaufgaben erfordert ein systematisches Vorgehen. Die Analyse der Gesamtaufgabe und die Auswahl der Hardwarekomponenten wurden bereits in den vorangehenden Kapiteln erläutert.

Nun wird das Steuerprogramm für die Parkhausschranke entwickelt und getestet (Abb. 1). Die Programmierung erfolgt mit dem Programmpaket STEP 7 im TIA-Portal. Im Anschluss an die Softwareprojektierung wird das fertige Programm im Rahmen der Inbetriebnahme getestet.

Softwareprojektierung
- Zuordnungsliste, Anschlussnamen
- Softwareprojekt anlegen
- Programmentwicklung, Dokumentation
- Programmeingabe und -simulation

1: Schritte der Projektplanung und -realisierung

Es ist sinnvoll, die Steuerungsaufgabe in drei Programmbausteine (Funktion FC1 bis FC3) zu zerlegen (Abb. 2).

Diese strukturierte Programmierung erhöht den Überblick und vereinfacht die schrittweise Inbetriebnahme der Anlage. Der Steuerungsablauf wird beim Erstellen der jeweiligen STEP 7-Programmbausteine erläutert.

Zuordnungsliste

Zur Erstellung des Programms muss die Anschlussbelegung der Bedienelemente, Sensoren und Aktoren an die Steuerungs-Baugruppen bekannt sein. Dazu wird eine Zuordnungsliste angelegt. Die Zuordnungsliste bildet die Grundlage für den Hard-wareaufbau und gibt bei der Softwareerstellung einen Überblick über die angeschlossenen Objekte. Somit stellt sie die Schnittstelle zwischen Hardware- und Softwareprojektierung dar. Die Adressen der Ein-/Ausgänge hängen vom jeweils verwendeten Steuergerät ab und sind in Abb. 4 nur beispielhaft angegeben.

Operand	Betriebsmittel	Kommentar
%I10.0	S0 (NC)	Not-Aus
%I10.1	S1 (NO)	Zahlencode-Schalter
%I10.2	B2 (NC)	Endschalter unten
%I10.3	B3 (NC)	Endschalter oben
%I10.4	B4 (NC)	Lichtschranke
%I10.5	B5 (NC)	Sicherheitsleiste
%I10.6	B6 (NO)	Induktionsschleife außen
%I10.7	B7 (NO)	Induktionsschleife innen
%PIW288	B8	Gaswarnsensor
%Q4.1	Q1	Motorschütz Schranke AUF
%Q4.2	Q2	Motorschütz Schranke AB
%Q4.3	P3	Signallampe Schranke
%QW6	P6	Anzeigetafel freie Parkplätze

4: Auszug aus der Zuordnungsliste

FC 1	FC 2	FC 3
Schranke aufwärts	Schranke abwärts	Zählen der Parkplätze

2: Programmbausteine (Functions)

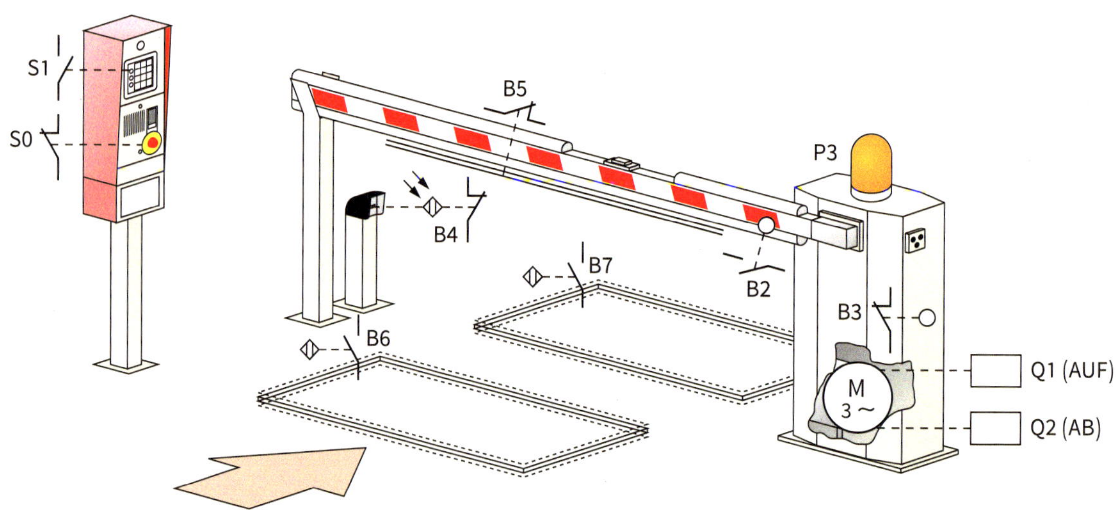

3: Schrankenanlage zur Einfahrtskontrolle

7.2.4.1 Projekt anlegen

Für die Erstellung des Steuerprogramms erhalten die Auszubildenden vom Ausbilder den Hinweis, dass die Schrankenanlage perspektivisch durch eine Gaswarnanlage erweitert werden soll. Das bedeutet, dass die Geräteliste durch die Auszubildenden
- um einen CO-Warnsensor (analoger Eingang),
- ein Schütz für den Lüfter (digitaler Ausgang) und
- um eine CO2-Warnanzeige (digitaler Ausgang)

ergänzt wird.

Die Geräteliste weist jetzt
8 digitale Eingänge,
19 digitale Ausgänge und
1 analogen Eingang auf.

Der Ausbilder gibt für das Projekt Schrankenanlage die Kompaktbaugruppe **CPU 1512C-1N** (PLC) mit
- 32 digitalen Eingängen (> 8 DE),
- 32 digitalen Ausgängen (> 19 DA),
- 5 analogen Eingängen (> 1 AE) und
- 2 analogen Ausgängen

vor.

Für die **CPU 1511C-1PN** gilt:
- 16 digitale Eingänge (> 8 DE),
- 16 digitale Ausgänge (< 19 DA),
- 5 analoge Eingänge (> 1 AE) und
- 2 analoge Ausgänge.

Das Programmpaket Step 7 im TIA-Portal V 16 wird durch Anklicken auf das Icon auf der Desktopoberfläche gestartet.

5: Desktop

In der sich öffnenden **Portalansicht** wird unter **Neues Projekt erstellen** ① der gewählte **Projektname** ② und der **Speicherort** ③ (Pfad) eingegeben

6: Portalansicht – Neues Projekt erstellen

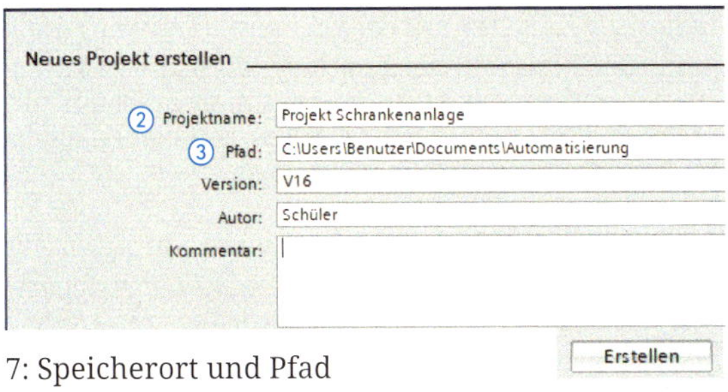

7: Speicherort und Pfad

Das Projekt wird über den Button aktiviert und gespeichert.

In der **Portalansicht** erfolgt über **Geräte und Netze** und **Neues Gerät hinzufügen** die Auswahl der PLC, der **CPU 1512C-1PN**.

8: Portalansicht – Neues Gerät hinzufügen

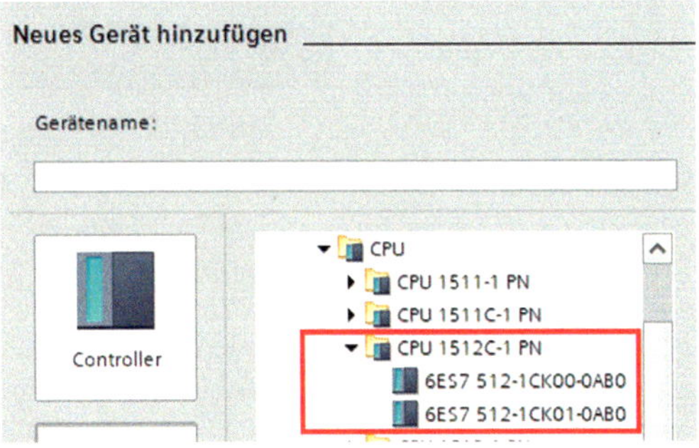

9: Auswahl CPU

Über den Button Hinzufügen erfolgt der Wechsel in die **Projektansicht**. Im **Arbeitsfenster** erscheint die Abbildung der PLC. Die Kompaktbaugruppe wurde automatisch auf Steckplatz1 konfiguriert.

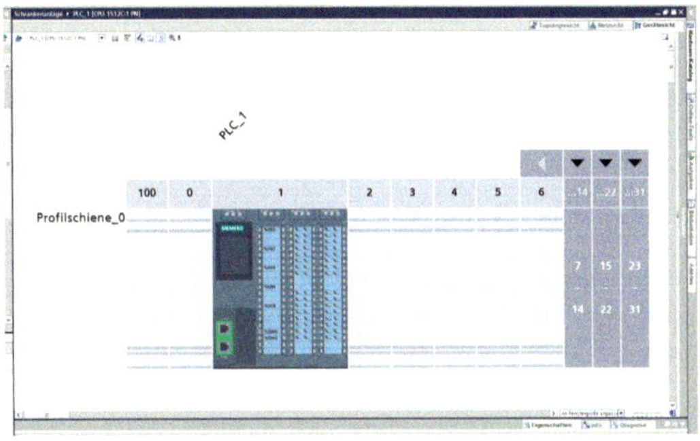

10: Arbeitsfenster mit Kompaktbaugruppe

Aus dem Hardwarekatalog, rechts neben dem Arbeitsfenster angeordnet, wird die Stromversorgungsbaugruppe PM 190 W ausgewählt und per Drag & Drop auf den freien Steckplatz 0 angeordnet.

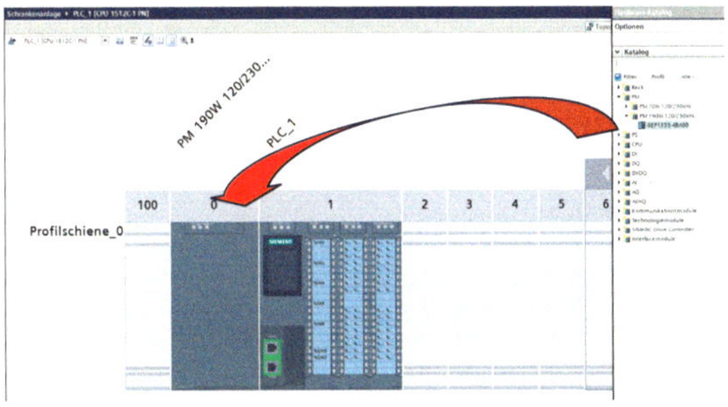

11: Anordnung PLC und PM auf virtuellem Rack

Das erstellte Projekt ist zu speichern.

Die gewählte Kompaktbaugruppe besteht aus der

- CPU 1512C-1PN ①
- der analogen Ein- und Ausgabebaugruppe (5 AE/2 AA) ②,
- der digitalen Ein- und Ausgabebaugruppe (16 DE/16 DA) ③ sowie
- der digitalen Ein- und Ausgabebaugruppe (16 DE/16 DA) ④.

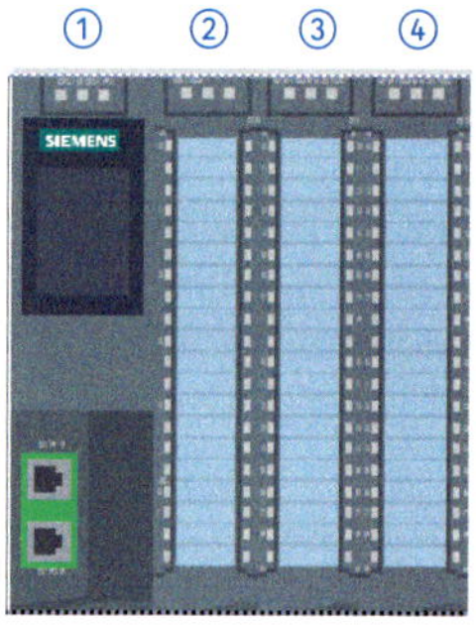

1: Kompaktbaugruppe

Die Adressen sind in der gewählten PLC 1512C-1PN vom Hersteller fest vorgegeben und werden in dem zu erstellenden Steuerprogramm der Schrankenanlage verwendet. Sie können in der Portalansicht bei der Erstellung der CPU 1512C-1PN unter **Neues Gerät hinzufügen** und **Beschreibung** eingesehen und überprüft werden.

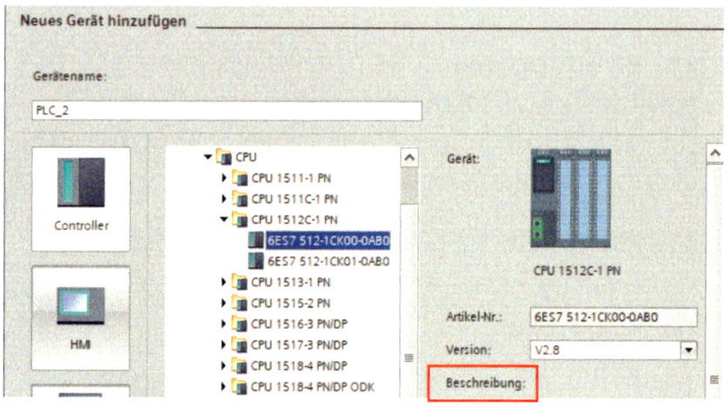

2: Beschreibung CPU 1512C-1PN

In der **Projektansicht** sind diese Adressen im **Arbeitsfenster** ebenfalls übersichtlich unter der **Geräteübersicht** mit den Bezeichnungen

- Modul (analoger und digitaler Baugruppe),
- Steckplatz,
- Eingabeadresse und
- Ausgabeadresse aufgelistet.

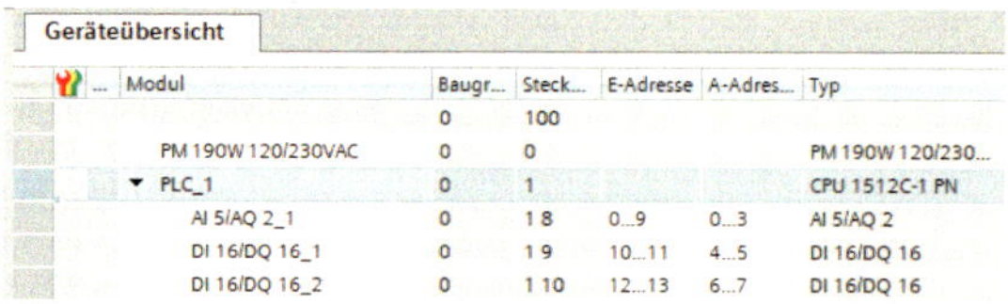

Geräteübersicht

Modul	Baugr...	Steck...	E-Adresse	A-Adres...	Typ
	0	100			
PM 190W 120/230VAC	0	0			PM 190W 120/230...
▾ PLC_1	0	1			CPU 1512C-1 PN
AI 5/AQ 2_1	0	1 8	0...9	0...3	AI 5/AQ 2
DI 16/DQ 16_1	0	1 9	10...11	4...5	DI 16/DQ 16
DI 16/DQ 16_2	0	1 10	12...13	6...7	DI 16/DQ 16

3: Adressen analoger und digitaler Baugruppen

- Ein Projekt besteht mindestens aus der Hardwarekonfiguration und dem Anwenderprogramm.
- In der Hardwarekonfiguration werden sämtliche Baugruppen des Steuergeräts festgelegt.
- Die Anordnung der Baugruppen beim Hardwareaufbau muss mit der Hardwarekonfiguration in STEP 7 übereinstimmen.

7.2.4.2 Schranke aufwärts

FC 1
Schranke aufwärts

Das Programm zum Steuern der Aufwärtsbewegung der Schranke für die Einfahrt soll in der Funktion FC1 programmiert werden.

Die Schranke soll **aufwärtsfahren**, wenn die

- Induktionsschleife B6, aktiv ist, weil ein Fahrzeug vor der Schranke steht

UND

- der Codeschalter S1 schließt, wenn der richtige Code vom Fahrzeuglenker eingegeben wurde

UND

- die vorherige Abwärtsbewegung der Schranke beendet ist, sodass der Ausgang Q2 im 0-Zustand ist

ODER

- bei Aktivierung der Sicherheitsleiste B5, wenn also die Schranke beim Schließen auf Widerstand stößt

UND

- die Schranke noch nicht in der unteren Endlage ist, sodass der Endschalter B2 den Zustand 1 hat.

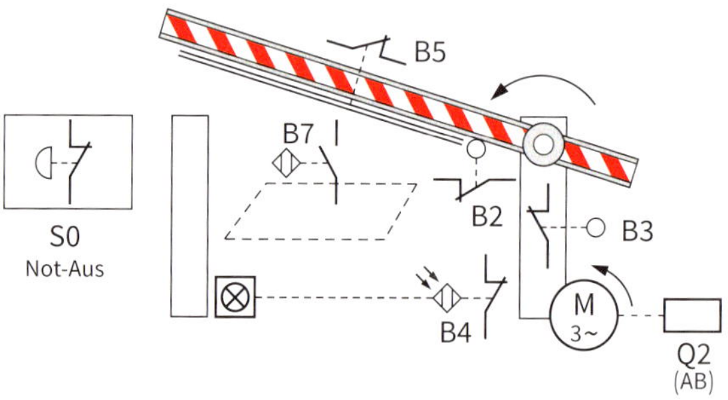

4: Sensoren und Aktoren für Abwärtsbewegung beim Einfahren

Die Schranke soll unter folgenden Bedingungen **stoppen**:

- Der Not-Aus-Schlagtaster S0 wurde aktiviert

ODER

- der Grenztaster B3 wird betätigt.

Der Logikzustand der Aufwärtsbewegung der Schranke wird in einem Speicherglied gespeichert. Liegt eine Bedingung zum Stoppen der Schrankenbewegung vor, so soll der 1-Zustand des Speichergliedes unmittelbar zurückgesetzt werden. Aus diesem Grund wird ein SR-Speicherglied ausgewählt, dessen Reset-Eingang Vorrang hat.

Hardware Not-Aus

Bei Gefahr reicht der Steuerbefehl an S0 für das sichere Abschalten der Anlage nicht aus. Hardware- oder Softwarefehler der SPS könnten ein Abschalten des Motorschütz Q1 verhindern. Deshalb ist es Vorschrift, die Steuerspannung zu den Antriebsschützen stets zusätzlich über mechanische Kontakte abzuschalten.

Symbolische Adressierung (PLC-Variable)

In umfangreichen Programmen wäre die Adressierung der vielen Objekte (Sensoren, Aktoren) sehr aufwändig und unübersichtlich. Deshalb werden den Objekten aussagekräftige Namen (Symbole) gegeben.

Dazu ist die **PLC-Variablentabelle** erforderlich. Sie wird in der **Projektansicht** unter **Projektnavigation** des erstellen Projektes im **Verzeichnis PLC_1 und PLC-Variablen** aufgerufen. Die **Standardvariablentabelle** wird markiert und durch einen Doppelklick geöffnet.

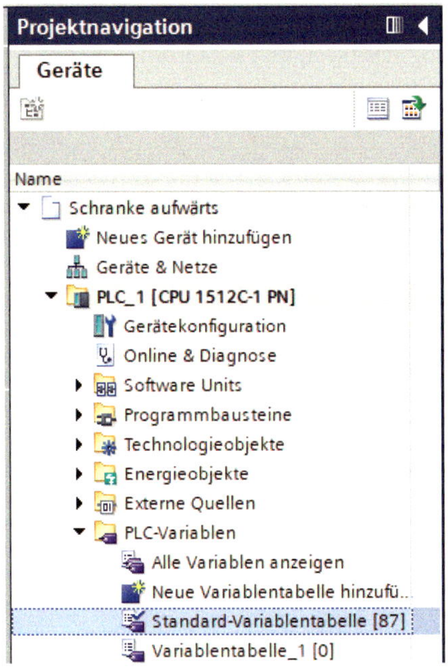

5: PLC-Variablen, Standard-Variablentabelle

In der Standard-Variablentabelle wird jedem verwendeten Operanden (z. B. Eingang, Ausgang, Merker, Timer, Zähler usw.) ein symbolischer Name vergeben, welche frei gewählt werden. Im Beispiel werden die Namen aus der Geräteliste der Schrankenanlage verwendet und den gewählten Ein- und Ausgangsadressen der PLC 1512C-1PN zugeordnet.

Standard-Variablentabelle

	Name	Datentyp	Adresse
1	B6 INDUKT	Bool	%I10.6
2	S1_CODE	Bool	%I10.1
3	Q2_M_AB	Bool	%Q4.2
4	B5_SICHL	Bool	%I10.5
5	B2_END_U	Bool	%I10.2
6	S0_NA	Bool	%I10.0
7	B3_END_O	Bool	%I10.3

6: Standard-Variablentabelle

Speichern Sie die Symboltabelle. Projekt speichern

Erläuterung des Bausteins FC 1

Die Belegung der Adressen für die Ein-/Ausgänge erfolgt entsprechend der erstellten Zuordnungsliste.

Bedingung für die Aufwärtsbewegung

Die Induktionsschleife **B6** und das Codeschloss **S1** liefern bei Erfüllung der Voraussetzungen ein 1-Signal. Die Eingänge B6 und S1 sowie **Q2** (Verriegelung) werden deshalb nach UND verknüpft.

Bedingung für die Aufwärtsbewegung

Die Sicherheitsleiste **B5** liefert bei Aktivierung ein 0-Signal. Deshalb wird der zugehörige Eingang **B5** invertiert. Die Sicherheitsleiste soll nur bei Abwärtsfahrt aktiv sein, deshalb wird auch der untere Endschalter **B2** auf 1 (unbetätigt) abgefragt.

Bedingung für Stopp der Aufwärtsbewegung

Die beiden Geber **S0** und **B3** besitzen Öffnerfunktion. Sie liefern ein 0-Signal und müssen zur Auslösung des RESET invertiert werden.

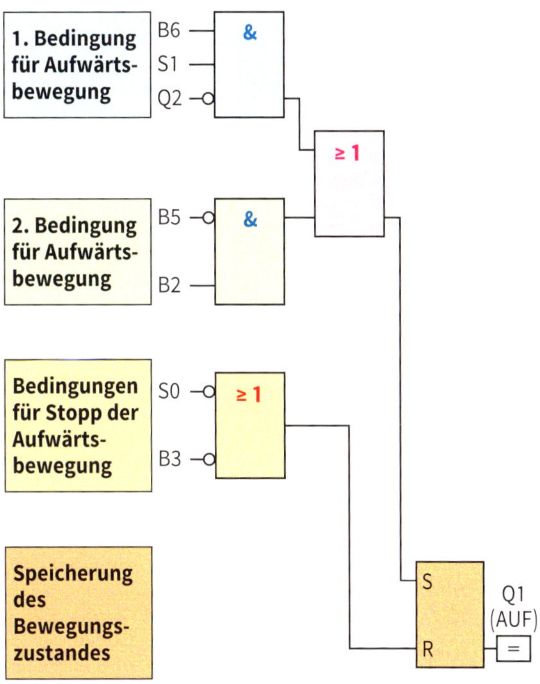

7: Entwicklung des Steuerprogramms FC1

Zur Erstellung des Bausteins Funktion FC1 wird die **Portalansicht** des Projektes Schrankenanlage geöffnet und **PLC-Programmierung** und **Neuen Baustein hinzufügen** angewählt.

8: Neuen Baustein hinzufügen

Als Programmiersprache wird der FUP ausgewählt. Diese Auswahl ist sinnvoll, da der Funktionsplan in der Ausbildung der Elektroniker und in Abschlussprüfungen zur Anwendung kommt. Über **Hinzufügen** wird der Baustein erstellt.

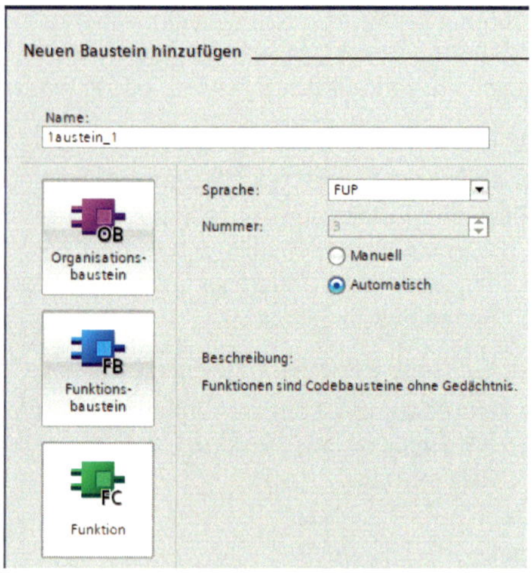

1: Neuen Baustein FC1 hinzufügen

Die Projektansicht wird automatisch geöffnet. Im Fenster **Projektnavigation** werden der erstellte Baustein FC1 und der Organisationsbaustein OB1 im Verzeichnis **Programmbausteine** angezeigt.

Im mittigen Teil der Projektansicht ist das Arbeitsfenster abgebildet. Dies ist das Fenster, in welchem die Programmbefehle zur Erstellung des Steuerprogramms eingefügt werden. Es können aber auch fertige Bausteine abgeändert bzw. ergänzt werden. Dies erfolgt, wenn automatisierte Anlagen erweitert und modernisiert werden.

Es ist sinnvoll, die Funktionen der einzelnen Programmteile gut zu dokumentieren. Damit können später die Struktur und Funktion des Programms nachvollzogen werden.

Die Dokumentation der Bausteine erfolgt durch
- Titel ① und
- Bausteinkommentare ②.

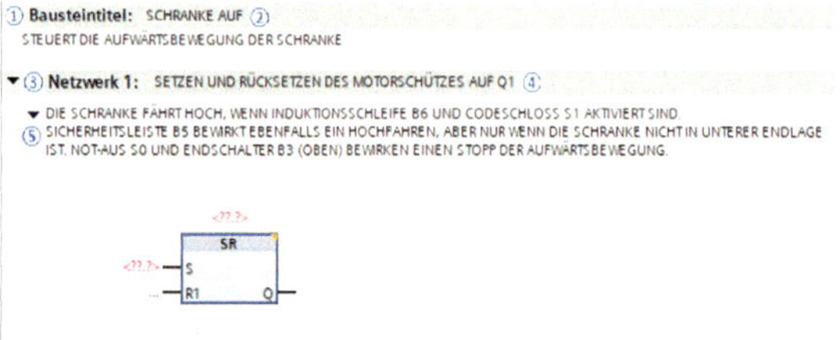

2: Dokumentation Baustein FC1

Programmbausteine können in einzelne Netzwerke ③ unterteilt werden. Üblicherweise wird pro Ausgang oder Zuweisung ein separates Netzwerk verwendet.

Der FC1 besteht bisher nur aus einem einzigen Netzwerk.

Netzwerke können ebenfalls mit
- Netzwerktitel ④ und
- Netzwerkkommentar ⑤ dokumentiert

werden.

Als erstes soll das SR-Speicherglied eingefügt werden. Durch Anklicken der **Bitverknüpfungen** im Fenster **Anweisungen, Einfache Anweisungen** öffnet sich eine Liste aller verfügbaren Programmelemente. Das **SR-Speicherglied** (Flip-Flop mit Reset-Vorgang) wird ausgewählt und durch Doppelklick oder per Drag & Drop in den Anweisungsteil des **Baustein-Editors** platziert.

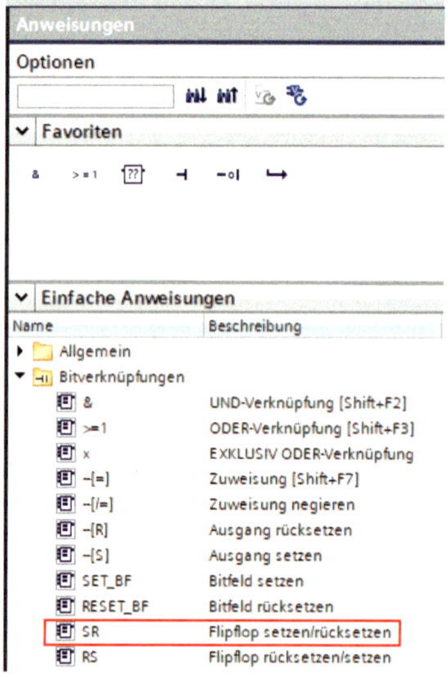

3: Arbeitsfenster Programmbaustein FC1

Es ist wichtig, dass dieses Fenster vor der Eingabe per Mausklick aktiviert wird, da sonst keine Eingabe von Programmelementen möglich ist

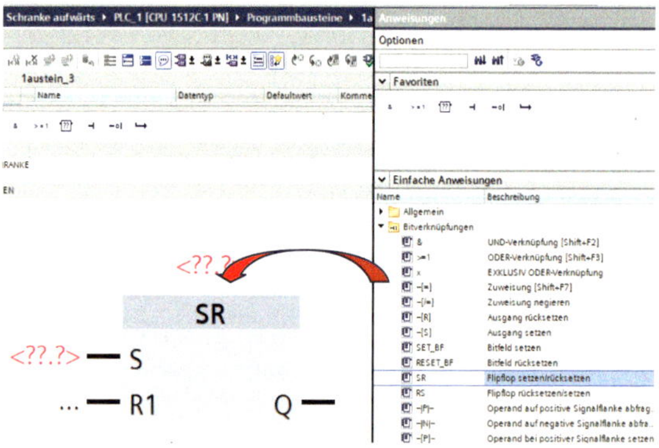

4: Einfügen SR-Speicherglied in Arbeitsfenster Programmbaustein FC1

An den Eingängen des SR-Speichergliedes werden noch keine symbolischen Namen (PLC_Variable) vergeben. Zuerst wird das Speicherglied mit der **Grundverknüpfungen ODER** angefügt.

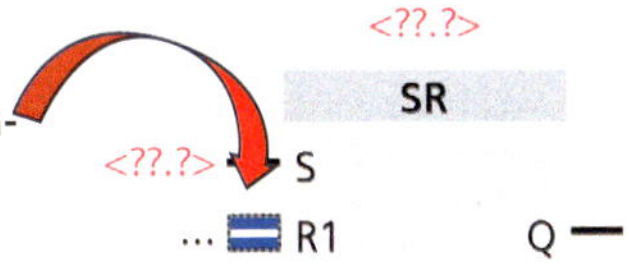

Zum Anschließen einer neuen Verknüpfung an bestehende **Programmelemente** ist dort der gewünschte Eingang durch Anklicken mit der Maustaste zu markieren, wie hier am Eingang Reset.

5: Markierung Eingang

Anschließend wird das erste ODER-Glied am Rücksetzeingang und danach das zweite ODER-Glied am Setzeingang aus dem **Verzeichnis Bitverknüpfungen** an die Eingänge das SR-Speichergliedes angefügt.

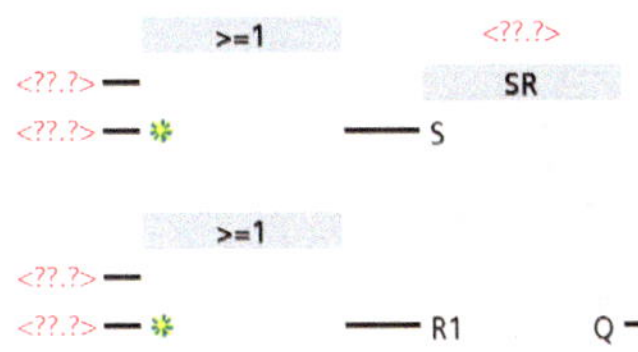

6: Einfügen von Programmelementen ODER

Zur Fertigstellung des Netzwerks 1 erfolgt das Einfügen der beiden UND-Glieder.

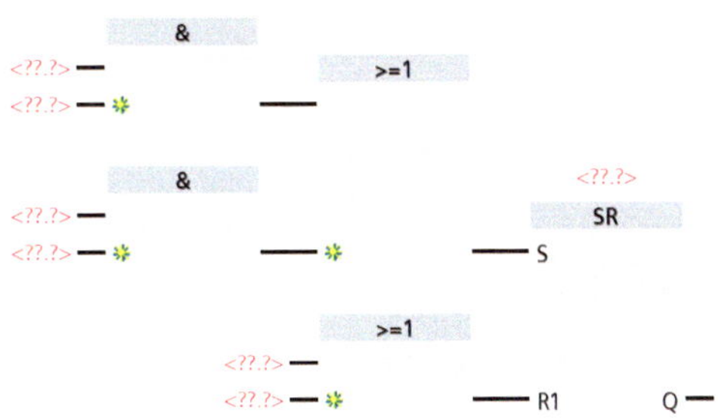

7: Einfügen von Programmelementen UND

Das UND-Glied der Bedingung für die Aufwärtsbewegung (B6, S1 Q2) muss noch einen weiteren, dritten Anschluss für Q2 erhalten. Ein Eingangsanschluss des UND-Gliedes wird mit der Maustaste angeklickt, so dass es farblich hinterlegt wird. In der Menüleiste wird das Symbol **Eingang einfügen** mit der linken Maustaste markiert. Durch Anklicken des Symbols wird ein weiterer Anschluss am Eingang des UND-Gliedes erstellt.

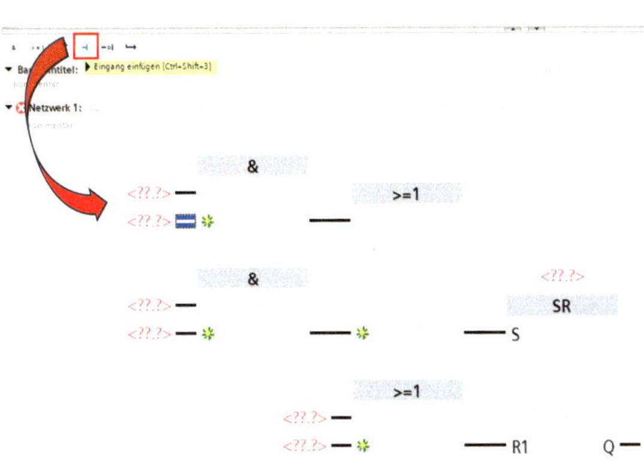

8: Erweiterung eines Programmeingangs

Alternativ kann ein invertierender Eingang in **Anweisungen, einfache Anweisungen** im Verzeichnis **Allgemein** durch einen Doppelklick auf **Eingang einfügen** erstellt werden.

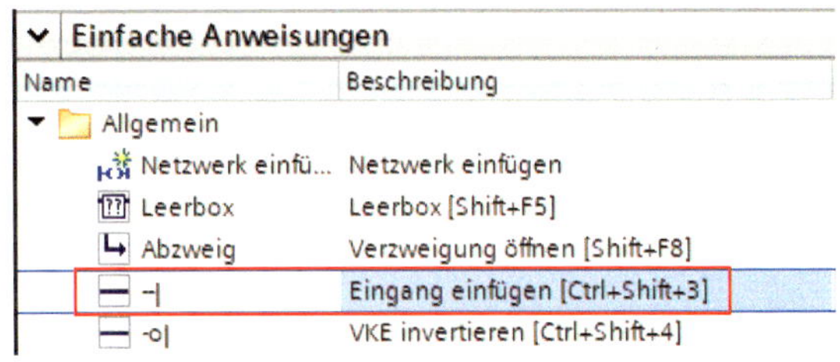

9: Erweiterung eines Programmeingangs

Zusätzlich muss der dritte, eingefügte Anschluss noch invertiert werden. Die Invertierung der Eingänge ist dort erforderlich, wo ein 0-Signal zu einer Schaltreaktion führen soll. Dies ist bei der Sicherheitsleiste B5, dem Not Aus-Schalter S0 sowie dem Endschalter B3 der Fall. Diese Eingänge werden in FUP durch Markieren mit einem Kreissymbol invertiert (Abb. 10). Der zu invertierende Eingang ist durch Anklicken zu markieren. Anschließend ist der entsprechende Button (VKE invertieren) in der Menüleiste zu betätigen. Durch erneutes Betätigen dieses Buttons wird eine Invertierung wieder aufgehoben.

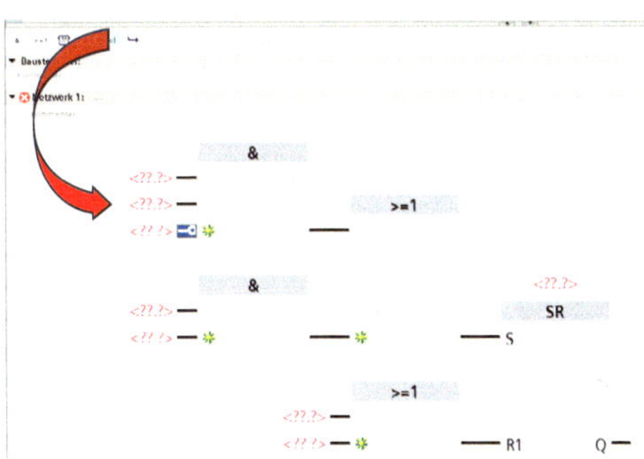

10: Invertieren von Eingängen

Alternativ kann aus der Task-Leiste unter **Anweisungen, einfache Anweisungen, Allgemein** der Button VKE-invertieren angeklickt werden. Durch einen Doppelklick bzw. Drag & Drop zum Baustein erfolgt die Invertierung am markierten Eingang des Programmelementes.

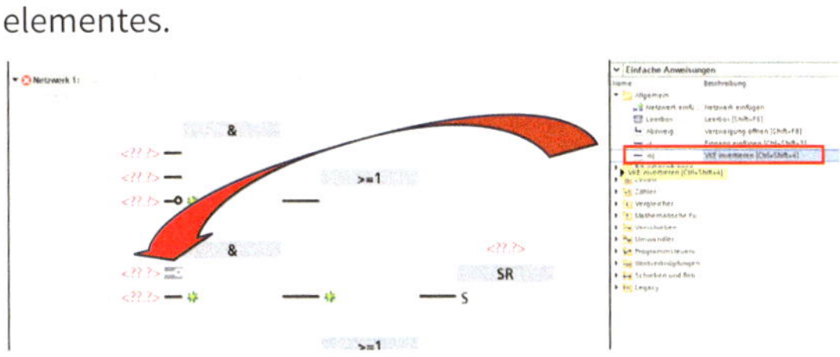

11: Invertieren von Eingängen (alternativ)

Zum Abschluss der Programmeingabe muss das Verknüpfungsergebnis noch auf einen Ausgang zugewiesen werden.

Steuerungstechnik

Dazu ist der Ausgang des SR-Speichergliedes zu markieren. Anschließend wird der entsprechende Button betätigt, sodass am Ausgang ein Zuweisungs-Symbol (=) angehängt wird. An diesem wird im Anschluss die vorgesehene Ausgangsadresse eingetragen. Der Ausgang %Q4.1 steuert im Projekt Schrankenanlage das Motorschütz Q1 zur Aufwärtsbewegung der Schranke an.

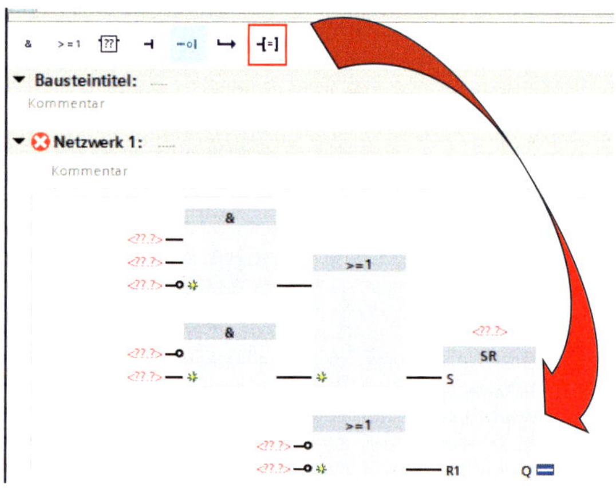

1: Einfügen einer Zuweisung

Alternativ kann aus der Task-Leiste unter **Anweisungen** (rechtes Fenster), **einfache Anweisungen, Bitverknüpfungen** der Button **Zuweisungen** angeklickt und dem Ausgang des Speichergliedes zugewiesen werden.

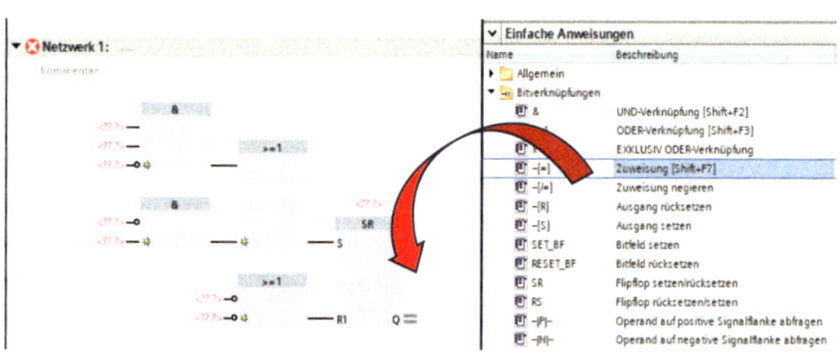

2: Einfügen einer Zuweisung (alternativ)

Die Eingangsanschlüsse der Programmelemente werden anschließend mit den symbolischen Namen aus der PLC-Variablentabelle beschriftet.

Durch einen Doppelklick auf ein rotes Fragezeichen öffnet sich ein neues Eingabefenster mit einem rechts angeordneten Icon. Wird das Icon mit der linken Maustaste angeklickt, ist die Variablentabelle eingeblendet. Das gewünschte Listensymbol mit der zugehörigen Adresse wird ausgewählt und automatisch an den Anschluss des Programmelementes angefügt.

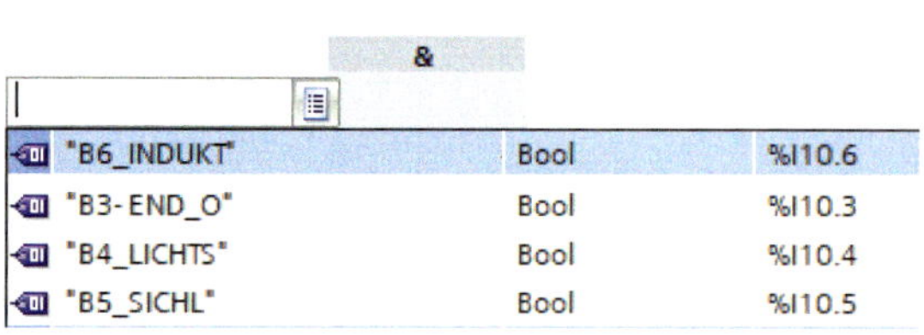

3: Einfügen des Listensymbols am Eingangsanschluss

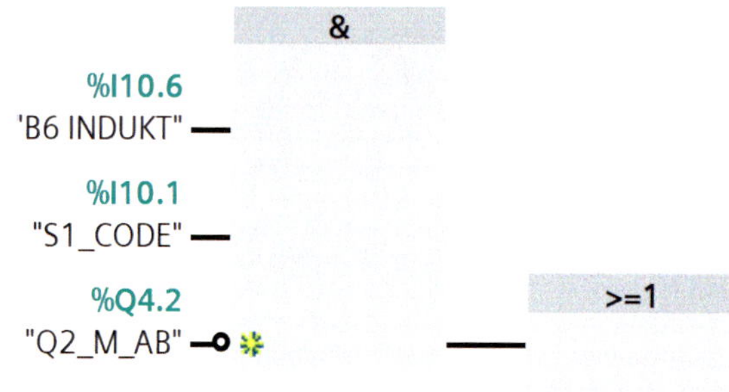

4: Automatische Adressvergabe

Nachdem alle Eingänge beschriftet sind, wird der Baustein FC1 gespeichert und übersetzt.

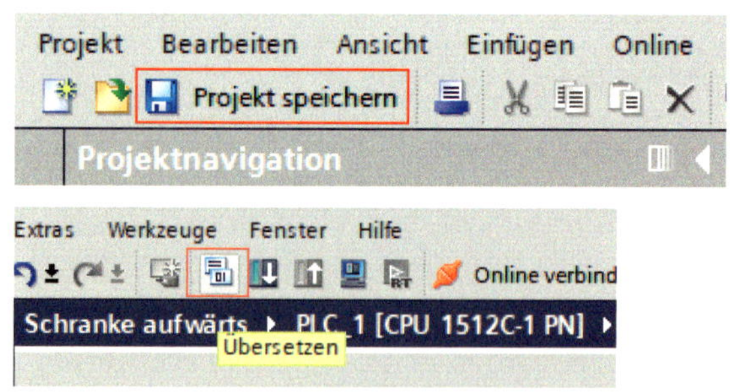

5: Projekt speichern und übersetzen

Das Steuerprogramm im FC1 der Schranke aufwärts weist folgende Darstellung auf.

Bausteintitel: SCHRANKE AUF
STEUERT DIE AUFWÄRTSBEWEGUNG DER SCHRANKE

Netzwerk 1:
SETZEN UND RÜCKSETZEN DES MOTORSCHÜTZES AUF Q1.

DIE SCHRANKE FÄHRT HOCH, WENN DIE INDUKTIONSSCHLEIFE B6 UND DAS CODE-SCHLOSS S1 AKTIVIERT SIND UND DIE SCHRANKE KEINE ABWÄRTSBEWEGUNG AUSFÜHRT.
DIE SICHERHEITSLEISTE B5 BEWIRKT EBENFALLS EIN HOCHFAHREN, ABER NUR WENN DIE SCHRANKE NICHT IN UNTERER ENDLAGE IST.
DER NOT-AUS S0 UND DER ENDSCHALTER B3 BEWIRKEN EINEN STOPP DER AUFWÄRTSBEWEGUNG.

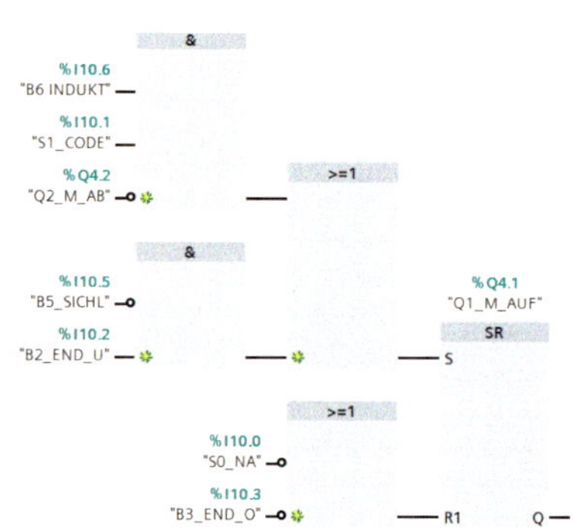

6: Steuerprogramm Schranke AUF

7.2.4.3 Schranke abwärts

Nachdem in der Funktion FC 1 das Programm der Aufwärtsbewegung in der Programmiersprache FUP erstellt wurde, wird im neu zu erstellenden Programmbaustein FC 2 die Abwärtsbewegung der Schrankenanlage programmiert.

FC 2
Schranke abwärts

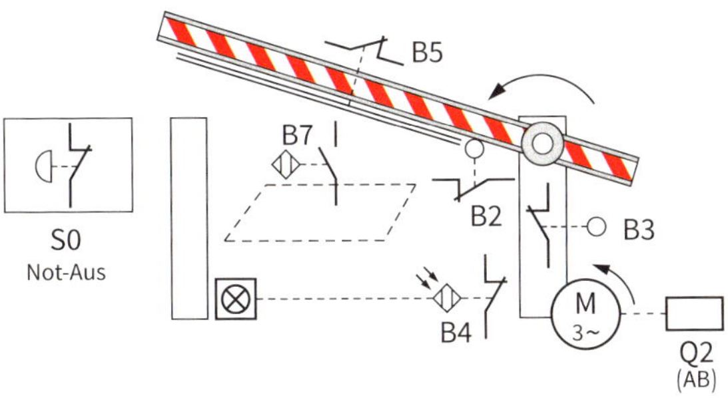

7: Sensoren und Aktoren für die Abwärtsbewegung

Die Schranke soll **abwärtsfahren**, sobald

- sie ganz geöffnet war (B3 im Zustand 0)

UND

- das Fahrzeug die hintere Induktionsschleife B7 erreicht hat. Diese hat dann 1-Zustand

ODER

- die Schranke nach einer Wartezeit immer noch nicht geschlossen ist, sodass B2 nicht betätigt wird

UND

- die Lichtschranke B4 nicht betätigt ist, sodass sich der Öffner im 1-Zustand befindet (Schranke „frei“)

UND

- die Sicherheitsleiste B5 nicht betätigt ist, sodass der Öffner 1-Zustand hat

UND

- die Schranke gerade nicht aufwärts fährt (gegenseitige Verriegelung, Q1 = 0).

Wenn eine der Voraussetzungen für die Abwärtsbewegung der Schranke vorliegt, wird dieser Bewegungszustand in einem SR-Glied gespeichert. Dessen Zustand wird vorrangig zurückgesetzt, sobald ein Stopp erforderlich wird.

Erläuterung des Bausteins FC 2

- Der Grenztaster B3 hat in der oberen Endlage den Zustand 0 und der Pkw hat die Induktionsschleife B7 erreicht. Die Abwärtsbewegung wird **ausgelöst**.
- Bleibt die Schranke in halboffener Stellung stehen (z. B. nach Spannungsausfall), so läuft der Timer T1 durch den 1-Zustand von B2 an. Nach der Einschaltverzögerung beginnt das selbstständige Schließen.
- Zum Schließen muss die Lichtschranke B4 frei sein und die Sicherheitsleiste B5 darf nicht betätigt sein. An B4 und B5 liegt jeweils ein 1-Zustand.
- Die gegenseitige Verriegelung erfordert, dass Q 1.1 (Abwärtsfahrt) den Zustand 0 hat.
- Not-Aus S0), Grenztaster B2 und Sicherheitsleiste B5 liefern bei Betätigung die Zustände 0. Diese werden invertiert, damit am Speicherglied der Reset-Befehl ausgeführt werden kann.

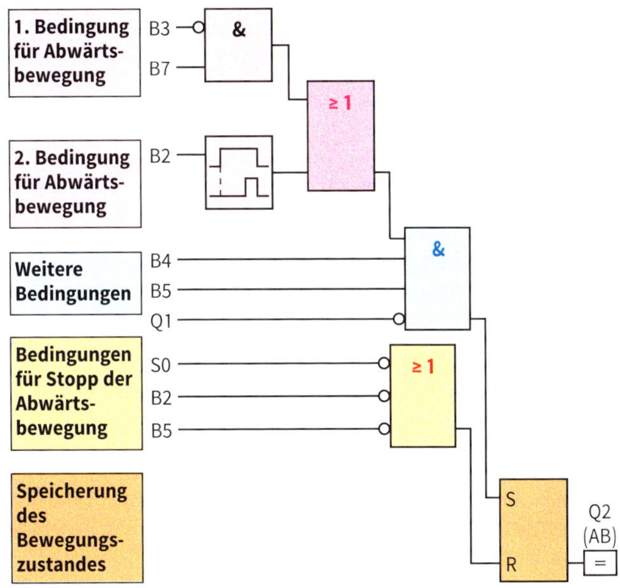

8: Entwicklung des Steuerprogramms FC2

Die Erstellung des Bausteins FC2 erfolgt ähnlich wie bei FC1. Nacheinander werden das Speicherglied und die Verknüpfungen in den FC2 eingefügt. Das Zeitglied T1 wird am markierten Eingang des ODER-Gliedes angeordnet. Der einschaltverzögerte Timer wird im **Programmelemente Katalog** unter **einfache Anweisungen, Zeiten** bei **TON** markiert.

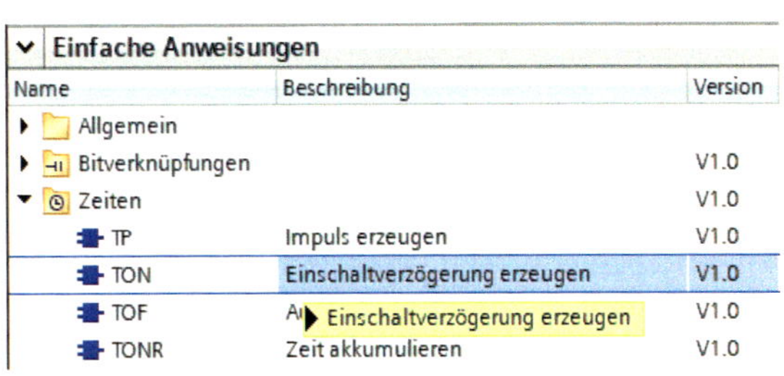

9: Aufruf Timer einschaltverzögert

Im Fenster **Aufrufoptionen** erscheint die **Einzelinstanz** mit Namen IEC_Timer_0_DB. In diesem erstellten Datenbaustein werden die Daten (Zeitwerte) des Timers TON nach dessen Erstellung abgelegt. Mit OK wird die Erstellung bestätigt und der Zeitbaustein wird am ODER-Glied angefügt.

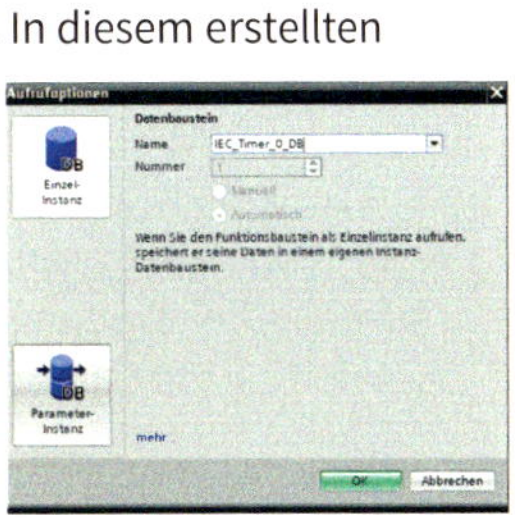

10: Einzelinstanz

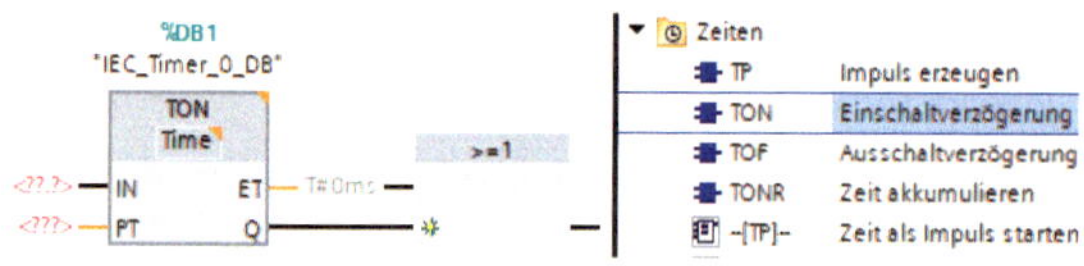

1: Einfügen Timer T1

Die erstellten Programmbausteine werden nun symbolisch adressiert.

Am Eingang PT des Zeitgliedes wird die Zeitvorgabe mit T#5s eingetragen. Am Eingang IN erfolgt der Eintrag B2, die Adresse %I10.2 wird vom Programm erstellt. Der Ausgang ET muss nicht beschriftet werden.

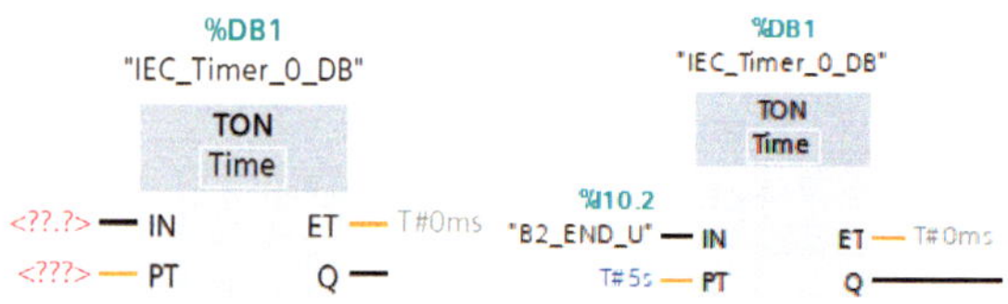

2: Baustein TON ohne Bezeichnung

Baustein TON mit Bezeichnung

Wie beim FC1 werden die einzelnen Objekte im FC2 mit den **zugehörigen Symbolen** entsprechend der Standard-Variablentabelle adressiert. Im Bausteintitel und Netzwerk 1 sowie den zugehörigen Baustein- und Netzwerkkommentaren wird der entsprechende Text zur Erläuterung der Funktionsweise Schranke abwärts ergänzt. Das fertige Programm wird gespeichert und übersetzt.

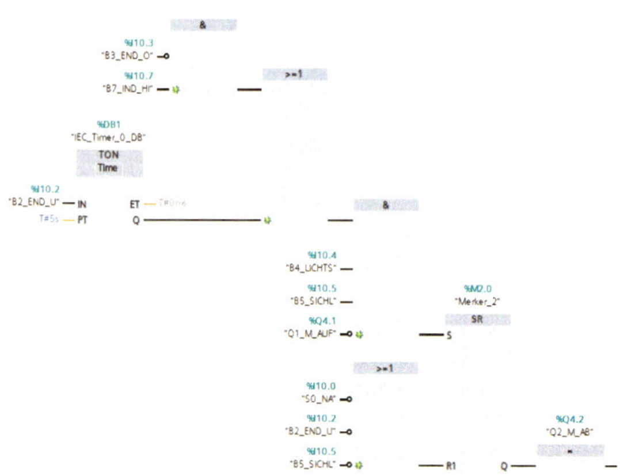

3: SPS-Programm Schranke abwärts

Aufgabe

1. Erstellen Sie in einem neuen Baustein des Steuerprogramms der Schranke abwärts. Beginnen Sie mit der Programmierung des Zeitbausteins, wählen Sie als Zeitvorgabe 10 s und fügen Sie nacheinander alle Bausteine ein. Testen Sie anschließend Ihre Schaltung.

7.2.4.4 Zählen der Parkplätze

FC 3
Zählen der Parkplätze

An der Zufahrtskontrolle soll stets die aktuelle Anzahl der freien Parkplätze angezeigt werden. Dies erfolgt durch eine elektronische Anzeigetafel, welche ihren Anzeigewert direkt aus der SPS erhält. Das Programm zum Zählen der Parkplätze soll in der **Funktion FC 3** programmiert werden.

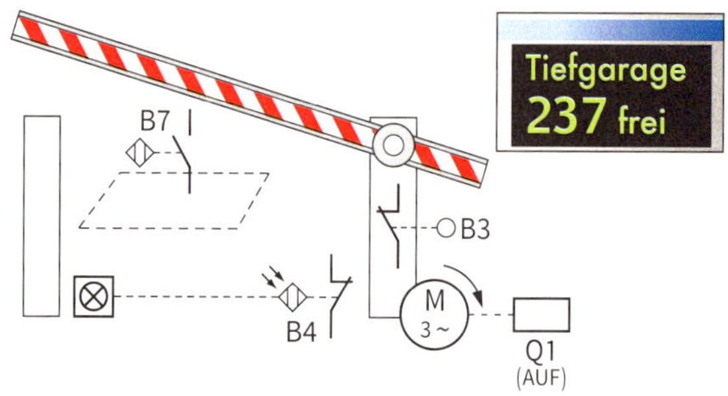

4: Sensoren zum Zählen der einfahrenden Fahrzeuge

Das Zählen der Parkplätze erfolgt in der SPS mit Hilfe eines Zählers Z1 ①). Dessen Zahlenwert wird durch die Signale ein- bzw. ausfahrender Fahrzeuge verändert. Bei leerem Parkhaus kann der Hausmeister mit einer Eingabe am **Eingang PV** ⑥ die Anzahl der verfügbaren Parkplätze am Zähler eintragen. Der Rückwärtszähler QD ⑦ wird aktiv.

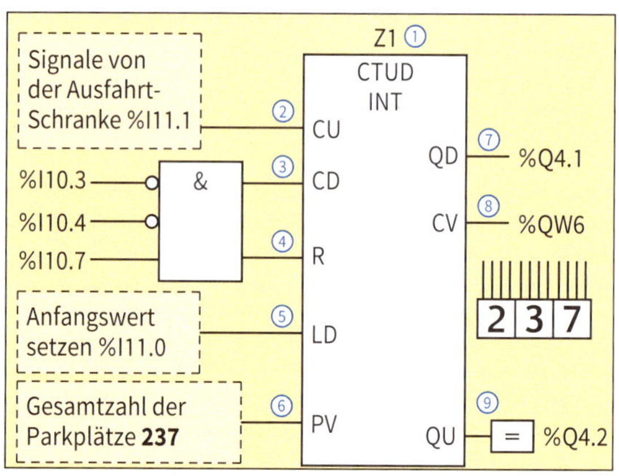

5: Steuerprogramm FC 3 zum Zählen der freien Parkplätze

Diese Anzahl (hier 237) wird vom Programmierer vorgegeben. Jedes einfahrende Fahrzeug verringert die Anzahl der freien Parkplätze. Dazu wird ein Signal an den Zählereingang CD (zähle rückwärts) gegeben③.

Dieses Signal zum Rückwärtszählen kommt, wenn
- die Schranke in der oberen Position steht (B3=0),
- die Lichtschranke unterbrochen wird (B4=0) und
- die innere Induktionsschleife B7 belegt ist.

Fährt ein Fahrzeug **aus der Tiefgarage**, erhält die Steuerung entsprechende Signale am Zählereingang CU (zähle vorwärts) ②.

Dies erhöht den Zählerstand. Dieser Teil des Programms ist hier noch nicht integriert, deshalb wird das Signal der Ausfahrt-Schranke mit einem Eingang (z. B. %I11.1) simuliert.

Die Ausgabe des **aktuellen Zählwertes** erfolgt dezimal am **Ausgang CV** ⑧ auf Ausgangswort 6 der Ausgabebaugruppe. Die Adresse der Ausgabebaugruppe hängt von der Hardwarekonfiguration ab.

Beschreibung Vor-Rückwärtszähler:

Über den Eingang PV ⑥ des Zählers wird der Zahlenwert (237) vorgegeben. Der Ausgang des **Rückwärtszählers QD** ⑦ ist aktiviert (TRUE). Der **Ladeeingang LD** ⑤ wird kurzzeitig aktiviert. Dadurch wird der eingegebene Zahlenwert auf den Ausgang CV ⑧ übertragen.

Jetzt wird der **Vorwärtszähler QU** ⑨ **aktiviert** (TRUE) und der **Rückwärtszähler QD** ⑦ deaktiviert. Beginnt das Einfahren von Fahrzeugen in die Garage, der aktuelle Zählwert wird verringert.

Der **Vorwärtszähler QU** ⑨ wird **deaktiviert** (FALSE). Sind alle Parkplätze belegt, ist der aktuelle Zahlenwert 0, der **Rückwärtszähler QD** ⑦ programmtechnisch wieder aktiviert (QD TRUE, QV FALSE). Die Zufahrt für die Garage ist gesperrt.

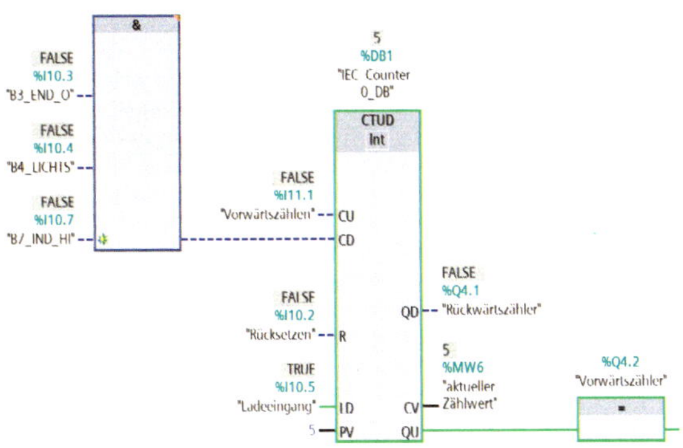

6: Vor- und Rückwärtszähler Garageneinfahrt

Am Ausgang CV ⑧ (aktueller Zählwert) kann ein Vergleicher (Vergleich auf größer) nachgeschaltet werden. Über dessen Ausgang wird eine grüne Kontrolllampe an der Pforte angesteuert. Diese zeigt an, dass freie Parkplätze vorhanden sind. Über den **Rücksetzeingang R** ④ kann der aktuelle Zählwert wieder auf 0 zurückgesetzt werden.

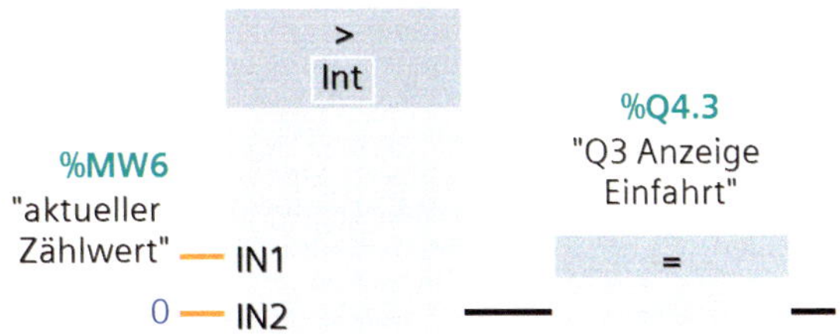

7: Anzeige freie Fahrt

Ist am Ausgang CV des Zählers (16-Bit) eine BCD-codierte Anzeige angeschlossen, wird die Anzahl der freien Parkplätze BCD-codiert angezeigt. Dabei sind pro Ziffer 4 Bit erforderlich.

- Zähler können mit einem Anfangswert geladen werden.
- Sie können in positiver und negativer Richtung zählen.
- Es sind Zählerstände zwischen -32768 und +32767 möglich.

Aufgabe

1. In FC3 leuchtet am Ausgang Q4.4 eine grüne Kontrollleuchte, die anzeigt, dass freie Parkplätze verfügbar sind.
   Erweitern Sie das programm FC3 so, dass bei Zählerstand 0 eine rote Kontrolllampe an einem weiteren Ausgang Q4.5 leuchtet.

Drahtbruchsicherheit

Maschinen und Anlagen mit Gefahr bringenden Antrieben müssen so konstruiert werden, dass sie im Fehlerfall (z. B. bei Drahtbruch) selbstständig in einen sicheren Zustand gehen.

Diese Forderung gilt auch in speicherprogrammierbaren Steuerungen. Die Drahtbruchsicherheit wird bei SPS – ebenso wie bei VPS – durch folgende Maßnahmen gewährleistet:

- Bedienelemente mit **AUS-Funktion** werden als **Öffner** ausgeführt ⑧. Ein Drahtbruch in der Zuleitung führt dann zur gleichen Reaktion wie der betätigte Öffner S0 ⇒ Die Anlage wird abgeschaltet.
- Bedienelemente mit **EIN-Funktion** müssen als **Schließer** ausgeführt werden ⑨. Ein Drahtbruch in der Zuleitung führt dann zur gleichen Reaktion wie der nicht betätigte Schließer S1 ⇒ Die Anlage bleibt ausgeschaltet.

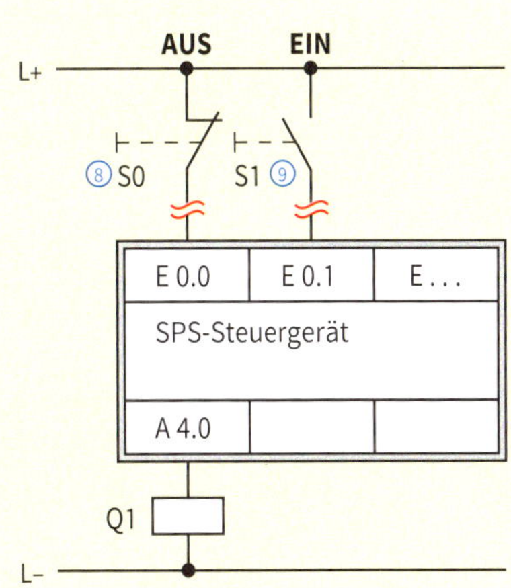

7.2.5 Inbetriebnahme und Kundenübergabe

Zweck der Inbetriebnahme ist es, das Zusammenwirken zwischen Hard- und Software zu optimieren, indem Einstellungen und eventuelle Nachbesserungen vorgenommen werden.

7.2.5.1 Programme zur SIMATIC übertragen

Um festzustellen, ob das Steuerprogramm fehlerfrei arbeitet, wird es mit der Simulationssoftware S7- PLC-SIM überprüft. Die Simulation hat gegenüber dem realen Einsatz den Vorteil, dass bei eventuellen Programmfehlern keine Gefahrensituation auftritt oder Anlagenteile beschädigt werden könnten.

Nach Abschluss der softwareseitigen Überprüfung erfolgt das Überspielen des Steuerprograms an die reale Anlage, die Simatic S7-1500. Sind alle Sensoren und Aktoren an die Baugruppen angeschlossen, kann das Übertragen des Steuerprogramms an die SPS-Hardwarebaugruppen erfolgen.

Eine ausführliche Beschreibung zum Thema Laden der Hardwarekonfiguration in die Simulation (PLCSIM) und Laden der Konfiguration in die Hardwarebaugruppe erfolgt im Abschnitt des TIA-Portal.

Not-Aus-Schaltung bei einer SPS

Not-Aus-Einrichtungen müssen eine Anlage jederzeit, auch in einem Fehlerfall, in einen für Mensch und Maschine sicheren Zustand bringen. Somit ist es nicht zulässig, die Not-Aus-Schaltung einer SPS über das Programm zu führen, da hier im Fehlerfall keine zuverlässige Abschaltung sichergestellt ist.

Ausnahmen sind spezielle, vom TÜV zugelassene Sicherheits-SPS-Systeme. Diese ermöglichen die Integration der Not-Aus-Funktion.

In der Regel wird die Not-Aus-Funktion einer Anlage über ein Not-Aus-Schaltgerät realisiert. Bei einfachen Anlagen darf die Not-Aus-Funktion auch über einen Not-Aus-Schalter realisiert werden. Dabei ist zu beachten, dass bestimmte Anlagenteile auch im Notfall funktionsfähig bleiben müssen. Es sollen nur gefahrenbringende Stellgeräte, z. B. die Schütze für die Schrankenbewegung, abgeschaltet werden. Dabei kann über einen Hilfskontakt eine Not-Aus-Meldung an die SPS übertragen werden, die im Programm berücksichtigt wird. Weiterhin ist sicherzustellen, dass die Anlage nach dem Rückstellen der Not-Aus-Einrichtung nicht automatisch anläuft.

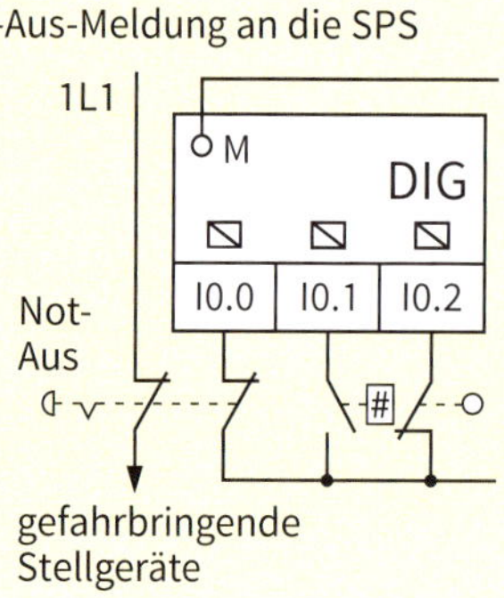

7.2.5.2 Installation und Inbetriebsetzung

Jetzt erfolgt die schrittweise Installation der Anlage. Bei der Montage der Sensoren sollte darauf geachtet werden, dass eine Verschmutzung durch äußere Einflüsse möglichst ausgeschlossen ist. Um den Einfluss elektromagnetischer Störfelder auf die Ausgangssignale der Sensoren auszuschließen, werden diese über eine abgeschirmte Leitung angeschlossen (Abb. 1).

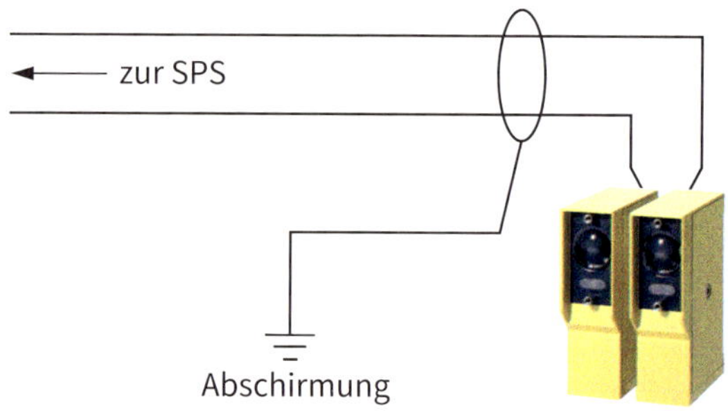

1: Anschluss der Lichtschranke

Die Zuordnung der Objekte zu den Anschlussklemmen der SPS verfolgt entsprechend der Zuordnungsliste. Das prinzipielle Anschlussschema zeigt die Abb. 2. NOT-AUS-Komponenten sind aus Gründen der Übersichtlichkeit nicht eingezeichnet.

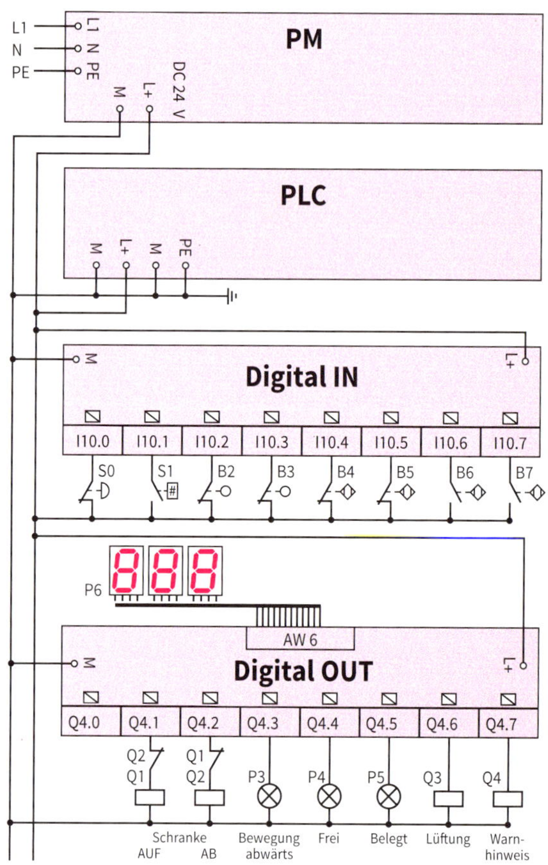

2: Anschlussschema

Die Zuordnung der Objekte zu den Anschlussklemmen der SPS verfolgt entsprechend der Zuordnungsliste. Das prinzipielle Anschlussschema zeigt die Abb. 2. NOT-AUS-Komponenten sind aus Gründen der Übersichtlichkeit nicht eingezeichnet.

Vor der **Inbetriebsetzung** ist die Prüfung der Anlagen nach den Vorgaben der DIN VDE 0100 durchzuführen. Hierbei erfolgt auch die Kontrolle der Sicherheitsausrüstung der Anlage (z. B. NOT-AUS, mechanische Verriegelungen usw.). Über das Ergebnis der Prüfungen ist ein Prüfprotokoll anzufertigen. Nach Abschluss dieser Prüfung erfolgt die Inbetriebsetzung der Anlage, die ebenfalls zu dokumentieren ist. Diese kann in folgenden Schritten erfolgen.

- Spannungsversorgung zur SPS herstellen. Zu den Laststromkreisen (Schrankenmotor) erfolgt die Spannungsversorgung erst nach der Softwareinbetriebnahme.
- „Not-Aus" und Sicherheitseinrichtungen (hardwareseitige Verriegelungen) auf ordnungsgemäße Funktion überprüfen.
- SPS einschalten.
- SPS in den STOP-Zustand bringen und urlöschen.
- Test der Eingangssignale durch Betätigung der Sensoren im Handbetrieb und Beobachtung der Signale an den Eingangsbaugruppen.
- Übertragung des Steuerprogramms in die PLC.
- Schrittweise Inbetriebnahme des Steuerprogramms
- Laststromkreise freischalten.

Vergewissern Sie sich, dass alle Punkte der Inbetriebsetzung erfüllt sind und vervollständigen Sie zur eigenen Sicherheit die beigefügte Checkliste.

Nummer	Beschreibung	geprüft
1	Projekt wurde erstellt	
2	Steckplatz 1: CPU mit der richtigen Bestellnummer	
3	Steckplatz 1 : CPU mit der richtigen Firmware-Version	
4	Adressbereich der digitalen Eingänge korrekt	
5	Adressbereich der digitalen Ausgänge korrekt	
6	Adressbereich der analogen Eingänge korrekt	
	Adressbereich der analogen Ausgänge korrekt	
7	Hardwarekonfiguration wurde ohne Fehlermeldung übersetzt und geladen	
9	Projekt wurde erfolgreich archiviert	

3: Checkliste

7.2.5.3 Inbetriebnahme und Rechnungslegung

Nach der erfolgreichen Inbetriebsetzung der Anlage erfolgt die Einweisung des Kunden. Dabei werden alle Betriebsmittel erläutert und die Funktion der Anlage demonstriert. Hierbei sind insbesondere Gefahrenhinweise und die geltenden Sicherheits- und Unfallverhütungsvorschriften anzusprechen. Im Rahmen der Einweisung erhält der Kunde alle notwendigen Dokumentationen der Anlage. Deren Umfang und Form wurde zuvor mit dem Kunden festgelegt. Folgende Dokumente sollten mindestens bei einer automatisierten Steuerung vorhanden sein.

- Schaltpläne der gesamten Anlage
  - Übersichtsschaltplan,
  - Aufbauplan der Betriebsmittel,
  - Stromlaufplan und
  - Belegungsplan der SPS
- Konfigurationsdaten der SPS
- Zuordnungsliste
- Darstellung des Steuerprogramms (Programmausdruck)
- Prüfprotokolle (Schutzmaßnahmen, Inbetriebnahme, Protokoll mit Funktionsprüfung)
- Bedienungsanleitung
- Gegebenenfalls Wartungsplan der Anlage
- Auf Wunsch Datenblätter der Betriebsmittel

Am Ende wird ein Übergabebericht erstellt. Mit seiner Unterschrift bestätigt der Kunde, die Anlage funktionsfähig übernommen zu haben.

Rechnung

Nachdem alle im Pflichtenheft vorgegebenen Arbeiten ausgeführt worden sind, wird die Rechnung erstellt (Abb. 4). Sie umfasst die Kosten für Sachwerte (SPS-Komponenten, Leitungen, Betriebsmittel) wie auch die erbrachten Dienstleistungen (Erstellung des Steuerprogramms, Installation der Anlage, Prüfung). Anhand der Rechnungspositionen ist es dem Kunden möglich, die durchgeführten Arbeiten nachzuvollziehen. Damit wird der berechtigte Anspruch der Fa. Krapf auf Zahlung begründet.

Rechnung

Auftrag: Instandsetzung/Erweiterung der Schrankenanlge

Position	Bezeichnung	Best.-Nr.	Menge ME	Preis EUR	Gesamt EUR
001	Anschlussleitung NYM 3 x 1,5		50 m	1,34	67,00
002	Gaswarnsensor Hersteller: ABB	GW33x	1,00 Stück	75,00	75,00
	⋮		⋮		⋮
023	Installation der Gaswarnanlage Einsrtellung des Sensors		4,00 Std.	34,00	136,00
	⋮		⋮		⋮
				Gesamtpreis netto	**8 430,00**
				zzgl. 19 % MWSt.	**1 601,70**
				Gesamtpreis brutto	**10 031,70**

4: Rechnung

7.3 Projektierung mit STEP 7 im TIA Portal

Die Abkürzung **TIA** steht für „**T**otally **I**ntegrated **A**utomation“. Dies meint, alle Planungs- und Produktionsprozesse eines Projektes können auf einem Bildschirm angezeigt und bearbeitet werden. Der Zugang zu verschiedenen Softwarepaketen erfolgt dabei über so genannte Portale. Portale stellen für das jeweilige Aufgabengebiet die benötigten Werkzeuge und Funktionen bereit. Nicht benötigte Aufgabengebiete werden ausgeblendet.

Generell ist die Programmierung der SIMATIC Steuerungen von S7-300/400 zu S7-1500 gleichgeblieben. Es gibt die bekannten Programmiersprachen wie KOP, FUP; AWL, SCL oder Graph und Bausteine wie Organisationsbausteine (OBs), Funktionsbausteine (FBs), Funktionen (FCs) oder Datenbausteine (DBs). Erstellte S7-300/400 Programme können leicht auf S7-1500 umgesetzt werden und bestehende KOP, FUP und SCL Programme leicht auf S7-1200 Steuerungen.

Einige Begriffe aus Simatic Step 7 Version 5.x haben sich geändert, um einen besseren Umgang mit dem TIA-Portal zu ermöglichen.

1: Neue Begriffe im TIA Portal

Step 7 V16 führt die Programmiersoftware zur Erstellung des S7-Steuerprogramms (Step 7 Software-Bausteine) und die Programmiersoftware für **HMI** (**H**uman **M**achine **I**nterface) weiter. Der Benutzer kann deshalb von einer gemeinsamen Oberfläche aus die Programmierung von Siemens SPS-Geräten und die Visualisierung über Anzeige-/Bedienpanels realisieren.

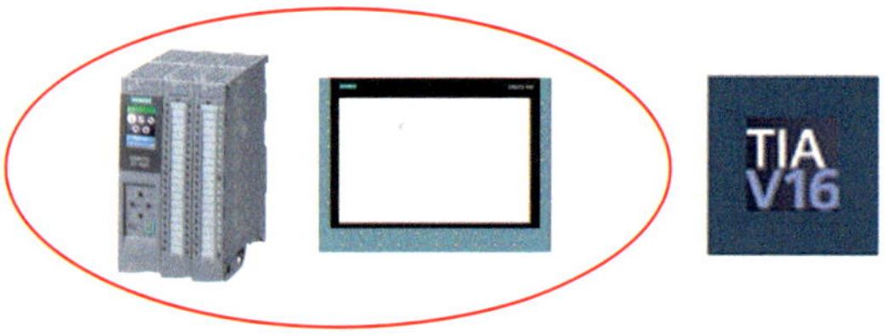

2: Das TIA Portal vereinigt die Programmierung von SPS-Geräten und HMI-Panels

Im nachfolgenden Beispiel erfolgt die Auswahl einer Kompakt **CPU 1512C-1PN**.

TIA-Portal starten:
- STEP 7 wird gestartet per Doppelklick auf das Desktopicon (TIA V16) oder
- START - Siemens Automation – TIA Portal V16

7.3.1 TIA Portalansicht

Nach dem Start zeigt STEP 7 V16 das Startportal, in dem die ersten Schritte zur Einrichtung eines Projektes gemacht werden können (Abb. 3).

3: Portalansicht STEP 7 V16

Die Portalansicht ist im Prinzip ein grob gegliedertes Hauptmenü, aus dem heraus einzelne Programmieraufgaben ausgewählt werden können.

Nach dem Start der Portalansicht kann man
- bestehende Projekte öffnen,
- neue Projekt erstellen (Abb. 4) oder
- ältere Projekte aus S7 V5x migrieren.

Erstellen eines Projektes im TIA Portal

Ein neues Projekt wird angelegt, z. B. um SPS-Geräte zu konfigurieren und zu programmieren. Nachdem im Portal der Punkt „Neues Projekt erstellen“ (Abb. 4) gewählt ist, werden im rechten Monitorfenster Namen und Speicherort des Projektes eingetragen und auf „Erstellen“ gedrückt.

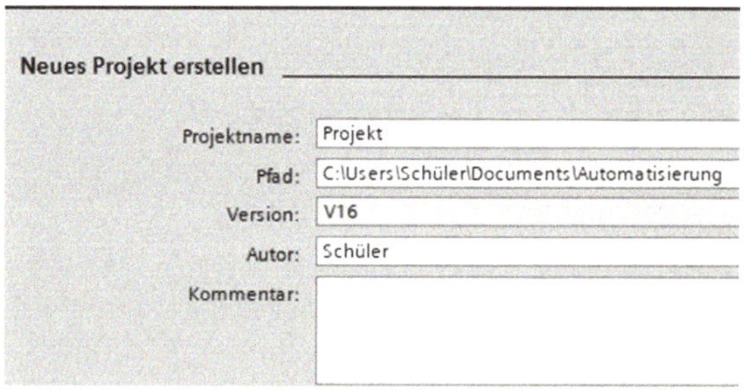

4: Neues Projekt erstellen

Nach der Projekterstellung erscheinen im rechten Fenster die folgenden Automatisierungsaufgaben (Abb. 6):
- Geräte & Netze
- PLC-Programmierung
- Motion & Technologie
- Antriebsparametrierung
- Visualisierung

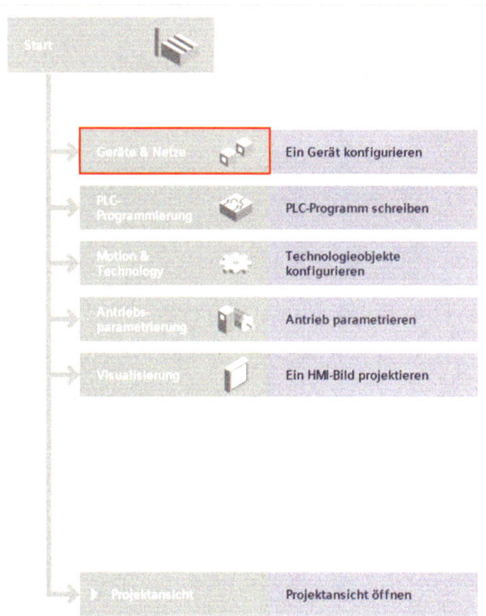

5: Optionzu Beginn der Projekterstellung

Diese ersten beiden Optionen (**Geräte und Netze** und **PLC-Programmierung**) sind erforderlich für ein lauffähiges Anwenderprogramm auf einem S7-Automatisierungssystem.

Die Option **Visualisierung** wird nur dann benötigt, wenn an der SPS auch noch ein Anzeige-/Bedienpanel betrieben werden soll. Damit werden Betriebszustände aus- und Steuerbefehle eingegeben.

S7-Geräte einfügen

Der Minimalausbau eines Automatisierungssystems besteht aus einer SPS mit zugehöriger Spannungsversorgung (PM oder PS: Power Supply). Sofern in der SPS bereits digitale und analoge Ein- und Ausgänge eingebaut sind (Kompakt CPU), reicht dies für erste Testprogramme.

Verfügt das SPS-Zentralgerät über keine oder zu wenige Ein-/Ausgänge, so sind entsprechende Signalmodule (SM) hinzuzufügen.

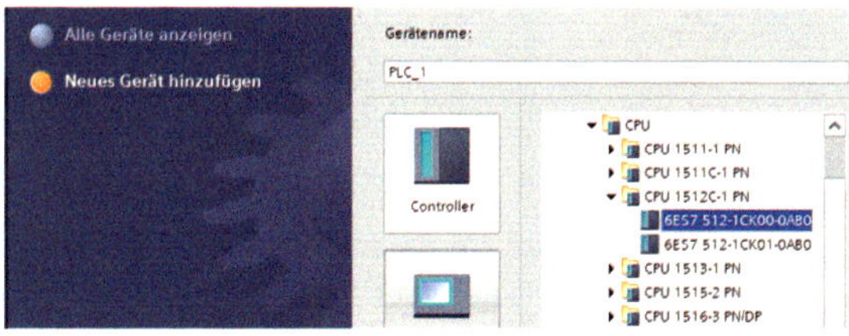

6: Einfügen einer PLC (SPS) in das Projekt

Zum Einfügen des Automatisierungsgerätes wird der Menüpunkt **Geräte & Netze** gewählt. Danach wird die Option „**Neues Gerät hinzufügen**" und der Button „**Controller**" angeklickt (Abb. 7).

Im rechten Programmfenster erscheint die Auswahl der verschiedenen SIMATIC-S7 Familien.

Durch Aufklappen der entsprechenden Menüzweige im Hardwarekatalog (Abb. 7) kann die vorgesehene **PLC** (PLC-programlabel logic controller) (**CPU1512C-1PN**) ausgewählt werden. Dabei ist auf **Bestellnummer** und Version zu achten, sonst erscheint beim späteren Verbindungsaufbau zur SPS der **Fehler** „Nicht kompatibel".

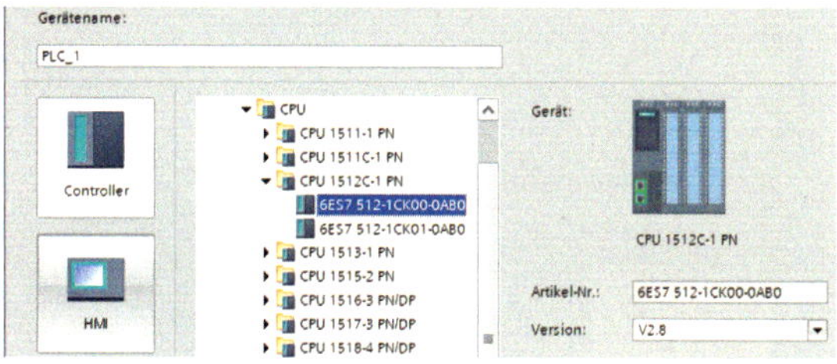

7: Auswahl der SPS aus dem Hardwarekatalog

Mit Betätigung des Buttons „Hinzufügen" wird die **PLC** in das Projekt integriert. Dabei wird dem ersten Gerät automatisch der Name „PLC_1" zugewiesen. Dieser Name kann jederzeit im Inspektorenfenster oder in der Projektnavigation bei entsprechender Markierung unter Eigenschaften → Allgemein → Projektinformationen geändert werden.

Der gewählte Projektname kann aber auch im Inspektorenfenster oder in der Projektnavigation bei entsprechender Markierung unter Eigenschaften → Allgemein → Projektinformation geändert werden. Die STEP 7-Software wechselt nach dem Hinzufügen der SPS (PLC) automatisch in die „Projektansicht".

Befindet man sich in der Projektansicht, ermöglicht der Reiter „Gerätesicht" einen Überblick der projektierten Baugruppen. Eine tabellarische Geräteübersicht (Module, Steckplätze der Baugruppen, Ein- und Ausgangsadressen der analogen und digitalen Baugruppen, Typbezeichnungen, Artikelnummern) kann zusätzlich von rechts auf- und eingeklappt werden.

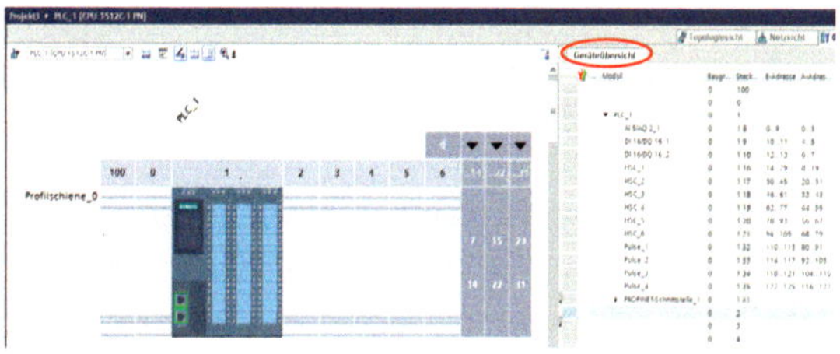

8: Fenster der Projektansicht/Gerätesicht

Wechsel zwischen Portalansicht und Projektansicht

STEP7 V16 bietet zwei Möglichkeiten der Ansicht,

- die Portalansicht und die

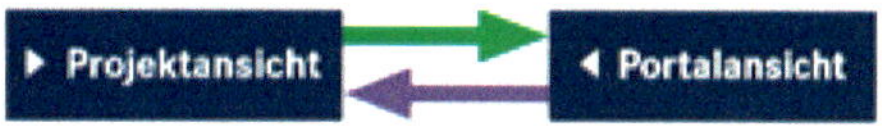

- Projektansicht.

Das Umschalten zwischen beiden Ansichten ist in der linken unteren Monitorecke möglich.

7.3.2 Projektansicht

Fenster der Projektansicht

Die Projektansicht hat verschiedene Fenster mit denen alle wichtigen Bearbeitungsschritte der Projektierung vorgenommen werden (Abb. 1).

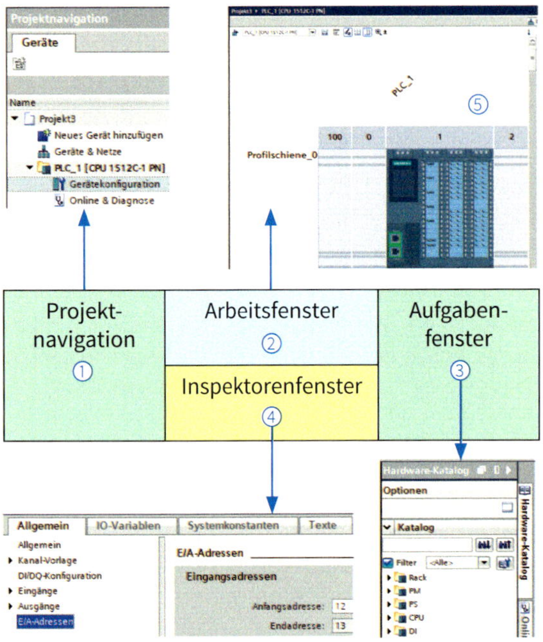

1: Die Monitorfenster der Projektansicht

① **Projektnavigations-Fenster**: Anzeige aller daten eines Projekts in strukturierter Form.
Wichtige Inhalte sind:
- Verwendete Hardware (PLC-/HMI-Geräte)
- Programmierte Software (Programmbausteine)

② Das **Arbeitsfenster** ist in der Bildschirmmitte.
Sein Inhalt bestimmt die jeweilige Editier-Aufgabe:
- Hardwareprojektierung
- Netzwerkprojektierung
- Softwareprojektierung

③ Das **Aufgabenfenster** enthält Objekte für die Bearbeitung im Arbeitsfenster.

④ Das **Inspektorenfenster** gibt einen Überblick zu den aktuellen Eigenschaften von Objekten.

Hardwareprojektierung in der Projektansicht

Die CPU-Baugruppe der SPS wird gleich bei Erstellung eines neuen Projektes in der Portalansicht eingefügt. Anschließend wechselt die S7-Software automatisch in die Projektansicht und zeigt die ausgewählte PLC im Arbeitsfenster (mittiges Fenster des Gesamtbildschirms) an. Dort können nun weitere Baugruppen hinzugefügt werden. Zumindest eine Spannungsversorgungsbaugruppe ist zum Betrieb der PLC unverzichtbar und wird deshalb eingefügt (Abb. 2). Andere Komponenten (z. B. Ein- und Ausgabebaugruppen, Kommunikationsprozessoren) können je nach Aufgabenumfang ergänzt werden.

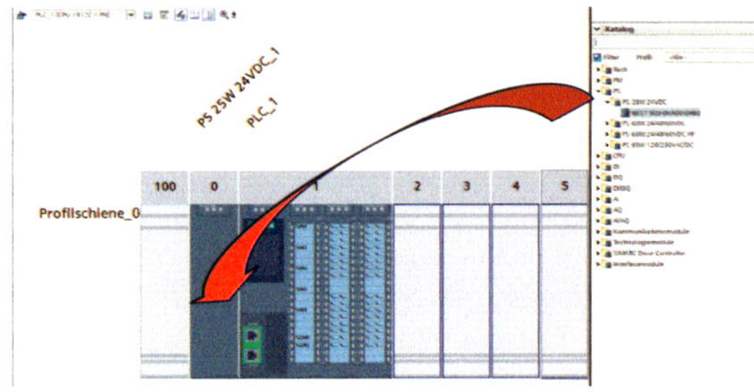

2: Netzteil aus Hardwarekatalog einfügen

Das nachfolgende Beispiel soll nur die CPU-Baugruppe (CPU 1512C-1PN) plus Stromversorgungsbaugruppe (PM) enthalten. In der verwendeten CPU sind bereits Ein- und Ausgänge (analog und digital) integriert, sodass einfache Programmbeispiele durchgeführt werden können. Dies soll einen schnellen Einstieg in die Verwendung der S7-Software ermöglichen.

Einstellen der Baugruppenadresse

Je nach verwendeter Steuerung (PLC) sind bereits bestimmte Byteadressen voreingestellt. Diese Werte können beibehalten oder im TIA Portal per Software abgeändert werden.

Nachfolgend zwei erläuternde Beispiele:

Eingangsbyte 0:

I10.7	I10.6	I10.5	I10.4	I10.3	I10.2	I10.1	I10.0

Ausgangsbyte 4:

Q4.7	Q4.6	Q4.5	Q4.4	Q4.3	Q4.2	Q4.1	Q4.0

3: Byte- und Bitadressen digitaler Ein- u. Ausgänge

Die jeweils aktuellen Adressen der **verwendeten Baugruppen** werden im „Inspektorenfenster“ (mittig unteres Fenster) der Projektansicht angezeigt.

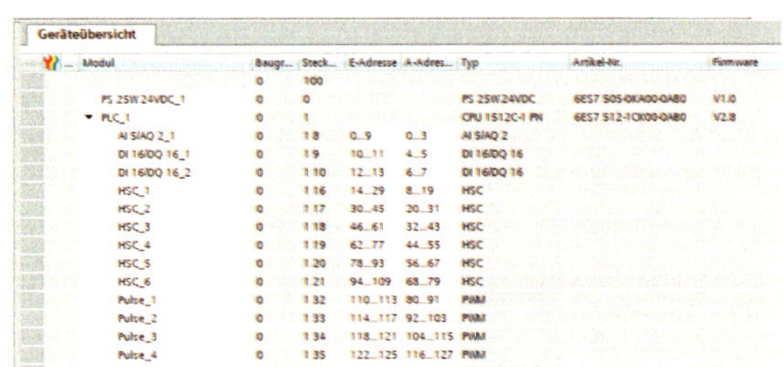

Geräteübersicht

Modul	Baugr...	Steck...	E-Adresse	A-Adres...	Typ	Artikel-Nr.	Firmware
	0	100					
PS 25W 24VDC_1	0	0			PS 25W 24VDC	6ES7 505-0KA00-0AB0	V1.0
PLC_1	0	1			CPU 1512C-1 PN	6ES7 512-1CK00-0AB0	V2.8
AI 5/AQ 2_1	0	1 8	0...9	0...3	AI 5/AQ 2		
DI 16/DQ 16_1	0	1 9	10...11	4...5	DI 16/DQ 16		
DI 16/DQ 16_2	0	1 10	12...13	6...7	DI 16/DQ 16		
HSC_1	0	1 16	14...29	8...19	HSC		
HSC_2	0	1 17	30...45	20...31	HSC		
HSC_3	0	1 18	46...61	32...43	HSC		
HSC_4	0	1 19	62...77	44...55	HSC		
HSC_5	0	1 20	78...93	56...67	HSC		
HSC_6	0	1 21	94...109	68...79	HSC		
Pulse_1	0	1 32	110...113	80...91	PWM		
Pulse_2	0	1 33	114...117	92...103	PWM		
Pulse_3	0	1 34	118...121	104...115	PWM		
Pulse_4	0	1 35	122...125	116...127	PWM		
PROFINET-Schnittstelle_1	0	1 X1			PROFINET-Schnittst...		

4: E-/A-Byteadressen

Bei der Erstellung von Programmbausteinen ist darauf zu achten, die jeweils gültigen E-/A-Adressen zu verwenden. Ansonsten werden die digitalen Ein- und Ausgänge der SPS nicht angesprochen. Auch kann es erforderlich sein, die Baugruppenadressen zu ändern, z. B. wenn vorhandene Programmbausteine dies erfordern.

Die Byteadressen werden im Inspektorenfenster oder in der Geräteübersicht wie folgt geändert:
- Baugruppe im Arbeitsfenster markieren
- Anfangsadresse ändern

7.3.3 Erstellen und Testen von Steuerprogrammen im TIA-Portal

7.3.3.1 Organisations- und Funktionsbaustein erstellen und bearbeiten

Nach Abschluss der Hardwareprojektierung erfolgt nun der Aufruf und die Erstellung der **Organisations**- und der **Programmbausteine**. Anschließend wird die korrekte Funktion der erstellten Programme mit Hilfe der Simulationssoftware PLCSIM überprüft. Sofern ein S7-Automatisierungssystem zur Verfügung steht, werden die Bausteine online an die SPS übertragen und online getestet.

Organisationsbaustein OB1 aufrufen

STEP 7 unterstützt die strukturierte Programmierung. Programmbausteine (z. B. Funktionen FC) ② werden dazu nacheinander zur Bearbeitung in einem Organisationsbaustein (OB) ① aufgerufen. Meist erfolgt dies in OB 1, der in der TIA-Software auch als „Main" bezeichnet wird (Abb. 5).

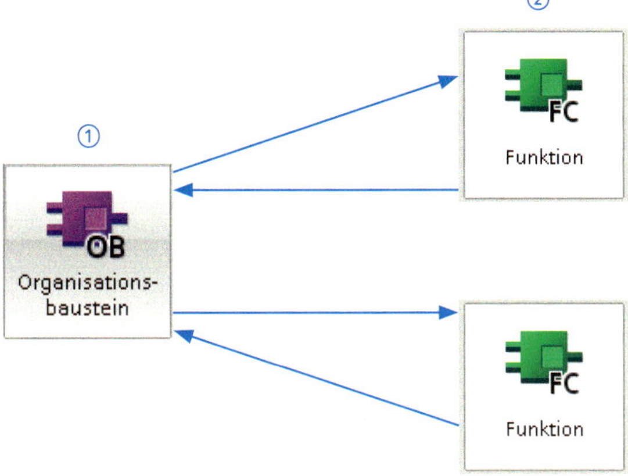

5: Der OB ruft einzelne FCs nacheinander auf

Der Organisationsbaustein bildet die Schnittstelle zwischen dem Anwenderprogramm und dem Betriebssystem. Dabei sorgt der OB1 für die zyklische Abarbeitung des Hauptprogrammes. Andere OBs werden z. B. bei Alarmen oder speziellen Ereignissen aufgerufen.

Im Softwarepaket des TIA-Portal ist der Organisationsbaustein bereits erstellt und kann im SPS-Programm übernommen werden. Wechseln Sie aus der **Portalansicht** in die **Projektansicht**, öffnen Sie Ihr Projekt (PLC_1 CPU 1512C-1PN). Klicken Sie auf den Ordner **Programmbausteine** (Main OB1) und öffnen Sie ihn durch Anklicken mit der rechten Maustaste und wählen Sie **Eigenschaften** aus.

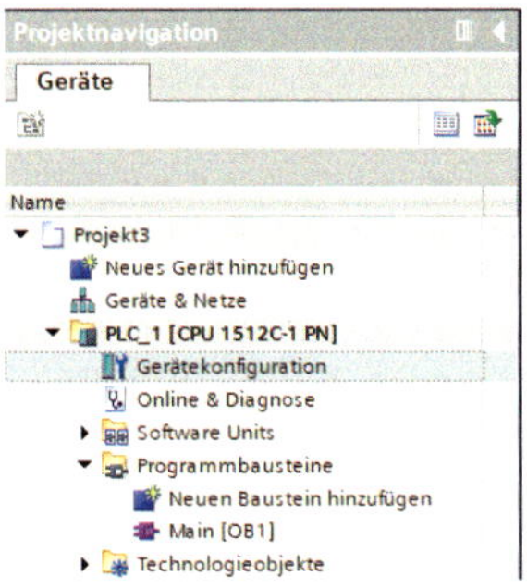

6: Projektnavigation

Überprüfen Sie die angezeigte Programmiersprache. Standardmäßig ist die Darstellung des OB1 auf KOP eingestellt. Im geöffneten Fenster wählen Sie unter Sprache den FUP aus. Fügen Sie ggf. als Kommentar „Mein erstes Projekt" ein. Übernehmen Sie mit OK und kehren Sie in die Portalansicht zurück.

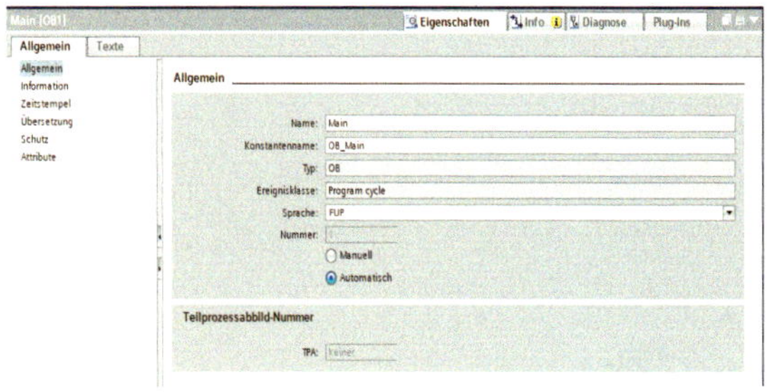

7: Pull-Down-Menü OB1

Mit Erstellung des OB1 ist das Projekt in der Projektnavigation zu speichern (**Projekt speichern**).

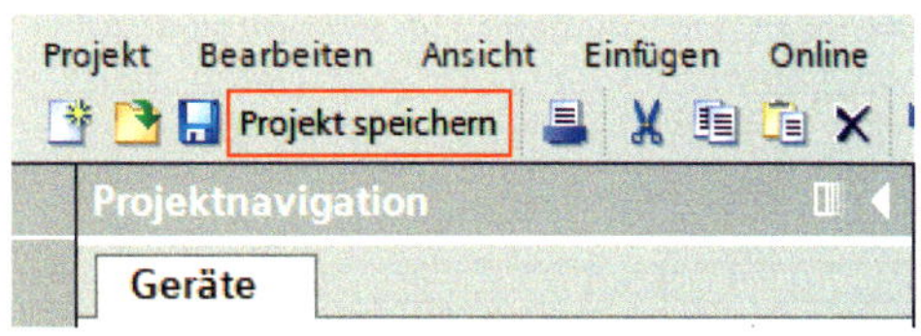

8: Speichern des Projektes

Einfügen eines Programmbausteins

Der **Funktionsbaustein** (FC1) kann am einfachsten in der Portalansicht erstellt werden. In dieser Ansicht wird die Option „**PLC-Programmierung**" gewählt und die Auswahl „**Neuen Baustein hinzufügen**" aktiviert (Abb. 1).

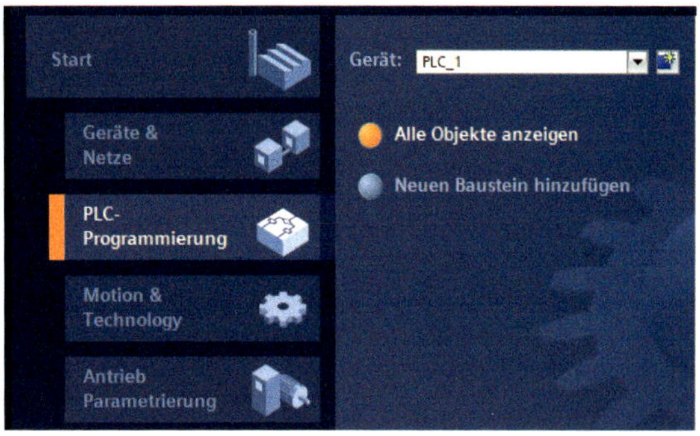

9: Start der Programmerstellung

Im Bildschirmfenster erscheinen die verschiedenen einzufügenden Bausteintypen. Für die nachfolgende Programmieraufgabe wird der Bausteintyp „Funktion" ausgewählt. In der oberen Zeile kann ein aussagekräftiger Name vergeben werden (Abb. 1).

Im Pull-Down Menü wird als Programmiersprache FUP gewählt. Zuletzt ist es notwendig, rechts unten das „Erstellen" mit Hilfe des Buttons zu bestätigen. Die Anzeige wird evtl. nach scrollen der Bildschirmleiste sichtbar.

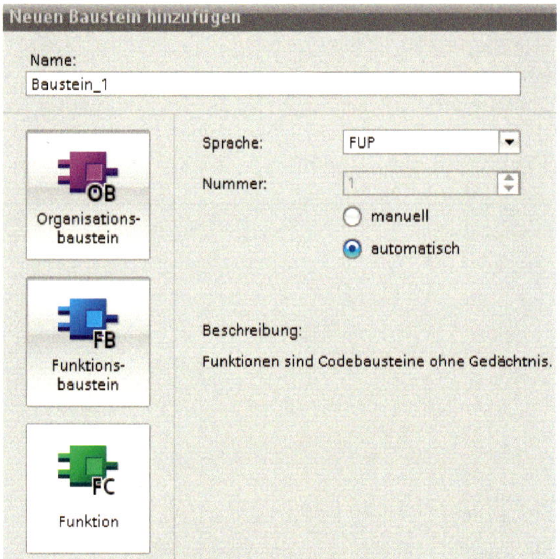

1: Erstellen des Bausteins FC

Nach dem FC-Erstellen schaltet die TIA-Software automatisch in die Projektansicht um. Dort wird die neu erstellte Funktion FC1 in der Rubrik „**Programmbausteine**" aufgelistet (Abb. 2).

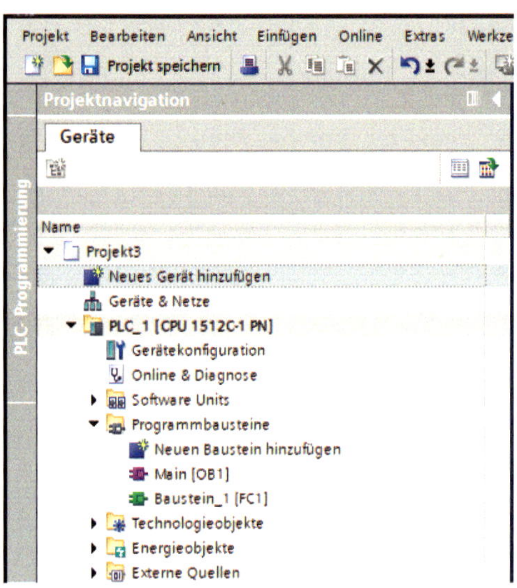

2: Anzeige der vorhandenen Bausteine im Fenster Projektnavigation

Im Arbeitsfenster der Projektansicht könnte die Programmierung der Schaltung beginnen. Dazu müssten die Adressen der digitalen Ein- und Ausgänge direkt an die jeweiligen Objekte des Programms geschrieben werden (z. B. % I10.1; %I10.2; %Q 4.1).

Diese **direkte Adressierung** ist jedoch nur für kleinere Aufgaben geeignet. Um bei größeren Aufgaben die Übersicht zu erhalten, ist es sinnvoll, die sogenannte „**symbolische Adressierung**" zu verwenden, bei der jedem E-/A Operanden ein symbolischer „Name" (z. B. Schalter S1, Schalter S2 und Lampe P1) zugeordnet wird.

7.3.3.2 PLC-Variablentabelle erstellen

Beim Einfügen einer PLC-Station (SPS) wird von STEP 7 automatisch eine **PLC-Variablentabelle** für die jeweilige Station angelegt.

Diese Tabelle wird geöffnet, indem man in der Projektansicht im linken Fenster „**Projektnavigation**" den Ordner „**PLC-Variablen**" und die **Standard-Variablentabelle** aufruft.

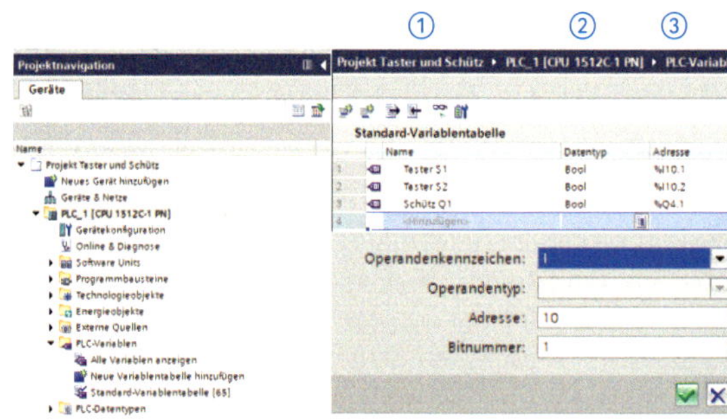

3: PLC-Standard-Variablentabelle

In der Variablentabelle werden die Variablen mit **Namen** ①, dem **Datentyp** ② (Bool für Ein-/Ausgänge) und die **Adressen** ③ eingegeben. Dies erfolgt im Arbeitsfenster der Projektansicht.

Die Tabelleninhalte werden im Pulldown-Menü ausgefüllt (Abb. 4). Durch **Anklicken des Führungszeichens** in der Variablentabelle öffnet sich das Pulldown-Menü. Tragen Sie die gewählten Adressen laut Aufgabenstellung ein.

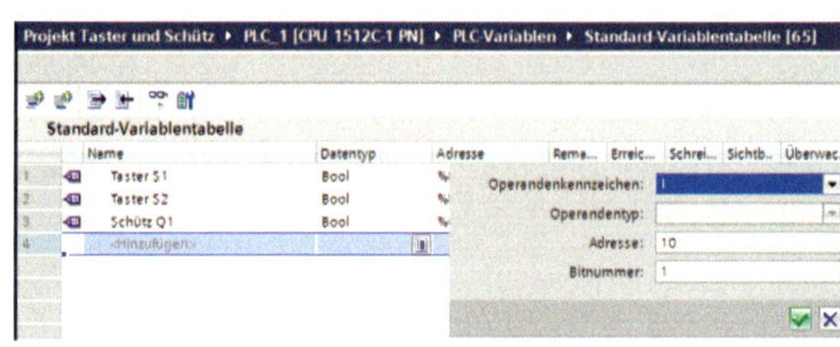

4: Variablentabelle im Arbeitsfenster

Um die gewählten Adressen der Variablentabelle auf Gültigkeit zur Hardwarekonfiguration zu überprüfen, können die projektierten Byteadressen in der **Geräteansicht** oder im **Inspektorenfenster** eingesehen und geändert werden.

Dazu wählt man in der Projektnavigation „PLC_1 [CPU 1512C- 1 PN] die **Gerätekonfiguration**" und markiert im Arbeitsfenster die **DI-Baugruppe**. Im **Inspektorenfenster** findet man die Byteadressen in „**Eigenschaften** und **I/O-Variablen**".

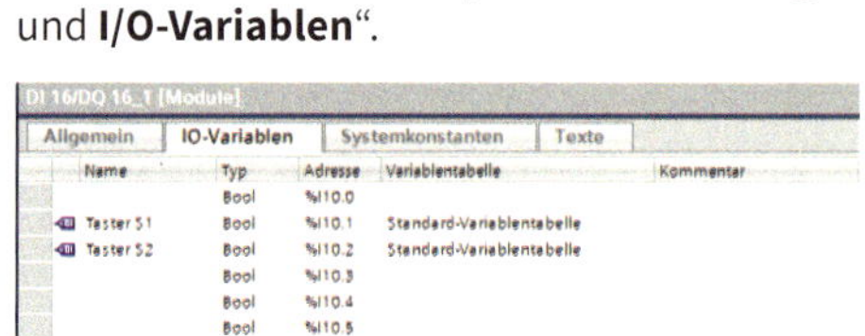

5: Adressbereiche im Inspektorenfenster

7.3.3.3 Programmbaustein FC programmieren

Nachdem der Programmbaustein, die Funktion FC1 eingefügt und eine PLC-Variablentabelle erstellt wurde, kann das Anwenderprogramm in den Baustein geschrieben werden. Bei der Erstellung des FC1 ist die Darstellungsart „FUP“ ausgewählt.

Der Programmbaustein FC1 wird aufgerufen, indem man im linken Fenster der **Projektnavigation** den Ordner **Programmbausteine** öffnet und dann die Funktion FC1 doppelt anklickt (Abb. 6).

Daraufhin ändert sich das **Arbeitsfenster** in einen Editor zum Bearbeiten des Bausteins (Abb. 7).

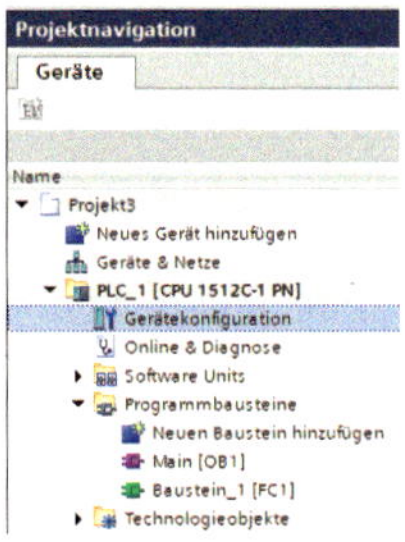

6: Auswahl des FC1

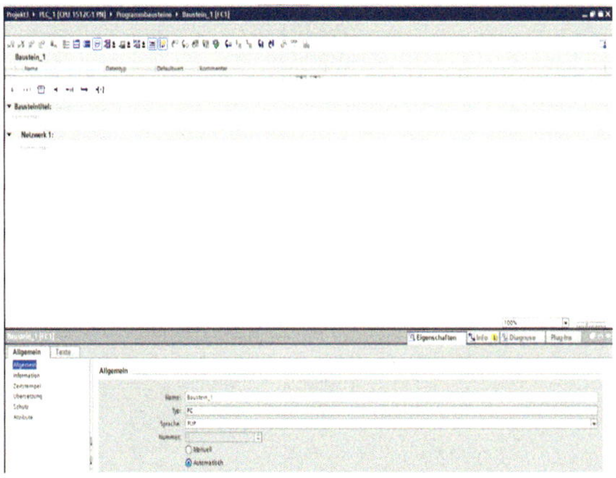

7: Programmbearbeitung im Arbeitsfenster

Unterhalb des Arbeitsfensters werden die Eigenschaften des aktuellen Bausteins angezeigt.

Hier kann beispielsweise die Darstellungsart (KOP, FUP, AWL) ausgewählt werden. Die Programmbausteine gliedern sich in einzelne Netzwerke. Begonnen wird die Programmierung des noch leeren Bausteins in Netzwerk 1 (Abb. 7).

Einige **Anweisungssymbole** werden oberhalb des Editorenfensters angezeigt, der vollständige Befehlsumfang wird im rechten Fenster „Anweisungen“ aufgelistet (Abb. 8). Die Anweisungssymbole oberhalb des Editorenfensters können mit zusätzlichen Anweisungen individuell ergänzt werden - z. B. per Drag & Drop aus dem rechten Anweisungsfenster einfügen.

Um die einzelnen Anweisungen auszuwählen, wird das jeweilige Verzeichnis aufgeklappt. Wählt man eine bestimmte Anweisung an, erscheint ein gelbes Informationsfenster (Abb. 8), das per Mausklick ausgeklappt werden kann.

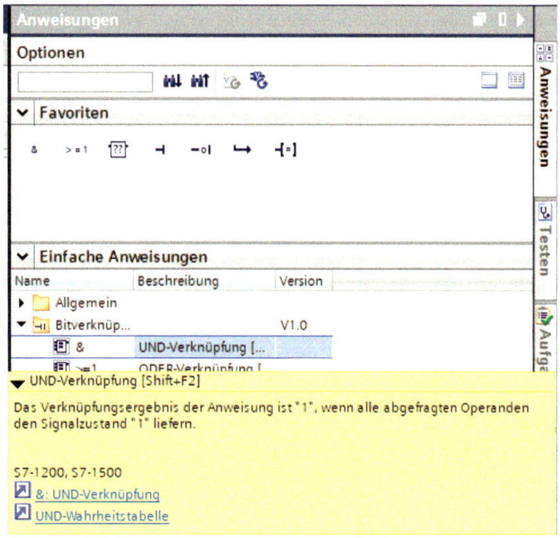

8: Liste der Programmanweisungen

Im Baustein FC 1 soll eine UND-Verknüpfung verwendet werden, die per „Drag & Drop“ in das Arbeitsfenster gezogen wird (Abb. 9).

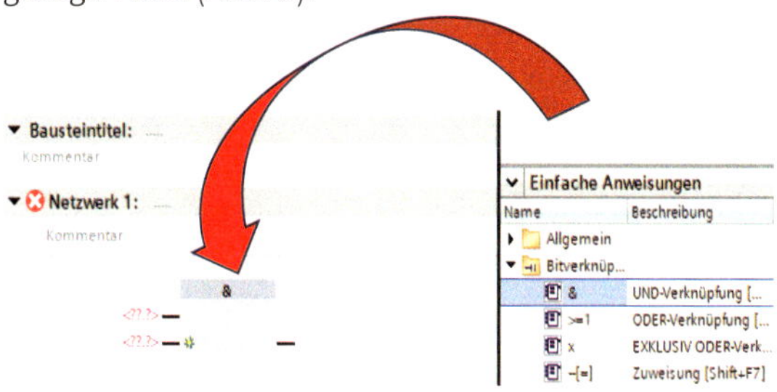

9: Einfügen einer UND-Verküpfung

Die Eingänge der UND-Verknüpfung werden mit der in der Variablentabelle festgelegten Adressen belegt. Dies nennt man **symbolische Adressierung**.

Die Variablentabelle wird eingeblendet, indem man doppelt auf den freien Anschluss (rote Fragezeichen) klickt. Dann klickt man auf das – im Fenster erscheinende – Listensymbol und wählt die gewünschte Variable aus (Abb. 10).

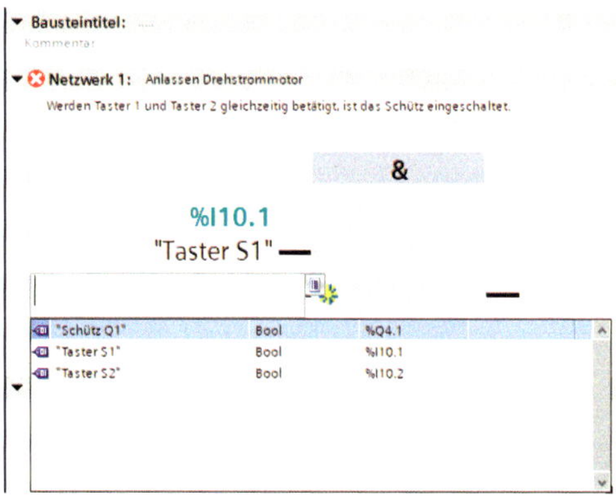

10: Auswahl der Variablen aus der Tabelle

Um das Ergebnis der UND-Verknüpfung im Programm auszuwerten, muss dieses mit einer sogenannten „Zuweisung“ verschaltet werden. Diese Zuweisung kann dann auf eine Variable (z. B. Ausgang oder Merker) gelegt werden (Abb. 1).

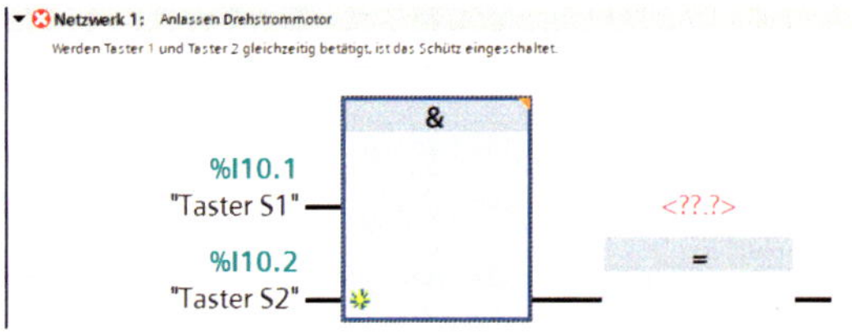

1: UND-Verknüpfung mit einer Zuweisung

Im Beispiel wird an den Ausgang der Verknüpfung die Variable „Schütz Q1“ (Ausgang %Q4.1) geschaltet (Abb. 2). In der Zeile „Kommentar“ ist eine Beschreibung eingefügt worden.

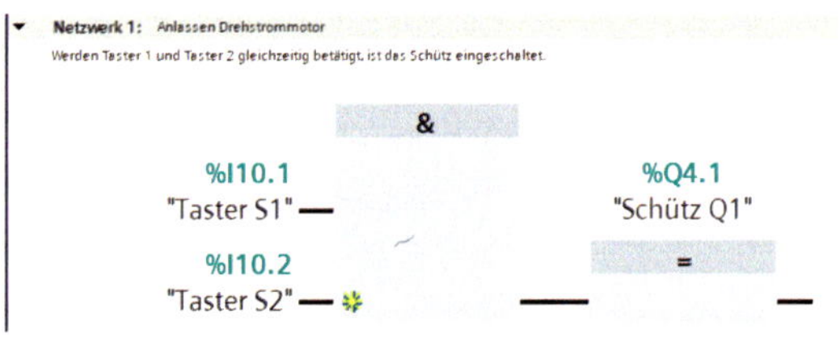

2: Das fertige Programm verknüpft Taster 1 und 2

Programmbaustein aufrufen

Die zyklische Programmbearbeitung des Steuerprogramms erfordert, dass der FC1 zyklisch im OB1 aufgerufen wird. In der TIA-Software wird dieser Aufruf realisiert, indem man in der Projektnavigation und Programmbausteine (Abb. 3):

- den Baustein „Main“ (OB1) doppelklickt, worauf sich das Arbeitsfenster von OB1 öffnet,
- den aufzurufenden Baustein (FC1) mit der Maus auf die Linie ins Arbeitsfenster von OB1 zieht.

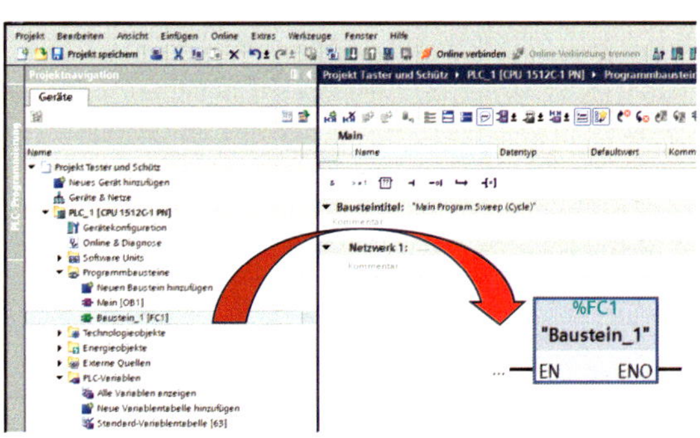

3: Baustein FC1 ins OB1-Arbeitsfenster ziehen

Speichern und Übersetzen Sie das Projekt.

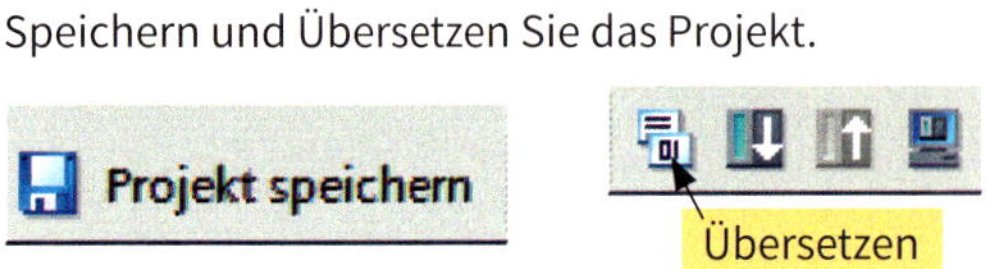

4: Speichern und Übersetzen des Projekts

7.3.3.4 Laden der Hardwarekonfiguration in die Simulation (PLCSIM)

Für praktische Tätigkeiten in Laboren Beruflicher Schulen steht den Schülern nicht immer die Simatic Hardware zur Erprobung der erstellten Steuerprogramme zur Verfügung. Abhilfe bietet hier die Simulationssoftware PLCSIM. Hierbei erfolgt die Übertragung des Steuerprogramms in fast gleicher Weise wie zu einer Hardware-Baugruppe.

Hardwarekonfiguration speichern, übersetzen

Kehren Sie in die **Projektansicht**, **Projektnavigation** und **Gerätekonfiguration** zurück. Klicken Sie mit der rechten Maustaste im Arbeitsfenster auf die PLC_1.

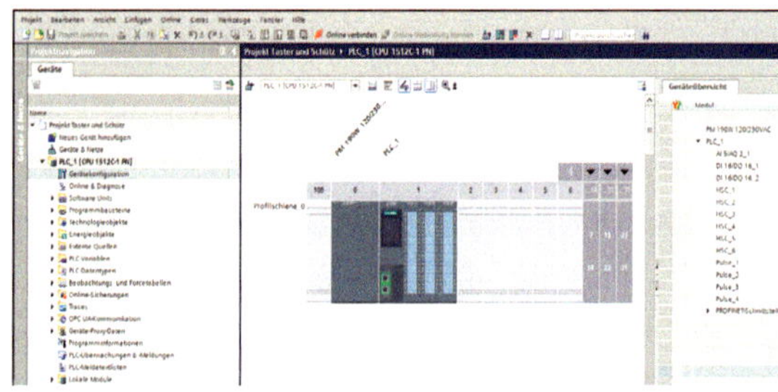

5: Fenster Projektnavigation mit Arbeitsbereich

Im geöffneten Fenster wählen Sie **Eigenschaften** aus. Im **Inspektorenfenster** wird unter **Allgemein**, **Ethernetadressen** und **IP-Protokoll** die der PLC_1 zugewiesene **IP-Adresse 192.168.0.1** mit der Subnetzmaske **255.55.255.0** angezeigt.

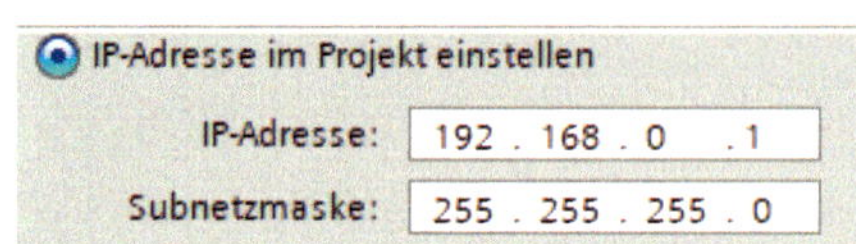

6: IP-Adresse und Subnetzmaske

Klicken Sie erneut mit der linken Maustaste auf die PLC_1 und aktivieren Sie anschließend in der Menüleiste den Button **Übersetzen**.

Jetzt wird das Steuerprogramm in eine für die CPU verständliche Sprache übersetzt und der Speicherbedarf des gesamten Programms überprüft

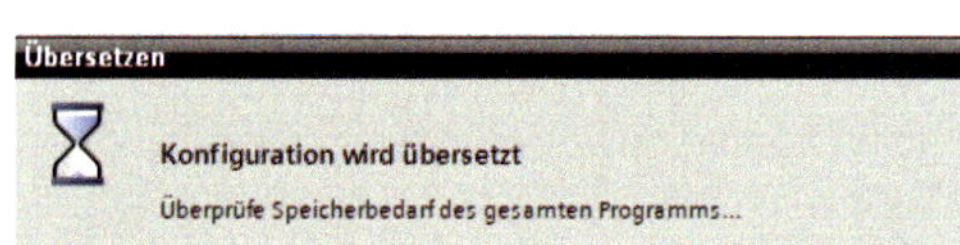

Werden beim Übersetzen Fehler erkannt, so werden diese im Inspektorenfenster im Register info angezeigt. Ist die Übersetzung fehlerfrei, erscheint die Meldung: Übersetzen beendet (Fehler (0), Warnung (0).

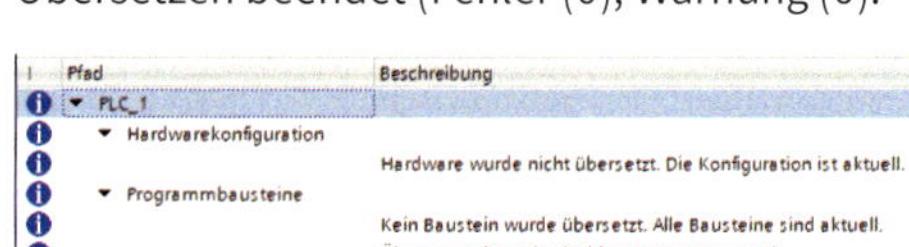

Klicken Sie oberhalb des Arbeitsbereichs in der Menüleiste unter Online auf das Verzeichnis **Laden in Gerät**. Da bisher noch keine Online-Verbindung hergestellt wurde, wird der Dialog „Vorschau laden“ geöffnet (Fenster Erweitertes Laden). Hier wird die Schnittstelle angezeigt, über der Sie die spätere Online-Verbindung – **Laden der Hardwarekonfiguration in Gerät** – herstellen möchten. Schließen Sie anschließend das sich öffnende Fenster **Erweitertes Laden** über den Button **Abbrechen**.

Klicken Sie jetzt in der Menüleiste unter **Online** auf das Symbol **Simulation starten**.

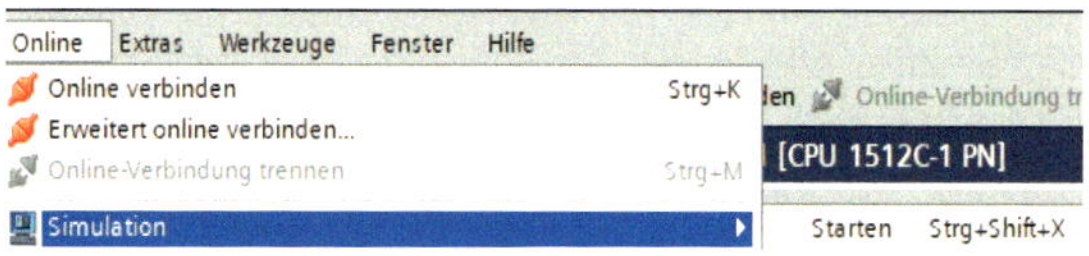

7: Simulation starten

Der Hinweis zur Deaktivierung aller weiteren Online-Schnittstellen wird mit „OK“ bestätigt.

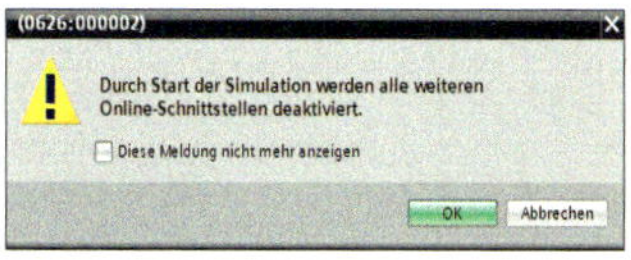

8: Deaktivierung Schnittstelle

Es erscheint das Fenster Nicht konfigurierbare PLCSIM. Die „PLC“ befindet sich im Stopp-Zustand.

9: Nicht konfigurierbare PLCSIM

Kurz danach öffnet sich der Manager zur Konfiguration von Verbindungseigenschaften (**Erweitertes Laden**).

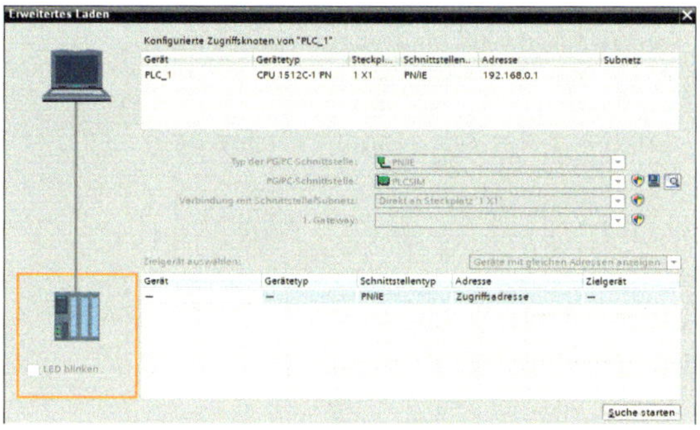

10: Konfiguration von Verbindungseigenschaften

Über den Button **Suche starten** wird versucht von der PLC_1 eine Verbindung zu einem kompatiblen Teilnehmer im Netz mit der Adresse 192.168.0.1 aufzubauen. Aktivieren Sie den Button Suche starten. Ist die Suche erfolgreich abgeschlossen, erscheint folgende Abbildung.

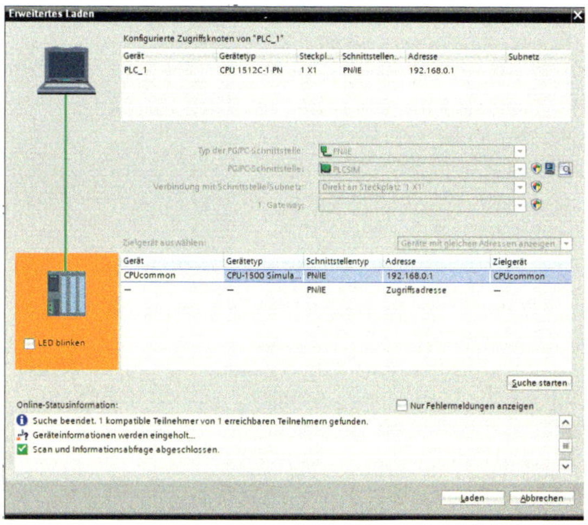

11: Kompatible Teilnehmer im Netz

In der Online-Statusinformation erscheint folgender Text:

Suche beendet. 1 kompatibler Teilnehmer von 1 erreichbaren Teilnehmern gefunden.

Gefundener Gerätetyp: CPU 1500 Simulation
IP-Adresse (Zugriffsadresse): 192.168.0.1
Zielgerät: CPUcommon (häufig)

Das Laden der Hardwarekonfiguration in die PLCSIM kann jetzt über den Button **Laden** gestartet werden.

Bestätigen Sie anschließend das Kontrollfenster **Aktualisieren**.

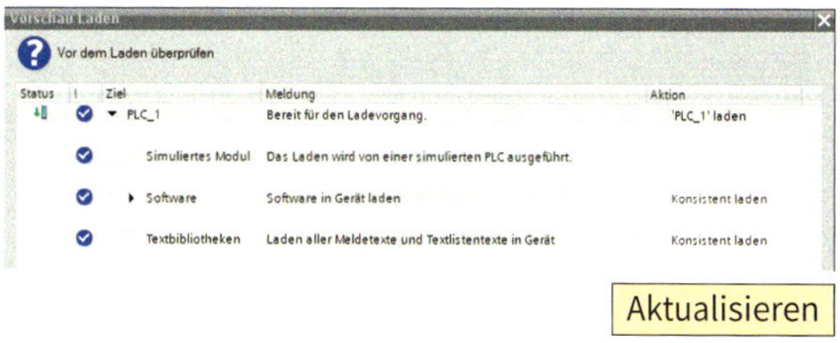

Im weiteren Fenster Vorschau Laden bestätigen Sie die Vorschau mit dem Button **Laden**.

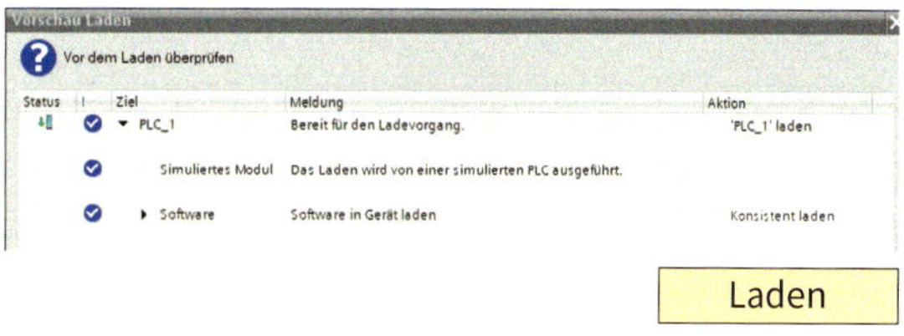

Das Ergebnis des Ladevorgangs bestätigen Sie mit **Fertigstellen**.

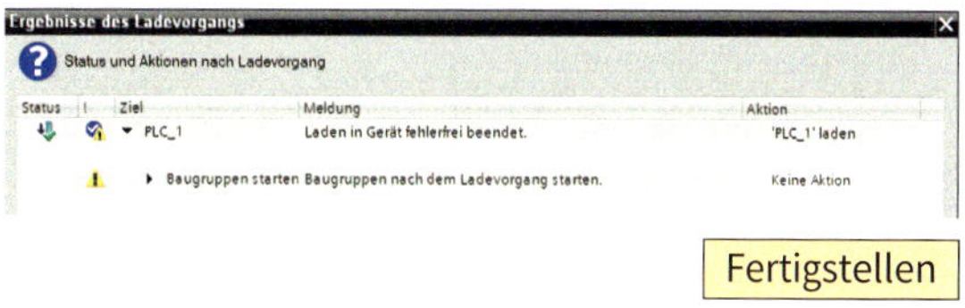

Steuerungstechnik

Im Fenster für die Simulation erscheint die Aufschrift **PLC_1** (**CPU 1512C-1PN**). Aktivieren Sie die Taste **RUN**. Die grüne LED blinkt und geht in Dauerlicht über. Mit einem Klick auf den Button (rechts oben im Fenster) wechseln Sie anschließend aus der Kompaktansicht in die **Projektansicht** der Simulationssoftware.

1: PLC_1

In der sich öffnenden Ansicht wählen Sie unter **Projekt neu** ein Simulationsprojekt. Meist wird der Name Projekt1 vorgeschlagen. Geben Sie hier z. B. einen Namen ein. Aktivieren Sie den Button **Erstellen** und Ihr Projekt wird erstellt.

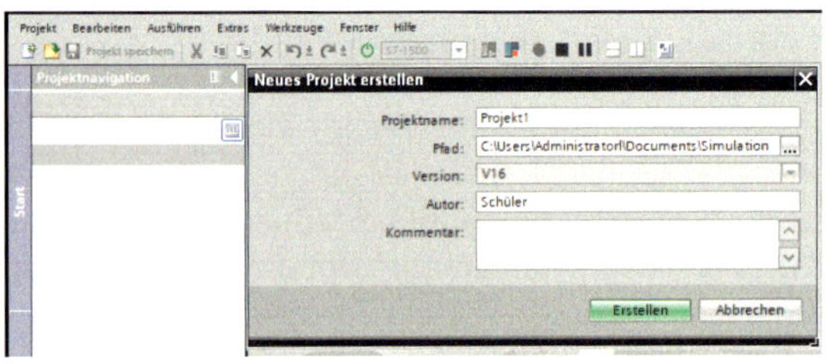

2: Projektnamen in der Simulation wählen

Öffnen Sie unter **Projektnavigation** die **Gerätekonfiguration**. Die Simulation PLCSIM sieht in der Projektansicht wie folgt aus.

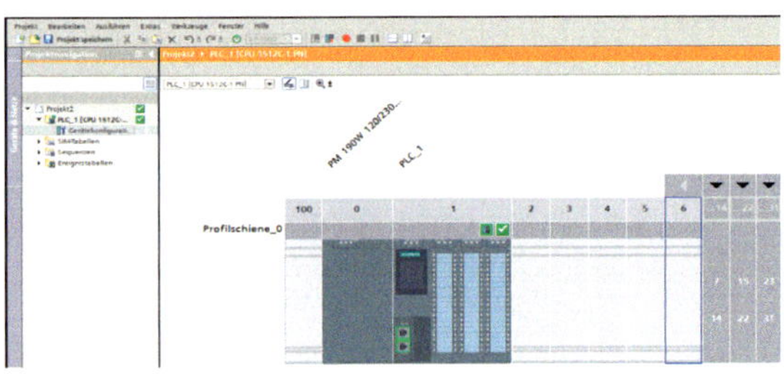

3: Projektansicht Simulation

Aktivieren Sie das Verzeichnis **Sim Tabellen** und aktivieren Sie anschließend die **Sim-Tabelle_1**. Tragen Sie unter Namen die gewählten Variablen des Steuerprogramms ein. Die Adresse, das Anzeigeformat und der Überwachungs- und Änderungswert werden über das Programm erstellt.

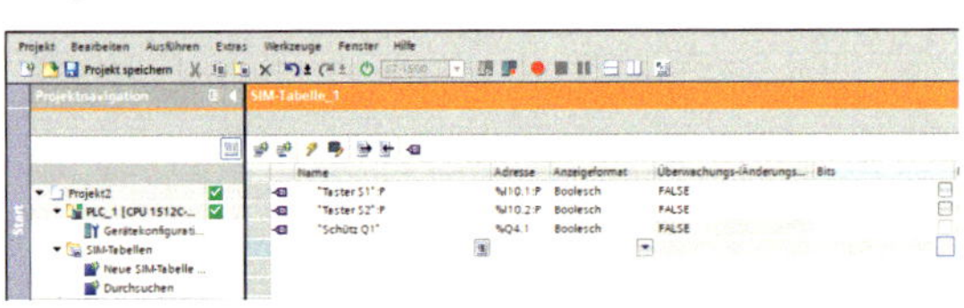

4: Sim-Tabelle Projekt1

Aktivieren Sie die Bitkästchen durch entsprechendes Anklicken.

5: Bitkästchen

In der Sim-Tabelle können Sie jetzt die Änderungen der einzelnen Variablen beobachten.

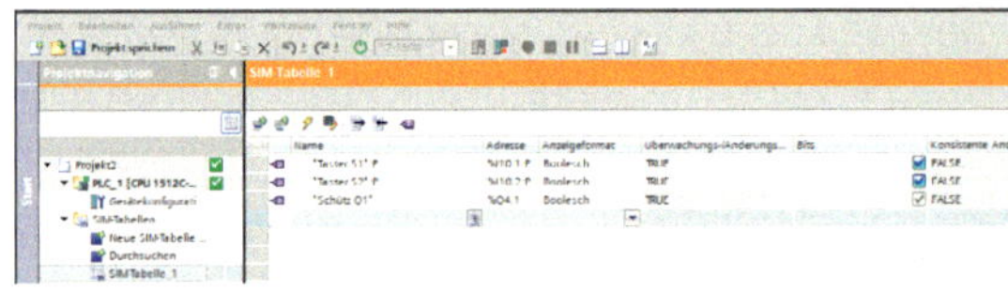

6: Projekttest in Sim-Tabelle

Aktivieren Sie anschließend in der **Projektnavigation, Gerätekonfiguration** den Button **Adressen** und klicken Sie auf die linke digitale Eingabebaugruppe. Jetzt können Sie die Änderungen der Variablen Q1 in der Spalte Überwachungs-/ Änderungswert verfolgen.

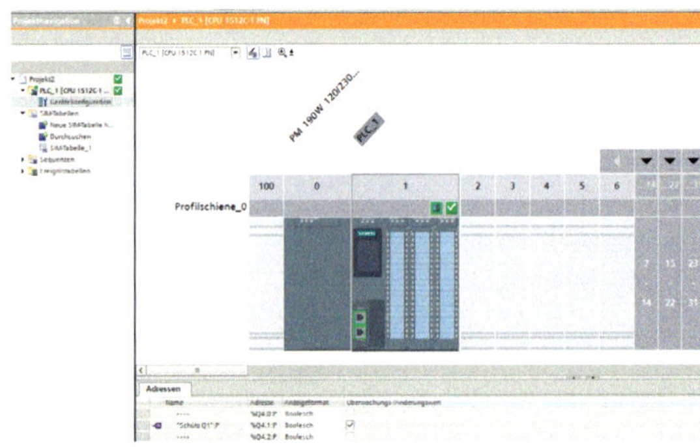

7: Arbeitsbereich in Projektnavigation PLCSIM

Wechseln Sie aus der **Projektansicht** der PLCSIM in die **Kompaktansicht der Hardwarekonfiguration** über den Button und wählen Sie unter Programmbausteine den programmierten Baustein FC1. Wählen Sie in der Menüleiste **Online Beobachten** und verfolgen Sie die Simulation im FC1.

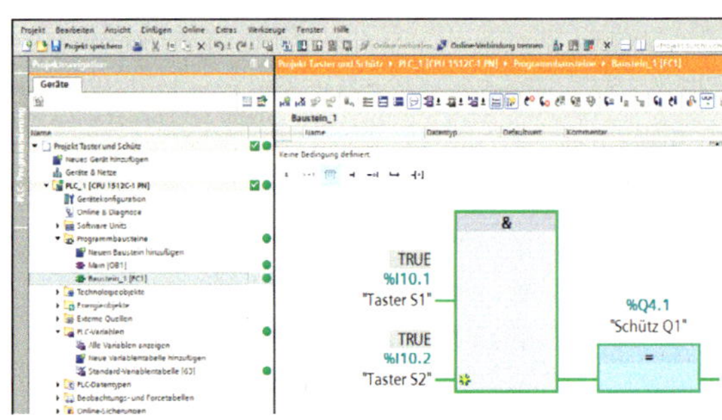

8: Simulation Projekt im FC1

- SPS-Programme können mit der Simulationssoftware PLCSIM auf korrekte Funktion überprüft werden.
- In der SIM-Tabelle und der Hardwarekonfiguration der Kompaktansicht können Sie die Änderungen der einzelnen Variablen beobachten.

7.3.3.5 Laden der Konfiguration in die Hardwarebaugruppe

Nach der Überprüfung des Steuerprogramms mithilfe der Simulationssoftware erfolgt das Überspielen und der Test an der realen SPS-Anlage. Zweck der Inbetriebnahme der Hardwarebaugruppen ist es, das Zusammenwirken zwischen Hard- und Software zu testen und ggf. zu optimieren.

Sind bereits Sensoren und Aktoren an die analogen und die digitalen Baugruppen angeschlossen, kann das Übertragen des Steuerprogramms an die SPS-Hardwarebaugruppen erfolgen.

Programmiergerät (PC) mit PLC verbinden

Für die Inbetriebnahme programmierter Steuerungen ist es erforderlich, das erstellte Steuerprogramm vom PC ① in die PLC-Station (CPU 1512C-1PN) ② zu überspielen. Zur Übertragung werden beide Geräte über eine Profinet/Indusrial Ethernet-Leitung ③ (PN/IE-grüne Patchleitung mit RJ 45 Stecker) miteinander verbunden.

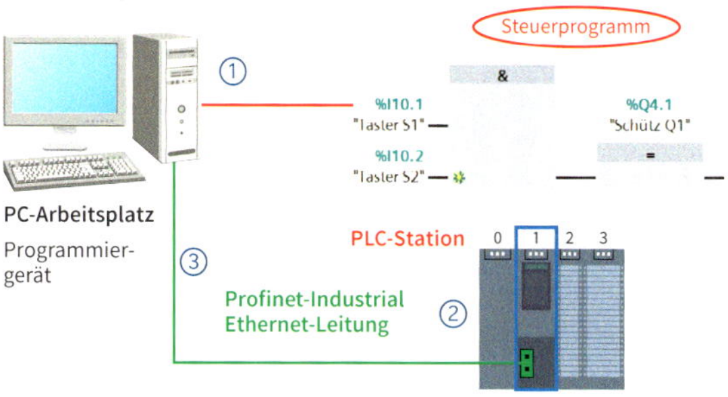

9: Anschluss PC – PLC (CPU 1512C-1PN)

Auf der Rückseite des PC und der Unterseite der PLC befinden sich verschiedene Anschlussmöglichkeiten. Diese Übergänge von den Geräten zur Peripherie werden als Schnittstellen bezeichnet. Die folgenden Abbildungen zeigen die Anschlussmöglichkeit des PC und der PLC zum Ethernet (lokales Netzwerk) mit der zugehörigen Profinetleitung.

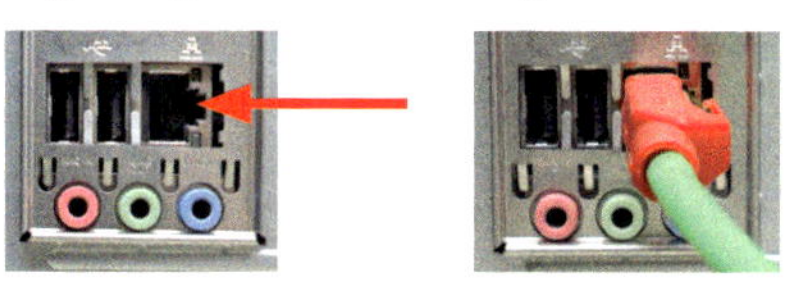

10: Schnittstelle/Anschluss Profinet an PC

Datenaustausch PC – PLC

Jeder PC innerhalb einer vernetzten Umgebung wird an der Ethernet-Schnittstelle mit einer privaten IP-Adresse konfiguriert. Lediglich die Schnittstelle zum Internet (Router …) bekommt vom jeweiligen Anbieter eine öffentliche IP-Adresse zugewiesen.

Öffentliche IP-Adressen werden somit weltweit nur einmalig vergeben, wogegen private IP-Adressen durch Router **nicht** an das Internet weitergeleitet werden und somit weltweit unbegrenzt gleichzeitig genutzt werden dürfen.

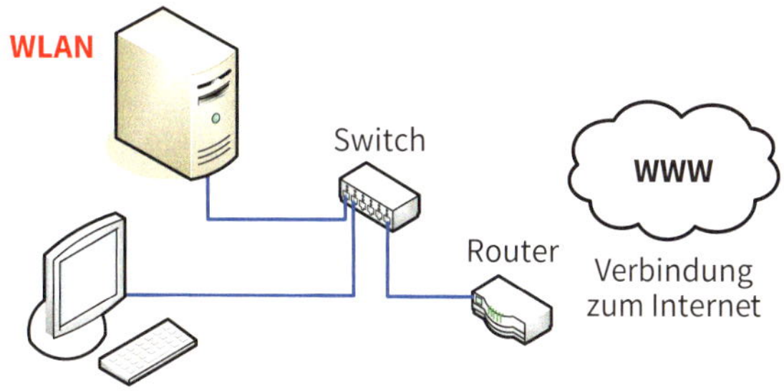

11: PC-Netzwerk mit Internetanschluss

Durch die Festlegung von IP-Adressen wird festgelegt, welche Busgeräte miteinander kommunizieren können. Im Beispielprojekt sind es das Programmiergerät (PC) und die PLC-Station.

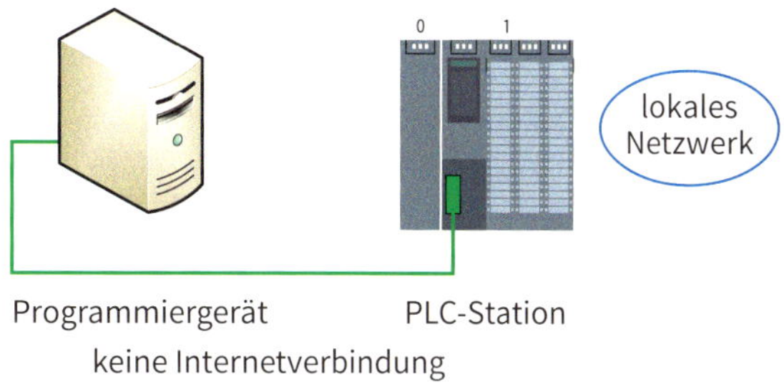

12: Lokales Netzwerk (ohne Internetanschluss)

Damit beide Geräte auch in einem **lokalen Netzwerk** ohne Internetanbindung mit TCP/IP betrieben werden können, gibt es in den Netzwerkklassen A, B, C Bereiche, für den **privaten Gebrauch** (Abb. 13), z. B. für Heimnetzwerke. Die Adressen werden von Routern **nicht** an das Internet weitergeleitet und nach außen gegeben.

Die folgende Tabelle zeigt drei private Adressbereiche mit den zugehörigen IP-Adressen und Subnetzmasken, welche im LAN (lokales Netzwerk) verwendet werden.

Netzklasse	IP-Adressen	Subnetzmasken
A	10.0.0.0.- 10.255.255.255	255.0.0.0
B	172.16.0.0.- 172.31.255.255	255.255.0.0
C	192.168.0.0.- 192.168.255.255	255.255.255.0

13: Netzwerkklasse, IP-Adresse, Subnetzmaske

Die Adressbereiche der Tabelle werden im **öffentlichen Internet nicht** verwendet (IP-Adressbereiche ohne Internetanbindung). Stattdessen werden sie für interne Subnetze (Vernetzung von SPS in Schulen oder Ausbildungsbetrieben) reserviert.

Die Simatic S7 Software benutzt den IP-Adressbereich 192.168.0.x, da die Vernetzung von PC und PLC nur in **einem Subnetz** stattfindet.

Netzwerke und Subnetzmaske
(Theorie zur Netzwerktechnik)

Jede IP-Adresse besteht aus zwei Hauptblöcken der Netz–ID (Netzwerkerkennung) und der Host-ID (Teilnehmererkennung). Die Netzerkennung dient zur Adressierung des Netzes, die Teilnehmerkennung zur Adressierung des Teilnehmers innerhalb eines Netzes.

Beispiel:

192.168.0.100

Teilnehmerkennung (Host-ID)

Netzwerkkennung (Netz-ID)

Die Subnetzmaske (255.255.255.0) legt dabei fest, welcher Teil der IP-Adresse die Netz-ID und welcher Teil die Host-ID beinhaltet.

Beispiel:
Für die Netzwerkklasse B: 172.18.2.23 mit dem Subnetz 255.255.0.0 ist die Netzadresse (Subnetzadresse) 172.18 und die Endgeräteadresse (Teilnehmeradresse) 2.23.

Das Internet-Protokoll legt hierbei fest, dass die beiden linken Bereiche mit den Werten 192.168. für private, interne Netze verwendet werden können. Die beiden rechten Bereiche können jeweils mit Werten von 0 – 255 frei verwendet werden.

Für den Datenaustausch zwischen PC und der PLC-Station könnte jetzt je eine Adresse aus dem privaten Adressbereich ausgewählt und den Geräten zugewiesen werden.

In der Simatic Software werden aber automatisch Adressen vorgegeben, welche so benutzt oder entsprechend den Anforderungen geändert werden können. Innerhalb eines LAN ist der Betreiber des Netzwerkes selbst zuständig für die Vergabe von IP-Adressen.

IP-Adressen vergeben
(prakt. Bsp. für Schul- und Ausbildungsnetze)

Zur Übertragung erstellter Steuerprogramme an die PLC gilt es

- die eigenen IP-Einstellungen (Online-Zugänge) des verwendeten Programmiergerätes (PC) zu ermitteln und ggf. zu korrigieren und
- die IP-Adressen der PLC in der Hardwarekonfiguration des PC's einzurichten.

Folgender Adressbereich wird im weiteren Beispiel angewandt:

192.168.0.100	IP-Adresse PC
192.168.0.101	IP-Adresse PLC
255.255.255.0	gemeinsame Subnetzmaske

Beide Adressen besitzen die gleiche Netzwerkadresse 182.168.0 und Subnetzmaske. Sie befinden sich im gleichen Netz.

1. Eigene IP Einstellungen des PC's ermitteln:

Wählen Sie in der **Projektansicht** Ihres Projektes über die **Projektnavigation** den Ordner **Online-Zugänge** und danach den Controller Ihrer Ethernet-Schnittstelle, hier **Realtek PCIe GbE Familie Cotroller.**

Mit einem rechten Mausklick öffnet sich das Verzeichnis **Eigenschaften**, durch einen weiteren Doppelklick das **Schnittstellefenster**. Unter **Allgemein**, **Konfiguration und Industriell Ethernet** werden Ihnen die **Lokalen Einstellungen** angezeigt.

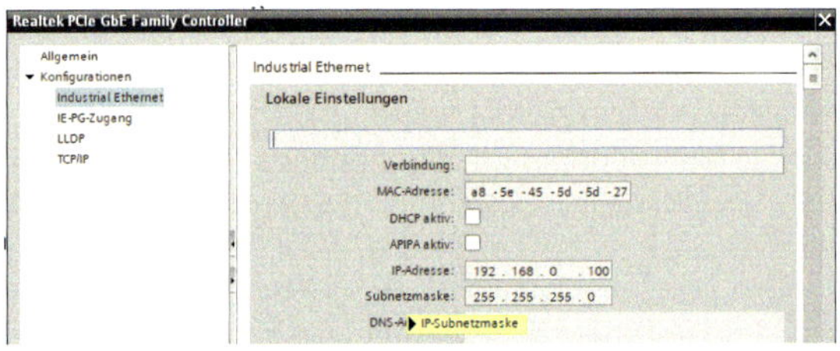

1: Fenster Lokale Einstellungen PC

In diesem Fenster finden Sie die IP-Adressen ihres PC's (eigene IP-Einstellungen). Folgende Adressänderungen sind angestrebt:

IP-Adresse	198.168.0.100
Subnetzmaske	255.255.255.0

Sollte die vorgegebene IP-Adresse nicht konfiguriert sein oder soll eine andere IP-Adresse eingerichtet werden, muss diese über das Netzwerk- und Freigabecenter des Betriebssystems erfolgen.

Hinweis: Diese Eintragungen sollten in den Ausbildungsbetrieben beim Einrichten von Compuerkabinetten von den Ausbildern, in den Schulen von den Fachlehrern oder Systemadministratoren vorgenommen werden.

Vorgehensweise:
Klicken Sie mit der rechten Maustaste auf das **Windows Startsymbol** und wählen Sie **Netzwerkeinstellungen**, danach **Netzwerk- und Freigabecenter** und **Adaptereinstellungen ändern**.

Unter **Netzwerkverbindungen** öffnet sich das Fenster **Ethernet**. Im **Status Ethernet** klicken Sie auf **Eigenschaften**. Hier wählen Sie auf **Internetprotokoll Version 4** (**TCP/(Pv4**). Klicken Sie auf erneut auf **Eigenschaften** und es wird Ihnen die IP-Adresse Ihres Rechners angezeigt.

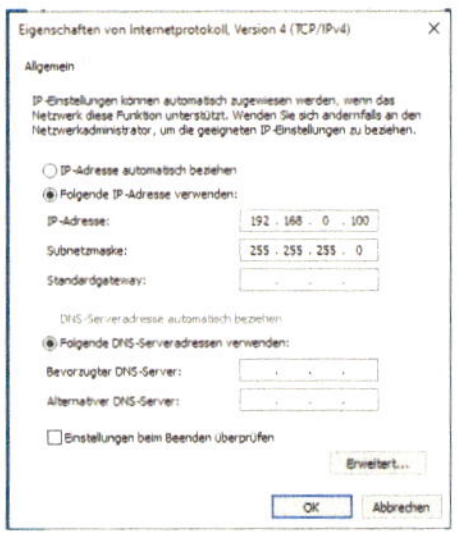

2: Eingabe IP-Adressen vergeben

Geben Sie hier die IP-Adresse 192.168.0.100 ein. Belassen Sie die Subnetzmaske 255.255.255.0. Bestätigen Sie mit OK und schließen Sie das Fenster.

2. IP-Adressen der PLC in der Hardwarekonfiguration einrichten

Klicken Sie in der **Projektnavigation** im **Arbeitsfenster** die PLC mit der rechten Maustaste an und aktivieren Sie im **Inspektorenfenster** den Butten **Eigenschaften**.

Unter **Allgemein**, **Profinetschnittstelle** und **Ethernet-Adresssen** finden Sie im geöffneten Fenster **Schnittstelle vernetzt** und **IP-Adressen**.

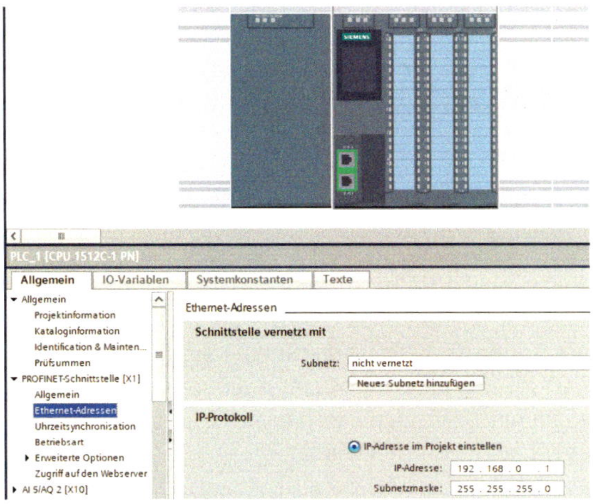

3: IP-Ptotokoll Ethernet-Schnittstelle

Unter **IP-Protokoll**, **IP-Adresse** im **Projekt einstellen** geben Sie die IP-Adresse 192.168.0.101 ein und belassen die Subnetzmaske mit 255.255.255.0. Aktivieren Sie mit der linken Maustaste die PLC_1 und speichern Sie Ihr Projekt.

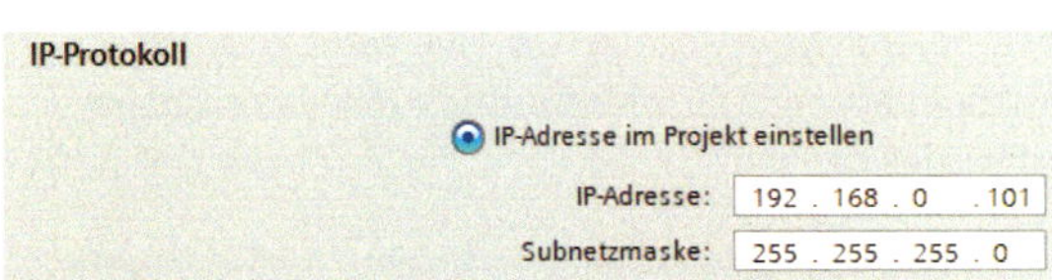

4: IP-Adresse im Projekt

Diese Adresse wird beim anschließenden Übertragen Ihres Steuerprogramms vom Programmiergerät zur PLC (Hard- und Software) der Hardwarebaugruppe Ihrer SPS zugewiesen.

Die IP-Adresse der PLC (CPU 1512C-1PN) befindet sich dann im gleichen Netz wie das Programmiergerät, der PC oder Laptop.

Eingabe IP-Adresse in PLC der Hardwarebaugruppe

Ziel der manuellen Adressvergabe in die Hardwarebaugruppe der PLC ist, die manuelle Adressvergabe zu erlernen und das Überschreiben dieser Adresse beim Übertragen des Steuerprogramms vom Programmiergerät in die Hardware PLC zu überprüfen.

Die S7-1500 CPU hat ein Display und Bedientasten. Das Display der CPU zeigt Ihnen in verschiedenen Menüs Kontroll- und Statusinformationen an. Mit den Bedientasten navigieren Sie durch die Menüs und nehmen dabei zahlreiche Einstellungen vor.

5: Display

Das Menü „Übersicht" beinhaltet Angaben über die Eigenschaften der CPU.

Das Menü „Diagnose" beinhaltet die Anzeige von Diagnosemeldungen.

Im Menü „Einstellungen" können Sie die IP-Adressen der CPU vergeben.

Navigieren Sie mir den Bedientasten zum Menü Einstellungen und betätigen die OK-Taste. Navigieren Sie mit den Bedientasten über Adressen, X1 zu IP-Adresse. Hier geben Sie die Adresse 192.168.0.101 und in die Subnetzmaske 255.255.255.0 ein. Übernehmen Sie Ihre Eingabe mit der Taste OK. Über die Taste ESC verlassen Sie das Menü. Kehren Sie in den Arbeitsbereich Ihres Projektes zurück.

Erstellung der Online-Verbindung

Voraussetzung: Die PLC ist mit dem Profinetkabel und dem Programmiergerät (PC/Laptop) verbunden. Die PLC (Hardwarebaugruppe) ist eingeschaltet und auf STOP geschaltet.

Öffnen Sie ihr erstelltes Steuerprogramm in der **Projektansicht**, **Projektnavigation**. Im Verzeichnis **PLC_1** (**CPU1512C-1PN**) öffnen Sie die **Gerätekonfiguration** Ihres Projektes.

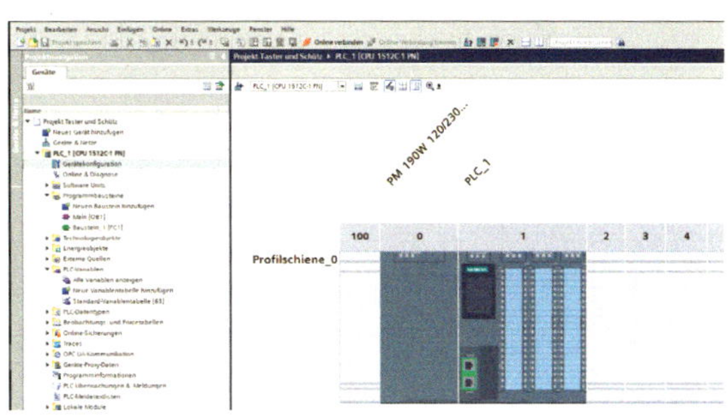

6: Projektansicht

Bevor Sie die Konfiguration übersetzen, sollte Ihr Projekt mit einem Klick auf die Schaltfläche **Projekt speichern** gespeichert werden. Um Ihre CPU mit der Gerätekonfiguration zu übersetzen, markieren Sie zuerst den Ordner „PLC_1 (CPU1512C-1 PN)" und klicken auf das Symbol „**Übersetzen**".

Wurde die Konfiguration ohne Fehler übersetzt, erscheint folgendes Bild im Infofenster.

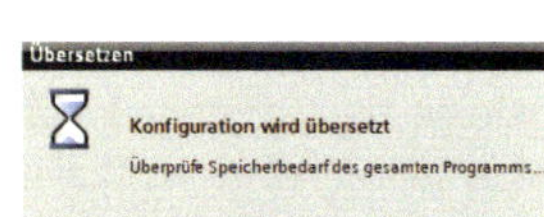

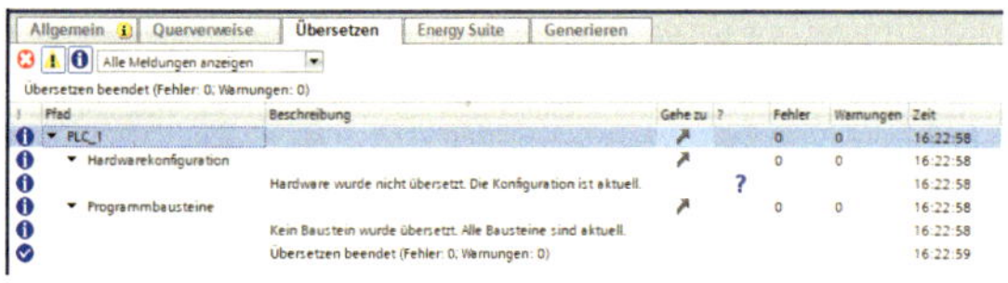

1: Informationsfenster Übersetzen

Laden der Hardwarekonfiguration in Gerät

Um Ihre gesamte Hardwarekonfiguration in das Gerät zu laden, markieren Sie wieder den Ordner „PLC_1 (CPU1512C-1 PN)“ und klicken in der Menüleiste auf **Online** und **Erweitertes Laden** in Gerät.

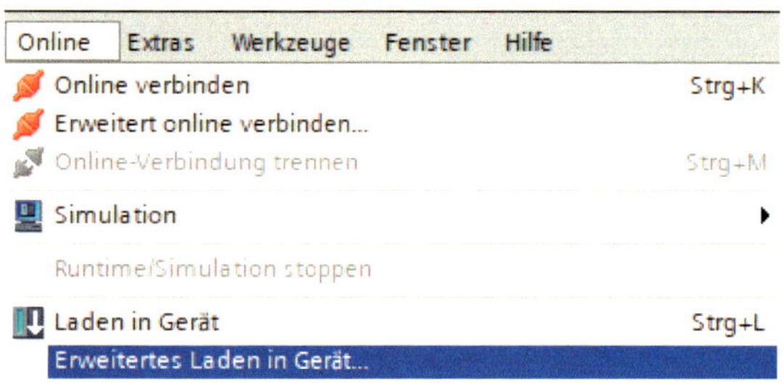

2: Menüleiste

Es öffnet sich der Manager zur Konfiguration von Verbindungseigenschaften (Erweitertes Laden).

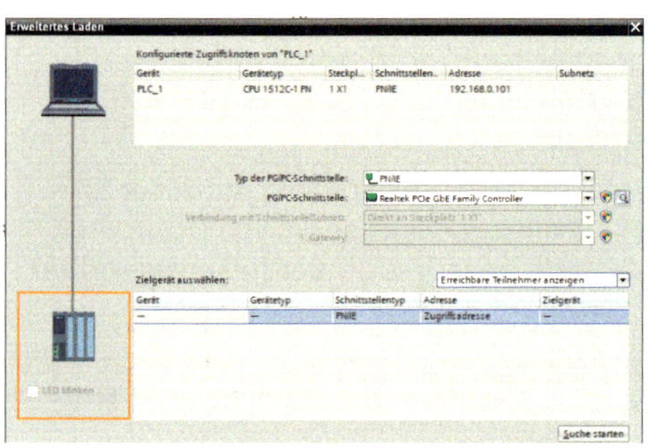

3: Manager von Verbindungseigenschaften

Als erstes muss die Schnittstelle korrekt ausgewählt werden. Dies erfolgt in zwei Schritten.

Typ der PG/PC-Schnittstelle: PN/IE
PG/PC-Schnittstelle: Realtek PCIe GBE Family Controller

Die konfigurierten Zugriffsknoten (Geräteeigenschaften) der PLC_1 lauten (Auszug).

Gerätetyp: CPU 1512C-1PN
Adresse: 192.168.0.101

Anschließend muss im Feld **Zielgerät auswählen** der Eintrag „**Erreichbare Teilnehmer anzeigen**“ aktiviert werden und die Suche nach den Teilnehmern im Netz mit einem Klick auf den Button **Suche Starten** gestartet werden.

Im folgenden Fenster wird das ausgewählte Zielgerät aufgelistet. Die manuell von Ihnen eingegebene Adresse in die PLC_1 wird angezeigt.

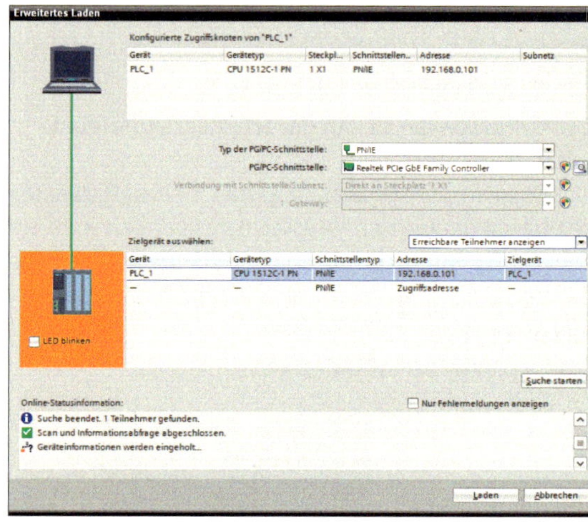

4: Zielgerät auswählen

Ausgewählte Teilnehmer im Zielgerät (Auszug)

Gerätetyp: CPU 1512C-1PN
Adresse: 192.168.0.1 (Zugriffsadresse)
Zielgerät: PLC_1 (Hardware)

Die Online Statusinformationen lauten:

Die Suche ist beendet. Es wurde ein Teilnehmer im Netz gefunden. Das Laden der Hardwarekonfiguration kann über **Laden** gestartet werden.

Beim erstmaligen Laden des Steuerprogramms in die Hardwarebaugruppe erscheint folgende Meldung:

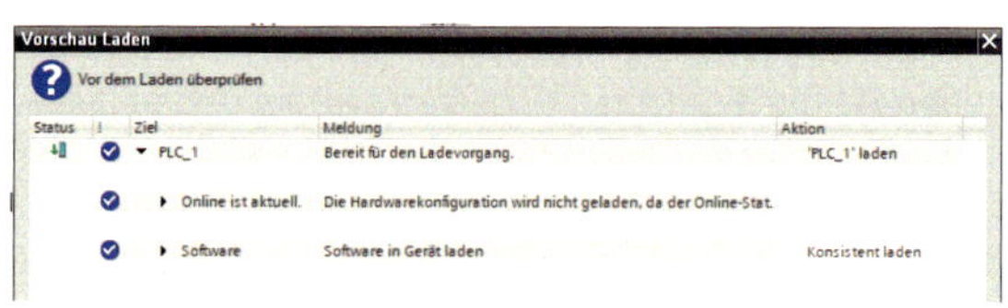

Drücken Sie den Button **Aktualisieren**. Es erscheint folgendes Fenster:

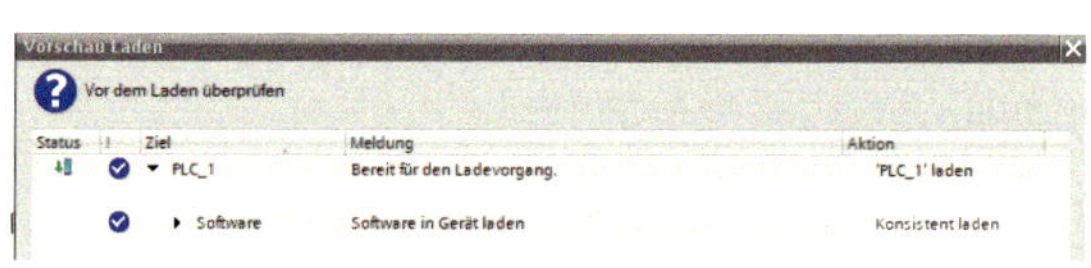

Drücken Sie den Button **Laden**. Der Ladevorgang wird durchgeführt und das erstellte Steuerprogramm an die Hardwarebaugruppe überspielt. Nach einem erfolgreichen Ladevorgang wird automatisch in die Projektansicht gewechselt. Laden Sie ihr Projekt erneut, z. B. nach einer Netzwerkerweiterung, so aktualisieren Sie den Ladevorgang beim Übersetzen mit **Aktualisieren**, **Laden**.

Im Infofeld unter „Allgemein“ erscheint ein Ladebericht. Dieser kann bei der Fehlersuche, im Falle eines nicht erfolgreichen Ladevorgangs, hilfreich sein.

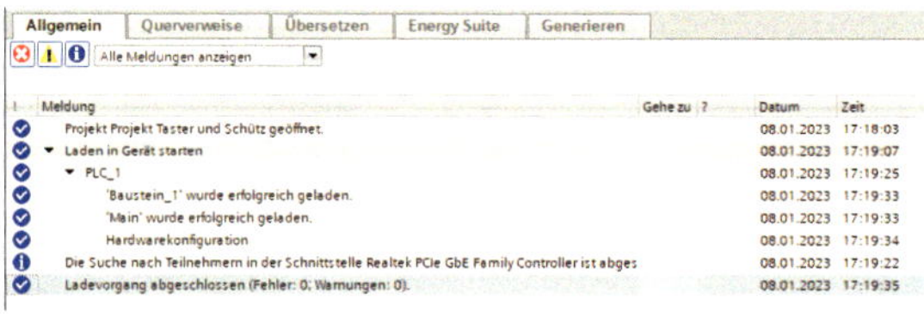

5: Ladebericht

Überprüfen Sie anschließend am Display der PLC (Hardware) die IP-Adresse. Folgende Adressvergabe ist ersichtlich: **192.168.0.101**.

6: Adressvergabe PG – PLC

Schalten Sie über die RUN-Taste im Bediendisplay der PLC auf **RUN**.

Programmtest FC1

Kehren Sie in die Projektansicht zurück und öffnen Sie in der **Projektnavigation**, **Programmbausteine** und **Gerätekonfiguration** den Baustein FC1 Ihres Projekts. Klicken Sie anschließend in der Menüleiste auf **Online** und **Beobachten**.

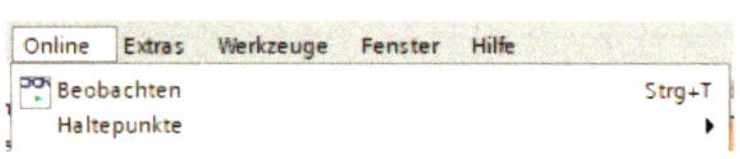

Im Arbeitsfenster wird das programmierte UND-Glied im Netzwerk1 angezeigt.

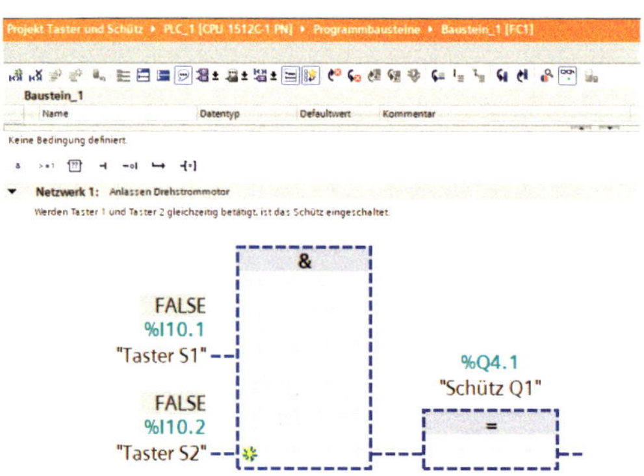

7: Arbeitsfenster und CPU-Bedienpanel

Im CPU-Bedienpanel, rechts neben dem Arbeitsfenster (**Testen**), wird der RUN-Zustand durch die grün leuchtende Signallampe angezeigt.

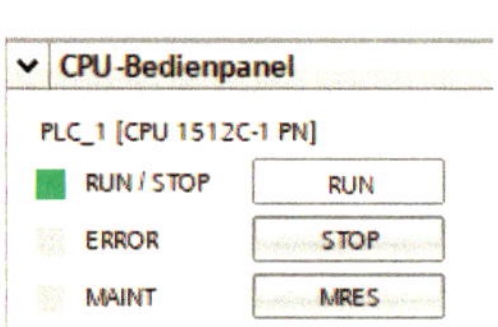

8: CPU-Bedienpanel

Im linken Fenster der Projektnavigation signalisieren die **grünen Kreise** das erfolgreiche **Laden der Hardwarekonfiguration**.

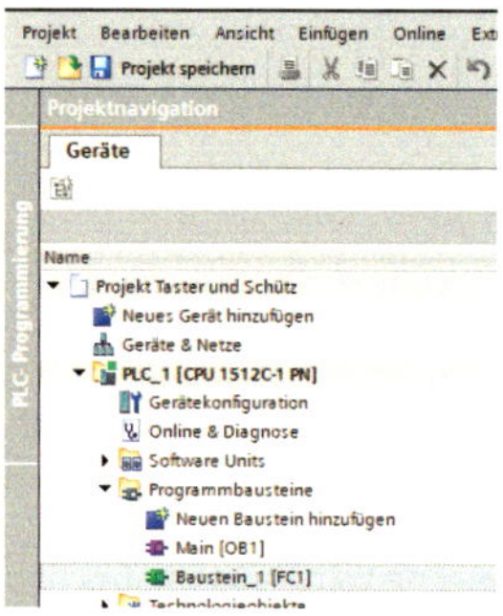

9: Ausschnitt aus Projektnavigation

Testen Sie jetzt mit den an den Signalmodulen angeschlossenen Sensoren und Aktoren Ihr Projekt im Netzwerk1.

Nach einem erfolgreichen Test stoppen Sie im CPU Bedienpanel den RUN Betrieb Ihres Projektes durch Aktivierung des Button STOP. Trennen Sie die Onlineverbindung durch einen Klick in der Menüleiste.

Speichern Sie Ihr Objekt, schließen Sie die einzelnen Fenster im Arbeitsbereich und verlassen Sie das TIA-Portal. Ihre Programmierung und der Test am realen System sind beendet.

- Für lokale Netzwerke sind IP-Adressen aus dem privaten Bereich zu benutzen. Diese sind in der Systemsteuerung meist gesondert einzutragen.
- Die Subnetzmaske unterteilt die IP-Adressen in einen Netz- und Teilnehmeranteil.
- Das erstellte Steuerprogramm wird durch das Laden der Hardwarekonfiguration in das Gerät übertragen
- Der Programmtest des Steuerprogramms erfolgt in der Projektnavigation, Programmbausteine und Gerätekonfiguration unter Online und Beobachten.

Aufgaben

1. Erstellen Sie ein Steuerprogramm zum Ein- und Ausschalten eines Schützes mit einem Speicherglied, vorrangiges Rücksetzen. Testen Sie Ihr Programm mithilfe der PLCSIM und der Hardwarebaugruppe CPU1512C-1PN.
2. Vergeben Sie im lokalen Netzwerk neue IP-Adressen.

Beantworten Sie folgende Fragen:

1. Warum muss jeder PC, welcher an das Internet angeschlossen ist, eine ihm zugewiesene IP-Adresse besitzen?
2. Was kennzeichnet ein lokales Netzwerk?
3. Was beinhaltet ein Ladebericht?

Steuerungstechnik

7.4 Bussysteme in der Automatisierungstechnik

Anhand der Rechnungsstellung der Fa. Krapf ist zu erkennen, dass die Verdrahtung der einzelnen Sensoren und Aktoren mit der SPS hohe Kosten bei der Projektierung der Schrankenanlage verursacht. Grund dafür ist die Art der Verdrahtung. Bei der Einzelverdrahtungstechnik werden alle Sensoren und Aktoren jeweils mit einer zweiadrigen Leitung an die Ein- bzw. Ausgänge der SPS angeschlossen. Jeder Sensor bzw. Aktor ist somit direkt mit der SPS verbunden (Abb. 1). Die Kosten für die Installation einer Steuerung liegen bei größeren Anlagen oft weit über den Kosten der Steuerungshardware. Dies rechtfertigt den Einsatz der **Bustechnik** [*bus technology*].

Durch die Verwendung von Bussystemen, kurz Bus genannt, ist es möglich, über eine gemeinsame Leitung (Busleitung) Signalzustände mehrerer Sensoren abzufragen. Weiterhin werden über diese Leitung die Steuerbefehle für die Aktoren übertragen (Abb. 2). Dies ermöglicht eine einfache und damit kostengünstige Installation.

Um dies praktisch umzusetzen, ist es notwendig, die angeschlossenen Teilnehmer mit unterschiedlichen **Adressen** [*adresses*] zu codieren. Diese Adressen werden bei der Übertragung den Signalen beigefügt. Damit ist es möglich, die Signale den einzelnen Baugruppen eindeutig zuzuordnen. Die Adresse teilt der SPS mit, von welchem Geber das Signal kommt und jeder Aktor erkennt anhand der Adresse, ob das aktuelle Steuersignal auf der Busleitung für ihn bestimmt ist.

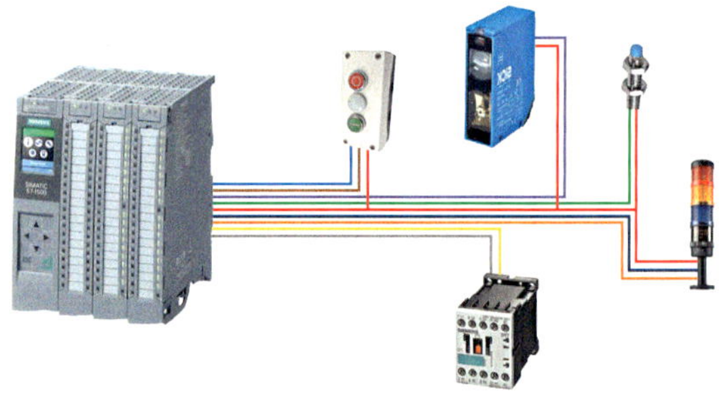

1: Einzelverdrahtung (schematische Darstellung)

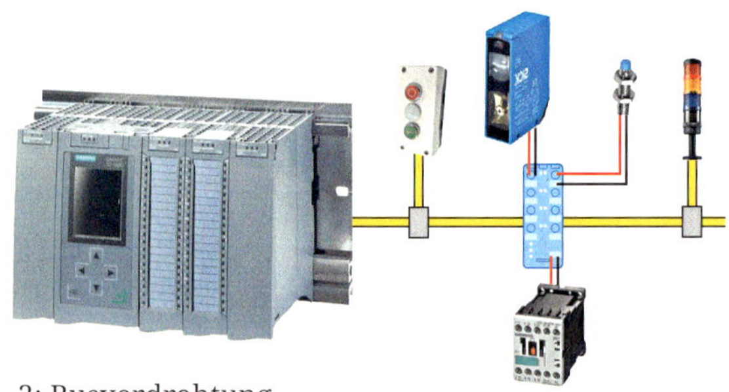

2: Busverdrahtung

Ebenen der Automatisierungstechnik

Aufgrund unterschiedlicher Anlagenbedingungen und Steuerungsaufgaben gibt es verschiedene Bussysteme. Jedes dieser Systeme besitzt spezielle Leistungsmerkmale. Die Wahl für ein System ist abhängig von den vorgegebenen Automatisierungsaufgaben. Diese werden hinsichtlich ihrer Komplexität in Ebenen unterteilt (Abb. 3).

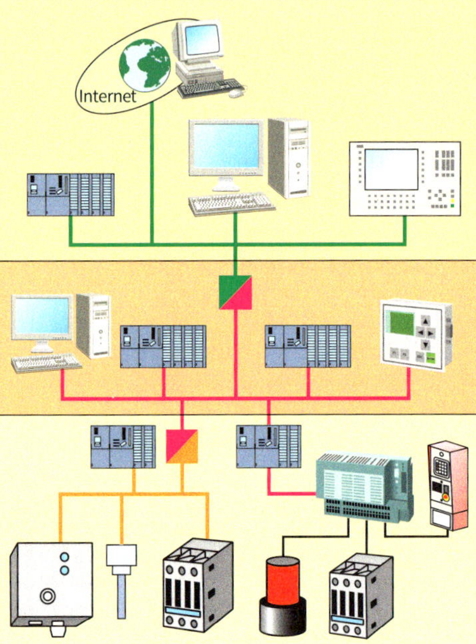

In der **Leit- und Planungsebene** erfolgt die Koordination einzelner Produktionsbereiche. Hier fließen große Datenmengen aller Produktionsbereiche zusammen. Beispielsweise werden Daten erfasst, um entsprechend den Wareneinkauf zu lenken oder den Lagerbestand zu erfassen. Hinzu kommt die Dokumentation des Produktionsprozesses im Rahmen der Qualitätssicherung oder zur Optimierung einzelner Produktionsschritte. In dieser Ebene erfolgt auch die Anbindung an das Internet über herkömmliche Rechnersysteme. Das geeignete Bussystem ist z. B. das **Industrial Ethernet**.

In der **Zellebene** (betriebliche Ebene) erfolgt der Datenaustausch zwischen zwei speicherprogrammierbaren Steuerungen, PCs und Geräten zum Bedienen und Beobachten von Produktionsprozessen. Es lassen sich einzelne Produktionseinheiten miteinander vernetzen. Für diese Ebene ist beispielsweise der **PROFIBUS** geeignet.

In der **Feldebene** erfolgt der Datenaustausch zwischen den Ein- und Ausgabegeräten (Aktoren und Sensoren), auch Feldgeräte genannt, mit dem Automatisierungsgerät. Die Feldgeräte erfassen dabei Signale aus dem technischen System. Diese werden anschließend an das Automatisierungsgerät übertragen und dort verarbeitet. Die zu verarbeitende Datenmenge ist gering. Jedoch werden hohe Anforderungen an die Verarbeitungsgeschwindigkeit gestellt. Geeignete Bussysteme dafür sind der **ASI-Bus** oder der **PROFIBUS DP**.

3: Ebenen der Automatisierungstechnik

7.4.1 ASI-Bus (Aktor-Sensor-Interface)

Der ASI-Bus wurde für die unterste Automatsierungsebene (Aktor-Sensor-Ebene) entwickelt. Er dient zum Anschluss von Sensoren und Aktoren (Feldgeräte) an die SPS.

Der ASI-Bus ist ein Single-Master-System. Dabei steuert und überwacht die SPS als Master den Datenaustausch auf dem Bus. Aktoren und Sensoren werden als **Slaves** bezeichnet. Der Master ruft über eine Adresse jeden einzelnen Slave auf. Anschließend überträgt ein Sensor Daten über die Busleitung an den Master oder ein Aktor liest Daten vom Master ein. Die jeweiligen Adressen werden den Slaves zuvor mit Hilfe eines speziellen Adressierungsgerätes zugewiesen. ASI-Slaves sind passive Teilnehmer und antworten nur, wenn sie vom Master angesprochen werden. Von sich aus können Slaves nicht auf den Bus zugreifen.

Zum Aufbau eines ASI-Busnetzes sind die folgenden Komponenten notwendig (Abb. 4).

Masterunit	Netzgerät
Busleitung	Koppelmodul

4: Komponenten eines ASI-Busnetzes

Masterunit

Der Anschluss der SPS an ein ASI-Busnetz erfolgt über eine Kommunikationsbaugruppe. Die Baugruppe CP PtP RS 232 BA der Firma Siemens dient im Beispiel als Master (Abb. 5), welche zusätzlich zu den SPS-Baugruppen erworben werden muss. Die Befestigung der Baugruppe erfolgt auf der S7-1500 Profilschiene. Die Versorgungsspannung der Baugruppe erfolgt über die Systemstromversorgung.

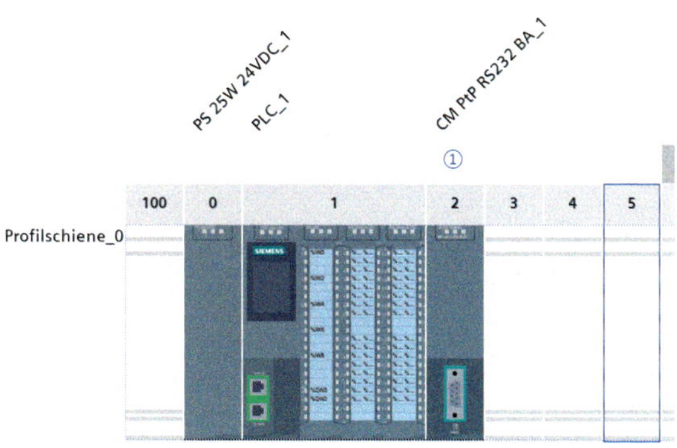

5: Kommunikationsbaugruppe CM PtP

Busleitung

Sie verbindet die einzelnen ASI-Baugruppen miteinander. Dafür wird eine ungeschirmte Zweidrahtleitung verwendet, die als Rund- oder auch als speziell geformte Flachbandleitung angeboten wird (Abb. 6). Sie dient gleichzeitig der Daten- und Energieübertragung.

Bei der Flachbandleitung ist aufgrund des normierten-Profils eine Verpolung angeschlossener ASI-Baugruppen nicht möglich.

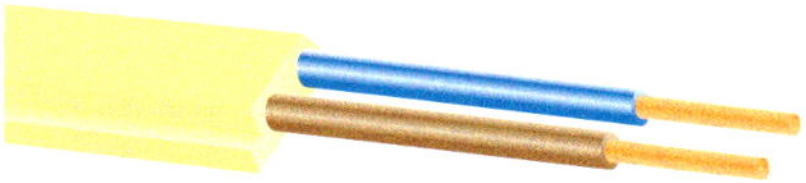

6: ASI-Flachbandleitung

Netzgerät

Die Energieversorgung der einzelnen Feldgerte erfolgt über die gelbe Busleitung mit einer Busspannung von 30 V DC. Es ist wichtig, ein spezielles ASI-Netzgerät zu verwenden, da bei herkömmlichen Netzteilen die Bussignale gedämpft würden. Dazu wird das Netzgerät direkt an die Busleitung angeschlossen. Aktoren mit hohem Strombedarf werden über eine zusätzliche schwarze Profilleitung mit 24 V versorgt. Dazu ist ein zusätzliches **konventionelles** Netzgerät erforderlich.

Koppelmodul (Anwendermodul)

Zum Anschluss der Slaves an die ASI-Busleitung verwendet man Koppelmodule (Abb. 7). Es gibt **aktive** und **passive Koppelmodule**.

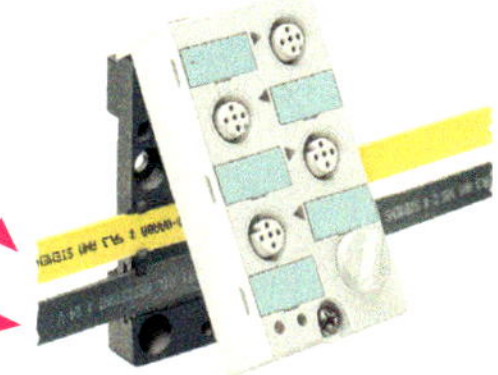

7: ASI-Koppelmodul

Aktive Koppelmodule dienen dazu, herkömmliche Aktoren (z. B. Motorstarter, Relais oder Meldegeräte) und Senoren (binäre Sensoren wie induktive oder kapazitive Näherungsschalter, optische Sensoren oder NOT-AUS-Taster) an den Bus abzuschließen. In diesen Modulen ist die Elektronik zum Ansteuern des ASI-Busses integriert. Über Analogmodule lassen sich auch analog arbeitende Feldgeräte betreiben.

Passiven Koppelmodulen fehlt diese Ansteuerelektronik. Mit ihnen lassen sich nur **intelligente ASI-Slaves** mit integrierten ASI-Chip an den Bus ankoppeln. Diese Slaves können auch direkt an die Busleitung angeschlossen werden.

- Der ASI-Bus dient zur Anbindung von Aktoren und Sensoren an die SPS.
- Der Anschluss eines ASI-Busses an eine SPS erfolgt über eine Kommunikationsbaugruppe.
- Die Busleitung dient zur Übertragung von Daten und zur Energieversorgung der Slaves.
- Bei der Flachbandleitung ist aufgrund des normierten-Profils eine Verpolung angeschlossener ASI-Baugruppen nicht möglich.
- Die Energieversorgung erfolgt über die gelbe Busleitung.

Slaves

ASI-Slaves sind Geräte, die speziell für den Anschluss und die Kommunikation im ASI-System konstriert wurden. Die Abb. 1 zeigt den Anschluss zweier aktiver Slaves (Dreichfachtaster Slave 1 und Signalleuchte Slave 3) und das aktive Koppelmodul (Slave 2), an welchen die passiven Slaves Relais, induktiver Sensor und Schütz angeschlossen sind.

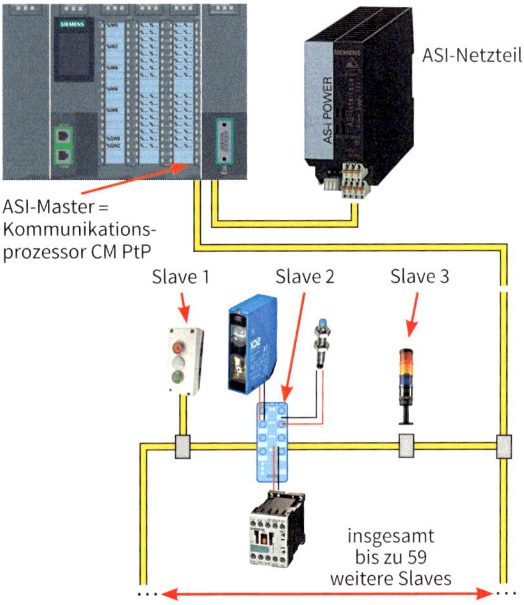

1: Prinzipieller Aufbau eines ASI-Bussystems

Sind die ASI-fähigen Slaves mit einem integrierten Chip ausgerüstet, so können sie auch direkt an die gelbe ASI-Leitung über einen Flachkabelabgriff (Abb. 2,) angeschlossen werden.

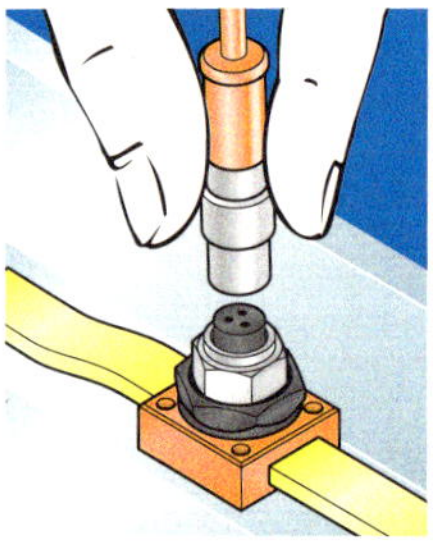

2: Flachkabelabgriff

Aufbau

Die Abb. 3 zeigt eine weitere ausführliche Konfiguration der beschriebenen Komponenten.

Installation eines ASI-Systems

Die Installation eines ASI-Systems wird in drei Stufen durchgeführt:

Adressierung ⇒ Montage ⇒ Konfiguration

Adressierung der Teilnehmer (Slaves)

Damit die Slaves von der Masterbaugruppe (CtP) eindeutig erkannt werden, benötigen alle Slaves eine eigene Adresse. Zum Adressieren der Adressen kann neben der Hardwarekonfiguration auch der Anschluss an ein Adressiergerät vorgenommen werden. Die gewünschte Adresse ist dann dauerhaft auf dem Speicher des jeweiligen Slave hinterlegt.

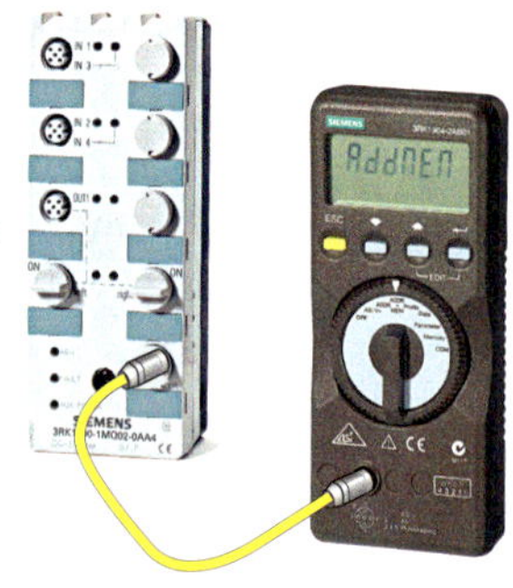

4: Koppelmodul mit angeschlossenem Adressiergerä

Montage der Teilnehmer

Sensoren und Aktoren werden wie bisher montiert. Jeder Teilnehmer wird mit der Busleitung verbunden. Koppelmodule werden mittels Durchdringungstechnik an die Busleitung angeschlossen.

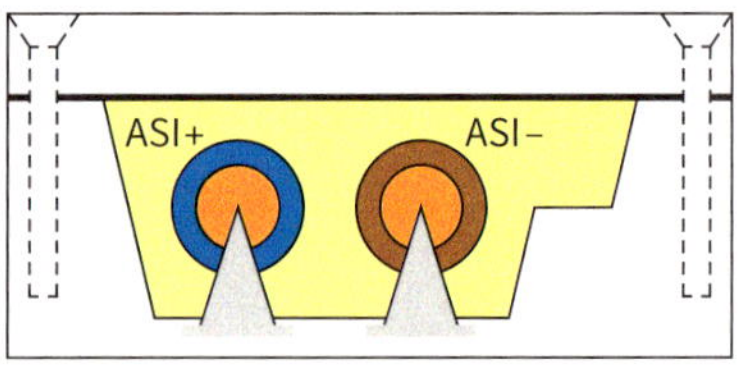

5: Querschnitt Koppelmodul mit Flachbandleitung

Dabei werden Kontaktspitzen durch die Isolation auf die Leiterbahnen gedrückt (Abb. 5). Das Netzteil wird wie alle Busteilnehmer an das Bussystem angeschlossen. Der Ein- und Ausbau der Slaves kann ohne Unterbrechung bei laufender Anlage erfolgen.

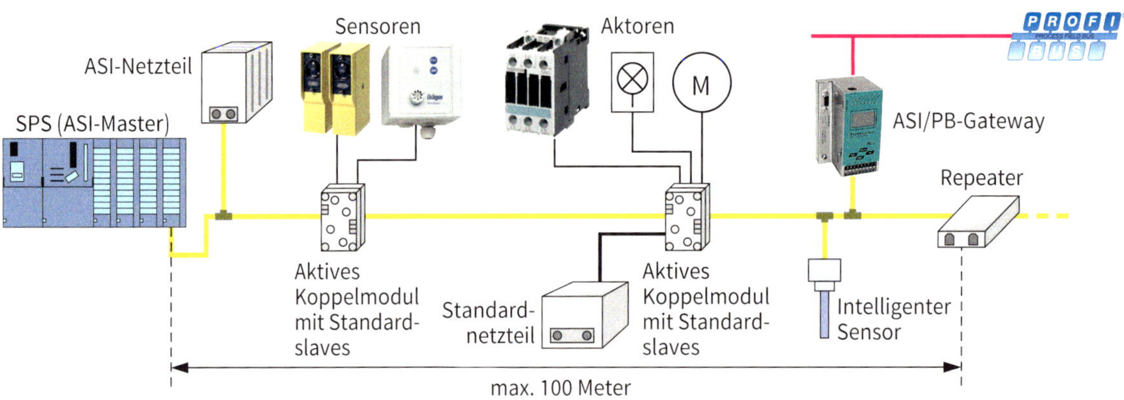

3: Konfiguration eines ASI-Systems

Konfiguration des Masters

Der Master wird mit der Busleitung verbunden und in Betrieb genommen. Über einen Funktionsaufruf ermittelt der Master selbständig die Anzahl und Einstellungen der angeschlossenen Slaves. Die ASI-Adressen der Slaves werden den E/A-Adressen zugewiesen. Die E/A-Adressen sind dem Master (SPS) aufgrund der Hardwarekonfiguration vorgegeben.

Bei der Installation sind die technischen Daten des ASI-Systems zu beachten. Es gibt mehrere Versionen, welche sich hinsichtlich ihrer Leistungsfähigkeit unterscheiden.

	Version 2.0	Version 2.1
Anzahl der Slaves	max. 31 mit je 4 Ein- und Ausgängen	max. 62 mit je 4 Ein- und Ausgängen
Übertragung	Daten und Energie bis 8 A	Daten und Energie bis 8 A
Max. Zykluszeit	5 ms	10 ms
Leitungslänge	max. 100 m, mit Repeater 300 m	max. 100 m, mit Repeater 300 m

6: Technische Daten eines ASI-Systems

Ein ASI-Bus zeichnet sich durch einen kostengünstigen und robusten Aufbau aus und ist speziell für die unterste Ebene der Automatisierungstechnik ausgelegt. Er kann als Untersystem für nahezu alle anderen Bussysteme dienen. Der Anschluss zu einem übergeordneten Bussystem, (z. B. Profibus) erfolgt über **Gateways** (Abb. 3, Seite 202). Es arbeitet als Protokollumsetzer und kann dadurch die unterschiedlichen Netze miteinander verbinden, sodass eine Kommunikation über verschiedene Ebenen möglich ist.

Über einen **Repeater** (engl. to repeat = wiederholen) kann die Länge eines ASI-Netzes vergrößert werden. Er regeneriert das ASI-Signal und gewährleistet so eine störungsfreie Signalübertragung über die vorgegebene Länge von 100 m hinaus.

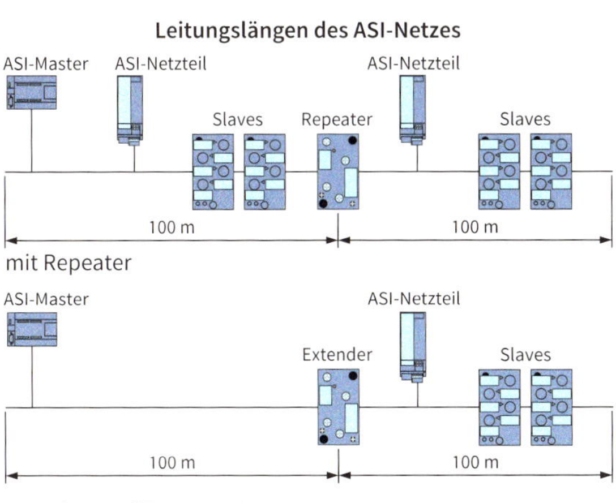

7: Leitungslängen ASI-Netz

7.4.2 Gebäudeautomation mit AS-Interface

Die heutige Gebäudeautomation zeichnet sich durch folgende wesentliche Merkmale aus:

- **Vernetzung von Systemen & Gebäuden**, welche zur Erhöhung der Komfort- und Sicherheitsanforderungen beiträgt.

- **intelligente Steuerung (Systeme)** von Heizungs-, Lüftungs- und Klimaanlagen

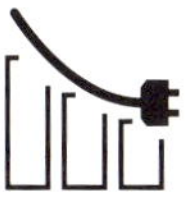

- **geringer Energieverbrauch** durch intelligente Regelung von Strom, Licht, Klima- und Brandschutz

Um solche Systeme für die moderne Gebäudetechnik und Gebäudesteuerung zu schaffen, bedarf es zahlreicher, dezentral montierter Sensoren und Aktuatoren. Besonders wichtig für die Gebäudeautomatisierung und Gebäudesystemtechnik ist dabei, dass die Installation und Montage einfach erfolgen.

Anwendungsbeispiele Gebäudeautomation

Das AS-Interface wird bspw. für Installationssysteme, etwa zur Ansteuerung von

- Brandschutz- / Entrauchungsklappen,
- Jalousieantrieben oder
- Heiz- / Kühldecken eingesetzt.

Vorteile von Gebäudeautomation mit AS-Interface

- Deutlich geringerer Installationsaufwand gegenüber konventioneller Verdrahtung
- Reduzierung von Brandlasten durch wesentlich weniger Kabel im Gebäude
- Sicherheitsgerichtete Lösungen (bis zu SIL3 möglich)
- Nachträgliche Installation von Modulen ohne Öffnen von Brandschottungen, kein nachträgliches Kabelziehen zum Schaltschrank

- Die Übertragung von Daten auf zwei Leitungen reduziert den Montage- und Inbetriebnahmeaufwand erheblich.
- Durch die freie Topologie von ASI können Änderungen und Ergänzungen mit minimalem Aufwand durchgeführt werden.

Aufgaben

1. Welche Vorteile ergeben sich bei der Verwendung eines Bussystems im Vergleich zur konventionellen Verdrahtung?
2. Beschreiben Sie die unterschiedlichen Ebenen eines Automatisierungssystems.

7.4.3 Profibus

Der Profibus eignet sich besonders für schnelle und zeitkritische Anwendungen in der Fertigungs- und Prozessautomatisierung. Der Aufbau ist mit einem ASI-System vergleichbar. Über einen Master (Kommunikationsprozessor) werden die Slaves einer Anlage gesteuert.

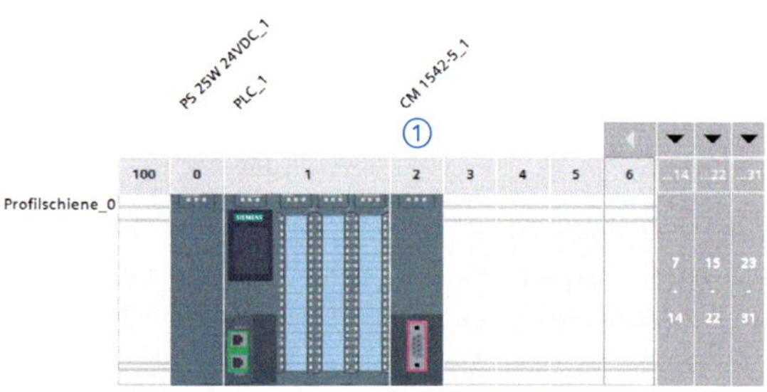

1: SPS-Baugruppe mit Profibusanschluss (aus Hardwarekommunikation Simatic S7)

Die Abbildung 1 ① zeigt die Anordnung einer SPS mit einer Kommunikationsbaugruppe CM 1542 (**Mono-Master-Systems**). Die einzelne Baugruppe ist in Abbildung 2 dargestellt.

Kommunikationsbaugruppe CM 1542	
Die Kommunikationsbaugruppe CM 1542 dient als Master für die Simatic S7-1500. Sie verfügt über eine RS 485-Schnittstelle (9-polige Sub-D-Buchse) für den Anschluss der Profibus-Leitung. 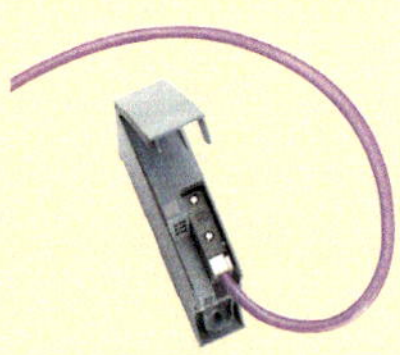	
Technische Daten (Auszug)	
Spannungsversorgung	über Systemstromversorgung

2: Kommunikationsbaugruppe CM 1542

Alternativ kann aus der Produktfamilie der Simatic S7-1500 auch eine profibusfähige CPU ausgewählt werden. Die SPS mit Profibusanschluss zeigt die Abbildung 3, welche die Bezeichnung CPU 1516-3 PN/DP ② trägt und auf Steckplatz 1 der Profilschiene angeordnet ist. Sie kommt überwiegend in der Industrie zur Anwendung.

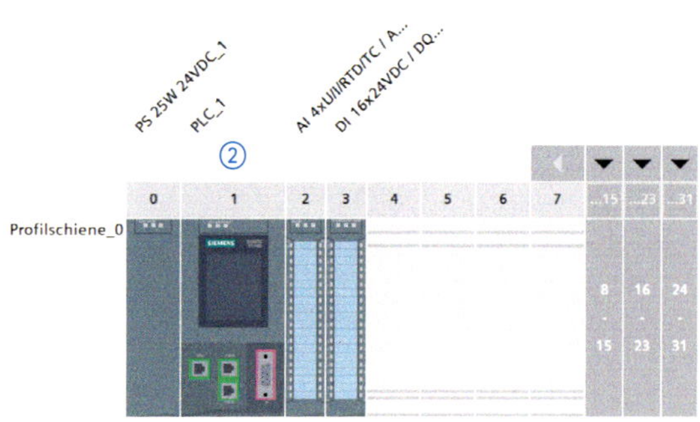

3: CPU (PLC) mit Profibusanschluss

Simatic S7-1500 CPU 1516-3 PN/DP Zentralbaugruppe	
Die CPU 1516-3 PN/DP ist eine Zentralbaugruppe der Simatic S7-1500-ter Reihe. Sie verfügt über eine – Schnittstelle, PROFINET – Schnittstelle, Ethernet und – Schnittstelle, PROFIBUS. (RS 485-Schnittstelle (9-polige Sub-D-Buchse) für den Anschluss der Profibus-Leitung). 	
Technische Daten (Auszug)	
Spannungsversorgung	über Systemstromversorgung

4: Zentralbaugruppe (PLC) 1516-3 PN/DP

Das Profibus-System unterteilt sich in die folgenden Varianten:

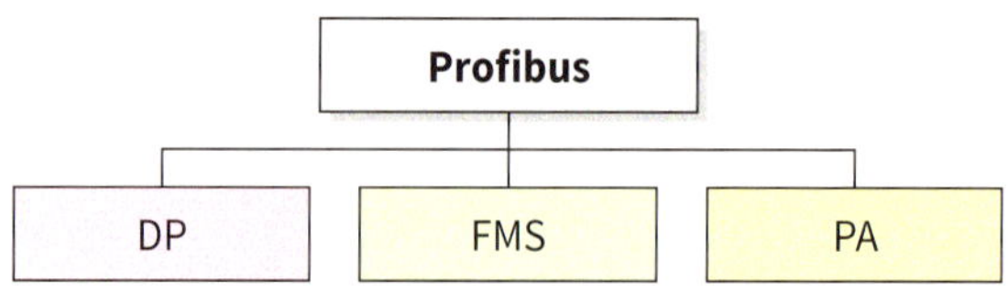

5: Profibusvarianten

Profibus – DP (**D**ezentrale **P**eripherie)
Das DP-System eignet sich für einen einfachen und schnellen Prozessaustausch zwischen einem Automatisierungsgerät (SPS oder PC) und der dezentralen Peripherie (z. B. Messumformer, Antriebe, Ventile).

Der Begriff „**Dezentrale Peripherie**" (DP) kennzeichnet dabei die Möglichkeit, die Peripheriegeräte (Feldgeräte) weit entfernt von der SPS einzusetzen (Abb. 6). Die Feldgeräte werden an ein Peripheriegerät (i. B. ET 200 MP) ③ angeschlossen.

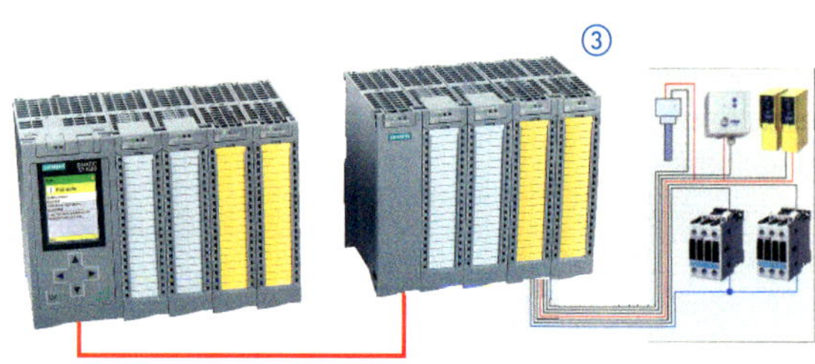

6: Profibus DP mit Peripheriegerät

Dieses kann dezentral, also am Montageort der Peripherie, montiert werden. Als Master dient eine profibusfähige CPU oder eine SPS mit entsprechender Kommunikationsbaugruppe. Die Spannungsversorgung der ET 200 L erfolgt über ein Lastnetzgerät. Es versorgt zudem die 24 V-DC Laststromkreise der angeschlossenen Feldgeräte. Ein- und Ausgabebaugruppen, die gewöhnlich Teil der SPS sind, sind nicht mehr notwendig.

Dezentrales Peripheriegerät ET 200 MP	
Das Peripheriesystem ET 200 MP in Schutzart IP20 wird sowohl als zentrale Peripherie mit S7-1500 als auch in **dezentralen** Konfigurationen mit PROFIBUS eingesetzt. Es dient zum Anschluss verschiedenartiger Sensoren und Aktoren.	
Technische Daten (Auszug)	
Erweiterbarkeit	Erweiterbarkeit der Station mit bis zu 12 Peripheriebaugruppen bei PROFIBUS.

7: Dezentrales Peripheriegerät ET 200 MP

Die Verbindung zur Zentraleinheit der SPS erfolgt über eine geschirmte, verdrillte Zweidrahtleitung. Damit ist eine Netzausdehnung bis 10 km möglich, bei der Verwendung von Lichtwellenleitern bis 50 km.

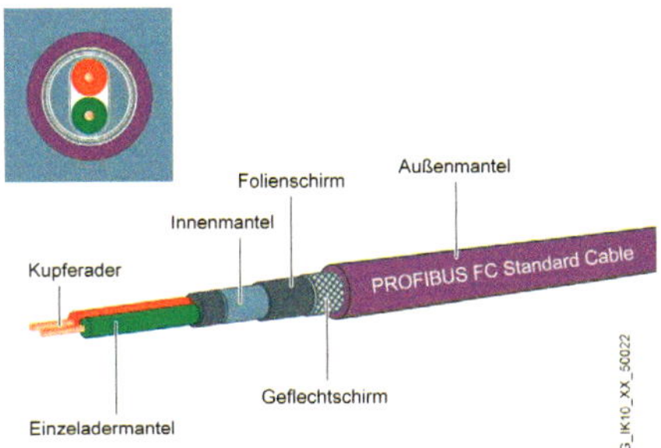

8: Standard Profibus-DP-Leitung

Profibus – FMS (**F**ield **M**essage **S**pecification)
Der Profibus FMS ist vorrangig einsetzbar für die Kommunikation zwischen Automatisierungsgeräten auf der Zellebene und zur Anbindung intelligenter Geräte auf der Feldebene.

Profibus – PA (**P**rocess **A**utomation)
Mit dem PA-System wird der Anschluss von Sensoren und Aktoren in explosionsgefährdeten Betriebsstätten möglich.

Anschluss eines ASI-Systems an den Profibus
Ein ASI-Master soll als Gateway (oder Link) an eine bestehende Profibus-Anlage angeschlossen werden. Dazu ist ein DP/ASI-Interface Link notwendig.

Vom Profibus kann über das AS-Interface DP/AS-Interface Link auf die Ein- und Ausgänge der AS-Interface Slaves zugegriffen werden. Dabei können sowohl Standard-Slaves als auch Slaves mit erweiterten Adressbereichen verwendet werden.

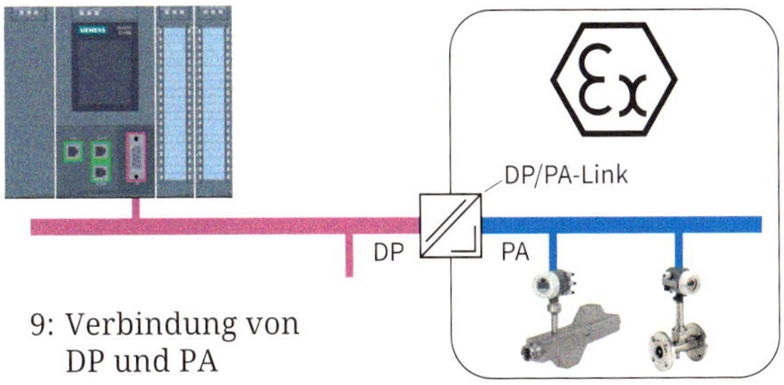

9: Verbindung von DP und PA

7.4.4 Ethernet, Industrial Ethernet (IE)

a) Ethernet
Das Ethernet ist das meist verwendete **LAN** (**L**ocal **A**rea **N**etwork – lokales Netzwerk). Es ist ein örtliches, meist auf ein Gebäude bzw. Gebäudekomplex begrenztes **Netzwerk**, z. B. einer Gemeinde- oder Stadtverwaltung. Diese Netze werden von den Firmen selbst betrieben und sind je nach Größe und technischer Ausstattung in verschiedene Hierarchien unterteilt.

Seine Anwendung findet das Ethernet hauptsächlich in der Bürokommunikation der **Leit- und Planungsebene** des Ebenenmodells (s. S. 200, Abb. 3), In dieser Ebene erfolgt auch die Anbindung an das Internet herkömmlicher Rechnersysteme.

b) Industrial Ethernet (IE)
Das Industrial Ethernet stellt eine technische Erweiterung des Standard Ethernets aus der allgemeinen Bürokommunikation dar. Es benutzt den Standard des Ethernets, wobei seine Netzwerkkomponenten (Übertragungsmedien, Stecker) industrietauglich sind. In der Automatisierungstechnik und Gebäudeautomation wurde es möglich, Daten zwischen der Büro- und Produktionsebene auszutauschen oder über das Internet zu übertragen.

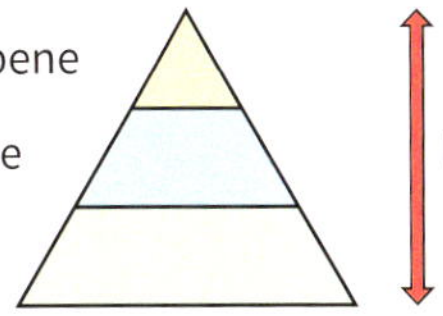

10: Vereinfachtes Ebenenmodell

Das Industrial Ethernet bietet eine wesentliche Steigerung der Übertragungsrate im Vergleich zu Feldbussen (Beispiel Profibus DP bis 12 Mbit/s; Ethernet bis 1000 Mbit/s).

Zusammen mit ASI- und Profibus ist nun eine lückenlose Vernetzung von der Leitebene bis zur Feldebene möglich. Somit stehen Fertigungs- und Prozessdaten für die Produktionsplanung und -überwachung zur Verfügung.

Als Übertragungsmedien werden **Twisted-Pair-Leitungen** mit **RJ45 Steckverbindungen** verwendet.

11: Twisted-Pair-Leitung

12: RJ-45 Stecker

Auch die Verwendung von **Lichtwellenleitern** oder eine drahtlose Datenübertragung (Wireless-LAN) sind möglich.

- Zusammen mit ASI- und Profibus ist eine durchgängige Verbindung von der Leit- zur Feldebene im Industrial Ethernet möglich.

7.4.5 Profinet

Profinet (**Pro**cess **Fi**eld **Net**work – Netzwerk der Prozess- und Fertigungsautomation) ist ein Bussystem, welches aus dem Industrial Ethernet hervorgegangen ist. So wurden Netzwerkkomponenten übernommen und neue Komponenten industrietauglich weiterentwickelt.

An die Komponenten des Profinet wurden besondere Anforderungen gestellt. Sie müssen für den Einsatz bei extremen Temperaturen, Staubbelastung, Feuchtigkeit und hohen elektromagnetischen Belastungen ausgelegt sein. Der Temperaturbereich liegt bei 0 °C bis 60 °C. Die Datenrate beträgt beim Profinet bis 10 Gbit/s.

Das dargestellte Netzwerk, zeigt die Vernetzung des Profinet ① mit anderen Bussystemen, dem Profibus ② und dem ASI-Bus ③.

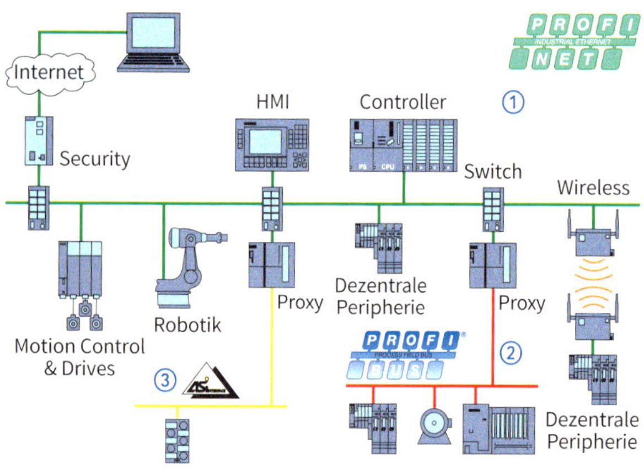

1: Netzwerk Profinet IO, Profibus, ASI-Bus

PROFINET IO (**I**n **O**ut) ist ein **Steuerungskonzept**, bei dem eine SPS (Controller) **dezentrale Feldgeräte** über Ethernet steuert (vergleichbar mit PROFIBUS DP). Ferner können Robotik, Antriebe, HMI und andere Feldbusse über Proxy sowie Feldgeräte mittels WLAN eingebunden werden. Über Internet ist ein Fernzugriff auf die Anlage möglich (Abb. 1).

Der Aufbau und die Arbeitsweise eines PROFINET IO Systems ist vergleichbar mit PROFIBUS DP. Es gibt drei Geräteklassen, die in PROFINET festgelegte Namen haben (Abb. 2):

- Supervisor (Programmier- und Parametriergerät) ④
- IO-Controller (zentrale SPS) ⑤
- IO-Devices (dezentrale Feldgeräte) ⑥

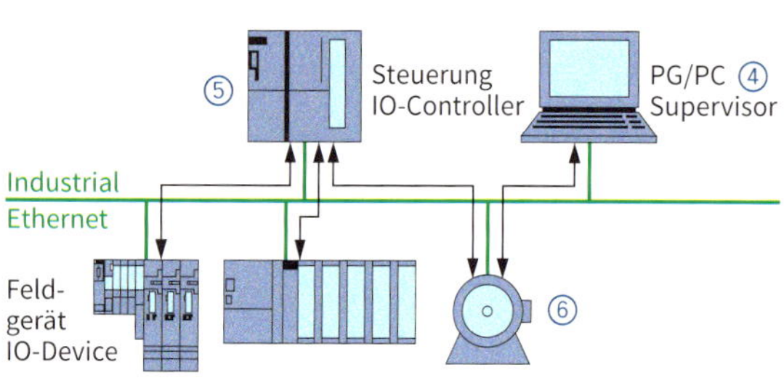

2: Geräteklassen in Profinet

Die profibus- und **profinetfähige CPU** 1516F-3 PN/DP (fehlersichere PLC) ist auf der Profilschiene auf Steckplatz 1 ⑦ entsprechend der Hardwarkonfiguration angeordnet.

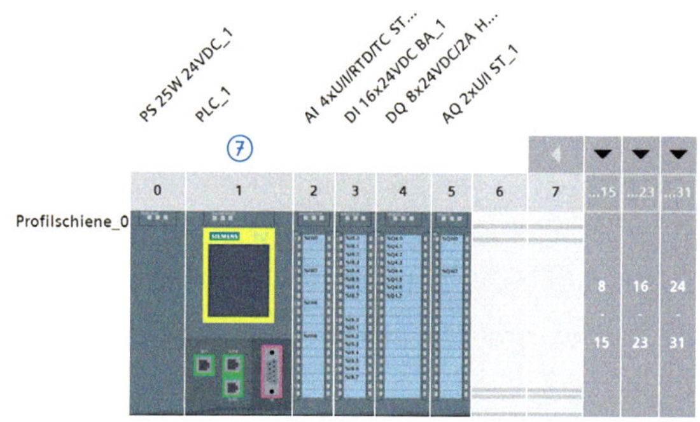

3: SPS-Baugruppenanordnung auf Profilschiene

Sie besitzt zwei Anschlüsse (Schnittstellen) für Profinet und je einen Anschluss für Ethernet und Profibus.

Simatic S7-1500 CPU 1516F-3 PN/DP

Die CPU 1516F-3 PN/DP ist eine Zentralbaugruppe der Simatic S7-1500-ter Reihe.

4: Zentralbaugruppe (PLC) 1516F-3 PN/DP

Datenverkehr

Im Profinet findet der Datenaustausch zwischen dem Controller (SPS) und den Feldgeräten über eine Profinetleitung ⑧ statt. Dies sind eine Vierdraht-Kupferleitung oder eine Lichtwellenleiter-Rundleitung.

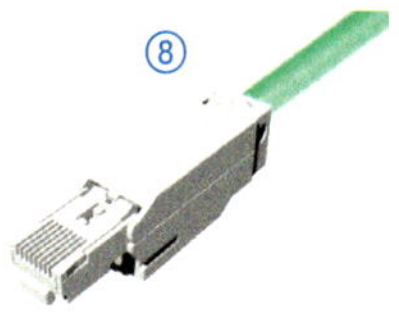

5: RJ 45 Stecker mit Profinetleitung

Adressierung im Ethernet/Profinet

- **Physikalische Adresse / MAC-Adresse**

Jedes Profinet-Gerät besitzt eine fest vorgegebene **MAC-Adresse**. Sie ist die physikalische Adresse, eine Hardwareadresse. Diese Adresse ist häufig auf dem Gerätegehäuse aufgedruckt.

Beispiel: <u>00 - 0F - 9D</u> - <u>CC - F5 - 58</u>
Hersteller-Nummer, freiwählbare Nummer

- **Logische Adresse / IP-Adresse**

Die logische Adresse, die **IP-Adresse** (**I**nternet-**P**rotokoll-Adresse) wird z. B. vom Programmierer eigenständig während der Hardwarekonfiguration für jedes Profinet-Gerät vergeben. Sie ist notwendig, damit ein Gerät als Teilnehmer angesprochen werden kann.

Die IP-Adresse legt auch fest, welche Busgeräte im Netz miteinander kommunizieren.

Das aktuelle Profinet-Protokoll beinhaltet die Version **IPv6**, welche aus 16 Byte (128 Bit) besteht. Die vorherige Version **IPv4** besteht aus 4 Bytes (32 ist), welche im Weiteren vorgestellt wird.
(Beispiel einer IP-Adresse IPv4: 192.168.0.225)

Die nachfolgend gewählte **IP-Adresse** ist in zwei Hauptblöcke gegliedert:

Die **Netzwerkerkennung** wird auch Netzwerk-ID (Netz-ID) bezeichnet. Sie dient zur Adressierung des Netzes in welchem z. B. ein Produktionsprozess abläuft (Heizungs-, Lüftungs- und Klimaanlage).

Welcher Teil der IO-Adresse die Netzadresse bestimmt, wird durch die **Subnetzmaske** festgelegt. Hier wäre die Subnetzmaske mit 255.255.0.0 anzugeben.

Die **Teilnehmerkennung** ist die Host-ID. Sie dient zur Adressierung der Teilnehmer innerhalb des Netzes (Frequenzumrichter für die Belüftungssteuerung). Somit ist es auch möglich, mehrere Netzteilnehmer z. B. IO-Controller in Gruppen zusammenzufassen.

Als **Teilnehmeradresse** dürfen die erste Adresse (=Netzadresse, hier 192.254.0.0) und die letzte Adresse (=Broadcastadresse, hier 192.254.255.255) innerhalb eines Netzes nicht verwendet werden. In diesem Netz sind 254 · 254 Teilnehmer adressierbar.

IP-Adressen werden in verschiedene Klassen eingeteilt, die Netzklassen A, B und C, welche in Abb. 6 aufgelistet sind.

Eine andere Schreibweise einer IP-Adresse ist die CDIR-Maske. Hinter der IP-Adresse fügt man einen Schrägstrich ein und trägt eine Dezimalzahl an.

Beispiel: 192.254.28.90/16

Der gewählte Wert 16 gibt an, dass die ersten 16 Bits den Netzteil und die beiden hinteren Bits den Hostteil darstellen. Bei Profinet IO kommt die CDIR-Maske zur Anwendung.

In kleineren Anlagen der Gebäudetechnik (Heizungs-, Lüftungs- und Klimatechnik) können auch kleinere Netze (lokale Netze) **ohne Internetanbindung** mit TCP/IP betrieben werden. Aus diesem Grund gibt es auch IP-Adressen für den lokalen bzw. privaten Gebrauch (Abb. 8).

Netzklasse	IP-Adresse
A	10.0.0.0 – 10.255.255.255
B	172.16.0.0 – 172.31.255.255
C	192.168.0.0 – 192.168.255.255

7: Adressbereich ohne Internetanbindung

Die abgebildeten Adressen werden von Routern nicht weitervermittelt und in das Internet übertragen.

Anwendungsbeispiel:
Es soll ein lokales (privates) Netzwerk mit einem PC, einem Controller, einer Unterstation und Switch erstellt werden.
Mit dem Taster S1 soll der Melder P1, mit dem Taster S2 der Melder P2 eingeschaltet werden.

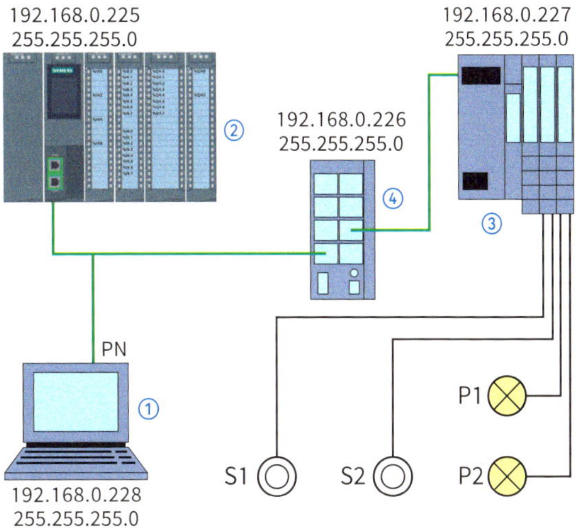

8: Profinet-Anlage

Supervisor: Programmiergerät ①
Controller: SPS ②
Device: ET 200 ③
Netz-ID: 192.168.0
Host-ID: 225, 226, 227,228

Gewählte Netzklasse: C 192.168.0
Es sind nur wenige Teilnehmer im Netz.

Switch ④
Ein Switch ist ein Datenverteiler. Er kann mehrere Sender und Empfänger über seine Anschlüsse (Ports) miteinander verbinden. Alle Profinet-Geräte, welche mit diesem Switch verbunden sind befinden sich in einem gemeinsamen Subnetz.

- Durch den Einsatz von Switches wird das Ethernet echtzeitfähig (Switched Ethernet).

Netzklasse	IP-Adressbereich	Netz-ID	Host-ID	Subnetzmaske	Netze	Teilnehmer
A	0.0.0.0 – 127.255.255.255	1	3	255.0.0.0	128	16387064
B	128.0.0.0 – 191.255.255.255	2	2	255.255.0.0	16384	64516
C	192.0.0.0 – 223.255.255.255	3	1	255.255.255.0	2097152	254

6: Netzklassen

7.4.6 I/O-Link in der Automatisierung

Vorbetrachtungen zur Messwerterfassung-, Messwertwandlung und Messwertverarbeitung

Mit einem PT-100 Sensor ① wird die Temperatur in einem Vorratsbehälter im Messbereich von +0 °C bis +50 °C aufgenommen. Dem Temperatursensor ist ein **Temperturmessumformer** ② (***temperature transducer***) nachgeschaltet. Der Umformer normiert die Temperatursignale auf einen Spannungsbereich von 0 – 10 V.

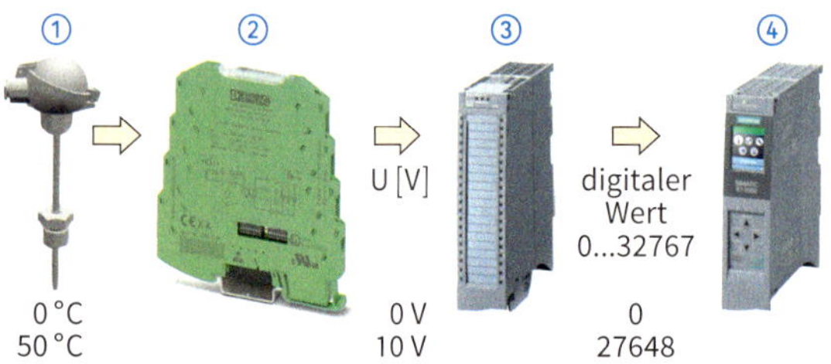

1: Informationsfluss Sensor – SPS

Der Messumformer gibt entsprechend den über DIP-Schalter vorgenommenen Einstellungen bei 0 °C eine analoge Spannung von 0 V und bei 50 °C eine Spannung von 10 V ab.

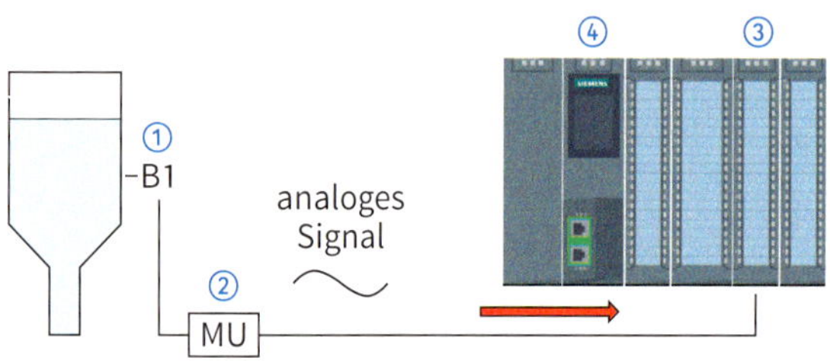

2: Signalübertragung analoges Messsignal

Das normierte analoge Spannungssignal wird anschließend auf den **Eingang der Analogwertbaugruppe** ③ der SPS gegeben. Da in der CPU (PLC) nicht mit analogen Signalen gearbeitet wird, erfolgt in den Baugruppen eine Wandlung des analogen in ein digitales, ein binäres Signal. Die interne Baugruppe wird als A/D-Wandler bezeichnet.

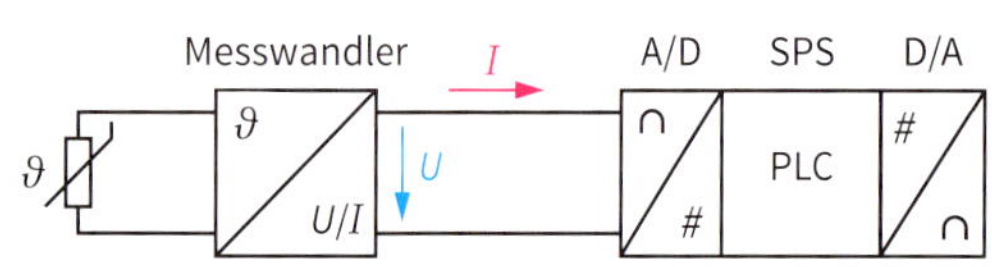

3: Informationsfluss schematisch

Die digitalen Signale werden im Steuerprogramm der CPU ④ weiterverarbeitet. Im weiteren Verlauf erfolgt eine erneute Wandlung des digitalen Wertes in einen analogen Wert. Das erfolgt mithilfe eines Digital-Analog-Wandlers. Der analoge Wert wird an den Ausgang der analogen Ausgabebaugruppe gegeben und an den Steuerprozess gesandt.

Nachteile der analogen Signalübertragung:
- Mehrfache Umwandlungen führen zu fehlerhaften Übertragungen (bis zu 1 %)
- EMV und andere externe Einflüsse können unbemerkt das Analogsignal beeinflussen.

Intelligente, smarte Sensoren

Ein **intelligenter Sensor** (*smart sensor*) ist ein Sensor, der neben der eigentlichen Messgrößenerfassung auch die komplette Signalaufbereitung und Signalverarbeitung in einem Gehäuse vereinigt.

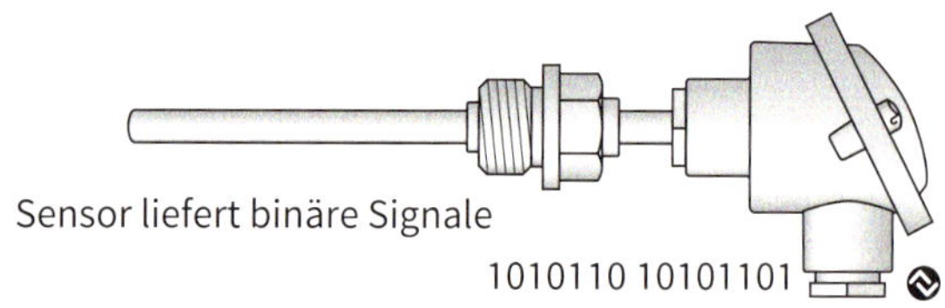

4: Sensor mit digitalen Ausgangssignalen

Die technologische Basis eines solchen intelligenten Sensors bietet die Mikrotechnik und Nanotechnologie.

Analoge smarte Sensoren ⑤ erfassen reale Betriebszustände (z. B. die Temperatur im Behälter) und wandeln diese in **digitale Signale** (digitale Daten). Anschließend werden sie über die **Masterbaugruppe** ⑥ an die CPU der SPS ④ übertragen. Anstelle eines analogen Ausgangs realisiert der Sensor jetzt eine **digitale Schnittstelle**, den **IO-Link**. Diese Schnittstelle ermöglicht den Datenaustausch mit jedem IO-Link Master und der SPS.

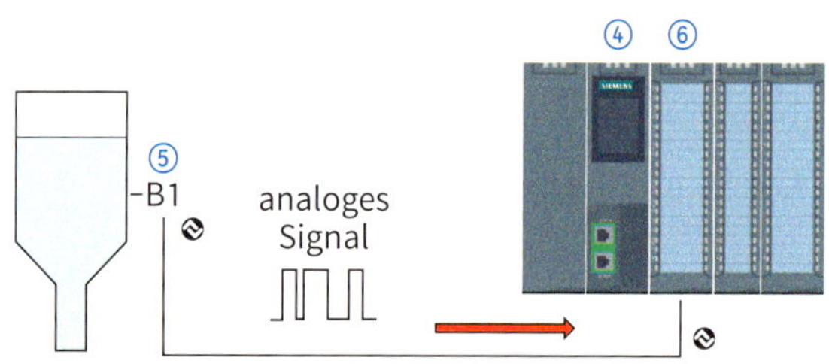

5: Signalübertragung didgitales Messsignal

Im technischen Sprachgebrauch bedeutet dies, es werden **digitale Ein- und Ausgänge zur Signalübertragung miteinander verbunden**. Die analogen Baugruppen zur Messwerterfassung (Strom- und Spannungssignale) werden durch die Masterbaugruppe der SPS ersetzt.

Das Messsignal wird im Sensor nur einmal in digitale Daten umgewandelt und verarbeitet und über eine 3-adrige Standardleitung an den IO-Link Master und dann an die Steuerung übertragen.

IO-Link-Master

Ein IO-Link-Master kann **einen** oder **mehrere** IO-Link-Anschlüsse haben, an dem jeweils nur ein Device (Sensor oder Aktor) angeschlossen werden kann.

Der IO-Link Master ist als Bestandteil einer I/O-Baugruppe entweder
- im Schaltschrank in der SPS-Baugruppe oder
- in der Schutzart IP 65/67 direkt im Feld installiert.

6: IO-Link-Master (Feld)

Er stellt somit **keinen** Feldbus dar, sondern ist eine **Peer-to-Peer Verbindung**.

Der IO-Link-Master stellt somit die Schnittstelle zur überlagerten Steuerung zur Verfügung und **steuert die Kommunikation** mit den angeschlossenen IO-Link-Geräten (Sensoren und Aktoren).

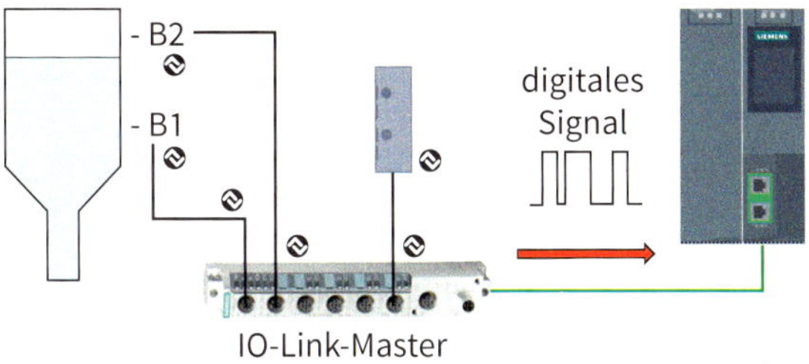

7: IO-Link-Master im Feld, Anschluss an PLC

Was ist ein IO-Link?

IO-Link ist die erste, weltweit standardisierte **IO-Technologie** (IEC 61131-9) um mit Sensoren und auch Aktoren zu kommunizieren. Die leistungsfähige **Punkt-zu-Punkt Kommunikation** basiert dabei auf dem bekannten 3-Leiter Sensor und Aktor Anschluss ohne weitere zusätzliche Anforderungen an das Kabelmaterial. IO-Link ist somit **kein Feldbus**, sondern die Weiterentwicklung der bisherigen, erprobten Anschlusstechnik für Sensoren und Aktoren.

IO-Link-System

Ein IO-Link-System besteht aus einem IO-Link Master und einem IO-Link Device (Sensor und Aktor).

IO-Link Verbindung

Der IO-Link Sensor wird über eine maximal 20 Meter lange, ungeschirmte Sensorleitung an den Master angekoppelt. Diese sorgt für die digitale Signalübertragung zur SPS. Die Signalübertragung vom Sensor zur Masterbaugruppe erfolgt zunächst konventionell im SIO-Mode, dem Standard IO-Mode. Mittels eines definierten Befehls wird die digitale Kommunikation gestartet (IO-Link).

Über die in der Feldebene typische und standardisierte 3-Leiter Anschlussleitung erfolgt die Versorgung des Feldgerätes (Pin 1 und Pin 3) und die Signalübertragung (Pin 4).

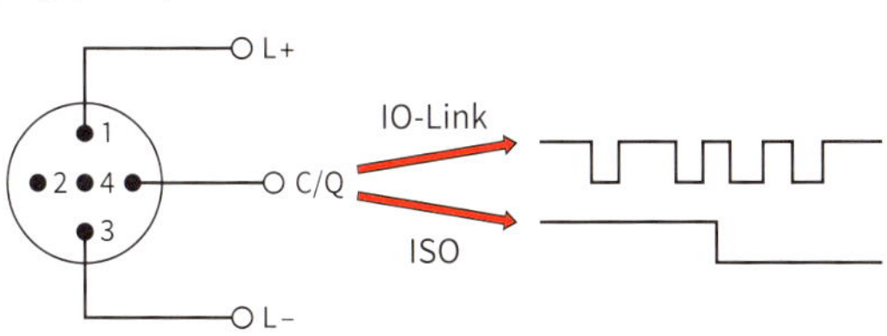

8: Steckerbelegung der Sensorleitung

PIN	Signal	Bemerkungen
1	L+	24 V
2	Ausgang	sensorabhängig
3	L–	0 V
4	C/Q	Schalt- u. Kommunikationsleitung

Vorteile digitaler Signalübertragung

- Keine Messwertverluste durch mehrfache A/D-Umwandlungen
- Abgeschirmte Leitungen werden überflüssig und die Signalübertragung wird einfacher und sicherer.

Die Systemarchitektur des IO-Link reicht jetzt in vertikaler Form von der Feldebene bis zur Leitebene.

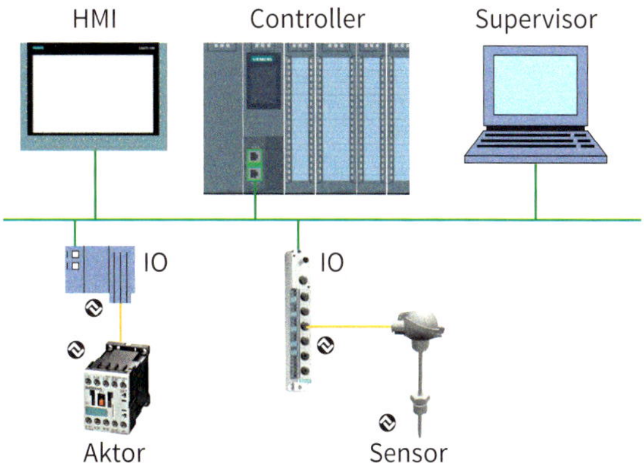

9: Systemarchitektur

IO-Link-Signalübertragung

Im IO-Link-System liefern die Sensoren und Aktoren über die Masterbaugruppe keine Spannungs- oder Stromsignale. Die zu übertragenden Informationen werden in einem **Datenwort** (16 Bit) auf der Sensor- und Aktorleitung übertragen. Der Inhalt des Datenwortes entspricht dabei dem **Wert der gemessenen physikalischen Größe**. Eine Normierung muss jetzt nicht mehr im SPS-Programm vorgenommen werden.

Anwendungsbeispiel:

In einem IO-Link-Master, zentral hinter einer S7-1500 CPU auf der Profilschiene angeordnet, sind vier Eingänge für jeweils einen Sensor vorgegeben. In der Gerätekonfiguration der SPS ist dem IO-Link-Master der Adressbereich von %IB 20 bis %IB 27 vorgegeben. Um die Kommunikation/Datenaustausch mit der SPS (PLC) zu realisieren, werden die angeschlossenen Sensoren mit den absoluten Adressen angesprochen. So erhalten die Sensoren an den Eingängen 1 und 2 die Adressen %IW 20 und %IW 22.

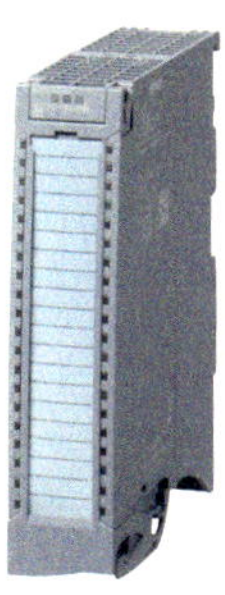

10: Kommunikationsmodul IO-Link-Master

- Ein intelligenter Sensor erzeugt analoge und binär schaltende Signale, die Prozesssignale, welche über den IO-Link direkt digitalisiert und vom Sensor zur Master-Baugruppe und anschließend zur SPS übertragen werden.
- Die digital übertragenen Signale sind Prozesssignale, welchen den aktuell gemessenen Wert in digitaler Form entsprechen.
- Die Kommunikation zwischen dem IO-Link-Sensor und der SPS regelt der IO-Link-Master.

Der IO-Link als offene Schnittstelle

Als **offene Schnittstelle** kann der IO-Link in alle gängigen Feldbus- und Automatisierungssysteme eingesetzt werden. Entwickelt wurde der offene Kommunikationsstandard durch die IO-Link-Firmengemeinschaft, in der sich führende Anbieter von Automatisierungsprodukten zusammengeschlossen haben, um das Konzept in allen Bereichen der Steuerungstechnik, der Sensorik und Aktorik zu unterstützen.

IO-Link-Lösung von Siemens

Die IO-Link-Lösung sorgt auch in der gebäudetechnischen Automation für die durchgängige Kommunikation vom Engineering und der Visualisierung bis zur Schaltschrank- oder Feldinstallation mit den angeschlossenen Sensoren und Aktoren.
Die Antwort liefert Siemens mit dem offenen Kommunikationsstandard, dem IO-Link. Sensoren und Aktoren werden einfach in den Datenfluss eingebunden.

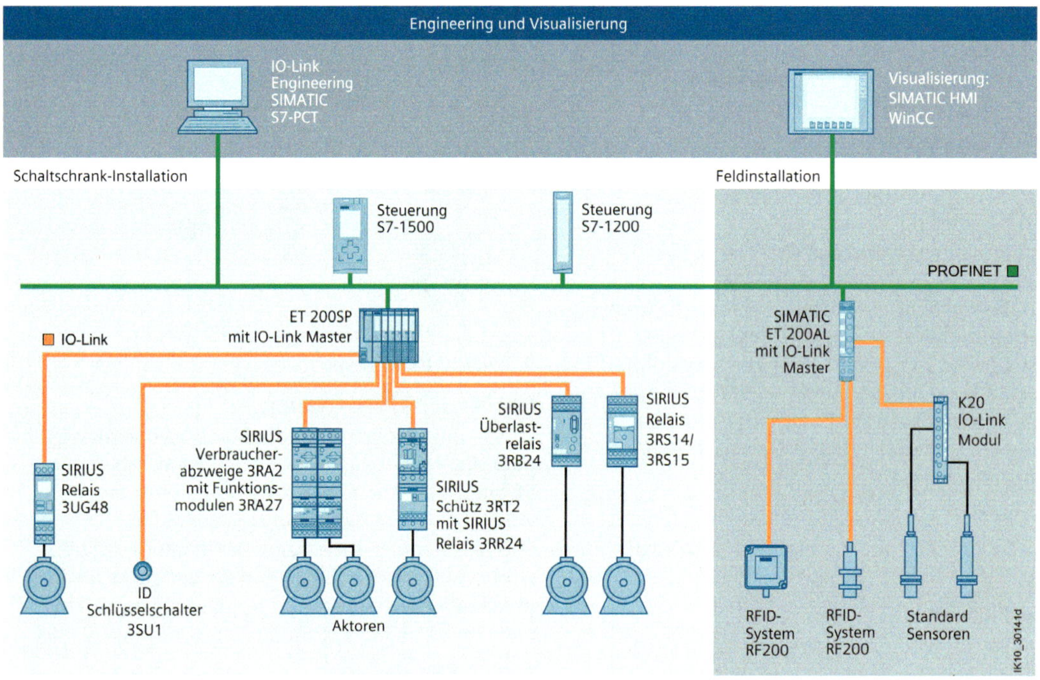

1: Offene Datenkommunikation mit IO-Link

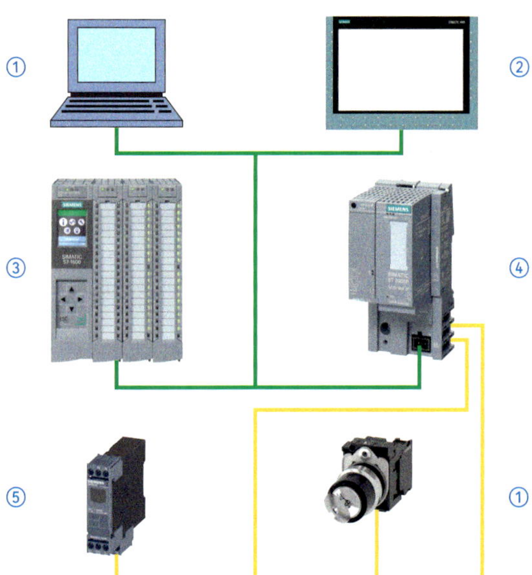

2: IO-Link-Lösung der durchgängigen Kommunikation

① **IO-Link Engineering Simatic S7-PCT**
Schnelle Diagnose
- Erkennung und Meldung von Ereignissen
- Reduzierter Aufwand bei der Fehlersuche
- Minimierung von Ausfallzeiten

Effizientes Engineering
- Schnelle und einfache Inbetriebnahme der IO-Link Geräte

② **Visualisierung Simatic HMI, WIN CC**
Hohe Prozesstransparenz
- Optimierung des Energiebedarfs

③ **Steuerungseinheit, SPS**

④ **ET 200 SP mit IO-Link Master**
Einheitliche Verdrahtung
- Schneller, fehlerfreier Wechsel von konventioneller Verdrahtung zu IO-Link Technologie

Automatische Parametrierung
- Vermeidung von Fehlereinstellungen

Reduzierter Verdrahtungsaufwand

⑤ **Überwachungsrelais für IO-Link**

⑥ **Schlüsselschalter**

8 Antriebssysteme

8.1 Modernisieren eines Lastenaufzuges

Elektro Huber 

Ziegelei Eder 

Ein Mitarbeiter der Firma Elektro Huber erhält einen Anruf der Ziegelei Eder, in dem ihm mitgeteilt wird, dass der Lastenaufzug (Abb. 4) in der Ziegelei während der Fahrt wiederholt Probleme macht.

Da der Aufzug häufig benötigt wird und ein Totalausfall den Betriebsablauf stark stören würde, wird bereits für den nächsten Tag ein Gesprächstermin an der Aufzugsanlage vereinbart, bei dem eine genaue Fehleranalyse erfolgen soll.

Der Mitarbeiter informiert seinen Chef über diesen Anruf der Ziegelei. Herr Huber entscheidet sich, die Fehleranalyse an der Aufzugsanlage selbst durchzuführen, da es sich bei der Ziegelei Eder um einen langjährigen Kunden handelt.

Es ergibt sich dabei folgender Gesprächsablauf:

4: Lastenaufzug

Guten Tag Herr Eder. Beschreiben Sie mir noch einmal genau das Problem.

Herr Huber, es freut mich, dass Sie persönlich diese Angelegenheit bearbeiten. Nun, der Motor läuft lauter als sonst und ruckelt. Es kam schon vor, dass Waren von der Palette heruntergefallen und dabei zerbrochen sind. Ich schalte den Aufzug einmal ein und Sie können sich selbst ein Bild machen.

Nachdem Herr Eder die Anlage in Betrieb gesetzt hat, arbeitet der Motor ungewöhnlich laut und läuft unrund. Aus diesem Grund ruckelt der Aufzug während des Betriebs.

Ist das der einzige Fehler oder haben Sie noch weitere Probleme festgestellt?

Ja. Ich habe bemerkt, dass bei längerem Betrieb der Motor warm wird. Außerdem löst manchmal ein Schalter im Schaltschrank aus. Ich kann ihn erst wieder nach ein oder zwei Minuten einschalten.

Bitte zeigen Sie mir den Schalter!

5: Motorschutzschalter

Herr Eder öffnet den Schaltschrank und zeigt den abgebildeten Schalter (Abb. 5).

Das ist der Motorschutzschalter. Er schaltet immer dann, wenn durch den Motor zu große Ströme fließen. Das gezeigte Verhalten des Motors und das häufige Abschalten des Motorschutzschalters deuten darauf hin, dass der Motor defekt ist oder eine größere Leistung erbringen muss, als ursprünglich für ihn vorgesehen war.

Damit ich den Fehler genau eingrenzen kann, brauche ich von Ihnen noch die Schaltungsunterlagen des Aufzugs.

Herr Eder holt die Unterlagen aus dem Büro und übergibt sie Herrn Huber.

Vielen Dank für die Schaltungsunterlagen Herr Eder. Sobald ich Genaueres weiß, werde ich mich bei Ihnen melden.

Um den Auftrag des Ziegeleibesitzers zu bearbeiten, überlegt sich Herr Huber die weitere Vorgehensweise (Mind-Map Abb. 1).

Zur Fehlerbehebung an der Aufzugsanlage muss er zunächst die bestehende Anlage analysieren ①. Anschließend will Herr Huber in einem Gespräch mit dem Kunden die Ergebnisse der Fehleranalyse erläutern und Vorschläge zur Lösung unterbreiten.

Dabei will er dem Kunden sowohl Vorschläge für eine Reparatur des Aufzuges machen, als auch die Vorteile einer Neuinstallation des doch schon sehr alten Antriebes unterbreiten.

Entscheidet sich der Kunde für eine Neuinstallation, wird im weiteren Verlauf eine Planung des Auftrages durchgeführt. Dabei sind die Planung des Antriebs ② und die Planung der Steuerung ③ notwendig.

Abschließend wird die Anlage nach den gültigen Vorschriften errichtet ④ und in Betrieb genommen. Die Übergabe an den Kunden ⑤ bildet den Abschluss des Auftrages.

Die Aufzugsanlage in der Ziegelei des Herrn Eder ist ein Lastenaufzug (Abb. 2).

Deshalb soll geklärt werden,

- was damit transportiert werden soll,
- welche anderen Aufzugsarten es gibt und
- welche Bedingungen dabei vorausgesetzt werden.

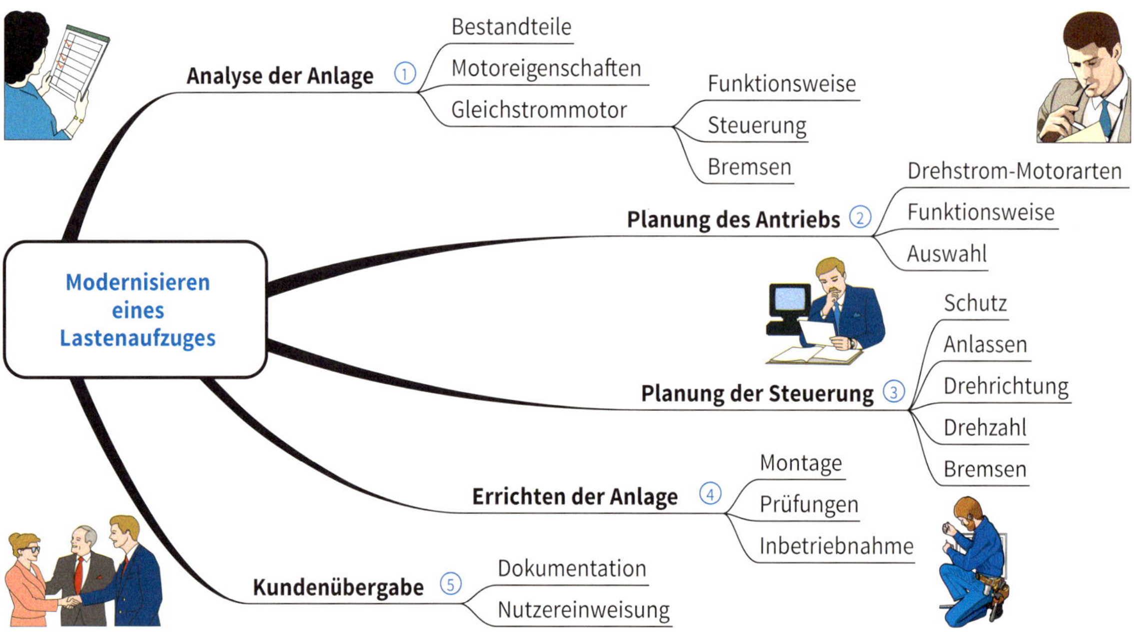

1: Auftragsabwicklung

Welche Aufzugsanlagen gibt es?

Personenaufzug

Diese Aufzüge dienen in erster Linie zum Transport von Menschen.

Sie unterliegen aufgrund der Personengefährdung (Personeneinschluss im Aufzug, Quetschgefahren an Türen, Absturzsicherung) einer Reihe von Vorschriften. Diese sind zum Großteil in der Aufzugsrichtlinie (2014/33/EU) zusammengefasst. Darüber hinaus müssen auch mehrere EN-Vorschriften beachtet werden.

Eingesetzt werden sie z. B. in Wohn- und Geschäftshäusern.

Lastenaufzug

In einem Lastenaufzug dürfen Lasten und eingewiesene Personen befördert werden.

Früher durfte in solchen Aufzügen auf die Fahrkorbtüren verzichtet werden. Nach einigen schweren Unfällen müssen die Lastenaufzüge zumindest mit Lichtvorhängen als Sicherung nachgerüstet werden. **Neue** Lastenaufzüge werden nach der EN 81 grundsätzlich mit Fahrkorbtüren ausgerüstet.

Lastenaufzüge werden in Produktionsgebäuden, Lagerhallen und Einkaufszentren eingesetzt.

Güteraufzug

Diese Aufzüge dürfen nur zum Transport von Sachen, z. B. Paletten und Müllcontainern, benutzt werden. Hier dürfen **keine** Personen transportiert werden.

Aufzüge dieser Art unterliegen den Sicherheitsvorschriften der Aufzugsrichtlinie und der Maschinenrichtlinie.

Sie werden eingesetzt in Hotels (z. B. Speiseaufzüge), in Lagern und Ähnlichem.

2: Aufzüge

8.2 Analyse der Anlage

8.2.1 Bestandteile der Aufzugsanlage

Um die Aufzugsanlage instand setzen zu können, muss Herr Huber die gesamte Anlage genau kennen.

Er analysiert den Lastenaufzug und findet dabei folgende drei Baugruppen:

- **Eingabebaugruppen**,
- **Verarbeitungsbaugruppen** und
- **Ausgabebaugruppen**.

①

Eingabebaugruppen (Sensoren)

- Mit den Bedienelementen ① wird der Aufzug aufwärts und abwärts gesteuert.
- Über den **Not-Aus-Schalter** ② kann die Anlage im Notfall stillgesetzt werden.
- Sensoren ermitteln die Lage des Fahrkorbes.
- **Sicherheitsendtaster** ③ überprüfen, ob die Aufzugstür geschlossen ist.

②

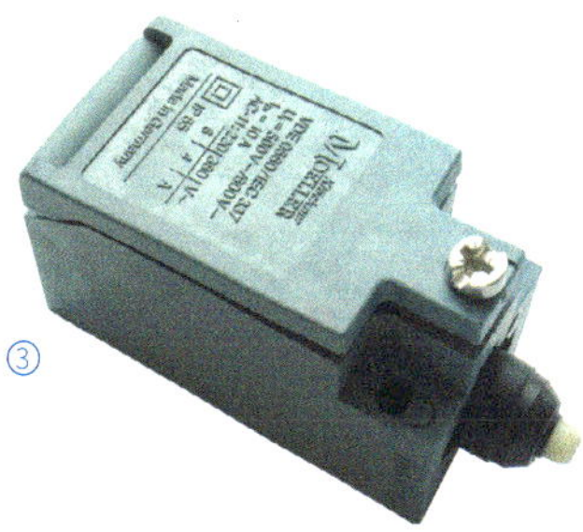
③

④

Verarbeitungsbaugruppen

- Die Aufzugsanlage wird mit Hilfe einer **VPS** (**V**erbindungs**p**rogrammierte **S**teuerung) ④ gesteuert. Die Steuerung befindet sich in einem Schaltschrank neben der Aufzugsanlage.
- Da der Motor wegen der großen Leistung nicht direkt über die Kontakte der VPS gesteuert werden kann, werden zusätzlich **Lastschütze** ⑤ verwendet.

⑤

⑥

Ausgabebaugruppen (Aktoren)

- Der Motor ⑥ ist über dem Aufzugsschacht montiert. Er ist über ein Getriebe mit dem Aufzugsseil verbunden.
- Um sehen zu können, ob die Anlage in Betrieb ist, sind **Melde- und Signalelemente** ⑦ angebracht.
  Signalisiert wird
  - Aufzugsanlage in Betrieb,
  - Störung und
  - Aufzug fährt.

⑦

Antriebssysteme

Aufgrund der Fehlerbeschreibung des Kunden scheint die Ursache für die Fehlfunktionen der Anlage in der Ausgabebaugruppe zu liegen.

Herr Huber untersucht deshalb zunächst den Motor der Aufzugsanlage. Da zum verwendeten Motor keine schriftlichen Unterlagen existieren, entnimmt er die Motordaten dem Leistungsschild.

Welche Auskünfte gibt ein Leistungsschild?

Das **Leistungsschild** [*rating plate*] (Abb. 1) enthält die wichtigsten Kenndaten eines Motors. Es zeigt Angaben über **elektrische Größen** und **weitere Merkmale** des Motors. Anhand dieser Daten kann die Eignung eines Motors für bestimmte Aufgaben ermittelt werden.

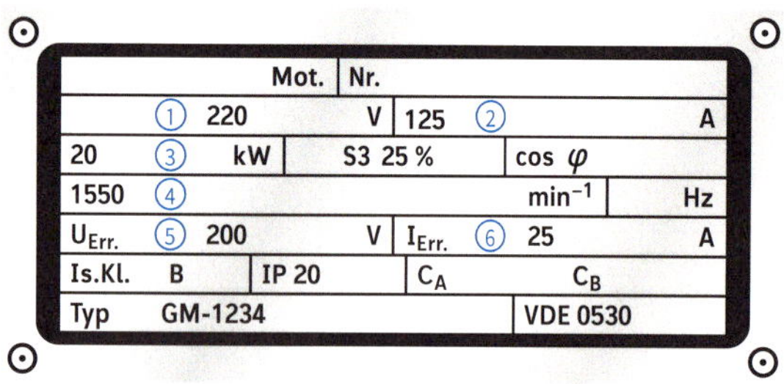

1: Leistungsschild des Aufzugsmotors

Welche elektrischen Größen sind angegeben?

- **Bemessungsspannung** [*rated voltage*] ①:
  Der Motor ist für 220 V DC gebaut.
- **Bemessungsstromstärke** [*rated current*] ②:
  Im Bemessungsbetrieb fließt ein Strom von 125 A.
- **Bemessungsleistung** [*rated power*] ③:
  Bei elektrischen Maschinen ist die mechanisch abgegebene Leistung an der Motorwelle die Bemessungsleistung. Die elektrische Leistung ist größer, da ein Motor Verluste (z. B. Reibungsverluste) hat.
- **Bemessungsdrehzahl** [*rated speed*] ④:
  Sie gibt an, wie viele Umdrehungen pro Minute die Welle unter Nennbedingungen ausführt.
- **Läufer-Bemessungsspannung U_{err}** ⑤ und **Läufer-Bemessungsstromstärke I_{err}** ⑥:
  Um bei einem Gleichstrommotor ein Drehmoment aufbauen zu können, muss neben dem äußeren Magnetfeld auch im drehenden Teil des Motors ein Magnetfeld erzeugt werden. Dieses wird üblicherweise elektrisch durch die Erregerstromstärke I_{Err} erzeugt.

Auf dem Leistungsschild sind folgende weitere Merkmale des Motors aufgeführt (Abb. 3).

Betriebsart	Schutzart	Isolierstoffklassen	Kühlung	Bauform
Kap. 8.2.2	Kap. 8.2.3	Kap. 8.2.4	Kap. 8.2.4	Kap. 8.2.5
Beispiel S3 25 %	Beispiel IP 20	Beispiel B	Beispiel Eigenkühlung	Beispiel IM B3

3: Angaben auf dem Leistungsschild

Dauerbetrieb S1	Kurzzeitbetrieb S2	Aussetzbetrieb S3 bis S5	Ununterbrochener Betrieb S6 bis S 10
Unter Dauerbetrieb versteht man die unterbrechungsfreie Belastung einer Maschine unter Bemessungsbedingungen. Die im Motor entstehende Erwärmung wird abgeführt. Es stellt sich ein Gleichgewichtszustand im erlaubten Temperaturbereich zwischen Erwärmung und Wärmeabgabe ein. Die sich einstellende Temperatur führt zu keinem Motorschaden.	Übersteigt die Erwärmung die Wärmeabgabe, darf der Motor nicht mehr einer Dauerbelastung ausgesetzt werden. Die sich einstellende Temperatur würde den Motor schädigen. Es müssen Pausen eingehalten werden. Dem Kurzzeichen S2 folgt die Angabe der Betriebsdauer (z. B. S2 20 min). In der Pause kühlt sich der Motor ab, bis sich Motortemperatur und Kühlmitteltemperatur höchstens um 2 Kelvin voneinander unterscheiden.	Der Phase der Belastung folgt immer eine Phase der Abkühlung. Dem Kurzzeichen wird die prozentuale Einschaltdauer (z. B. S3 25 % ≙ 25 % Einschaltzeit) angefügt. Die Summe aus Einschaltzeit und Pausenzeit nennt man Spieldauer. • **S3** Kein Einfluss der Trägheitsmomente des Motors und der Last. • **S4** Einfluss der Trägheitsmomente des Motors und der Last. • **S5** Einfluss der Trägheitsmomente des Motors und der Last mit Berücksichtigung der elektrischen Bremsung.	Es treten keine Pausenzeiten auf. Um den Motor zu entlasten, werden Leerlaufphasen gefordert: • **S6** Der Betrieb unter Belastung und im Leerlauf wechselt einander gleichmäßig ab. • **S7** Wie S6, aber mit Berücksichtigung des Anlaufträgheitsmoments und der Bremsung. • **S8** Wie S7, aber mit zusätzlicher Berücksichtigung der Drehzahl des Motors. • **S9** Betrieb mit nichtperiodischer Last- und Drehzahländerung. • **S10** Betrieb mit einzelnen konstanten Belastungen.

2: Betriebsarten von Motoren nach DIN VDE 0530

8.2.2 Betriebsarten

Es gibt zehn Betriebsarten (DIN VDE 0530), die durch den Buchstaben S und eine nachfolgende Zahl gekennzeichnet werden (Abb. 2).

Auf dem Leistungsschild des Aufzugsmotors ist die Betriebsart S3 angegeben. Der Motor ist also nicht für Dauerbetrieb, sondern für **Aussetzbetrieb** [*intermittent operation*] geeignet.

Die Einhaltung der Betriebsart ist wichtig, da sonst größte Schäden an einem Motor durch Beschädigung der Motorwicklung, z. B. durch Überhitzung, entstehen. Die Reparatur ist dann sehr aufwändig und teuer.

Der Aufzugsmotor der beschriebenen Anlage muss schwere Lasten bewegen können. Er ist aber nicht ununterbrochen in Betrieb. Während der Aufzug steht und beladen wird, kann der Motor abkühlen (Aussetzbetrieb, Abb. 4).

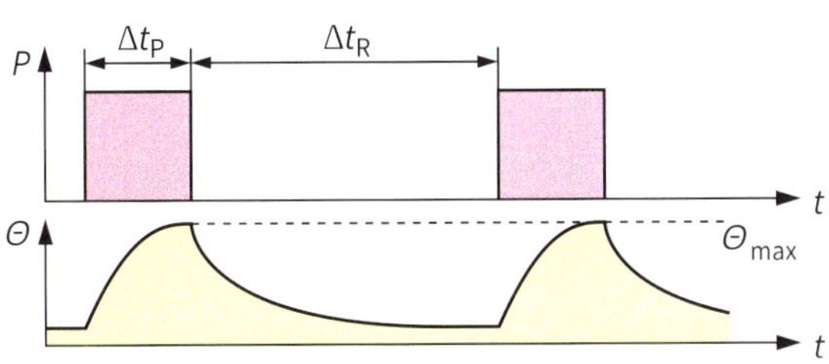

4: Beispiel für Aussetzbetrieb

Einschaltzeit Δt_P und Pausenzeit Δt_R wechseln sich ab (z. B. 25 % zu 75 %). Die Temperatur Θ steigt im Betrieb bis auf zulässige Θ_{max}. In der Pausenzeit erfolgt die Abkühlung. Beim Aussetzbetrieb wird neben der Kennzeichnung auch die prozentuale Einschaltdauer angegeben. Sie ist das Verhältnis von Einschaltzeit zu Einschaltzeit plus Pausenzeit in Prozent.

8.2.3 Schutzarten

Als weiteres Merkmal ist auf dem Leistungsschild des Aufzugsmotors die Angabe IP 20 zu finden. Sie kennzeichnet den Schutz des Objektes vor **Fremdeinwirkungen** [*external influences*].

Je nach Verwendungszweck und Aufstellungsort des Motors ist ein entsprechender Berührungs- und Fremdkörperschutz sowie ein Schutz gegen Eindringen von Wasser erforderlich.

Was bedeutet IP 20?

Die Schutzart wird nach DIN EN 60529 wie folgt gekennzeichnet.

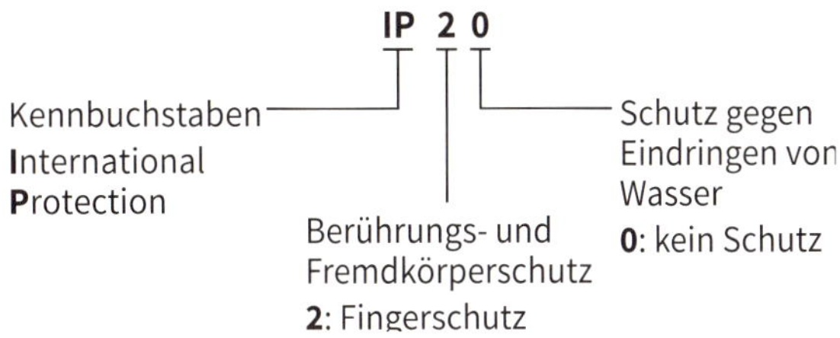

In Abb. 5 sind beide Schutzgrade und deren Zifferbedeutung zusammengestellt.

- Auf dem Leistungsschild eines Motors sind elektrische Größen und weitere Merkmale des Motors angegeben.
- Die Betriebsart richtet sich nach der Belastungsart des Motors.
- Der Verwendungszweck und Aufstellungsort bedingen die Schutzart eines Motors.

Ziffer	1. Ziffer Schutzgrade für		2. Ziffer Schutzgrade für
	Berührungsschutz	**Fremdkörperschutz**	**Schutz gegen Wasser**
0	kein Schutz	kein Schutz	kein Schutz
1	Schutz gegen großflächige Körperteile (Durchmesser 50 mm)	große Fremdkörper (Durchmesser > 50 mm)	Schutz gegen senkrecht fallendes Tropfwasser
2	Fingerschutz (Durchmesser 12 mm)	mittelgroße Fremdkörper (Durchmesser > 12,5 mm)	Schutz gegen schräg (bis 15°) fallendes Tropfwasser
3	Werkzeuge und Drähte (Durchmesser > 2,5 mm)	kleine Fremdkörper (Durchmesser > 2,5 mm)	Schutz gegen Sprühwasser bis 60° gegen die Senkrechte
4	Werkzeuge und Drähte (Durchmesser > 1 mm)	kornförmige Fremdkörper (Durchmesser > 1 mm)	Schutz gegen allseitiges Spritzwasser
4 K	–	–	Spritzwasser mit erhöhtem Druck
5	vollständiger Berührungsschutz	Staubablagerung	Schutz gegen Strahlwasser
6	vollständiger Berührungsschutz	Staubeintritt	Schutz gegen starkes Strahlwasser (Überflutung)
6 K	–	–	starkes Strahlwasser mit erhöhtem Druck
7	–	–	Schutz gegen zeitweiliges Untertauchen
8	–	–	Schutz gegen dauerndes Untertauchen
9 K	–	–	Hochdruck/Dampfstrahl-Reinigung

5: Schutzarten

8.2.4 Isolierstoffklassen und Kühlung

Der Aufzugsmotor hat die Isolierstoffklasse B, d.h., die Isolationsmaterialien halten eine Betriebstemperatur von 130 °C aus.

Beim Motor wird die Erwärmung hauptsächlich durch
- Reibung,
- elektrische Verluste und
- magnetische Verluste

verursacht.

Eine zu hohe Temperatur würde z.B. die Isolation der einzelnen Windungen zerstören und damit Kurzschlüsse verursachen. Aus diesem Grund dürfen im Motor bestimmte Temperaturen nicht überschritten werden. Je nach Isolierwerkstoff sind höchstzulässige Temperaturen festgelegt (VDE 0530 –1), die bei Bemessungsbetrieb nicht überschritten werden dürfen. Die **Isolationsmaterialien** *[isulating materials]* sind dabei in Klassen eingeteilt (Abb. 1).

Temperatur	Klasse	Verwendete Isolationsmaterialien
90 °C	Y	Holz, Baumwolle, Seide, Papier
105 °C	A	Seide, Holz, Textilien, Papier
120 °C	E	PC-CTA-Folie, Drahtlacke, CTA-Folie
130 °C	B	Glasfaser, Glasfasertextilien
155 °C	F	Glasfaser, Drahtlacke
180 °C	H	Glasfaser, Glimmerprodukte
>180 °C	C	Glimmer, Porzellan, Glas, Quarz

1: Isolierstoffklassen

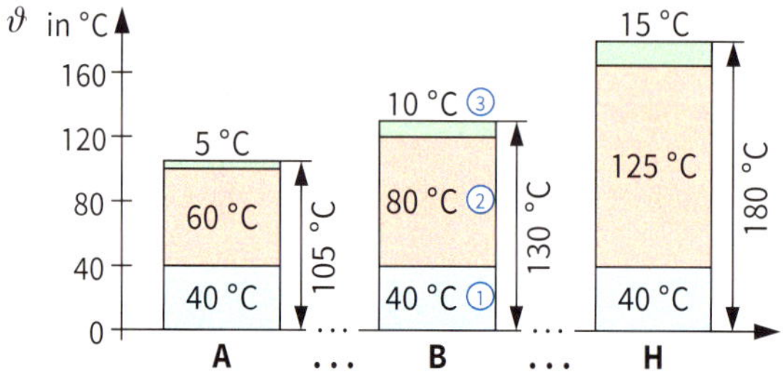

2: Zulässige Temperaturgrenzen von Isolierstoffen

Für jede dieser Klassen sind einzuhaltende Temperaturbereiche festgelegt (Abb. 2).

Die Kühlmitteltemperatur ① wird bei Motoren mit 40 °C angenommen.

Die Motorwicklungstemperatur darf wegen der Temperaturbelastung der Isolierung eine bestimmte **Grenztemperatur** *[limiting temperature]* ② nicht überschreiten (Abb. 2). Sie ist die höchstzulässige Dauertemperatur an der heißesten Stelle der Motorwicklung. Da es eine unterschiedliche Temperaturverteilung innerhalb des Motors gibt, wird aus Sicherheitsgründen zudem ein Zuschlag von 5 °C bis 15 °C berücksichtigt ③.

Weichen die Motor-Umgebungstemperatur oder die Höhenlage des Aufstellortes von den Standardwerten ab, muss eine Korrektur der Temperaturwerte erfolgen.

Um die Temperatur im Motor so gering wie möglich zu halten, ist eine ausreichende Kühlung erforderlich. VDE 0530 unterscheidet dabei die **Art** und **Wirkungsweise** der Kühlung.

Kühlungsarten

- **Selbstkühlung**
  Der Motor gibt seine Wärme nur durch Strahlung (Wärmestrahlung) ab. Es wird kein Lüfter verwendet. Diese Kühlungsart wird nur in Ausnahmefällen angewendet.
- **Eigenkühlung**
  Mit Hilfe von Lüftungselementen wird die Motortemperatur niedrig gehalten. Sie werden direkt mit der Kraft der Maschine betrieben. Die Kühlluftmenge ändert sich mit der Drehzahl. Die Eigenkühlung ist die häufigste Art der Motorkühlung.
- **Fremdkühlung**
  Die Kühlungskomponenten werden mit externer Kraft angetrieben. Es kommen dabei auch andere Kühlmittel, z.B. Wasser und Gase zum Einsatz. Die Kühlqualität kann individuell eingestellt werden.

Kühlungswirkungen

- **Innenkühlung**
  Das durch die Maschine strömende Kühlmittel (Luft) nimmt die Wärme auf und transportiert sie fort.
- **Oberflächenkühlung**
  Der Motor besitzt große Lamellenflächen an den Außenseiten. Die Wärme wird durch Strahlung an das umgebende Kühlmittel abgegeben.
- **Kreislaufkühlung**
  Die Abwärme wird durch einen zweiten Kühlkreislauf mit Wärmetauscher an die Umgebung abgegeben.
- **Flüssigkeitskühlung**
  Die Maschine wird durch ein flüssiges Kühlmittel gekühlt, das die Maschine durchströmt. Auch Eintauchen in flüssiges Kühlmittel ist möglich.
- **Direkte Kühlung**
  Die wärmeproduzierenden Leiter und Wicklungen werden von dem flüssigen oder gasförmigen Kühlmittel direkt umströmt.

- Je nach Isolierstoffklasse darf die jeweils zulässige Höchsttemperatur nicht überschritten werden.
- Beim Betrieb von Motoren müssen die Art und Wirkungsweise der Kühlung berücksichtigt werden.

8.2.5 Bauformen

3: Aufzugsmotor

Das Foto des Aufzugsmotors zeigt, dass der Motor auf dem Boden befestigt ist (Fußbefestigung). Die Motorwelle hat eine horizontale Lage.

Die jeweilige Einbausituation macht es erforderlich, die Befestigung des Motors und die Wellenlage individuell anzupassen. Deshalb werden Motoren für verschiedene Einbaulagen hergestellt. Maßgebend sind dabei die Lage der Motorwelle (waagerecht oder senkrecht) und die Gehäuseform mit der dazugehörigen Befestigung. In DIN EN 60034-7 ist die Kennzeichnung der einzelnen Formen angegeben.

Die meisten elektrischen Maschinen sind mit dem **Code I** gekennzeichnet. Er ist folgendermaßen aufebaut:

IM B 3

- IM: Kennbuchstaben **I**nternational **M**ounting
- B: Lage der Welle — B: waagerecht, V: senkrecht
- 3: Gehäuseform, Befestigung — 1: Flanschbefestigung, 3: Fußbefestigung, 5: Flanschbefestigung, 6: Wandbefestigung, 8: Deckenbefestigung

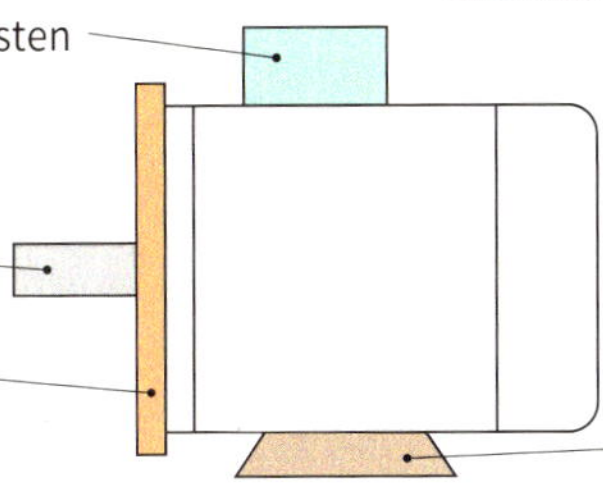

4: Lage der Motorbestandteile

Code II wird nur benutzt, wenn Code I nicht ausreicht.

Der Code II setzt sich aus vier Ziffern zusammen.

Ziffer	Bedeutung
1	Bauform
2	Befestigungsart und Lagerung
3	Wellenendenlage
4	Wellenendenart

Aufgaben

1. Beschreiben Sie die drei Kühlungsarten Selbstkühlung, Eigenkühlung und Fremdkühlung.
2. Nennen Sie Folgen, die durch zu große Belastung von Motoren entstehen können.
3. Welche Folgen hätte es für den Aufzugsmotor, wenn er im Dauerbetrieb eingesetzt werden würde?
4. Ein Motor soll in einer sehr warmen Umgebung ($\vartheta = 60\ °C$) eingebaut werden. Was müssen Sie beachten?
5. Im Außenbereich soll ein Motor für eine Wasserpumpe eingebaut werden. Welche Schutzart empfehlen Sie?
6. Abb. 5 zeigt eine Auswahl gängiger Motorbauformen. Stellen Sie mit Hilfe des Tabellenbuches weitere Bauformen von Motoren in einer Tabelle zusammen.

- Die Auswahl der Bauform richtet sich nach Befestigungsmöglichkeiten und Lage der Motorwelle.
- Die Bauform wird nach einem Code (DIN EN 60034-7) gekennzeichnet.

Antriebssysteme

Bauformen von Motoren (Auszug)						
Code I	IM B3	IM B5	IM B6	IM B8	IM V1	IM V5
Erläuterung	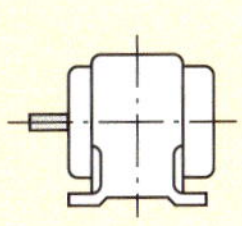	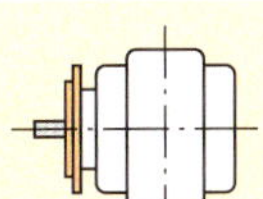	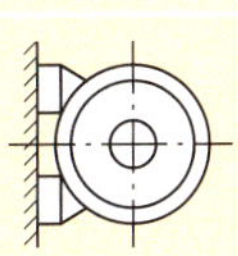	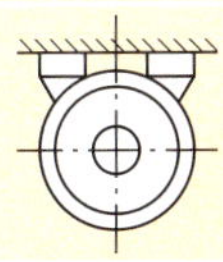	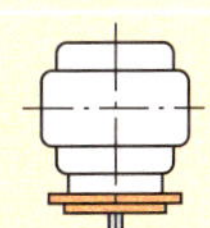	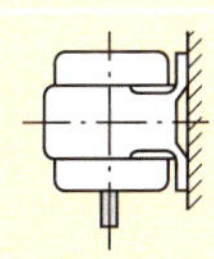
Code II	IM 1001	IM 3001	IM 1051	IM 1061	IM 3011	IM 1011
Erläuterung	waagerechte Lage, Fußbefestigung, zwei Lagerschilde	waagerechte Lage, Flanschbefestigung, zwei Lagerschilde	waagerechte Lage, Wandbefestigung, zwei Lagerschilde	waagerechte Lage, Deckenbefestigung, zwei Lagerschilde	senkrechte Lage, Flanschbefestigung, zwei Lagerschilde	senkrechte Lage, Wandbefestigung, zwei Lagerschilde

5: Bauformen von Motoren

8.3 Gleichstrommotor

Bisher haben wir uns nur um die Betriebsdaten des Motors gekümmert. Die Behebung des Fehlers in der Aufzugsanlage setzt aber auch voraus, die Funktionsweise und die Steuerung des verwendeten **Gleichstrommotors** [*DC motor*] genau zu kennen.

8.3.1 Motorprinzip

Elektrische Motoren sind Energiewandler. In ihnen wird elektrische Energie in mechanische Bewegungsenergie umgewandelt.

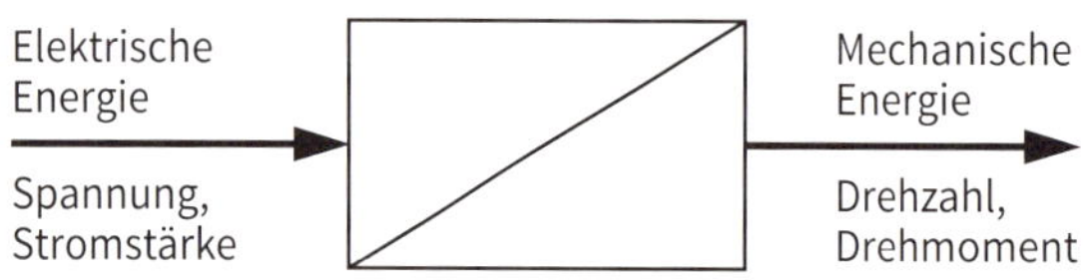

Wie findet die Energieumwandlung statt?
In jedem Motor gibt es stromdurchflossene Leiter und Magnetfelder. Die grundsätzlichen Vorgänge im Motor sollen zunächst an einem einfachen Modell gezeigt werden (Abb. 1a).

Jeder stromdurchflossene Leiter ist von einem magnetischen Feld umgeben. Wird dieser Leiter zusätzlich so in ein weiteres (äußeres) Magnetfeld gebracht, dass **Feldlinien** [*flux lines*] geschnitten werden, dann wird auf den Leiter eine Kraft *F* ausgeübt.

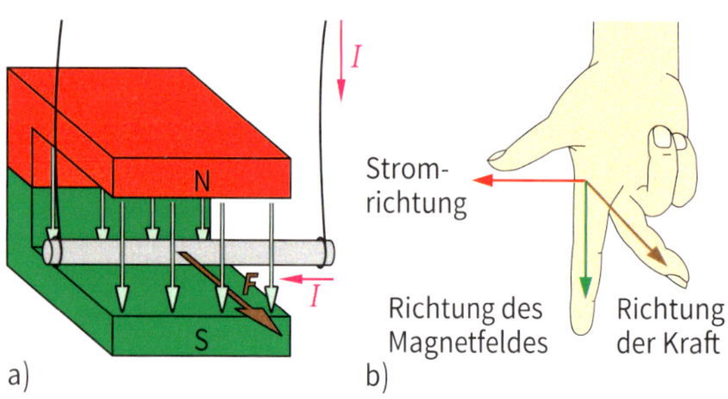

1: Leiterschleife im Magnetfeld

Die Größe der Kraft *F* ist abhängig von der Stärke des Magnetfeldes (**magnetische Flussdichte *B***), von der im Leiter fließenden Stromstärke I und von der Leiterlänge l innerhalb des Magnetfeldes. Es besteht folgender Zusammenhang:

$$F = B \cdot l \cdot I$$

Die Elektronenbewegung durch den Leiter wurde also in eine Kraftwirkung auf den Leiter umgewandelt. Dieses physikalische Prinzip der Kraftwirkung auf stromdurchflossene Leiter im Magnetfeld (Lorentzkraft) wird für elektrische Antriebe genutzt.

Die Richtung der Kraft und damit die **Bewegungsrichtung** des stromdurchflossenen Leiters hängt von der **Stromrichtung** und der **Magnetfeldrichtung** ab. Sie kann mit Hilfe der Rechten-Hand-Regel bestimmt werden (Abb. 1b).

Wie werden Magnetfelder dargestellt?
Magnetfelder werden durch Feldlinien dargestellt. Die Gesamtzahl der Feldlinien eines Magneten oder einer stromdurchflossenen Spule wird **magnetischer Fluss Φ** genannt. Der Quotient aus magnetischem Fluss und der Fläche *A* eines Magneten nennt man magnetische **Flussdichte *B***.

Stromdurchflossener Leiter
Um jeden stromdurchflossenen Leiter entsteht ein **Magnetfeld**, dessen Feldlinien kreisförmig verlaufen. Die Richtung der Feldlinien ist von der Stromrichtung abhängig.

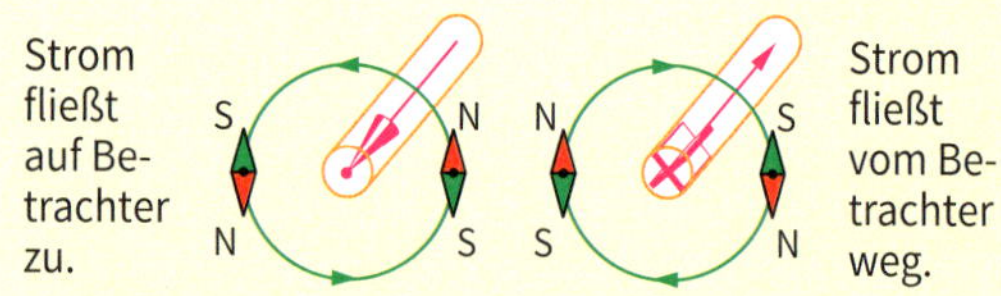

Umfasst man einen Leiter mit der rechten Hand und zeigt der abgespreizte Daumen in Stromrichtung, dann zeigen die gekrümmten Finger die Richtung der Magnetfeldlinien an (Schraubenregel).

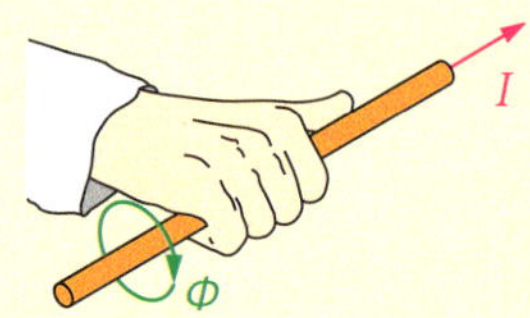

Stromdurchflossene Spule
Um jede einzelne Windung (einzelner Leiter) entsteht ein Magnetfeld. Die Magnetfelder um die einzelnen Windungen bilden ein **resultierendes Gesamtmagnetfeld** [*resulting magnetic field*]. Die Richtung dieses Feldes ist von der Stromrichtung abhängig. Die Feldlinien (magnetischer Fluss Φ) treten an einem Ende der Spule aus und am anderen Ende wieder ein. Somit entstehen an den Spulenenden ein magnetischer **Nordpol** [*north pole*] und auf der anderen Seite ein **Südpol** [*south pole*].

Legt man die rechte Hand so um eine Spule, dass die Finger in Stromrichtung zeigen, dann gibt der abgespreizte Daumen die Feldlinienrichtung zum Nordpol wieder.

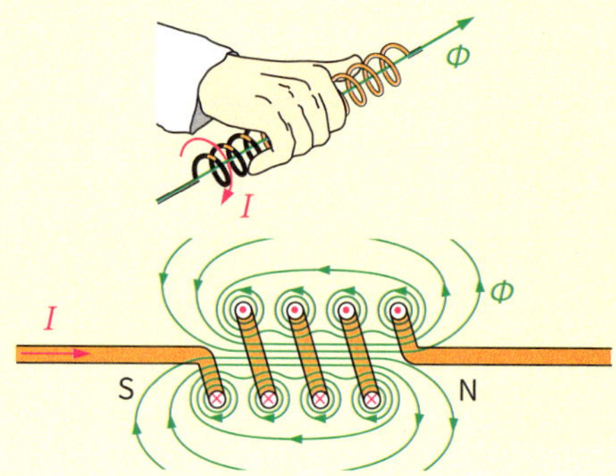

Damit die Kraft auf die **Leiterschleife** [*conductor loop*] genutzt werden kann, wird sie auf eine Welle aufgesetzt und mit einem Lager versehen. Die Stromanschlüsse werden über Schleifringe nach außen geführt. Die Schleife kann sich nun frei drehen.

Die Leiterschleife wird an Spannung angeschlossen, sodass Strom durch die Schleife fließt. Da die Leiterschleife in der Mitte gelagert ist, wirken Kräfte ① (Abb. 2) im Abstand von der Drehachse. Es entsteht ein **Drehmoment** auf die Leiterschleife.

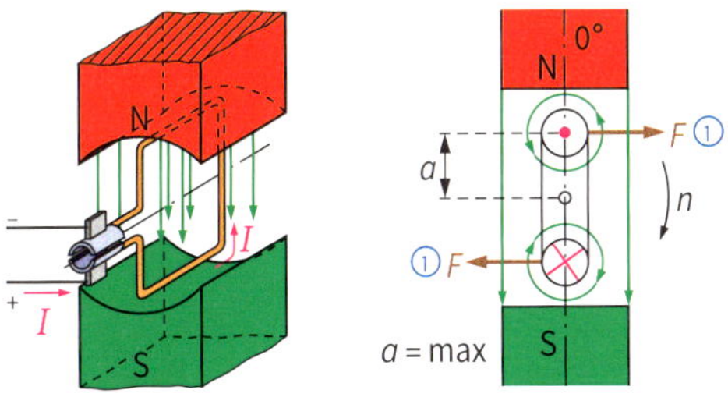

2: Leiterschleife senkrecht im Magnetfeld

Hat sich die Leiterschleife um 90° gedreht, kann kein weiteres Drehen stattfinden, da die Summe der Kräfte auf die Leiterschleife Null wird (Abb. 3). Es ist kein Drehmoment vorhanden.

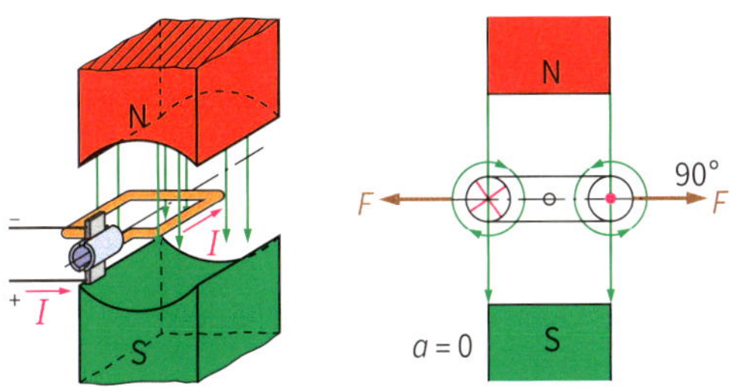

3: Leiterschleife waagerecht im Magnetfeld

Damit die Kräfte die Leiterschleife weiterdrehen, muss ab der Lage 90° das Magnetfeld der Leiterschleife umgepolt (**kommutiert** [*commutate*]) werden.

Dazu wird die Stromrichtung in der Leiterschleife umgekehrt (Abb. 4). Die Umkehrung muss immer bei der Lage der Leiterschleife 90° und 270° (neutrale Zone) stattfinden. Dies wird durch einen **Stromwender** [*commutator*] realisiert. Es findet eine Umkehr der Stromrichtung und damit eine Magnetfeldumkehr des Ankers nach jeweils einer 180°-Drehung statt.

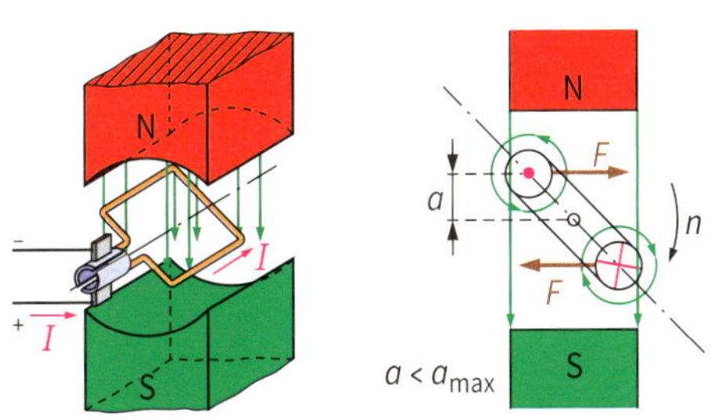

4: Leiterschleife schräg im Magnetfeld

8.3.2 Motoraufbau

Da die Kraft **einer** Leiterschleife sehr gering ist, werden nun mehrere Leiterschleifen als Spule drehbar angeordnet. Über Schleifkontakte (Kohlebürsten) wird die drehbar gelagerte Spule vom Strom durchflossen.

Ein Gleichstrommotor (Abb. 5) besteht aus einem feststehenden äußeren Teil, dem **Ständer** (oder **Stator**) und einem darin umlaufenden inneren Teil, dem **Läufer** (oder **Anker**). Dieser ist mit dem Stromwender (Kommutator) verbunden. Die mechanische Verbindung zwischen den beiden Maschinenteilen erfolgt durch die Lagerschilde mit den Lagern und der Welle.

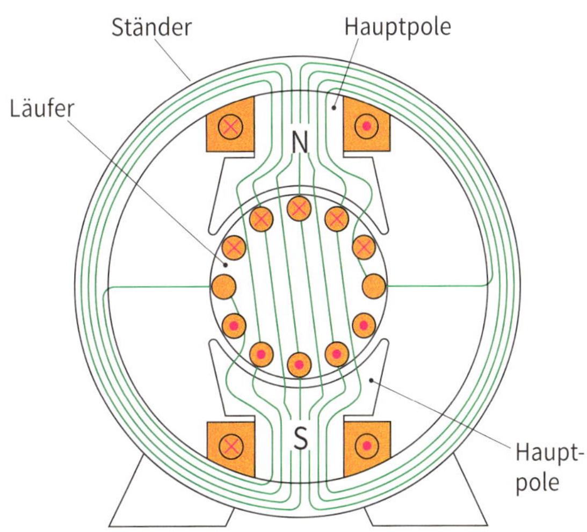

5: Ständer und Läuferaufbau

Ständer

Der Ständer besteht aus einem Joch und den daran befestigten Hauptpolen. Diese können bei kleineren Gleichstrommotoren als Permanentmagneten ausgeführt sein. Bei Maschinen größerer Leistung werden die Pole mit Wicklungen versehen (**Erregerwicklung** [*field winding*]). Es entstehen ein Nord- und Südpol, deren Stärke sich über die Stromeinstellung der Erregerwicklung regeln lässt. Die Hauptpole führen den magnetischen Fluss der Maschine so, dass sich ein geschlossener magnetischer Kreis ergibt.

Das Joch ist meist aus Gusseisen oder Stahlguss gefertigt. Für die Hauptpole werden Einzelbleche verwendet.

Läufer

Der Anker besteht aus der Welle und dem darauf befestigten Blechpaket. Dieses ist mit Nuten versehen, in die die Ankerwicklung eingebettet ist. Das Blechpaket ist aus papier- oder lackisolierten Elektroblechen mit ca. 0,5 mm Dicke aufgebaut. Dies ist notwendig, da durch die Stromrichtungsänderungen im Anker wechselnde Magnetfelder entstehen und damit Ströme induziert werden, die der Ursache (also den Magnetfeldern) entgegenwirken (**Wirbelströme**).

Kommutator

Voneinander isolierte Kupfersegmente, die mit der Ankerwicklung verbunden sind, bilden den Kommutator. Auf ihm schleifen die aus Kohle gefertigten Bürsten. Diese Bürsten sind Verschleißteile, die in regelmäßigen Intervallen ersetzt werden müssen.

Im Klemmenkasten befinden sich die Anschlüsse für den Anker und die Erregerwicklung.

Die Abb. 1 zeigt abschließend den Rotor und die Bürsten des Motors.

1: Rotor und Bürsten des Gleichstrommotors

Aufgaben

1. Beschreiben Sie mit Hilfe einer Skizze, wie bei einem Gleichstrommotor die Drehbewegung entsteht.
2. Welche Funktion hat ein Kommutator?
3. Welche Verschleißteile besitzt ein Motor?
4. Berechnen Sie für den Motor in der rechten Spalte die Verluste in Prozent bezogen auf die zugeführte Leistung.

- Befindet sich eine stromdurchflossene Leiterschleife in einem Magnetfeld, wird auf sie eine Kraft ausgeübt. Dadurch dreht sich die Schleife um maximal 180°. Um ein Weiterdrehen zu erreichen, muss der Ankerstrom umgepolt werden.
- Die Hauptbestandteile eines Gleichstrommotors sind der Ständer mit den Erregerwicklungen, der Läufer mit den Ankerwicklungen und der Kommutator zur Stromwendung.

Wirkungsgrad

Der **Wirkungsgrad** [*efficiency*] eines Motors ist das Verhältnis von abgegebener Leistung P_{ab} zur zugeführten Leistung P_{zu}.

$$\eta = \frac{P_{ab}}{P_{zu}}$$

Da bei der Umwandlung von einer Energieart in eine andere **Verluste** [*losses*] auftreten, ist der Wirkungsgrad bei jeder elektrischen Maschine kleiner als 1.

Verluste

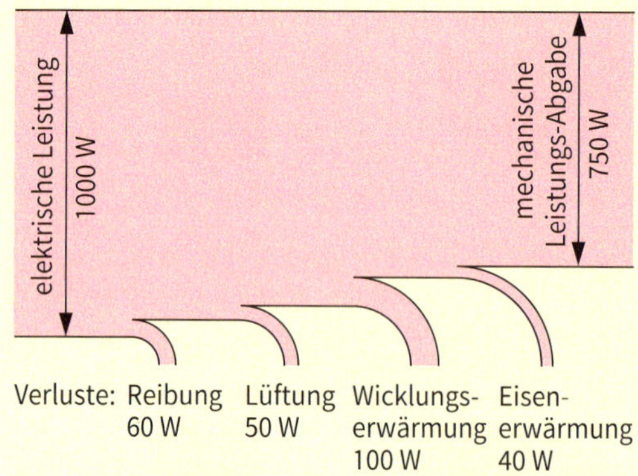

- **Reibungsverluste**
  Aufgrund der Bauform des Motors gibt es an den Auflagepunkten der Motorwelle drehzahlabhängige Reibungsverluste. Eine Verringerung der Lagerreibung geschieht durch Schmiermittel und entsprechende Lagerbauweisen. Es treten auch Reibungsverluste an den Kohlebürsten auf, die auf dem Stromwender schleifen. Die Luftreibung der umlaufenden Welle mit der Ankerwicklung bringt zusätzliche Verluste.
- **Lüftung**
  Der meistens direkt auf der Motorwelle aufgesetzte Lüfter verursacht zusätzliche drehzahlabhängige Verluste.
- **Wicklungserwärmung**
  Der Stromfluss durch die Wicklungen des Motors hat eine Erwärmung des Leiters zur Folge. Diese Stromwärmeverluste treten sowohl im Anker- als auch im Statorstromkreis auf.
- **Eisenverluste**
  Durch die Änderung der Dichte und Richtung der magnetischen Feldlinien in den Eisenwerkstoffen im Motor entstehen sogenannte Eisenverluste. Sie machen sich durch eine Erwärmung der Maschine bemerkbar.

8.3.3 Gegenspannung

Dreht sich der Anker des Gleichstrommotors im Erregermagnetfeld, so wird auch in die Ankerwicklung eine Spannung induziert. Sie ist der angelegten Betriebsspannung U_B entgegengerichtet und wird deshalb **Gegenspannung** [*counter voltage*] U_G genannt.

Wie wirkt sich die Gegenspannung aus?

Im ersten Moment des Anlaufes des Motors befinden sich die Ankerleiter noch im Stillstand. Die Gegenspannung ist gleich Null. Somit findet keine Induktion statt. Die Gegenspannung steigt mit größer werdender Drehzahl ($U_G \sim n$). Die Gegenspannung kann aber nie den Wert der Betriebspannung annehmen, da dann keine Spannung mehr im Anker vorhanden wäre ($U_B - U_G = 0$ V). Der Ankerstrom wäre dann gleich Null und damit kein Ankermagnetfeld mehr vorhanden.

Da die Größe der Gegenspannung von der Drehzahl des Ankers abhängt, ändert sie sich auch bei Belastungsänderung des Motors. Wird der Motor stärker belastet, sinkt seine Drehzahl. Folglich wird die Gegenspannung reduziert. Durch die geringere Gegenspannung wiederum kann ein größerer Ankerstrom fließen, der ein stärkeres Magnetfeld aufbaut. Die vom Motor entwickelte Kraft steigt. Folgende Wirkungskette ergibt sich:

$M_{Welle} \uparrow \Rightarrow n \downarrow \Rightarrow U_G \downarrow \Rightarrow I_A \uparrow \Rightarrow \Phi_A \uparrow \Rightarrow M_{Motor} \uparrow$

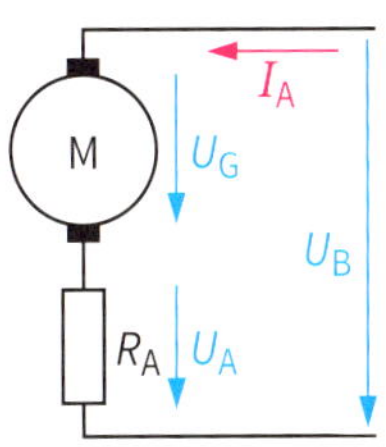

Die Größe der Gegenspannung U_G errechnet sich aus der Bemessungsspannung U_B und der Ankerspannung U_A wie folgt:

$U_G = U_B - U_A \qquad U_A = R_A \cdot I_A$

$$U_G = U_B - R_A \cdot I_A$$

Gegenspannung und Ankerstrom

Beispiel: Ein Gleichstrommotor für 220 V hat einen Ankerwiderstand von 0,5 Ω.

a) Welche Gegenspannung entwickelt der Motor, wenn die Ankerstromstärke im Leerlauf 2 A und unter Bemessungsbelastung 30 A beträgt?

b) Wie groß ist die Stromstärke in der Ankerwicklung im Moment des Anlaufes?

Geg.: $U_B = 220$ V; $R_A = 0{,}5\ \Omega$; $I_{A\,Leer} = 2$ A; $I_{A\,Bel} = 30$ A

Ges.: $U_{G\,Leer}$; $U_{G\,Bel}$ und I_{Anlauf}

a) $U_{G\,Leer} = U_B - R_A \cdot I_A$; $U_{G\,Leer} = 220\ \text{V} - 0{,}5\ \Omega \cdot 2\ \text{A}$
$\underline{\underline{U_{G\,Leer} = 219\ \text{V}}}$

$U_{G\,Bel} = U_B - R_A \cdot I_A$; $U_{G\,Bel} = 220\ \text{V} - 0{,}5\ \Omega \cdot 30\ \text{A}$
$\underline{\underline{U_{G\,Bel} = 205\ \text{V}}}$

b) $U_{G\,Anlauf} = U_B - R_A \cdot I_A$; $I_A = \frac{U_B - U_G}{R_A}$

Da im Anlauf keine Gegenspannung herrscht ($U_G = 0$), gilt $I_A = \frac{220\ \text{V} - 0\ \text{V}}{0{,}5\ \Omega}$; $\underline{\underline{I_A = 440\ \text{A}}}$

2: Anlasswiderstand

Wie Teilaufgabe b) im vorangehenden Berechnungsbeispiel zeigt, ist der Anlaufstrom eines Gleichstrommotors sehr hoch. Ursache ist die fehlende Gegenspannung im Einschaltmoment. Der Stromfluss wird nur durch den kleinen Ankerwiderstand begrenzt.

$n = 0 \Rightarrow U_G = 0\ \text{V} \Rightarrow U_B = U_A \Rightarrow I_A \uparrow\uparrow$, da $R_A \downarrow\downarrow$

Der Motor kann deshalb nicht ohne weiteres direkt an das Gleichspannungsnetz angeschlossen werden.

Wie kann der Anlaufstrom begrenzt werden?

Eine einfache Lösung stellen Anlasswiderstände [*starting resistors*] (Abb. 2) dar. Sie werden in Reihe zur Ankerwicklung geschaltet. Sobald der Motor seine Drehzahl erreicht hat, werden die Anlasswiderstände wieder aus dem Stromkreis entfernt.

Damit es zu einer möglichst gleichmäßigen Beschleunigung des Motors kommen kann, haben Anlasswiderstände mehrere Schaltstufen.

Anlasswiderstand

Für den Motor aus dem Beispiel in der linken Spalte soll der Anlasswiderstand so berechnet werden, dass die 1,5-fache Bemessungsstromstärke ($I_{max} = 1{,}5 \cdot I_A$) im Einschaltmoment nicht überschritten wird.

Geg.: $U_B = 220$ V; $R_A = 0{,}5\ \Omega$; $I_A = 30$ A

Ges.: R_{Anl}

$I_{max} = 1{,}5 \cdot I_A$; $I_{max} = 1{,}5 \cdot 30\ \text{A}$; $I_{max} = 45$ A

$R_{ges} = R_{Anl} + R_A$; $R_{Anl} = R_{ges} - R_A$

$R_{ges} = \frac{U_B}{I_{max}}$; $R_{ges} = \frac{220\ \text{V}}{45\ \text{A}}$; $R_{ges} = 4{,}89\ \Omega$

$R_{Anl} = R_{ges} - R_A$; $R_{Anl} = 4{,}89\ \Omega - 0{,}5\ \Omega$; $\underline{\underline{R_{Anl} = 4{,}39\ \Omega}}$

- Der Anker erzeugt eine Gegenspannung, die der Klemmenspannung entgegengerichtet ist. Die Gegenspannung begrenzt die Ankerstromstärke.
- Hohe Anlaufstromstärken bei Gleichstrommotoren werden durch Anlasswiderstände im Ankerstromkreis begrenzt. Bei Erreichen einer ausreichenden Drehzahl werden sie wieder entfernt.

8.3.4 Ankerrückwirkung

Wir wollen jetzt das im Motor entstehende Magnetfeld genauer betrachten. Dabei gehen wir zunächst von den Einzelfeldern in Abb. 1 aus und führen danach beide zusammen.

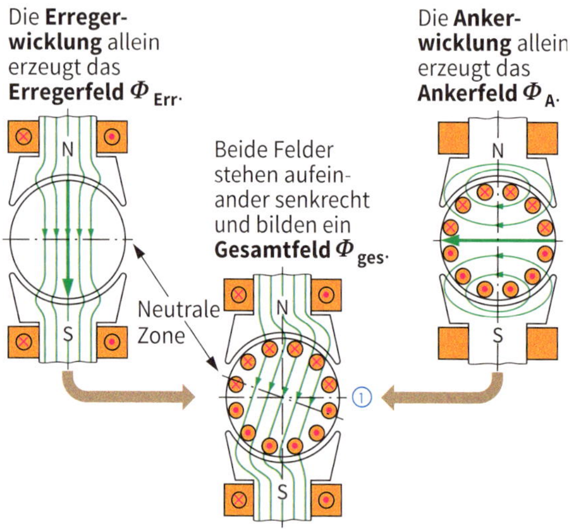

1: Entstehung des Gesamtfeldes

Durch die Einwirkung des Ankerfeldes werden die sonst senkrecht verlaufenden Feldlinien des Erregermagnetfeldes verzerrt (Abb. 1 ①). Folglich verschiebt sich die neutrale Zone. Die Stromumkehr (Kommutierung) durch die Bürsten geschieht dadurch nicht mehr im spannungslosen Zustand der **Ankerspulen** [*armature coils*]. An den Auflagepunkten der Schleifkontakte tritt Bürstenfeuer [*brush sparking*] auf. Um dies zu verhindern, könnte man die Bürsten verschieben, sodass sie wieder in der neutralen Zone stehen. Da die Verschiebung der neutralen Zone aber belastungsabhängig ist, müsste man für jeden Betriebszustand die Bürstenstellung ändern.

Durch den Einbau einer zusätzlichen Wicklung zwischen den Hauptpolen wird die Ankerrückwirkung aufgehoben. Diese **Wendepolwicklung** [*commutating winding*] ② (Abb. 2) wirkt der Richtung des Ankerfeldes entgegen. Um die Feldstärke der Wendepole einer Belastungsänderung anzupassen, wird die Wendepolwicklung in Reihe zur Ankerwicklung geschaltet und damit vom Ankerstrom durchflossen.

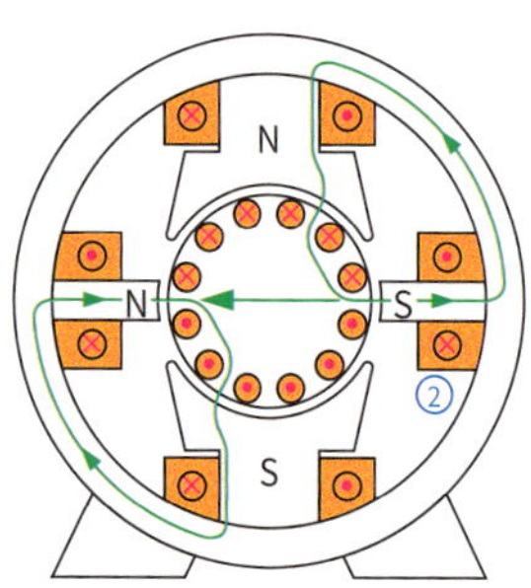

2: Wendepolwicklung

Die Feldverzerrungen wirken nicht nur in der neutralen Zone. Auch direkt unter den Polschuhen entstehen Feldverschiebungen. Bei großen Maschinen wird deshalb zusätzlich eine weitere Wicklung, die sogenannte **Kompensationswicklung** [*compensating winding*], direkt in die Polschuhe der Hauptpole eingelassen (Abb. 3). Auch diese Wicklung wird in Reihe zur Ankerwicklung geschaltet und hebt dadurch die Verzerrung des Ankerfeldes unter den Polschuhen auf.

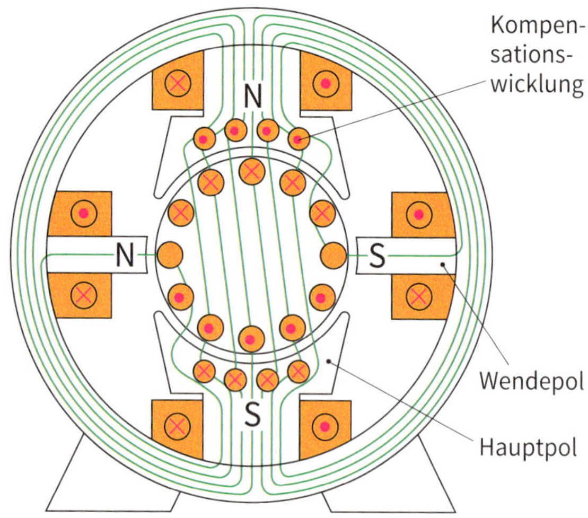

3: Kompensationswicklung

Aufgaben

1. Ein Gleichstrommotor liegt an einer Spannung von 110 V. Die Gegenspannung beträgt 100 V bei einer Ankerstromstärke von 15 A. Berechnen Sie den Ankerwiderstand.
2. Berechnen Sie den Anlasswiderstand für einen Gleichstrommotor mit folgenden Kenndaten:
   Bemessungsspannung: 110 V
   Bemessungsstromstärke: 8 A
   Ankerwiderstand: 0,7 Ω
   Maximale Anlassstromstärke: 1,4-fache Bemessungsstromstärke
3. Erklären Sie die Wirkungsweise der Wendepolwicklung.

- Das Ankerfeld führt zur Verschiebung der neutralen Zone und zu einer Schwächung des Erregerfeldes.
- Die Wendepolwicklung hebt die Verschiebung der neutralen Zone auf und verhindert das Bürstenfeuer.
- Die Kompensationswicklung korrigiert die Feldverschiebung unter den Polschuhen.

8.3.5 Motorschaltungen

Im Klemmenkasten (Abb. 4) sind die **Klemmenbezeichnungen** *[terminal designations]* A1, C2, D1 und D2 des Gleichstrommotors der Aufzugsanlage zu sehen. Mit Hilfe der Tabelle (Abb. 5) wird ersichtlich, wie die Wicklungen an das Gleichstromnetz angeschlossen sind.

4: Klemmenkasten des Motors

Klemmen	Bezeichnung	Darstellung
A1 – A2	Ankerwicklung	M
D1 – D2	Reihenschlusswicklung	
E1 – E2	Nebenschlusswicklung	
B1 – B2	Wendepolwicklung	
C1 – C2	Kompensationswicklung	
F1 – F2	fremderregte Feldwicklung	

5: Klemmenbezeichnungen bei Gleichstrommotoren

Aus der Klemmenbezeichnung des Motors der Aufzugsanlage lässt sich damit Folgendes schließen:

Der Motor besitzt eine

- Ankerwicklung,
- Reihenschlusswicklung und
- Wendepol- und Kompensationswicklung.

Liegt die Erregerwicklung in Reihe zur Ankerwicklung, wird sie als Reihenschlusswicklung und der Motor als **Reihenschlussmotor** (Abb. 6) bezeichnet.

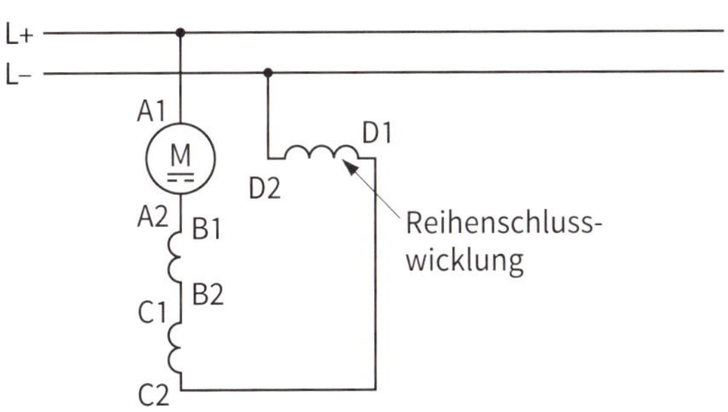

6: Reihenschlussmotor

Wie verhält sich der Reihenschlussmotor?

Beim **Reihenschlussmotor** *[series wound motor]* durchfließt der belastungsabhängige Ankerstrom auch die Erregerwicklung. Da im Anlaufaugenblick die im Anker erzeugte Gegenspannung Null ist, kommt es zu einem großen Stromfluss in der Anker- und Erregerspule. Die hohen Stromstärken erzeugen große magnetische Flussdichten. So entsteht ein großes Anzugsmoment, also eine große Kraft beim Starten der Aufzugsanlage.

Die Drehzahl bei einem Reihenschlussmotor ist stark von der Belastung abhängig (Abb. 7). Mit steigender Belastung sinkt die Drehzahl stark ab. Man sagt: Die Maschine hat eine „weiche" Drehzahl-Kennlinie ①.

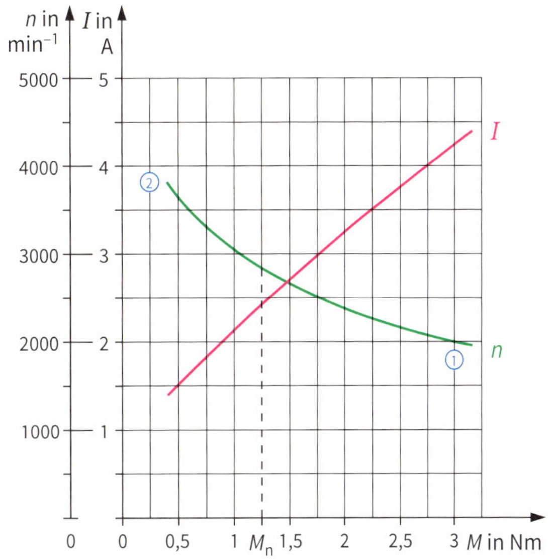

7: Kennlinien des Reihenschlussmotors

Bei Belastungszunahme wird durch den größeren Stromfluss das Erregermagnetfeld verstärkt. Damit müsste die induzierte Gegenspannung im Anker ansteigen. Bei konstanter Betriebsspannung und erhöhter Ankerstromstärke steigt aber der Spannungsfall am Ankerwiderstand. So muss die Gegenspannung kleiner werden. Dies ist nur möglich, wenn sich die Drehzahl verringert.

Um der starken Drehzahlabhängigkeit entgegenzuwirken, ist bei der Aufzugsanlage der Fahrzeugkorb über Umlenkrollen mit einem Gegengewicht versehen. So muss der Motor nur die Bewegungsenergie und Hubenergie der Zuladung aufbringen.

Wird der Reihenschlussmotor nicht belastet, so steigt die Drehzahl auf unzulässig hohe Werte an ② (Abb. 7). Der Motor kann „durchgehen" und zerstört werden. Reihenschlussmotoren dürfen deshalb nie ohne Last betrieben oder über Keilriemen mit der Last verbunden werden.

Aufgrund seines Betriebsverhaltens wird der Reihenschlussmotor bevorzugt dort eingesetzt, wo ein großes Anzugsmoment gefordert ist und keine konstanten Drehzahlen verlangt werden. Er ist demnach besonders für den Schweranlauf geeignet.

Nebenschlussmotor

Werden die Erregerspule und die Ankerspule parallel angeschlossen, wird der Motor als **Nebenschlussmotor** [*shunt wound motor*] bezeichnet (Abb. 1).

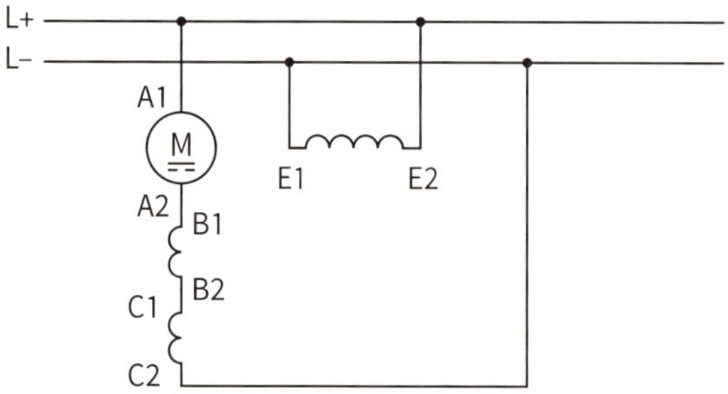

1: Nebenschlussmotor

Das Verhalten des Motors bei dieser Anschlussart ist durch eine nahezu konstante Drehzahl (Abb. 2) ① bei unterschiedlichen Belastungen charakterisiert.

Dies kommt daher, weil die Erregerwicklung an eine Versorgung mit konstanter Spannung angeschlossen ist. Der Erregerstrom, das Erregerfeld und die davon abhängige Gegenspannung im Anker ändern sich kaum.

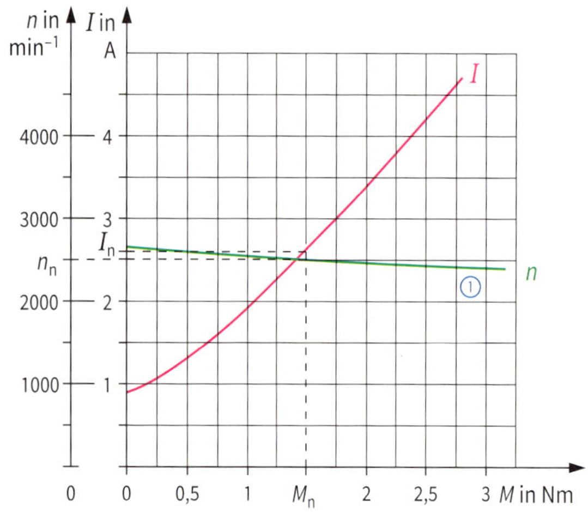

2: Kennlinien des Nebenschlussmotors

Aufgaben

1. Welche Bedeutung haben die Buchstaben A bis F im Klemmenkasten eines Gleichstrommotors?
2. In einem Klemmenkasten eines Motors finden Sie folgende Klemmenbezeichnungen: A1 und D2. Begründen Sie, um welchen Gleichstrommotor es sich handelt.
3. Nennen Sie Unterschiede im Aufbau und Verhalten des Reihenschluss- und Nebenschlussmotors.

Doppelschlussmotor
[*compound wound motor*]

Dieser Motor hat eine Nebenschluss- und eine Reihenschlusswicklung. Er verbindet die positiven Eigenschaften der Reihenschluss- mit denen der Nebenschlussmaschine. Er hat demnach ein großes Anzugsmoment und eine relativ konstante Drehzahl.

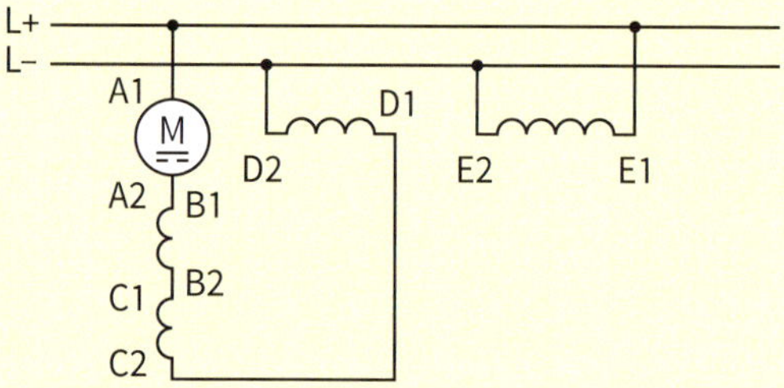

Das Betriebsverhalten kann durch die Auslegung beider Erregerwicklungen beeinflusst werden. Man bezeichnet dies als Kompoundierung.

Fremderregter Motor
[*separately excited DC motor*]

Die Erregerwicklung ist an eine zweite („fremde") Spannungsquelle angeschlossen.

Da auch hier in der Erregerwicklung die Spannung konstant bleibt, ist die Drehzahl bei Belastungsänderung nahezu konstant. Fremderregte Gleichstrommotoren verhalten sich daher wie Nebenschlussmotoren.

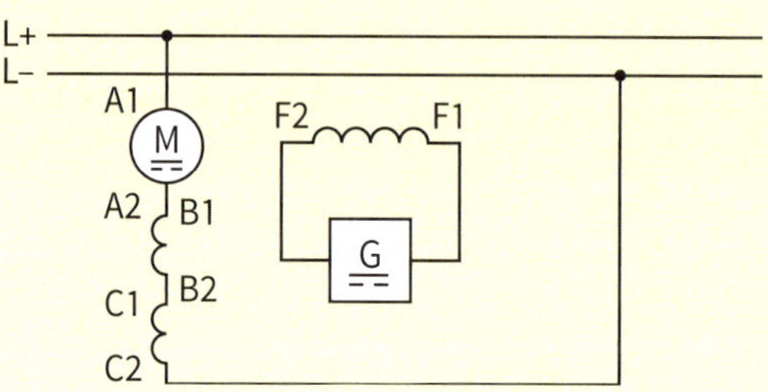

- Der Reihenschlussmotor besitzt eine stark lastabhängige Drehzahl. Durch sein großes Anzugsmoment ist er für den Anlauf unter Schwerlast geeignet.
- Der Nebenschlussmotor hat eine nahezu lastunabhängige Drehzahl.
- Der Doppelschlussmotor vereint die Eigenschaften der Reihen- und Nebenschlussmotoren durch eine parallele und eine in Reihe geschaltete Erregerwicklung.
- Der fremderregte Gleichstrommotor benötigt eine zweite Spannungsquelle für den Anschluss der Erregerwicklung. Sein Verhalten gleicht dem eines Nebenschlussmotors.

8.3.6 Steuerung

Gesteuert wird die vorhandene Aufzugsanlage von einem Schaltschrank aus. Dort sind die Steuerbaugruppen für die Drehrichtung des Motors und die Drehzahl enthalten. Zur Fehleranalyse der Aufzugsanlage sieht sich Herr Huber die Steuerung genauer an.

Wie wird die Drehrichtung des Motors verändert?

Die Drehrichtung eines Gleichstrommotors ergibt sich durch das Zusammenwirken der Feldrichtung der Erregerwicklung und der Ankerwicklung. Durch das Umdrehen der Richtung eines der beiden Felder kann die Drehrichtung umgekehrt werden. Meistens wird die Ankerstromrichtung umgekehrt, weil eine Änderung der Erregerstromrichtung eine hohe Induktionsspannung in der Erregerwicklung zur Folge hätte. Ein Vertauschen der Netzanschlussleitungen L+ und L– hat keine Auswirkung auf die Drehrichtung, da dabei sowohl die Stromrichtung im Anker als auch die Stromrichtung in der Erregerwicklung wechseln.

In der Aufzugsanlage ist für die Auf- und Abfahrt des Fahrkorbes die Drehrichtungsänderung erforderlich. Sie ist durch eine Wendeschützschaltung realisiert. Um einen Kurzschluss zu verhindern, sind die Schütze gegenseitig verriegelt. Aktiviert wird die Drehrichtungsänderung durch Betätigung der jeweiligen Richtungstasten am Aufzug.

Ein Motor dreht rechts, wenn die Erregerwicklung und die Ankerwicklung in der Reihenfolge der Ziffern vom Strom durchflossen werden. Dies ist nach VDE 0530-8 festgelegt.

Beispiel:

Stromweg Reihenschlussmotor, Drehrichtung rechts:Anschluss L+ an A1 → Strom durch Ankerwicklung von A1 nach A2 und Wendepolwicklung von B1 nach B2 (Die Wendepolwicklung ist im Motor verschaltet) → Brücke auf D1 ① (Abb. 3) → Strom durch Erregerwicklung von D1 nach D2 → Anschluss L–.

Wie wird die Drehzahl des Motors verändert?

Die Drehzahl von Gleichstrommotoren lässt sich in weiten Bereichen einstellen. Hierzu stehen drei Möglichkeiten zur Auswahl:

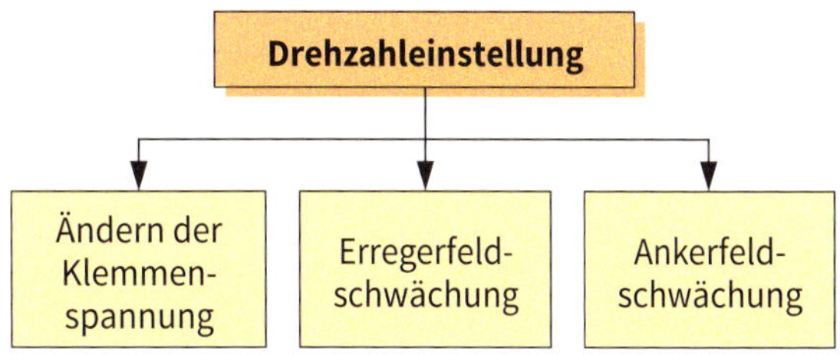

8.3.6.1 Änderung der Klemmenspannung

Für den Aufzugsmotor ist es für die Auf- und Abfahrt nötig, die Drehzahl des Motors auf bestimmte Werte einzustellen. Realisierbar ist dies durch Änderung der Klemmenspannung am Motor.

Wird diese verringert oder vergrößert, so ändert sich die Drehzahl entsprechend. Da die Gleichspannungseinspeisung des Versorgungsnetzes konstant ist, wird die Höhe der Gleichspannung mit einem nachgeschalteten **Gleichstromsteller** [*d.c. chopper*] verändert.

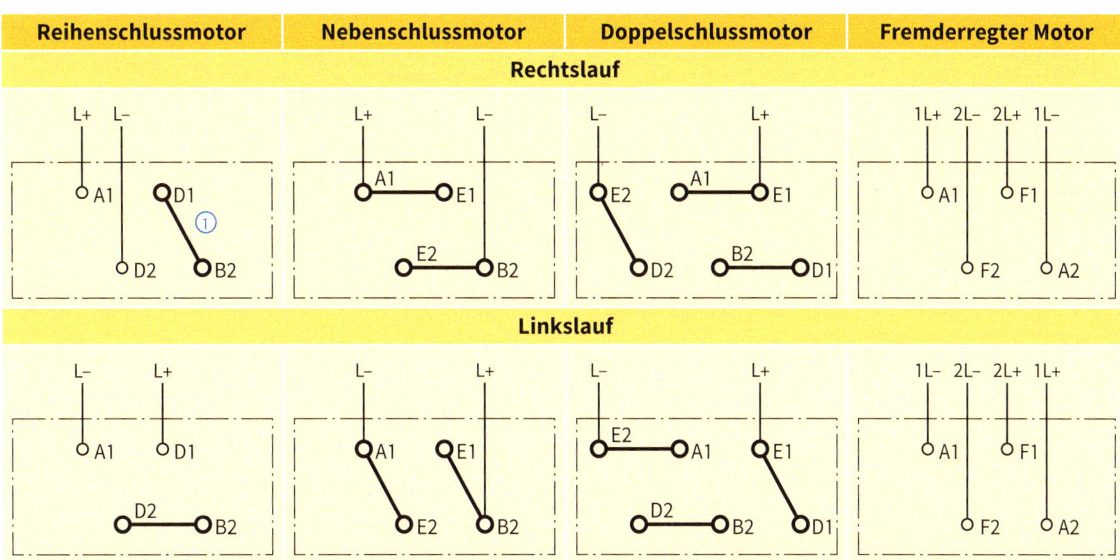

Die Festlegung der Drehrichtung der Gleichstrommotoren kann durch entsprechendes Setzen der Kontaktbrücken im Klemmenkasten erfolgen. Die Tabelle zeigt für Gleichstrommotoren mit Wendepolwicklungen, wie die Anschlüsse bei Drehrichtungsumkehr erfolgen müssen.

3: Klemmen beim Gleichstrommotor

Wie funktioniert ein Gleichstromsteller?

Gleichstromsteller sind **gesteuerte Stromrichter**, die eine konstante Eingangsgleichspannung in eine veränderliche Ausgangsgleichspannung umwandeln.

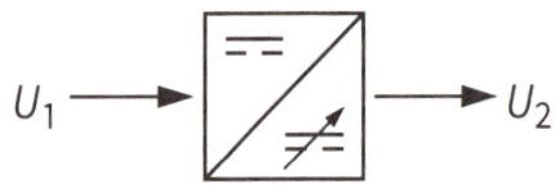

Dies erfolgt mit periodisch betätigten Gleichstromschaltern. Als Schaltelemente im Gleichstromsteller werden Transistoren oder Thyristoren verwendet. Abb. 1 zeigt vereinfacht die Schaltung des Gleichstromstellers.

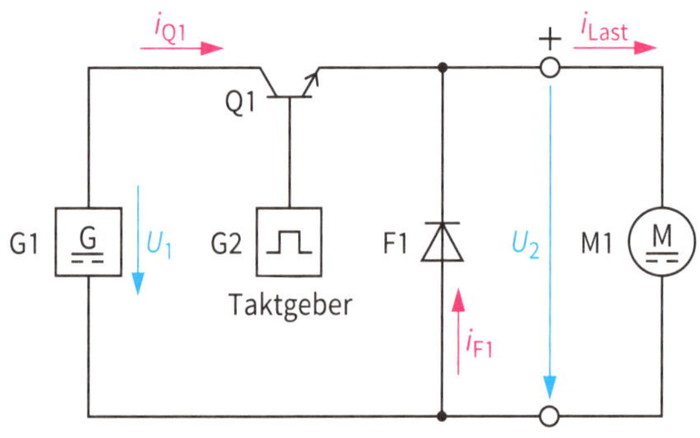

1: Schaltung Gleichstromsteller

Schaltungsbeschreibung

Liegt am Basisanschluss des Transistors ein Taktimpuls an, so schaltet der Transistor durch und der Laststrom steigt allmählich an (Abb. 2) ① (Induktionsvorgang in den Wicklungen des Motors).

Die Freilaufdiode F1 ist erforderlich, weil in der Impulspause der Transistor sehr schnell abschaltet und er aufgrund der Selbstinduktionsspannung des Motors zerstört würde.

Die Freilaufdiode sorgt außerdem dafür, dass der Strom in der gleichen Richtung weiterfließen kann ②.

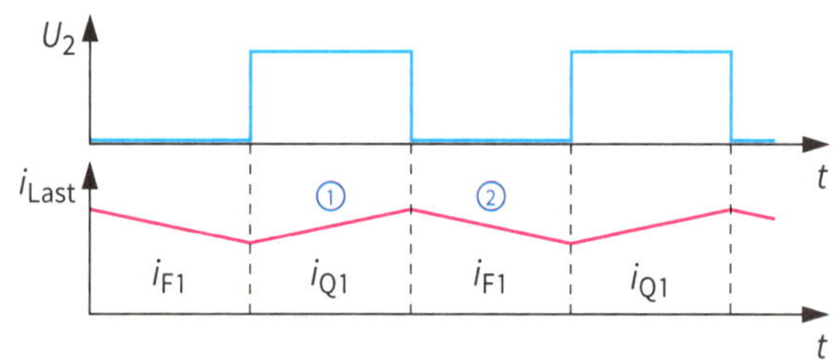

2: Spannungs- und Stromverlauf im Gleichstromsteller

Die Ansteuerung des Transistors kann grundsätzlich durch unterschiedlich breite Pulse (**Pulsbreitensteuerung** [*pulse width modulation control*]) oder durch unterschiedliche Impuls- und Pausenzeiten (**Pulsfolgesteuerung** [*pulse frequency control*]) erfolgen.

Arten des Taktgebers

Pulsbreitensteuerung

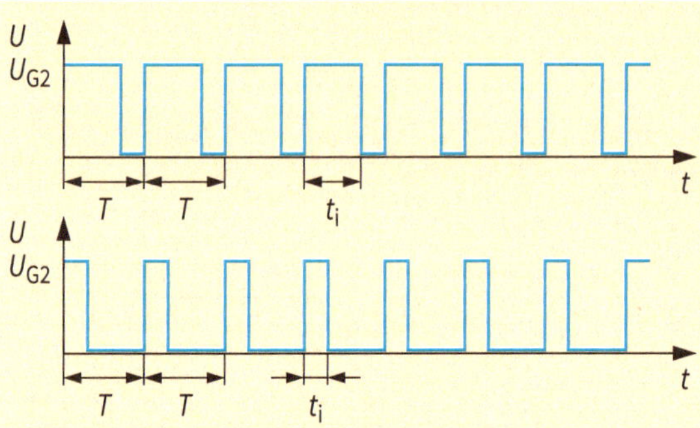

Die **Durchlasszeit des Transistors** wird gesteuert. Dabei ist die Periodendauer T konstant gehalten und die Einschaltdauer t_i verändert.

Beispiel:

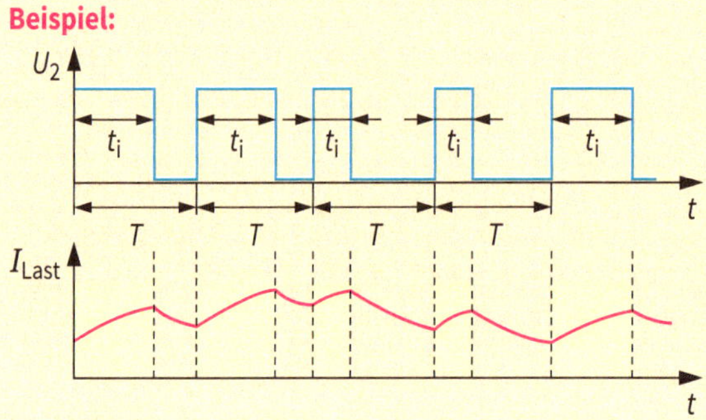

Pulsfolgesteuerung

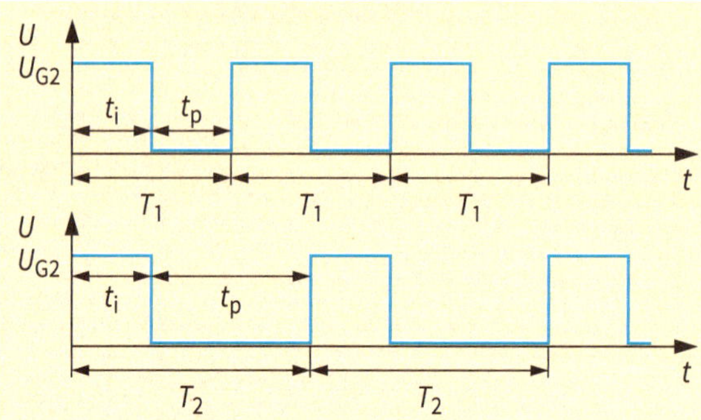

Die **Frequenz der Pulsfolgen** wird gesteuert. Dabei wird die Einschaltdauer t_i konstant gehalten und die Periodendauer T verändert.

Beispiel:

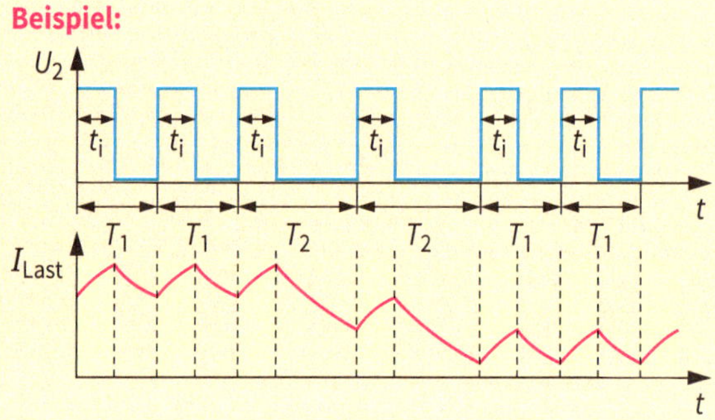

8.3.6.2 Erregerfeldschwächung

Durch die Schwächung des Erregerfeldes wird die Leerlaufdrehzahl größer. Allerdings verkleinert sich auch das Anzugsmoment des Motors. Die Drehzahländerung erfolgt durch einen Widerstand im Erregerstromkreis, genannt **Feldsteller** [*d.c. chopper*]. Dieser beeinflusst die Erregerstromstärke I_E und damit das Feld. Dadurch wird die Gegenspannung im Anker kleiner. Die kleinere Gegenspannung hat eine Vergrößerung der Ankerstromstärke zur Folge. Eine größere Ankerstromstärke bewirkt eine größere Drehzahl.

$$I_E \downarrow \Rightarrow U_G \downarrow \Rightarrow I_A \uparrow M \uparrow \Rightarrow n \uparrow$$

Merke: Eine **Verringerung** der Erregerstromstärke erhöht die Drehzahl.

Beim Nebenschlussmotor wird dieser Widerstand in Reihe zur Erregerwicklung eingesetzt (Abb. 3), beim Reihenschlussmotor parallel zur Erregerwicklung (Abb. 4). Damit wird durch den Widerstand der Stromfluss im Erregerkreis begrenzt.

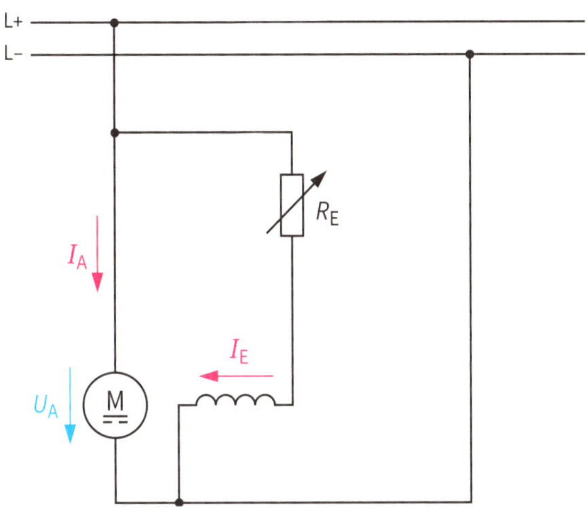

3: Nebenschlussmotor mit Feldsteller

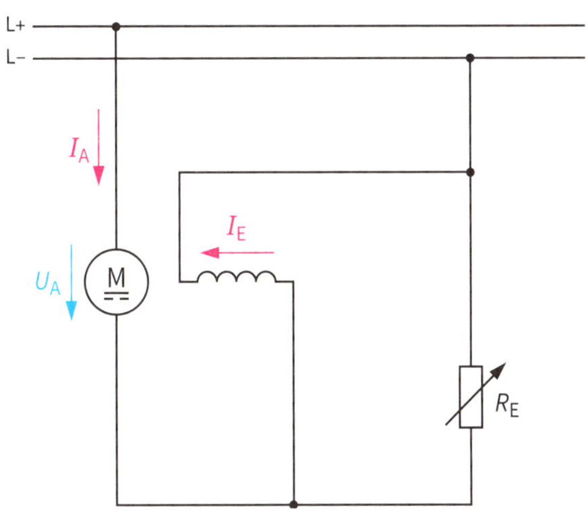

4: Reihenschlussmotor mit Feldsteller

8.3.6.3 Ankerfeldschwächung

Die Drehzahl des Motors kann auch durch Verringerung der Ankerstromstärke verkleinert werden. Hierzu wird ein Widerstand in den Ankerkreis ① eingeschaltet (Abb. 5). Die Leerlaufdrehzahl bleibt dabei unverändert, da der Stromfluss durch den Anker im Leerlauf klein ist und damit auch der Spannungsfall am Ankerwiderstand gering wird. Allerdings wird dann das Anzugsmoment kleiner.

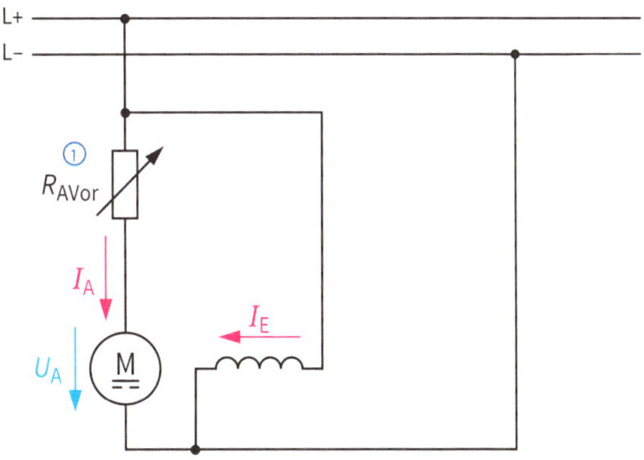

5: Nebenschlussmotor mit Vorwiderstand

Zu beachten ist, dass bei dieser Art der Drehzahleinstellung beim Reihenschlussmotor auch die Stromstärke der Erregerwicklung verändert wird. Dies hat Einfluss auf die Drehzahl.

Der Nachteil dieser Methode bei Nebenschluss- und Reihenschlussmotoren besteht darin, dass elektrische Energie am Widerstand in Wärme umgesetzt wird. Die Drehzahleinstellung ist damit stark verlustbehaftet.

Aufgaben

1. Wodurch wird die Drehrichtung eines Gleichstrommotors geändert?
2. Welche Möglichkeiten gibt es, um die Drehzahl eines Gleichstrommotors einzustellen?
3. Erklären Sie den Unterschied zwischen einer Pulsbreiten- und Pulsfolgesteuerung.

- Die Drehrichtung eines Gleichstrommotors wird durch Änderung der Stromrichtung entweder in der Ankerwicklung oder in der Erregerwicklung durchgeführt.
- Die Drehzahl des Gleichstrommotors kann durch Änderung der Klemmenspannung, Änderung des Anker- oder Erregerwiderstandes erfolgen.
- Gleichstromsteller verändern die Größe von Gleichspannungen durch Pulsbreiten- oder Pulsfolgesteuerung.

8.3.7 Bremsen von Motoren

Es ist notwendig, den Aufzugsmotor beim Erreichen eines Stockwerkes abzubremsen und im Stillstand festzuhalten.

Der Motor kann durch mechanische oder elektrische Maßnahmen zum Stillstand gebracht werden.

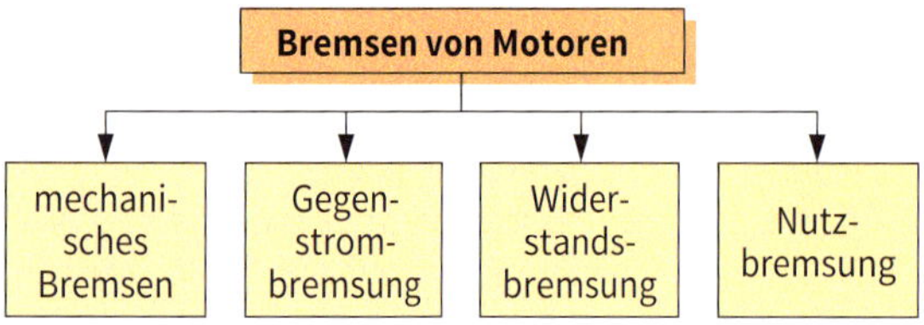

Mechanisches Bremsen

Zum Einsatz kommen hierzu

- Scheibenbremse,
- Kegelbremse oder
- Lamellenbremse.

Bei der Scheibenbremse des Aufzuges (Abb. 1) wird die Kraft durch zwei Bremsbacken ① übertragen, die auf eine am Motor befestigte Scheibe drücken. Über eine Hebelmechanik kann die Bremse am Bremslüfter ② ein- und ausgeschaltet werden. Der Bremslüfter führt dazu eine Hubbewegung durch eine elektromagnetische oder hydraulische Kraft aus.

Da die Bremse fest mit dem zweiten Wellenende des Motors verbunden ist, besteht eine unmittelbare mechanische Verbindung zwischen der Seiltrommel mit der Last und der Bremseinrichtung.

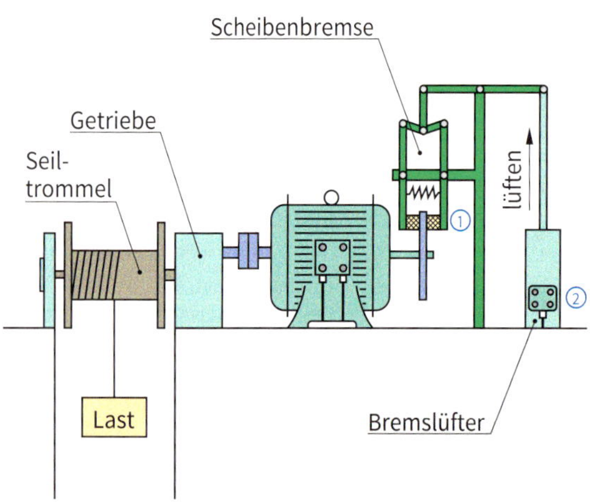

1: Bremsvorgang mit Scheibenbremse

Gegenstrombremsung

Wie bereits aus dem vorangehenden Kapitel bekannt ist, kann die Drehrichtung eines Gleichstrommotors leicht durch Vertauschen der Stromrichtung in der Ankerwicklung verändert werden. Wird die Stromrichtung im laufenden Betrieb geändert, will der Motor die Drehrichtung umkehren. Die Drehzahl geht auf Null, um dann in die Gegenrichtung anzusteigen. Damit der Motor nicht in die andere Drehrichtung anläuft, muss ein Drehzahlwächter bei $n = 0$ den Motor abschalten.

Bei dieser Bremsart wird die Stromstärke im Motor sehr groß. Es entsteht eine hohe thermische Belastung.

Widerstandsbremsung

Bei einer elektrischen Widerstandsbremse macht man sich zunutze, dass jeder Elektromotor auch als Generator wirken kann.

Wird der Ankerwicklung Strom zugeführt und im Ständer ein Magnetfeld erzeugt, so dreht sich der Anker und kann zum Antreiben benutzt werden (**Motorprinzip** [*motor principle*]). Wird umgekehrt der Anker bewegt und dafür gesorgt, dass im Ständer ein Magnetfeld erzeugt wird, so wird im Anker eine Spannung induziert, die in einem Stromkreis einen Strom hervorrufen kann (**Generatorprinzip** [*generator principle*]).

Dazu wird die Zuleitung abgeschaltet und ein Bremswiderstand ③ (Abb. 2) in den Ankerkreis geschaltet. Im Widerstand wird der Strom in Wärmeenergie umgewandelt. Der Motor wird dabei abgebremst und der Anker bleibt stehen.

Die Bremsleistung des Motors wird bei diesem Verfahren durch die Größe des Bremswiderstandes beschränkt. Der Vorteil der Widerstandsbremse liegt in ihrer Verschleißfreiheit.

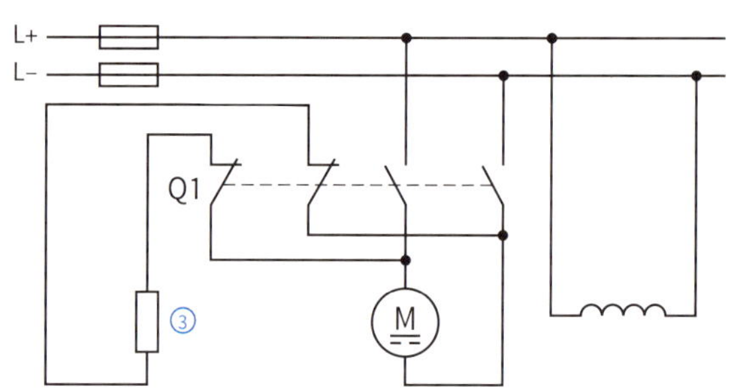

2: Abbremsen durch Bremswiderstand

Nutzbremsung

Bei der Widerstandsbremsung wurde die Bewegungsenergie des Motors in Wärme umgewandelt. Es ist aber auch möglich, diese Energie dem Energieversorgungsnetz wieder zuzuführen. Man spricht dann von Nutzbremsung. Sie ist bei Antriebsmotoren zu finden, die häufig abgebremst werden müssen. Zur Nutzbremsung sind spezielle, rückspeisefähige Stromrichter erforderlich.

- Motoren können mechanisch oder elektrisch abgebremst werden.
- Bei elektrischer Bremsung unterscheidet man Gegenstrom-, Widerstands- und Nutzbremsung.

8.3.8 Universalmotor

Wir haben den Gleichstrommotor besprochen. Um den Motor zu betreiben, benötigen wir eine Gleichspannungsquelle. Die VNBs bieten aber üblicherweise nur Wechselspannung an.

Wie verhält sich der Gleichstrommotor an Wechselspannung?

Um diese Frage zu beantworten, betrachten wir zuerst, wie der Motor beim Wechsel der Polarität an den Anschlussklemmen (Abb. 3) reagiert.

Das Ankerfeld und das Erregerfeld kehren sich durch einen Polaritätswechsel um. Ihre Lage zueinander ändert sich dadurch nicht. In Abb. 1a) und 1b) zeigt das Ankerfeld trotz Polaritätswechsel eine Drehrichtung rechts herum, weil es sich auf dem kürzesten Weg (90°) in Richtung des Erregerfeldes dreht.

Wird also der Gleichstrommotor an Wechselspannung angeschlossen, ändert sich die Drehrichtung nicht.

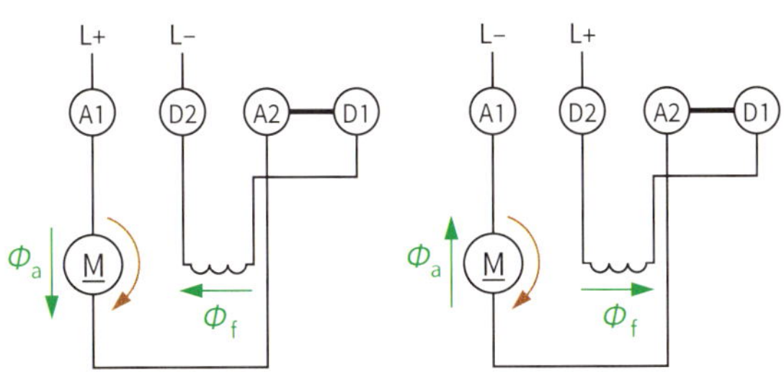

a) L+ an A1 und L− an D2 b) L− an A1 und L+ an D2

3: Anschluss des Motors

Die Drehmomenterzeugung funktioniert nach dem gleichen Prinzip wie beim Gleichstrommotor.

Ein Motor, der an Gleich- oder Wechselspannung arbeiten kann, wird deshalb als **Universalmotor** bezeichnet.

Die Wicklungen des Universalmotors haben an Wechselspannung einen größeren Widerstand als an Gleichspannung. Ursache ist der Blindwiderstand X_L, der den Gesamtwiderstand erhöht. Dies führt zu einem geringeren Stromfluss durch den Motor und folglich zu einer geringeren Leistung. Da der Blindwiderstand frequenzabhängig ist und bei steigender Frequenz größer wird, können Gleichstrom-Reihenschlussmotoren nur bei niedrigen Frequenzen effektiv an Wechselspannung arbeiten.

Wegen dieses zusätzlichen induktiven Widerstandes an Wechselspannung (Frequenz 50 Hz) haben Universalmotoren Anschlüsse für Gleichspannung (viele Windungen: 1H2 – 2H1; Abb. 4) und Anschlüsse für Wechselspannung (wenig Windungen: 1D2 – 2D1).

Durch die Wirbelströme im AC-Betrieb würde das massive Eisen des Stators erwärmt. Deshalb wird bei Universalmotoren der Stator aus geblechtem Material hergestellt.

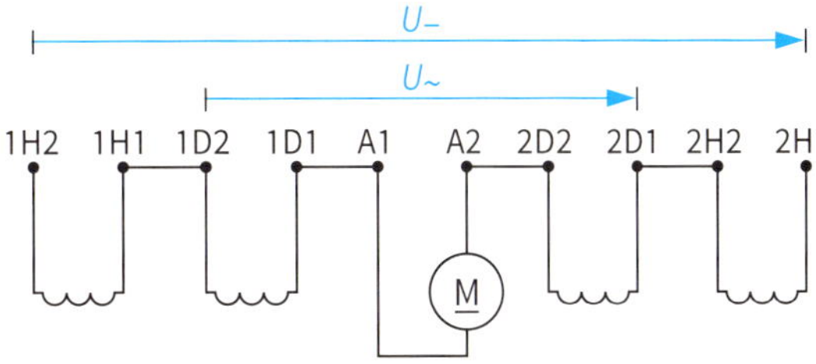

4: Anschlüsse des Universalmotors (Linkslauf)

Da der Universalmotor wie ein Reihenschlussmotor aufgebaut ist, hat er ein hohes Anzugsmoment und kann nur unter Last betrieben werden, da sich ansonsten die Drehzahl unkontrolliert erhöhen würde. Der Motor kann beschädigt werden.

Einsatzbereiche

Die Universalmotoren werden z.B. in Haushaltsgeräten wie Waschmaschinen oder Staubsaugern und Werkzeugmaschinen usw. verwendet (Abb. 5).

Im Bahnbetrieb werden z.B. große Reihenschlussmotoren verwendet. Wegen der niedrigen Netzfrequenz von 16 2/3 Hz ist der Einsatz für die Stromwendung hier sehr günstig.

5: Universalmotor

Aufgaben

1. Warum sollte ein Universalmotor nur unter Last betrieben werden?
2. Warum ist es sinnvoll, Universalmotoren nur bis 50 Hz zu betreiben?

- Universalmotoren sind Reihenschlussmotoren und können an Gleich- und Wechselspannung betrieben werden.
- Universalmotoren funktionieren nur bei niedrigen Frequenzen (bis 50 Hz) wirtschaftlich.

8.4 Festlegen des Auftrages

Herr Huber hat die Fehlerprotokolle ausgewertet und kommt zu dem Ergebnis, dass der Motor alle festgestellten Fehler hervorruft. Er trifft sich deshalb mit Herrn Eder, dem Ziegeleibesitzer.

Bei dem Motor sind die Bürsten abgenutzt. Sie versorgen das bewegliche Teil, den Rotor, mit Strom. Außerdem ist das Lager defekt.

Machen Sie mir einen Vorschlag, was jetzt zu unternehmen ist.

Herr Eder, ich kann Ihnen zwei Lösungen anbieten: Entweder eine Reparatur oder eine Neuinstallation. Ich habe beides schriftlich festgehalten (Abb. 1).

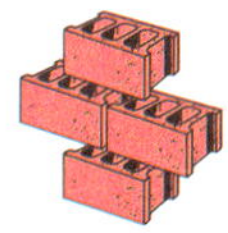

Vielen Dank für die klare Darstellung der Fakten. Wenn ich mir die Zahlen betrachte, ist die Neuinstallation eines Drehstrommotors längerfristig gesehen am günstigsten und deshalb machen wir das auch so. Damit wir alles vertraglich regeln können und alle meine Wünsche festgehalten werden, bitte ich Sie um ein detailliertes Angebot. Ich sehe den Auftrag als bereits an Sie vergeben an.

Vielen Dank für das Vertrauen in unsere Firma. Wir werden alles zu Ihrer Zufriedenheit erledigen.

Nur wenige Tage später erhält Herr Eder das detaillierte Angebot und er vergibt den Auftrag an die Firma Huber.

Elektrostraße 3
93053 Regensburg
Telefon (0941) 12 34-0
Telefax (0941) 12 34-20

Huber Elektrotechnik

Huber Elektrotechnik, Elektrostraße 3, 93053 Regensburg

Ziegelei Eder
Ziegelstr. 2
93053 Regensburg

22. Juni 2020

Vorschläge für die Behebung der Störungen am Lastenaufzug in Ihrer Ziegelei

Sehr geehrter Herr Eder,
hiermit übersende ich Ihnen meine beiden Vorschläge:

1. Vorschlag: Reparatur

- Bürsten des Motors austauschen
- Defektes Lager instand setzen
- Wartungsvertrag

Vorteil:
Momentan geringe Reparaturkosten

Nachteile:
Hohe laufende Kosten und größere Energiekosten des Gleichstrommotors

Angebot 1:
Motorreparatur: 3000 Euro
Wartungsvertrag: ca. 400 Euro pro Jahr

2. Vorschlag: Neuinstallation

- Neuinstallation eines Drehstromantriebssystems
- Einbau einer neuen Steuerung

Vorteile:
- Geringere Energiekosten
- Kein Bürstenwechsel
- Kein Wartungsvertrag
- Geringere Betriebskosten

Nachteil:
Neuinstallation des Antriebes

Angebot 2:
Neuinstallation des Antriebsmotors und der Steuerung: ca. 7000 Euro

1: Vorschläge der Elektrofirma Huber

8.5 Drehstrommotoren

Für die Modernisierung der Aufzugsanlage soll ein **Drehstrommotor** [*three-phase a.c. motor*] verwendet werden. Im Katalog, den Herr Huber von einem Motorenhersteller erhalten hat, sind viele Arten von Drehstrommotoren aufgeführt. Um sich für eine Bauart zu entscheiden, sieht sich Herr Huber zunächst den Drehstrommotor genauer an.

8.5.1 Aufbau

Ein Drehstrommotor ist wie ein Gleichstrommotor aus einem Ständer und einem Läufer aufgebaut.

Ständer

Er ist entweder aus Gusseisen oder aus einer Schweißkonstruktion gefertigt. Um Wirbelströme zu vermeiden, ist darin ein geschichtetes Eisenpaket aus gegeneinander isolierten Blechen eingelegt. In eingefrästen Nuten wird die drehfelderzeugende Dreiphasenwicklung eingelegt, deren Wicklungen aus Einzelspulen bestehen (Abb. 2). Die Anschlüsse aller Wicklungen sind zum Klemmenkasten geführt.

2: Ständer des Drehstrommotors

Läufer

Auch der Läufer trägt ein geschichtetes Blechpaket mit Nuten zur Aufnahme der Läuferwicklung. Der Abstand zwischen Ständer und Läufer beträgt nur einige Zehntel Millimeter. Dies ist für einen hohen Wirkungsgrad von Bedeutung.

In die Nuten des Läufers kann eine Wicklung eingelegt sein, deren Enden an Schleifringen auf der Läuferwelle angeschlossen sind. Damit ist es möglich, den Stromfluss in der Läuferwicklung zu beeinflussen.

Statt einer Wicklung kann der Läufer aber auch aus runden Kupfer- oder Aluminiumstäben bestehen, deren Enden mit Ringen des gleichen Materials verbunden (kurzgeschlossen) sind.

4: Läufer des Drehstrommotors

8.5.2 Drehfelderzeugung

Die drei Wicklungen des Ständers werden an L1, L2 und L3 des Drehstromnetzes angeschlossen. Damit fließen in den drei Wicklungen Ströme, die um 120° versetzt sind. Diese erzeugen drei gegeneinander versetzte Magnetfelder, die sich im Inneren der Maschine zu einem Gesamtfeld summieren. Da sich die Stromstärken in den einzelnen Wicklungen ständig verändern, ändert sich auch die Lage des Gesamtfeldes (Abb. 3). In der Maschine entsteht ein sich drehendes Magnetfeld (Drehfeld). Daher auch der Name Drehstrom.

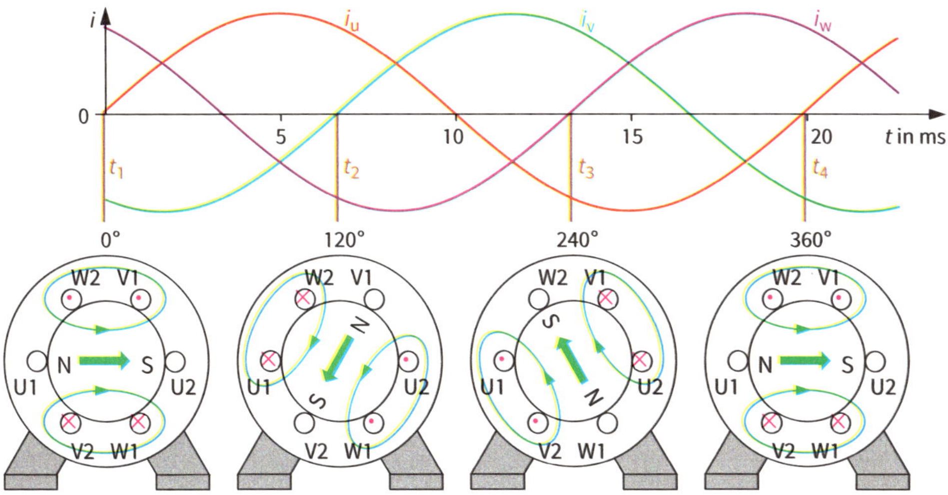

Die drei zeitlich versetzten Einzelströme i_u, i_v und i_w des Drehstromsystems erzeugen in den Wicklungen des Ständers ein Magnetpolpaar. Aus deren Lage ergibt sich das skizzierte Gesamtfeld.

3: Modell der Drehfelderzeugung

Die drei Wicklungen sind dabei nach folgendem Schema in die Nuten des Ständers eingelegt (Abb. 1). Damit die Streufelder gering gehalten werden, sind sie ineinander verschachtelt. Es entsteht in der Maschine ein ständig umlaufender Nord- und Südpol.

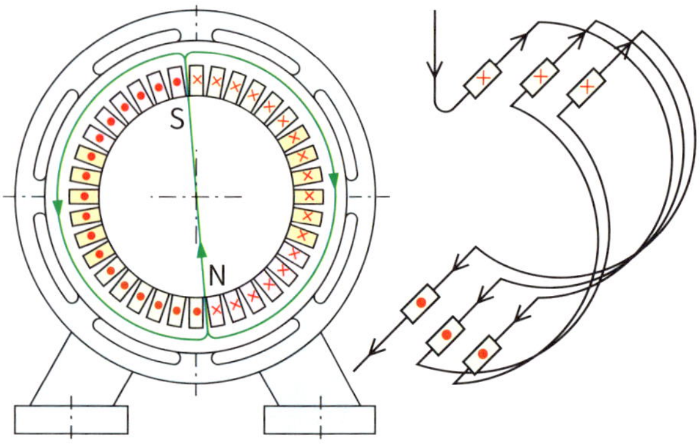

1: Ständer eines zweipoligen Drehstrommotors

Da dieser Motor zwei Pole (Nord- und Südpol) besitzt, bezeichnet man diese Maschine mit der Polzahl *zwei* und Pol**paar**zahl [***number of polpairs***] *eins* (***p* = 1**). Im Maschinenbau wird häufig nur die Polzahl 2p betrachtet und in Datenblättern angegeben.

Welche Auswirkung hat eine höhere Polzahl?

Anstatt in den Ständer drei Spulen einzulegen, können auch sechs Spulen (um 60° räumlich verschoben) angeordnet werden. Hier entsteht ebenfalls ein Drehfeld (Abb. 2).

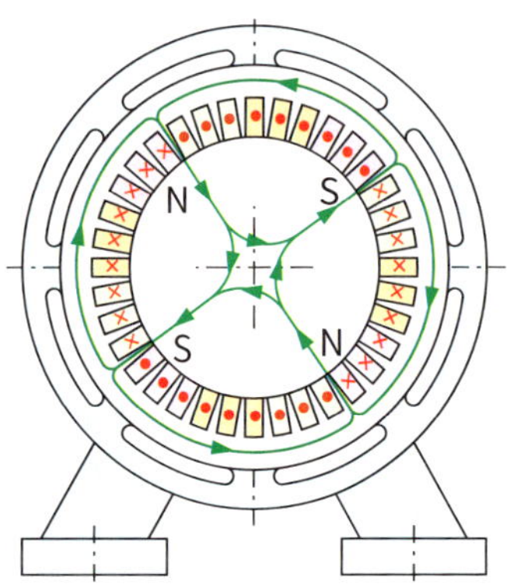

2: Ständer eines vierpoligen Drehstrommotors

Der Motor in Abb. 2 hat vier Pole (zwei Nord- und zwei Südpole), damit beträgt die Polzahl vier und die Polpaarzahl zwei.

Das vierpolige Drehfeld dreht sich allerdings langsamer als das zweipolige Drehfeld. Es benötigt für eine Umdrehung die doppelte Zeit, legt also in einer Periode *T* nur eine halbe Umdrehung zurück.

Wird die Polzahl weiter erhöht, so erhält der Motor immer mehr Polpaare und die Zeit für eine Umdrehung steigt weiter an, d. h., die Drehzahl sinkt (Abb. 3).

Die folgende Tabelle zeigt den Zusammenhang zwischen der Erhöhung der Polpaarzahl und der Zeit für eine Umdrehung.

Polpaarzahl	Polzahl	Spulenanzahl	Winkel zwischen den Spulen	Zeit für eine Umdrehung	Drehfeld-Drehzahl bei *f* = 50 Hz
1	2	3	120°	$1 \cdot T$	3000
2	4	6	60°	$2 \cdot T$	1500
3	6	9	40°	$3 \cdot T$	1000
4	6	12	30°	$4 \cdot T$	750
5	10	15	24°	$5 \cdot T$	600
6	12	18	20°	$6 \cdot T$	500
…	…	…	…	…	…
p	$2 \cdot p$	$3 \cdot p$	$360°/3 \cdot p$	$p \cdot T$	$3000/p$

3: Polpaarzahl

Die Drehzahl *n* des Drehfeldes hängt also von der Frequenz *f* des speisenden Netzes und von der Polpaarzahl *p* der Wicklung ab. Es ergibt sich folgender Zusammenhang:

$$n = \frac{f}{p}$$

Da die Drehzahl bei elektrischen Maschinen immer pro Minute (min^{-1}) angegeben wird, muss die Frequenz in Minuten umgerechnet werden. Es ergibt sich dadurch:

$$n = \frac{f \cdot 60}{p} \quad \text{in min}^{-1}$$

Mit Hilfe verschiedener Polpaarzahlen kann also die Drehfelddrehfrequenz des Ständers verändert werden.

Aufgaben

1. Warum wird im Ständer des Motors ein geblechtes Eisenpaket eingelegt?
2. Skizzieren Sie die Entstehung eines Drehfeldes.
3. Ergänzen Sie die Tabelle Abb. 3 um die Polzahl 14 und 16.

- Der Drehstrommotor besteht aus einem Ständer und einem Läufer.
- Legt man an die um 120° räumlich versetzten Spulen die Außenleiterspannung des Drehstromversorgungssystems an, so entsteht ein Drehfeld.
- Der Läufer besitzt entweder eine Wicklung oder er ist mit kurzgeschlossenen Stäben aufgebaut.

8.5.3 Synchronmotor

Wir kennen jetzt das Drehfeld des Stators. Aber wie kommt es zur Drehung des Ankers? Dazu wird ein weiteres zusätzliches Magnetfeld benötigt, das der Anker entwickeln muss.

8.5.3.1 Aufbau

Synchronmotoren *[synchronous motors]* sind Drehfeldmaschinen. Der Stator trägt die drehfelderzeugende Dreiphasenwicklung. Der Läufer (Polrad) besitzt die Gleichstromerregerwicklung und ist entweder ein Vollpolläufer (auch Walzen- oder Zylinderläufer genannt) oder ein Schenkelpolläufer (Läufer mit ausgeprägten Polen).

Bei Synchronmotoren mit kleinen Leistungen (< 100 W) ist der Läufer auch als Dauermagnet ausgeführt.

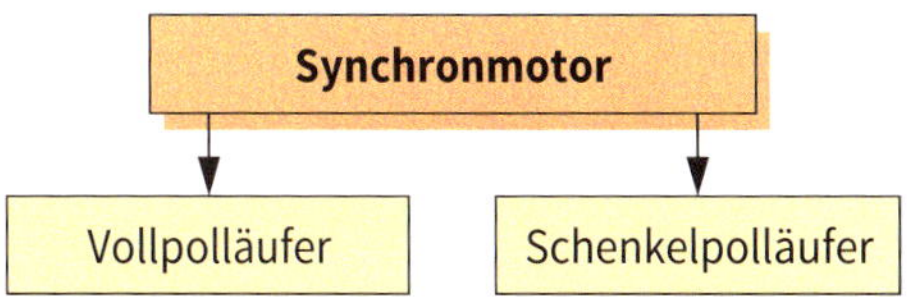

Der **Vollpolläufer** *[solid-pole rotor]* (Abb. 4) wird für Antriebsmaschinen mit hohen Drehzahlen (Schnellläufer) verwendet.

Die Gleichstromerregerwicklung ist im Läufereisen in eingefrästen Nuten eingelegt. Die Polpaarzahl eines Vollpolläufers ist meistens $p = 1$, seine Drehzahl am Drehstromnetz damit $n = 3000\ \text{min}^{-1}$.

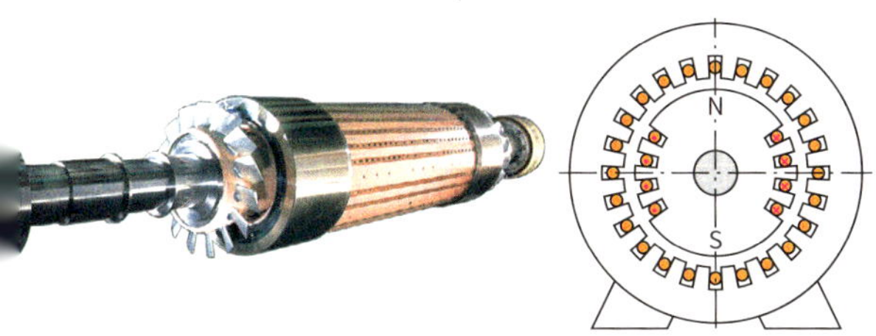

4: Vollpolläufer

Der **Schenkelpolläufer** *[salient-pole rotor]* (Abb. 5) besitzt ausgeprägte Pole mit den Erregerwicklungen. Sie werden von Gleichstrom durchflossen. Die Polpaarzahl von Schenkelpolläufern ist $p \geq 2$.

Schenkelpolläufer werden eingesetzt, wenn die Maschine langsame Drehzahlen liefern soll. Im Beispiel wäre die Drehzahl des Läufers mit der Polpaarzahl 2 gleich $n = 1500\ \text{min}^{-1}$.

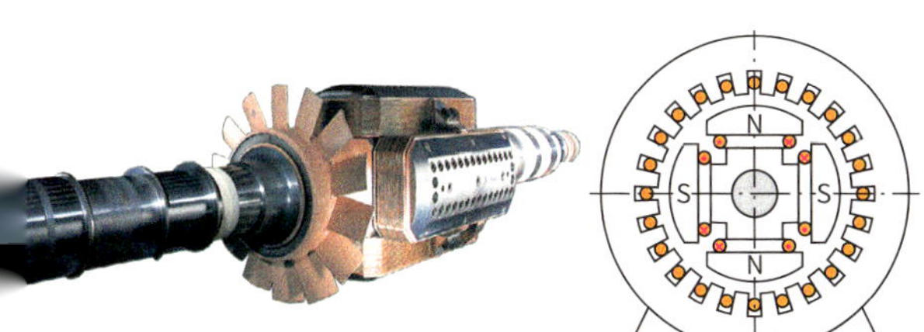

5: Schenkelpolläufer

8.5.3.2 Wirkungsweise

Schließt man die Ständerwicklung an das Drehstromnetz an, entsteht ein umlaufendes Drehfeld. Wird der Läufer nicht beschleunigt, kann aufgrund des großen Drehzahlunterschiedes (Statorfeld-Drehzahl $3000\ \text{min}^{-1}$ und Läuferdrehzahl $0\ \text{min}^{-1}$) keine Kopplung stattfinden. Der Läufer bleibt in Ruhe.

Wird der Läufer in Drehfeldrichtung bis nahezu der Drehfelddrehzahl beschleunigt, findet eine magnetische Kopplung zwischen dem umlaufenden Drehfeld und dem Nord- und Südpol des Polrades statt. Das Polrad dreht sich dann genauso schnell wie das Statordrehfeld weiter, es hat **synchrone** Drehzahl. Der Anlauf des Polrades ist deshalb nur mit **Hilfseinrichtungen** möglich.

Das Polrad dreht sich im Leerlauf genau unter den ausgebildeten Magnetpolen des Drehfeldes (Abb. 6a). Wird der Synchronmotor belastet, entsteht zwischen Drehfeld und Polrad eine Verschiebung, die Lastwinkel δ genannt wird. Das Polrad eilt dem Drehfeld nach (Abb. 6b).

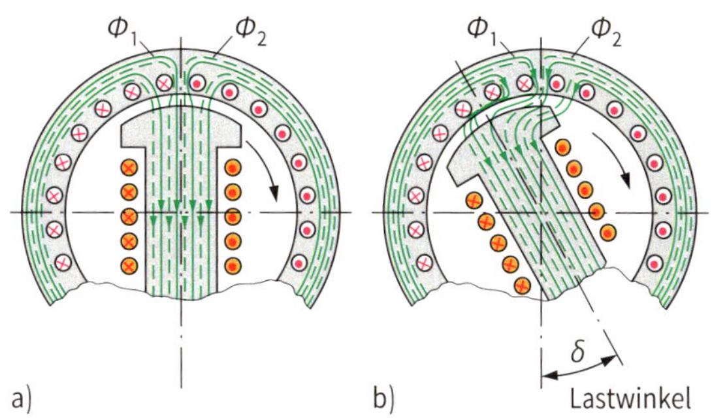

6: Polrad bei a) Leerlauf und b) Belastung

Betriebsverhalten

Eine größere Belastung bewirkt einen vergrößerten Lastwinkel, durch den sich das Drehmoment des Motors steigert (Abb. 7). Grund dafür ist das Zusammenwirken des vorauseilenden Magnetpols mit dem nacheilenden abstoßenden Pol des Statordrehfeldes. Wird die Belastung über den Lastwinkel $\delta = 90°$ ① gesteigert, fällt der Motor außer Tritt und bleibt stehen. Beim Lastwinkel 90° hat der Motor sein maximales Drehmoment (Kippmoment M_K).

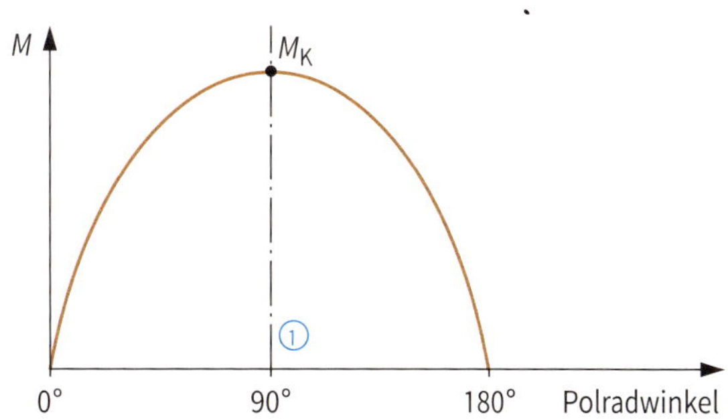

7: Drehmomentkennlinie

8.5.3.3 Anlaufverfahren

Synchronmotoren größerer Leistung werden durch Anwurfmotoren in Gang gesetzt. Dreht sich das Polrad mit der Drehfelddrehzahl, schaltet sich der Anwurfmotor ab und wird von der Motorwelle abgekoppelt.

Synchronmotoren kleinerer Leistung sind in der Regel mit einer Anlasswicklung (Dämpferwicklung) versehen. Der Motor verhält sich dann im Anlauf wie ein Kurzschlussläufer. Das Anlassen erfolgt deshalb wie beim Asynchronmotor. Dabei wird im Anlauf die Gleichstromerregung abgeschaltet und die Erregerwicklung kurzgeschlossen. Hat das Polrad die Drehfelddrehzahl erreicht, wird der Kurzschluss entfernt und die Gleichstromerregung eingeschaltet. Das Polrad wird in die Drehfelddrehzahl gezogen (synchronisiert). Die Dämpferwicklung hat bei der Bemessungsdrehzahl des Motors keine Wirkung.

8.5.3.4 Anwendungen

Wegen der Synchronität zwischen Läuferdrehzahl und Drehfeld hat der Synchronmotor vor allem eine Anwendung bei geforderten konstanten Drehzahlen gefunden. Im mittleren Leistungsbereich sind Synchronmotoren seltener. Bei höheren Antriebsleistungen (10 kW bis 1000 kW) hingegen trifft man den Synchronmotor öfter an, z.B. als Antrieb für Kompressoren und Pumpen.

Aufgaben

1. Welcher Unterschied im Aufbau besteht zwischen Vollpolläufer und Schenkelpolläufer?
2. Beschreiben Sie, wie sich der Lastwinkel δ abhängig von der Last ändert.
3. Warum ist das selbstständige Anlaufen des Synchronmotors nicht möglich?

8.5.3.5 Synchronreluktanzmotor

Dieser Motor hat einen bewickelten mehrphasigen Stator und ist damit ähnlich aufgebaut wie ein Asynchronmotor.

Der Läufer hat entweder ausgeprägte Pole, die aus weichmagnetischem Material bestehen und nicht erregt werden. Oder der Läufer besteht aus einem speziell gegossenen Läuferblech.

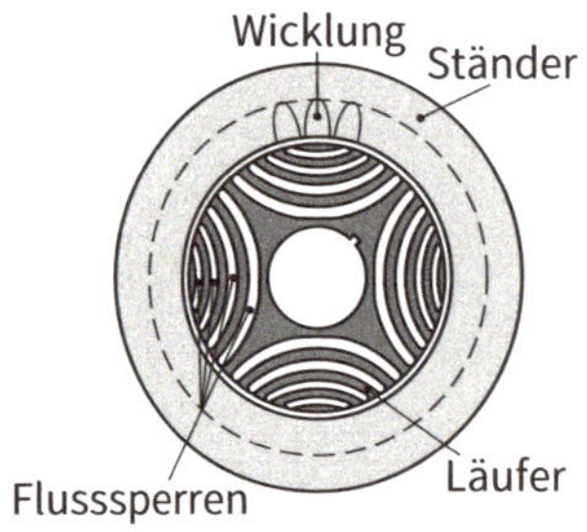

1: Reluktanzmotor (Querschnitt)

Der magnetische Fluss in diesem Läuferblech des Rotors ist für ein großes Drehmoment und einen hohen Wirkungsgrad entscheidend. Dazu werden die Läuferbleche abwechselnd aus magnetisch gut leitenden Stegen und schlecht leitenden Flusssperren (Luft gefüllt) konstruiert (siehe Abb. 1).

Bei Stromfluss im Stator bildet sich ein Drehfeld aus. Der Rotor stellt sich mit den Flussstegen nach diesem äußeren Feld ein, er wird quasi mitgezogen. Diese Reluktanzkraft (auch Maxwellsche Kraft) auf den Rotor entsteht durch die Änderung des magnetischen Widerstands, der auch als Reluktanz bezeichnet wird. Der Rotor will sich lagemäßig so einstellen, dass der geringste magnetische Widerstand erreicht ist.

Der Motor zeigt im Anlauf asynchrones Verhalten und benötigt in der Regel eine Anlaufhilfe, da er bei hohen umlaufenden Drehfrequenzen nicht an das schnelle Statordrehfeld ankoppeln kann. Aus diesem Grund wird er meist mit Frequenzumrichtern angesteuert, wobei dann jede gewünschte Drehzahl eingestellt werden kann. Bei Erreichen der Bemessungsdrehzahl läuft der Reluktanzmotor dann aber synchron. Der Reluktanzmotor besitzt wie der Synchronmotor einen Polradwinkel δ. Wird der Winkel über das Kippmoment hinaus vergrößert, fällt der Motor außer Tritt und er bleibt stehen.

Vorteile

Der Rotor des Motors hat keine Kurzschlusswicklung und auch keine Permanentmagnete. Der Läufer ist somit sehr materialsparend und damit kostengünstig im Aufbau.

Im Betrieb treten nur sehr geringe Läuferverluste auf, da durch die fehlende Wicklung des Läufers bzw. fehlende Kurzschlusswicklung die Stromwärmeverluste sehr gering sind. Dadurch ergibt sich, dass sich der Rotor kaum erwärmt. Der Rotor hat außerdem eine geringere Läufermasse und damit ein geringeres Massenträgheitsmoment.

Anwendung

Reluktanzmotoren (Abb. 2) sind für Antriebe im mittleren Leistungsbereich wirtschaftlich einsetzbar. Frequenzumrichter gesteuerte Reluktanzmotoren werden heutzutage wegen des hohen Wirkungsgrades (IE3 und höher) für Lüfter- und Pumpenmotoren eingesetzt.

2: Reluktanzmotor

8.5.4 Asynchronmotor

Es gibt zwei Bauformen von Asynchronmotoren:

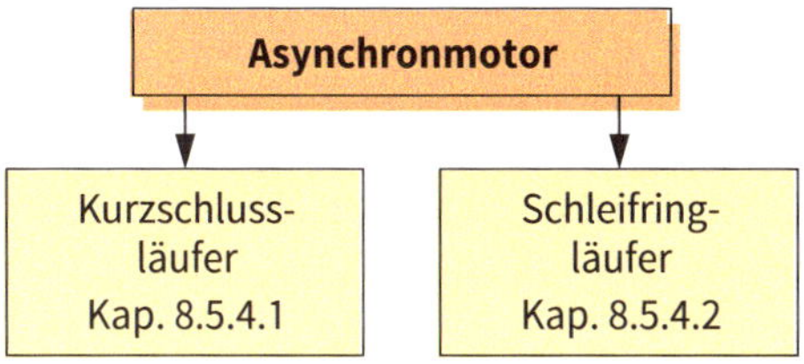

8.5.4.1 Kurzschlussläufer

Der Kurzschlussläufermotor besteht ebenso wie der Synchronmotor aus einem Stator und einem Läufer. Der Stator ist zudem baugleich mit dem des Synchronmotors.

Der Läufer besteht aus Leiterstäben, die an den Enden mit einem Leiterring kurzgeschlossen sind (Abb. 3).

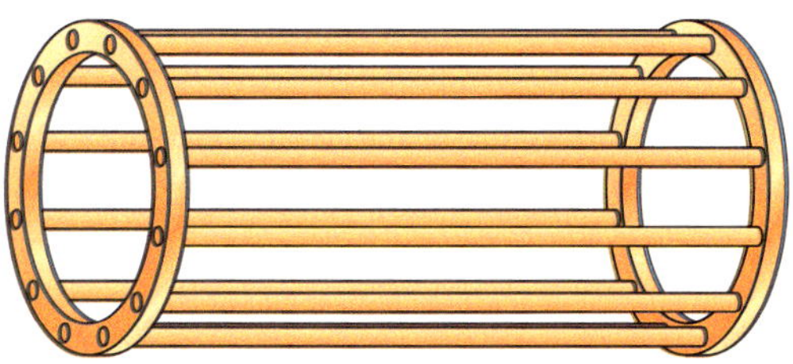

3: Läuferkäfig

Wirkungsweise

- **Läuferdrehzahl $n_{Läufer} = 0$ (Stillstand)**
  Der Drehstrom erzeugt in der Statorwicklung ein Drehfeld, das mit synchroner Drehzahl (Drehfelddrehzahl) umläuft. Dieses Drehfeld induziert in der stillstehenden Läuferwicklung eine Spannung. Diese ruft im kurzgeschlossenen Läuferkäfig einen Strom hervor, der seinerseits ein Magnetfeld aufbaut. Beide Magnetfelder (Ständer und Läufer) wirken so aufeinander, dass ein Drehmoment entsteht, welches den Läufer im gleichen Drehsinn wie das Statordrehfeld anlaufen lässt (Abb. 4).

  Wenn Feldlinien des umlaufenden Statordrehfeldes von den Läuferstäben geschnitten werden, entsteht ein Stromfluss im Läufer.

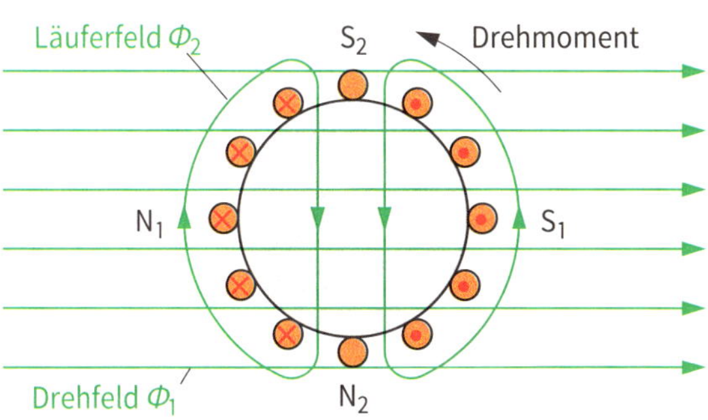

4: Stator- und Läufermagnetfeld

  Steht der Läufer im Einschaltmoment des Motors noch still, werden in seiner Wicklung die meisten Feldlinien geschnitten, da ein großer Geschwindigkeitsunterschied zwischen Läufer und dem Drehfeld im Stator besteht.

  Im Einschaltaugenblick sind damit Läuferspannung und Läuferstromstärke am größten.
  Es ergibt sich folgende Wirkungskette:
  $\Phi_{Stator} \Rightarrow U_{Läufer} \Rightarrow I_{Läufer} \Rightarrow \Phi_{Läufer} \Rightarrow M_R$

- **Läuferdrehzahl n steigt**
  Mit zunehmender Drehzahl nimmt die Anzahl pro Zeit der vom Läufer geschnittenen Feldlinien ab. Die Läuferinduktionsspannung und somit auch die Läuferstromstärke verringern sich.

- **Läuferdrehzahl n gleich der Statordrehzahl**
  Wäre die Läuferdrehzahl gleich der Drehfelddrehzahl des Stators, so würden keine Feldlinien mehr von der Läuferwicklung geschnitten. Die im Läufer induzierte Spannung und damit auch der Stromfluss im Läufer wären gleich Null. Folglich würde der Läufer kein Magnetfeld aufbauen und somit kein Drehmoment mehr entwickeln. Der Läufer würde durch Reibungsverluste gebremst, wodurch wieder Feldlinien geschnitten werden.
  Folgende Wirkungskette ergibt sich:
  $n_{Stator} = n_{Läufer} \Rightarrow U_{Läufer} = 0 \Rightarrow I_{Läufer} = 0 \Rightarrow \Phi_{Läufer} = 0 \Rightarrow M_R = 0 \Rightarrow n_{Läufer} \downarrow$

- **Läuferdrehzahl n kleiner als Statordrehzahl**
  Damit der Motor weiterhin ein Drehmoment bildet, muss die Drehzahl des Läufers geringer sein als die Drehzahl des Statordrehfeldes. Nur dann werden im Läufer Feldlinien geschnitten, in deren Folge auch wieder eine Läuferspannung induziert wird. Diese treibt dann wieder einen Strom durch die Läuferwicklung. Das sich dadurch aufbauende Läuferfeld bewirkt zusammen mit dem Statordrehfeld weiter ein Drehmoment.

Der Läufer kann nie mit dem Drehfeld im Gleichlauf (synchron) sein, sondern muss stets etwas hinter der Drehfelddrehzahl n_f zurückbleiben. Er läuft **asynchron** [*asynchronous*]. Die Differenz zwischen der Drehzahl des Statordrehfeldes und der Läuferdrehzahl n wird **Schlupfdrehzahl n_s** genannt.

$$n_s = n_f - n$$

Die Schlupfdrehzahl wird meistens auf die Drehfelddrehzahl bezogen und in Prozent angegeben. Dieser Wert wird als **Schlupf s** bezeichnet.

$$s = \frac{n_f - n}{n_f} \cdot 100\,\%$$

Der **Schlupf** [*slip*] beträgt üblicherweise 5 % bis 10 % und ist von der Belastung abhängig.

1: Kurzschlussläufermotor

Die Abb. 1 zeigt das Klemmbrett eines Kurzschlussläufermotors. Das Klemmbrett besitzt nur Anschlüsse für die Statorwicklungen. Sie werden mit U1-V1-W1 und U2-V2-W2 bezeichnet.

Betriebseigenschaften

Die Abb. 2 zeigt die Kennlinien eines Kurzschlussläufers. Dabei wurde vom Anlaufaugenblick aus bis zur synchronen Drehzahl n_f sowohl das Drehmoment M als auch die Stromstärke I gemessen.

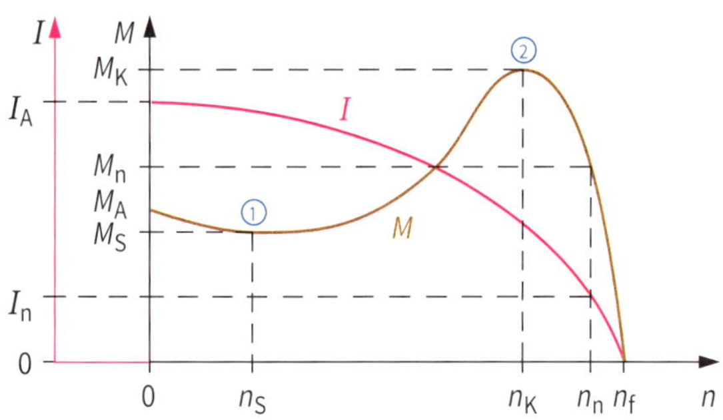

2: Hochlaufkennlinie

Die Drehmomentkennlinie beginnt beim **Anlaufmoment** *[starting torque]* (M_A) und fällt zunächst leicht bis zum **Sattelmoment** *[pull-up torque]* (M_S) ① ab. Das höchste Drehmoment erreicht der Motor im **Kippmoment** *[breakdown torque]* (M_K) ②. Im Bemessungsbetrieb befindet sich das Drehmoment bei M_n.

Kurzschlussläufermotoren besitzen eine **hohe Anlaufstromstärke I_A** (Abb. 2). Sie kann bis zum 7-fachen der Bemessungsstromstärke betragen.

Erklärung

Im Moment des Einschaltens ist der Strom im Läufer sehr hoch, da der kurzgeschlossene Läufer nur den geringen Wirkwiderstand besitzt. Die hohe Induktionsspannung ergibt eine große Anlaufstromstärke. Der hohe Läuferstrom wiederum verursacht einen großen Strom im Stator.

Kurzschlussläufermotoren haben ein **geringes Anzugsmoment**. Es liegt zwischen 50 % und 80 % des Bemessungsdrehmomentes.

Erklärung

Durch das Drehfeld des Stators werden in der stillstehenden Läuferwicklung Spannungen induziert. Die Abb. 3 zeigt die Richtung der induzierten Spannungen.

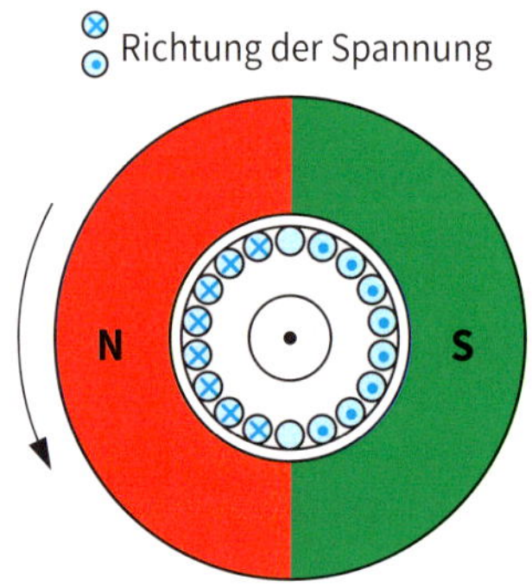

3: Richtung der induzierten Läuferspannung

Die große Frequenzdifferenz zwischen dem Statordrehfeld (50 Hz) und dem Läufer (0 Hz) im Anlauf ergibt einen großen induktiven Blindwiderstand im Läufer. Dieser Blindwiderstand ist wesentlich größer als der Wirkwiderstand der Läuferwicklung. Das führt im Anlauf zu einer Phasenverschiebung von fast 90° zwischen der Spannung und dem Strom in der Läuferwicklung.

Der Läuferstrom hat die in Abb. 4 eingezeichnete Richtung.

Unter dem Nordpol des Stators treten Ströme aus der Zeichenebene heraus ③ und bewirken ein Drehmoment im Uhrzeigersinn. Unter dem Nordpol des Stators treten aber auch Ströme in die Zeichenebene ein ④ und bewirken ein Drehmoment gegen den Uhrzeigersinn. Die Anzahl der aus- und eintretenden Ströme unter dem Nordpol ist etwa gleich. Entsprechendes gilt für den Südpol. Dies hat zur Folge, dass sich die Einzeldrehmomente des Motors beinahe aufheben und nur ein geringes Gesamtdrehmoment beim Anlauf übrig bleibt.

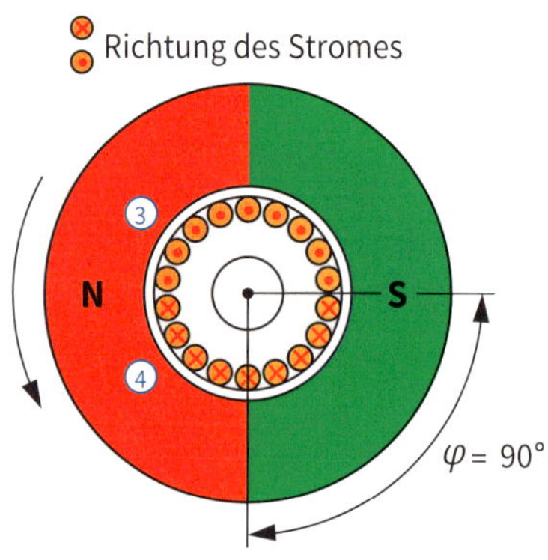

4: Richtung des induzierten Läuferstromes

Abhilfe

Um das Drehmoment im Anlauf zu erhöhen und den Einschaltstrom zu verringern, muss der Wirkwiderstand des Käfigs beim Einschalten erhöht und gleichzeitig der induktive Widerstand verkleinert werden. Im Betrieb soll aber der Widerstand wieder sinken, damit die Verluste reduziert werden. Um diese beiden Forderungen zu erfüllen, werden verschiedenartige Läuferstabformen verwendet. Die Abb. 5 zeigt typische Läuferstäbe.

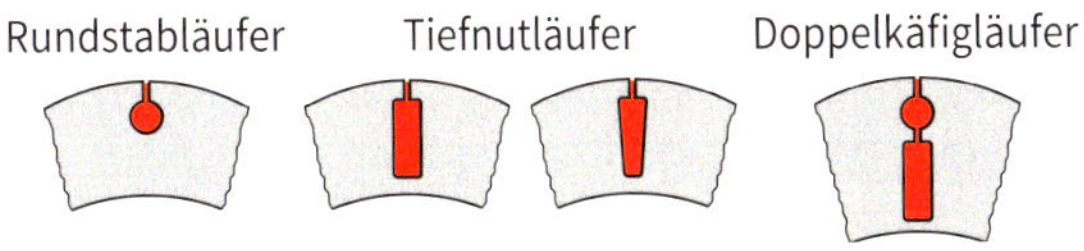

5: Läuferformen

Warum ist der induktive Blindwiderstand beim Tiefnutläufer geringer?

Um die Stäbe des Läufers entsteht durch das Magnetfeld des Läufers ein Streufeld. Die Streufeldstärke nimmt zum Läufermittelpunkt zu (Abb. 6, ①). Wird die Nut in der Tiefe verlängert, so benutzt der Strom den nach der Nutenöffnung hin liegenden Teil des Leiterquerschnittes (**Skineffekt**). Der genutzte Leiterquerschnitt wird kleiner und folglich der Leiterwiderstand größer. Im Betrieb verringert sich das Läufermagnetfeld und damit auch das Streufeld und der genutzte Leiterquerschnitt wird wieder größer. Der Widerstand sinkt.

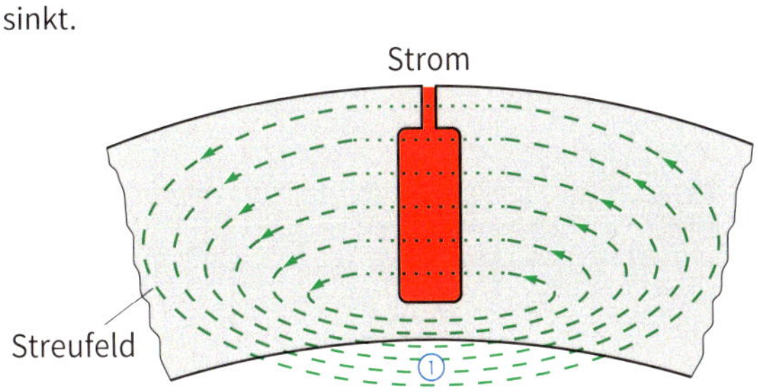

6: Streufeld des Tiefnutläufers

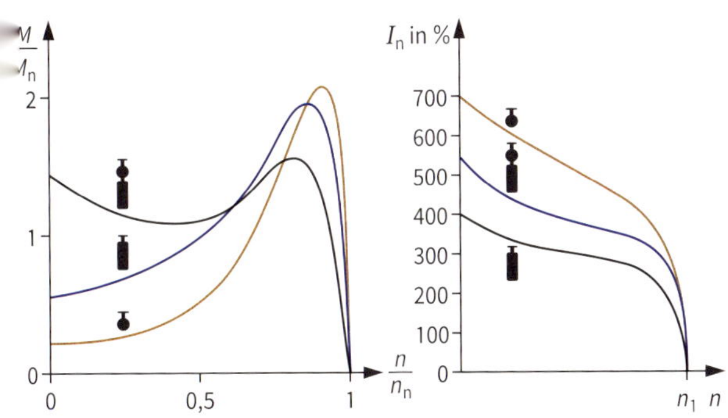

7: Hochlaufkennlinien für verschiedene Läuferarten

Abb. 7 zeigt die Hochlaufkennlinien für das Drehmoment und die Motorstromstärke bei verschiedenen Läuferarten.

Um im Betrieb einen ruhigeren Lauf des Läufers zu gewährleisten, werden die einzelnen Stäbe des Käfigs schräg liegend angeordnet (Abb. 8).

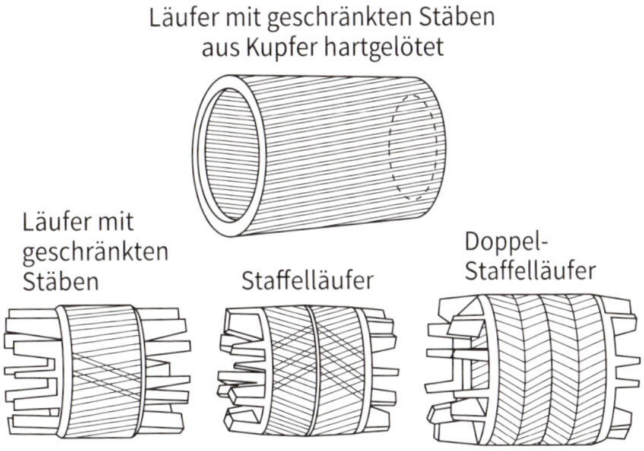

8: Verschiedene Käfigläufer

Die in Abb. 9 gezeigte Kennlinie ist ein Ausschnitt aus der Hochlaufkennlinie im Bereich zwischen der Leerlaufdrehzahl n_0 und der Bemessungsdrehzahl n_n. Sie wird Belastungskennlinie genannt. Aus ihr lassen sich weitere Maschineneigenschaften ersehen.

- Die Bemessungsdrehzahl n_n (Abb. 9, ②) des Motors liegt nur wenig unter der Leerlaufdrehzahl n_0.

$$n_0 \approx n_n$$

- Die Leerlaufstromstärke I_0 ③ liegt weit unter der Bemessungsstromstärke I_n, da im Leerlauf nur die Verluste des Motors (Reibung, Stromwärme) kompensiert werden müssen. Wird der Motor belastet, so steigt die Stromstärke an.

$$M \uparrow \Rightarrow I \uparrow$$

- Den maximalen Wirkungsgrad η liefert der Motor meist im Bemessungsdrehmoment ④.

Typische **Anwendungen** für Drehstrom-Kurzschlussläufermotoren sind:

- Antriebe für Werkzeugmaschinen,
- Antriebe für Kräne, Pumpen und Gebläse mit Leistungen bis zu einigen MW und
- Fahrmotoren für Schienenfahrzeuge, Leistung bis weit über 1000 kW.

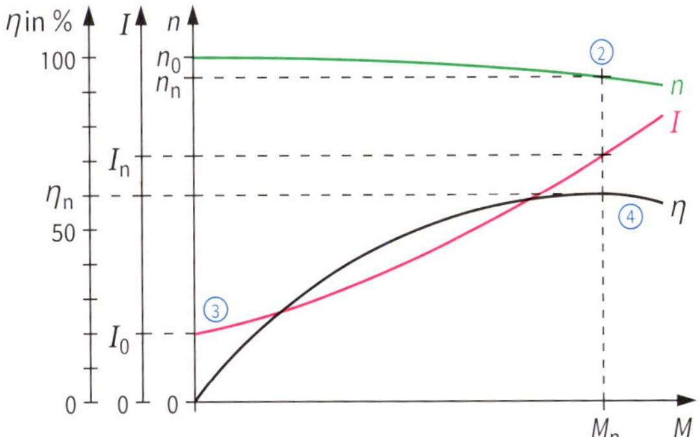

9: Belastungskennlinie

Skineffekt

Im Innern von elektrischen Leitungen baut sich durch den Stromfluss genauso ein Magnetfeld auf, wie es um den Leiter herum geschieht.

Bei **Gleichstrom** in einem Leiter ist die Stromdichte im Querschnitt überall gleich.

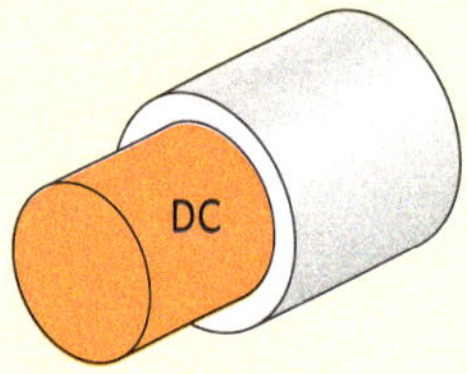

Bei **Wechselstrom** ist das anders.

Das Magnetfeld im Leiter wirkt sich so aus, dass Elektronen, die sich in der Nähe der Mittelachse des Leiters befinden, von mehr Feldlinien umschlossen werden als die Elektronen weiter außen. Dadurch induziert bei Wechselstrom das wechselnde Magnetfeld im Inneren des Leiters eine höhere Spannung als am Rand.

Die höhere Induktionsspannung führt dazu, dass der Strom in der Nähe der Mittelachse des Leiters abgeschwächt wird.

Dies führt insgesamt zu einer Verkleinerung des wirksamen Leiterquerschnitts und der Wirkwiderstand vergrößert sich. Der Strom fließt im Wesentlichen in den äußeren Bereichen, in der **Haut** [*skin*] des Leiters. Der Skineffekt hängt stark von der Frequenz der Wechselspannung ab. Je höher die Frequenz ist, desto stärker ist der Skineffekt.

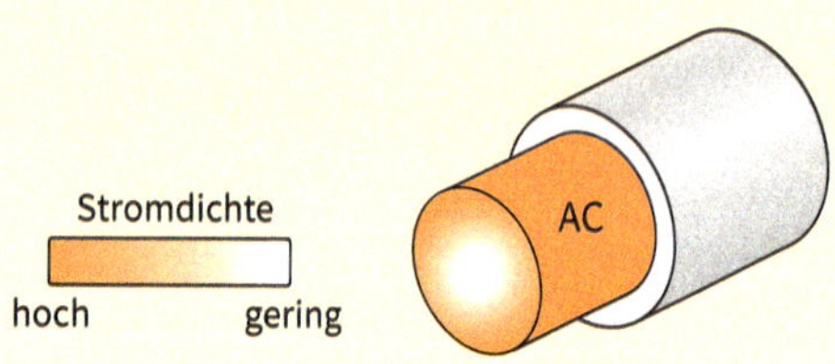

- Asynchronmotoren laufen ohne Anlaufhilfe an.
- Kurzschlussläufermotoren haben ein geringes Anzugsmoment.
- Die Drehzahl von Asynchronmotoren liegt geringfügig unter der synchronen Drehzahl des Stators.
- Durch Veränderung der Läuferstabform kann beim Asynchronmotor das Anzugsmoment gesteigert werden.
- Der Unterschied zwischen der Drehzahl des Läufers und der synchronen Drehzahl des Stators wird Schlupf *s* genannt. Er wird in Prozent angegeben.

8.5.4.2 Schleifringläufer

Der Ständer des **Schleifringläufermotors** [*slipring motor*] gleicht dem des Kurzschluss-läufermotors. Der Läufer besitzt allerdings statt der kurzgeschlossenen Stäbe eine Wicklung, die meist dreisträngig ist. Die Enden der drei Stränge sind im Inneren des Läufers zu einem **Sternpunkt** [*common point*] zusammengefasst. Die Spulenanfänge sind zu den auf der Welle sitzenden Schleifringen ① (Abb. 1) geführt. Darauf schleifen die Kohlebürsten ②. Diese sind im Klemmenkasten zu den Anschlüssen K, L und M herausgeführt ③.

Um die Ströme im Läufer zu verändern, werden an den Klemmen Widerstände angeschlossen (Abb. 2).

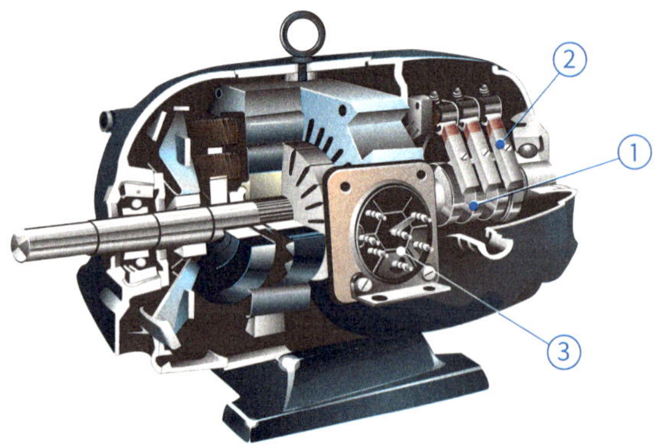

1: Schleifringläufermotor

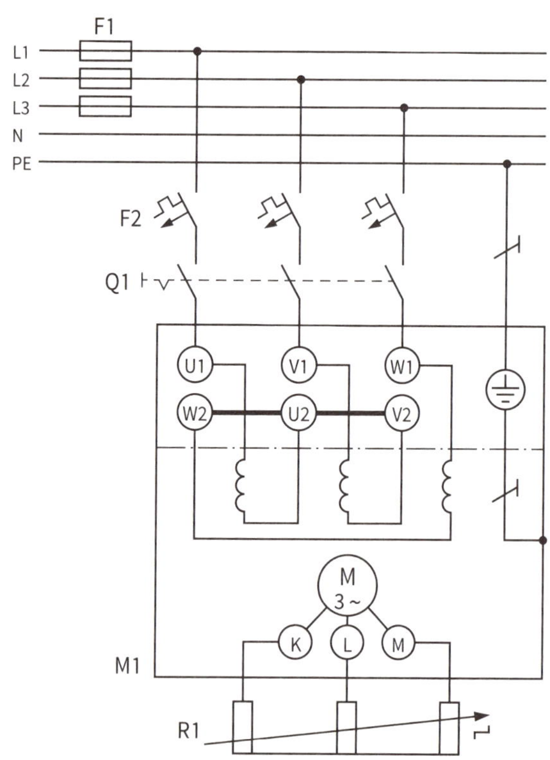

2: Schleifringläufermotor mit Anlasswiderständen

Anlassen von Schleifringläufern

Die Widerstände im Läuferkreis werden dazu benutzt, die Läuferströme zu begrenzen. Dadurch können die hohen Anlaufströme eines Asynchronmotors verringert werden.

$$R_{\text{Anl}} \uparrow \Rightarrow I_{\text{Läufer}} \downarrow \Rightarrow I_{\text{Stator}} \downarrow$$

Die Anlasswiderstände vergrößern den Wirkanteil des Läuferwiderstandes. Das Anzugsmoment ① wird größer (Abb. 3).

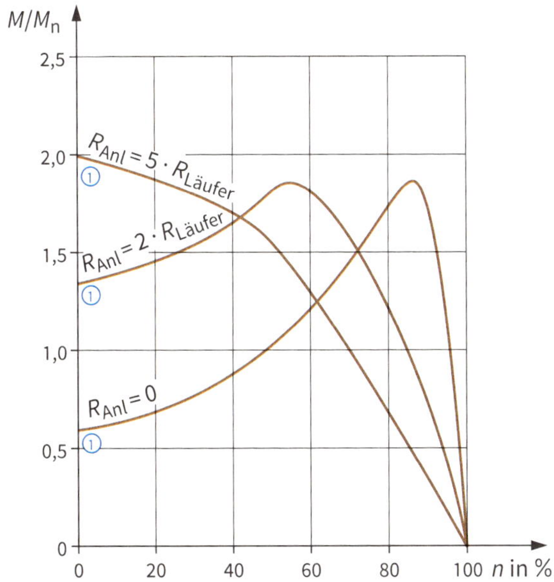

3: Drehmoment-Kennlinie

Werden die eingeschalteten Widerstände nur für den Anlassvorgang benötigt, hebt man die Bürsten bei großen Maschinen im Betrieb von den Schleifringen ab, um den Verschleiß und die Reibungsverluste zu minimieren. Gleichzeitig wird der Läufer kurzgeschlossen. Diese beiden Aufgaben übernimmt eine Bürstenabhebevorrichtung (Abb. 4)

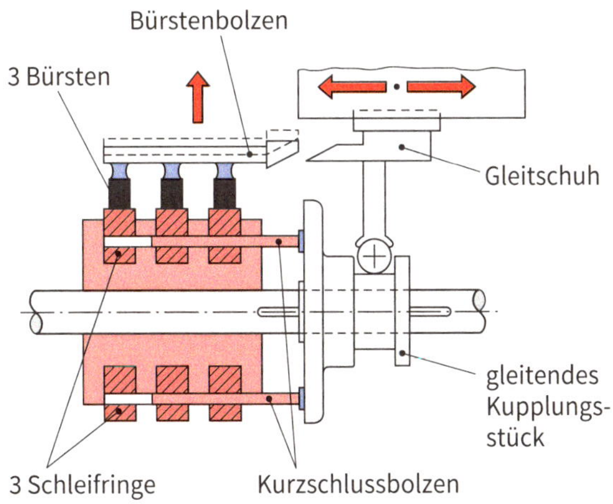

4: Bürstenabhebevorrichtung

Betriebsverhalten

Im Bemessungsbetrieb mit kurzgeschlossener Läuferwicklung verhalten sich die Schleifringläufermotoren wie die Kurzschlussläufermotoren.

Werden die Widerstände im Bemessungsbetrieb nicht abgehoben, so kann eine stufenlose Drehzahlstellung mit Hilfe der Widerstände erreicht werden. Die Widerstände müssen dann allerdings für **Dauerlast** [*continous load*] bemessen sein. Der Läuferwiderstand wird dazu über einen Drehzahlsteller eingestellt.

Nachteil: Die Bürsten liegen dauernd auf und verursachen zusätzliche Verluste.

Asynchronmotoren mit Schleifringläufer werden eingesetzt, wenn

- stufenlose Drehzahlstellung benötigt wird,
- nur kleine Anlaufströme auftreten dürfen,
- große Anzugsmomente erforderlich sind.

Aufgaben

1. Beschreiben Sie, wie beim Asynchronmotor das Läufermagnetfeld entsteht.
2. Warum kann beim Asynchronmotor die Läuferdrehzahl nicht gleich der Statordrehzahl sein?
3. Was ist der Schlupf eines Asynchronmotors? Wie kann er berechnet werden?
4. Beschreiben Sie die Drehzahl-Drehmomentkennlinie eines Asynchronmotors.
5. Warum hat der Asynchronmotor eine große Anlaufstromstärke?
6. Nennen Sie drei verschiedene Läuferformen.
7. Was versteht man unter dem Skineffekt?
8. Wie kann beim Schleifringläufermotor die Stromstärke im Läufer verändert werden?
9. Wo werden Schleifringläufermotoren eingesetzt?

- Schleifringläufermotoren haben kleine Anlaufströme und hohe Anzugsmomente.
- Der Läufer des Motors besteht aus Spulen, die an Schleifringe geführt sind.
- Mit verschiedenen Widerstandswerten können der Anlassstrom und im Betrieb die Drehzahl eingestellt werden.
- Das Verhalten im Bemessungsbetrieb mit kurzgeschlossener Läuferwicklung gleicht dem des Kurzschlussläufermotors.

8.5.5 Energieeffizienz

Das Leistungsschild (Abb. 1) enthält die wichtigsten Kenndaten eines Motors. Es zeigt Angaben über elektrische Größen und weitere Merkmale des Motors. Neben den in Kapitel 8.2 schon besprochenen Größen Bemessungsspannung, Bemessungsstromstärke, Bemessungsleistung, Bemessungsdrehzahl und Betriebsart, Schutzart, Wärmeklasse, Kühlung und Bauform werden bei neuen Drehstrommotoren auch Angaben zur Energieeffizienz auf dem Leistungsschild angegeben (gelbe Markierung in Abb. 1).

Elektromotoren und elektromotorische Systeme sind schätzungsweise für ca. 40 Prozent des gesamten weltweiten Stromverbrauchs verantwortlich. Im industriellen Umfeld sogar für ungefähr 70 Prozent.

In Anbetracht dieser Tatsache hat die Europäische Union vor einigen Jahren begonnen, auch bei elektrischen Antrieben Anforderungen an die Energieeffizienz festzulegen (Ökodesign-Richtlinie, Energieverbrauchskennzeichnungspflicht).

In der IEC 60034 Teil 30 (Wirkungsgradklassifizierungen von Drehstromkäfigläufermotoren, IE-Code), sind die Effizienzklassen für Motoren definiert.

Die oben genannte Norm gilt für folgende Niederspannungs-Drehstrommotoren mit Käfigläufer:

- 3-phasige Motoren mit Netzfrequenz 50 Hz und 60 Hz
- 2-, 4- oder 6-polige Motoren
- Bemessungsleistung 0,75 kW bis 375 kW
- Bemessungsspannung bis 1000 V
- Bemessen für Betriebsart S1 (Dauerbetrieb) und S3 mit Einschaltdauer von 80 Prozent und mehr
- Motoren, die für direktes Einschalten am Netz geeignet sind
- Getriebemotoren

Ausgenommen von der Klassifizierung sind:

- Motoren für Kurzzeitbetrieb (S2) oder Schaltbetrieb (S2 < 80 % bis S10)
- Motoren, die speziell für den Betrieb an Umrichtersystemen bemessen wurden
- Motoren, die vollständig in eine Maschine integriert sind (z. B. Pumpen, Lüfter, Getriebe und Kompressoren)
- Andere Motorenarten (z. B. Synchronmotoren, Permanentmagnetmotoren, polumschaltbare Motoren und Motoren für Schaltbetrieb, wie z. B. Servomotoren

In der Norm IEC 60034 Teil 30 werden die IE-Wirkungsgradklassen (IE = International Efficiency) für die 3-phasigen Drehstrommotoren wie folgt unterteilt:

- IE1 – Standard Efficiency
- IE2 – High Efficiency
- IE3 – Premium Efficiency
- IE4 – Super Premium Efficiency
- IE5 – Ultra Premium Efficiency

Die Abbildung 2 zeigt für einen vierpoligen Drehstrommotor die Steigerung der Energieeffizienz beim Übergang von IE1 bis IE4.

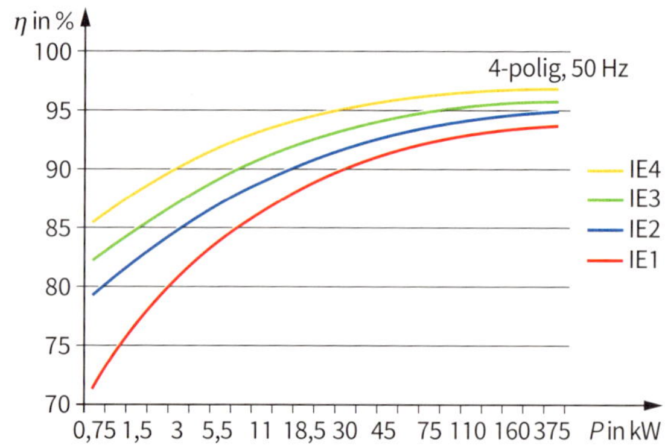

2: Wirkungsgrad IE1 bis IE4

Seit 01. 01. 2017 müssen Motoren, die im europäischen Wirtschaftsraum verkauft werden, die Wirkungsgradklassifizierung IE3 im Leistungsbereich von 0,75 kW bis 375 kW erfüllen. Optional darf auch ein Motor der Energieeffizienzstufe IE2 am Umrichter betrieben werden. Die Tabelle 1 zeigt für Motoren der Bemessungsleistung 0,75 kW bis 375 kW den Mindestwirkungsgrad nach IE3 für eine 2/4/6-polige Maschine.

Für Motoren, die in die Wirkungsgradklassifizierung IE1 bis IE4 fallen, muss das Motortypenschild (Leistungsschild) folgende zusätzliche Angaben enthalten:

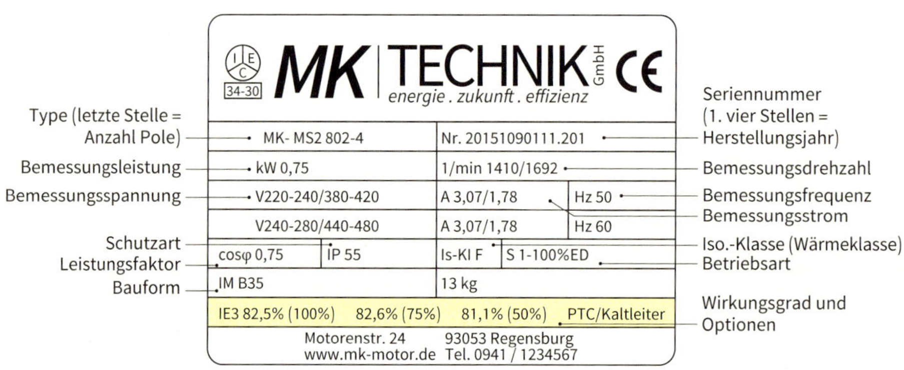

1: Leistungsschild eines Motors

- Wirkungsgradklassifizierungen IE1, IE2, IE3, IE4 nach IEC 60034-30
- Angaben zu Wirkungsgraden η bei 100 % Bemessungslast und auf Grundlage der genannten Norm
- Angabe des Wirkungsgrades bei 75 % und 50 % Bemessungslast
- Herstellerjahr

P_n in kW	Polpaarzahl		
	2	4	6
0,75	80,7	82,5	78,9
1,1	82,7	84,1	81,0
1,5	84,2	85,3	82,5
2,2	85,9	86,7	84,3
3	87,1	87,7	85,6
4	88,1	88,6	86,8
5,5	89,2	89,6	88,0
7,5	90,1	90,4	89,1
11	91,2	91,4	90,3
15	91,9	92,1	91,2
18,5	92,4	92,6	91,7
22	92,7	93,0	92,2
30	93,3	93,6	92,9
37	93,7	93,9	93,3
45	94,0	94,2	93,7
55	94,3	94,6	94,1
75	94,7	95,0	94,6
90	95,0	95,2	94,9
110	95,2	95,4	95,1
132	95,4	95,6	95,4
160	95,6	95,8	95,6
200 – 375	95,8	96,0	95,8

3: Wirkungsgrad nach IE3

Die Einsparmöglichkeiten im Energieverbrauch sind mithilfe folgender Maßnahmen möglich:

Konstruktionsänderungen
Durch eine Veränderung der Konstruktion können gravierende Energieeinsparungen bei elektrischen Maschinen erzielt werden.

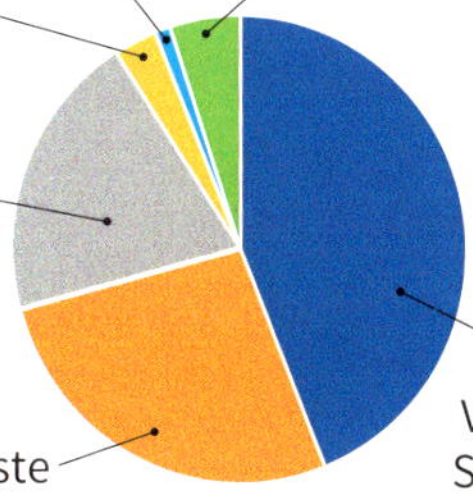

4: Aufteilung der Verlustwerte

Die Verluste des Motors entstehen an mehreren Orten. Abbildung 4 zeigt die ungefähren Verlustwerte (bezogen auf einen Gesamtverlustwert von 100 %) bei einem vierpoligen Käfigläufer-Asynchronmotor größerer Leistung.

Die größten Anteile sind die ohmschen Verluste in der Statorwicklung und die Eisenverluste.

Ohmsche Verluste können durch größere Drahtquerschnitte im Stator und eine bessere Leitfähigkeit der Rotorstäbe (z. B. Kupfer- statt Aluminiumstäbe) gesenkt werden. Außerdem wird der Stator verlängert, was eine positive Wirkung auf die Feldstärken (magnetische Flüsse) ergibt.

Eine Möglichkeit der Senkung der Eisenverluste eines Asynchronmotors besteht in der Verwendung von höherwertigeren, verlustärmeren Blechen aus Siliziumstahl und insgesamt dünneren Blechen.

Veränderungen der Steuerung
Die Verwendung einer Drehzahlregelung bietet weitere Einsparmöglichkeiten. Es kann so besser gewährleistet werden, dass der Motor nur noch die Energie liefern muss, die auch durch die Last erforderlich ist. Man spricht von einer mechanischen Leistungsanpassung des Motors an die Last. Dazu kommen die modernen Leistungswandler und Drehzahlregler zum Einsatz (Umrichtersysteme wie z. B. der Frequenzumrichter), die inzwischen auch als bauliche Einheit zur Verfügung stehen (Abb. 5).

5: IE3-Motor und darauf abgestimmter Umrichter

Optimierung des Gesamtsystems
Eine Effizienzsteigerung ist möglich durch:

- Motor in richtiger Größe (nicht überdimensioniert)
- Leitungen und Leitungsführung
- Riemen- und Getriebeanbindung an die Arbeitsmaschine
- Design der Endgeräte (Lüfter, Pumpen, Kompressoren, Förderbänder etc.)

8.5.6 Drehstrommotor an Wechselspannung

Drehstrommotoren mit der Bemessungsspannung 230/400 V können auch am Einphasen-Wechselstromnetz betrieben werden. Dazu ist der Motor in der **Steinmetzschaltung** anzuschließen.

Der Motor wird in Dreieck geschaltet und zusätzlich ein Kondensator angeschlossen (Abb. 1).

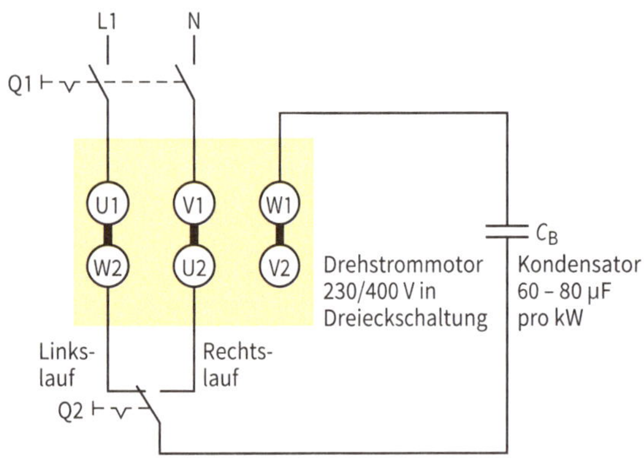

1: Steinmetzschaltung

Der zugeschaltete **Kondensator** *[capacitor]* verschiebt eine Phase um ca. 90°. Es entstehen drei gegeneinander verschobene Spannungen, die jedoch nicht das Ideal von gleichmäßig 120° erreichen.

Das Drehmoment des Motors in Steinmetzschaltung liegt bei etwa 10 – 50 % des Bemessungsdrehmomentes (Abb. 2). Dieses geringe Drehmoment resultiert aus dem eliptischen Drehfeld, mit dem der Drehstrommotor in der Steinmetzschaltung betrieben wird.

Auch die Leistung des Motors reduziert sich bei der Steinmetzschaltung.

Das Anlaufdrehmoment liegt bei etwa 30 % des normalen Anlaufdrehmoments. Die Steinmetzschaltung ist deshalb für Schweranlauf ungeeignet.

Soll das Anlaufdrehmoment gesteigert werden, ist während des Anlaufens ein weiterer Kondensator (Anlaufkondensator) parallel zu schalten. Beim Erreichen der Bemessungsdrehzahl muss dieser wieder entfernt werden (Abb. 3).

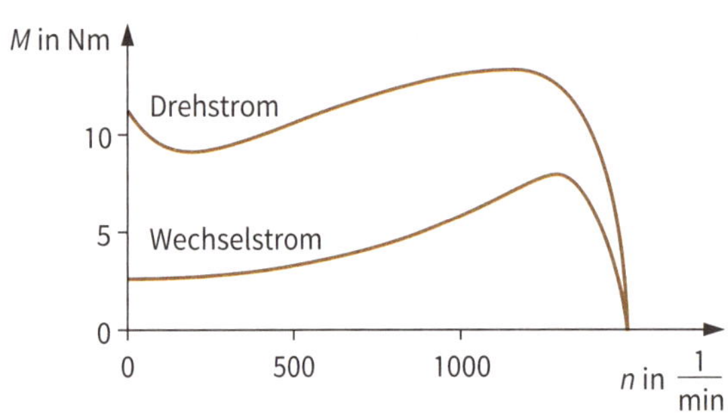

2: Kennlinie bei Drehstrom- bzw. Wechselstromanschluss

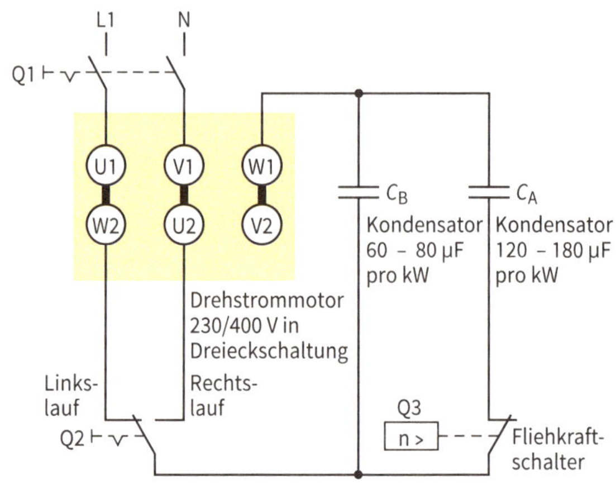

3: Steigerung des Anlaufdrehmomentes

Aus wirtschaftlichen Gründen ist die Steinmetzschaltung nur für Motoren bis 2 kW zu empfehlen.

Die Größe des Betriebskondensators hängt von der Motorleistung und von der Netzspannung ab. Die Abb. 4 zeigt die festgelegten Werte für die Kondensatoren.

Der Drehstrommotor an Wechselspannung hat insgesamt schlechte Betriebseigenschaften. Um Motoren trotzdem effektiv an Wechselspannung zu betreiben, wird beim **Kondensatormotor** der Kondensator fest eingebaut und der Aufbau etwas verändert (vgl. Kap. 8.5.7).

Leistung des Drehstrommotors in W	Erforderliche Kondensatorgröße in μF bei		
	Netzspannung 110 V	Netzspannung 230 V	Netzspannung 400 V
100	28	7	2
200	52	13	4
300	80	20	7
400	104	26	9
500	132	33	11
600	160	40	13
700	184	46	15
800	212	53	18
900	236	59	20
1000	264	66	22
1100	–	73	24
1200	–	79	26
1300	–	86	29
1400	–	93	31
1500	–	99	33

4: Auswahl der Betriebskondensatoren

- Ein Betrieb von Drehstrommotoren an Einphasen-Wechselspannung ist mit der Steinmetzschaltung möglich.
- Die Bemessungsleistung und das Drehmoment sind in der Steinmetzschaltung wesentlich geringer als bei Anschluss des Motors am Drehstromnetz.

8.5.7 Kondensatormotor

Der **Kondensatormotor** [*capacitor motor*] ist ähnlich wie ein Asynchronmotor aufgebaut und besitzt einen kurzgeschlossenen Käfigläufer, in dem durch ein Statordrehfeld ein Drehmoment erzeugt wird. Im Unterschied zum Asynchronmotor funktioniert der Kondensatormotor (Abb. 5) mit Wechselspannung und benötigt kein Drehstromnetz.

Der Stator beim Motor mit Hilfsphase hat nur zwei Wicklungen, die um 90° versetzt angeordnet sind. Die Ströme müssen aus diesem Grund auch um 90° verschoben werden. Dies wird durch einen Kondensator erreicht.

5: Kondensatormotor

Der Schaltplan (Abb. 6) zeigt, dass zusätzlich eine Hilfswicklung mit vorgeschaltetem Kondensator eingebaut wurde.

In der Hilfswicklung Z1 – Z2 wird durch den Kondensator der Strom phasenverschoben (Abb. 6). Dadurch entsteht ein Drehfeld.

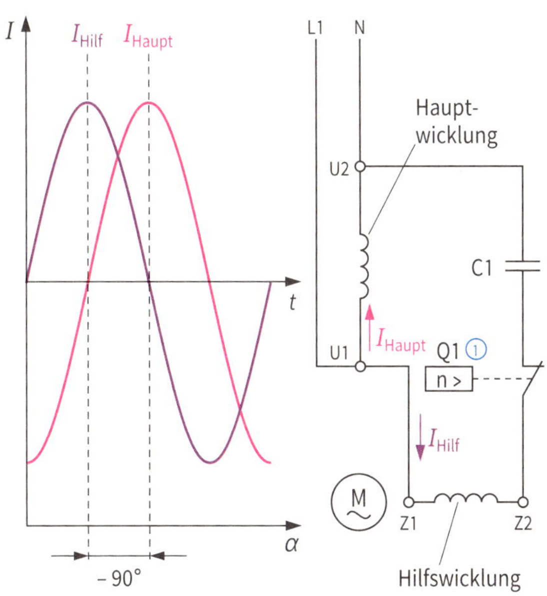

6: Stromdiagramm und Schaltplan

Arbeitsweise

Die Hilfswicklung ist oft nicht für den Dauerbetrieb ausgelegt. Deshalb werden beim Erreichen der Bemessungsdrehzahl die Hilfswicklung und der Kondensator C1 mit Hilfe eines

- Fliehkraftschalters (Q1 in Abb. 6, ①),
- temperaturabhängigen Schalters oder
- Zeitrelais

abgeschaltet.

Das Klemmbrett eines Kondensatormotors zeigt die Anschlüsse der Hauptwicklung U1 – U2 und die der Hilfswicklung Z1 – Z2.

Wie kann die Drehrichtung geändert werden?

Durch Umkehren des Hilfsfeldes wird die Drehrichtungsänderung erreicht. Hierzu muss der Kondensator anstatt an Z2 – U2 an Z2 – U1 angeschlossen werden (Abb. 7).

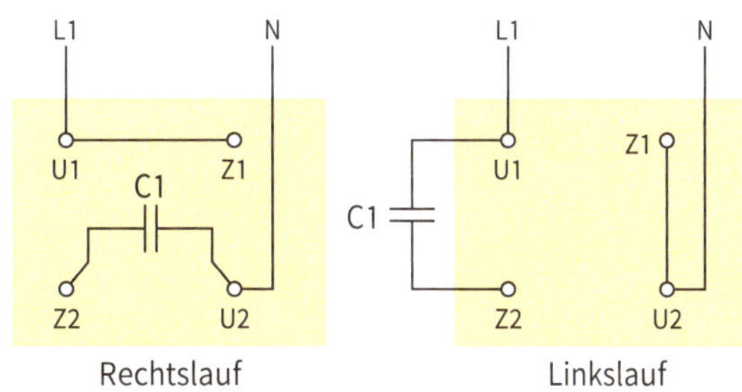

7: Schaltung zur Drehrichtungsumkehr

Anwendung

Kondensatormotoren sind kostengünstig und wartungsfrei. Wegen ihres geringen Wirkungsgrades werden sie nur für Leistungen bis ca. 1500 W verwendet. Man findet diese Motoren z.B. in Wärmepumpen, Hausgeräten und Elektrowerkzeugen. Seine Laufruhe und hohe Lebensdauer haben ihn zum Standardantrieb für Heizungsumwälzpumpen gemacht.

Aufgaben

1. Warum benötigt der Kondensatormotor eine Hilfswicklung?
2. Wie kann die Drehrichtung des Kondensatormotors geändert werden?

- Kondensatormotoren haben zur Hauptwicklung zusätzlich eine Hilfswicklung und einen Kondensator.
- Kondensatormotoren sind kostengünstig und wartungsarm.
- Kondensatormotoren werden nur für Leistungen bis etwa 1,5 kW eingesetzt.

8.6 Auswahl des Motortyps

Aufgrund der für den Lastenaufzug geforderten Drehmomente und der daraus resultierenden Leistung kommt nur ein Drehstrommotor in Frage, der an Dreiphasen-Wechselspannung betrieben wird.

Die Entscheidung muss also zwischen

- Drehstrom-Synchronmotor,
- Asynchronmotor mit Kurzschlussläufer oder
- Asynchronmotor mit Schleifringläufer

getroffen werden.

Um den passenden Motor auszuwählen, werden einmal die wichtigsten Merkmale der drei genannten Motorarten zusammengestellt (Abb. 1).

Der **Synchronmotor** benötigt für seine Erregerwicklung Gleichspannung.

Die Gleichspannungserzeugung der alten Aufzugsanlage müsste aus Altersgründen ersetzt werden. Dies verursacht zusätzliche Kosten. Dieser Antrieb scheidet daher als Motor für den Lastenaufzug aus.

Der Vorteil des **Schleifringläufers** liegt in der einfachen Drehzahlsteuerung des Motors. Dies wäre für den Lastenaufzug wünschenswert, da der Aufzug langsam anfahren und abbremsen soll. Dem gegenüber stehen erhöhte Wartungs- und Betriebskosten durch den Verschleiß der Bürsten und der höhere Preis.

Den robustesten Antrieb stellt der **Kurzschlussläufermotor** dar. Er ist wartungsarm und preiswert.

Aufgrund der beschriebenen Vor- und Nachteile entscheidet sich Herr Huber für den kostengünstigen Kurzschlussläufer-Asynchronmotor.

Dieser Motortyp kann auf vielfältige Weise gesteuert werden. Dies wird im folgenden Kapitel beschrieben.

	Synchronmotor	**Asynchronmotor**	
		**Kurzschlussläufer** 	**Schleifringläufer** 
Versorgungsspannung	Drehstrom und Gleichstrom für die Erregerwicklung	Drehstrom	
Leistung	Leistung bis MW-Bereich		
Drehzahländerung	möglich		
Anlaufen	Anlaufhilfe notwendig	Selbstanlauf	
Anlaufstrombegrenzung	Durch externe Anlaufgeräte	Durch Nutenform (Tiefnutläufer) und durch externe Anlaufgeräte	Über die Widerstände im Läuferkreis
Einbaugröße (vergleichbare Motoren mit 22 kW Leistung)	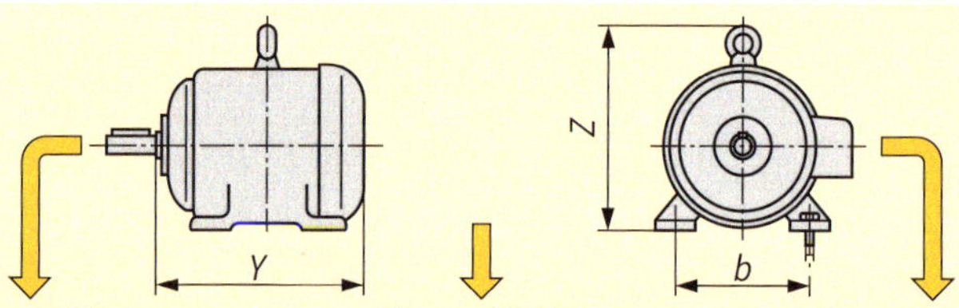 Masse: 300 kg Baugröße 225 Maße: $Y = 764$ mm $b = 356$ mm $Z = 675$ mm	Masse: 200 kg Baugröße 200 Maße: $Y = 680$ mm $b = 318$ mm $Z = 600$ mm	Masse: 360 kg Baugröße 250 Maße: $Y = 874$ mm $b = 406$ mm $Z = 730$ mm
Wartung	Verschleiß der Bürsten	weitgehend wartungsarm	Verschleiß der Bürsten
Preis (vergleichbare Motoren mit 22 kW Leistung)	3100 Euro	1100 Euro	2900 Euro

1: Vergleich der Motoren

Antriebssysteme

8.7 Planen der Steuerung

Die vorhandenen Eingabeobjekte des Aufzuges (vgl. Kap. 8.2.1) wie die Bedienelemente, die Endschalter an der Aufzugstür und der Not-Aus-Schalter bleiben erhalten. Sie sind mit der SPS untereinander und der Antriebsbaugruppe verbunden. Diese besteht aus dem Drehstrommotor (vgl. Kap. 8.5) sowie weiteren Schalt- und Regelgeräten.

Um die Steuerung planen zu können, müssen die Anforderungen an diese Geräte festgestellt werden.

Es ergeben sich dabei folgende Fragen:

- Wie kann der Motor geschützt werden?
- Wie wird der Motor eingeschaltet?
- Wie kann die Drehzahl geändert werden, falls erforderlich?
- Wie wird die Drehrichtung umgedreht?
- Wodurch wird der Motor abgebremst?

Diese Fragen werden in den folgenden Kapiteln beantwortet (Abb. 3).

8.7.1 Motorschutz

Wie alle anderen Objekte muss auch ein Motor gegen zu hohe Temperaturen geschützt werden. Dieser Schutz kann **direkt** durch Überwachung der Temperatur oder **indirekt** durch Überwachung der Stromstärke gewährleistet werden (Abb. 2).

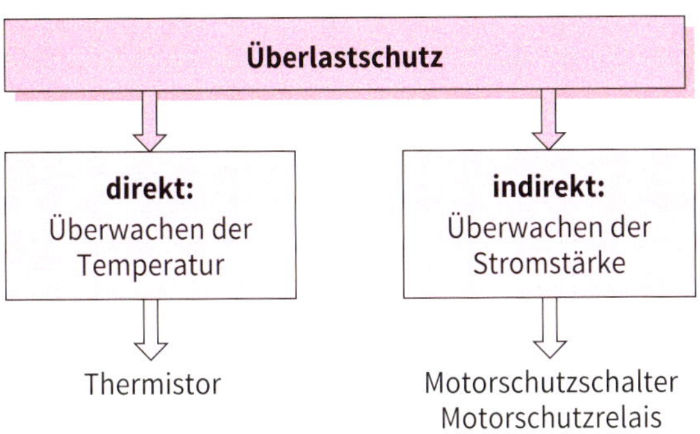

2: Überlastschutz

In den meisten Fällen wird die Motorstromstärke überwacht. Wir beschäftigen uns deshalb zuerst mit den entsprechenden Schutzeinrichtungen. Dies sind der **Motorschutzschalter** *[motor protection switch]* und das **Motorschutzrelais** *[motor protection relay]*. Das Letztere wird in Schützsteuerungen verwendet und wurde bereits in Kapitel 6.2.4 besprochen.

Motorschutzschalter

Diese Schutzgeräte arbeiten nach dem gleichen Wirkungsprinzip wie Leitungschutz-Schalter.

Deshalb könnte man meinen, dass vorgeschaltete LS-Schalter auch den Motor schützen. Dies ist jedoch nicht der Fall.

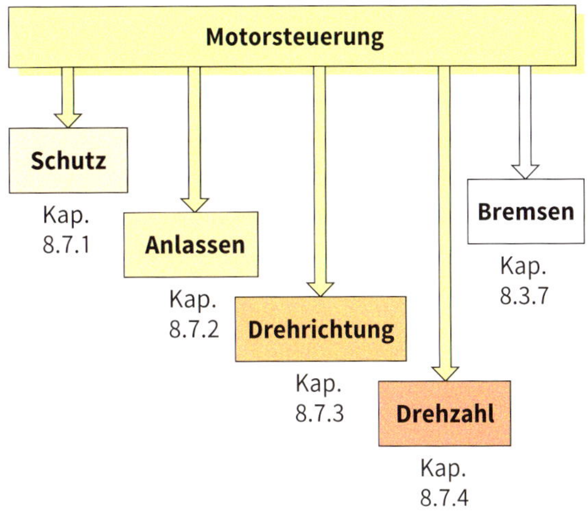

3: Aufgaben von Motorsteuerungen

Warum können Motoren nicht durch Leitungsschutz-Schalter geschützt werden?

LS-Schalter sind für feste Werte ausgelegt. Diese entsprechen den höchstzulässigen Stromstärken der betreffenden Leitung. Sie können nicht wie Motorschutzschalter individuell eingestellt werden. Die Betriebsstromstärken von Motoren und damit auch deren höchstzulässige Stromstärken liegen darunter. Erst wenn ein Vielfaches der Bemessungsstromstärke der Motoren vorhanden ist, lösen die LS-Schalter aus. Wir zeigen das beispielhaft anhand der folgenden Berechnung.

Beispielrechnung

Motor:

$P = 3\ \text{kW} \quad \cos\varphi = 0{,}8 \quad \eta = 0{,}9 \quad U = 230\ \text{V}$

Leitung: NYM 3x1,5 mm^2 unter Putz

$$P_{zu} = \frac{P_{ab}}{\eta} \quad P_{zu} = \frac{3\ \text{kW}}{0{,}9} \quad P_{zu} = 3{,}3\ \text{kW}$$

$$P_{zu} = U \cdot I \cdot \cos\varphi \quad I = \frac{P_{zu}}{U \cdot \cos\varphi}$$

$$I = \frac{3300\ \text{W}}{230\ \text{V} \cdot 0{,}8} \qquad \underline{\underline{I_n = 17{,}9\ \text{A}}}$$

LS-Schalter:

Charakteristik C

$I_B = 17{,}9\ \text{A} \rightarrow I_n = 20\ \text{A}$

Nach den Auslösekennlinien (siehe Kap.5.4.6) löst der LS-Schalter unverzögert bei der 5-fachen bis 10-fachen Bemessungsstromstärke aus. Das sind in unserem Beispiel 100 A bis 200 A.

Im günstigsten Fall müsste der Motor also mindestens das 5,6-fache (100 A : 17,9 A) seiner Bemessungsstromstärke aushalten, bevor der Schutzschalter auslöst.

Der Motorschutzschalter hat nicht nur Schutzfunktion, sondern wird auch häufig zum Ein- und Ausschalten benutzt. Er hat deshalb eine EIN- ② (Abb. 2) und eine AUS-Taste ①. Beim Einschalten wird die Feder am Stößel ⑤ zusammengedrückt. Das Kontaktstück ④ schließt den Stromkreis.

Wie schützt der Motorschutzschalter vor Überlast?

Der Betriebsstrom fließt wie beim LS-Schalter durch eine Wicklung um einen **Bimetallstreifen** ⑥ [*bimetal strips*]. Dieser wird warm und biegt sich nach unten. Bei einer bestimmten Stromstärke und damit bei einer bestimmten Temperatur wird das Schaltstück ⑨ nach unten verschoben und der Stößel wird frei. Dadurch unterbricht das Kontaktstück den Stromkreis.

Wie auch beim LS-Schalter hat der Motorschutzschalter eine **magnetische Schnellauslösung** ⑦ [*magnetic instantaneous tripping*]. Bei großen Stromstärken (z. B. Kurzschluss) erzeugt die Spule ein starkes Magnetfeld. Der Anker ⑧ betätigt das Schaltstück und öffnet mit Hilfe des Kontaktstückes den Stromkreis. Mit Hilfe der **Einstellschraube** ③ [*setting screw*] kann der Schutzschalter auf die Bemessungsstromstärke des Motors eingestellt werden.

Wenn der Schalter ausgelöst hat, kann er nur von Hand wieder eingeschaltet werden. Er hat also **Begrenzerfunktion** [*limiter function*].

Wie werden Motorschutzschalter angeschlossen?

Da der Motorschutzschalter auch zum betriebsmäßigen Schalten verwendet wird, ist er meistens direkt am Motor oder in der unmittelbaren Nähe installiert. So kann der Motor beim Einschalten beobachtet werden.

Abb. 3 zeigt beispielhaft den Anschluss eines Drehstrommotors (M1) mit einem Motorschutzschalter (Q1). Seine Eingangsklemmen (1, 3, 5) sind mit den Abgängen der vorgeschalteten Sicherungen verbunden. An die Ausgangsklemmen (2, 4, 6) werden die Motorzuleitungen (U1, V1, W1) angeschlossen. So fließt der Motorstrom (Laststrom) durch das Schutzgerät und kann dort „überwacht" werden.

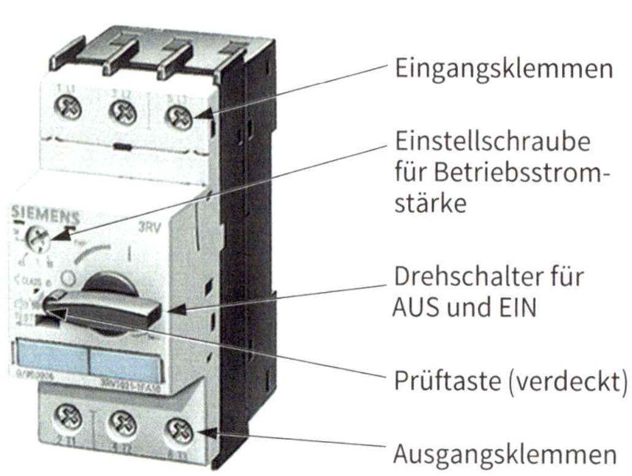

1: Motorschutzschalter mit Drehschalter

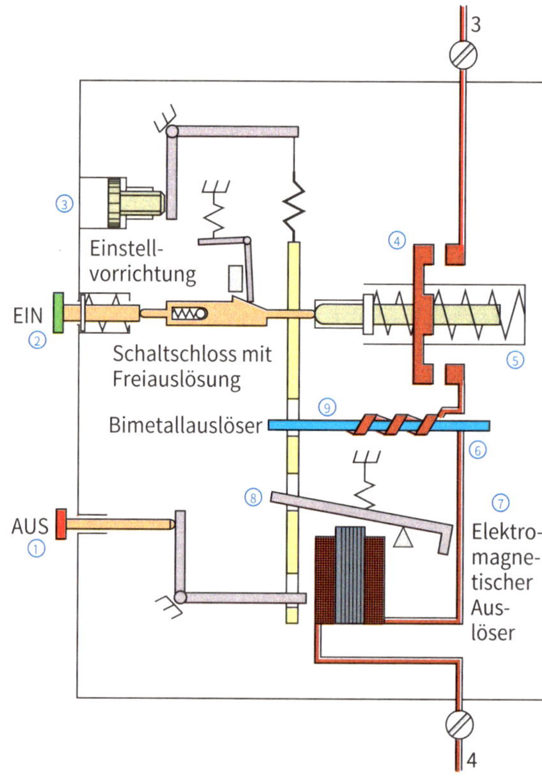

2: Prinzipieller Aufbau eines Motorschutzschalters

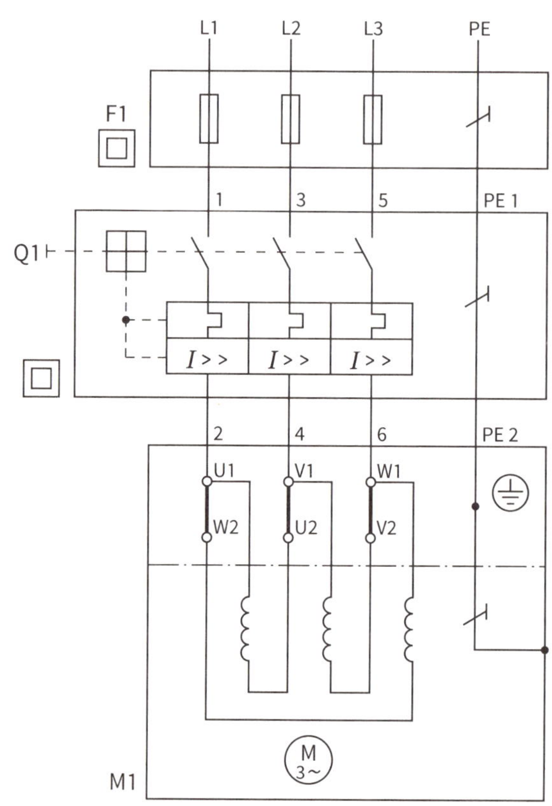

3: Drehstrommotor mit Motorschutzschalter

Schutz durch Thermistoren

Motorschutzschalter und Motorschutzrelais überwachen den Motorstrom und damit indirekt die Temperatur der Motorwicklung.

Wenn aber die Wicklungen aus anderen Gründen unzulässig heiß werden, z.B. durch ungenügende Kühlung (Lüftungsschlitze abgedeckt oder verstopft), „merken" das die oben genannten Schutzeinrichtungen nicht und schalten nicht ab. Der Motor würde zu heiß werden.

Um diesen Fall auszuschließen, werden an den Wicklungen Wärmefühler eingebaut. Diese temperaturabhängigen Widerstände (Thermistoren) signalisieren ihren geänderten Widerstand und damit die veränderte Temperatur an ein entsprechendes Schutzgerät. Das schaltet dann mit Hilfe eines Relais das Hauptschütz des Motors ab.

Wie schützen Thermistoren gegen Übertemperaturen?

Das Relais K1 (Abb. 4) zieht nach dem Einschalten der Anlage an. Dadurch kann das Motorschütz Q1 mit Hilfe von S2 in Betrieb gesetzt werden. Die Leuchte P1 leuchtet nicht.

Wird die Stromstärke durch die Thermistoren (PTC-Kennlinie, Abb. 5) wegen des erhöhten Widerstandes geringer, schaltet K1 um. Die Klemme 14 ist spannungslos und Q1 schaltet den Motor ab. Die Klemme 12 hat jetzt Spannung und die Leuchte P1 signalisiert: „Motorschutz ausgelöst".

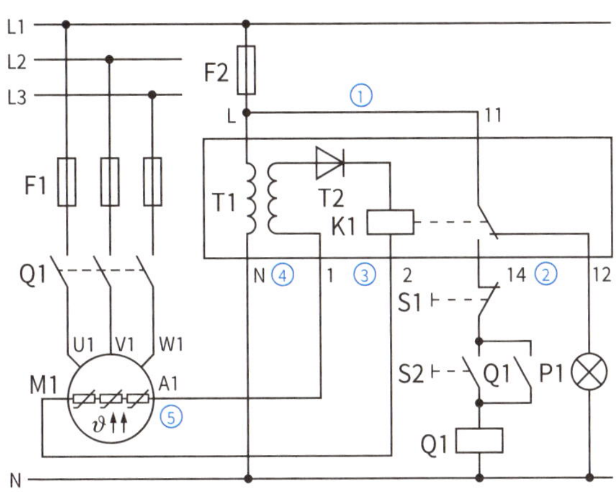

4: Schaltung mit Motorvollschutz (PTC)

Wie werden Motorvollschutzgeräte angeschlossen?

Zur Stromversorgung wird das Motorschutzgerät an einen Außenleiter (Klemmen L und 11 ①) und den Neutralleiter (Klemme N ④) angeschlossen. Die Klemmen 1 und 2 ③ werden mit den entsprechenden Klemmen ⑤ der Temperaturfühler im Motor verbunden. An die Klemme 14 ② wird die Steuerschaltung für das Hauptschütz Q1 gelegt. Die Klemme 12 ist mit der Signalleuchte P1 verbunden.

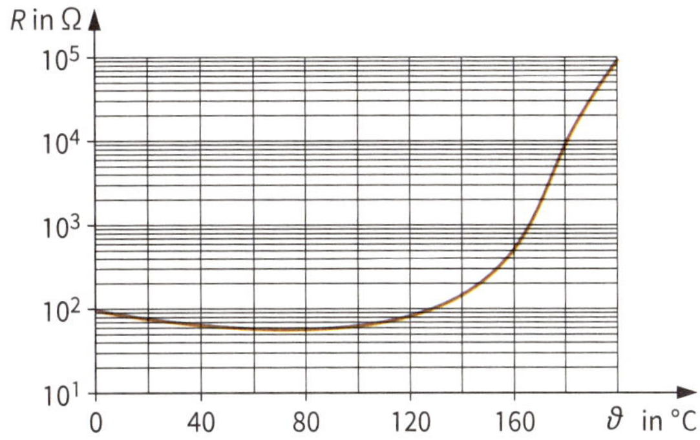

5: PTC-Kennlinie

Welches Schutzgerät ist für den Motor des Lastenaufzuges angemessen?

Der **Motorschutzschalter** ist teuer, weil er nicht nur Bauteile zum Schutz enthält, sondern auch solche zum Schalten. Er kommt daher nicht in Frage.

Das **Motorschutzrelais** kann direkt an die Abgangsklemmen des betreffenden Hauptschützes angeschlossen werden. Es lässt sich einfach in die Steuerschaltung integrieren. Das Motorschutzrelais hat wie der Motorschutzschalter aber den Nachteil, dass es nur indirekt die Motortemperatur überwacht.

Wir wählen den **Motorvollschutz** mit Thermistoren. Dafür muss aber der Motor mit den entsprechenden Temperaturfühlern ausgerüstet sein. Diese Alternative ist zwar der teuerste, aber auch der sicherste Schutz, weil die Motortemperatur direkt überwacht wird.

Aufgaben

1. Nennen Sie die beiden Aufgaben eines Motorschutzschalters.
2. Warum können Leitungsschutz-Schalter keinen Schutz gegen Überlast von Geräten übernehmen?
3. Begründen Sie, warum Motorschutzschalter und Motorschutzrelais Motoren nur indirekt gegen Überlast schützen.

- Motorschutzschalter werden auf die Bemessungsstromstärke des Motors eingestellt.
- Motorschutzschalter werden auch zum betriebsmäßigen Ein- und Ausschalten des Motors benutzt.
- Motorschutzschalter „überwachen" die Motorstromstärke und schalten im Fehlerfall den Laststromkreis ab.
- Bei Motorvollschutz mit Thermistoren wird die Wicklungstemperatur direkt gemessen. Bei Überschreiten der Grenzwerte wird der Motor abgeschaltet.

Elektronischer Motorschutz

Die verschiedenen Motorschutzfunktionen können auch durch elektronische Baugruppen realisiert werden.

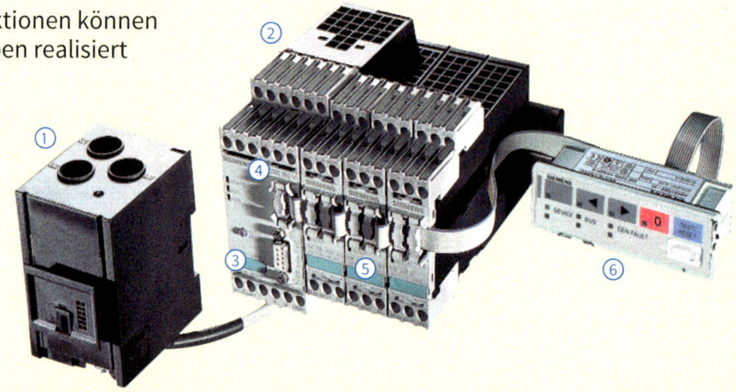

Aufbau

Elektronische Motorschutzgeräte bestehen aus

- Stromwandlerbaugruppe ①,
- Zentraleinheit mit Mikroprozessor für Schutz- und Steuerfunktionen ②,
- Digitalen Ein-/Ausgängen ③,
- Busschnittstelle (Profibus) ④,
- Bei Bedarf Erweiterungsgeräte für zusätzliche Ein-/Ausgänge ⑤ oder Vor-Ort-Bedienung ⑥.

Die einzelnen Baugruppen in der Abbildung lassen sich nach Bedarf kombinieren und ergänzen.

Funktion

Mit einem PC kann das Schutzgerät parametriert werden. Dabei werden Informationen über den Antrieb gespeichert. Dies sind z.B.

- Antriebstyp (Direktstarter, Wendeschütz, ...),
- Antriebsleistung,
- Auswahl der Schutzfunktionen und
- Auswahl von Überwachungsfunktionen.

Über die **Stromwandler** ① wird der Motorstrom erfasst. Diese Wandler haben einen deutlich größeren Strombereich als konventionelle Motorschutzrelais. Es können viele verschiedene Motorbemessungsstromstärken mit einem Wandlersatz erfasst werden.

Die **digitalen Ausgänge** ③ steuern die Schütze der Motorsteuerung an.

Aus den aktuellen Motorströmen werden die Belastung und Erwärmung des Motors errechnet. Nach vorgegebenen Grenzwerten wird über das Motorschütz abgeschaltet.

Neben der Überstromauslösung ist auch ein direkter Übertemperaturschutz möglich, indem ein analoger Messfühler (z.B. PT100) oder ein Thermistor angeschlossen wird ⑦.

Über das **Bussystem** ⑧ werden Informationen zwischen Leitsystem und Motorsteuerung ausgetauscht. Dies sind Steuerbefehle zum Antrieb sowie Betriebsdaten zur Leittechnik.

Es genügt **eine** Busleitung für die Anbindung zahlreicher Motoransteuerungen.

Die leistungsfähige Steuerung und Kommunikation ermöglicht zahlreiche weitere Funktionen.

Dies sind z.B. die

- Erfassung des Betriebszustandes,
- Blockierüberwachung,
- Überlastwarnung (vor Auslösung),
- Vorbeugende Instandhaltung durch Erfassung von
  - Anzahl der Starts,
  - Anzahl Überlastabschaltungen und
  - Betriebsstunden.

Einsatz

Vorteile ergeben sich durch diese Technik dann, wenn viele Antriebe in einer Anlage vorhanden sind. Durch eine Standardisierung werden die Projektierung vereinfacht und eine gezieltere Fehlersuche möglich. Der Installationsaufwand verringert sich durch den Einsatz von Bustechnik.

Diese Einsparungen rechtfertigen bei umfangreichen Anlagen den Einsatz dieser teureren Schutzgeräte.

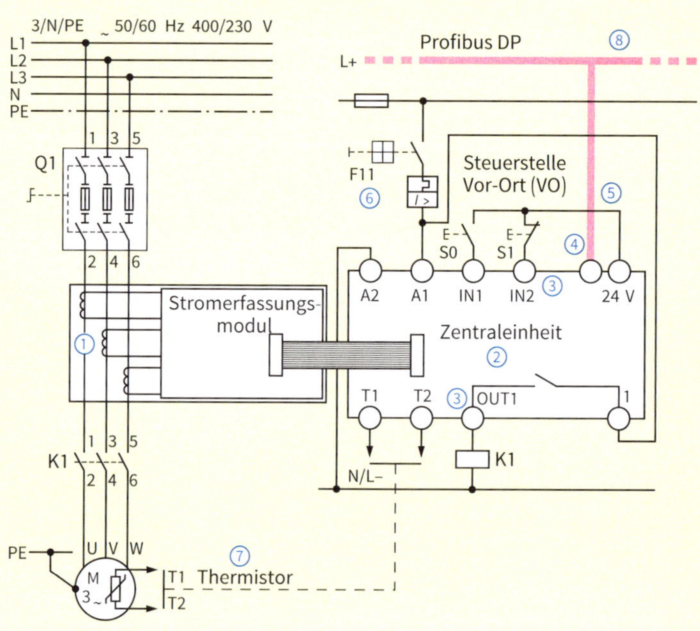

8.7.2 Anlassen von Drehstrommotoren

Für den Lastenaufzug wurde ein Käfigläufermotor mit einer Bemessungsleistung von 22 kW ausgewählt. Dies ergab sich aus der Masse des Fahrkorbes und der maximal zu transportierenden Last. In den technischen Unterlagen des Motors wird das Verhältnis von Anlaufstromstärke zur Bemessungsstromstärke mit $I_a : I_n$ = 6,9 angegeben. Diese hohe Anlaufstromstärke kann die Wicklungen des Motors unzulässig hoch erwärmen, deshalb muss sie verringert werden. Der Motor muss also „angelassen" werden.

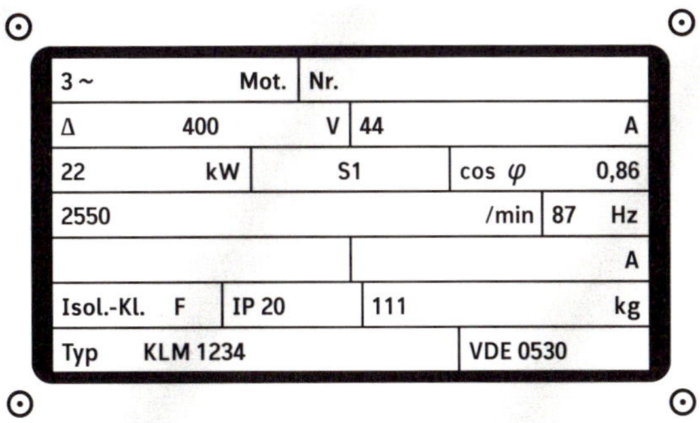

1: Leistungsschild des Aufzugsmotors

Motoren mit großen Leistungen müssen angelassen werden, weil ihre hohen Stromstärken zu Spannungsfällen führen. Das bedeutet: Beim Einschalten dieser Motoren kommt es zu Spannungsabsenkungen an anderen Geräten. Um dies zu verhindern, haben die VNBs in ihren Technischen Anschlussbedingungen (TAB) „Richtlinien für das Anschließen von Motoren" festgelegt.

Danach dürfen nicht direkt eingeschaltet werden:

- Leistungsstarke Motoren:
  Wechselstrommotoren > 1,7 kVA
  Drehstrommotoren > 5,2 kVA
- Motoren mit gelegentlichem Anlauf mit über 60 A Anlaufstromstärke
- Motoren mit schwerem Anlauf mit über 30 A Anlaufstromstärke

Zur zuletzt genannten Gruppe gehört der Motor des betrachteten Lastenaufzuges, weil er immer unter Last anläuft. Aus folgender Rechnung ergibt sich, dass seine Anlaufstromstärke weit über den zugelassenen 30 A liegt.

$I_{an} = 6{,}9 \cdot I_n \qquad I_{an} = 6{,}9 \cdot 44\ \text{A}$

$\underline{\underline{I_{an} = 303\ \text{A}}}$

Um das richtige Anlassverfahren für den Aufzugsmotor auswählen zu können, müssen erst entsprechende Informationen gegeben werden. In Abb. 2 sind übliche Anlassverfahren genannt.

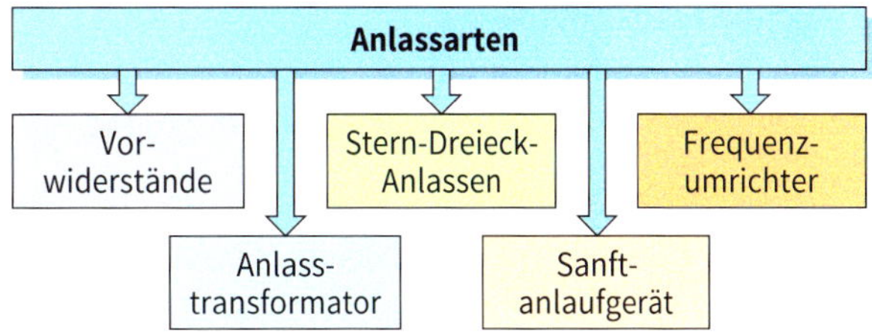

2: Anlassverfahren

Die Verringerung der Anlaufstromstärke wird im Allgemeinen durch Spannungsabsenkung erreicht. Das hat eine Schwächung des Drehmoments zur Folge, wie die folgende Überlegung zeigt. Die Leistung hängt quadratisch von der Spannung ab. Das Drehmoment ist direkt proportional zur Leistung. Damit ist das Drehmoment abhängig vom Quadrat der Spannung. So hat z. B. eine Spannungsverringerung auf die Hälfte eine Verringerung des Drehmoments auf ein Viertel zur Folge.

$$P = \sqrt{3} \cdot U \cdot I \cdot \cos\varphi \qquad I = \frac{U}{R}$$

$$P = \frac{\sqrt{3} \cdot U^2 \cdot \cos\varphi}{R}$$

$$M = \frac{P}{2 \cdot \pi \cdot n}$$

$$M = \frac{\sqrt{3} \cdot U^2 \cdot \cos\varphi}{R \cdot 2 \cdot \pi \cdot n}$$

$$M \sim U^2$$

Motoren haben demzufolge beim Anlassen geringere Drehmomente als im Betrieb. Sie können daher nicht mit voller Last anlaufen. Welche Konsequenz das für unseren Lastenaufzugsmotor hat, werden wir später erörtern.

8.7.2.1 Vorwiderstände

Diese Widerstände werden zum Anfahren (Abb. 3) vor die Wicklungen geschaltet und verringern damit den Strom. Nach dem Hochlaufen werden sie kurzgeschlossen.

Der Nachteil dieses Verfahrens sind die Verluste durch die Wärmeabgabe an den Widerständen. Benutzt man statt der Wirkwiderstände Spulen, so ist dieser Nachteil zwar geringer, dafür verkleinert sich der Leistungsfaktor cos φ und die Blindleistung wird größer. Wegen dieser Nachteile und weil die Widerstände relativ viel Platz einnehmen, wird diese Schaltung nur noch selten angewendet.

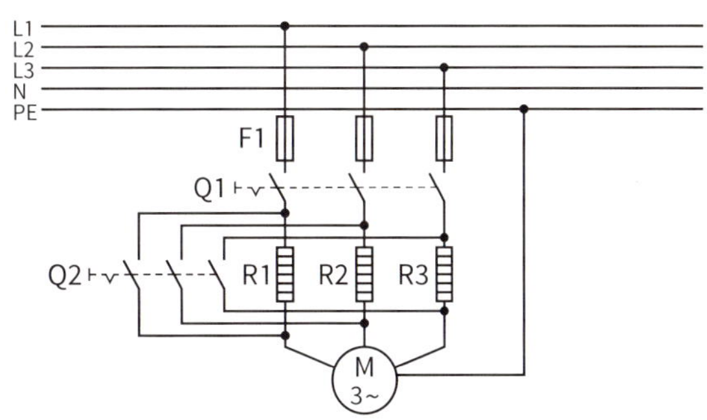

3: Anlassen mit Vorwiderständen

Anlasstransformatoren
Der Transformator wird vor die Wicklungen (Abb. 1) geschaltet. Aus wirtschaftlichen Gründen wird er als Spartransformator ausgeführt.

Diese Schaltvariante hat den Vorteil, dass die Verluste geringer sind als bei den Vorwiderständen. Sie ist aber sehr teuer und wird deshalb nur für Spezialanwendungen eingesetzt.

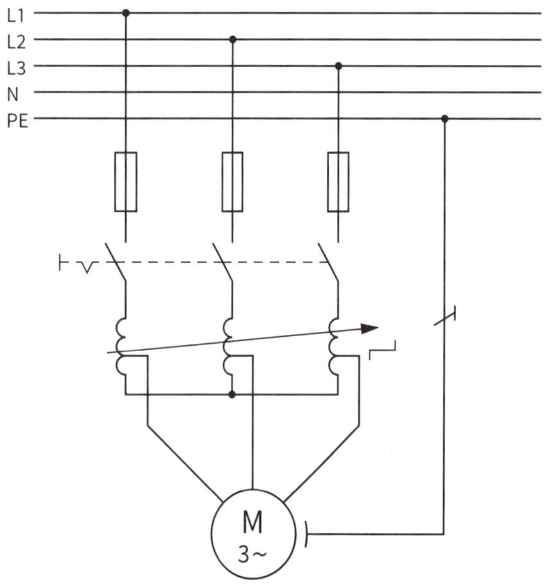

1: Anlasstransformator

8.7.2.2 Stern-Dreieck-Anlassen

Dieses Verfahren wird am häufigsten eingesetzt, weil hierbei außer einem Schalter oder entsprechender Schütze keine zusätzlichen Objekte – wie Widerstände oder Transformatoren – benötigt werden.

Die Wicklungen des betreffenden Motors müssen für die Netzspannung ausgelegt sein. Das ist immer dann der Fall, wenn

- die Bemessungsspannung gleich der Netzspannung ist (z. B. $U = 400\,V$, $U_L = 400\,V$),
- bei der angegebenen Bemessungsspannung das Symbol Δ zu finden ist (z. B. $U = 400\,V\,\Delta$, $U_L = 400\,V$) oder
- der niedrigste Wert der Bemessungsspannung gleich der Netzspannung ist (z. B. $U = 400\,V/690\,V$, $U_L = 400\,V$).

Wie wird der Motor geschaltet?
Zuerst werden die Motorwicklungen im Stern an das Netz gelegt und dann im Dreieck. Da die Strangspannung im Stern niedriger ist als bei Dreieckschaltung, verringert sich auch die Stromstärke entsprechend. Somit wird eine Verringerung der Anlaufstromstärke erreicht. Sie sinkt auf ein Drittel. In Abb. 2 sind die Verhältnisse dargestellt.

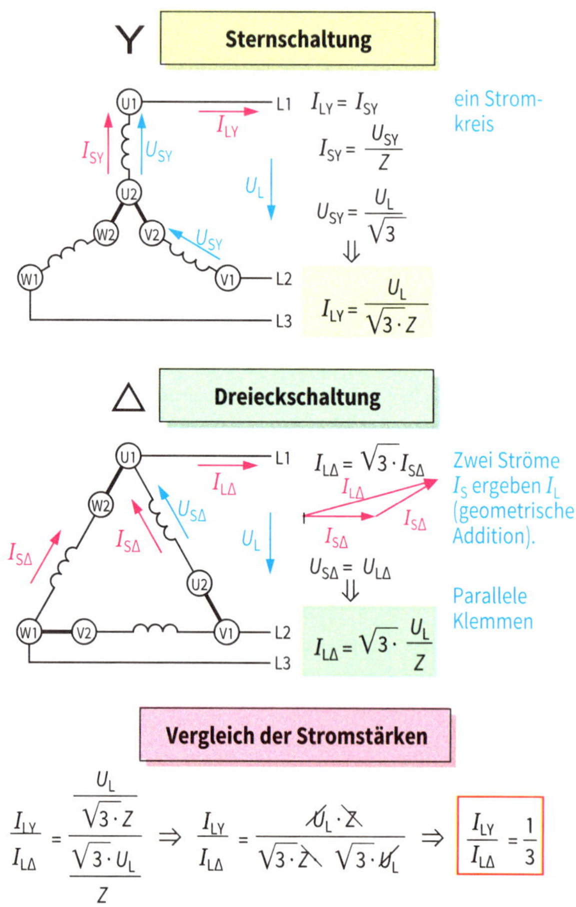

2: Verhältnisse der Stromstärken

Da die Leiterspannung U_L gleich bleibt, die Stromstärke $I_{L\Delta}$ aber auf 1/3 sinkt, wird auch die Leistung und damit das Drehmoment auf 1/3 verringert.

$$I_{LY} = \frac{1}{3} I_{L\Delta} \Rightarrow P_Y = \frac{1}{3} P_\Delta \Rightarrow M_Y = \frac{1}{3} M_\Delta$$

Bei diesem Anlassverfahren sind also die Anlaufstromstärke und das Anlaufdrehmoment immer 1/3 der entsprechenden Bemessungswerte. Damit würde sich für unseren betrachteten Aufzugsmotor die Anlaufstromstärke mit 101 A ergeben.

Welche Nachteile hat dieses Verfahren?
Dieses Verfahren ist kostengünstig, hat aber auch einige Nachteile:

- Der Motor hat nur ein geringes Anlaufmoment.
- Anlaufstromstärke und Anlaufmoment sind stets 1/3 des betreffenden Bemessungswertes.
- Beim Umschalten entstehen Funken an den Kontakten und Stromspitzen, die das Netz belasten.
- Ein wesentlicher Nachteil ist, dass das Umschalten von Stern auf Dreieck nicht ruckfrei möglich ist. Für Lastenaufzüge mit empfindlichen Gütern ist daher dieses Verfahren nicht geeignet.

Welche Schaltung wird verwendet?

Das Stern-Dreieck-Anlassen wird entweder durch einen mechanischen **Stern-Dreieck-Schalter** (Abb. 3) oder mit Hilfe einer Schützschaltung durchgeführt. In Abb. 5 ist die Schaltung des Hauptstromkreises dargestellt. Die Abb. 4 zeigt eine mögliche Steuerschaltung.

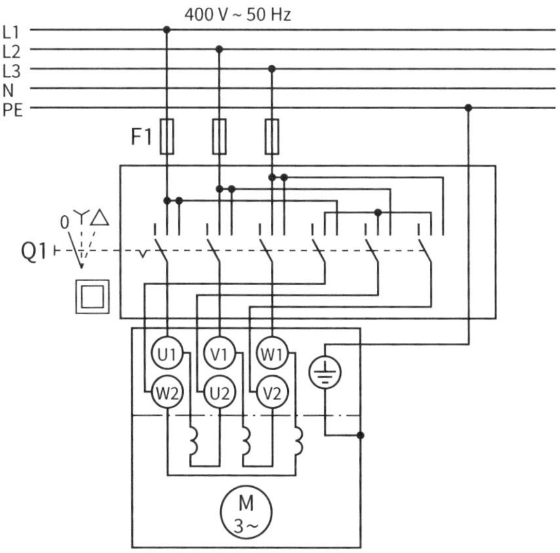

3: Stern-Dreieck-Schalter

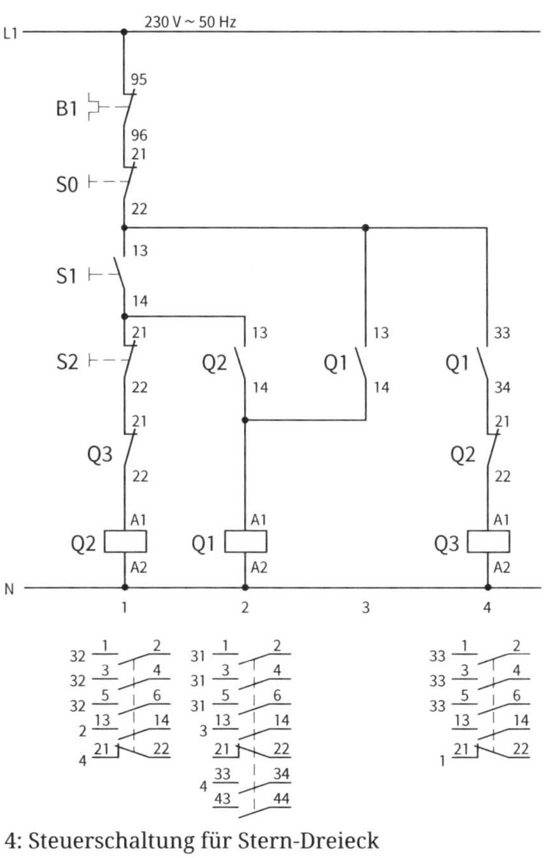

4: Steuerschaltung für Stern-Dreieck

Funktion der Stern-Dreieck-Schützschaltung

Die Steuerung (Abb. 4) ist so angelegt, dass mit S1 nur das Sternschütz Q2 eingeschaltet werden kann. Q2 schaltet dann mit Q2:13/14 das Netzschütz Q1 ein. Durch das Öffnen von Q2:21/22 ist gewährleistet, dass das Dreieckschütz Q3 nicht anziehen kann, solange das Sternschütz eingeschaltet ist.

Die Umschaltung auf Dreieck erfolgt durch den Öffner S2, der Q2 abschaltet. Dadurch kann das Dreieckschütz Q3 anziehen. Diese Steuerung erlaubt nur die Reihenfolge:

Sternschütz EIN ⇒ Netzschütz EIN ⇒

Sternschütz AUS ⇒ Dreieckschütz EIN.

Das Motorschutzrelais B1 (Abb. 5) liegt im Stromkreis des Netzschützes. Er überwacht also den Strangstrom. Er ist auf 60 % ($1 : \sqrt{3} = 0{,}58$) der Bemessungsstromstärke des Motors einzustellen. Diese Schaltung ist für den **normalen Anlauf** vorgesehen.

Bei **schwerem Anlauf** wird das Motorschutzrelais vor die gesamte Schaltung geschaltet, also direkt hinter die Sicherungsgruppe (hier: F1). Hierbei ist die Einstellstromstärke gleich der Bemessungsstromstärke des Motors.

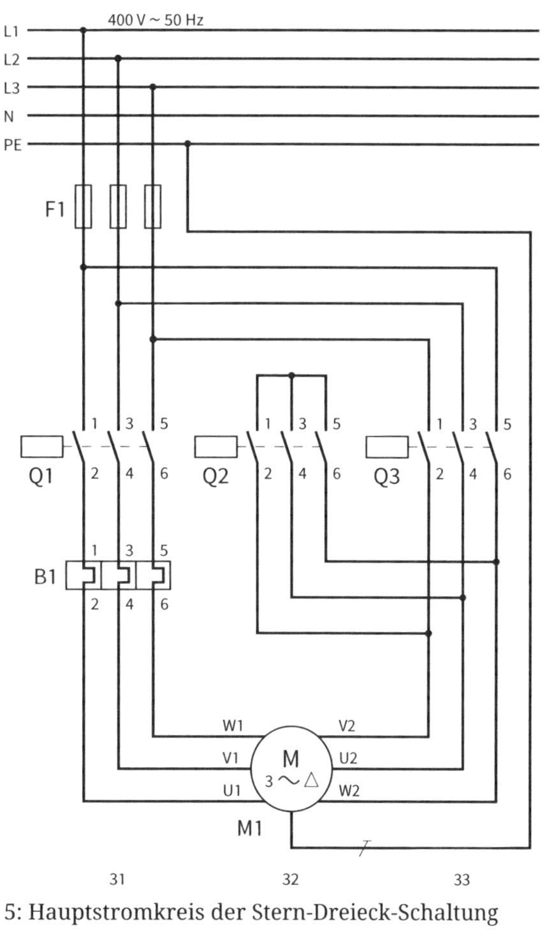

5: Hauptstromkreis der Stern-Dreieck-Schaltung

8.7.2.3 Sanftanlaufgerät

Das Anlassen von Motoren mit Vorwiderständen bzw. Transformatoren hat starke Verluste zur Folge (vgl. Kapitel 8.6.2.1). Beim Stern-Dreieck-Anlassen sind die Verluste gering und es ergibt sich eine langsame, gleichmäßig steigende Drehzahl (Abb. 1a). Bei der Umschaltung von Stern- auf Dreieckbetrieb wird die Motorspannung schlagartig geändert. Dadurch treten rasche Änderungen beim Motorstrom und Motormoment auf (Abb. 1b, c).

Dies verursacht im speisenden Netz Spannungsschwankungen, welche die Spannungsqualität beeinträchtigen können. Am Drehmomentverlauf in Abb. 1c lassen sich Schwingungen erkennen. Bei der Stern-Dreieck-Umschaltung kommt es zusätzlich noch zu großen Drehmomentstößen, die zu Schäden an mechanischen Komponenten führen können.

Um diese schlagartige Änderung des Betriebszustandes zu vermeiden, wird eine Einrichtung benötigt, welche die Eingangsspannung der Asynchronmaschine stetig (ohne Sprünge) ändern kann.

Sanftanlaufgeräte *[soft starter]* erfüllen diese Anforderungen. Sie können den Effektivwert der Ausgangsspannung zwischen 0 V und U_1 stetig ändern (Abb. 2). Die Frequenz der Spannung bleibt dabei unverändert.

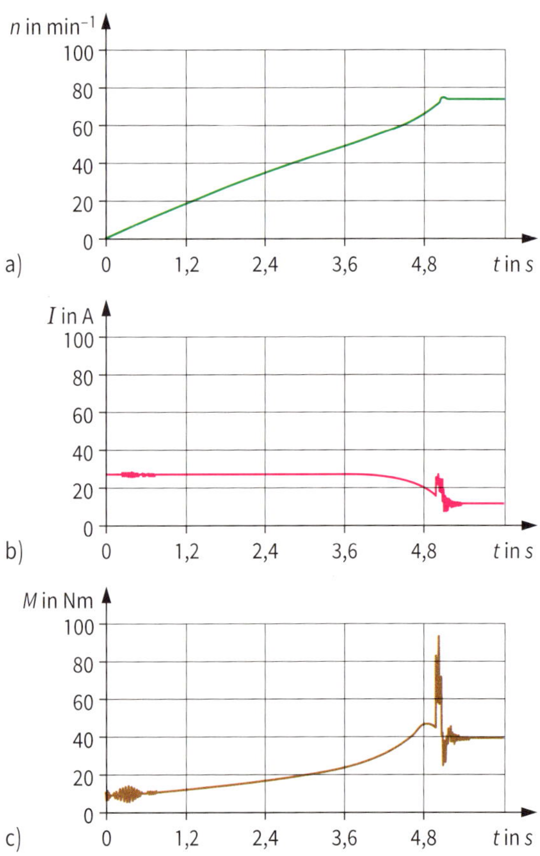

1: Verhalten bei Stern-Dreieck-Umschaltung

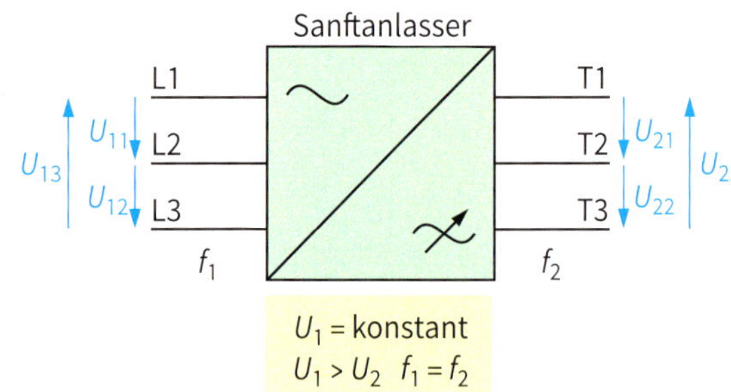

2: Sanftanlaufgerät

Wie wirken Sanftanlaufgeräte?

Wie wir bereits in Kap. 8.7.2 dargestellt haben, ist das Drehmoment quadratisch abhängig von der Spannung. Es gilt:

$$M \sim U^2$$

Wenn z. B. die Motorspannung auf die Hälfte reduziert wird, steht damit nur noch ein Viertel des ursprünglichen Drehmoments zur Verfügung.

Durch eine Verringerung der Spannung verkleinern sich daher auch das

- Anlaufmoment ($n = 0$) (Abb. 3) ① und
- Kippmoment (M_K = max.) ②.

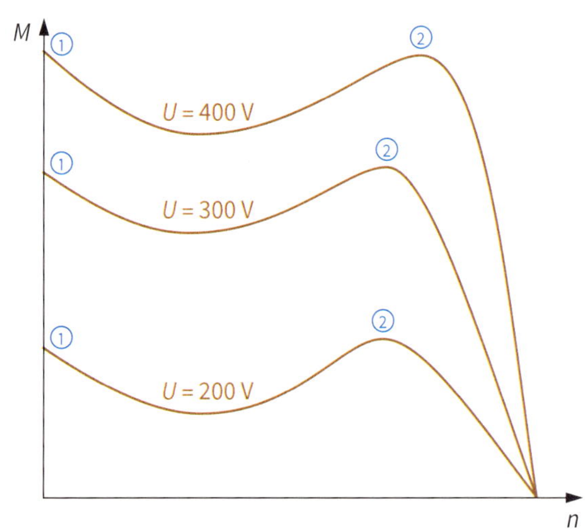

3: Drehmomentverlauf einer Asynchronmaschine bei unterschiedlichen Spannungen

Im einfachsten Fall wird die Motorspannung linear in einer bestimmten, einstellbaren Zeit von 0 V auf die volle Netzspannung gesteigert. Diese Zeit ist am Sanftanlaufgerät einstellbar und wird **Rampenzeit** [*ramp-time*] genannt (Abb. 4).

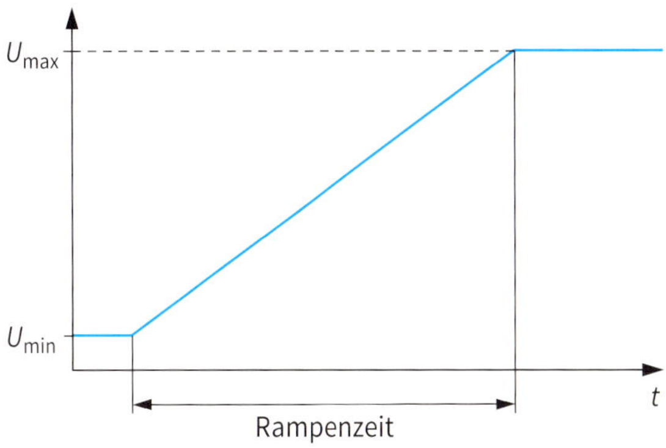

4: Rampenzeit

Geschieht die Spannungsänderung sehr **schnell**, können die Drehmomentschwingungen beim Einschalten vermieden werden. Der Anlaufstrom wird jedoch nur geringfügig begrenzt, da bei Erreichen der vollen Spannung die Drehzahl noch niedrig ist (Abb. 5 ①). Diese Steuerungsart liefert ein großes Drehmoment, was zu einem schnellen Anlaufvorgang führt.

Ein **langsameres** Ansteigen der Motorspannung (Abb. 6) ermöglicht der Maschine eine Drehzahlsteigerung proportional zur Spannungssteuerung. Dadurch wird die Stromstärke während des gesamten Anlaufvorganges begrenzt.

Ist das Sanftanlaufgerät mit einer Strommessung und einer **internen Regelung** ausgestattet, besteht die Möglichkeit, die Spannung so zu steigern, dass ein bestimmter Strom (z. B. Bemessungsstromstärke) fließt (Abb. 7). Die Stromstärke wird hier auf einen **Sollwert** [*set point*] geregelt, welcher gemäß einer vorgegebenen Rampe langsam ansteigt.

Die Änderung der Stromstärke geschieht relativ langsam, wodurch Beeinträchtigungen der Spannungsqualität vermieden werden. Das Drehmoment ist jedoch lange Zeit gering, was zu erheblichen Anlaufzeiten führt.

Das Verhalten von Sanftanlaufgeräten kann durch unterschiedliche Parameter angepasst werden. Es lassen sich maximale Grenzwerte einstellen und Rampenzeiten vorgeben. Hierbei verändert das Sanftanlaufgerät den Sollwert einer bestimmten Größe (z. B. U, I, P) in der vorgegebenen Zeit vom Minimal- zum Maximalwert oder umgekehrt.

Mögliche Regelgrößen bei Sanftanlaufgeräten sind
- Motorspannung (Effektivwert),
- Motorstromstärke (Gesamtstrom oder Wirkanteil),
- Leistung (Wirkleistungsanteil).

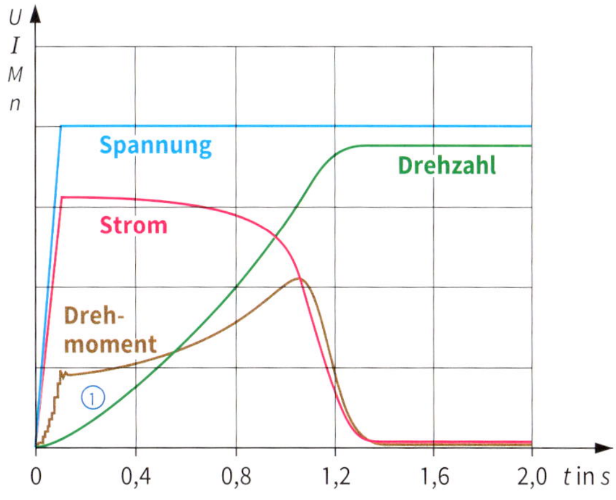

5: Anlauf mit kurzer Spannungsrampe

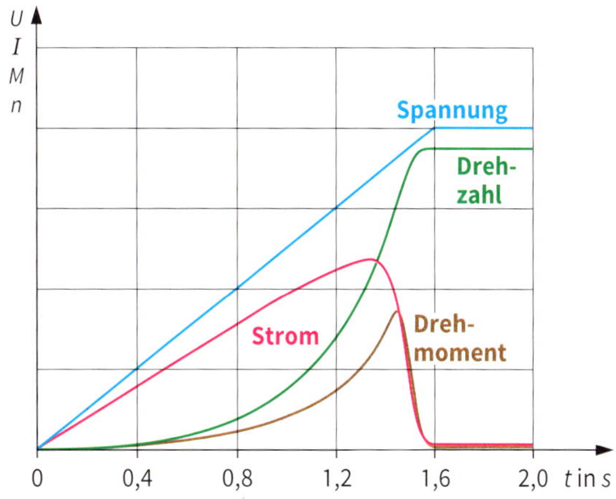

6: Anlauf mit langer Spannungsrampe

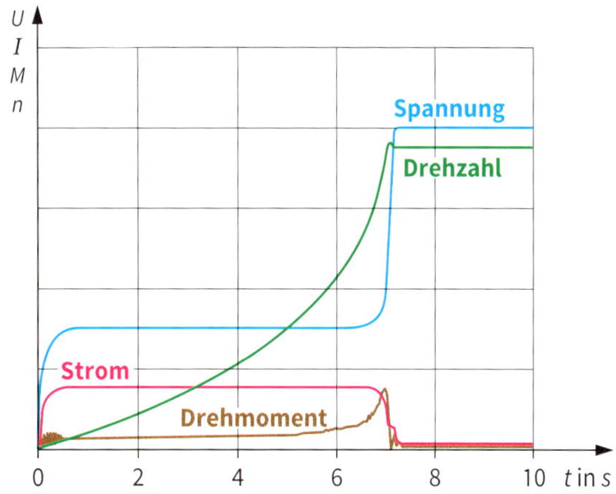

7: Anlauf mit Strombegrenzung

- Sanftanlaufgeräte verringern das Drehmoment während des Anlaufs.
- Für Schweranlauf sind Sanftanlaufgeräte **nicht** geeignet.

Wie wird die Ausgangsspannung verändert?

Zum Verändern der Motorspannung wird ein Drehstromsteller verwendet. Dieser besteht aus zwei antiparallel geschalteten Leistungs-Thyristoren, die in jeden Außenleiterkreis geschaltet werden (Abb. 1).

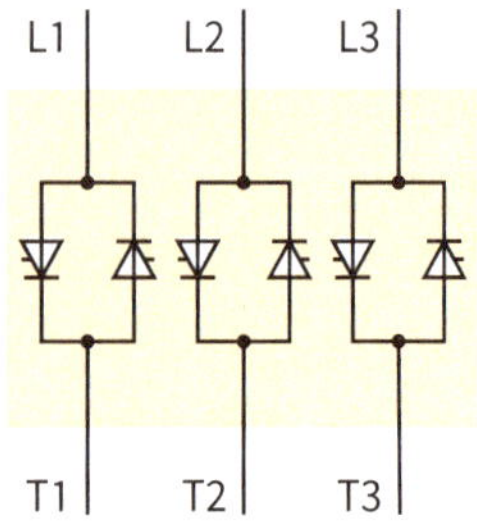

1: Drehstromsteller

Die Thyristoren wirken hier-bei als elektronische Schalter, die durch einen Stromimpuls am Gate eingeschaltet werden können. Nach dieser Zündung bleibt der Thyristor leitfähig, bis der Strom = 0 wird (vgl. Kap. 6.3.2.3).

Die interne Steuerung erzeugt zu einem vorgegebenen Zeitpunkt jeder Halbschwingung einen Zündimpuls. Der Zeitpunkt der Zündung wird auch als Winkel angegeben. Dieser Zündwinkel liegt zwischen $\alpha = 0°$ und $\alpha = 180°$ der zugehörigen Sinusfunktion.

Wird der Thyristor sofort im Nulldurchgang der Leiterspannung gezündet ($\alpha = 0°$), liegt während der kompletten Halbschwingung die Spannung am Motor an (Abb. 2a). Durch ein verzögertes Zünden der Thyristoren liegt die Netzspannung nicht mehr die ganze Zeit an der Motorwicklung an. Bildet man den zeitlichen Mittelwert der Motorspannung, so ergibt sich ein geringerer Effektivwert (Abb. 2b). Der Zusammenhang zwischen dem Steuerwinkel α und der Ausgangsspannung wird in einer Steuerkennlinie dargestellt (Abb. 3).

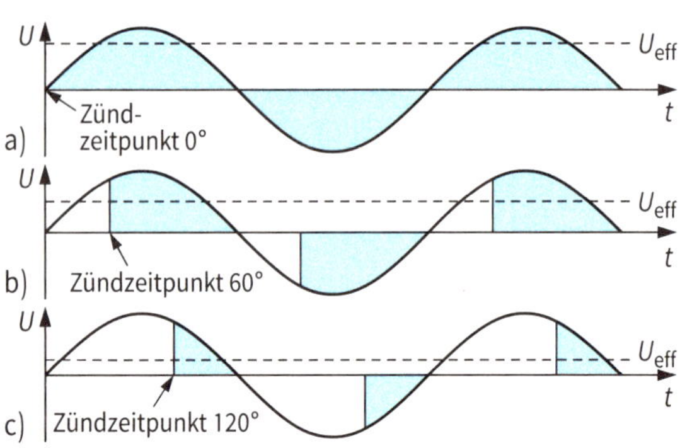

2: Spannungsverlauf am Drehstromstellerausgang

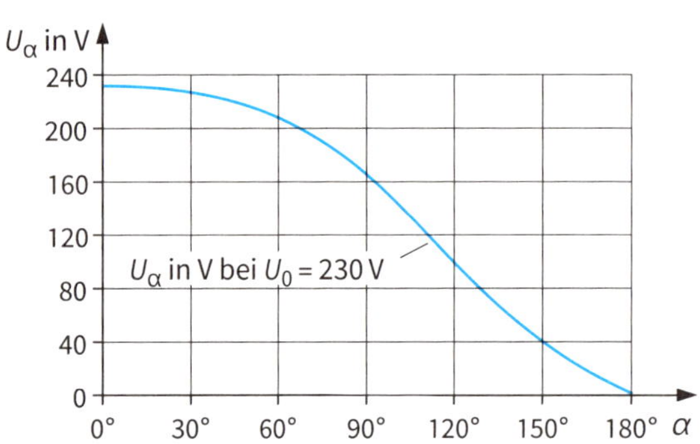

3: Steuerkennlinie

Wie wird der Sanftanlasser angeschlossen?

In den meisten Fällen wird das Sanftanlaufgerät in Reihe mit den Anschlussleitungen geschaltet. Der Verdrahtungsaufwand ist dadurch gering (Abb. 4a). Die **$\sqrt{3}$ - Schaltung** (Abb. 4b) wird angewendet, um die Bemessungsstromstärke des Sanftanlaufgerätes gering zu halten. Sie beträgt hier nur ca.

$58\,\% \cdot I_{rM}$ ($\frac{1}{\sqrt{3}} \approx 0{,}58$).

Dadurch werden die Beschaffungskosten verringert, da die internen Leistungshalbleiter entsprechend der Bemessungsstromstärke gewählt werden. Je größer sie ist, desto teurer werden die Bauelemente. Muss der Sanftanlasser in größerer Entfernung vom Motor installiert werden, vermindert sich der Kostenvorteil durch das Installieren der doppelten Leiterzahl (U1, V1, W1 und U2, V2, W2).

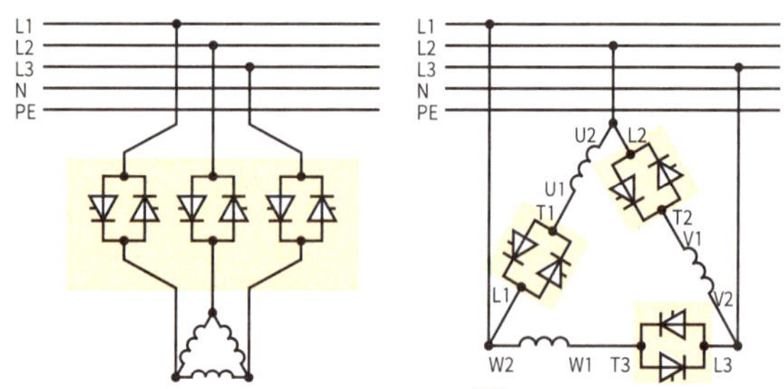

a) Standardschaltung b) $\sqrt{3}$-Schaltung

4: Schaltungsvarianten

Auch in Sanftanlaufgeräten entstehen **Verluste** [*losses*], da über den leitenden Thyristoren die so genannte Vorwärtsspannung abfällt. Um diese Verluste nach Abschluss des Anlaufvorgangs zu vermeiden, wird häufig ein Bypassschütz verwendet. Es schließt mit seinen Kontakten die Thyristoren kurz. Der Bypass ist entweder im Sanftanlaufgerät integriert oder kann extern aufgebaut werden.

Aufgaben

1. Welche Vorteile bietet ein Sanftanlasser mit Bypassschütz?
2. Die Bemessungsstromstärke eines Sanftanlaufgerätes beträgt $I_r = 20$ A. Wie groß kann die Leiterstromstärke sein, wenn die $\sqrt{3}$-Schaltung verwendet wurde?
3. Ein Antrieb mit Sanftanlasser soll nach Einschaltung ein Moment von $M = 100$ Nm aufbringen. Welche minimale Spannung muss hierfür erreicht werden?

- Sanftanlasser sind Drehstromsteller.
- Drehstromsteller verändern die Motorspannung und können so die Stromstärke des Motors begrenzen.

8.7.2.4 Frequenzumrichter

Der betrachtete Lastenaufzug muss bei voller Beladung ein hohes Anlaufmoment aufbringen, welches mit Sanftanlaufgeräten nicht möglich ist. Zusätzlich soll die Fahrgeschwindigkeit stufenlos geändert werden können, um ein sanftes Anfahren und Abbremsen zu ermöglichen. Für diese Aufgabe können **Frequenzumrichter** [*frequency converter*] eingesetzt werden. Sie erzeugen am Ausgang eine sinusförmige Spannung, die in ihrer Amplitude und Frequenz verändert werden kann (Abb. 5).

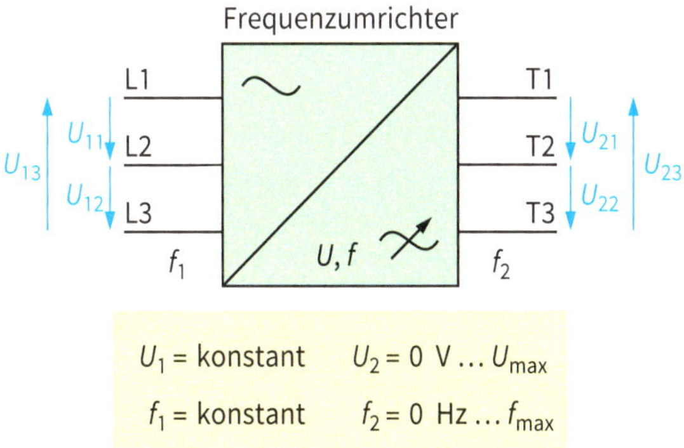

5: Frequenzumrichter

Wie verhalten sich Motoren bei Frequenzänderung?

Motoren bestehen hauptsächlich aus Induktivitäten. Der Blindwiderstand X_L der Induktivität ändert sich mit der Frequenz.

$$X_L = 2 \cdot \pi \cdot f \cdot L \qquad I = \frac{U}{2 \cdot \pi \cdot f \cdot L}$$

$$f\downarrow \;\Rightarrow\; X_L\downarrow \;\Rightarrow\; I\uparrow$$

Wird die Frequenz am Motor abgesenkt, sinkt der Blindwiderstand. Bei konstanter Spannung würde dadurch der Motorstrom steigen. Motoren sind jedoch auf eine bestimmte Stromstärke ausgelegt (Bemessungsstromstärke), welche nicht überschritten werden darf. Aus diesem Grund wird mit sinkender Frequenz proportional die Motorspannung abgesenkt.

Für das Verhältnis von U durch f muss also gelten:

$$\frac{U}{f} = \text{konstant}$$

Wird die Motorspannung mit der Frequenz gesenkt, verschiebt sich die Drehzahl-Drehmoment-Kennlinie (Abb. 6). Der Schnittpunkt zwischen Lastkennlinie und Motorkennlinie ergibt den stationären Arbeitspunkt.

Folgende Merkmale sind dadurch zu beobachten:

- Das Kippmoment ist für alle Frequenzen gleich ① – ③.
- Wird die Frequenz um 1/3 auf 33,3 Hz verringert, sinkt auch die Leerlaufdrehzahl um 1/3 (④ → ⑤). Die Leerlaufdrehzahl sinkt also proportional zur Frequenz der Eingangsspannung.
- Die Drehzahl unter Belastung sinkt bei konstantem Lastmoment linear zur Frequenz (AP 1 – AP 3).
- Bei nichtlinearen Lastkennlinien sinkt die Drehzahl überproportional (AP 4, AP 2, AP 5).
- Das Anfahrmoment kann bis zum Kippmoment gesteigert werden (Abb. 6b).

Durch Verschieben der n-M-Kennlinie (Abb. 6) kann für jede Drehzahl das Motormoment M zwischen 0 Nm und dem Kippmoment variiert werden.

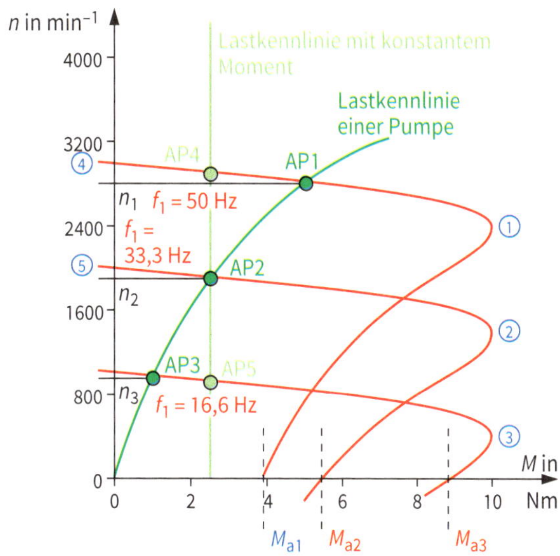

a) Beschleunigungsvorgang

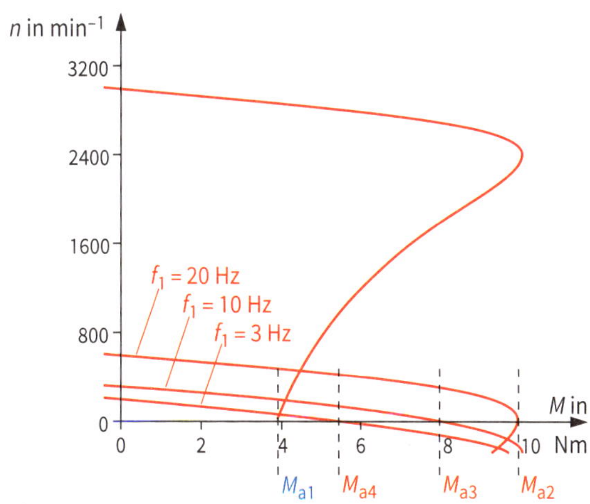

b) Anlaufverhalten

6: Drehmoment-Drehzahlkennlinie bei variabler Frequenz

Wie wird die Frequenz geändert?

Frequenzumrichter bestehen grundsätzlich aus drei Hauptkomponenten.

Dies sind:

- **Gleichrichter** [*rectifier*],
- **Zwischenkreis** [*d.c. link*] und
- **Wechselrichter** [*converter*].

Die Zwischenkreise bestehen entweder aus einem Kondensator oder einer Spule. Sie glätten entweder die Spannung (**Spannungszwischenkreis-Umrichter**) oder den Strom (**Stromzwischenkreis-Umrichter**) (Abb. 1).

Die größte Verbreitung hat der Spannungszwischenkreis-Umrichter. Hierbei können ungesteuerte Gleichrichterschaltungen eingesetzt werden. Diese Gleichrichter benötigen keine Steuerelektronik, was zu Kostenvorteilen führt.

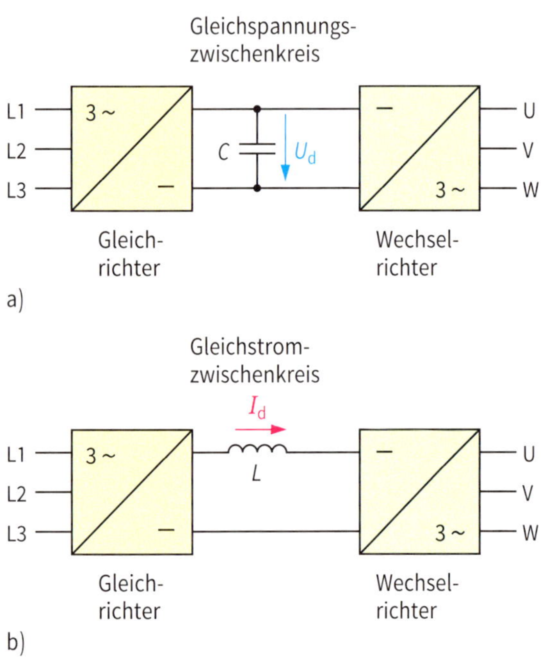

1: Frequenzumrichter mit Zwischenkreis

Gleichrichten

Zur Erzeugung der Zwischenkreis-Gleichspannung wird ein Gleichrichter verwendet (Abb. 2). Dieser hat bei größeren Leistungen drei Eingänge zum Anschluss an das Drehstromnetz. Der Ausgang wird durch zwei Verbindungen mit dem Zwischenkreis verbunden. Da bei den Spannungszwischenkreisen ungesteuerte Gleichrichter ausreichen, werden ausschließlich Dioden verwendet.

Durch die Leiterspannung mit dem größten positiven Momentanwert wird eine der oberen Dioden (z. B. R1) leitend.

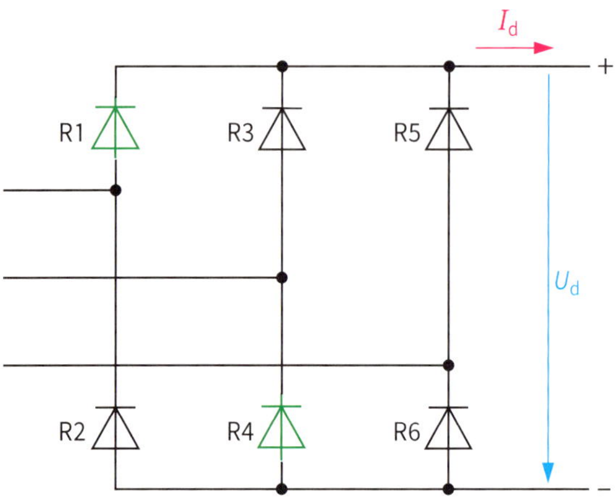

2: Sechspuls-Brückenschaltung

Durch die Leiterspannung mit dem negativsten Momentanwert wird die zugehörige untere Diode leitend (R4). Am Ausgang liegt dadurch immer die verkettete Leiterspannung an. Während einer Netzperiode verändert der Gleichrichter sechsmal seinen Leitzustand.

Diese Schaltung wird daher als **Sechspuls-Brückenschaltung** (B6U) bezeichnet. Die Ausgangsspannung ergibt sich aus den Kuppen der Außenleiterspannungen (Abb. 3). Es entsteht so eine Spannung mit geringer Welligkeit. Da die Ausgangsspannung direkt den Sinuskurven der Eingangsspannung folgt, ist sie weitgehend konstant und von dem entnommenen Laststrom unabhängig.

Bei Umrichtern mit Stromzwischenkreis ist die Stromstärke in der Spule lastabhängig. Je nach Belastung im Ausgang muss der Gleichrichter die Stromstärke im Zwischenkreis einstellen. Hierzu müssen gesteuerte Gleichrichter eingesetzt werden, die z. B. Thyristoren mit Zündelektronik enthalten. Diese Umrichter kommen bei Spezialanwendungen, z. B. der Servotechnik, zur Anwendung.

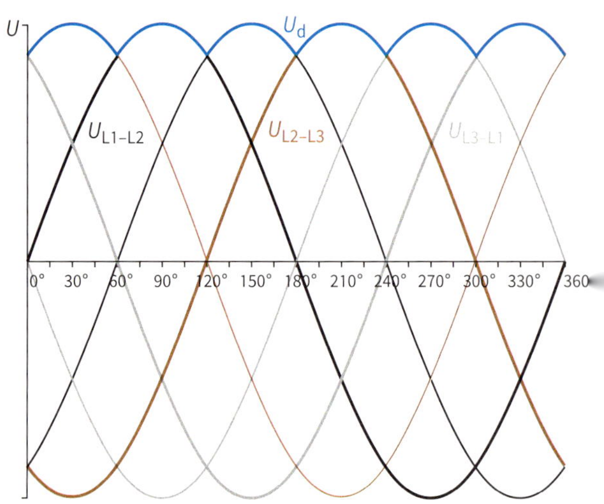

3: Ausgangsspannung einer B6-Brückenschaltung

Wechselrichten

Aus der nahezu konstanten Gleichspannung im Zwischenkreis wird wieder eine Wechselspannung erzeugt. Hierzu werden Leistungshalbleiter benötigt (z.B. MOSFET oder IGBT), die ein- und ausgeschaltet werden können.

In zwei Pfaden werden jeweils zwei Transistoren in Reihe geschaltet (z.B. Q1 und Q2 sowie Q3 und Q4, Abb. 4). Von diesen zwei Transistoren darf jeweils nur einer leiten. Die Transistoren in beiden Wechselrichterzweigen werden immer diagonal eingeschaltet. D.h., Q1 und Q4 bzw. Q2 und Q3 leiten gleichzeitig. Die Ausgangsspannung U_L kann so zwischen $+U_Z$ und $-U_Z$ und 0 V gewechselt werden.

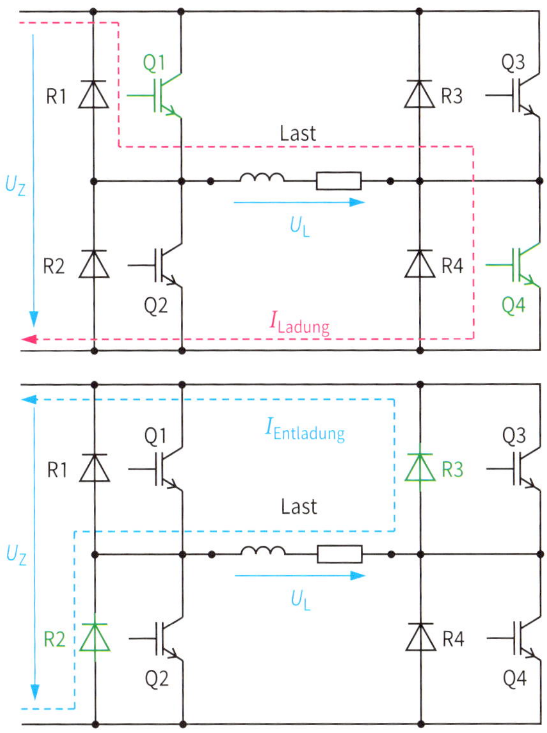

4: Zweiphasiger Wechselrichter

Solange Q1 und Q4 leitend sind, liegt an der Last die Spannung $+U_Z$ und es wird sich ein positiver Strom I_L einstellen. Wechseln die Transistoren ihren Leitzustand, muss der in der Last fließende Strom weiter fließen können. Da die Transistoren den Strom nur in einer Richtung leiten können, gibt es keinen möglichen Strompfad über die Transistoren. Durch die parallel geschalteten Dioden kann der Strom weiter fließen (R2, R4). Da jetzt die Spannung $-U_Z$ an der Last anliegt, nimmt die Stromstärke I_L ab. Sobald I_L negativ wird, übernehmen die Transistoren Q2 und Q3 den Laststrom.

Der Schaltzustand der Transistoren wechselt mit einer sehr hohen Schaltfrequenz (z.B. 10 kHz). Die Zeit, in der $+U_Z$ bzw. $-U_Z$ an der Last anliegt, wird hierbei verändert. Am Ausgang der Frequenzumrichter befinden sich Filter (Tiefpass), welche aus der rechteckförmigen Spannung einen Mittelwert bildet. Je nach zeitlicher Verteilung der Zustände $+U_Z$ und $-U_Z$ ergibt sich eine mittlere Spannung (Abb. 5). Liegt in einem bestimmten Zeitraum länger die positive als negative Spannung an, ergibt sich ein positiver Mittelwert ①. Ist die Zeitdauer der positiven und negativen Spannung gleich, wird der Mittelwert $U_L = 0\,V$ ②. Bei längeren negativen Ausgangsspannungen sinkt die Ausgangsspannung auf einen negativen Mittelwert ③.

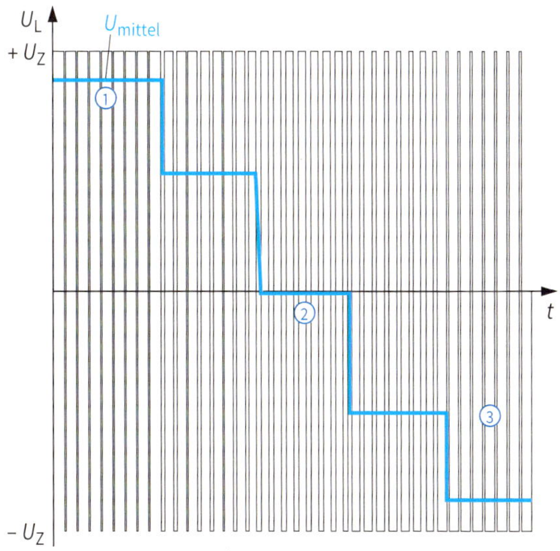

5: Veränderte Spannungsmittelwerte

Der erzielte Spannungsmittelwert kann durch die Steuerelektronik verändert werden. Die Veränderung entspricht der geforderten Kurvenform, Frequenz und Spannung am Ausgang. Üblicherweise wird eine sinusförmige Ausgangsspannung erzeugt (Abb. 6).

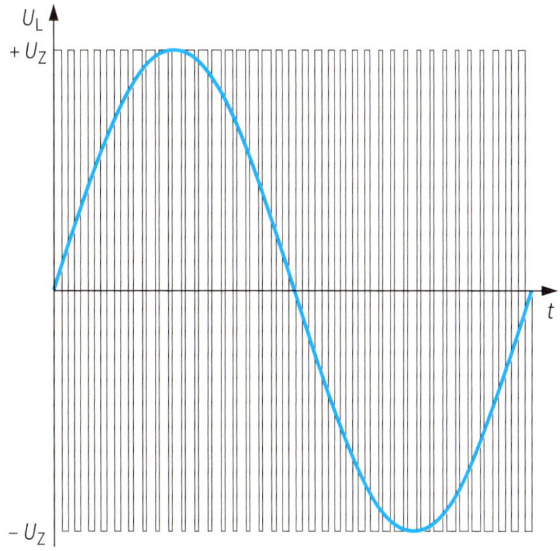

6: Wechselrichter-Ausgangsspannung

Soll eine dreiphasige Wechselspannung erzeugt werden, sind drei Wechselrichterpfade erforderlich (Abb. 1). Jeder der drei Pfade erzeugt eine sinusförmige Ausgangsspannung. Um ein symmetrisches Drehstromnetz zu speisen, werden die drei Ausgangsspannungen jeweils um 120° phasenverschoben erzeugt. Durch Veränderung der Phasenverschiebung lässt sich auch das Drehfeld und damit die Drehrichtung des Motors ändern.

Bremsen

Solange die Asynchronmaschine im Motorbetrieb arbeitet, fließt die Energie vom Netz über Gleichrichter, Zwischenkreis und Wechselrichter zum Motor. Wird die Maschine gebremst, kehrt sich der Leistungsfluss. Die Asynchronmaschine gibt elektrische Energie ab. Der Wechselrichter kann auch im Gleichrichterbetrieb arbeiten und die Bremsenergie in den Zwischenkreis übertragen. Da die Dioden im Gleichrichter nur eine Stromrichtung zulassen, sind sie nicht in der Lage, in das Netz zu speisen.

Die Bremsenergie bleibt daher im Zwischenkreis und lädt den Zwischenkreiskondensator ① auf. Dadurch steigt die Spannung im Zwischenkreis. Um eine unzulässig hohe Spannung zu vermeiden, ist der Zwischenkreiskondensator zu entladen. Ein Entladewiderstand (Bremswiderstand) ② wird durch einen so genannten Bremschopper ③ kurzzeitig eingeschaltet, bis die Zwischenkreisspannung wieder ihren normalen Wert erreicht hat.

Bremswiderstände setzen die gesamte Bremsenergie in Wärme um. Bei der Auswahl der Widerstände ist daher sehr genau auf die Bemessungsleistung und Belastungsdauer zu achten.

Die Installationsbeschreibung ist genau zu befolgen, da am Widerstand sehr hohe Temperaturen entstehen. Bei Nichtbeachtung kann dies zu Schäden an benachbarten Betriebsmitteln oder Brandgefahr führen.

Aufgaben

1. Wodurch unterscheiden sich Sanftanlaufgerät und Frequenzumrichter während des Motoranlaufs? Erklären Sie dies mit Hilfe der Begriffe Spannung, Frequenz, Drehmoment und Drehzahl.
2. Wofür wird ein Bremswiderstand benötigt und welche Größen sind für die Auswahl zu beachten?
3. Ein Motor (U_r = 400 V, f_r = 50 Hz) mit Frequenzumrichter wird bei f = 20 Hz betrieben. Wie groß ist die Ausgangsspannung des FU?

- Frequenzumrichter bestehen aus Gleichrichter, Zwischenkreis und Wechselrichter.
- Frequenzumrichter verändern Frequenz und Spannung am Ausgang. Bei sinkender Frequenz muss die Spannung reduziert werden.
- Der Motor kann bei Frequenzumrichter-Betrieb mit veränderbarer Drehzahl, Drehrichtung und Drehmoment betrieben werden.
- Soll mit Frequenzumrichtern gebremst werden können, sind Bremschopper und -widerstände erforderlich.

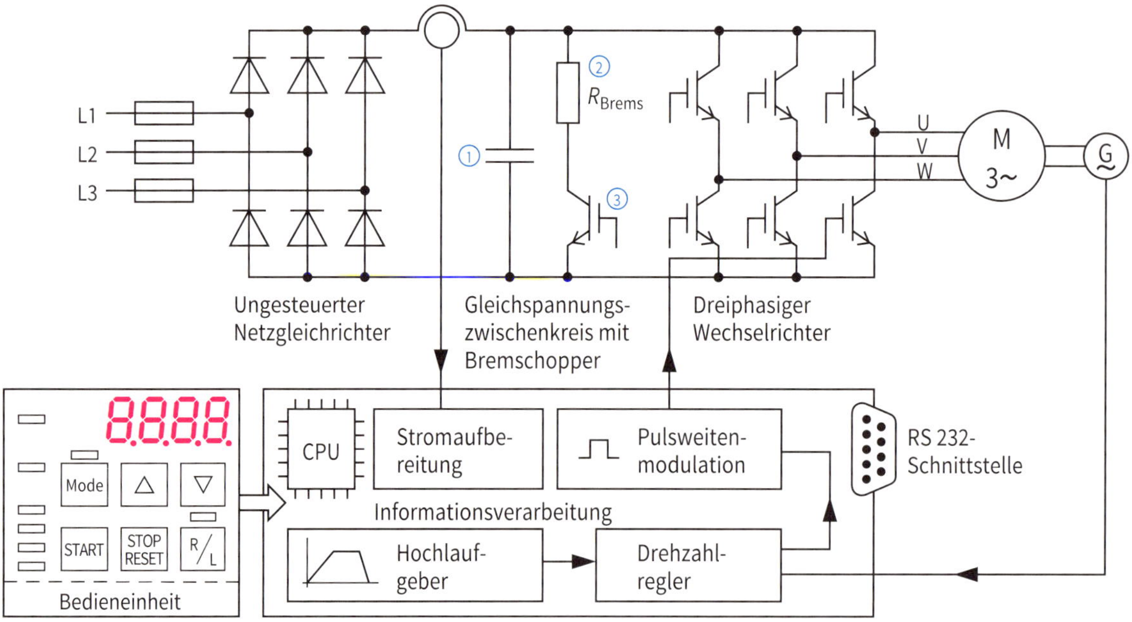

1: Frequenzumrichter (Prinzipschaltbild)

Beeinträchtigungen von RCDs durch elektronische Betriebsmittel

Keine Auslösung trotz Fehlerstrom

Treten innerhalb elektronischer Betriebsmittel, z. B. Frequenzumrichtern, Fehler auf, kommt es durch das geerdete Gehäuse zu einem Fehlerstrom. Je nach Objekt und Fehlerort können diese Fehlerströme unterschiedliche Frequenzen haben. Tritt der Fehler im Eingangskreis auf, ergibt sich ein sinusförmiger Fehlerstrom mit Netzfrequenz I_{F1} ①.

Ein Schluss zwischen Zwischenkreis und Gehäuse erzeugt einen fast glatten Strom als Fehlerstrom I_{F2}②. Ein Erdschluss am Ausgang eines Frequenzumrichters sowie der Motorleitung hat Fehlerströme I_{F3}③ I_{F4}④ mit der Ausgangsfrequenz zur Folge. Diese kann zwischen wenigen Hz bis ca. 100 Hz variieren. Durch die hohe Schaltfrequenz im Wechselrichter können zusätzlich noch Fehlerströme I_{F3} mit Frequenzen im kHz-Bereich auftreten.

Pulsstromsensitive RCDs (Typ A)

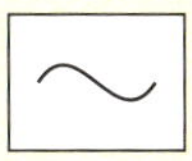

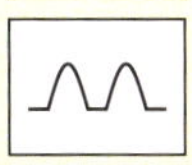

Die am weitesten verbreiteten RCDs sind vom Typ A und lediglich für Wechselströme (f = 50 Hz) und pulsierende Gleichströme geeignet. Treten reine Gleichfehlerströme auf, sind diese RCDs durch gesättigte Stromwandler blockiert und reagieren auch auf Fehlerströme mit 50 Hz nicht mehr.

Allstromsensitive RCDs (Typ B)

RCDs vom Typ B sind allstromsensitiv. Das bedeutet, dass sie auch bei auftretenden Gleichfehlerströmen und Fehlerströmen hoher Frequenzen zuverlässig arbeiten. Es kommt hier zu keinen Blockierungen durch Gleichfehlerströme. Bei Frequenzen oberhalb 100 Hz steigt der Auslösestrom bis auf 300 mA. Die Typ B-RCDs werden damit unempfindlicher gegenüber hochfrequenten Ableitströmen.

Ungewollte Auslösung ohne Fehlerstrom

Am Ein- und Ausgang von elektronischen Betriebsmitteln (EB) sind häufig Filter eingebaut. Diese Filter besitzen Kondensatoren, die zwischen Außenleiter und Schutzleiter geschaltet sind⑤. Hierüber fließen Ableitströme. Diese werden um so größer, je höher die Frequenz der Spannung ist.

Ableitströme

Am Eingangsfilter fließen hauptsächlich geringe 50 Hz-Ströme⑥. Das Ausgangsfilter führt durch die schnell geschalteten Transistoren auch Ströme im kHz-Bereich⑦.

Fehlauslösung

Alle Ableitströme fließen über den PE-Leiter zurück. Obwohl diese Ströme im ungestörten Normalbetrieb fließen, interpretiert eine RCD diese als Fehlerstrom.

Bei einer Häufung von elektronischen Betriebsmitteln summieren sich die Ableitströme und können dadurch zu einer ungewollten Auslösung der RCD führen.

Diese Fehlauslösungen können vermieden werden, indem die Anzahl der Betriebsmittel mit Ableitströmen je RCD-Stromkreis begrenzt wird.

Reicht diese Maßnahme nicht aus, ist es möglich spezielle RCDs vom Typ B einzusetzen, welche ein spezielles Auslöseverhalten haben. Diese RCDs werden mit zunehmender Frequenz unempfindlicher. Oberhalb 1 kHz beträgt der Auslösestrom 300 mA.

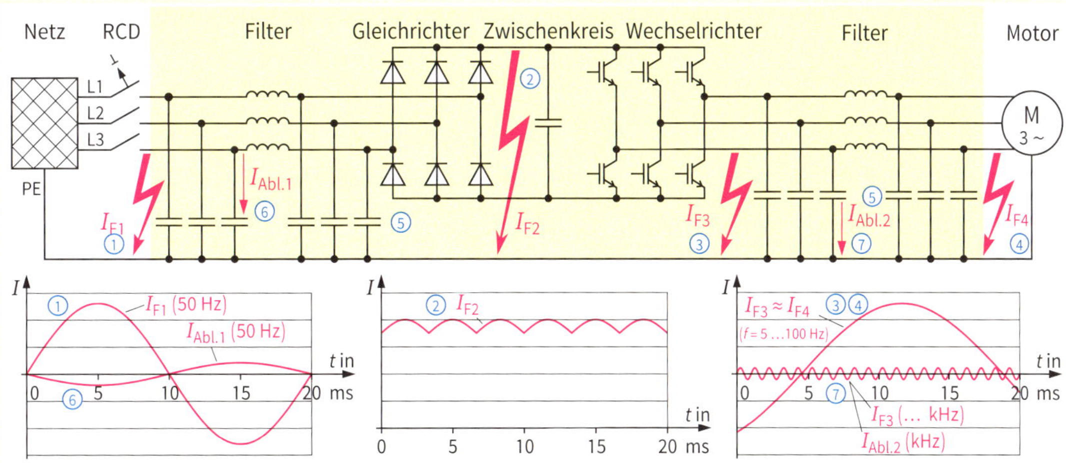

Auswahl des Anlassverfahrens

Für die Aufzugsanlage stehen verschiedene Anlassverfahren zur Verfügung. Anhand der geforderten Aufzugseigenschaften, Anschluss- und Platzverhältnisse muss das geeignete Verfahren ausgewählt werden.

Die Firma Huber hat die verschiedenen Randbedingungen und Anlassverfahren analysiert.

Hierzu wurde eine Vergleichstabelle erstellt, in der alle Anlassverfahren bewertet wurden (Abb. 1).

Bei allen technischen Auswahlkriterien schneidet der Frequenzumrichter gut ab. Bei den Beschaffungskosten ist jedoch die Variante des Stern-Dreieck-Anlaufs am günstigsten.

Im Beratungsgespräch mit dem Kunden werden die Varianten Stern-Dreieck-Anlauf und Frequenzumrichter nochmals erläutert. Da der Stern-Dreieck-Anlauf einen geringeren Fahrkomfort bietet und bei empfindlichen Verbrauchern mit Störungen durch Netzrückwirkungen gerechnet werden muss, entschließt sich der Kunde für die zeitgemäße Anlaufvariante mit Frequenzumrichter.

	Stern-Dreieck	Vorwiderstände	Anlasstrafo	Sanftanlaufgerät	Frequenzumrichter
Platzbedarf	+	–	–	+	+
Wartungsbedarf	o	o	o	+	+
Verluste	o	o	o	o	+
Bremsbetrieb möglich	–	–	–	–	+
Beschaffungskosten	+	–	–	o	–
Anbindung an Feldbussysteme	–	–	–	+	+
„Fahrkomfort"	–	–	–	o	+
Aufwand bei Änderungen	–	–	–	o	+
Bedienkomfort	–	–	–	+	+

+: gut **o: durchschnittlich** **–: schlecht**

1: Vergleichstabelle für Anlassverfahren

8.7.3 Drehrichtung

Der Lastenaufzug der Ziegelei Huber hat wie alle Aufzüge zwei Bewegungsrichtungen. Die **Drehrichtung** [*direction of rotation*] des Antriebsmotors muss daher umkehrbar sein. Dies erreicht man bei Drehstrommotoren durch Vertauschen zweier Außenleiter (Abb. 2).

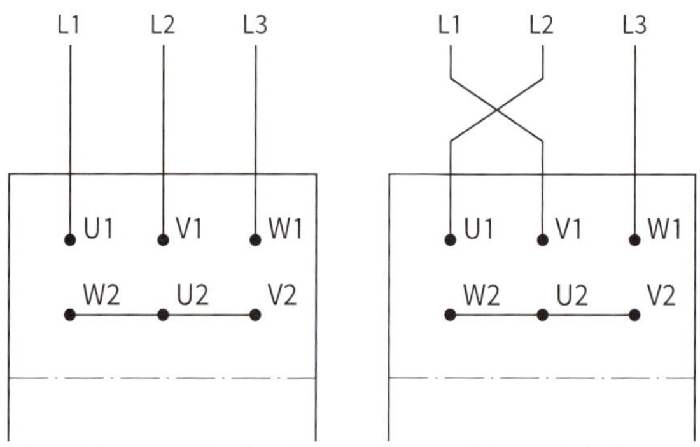

Anschluss **Rechtslauf** Anschluss **Linkslauf**

2: Drehrichtungen nach DIN 60034-8

Nach DIN 60034-8 liegt **Rechtslauf** [*clockwise rotation*] vor, wenn

- die Außenleiter in numerischer Reihenfolge an
- die Motorklemmen in alphabetischer Reihenfolge

angeschlossen sind, also L1 an U1 usw.

Die Abb. 3 zeigt eine handbediente Drehrichtungsumkehrsteuerung. An dieser wollen wir die grundsätzliche Funktion einer solchen Schaltung deutlich machen.

Im Hauptstromkreis kann man erkennen, dass beide Hauptschütze den Außenleiter L2 ① an die Motorklemme V1 ② legen. Q1 verbindet dann L1 mit U1 und L3 mit W1, sodass sich Rechtslauf ergibt. Q2 tauscht für den Linkslauf diese beiden Außenleiter-Anschlüsse.

- Im Steuerstromkreis ist zu sehen, dass S3 das Hauptschütz Q1 und damit Rechtslauf einschaltet.
- Mit S2 wird über Q2 der Motor in den Linkslauf gesteuert.
- Bei dieser Art der Steuerung kann entweder im Rechts- oder im Linkslauf begonnen werden. Es gibt **keine Vorrangstellung**.
- Ein **direktes Umschalten** [*direct switch over*] von Rechts- auf Linkslauf bzw. umgekehrt ist **nicht möglich**, weil sich die Hauptschütze mit ihren jeweiligen Kontakten 13/14 ⑤ ⑥ eine Selbsthaltung geschaltet haben. Das Umschalten geht also nur über AUS mit Hilfe von S1.
- Auf keinen Fall dürfen Q1 und Q2 gleichzeitig anziehen, da sonst die Außenleiter L1 und L3 kurzgeschlossen werden. Um dies zu verhindern, sind hier Tasterverriegelungen (Taster 21/22 ③ ④) sowie Schützverriegelungen vorgesehen.

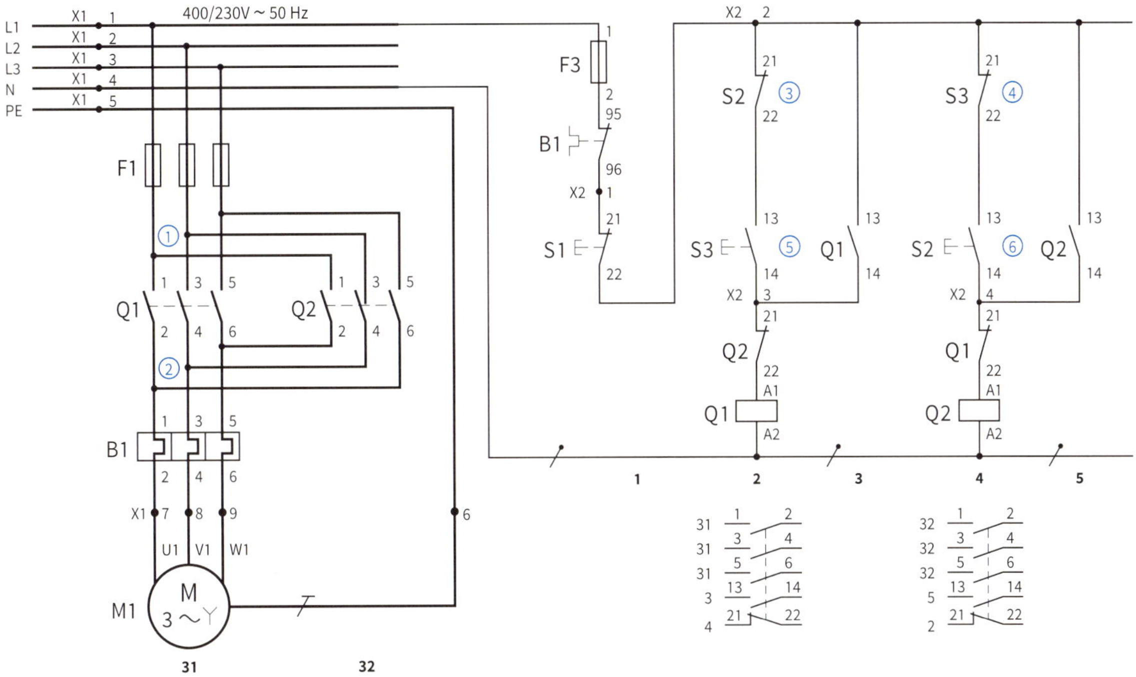

3: Handbediente Drehrichtungsumkehrsteuerung

Für den Lastenaufzug ist die obige Schaltung grundsätzlich geeignet, da immer nur dann die Drehrichtung geändert wird, wenn der Aufzug in Ruhe ist.

Motoren mit kleiner Leistung hingegen werden häufig direkt umgeschaltet (Abb. 4). Dies kann dadurch erreicht werden, dass die jeweilige Selbsthaltung – also der entsprechende Kontakt 13/14 des Hauptschützes – nur parallel zum entsprechenden Schließerkontakt 13/14 des Tasters ② installiert wird. Der Öffner 21/22 ⑧ des jeweiligen Tasters darf nicht überbrückt werden.

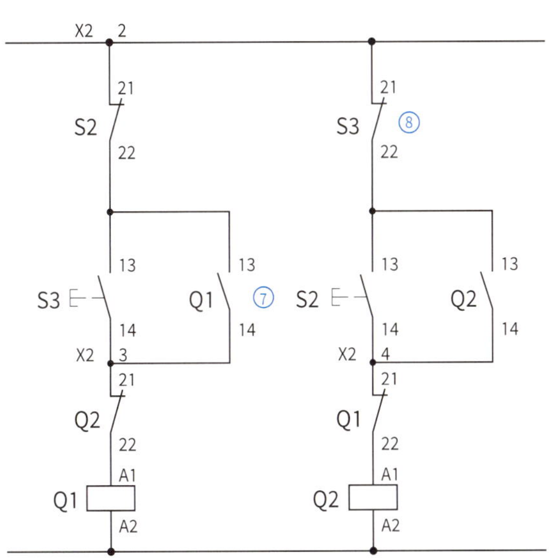

4: Direktes Umschalten (Planausschnitt)

Funktion

- Hat hierbei das Hauptschütz Q1 durch Betätigen von S3 angezogen, hält sich Q1 durch die Parallelschaltung von S3:13/14 und Q1:13/14.
- Wird dann S2 betätigt, öffnet S2:21/22 und Q1 wird spannungslos. Der Motor liegt nicht mehr am Netz. Q1:21/22 geht wieder in die Ruhestellung zurück, d.h., der Kontakt schließt wieder.
- Jetzt liegt Q2 an Spannung und schaltet den Motor in den Linkslauf. Q2:13/14 schließt die Selbsthaltung.

Aufgaben

1. Skizzieren Sie eine Schützschaltung, mit der die Drehrichtung eines Drehstrommotors gesteuert werden kann. Es soll immer erst Rechtslauf eingeschaltet werden können.
2. Ändern Sie die Verbindung der Klemmen 2, 4, und 6 an Q2 (Abb. 3) so, dass die Vertauschung der Außenleiter wie in Abb. 2 vorgenommen wird.

- Zur Drehrichtungsänderung bei Drehstrommotoren müssen zwei der drei Außenleiter getauscht werden.
- Die Drehrichtungsänderung muss bei Motoren mit großen Leistungen indirekt (d.h. über AUS) erfolgen.

8.7.4 Drehzahl

Für das Anfahren und Abbremsen des betrachteten Lastenaufzuges wird eine geringere Fahrgeschwindigkeit benötigt als beim Fahren. Die Drehzahl des Drehstrommotors muss daher gesteuert werden.

Die Rotorumdrehungsfrequenz bei Asynchronmotoren hängt von der Drehfelddrehzahl (vgl. Kap. 8.5.2) und dem Schlupf (vgl. Kap. 8.5.4.1) ab. Aus den Größen der Drehzahlformel ergeben sich drei Möglichkeiten der Drehzahlsteuerung.

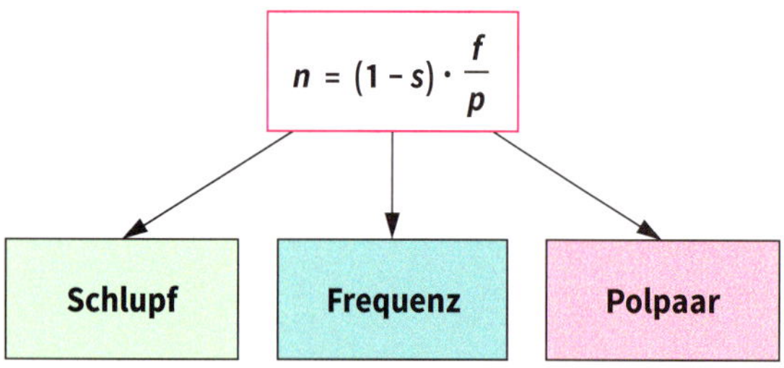

Drehzahländerung durch Schlupfänderung

In Kap. 8.5.4.2 wurde bereits beschrieben, dass bei Schleifringläufer-Motoren eine Steuerung mit Hilfe von Drehzahlstellern möglich ist.

Die zusätzlichen Widerstände (R_{anl}) verringern die Stromstärke (I_L) des Läufers. Damit wird auch das Drehmoment geringer. Um dem entgegenzuwirken, muss die Stromstärke wieder steigen. Das gelingt nur durch eine höhere induzierte Spannung (U_L) in den Läuferwicklungen. Diese hängt von der Magnetfeldänderung ($U_L = N \cdot (\Delta\Phi/\Delta t)$ ab. Sie wird größer, wenn die Schlupfdrehzahl (n_S) höher wird. Das kann nur durch Verringerung der Läuferdrehzahl geschehen. Demzufolge wird der Rotor langsamer.

$$R_{anl} \uparrow \Rightarrow I_L \downarrow + M = \text{const} \Rightarrow$$

$$I_L \uparrow \Rightarrow U_L \uparrow \Rightarrow n_S \uparrow \Rightarrow n_L \downarrow$$

Eine Verringerung der Läuferdrehzahl bei konstantem Drehmoment (gleicher Belastung) bedeutet natürlich eine Leistungsverringerung. Diese Steuerung wird daher nur von etwa der halben bis zur vollen Bemessungsdrehzahl angewendet.

Außerdem wird durch die Widerstände elektrische Energie in Wärme umgewandelt, die abgeführt werden muss. Der Vorteil dieser Steuerung ist, dass die Drehzahl stufenlos verändert werden kann.

Drehzahländerung durch Frequenzänderung

Aus der genannten Formel ergibt sich, dass die Drehzahl proportional zur Netzfrequenz ist. Wird beispielsweise die Frequenz verdoppelt, wird auch die Drehzahl doppelt so groß.

Die Frequenzänderungen haben noch andere Auswirkungen, wie im Folgenden erläutert wird:

Die konstante Frequenz des Versorgungsnetzes $f = 50$ Hz wird durch Frequenzumrichter (vgl. Kap. 8.7.2.4) verändert. Jede Frequenzänderung hat eine Änderung des induktiven Blindwiderstandes des Motors zur Folge. Daraus resultiert eine Änderung der Motorstromstärke. Somit ändert sich das Drehmoment (vgl. Kap. 8.7.2).

$$X_L = 2 \cdot \pi \cdot f \cdot L \qquad Z = \sqrt{R2 + X2L} \qquad I = \frac{U}{Z}$$

$$I^2 \sim M \qquad U = \text{const}$$

$$f \uparrow \Rightarrow X_L \uparrow \Rightarrow I \downarrow \Rightarrow M \downarrow$$

Da das Drehmoment aber nicht geändert werden soll, muss die Spannung entsprechend gesteuert werden. Das Verhältnis von Frequenz und Spannung muss deshalb konstant bleiben.

Drehzahländerung durch Polpaaränderung

Während die beiden bisher beschriebenen Möglichkeiten mit „normalen" Motoren auskommen, muss der **polumschaltbare Motor** entsprechend gebaut sein. Auf dem Ständer sind mehrere Wicklungen aufgebracht, die unterschiedlich geschaltet werden können. Hierfür gibt es zwei Arten.

Entweder werden

- mehrere **getrennte** Wicklungen auf den Ständer aufgebracht oder
- nur **eine** Wicklung mit Anzapfungen, die unterschiedlich geschaltet wird.

Bei der ersten Möglichkeit handelt es sich praktisch um mehrere Ständer in einem Gehäuse. Die Abb. 1 zeigt eine mögliche Schaltung für zwei Drehzahlen und die dazugehörenden Schaltzeichen.

Bei der zweiten Alternative können durch besondere Anordnungen der Wicklungen unterschiedliche Polpaarverhältnisse ermöglicht werden, z. B. 4:5, 4:3, 4:1,5. Solche Maschinen heißen Motoren mit Polamplitudenmodulation (PAM).

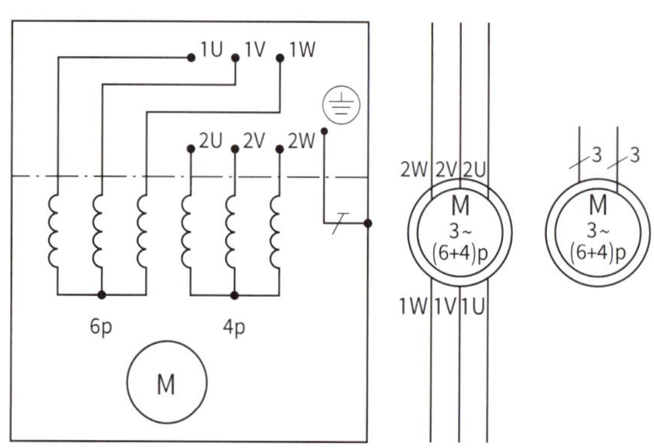

1: Motor mit zwei Wicklungsgruppen

Die einfachste Schaltung dieser Art ist die **Dahlanderschaltung**. Hierbei ist allerdings nur ein Polpaarverhältnis von 2 : 1 möglich. Die Abb. 2 zeigt die Schaltung sowie die entsprechenden Schaltzeichen.

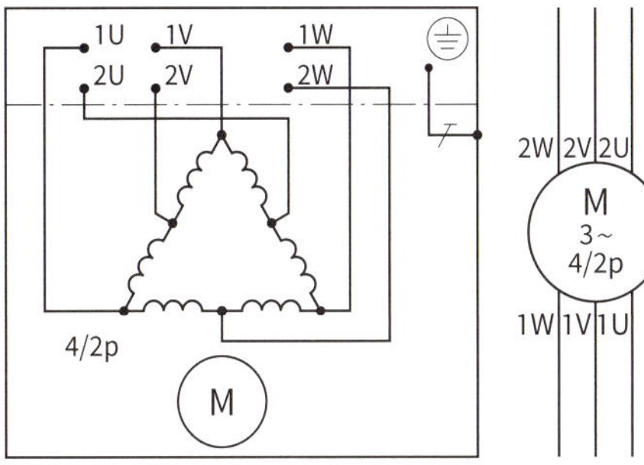

2: Motor mit Dahlanderschaltung

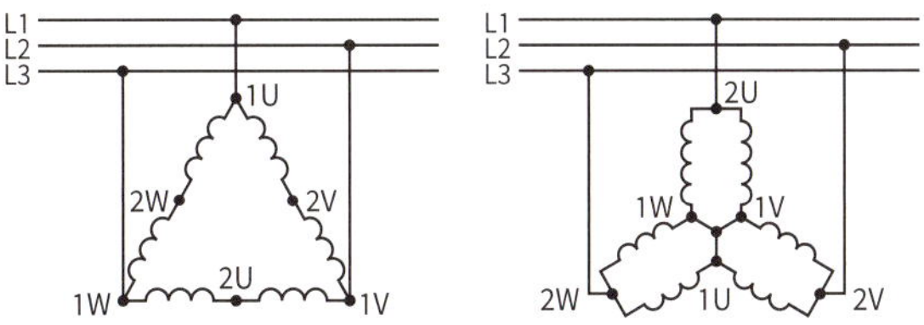

a) niedrige Drehzahl b) hohe Drehzahl

3: Wicklungsschaltungen

Für die **niedrige** Drehzahl werden die sechs Spulen im Dreieck geschaltet. 1U, 1V und 1W werden mit den Außenleitern verbunden (Abb. 3a). Die Anschlüsse 2U, 2V und 2W bleiben frei.

Für die **hohe** Drehzahl sind 2U, 2V und 2W an die Außenleiter angeschlossen, während 1U, 1V und 1W miteinander verbunden werden. Die Wicklungen sind damit als Doppelstern geschaltet (Abb. 3b). Das Verhältnis der Leistungen ist dabei ungefähr 1:1,5. Das Drehmoment liegt etwa bei 1:0,7.

Auf dem Leistungsschild eines Motors mit Dahlanderschaltung wird die Spannungsangabe entsprechend gekennzeichnet (Abb. 4 ①).

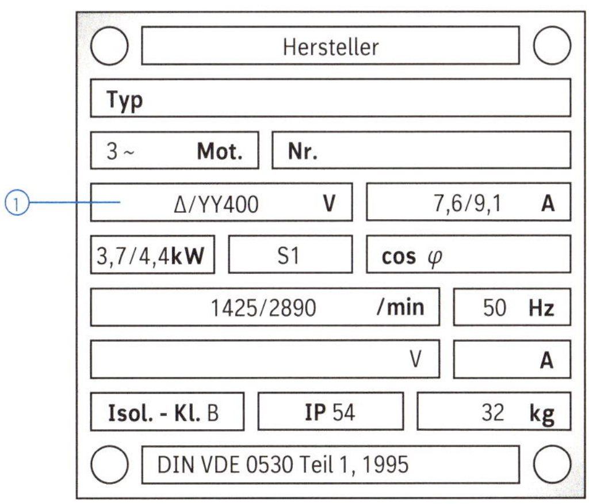

4: Motor-Leistungsschild bei Dahlanderschaltung

Drehzahländerung durch Spannungsänderung

Neben den bereits erläuterten Möglichkeiten der Drehzahländerung führt die folgende Überlegung noch zu einer weiteren Alternative. Schaltet man einen Motor ein, so steigt die Drehzahl an (Abb. 5). Sie erreicht den Wert n_1. Wird dann der Motor wieder ausgeschaltet, sinkt die Drehzahl. Bei einem bestimmten Wert n_2 wird dann der Motor wieder an Spannung gelegt. Die Drehzahl steigt wieder. Durch ständiges Ein- und Ausschalten kann eine Drehzahl zwischen n_1 und n_2 erreicht werden.

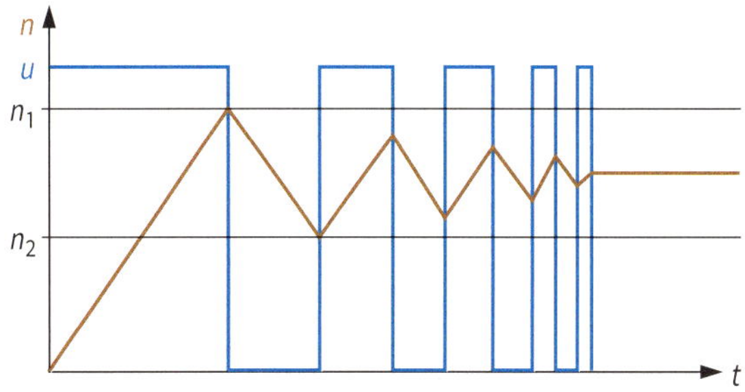

5: Drehzahl-Änderung bei Spannungsdosierung

Ein **elektronischer Drehstromsteller** führt diese Steuerung durch. Es wird dann ein bestimmter Drehzahl-Sollwert eingegeben, der ständig mit dem Istwert verglichen wird. Je nach Zustand schaltet das Gerät zu oder ab. Diesen Vorgang nennt man Regelung. Sie wird als **Spannungsdosierung** bezeichnet.

Aufgaben

1. Welcher Drehstrommotor kann stufenlos in seiner Drehzahl gesteuert werden? Begründen Sie Ihre Anwort.
2. Erläutern Sie, warum bei der Drehzahlsteuerung mit Hilfe der Frequenz die Spannung entsprechend verändert werden muss.
3. Beschreiben Sie, woran man am Schaltzeichen erkennt, ob es sich um einen Drehstrommotor mit zwei getrennten Wicklungsgruppen oder mit einer Dahlanderschaltung handelt.

- Die Drehzahl von Asynchron-Motoren kann durch Änderung von Frequenz, Polpaarzahl oder Spannung gesteuert werden.
- Sehr unterschiedliche Polpaarzahlen können geschaltet werden bei Motoren
  – mit getrennten Wicklungsgruppen und
  – mit PAM-Schaltung.
- Motoren mit Dahlanderschaltung haben ein Drehzahlverhältnis von 2:1.

8.8 Auswählen der Steuerung

Die Leistung des Lastenaufzugmotors liegt mit 22 kW weit über dem zulässigen Wert von 5,5 kW für Direktanlauf. Deshalb muss der Aufzugsmotor eine Anlaufstrombegrenzung erhalten.

Der Ziegeleibesitzer bemängelte an seiner alten Aufzugsanlage unter anderem den schlechten Fahrkomfort. Er legte großen Wert darauf, dass die neue Anlage keine ruckartigen Beschleunigungen und Abbremsungen vornimmt. Somit sind für den komfortablen Betrieb mehrere Drehzahlen des Motors notwendig.

So soll der Aufzug

- langsam anfahren (Steigerung der Drehzahl von 0 bis n_1),
- normale Fahrgeschwindigkeit haben (Drehzahl n_1),
- langsam an den Haltepunkt heranfahren (Drehzahl n_2) und
- bremsen (Verringerung der Drehzahl von n_2 bis 0).

Für die Anlaufstrombegrenzung hat sich als beste Lösung bereits der Frequenzumrichter ergeben (vgl. Kap. 8.7.2.4).

Damit sich Herr Huber leichter für eine passende Drehzahlsteuerung entscheiden kann, macht er sich eine Übersicht über mögliche Steuerungsarten des Kurzschlussläufermotors (Abb. 1).

Die Dahlanderschaltung bietet zwar die Möglichkeit, zwei verschiedene Drehzahlen einzustellen, dies aber nur im Verhältnis 1:2. Eine stufenlose Verstellung der Drehzahl kann nicht erfolgen. Somit würde es beim Aufzug wieder zu abrupten Änderungen der Fahrgeschwindigkeit kommen.

Die Schlupfänderung mit Hilfe der zusätzlichen Widerstände im Läuferkreis ist nur beim Schleifringläufer einsetzbar, da nur er einen Zugriff auf die Läuferwicklung erlaubt. Wir wollen aber den Kurzschlussläufermotor verwenden (vgl. Kap. 8.6).

Die Spannungsänderung für Motoren durch Phasenanschnittsteuerung ist laut TAB der VNB nur bis zu einer Leistung von 3,4 kVA je Außenleiter zulässig. Damit scheidet auch dieses Steuerverfahren für den Aufzug aus.

Die Drehzahleinstellung durch Frequenzumrichter ist die technisch beste Lösung. Es ist eine stufenlose Einstellung möglich. Außerdem kann auch der Anlaufstrom begrenzt werden. Einziger Nachteil ist der höhere Preis gegenüber den anderen Steuerungen.

Aufgrund der Eigenschaften des Frequenzumrichters entscheidet sich Herr Huber für diese Art der Steuerung.

	Schlupfänderung mit zusätzlichen Widerständen im Läuferkreis	**Frequenzumrichter**	**Polpaaränderung (Dahlanderschaltung)**	**Spannungsänderung mit Phasenanschnittsteuerung**
		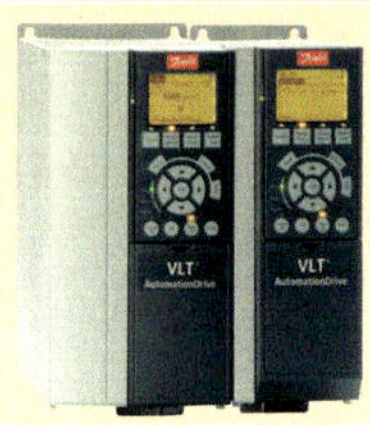		
Einsetzbar für	Schleifringläufermotor	Schleifringläufer- und Kurzschlussläufermotor	Schleifringläufer- und Kurzschlussläufermotoren mit geteilten Wicklungen	Schleifringläufer- und Kurzschlussläufermotor
Steuerungsverluste	groß	gering	gering	gering
Drehzahleinstellung	stufenlos	stufenlos	nur zwei Drehzahlen	stufenlos
Erforderliche Zusatzgeräte	Steuerung zur Verstellung der Widerstände erforderlich	–	Schützsteuerung zur Umschaltung der Drehzahlen notwendig	–
Netzrückwirkungen	keine	keine	keine	groß
Anlasssteuerung integriert?	ja	ja	nein	ja
Anlaufdrehmoment	groß	groß	–	klein
Platzbedarf	groß	klein	groß	klein

1: Vergleich der Drehzahlsteuerungen

8.9 Errichten der Anlage

8.9.1 Montage des Frequenzumrichters

Um den Lastenaufzug langsam anzufahren und abzubremsen, ist es notwendig, mehrere Geschwindigkeiten (Drehzahlen) des Motors einzustellen.

Deshalb kommt neben dem neuen Aufzugsmotor ein Frequenzumrichter zum Einsatz. Dieser wird im Schaltschrank des Technikraums eingebaut. Die Auswahl des Frequenzumrichters richtet sich in erster Linie nach dem verwendeten Drehstrom-Asynchronmotor. Dieser Motor muss für den Frequenzumrichterbetrieb geeignet sein, was dem **Datenblatt** [*data sheet*] des Motors entnommen werden kann.

Für den Aufzug wird ein Drehstrom-Asynchronmotor mit folgenden Bemessungsdaten ausgewählt

Anschlussspannung:	400 V
Bemessungsstrom bei 400 V:	44 A
Leistung bei 87 Hz:	22 kW
Bemessungsdrehzahl:	80 bis 2550 1/min
Frequenz:	5 bis 87 Hz
Anzugsstrom:	6,9 I_A/I_N
Wirkungsgrad:	0,84
Bemessungsmoment:	84 Nm
Motorgewicht:	111 kg

Der für diese Motordaten ausgewählte Frequenzumrichter besitzt folgende Kenndaten.

Technische Daten, Netzversorgung 3x380 - 460 V			
		Typ	6032
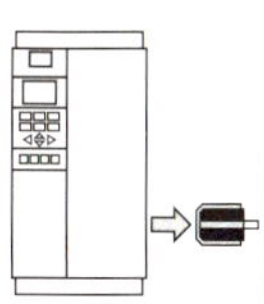	Ausgangsstrom	I [A] (380-440 V)	44.0
		I_{MAX} (60 s) [A] (380-440 V)	48.4
		I [A] (441-460 V)	40.0
		I_{MAX} (60 s) [A] (441-460 V)	44.0
	Ausgangsleistung	S [kVA] (400 V)	31.6
		S [kVA] (460 V)	31.9
	Typische Leistung an der Welle	P [kW]	22
	Typische Leistung an der Welle	P [HP]	30
	Max. Kabelquerschnitt für Motor und DC-Bus, IP 20	[mm²]	35
	Max. Kabelquerschnitt für Motor und DC-Bus, IP 54	[mm²]	16
	Max. Kabelquerschnitt für Motor und DC-Bus	[mm²]	10
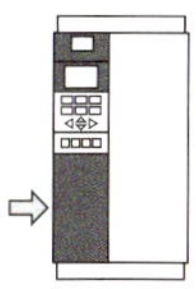	Max. Eingangsstrom	$I_{L,N}$ [A] (380 V)	44.0
	(RMS)	$I_{L,N}$ [A] (460 V)	41.0
	Max. Kabelquerschnitt Netz, IP 20	[mm²]	35
	Max. Kabelquerschnitt Netz, IP 54	[mm²]	16
	Max. Vorsicherungen	[-]/UL [A]	63/60
	Wirkungsgrad bei Nennfrequenz		0.96
	Gewicht IP 20	[kg]	27
	Gewicht IP 54	[kg]	42
	Verlustleistung bei max. Last	[W]	768
	Schutzart	IP	20

2: Katalogauszug Frequenzumrichter

Das Datenblatt (Abb. 2) des Frequenzumrichters gibt folgende Auskünfte.

- Ausgangsdaten wie Ausgangsstromstärke und Ausgangsleistung
- Eingangsdaten wie Eingangsstromstärke, Vorsicherungen, Verlustleistung und Wirkungsgrad
- Montagedaten wie Kabelquerschnitte und Gewicht des FU

EMV – Elektromagnetische Verträglichkeit

Der elektrische Wechselstrom erzeugt elektromagnetische Wechselfelder. Diese können in anderen elektrischen Leitern einen Stromfluss induzieren. Bei der Vielzahl der heute in Gebrauch befindlichen elektrischen Geräte kann diese gegenseitige Beeinflussung **Funktionsstörungen** [*malfunctions*] verursachen. Um diese Störungen zu vermeiden bzw. so klein wie möglich zu halten, wurden Richtlinien für die Elektromagnetische Verträglichkeit (EMV) geschaffen.

Die Europäische EMV-Richtlinie definiert **Elektromagnetische Verträglichkeit** als die Fähigkeit eines Apparates, einer Anlage oder eines Systems, in der elektromagnetischen Umwelt zufriedenstellend zu arbeiten, ohne dabei selbst elektromagnetische Störungen zu verursachen, die für alle in dieser Umwelt vorhandenen Apparate, Anlagen oder Systeme unannehmbar wären.

Ziel bei der EMV-gemäßen Installation ist es daher

- unnötige Schaltvorgänge zu vermeiden,
- nicht vermeidbare Schaltvorgänge so langsam wie technisch vertretbar auszuführen,
- die nicht vermeidbaren Störungen lokal so eng wie möglich zu begrenzen, indem man z. B. mechanische Schaltkontakte durch parallel geschaltete RC-Glieder entstört, Gehäuse und Leitungen abschirmt, Kabelabgänge mit Drosseln versieht.

Für die Installation des elektrischen Antriebssystems der Aufzugsanlage mit Frequenzumrichter ist auf eine EMV-gemäße elektrische Installation zu achten (Abb. 1). Dies ist den Montageanweisungen der Hersteller zu entnehmen, z.B.:

- Nur abgeschirmte Motor- und Steuerkabel verwenden. Das Abschirmungsmaterial muss aus Metall (Kupfer, Aluminium oder Stahl) bestehen ①.
- Bei Installationen in starren Metallrohren sind keine abgeschirmten Leitungen erforderlich. Das Motorkabel muss jedoch getrennt zum Steuer- und Netzkabel installiert werden.
- Die **Abschirmung** [*shielding*] bzw. das Installationsrohr muss bei Motor- und Steuerkabeln beidseitig geerdet werden ②.
- Einhalten von Abständen zwischen **Steuerleitungen** [*control wires*] und Motorleitungen ③.
- Sämtliche Anlagenteile benötigen eine gute Erdung ④.
- Leitungen immer nahe der Montageplatte verlegen. Freihängende Leitungen vermeiden, da sie wie eine Antenne wirken.

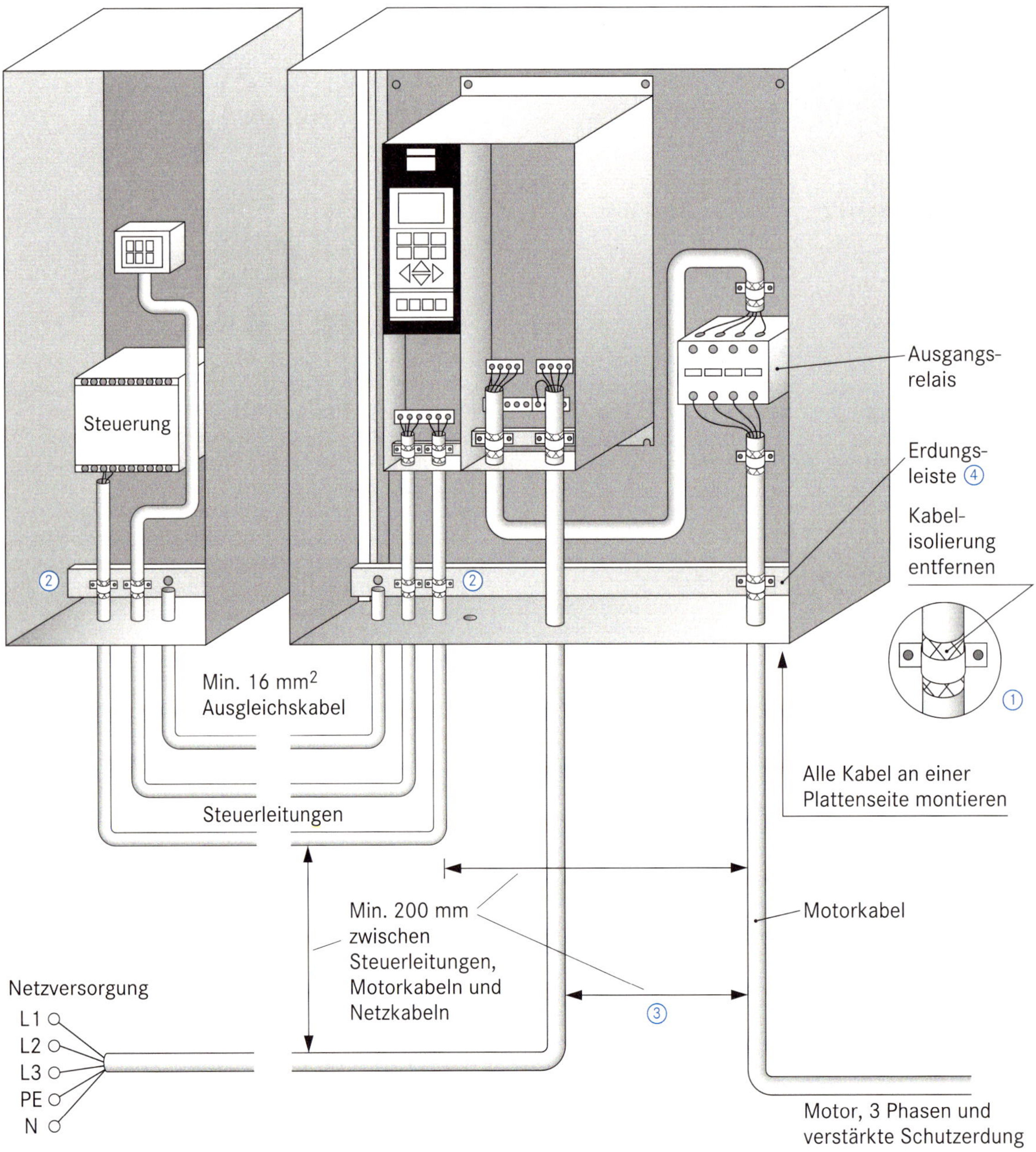

1: Installation des Frequenzumrichters (Herstellerunterlagen)

Das Schaltbild (Abb. 2) zeigt die Anschlüsse des Frequenzumrichters.

Lastkreis

- Die Netzspannungsversorgung ist an die Klemmen 91 (L1), 92 (L2) und 93 (L3) angeschlossen ①.
- Der Motor ist an die Klemmen 96 (U), 97 (V) und 98 (W) anzuschließen ②.

Steuerkreis

- **Analoge Signale** [*analog signals*] können an die Klemmen 53, 54 und 60 angeschlossen werden ③. Diese Eingänge lassen sich auf Sollwert, Istwert oder Thermistor programmieren.

  Da unser Aufzugsmotor über einen Motorvollschutz mit Temperaturfühlern verfügt, wird der analoge Eingang 53 als Thermistor programmiert.

- Bis zu acht **digitale Signale** [*digital signals*] können an die Klemmen 16–19, 27, 29, 32, 33 angeschlossen werden ④. Diese Eingänge werden über die SPS der Aufzugsanlage angesteuert.
- Es gibt zwei Analog-/Digitalausgänge (Klemmen 42 und 45 ⑤), die sich so programmieren lassen, dass sie den aktuellen Zustand eines Prozesswerts zeigen. Die Relaisausgänge 1 und 2 können zur Ausgabe des aktuellen Zustands oder einer Warnmeldung verwendet werden. Daran werden bei der Aufzugsanlage die Signalleuchten „Aufzug in Betrieb" und „Aufzugsstörung" angeschlossen.
- Über die Klemmen der RS-485-Schnittstelle (Klemme 68 und 69 ⑥) kann der Frequenzumrichter durch serielle Kommunikation gesteuert, überwacht und parametriert werden.

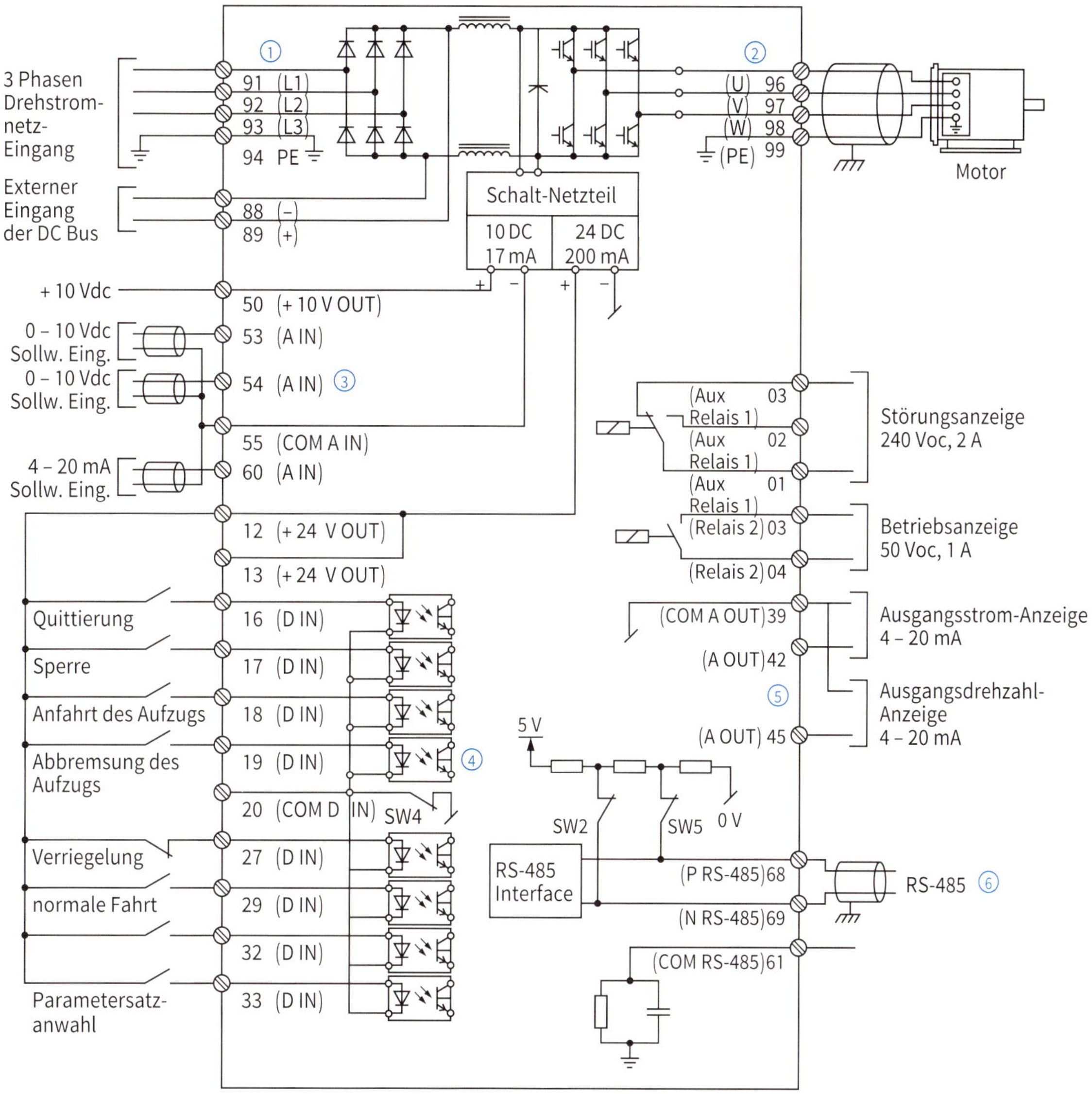

2: Anschlussplan des Frequenzumrichters (Herstellerunterlagen)

Der Frequenzumrichter wird über das **Bedienfeld** [*control panel*] (Abb. 1) oder über die PC-Schnittstelle eingestellt.

Die Funktionen des Bedienfeldes lassen sich in fünf Gruppen gliedern:

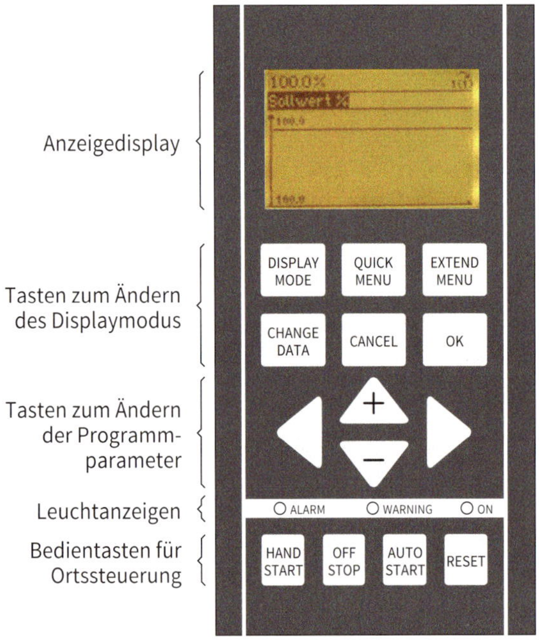

1: Bedienfeld für Frequenzumrichter

Am Frequenzumrichter lassen sich eine Vielzahl von Parametern einstellen.

Die wichtigsten Einstellparameter sind:

- **Motorspannung**
- **Motorstrom**
- **Motorleistung**
- **Motorfrequenz**
- **Motorbemessungsdrehzahl**
  Anpassung des Frequenzumrichters an die Motorbemessungsdrehzahl bei Volllast
- **Ausgangsfrequenzgrenze niedrig**
  Einstellung der Mindestfrequenz, bei der der Motor laufen darf.
- **Ausgangsfrequenzgrenze hoch**
  Einstellung der Maximalfrequenz, bei der der Motor laufen darf.
- **Rampenzeit** [*ramp time*] **auf**
  Einstellung der Zeit für die Beschleunigung des Motors von 0 Hz zum eingestellten Sollwert (Abb. 2 ①)
- **Rampenzeit ab**
  Einstellung der Zeit für die Verzögerung des Motors vom Sollwert auf 0 Hz (Abb. 2 ②)

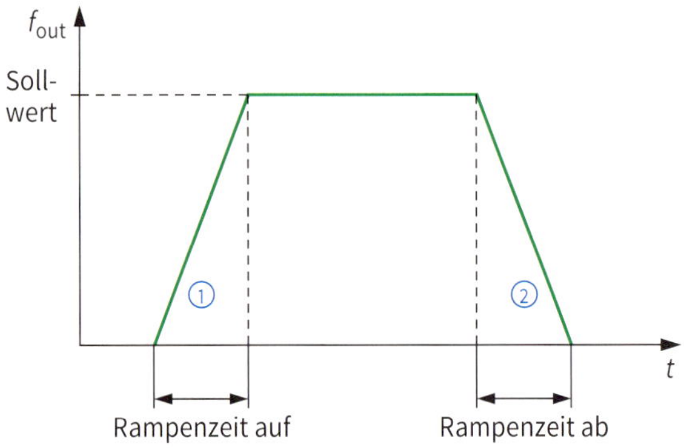

2: Rampenzeit

Der Frequenzumrichter wird über das Bedienfeld nach den Gegebenheiten der vorhandenen Aufzugsanlage programmiert. So werden alle Sensoren (Türsensoren, Lagesensoren des Fahrkorbes, Anforderungstasten des Aufzuges, der Nothalt) über eine SPS verarbeitet und als entsprechende Motor-Befehle an den Frequenzumrichter gesendet. Über eine abgeschirmte Leitung wird der Kontakt zum Motor hergestellt.

Aufgaben

1. Welche Daten findet man im Datenblatt eines Frequenzumrichters?
2. Was versteht man unter elektromagnetischer Verträglichkeit?
3. Geben Sie in Ihrem Arbeitsumfeld Beispiele von Geräten an, die EMV-Störungen verursachen.
4. Auf welche Punkte muss bei der Installation eines Frequenzumrichters besonders geachtet werden?
5. Über welche Schnittstellen kann ein Frequenzumrichter programmiert werden?
6. Nennen Sie die wichtigsten Einstellparameter eines Frequenzumrichters.

- Beim Einsatz des Frequenzumrichters muss darauf geachtet werden, dass der Motor für FU-Betrieb geeignet ist.
- Der Einbau und Anschluss des Frequenzumrichters muss nach EMV-Richtlinien erfolgen.
- Der Frequenzumrichter hat Anschlüsse für die Netz-Eingangsspannung, Motorausgangsspannung, analoge und digitale Eingänge und Ausgänge für Betriebsanzeigen.
- Am Frequenzumrichter lassen sich eine Vielzahl von Parametern über das Bedienfeld oder eine PC-Schnittstelle einstellen.

8.9.2 Montage des Motors

Eingangsprüfung

- Bei der Anlieferung des Motors ist zu überprüfen, ob eine äußerliche Beschädigung ersichtlich ist. Wird ein Schaden festgestellt, so ist der Lieferant unverzüglich zu benachrichtigen.
- Am Leistungsschild ist die Richtigkeit des gelieferten Motors zu überprüfen (Typenbezeichnung, Anschlussspannung, Leistung usw.).
- Nach Demontage der Transportsicherungen ist zu prüfen, ob sich die Motorwelle von Hand frei drehen lässt. Sonst unverzüglich an den Hersteller wenden.
- Der Isolationswiderstand ist vor der Inbetriebnahme zu prüfen. Er darf bei vielen Motorherstellern bei einer Messspannung von 500 V DC und 25 °C den Wert 10 MΩ nicht unterschreiten. Sollte dieser Wert nicht erreicht werden, so ist der Motor zu reklamieren.

Installation

Damit eine einwandfreie Funktionsweise gewährleistet ist, muss der Motor am Installationsort exakt ausgerichtet werden. Dadurch werden Lagerschäden und Brüche der Wellenenden durch Schwingungen vermieden.

Für die Stellfläche ist ein geeignetes Fundament vorzusehen. Es muss das Gewicht des Motors tragen können und auch hinreichend steif sein, um den erhöhten Kräften im Kurzschlussfall standzuhalten. Darüber hinaus ist das Fundament so zu dimensionieren, dass Schwingungen ausgeschlossen sind.

Mit Hilfe einer Wasserwaage (Abb. 3) wird überprüft, ob die Aufstellflächen für die Füße des Motors eben sind. Eventuelle Unebenheiten werden durch Unterlegscheiben korrigiert.

Anschließend werden in das Fundament die Fundamentankerschrauben eingesetzt. Der Motor wird dann an den hierfür vorgesehenen Hebeösen angehoben und auf die Schrauben gesetzt.

Die in das Fundament eingesetzten Fundamentankerschrauben sind mit den Motorfüßen zu verschrauben. Auch jetzt ist nochmals die waagerechte Ausrichtung zu überprüfen.

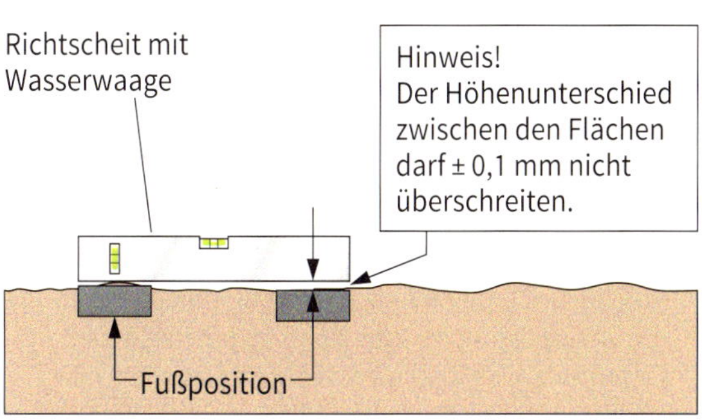

3: Ausrichtung der Stellfläche

Kühlung

Ein ungehinderter Zutritt der Kühlluft und Abführung der erwärmten Luft muss gewährleistet sein. Es muss sichergestellt werden, dass der Motor nicht durch zusätzliche Wärmestrahlung (z. B. durch Sonneneinstrahlung) erhitzt wird. Die Kühlmitteltemperatur (hier Luft) darf 40 °C nicht übersteigen.

Anbau an die Arbeitsmaschine

Bevor der Motor mit der anzutreibenden Maschine verbunden wird, muss das Wellenende gründlich gereinigt werden. Dann wird die Verbindung mit geeigneten Werkzeugen hergestellt, die eine Beschädigung der Lager ausschließen. Hier darf niemals durch Hebelwirkung und Schlagwirkung (Hammer) versucht werden, die Verbindung einzurichten.

Der Motor muss exakt zur Arbeitsmaschine ausgerichtet sein (Abb. 4). Der Versatz der Kupplung ① darf einen Wert von 0,05 mm nicht übersteigen. Die Differenz zwischen den Abständen ② und ③ darf höchstens 0,05 mm betragen.

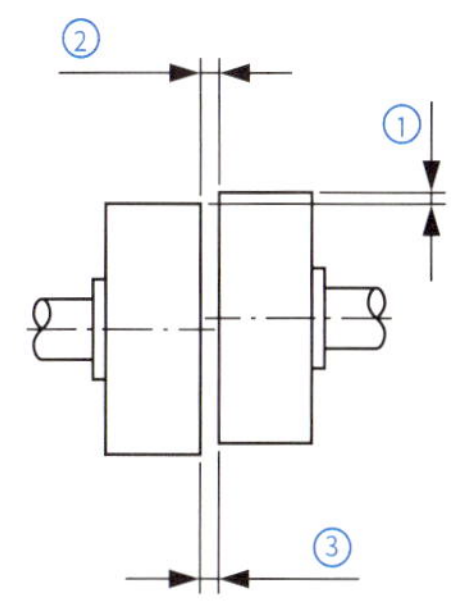

4: Kupplung

Anschluss

Der Motor wird über die Anschlüsse im Klemmenkasten EMV-gemäß mit dem Frequenzumrichter verbunden. Dabei ist darauf zu achten, dass die Kabel nicht beschädigt werden.

Neben den Anschlüssen für die Hauptwicklung und den Erdungsklemmen enthält der Klemmenkasten auch die Anschlussmöglichkeit für den Thermistorschutz. Auch dieser ist zu verdrahten und mit dem FU zu verbinden.

Da der Motor an einem Frequenzumrichter betrieben wird, muss zwischen dem Motorgehäuse und der getriebenen Maschine ein **Schutzpotenzialausgleich** hergestellt werden. Dies wird über eine Haupterdungsschiene erreicht (Abb. 5).

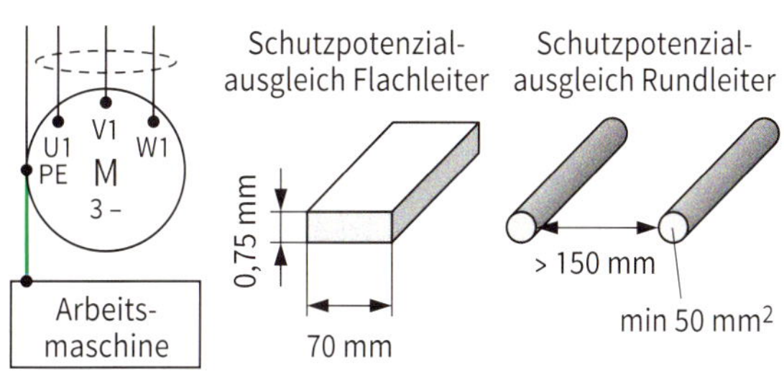

5: Schutzpotenzialausgleich

- Bei der Montage des Motors muss besonders auf den waagerechten Stand geachtet werden.
- Zwischen Motor und angetriebener Maschine muss eine sorgfältige Ausrichtung erfolgen.

8.9.3 Prüfen

Um zu gewährleisten, dass die modernisierte Aufzugsanlage elektrische Sicherheit bietet und ordnungsgemäß funktioniert, sind eine Reihe von Prüfungen durchzuführen.

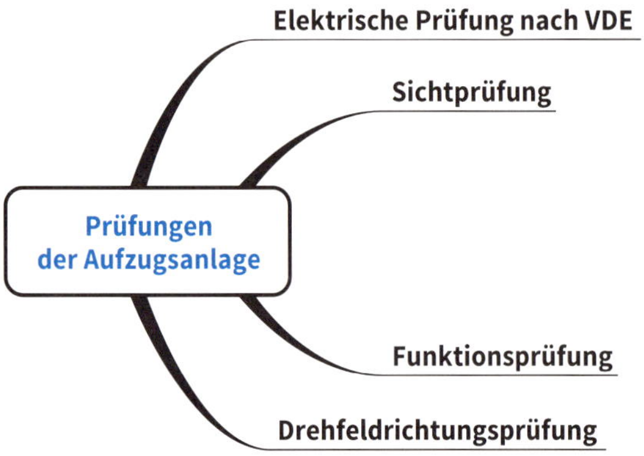

Sichtprüfung

Mit der Sichtprüfung soll festgestellt werden, dass bei einer elektrischen Anlage keine äußeren sicherheitsrelevanten Mängel vorliegen. Die Prüfung wird durch Besichtigung und Handprobe durchgeführt.

Dabei sind folgende Punkte besonders zu beachten:

- Sind die Isolierungen unbeschädigt?
- Ist der Schutzleiter angeschlossen?
- Sind Zugentlastungen und der Biegeschutz der Anschlussleitungen in Ordnung?
- Sind Beschriftungen angebracht?
- Sind die eingestellten Werte der Anlage korrekt?
- Ebenso ist auf Anzeichen von unsachgemäßem Gebrauch zu achten.

Drehfeldrichtungsprüfung

Damit Antriebsmotoren in der richtigen Richtung anlaufen, muss überprüft werden, ob die Phasenfolge des Drehstromnetzes entsprechend angeschlossen wurde. Dies kann mit Hilfe eines Drehfeldrichtungsanzeigers (Abb. 1) geschehen. Das Messgerät dient zur Ermittlung des Drehsinns bzw. der Phasenfolge in Drehstromnetzen.

1: Drehfeldrichtungsanzeiger

Elektrische Prüfung nach VDE

Folgende überprüfende Messungen sind nach DIN VDE 0100-600 vor der Inbetriebnahme erforderlich:

- Niederohmmessung der Schutzleiter und Schutzpotenzialausgleichsleiter
- Isolationswiderstand R_{iso}
- Erdungswiderstand R_E
- Schleifenimpedanz Z_S
- Netzinnenwiderstand R_i
- Funktion der Fehlerstrom-Schutzeinrichtung

Diese Prüfungen werden wie in Kap. 5.4 beschrieben durchgeführt.

Funktionsprüfung

Nach dem Messen erfolgt die Funktionsprüfung durch Erprobung.

Hierdurch wird sichergestellt, dass

- die Steuerung des Aufzugsantriebes und
- der Antriebsmotor

entsprechend den Anforderungen richtig montiert, eingestellt und errichtet sind.

Die Ergebnisse der Prüfungen werden in ein Prüfprotokoll (Abb. 2) eingetragen.

Abschließende Beurteilung

Die Prüfung gilt als bestanden, wenn alle erforderlichen Teilprüfungen erfolgreich abgeschlossen sind. Andernfalls darf die Anlage in diesem Zustand nicht verwendet werden und muss entsprechend DIN VDE 0701-0702 repariert werden.

Die Auswertung des Prüfprotokolls der Aufzugsanlage zeigt keine Auffälligkeiten. Die Anlage kann in Betrieb genommen werden.

Prüfprotokoll

Die Betriebssicherheitsverordnung schreibt Erst- und Wiederholungsprüfungen von elektrischen Anlagen verbindlich vor. Die Mess- und Prüfprotokolle sind für den Betreiber einer elektrischen Anlage von Wichtigkeit, wenn es zu einem Unfall mit dem geprüften Gerät kommen sollte. Wird der Verantwortliche in einen Personen- oder Schadensprozess verwickelt, muss er nachweisen, dass er seinen Sorgfaltspflichten nachgekommen ist.

Sollte er dies z. B. anhand eines Prüfprotokolls nachweisen können, so ist eine strafrechtliche Verurteilung – trotz des Unfalls – so gut wie auszuschließen. Zur eigenen Absicherung ist es daher unerlässlich, dass die durchgeführten Prüfungen an den elektrischen Geräten und Anlagen mit den entsprechenden Messwerten in einem Prüfprotokoll festgehalten werden. Das Messprotokoll dient als Beweisurkunde.

Prüfung elektrischer Anlagen
Prüfprotokoll

Nr. Blatt .... von ....

Kunden Nr.: A 123

Auftraggeber: Ziegelei Eder Auftrag Nr.:

Auftragnehmer: Elektro Huber

Anlage: Lastenaufzug

Prüfung nach: DIN VDE 0100 Teil 600 ☐ DIN VDE 0105 ☐ BGV ☐ .... / .... ☐

Neuanlage ☐ Erweiterung ☐ Änderung ☒ Instandsetzung ☐ Wiederholungsprüfung ☐ E-CHECK ☐

Beginn der Prüfung: 17. 07. 2020

Ende der Prüfung: 17. 07. 2020

Beauftragter des Auftraggebers:

Prüfer: Meier

Netz ......—...... / ....400.... V Netzform: TN-C ☐ TN-S ☒ TN-C-S ☐ TT ☐ IT ☐

EVU/VNB

Besichtigen	i.O.	n.i.O.		i.O.	n.i.O.		i.O.	n.i.O.
Auswahl der Betriebsmittel	☒	☐	Kennzeichnung Stromkreis, Betriebsmittel	☒	☐	Zugänglichkeit	☒	☐
Trenn- und Schaltgeräte	☒	☐	Kennzeichnung N- und PE-Leiter	☒	☐	Schutzpotenzialausgleich	☒	☐
Brandabschottungen	☒	☐	Leiterverbindungen	☒	☐	Zus. örtl. Schutzpotenzialausgl.	☒	☐
Gebäudesystemtechnik	☐	☐	Schutz- und Überwachungseinrichtungen	☒	☐	Dokumentation	☒	☐
Kabel, Leitungen, Stromschienen	☒	☐	Schutz gegen direktes Berühren	☒	☐	siehe Ergänzungsblätter ☐		
Erproben			Funktion der Schutz-, Sicherheits- und			Rechtsdrehfeld der		
Funktionsprüfung der Anlage	☒	☐	Überwachungseinrichtungen	☒	☐	Drehstromsteckdose	☐	☐
FI-Schutzschalter (RCD)	☒	☐	Drehrichtung der Motoren	☒	☐	Gebäudesystemtechnik	☐	☐

Messen Stromkreisverteiler Nr.:

Stromkreis Nr.	Stromkreis Zielbezeichnung	Leitung/Kabel Typ	Leiter Anzahl	Leiter Querschnitt (mm²)	Überstrom-Schutzeinrichtung Art Charakteristik	I_N [A]	Z_s [Ω] ☐ I_k [A] ☐	R_{iso} (MΩ) ohne ☐ mit ☐ Verbraucher	Fehlerstrom-Schutzeinrichtung (RCD) I_N/Art [A]	$I_{\Delta N}$ [mA]	I_Δ [mA]	Ausl.-Zeit t_a [ms]	U_L =...V U_{mess} (V)	Fehlercode
			x											
			x											
			x											
			x											
			x											
			x											
			x											
			x											

Durchgängigkeit Schutzpotenzialausgleich (< 1 Ω nachgewiesen) Erdungswiderstand: R_E .... Ω

Fundamenterder	☐	Hauptwasserleitung	☐	Heizungsanlage	☐	EDV-Anlage	☐	Antennenanlage BK	☐
Haupterdungsschiene	☒	Hauptschutzleiter	☐	Klimaanlage	☐	Telefonanlage	☐	Gebäudekonstruktion	☐
Wasserzwischenzähler	☐	Gasinnenleitung	☐	Aufzugsanlage	☐	Blitzschutzanlage	☐		☐

verwendete Messgeräte nach DIN VDE	Fabrikat: Typ:	Fabrikat: Typ:	Fabrikat: Typ:

Prüfergebnis: keine Mängel festgestellt ☒ Mängel festgestellt ☐

Prüf-Plakette angebracht: ja ☒ nein ☐

Nächster Prüftermin: 07/2022

Auftraggeber:

Gemäß Übergabebericht elektrische Anlage vollständig übernommen ☒

Zustandsbericht erhalten ☒

Rgbg, 17. 07. 2020 Huber

Ort Datum Unterschrift

Prüfer:

Die elektrische Anlage entspricht den anerkannten Regeln der Elektrotechnik ☒

Die elektrische Anlage entspricht nicht den anerkannten Regeln der Elektrotechnik ☐

Rgbg, 17. 07. 2020 Meier

Ort Datum Unterschrift

2: Prüfprotokoll

8.10 Inbetriebnahme und Kundenübergabe

Nachdem im Prüfprotokoll keine Auffälligkeiten festgehalten wurden, wird die Aufzugsanlage in Betrieb genommen. Dazu werden alle Aufgaben der Anlage auf Funktion überprüft.

- Funktionieren die Sicherheitslichtschranken an den Aufzugstüren?
- Ist die Geschwindigkeit des Aufzuges in Ordnung?
- Ist der Anfahr- und Bremsweg der Aufzugskabine richtig eingestellt?
- Funktionieren alle Aufzugsanforderungstasten, sowohl im Aufzug als auch in den einzelnen Stockwerken?
- Funktioniert die Signalisierung?
- Funktionieren die Notfalleinrichtungen?

Mit Hilfe des **Zangenamperemeters** [*clamp-on amperemeter*] werden zudem die Motorstromstärken I_1, I_2 und I_3 überprüft. Alle drei gemessenen Werte müssen gleich groß sein.

Ist die Inbetriebnahme vollständig und ohne Beanstandungen abgeschlossen, so ist bei Aufzugsanlagen eine Prüfung durch eine zugelassene Überwachungsstelle wie TÜV SÜD notwendig.

Zugelassene Überwachungsstellen

Zugelassene Überwachungsstellen (ZÜS) wie TÜV Süd oder TÜV Rheinland sollen Beschäftigte und Dritte vor Gefahren überwachungsbedürftiger Anlagen schützen. Dazu gehören beispielsweise Aufzüge, Tankstellen oder Dampfkesselanlagen. Die Anforderungen an solche Anlagen und an die unabhängige Überprüfung sind in einem eigenen Gesetz (ÜAnlG) geregelt. Die ZÜS müssen von den zuständigen Aufsichtsbehörden für die Prüfungen zugelassen sein. Vergleichbare Regelungen gibt es beispielsweise auch für die Hauptuntersuchung von Kraftfahrzeugen durch anerkannte technische Prüforganisationen oder die Zertifizierung von Medizinprodukten durch Benannte Stellen.

Übergabe

Wurde die Prüfung durch die zugelassene Überwachungsstelle erfolgreich abgeschlossen, so kann die modernisierte Anlage dem Auftraggeberübergeben werden. Hierbei werden dem Kunden die Funktion der Anlage genau erklärt und Hinweise fürden Fehlerfall gegeben. Da es bei der Aufzugsanlageauch zum Einschluss von Personen im Aufzug kommen kann, ist gerade das Verhalten im Störungsfall von besonderer Wichtigkeit.

Herr Eder, die Modernisierung der Aufzugsanlage ist abgeschlossen. Sie werden sehen, dass sich die neue Steuerung im Zusammenwirken mit dem wartungsfreien Aufzugsmotor bezahlt macht.

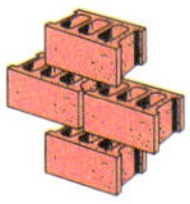

Vielen Dank Herr Huber. Ich bin froh, dass alles so schnell und glatt über die Bühne gegangen ist. Einen längeren Ausfall dieses Aufzuges hätten wir uns einfach nicht leisten können!

Ich werde Ihnen jetzt noch einige Wartungshinweise geben und anschließend die Funktionalität der Anlage vorführen. Herr Eder,

- untersuchen Sie den Motor in regelmäßigen Abständen (Sichtprüfung).
- halten Sie den Motor sauber und sorgen Sie für einen freien Kühlluftstrom.
- überprüfen Sie regelmäßig den Zustand aller Verbindungen und Verbindungselemente (z. B. Schrauben).
- überprüfen Sie den Zustand der Lager mit dem Gehör auf ungewöhnliche Geräusche.

Der Motor ist mit dauergeschmierten Lagern ausgestattet. Dadurch ist er äußerst wartungsarm. Eine Erneuerung der Schmierung ist erst nach ca. 40000 Betriebsstunden notwendig. Diese Hinweise zur Aufzugsanlage sind auch in der Dokumentation für Sie zusammengefasst.

Aufgaben

1. Nennen Sie die Montageschritte, die bei der Motorinstallation erforderlich sind.
2. Welche Prüfungen müssen stattfinden, damit der Motor in Betrieb genommen werden darf?
3. Welche Daten stehen in einem Prüfprotokoll?
4. Welche Aspekte sind bei der Übergabe an den Kunden zu erläutern?

- Zur Inbetriebnahme elektrischer Anlagen sind eine Reihe von Prüfungen zu durchlaufen und in ein Prüfprotokoll einzutragen.
- Bei der Übergabe der Anlage findet eine Nutzereinweisung statt.
- Für den Auftraggeber und Auftragnehmer wird eine schriftliche Dokumentation erstellt.

Dokumentation

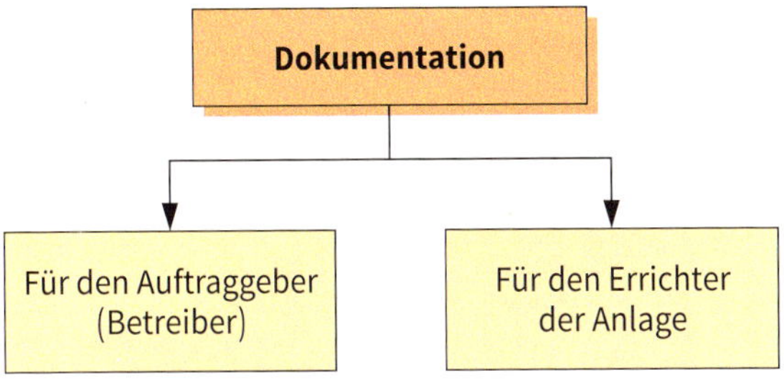

Der **Auftraggeber** erhält zusätzlich zu den mündlichen Hinweisen zur Aufzugsanlage eine Dokumentation. Sie ermöglicht dem Verantwortlichen jederzeit den Nachweis, dass er seinen Verpflichtungen nachgekommen ist.

Die Dokumentation beinhaltet:
- die Messprotokolle aus der Funktionsprüfung,
- die aktualisierten Stromlaufpläne der Aufzugsanlage,
- die Funktionsbeschreibung,
- Verhaltenshinweise im Störungsfall,
- Hinweise zu Fehlermeldeanzeigen der Steuerung und
- Wartungshinweise des elektrischen Antriebes.

Der **Chef der ausführenden Firma** erhält von beteiligten Arbeitern einen Tätigkeitsbericht. Dieser dient sowohl als Nachweis für die Tätigkeit der Arbeiter als auch als Grundlage für die nachfolgende Rechnungsstellung.

Der Tätigkeitsbericht muss Angaben über die ausgeführten Arbeiten in chronologischer Reihenfolge enthalten, die beteiligten Personen nennen und vom verantwortlichen Arbeiter unterschrieben werden.

Elektrostraße 3
93053 Regensburg
Telefon (0941) 12 34-0
Telefax (0941) 12 34-20

Huber Elektrotechnik

Tätigkeitsbericht

Arbeitsstelle: Ziegelei Eder
Modernisierung des Lastenaufzuges

Beteiligte Arbeiter: Johann Meier, Michael Hubert, Heinz Klein

Datum: 17. 07. 2020

Arbeitsbeginn: 7.00 Uhr

Abfahrt zur Arbeitsstelle: 7.30 Uhr

Ankunft an der Arbeitsstelle: 7.45 Uhr

Tätigkeiten:
Zunächst Vorbesprechung der Arbeiten
Anlage außer Betrieb setzen, Warnschilder anbringen
Alten Aufzugsmotor ausgebaut, alte Steuerung ausgebaut
Neue Leitungen vom Schaltschrank zum Aufzugsmotor im Installationsrohr verlegt
Neuen Aufzugsmotor eingebaut und angeschlossen
Im Schaltschrank die vorhandenen (noch verwendbaren Geräte) neu verdrahtet
Die neue Steuerung mit Frequenzumrichter in den Schaltschrank eingebaut und verdrahtet
Frequenzumrichter parametriert
Funktionsprüfung, VDE-Prüfung, Inbetriebnahme durchgeführt
Baustelle gereinigt und Abfälle entsorgt
Kundenübergabe

Abfahrt von der Arbeitsstelle: 16.30 Uhr

Besonderheiten: keine

Datum: 17. 07. 2020 **Unterschrift:** Johann Meier

1: Tätigkeitsbericht

8.11 Servoantriebe

Unter Servoantrieben versteht man elektrische Antriebe für die Automatisierungstechnik. Dabei handelt es sich meist um Geräte zum Bewegen und Positionieren von kleineren Lasten in der Automatisierungstechnik. Der Leistungsbereich dieser Antriebe geht bis in den zweistelligen kW-Bereich.

Einsatzgebiete von Servoantrieben

- Antriebssysteme mit mehreren zu koordinierenden Bewegungen
- Positionieraufgaben mit hoher Genauigkeit (z. B. Roboter, Werkzeugmaschinen, Handhabungsgeräte)
- Verkettung mehrerer Antriebe mit hohen Anforderungen an Winkelgleichlauf (z. B. Druckmaschinen, Transportanlagen, Schneideeinrichtungen)
- Elektronische Kurvenscheiben

Anforderungen

Damit die Antriebe in den genannten Anwendungsbereichen eingesetzt werden können, müssen sie folgende Anforderungen erfüllen:

- Großer Drehzahlbereich
- Hohes Drehmoment und Dynamik (kurzzeitige Spitzendrehmomente)
- Hohe kurzzeitige Überlastbarkeit
- Gute Rundlaufeigenschaften im gesamten Drehzahlbereich
- Hohe Genauigkeit bei Positionierung bzw. Winkelgleichlauf

Ein Servoantrieb besteht aus unterschiedlichen Baugruppen (Abb. 1), die im Folgenden beschrieben werden.

8.11.1 Servomotoren

Der Servomotor (Abb. 2) kann verschiedene vorgegebene Positionen anfahren (Positionierung) und diese dann beibehalten. Das Anfahren und Beibehalten der vorgegebenen Positionen wird durch den Servo-Umrichter vorgenommen.

Zum genauen Einstellen der Position sind nach Abbildung 1 der Servomotor ① und seine Regelung ② mit einer Messeinrichtung (Drehgeber) ③ versehen.

2: Servomotoren

8.11.1.1 Synchron-Servomotor

Aufbau

Motoren dieser Bauart sind wie bürstenlose Synchronmotoren aufgebaut und werden mit Dreiphasen-Wechselstrom gespeist. Der Ständer besteht aus Eisen, in dem die Dreiphasen-Wechselstromwicklung eingelegt ist. Diese Wicklung kann wie bei einem Synchronmotor z. B. vierpolig oder sechspolig sein, um eine veränderte Bemessungsdrehzahl zu erhalten. Der Rotor im Inneren ist aus Läuferblechen hergestellt, auf denen Permanentmagnete aufgesetzt sind (permanent erregter AC-Synchron-Servomotor).

Um die Energieeffizienz zu verbessern, wird als Material für die Permanentmagnete nicht wie üblich Ferrit benutzt, sondern spezielle Materialien (seltene Erden), wie z. B. Neodym-Eisen-Bor.

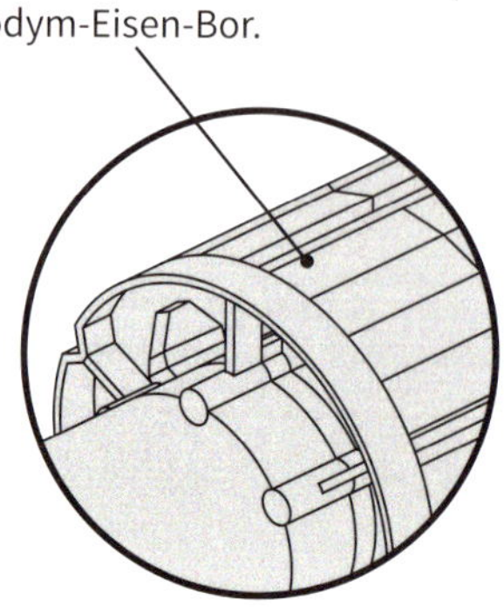

3: Läufer mit Permanentmagneten

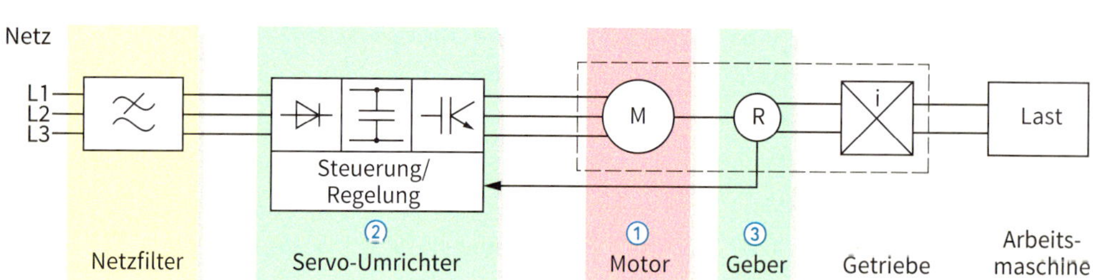

1: Baugruppen des Servoantriebs

Der Stator kann entweder als Einziehwicklung (Abb. 3) oder als Zahnwicklung (Abb. 4) gestaltet sein.

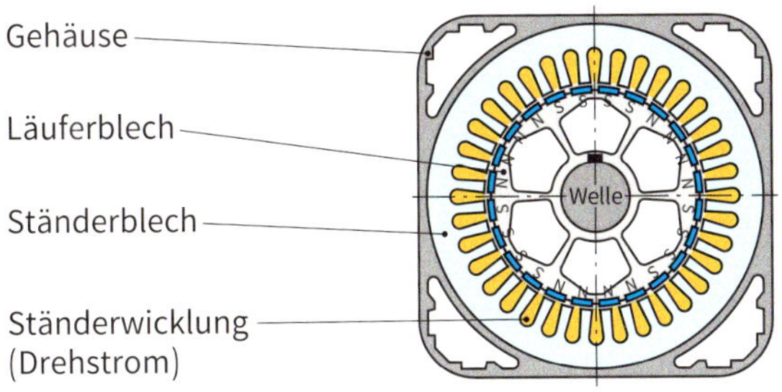

3: Synchron-Servomotor mit Einziehwicklung

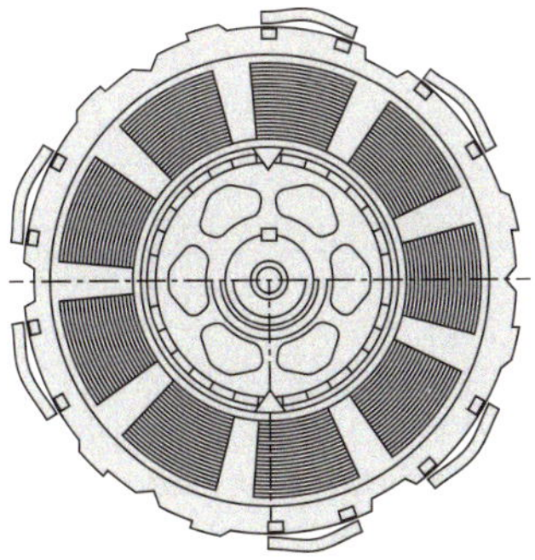

4: Synchron-Servomotor mit Zahnwicklung

Funktionsweise

Um den Motor zu betreiben, wird er an den Servo-Umrichter angeschlossen, der das notwendige Statordrehfeld erzeugt (vorherige Seite, Abb. 1 ②). Zwischen dem Drehfeld des Stators (umlaufendes Drehfeld) und dem Läufer (Nord- und Südpole des Polrades mit Permanentmagneten) findet eine magnetische Kopplung statt, die den Läufer beschleunigt.

Da sich das Polrad mit synchroner Drehzahl genauso schnell dreht wie das Ständerdrehfeld, wird der Servomotor Synchron-Servomotor genannt.

Wie beim Synchronmotor bestimmt auch beim Servomotor die Drehzahl des Ständerdrehfeldes die Läuferdrehzahl. Mithilfe des Servo-Umrichters kann die Drehzahl stufenlos von $n = 0$ auf beliebige Werte eingestellt werden. Zum Bremsen des Motors wird die Frequenz des Drehfeldes schnell auf $f = 0$ Hz heruntergefahren.

Das Polrad dreht sich im Leerlauf genau unter den ausgebildeten Magnetpolen des Drehfeldes. Wird der Synchronmotor belastet, entsteht zwischen Drehfeld und Polrad eine Verschiebung, die als Lastwinkel δ bezeichnet wird. Das Polrad eilt dem Drehfeld nach.

Wie bei allen Synchronmotoren darf der Motor nicht durch eine zu große Belastung außer Tritt fallen. Dies ist gegeben, wenn der Lastwinkel des Motors größer 90° wird.

Bei einem Lastwinkel von 90° hat der Motor sein maximales Drehmoment. Um dieses maximale Drehmoment zu nutzen, muss der Servo-Umrichter dafür sorgen, dass der Läufer und das Statordrehfeld stets eine optimale Lage zueinander haben (elektrisch 90°). Dies wird erreicht, wenn die Lage des Rotors (Ist-Position) mithilfe von Sensoren erfasst und damit im Servo-Umrichter die zeitliche Lage der Phasenströme an den Läufer angepasst wird. Abbildung 5 zeigt die gleichzeitige Stromführung im Stator (drei um 120° versetzte Ströme), die durch den Servo-Umrichter erzeugt wird, und das daraus resultierende Magnetfeld.

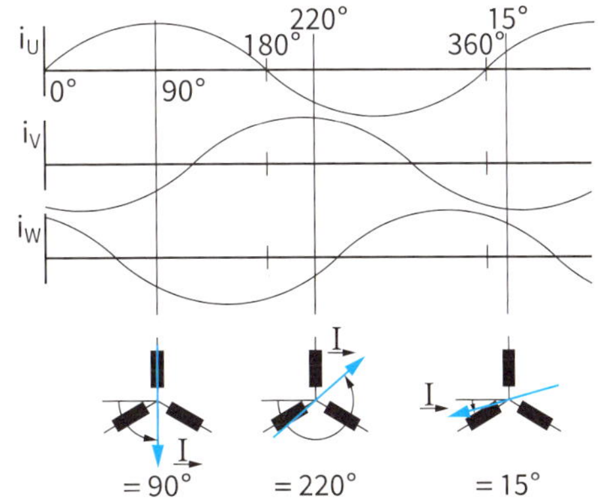

5: Strom- und Feldverlauf im Stator

Im Läufer ergibt sich dann die in Abbildung 6 gezeigte Rotorlage.

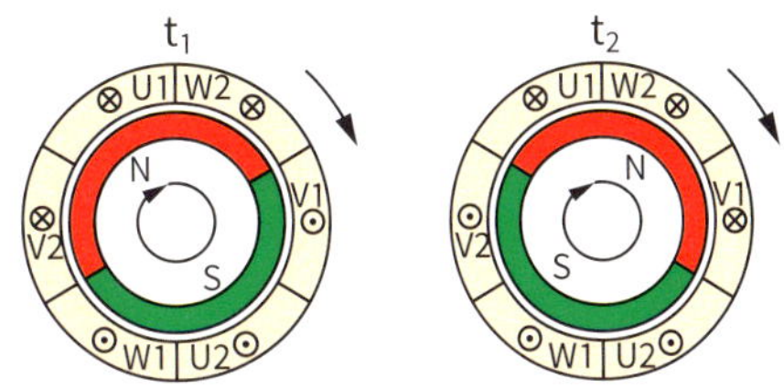

6: Rotorlage

Drehmoment-Drehzahl-Kennlinie

Aufgrund der vom Läufer in den Stator induzierten Gegenspannung (Spannungsinduktion des Rotors in den Stator), die bei höherer Drehzahl des Motors steigt, verringert sich das maximale Drehmoment mit steigender Drehzahl ab einem gewissen Punkt (Abb. 7 ①).

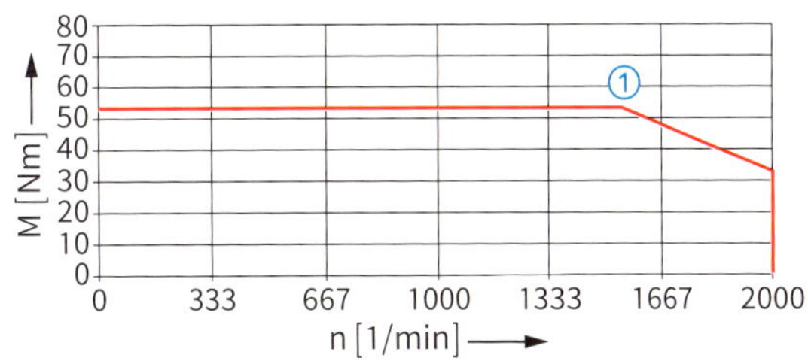

7: Drehmoment-Drehzahl-Kennlinie

8.11.1.2 Asynchron-Servomotor

Aufbau

Der Stator ist beim Asynchron-Servomotor ähnlich aufgebaut wie der Stator des Synchron-Servomotors. Der Rotor (Abb. 1) unterscheidet sich allerdings, d. h. er ist ein Kurzschlussläufer (kurzgeschlossene Wicklung, meist aus Kupfer) und somit kein Läufer mit Permanentmagneten.

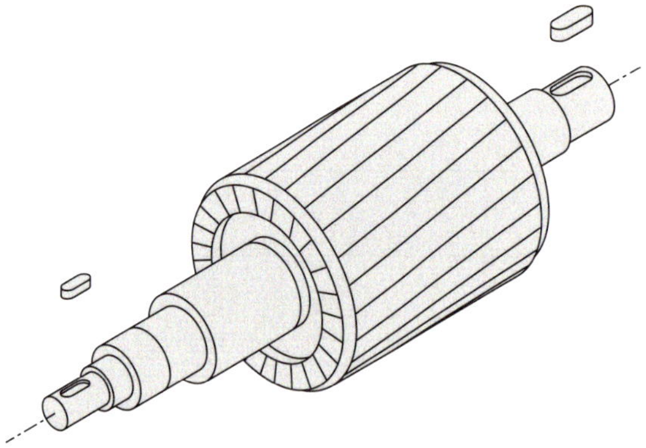

1: Rotor des Asynchron-Servomotors

Funktionsweise

Genau wie beim Asynchronmotor erzeugt der Drehstrom in der Statorwicklung ein Drehfeld, das mit synchroner Drehzahl (Drehfelddrehzahl) umläuft. Dieses Drehfeld induziert in der Läuferwicklung eine Spannung, die im kurzgeschlossenen Läuferkäfig einen Strom hervorruft, der seinerseits ein Magnetfeld aufbaut. Beide Magnetfelder (Ständer und Läufer) wirken so aufeinander, dass ein Drehmoment entsteht, das den Läufer im gleichen Drehsinn wie das Statordrehfeld drehen lässt. Wenn Feldlinien des umlaufenden Statordrehfeldes von den Läuferstäben geschnitten werden, entsteht ein Stromfluss im Läufer.

Der Läufer kann nie mit dem Drehfeld im Gleichlauf (synchron) sein, sondern muss stets etwas hinter der Drehfelddrehzahl zurückbleiben. Er läuft asynchron.

Die heutigen Servo-Umrichter sind in der Lage, Drehströme zu erzeugen, die stets eine optimale Lage vom Statormagnetfeld zum Läufermagnetfeld garantieren. Um die optimalen Ströme zu berechnen, benötigt der Servo-Regler Sensordaten mit Abtastzeiten im Mikrosekundenbereich, womit eine neue optimale Ausrichtung des Magnetfeldes generiert wird.

Drehmoment-Drehzahl-Kennlinie

Auch beim Asynchron-Servomotor nimmt ab einer bestimmten Drehzahl (Eckdrehzahl) das Drehmoment stark ab. Die Lage des Eckpunktes wird bestimmt durch die Auswahl des Servo-Umrichters und des Motors selbst. Abbildung 2 zeigt beispielhaft die Drehmoment-Drehzahl-Kennlinien für drei unterschiedliche Motoren.

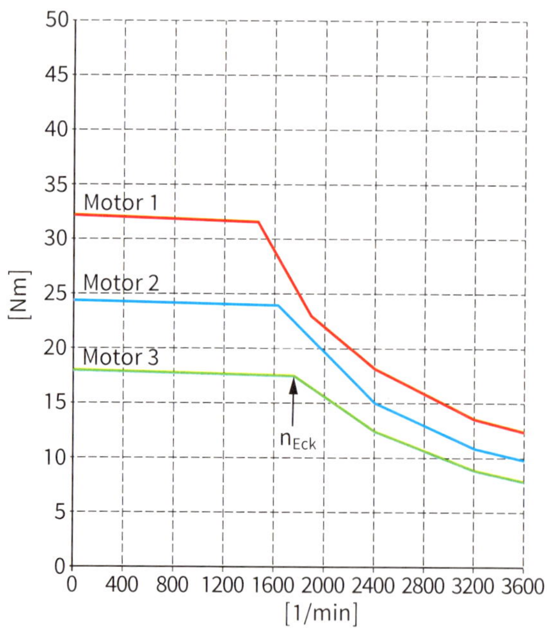

2: Rotor des Asynchron-Servomotors

Vorteile des Asynchron-Servomotors gegenüber dem Synchron-Servomotor

Beim Asynchron-Servomotor treten nur geringe sogenannte **Rastmomente** [*cogging torques*] auf. Die Rastmomente entstehen durch die magnetischen Anziehungskräfte zwischen dem vernuteten Eisenkern der Motorwicklung und den Permanentmagneten des Rotors. Durch das Drehen des Rotors kann im Drehmomentprofil eine sinusförmige Welligkeit beobachtet werden. Sie sind verstärkt bei Motoren mit Dauermagneten zu finden, wie dem Synchron-Servomotor. Das hohe Rastmoment beim Synchron-Servomotor entsteht durch die Änderung der Größe des Luftspalts beim Wechsel der Statornuten gegenüber den Permanentmagneten des Ankers. Dies führt zur Veränderung des magnetischen Widerstands und damit der Kräfte auf den Rotor.

Die Rastmomente verursachen ein schwankendes Drehmoment und einen unruhigeren Lauf. Außerdem verbleibt der Rotor nach dem Ausschalten nur in bestimmten Lagen bzw. Stellungen (Einrasten).

Nachteile des Asynchron-Servomotors gegenüber dem Synchron-Servomotor

Aufgrund der drehzahlabhängigen thermischen Belastungen der Maschine ist beim Asynchron-Servomotor oft eine Fremdkühlung nötig, z. B. durch Lüfter.

Des Weiteren ist der Wirkungsgrad des Asynchron-Servomotors im unteren Leistungsbereich geringer als der Wirkungsgrad der Synchron-Servomotors. Der Asynchron-Servomotor wird deshalb in erster Linie im höheren Leistungsbereich eingesetzt. Außerdem besitzt der Asynchron-Servomotor keine so hohen kurzzeitigen Überlastfähigkeiten.

8.11.1.3 Linear-Servomotor (Linearmotor)

Aufbau

Wie jede elektrische Maschine besteht auch ein Linearmotor aus einem Primärteil (Stator-Induktorkamm) und einem Sekundärteil (Läuferschiene). Allerdings entsteht zwischen ihnen keine Drehbewegung, sondern eine lineare (geradlinige) Bewegung.

Der prinzipielle Aufbau des Linearmotors wird deutlich, wenn man sich den rotierenden Motor aufgeschnitten und in die Länge gezogen vorstellt (Abb. 3).

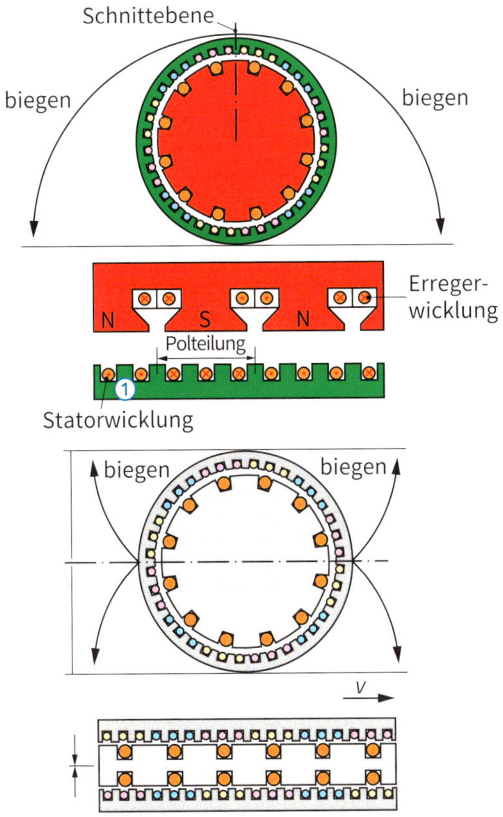

3: Prinzip der Entstehung des Linearmotors

- Linearmotoren funktionieren im Prinzip wie Asychronmotoren, nur die bauliche Ausführung ist unterschiedlich.

Wirkungsweise

Der Primärteil (Abb. 3, Stator ①) wird an Drehstrom angeschlossen. Das entstehende Magnetfeld ist im Gegensatz zum Asynchronmotor kein Drehfeld, sondern ein Wanderfeld, das sich in linearer Richtung (Abb. 4) fortbewegt.

Dieses Wanderfeld induziert im Sekundärteil eine Spannung, weshalb dort auch ein Strom fließt. Somit befinden sich stromdurchflossene Leiter in einem Magnetfeld.

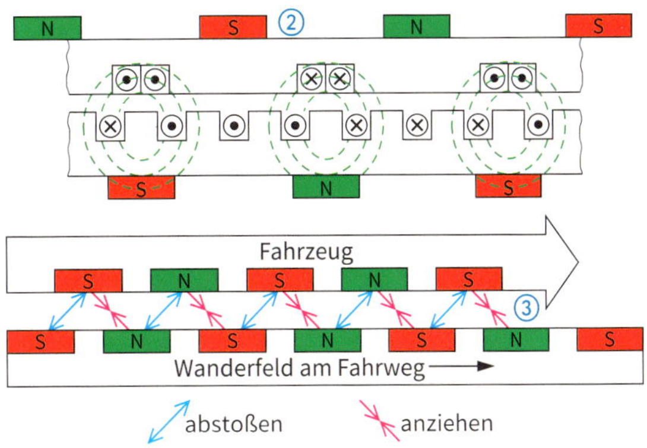

4: Wanderfeld

Diese Leiter bilden auch im bewegbaren Teil der Maschine magnetische Pole ② aus. Zwischen Primär- und Sekundärteil wirken somit magnetische Kräfte ③. Da das Sekundärteil (z. B. Schiene) fest ist, kann sich nur der frei bewegliche Primärteil aufgrund der magnetischen Kräfte in Bewegung setzen.

Wie bei der Asynchronmaschine ist auch beim Linearmotor ein Schlupf's vorhanden. Somit liegt die Geschwindigkeit des Motors unter der der Wanderfeldgeschwindigkeit. Wäre die Geschwindigkeit des Motors gleich der Wanderfeldgeschwindigkeit, würde keine Spannung mehr in die Sekundärspule induziert. Die Kraft ist gleich Null.

Durch Umpolung des Wanderfeldes kann die Bewegungsrichtung geändert werden. Mittels Frequenzänderung des Wanderfeldes wird die Geschwindigkeit geregelt.

- Durch das Wanderfeld entsteht eine lineare Bewegung des Primärteils.

Bei den Linearmotoren für die Automatisierungstechnik wird das Sekundärteil häufig aus einem Trägermaterial aus Stahl mit aufgeklebten Permanentmagneten erstellt (Abb. 5 ④). Somit ist allein das Magnetfeld des Primärteils ausschlaggebend für die Kraftmomentbildung. Dieser Linearmotor läuft dann synchron.

Die nicht mehr notwendige Induktion für die Magnetfeldbildung im Sekundärteil ⑤ entfällt und erleichtert auch die Regelung des Antriebssystems.

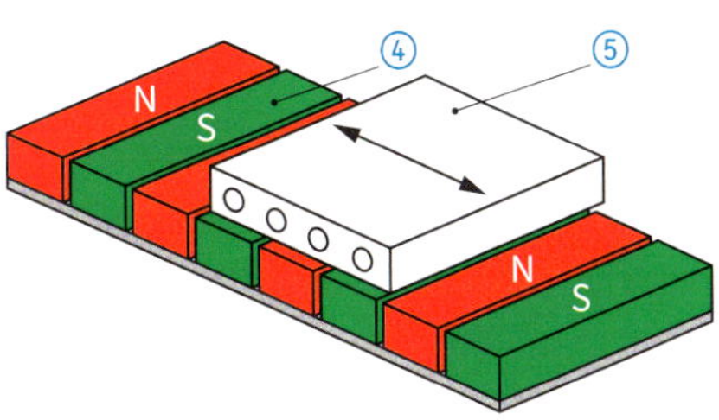

5: Primär- und Sekundärteil

Motorkennlinie

Auch beim Linearmotor nimmt ab einer bestimmten Geschwindigkeit die Motornennkraft ab. Die Lage des Eckpunktes (Abb. 1 ①) wird bestimmt durch die Auswahl des Servo-Verstärkers und des Linearmotors selbst.

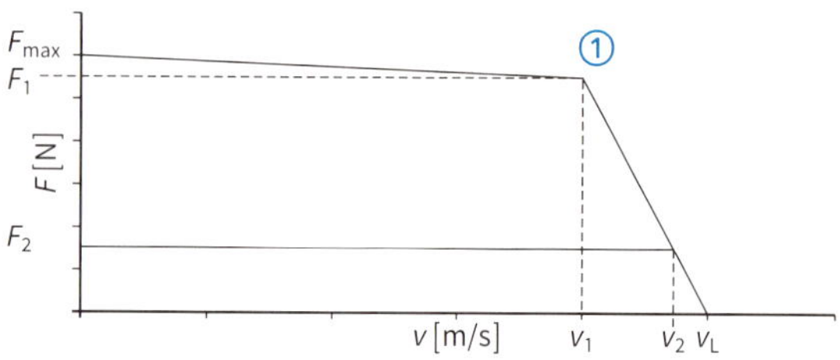

1: Motorkennlinie

Einsatz

Linearmotoren werden bei vielen Produktions- und Transportvorgängen eingesetzt, z. B. in Laserschneide- und Wasserstrahlschneideanlagen. Durch ihre viel größeren Kräfte dienen sie häufig als Ersatz für die Pneumatik.

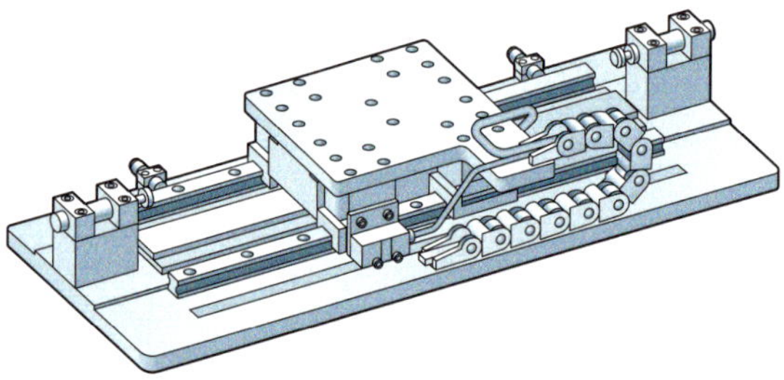

5: Einachs-Linearmotor

Ein Linearmotor kann auch für die Bewältigung großer Entfernungen gebaut werden (z. B. Magnetschwebebahn). Weiträumige Bewegungen können auch von der geradlinigen Bewegungsrichtung abweichen (z. B. bei Transportantrieben).

Die Vorteile des Linearmotors gegenüber rotierenden Systemen sind:

- höhere Fahrgeschwindigkeiten,
- größere Beschleunigung,
- Wegfall der Kupplung zwischen Motor, Getriebe und Arbeitsmaschine sowie
- eine sehr genaue Positionierung.

Durch die hohen thermischen Beanspruchungen (z. B. bei kleiner Geschwindigkeit mit hohen Motorkräften) ist eine Kühlung des Linearmotors unerlässlich.

Zu den Kühlmöglichkeiten gehören:

- Einsatz von Fremdlüftern
- Konvektionskühlung durch Kühllamellen
- Wasserkühlung

8.11.1.4 Bremsen von Servomotoren

In der Automatisierungsindustrie ist es bei Servomotorsystemen oft nötig, die an der Antriebsmaschine angebrachte Last zu halten (z. B. bei Robotersystemen) oder stillzusetzen. Dazu sind Motorbremssysteme nötig.

Meistens bestehen diese Systeme aus einer mit Gleichstrom erregten magnetischen Scheibenbremse (Abb. 2), die direkt im Servoantrieb auf der Motorwelle verbaut ist.

Aufgrund der Sicherheitsanforderungen (Nothalt, Stromausfall) ist die Bremse im Ruhezustand meist aktiv (eingerastet) und wird erst bei der gewünschten Motorbewegung geöffnet.

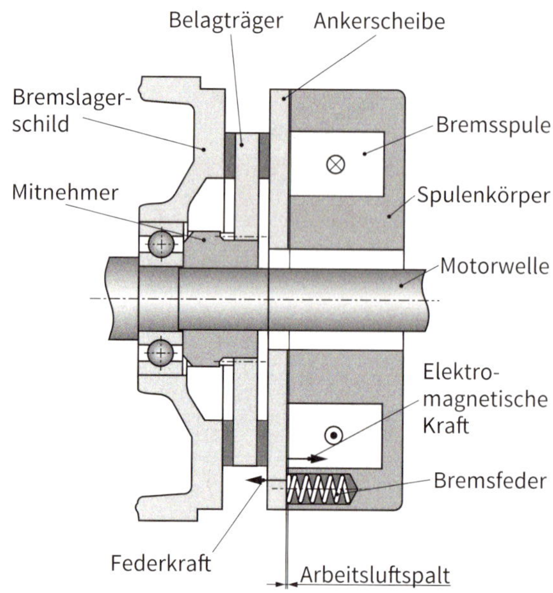

2: Schaltbild einer Scheibenbremse

Bei Linearmotorsystemen sind häufig sehr hohe Haltekräfte notwendig, z. B. an großen Schneidtischen. So werden hier zusätzlich zu den elektromagnetischen Bremssystemen auch pneumatische Bremssysteme eingesetzt.

Die beim Stillsetzen (Drehzahlreduzierung) entstehende Energie muss bei Motoransteuerungen mit Frequenzumrichter abgeleitet werden, damit die Kondensatoren aufgrund der ansteigenen Spannung im Zwischenkreis des Frequenzumrichters keinen Schaden nehmen. Dazu wird die überschüssige Energie aus dem Zwischenkreis des Frequenzumrichters in einen Bremswiderstand (Bremschopper) geleitet und damit in Wärmeenergie umgewandelt.

Bei größeren Motorleistungen werden aber auch teurere rückspeisefähige Frequenzumrichter verwendet. Der Vorteil liegt in niedrigeren Energiekosten und dem Einsparen der Bremswiderstände.

8.11.2 Gebersysteme

Gebersysteme für Servoantriebe haben die Aufgabe, eine Positionierung des Antriebssystems zu ermöglichen. Außerdem werden Gebersysteme auch für die Drehzahlregelung eingesetzt.

Mit der Auswahl des richtigen Gebersystems für das jeweilige Antriebssystem wird eine optimale Positionierung und Drehmomentbildung erreicht.

Diese Positionierung kann hierbei sowohl inkrementell als auch absolut ausgelegt sein. Der Geber kann am Motor oder an der Strecke angebracht sein.

Abbildung 3 zeigt das Zusammenwirken von Drehzahlregelung und Positionierung auf den Motor.

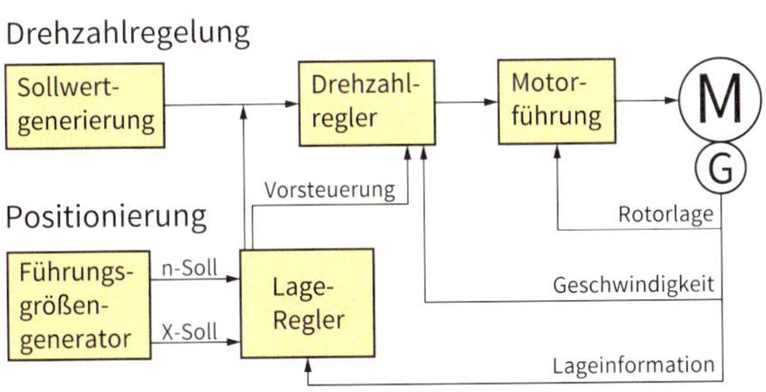

3: Regelkreis für Position und Drehzahl

8.11.2.1 Gebersystem für rotatorische Bewegungen

Die wichtigsten Gebersysteme sind:

- Inkrementalgeber: optisch und magnetisch
- Absolutwertgeber: Single-Turn und Multi-Turn
- Resolver

Inkremental-Drehgeber

Als Inkremental-Drehgeber werden Sensoren zur Erfassung von Lageänderungen (linear oder rotierend) bezeichnet, die sowohl Wegstrecke als auch Wegrichtung erfassen können.

4: Inkremental-Drehgeber

Optische Systeme

Am häufigsten werden rotierende optische Geber verwendet.

Es wird ein Lichtstrahl (LED) durch eine mit Strichen versehene Lochblende und eine zweite Spur auf einen Fotosensor geleitet (Abb. 5).

Die zweite Spur ist um 1/4 der Schrittweite versetzt. Verschiebt bzw. dreht sich die Lochplatte, so wird der Fotosensor abwechselnd beleuchtet und abgedunkelt. Die Anzahl der Hell-Dunkel-Impulse wird gezählt und ausgewertet.

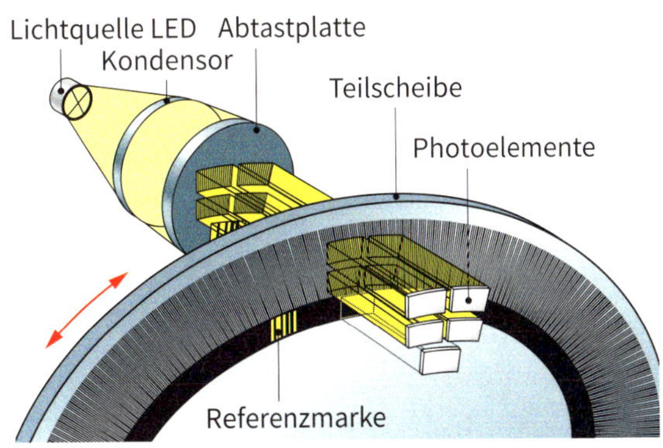

5: Inkremental-Drehgeber

Magnetische Zahnradsysteme

Der Sensor bei magnetischen Systemen besteht aus einer magnetfeldaussendenden Spule, einem magnetoresistiven Sensor und einem Präzisionsmesszahnrad zum Anbau an die Motorwelle. Der Abstand zwischen Geber und Zahnrad (Luftspalt) beträgt ca. 0,15 mm bis 0,3 mm.

Durch die Drehung des ferromagnetischen Zahnrades entstehen durch die Zahnung Magnetfeldänderungen, die nach Polarität und Phasenlage ausgewertet werden (Abb. 6).

Bei der Drehzahl- und Positionserfassung werden durch die berührungslose Abtastung zwei um 90° phasenversetzte sinusförmige Signale zur Richtungserkennung (Spuren 1 und 2) erfasst. Die Wertbildung erfolgt durch Zählen der Impulse in der Auswerteschaltung. Der absolute Winkelgrad kann aber nur durch Verarbeiten einer Nullpunktmarkierung (Nullimpuls) bestimmt werden.

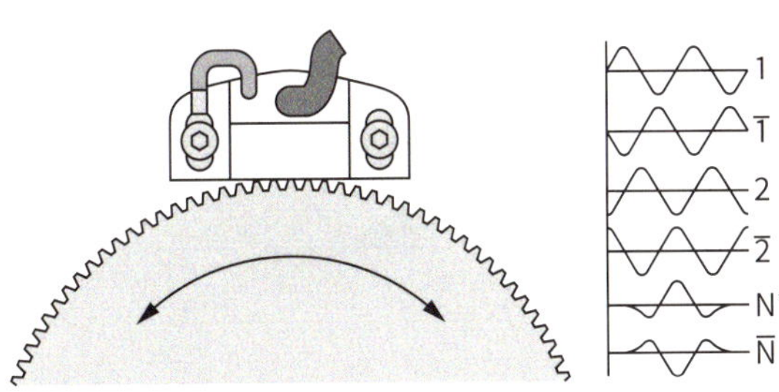

6: Zahnrad-Gebersystem

8.11.2.2 Absolutwertgeber

Ein Absolutwertgeber kann nicht nur die Drehzahl des Motorsystems ermitteln, sondern auch die absolute Lage der Motorwelle bestimmen.

Resolver

Bei einem Resolver handelt es sich um einen Winkelsensor auf Basis des Transformatorprinzips. Im Stator sind zwei um 90° versetzte Spulen ①, ② angeordnet (Abb. 1).

Auf der Rotorachse befindet sich die Rotorwicklung ③. Die Rotorspannung wird durch einen rotierenden Übertrager transformatorisch eingeprägt.

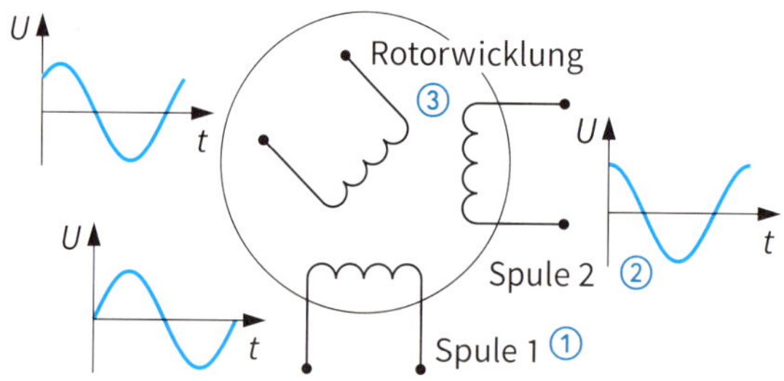

1: Resolver

Die Rotorwicklung wird mit einer sinusförmigen Wechselspannung erregt. Dadurch werden in den beiden Spulen des Stators Spannungen induziert. Die Höhe der induzierten Spannung hängt von der Lage des Rotors zur Spule 1 und Spule 2 ab:

- steht die Rotorwicklung genau parallel zur Spule 1, ist die induzierte Spannung in Spule 1 maximal und in Spule 2 Null,
- steht die Rotorwicklung genau parallel zur Spule 2, ist die induzierte Spannung in Spule 1 Null und in Spule 2 maximal,
- steht der Rotor mittig (im 45° Winkel) zwischen Spule 1 und Spule 2 ist die induzierte Spannung in beiden Spulen $U_{max}/\sqrt{2}$.

Die Amplituden der in den Spulen induzierten Spannungen entsprechen dem Sinus bzw. Kosinus der Winkellage des Rotors.

2: Resolverstator und Rotor

Ist die induzierte Spannung (rot in Abb. 3) mit der Rotorspannung (schwarz in Abb. 3) phasengleich, so ist der durch sie dargestellte Sinus- oder Kosinus-Wert positiv, bei Gegenphasigkeit entsprechend negativ.

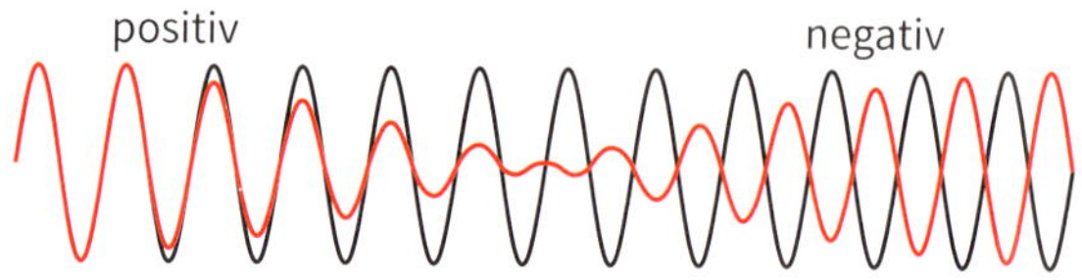

3: Spannungen im Resolver

Die erhaltenen Resolversignale werden mithilfe von Wandlern digitalisiert und anschließend ausgewertet.

Absoluter Weg- und Winkelgeber

Bei absoluten Weg- und Winkelgebern wird jede lineare Position einem bestimmten Code-Wert zugeordnet. Dazu wird Licht durch das Codelineal auf eine Abtasteinrichtung gelenkt (Abb. 4). Je nach aktueller Position wird dabei Licht durchgelassen (weiße Felder) oder blockiert (schwarze Felder). Das System erkennt auch bei Spannungsausfall seine momentane Position wieder.

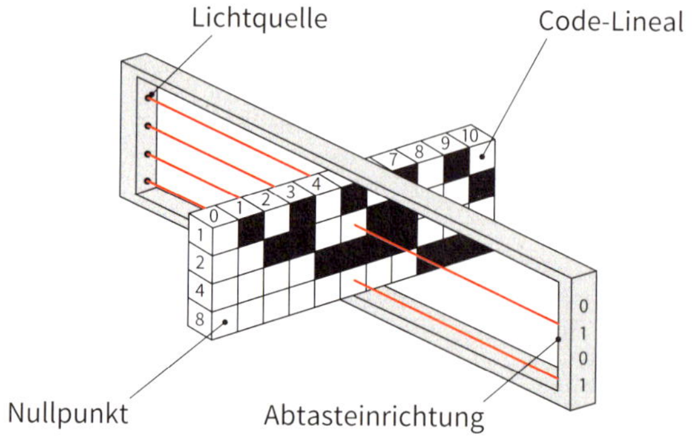

4: Erfassung der absoluten Position mit einem Codelineal

Absolutwertgeber mit Codescheibe

Bei diesem Absolutwertgeber wird die Position mit Hilfe einer Code-Scheibe erzeugt (Abb. 5). Zu jeder Motorwellenposition (Winkellage des Läufers) gibt es genau eine eindeutige Codescheibeninformation (Schwarz-weiß-Bitmuster), die durch ein Licht-schrankensystem ausgelesen wird.

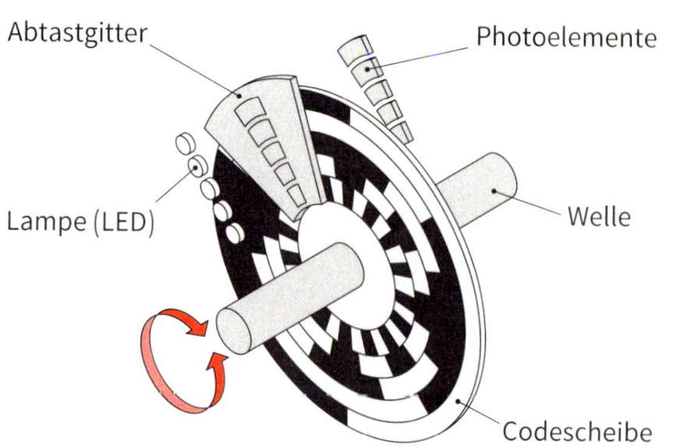

5: Absolutwertgeber mit Codescheibe

Mit Absolutwertgebern dieser Art werden heute Teilungen bis zu 25 Bit (entspricht etwa 33 Millionen Winkelpositionen) erreicht.

Bei dieser Erfassungsart ist allerdings nur die absolute Winkellage innerhalb einer Umdrehung erfasst. Man nennt diese Erfassungsart Single Turn. Bei Multiturn-Gebern wird zusätzlich zu jeder Winkelposition auch jeder vollen Umdrehung ein weiterer Postionswert zugeordnet. Dadurch weis das System auch über mehrere Umdrehungen die exakte Lage und Umdrehungszahl. Eine Referenz oder Nullpunktstellung kann somit entfallen. Realisiert wird der Multiturn Geber durch das Anbringen weiterer Codescheiben über Getriebeanbauten (Abb. 6).

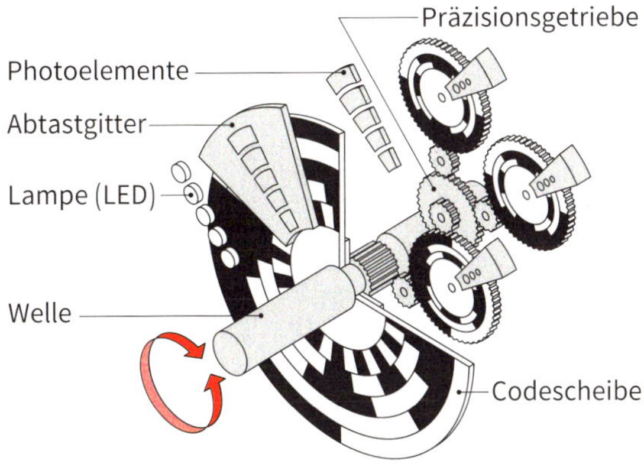

6: Multiturn-Absolutwertgeber

Es gibt auch Multiturn-Drehgeber, die ohne Getriebe und ohne zusätzliche Spannungsquelle die Umdrehungen erfassen.

Bei diesem Funktionsprinzip liefert ein kleiner Generator oder ein spezieller Spulendraht (Wiegand-Draht) bei Änderung des Magnetfeldes selbst genügend Energie, um die Umdrehungen zu erfassen und in einem Speicher abzulegen.

8.11.2.3 Messsyteme für lineare Servomotoren

Zusätzlich zum Inkrementalgeber, der für rotierende und für linear bewegte Systeme verwendet werden kann, gibt es weitere Gebersysteme für lineare Servomotoren.

Magnetisches Wegmesssystem

Auf dem Verfahrweg wird am feststehenden Teil ein Permanentmagnetsystem aufgebracht (Abb. 8). Am bewegten Teil des Linearmotor-Systems wird ein magnetfeldempfindlicher Sensor montiert, z. B. eine Hall-Sonde. Findet nun eine Bewegung statt, so wird in der Sonde eine Magnetfeldänderung erfasst und in ein auswertbares Signal umgewandelt.

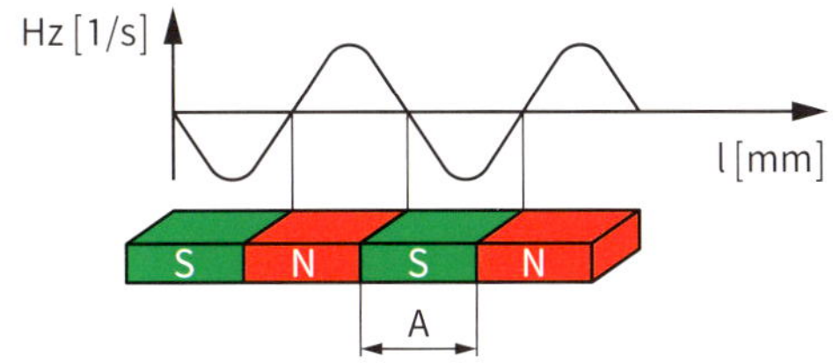

8: Absolutwertgeber magnetisch

Induktives Wegmesssystem

AInduktive Wegmesssysteme arbeiten mit einer Induktivität (Spule). Die Spule erzeugt ein Magnetfeld, das ein vorbeigeführtes Objekt durchsetzt (Abb. 1, nächste Seite). Das Objekt besteht aus einem ferromagnetischen Material. Durch eingeätzte Markierungen wird die Materialstärke in festgelegten Abständen verringert. An diesen Stellen wird die Feldstärke der Spule verändert, da sich entweder mehr oder weniger Eisen im Magnetfeld befindet. Die Feldänderung wird von einem Magnetfeldsensor als Amplitudenänderung erfasst.

Durch dieses Messprinzip lassen sich berührungslos und verschleißfrei Wege und Abstände und damit indirekt Geschwindigkeiten messen.

Gebersystem	Vorteile	Nachteile
Inkrementalgeber	• relativ robuste Ausführungen möglich • breites Angebot an hohen Auflösungen, Bauformen und Schnittstellen • Einbau in Motor möglich	• Die Lageinformation geht bei Spannungsausfall verloren.
Absolutwertgeber	• Lageinformation nach Spannungsausfall noch vorhanden • eindeutige Zuordnung einer Position zum Ausgangswert und Position über mehrere Rotorumdrehungen abbildbar • sehr hohe Auflösungen • Einbau in Motor möglich	• hohe Kosten • nicht so robust (anfälliger für Störungen)
Resolver	• robuste Ausführungen • vibrations- und temperaturunempfindlich • Einbau in Motor möglich	• hoher Auswerteaufwand notwendig • nur Single-Turn-Lageinformation

7: Vor- und Nachteile der Gebersysteme für die Servo-Antriebstechnik

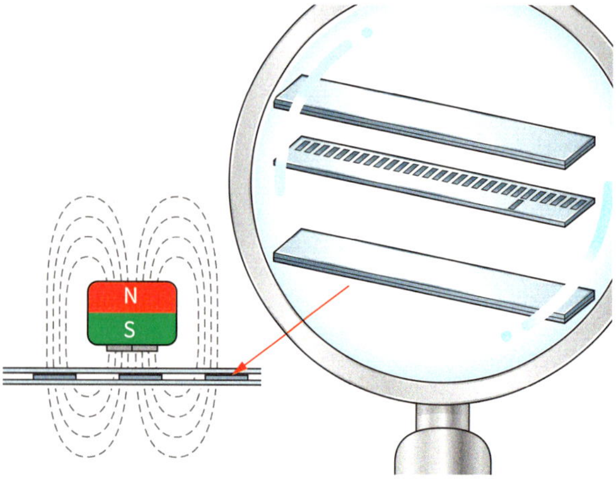

1: Induktives Messsystem

Lasermesssystem
Eine Laserdiode sendet einen Lichtstrahl mit einer bestimmten Frequenz aus. Dieser Lichtstrahl wird von einem Reflektor zurückgeworfen und von einer im Gerät sitzenden Fotodiode empfangen (Abb. 2). Die Ausbreitungsgeschwindigkeit des Lichtstrahls beträgt ca. 30 ns/m. Aus dem Laufzeitunterschied zwischen gesendetem und empfangenem Lichtstrahl wird die Distanz zwischen Sendegerät und Reflektorfläche ermittelt.

Die für die Antriebstechnik konstruierten Laser-Entfernungsmessgeräte können zur Messung von Entfernungen bis 250 m eingesetzt werden.

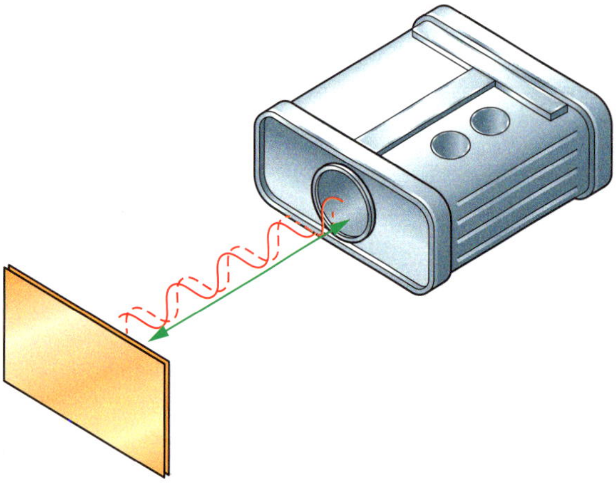

2: Laser-Entfernungdmessgerät

Um bei Linearsystemen die Positions- und auch die Laufgenauigkeit zu ermitteln, wird das Lasermessgerät (Laserinterferometer) parallel zur zu prüfenden Achse montiert. Einsatzort für die Laservermessung ist überall dort, wo bei Fertigungs- oder Prüfprozessen auf eine hohe Ablaufgenauigkeit linearer Bewegungen oder auf eine hohe Absolutgenauigkeit Wert gelegt werden muss. In der Regel geht es dabei um Toleranzen unter 5 µm über die komplette Bewegung hinweg.

8.11.2.4 Geberauswahl

Gebersysteme für asynchrone Drehstrom- oder Servomotoren
Bei asynchronen Motoren werden Gebersysteme meist aus zwei Gründen verwendet:

- Drehzahlregelung (Reaktion auf Laständerungen)
- Positionierung

Hierbei kommen folgende Geber zum Einsatz:

- **Inkrementalgeber mit geringer Auflösung**
  - nur zur Positionierung
  - keine Drehzahlregelung möglich
  - nur Einfachpositionierung
  - dadurch geringere Dynamik des Systems
  - eine Referenzfahrt notwendig
- **Inkrementelle Drehgeber**
  - Drehzahlregelung möglich
  - zur Positionierung geeignet
  - eine Referenzfahrt notwendig
- **Absolutwertgeber**
  - Positionierung möglich
  - keine Referenzfahrt notwendig
  - ohne Kombigeber (z. B. Sin/Cos- oder TTL-Signal), ist ein zusätzlicher Geber für die Drehzahlregelung nötig.

Gebersysteme für synchrone Servomotoren
Für eine hochwertige Regelung wird bei Synchronmotoren außerdem die Rotorlage für die Regeleinrichtung benötigt. Für die Rotorlageerkennung werden bei synchronen Servomotoren zwei Systeme verwendet:

- **Resolver**
  - Rotorlageerkennung
  - Drehzahlregelung möglich
  - Positionierung möglich
  - eine Referenzfahrt notwendig
- **Inkrementalgeber mit geringer Auflösung**
  - Rotorlageerkennung
  - Absolutwertgeber für Servomotoren mit Kombigeber (z. B. Sin/Cos) sind für die Drehzahlregelung geeignet
  - Positionierung möglich
  - Single-Turn-Geber: Referenzfahrt notwendig
  - Multi-Turn-Geber: keine Referenzfahrt notwendig

Gebersysteme für lineare Servomotoren

- **Messlineale**
  - Positionierung
  - Absolutwertgeber: keine Referenzfahrt notwendig
  - inkrementeller Geber: Referenzfahrt notwendig
- **Messsysteme für lineare Servomotoren**
  (siehe auch Kapitel 8.11.2.3)

8.11.3 Servo-Umrichter

Der Servo-Umrichter besteht meist aus einem 3-Phasen-Wechselrichter mit integriertem Brems-Chopper oder rückspeisefähigem Zwischenkreisgleichrichter.

Die grundlegende elektrische Funktionsweise eines Umrichters wurde bereits in Kap. 8.7.2.4 erläutert.

Der Servo-Umrichter, oft auch Servoverstärker genannt, enthält die Regelung, mit der das Fahren, Stoppen und Halten des Motors gesteuert wird. Dazu muss das System über einen PC oder Feldbus parametriert werden.

Folgende Standardwerte werden eingestellt:

- Motor- und Geberkenndaten
- Reglereinstellungen (Drehzahlen, Zeitwerte, Rampenzeitwerte)
- Grenzwerte (maximale Drehzahlen und Ströme)
- Bremswerte (Zeitverzögerung)

Nach der Parametrierung werden die Fahrkurven des Motors z. B. von einem SPS-Programm festgelegt.

Die Verbindung zum SPS-Umrichter wird über eine Busschnittstelle hergestellt.

Die Informationen zur Regelung erhält der Servo-Umrichter von einem Geber, der folgende Größen ermittelt:

- Winkellage des Läufers
- Drehzahl
- Drehrichtung

Mehrachsverstärkersysteme

Bei vielen Systemen der Automatisierungstechnik ist es notwendig, Bewegungen in mehreren Achsrichtungen (x-Achse, y-Achse, z-Achse) auszuführen (Achsverbund).

Diese Mehrfachsysteme (Abb. 3) haben zumeist eine gemeinsame Versorgungseinheit, die folgende Komponenten enthält:

- Gleichrichter
- Wechselrichter für die Rückspeiseeinheit
- Überspannungsschutz
- Anschlussmöglichkeiten für die Kommunikations- und Überwachungseinheiten

Hinzu kommen die einzelnen Achsmodule mit folgenden Komponenten:

- IGBT-Leistungsrichterelemente
- Schnittstellen für die Gebermesswerte
- Schnittstellen für die Bremsenansteuerung
- Kommunikationsschnittstellen (Bus)
- Anzeigeelemente für Betriebszustand usw.

4: Mehrachsverbund Servo-Umrichter

Beide Komponenten, die Versorgungseinheit und die einzelnen Achsmodule, werden miteinander elektrisch verbunden (Abb. 4).

Die Spannungsversorgung der elektronischen Komponenten der Steuereinheiten (Versorgungs- und Achsmodule, meist 24 V DC) werden an eigens abgesicherte Stromkreise angeschlossen. So ist z. B. eine Fehlersuche oder Diagnose auch bei abgeschalteter Leistungseinheit möglich.

Ein Mehrachsverbund hat folgende Vorteile:

- Die Gesamtparametrierung des Systems vereinfacht sich.
- Der modulare Aufbau ermöglicht einfache Erweiterungen des Systems um zusätzliche Achsen.
- Da nicht immer alle Achsmotoren gleichzeitig motorisch arbeiten, ist ein Energieaustausch im System möglich. Generatorisch arbeitende Achsen (Energieabgabe an den Zwischenkreis) liefern Energie an motorisch arbeitende Achsen (Energieabnahme aus dem Zwischenkreis).

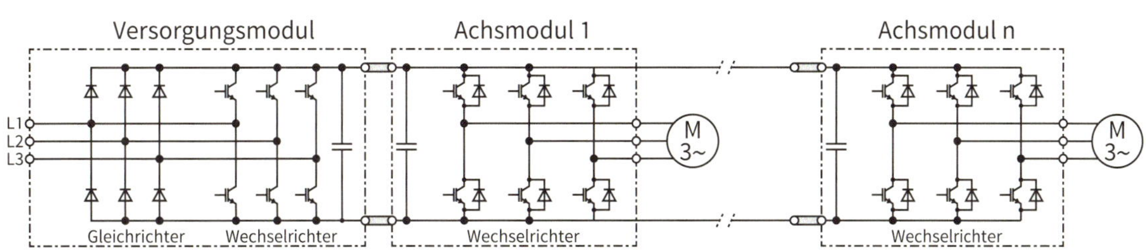

3: Mehrachssystem

Antriebssysteme

8.11.4 Antriebsauswahl

Um ein Antriebssystem richtig auszuwählen, müssen drei Aspekte beachtet werden:

- Antriebsfunktion
- mechanische Festigkeit
- thermische Festigkeit

Zur **Antriebsfunktion** gehört die Erreichung der geforderten Drehzahlen, Drehmomente und Beschleunigungen.

Bei der **mechanischen Festigkeit** müssen die Belastbarkeiten der Getriebe, Wellen und Riemen beachtet werden.

Die **thermische Festigkeit** berücksichtigt die Betriebstemperaturen und zulässigen Grenzwerte.

Die genannten Anforderungen werden erfüllt, wenn eine Ermittlung der folgenden Eingangsgrößen und Bedarfswerte stattfindet:

- Betriebsspannung, Netzanschluss
- Lastmoment und maximales Lastmoment
- Massenträgheitsmomente des Systems
- Lastdrehzahlen, maximale Drehzahlen
- Beschleunigungen
- Umgebungstemperatur

Alle Komponenten des Antriebssystems bilden eine Einheit, die ein optimales Zusammenspiel und damit auch die Energieeffizienz gewährleistet.

Nachfolgend soll beispielhaft die Antriebsauswahl für ein Transportband (Abb. 1) aufgezeigt werden.

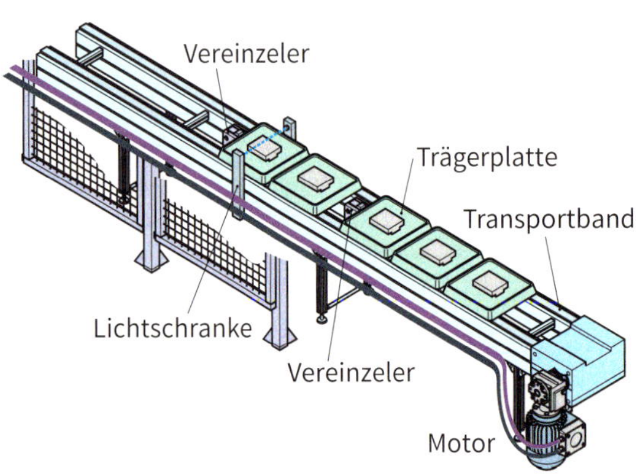

1: Transportband

Daraus resultiert die folgende Aufgabenstellung:
Ein Werkstück soll auf einem Transportband verfahren werden. Das Förderband wird mit einem Servomotor angetrieben. Gesteuert wird der Motor über einen Servo-Umrichter.

Masse des Werkstücks incl. bewegte Teile des Förderbandes	$m = 50$ kg
Fahrwiderstand des Bandes (Rollwiderstand, Lagerreibung)	$F_t = 0{,}025$ N/kg
Druchmesser der Transportbandrollen	$D = 0{,}15$ m
Lastwirkungsgrad	$\eta_{Last} = 0{,}92$
Positioniergenauigkeit	$s = 0{,}5$ mm
Gewünschte Motorbemessungsdrehzahl	$n = 1500$ 1/min

2: Betriebsdaten des Transportbandes und der zu bewegenden Masse

Für den Transport des Werkstückes soll folgender Bewegungsablauf realisiert werden:
Das Transportband soll innerhalb von 0,5 Sekunden auf eine Geschwindigkeit von 2 m/s beschleunigt werden. Diese Geschwindigkeit soll 3 Sekunden beibehalten werden. Anschließend soll das Transportband innerhalb von 0,5 Sekunden zum Stillstand gebracht werden.

Die Abbildung 3 zeigt die drei Bewegungsphasen als Geschwindigkeit-Zeit-Diagramm:

- Phase 1: Beschleunigung
- Phase 2: konstante Bewegung
- Phase 3: Bremsen

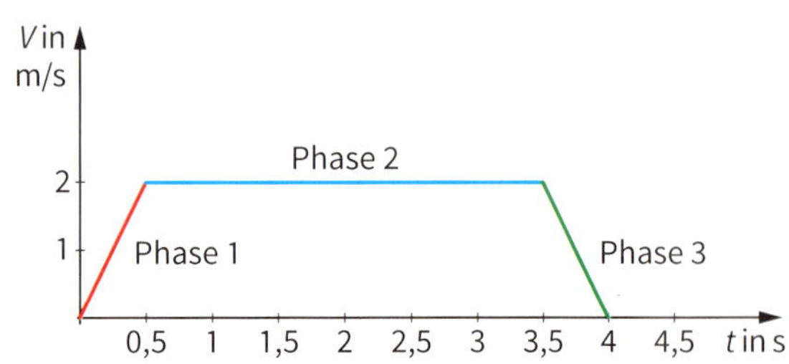

3: Fahrdiagramm

Um für die gestellte Aufgabe ein geeignetes Antriebssystem zu finden, werden nacheinander folgende drei Bereiche abgearbeitet:

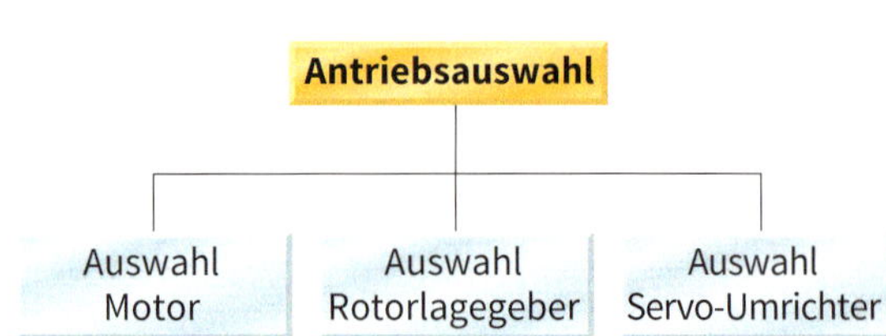

4: Antriebsauswahl

8.11.4.1 Auswahl des Motors

Die folgenden Schritte sind für die richtige Auswahl des Motors notwendig:

5: Ablauf

Schritt 1: Drehmomentberechung

Um einen geeigneten Motor auszuwählen, müssen zunächst die Drehmomente für die drei Bewegungsphasen berechnet werden:

Drehmoment Bewegungsphase 1:

Die Beschleunigung a berechnet sich wie folgt:

$$a = \frac{(v_{Ende} - V_{Anfang})}{t}$$

$$a = \frac{2\frac{m}{s} - 0\frac{m}{s}}{0{,}5\ s} = 4\ \frac{m}{s^2}$$

Das Drehmoment eines Motors ergibt sich aus Kraft F und Radius r der Motorwelle.

$$M = f \cdot r$$

Die Kraft F kann ersetzt werden durch:

$$F = m \cdot a$$

So ergibt sich: $M = m \cdot a \cdot r$

Mit dem Durchmesser D der Antriebsscheibe ergibt sich:

$$M = m \cdot a \cdot \frac{D}{2}$$

Für die Beschleunigungsbewegung muss der Motor das Beschleunigungsdrehmoment M_B aufbringen. Dabei ist auch der Lastwirkungsgrad nlast zu brücksichtigen.

$$M_B = m \cdot a \cdot \frac{D}{2} \cdot \frac{1}{\eta_{Last}}$$

$$M_B = 50\ kg \cdot 4\frac{m}{s^2} \cdot \frac{0{,}15\ m}{2} \cdot \frac{1}{0{,}92} = 16{,}3\ Nm$$

Außerdem wirkt auch das Drehmoment M_K zur Kompensation des Fahrtwiderstandes und der Verluste:

$$M_K = F_t \cdot m \cdot \frac{D}{2} \cdot \frac{1}{\eta_{Last}}$$

$$M_K = 0{,}025\ \frac{N}{kg} \cdot 50\ kg \cdot \frac{0{,}15\ m}{2} \cdot \frac{1}{0{,}92} = 0{,}1\ Nm$$

Als Gesamtdrehmoment M_1 der Bewegungsphase 1 ergibt sich:

$$M_1 = M_B + M_K$$

$$M_1 = 16{,}3\ nm + 0{,}1\ Nm = 16{,}4\ Nm$$

Drehmoment Bewegungsphase 2:

Für die Bewegung mit konstanter Geschwindigkeit (Kompensation der Reibungsverluste) wird nur das bereits berechnete Kompensationsdrehmoment MK benötigt:

$$M_2 = M_K = 0{,}1\ Nm$$

Drehmoment Bewegungsphase 3:

Für die Bremsbewegung muss der Motor das Bremsmoment M_3 aufbringen. Dies ist nicht gleich groß, wie das Beschleunigungsmoment, da beim Abbremsvorgang die Reibungsverluste helfen. Deshalb kann hier näherungsweise mit folgender Formel gerechnet werden:

$$M_3 = m \cdot a \cdot \frac{D}{2} \cdot \eta$$

Da es sich um eine Verzögerung handelt, ist die Beschleunigung a als negativer Wert einzusetzen.

$$M_3 = 50\ kg \cdot -4\frac{m}{s^2} \cdot \frac{0{,}15\ m}{2} \cdot 0{,}92 = -13{,}8\ Nm$$

Schritt 2: Drehzahlberechnung

Es sind auch die notwendigen Drehzahlen für die drei Bewegungsphasen zu berechnen.

Die Drehzahl n berechnet sich wie folgt:

$$n = \frac{v}{D \cdot \pi}$$

Drehzahl Bewegungsphase 1:

Da in der Beschleunigungsphase die Drehzahl n_1 von Null bis zur Maximalen Drehzahl variiert, rechnet man mit einer mittleren Geschwindigkeit (weiter nächste Seite):

$$v = \frac{(v_{Ende} - v_{Anfang})}{2} = \frac{2\,\frac{m}{s} - 0\,\frac{m}{s}}{2} = 1\,\frac{m}{s}$$

$$n_1 = \frac{1\,\frac{m}{s}}{0{,}15\,m \cdot \pi} = 2{,}12\,\frac{1}{s} = 127{,}2\,\frac{1}{min}$$

Drehzahl Bewegungsphase 2:

Die maximale Drehzahl n_2 ergibt bei maximaler Geschwindigkeit des Transportbande (2 m/s):

$$n_2 = \frac{2\,\frac{m}{s}}{0{,}15\,m \cdot \pi} = 4{,}24\,\frac{1}{s} = 254{,}4\,\frac{1}{min}$$

Drehzahl Bewegungsphase 3:

$$n_3 = \frac{1\,\frac{m}{s}}{0{,}15\,m \cdot \pi} = 2{,}12\,\frac{1}{s} = 127{,}2\,\frac{1}{min}$$

Schritt 3: Getriebeauswahl

Da die maximal benötigte Motordrehzahl mit 254,4 1/min gegenüber der gwünschten Bemessungsdrehzahl des Servomotors (1500 1/min) sehr gering ist, bietet sich an, eine Getriebeübersetzung einzusetzen. Dies bringt einen weiteren Vorteil, wonach das aufzubringende Motordrehmoment im gleichen Verhältnis sinkt, wie die Drehzahl ansteigt. Ein kleineres Motordrehmoment erfordert aber eine wesentlich kleinere Motorbaugröße.

Das Getriebeübersetzungsverhältnis *i* berechnet sich zu

$$i = \frac{n_{Antrieb}}{n_{Abtrieb}}$$

Die maximale Drehzahl liegt bei 254,2 $\frac{1}{min}$.

$$i = \frac{1500\,\frac{1}{min}}{254{,}4\,\frac{1}{min}} = 5{,}9$$

Die Getriebeübersetzung darf maximal 5,6 sein.

Vom Hersteller werden folgende Kegelradgetriebe angeboten (Abb. 1). Da das vorher berechnete Drehmomentmaximum 16,4 Nm beträgt, reicht die Auswahl eines Getriebes mit dem Bemessungsdrehmoment 45 Nm aus.

Getriebe-art	Produkt-reihe	Bemessungs-drehmoment [Nm]	Produkt
Kegelrad-getriebe	M188	45	M100-K45
		110	M100-K110
		240	M100-K240
		450	M100-K450

1: Ausschnitt aus dem Katalog für Kegelradgetriebe

Für das Getriebeprodukt M100-K45 sind folgende Übersetzungen erhältlich (Abb. 2):

Produkt	Übersetzung *i*	Massenträgheits-moment *J* [kgcm²]
M100-K45	5.41	0.31
	6.22	0.28
	7.11	0.20
	8.18	0.18
	9.10	0.13
	10.47	0.12
	11.64	0.09
	13.39	0.08
	15.11	0.06
	17.38	0.05
	19.36	0.04
	22.27	0.05

2: Ausschnitt aus dem Katalog für Getriebe

Es wird das Produkt mit $i = 5{,}41$ ausgewählt, da der Wert kleiner als die geforderte Übersetzung von 5,9 ist (Abb. 3):

3: Ausgewähltes Kegelradgetriebe

Schritt 4: Neuberechnung Drehmoment

Durch die Getriebeübersetzung ändern sich die vom Motor zur Verfügung gestellten Drehmomente. Diese müssen für jede Bewegungsphase jetzt neu berechnet werden, wobei das sich aus dem Massenträgheitsmoment *J* ergebende Getriebedrehmoment sehr klein ist und deshalb im Folgenden vernachlässigt wird.

$$M_{neu} = \frac{M_{Alt}}{i \cdot \eta_{Getriebe}}$$

Den Getriebewirkungsgrad findet man ebenfalls in den Herstellerunterlagen (Abb. 4):

Produktreihe	M100-K45	M100-K110
Mechanischer Wirkungsgrad		
2-stufiges Getriebe	0,96	0,96
3-stufiges Getriebe	0,95	0,95

4: Getriebewirkungsgrade

$$M_{1neu} = \frac{16{,}4\,Nm}{5{,}41 \cdot 0{,}96} = 3{,}16\,Nm$$

$$M_{2neu} = \frac{0{,}1\,Nm}{5{,}41 \cdot 0{,}96} = 0{,}02\,Nm$$

$$M_{3neu} = \frac{13{,}8\,Nm}{5{,}41 \cdot 0{,}96} = 2{,}66\,Nm$$

Schritt 5: Neuberechnung Drehzahl

Durch die Übersetzung ändern sich auch die vom Motor zur Verfügung zu stellenden Drehzahlen:

$$n_{neu} = n_{alt} \cdot i$$

$$n_{1\,neu} = 127{,}2\,\frac{1}{min} \cdot 5{,}41 = 688{,}15\,\frac{1}{min}$$

$$n_{2\,neu} = 254{,}4\,\frac{1}{min} \cdot 5{,}41 = 1376{,}3\,\frac{1}{min}$$

$$n_{3\,neu} = 127{,}2\,\frac{1}{min} \cdot 5{,}41 = 688{,}15\,\frac{1}{min}$$

Schritt 6: Motorauswahl aus dem Katalog

Die Abbildung 5 zeigt die zur Verfügung stehenden Motoren.

Auswahlkriterium ist die Bemessungsdrehzahl (1500 1/min) und das geforderte maximale Drehmoment (3,16 Nm). Statt nach dem Drehmoment wäre die Motorauswahl auch über die mechanische Leistung P_N möglich. Die mechanische Leistung P_N berechnet sich wie folgt:

$$P_N = M \cdot 2 \cdot \pi \cdot n$$

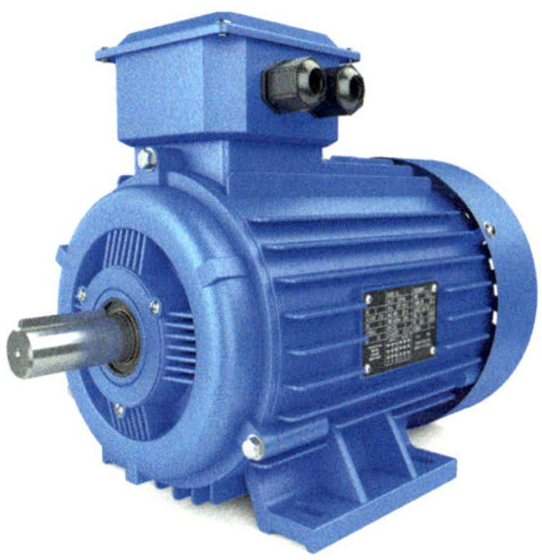

4: Ausgewählter Motor

Die Bedingungen erfüllt laut Motorkatalog der Motor SEM12H15 (Abb. 4):

- Drehzahl: $n_N = 1500\,\frac{1}{min}$
- Drehmoment: $M_N = 10{,}0$ Nm, $M_0 = 11{,}4$ Nm
- Trägheitsmoment: $J_{Motor} = 7{,}3 \cdot 10^{-4}$ kgm²
- Drehmomentkonstante: $kt_{0\,150°C} = 2{,}79\,\frac{Nm}{A}$

Schritt 7 : Berechnung Gesamtdrehmoment

Da der Rotor des Motors selbst eine träge Masse darstellt, muss auch das Motordrehmoment ermittelt und zu dem von außen geforderten Drehmoment addiert werden.

$$M_{Motor} = \frac{J_{Motor} \cdot n_{max} \cdot 2 \cdot \pi}{t}$$

Gesamtdrehmoment Bewegungsphase 1

$$M_{Motor} = \frac{7{,}3 \cdot 10^{-4}\,kgm^2 \cdot 22{,}94\,\frac{1}{s} \cdot 2 \cdot \pi}{0{,}5\,s}$$

$$M_{Motor} = 0{,}21\,Nm$$

$$M_{1\,ges} = M_{1\,neu} + M_{Motor}$$

$$M_{1\,ges} = 3{,}16\,Nm + 0{,}21\,Nm = 3{,}37\,Nm$$

Gesamtdrehmoment Bewegungsphase 2

In der Phase mit konstanter Geschwindigkeit hat das Motordrehmoment keinen Einfluss.
Es bleibt bei $M_{2\,ges} = 0{,}02$ Nm.

Gesamtdrehmoment Bewegungsphase 3

$$M_{3\,ges} = M_{3\,neu} + M_{Motor}$$

$$M_{3\,ges} = 2{,}66\,Nm + 0{,}21\,Nm = 3{,}87\,Nm$$

	n_N	M_0	M_N	M_{max}	PN	I_0	I_N	I_{max}	$\eta_{100\,\%}$	J	$Kt_{0\,150°C}$	m
SEM12D15-	1950	6.40	5.50	18.0	1.10	2.70	2.60	10.0	79.0	4.00	2.34	6.40
SEM12D32-	4050	6.40	4.30	18.0	1.80	5.50	4.50	20.0	84.0	4.00	1.17	6.40
SEM12H15-	1500	11.4	10.0	29.0	1.60	4.10	3.80	12.0	88.0	7.30	2.79	9.50
SEM12H32-	3525	11.4	7.50	29.0	2.80	8.20	5.70	24.0	91.0	7.30	1.40	9.50
SEM12L15-	1950	15.0	13.5	56.0	2.80	6.20	5.90	28.0	90.0	10.6	2.42	12.6
SEM12L32-	4050	15.0	11.0	56.0	4.70	12.4	10.2	57.0	91.0	10.6	1.21	12.6
SEM14D15-	1500	11.0	9.20	29.0	1.45	5.00	4.50	17.0	88.0	8.10	2.19	10.7
SEM14D32-	3600	11.0	7.50	29.0	2.80	10.0	7.50	33.0	92.0	8.10	1.09	10.7
SEM14H15-	1500	21.0	16.0	55.0	2.50	8.50	6.60	26.0	92.0	14.2	2.48	15.5
SEM14H32-	3225	21.0	14.0	55.0	4.70	16.9	11.9	52.0	93.0	14.2	1.24	15.5
SEM14L15-	1500	28.0	23.0	77.0	3.60	12.0	9.70	37.0	90.0	23.4	2.33	20.1
SEM14L32-	3225	28.0	17.2	77.0	5.80	24.0	15.0	75.0	93.0	23.4	1.16	20.1
SEM14P15-	1350	37.0	30.0	105	4.20	12.2	10.8	46.0	90.0	34.7	3.04	24.9
SEM14P32-	3225	37.0	21.0	105	7.10	24.3	15.6	92.2	93.0	34.7	1.52	24.9

5: Ausschnitt aus dem Motorkatalog

Schritt 8: Prüfung des Arbeitspunktes in der dynamischen und thermische Kennlinie

Für den gewählten Motor ist zu prüfen, on

- die dynamischen Grenzwerte und
- die thermischen Grenzwerte

eingehalten werden.

Einhaltung der dynamischen Grenzwerte

Zur Überprüfung des dynamischen Grenzwerte muss die **mittlere Drehzahl** errechnet werden. Sie ist der arithmetische Mittelwert über die Drezahlen in den drei Bewegungsabschnitten:

$$n_{\text{Mittel}} = \frac{n_1 \cdot t_1 + n_2 \cdot t_2 + n_3 \cdot t_3}{t_{\text{gesamt}}}$$

$$n_{\text{Mittel}} = \frac{688{,}15 \cdot 0{,}5\,\text{s} + 1376{,}3 \cdot 3\,\text{s} + 688{,}15 \cdot 0{,}5\,\text{s}}{0{,}5\,\text{s} + 3\,\text{s} + 0{,}5\,\text{s}}$$

$$n_{\text{Mittel}} = 1204{,}26\,\frac{1}{\text{min}}$$

Die berechneten Werte n_{Mittel} und das in Schritt 7 ermittelte maximale Drehmoment $M_{1\,\text{ges}}$ werden in das vom Hersteller bereitgestellte dynamische Kennliniendiagramm (Abb. 1) eingezeichnet.

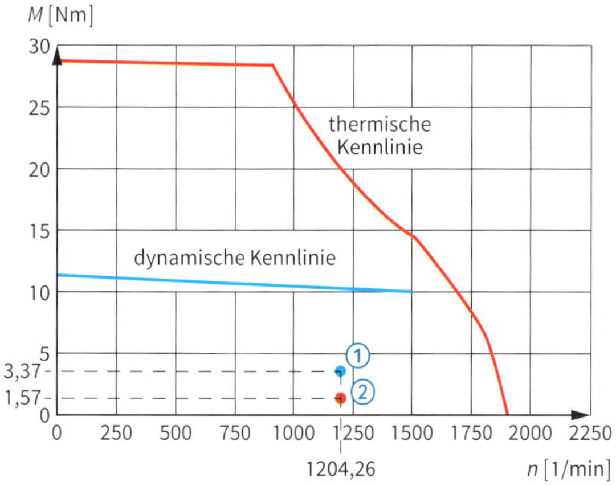

1: Dynamische und thermische Kennlinie

Ergebnis:

Der Arbeitspunkt (blau ①) liegt unterhalb der zugelassenen dynamischen Kennlinie des Motors (blaue Kennlinie). Der Motor läuft ohne Probleme an, er wird zu keiner Zeit durch ein zu groß gefordertes Drehmoment überlastet.

Einhaltung thermische Grenzwerte

Um eine Aussage zu treffen, ob der Motor während der Bewegung nach dem vorgegebenen Fahrdiagramm thermisch überlastet ist, muss zusätzlich zur mittleren Drehzahl auch das **effektive Drehmoment** berechnet werden.

Die Berechnung des effektiven Drehmoments M_{eff} erfolgt über den quadratischen Mittelwert der Drehmomente in den drei Bewegungsabschnitten:

$$M_{\text{eff}} = \sqrt{\frac{M^2_{1\,\text{ges}} \cdot t_1 + M^2_{2\,\text{ges}} \cdot t_2 + M^2_{3\,\text{ges}} \cdot t_3}{t_{\text{gesamt}}}}$$

$$M_{\text{eff}} = \sqrt{\frac{(3{,}37\,\text{nm})^2 \cdot 0{,}5\,\text{s} + (0{,}02\,\text{Nm})^2 \cdot 3\,\text{s} + (2{,}87\,\text{Nm})^2 \cdot 0{,}5\,\text{s}}{0{,}5\,\text{s} + 3\,\text{s} + 0{,}5\,\text{s}}}$$

$$M_{\text{eff}} = 1{,}57\,\text{Nm}$$

Die Werte n_{Mittel} und das ermittelte effektive Drehmoment M_{eff} werden ebenfalls in das vom Hersteller bereitgestellte thermische Kennliniendiagramm eingezeichnet (Abb. 1). Der Arbeitspunkt muss unterhalb der von Hersteller eingezeichneten roten Kennlinie liegen.

Ergebnis:

Der Arbeitspunkt (rot ②) liegt für unseren Fall unterhalb der zugelassenen Höchstwerte des Motors. Es besteht keine thermische Überlastung. Außerdem ist bei eventuell auftretenden Lastschwankungen noch genügend Spielraum (Abstand) zum maximalen thermischen Drehmoment.

Schritt 9: Prüfung Massenträgheitsverhältnis

Das Zusammenspiel zwischen der externen Massenträgheit (Transportband, Werkstück) und der internen Massenträgheit (Rotor) hat einen entscheidenden Einfluss auf die Güte der Regelung.

Bei Servoanwendungen mit Getriebe geht man davon aus, dass das Verhältnis k aus externer Masseträgheit zu interner Masseträgheit den Wert 15 nicht überschreiten soll.

$$k = \frac{J_{\text{extern}}}{J_{\text{intern}}} \leq 15$$

$$J_{\text{extern}} = m_{\text{Last}} \left(\frac{D}{2 \cdot i}\right)^2$$

$$J_{\text{extern}} = 50\,\text{kg} \cdot \left(\frac{0{,}15\,\text{m}}{2 \cdot 5{,}41}\right)^2 = 96{,}09 \cdot 10^{-4}\,\text{kg/m}^2$$

Das Trägheitsmoment des Motors wird aus dem Datenblatt des Herstellers übernommen.

$$J_{\text{intern}} = 7{,}3 \cdot 10^{-4}\,\text{kgm}^2$$

$$k = \frac{96{,}09 \cdot 10^{-4}\,\text{kgm}^2}{7{,}3 \cdot 10^{-4}\,\text{kgm}^2} = 13{,}16$$

Der errechnete Wert ist kleiner 15 und somit in Ordnung.

8.11.4.2 Auswahl des Rotorlagegebers

Für die Auswahl eines geeigneten Rotorlagegebers muss zunächst beachtet werden, welche Lagegeber die Baureihe der zum Motor passenden Servo-Umrichter umfassen. Im Herstellerkatalog (Abb. 2) findet sich folgender Auszug:

Antriebsschnittstelle	Beschreibung
Encodereingang	Sub-D, 15-polig Multi-Encodereingang für: TTL-Inkrementalgeber, SinCos Inkremental- oder Absolutwertgeber, SSIAbsolutwertgeber Auswertung Temperaturfühler KTY Über 2 digitale Eingänge, HTL, 2-spurig, 200 kHz, Auch als Frequenzeingang nutzbar
Resolvereingang	Sub-D, 9-polig

2: Schnittstellen der Rotorlagegeber

Die Baureihen der passenden Servo-Umrichter können alle gängigen Rotorlagegeber verarbeiten.

Die geforderte Positioniergenauigkeit des Werkstückes auf dem Förderband beträgt $s = 0{,}5$ mm. Um diese Streckenänderung durch den Rotorlagegeber zu erfassen, ist folgende Teilung T erforderlich:

$$T = \frac{D \cdot \pi}{s \cdot i} = \frac{0{,}15\ \text{m} \cdot \pi}{0{,}0005\ \text{m} \cdot 5{,}41} = 174{,}21$$

Das entspricht einer Winkelgenauigkeit von

Winkel = 360°/174,21 = 2,07°

Geberart			TTL-Inkremental
Drehzahl-/Winkelgeber			M40
Produktschlüssel			TTLI4096
Gebertyp			Single-turn
Impulse			4096
Ausgangssignale			TTL
Schnittstellen			
Absolute Umdrehung			0
Auflösung Winkel		[°]	1.30
Genauigkeit		[°]	-1...1
Min. Eingangsspannung DC	$U_{In,\,min}$	[V]	4.50
Max. Eingangsspannung DC	$U_{In,\,max}$	[V]	5.50
Max. Drehzahl	n_{max}	[r/min]	7324
Max. Stromaufnahme	I_{max}	[A]	0,075
Grenzfrequenz	f_{max}	[kHz]	500

3: Auszug Rotorlagegeber

Der Katalogauszug (Abb. 3) zeigt, dass die geforderte Winkelauflösung von 2,07° vom gewählten TTL-Inkrementalgeber mit der Winkelauflösung 1,30° hinreichend erfüllt wird.

8.11.4.3 Auswahl des Servo-Umrichters

Der Herstellerkatalog (Abb. 4) zeigt für den gewählten Motor SEM-12H15 die geeigneten Servo-Umrichter:

					U84AV-	1024	2024	3024	4024
					I_N	3.2	3.9	5.9	7.3
					$I_{0,\,max}$	4.8	5.9	8.4	11.0
SEM	M_N	N_N	I_N	P_N	I_{max}	6.4	7.8	11.2	14.6
					M_0	9.2	10.9	11.4	11.4
					M_N	8.4	10.0	10.0	10.0
12H15-	10.0	1500	3.8	1.60	$M_{0,\,max}$	16.4	20.0	29.0	29.0
					M_{max}	16.4	20.0	29.0	29.0
					N_{eto}	–	–	–	–

4: Katalogausschnitt für Motor-Servo-Umrichter

Um eine Auswahl zu treffen, müssen die Drehmomente und die Stromstärken zu den berechneten Daten passen.

Drehmomente

Sowohl für M_{eff} (berechnet 1,57 Nm) als auch für M_{max} (berechnet 3,37 Nm)kommen alle vier Servo-Umrichter in Betracht.

Betriebsströme

Der effektive Betriebsstrom berechnet sich wie folgt.

$$I_{eff} = \frac{M_{eff}}{k_{t0}} = \frac{1{,}57\ \text{Nm}}{2{,}78\ \frac{\text{Nm}}{\text{A}}} = 0{,}56\ \text{A}$$

Der maximale Betriebsstrom ergibt sich aus:

$$I_{max} = \frac{M_{max}}{k_{t0}} = \frac{3{,}37\ \text{Nm}}{2{,}79\ \frac{\text{Nm}}{\text{A}}} = 1{,}21\ \text{A}$$

Die Berechnungen zeigen, dass das kleinste Produkt U84AV-1024 (Abb. 5) ausreicht, um den Antrieb zu bewältigen.

5: Gewählter Servo-Umrichter

U/f-Kennlinie

In den Einstellungen des Servo-Umrichters findet sich bei der Inbetriebnahmeparametrierung häufig die Angabe der Motorbetriebsart „Standard U/f". Im Folgenden soll diese Parametereinstellung näher erläutert werden.

Hinter der U/f-Betriebsart steckt die Forderung, dass das Drehmoment M möglichst über den ganzen Drehzahlstellbereich des Motors konstant sein soll. Das Drehmoment M ist konstant, wenn der magnetische Fluss Φ im Motor konstant ist. Der magnetische Fluss Φ ist wiederum konstant, wenn die Stromstärke I konstant ist.

$$M \sim I$$

Um also ein konstantes Drehmoment zu erhalten, muss der Strom über den gesamten Drehzahlbereich konstant bleiben.

Der Strom in den Motorsträngen berechnet sich wie folgt:

$I = \frac{U}{Z}$ für $f > 10$ Hz gilt $Z \approx X_L$, da $X_L \gg R$

$\Rightarrow I = \frac{U}{X_L}$ mit $X_L = 2 \cdot \pi \cdot f \cdot L$ folgt

$$I = \frac{U}{2 \cdot \pi \cdot f \cdot L}$$

Da die Induktivität L eine feste Baugröße des Motors ist, hängt die Stromstärke I nur von der Spannung U und der Frequenz f ab.

$$I \sim \frac{U}{f}$$

Der Motor gibt ein konstantes Drehmoment M ab, wenn das Verhältnis von U/f konstant ist. Das konstante Verhältnis wird in ein U/f-Diagramm eingezeichnet.

Am Beispiel der Sternschaltung (Abb. 1) eines Motors mit der Bemessungsfrequenz 50 Hz und der Bemessungsspannung $U_{Stern} = 400$ V soll dies verdeutlicht werden.

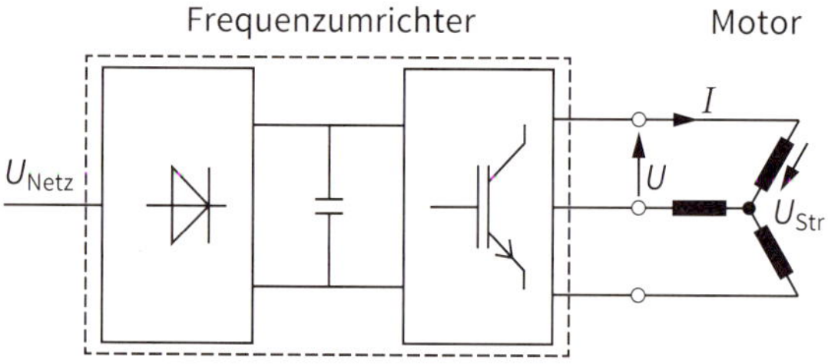

1: Sternschaltung am Servo-Umrichter

Es ergibt sich daraus die U/f-Kennlinie und die Drehmomentkennlinie (blau) in Abbildung 2.

Soll die Frequenz und damit die Drehzahl über den Wert 50 Hz weiter gesteigert werden, so müsste für ein konstantes Drehmoment auch die Spannung weiter über den Wert 400 V hinaus vergrößert werden.

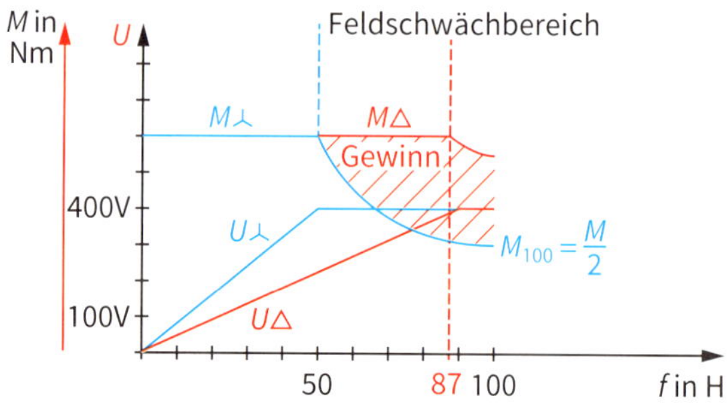

2: U/f-Kennlinie

Da die Motoren für diese größeren Spannungen meist nicht ausgelegt sind, bleibt allein nur eine Erhöhung der Frequenz des Servo-Umrichters übrig.

Dies geht allerdings zu Lasten des Drehmoments, das ab der Eckfrequenz reziprok zur Frequenz f abnimmt. Wird beispielsweise die Frequenz f von 50 Hz auf 100 Hz verdoppelt, so halbiert sich das Drehmoment M von 50 Nm auf 25 Nm (siehe in Abb. 2: Endpunkt der blauen Kennlinie).

Um die Drehzahl des Motors trotzdem ohne einen Drehmomentverlust weiter zu erhöhen, kann der Motor in Dreieckschaltung (Abb. 3) mit erhöhter Strangspannung betrieben werden.

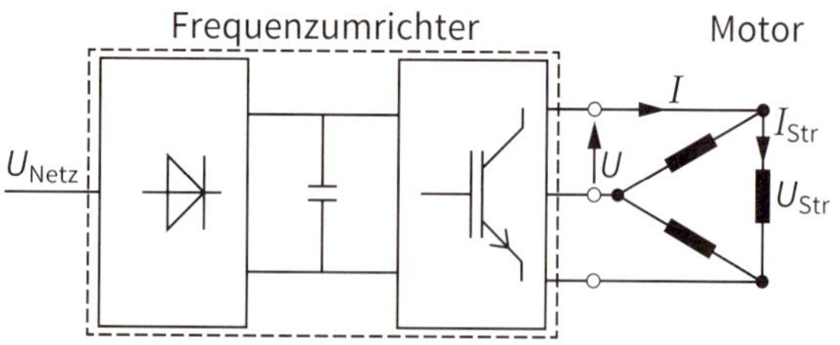

3: Dreieckschaltung am Servo-Umrichter

Die Isolation der Stränge ist in der Regel für die höhere Strangspannung U_{Str} geeignet. Die Bemessungsspannung in Dreieckschaltung beträgt 230 V/50 Hz.

Es ergibt sich:

$$\frac{U}{f_{50\,Hz}} = \frac{230\text{ V}}{50\text{ Hz}} = 4{,}6\,\frac{\text{V}}{\text{Hz}}$$

Wird nun die Strangspannung auf 400 V erhöht, so ergibt sich die neue Eckfrequenz:

$$f_{eck\,neu} = \frac{U}{4{,}6\,\frac{\text{V}}{\text{Hz}}} = \frac{400\text{ V}}{4{,}6\,\frac{\text{V}}{\text{Hz}}} = 87\text{ Hz}$$

Das bedeutet, dass bis zur Frequenz $f = \sqrt{3 \cdot 50\text{ Hz}} = 87$ Hz die Stromstärke I und somit das Drehmoment M konstant bleibt (rote Kennlinie in Abb. 2) und erst dann eine Verringerung stattfindet.

Wegen der erhöhten Verluste (Eisen-, Lüfter-, mechanische Verluste) aufgrund der erhöhten Drehzahlen und der erhöhten Spanung ist darauf zu achten, dass es auch zu einer höheren Thermischen Belastung des Motors kommt.

8.12 Sondermotoren

Neben den bisher behandelten Motortypen gibt es noch eine Reihe weiterer Motorarten, die nun kurz besprochen werden sollen.

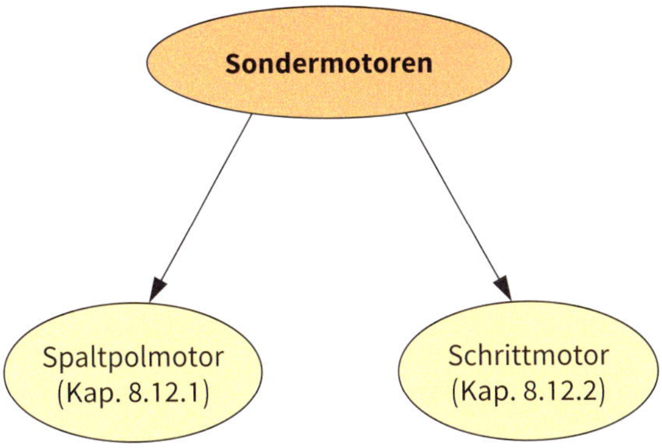

8.12.1 Spaltpolmotor

Aufbau

Der **Spaltpolmotor** [*shaded-pole motor*] ist ähnlich aufgebaut wie ein Asynchronmotor.

Der **Stator** besteht aus einem Dynamoblechpaket, auf dem die Wechselstromerregerwicklung (Hauptwicklung) aufgebracht ist. Der Ständer hat zudem zwei Spaltpole, in denen jeweils die Spaltpolwicklung (**Kurzschlussring** [*shaded-pole winding*]) eingelagert ist.

Der Kurzschlussring ist aus Kupfer oder Aluminium gefertigt und stellt eine Wicklung mit nur einer Windung dar.

Der **Rotor** ist ein Käfigläufer.

Wirkungsweise

Der Spaltpolmotor läuft im Unterschied zum Drehstromasynchronmotor mit einphasigem Wechselstrom. Zur Erzeugung eines Drehfeldes sind zwei phasenverschobene magnetische Felder nötig, daher muss eine Verschiebung erst erzeugt werden.

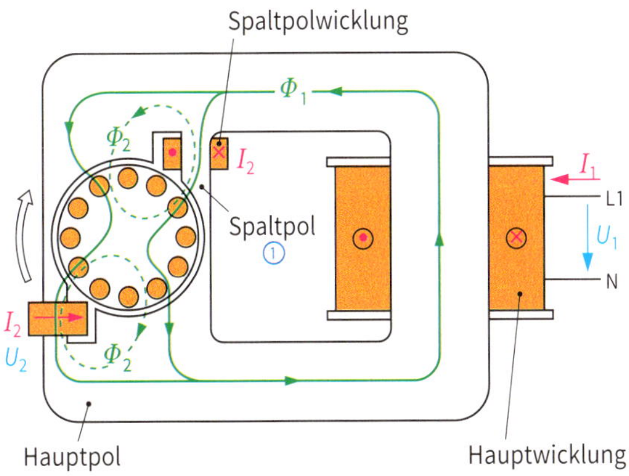

3: Spaltpolmotor

Das geschieht folgendermaßen: Das von der Hauptwicklung (Statorwicklung) gebildete Feld durchdringt den Kurzschlussring. Dort wird eine Spannung induziert, die den Strom I_2 und damit ein Magnetfeld zur Folge hat. Dieses Magnetfeld wirkt im Spaltpol ① dem Hauptfeld entgegen. Dort ergibt sich dadurch eine Phasenverschiebung.

Auf diese Weise entsteht ein Drehfeld, das den Läufer bewegt.

Die Drehrichtung ist nicht elektrisch umkehrbar, da durch eine Spannungsumpolung das Feld des Hauptpols und des Spaltpols umgekehrt werden. Abhilfe schafft eine zweite Spaltpolwicklung oder der umgekehrte Einbau des Läuferrades.

Einsatzgebiete

Die Herstellungskosten des Spaltmotors sind wegen der einfachen Bauweise gering. Da wegen der großen Streufelder die Verluste sehr groß sind, wird er nur für Leistungen bis 200 W verwendet. Der Wirkungsgrad beträgt nur etwa 10 bis 20 %. Die Verwendung des Spaltpolmotors für größere Leistungen ist unwirtschaftlich.

Sein Betrieb an Wechselspannung, seine Laufruhe, Wartungsfreiheit und hohe Lebensdauer haben ihn zum Standardantrieb von kleinen Lüftern (Abb. 4), Ventilatoren oder auch Pumpen in Waschmaschinen gemacht.

4: Spaltpolmotor für einen Lüfter

Aufgaben

1. Aus welchen Komponenten ist ein Spaltpolmotor aufgebaut?
2. Wozu dienen beim Spaltpolmotor die Kurzschlussringe?
3. Wie lässt sich beim Spaltpolmotor die Drehrichtung ändern?

- Spaltpolmotoren sind für Einphasen-Wechselstrom gebaut.
- Spaltpolmotoren werden für Leistungen bis ca. 200 W hergestellt.
- Spaltpolmotoren sind kostengünstig und wartungsfrei.

8.12.2 Schrittmotor

Aufbau

Ein **Schrittmotor** [*stepper motor*] besteht aus einem feststehenden Stator und einem Läufer. Im Gegensatz zu anderen Motoren befinden sich beim Schrittmotor die Spulen nur im feststehenden Stator. Der Rotor ist ein Dauermagnet mit einem Nord- und Südpol. Das Drehfeld entsteht durch gezieltes Ein- und Ausschalten einzelner Wicklungsstränge (Abb. 1). Dadurch lassen sich auf einfache Weise auch der Drehsinn und die Drehzahl des Motors steuern.

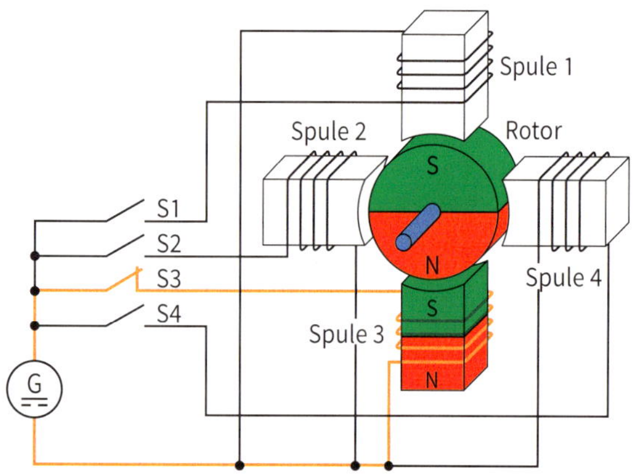

1: Schaltung eines Schrittmotors

Wirkungsweise

Wird z.B. Schalter S3 geschlossen, so dreht sich der Nordpol des Polrades zum Südpol der Spule 3. Werden dann S3 geöffnet und S2 geschlossen, dreht sich der Läufer um 90° im Uhrzeigersinn weiter zu Spule 2.

Um die Position des Rotors zu bestimmen, genügt es – ausgehend von einer Ausgangslage – die Anzahl der Steuerimpulse zu zählen und mit dem **Schrittwinkel** [*step angel*] zu multiplizieren. Durch eine hohe Frequenz der Steuerimpulse lässt sich eine kontinuierliche Drehbewegung erzeugen.

Der **Schrittwinkel** α ergibt sich aus der Polpaarzahl p des Läufers und der Phasenzahl m des Stators.

$$\alpha = \frac{360°}{2 \cdot m \cdot p}$$

Um die Schrittwinkel zu verkleinern, muss die Phasenzahl oder die Polpaarzahl erhöht werden. Da die Phasenzahl in der Regel schwer zu beeinflussen ist, erhöht man in der Praxis die Polpaarzahl. Man fertigt dazu den Läufer aus zwei versetzten Einzelzahnrädern, einem Nord- und einem Südpolrad aus dauermagnetischem Material. Beide sind genau um eine halbe Polteilung zueinander verschoben (Abb. 2).

Ändert sich nun das Statorspulenfeld, wird durch die Poländerung das Polrad jeweils um den Schrittwinkel α weitergedreht.

2: Läufer des Schrittmotors

Die Ansteuerung der Statorwicklungen erfolgt mit Hilfe elektronischer Schaltungen. Eine einfache Schaltung stellt die Transistorleistungsstufe für Schrittmotoren dar (Abb. 3). Durch die Steuerung wird jeweils die Basis eines bestimmten Transistors angesteuert. Die Kollektor-Emitter-Strecke wird niederohmig und durch die Motorwicklung fließt Strom.

Schrittmotoren können bis ca. 1 kW wirtschaftlich eingesetzt werden. Sie finden Verwendung in der Regelungstechnik, in Druckern (Abb. 4) oder auch als Antrieb für den Schreib-/Lesekopf in der Festplatte.

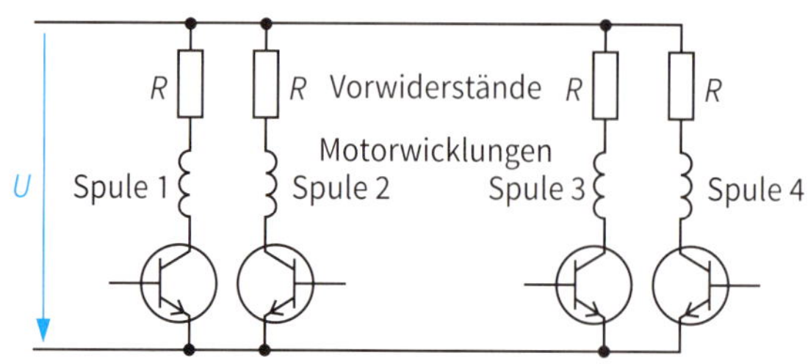

3: Steuerung für Schrittmotoren

4: Schrittmotor

Aufgaben

1. Von welchen Größen hängt der Schrittwinkel beim Schrittmotor ab?
2. Beschreiben Sie die Funktionsweise eines Schrittmotors.

- Schrittmotoren können durch eine Steuerung um einen bestimmten Schrittwinkel gedreht werden.
- Schrittmotoren sind für kleine Leistungen einsetzbar.

9 Gebäudetechnische Anlagen

9.1 Gebäudesystemtechnik mit KNX

Auf dem Betriebsgelände der Firma Sauer Kunststofftechnik AG wird zur Zeit die Erweiterung des Bürogebäudes geplant. Es sollen mehrere Büroräume sowie ein zentraler Empfangsbereich mit zwei angegliederten Konferenzräumen ergänzt werden. Die Abteilungsleiterin Frau Burger möchte in den neu geschaffenen Empfangs- und Konferenzräumen die Installation mit Hilfe des **KNX** (Abk. für **Kon**ne**x**) realisieren lassen. Daher bittet sie die Mitarbeiter des Projektteams einen Vorschlag auszuarbeiten, in welchen Bereichen dieser Räume die KNX-Technik eingesetzt werden kann. Ziel des Projektes sollen multifunktionale Räume mit einem hohen Maß an Komfort sein.

Bei der nächsten **Baubesprechung** [*construction meeting*] erhält Frau Burger folgenden Planungsvorschlag mit technischen Erläuterungen.

9.1.1 Planungsgrundlagen

Der **Planungsvorschlag** [*planning proposal*] sieht vor, das KNX-System in den zwei Konferenzräumen, dem Eingangsbereich und in den Fluren einzusetzen. In diesen Räumen sollen folgende Systeme mit KNX ausgeführt werden:

- Beleuchtung mit Anwesenheitsmelder in den Fluren
- Jalousie
- Projektionsleinwand
- Zentrales Bedienelement in jedem Konferenzraum
- Zentrale Visualisierung der Gebäudefunktionen im Empfangsbereich
- Regelung der Raumheizung

Welche Vorteile hat ein KNX-System?

Beim KNX-System handelt es sich um ein weltweit standardisiertes Bussystem KNX (EN 50090) mit folgenden Möglichkeiten:

- Übernahme sämtlicher Steuer-, Regel- und Meldeaufgaben in einem Gebäude.
- Programmierung und Veränderung der jeweiligen Funktionen über eine Software ohne zusätzlichen Installationsaufwand.
- Höhere Flexibilität in der Raumnutzung.
- Steigerung des Komforts und der Sicherheit durch den Einsatz intelligenter KNX-Geräte (z. B. Heizungsregelung) sowie Vernetzung mit anderen Systemen (z. B. Alarmanlage).
- Senkung der Energiekosten.
- Visualisierung und Beeinflussung des Gebäudestatus an jedem Ort des Gebäudes (**Gebäudeleittechnik** [*building services management system*]).

Unterschiede zur konventionellen Installationstechnik

Das KNX-System besteht aus einem Energienetz und einem Informationsnetz (Bussystem). Alle KNX-Geräte sind über die Busleitung miteinander verbunden (Abb. 5). Die Schaltinformation wird nicht über die Energieleitung, sondern über die Busleitung übertragen. Die Schaltbefehle werden nicht wie herkömmlich über eine Verdrahtung erstellt, sondern über ein Programm in den KNX-Geräten ausgeführt.

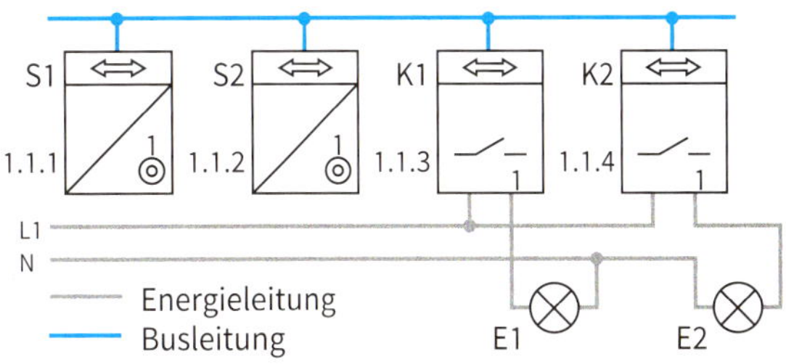

5: Aufbau eines KNX-Systems

Sensoren (z. B. Tastsensor) erfassen den Schaltbefehl. Über die Busleitung wird dieser Schaltbefehl zum zugehörigen **Aktor** (z. B. Schaltaktor) gesendet (Abb. 6). Dieser wertet den Befehl aus und schaltet den Verbraucher (z. B. Leuchte) an die Netzspannung.

Herkömmliche Installationstechnik		KNX-System
Schalter, Taster	⟺	Sensor
Energieleitung	⟺	Energieleitung und Busleitung
Verbraucher	⟺	Aktor mit Verbraucher

6: Systemvergleich

Der Installationsaufwand ist beim KNX geringfügig größer als bei der herkömmlichen Installationstechnik, da zusätzlich eine zweite Leitung (Busleitung) verlegt werden muss. Allerdings liegen die Kosten für die Betriebsmittel beim Einsatz im Wohnbereich bei der KNX-Lösung wesentlich höher als bei der konventionellen Installationstechnik.

Neben dem drahtgebundenen KNX-System besteht auch die Möglichkeit, die Informationen per Funk (vgl. Kap. 9.1.3) zu übertragen. Diese Lösungen werden dann eingesetzt, wenn die Installation des Busnetzes sehr aufwändig ist oder eine nachträgliche Installation aus Kosten- oder Baugründen nicht in Frage kommt.

Auf Grund der genannten Vorteile beschließt das Projektteam, die KNX-Technik im Bereich der Empfangs- und Konferenzräume sowie der Flure einzusetzen. Die Mitarbeiter der Betriebstechnik werden mit der Durchführung beauftragt.

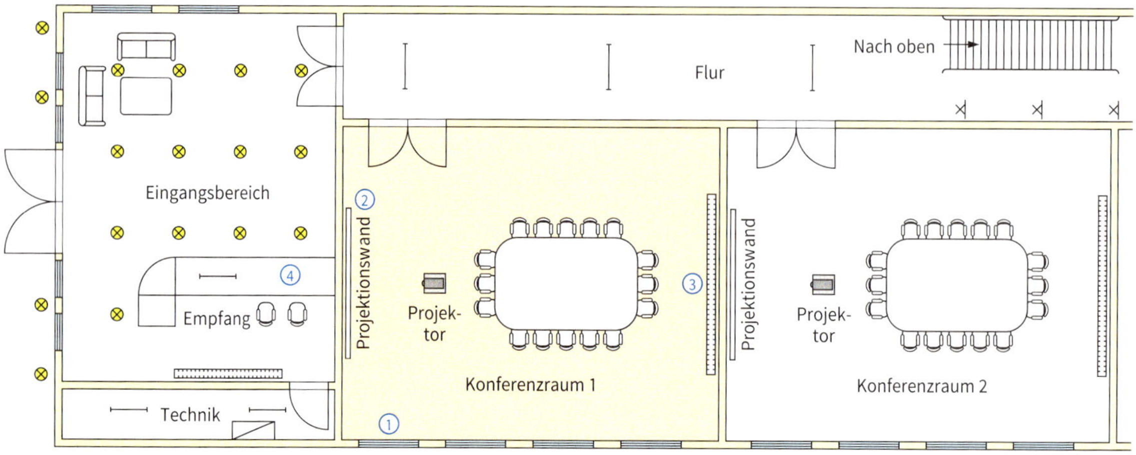

1: Grundriss Bürogebäude (Ausschnitt)

Als Planungsgrundlage wurde von der Planungsabteilung Elektrotechnik ein Grundriss (Abb. 1) des betreffenden Gebäudeteils angefertigt. Dieser zeigt alle Räume, die mit dem KNX-System ausgestattet werden sollen. Der farblich hervorgehobene Raum wird im Anschluss besonders besprochen.

Welche Funktionen werden vom KNX-System übernommen?

Beleuchtungssteuerung:
- verschiedene Lichtszenen im Foyer
- verschiedene dimmbare Lichtszenen in den Konferenzräumen
- Beleuchtung über Bewegungsmelder im Flur

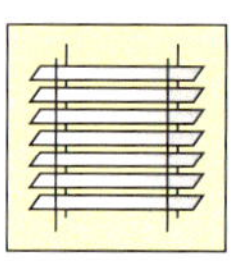

Jalousien/Projektionswände:
- Jalousien ① und
- Leinwände ②

in den Konferenzräumen

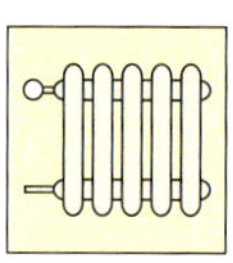

Heizung:
- Regelung der Heizungen in den Konferenzräumen ③

Sämtliche Funktionen in den Konferenzräumen sollen über Bedienelemente innerhalb des Raumes und zusätzlich über ein Anzeige- und **Bedienfeld** [*control panel*] (Abb. 2) im Foyer gesteuert werden (Abb. 1 ④).

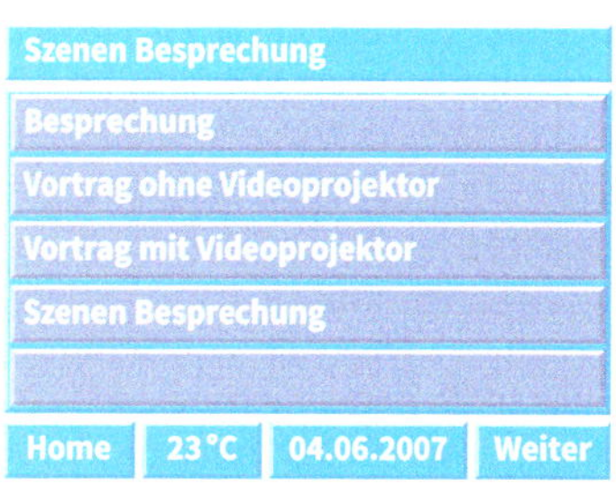

2: Kontrollpanel

Abb. 3 zeigt die notwendigen Arbeitsschritte zur Realisierung eines KNX-Systems.

Arbeitsschritte zur Installation des KNX

Planen	– Ermitteln der Kundenwünsche – Planen der Leitungswege – Aufteilen der Linien und Bereiche anhand eines Gebäudegrundrisses – Auswählen der KNX-Objekte
Installieren	– Leitungen verlegen – Installieren der KNX-Objekte – Prüfen der Installationen
Programmieren mit ETS	– Einlesen der Produktdaten des Herstellers – Einfügen der KNX-Objekte in die ETS – Vergeben der physikalischen Adresse – Festlegen der Verbindungen (Gruppenadressen) – Programmieren der Funktionen – Übertragen und testen des Programms
Inbetriebnehmen	– Prüfen der Funktionen – Erstellen der Dokumentation

3: Arbeitsablauf

9.1.2 Planen des KNX-Systems

Nachdem die Funktionen bereits festgelegt sind, muss der Elektroniker im folgenden Arbeitsschritt die Lage der erforderlichen KNX-Geräte in den Grundriss einzeichnen. Anschließend werden die Leitungswege und die damit verbundene Aufteilung der so genannten **Linien** [*lines*] und **Bereiche** [*sectors*] festgelegt.

9.1.2.1 Auswählen der KNX-Objekte

Am Beispiel des Besprechungsraumes ist im Folgenden die Auswahl und Zuordnung der KNX-Objekte dargestellt. Die Tabelle (Abb. 4) zeigt die Zusammenhänge zwischen der Funktion und dem benötigten KNX-Gerät. Jedes KNX-Gerät wird als Busteilnehmer bezeichnet.

Funktionstabelle

Funktionen		Objekte	Besprechung	Vortrag	Videovortrag
Beleuchtung	Schalten	– Tastsensor – Schaltaktoren – Fernbedienung	x		
Beleuchtung	Dimmen	– Tastsensor mit Fernbedienung – Dimmaktoren		x	x
Jalousie/Leinwand	Schalten (Jalousie)	– Jalousietaster – Jalousieaktor – Sonnensensor	x	x	x
Jalousie/Leinwand	Schalten (Leinwand)	– Jalousietaster – Jalousieaktor			x
Heizung	Stellen	– Raumtemperaturregler – Stellantriebe	x	x	x

4: Funktionszuordnung

Wie ist ein Busteilnehmer aufgebaut?

Jeder Busteilnehmer (z. B. Taster) besteht aus einem **Busankoppler (BA)** [*bus coupling module*] und einem **Anwendungsmodul (AM)** [*application module*] bzw. **Endgerät** [*terminal*] (Abb. 5).

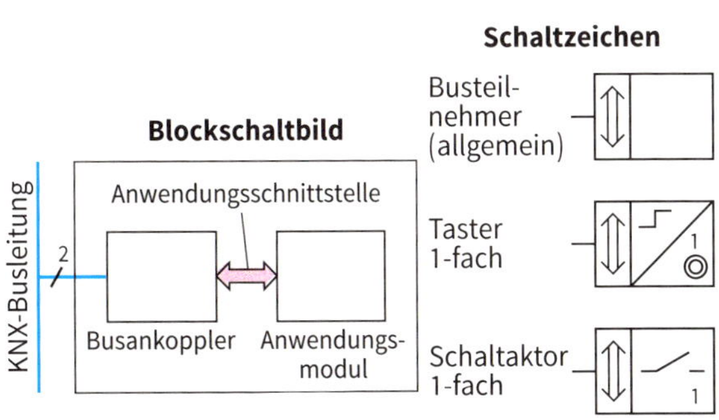

5: Blockschaltbild eines Busteilnehmers

Der Busankoppler stellt die Verbindung zur Zweidraht-Busleitung her. Er sendet und empfängt Daten, speichert das **Anwendungsprogramm** [*application program*] und weitere wichtige Daten in einem internen Speicher.

Das Anwendungsmodul legt die Funktion des Gerätes fest. Je nach Funktion kann das Gerät als Sensor (z. B. Tastsensor) oder Aktor (z. B. Schaltaktor) arbeiten. Das Anwendungsmodul ist entweder fest mit dem Busankoppler verbunden oder über eine **Anwendungsschnittstelle** [*application interface*] steckbar. Am Beispiel eines Tasters (Abb. 6) wird als Anwendungsmodul eine 1-fach Wippe auf den Busankoppler gesteckt.

Auf der Rückseite des Busankopplers befinden sich die **Anschlussklemmen** [*terminal clamps*] zur Busleitung. Sämtliche Busteilnehmer einer Linie werden parallel geschaltet. KNX-Geräte werden als Unterputz- (UP), Einbau- (EG) und Reiheneinbaugerät (REG für die Hutschienenmontage) für Verteilungen gefertigt.

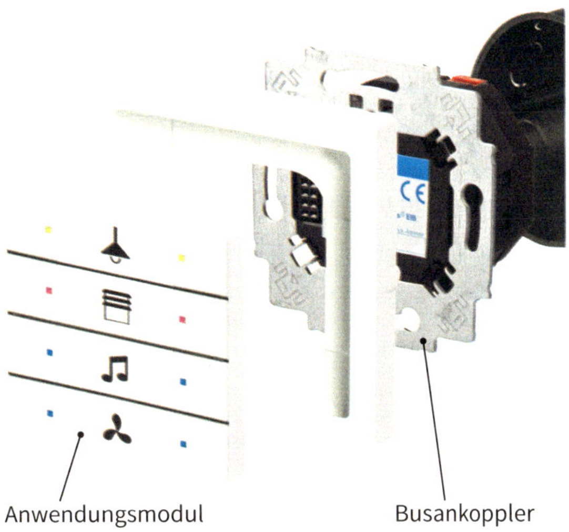

6: Tastensensor mit Busankoppler

Aufgaben

1. Beschreiben Sie den Unterschied zwischen einem KNX-System und einer herkömmlichen Elektroinstallation.
2. Wie wird die Schaltinformation (Tasterbetätigung) zum Verbraucher (Leuchte) übertragen?

- Alle KNX-Geräte (Sensoren und Aktoren) werden über eine Busleitung miteinander verbunden.
- Durch die Programmierung der Funktionen ist das KNX-System sehr flexibel.
- Ein Busteilnehmer besteht aus einem Busankoppler und einem Anwendungsmodul (z. B. Taster).

9.1.2.2 Technologie des KNX

Beim KNX-System handelt es sich um ein dezentrales Zweidraht-Bussystem. Ein zentrales Steuergerät ist nicht erforderlich. Somit ist ein Totalausfall des Bussystems praktisch unmöglich.

Die Schaltinformation wird über die Busleitungen vom Sensor ① zum Aktor übertragen. Die Energie wird somit nicht über den Sensor, sondern nur über den Aktor ② (z. B. Dimmaktor) zum angeschlossenen Verbraucher (z. B. Leuchte) geschaltet (Abb. 1).

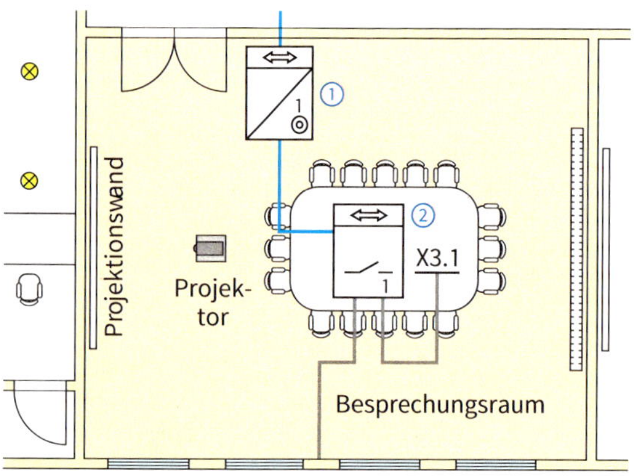

1: Sensor und Aktor im KNX-System

Damit die Kommunikation der KNX-Geräte auch in größeren Gebäuden fehlerfrei funktioniert, muss vom Elektroniker bereits bei der Planung eine hierarchische Struktur des Busnetzes berücksichtigt werden. Zur übersichtlichen Gliederung werden die Busteilnehmer in verschiedene Ebenen gegliedert. Das Bussystem lässt sich zur Strukturierung in **Linien** und **Bereiche** aufteilen (Abb. 2).

Linie

Jede Linie besitzt eine getrennte Spannungsversorgung, die maximal 64 Busteilnehmer versorgen kann. In der Praxis sollten jedoch nur ca. 40 Busteilnehmer in einer Linie eingeplant werden, damit ein Nachrüsten mit weiteren Geräten problemlos möglich ist. Jede Linie enthält

- **Sensoren** und **Aktoren**,
- eine **Spannungsversorgung** mit **Drossel** und
- einen **Verbinder**.

Die Drossel verhindert, dass die Telegramme in der Spannungsversorgung kurzgeschlossen werden. Sie ist häufig in der Spannungsversorgung eingebaut. Der Verbinder dient zum Anschluss der Busleitung an die Spannungsversorgung in der Verteilung.

Über einen **Linienkoppler** (LK) in jeder Linie werden bis zu 15 Linien zu einer Hauptlinie verbunden, an der bis zu 63 Busteilnehmer angeschlossen werden. Der Linienkoppler sorgt für eine galvanische Trennung zwischen den Linien und leitet nur die linienübergreifenden Telegramme weiter.

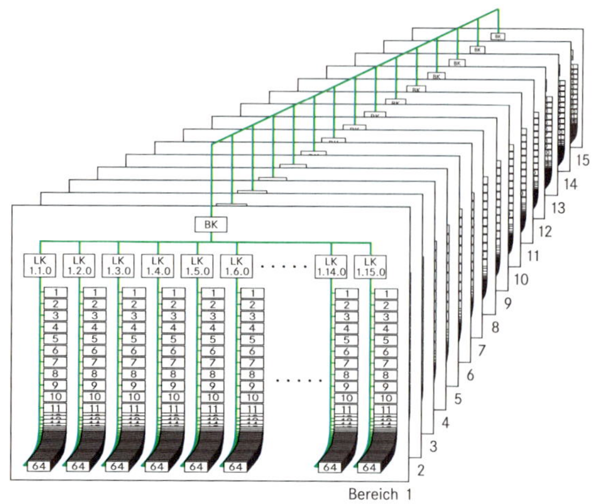

2: Linien und Bereiche im KNX

Bereich

Maximal 15 Linien lassen sich zu einem Bereich zusammenfassen. 15 Bereiche können mit Bereichskopplern zu einer Bereichslinie (Backbone) verbunden werden. Diese kann ebenfalls 64 Teilnehmer enthalten. Zwischen den Bereichs- und den Linienkopplern muss eine Spannungsversorgung vorhanden sein.

Bei der Festlegung der Linien und Bereiche kann das Gebäude als Vorlage dienen. Die Struktur für eine Anlage, die mehrere Gebäude umfasst, kann folgendermaßen aussehen:

- Jedes Stockwerk wird einer Linie zugeteilt.
- Jedes Gebäude wird einem Bereich zugeteilt.

Die Projektplanung sieht für den kompletten mit KNX auszurüstenden Gebäudebereich zwei Linien (Konferenzräume und Flure) vor. Im vorliegenden Fall wäre auch eine Linie ausreichend, da die Anzahl der KNX-Objekte nicht größer als 64 ist. Kommt es jedoch zu einem Kurzschluss oder zu einem Ausfall der Versorgungsspannung, wäre die gesamte Anlage ohne Funktion. Daher ist es ab einer bestimmten Größe sinnvoll, die Objekte auf mehrere Linien aufzuteilen.

Aufgaben

1. Welche KNX-Geräte müssen in einer Linie mindestens vorhanden sein?
2. Warum müssen mehrere Linien über einen Linienkoppler miteinander verbunden werden?

- Das KNX-System ist in Linien und Bereiche aufgeteilt.
- Jede Linie enthält außer Sensoren und Aktoren eine Spannungsversorgung, eine Drossel und einen Verbinder.

Wie erfolgt der Informationsaustausch?

Damit der Informationsaustausch zwischen den einzelnen KNX-Geräten funktionieren kann, muss jedem Busteilnehmer eine eindeutige Adresse zugewiesen werden. Diese Adresse heißt **physikalische Adresse** [*physical address*]. Die physikalische Adresse ist somit der Name des Teilnehmers. Sie setzt sich aus drei Zahlen zusammen:

Beispiel: 1 . 4 . 35

- 35 – Objektnummer
- 4 – Liniennummer
- 1 – Bereichsnummer

Vom Hersteller werden alle KNX-Geräte mit der Adresse 15.15.255 ausgeliefert.

Wie erhält der Busteilnehmer seine Adresse?

Die Zuweisung der physikalischen Adresse erfolgt durch die Programmierungssoftware während der Inbetriebnahme oder bereits im Vorfeld, z. B. in der Werkstatt. Im letzten Fall sollte jedoch jedes KNX-Gerät eindeutig mit einer Beschriftung gekennzeichnet werden, da es ansonsten zu Verwechslungen und Fehlfunktionen kommen kann. Bei der Adressierung muss am betreffenden Objekt die Quittiertaste betätigt werden. Sind die KNX-Geräte bereits im Vorfeld adressiert, müssen die Schalter- und Lampenabdeckungen nicht nochmals entfernt werden, um die Quittierung der Adresse am KNX-Gerät vorzunehmen.

Für den Besprechungsraum werden die Busteilnehmer und physikalischen Adressen gemäß der Tabelle in Abb. 3 ausgewählt. Sämtliche Systemgeräte und Aktoren werden in einer Verteilung im Foyer eingebaut. Daher wurde hier die **Montageart Reiheneinbaugerät** (REG) gewählt.

Aufgaben

1. Warum muss jedem KNX-Busteilnehmer eine physikalische Adresse zugeordnet werden?
2. Sie müssen in einem Gebäude ein KNX-System mit 260 Teilnehmern planen. Wie viele Linien müssen Sie mindestens einplanen?
3. Wie groß ist die Linienanzahl in Aufgabe 2 unter Berücksichtigung der Nachrüstbarkeit?
4. Ein Busteilnehmer hat die folgende physikalische Adresse: 2.4.33
   In welcher Linie und in welchem Bereich befindet sich das Gerät?

- Damit der Informationsaustausch fehlerfrei funktioniert, wird jedem Gerät am Bus eine eindeutige physikalische Adresse zugeordnet.
- Die physikalische Adresse besteht aus drei Zahlen (Bereich, Linie und Objekt), die durch Punkte getrennt sind.

KNX-Gerät	Funktion	Physikalische Adresse	Montageart	Abbildung
Spannungsversorgung mit integrierter Drossel	Versorgt das KNX-Busnetz mit der erforderlichen Betriebsspannung ($U_0 = 30$ V, $I_n = 320$ mA)	1.1.3	REG	
5-fach-Bedienelement mit Raumtemperaturregler und Fernbedienung	Bedienung der Funktionen: • 2 Lichtszenen • Licht Ein/Aus • Leinwand Ab/Auf • Raumtemperatur regeln • Jalousien Ab/Auf Alle Funktionen sind zusätzlich über eine IR-Fernbedienung möglich.	1.1.21	UP	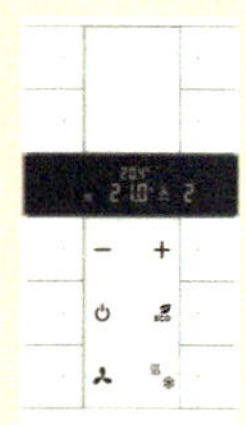
4-fach Dimmaktor	Beleuchtung schalten und dimmen	1.1.1	REG	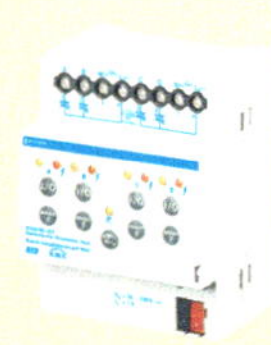
4-fach Jalousieaktor	Jalousien und Leinwand steuern	1.1.2	REG	
4-fach Heizungsaktor	Stellantriebe steuern	1.1.6	REG	
Thermoelektrischer Betrieb	Heizungsventile stellen	–	AP	

3: Liste der KNX-Geräte im Besprechungsraum

9.1.3 Installieren des KNX-Systems

Bei der Installation der Busleitungen muss der Elektroniker Folgendes beachten:
- Leitungstyp
- Leitungsverlegung
- Maximale Leitungslänge der Busleitung
- Überspannungsschutz

Welcher Leitungstyp wird verwendet?
Als Busleitung sollten nur solche Leitungen zum Einsatz kommen, die von der KNX-Association empfohlen werden:
- YCYM 2 x 2 x 0,8
  (Adernfarben: rot, schwarz, gelb, weiß)
- J-Y(St)Y 2 x 2 x 0,8
  (Adernfarben: rot, schwarz, gelb, weiß)

1: Busleitung

Da die Busleitung zu einem SELV-Stromkreis gehört, dürfen auf keinen Fall freie Adern einer 230 V-Leitung als Busleitung verwendet werden. Die rote (Bus +) und die schwarze (Bus −) Ader werden an die Busklemmen angeschlossen (Abb. 2). Die **Busklemme** [*bus terminal*] ist die Schnittstelle zwischen dem Busnetz und den Busteilnehmern. Jedes Leitungsende verfügt über eine Bezeichnung des angeschlossenen Teilnehmers.

Beispiel:
T:7 L:6 B:1 ist der Teilnehmer mit der Nummer sieben aus der sechsten Linie des ersten Bereichs.

Die freien Adern der Busleitung dienen als Reserve und dürfen nicht zur Übertragung weiterer Signale (z.B. Telefon) verwendet werden.

Wie werden die Bus-Leitungen verlegt?
Die Busleitung darf nur als Linien-, Stern- oder Baumnetz installiert werden. Die Installation eines **Ringnetzes** [*ring network*] ist nicht erlaubt, damit am Ende der durchgeschleiften KNX-Busleitung keine Verbindung zum Anfang hergestellt werden kann. Abb. 6 zeigt eine mögliche Leitungsführung der Busleitung im Besprechnungsraum.

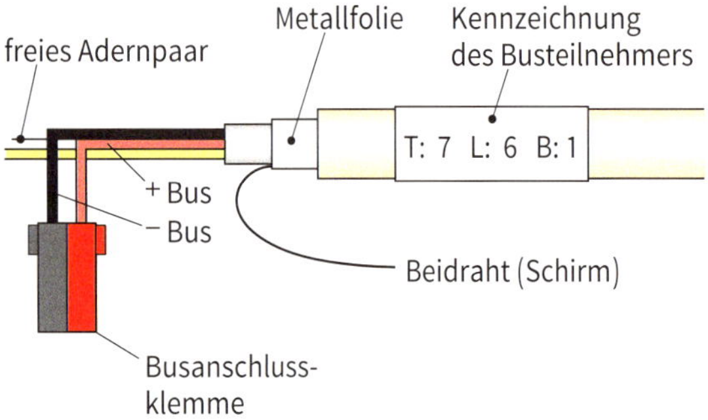

2: Busleitung mit Anschlussklemme

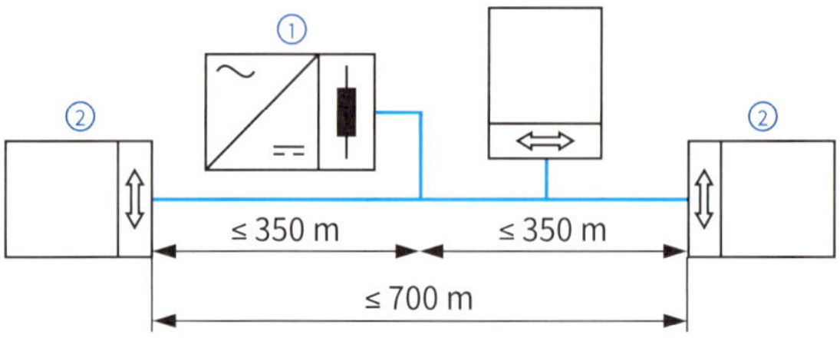

3: Übersicht der maximalen Leitungslängen

Bei der Verlegung der Busleitung dürfen die **Maximallängen** [*maximum length*] wegen der Übertragungssicherheit nicht überschritten werden (Abb. 3).
- Der Abstand zwischen der Spannungsversorgung ① und den Busteilnehmern ② darf nicht länger als 350 m sein.
- Zwischen weit entfernten Busteilnehmern gilt ein maximaler Abstand von 700 m.
- Innerhalb einer Linie bzw. eines Bereiches darf die Gesamtlänge der Busleitung 1000 m nicht überschreiten.

Bei der Installation ist darauf zu achten, dass die Leitung in ihrem Verlauf als Busleitung gekennzeichnet ist. Bei der Einführung einer Busleitung in eine 230/400 V Unterverteilung muss ein Abstand von 50 mm zu den Starkstromleitungen eingehalten werden.

Abb. 5 zeigt eine ordnungsgemäß verdrahtete KNX-Klemmdose. Darin dürfen nur Busleitungen verklemmt werden. Die Leitung wird erst am Ende abgemantelt und die Reserveadern werden nicht abgeschnitten (Abb. 4 ③). Die Schirmung sowie die freien Adern dürfen nicht zufällig mit einem anderen Potenzial (z. B. 230 V) in Verbindung kommen.

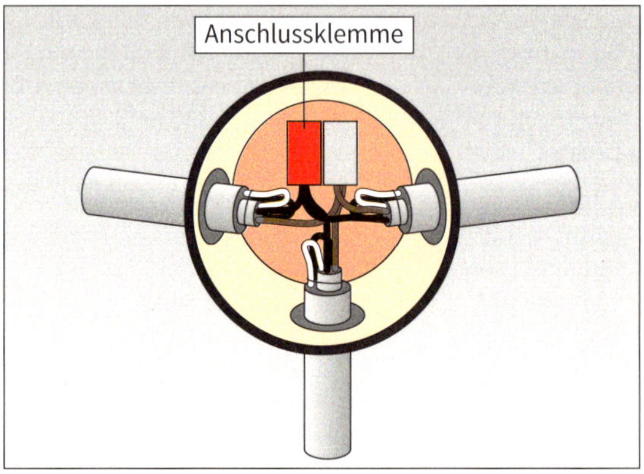

4: KNX-Klemmdose

- Die Busklemme bildet die Schnittstelle zwischen Busnetz und Busteilnehmer.
- Das Busnetz darf nicht als Ringnetz aufgebaut werden.
- Die maximalen Leitungslängen dürfen bei der Verlegung eines Busnetzes nicht überschritten werden.

Kommunikationssysteme

Überspannungsschutz im KNX-Netz

Bei einem KNX-Netz müssen zum Schutz gegen **Überspannung** [*overvoltage*] geeignete Maßnahmen eingeplant werden. Die Überspannung kann beispielsweise durch

- nahe und entfernte Blitzeinschläge oder
- Schalthandlungen

verursacht werden.

Daher sieht die Planung der Projektabteilung vor, Überspannungsschutzeinrichtungen (Abb. 5) zur Absicherung des KNX-Netzes sowie der angeschlossenen Busteilnehmer gegen Überspannungsschäden einzubauen. Die maximal zulässige **Stoßspannung** [*surge voltage*] bei KNX-Betriebsmittelsn beträgt 2 kV.

Der **Überspannungsableiter** ① [*surge arrester*] wird anstelle der Busklemme mit dem Busankoppler verbunden und auf kürzestem Weg mit einem Erdungspunkt verbunden. Dieser „Feinschutz" garantiert allein jedoch keinen umfassenden Schutz der Anlage, sondern kann nur im Zusammenhang mit einem sinnvollen Blitzschutz-Zonenkonzept (vgl. Kap. 9.6.3) gesehen werden.

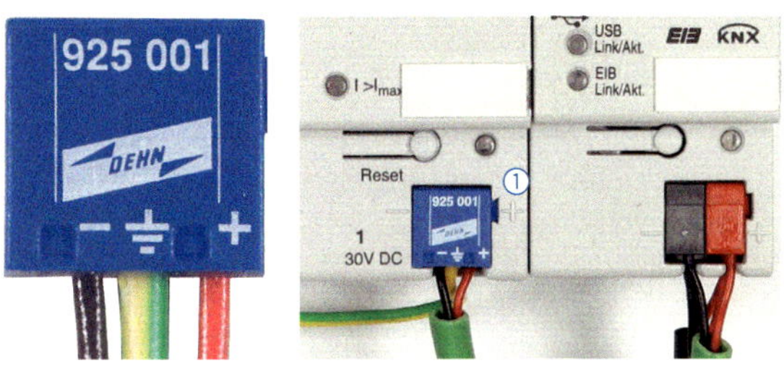

5: KNX-Überspannungsschutz

Prüfung der KNX-Installation

Nach Abschluss der Installationsarbeiten muss vor dem Einbau der Betriebsmittel eine Prüfung der Anlage durchgeführt werden. Die erforderliche Prüfdokumentation dient als Nachweis dafür, dass die Busleitungen fehlerfrei installiert sind. Außerdem ist sie für eine spätere Erweiterung wichtig. Dazu sind folgende Messungen durchzuführen bzw. Pläne zu erstellen:

- Plan mit den verlegten Busleitungen erstellen
- Leitungslängen ermitteln
- Polarität der Busleitungen prüfen
- Isolationswiderstand messen
- Betriebsspannung der Busleitung bei eingebauter Spannungsversorgung prüfen
- Galvanische Trennung der einzelnen Linien prüfen

Aufgaben

1. Worauf muss bei der Verlegung und beim Anschluss der Busleitungen geachtet werden?
2. Welchem Zweck dient der Überspannungsschutz in einer KNX-Linie?

- Zum Schutz der KNX-Betriebsmittel vor Überspannungen muss zwischen der Busleitung und dem Busankoppler ein Überspannungsschutzgerät installiert werden.
- Nach Abschluss der Installationsarbeiten müssen umfangreiche Prüfungen durchgeführt werden.

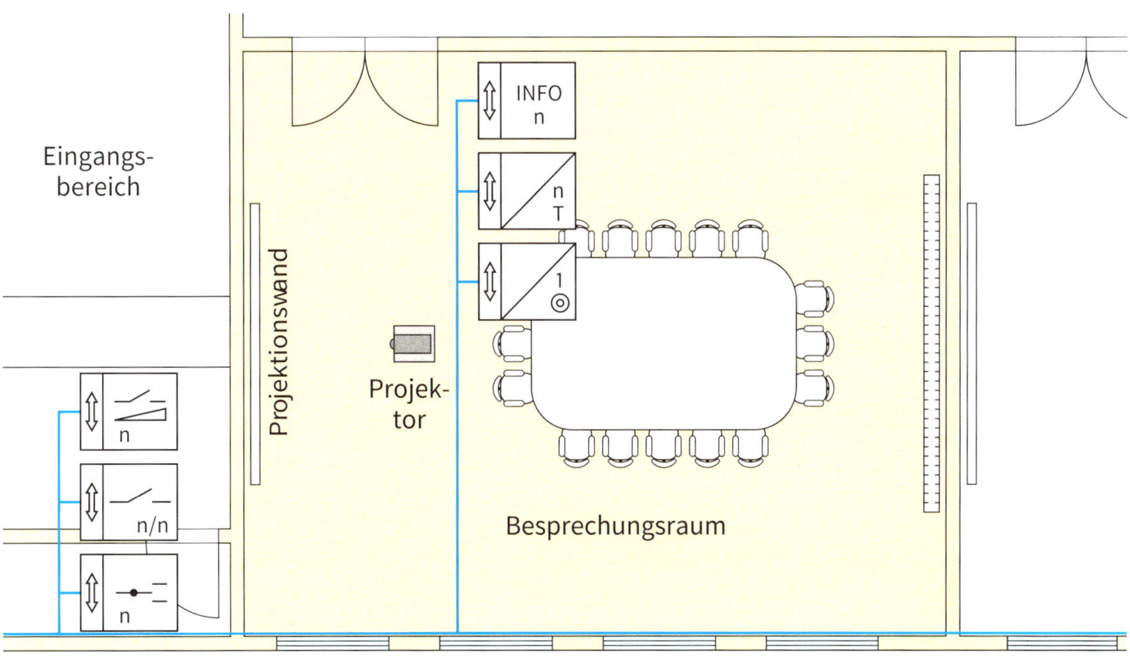

6: Verlegung der Busleitung im Konferenzraum 1

Bussysteme zur Gebäudesystemtechnik			
Aufbau	**Funktion**	**Merkmale**	**Einsatzbereich**
Funk KNX			
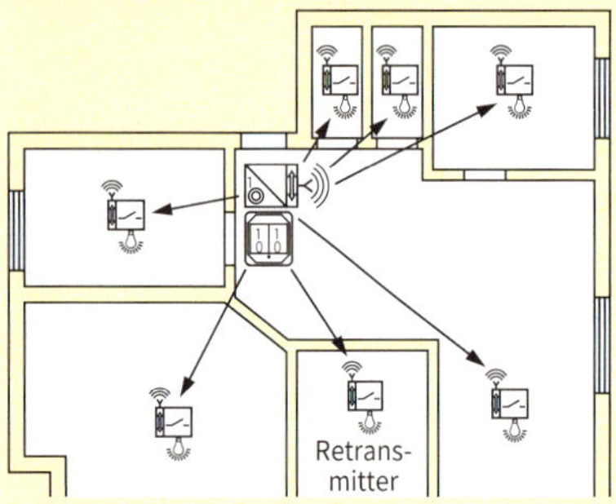	• Datenübertragung per Funk (868 … 870 MHz) • Die Komponenten werden über 230 V oder Batterie versorgt. • Jeder Teilnehmer empfängt das Bussignal und sendet es erneut (Retransmitter). • Kommunikation über physikalische Adresse bzw. Gruppenadresse	• Kompatibel zu den bestehenden KNX-Systemen • Reichweite des Funknetzes bis 300 m (im Freiraum) • 15 Bereiche mit je 6 Linien und bis zu 64 Teilnehmern möglich • Verknüpfung mit anderen Bussystemen über Gateways	• Wird überall dort eingesetzt, wo die Architektur des Gebäudes keine Leitungsverlegung zulässt (Umbau, Sanierung). • Flexible Montageorte der Geräte, z. B. dort, wo eine Leitungsverlegung unmöglich ist.
Powerline KNX			
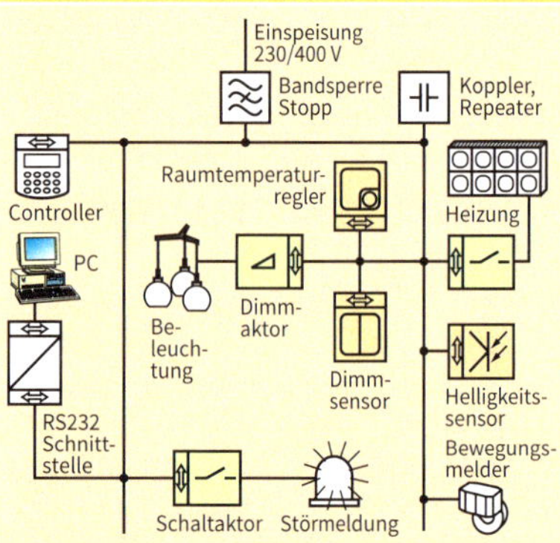	• Die Übertragung der Daten erfolgt über das Energienetz. • Übertragungsverfahren **S**pread **F**requency **S**hift **K**eying (**SFSK**) mit den Übertragungsfrequenzen von 105,6 kHz und 115,2 kHz • Die Datentelegramme werden der Netzspannung von 230 V überlagert.	• Das Busnetz besteht aus maximal 8 Bereichen mit bis zu 16 Linien. Jede Linie kann 256 Teilnehmer enthalten. • Leitungslänge zwischen zwei Teilnehmern ≤ 500 m • Alle drei Außenleiter werden zur Datenübertragung über einen Phasenkoppler verbunden.	• Nutzung des vorhandenen Energienetzes zur Datenübertragung, da keine getrennte Busleitung notwendig ist. • Kompatibilität mit KNX bei der Datenübertragung
Local Control Network (LCN)			
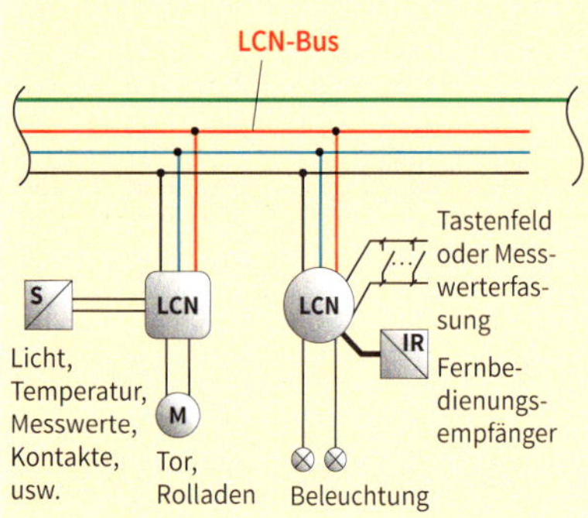	• Bisherige Objekte (z. B. Schalter) werden durch kleine Computermodule ersetzt. • Alle Busmodule tauschen die Information über eine zusätzliche Ader der herkömmlichen Installation aus. • Die Module und Segmente verfügen über eine eindeutige Adresse.	• Bis zu 30 000 selbstständig arbeitende Module können in ein System integriert werden. • Keine getrennte Stromversorgung notwendig • Das Busnetz kann in 120 Segmente mit jeweils bis zu 250 Modulen aufgeteilt werden. • Die Programmierung erfolgt über eine spezielle Software.	• Geringe Modulanzahl durch Kombination von Sensor und Aktor • Ausbaufähig durch mehr als 60 000 Sensoren und Aktoren • Einsatz herkömmlicher Taster usw. möglich
Local Operating Network (LON)			
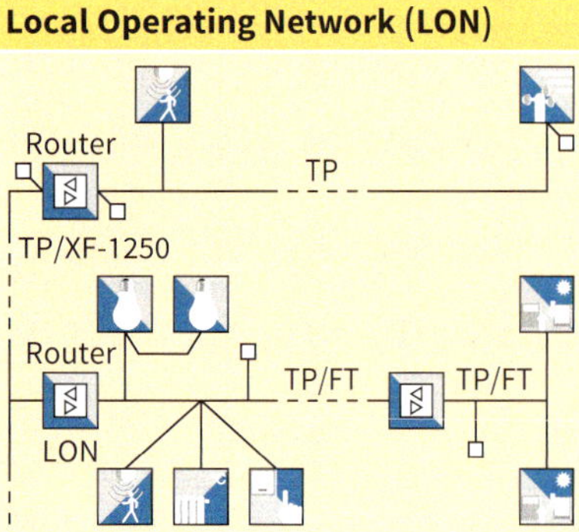	• Zur Datenübertragung können beliebige Medien eingesetzt werden (Zweidrahtbus, Funk, Infrarot, LWL usw.) • Die Kommunikation erfolgt über ein spezielles LonWorks-Protokoll. • Alle Teilnehmer werden in einer Linie bis zu 2 km Länge miteinander verbunden.	• Bis zu 32285 intelligente Busteilnehmer pro Netzwerk (Domain) • Keine vorgeschriebene Topologie notwendig • Die unterschiedlichen Übertragungsmedien werden über Repeater miteinander verbunden.	• Einfache und übersichtliche Installation • Informationsverarbeitung findet vor Ort statt. • Sensoren und Aktoren besitzen eigene Intelligenz. • Integration unterschiedlicher Gewerke (Subnet)

Kommunikationssysteme

9.1.4 Programmieren

Mit Hilfe der kosten- und lizenzpflichtigen Software **ETS** (**E**ngineering **T**ool **S**oftware) werden die Funktionen der KNX-Objekte programmiert. Damit wird die logische Verbindung zwischen Sensor und Aktor innerhalb des KNX-Systems hergestellt. Im Folgenden werden am Beispiel des Konferenzraums 1 alle notwendigen Schritte zur Programmierung mit Hilfe der ETS behandelt.

9.1.4.1 Aufbau der ETS

Nach dem Programmstart werden zunächst die Eigenschaften des Projektes, z. B. der Projektname, eingegeben (Abb. 1).

1: Projekteigenschaften

Nach Eingabe der Projektdaten öffnet sich die Grundansicht der ETS mit den drei Bereichen Topologie, Gruppenadressen und Gebäude (Abb. 2). In der **Gebäudeansicht** ① wird die Struktur des Gebäudes durch

- Gebäudeteile (z. B. Geschoss),
- Räume,
- Schaltschränke und
- Gewerke (z. B. Heizung)

hierarchisch nachgebildet und dargestellt.

Die **Topologieansicht** ② stellt den hierarchischen Aufbau des Busnetzes mit den vorhandenen Linien und Bereichen dar. Weiterhin erhält jedes Gerät in der Topologieansicht eine eindeutige physikalische Adresse.

Die Einrichtung und Vergabe der **Gruppenadressen** ③ (vgl. Kap. 9.1.4.2) bildet den zentralen Bestandteil zur Herstellung der Funktionsverknüpfungen. Als Strukturmittel können Haupt-, Mittel- und Untergruppen angelegt werden. KNX-Objekte, die einer gleichen Gruppenadresse zugeordnet werden, sind miteinander verbunden. Dies entspricht bei der konventionellen Installationstechnik der Klemmverbindung zwischen Schalt- und Lampenader.

Bevor mit der Programmierung begonnen werden kann, müssen die **Produktdaten** *[product data]* des ausgewählten Herstellers in die ETS importiert werden. Dazu bieten alle Hersteller Produktdatenbanken an, die im Bereich Kataloge über das Internet kostenlos zur Verfügung gestellt werden. Darin befinden sich nach Kategorien geordnet alle KNX-Geräte des Herstellers mit den gerätespezifischen Einstellmöglichkeiten. Anschließend werden alle Daten zu einem Projekt (Aufbau, Geräte, Schaltfunktionen usw.) in einer Datenbank zusammengefasst und gespeichert.

Aufgabe

1. Beschreiben Sie die Aufgabe der Produktdatenbank und erstellen Sie eine Anleitung zur Installation der Produktdatenbank in die ETS.

- Die Programmierung der Schaltfunktionen wird mit Hilfe der Software **ETS** (**E**ngineering **T**ool **S**oftware) durchgeführt.
- Die Daten werden in Form eines Projektes gespeichert.

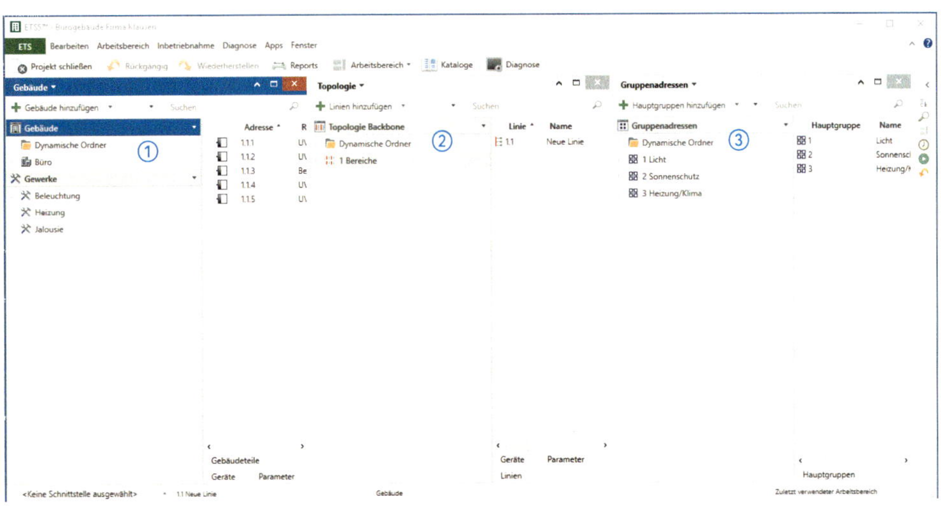

2: Programmierumgebung der ETS

9.1.4.2 Programmerstellung

Bei der Erstellung des KNX-Programms mit Hilfe der ETS ist eine systematische Vorgehensweise notwendig. In der folgenden Übersicht (Abb. 1) sind alle Schritte dargestellt.

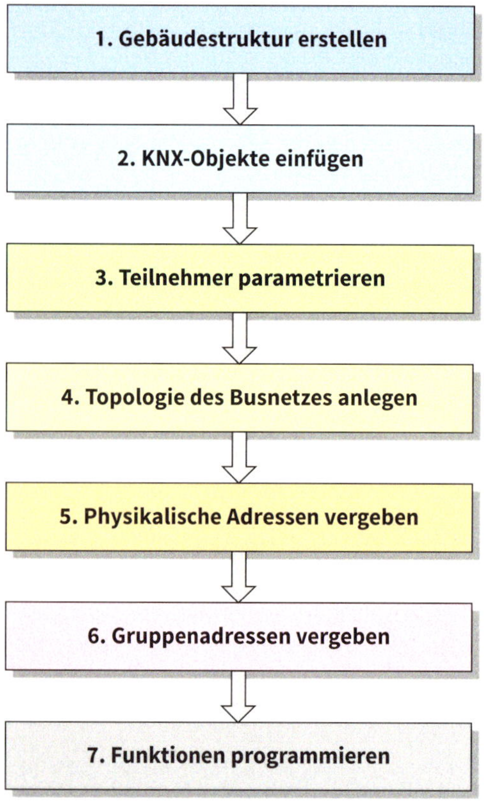

1: Projektierungsschritte mit der ETS

1. Gebäudestruktur erstellen

In der Gebäudeansicht wird zunächst die reale Struktur des Gebäudes nachgebildet. Dazu können

- **Gebäude**, 
- **Gebäudeteile**, 
- **Räume** und 
- **Schaltschränke** 

in einer hierarchischen Baumstruktur angelegt werden. Die Gebäudeansicht ist zwar nicht zwingend vorgeschrieben, verbessert jedoch die Orientierung innerhalb des Projektes, da die verschiedenen KNX-Objekte dem jeweiligen Montageort (z. B. dem Besprechungsraum) zugeordnet sind.

Die Elemente lassen sich entweder über die **Symbolleiste** *[toolbar]*, den Menüpunkt „Geräte hinzufügen" oder das **Kontext-Menü** *[context menu]* einfügen. Diese Vorgehensweise, neue Elemente hinzuzufügen, ist auf alle Ansichten (z. B. Topologie-Ansicht) in der ETS übertragbar.

In Abb. 2 ist die Gebäudestruktur des Bürogebäudes abgebildet. Hier wurde eine weitere Ordnungsstruktur eingefügt. Mit den Gewerken ① bietet sich die Möglichkeit, die KNX-Objekte zusätzlich nach deren Funktion zu sortieren. Jedes Objekt kann sowohl einem Raum oder Schaltschrank als auch einem Gewerk zugeordnet werden.

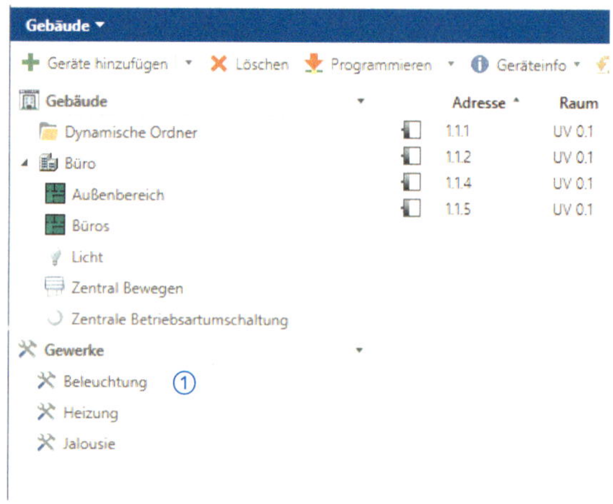

2: Gebäudeansicht des Bürogebäudes

2. KNX-Objekte einfügen

Jetzt werden die KNX-Objekte in die soeben angelegte Gebäudestruktur eingefügt. Im Bereich „Kataloge" *[catalogs]* (Abb. 3) werden alle KNX-Objekte der zuvor importierten Hersteller nach Kategorien aufgelistet. Hierüber lassen sich Objekte suchen, auswählen und flexibel in die gewählten Bereiche ② einfügen.

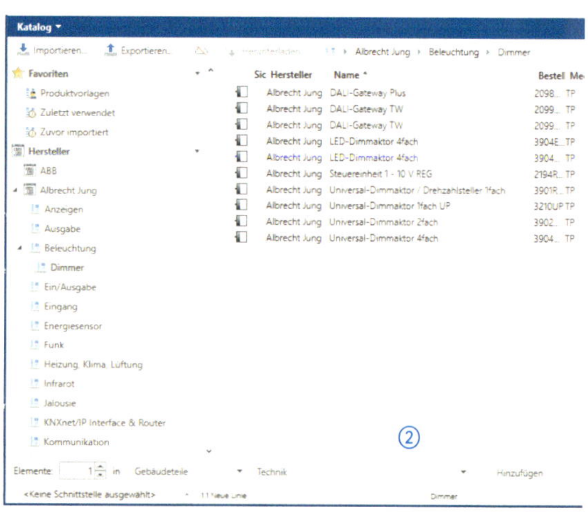

3: Produktkatalog

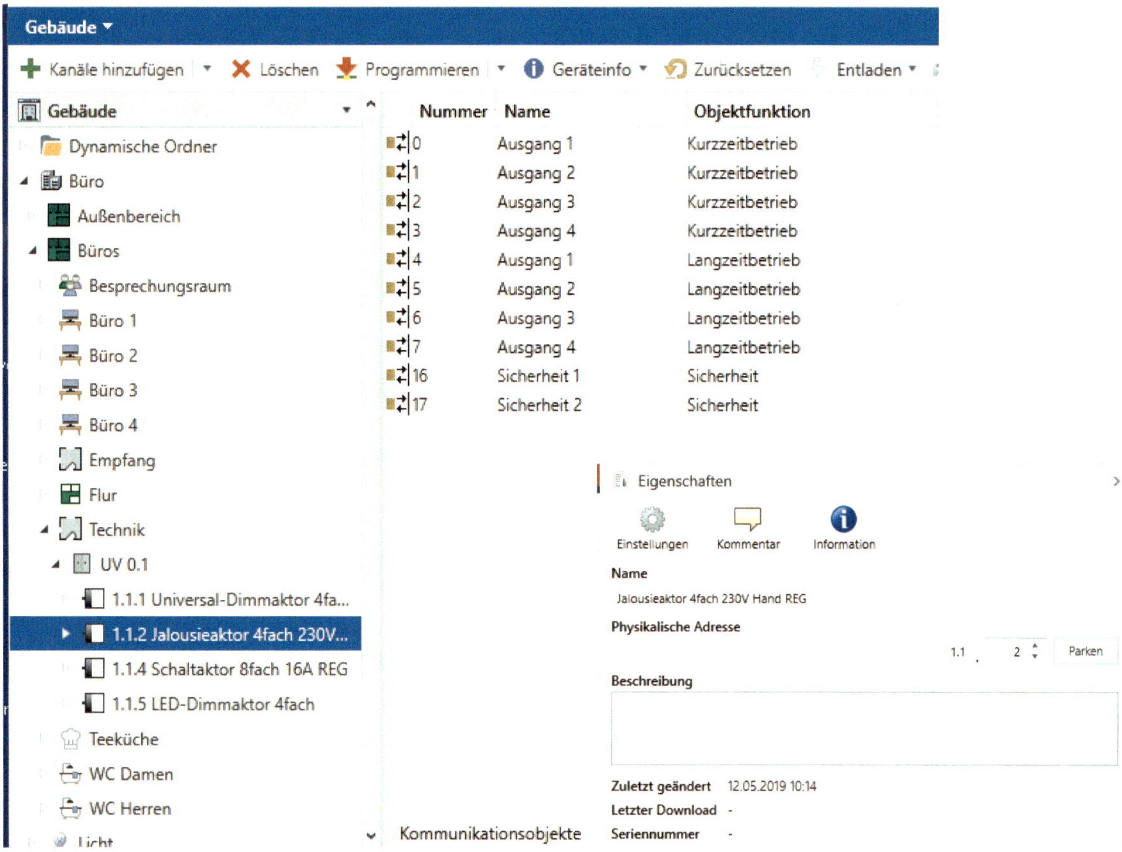

4: Gebäudeansicht mit zugeordneten KNX-Objekten

Durch Markieren eines oder mehrerer KNX-Objekte und anschließendes Betätigen der Schaltfläche **Einfügen** [*insert*] werden diese dem zuvor ausgewählten Raum der Gebäudeansicht zugeordnet (Abb. 4). Weiterhin ist die Zuordnung der KNX-Objekte zu den bereits erstellten Gewerken erkennbar.

Beispiel: Der 4fach-Jalousieaktor ① ist der Unterverteilung UV 0.1 innerhalb des Technikraums zugeordnet.

3. Teilnehmer parametrieren

Jedes KNX-Objekt wird im Anschluss über die Schaltfläche **Parameter** (Abb. 4 ②) detailliert eingestellt. Dazu werden je nach dem verwendeten KNX-Gerät unterschiedliche Parameter (Abb. 5 ③) angeboten. Die Auswirkung der einzelnen Einstellungen auf die Funktionen zu beurteilen benötigt viel Erfahrung und Fachwissen.

In unserem Beispiel ist ein Ausschnitt der Parametereinstellungen eines Jalousieaktors dargestellt.

In der Abb. 5 sind die allgemeinen Parameter des Jalousieaktors dargestellt. Die Jalousieart lässt sich zwischen Jalousie und Rollladen umschalten. Außerdem werden hier die Reaktionen des Jalousieaktors nach dem Ausfall bzw. bei Wiederkehr der Versorgungsspannung des KNX-Bus definiert ④.

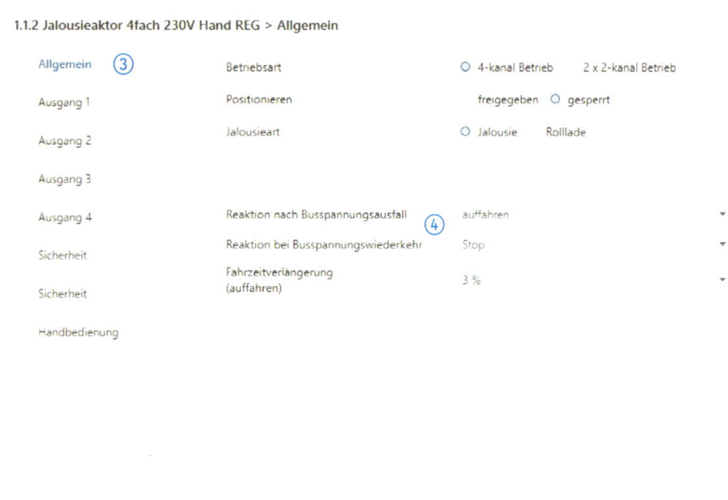

5: Dialogfenster Objektparameter

4. Topologie des Busnetzes anlegen

Die Anordnung der KNX-Objekte innerhalb des Busnetzes wird in der Topologieansicht (Abb. 1) definiert. Dazu werden die in Kap. 9.1.2.2 bereits angesprochenen

- **Bereiche** und 
- **Linien** erstellt. 

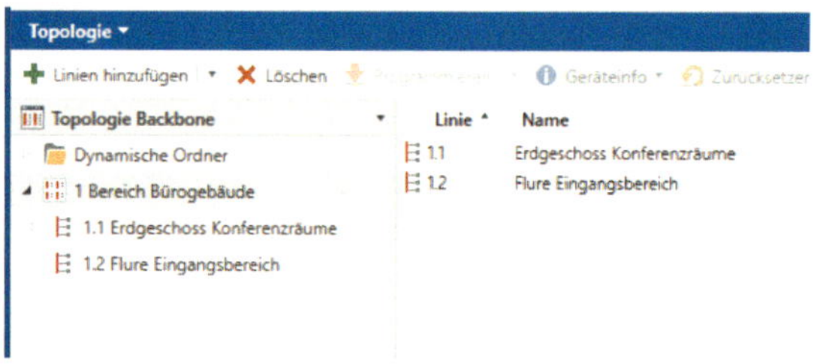

1: Topologie

Jedem erstellten Bereich bzw. jeder Linie werden automatisch Adressen zugewiesen, die sich jedoch nachträglich ändern lassen. So besitzt die Linie Flure – Eingangsbereich die Linienadresse 2 innerhalb des Bereiches 1.

5. Physikalische Adressen vergeben

Durch die Definition der Linien und Bereiche wurde bereits ein Teil der physikalischen Adresse erstellt. Durch Ziehen eines KNX-Objektes mit der Maus aus der Gebäudeansicht auf eine Linie bei gleichzeitig gedrückter linker Maustaste (engl. drag and drop) erfolgt die Zuordnung des Objektes zu den Linien und Bereichen (Abb. 2).

Die physikalische Adresse wird somit vom System automatisch vergeben (z. B. 1.1.2). Sie kann aber auch von Hand verändert werden (Abb. 3). Adressänderungen in der Gebäudeansicht übertragen sich automatisch in alle anderen Ansichten und umgekehrt.

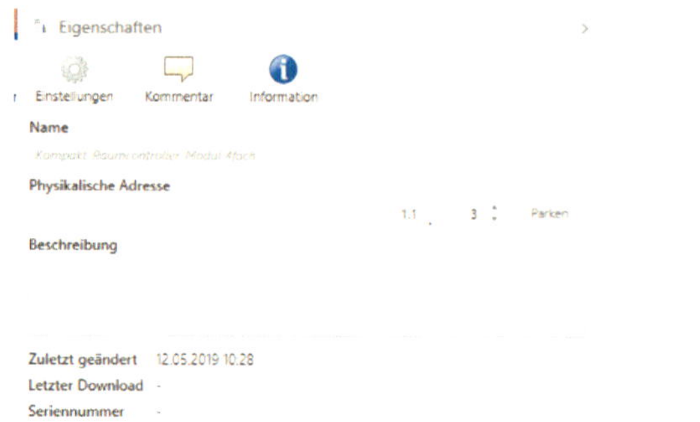

3: Eigenschaftsfenster mit physikalischer Adresse

Aufgaben

1. Wozu dienen die Gewerke innerhalb der Gebäudeansicht der ETS?
2. Welche KNX-Geräte sind im Schaltschrank der Unterverteilung UV 0.1 (vgl. S. 297, Abb. 4) montiert?
3. Beschreiben Sie die Topologie des Busnetzes für das Bürogebäude.
4. Beschreiben Sie, wodurch die physikalische Adresse bestimmt wird und wie sie nachträglich verändert werden kann.

- Mit Hilfe von Gebäuden, Gebäudeteilen, Räumen, Schaltschränken und Gewerken wird die Gebäudestruktur in der ETS erstellt.
- Der Produktsucher listet die verfügbaren KNX-Objekte nach Kategorien auf und ermöglicht das Einfügen der ausgewählten Objekte.
- Jedes KNX-Objekt verfügt über unterschiedliche spezielle Parametereinstellungen, die dessen Verhalten beeinflussen.
- Die Topologie des Busnetzes wird über die Aufteilung der Bereiche und Linien definiert.
- Die physikalische Adresse wird durch Zuordnung der Objekte zu den Linien festgelegt.

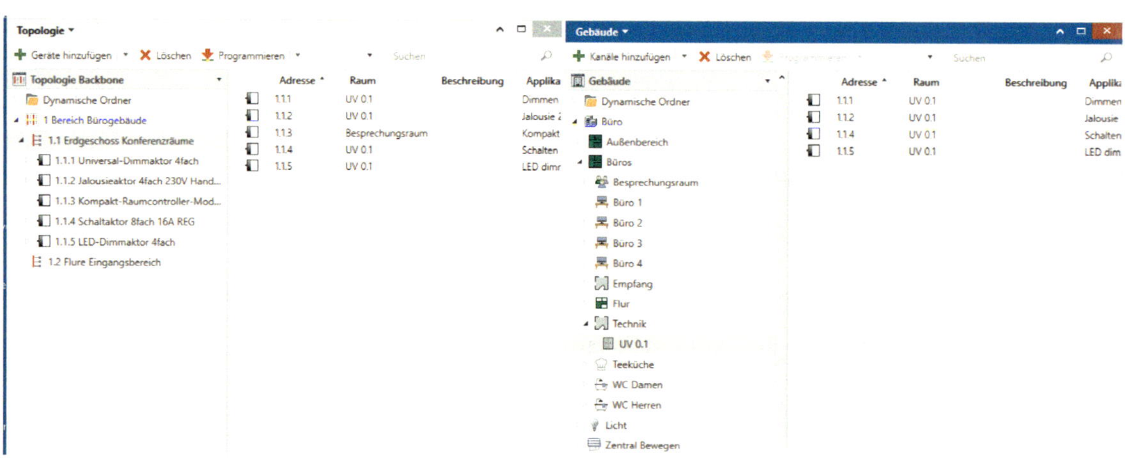

2: Vergabe der physikalischen Adresse

6. Gruppenadressen vergeben

Als letzter Schritt vor der eigentlichen Programmierung werden vom Planer **Gruppenadressen** *[group addresses]* vergeben. Sie stellen die Verbindung zwischen den Sensoren und Aktoren her. Sie können wahlweise in einem zwei- oder dreistufigen System vergeben werden. Bei einem dreistufigen System ist eine feinere Strukturierung der Teilfunktionen möglich.

Die dreistufige Gruppenadresse gliedert sich in die Ebenen Haupt- , Mittel- und Untergruppe. Sie werden durch Schrägstriche getrennt. So besitzt z. B. die Funktion „Deckenlicht schalten" im Besprechungsraum (Abb. 4 ①) die Gruppenadresse 1/1/36. Bei der Vergabe der Adresse sollte der Planer stets nach demselben Konzept vorgehen, z. B.

- **Hauptgruppen**: 0 = Zentralfunktionen
  1 = Beleuchtung
  2 = Jalousiesteuerung
  3 = Heizung
- **Mittelgruppen**: Sie entsprechen den Funktionsbereichen im Haus.
- **Untergruppen**: Sie bilden die Funktionen innerhalb des Raums.

7. Funktionen programmieren

Die Programmierung erfolgt, indem man die gewünschten Funktionen der Objekte mit der Maus per drag and drop aus der Gebäudeansicht (Abb. 5) der jeweiligen Gruppenadresse (Untergruppe) zuordnet. Die Gruppenadresse bildet somit einen virtuellen Schaltdraht zwischen Schalter (Sensor) und dem zu schaltenden Objekt (Aktor).

In unserem Beispiel wird die Wippe 1 des Mehrfachtasters der Gruppenadresse 1/1/36 zugeordnet. Der gleichen Gruppenadresse wird der Ausgang 3 des Jalousieaktors im Besprechungsraum zugeordnet. Somit schaltet die Wippe 1 alle am Ausgang 3 des Jalousieaktors im Besprechungsraum angeschlossenen Motoren.

- Die einzelnen Funktionen der Objekte werden in den Gruppenadressen festgelegt und zugeordnet.
- Die Gruppenadressen bilden die Verbindung zwischen den KNX-Sensoren und den zugeordneten KNX-Aktoren.

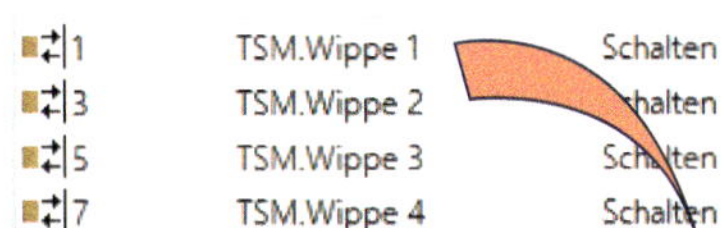

5: Funktionen des Mehrfachtasters (Ausschnitt)

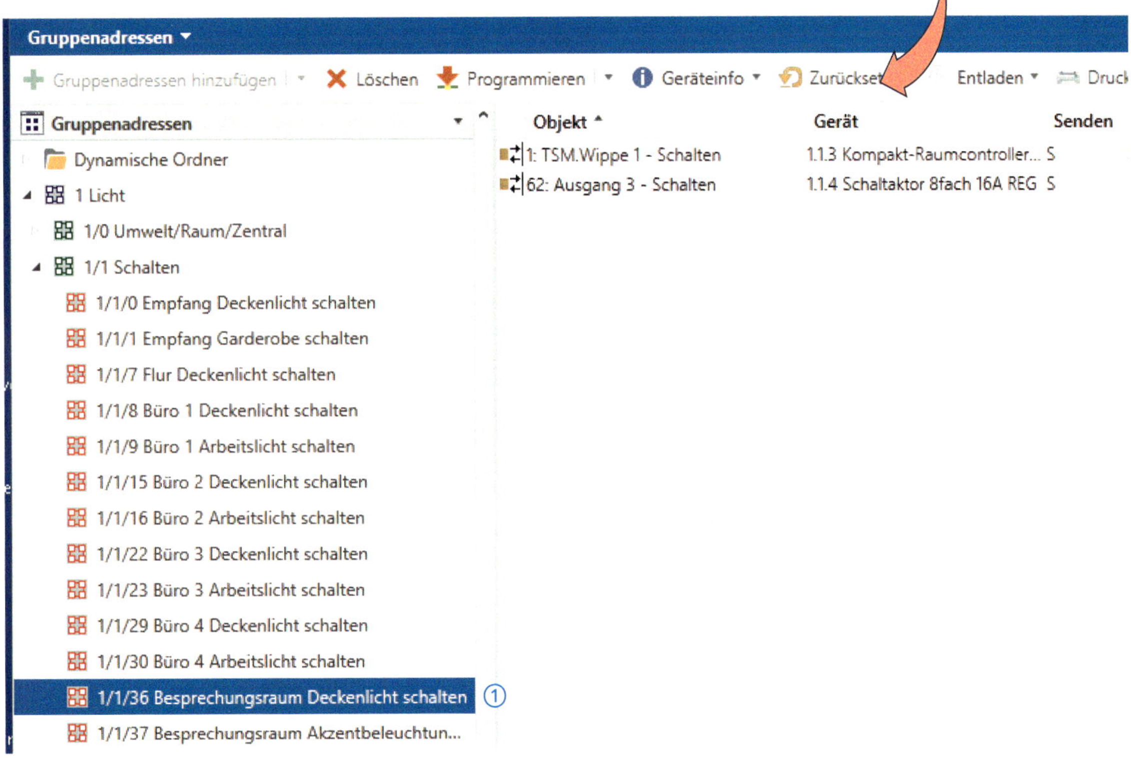

4: Struktur der Gruppenadressen

9.1.5 Inbetriebnehmen

Nachdem nun mit Hilfe der ETS das Projekt Bürogebäude der Firma Sauer fertig geplant wurde, muss der verantwortliche Elektroniker die Daten vor Ort in die Anlage übertragen. Bei der Inbetriebnahme werden zunächst die Daten aus der ETS an die Sensoren und Aktoren der Anlage gesendet. Dieser Vorgang wird ebenfalls als Programmierung bezeichnet, da nun alle notwendigen Daten zu jedem einzelnen Busteilnehmer gesendet werden. Dazu müssen folgende Voraussetzungen erfüllt sein:

- ☑ **Computer** mit einer lauffähigen Version der ETS sowie den erstellten Projektdaten
- ☑ **Montageplan** [*installation plan*] der installierten KNX-Objekte
- ☑ Zugriff auf das betriebsbereite Busnetz über eine **Kommunikationsschnittstelle**

In der ETS-Software muss zunächst die verwendete Schnittstelle zum Zugriff auf den KNX-Bus und die damit verbundenen KNX-Geräte eingestellt werden. Diese Schnittstelle wird entweder vom System automatisch gefunden oder sie muss manuell konfiguriert werden.

Es stehen verschiedene Schnittstellen zur Auswahl, um den Buszugriff zu gewährleisten.

- **USB** (Universal **S**erial **B**us)
  Verbindung über den USB-Anschluss des Computers mit dem KNX-Bus (Abb. 1b).
- **IP-Schnittstelle**
  Zur Anbindung des KNX-Systems an den Computer über eine RJ-45-Verbindung (Abb. 1a).

Vor dem Beginn der Programmierung sollte über eine programmierbare Testfunktion der ETS-Software die korrekte Funktion der Schnittstelle getestet werden. Dies verhindert nachträglich eine meist zeitaufwändige Fehlersuche und garantiert einen reibungslosen Ablauf der nun folgenden Programmierschritte der Teilnehmer.

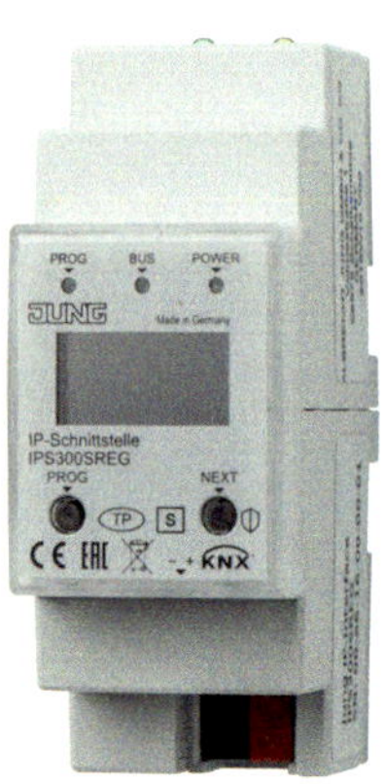

a) IP

b) USB

1: Schnittstellen

2: Optionsfenster der ETS

Die Übertragung der Daten an die Busteilnehmer verläuft in zwei Schritten:

1. Übertragen der **physikalischen Adresse**
2. Laden
   - der **gerätespezifischen Parametereinstellungen**,
   - der Zuordnungen der **Gruppenadressen** sowie
   - des **Applikationsprogramms** in die Busteilnehmer.

Der Programmiervorgang des KNX-Systems beginnt mit dem Markieren eines oder mehrerer KNX-Objekte in der Gebäudeansicht der ETS. Mit dem Aufruf der Programmierfunktion in der Symbolleiste der ETS (Abb. 3) hat der Anwender die Möglichkeit die physikalische Adresse, das Applikationsprogramm oder aber beides zur gleichen Zeit für das entsprechende Objekt zu programmieren.

Die laufenden Aktivitäten und deren Fortschritt lassen sich in einem Fenster der ETS verfolgen und werden chronologisch aufgelistet.

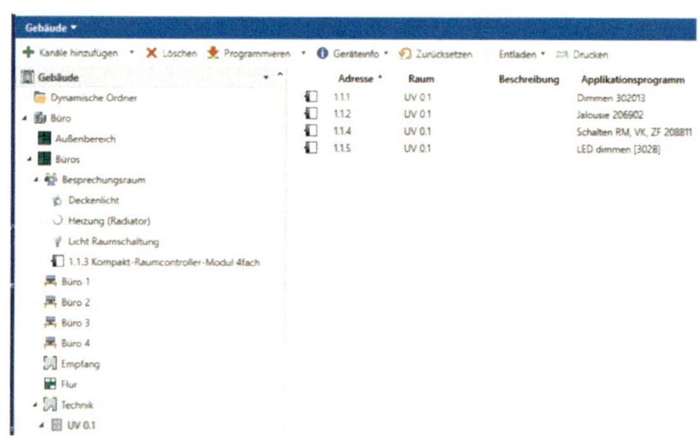

3: Programmierdialog

- Zur Inbetriebnahme wird der Computer mit der Software ETS über eine Kommunikationsschnittstelle an das betriebsbereite Busnetz angeschlossen.
- Bei der Übertragung werden die physikalische Adresse, das Applikationsprogramm, die spezifischen Parameter und die Gruppenadresszuordnungen an jedes KNX-Objekt gesendet.

Wie werden die Daten übertragen?

Die Zuweisung der physikalischen Adresse ist der erste wichtige Schritt der Inbetriebnahme, da jedes Objekt hiermit eine eindeutige Identifikation innerhalb des Bussystems erhält. Im Aktivitätenfenster (Abb. 4) erhält der Anwender hilfreiche Informationen, welche Schritte aktuell folgen, z. B. das Drücken der Programmiertaste.

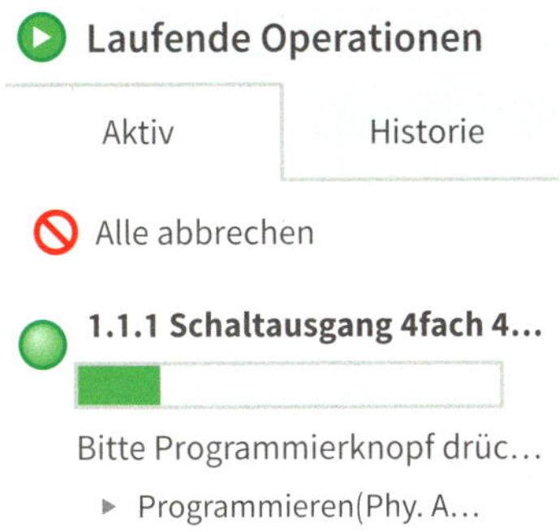

4: Laufende Operationen bei der Inbetriebnahme

Der Bediener wird aufgefodert, eine Programmiertaste (Lerntaste Abb. 5) ① an dem markierten Busteilnehmer zu drücken. Diese Programmiertaste befindet sich vor Ort an dem jeweiligen Anwendungsmodul des Busteilnehmers. Bei Betätigung dieser Taste werden die Informationen in einem EEPROM des Moduls gespeichert und durch eine Leuchtdiode ② bestätigt. Die erfolgreiche Adressübernahme wird im Fenster der laufenden Operationen der ETS angezeigt. Auf diese Weise werden alle Busteilnehmer mit den vorher geplanten Adressen programmiert.

5: Busankoppler

In großen Gebäuden ist es zu empfehlen, die Vergabe der physikalischen Adressen im Team durchzuführen. Weiterhin ist bei der Adressübertragung für mehrere Geräte in Folge auf die genaue Einhaltung der Zuordnung der zu programmierenden Busteilnehmer zu achten. Ein Vertauschen der physikalischen Adresse führt unweigerlich zu Funktionsstörungen.

Anschließend kann durch Betätigen der Schaltfläche **Applikation** mit dem Download der Parameter und der Gruppenadressen begonnen werden. Die Übertragung muss nicht nochmals am Teilnehmer quittiert werden.

Welche Diagnosefunktionen bietet die ETS?

Bei einem Fehler in einem KNX-System bietet die Software unterschiedliche Diagnosefunktionen.

Geräteinformationen auslesen	⇨	Physikalische Adresse bestimmen
Physikalische Adresse suchen	⇨	Prüfen, ob ein Gerät am Bus vorhanden ist
Teilnehmer entladen	⇨	Daten im EEPROM löschen
Werte mit PC auslesen	⇨	Schaltzustände lesen; Geräte kalibrieren
Telegramm aufzeichnen	⇨	Busbelastung prüfen
Telegramme mit dem PC senden	⇨	Ein nicht installierter Sensor wird simuliert.

Welche Dokumentation muss dem Kunden übergeben werden?

Neben den bereits bei der Installation dokumentierten Prüfungen (vgl. Kap. 9.1.3) müssen dem Kunden zusätzlich noch folgende Unterlagen übergeben werden:

- Installationspläne,
- Gruppenverzeichnisse,
- Teilnehmerlisten und
- Sicherung der Projektdaten aus der ETS (z. B. auf CD).

Diese Dokumente sind im Fall einer Nachprojektierung der Anlage sehr wichtig.

Aufgaben

1. Wozu dient die Aufteilung der Funktionen in die Haupt-, Mittel- und Untergruppen?
2. Welche Gruppenadresse hat die Funktion Deckenlicht schalten im Büro 4 (vgl. S. 299, Abb. 2)?
3. Sie erhalten den Auftrag, bei der Inbetriebnahme eines KNX-Systems mitzuarbeiten. Welche Voraussetzungen müssen Sie mit den verantwortlichen Kollegen vor Arbeitsbeginn absprechen?
4. Beschreiben Sie die notwendigen Schritte zur Übertragung der Daten an die Busteilnehmer.

- Die physikalischen Adressen werden nacheinander von der ETS gesendet und durch Betätigen der Programmiertaste vor Ort den entsprechenden Busteilnehmern zugeordnet.
- Der Download der Gruppenadressen und speziellen Parameter erfolgt ohne Quittierung vor Ort.
- Die übertragenen Daten werden in einem EEPROM in jedem Busteilnehmer gespeichert.

9.1.6 Smart Home

Der Begriff Smart Home im Bereich der Elektroninstallation beschreibt die Vernetzung intelligenter Komponenten, Geräte und Systeme in Wohngebäuden oder privat genutzten Wohnhäusern. Der ebenfalls häufig verwendete Begriff Smart House beinhaltet zusätzlich zum privat genutzten Wohnraum auch gewerblich genutzte Gebäude.

1: Vergleich Smart Home und Smart House

Einsatzbereiche

Zur technischen Realisierung einer Gebäudeautomation in Wohngebäuden kommen unterschiedliche netzwerkfähige Geräte, auch als **Internet der Dinge** [*internet of things IoT*] bezeichnet, zum Einsatz. Diese **intelligenten Geräte** [*smart devices*] werden zu einem Gesamtsystem vernetzt und können so Informationen und Daten austauschen.

Ein weiterer Vorteil besteht darin, über mobile Endgeräte, quasi von jedem Ort, auf die Daten zuzugreifen und diese zu beeinflussen, z. B. Steuerung der Raumtemperatur über das Smartphone. Die Steuerung erfolgt entweder direkt zwischen den Geräten oder indirekt über die Cloud (Wolke).

Mögliche Einsatzbereiche eines Smart Home (Abb. 2):

- Energiemanagment
- Sicherheit im Gebäude bzw. der Wohnung
- Kommunikation und Entertainment
- Gesundheit
- Komfort

2: Übersicht der Smart Home-Bereiche

Auswahlkriterien für ein Smart Home-System sind:

- Funktionsumfang (Sensoren und Aktoren)
- Übertragungstechnik (Kabel bzw. Funk)
- Bedienung (Software und Apps)
- Kompatibilität mit anderen Systemen
- Sicherheit und Datenschutz

Beispielaufbau

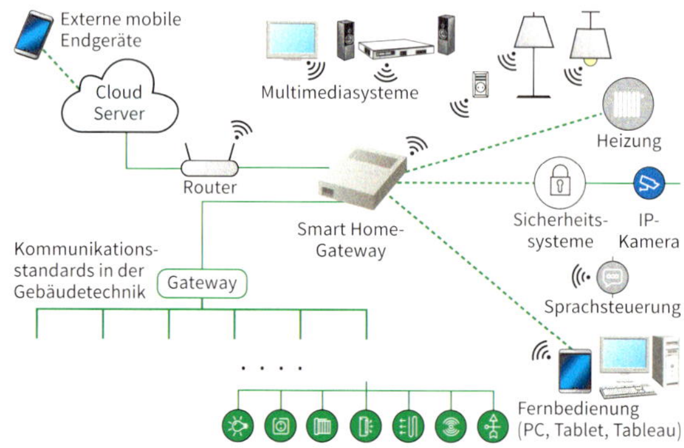

3: Systemaufbau

Alle IoT-Geräte in einem Smart Home (Abb. 3) verfügen über einen Zugang zu einem gemeinsamen Netzwerk. Die Daten werden entweder über eine Steuerzentrale (Controller), das Internet (Cloud) oder eine direkte Verbindung zwischen den Geräten ausgetauscht und verarbeitet. Über zusätzliche Gateways (Übergabepunkte) können weitere Systeme der Gebäudeautomation (z. B. KNX) mit dem Netzwerk verbunden werden. Die Bedienung der Funktionen erfolgt über Smartphones, Tablets oder zusätzliche Komponenten, z. B. Spracherkennung.

Sicherheit im Smart Home

Für den Betrieb eines Smart Home spielt der Sicherheitsaspekt eine wesentliche Rolle. Der Zugriff auf das System und damit auch auf zentrale Funktionen der Energieversorgung eines Gebäudes stellen ein hohes Risiko dar. Der Zugriff soll nur einem berechtigten Personenkreis möglich sein.

Kriterien zum sicheren Betrieb:

- Einsatz von zertifizierten Geräten
- Verwendung sicherer Passwörter
- regelmäßige Updates
- Schutz vor einem externen Zugriff

- In einem Smart Home-System werden intelligente IoT-Geräte in einem Wohngebäude zur Automation und Steuerung unterschiedlicher Bereiche eingesetzt.
- Sämtliche Sensoren und Aktoren des Systems sind zum Datenaustausch durch ein gemeinsames Netzwerk verbunden.
- Beim Aufbau und Betrieb eines Smart Home müssen stets die Sicherheitsaspekte beachtet werden.

9.2 Telekommunikationsanlagen

9.2.1 Telekommunikation

Unter Telekommunikation versteht man den Austausch von Sprache, Bildern und Daten der verschiedensten Art zwischen Ein- und Ausgabegeräten (Telefone, Monitore, Computer usw.) über Telekommunikationsnetze (**TK-Netze**). Die **Eingabe**, **Übertragung** [*transmission*] und nachfolgende **Ausgabe** kann dabei in analoger oder digitaler Form erfolgen (Abb. 4).

Die Übertragung kann leitungsgebunden (Kupfer- oder Glasfaserleitung) oder mit Hilfe elektromagnetischer Wellen erfolgen (Abb. 5).

Im TK-Netz werden verschiedene **Dienste** [*services*] angeboten. Neben der Deutschen Telekom bieten im TK-Netz auch andere Unternehmen (**Provider** [*provider*]) Dienste gegen entsprechende Gebühren an.

Die Übertragung erfolgt mit digitalen Signalen. Das ursprüngliche TK-Netz bestand aus Kupferleitern. Sie werden jedoch zunehmend durch Lichtwellenleiter ersetzt. Mit ihnen lassen sich größere Datenmengen in bestimmten Zeitabschnitten übertragen (höhere **Datenübertragungsrate**). Diese höhere Datenrate ist erforderlich, um Bild- und Videodaten mit ausreichender Qualität empfangen zu können.

Zunehmend erfolgt die Telekommuniukation auch über das Internet. Benutzt wird dazu das Internet-Protokoll (IP-Protokoll). Man spricht deshalb von einer IP-basierten Telekommunikation.

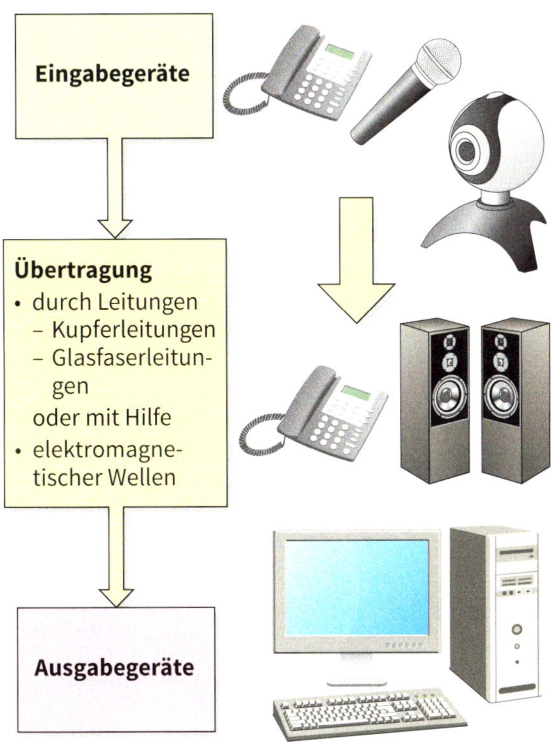

4: Eingabe, Übertragung und Ausgabe

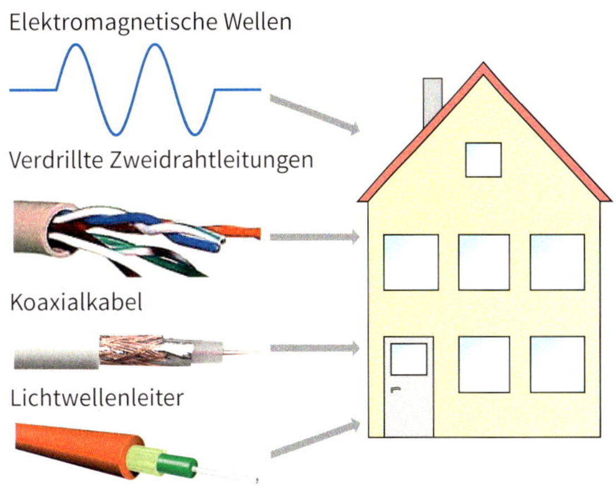

5: Übertragungsmöglichkeiten in TK-Netzen

Beispiele für Kommunikationsabläufe:

- **Sprache (Telefon)**
  - Die Verbindung (Vermittlungen) zwischen zwei oder mehreren Teilnehmern wird hergestellt.
  - Die Sprachsignale werden übertragen (Kommunikation).
  - Die Verbindung wird getrennt.
- **Videoübertragung (Bild und Ton)**
  - Die Bildvorlage wird durch die Kamera zeilenweise in einzelne Punkte (Pixel) mit ihren Farb- und Helligkeitsinformationen zerlegt (digitale Zerlegung).
  - Die analogen Tonsignale werden digitalisiert.
  - Ein kontinuierlicher Datenstrom bzw. Datenpakete werden erzeugt und übertragen.
  - Auf dem Monitorbildschirm werden nacheinander die Pixel abgebildet, bis das vollständige Bild erscheint.
  - Der digitalisierte Ton wird über Lautsprecher analog wiedergegeben.
- **Daten**
  - Die Verbindung zwischen Sender und Empfänger wird aufgebaut.
  - Daten werden übertragen (z. B. zwischen zwei Computern).
  - Die empfangenen Daten werden auf ihre Richtigkeit überprüft und ggf. korrigiert.
  - Die Verbindung wird getrennt.

■ Telekommunikation kann über verdrillte Kupferleitungen, Koaxialkabel, Lichtwellenleiter oder mit Hilfe elektromagnetischer Wellen erfolgen.

9.2.2 IP-basierte Telekommunikation

Telekommunikation erfolgt zunehmend nicht mehr über leitungsgebundene Netze, sondern über das **Internet** (Wortzusammensetzung aus: **inter net**work, Netzwerk).

Der Datenaustausch zwischen den Teilnehmern erfolgt dabei mit Hilfe einer normierten Vorschrift, dem **Internetprotokoll** (**IP**). Bezeichnet wird dieser Art der Telekommunikation auch als **Voice-over IP** (**VoIP**) (Abb. 1).

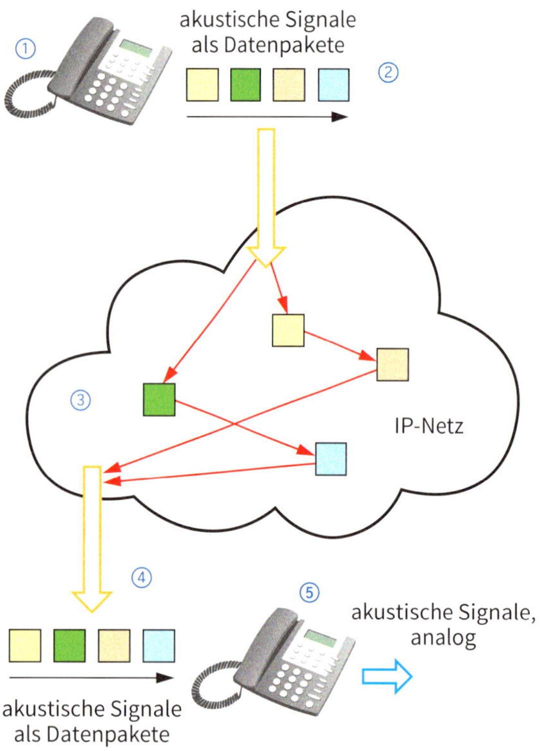

1: Prinzip der Gesprächsübertragung im IP-Netz

Die akustischen Signale ① werden dazu mit Hilfe des Mikrofons in elektrische Signale umgewandelt. Diese werden anschließend digitalisiert (Analog-Digital-Umsetzer) und codiert.

Um die Datenmenge zu reduzieren, erfolgt eine Komprimierung. Eingesetzt werden **Codecs** (Coder-Decoder), mit denen für das menschliche Gehör unwichtige Informationen herausgefiltert werden (verlustbehaftete Reduktion). Werden zu viele Informationen entfernt, kommt es zu einer wahrnehmbaren Verschlechterung der Sprachqualität.

Die auf diese Weise reduzierten Daten, werden danach als viele kleine „Pakete" aufgeteilt ② (**Paketvermittlung**) und in das IP-Netz eingespeist. Diese gelangen dann auf unterschiedlichen Wegen ③ zum Empfänger (IP-Adresse) und werden dort wieder zu einem kontinuierlichen Datenstrom zusammengefügt ④.

Zum Ausgleich zeitlicher Schwankungen bei der Übertragung der Pakete werden Pufferspeicher verwendet.

Im Empfangsgerät (Telefon) werden aus den digitalen Signalen die ursprünglichen analogen Sprachsignale (Digit-Analog-Umsetzer) wieder hergestellt und über die Hörkapsel als akustische Signale (Schallschwingungen) ⑤ abgegeben.

Damit in einem IP-basierten Netz eine Verbindung zu einem Gesprächspartner hergestellt werden kann, muss die aktuelle IP-Adresse des gerufenen Teilnehmers innerhalb des Netzes bekannt sein, jedoch nicht notwendigerweise auf der Seite des Anrufers.

In der Regel schickt jeder Sender die codierten Sprachdaten direkt über das Netzwerk an die IP-Adresse des Empfängers. Die Gesprächsdaten fließen also nicht über Server eines Providers.

Für den Auf- und Abbau von Verbindungen wird ein Protokoll eingesetzt, das von der Sprachkommunikation getrennt ist (**SIP**: **S**ession **I**nitiation **P**rotocol).

Übertragungsqualität

Die Qualität der Übertragung hängt ab von

- der verwendeten Abtastrate (Analog-Digital-Umsetzer) auf der Senderseite (Standard-Telefonqualität 8 kHz),
- den eingesetzten Kompressions- und Reduktionsverfahren,
- einem möglichen Verlust von Datenpaketen, da der Empfang der Datenpakete nicht bestätigt wird (Paketverlustrate),
- der Übertragungskapazität des Netzes (z. B. 100 bis 120 kbit/s) und
- Verzögerungen (Jitter) und Schwankungen bei der Datenübertragung.

Aus allen diesen Gründen kann es zwischen Teilnehmern zu Übertragungsstörungen, Echos, Aussetzern oder Verbindungsabbrüchen kommen.

Vorteile gegenüber einem leitungsgebundenen Anschluss:

- Alle Dienste können über einen Anschluss realisiert werden.
- Größere Datenmengen können in vergleichbaren Zeitabschnitten übertragen werden (größere Bandbreite).
- Zwei Sprachkanäle, verbesserte Sprachqualität
- WLAN-Anbindung
- Bis zu 10 Rufnummern sind möglich.

Voraussetzung für diese Art der Telekommunikation ist ein **IP-basierter Anschluss**. Über ihn können, im Vergleich zu einem leitungsgebundenen Anschluss, größere Datenmengen in vergleichbaren Zeitabschnitten übertragen werden (größere Bandbreite), sodass weitere Dienste möglich sind (z. B. zwei Sprachkanäle, 10 Rufnummern). Auch lässt sich die Sprachqualität durch geeignete Endgeräte verbessern (kein Rauschen, kein Nachhall). Weiterhin lassen sich über WLAN von zu Hause mit dem Smartphone Festnetz-Gespräche führen.

Vom Diensteanbieter gelangen die Signale über Kupfer- bzw. Lichtwellenleiter in die **Vermittlungsstelle**. Von dort erfolgt dann eine Weiterleitung in die **Verteilerkästen**, die sich häufig in der Nähe von Wohngebäuden bzw. Wohneinheiten befinden. Im Wohngebäude ist abschließend eine **TEA-Dose** (**T**elekommunikations-**A**nschluss-**E**inheit) installiert. Dort endet die Zuständigkeit des Netzbetreibers.

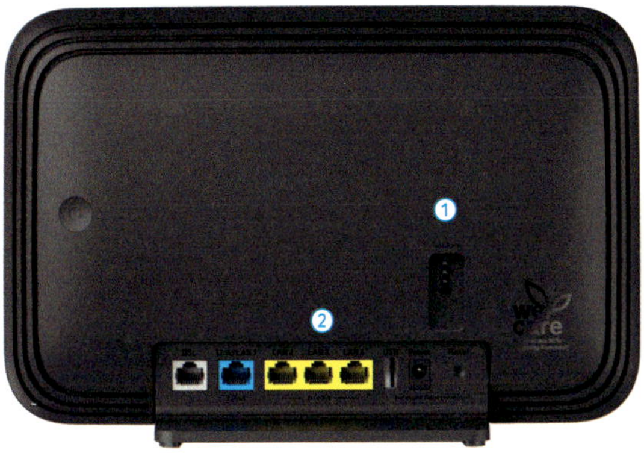

2: Router für IP-basierten Anschluss (Beispiel)

Für die Telekommunikation über den IP-basierten Anschluss ist ein **Router** (Abb. 2) erforderlich. Er leitet im Prinzip die eingehenden Daten an die zugehörigen Endgeräte weiter. Benutzt werden dazu die jeweiligen Adressen (IP-Adressen), die in den Informationen eingebettet sind. Zusätzlich können Anpassungen zwischen unterschiedlichen Protokollen erfolgen oder Sicherheitsmaßnahmen integriert sein (Firewall-Funktionen).

Der Router benötigt zum Betrieb eine eigene Energieversorgung. Für das Telefon ist eine TAE-Dose mit **F-Codierung** (**F**: **F**ernsprechbetrieb ①) vorgesehen. Für die Signalzuführung aus dem Netz sowie für die PC-Anschlüsse ② sind RJ45 Buchsen vorhanden.

Die IP-basierte Telekommunikation besitzt gegenüber einer leitungsgebundenen Telekommunikation folgenden Nachteil:

Das leitungsgebundene Telekommunikationsnetz besaß eine eigene Spannungsversorgung von etwa 60 V (Abb. 3, ③). Wenn die Energieversorgung in Gebäuden ausfiel, konnte noch telefoniert werden. Wenn aus irgendwelchen Gründen eine Internetverbindung ausfällt, kann nicht mehr telefoniert werden.

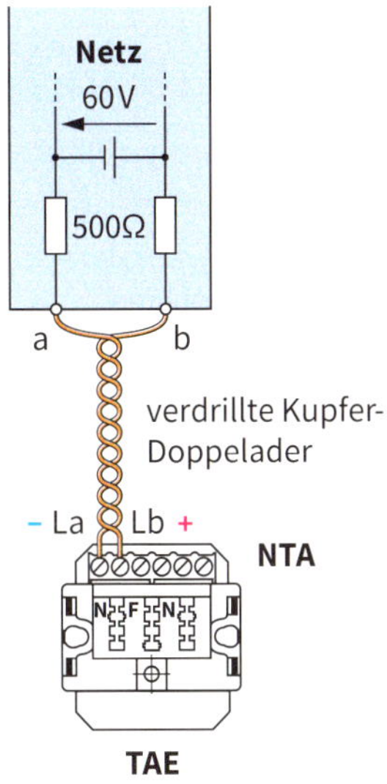

3: TAE-Anschluss, leitungsgebundenes analoges Netz

- Die Sprachübertragung im IP-Netz erfolgt nicht wie bei einer leitungsgebundenen Übertragung kontinuierlich, sondern in Form von Datenpaketen.
- Die Datenpakete werden mit dem IP-Protokoll im IP-Netz übertragen.
- Für den Zugang zum IP-Netz wird ein Router benötigt.
- Gründe für eine IP-basierte Telekommunikation sind:
  - Es gibt nur ein Netz-Anschluss (Telekommunikations-Anschluss-Einheit), über den sämtliche Daten übertragen werden können.
  - Der Energieaufwand ist geringer als beim analogen Netz.
- Router benötigen eine eigene Energieversorgung.
- Für Telefone ist eine TAE-Dose mit F-Codierung (F: Fernsprechbetrieb) vorgesehen.

9.2.3 Datenübertragung im TK-Netz

Die TK-Leitungen der Dienstanbieter wurden ursprünglich genutzt, um die analogen Sprachsignale von 300 Hz bis 3,4 kHz zu übertragen. Dieses Übertragungsprinzip wird auch als **POTS** (**P**lain **O**ld **T**elephone **S**ervice) bezeichnet.

Um noch mehr Daten und diese auch noch schneller übertragen zu können, wurde die DSL-Technik eingeführt (**DSL** [*Digital Subscriber Line*]: Digitale Teilnehmer- Anschlussleitung).

Der Frequenzbereich der DSL-Signale reicht bis 1,104 MHz (Abb. 1). Dabei werden zwei Kanäle unterschieden:

- **Upstream-Kanal** (Aufwärtskanal ①). Er ist der Sendekanal vom Teilnehmer aus.
- **Downstream-Kanal** (Abwärtskanal ②). Er ist der Empfangskanal zum Teilnehmer.

Die Bandbreiten der Upstream- und Downstream-Kanäle sind in der Regel unterschiedlich groß (**asymmetrisch**). Für den Empfang steht also eine größere Bandbreite als für das Senden zur Verfügung. In gleichen Zeitabständen können also mehr Daten empfangen als gesendet werden. Diese DSL-Technik wird deshalb als **ADSL** [*Asymmetric Digital Subscriber Line*] bezeichnet.

Für die Datenübertragung bei ADSL wird der zur Verfügung stehende Frequenzbereich (Abb. 1) in 224 einzelne Kanäle von jeweils 4,3 kHz Bandbreite unterteilt. Einige Kanäle werden für Störungen freigehalten ③. Als Modulation der einzelnen Träger wird **QAM** (**Q**uadratur-**A**mplituden-**M**odulation) angewendet. Das Verfahren wird als **DMT** (**D**iscrete **M**ulti **T**one) bezeichnet.

Im Bereich der DSL-Technik unterscheidet man verschiedene Verfahren, mit denen sich unterschiedliche Datenübertragungsraten erzielen lassen. Diese werden durch einen weiteren Buchstaben vor der Abkürzung „DSL“ (z. B. VDSL) gekennzeichnet. Üblich sind auch Ergänzungen und andere Symbole (z. B. ADSL2+).

Für die jeweils angewendete Technik werden vom Netzbetreiber **Datenübertragungsraten** angegeben. Diese sind jedoch nicht konstant.

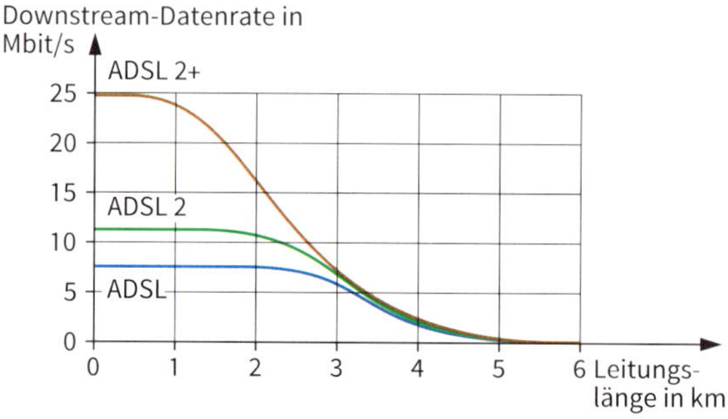

2: Downstream-Datenraten und Leitungslänge

Die Datenübertragungsraten hängen im Wesentlichen ab von der

- Leitungsdämpfung,
- Entfernung des Nutzers bis zum DSL-Modem, der Vermittlungsstelle (Abb. 2) und einer
- induktiven Signalübertragung (**Übersprechen** [*crosstalk*] zwischen den Leitungen.

- Bei einer asymmetrischen DSL-Übertragung (ADSL) ist die Bandbreite des Upstream-Kanals kleiner als die des Downstream-Kanals.
- Die digitalen Signale bei der DSL-Technik befinden sich in 224 Kanälen von 138 kHz bis 1,104 MHz.

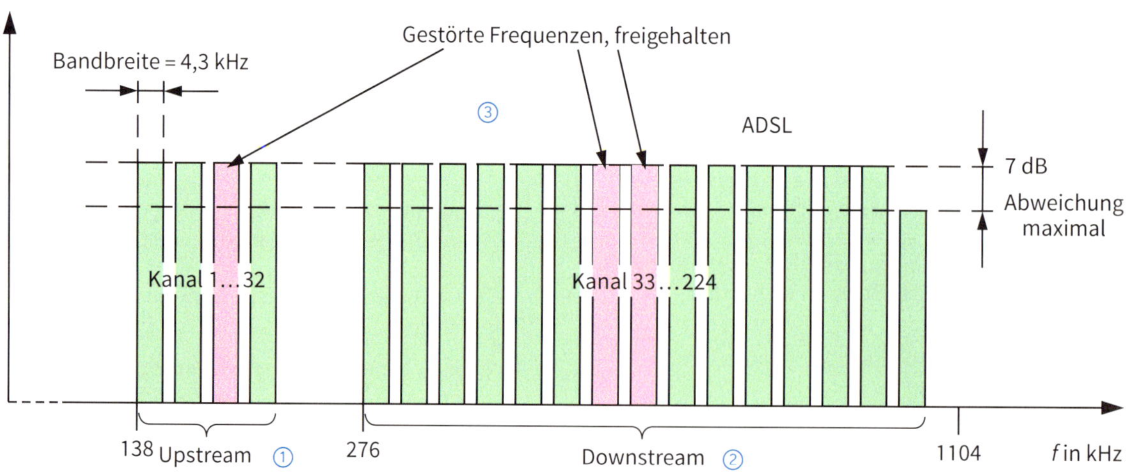

1: ADSL-Frequenzspektrum

9.2.4 VDSL

Mit ADSL2+ und bestehenden TK-Leitungen aus Kupfer hat man eine Grenze der Übertragungskapazität erreicht.

Dagegen lassen sich mit VDSL-Techniken (**VDSL**: **V**ery High Speed **D**igital **S**ubscriber **L**ine) höhere Datenraten erreichen, besonders in hybriden Netzen (Glasfaser-/Kupferkabelnetzen). Möglich sind Datenraten bis 100 Mbit/s bei Downstream (Downlink) und Upstream (Uplink). Die Datenrate von 100 Mbit/s ist ein theoretischer Wert ①. Die tatsächliche Datenrate hängt von der Entfernung sowie von der Länge und Qualität der Kupferleitung vom Kabelverzweiger (Verteilerkasten) bis zum Teilnehmeranschluss ab (Abb. 3). VDSL 1 wird in Deutschland nicht eingesetzt.

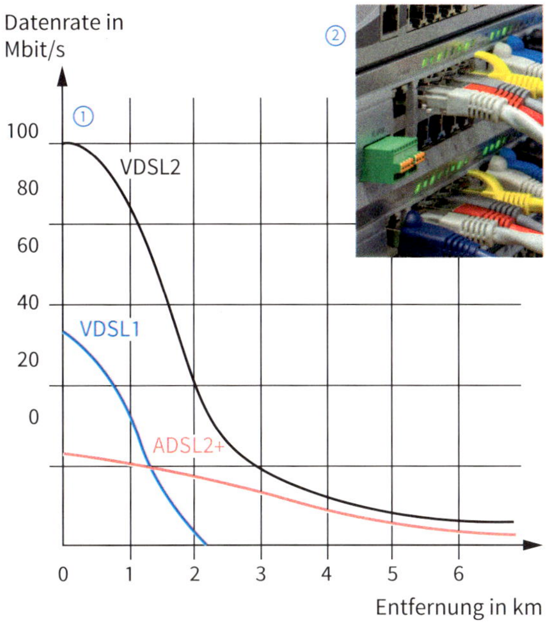

3: Datenübertragungsraten in Abhängigkeit von der Entfernung

VDSL2 reicht bis zum Frequenzbereich von 30 MHz, ist zu ADSL, ADSL2 und ADSL2+ abwärtskompatibel und kann mit symmetrischer oder asymmetrischer Übertragung arbeiten.

Die symmetrische Übertragung wird vor allem von Unternehmen genutzt, die nicht nur Informationen aus dem Internet beziehen, sondern auch als Informationsanbieter agieren.

Der gesamte Frequenzbereich wird in unterschiedliche Downstream- und Upstream-Bereiche aufgeteilt (Abb. 4 ③). In Deutschland wird der Frequenzbereich bis mindestens 138 kHz für POTS (analoges Telefon) und ISDN ausgeblendet, um gegenseitige Störungen zu vermeiden.

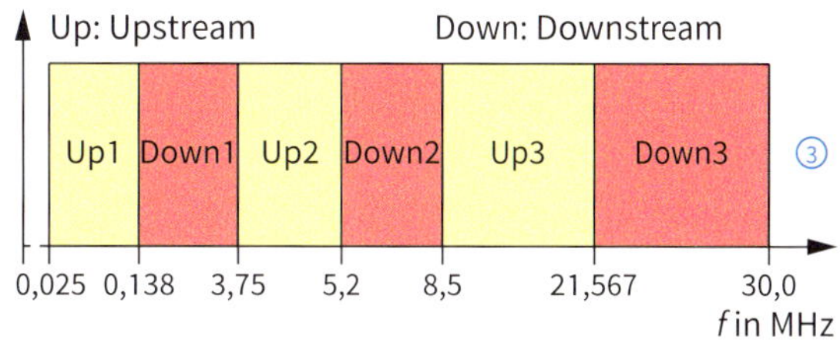

4: Genutzter Frequenzbereich bei VDSL2

Da in Deutschland ein Bedarf an größeren Datenübertragungsraten besteht, werden die Datennetze weiter ausgebaut. Man spricht in diesem Zusammenhang von „Breitbandtechnik" bzw. „Breitbandanschluss". Allgemein meint man damit einen Anschluss, mit dem eine Datenübertragungsrate von 50 Mbit/s möglich ist.

In Abb. 5 sind mögliche leitungsgebundene Übertragungswege dargestellt sowie deren erreichbare Datenübertragungsraten angegeben. Das Hauptproblem sind die vorhandenen Kupferleitungen vom Verteilerkasten bis zum Hausanschluss, in denen die meisten Verluste zu verzeichnen sind und Störungen entstehen. Die optimalste Verbindung besteht, wenn vom Verteilerkasten bis zum Hausanschluss eine Glasfaserleitung verwendet wird (**FTTH**: **F**iber-**t**o-**t**he-**h**ome, home: Wohnraum). Die Glasfaserleitung reicht hier bis zur Grenze des Wohnraums.

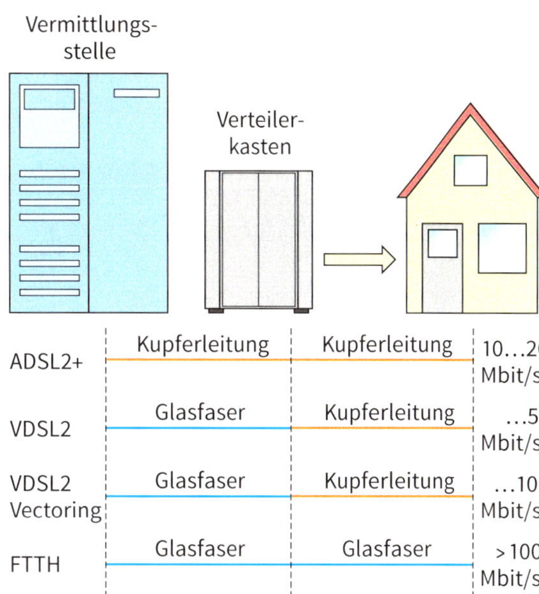

5: Mögliche leitungsgebundene Datenübertragungswege

- Mit VDSL lassen sich im Nahbereich höhere Datenübertragungsraten (100 Mbit/s) als bei ADSL erreichen.

Netzarchitekturen

Unterschieden werden

- **FTTN** (**F**iber-**t**o-**t**he-**n**ode, node: Knoten)
  Das Glasfaserkabel ist weit weg vom Endkunden, bis zu mehreren Kilometern.
- **FTTC** (**F**iber-**t**o-**t**he-**c**abinet, cabinet: Schrank)
  Das Glasfaserkabel endet in einer Straße (am Bürgersteig), typischerweise 300 m von dem Standort des Kunden. Die endgültige Anschlussleitung ist aus Kupfer (städtischer Bereich).
- **FTTP** (**F**iber-**t**o-**t**he-**p**remises, premises: Gelände)
  Das Glasfaserkabel reicht bis zum Gelände.
- **FTTB** (**F**iber-**t**o-**t**he-**b**uilding, building: Gebäude)
  Das Glasfaserkabel reicht bis zur Grenze des Gebäudes.

Bei VDSL2 kann man durch Einsatz der **Vectoring**-Technik eine höhere Datenübertragungsrate (> 50 Mbit/s) erzielen. Minimiert werden dabei Störungen, die durch die gegenseitige Signalbeeinflussung (Übersprechen: Crosstalk) entstehen.

Eine Störungsart entsteht direkt an der Verteilerstelle (Verteilerkasten) zwischen den Sendern und Empfängern der verschiedenen DSL-Leitungen. Sie wird als **NEXT** (**N**ear **E**nd Crosstalk) bezeichnet. Beheben lässt sich dieses Übersprechen, indem man auf unterschiedliche Frequenzen ausweicht.

Die Störungen am Leitungsende (**FEXT**: **F**ar **E**nd Crosstalk) lassen sich ebenfalls minimieren, indem man zu dem gestörten Signal um 180° phasengedrehte Störsignale addiert. Das Ergebnis ist ein weitgehend ungestörtes Signal.

Installation

Der Zugang zum VDSL-Netz lässt sich am sinnvollsten mit einem Breitband-Router herstellen (Abb. 1) Das DSL-Modem ist im Router integriert. Als Kommunikations-Netze sind VDSL2 (z. B. VDSL25 oder VDSL50), ADSL und ADSL2+ möglich. Der Router stellt den Verbindungsaufbau für alle angeschlossenen Geräte her. Neben dem Anschluss an eine Kupferleitung kann auch der Glasfaseranschluss verwendet werden.

Wenn eine Kupferleitung vorhanden ist, wird der IP-basierte Anschluss an der TAE-Dose mit dem DSL-Anschluss am Router verbunden ①.

Wenn ein Glasfaser-Kabelanschluss vorhanden ist, wird der „Fiber-Anschluss" genutzt. Die Buchse „Link" des Glasfaser-Modems wird dazu über ein Netzwerkkabel mit der blauen Buchse „Link" des Routers verbunden ②.

Am Router können bis zu vier Computer über Netzwerkkabel an den Buchsen „LAN1" bis „LAN4" angeschlossen werden ③.

Weiterhin können zwei analoge Telefonie-Endgeräte (Telefon, DECT-Basis, Anrufbeantworter oder Fax) an den Buchsen „Telefone" betrieben werden ④.

Der Router unterstützt kabellose Heimnetzwerke (WLAN) ebenso wie kabelgebundene Heimnetzwerke (LAN).

- Je nach Art der verwendeten Leistungen unterscheidet man FTTN, FTTC, FTTP und FTTB.
- Mit Einsatz von Vectoring lässt sich die Datenübertragungsrate erhöhen.

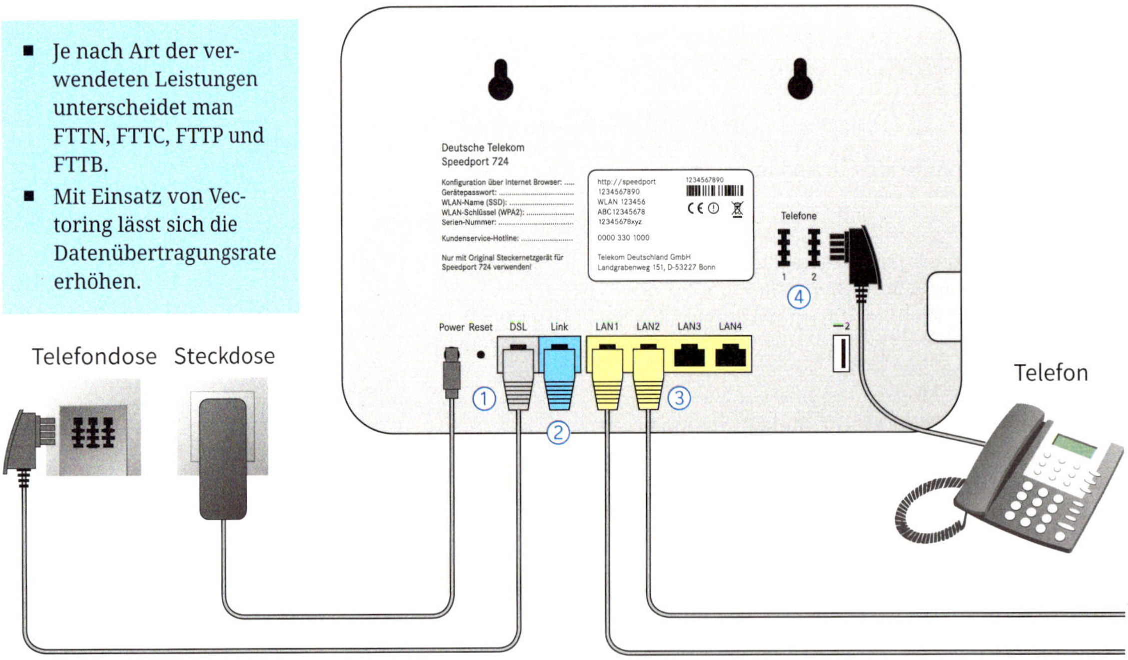

1: Anschlussmöglichkeiten an einem Universalrouter

9.2.5 Analoge Telefonstecker und Dosen

Auch in dem IP-basierten Telekommunikationssystem können analog arbeitende Geräte (Telefone, Fax-Geräte) verwendet werden, die ursprünglich für eine leitungsgebundene Telekommunikation vorgesehen waren. An Routern sind in der Regel entsprechende Steckvorrichtungen vorhanden. Die Stecker werden als TAE-Stecker bezeichnet (**TAE**: **T**elekommunikations-**A**nschluss-**E**inheit).

Es werden zwei unterschiedliche Stecker unterschieden:

- **F**: **F**ernsprechbetrieb (Telefon)
- **N**: **N**icht-Fernsprechbetrieb (zusätzliche Geräte wie z. B. Fax-Gerät, Anrufbeantworter)

Die Stecker unterscheiden sich durch die an unterschiedlichen Stellen angebrachten Codierungs-Nasen (Abb. 2) und können deshalb nur in die jeweils dafür vorgesehe-nen Buchsen gesteckt werden. Eine Verwechslung ist dadurch ausgeschlossen.

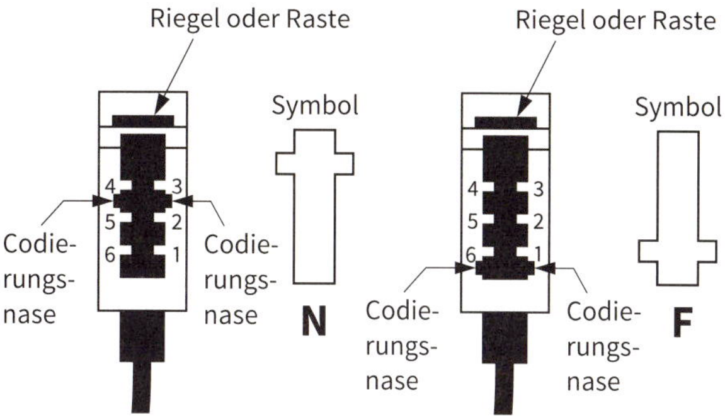

2: Codierung bei TAE-Steckern

Die Stecker und Buchsen (Abb. 2) besitzen maximal sechs elektrische Anschlüsse. Da nicht alle für die Funktion der Geräte benötigt werden, fehlen sie mitunter oder sind nicht angeschlossen.

Für die Leitungen werden keine Abschirmungen verwendet. Durch Verdrillen (Verseilen) der Leiter erreicht man, dass sich die durch äußere Magnetfelder induzierten Spannungen weitgehend aufheben. Störeinflüsse werden dadurch verringert.

Für diese Art von Steckern gibt es entsprechende Steckdosen. Sie besitzen eine mechanische Codierung (N oder F). Beim Einstecken werden im Innern Schalter betätigt, wodurch die Signale weitergegeben werden.

- Für die Anschlussleitung werden verdrillte (verseilte) Kupferleitungen verwendet. Dadurch lassen sich Störungen durch Magnetfelder vermeiden.

Aufbau einer TAE-Dose

In Abbildung 3 ist die Schaltung einer häufig verwendeten TAE 3 x 6NFN zu sehen. Die Ziffer 3 weist auf die 3 in der Dose befindlichen Schaltbuchsen hin. Diese werden durch eingesteckte TAE-Stecker betätigt. In jeder Schaltbuchse befinden sich jeweils 2 Öffner, sodass durch die Stecker maximal 6 Schalter betätigt werden können (Ziffer 6 in der Bezeichnung). Diese Schaltungsart wird als **NFN-Codierung** bezeichnet.

Wenn weitere Dosen installiert werden sollen, muss die abgehende Leitung an die Ausgangsklemmen 5 und 6 angeschlossen werden (b2 und a2).

Welchen Weg nehmen die Signale in der Dose?

Annahme: Kein TAE-Stecker eingesteckt (Abb. 3)
Beginn: Klemme 1 (La ①)

- N-Schalter links ② geschlossen,
- N-Schalter rechts ③ geschlossen,
- F-Schalter ④ geschlossen,
- Klemme 6 ⑤ a2

Das ankommende Signal wird von der Klemme 1 bis an die Klemme 6 weitergegeben. Eine nachfolgend angeschlossene Dose 2 wird also auch dann mit Signalen versorgt, wenn kein Stecker in der vor ihr liegenden Dose 1 eingesteckt ist.

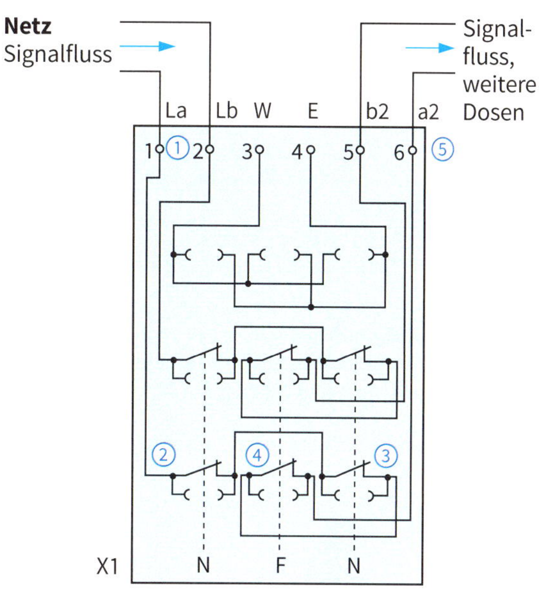

3: Innenschaltung der TAE 3 x 6NFN

- TAE-Stecker und TAE-Buchsen besitzen eine mechanische N- oder F-Codierung (F: Fernsprechbetrieb, N: Nicht-Fernsprechbetrieb).

In entsprechender Weise ergibt sich der Signalverlauf von der Klemme 2 (Lb) bis zur Klemme 5 (Abb. 1).

Annahme: Stecker mit F-Codierung ist eingesteckt
Beginn: Klemme 1 (La ⑥)

- N-Schalter links ⑦ geschlossen,
- N-Schalter rechts ⑧ geschlossen,
- F-Schalter ⑨ offen,
- Telefon ⑩

Das Signal gelangt von Klemme 1 zum Telefon. Der Signalweg zur Ausgangsklemme 6 ist unterbrochen, sodass nachfolgende Telefone nicht betrieben werden können. Ein entsprechender Signalweg ergibt sich, wenn von der Klemme 2 (Lb) ausgegangen wird.

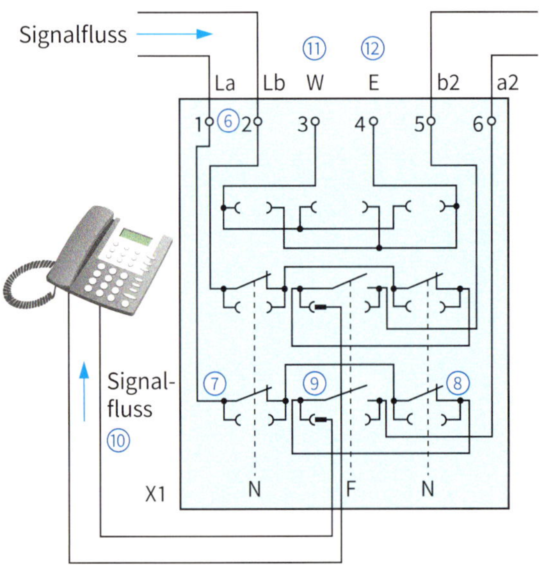

1: TAE 3 x 6NFN mit eingestecktem Telefonstecker

An TAE-Dosen können auch mit einer entsprechenden Anschlussleitung Telefone mit einer Western-Steckverbindung angeschlossen werden (Abb. 2).

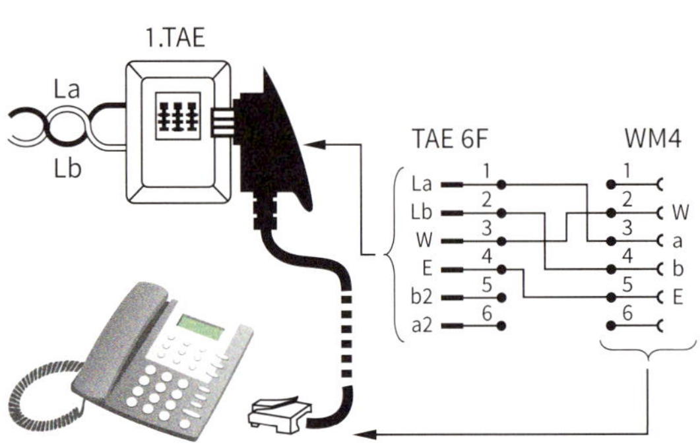

2: Anschluss mit Western-Steckverbindung

Leitungen

Obwohl für den Anschluss analoger Telefone nur zwei Leiter erforderlich sind, werden für die Hausinstallation in der Regel Leitungen mit vier verseilten Leitern (zwei Doppeladern) verwendet (**Stern-Vierer** [*star quad*], Abb. 3). Erweiterungen können dadurch problemlos vorgenommen werden.

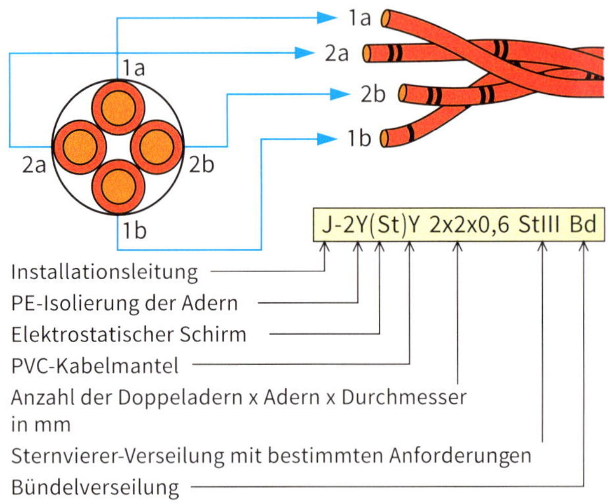

3: TK-Leitung und Kennzeichnung

Die Kennzeichnung der Adern erfolgt durch Ringe oder Farben (Abb. 4). Die Leiter dürfen bei der Installation nicht vertauscht werden, weil sonst unter Umständen Zusatzgeräte nicht oder nur fehlerhaft funktionieren.

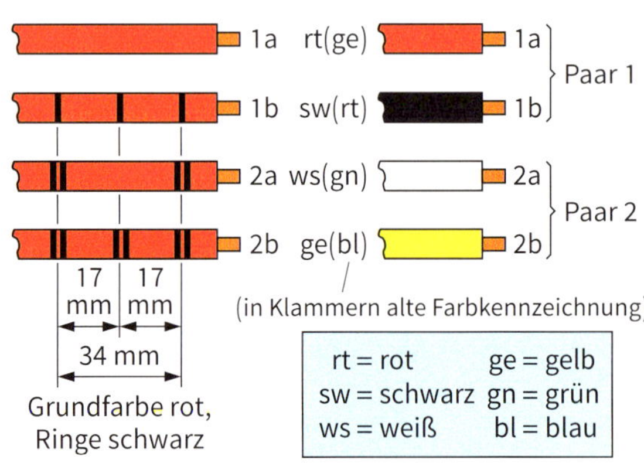

4: Aderkennzeichnung

- Für den Anschluss eines analogen Telefons sind zwei Leiter (La und Lb bzw. a und b) erforderlich.
- In der TAE 3 x 6NFN sind die N-codierten Buchsen elektrisch in Reihe mit der F-codier-ten Buchse geschaltet.

9.2.6 ISDN

Bei **ISDN** (**I**ntegrated **S**ervices **D**igital **N**etwork) handelt es sich um ein diensteintegrierendes digitales Telekommunikationsnetz für die Sprach- und Datenübertragung (Multimedia). Ab dem Jahr 1997 war dieses System in der Bundesrepublik Deutschland flächendeckend verfügbar. Es wurde bis zum Jahr 2019 durch das IP-basierte TK-System abgelöst.

Im ISDN-System gibt es verschiedene Anschlussmöglichkeiten. Für private Haushalte oder Kleinbetriebe wird der ISDN-Basisanschluss mit zwei Nutzkanälen verwendet. Für größere Unternehmen eignet sich der ISDN-Primärmultiplex-Anschluss mit 30 Nutzkanälen. Die Signale werden mit zwei Kupferdoppeladern oder zwei Glasfasern übertragen.

Bestehende ISDN-Netze können weiterhin am neuen IP-System genutzt werden, indem man einen Adapter verwendet (Abb. 5) oder einen Router einsetzt, der über eine S_0-Schnittstelle verfügt.

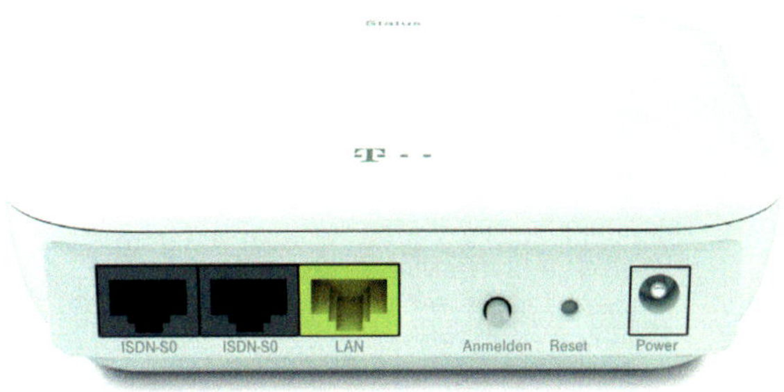

5: ISDN-Adapter für IP-basierten TK-Anschluss

Für private Haushalte oder Kleinbetriebe wurde der **ISDN-Basisanschluss** mit zwei Nutzkanälen verwendet, der folgende Eigenschaften besitzt (Auswahl):

- Bei einer Leitung (vier Leiter) verfügt man über zwei Übertragungskanäle (B1 und B2, Abb. 5) mit bis zu zehn Mehrfachrufnummern (**MSN** [***Multiple Subscriber***]).
- B1 und B2 können unabhängig voneinander genutzt werden (Wirkung wie zwei Telefonanschlüsse).
- Die digitale Datenübertragung kann mit 64 kbit/s über jeden einzelnen Kanal bzw. mit 128 kbit/s bei Kanalbündelung erfolgen.
- Für die Steuerung wird ein separater Kanal (D-Kanal mit 16 kbit/s) verwendet.
- Die einzelnen Endgeräte können direkt angewählt werden.

Die S_0-Schnittstelle bei ISDN besteht aus vier Anschlüssen mit den Bezeichnungen 1a, 1b, 2a und 2b (Abb. 6). Als Buchsen werden **IAE** (**I**SDN-**A**nschluss-**E**inheit) oder **UAE** (**U**niversal-**A**nschluss-**E**inheit verwendet. Sie besitzen jeweils acht Kontakte. Bei der UAE 8 sind alle acht angeschlossen, bei der IAE 8 nur die Kontakte drei bis sechs.

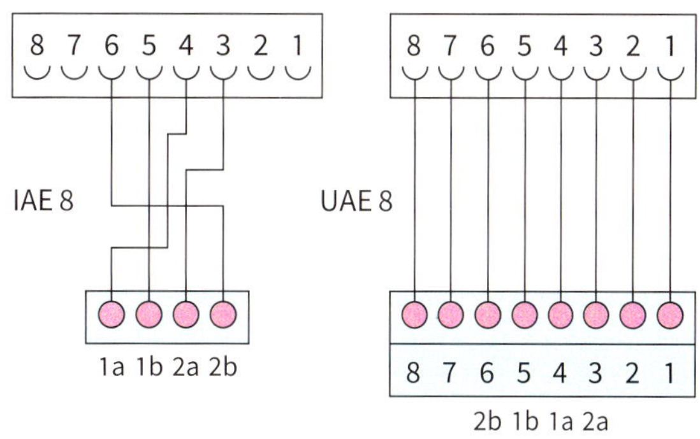

6: Buchsen und Anschlussklemmen

Als Stecker werden Western-Steckverbindungen verwendet (Abb. 7).

Western-Stecker für die Telekommunikation

Bezeichnung	Steckerform	Anwendung
RJ10 oder **RJ14** (RJ-10, RJ-14) **4P4C** – 4 Kontakte, – 4 Kontaktpositionen	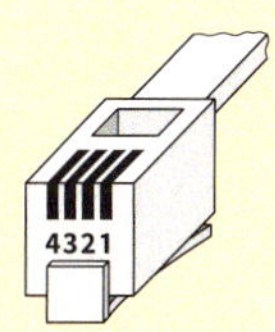	Leitung für Telefonhörer (Handapparat)
RJ11 (RJ-11) **4P6C** – 4 Kontakte, – 6 Kontaktpositionen	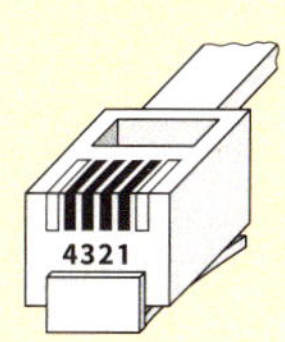	Anschlussleitung für Endgeräte – Telefon, – Fax, – Modem
RJ45 (RJ-45) **8P8C** – 8 Kontakte – 8 Kontaktpositionen	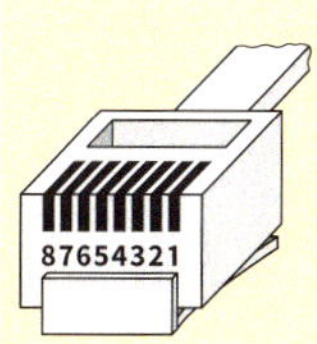	IAE-Steckdose (ISDN), Computernetzwerke (UAE)

7: Western-Steckverbinder

Western-Steckverbinder werden mit vier, sechs oder acht Kontakten verwendet (Abb. 7, S. 311). Die Bezeichnung **RJ** bedeutet **R**egistered **J**ack (genormte Buchse) und „Western" weist auf das US-amerikanische Unternehmen „Western Electric" hin.

Western-Steckverbinder werden auch für die Leitungsverbindung zwischen dem Handapparat und dem Telefon (analog und digital) eingesetzt. Durch seitliche Anpassungselemente können sechspolige Stecker auch für achtpolige Buchsen verwendet werden.

In Abb. 1 ist beispielhaft die Installation für fünf Anschlussdosen dargestellt. Der S_0-Bus ①, bestehend aus vier Leitern, wird durch die fünf Steckdosen (X1 bis X5) geschleift, sodass alle eingesteckten Geräte parallel angeschlossen sind.

In der letzten Dose befinden sich die zwei Abschlusswiderstände mit jeweils100 Ω. Analog arbeitende Geräte können über einen entsprechenden Adapter angeschlossen werden.

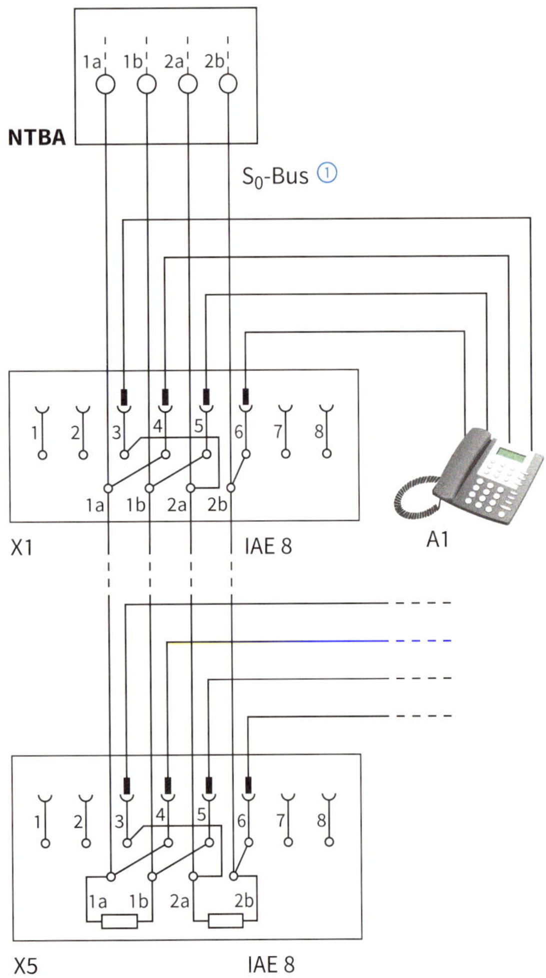

1: Bus-Installation

Aufbau der Leitungsaufbau

In der Regel werden Leitungen mit acht Adern verwendet. Abb. 2 zeigt den Aufbau einer ungeschirmten Leitung.

U: **U**nshielded (ungeschirmt)
UTP: **U**nshielded **T**wisted **P**air (ungeschirmtes Aderpaar)

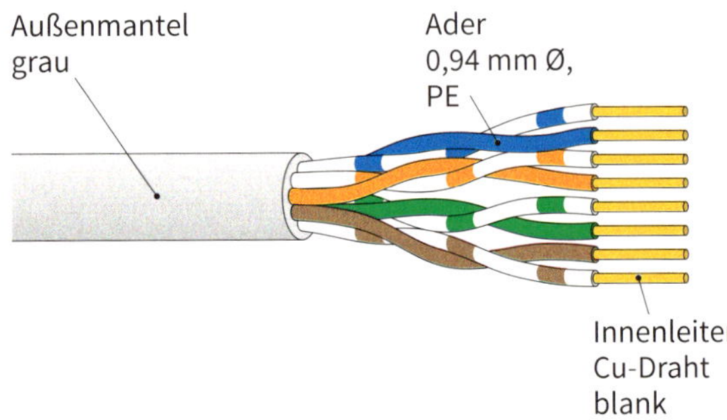

2: Leitungsaufbau

Für die Farbkennzeichnung der acht möglichen Leiter mit einer Western-Steckverbindung werden die Normen TIA 568A und TIA 568B verwendet (Abb. 3).

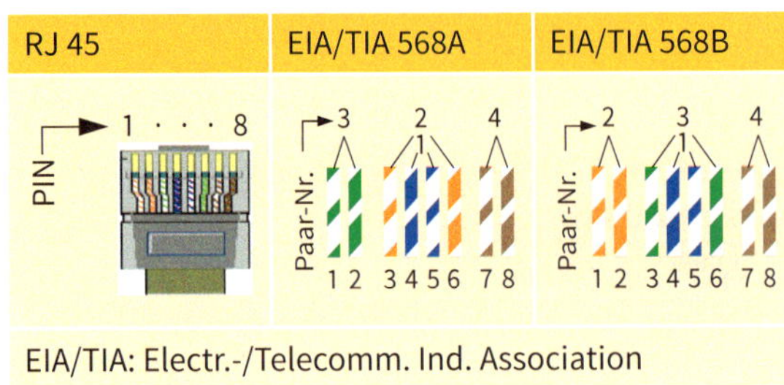

3: Leitungsaufbau

Aufgaben

1. Beschreiben Sie Unterschiede und Gemeinsamkeiten zwischen der IAE 8 und der UAE 8.
2. Zeichnen Sie die Verdrahtung der Doppelsteckdosen IAE 2 x 8 und UAE 2 x 8.

- Der ISDN-Bus besteht aus vier Leitern.
- An den ISDN-Bus des Mehrgeräteanschlusses dürfen zwölf Steckdosen (IAE, UAE) angeschlossen werden. Acht Geräte können eingesteckt und zwei gleichzeitig in Betrieb sein.
- Der ISDN-Bus muss durch 100 Ω-Widerstände abgeschlossen sein.
- Als Busleitungen werden ungeschirmte und verdrillte Leitungspaare verwendet (UTP: Unshielded Twisted Pair).

9.3 Gefahrenmeldeanlagen

9.3.1 Planung einer Einbruchmeldeanlage

Das Architekturbüro Weber soll im Rahmen von Umbaumaßnahmen für den Besitzer einer Etagenwohnung eine **Einbruchmeldeanlage (EMA)** [*intrusion detection system*] planen. In einer Vorbesprechung wird festgehalten, welche grundsätzlichen sicherheitstechnischen Maßnahmen ergriffen werden sollen (Abb. 4). Danach erhält die Fa. Elektro-Huber vom Architekturbüro Weber den in Abb. 2 abgebildeten Plan für die Installation.

Die vorgesehenen Objekte der Sicherheitstechnik sind eingezeichnet. Ihre Lage im Plan entspricht in etwa dem Installationsort. Die Symbole entstammen den „Richtlinien für Einbruchmeldeanlagen" des „**V**erbandes **d**er **S**achversicherer e.V." (**VdS**). Sie weichen von den Schaltzeichen der Elektroinstallation ab.

Für die technische Ausführung hat das Architekturbüro Weber der Fa. Huber noch keine Vorgaben gemacht. Zunächst soll von den Elektrofachleuten geprüft werden, welche Ausführung für dieses Bauvorhaben geeignet und zweckmäßig ist.

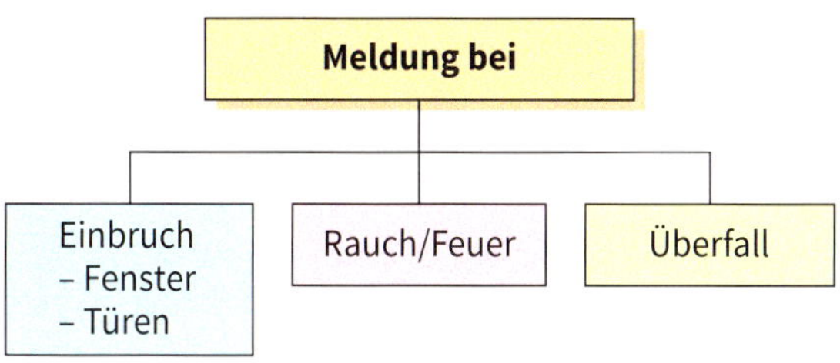

4: Sicherheitstechnische Maßnahmen

Abschließend soll dem zukünftigen Besitzer der Etagenwohnung ein Vorschlag für die Realisierung unterbreitet werden.

Auf der Grundlage der Projektierung erfolgt zunächst eine erste Analyse des vorliegenden Plans (Abb. 5). Sie führt zu folgenden Objekten bzw. Objektgruppen.

Melder [*detector*]
Melder sollen Gefahren und Störungen erfassen und diese melden. Für jedes Fenster sind Glasbruchmelder ① und Magnetkontakte ② vorgesehen. Die Raumüberwachung soll durch Bewegungs- ③ und Rauchmelder ④ erfolgen. Zusätzlich soll bei Gefahr ein Überfallmelder ⑤ betätigt werden können.

Meldeleitungen (Meldelinien) [*detector lines*]
Die Informationen der Melder müssen an eine Zentrale weitergegeben werden. Dieses kann über Leitungen oder durch Funksignale erfolgen.

Signalgeber [*signal generator*]
Beim Auftreten einer Gefahr soll diese signalisiert werden. Im Plan ist dafür eine Außen-Signalleuchte ⑥ vorgesehen.

Überwachungs- und Schalteinrichtung
Für diese Funktionen sind im Innenbereich eine Einbruchmeldezentrale ⑦ (EMZ) und im Außenbereich ein Blockschloss ⑧ vorgesehen.

Energieversorgung [*power supply*]
Melder, Signalgeber und die Zentrale werden über Leitungen mit elektrischer Energie versorgt. Diese sind im Plan nicht eingezeichnet.

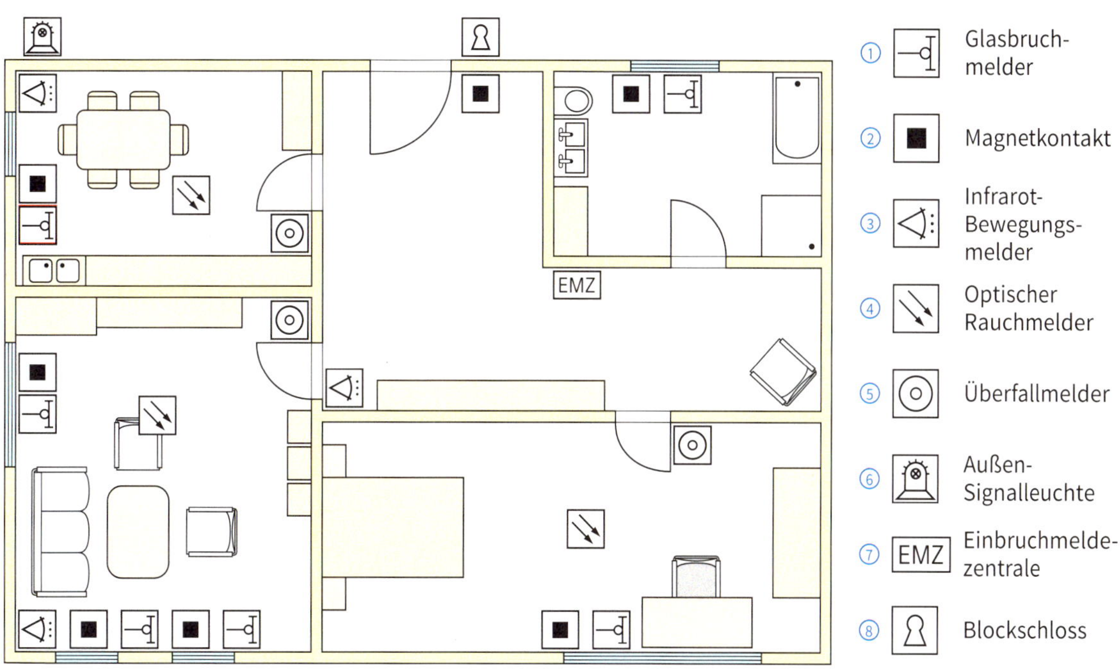

5: Sicherheitstechnik in einer Etagenwohnung

9.3.2 Sicherheitstechnische Begriffe

Für die fachgerechte Planung und Installation von Gefahrenmeldeanlagen sind Kenntnisse über Vorschriften sowie die richtige Anwendung von Fachbegriffen erforderlich.

Welche Bestimmungen und Vorschriften sind zu beachten?
In DIN VDE 0833 sind allgemeine Festlegungen und wichtige Anforderungen für Anlagen formuliert, die Gefahren für Sachwerte und Leben durch Einbruch, Überfall und Feuer zuverlässig melden. Der Begriff „Einbruchmeldeanlage" ist darin ein Unterbegriff der Gefahrenmeldeanlagen (**GFA**, Abb. 1).

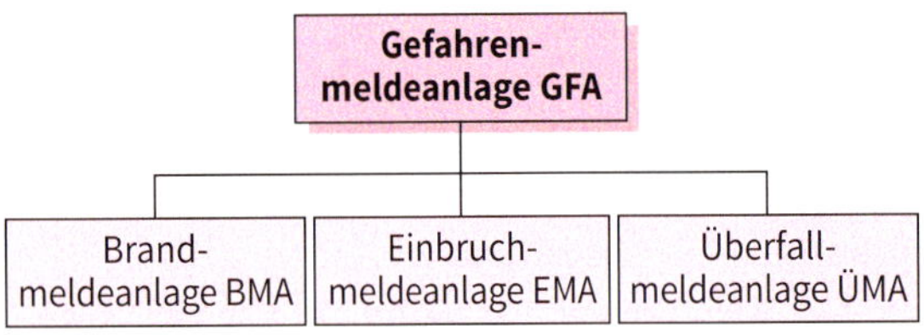

1: Gefahrenmeldeanlagen

Daneben gibt es Richtlinien des Verbandes der Schadensversicherer e.V. Zusammen mit der Kommission „Vorbeugende Kriminalbekämpfung" der Polizei hat der VdS Vorschriften herausgegeben, die den Aufbau, die Installation und den Betrieb von Gefahrenmeldeanlagen beinhalten.

Wie ist eine GFA aufgebaut?
Gefahrenmeldeanlagen sind in der Regel ähnlich aufgebaut (Abb. 2). Sie bestehen aus:
- **Meldezentrale** zur Signalauswertung mit Ein- und Ausgangskanälen,
- **Schalteinrichtung** [*switching device*] zum Ein- und Umstellen der Anlage,
- **Melder** (Sensoren) zum Signalisieren von Einbruch, Brand, Wasser usw. und
- **Alarmgeber** (Aktoren) zur Ausgabe der Signale (akustisch, optisch, speichern).

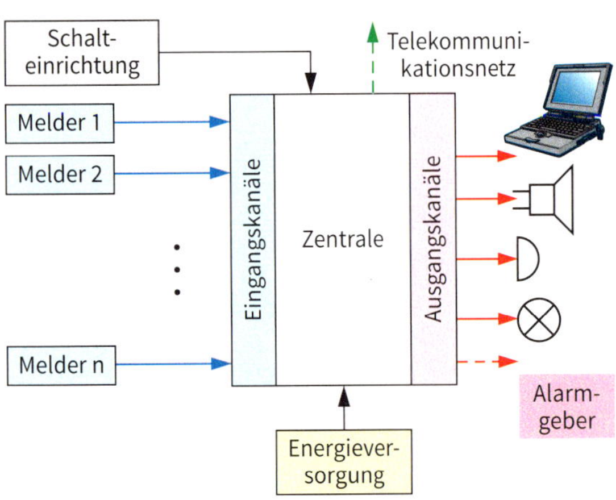

2: Aufbau einer Gefahrenmeldeanlage

Welche Sicherungsbereiche werden unterschieden?
Bei den zu sichernden Gebäuden und Anlagen werden zwei **Sicherungsbereiche** [*security areas*] unterschieden:

Außenhautsicherung	**Innenraumsicherung**
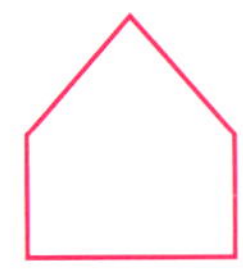	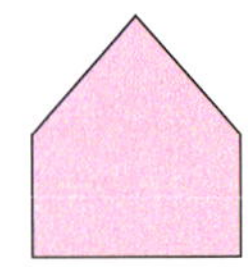
Überwachung aller äußeren Zugänge wie z. B. Fenster und Türen	Alarmierung bei bereits erfolgtem Einbruch
Eingesetzt werden dazu z. B. Magnetkontakte und/oder Glasbruchmelder (vgl. Kap. 9.3.3.1).	Die Raumüberwachung kann z. B. durch Bewegungsmelder (vgl. Kap. 9.3.3.2), Lichtschranken oder Magnetkontakte an Türen erfolgen.

Was sind Alarmgeber?
Alarmgeber sollen nach erfolgtem Einbruch, Überfall oder Feuer das Alarmsignal weitergeben. Dabei werden verschiedene Alarmierungsarten unterschieden.

Beim **stillen Alarm** [*quiet alarm*] wird kein Signalgeber angesteuert. Es erfolgt die Weitergabe an die dafür zuständige Stelle (z. B. Polizei, Feuerwehr).

Beim **akustischen Alarm** [*acoustic alarm*] ertönt ein Alarmton (Außensirene), der den Einbrecher in die Flucht schlagen und die Öffentlichkeit informieren soll. Um Ruhestörungen zu vermeiden, muss sich ein im Außenbereich des Hauses angebrachter Alarmgeber nach 180 s abschalten. Im Haus kann dagegen Daueralarm (Innensirene) gegeben werden.

Mit einem **optischen Alarm** [*optical alarm*] sollen die Öffentlichkeit informiert und Einbrecher abgeschreckt werden. Geeignet dafür sind Blink-, Blitz- oder Drehlichtquellen.

Im Außenbereich angebrachte Alarmgeber müssen in besonderer Weise gegen Sabotage geschützt werden. Sie sollten auf jeden Fall schwer erreichbar sein, z. B. im oberen Bereich der Hauswand. Optische Alarmgeber sollten außerdem gut sichtbar angebracht sein.

- Brand-, Einbruch- und Überfallmeldeanlagen bezeichnet man als Gefahrenmeldeanlagen.
- Eine Gefahrenmeldeanlage besteht im Prinzip aus der Meldezentrale mit der Schalteinrichtung sowie Meldern (Sensoren) und Alarmgebern (Aktoren).
- Bei den Sicherungsbereichen wird zwischen der Außenhautsicherung des Gebäudes und der Innenraumsicherung unterschieden.

Betriebszustände von Einbruchmeldeanlagen

Wenn eine Einbruchmeldeanlage nicht betriebsbereit ist, bezeichnet man sie als **unscharf** geschaltet. Bei Betriebsbereitschaft ist sie **scharf** geschaltet. Dabei wird unterschieden zwischen dem Scharfschalten bei Anwesenheit von Personen im Haus (**internscharf**) und bei Abwesenheit der Personen (**extern scharf**).

In der Regel verfügen Einbruchmeldeanlagen über einen im Außenbereich angebrachten Schlüsselschalter (vgl. Kap. 9.3.3.6), mit dem die Anlage extern scharf oder unscharf geschaltet werden kann.

Intern scharf

- Personen sind anwesend.
- Es findet eine reine Außenhautsicherung statt.
- Bei einem Einbruch erfolgt ein interner Alarm.
- Die Melder im Innenbereich lösen keinen Alarm aus.

Extern scharf

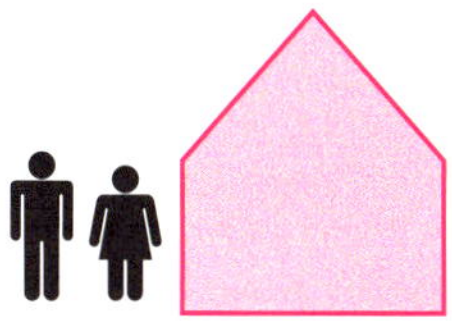

- Personen sind nicht im Haus.
- Es findet eine Absicherung der Außenhaut und der Innenräume statt.
- Alle externen Alarmgeber sind aktiviert (scharf geschaltet).

Wenn Anlagen über eine interne Schalteinrichtung geschaltet werden können, ist eine **Verzögerungszeit** für das Scharfschalten und somit für eine mögliche Alarmauslösung einzustellen. Sie muss beim Scharfschalten (Abb. 3 ①) so groß sein, dass der Betreiber den Sicherheitsbereich verlassen kann. Ein Alarm darf dann nicht ausgelöst werden. Die Anlage wird aber nur dann scharf geschaltet, wenn alle Melder betriebsbereit sind (Kontakte geschlossen ②). Ist dieses nicht der Fall, wird dem Betreiber dieser unscharfe Zustand durch ein kurzes Signal gemeldet.

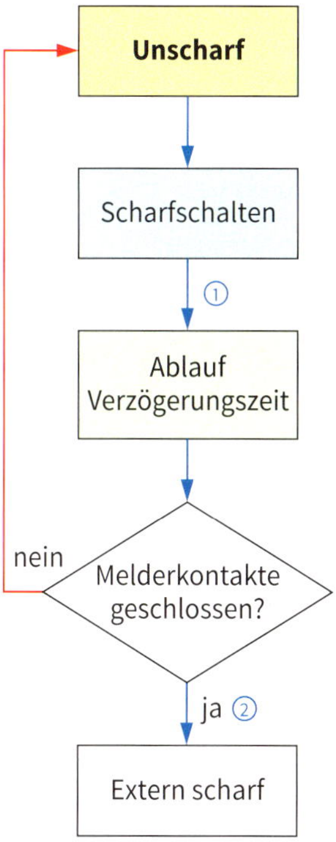

3: Verzögerungszeit beim Scharfschalten

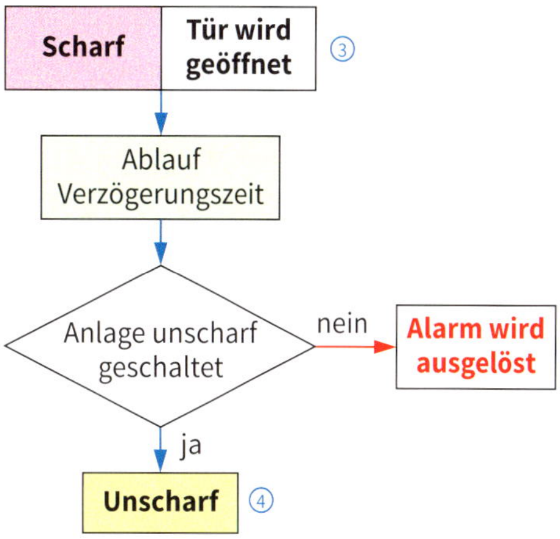

4: Verzögerungszeit beim Unscharfschalten

Die Zeit für das Auslösen des Alarms (Abb. 4) muss auch so groß gewählt werden, damit der Betreiber die Anlage beim Betreten des Hauses ③ sicher unscharf schalten kann, ohne dass ein Alarm ausgelöst wird ④.

Andererseits muss die Verzögerungszeit so klein gewählt werden, dass ein Einbrecher nicht die Zeit hat, die Anlage zu lokalisieren und zu sabotieren.

Bedienung

Eine Einbruchmeldeanlage erfüllt nur dann ihren Zweck, wenn sie sachgerecht eingesetzt wird. Deswegen sind bestimmte Bedienungsschritte einzuhalten. Man bezeichnet dieses als **Zwangsläufigkeit** [*inevitability*]. Fehlalarme können dadurch vermieden werden.

Beispiele:

- Die Anlage kann nur dann scharf geschaltet werden, wenn alle Melderkontakte geschlossen sind, keine Störung und kein Alarm vorliegen.
- Der Sicherheitsbereich kann nur betreten werden, wenn die Anlage unscharf geschaltet ist.

Aufgaben

1. Beschreiben Sie drei Möglichkeiten, womit ein Alarm erzeugt werden kann.
2. Welcher Unterschied besteht zwischen intern und extern unscharf?

- Die Aktivierung einer Einbruchmeldeanlage bezeichnet man als Scharfschalten. Unterschieden wird zwischen interner und externer Scharfschaltung.
- Bei internen Schalteinrichtungen müssen Alarmzeitverzögerungen für das Scharfschalten eingestellt werden.
- Durch eine Zwangsläufigkeit bestimmter Handlungen werden bei Einbruchmeldeanlagen Fehlalarme vermieden.

9.3.3 Objekte von Einbruchmeldeanlagen

9.3.3.1 Melder zur Außenhautsicherung

In der Projektierung der Einbruchmeldeanlage für die Etagenwohnung sind zur **Außenhautsicherung** [*protection of external shell*] Melder mit Magnetkontakt (Abb. 1 ①) und Glasbruchmelder ② vorgesehen.

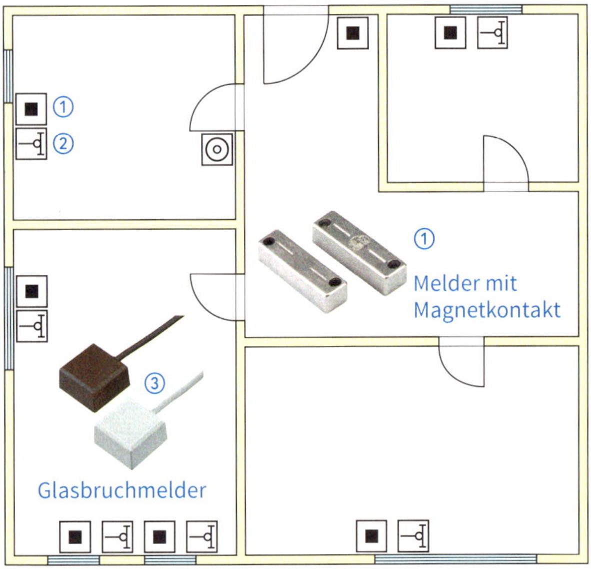

1: Melder zur Außenhautsicherung

Melder mit Magnetkontakt (MK)

Diese Melder bestehen aus zwei Teilen, dem eigentlichen Magnetkontakt (Abb. 2 ③) und dem Dauermagneten ④. Beide Teile werden parallel oder stirnseitig zueinander montiert. Am beweglichen Fensterflügel bzw. Türblatt wird der Dauermagnet angebracht. Sein Magnetfeld wirkt in das am Rahmen befestigte zweite Element hinein. In seinem Gehäuse sind in einem Glasröhrchen zwei sich gegenüber liegende eiserne Kontaktzungen (**Reed-Kontakte**) eingeschmolzen.

Wenn sich wie in Abb. 2 in ihrer Nähe der Dauermagnet befindet, ziehen sie sich wie zwei Dauermagnete an. Der Kontakt wird geschlossen (Betriebszustand). Er bleibt so lange geschlossen, bis sich der Abstand (siehe Abstandsdiagramm in Abb. 3) auf etwa 20 mm vergrößert hat. Die Kontakte öffnen (Ruhezustand).

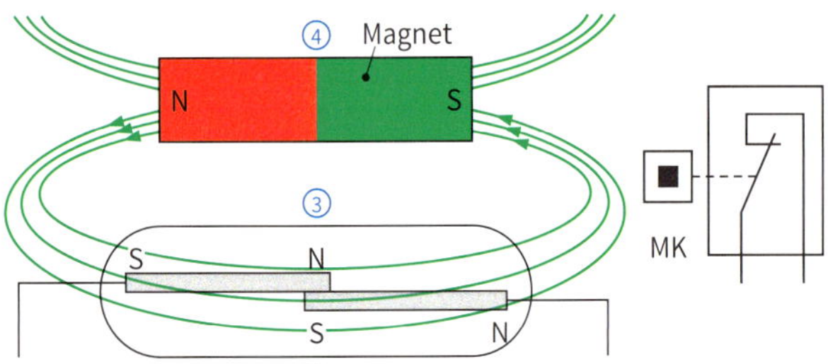

2: Melder mit Magnetkontakt

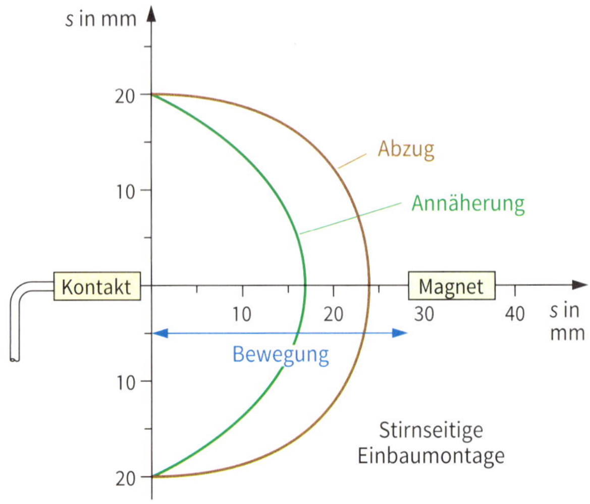

3: Abstandsdiagramm für Magnetkontakt

Installationshinweise [*installation guide*] **für Magnetkontakt**

Auf Grund der sehr guten Funktionssicherheit, Robustheit und einfachen Montage werden häufig Melder mit Magnetkontakten eingesetzt.

- Beide Teile müssen so angebracht werden, dass sie parallel ohne seitlichen Versatz zueinander liegen.
- Für die Befestigung müssen Schrauben aus nicht magnetischem Material verwendet werden.
- Für den Aufbau an Stahltüren oder in der Nähe ferromagnetischer Materialien sind Unterlegteile zu verwenden.
- Der Deckel wird nach der Montage verklebt (Sekundenkleber), sodass ein Entfernen ohne Beschädigung nicht mehr möglich ist (Sabotageschutz).

Kontaktart	1-poliger Öffner
Schaltspannung	max. 100 V DC
Schaltstromstärke	max. 500 mA
Kontaktbelastbarkeit	max. 10 VA
Zul. Betriebsspannung	max. 40 V
Übergangswiderstand	0,15 Ω
Anschlussleitung	LIYY 2 x 0,14 mm^2
Maße für Kontakt	8 mm x 32 mm
Maße für Magnet	6 mm x 30 mm, axial polarisiert
Temperaturbereich	–30 °C bis +70 °C
Schutzart	IP 67, VdS-Umweltklasse IV
Gehäusefarbe	Weiß

4: Kenndaten des gewählten Magnetkontakts

Glasbruchmelder (GM)

Diese Melder werden zur Durchbruchüberwachung von Glasscheiben eingesetzt. Man unterscheidet zwischen Meldern und Sensoren.

Glasbruchsensoren	Glasbruchmelder
– keine Spannungsversorgung erforderlich – arbeiten im Prinzip wie mechanische Schalter – reagieren nur auf die Zerstörung der Glasscheibe	– externe Spannungsversorgung für elektronische Bauelemente erforderlich – mechanische bzw. elektronische Kontakte – Signalauswertung erfolgt intern

Bei den Meldern werden aktive und passive Glasbruchmelder unterschieden.

Aktive Melder überprüfen die Glasscheibe ständig, indem sie Schallwellen aussenden und die Reflexion in der Glasscheibe messen.

Passive Melder geben Alarm, wenn die Scheibe zerstört oder nur geritzt wird (Auswertung typischer Schallschwingungen 50 kHz bis 100 kHz). Wenn die Scheibe nur geritzt wurde, wird bei vielen Meldern dieser Alarmfall gespeichert und gegebenenfalls mit einer LED angezeigt. Mit einer Rückstelltaste kann der Anzeigezustand gelöscht werden. Da Glasscheiben unterschiedlich dick sind, muss über ein eingebautes Potenziometer die Empfindlichkeit eingestellt werden. Passive Glasbruchmelder sind recht kostengünstig und werden im privaten Bereich oft eingesetzt.

Installationshinweise für Glasbruchmelder

- In einer Fensterecke (Abb. 5) wird der Melder mit einem Klebstoff auf der Scheibe montiert. Wichtig ist dabei, dass sich keine Fremdkörper zwischen Glasscheibe und Melder befinden (Beeinträchtigung der Empfindlichkeit).
- Die Entfernung zum Rahmen sollte zwischen 10 cm und 15 cm liegen.
- Glasbruchmelder sind hochempfindlich, deshalb können Beklopfen oder eine andere unsachgemäße Behandlung zur Zerstörung führen.

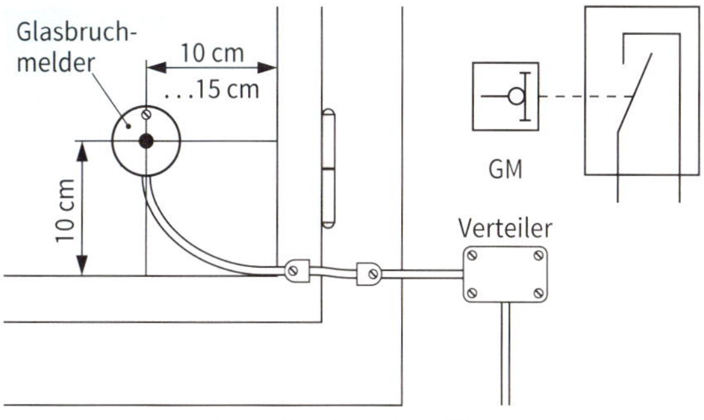

5: Montageort eines Glasbruchmelders

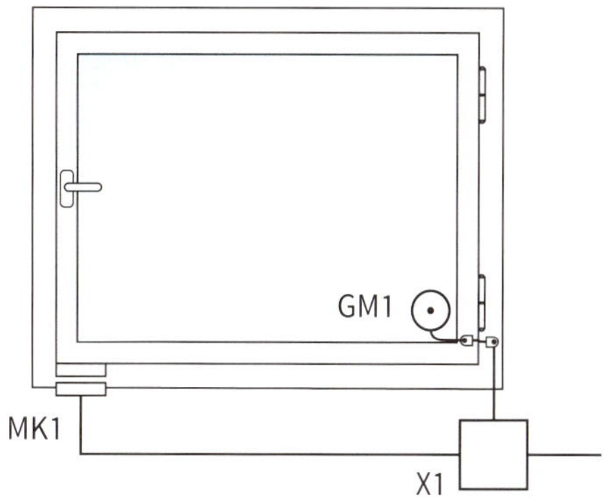

6: Montageorte für die Außenhautsicherung

Die prinzipielle Montage am Fenster für Magnetkontakte (MK1) und Glasbruchmelder (GM1) zeigt Abb. 6. Bei einer leitungsgebundenen Informationsübertragung erfolgt die Verdrahtung in der Verteilerdose X1.

Für das zu erstellende Angebot (vgl. Kap. 9.3.1) wird ein Glasbruchmelder mit folgenden technischen Daten vorgeschlagen (Abb. 7):

Kontaktart	1-poliger Öffner
Linienspannung	max. 18 V DC
Schaltleistung	max. 350 mA
Übergangswiderstand	
Ruhezustand	30 Ω
Alarmzustand	min. 1 MΩ
Alarmdauer	0,5 s bis 5 s
Wirkungsradius	2 m
Anschlussleitung	LIYY 2 x 0,14 mm^2
Temperaturbereich	−30 °C bis +70 °C
Schutzart	IP 67, VdS-Umweltklasse IV
Gehäusemaße	37 x 19 x 12 mm

7: Kenndaten des gewählten Glasbruchmelders

Aufgaben

1. Beschreiben Sie Maßnahmen, um eine Glasscheibe gegen Einbruch zu sichern.
2. Erklären Sie den Unterschied zwischen einem aktiven und einem passiven Melder.

- Melder mit Magnetkontakt bestehen aus zwei Teilen. Mit dem Dauermagneten am beweglichen Element lässt sich ein Schalter (Reed-Kontakt) betätigen.
- Melder mit Magnetkontakt eignen sich zum Überwachen von beweglichen Elementen (Fenster, Türen).
- In Glasbruchmeldern öffnet bzw. schließt ein Kontakt, wenn eine Glasscheibe geritzt oder zerstört wird.

9.3.3.2 Melder zur Innenraumsicherung

Die Innenraumsicherung soll durch drei **Bewegungsmelder** erfolgen (vgl. Kap. 9.3.1, Abb. 1 ①). Diese Melder erkennen die von Personen erzeugte Wärmeänderung in einem dreidimensionalen Erfassungsbereich und lösen dann einen entsprechenden Schaltvorgang aus.

Bewegungsmelder arbeiten mit
- **elektromagnetischen Wellen**,
- **Ultraschall** oder reagieren auf
- **infrarote Strahlung** (**IR**).

Im privaten Bereich werden vorwiegend Passiv-Infrarot-Bewegungsmelder (PIR) verwendet. Passiv bedeutet, dass diese Melder nur Signale empfangen und selbst keine Strahlung aussenden. Sie besitzen außerdem keinen Helligkeitssensor wie Bewegungsmelder im Außenbereich. Der in Abb. 1 dargestellte Melder wurde bei der Planung der Einbruchmeldeanlage vorgeschlagen.

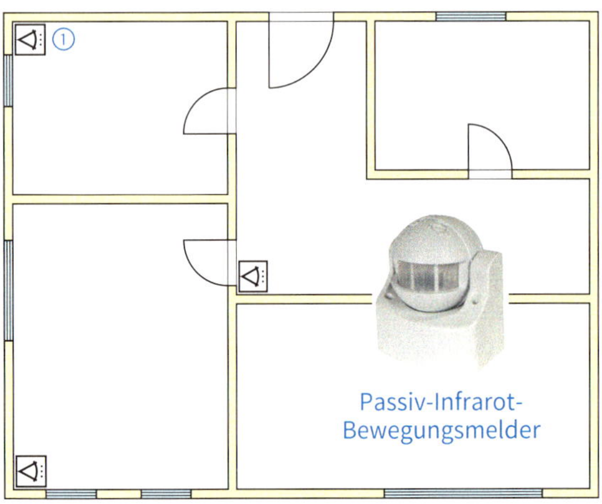

1: Innenraumsicherung durch PIR

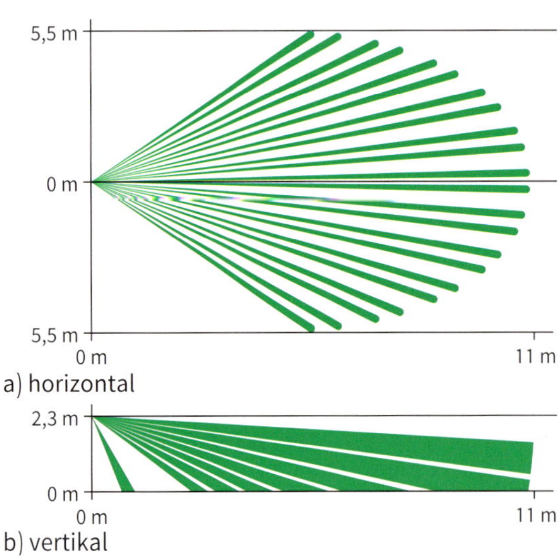

2: Erfassungsbereiche des ausgewählten PIR

Passiv-Infrarot-Bewegungsmelder (PIR)

Vor dem eigentlichen Sensor befindet sich ein Linsensystem (Fresnel-Linse), durch das der Raumbereich in einzelne Segmente und Ebenen aufgeteilt wird. In der Abb. 2 sind zwei Ebenen mit dem jeweiligen **Erfassungsbereich** dargestellt. Der Melder reagiert, wenn zwischen den einzelnen Segmenten eine Wärmebewegung (Wärmeunterschied) vorkommt. Die Erfassung ist um so sicherer, je mehr Segmente durchschritten werden. Wenn sich eine Wärmeänderung langsam und gleichzeitig auf alle Segmente auswirkt (z. B. bei Raumtemperaturerhöhung), erfolgt kein Alarm.

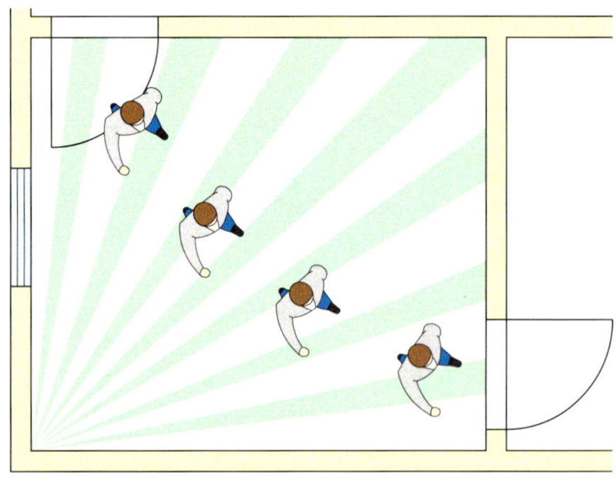

3: Montageort eines PIR

Installationshinweise für PIR
- Passiv-Infrarot-Bewegungsmelder müssen so montiert werden, dass der Einbrecher zwangsläufig am Melder vorbeigehen muss (Abb. 3, Montage möglichst in einer Raumecke unterhalb der Decke).
- Der Montageort muss erschütterungsfrei sein.
- Die Ausrichtung darf nicht in Richtung Sonnenlicht erfolgen, Reflexionen durch Glasflächen im Erfassungsbereich sind zu vermeiden.
- Zugluft, Heizlüfter, selbstständig einschaltende Glühlampen usw. dürfen nicht im Erfassungsbereich vorkommen.
- Der Erfassungsbereich sollte z. B. nicht durch Möbel eingeschränkt werden.
- Es ist erforderlich, dass die Funktion entsprechend den Herstellerunterlagen sorgfältig überprüft wird (z. B. im Raum gehen (**Gehtest**), Erfassungsbereich unterkriechen (**Unterkriechschutz**)).

Bei der **Auswahl** des Bewegungsmelders sollte bedacht werden:
- Horizontaler und vertikaler Erfassungsbereich (Abb. 2),
- Reichweite (Abb. 2),
- Ansprechempfindlichkeit.

Wenn in der Wohnung Tiere vorkommen, sollte ein gegen Tiere unempfindlicher Melder gewählt werden (z. B. unempfindlich bis zu fünf Katzen und Hunde bis 40 kg).

Mikrowellen-Bewegungsmelder (MM)

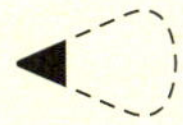

Der Mikrowellen-Bewegungsmelder ist ein aktiver Melder. Er besteht aus einem Sender und einem Empfänger mit Frequenzen zwischen 9 GHz und 11 GHz. Der Alarm wird ausgelöst, wenn der Empfang z. B. durch Personen gestört wird. Da Mikrowellen Glasscheiben, Leichtbau- und Gasbetonwände durchdringen, können große Bereiche überwacht werden. In den Räumen dürfen sich keine größeren Metallobjekte befinden.

Ultraschall-Bewegungsmelder (UM)

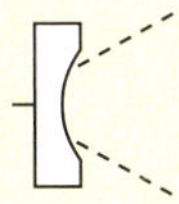

Dieser aktive Melder gibt über einen kleinen piezokeramischen Lautsprecher ständig Schallwellen zwischen 35 kHz und 50 kHz ab. Ein oberhalb des Lautsprechers angebrachtes Mikrofon empfängt das Echo der Schallwellen (Reichweite etwa 15 m). Bei einem gestörten Empfangssignal erfolgt der Alarm.

Relaisausgang	1-poliger Öffner
Betriebsspannung	9 V DC bis 15 V DC
Stromstärke (Alarm)	18 mA
Stromstärke (Standby)	max. 10 mA bei 12 V DC
Abmessungen	10,7 x 6,1 x 4,8 cm
Alarmausgang	5 V
Sabotagekontakt	NC, 28 V, 125 mA
Schutzart	EN 50131 Umweltklasse II, Schutzklasse II
Erfassungsbereich	11 m x 11 m
Montagehöhe	2,3 m bis 2,7 m

4: Kenndaten des gewählten PIR

Aufgaben

1. Begründen Sie, weshalb die Funktion des PIR besonders sorgfältig überprüft werden muss.
2. Ermitteln Sie aus Abb. 2 das Raumvolumen, das durch den Passiv-Infrarot-Bewegungsmelder überwacht werden kann.

- Passiv-Infrarot-Bewegungsmelder reagieren auf die Änderung der Infrarotstrahlung im Erfassungsbereich.
- Bei der Montage müssen störende Wärmequellen berücksichtigt werden.
- Beim Passiv-Infrarot-Bewegungsmelder können häufig eingestellt werden:
  – Erfassungsbereich (Winkel)
  – Reichweite
  – Ansprechempfindlichkeit
- Passiv-Infrarot-Bewegungsmelder benötigen als Energieversorgung eine Gleichspannungsquelle.

9.3.3.3 Überfallmelder

In der Projektierung der Einbruchmeldeanlage für die Etagenwohnung sind drei Überfallmelder vorgesehen (Abb. 5). Sie werden manuell betätigt und in verschiedenen Bauformen angeboten (auffällig bis unauffällig). Es handelt sich in der Regel um einen Taster, dessen Kontakt bei Betätigung öffnet.

Bei der Wahl des jeweiligen Installationsortes sollte geprüft werden, wie und wo ein Alarm ausgelöst werden könnte, wenn sich eine unbefugte Person in der Wohnung befindet. Auch sollte berücksichtigt werden, in welcher Lage sich möglicherweise die Person befindet, wenn ein Alarm ausgelöst werden soll. Weiterhin ist zu beachten, dass man den Überfallmelder auch betätigen können muss, wenn die Einbruchmeldeanlage unscharf geschaltet ist (24-Stunden-Betrieb, 24 Stunden Meldelinie, vgl. Kap. 9.3.3.7).

Die vorgeschlagenen Installationsorte der drei Überfallmelder befinden sich deshalb hinter den jeweiligen Türen (Abb. 5 ①) und in der Nähe des Bettes.

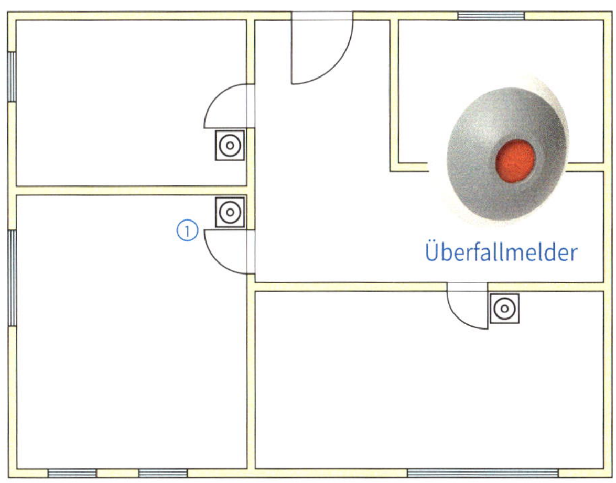

5: Überfallmelder im Wohnungsbereich

Alarmkontakt	Wechsler, 30 V DC, 300 mA
Sabotagekontakt	Wechsler, 30 V DC, 300 mA
Schutzart	IP 40
Abmessungen	Durchmesser 81 mm, Höhe 31 mm

6: Kenndaten des gewählten Überfallmelders

- Überfallmelder sind in der Regel mechanisch betätigbare Taster (Öffner oder Wechsler).
- Mit Überfallmeldern muss ein Alarm unabhängig vom Zustand der Einbruchmeldeanlage ausgelöst werden können.

9.3.3.4 Brandmelder

Brandmelder [*fire detector*] ist ein Oberbegriff für verschiedene Melder. Sie reagieren auf die Änderung der Umgebung auf Grund eines Brandes. Ein Brand äußert sich dabei z. B. durch

- **Rauchentwicklung**,
- **Temperaturerhöhung** und
- **Gasemission**.

Dementsprechend werden in Brandmeldern einzelne oder mehrere Sensoren (Abb. 1) eingesetzt.

Sensoren		
optisch (Rauchsensor)	**thermisch** (Temperatursensor)	**chemisch** (Gassensor)
Der in eine Messkammer eintretende Rauch (kleine Rauchpartikel) wird ausgewertet.	Die Widerstandsänderung von temperaturabhängigen Widerständen wird ermittelt.	In der Regel wird das bei einem Brand entstehende Kohlenmonoxid (CO) festgestellt.

1: Sensoren in Brandmeldern

Es gibt Brandmelder, die auf einzelne Brandergebnisse wie Rauch, Temperatur oder Gasentwicklung reagieren. Einen optimalen Schutz bieten Brandmelder, in denen mehrere Sensoren das Brandergebnis analysieren.

Für die Projektierung der Einbruchmeldeanlage (vgl. Kap. 9.3.1) sollen drei Brandmelder eingesetzt werden (Abb. 2 ①). Um einen optimalen Schutz zu gewährleisten, werden Melder ausgewählt, die auf Rauch, Temperaturerhöhung und Gas reagieren (Abb. 3).

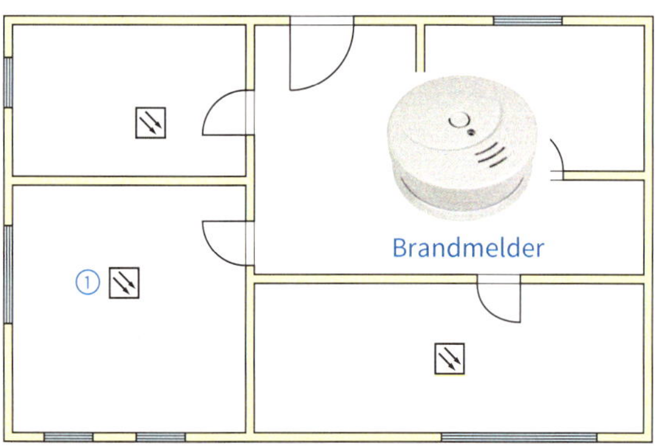

2: Brandmelder im Wohnungsbereich

Betriebsspannung	15 V DC bis 33 V DC
Stromstärke	< 0,51 mA
Signalausgang	Offener Kollektor, 0 V über 1,5 kΩ, max. 15 mA
Überwachungsbereich	max. 120 m²
Montagehöhe	max. 16 m

3: Kenndaten des ausgewählten Brandmelders

Installationshinweise

- Jeweilige Bauverordnung beachten (Installation ist teilweise verpflichtend, z. B. bei Mietwohnungen).
- Die Installation erfolgt an der Decke.
- Unabhängig vom Zustand der Alarmanlage muss der Brandalarm weitergeleitet werden (24 Stunden, vgl. Kap. 9.3.4).
- Brandmelder müssen so platziert werden, dass der Luftzutritt nicht behindert wird.

Wie funktioniert ein Rauchsensor?

Ein Rauchsensor besteht aus einem Lichtsender und einem Lichtempfänger (Abb. 4). Der Lichtsender wird im Abstand von wenigen Sekunden ein- und ausgeschaltet. Lichtsender ① und Lichtempfänger ② befinden sich nicht gegenüber, sondern nebeneinander in einer gemeinsamen Kammer, in die kein Außenlicht eindringen kann. Die umgebende Luft kann allerdings eindringen und kleine Rauchpartikel ③ in die Kammer transportieren. Wenn sich kein Rauch in der Kammer befindet (Abb. 4a), fällt kein Licht auf den Empfänger. Erst wenn Rauchpartikel in die Kammer eingedrungen sind, wird das Licht des Senders gestreut und gelangt so zum Empfänger (Abb. 4b ④). Eine Meldung erfolgt.

Oft sind in Rauchmeldern zur Funktionsüberwachung folgende Leuchtdioden enthalten:

- Rote LED (leuchtet etwa alle 40 s auf): Gerät arbeitet ordnungsgemäß.
- Grüne LED: Betriebsspannung ist vorhanden.

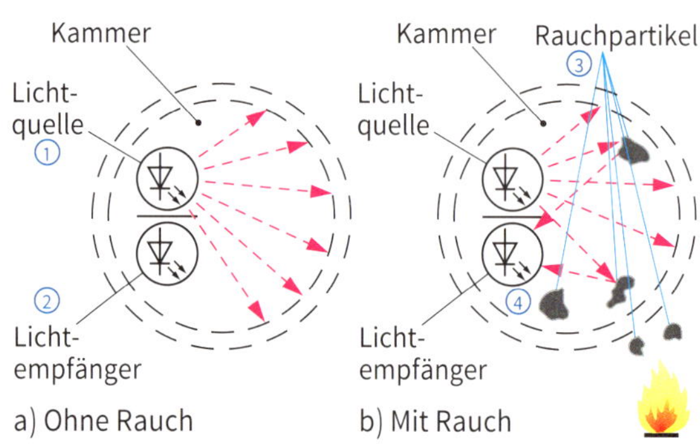

4: Brandmelder

Aufgaben

1. Begründen Sie, weshalb sich ein Rauchmelder niemals in einem geschlossenen Behälter befinden darf.
2. Warum müssen Rauchmelder immer an der Decke angebracht sein?

- Je nach Ausführung können Brandmelder einzeln auf Temperaturerhöhung, Rauch- oder Gasentwicklung reagieren oder mit mehreren Sensoren die Brandinformationen auswerten.

Brandmeldeanlagen

Eine Brandmeldeanlage besteht in der Regel aus den abgebildeten Komponenten.

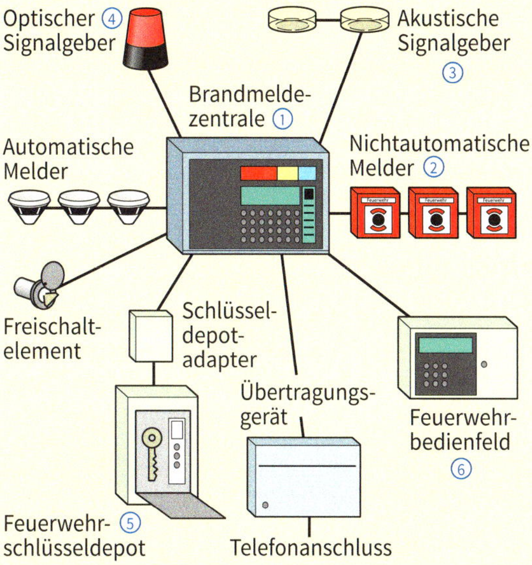

- **Brandmeldezentrale** ① *[fire reporting center]*
  - Sie versorgt die Melder mit elektrischer Energie und überwacht die Anlage.
  - Fehler werden optisch und akustisch angezeigt (z. B. bei Kurzschluss, Drahtbruch, Störung in der Energieversorgung).
  - Signale der angeschlossenen Melder werden ausgewertet.
  - Gefahr wird optisch und akustisch angezeigt.
  - Brandalarm wird gegeben und/oder ein Signal an die automatischen Brandschutzeinrichtungen weitergeleitet.
- **Nichtautomatische Melder** ②
  - Mit diesem Druckknopfmelder löst man einen Alarm aus, indem die Glasscheibe zerstört und der Knopf gedrückt wird.
  - Montageorte sind vorwiegend Fluchtwege, Treppenhäuser, Gänge und die Bereiche an Ausgangstüren.
- **Akustische Signalgeber** ③
  - Sie signalisieren im gesamten überwachten Bereich einen Feueralarm.
  - Von der Brandmeldezentrale aus kann der Feueralarm zurückgesetzt werden.
- **Optischer Signalgeber** ④
  - Diese Blitzlampe wird im Alarmfall von der Brandmeldezentrale angesteuert.
  - Optische Signalgeber werden in der Nähe des Feuerwehrschlüsseldepots installiert.
  - Der Alarm kann durch die Zentrale zurückgesetzt werden.
- **Feuerwehrschlüsseldepot** ⑤ *[fire-brigade key depot]*
  - In diesem Depot befinden sich Objektschlüssel (Gebäudeschlüssel), mit denen die Feuerwehr im Brandfall Zugang zur Brandmeldezentrale und zum Feuerwehrbedienfeld erhält.
  - Unbefugte Personen können das Depot nicht öffnen.
- **Feuerwehrbedienfeld** ⑥ *[fire-brigade control panel]*
  - Hierbei handelt es sich um eine Zusatzeinrichtung für Brandmeldeanlagen. Sie zeigt bestimmte Betriebszustände der Brandmeldeanlage an.
  - Das Feuerwehrbedienfeld befindet sich in unmittelbarer Nähe der Brandmeldezentrale und muss frei zugänglich, gut sichtbar und gut bedienbar sein.
  - Planung und Montage erfolgt in Absprache mit der Feuerwehr.
- **Leitungen und Leitungsführung**
  - Die Anschlussleitungen für Brandmelder entsprechen in ihrem grundsätzlichen Aufbau den Leitungen für Einbruchmeldeanlagen.
  - Zusätzlich ist auf dem PVC-Mantel der Aufdruck „BRANDMELDEKABEL" vorhanden.
  - Unter der Metallfolie befindet sich ein blanker Beidraht ⑦ (0,6 mm Durchmesser) als Erdungsanschluss. Durch ihn lässt sich die Abschirmung elektrisch einwandfrei anschließen.
  - Der Beidraht muss in allen Meldern durchgeschaltet und in der Brandmeldezentrale geerdet werden.

- **Anschluss der Melder**
  - Klemmen oder Verteiler in den Leitungen sind nicht zulässig.
  - Aus Sicherheitsgründen muss in Brandmeldeanlagen immer gewährleistet sein, dass die Leitungen bis zu den Melderanschlüssen funktionstüchtig sind. Deshalb wird jeder Melder direkt angeschlossen (Durchschleifen, s. Abb.).
  - Die jeweils ankommende Leitung muss besonders gekennzeichnet sein.

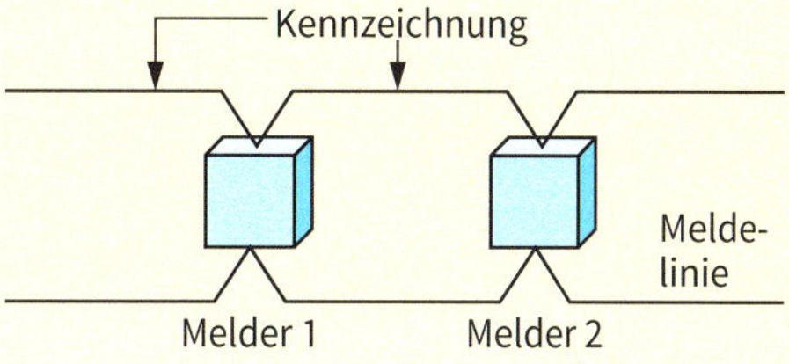

9.3.3.5 Meldelinien

Die Verbindungen zwischen der Einbruchmeldezentrale und den jeweiligen Meldern wird durch **Meldelinien** [*detector lines*] hergestellt. Über sie werden Informationen gesendet und empfangen. In Abb. 1 sind verschiedene Möglichkeiten dargestellt. Um für die zu erstellende Einbruchmeldeanlage das geeignete Verfahren auswählen zu können, werden diese einzeln vorgestellt.

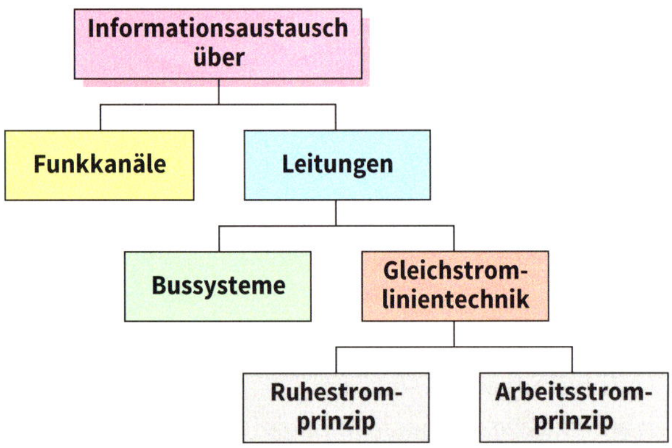

1: Informationsaustausch

Funkübertragung

In Abb. 2 ist der grundsätzliche Aufbau einer Funk-Einbruchmeldeanlage zu sehen. Im Zentrum befindet sich die Zentrale, die über Funkkanäle mit den Meldern (**Detektion**) und Ausgabegeräten (**Alarmierung**) verbunden ist. Das Abfragen der Ereignisse an den Meldern durch die Zentrale kann zyklisch erfolgen oder vom Melder selbst veranlasst werden (Ereignissteuerung).

Die Melder und Ausgabegeräte besitzen für ihre Energieversorgung langlebige Lithium-Ionen-Batterien (z. B. 9 V). Ihr Ladezustand wird von der Zentrale überwacht. Wenn ihre Kapazitätsgrenze erreicht ist, erfolgt eine Meldung im Anzeigefeld der Zentrale. Damit zwischen Sendern und Empfängern eine geordnete Kommunikation abläuft, erfolgt ein „Anlernen" durch ein separates Programmiergerät oder eine Menü-Steuerung an der Zentrale.

Für die Signalübermittlung wird vorwiegend das **ISM-Frequenzband** (**I**ndustrial, **S**cientific and **M**edical Band) von 433,05 MHz bis 434,79 MHz verwendet. Es unterliegt keiner staatlichen Regulierung und darf lizenzfrei genutzt werden. Es müssen lediglich Auflagen hinsichtlich der Sendeleistung und der Störung benachbarter Frequenzen eingehalten werden. Die Sendeleistung beträgt maximal 10 mW. Damit erzielt man eine Reichweite wie bei schnurlosen Telefonen. Aufgrund der vielfältigen Nutzer (z. B. Funkschalter) im ISM-Frequenzband wird für Einbruchmeldeanlagen jetzt auch vermehrt das **SRD-Frequenzband** (**S**hort **R**ange **D**evice) von 868 MHz verwendet.

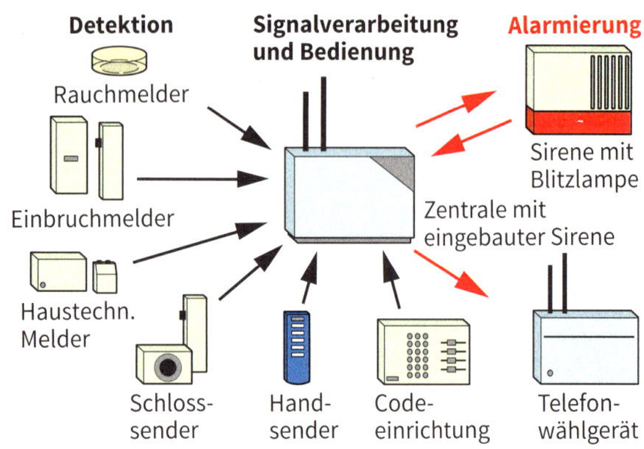

2: Funk-Einbruchmeldeanlage

Für das ISM-Frequenzband würde sich bei einer Wellenlänge von 70 cm eine Antennenlänge eines $\lambda/4$-Dipols von 17,5 cm ergeben. Diese Abmessung ist unpraktikabel. Man verwendet deshalb verkürzte Antennenstäbe und bezieht die Masseflächen des Senders bzw. Empfängers mit ein. Gehäuseteile übernehmen somit eine Antennenfunktion.

Installationshinweise

- Die Antennen dürfen nicht verlängert oder verkürzt werden.
- Sende- und Empfangsantenne müssen die gleiche Ausrichtung besitzen.
- Eine mögliche Dämpfung der Signale und ein Mehrwegeempfang (Reflexion von Wellen durch z. B. Wände, Möbel) ist zu beachten.
- Mögliche Störquellen durch Metalle (sie wirken wie zusätzliche Antennen) und Funkstörquellen im Umfeld (z. B. Funkthermometer) sollten vor der Installation ermittelt und bei der Wahl der Montageorte berücksichtigt werden.
- Vor der Übergabe der Anlage an den Betreiber ist eine eingehende Überprüfung unter verschiedenen Bedingungen vor Ort erforderlich.

Vorteile

- Schnelle Montage, da keine Leitungen von der Zentrale zu Meldern und Ausgabegeräten erforderlich sind
- Erweiterung ohne großen Installationsaufwand

Nachteile

- Höhere Kosten für einzelne Komponenten im Vergleich zu verdrahteten Anlagen
- Batterien sind in bestimmten Abständen zu erneuern

- Die Signalübertragung erfolgt mit digitalen Signalen bei 433 MHz oder 868 MHz.
- Bei Funk-Einbruchmeldeanlagen sind mögliche Veränderungen der Empfangs- und Sendebedingungen durch Metallteile (Baustahl, Rohrleitungen, elektrisches Leitungsnetz) im Gebäude und andere Störquellen zu beachten.

Bussystem

In Abb. 3 ist das Prinzip der Informationsübertragung über eine Busleitung dargestellt. Alle Komponenten (Ein- und Ausgabegeräte, Zentrale) sind an einer Ringleitung (z. B. zwei Leiter) angeschlossen. Die Energieversorgung der Komponenten kann über die Busleitung oder über eine separate Leitung erfolgen. Eine Verbindung zu anderen Bussystemen (z. B. EIB) oder zur Gleichstrom-Linientechnik ist durch entsprechende Koppler möglich.

Der Informationsaustausch erfolgt häufig bidirektional und ist nach dem Master-Slave-Prinzip geordnet. Die Zentrale fungiert als Master und alle übrigen Komponenten als Slaves.

Bus-Beispiele:
- **LSN** (**L**okales **S**icherheits-**N**etzwerk)
- Esserbus

Installationshinweise
- Es ist sinnvoll, die Busleitung als Ringleitung zu verlegen. Dadurch ist gewährleistet, dass bei einer Unterbrechung die Kommunikation weiter erfolgen kann.
- Den einzelnen Komponenten werden ihre Funktionen über entsprechende Programmiergeräte oder Einstellungen an der Zentrale zugewiesen.

Vorteil
- Erweiterung der Anlage ohne großen Installationsaufwand

Nachteil
- Höhere Kosten für die Komponenten im Vergleich zu einzeln verdrahteten Anlagen

- Bei einer Einbruchmeldeanlage mit Bussystem sind alle Komponenten über eine Busleitung direkt miteinander verbunden.
- Die Busleitung kann als Ring- oder Sternnetz aufgebaut sein.

Gleichstrom-Linientechnik

Da in Meldern und Ausgabegeräten die intern vorhandenen Schalter etwas über den jeweiligen Zustand (Alarm bzw. kein Alarm) aussagen, können diese Schalter auch direkt über Leitungen (Meldelinien) an die Zentrale geführt und der jeweilige Zustand ausgewertet werden. Man unterscheidet Meldelinien nach dem Ruhe- und Arbeitsstromprinzip.

Meldelinien nach dem Ruhestromprinzip [*closed-circuit principle*]

Bei diesem Prinzip fließt durch die Meldelinie ständig ein kleiner Strom. Die Kontakte der Melder, z. B. die Öffner von Magnetkontakten, müssen dann hintereinander geschaltet werden (Abb. 4). Es handelt sich um eine UND-Verknüpfung.

Ein Alarm wird dann ausgelöst, wenn sich in der Meldelinie mindestens in einem Melder ein Kontakt geöffnet hat. Die Meldelinie lässt sich unwirksam machen, wenn der am Anfang der Meldelinie befindliche Schalter S1 geschlossen wird (Kurzschluss, Abb. 4).

Nachteil
- Sabotage an der Anlage ist möglich, wenn ein einzelner Melder oder die ganze Meldelinie am Eingang überbrückt wird.

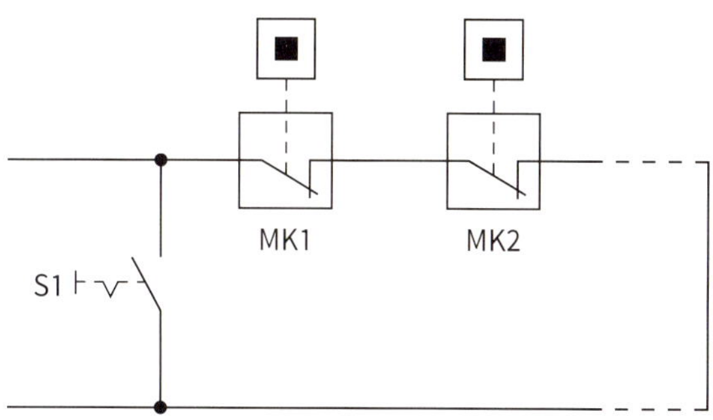

4: Meldelinie nach dem Ruhestromprinzip

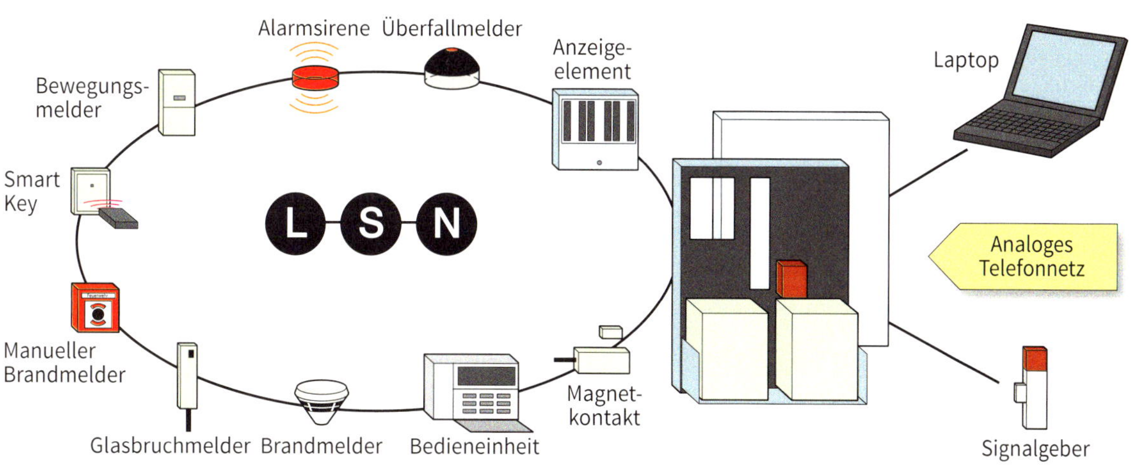

3: Einbruchmeldeanlage mit Bussystem

Meldelinien nach dem Arbeitsstromprinzip
[open circuit principle]

Bei diesem Prinzip liegt zwischen den beiden Leitern der Meldelinie ständig eine Spannung. Es fließt kein Strom. Die hierfür verwendbaren Melder besitzen Schließer und werden alle parallel geschaltet (Abb. 1). Ein Alarm wird ausgelöst, wenn mindestens ein Kontakt schließt (ODER-Verknüpfung). Die Meldelinie lässt sich durch Öffnen des Schalters S1 (Unterbrechung) unwirksam machen.

Nachteil

- Sabotage ist möglich, wenn die Zuleitung zu einem einzelnen Melder oder die ganze Meldelinie am Eingang unterbrochen wird (Abb. 1).

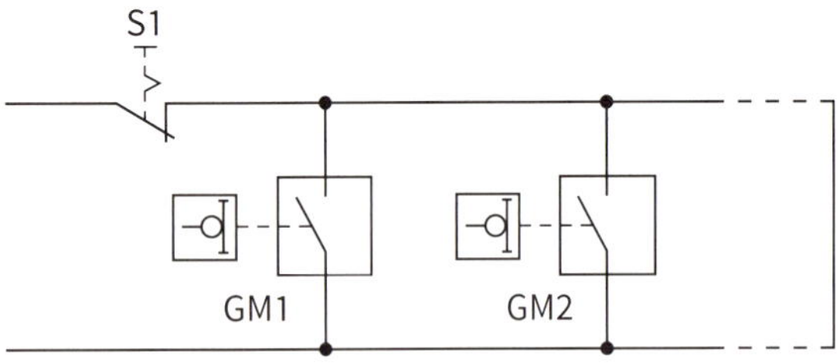

1: Meldelinie nach dem Arbeitsstromprinzip

Vergleicht man die Gleichstrom-Linientechnik mit den anderen Techniken, ergeben sich zusammenfassend folgende Vor- bzw. Nachteile:

Vorteile

- Geringere Kosten für die Komponenten im Vergleich zur Funk- und Bustechnik.

Nachteile

- Leitungen müssen verlegt und angeschlossen werden.
- Bei Erweiterung der Anlage ist ein größerer Installationsaufwand erforderlich als bei Funk- und Bussystemen.

Der Schutz vor Sabotage an einer Meldelinien kann weiter verbessert werden, wenn die Meldelinie durch einen Widerstand (Abb. 2) abgeschlossen wird. Dieser Widerstand bildet zusammen mit dem Leitungswiderstand einen Widerstand in einer abgeglichenen Brückenschaltung der Zentrale. Wenn durch eine Störung die Brücke nicht mehr abgeglichen ist (**Differenzialprinzip** *[differential principle]*), löst die Anlage einen Alarm aus.

- In einer Meldelinie nach dem Ruhestromprinzip (mit Öffnern) wird im Alarmfall der Stromkreis unterbrochen.
- In einer Meldelinie nach dem Arbeitsstromprinzip (mit Schließer) wird im Alarmfall der Stromkreis geschlossen.
- Die Signalauswertung nach dem Differenzialprinzip erfolgt mit Hilfe einer Brückenschaltung.

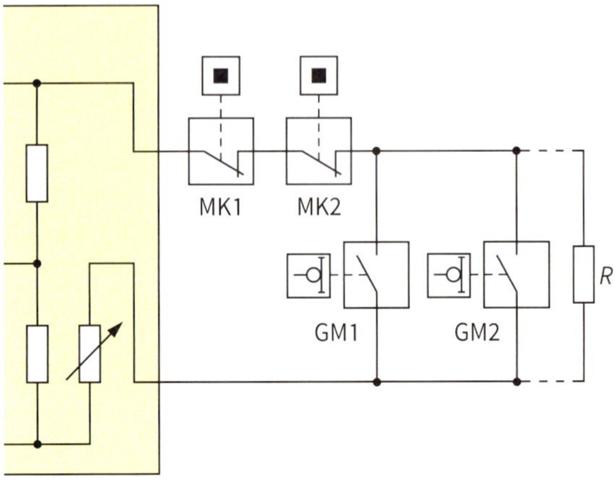

2: Meldelinie nach dem Differenzialprinzip

Meldelinie mit Widerstandsaufteilung
[detection line with resistor split]

Einen höheren Schutz gegen Sabotage als bei der Signalauswertung nach dem Differenzialprinzip erreicht man, wenn nicht ein einzelner Widerstand, sondern mehrere Widerstände in der Meldelinie vorhanden sind. Der erforderliche Gesamtwiderstand kann dazu in mehrere Einzelwiderstände aufgeteilt werden. Sie liegen in Reihe und können in die einzelnen Melder eingebaut sein (s. Abb. unten links).

4-Leiter-Verdrahtung *[4-conductor-wiring]*

Da Melder häufig nur einen Schließer bzw. Öffner besitzen, werden für den Anschluss an eine Meldelinie nur zwei Leitungen benötigt. Eine Sabotage am Melder ist möglich, indem man die Anschlüsse überbrückt bzw. unterbricht. Um dieses zu erschweren, werden Melder häufig mit vier nicht unterscheidbaren Anschlüssen versehen. Zwei sind für die Funktion nicht erforderlich. Sie werden aber trotzdem in die Meldelinie einbezogen, indem man den „Hin- und Rückleiter" durch jeden Melder hindurchführt (s. Abb. rechts).

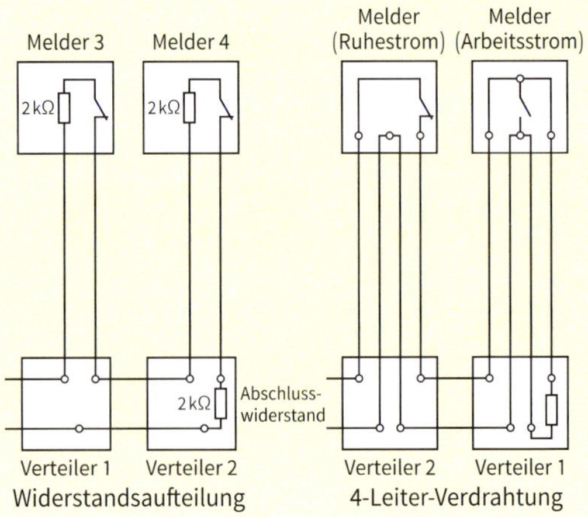

Leitungen

Die Leitungen der Meldelinien in Einbruchmeldeanlagen bestehen aus starren oder flexiblen Adern. Der Mindestdurchmesser beträgt 0,6 mm. Zur Verringerung der magnetischen Beeinflussung (Induktion) sind sie häufig paarweise verseilt. Die elektrostatische Beeinflussung wird durch eine Metallfolie verhindert (Abb. 3).

J-Y(ST)Y6X2X0,6

J:	Installationsleitung	1. Paar:	blau-rot
Y:	PVC-Isolierung	2. Paar:	gelb-weiß
St:	Statischer Schirm aus Metallfolie	3. Paar:	grün-weiß
		4. Paar:	braun-weiß
6:	6 Aderpaare	5. Paar:	schwarz-weiß
2x0,6:	Durchmesser 0,6 mm	6. Paar:	blau-weiß

3: Leitung für die Gleichstrom-Linientechnik

Installationshinweise

- Die Leitungen sind so unauffällig wie möglich zu verlegen (möglichst unter Putz).
- Die Leitungen sollten nicht als Leitungen einer Einbruchmeldeanlage erkennbar sein.
- Eine zusätzliche Sicherheit bieten Komponenten mit einem Sabotageschutz (z. B. beim Öffnen des Gehäuses, s. rechte Spalte).
- Die Zahl der Leitungsverbindungen sollte möglichst gering gehalten werden.
- An allen Anschlussstellen müssen einwandfreie Verbindungen hergestellt werden (Löt-, Klemm- oder Schraubverbindungen).
- Der gesamte Leitungswiderstand in einer überwachten Linie sollte maximal 40 % der zur Alarmauslösung erforderlichen Widerstandsänderung betragen.
- Die Abschirmung der Leitungen muss in den Verteilern mit angeschlossen werden. Die Erdung sollte an der Zentrale vorgenommen werden.
- Bewegliche Leitungen (z. B. zu Fenstern und Türen) sind betriebssicher zu installieren und mit einem mechanischen Schutz (z. B. flexibler Spiralschlauch) zu versehen.

Aufgaben

1. Welche Aufgabe hat der Einstellwiderstand für die Meldelinie in Abb. 2?
2. Beschreiben Sie die grundsätzliche Arbeitsweise einer Auswertung nach dem Differenzialprinzip.

Schutz vor Sabotage

Für die Installation jeder Einbruchmeldeanlage gilt: Die Gehäuse von Betriebsmitteln und Verteilerdosen sind gegen Sabotage zu sichern. Verwendet werden Schalter im Deckel bzw. Gehäuse, deren Kontakte sich beim Entfernen öffnen (**Deckelkontakt** [*cover contact*]).

Die Verdrahtung eines Melders in einem Verteiler und ein Aufputzverteiler mit Schraubklemmen sind in der unteren Abbildung zu sehen. Der Einbruchmelder und der Verteiler besitzen jeweils Deckelkontakte ①, ②. Für sie ist eine separate Meldelinie ③ vorzusehen.

Der Deckelkontakt im Verteiler besteht aus zwei Metallzungen ④, die sich in einem geringen Abstand zueinander befinden. Durch den Stempel in der Mitte des Deckels werden die Metallzungen zusammengedrückt.

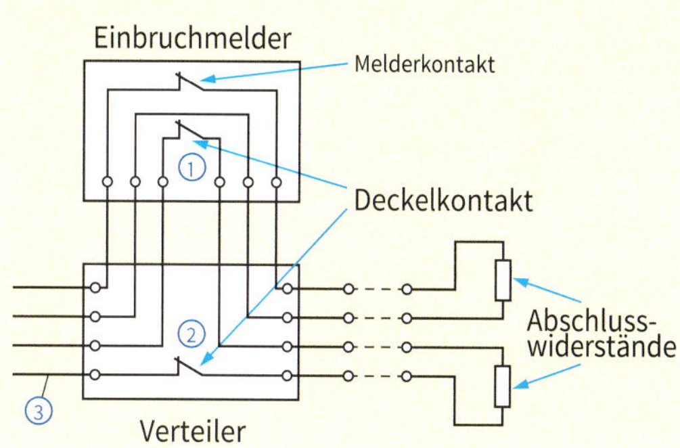

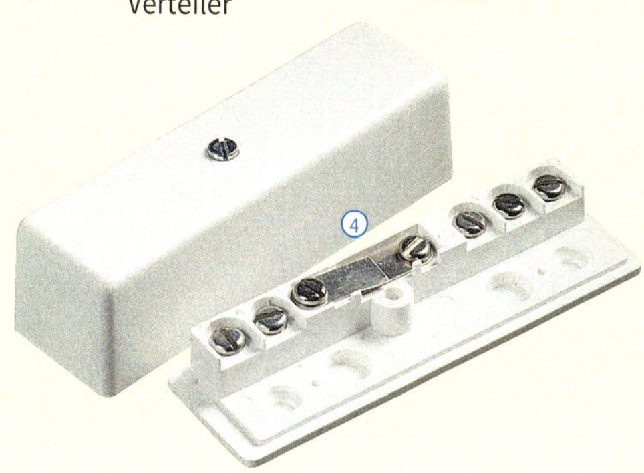

Entscheidung für eine Meldelinie

Für die zu planende Einbruchmeldeanlage (vgl. Kap. 9.3.1) werden Meldelinien in Gleichstrom-Linientechnik verwendet.

Gründe hierfür sind:

- Geringere Kosten für die Anschaffung der Komponenten.
- Die Leitungen können zusätzlich verlegt werden, da es sich um einen Neubau handelt.

Auf Grund dieser Entscheidung werden in den nachfolgenden Kapiteln die gewählte Schalteinrichtung und Einbruchmeldezentrale vorgestellt.

9.3.3.6 Schalteinrichtungen

Es gibt zahlreiche Möglichkeiten, mit Hilfe von **Schalteinrichtungen** [*switching devices*] Alarmanlagen zu aktivieren. Je nach technischer Realisierung lassen sich folgende Gruppen unterscheiden:

- Schalten mit **Geräten** bzw. **Bedienelementen** wie z. B. Schlüssel, Transponder oder Chipkarte.
- Eingabe von **Zahlen-, Zeichen- oder/und Buchstabenfolgen** über z. B. Tastaturen.
- Erfassen **biometrischer Daten** z. B. von Fingerabdrücken, Stimme oder Augenhintergrund.

Für Alarmanlagen im häuslichen Bereich werden vorwiegend die in Abb. 1 aufgeführten Schalteinrichtungen verwendet.

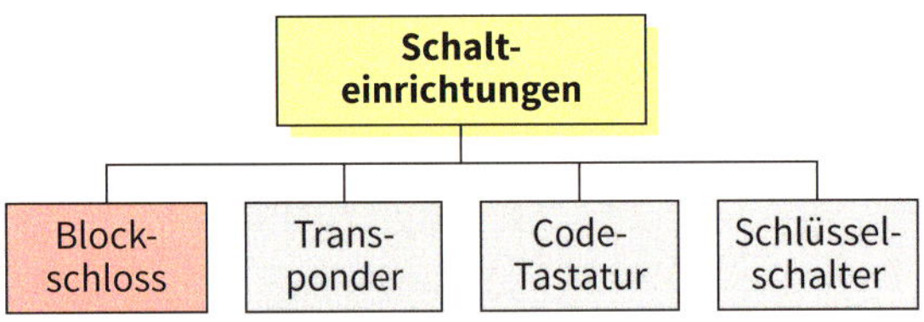

1: Schalt- und Bedieneinrichtungen

In Abb. 2 sind verschiedene Möglichkeiten dargestellt, wie eine Tür in Verbindung mit einer Eibruchmeldeanlage gesichert werden kann. Zentrale Komponente ist das **Blockschloss** [*shunt lock*].

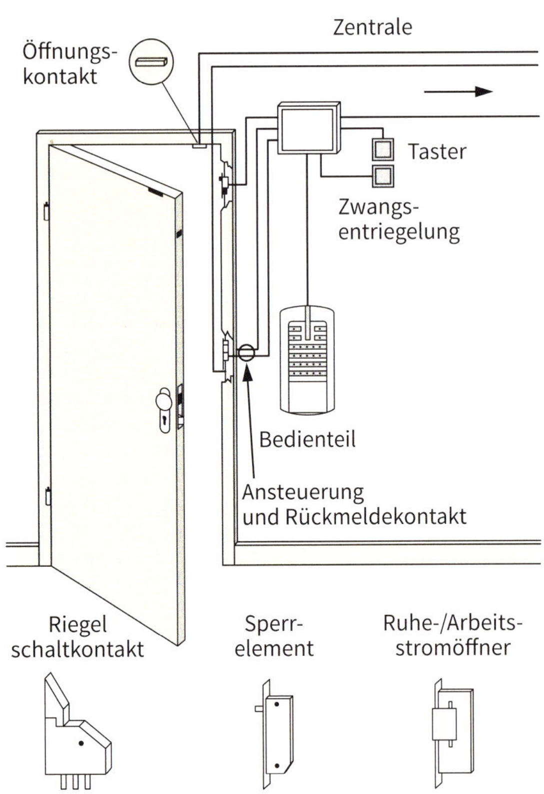

2: Möglichkeiten der Türsicherung

Schlüsselschalter [*key-operated switch*]

Sie werden neben der Eingangstür im Außenbereich zusätzlich zum Türschloss angebracht. Mit einem Schlüssel lässt sich die Anlage scharf bzw. unscharf schalten. Durch einen Sabotagekontakt, der in die Sabotagelinie einbezogen wird, erreicht man eine zusätzliche Sicherheit.

Damit keine Sabotage an der Anschlussleitung möglich ist, sollte sie möglichst direkt hinter dem Schlüsselschalter in den gesicherten Bereich geführt werden.

Code-Tastatur
[*code keyboard*]

Über eine Tastatur werden festgelegte Zeichen zum Schalten der Einbruchmeldeanlage verwendet („geistige" Schalteinrichtung).

Transponder
[*transponder*]

Die beiden Komponenten der Anlage bestehen im Prinzip aus einer Sende- und Empfangseinrichtung. Durch Knopfdruck findet eine verschlüsselte Kommunikation zwischen dem Transponder und dem Schließzylinder bzw. dem Schloss der Schalteinrichtung statt. Im Transponder sind die Berechtigungsdaten gespeichert. Er ersetzt somit nicht nur den mechanischen Schlüssel, sondern übernimmt auch die Funktion einer Ausweiskarte. Von der Empfangseinrichtung gelangen dann die Daten zur Auswertung in die Zentrale.

Vorteile

- Weil die Kombinationsmöglichkeiten extrem zahlreich sind, besteht eine große Fälschungssicherheit.
- Die Daten eines verloren gegangenen Transponders können in der Datenbank der Zentrale gelöscht werden.
- Durch die kontaktlose Übertragung kommt es zu keinem Verschleiß. Es findet keine Abnutzung statt.

- Mit einem Blockschloss lässt sich die Einbruchmeldeanlage scharf oder unscharf schalten.
- Das Blockschloss ist so konzipiert, dass eine Scharfschaltung der Anlage nur möglich ist, wenn alle überwachten Räume ordnungsgemäß verschlossen sind.

9.3.3.7 Einbruchmeldezentrale

Aufgrund der Vorgaben durch den Architekten bzw. des Wohnungseigentümers und der ausgewählten Objekte sind für die Wahl der Einbruchmeldezentrale folgende Punkte zu berücksichtigen:

- Die Verbindung zu den Meldern soll in Gleichstrom-Linientechnik (vgl. Kap. 9.3.3.5) erfolgen.
- Aus Sicherheitsgründen sind bestimmte Melder auf einzelne Meldelinien zu verteilen.
- Eine Scharfschaltung (intern/extern) über einen Schlüsselschalter und eine externe Schalteinrichtung (Blockschloss, vgl. Kap. 9.3.3.6) soll möglich sein.
- Alarmierungsgeräte müssen anschließbar sein (vgl. Kap. 9.3.1).
- Die Verzögerungszeit für das Scharf- und Unscharfschalten muss einstellbar sein (vgl. Kap. 9.3.2).
- Für eine möglichst fehlerfreie Bedienung sollen die Anzeigen eindeutig und übersichtlich sein.

In Abb. 3 ist das Bedien- und Anzeigenfeld der ausgewählten Einbruchmeldezentrale abgebildet. Die jeweiligen Zustände werden durch LEDs angezeigt.

Neben dem Ein-/Ausschalter befinden sich Symbole ① und darunter Hinweise für die vier Meldelinien, die mit dieser Anlage installiert werden können.

Im unteren Bereich des Bedienfeldes ② kann mit einem Schlüsselschalter die Anlage intern und extern scharf geschaltet werden.

Meldelinie	Funktionsbereich
1	Außenhautsicherung
2	Innenraumsicherung
3	24 Stunden (Meldelinie ist ständig in Betrieb)
4	Sabotage

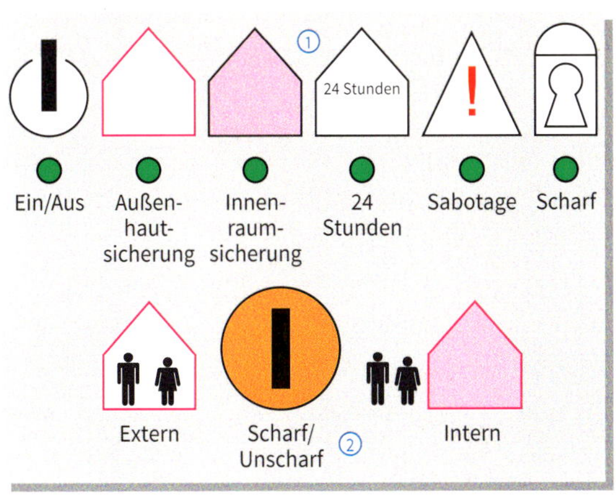

3: Anzeige- und Bedienfeld der gewählten Einbruchmeldezentrale

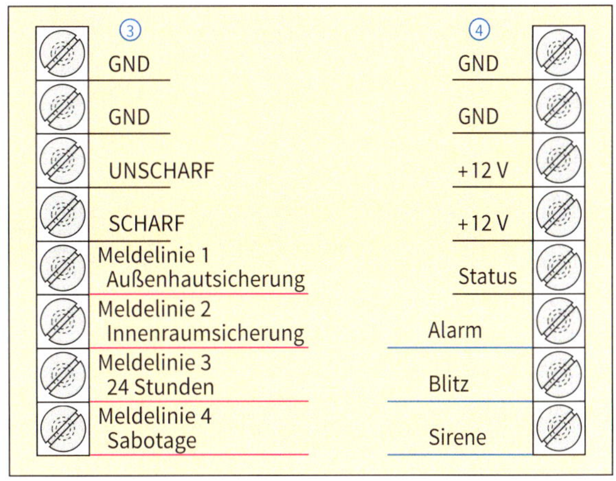

4: Anschlüsse der Einbruchmeldezentrale

Die Anschlussmöglichkeiten der Einbruchmeldezentrale sind in Abb. 4 zu sehen. Im linken Bereich ③ können die Installation für das Scharf- und Unscharfschalten vorgenommen sowie die Melderkontakte an die jeweiligen Meldelinien angeschlossen werden.

Im rechten Bereich ④ befinden sich die Anschlussmöglichkeiten für die Ausgangsbeschaltung (Alarm, Sirene, Blitzlicht) und die Statusanzeige/-meldung für den Schlüsselschalter.

Installationshinweise

- Der Ort für die Zentrale soll nicht für jedermann zugänglich sein. Er muss innerhalb des gesicherten Bereichs liegen. Die Zentrale sollte an einer Innenwand montiert sein.
- Die Energieversorgung wird über einen eigenen Stromkreis mit separater Absicherung hergestellt.
- Bei Ausfall der Netzspannung muss der Betrieb der Anlage durch Batterien noch mindestens 12 Stunden gewährleistet sein (Notstromversorgung durch Akkumulatoren). Bei höheren Sicherheitsanforderungen gelten mindestens 60 Stunden.
- Der Ladezustand der Notstromversorgung muss durch die Zentrale ständig überwacht werden.
- Wenn in der Anlage einzelne Geräte ausfallen, darf dieses nicht zum Ausfall der gesamten Energieversorgung der Anlage führen.

Aufgabe

1. Stellen Sie fest, welche Melder für die Meldelinie der
a) Außenhaut- und
b) Innenraumsicherung vorgesehen sind.

■ Für die Installation einer Einbruchmeldeanlage gelten folgende Anforderungen: Unauffällige Installation, hohe Betriebssicherheit, geringe Störanfälligkeit und Sabotagesicherheit.

9.3.4 Installation der Einbruchmeldeanlage

In den folgenden Ausführungen werden ausgewählte Schritte erläutert (farbig unterlegte Überschriften), nach denen die Installation der Einbruchmeldeanlage erfolgt.

1. Installation der Melder
2. Zuordnung der Melder zu den Meldelinien
3. Montage der Einbruchmeldezentrale
4. Verlegung der Leitungen, Anschluss der Melder und Verteiler
5. Verdrahtung der Meldelinien an der Einbruchmeldezentrale
6. Anschluss des Schlüsselschalters und des Blockschlosses
7. Anschluss der Alarmgeber
8. Anschluss der Energieversorgung

Zuordnung der Melder zu den Meldelinien (2. Schritt) und deren Verdrahtung (5. Schritt)

Meldelinie 1: Außenhautsicherung

Für die Außenhautsicherung sind Magnetkontakte und Glasbruchmelder vorgesehen (vgl. Kap. 9.3.3.1). Beide Meldertypen besitzen im Ruhezustand einen Öffner. Sie werden deshalb bei der Gleichstrom-Linientechnik (Ruhestromprinzip) alle in Reihe geschaltet. Den prinzipiellen Aufbau einer Meldelinie zeigt Abb. 1. Der Widerstand R1 ist hochohmiger als R2, sodass unabhängig von der Belastung ein konstanter Strom fließt. Wenn die Meldelinie unterbrochen wird (Kontakt öffnet oder die Leitung wird unterbrochen), steigt die Spannung am Eingang der Verarbeitungseinheit an und führt zu einem entsprechenden Signal in der Anlage.

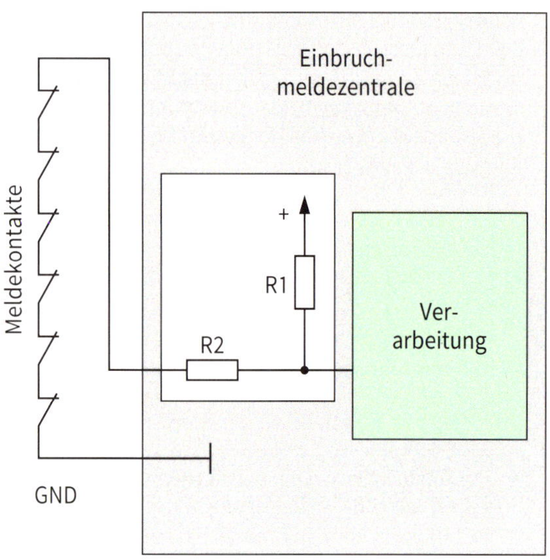

1: Grundsätzlicher Aufbau einer Meldelinie

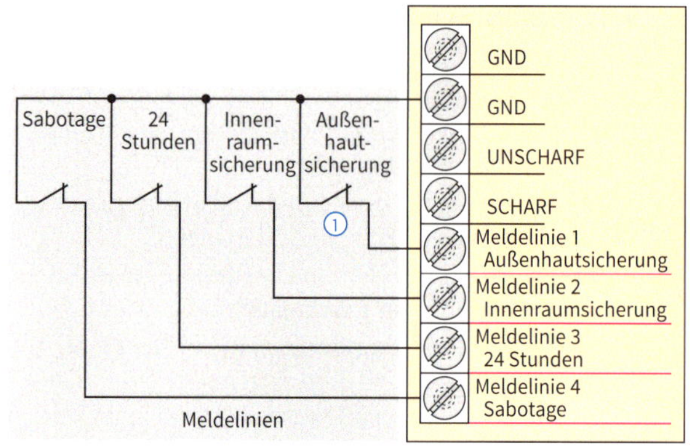

2: Anschlussplan der Einbruchmeldezentrale

Im Plan nach Abb. 2 ist stellvertretend für die zahlreichen Öffner der Meldelinie 1 (Außenhautsicherung) nur ein einzelner Öffner eingezeichnet ①.

Meldelinie 2: Innenraumsicherung

Für die Innenraumsicherung werden die Passiv-Infrarot-Bewegungsmelder sowie ein an der Außentür angebrachter Magnetkontakt verwendet (vgl. Kap. 9.3.3.2). In den Passiv-Infrarot-Bewegungsmeldern befinden sich elektronische Schaltungen, die zur Auswertung der bei der Zerstörung der Glasscheibe entstehenden Frequenzen verwendet werden. Diese benötigen eine Gleichspannung von 12 V. Sie wird aus der Einbruchmeldezentrale bezogen (Abb. 3 ②).

Weiterhin verdeutlicht der Anschlussplan in Abb. 3 die Verschaltung der Sabotagekontakte in den Passiv-Infrarot-Bewegungsmeldern. Auch sie liegen in Reihe, aber in der separaten Meldelinie 4 ③.

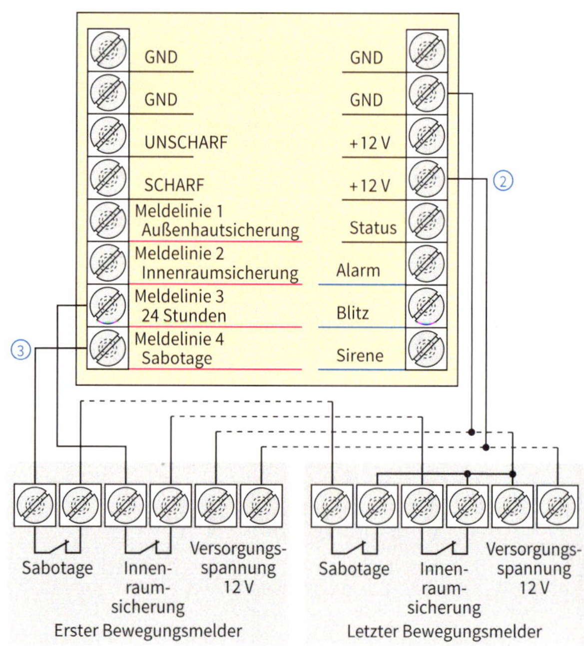

3: Meldelinie zur Innenraumsicherung

Meldelinie 3: 24 Stunden
In dieser Meldelinie werden alle Melderkontakte in Reihe geschaltet, mit denen man ständig und unabhängig vom Zustand der Einbruchmeldeanlage (24 Stunden lang) einen Alarm auslösen kann. Melder für diese Meldelinie sind die Überfallmelder (vgl. Kap. 9.3.3.3) und die Rauchmelder (vgl. Kap. 9.3.3.4).

Meldelinie 4: Sabotage
Diese Meldelinie wird auch als **Sabotagemeldelinie** [*sabotage detector line*] bezeichnet, weil dort alle Kontakte in Reihe geschaltet sind, die beim gewaltsamen Öffnen oder Zerstören der Gehäuse öffnen (z. B. Deckelkontakte Kap. 9.3.3.5).

Anschluss des Schlüsselschalters (6. Schritt)

Mit dem Schlüsselschalter kann die Anlage scharf und unscharf geschaltet werden. Der Umschalter (Abb. 4 ①) besitzt eine Mittelstellung (Grundstellung), in der der Schlüssel abgezogen werden kann. Das Umschalten zwischen den beiden Zuständen ist nur über diese Mittelstellung möglich.

Wenn die Anlage scharf geschaltet wird und noch eine Störung in einer Meldelinie vorliegt (z. B. Fenster geöffnet), wird dieses über den Status-Anschluss und den Summer ② gemeldet.

Wie bei allen Objekten gibt es auch hier einen Sabotagekontakt ③, der in die entsprechende Meldelinie eingefügt wird.

Anschluss der Alarmgeber (7. Schritt)

Als Alarmgeber war ursprünglich nur eine Außen-Signalleuchte (**Blitzlicht** [*flashlight*]) vorgesehen (vgl. Kap. 9.3.1). Zusätzlich kann in der ausgewählten Einbruchmeldezentrale eine **Alarmsirene** [*alarm siren*] (Abb. 5 ④) installiert werden.

Die Alarmgeber für den Außenbereich (Blitzlicht und Außensirene) sind häufig nicht getrennt, sondern befinden sich in einem Gehäuse.

Insgesamt stehen vier Ausgangssignale mit folgenden Belastungsmöglichkeiten zur Verfügung:

Anschlussklemme	Max. Ausgangsbelastung	Anschließbare Geräte
Status	10 mA	LED, Summer
Alarm	10 mA	LED, Übertragungsgerät
Blitz	1 A	Blitzleuchte
Sirene	1 A	Außensirene

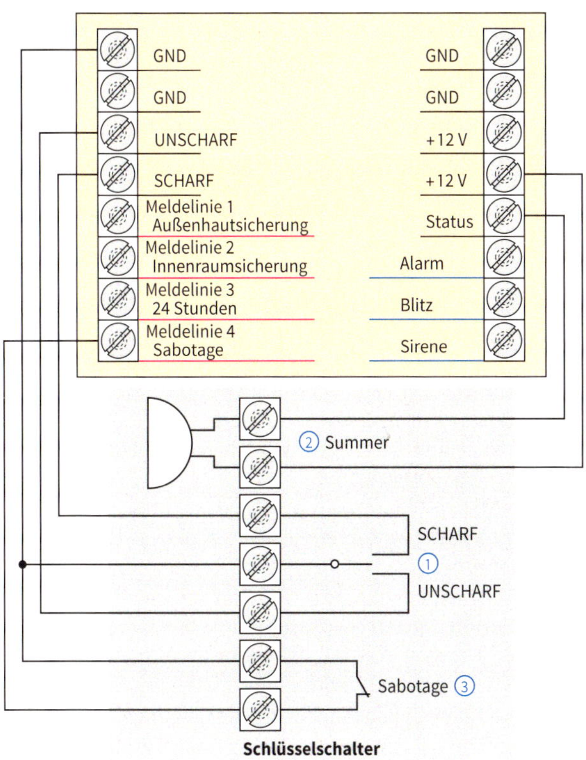

4: Anschluss des Schlüsselschalters

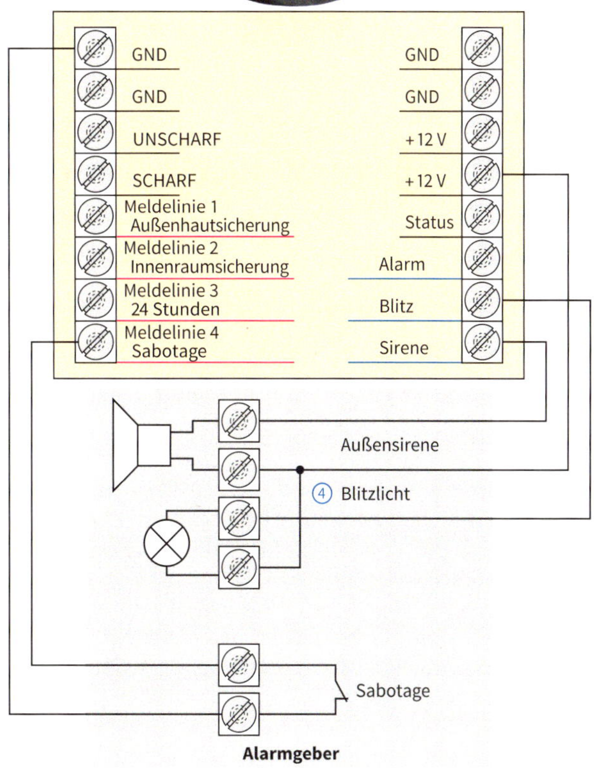

5: Anschlüsse für Alarmgeber

Die Ausgänge der Einbruchmeldezentrale sind unterschiedlich belastbar. Die Blitzleuchte und die Außensirene werden über Relaiskontakte (K1 und K2 in Abb. 1) angesteuert. Die Status- und Alarmausgänge können nur mit 10 mA belastet werden, weil Transistoren mit offenem Kollektor in der Einbruchmeldezentrale verwendet werden (K3 und K4). Die Ansteuerung für diese Ausgänge erfolgt über eine Auswerteschaltung der Meldelinien.

Der für diese Einbruchmeldeanlage noch nicht beschaltete Alarm-Ausgang (Abb. 1 ①) kann verwendet werden, um ein **Übertragungsgerät** [*transmission device*] zum Telekommunikationsnetz anzuschließen (vgl. rechte Spalte).

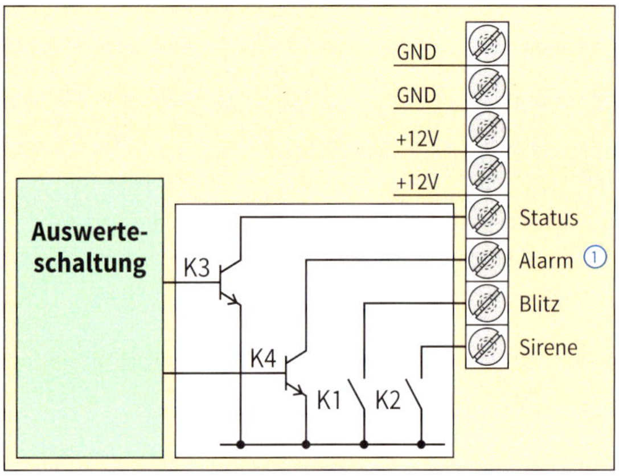

1: Innenschaltung der Zentrale für die Alarmgeber

Einstellungen

Mit dem Potenziometer P1 (Abb. 2) kann die Alarmzeit der im Außenbereich angebrachten Sirene zwischen 0 s uns180 s (Maximalzeit) eingestellt werden. Mit P2 lässt sich eine Verzögerungszeit bis 60 s für den Beginn der Scharfschaltung einstellen.

2: Einstellmöglichkeiten

Aufgaben

1. Notieren Sie, wie viele Melderkontakte bei der Außenhautsicherung dieser Einbruchmeldeanlage (vgl. Kap. 9.3.1) in Reihe geschaltet sind.
2. Notieren Sie, wie viele Melderkontakte bei der Innenraumsicherung dieser Einbruchmeldeanlage (vgl. Kap. 9.3.1) in Reihe geschaltet sind.
3. Beschreiben Sie zwei wesentliche Möglichkeiten der Sabotagesicherheit.

Übertragungsgerät

Das Übertragungsgerät hat die Aufgabe, bei Gefahr einen stillen Alarm an die dafür zuständige Stelle (Polizei oder Feuerwehr) zu senden. Dieses geschieht in der Regel über die im Haus befindliche Telekommunikationsleitung (vgl. Kap. 9.2.3). Das Übertragungsgerät muss dabei in der Lage sein, die folgenden Sicherheitsschaltungen vornehmen zu können:

Freischalten eines B-Kanals

Wenn in einem Alarmfall zufällig beide B-Kanäle benutzt werden oder bei Sabotage absichtlich belegt sind, muss die Übertragungsanlage einen Kanal freischalten können. Dieses erfolgt über den D-Kanal.

Sabotagefreischaltung

Der S_0-Bus der ISDN-Leitung befindet sich häufig auch außerhalb des gesicherten Bereichs, sodass an ihm eine Sabotage durchgeführt werden kann (Kurzschluss oder Unterbrechung). Um auch in diesem Fall eine Übertragung vornehmen zu können, muss das Übertragungsgerät an der ersten Stelle des ISDN-Busses eingebaut sein. Außerdem muss die Möglichkeit bestehen, die nachfolgende Busleitung durch vier Öffner abzuschalten ②.

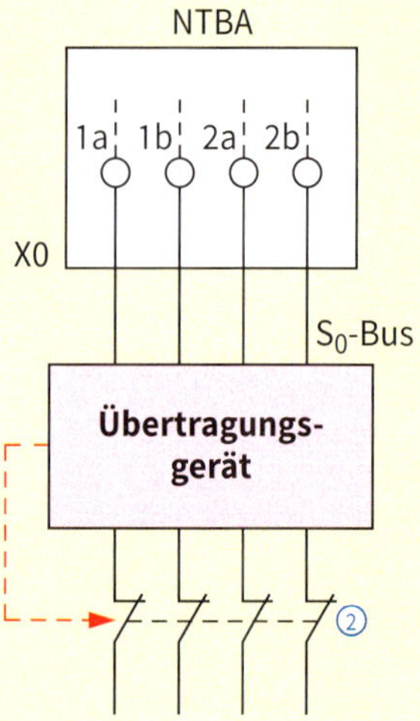

- Je nach Funktion werden die Melder bestimmten Meldelinien zugeordnet.
- In der Meldelinie für die Außenhautsicherung befinden sich in der Regel alle Melder, die einen Alarm auslösen, wenn jemand von außen in das Haus eindringen will (Magnetkontakte und Glasbruchmelder).
- Melder für die Innenraumsicherung (PIR) werden in der Regel in einer Meldelinie zusammengefasst.
- Melder, die unabhängig vom Zustand der Anlage ständig betriebsbereit sein müssen, werden getrennt in einer Meldelinie zusammengefasst (Meldelinie 24 Stunden).
- Aus Sicherheitsgründen werden Sabotagemelder (z. B. Deckelkontakte) in einer Meldelinie zusammengefasst.

9.4 Fernsehempfang

9.4.1 TV-Standards

Die Bild- und Toninformationen – bezeichnet auch als Video- oder Fernsehsignale – werden in den Sendeanstalten digital aufbereitet und gesendet. Dieser „Rundfunk“ (Rundsendung, Sendung) wird als **DVB** (**D**igital **V**ideo **B**roadcasting) bezeichnet. Das Bild wird dazu in Zeilen zerlegt. Dabei werden die Zeilen nicht vollständig aufgenommen, sondern es erfolgt eine Zerlegung jeder Zeile in einzelne Bildpunkte (**Pixel**). Je nach TV-Standard (Abb. 3) kann ein einzelnes Bild aus etwa 400.000 bis 8.000.000 Pixeln bestehen. Die Bildauflösung und damit die Qualität des Bildes werden umso besser, je größer die Pixelzahl ist.

Für jedes Pixel werden die Informationen über die drei Farben (Rot, Blau und Grün) und die Helligkeit (**Luminanz**) ermittelt und dann codiert. Eine gleichzeitige (simultane) Übertragung dieser Informationen ist wegen des hohen technischen Aufwandes nicht möglich. Sie werden deshalb zeitlich nacheinander (sequentiell) übertragen. Es entsteht ein Datenstrom, der als Datenübertragungsrate (**Datenrate**) in Bit/Sekunde angegeben wird.

Bei der beschriebenen Bildzerlegung fallen Datenraten von über 200 Mbit/s an. Wenn man diese Daten zur Übertragung auf einen hochfrequenten Träger modulieren würde, benötigt man ein sehr breites Frequenzspektrum (große Bandbreite). Die Daten werden deshalb vor der Abstrahlung reduziert und komprimiert.

Als Datenreduktion wird das **MPEG**-Verfahren (**M**otion **P**ictures **E**xperts **G**roup) Verfahren verwendet. Je nach gewünschter Qualität entstehen unterschiedlich große Datenströme. Für eine dem analogen Fernsehen gleichwertige Bildqualität werden z. B. Datenraten von 4 Mbit/s bis 6 Mbit/s benötigt.

In Abb. 3 sind die verschiedenen Bildauflösungen mit den jeweiligen Fernsehübertragungs-Standards dargestellt.

	**SD**: **S**tandard **D**efinition 640 x 480: = 307.200 Pixel PAL (analoges Fersehen) Datenrate: 2,5 … 3,5 Mbit/s
	**HD**: **H**igh **D**efinition, **HDTV** hochauflösendes Fernsehen 1.920 x 1.080: = 2.073.600 Pixel Datenrate: 5 … 6 Mbit/s
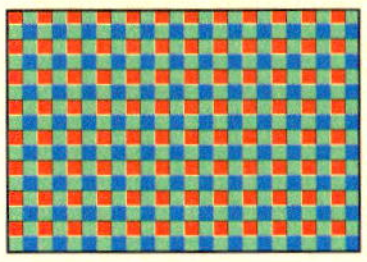	**UHD**: **U**ltra **H**igh **D**efinition (4K) 3.840 x 2.160: = 8.294.400 Pixel Datenrate: 16 … 20 Mbit/s

3: Standards der Fernsehbildübertragung

Fernsehsignale lassen sich „**drahtlos**“ mit Hilfe elektromagnetischer Wellen übertragen. Dieser Standard wird als **DVB-T** (**D**igital **V**ideo **B**roadcasting **T**errestrial) bezeichnet. Die Sendungen können flächendeckend empfangen werden und DVB-T wird deshalb auch als das „Überallfernsehen“ bezeichnet (Abb. 4). Erforderlich ist eine Empfangsantenne für den MHz-Bereich.

Beim Kabelfernsehen (**Kabel-TV**) werden von einem Netzbetreiber Fernsehsignale in ein Breitbandkabel-Netz (Glasfaser- und Koaxialkabel) eingespeist. Zusätzlich kann man über das Netz telefonieren und Radiosendungen empfangen. Zugang zum Internet besteht ebenfalls. Dieser Standard wird als **DVB-C** (**D**igital **V**ideo **B**roadcasting-**C**able) bezeichnet (Abb. 4). Erforderlich ist ein Hausanschluss.

Satelliten-Fernsehen (Sat-TV, **DVB-S**) ist ein weiterer Standard, mit dem „drahtlos“ Fernsehprogramme empfangen werden können (Abb. 4). Erforderlich ist eine Satellitenempfangsantenne für elektromagnetische Wellen im GHz-Bereich. Bei einem Satellitenanschluss stehen deutlich mehr Programme zur Auswahl, als bei einer terrestrischen Übertragung.

DVB-T (**D**igital **V**ideo **T**errestrial) Drahtlose Ausbreitung über terrestrische Sender	
DVB-C (**D**igital **V**ideo **C**able) Ausbreitung über Kabelnetze	DVB C CABLE
DVB-S (**D**igital **V**ideo **S**atellite) Drahtlose Ausbreitung über Satelliten	DVB S SATELLITE

4: Fernsehempfangsmöglichkeiten

Bei allen diesen drei Übertragungsverfahren werden die Informationen ungerichtet (Abb. 5) gesendet oder in das Kabelnetz eingespeist. Der Nutzer entscheidet, ob er die Sendung in Empfang nehmen will.

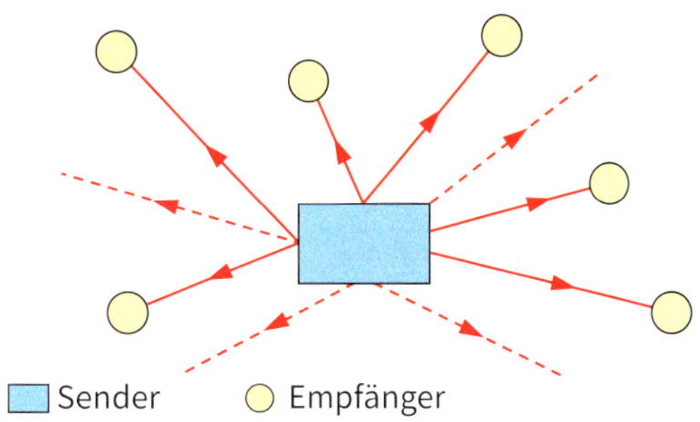

5: Broadcasting (Rundfunk-Verbreitung)

Die Fernsehprogramme werden also direkt und unverändert empfangen. Diese Empfangsart wird auch als **lineares Fernsehen** bezeichnet.

Im Internet gibt eine Reihe von Webseiten und Tools, mit denen Fernsehsendungen online auf dem Bildschirm empfangen werden können. Viele TV-Sender bieten entsprechende Sendungen an, die über einen Webbrowser abgerufen werden können. Diese können also zeitversetzt genutzt werden. Diese Empfangsart wird deshalb als **nichtlineares Fernsehen** bezeichnet.

Der jeweilige Nutzer bestimmt selbst über den Empfang dieser „strömenden" Daten (**Streaming**). Er entscheidet was er wann empfangen will (nutzerbasiertes Fernsehen).

Dem Nutzer werden die Daten als individueller Datenstrom in Form einer Punkt-zu-Punkt-Verbindung (**Broadband**) zur Verfügung gestellt (**Unicast**, Abb. 1).

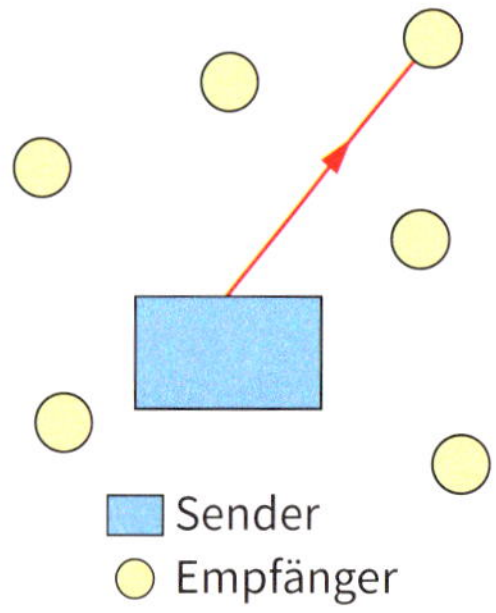

1: Unicast

Für den nichtlinearen Fernsehempfang wird das **I**nternet**p**rotokoll (**IP**) verwendet. Der Fernsehempfang wird dementsprechend als **IPTV** bezeichnet. Empfangen lassen sich die Signale mit bestimmten stationären oder mobilen Endgeräten.

In Abb. 2 ist beispielhaft dargestellt, wie das Angebot eines Providers genutzt werden kann. Möglich ist z. B. eine kontinuierliche Sendung von Video 2 an die Empfänger A und B ① oder eine Sendung auf Anforderung ②.

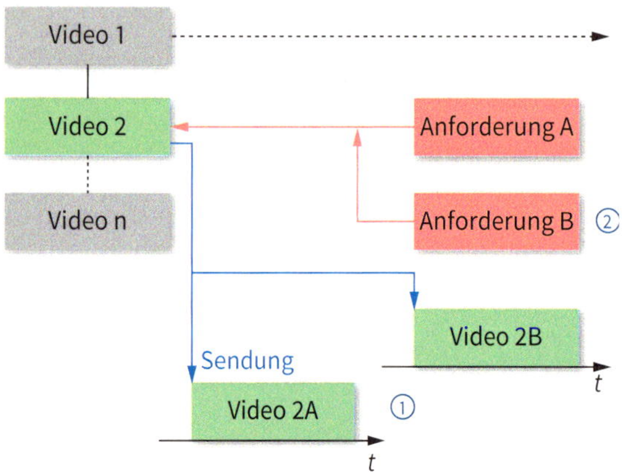

2: Nichtlinearer Fernsehempfang

Die TV-Informationen werden dazu in Datenpakete „aufgelöst" und gelangen dann auf unterschiedlichen Wegen zum Empfänger. Durch Laufzeitunterschiede befinden sich die Datenpakete beim Empfänger nicht mehr in der ursprünglichen Reihenfolge (Abb. 3 ③). Sie werden deshalb zwischengespeichert ④ und erreichen nach einer Verzögerungszeit von 2 bis 6 Sekunden den Empfänger in „geordneter" Form ⑤. Der Fernsehempfang erfolgt also zeitversetzt.

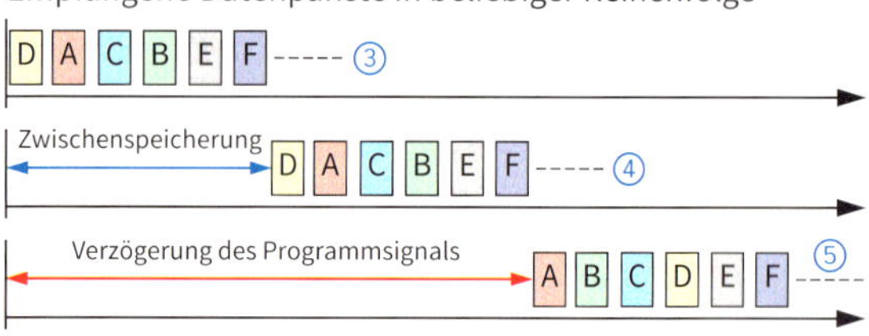

3: Streaming

Die gleichzeitige Übertragung und Wiedergabe von Video- und Audiodaten über das Internet wird auch als **Streaming Media** bezeichnet. Zwei Arten werden unterschieden:

- **On-Demand** (auf Anforderung, auf Abruf): **VoD** (**V**ideo **o**n **D**emand: Video auf Anforderung, Abruf). Die auf einem Server liegenden Dateien werden auf Wunsch empfangen.
- **Live-Streaming**: Live-Aufnahmen werden direkt in das Netzwerk eingespeist.

In Verbindung mit **IPTV** wird auch der Begriff **Podcasting** verwendet, bei dem auf gespeicherte Daten eines Servers zurückgegriffen wird (Podcasting: Kunstwort aus i**Pod** und Broad**casting**). Die Wiedergabe kann in der Regel erst dann erfolgen, wenn die Speicherung abgeschlossen ist. Wenn die gespeicherten Daten eines Servers genutzt werden, kann dieses als On-Demand oder als Download erfolgen.

Für die Übertragung von IPTV werden die Daten komprimiert. Verwendet werden z. B. MPEG-2, MPEG-4, H.264/AVC, XviD, DivX oder WMV9.

Unter Podcasting wird auch das Anbieten und abonnieren von Multimediadateien über das Internet verstanden. Das Abonnieren kann automatisiert werden, sodass der Abnehmer stets auf dem neuesten Stand gehalten wird. Das Aufrufen der Webseite und das ma-nuelle Abrufen der Daten kann dann entfallen.

- Zur Übertragung der Fernsehsignale werden die erfassten Daten komprimiert und reduziert.
- Die Fernsehübertragung kann in SD-, HD- und UHD-Qualität erfolgen.
- Für die digitale Abtastung wird beim SD-Standard das Fernsehbild in ca. 300.000 Pixel zerlegt. Die Informationen werden anschließend sequentiell übertragen.

Empfangsgeräte

Das ursprüngliche Fernsehempfangsgerät, die Bildröhre, ist weitgehend durch Flachbildschirme abgelöst worden. Die einzelnen Bildpunkte werden mit entsprechenden elektronischen Schaltungen direkt angesteuert. Dadurch kann man im Prinzip jede Bildauflösung realisieren.

Wenn das Programmsignal dieselbe Bildauflösung wie der Flachbildschirm (Abb. 4) aufweist, liegt eine 1:1 Übertragung vor. Wenn Unterschiede bestehen, erfolgt im Empfänger eine Anpassung (**Skalierung**).

- Beim Hochskalieren erfolgt eine Anpassung der kleineren Bildauflösung des TV-Signals auf die größere Bildauflösung des Flachbildschirmes.
- Beim Herunterskalieren erfolgt eine Anpassung einer größeren Bildauflösung des TV-Signals auf eine kleinere Bildauflösung des Flachbildschirms.

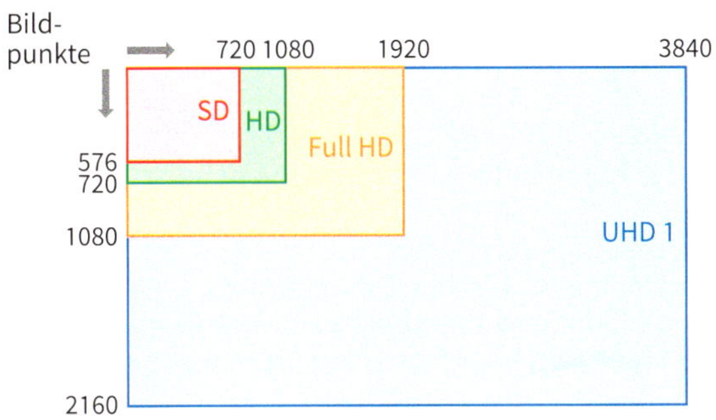

4: Bildschirmgrößen und Auflösungen

- Die Qualität der Fernsehübertragung ist von der Datenübertragungsrate abhängig.
- Fernsehempfang ist drahtlos, über Kabel, einen Satelliten oder über das Internet möglich.
- Broadcasting ist eine ungerichtete Rundfunk-Verbreitung.
- Nichtlineares Fernsehen ist ein zeitversetzter Empfang von Datenpaketen.
- Unter IPTV versteht man den Fernsehempfang über das Internet.
- Der Fernsehempfang über das Internet kann On-Demand (auf Abruf) oder in Form eines Live-Streamings erfolgen.
- Durch eine Skalierung erfolgt eine Anpassung zwischen der Bildauflösung des TV-Signals und der Bildauflösung des Empfangsgerätes.

9.4.2 Terrestrischer Fernsehempfang – DVB-T2

Die analoge Fernsehübertragung mit Hilfe elektromagnetischer Wellen ist abgelöst worden durch digitale Übertragungsverfahren. DVB-T ist ab 2018 ersetzt worden durch DVB-T2. Beide Übertragungsverfahren sind nicht kompatibel zueinander, sodass bei DVB-T tauglichen Empfangsgeräte die Signale durch eine Settop-Box angepasst werden müssen.

Die **Senderfrequenzen** liegen im bisherigen UHF-Bereich von 470 MHz bis 694 MHz, sodass bisherige Antennen, wenn erforderlich, genutzt werden können.

DVB-T2 besitzt gegenüber DVB-T folgende **Vorteile**:

- Bis zu 20 öffentlich-rechtliche Sender in HD-Qualität (höhere Bildqualität) sind möglich.
- Das Signal ist weniger störanfällig („robusteres" Signal).
- Der mobile Empfang ist verbessert worden, bei einem geringerer Antennenaufwand

Merkmale des DVB-T2-Signals

- **QPSK**-Modulation (**Q**uadratur **P**hase **S**hift **K**eying, Quadratur-Phasenumtastung, Abb. 5) Der sinusförmige Träger ① hat je nach binärem Zustand des Informationssignals vier verschiedene Phasenzustände. Den vier Phasenzuständen sind jeweils zwei Bits zugeordnet ②.

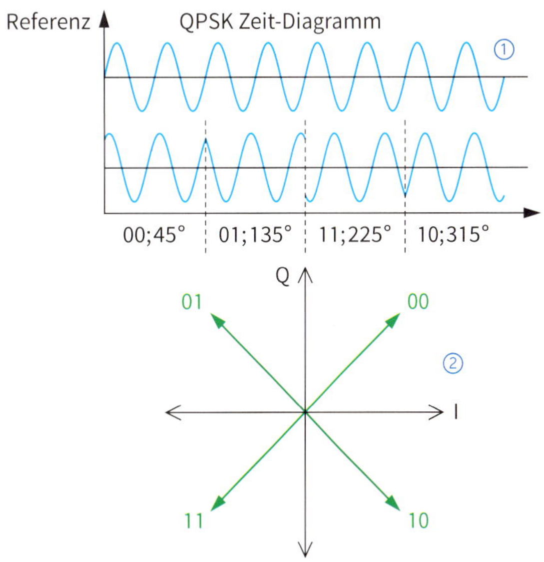

5: QPSK-Signal

- **QAM**-Modulation (**Q**uadratur-**A**mplituden-**M**odulation)

  Die Phase und die Amplitude des Signals werden gleichzeitig geändert. Verwendet werden 16-QAM (Abb. 1), 64-QAM und 256-QAM. Der Abstand vom Nullpunkt bis zum Endpunkt entspricht der Amplitude des Signals, der Winkel die Phasenlage.

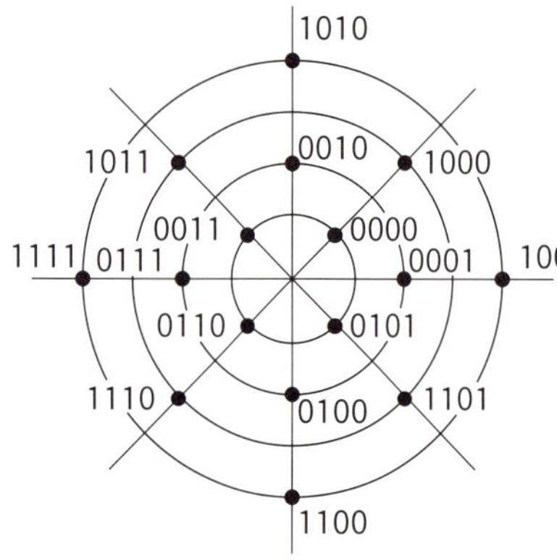

1: 16-QAM

- Die Aufteilung der Signale erfolgt auf viele Träger (z. B. 2.048, 8.192 Träger).
- Vor der Modulation werden die Daten in Pakete zusammengefasst und durch ein zeitliches Schutzintervall getrennt (**Guard-Intervall**). Störende Überlagerungen können während der Schutzintervalldauer abklingen.
- Das Sendernetz ist ein **Gleichwellennetz** (alle Sender besitzen dieselbe Trägerfrequenz).
- **Vorwärtsfehlerkorrektur** (**FEC**: **F**orward **E**rror **C**orrection) wird eingesetzt. Der Sender Kodiert die zu übertragenden Daten in redundanter Weise, sodass der Empfänger Übertragungsfehler ohne Rückfrage beim Sender erkennen und korrigieren kann.
- **Sende-Diversität** durch **MISO**-Verfahren (**M**ultiple **I**nput – **S**ingle **O**utput). Es werden mehrere Sendeantennen verwendet (Abb. 2).

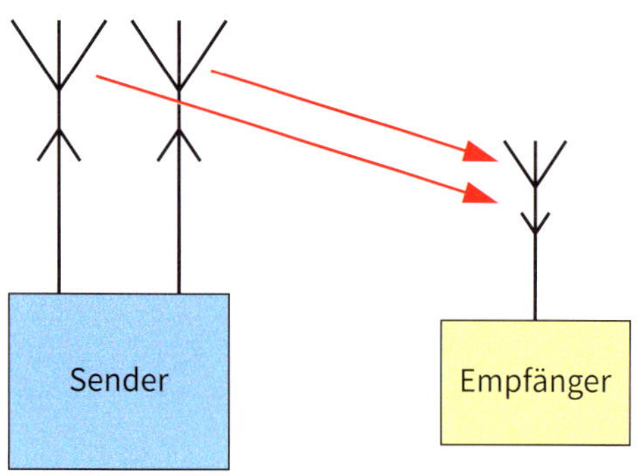

2: MISO-Verfahren

Antennenaufwand

- Passive Zimmerantenne
- Bei ungünstigen Empfangssituationen: Aktive Zimmerantenne
- Außenantenne (ungerichtete Antenne), Größe: DIN A5 bis DIN A4 (Abb. 3).
- Dachantenne für Unterdachmontage oder Dachmontage

3: Aktive DVB-T2 Außenantenne

Merkmale:
- Horizontale und vertikale Polarisation
- Empfangsbereich: 174 – 230 MHz und 470 – 862 MHz
- Spannung: 5 V bis 25 V über Koaxialkabel aus dem Receiver
- Abmessungen: 204 x 196 x 71 mm

Bei ausreichender Feldstärke ist der Empfang mit geringem Antennenaufwand (Zimmerantenne) möglich. Für eine Bildoptimierung muss die Antenne lediglich ausgerichtet werden. Die Installationen von Leitungen und Antennensteckdosen entfallen.

Die Zimmerantenne sollte möglichst in einiger Entfernung von möglichen Störquellen aufgestellt werden. Störquellen können sein: PCs, Laptops, Leuchtstoffröhren, LED-Leuchten oder Mobiltelefone. Die Empfangssituation verschlechtert sich auch durch bedampfte Scheiben, Stahlbeton und metallene Abschirmungen.

Die Abstrahlung der Senderwellen erfolgt nicht ungeordnet in alle Richtungen. Üblich sind horizontale oder vertikale Abstrahlrichtungen. Man nennt die Wellen dann polarisierte Wellen. Deshalb muss die Antenne ggf. ausgerichtet werden (Abb. 4).

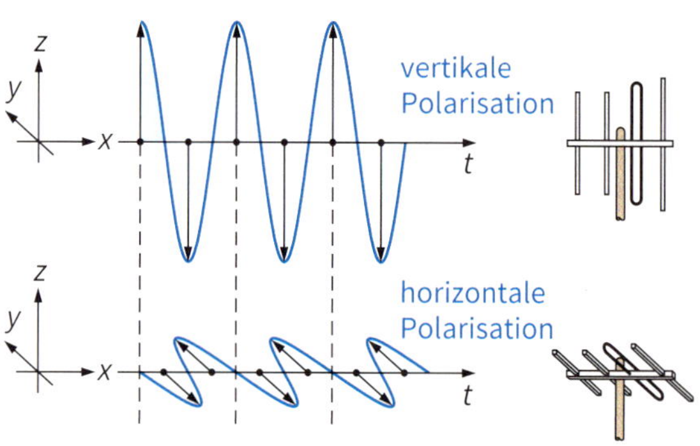

4: Polarisation

9.4.3 Nutzung bestehender Antennenanlagen

Es ist für DVB-T2 auch möglich, eine bestehende Antennenanlage, die bisher für den analogen Fernsehempfang verwendet wurde, für den Empfang von DVB-T2 Signalen zu nutzen. Voraussetzung ist aber, dass, wie in Abb. 5, eine UHF-Antenne ① vorhanden ist. Sie muss für den Empfang von Signalen zwischen 470 MHz bis 694 MHz ausgelegt sein.

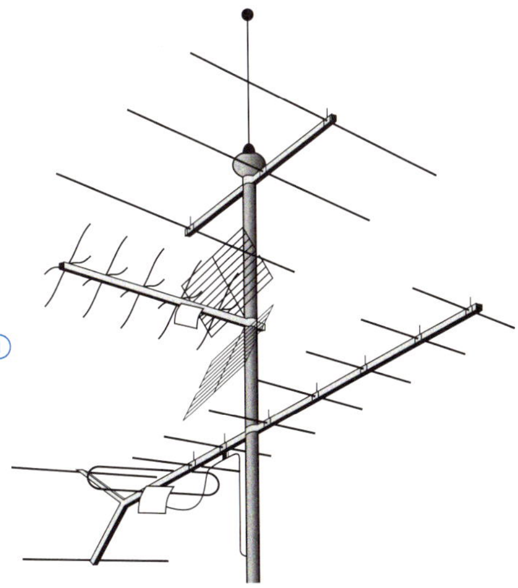

5: Antennen für den analogen Fernsehempfang

Die in Abb. 5 dargestellten Antennen liefern Signale aus unterschiedlichen Frequenzbereichen. Um sie über eine gemeinsame Leitung zum Empfänger transportieren zu können, führte man sie in einer Antennenweiche (X0, Abb. 6) zusammen.

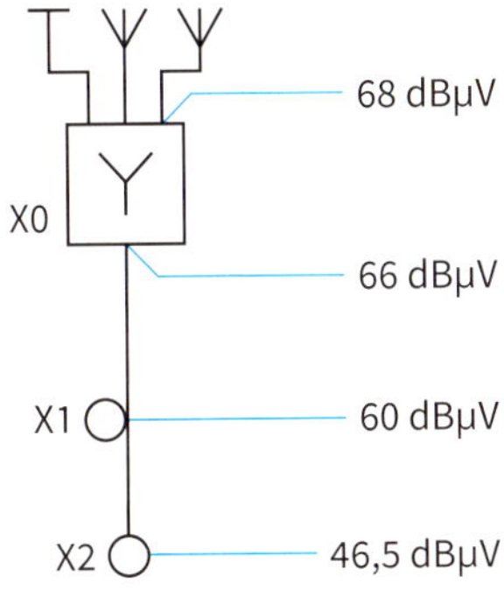

6: Plan einer terrestrischen Empfangsverteilanlage

In der als Beispiel gewählten Anlage (Abb. 6) sind zwei Empfangsgeräte in unterschiedlichen Etagen vorhanden. Deshalb sind im Plan zwei Antennensteckdosen eingezeichnet, eine Durchgangssteckdose (Durchschleifsteckdose) X1 und eine Enddose X2. Als Leitungen werden abgeschirmte Koaxialleitungen verwendet.

Wie bei jeder elektrischen Leitung entstehen auch hier Verluste. Das Signal an der Empfangsantenne ist größer als an den Steckdosen für die Empfangsgeräte. Es kommt zu einer Dämpfung des Signals.

Angegeben wird diese Dämpfung durch das **Dämpfungsmaß *a*** in dB (Dezibel).

Das Dämpfungsmaß wird ermittelt, indem man die Ausgangsgröße durch die Eingangsgröße dividiert und das Ergebnis logarithmiert. Das Dämpfungsmaß ist also eine **logarithmische Verhältniszahl**.

Der Vorteil der logarithmischen Angabe liegt darin, dass die verschiedenen Dämpfungsmaße der Anlage addiert werden können.

Wenn man die Eingangsgröße nicht durch die Ausgangsgröße, sondern durch die festgelegte Spannung von 1 µV (Bezugspegel) dividiert, wird das Ergebnis als dBµV (**dB-Mikrovolt**) bezeichnet.

In Abb. 7 sind beispielhaft die Pegel der Anlage von Abb. 6 angegeben. Sie lassen sich übersichtlich in einem Pegelplan (Abb. 7) darstellen.

Wie entsteht der Pegelplan?

- Beginn: Das Antennensignal beträgt 68 dBµV ①.
- Die Weiche verursacht eine Dämpfung von 2 dB ②.
- Die Leitung zur ersten Dose X1 ist etwa 20 m lang.
- Die Dämpfung beträgt dann 6 dB (30 dB/100 m) ③.
- Die Dose dämpft das Signal um weitere 1,5 dB ④.
- Die folgende Leitung ist etwa 40 m lang. Die Dämpfung beträgt 12 dB ⑤.

An der Enddose X2 steht somit ein Pegel von 46,5 dBµV zur Verfügung ⑥.

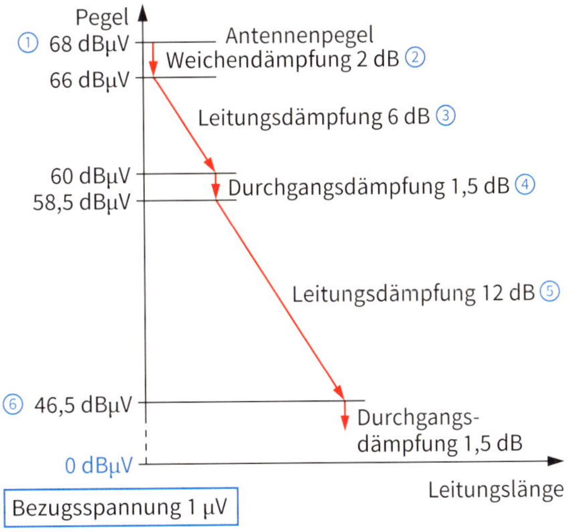

7: Pegelplan

Koaxialleitungen

Für die Anschlüsse und Verbindungen in Empfangsverteilanlagen werden abgeschirmte Leitungen (Koaxialleitungen) als Schutz vor äußeren Störeinflüssen (elektrische Felder) verwendet (Auswahl in Abb. 1). Die abschirmende Wirkung der Leitung wird durch das **Schirmungsmaß a_k** ① in dB angegeben. Je nach Anforderungen gibt es einfach ② oder mehrfach abgeschirmte Leitungen ③. Die Dämpfung der Leitung wird durch das frequenzabhängige **Leitungsdämpfungsmaß a_L** in dB/100 m ④ angegeben.

Typ	709 ②	F6 TSV ③
Verwendung	Installation, Sat-ZF	CATV-(Cable-TV) Multimedia
Durchmesser in mm		
Innenleiter Außenleiter	1,1; Cu-Draht 5,6; Al-Folie und Geflecht	1,02; Stahl Cu 5,6; 3fach geschirmt; Al-Geflecht und Al-Folie
Schirmungsmaße a_k ① in dB		
30 – 470 MHz	≥ 75	≥ 90
470 – 1000 MHz	≥ 75	≥ 90
1000 – 2150 MHz	≥ 65	≥ 90
Leitungsdämpfungsmaße a_L ④ in dB/100 m		
5 MHz	1,6	1,9
50 MHz	4,4	4,97
100 MHz	5,9	7,01
200 MHz	8,2	9,47
400 MHz	12,1	13,6
800 MHz	18,0	19,2
1000 MHz	20,5	21,5
1600 MHz	27,2	31,4
2150 MHz	31,6	31,9
2400 MHz	33,4	33,9

1: Koaxialleitungen

Antennensteckdosen

Bei Antennensteckdosen muss zwischen Enddosen und Durchgangsdosen unterschieden werden. Bei der Durchgangsdose wird das Signal weitergeführt (durchgeschleift). Dabei wird es geringfügig gedämpft. Die Durchgangsdämpfung tritt zwischen Eingang (Abb. 5 ⑤) und Ausgang ⑥ auf und beträgt etwa 1,5 dB. Diese Dämpfung wird mit dem **Durchgangsdämpfungsmaß a_D** gekennzeichnet.

Im Gegensatz zu diesen Durchgangssteckdosen besitzen Enddosen nur einen Eingang. Um Störungen durch eine Signalreflexion zu vermeiden, muss die Leitung dort mit einem Widerstand von 75 Ω (Wellenwiderstand der Leitung) abgeschlossen werden.

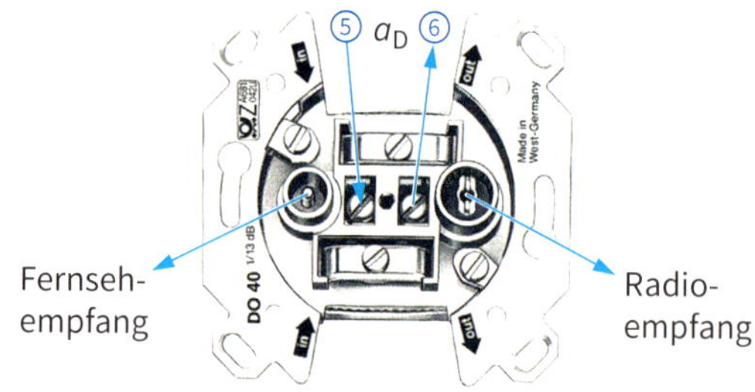

2: Durchgangssteckdose

Bei der in Abb. 2 dargestellten Durchgangssteckdose werden Signale für den Radio- und Fernsehempfang abgenommen (abgezweigt). Es ist deshalb erforderlich, dass keine Rückwirkungen durch die Empfangsgeräte stattfinden. Es muss also eine genügend große Abzweigungsdämpfung bzw. Anschlussdämpfung vorhanden sein. Das **Anschlussdämpfungsmaß a_A** für diese Dose beträgt etwa 13 dB.

Damit sich zwischen den beiden Abzweigungen der Antennensteckdose in Abb. 2 keine Störungen ausbreiten können, müssen sie ausreichend entkoppelt sein. Typische Werte für die Entkopplung liegen bei 30 bis 40 dB.

Steckverbinder

Für lösbare Verbindungen werden in Empfangsverteilanlagen **IEC**-Stecker (**I**nternational **E**lectrotechnical **C**ommission) entsprechend Abb. 3 verwendet.

Durchmesser in mm	
Innenleiter	0,6 – 1,13
Außenleiter	max. 5,2
Mantel	max. 7,2
Schirmungsmaße in dB	
bis 470 MHz	≥ 75
470 – 862 MHz	≥ 70
950 – 1750 MHz	≥ 60
1750 – 2400 MHz	≥ 55

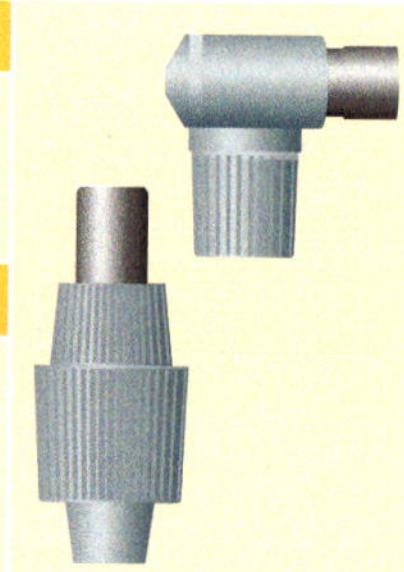

3: Steckverbinder

- In Empfangsverteilanlagen wird das Signal durch die verschiedenen Objekte gedämpft (verringert).
- Die Dämpfungsmaße der Objekte einer Empfangsverteilanlage sind logarithmische Maße. Sie werden in dB oder dBµV angegeben und können zu einem Gesamtdämpfungsmaß addiert werden.
- Die Pegel in einer Empfangsverteilanlage lassen sich in einem Pegelplan übersichtlich darstellen.

Kommunikationssysteme

9.4.4 DVB-C

Digitale Fernsehprogramme werden auch über das Breitband-Kabelnetz übertragen.

Andere Netzbezeichnungen sind:
Breitband-Verteilnetz, Breitband-Kommunikationsnetz, Cable Television (CATV), BK-Netz

Gegenwärtig wird **DOCSIS 3.0** (**D**ata **o**ver **C**able **S**ervice **I**nterface **S**pecification) als Standard für die Übertragung verwendet. In ihm sind die Anforderungen für die bidirektionale digitale Datenübertragung in Breitband-Kabelnetzen festlegt (Abb. 4).

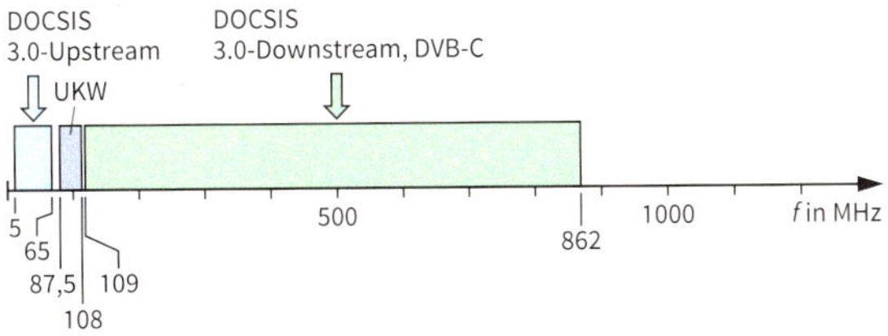

4: Frequenzspektrum mit DOCSIS 3.0

Verwendet wird bei DOCSIS 3.0 ein 8 MHz-Kanalraster. Die Signale werden auf einzelne Träger (**SC**: **S**ingle **C**arrier) mit **256-QAM** (**Q**uadratur **A**mplituden**m**odulation) moduliert.

Eingeführt wird gegenwärtig DOCSIS 3.1 (Abb. 5). Der Frequenzbereich geht bis 1794 MHz. Für die Modulation wird das Mehr-Träger-Verfahren **OFDM** (**O**rthogonal **F**requency **D**ivision **M**ultiplex) angewendet, bis 4096 QAM. Die Abstände zwischen den Trägern betragen 25 kHz bis 50 kHz. Auch wird ein leistungsfähigerer Fehlerschutz als bei DOCSIS 3.0 benutzt.

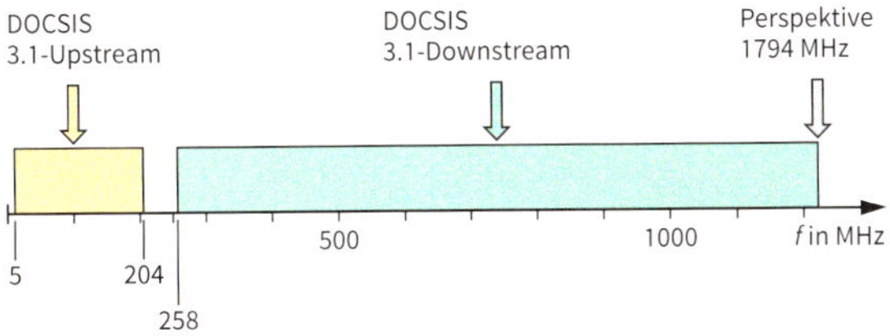

5: Frequenzspektrum mit DOCSIS 3.1

Das BK-Netz wird auch für eine bidirektionale Datenkommunikation genutzt, z. B. für den Internet-Zugang und das Telefonieren. Im Frequenzspektrum wird deshalb zwischen Downstream- und Upstream-Bereichen unterschieden (Empfangen und Senden, Abb. 5).

In der Regel sind über einen Kabelanschluss Datenraten von 23 Mbit/s bis 100 Mbit/s realisierbar, in einigen Ballungsgebieten auch 250 Mbit/s oder mehr.

Bis zur Aufhebung der allgemeinen Verschlüsselung durch das Bundeskartellamt mussten Nutzer einen Receiver (Settop-Box) zwischen Kabelanschluss und Fernseher schalten. Diese Technik ist nur noch bei alten analogen Fernsehgeräten erforderlich. Neue Geräte sind für einen digitalen Empfang eingerichtet. Fernsehgeräte verfügen bei-spielsweise über ein DVB-C-Empfangsteil bzw. einen DVB-C-Tuner/Kabeltuner.

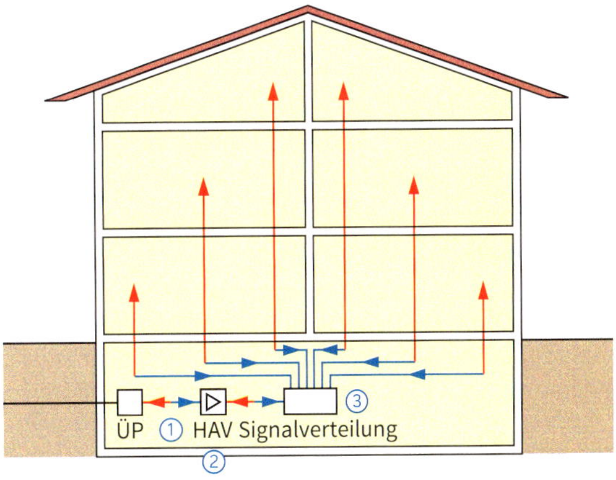

6: BK-Netz im Haus

Ein BK-Hausverteilnetz wird in der Regel in Sternstruktur realisiert. Der Einspeisungspunkt in das BK-Hausverteilnetz wird als **Übergabepunkt** (ÜP) bezeichnet. Er wird im Auftrag des Netzbetreibers in der Regel über ein koaxiales Erdkabel an einer zentralen Stelle im Kellerbereich installiert (Abb. 6 ①). Wenn mehrere Abnahmestellen vorgesehen sind, ist in der Regel ein **Hausanschlussverstärker** (HAV) ② einzufügen. Von dort wird das Hausverteilnetz sternförmig installiert, sodass jede Abnehmer von einem Verteiler ③ (Abzweiger) über eine separate Koaxialleitung direkt versorgt wird.

Die sternförmige Installation besitzt folgende Vorteile:

- Erweiterungen sind ohne Störungen der anderen Abnehmer einfach realisierbar (z. B. zusätzliche Steckdosen).
- Die Sternstruktur ist Voraussetzung für die Nutzung des Rückkanals.
- Weil alle Abnehmer voneinander getrennt sind, können Fehler rasch ermittelt werden.

Aufgaben

1. An welcher Stelle des Plans für ein BK-Verteilnetz (Abb. 6) müsste der Schutzpotenzialausgleich angeschlossen werden?
2. Erklären Sie, welche Funktion der Rückkanal in einem BK-Verteilnetz haben kann!

9.4.5 DVB-S

Im Äquatorbereich sind in etwa 36.000 km Höhe Satelliten geostationär positioniert. Sie empfangen die von terrestrischen Stationen (Abb. 1) gesendeten Signale (Uplink) und strahlen diese nach entsprechender Umwandlung wieder zu den Satellitenempfangsantennen auf der Erde ab (Downlink). Die Frequenzen des Fernsehempfangs befinden sich im GHz-Bereich. Die Bandbreiten der Kanäle sind größer als bei DVB-T und DVB-C. Die Datenraten reichen aus, um Sendungen mit höchsten Auflösungen (HDTV) zu übertragen.

Beispiele:

$B = 27$ MHz, Datenrate 17,8 bis 31,1 Mbit/s

$B = 36$ MHz, Datenrate 22,5 bis 39,4 Mbit/s

Gleichzeitig zu den Bildinformationen werden Digital-Tonrundfunksendungen mit 192 kbit/s in Mono und 256 kbit/s bzw. 320 kbit/s in Stereo übertragen. In den Satelliten übernehmen **Transponder** (**Trans**mitter und Res**ponder**) die Aufgabe, die von der Erde eingehenden Sendungen aufzunehmen (Uplink), sie den gewählten Übertragungsbedingungen anzupassen und dann wieder zur Erde abzustrahlen (Downlink, Abb. 1). Sie stellen die für die Übertragung notwendigen Ressourcen zur Verfügung.

Die Bandbreite eines Transponders beträgt 40 MHz. Darin lassen sich etwa 10 Fernsehprogramme unterbringen. Beispielsweise kann ein Satellit mit einer Leistung von 10 kW etwa 50 Transponder betreiben und dabei 500 Fernsehprogramme ausstrahlen.

Die Downlink-Frequenzen reichen von 10,7 GHz bis 12,75 GHz. Dabei werden ein **Low-Band** (unteres Band, Abb. 5) und ein **High-Band** (oberes Band) unterschieden. Um möglichst viele Sender ohne gegenseitige Störungen unterbringen zu können und die zur Verfügung stehende Bandbreite effektiv zu nutzen, werden die Signale in horizontaler bzw. vertikaler Richtung abgestrahlt (Polarisation). Somit ergeben sich für den Empfang von Satellitensendungen die vier in Abb. 2 gekennzeichneten Empfangsbereiche.

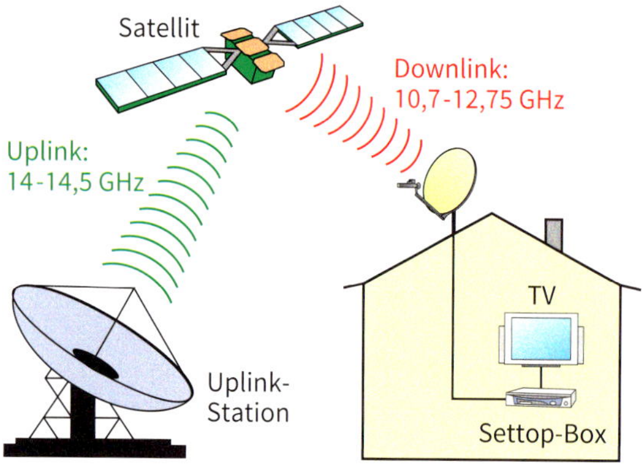

1: Empfang über einen Satelliten

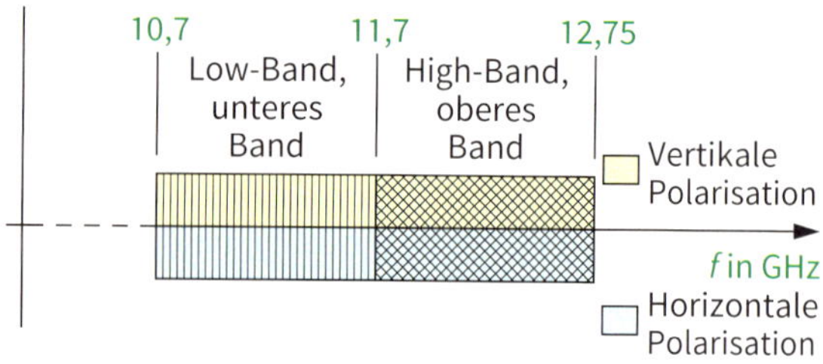

2: Satelliten-Empfangsbereiche

Satelliten

Für den Empfang muss nach Süden eine „freie" Sicht von ±20° und eine horizontale Erhebung von ca. 30° gewährleistet sein. In Abb. 3 sind ausgewählte Satelliten für unseren Empfangsbereich aufgeführt.

①	TürkSat 1C	42° Ost	⑤	HOT BIRD 1-5	13° Ost
②	ASTRA 3A, 1D	23,5° Ost	⑥	Eutelsat W1	10° Ost
③	ASTRA 1B, 1C, 1E, 1F, 1G, 1H, 2C	19,2° Ost	⑦	Eutelsat W3	7° Ost
④	Eutelsat W2	16° Ost	⑧	Hispasat 1A, 1B	30° Ost

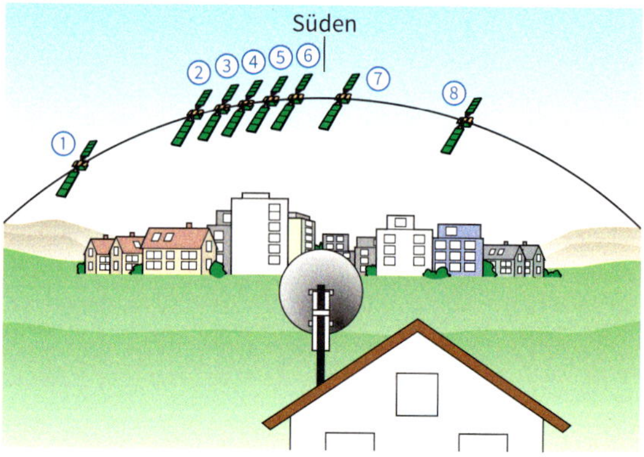

3: Satelliten-Positionen

Satelliten-Empfangsantennen

Für den Empfang von Satelliten-Signalen werden verschiedenartige Antennen verwendet (Abb. 4). Die parallel ankommenden Signale werden von einer parabolischen Fläche reflektiert und treffen auf die Empfangseinrichtung. Sie wird als **LNB** (**L**ow **N**oise **B**lock converter) bezeichnet. Dieser Name stammt aus den Anfängen der Satelliten-Empfangstechnik und bedeutet so viel wie „Rauscharmer Umsetzer für einen Frequenz(Block)bereich". Sie trennen die horizontalen von den vertikal polarisierten Wellen, verstärken die Signale und sorgen für die Umsetzung der hochfrequenten Schwingungen (GHz) auf die niedriger liegenden Frequenzen (Satelliten-Zwischenfrequenz, **Sat-ZF**).

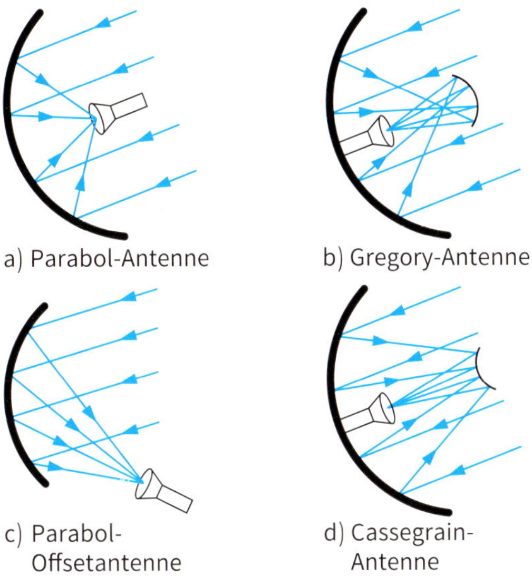

4: Satelliten-Empfangsantennen

Die Spannungsversorgung für den LNB erfolgt über die Koaxialleitung. Gleichzeitig kann mit der Höhe der Versorgungsspannung eine Umschaltung auf die vertikal (14 V) oder horizontal polarisierten (18 V) Frequenzbereiche vorgenommen werden (**Polarisations-umschaltung**). Zusätzlich kann mit einer überlagerten Wechselspannung von 22 kHz zwischen den Bändern (High- und Low-Band) umgeschaltet werden (**Bandumschaltung**). In Abb. 5 sind diese vier Möglichkeiten dargestellt. Die hierfür verwendbaren Schalter werden als **Multischalter** bezeichnet.

Eine Weiterleitung der Satelliten-Signale mit den Frequenzen von 10,7 bis 12,75 GHz ist nicht möglich, weil herkömmliche Koaxialkabel auf Grund zu hoher Dämpfung nicht geeignet sind bzw. Kabel mit geringerer Dämpfung zu teuer wären. Es erfolgt deshalb im LNB eine Umsetzung auf die Satelliten-Zwischenfrequenz.

Low-Band: Oszillatorfrequenz 9,75 GHz

$\Rightarrow$ Sat-ZF 0,95 … 1,95 GHz

High-Band: Oszillatorfrequenz 10,6 GHz

$\Rightarrow$ Sat-ZF 1,1 … 2,15 GHz

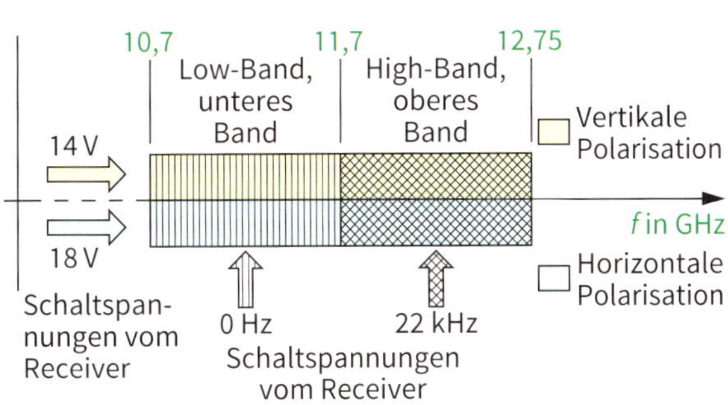

5: Umschaltung der Frequenzbereiche

Satelliten-Empfangsanlage

In Abb. 6 ist beispielhaft eine Empfangsanlage dargestellt. Der LNB besitzt darin vier Ausgänge (Quattro-LNB), sodass für die zwei Frequenzbänder die vertikal und horizontal polarisierten Signale getrennt abgegeben werden. Damit diese Ausgangssignale für den Receiver verfügbar sind, muss die Umschaltung mit einem externen Multischalter erfolgen.

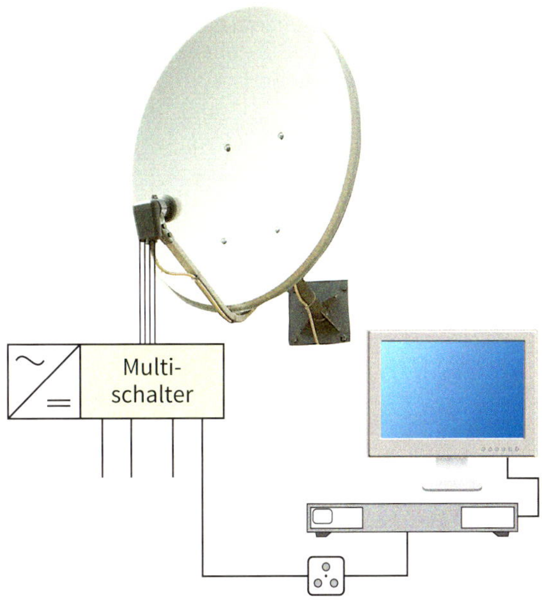

6: Quattro-LNB mit Multischalter

Die grundsätzliche Arbeitsweise eines Multischalters ist in Abb. 7 vereinfacht dargestellt. Die horizontal bzw. vertikal polarisierten Signale jedes Bandes werden mit Koaxialleitungen an zwei **V/H-Schalter** ① ② geführt. In der gezeichneten Schalterstellung wird vom Receiver eine Steuerspannung von 14 V geliefert, sodass die horizontale Polarisation ausgewählt wird. Da gleichzeitig vom Empfänger keine Wechselspannung von 22 kHz in die Koaxial-Leitung eingespeist wird (0 Hz), ist das untere Band über den **Bandschalter** ③ ausgewählt worden. Entsprechende Änderungen treten ein, wenn als Gleichspannung 18 V und/oder 22 kHz Wechselspannung eingespeist werden.

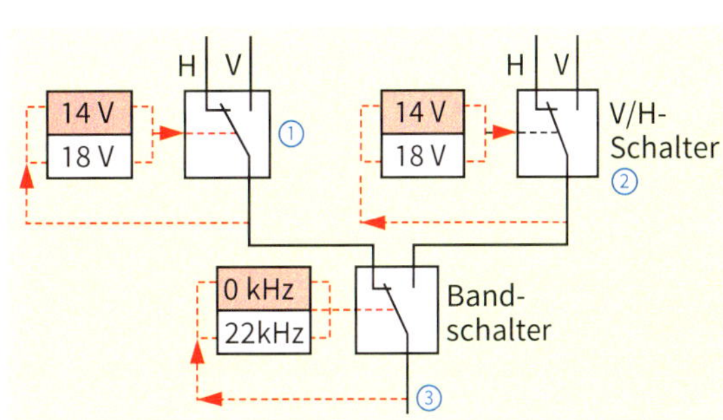

7: Grundsätzliche Arbeitsweise eines Multischalters

In Abb. 6 auf S. 339 ist am Ausgang des Multischalters nur ein Receiver angeschlossen. Je nach Aufbau des Multischalters können auch mehrere Empfänger angeschlossen werden. Jeder Receiver für sich hat dabei den Zugriff auf seinen gewählten Frequenzbereich mit der gewünschten Polarisation.

Es gibt zahlreiche Arten von Multischaltern. Mit ihnen können nicht nur Frequenzbereiche, sondern auch Satelliten ausgewählt werden (Multifeed-Empfang, vgl. Kap. 11.3.8). Erweiterungen lassen sich ebenfalls vornehmen, indem man sie hintereinander schaltet (**kaskadierbare Multischalter**).

Für Satelliten-Empfangsanlagen werden **F-Stecker** verwendet (Abb. 1). Da der Innenleiter der Koaxialleitung als Steckerstift verwendet wird, müssen die Abschirmfolie und das Abschirmgeflecht sehr sorgfältig über den Außenmantel gestülpt und die Teile fest verschraubt werden.

1: F-Stecker

DVB-S2

Im März 2005 wurde der Standard von DVB-S2 definiert. Er hat gegenüber DVB-S folgende Vorteile:

- Anstatt der Modulationsart 4 PSK wird 8 PSK eingesetzt ⇒ ca. 30 % mehr Informationen auf einem Transponder ⇒ geringere Übertragungskosten.
- Effektivere Reduktion der Bilddaten (H.262).
- DVB-S2 ist nicht kompatibel zu DVB-S ⇒ andere Receiver erforderlich.
- Einsatz vorerst nur bei HDTV-Übertragungen.

- Im LNB erfolgt eine Signalverstärkung und die Umsetzung der Empfangsfrequenzen in die Satelliten-Zwischenfrequenz.
- Für die Umschaltung der Polarisationen im Satelliten-Empfangsbereich werden Schaltspannungen von 14 V bzw. 18 V und für die Umschaltung der Bänder werden Spannungen mit Frequenzen von 0 Hz und 22 kHz aus dem Receiver verwendet.
- Mit Multischaltern wird der Zugriff auf Frequenzbänder, Polarisationen oder Satelliten ermöglicht.

9.4.6 Installation einer Satelliten-Empfangsverteilanlage

Die zu installierende Satelliten-Empfangsanlage soll folgende Möglichkeiten bieten:

- Empfang von zwei Satelliten (Astra-Gruppe und Eutelsat II F1)
- Es soll ein Receiver angeschlossen werden.

Die zu installierenden Objekte (aus Herstellerkatalog) sowie der Installationsplan sind in der Abb. 1 aufgeführt. Aufgrund der Materialaufstellung sind aber noch folgende Fragen zu klären:

- Wie können mit einer Satelliten-Antenne die Signale von zwei Satelliten empfangen werden?
- Wozu dient die DiSEqC-Umschaltmatrix (sprich: Dai-Sek)?

Materialliste

- Offset-Parabolantenne, 90 cm
- 2 LNBs, Rauschmaß 0,6 dB
- Montagematerial
- DiSEqC-Umschaltmatrix
- 20 m Koaxialleitung, Schirmungsmaß > 80 dB
- 1 Antennensteckdose
- 1 Empfänger-Anschlussleitung
- 1 Satelliten-Receiver
- 1 Abschlusswiderstand
- 1 Überspannungsschutz

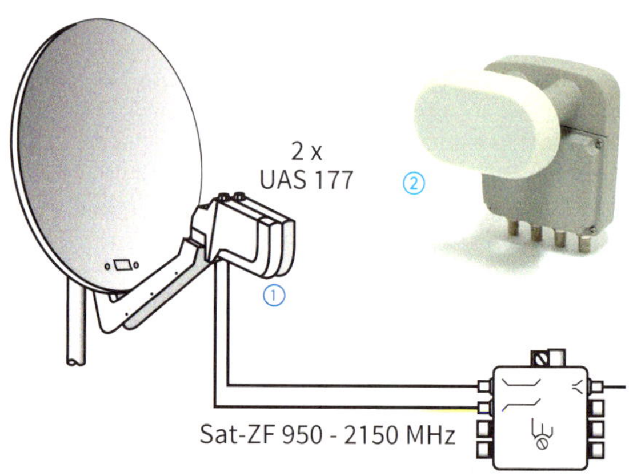

2: Empfangsanlage für zwei Satelliten

Multifeed-Empfang

Dieser Begriff drückt aus, dass von einer Satelliten-Antenne Signale von zwei oder mehreren Satelliten empfangen werden können. Für die zu installierende Anlage sind die Satelliten Astra und Eutelsat II F1vorgesehen. Sie befinden sich bei 19,2° und 13° Ost relativ dicht nebeneinander, sodass die Signale mit zwei nebeneinander montierten LNBs (Abb. 2 ①) die Signale empfangen werden können.

Es wäre aber auch möglich, Doppelempfangsbausteine (LNB-Monoblöcke ②, Abb. 2) einzusetzen. Bei dieser Installation ist für keinen der LNBs eine optimale Ausrichtung möglich, der Gewinn und die Güte verschlechtern sich gegenüber einem einzelnen LNB. Durch einen größeren Durchmesser der Antenne (z. B. 85 cm) kann dies jedoch ausgeglichen werden.

DiSEqC-Umschaltmatrix

Die bisher angesprochenen Multischalter konnten mit Gleichspannungen (14 V und 18 V) sowie einer Wechselspannung von 22 kHz Schaltvorgänge auslösen. Auch beim **DiSEqC**-System (**Di**gital **S**atellite **Eq**uipment **C**ontrol) wird weiterhin die LNB-Versorgungsspannung von 14/18 V des Receivers sowie das 22 kHz-Signal durchgeschaltet. Das DiSEqC-System bietet aber erheblich mehr Schaltmöglichkeiten. Die Schaltbefehle werden vom Receiver als seriell codiertes Datenwort an die Schaltmatrix gegeben. Die 0- und 1-Zustände werden durch getastete 22 kHz-Signale erzeugt (Abb. 3).

Das DiSEqC-Datenwort setzt sich aus einem Startbyte, einem Adressbyte und einem Befehlsbyte zusammen. Der Receiver arbeitet dabei als Master, der durch seine Befehle unterschiedliche Slaves (LNBs, Multischalter usw.) ansteuern kann. Die Antworten vom Slave bestehen aus dem Startbyte und den angehängten Daten.

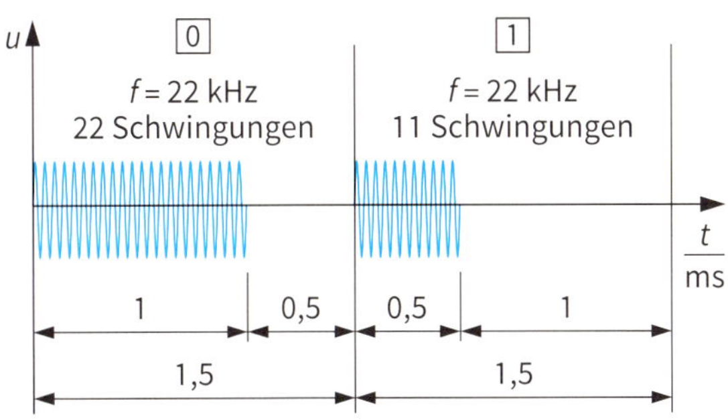

3: Bitstruktur des DiSEqC-Signals

DiSECqC gibt es in verschiedenen Versionen. Sie werden durch zwei mit einem Punkt getrennte Ziffern gekennzeichnet.

DiSEqC 1.0

- **Version 1.0**
  Die Kommunikation erfolgt unidirektional (in eine Richtung). Folgende Befehle (16) sind vom Receiver zur Schaltmatrix möglich: Vier Satellitenpositionen, zwei Bänder (High-Band und Low-Band), zwei Polarisationen (vertikal und horizontal)
- **Version 2.0**
  Die Kommunikation erfolgt bidirektional (zwei Richtungen).
- **Version 3.0**
  Es gibt zusätzliche Programmierungsoptionen.

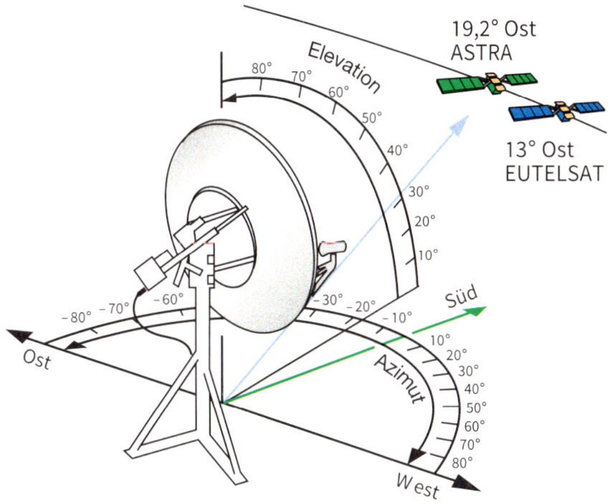

4: Ausrichtung der Satelliten-Antenne

Ausrichtung der Antenne

Die Antenne muss sehr genau auf den gewünschten Satelliten ausgerichtet werden. Die Ausrichtung wird durch zwei Winkel festgelegt (Abb. 4):

- Horizontal: **Azimut**; die Bezugsrichtung für Europa ist Süden
- Vertikal: **Elevation**; Erhebungs- bzw. Höhenwinkel der Satelliten-Antenne

Der Azimut und die Elevation sind vom Montageort und der Position des Satelliten abhängig. Die entsprechenden Werte sind aus Tabellen zu entnehmen. Hilfreich für die Ausrichtung der Antenne sind „Satellitenfinder". Sie werden in die Zuleitung geschaltet und erzeugen bei richtiger Positionierung entsprechende Signale.

Am Ende der Installation der Antennenanlage erfolgt eine messtechnische Überprüfung (z. B. Universalmessgerät, Abb. 5). Eine wichtige Messung ist die Pegelmessung. Nur ein ausreichender Pegel ist die Voraussetzung für eine gute Bildqualität. In DIN EN 50083-7 ist der Pegelbereich von 47 bis 77 dBµV angegeben. Optimale Werte sollten zwischen 50 und 65 dBµV liegen.

5: Antennen-Messempfänger

- Multifeed-Empfang bedeutet, dass Signale von mehr als einem Satelliten empfangen werden.
- DiSEqC-Schalter sind im Prinzip Umschalter, die durch den Receiver ferngesteuert werden.

Mehrteilnehmer-Anlage (Kaskade)

Die Anlage versorgt über drei Multischalter mehrere Teilnehmer mit Antennensignalen. Es können terrestrische Signale und Satellitensignale eingespeist werden. Für den Satellitenenpfang sind Pegelbeispiele und Dämpfungen angegeben.

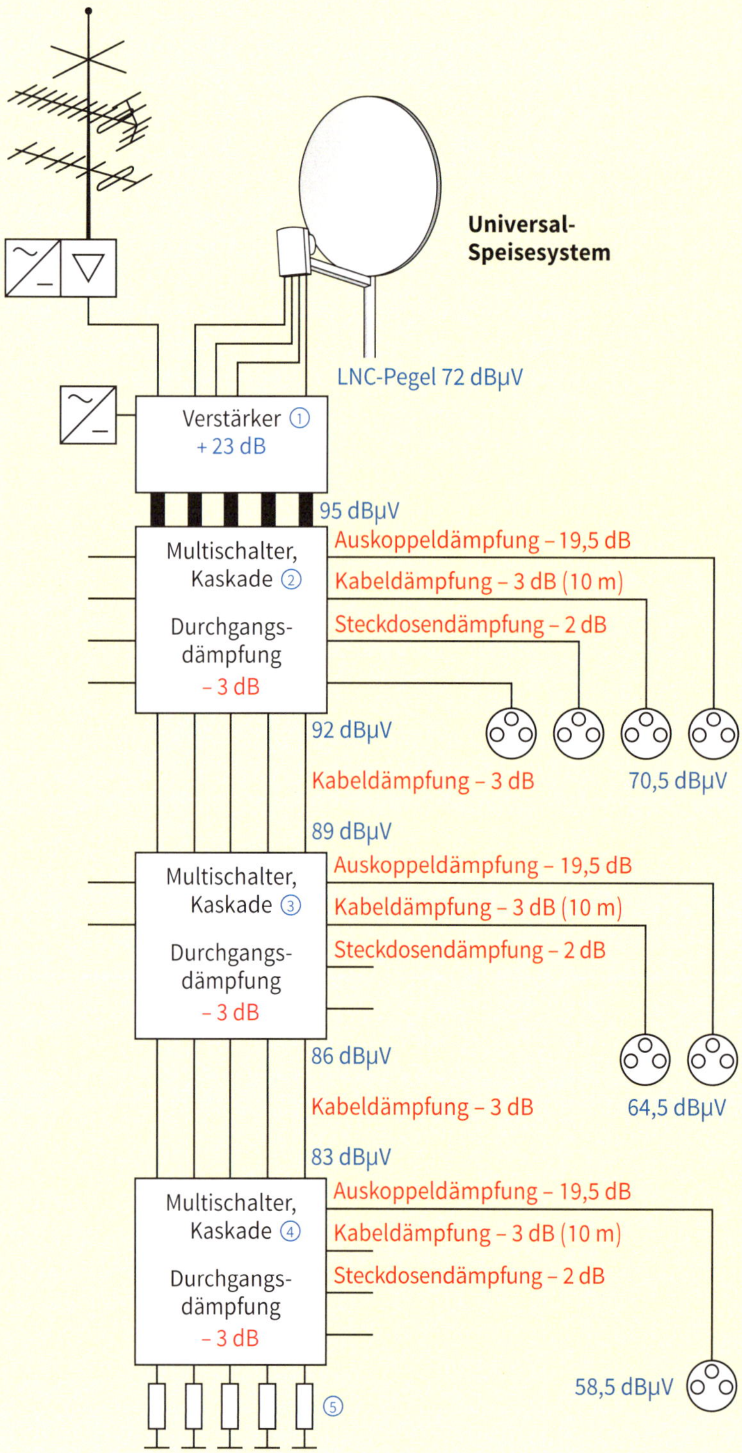

1. Etage: 8 Teilnehmer
2. Etage: 6 Teilnehmer
3. Etage: 4 Teilnehmer

Sat-Antenne
- Durchmesser: 75 cm
- Gewinn bei 12 GHz: 37,5 dB
- Elevation: 9…42°
- Öffnungswinkel 3 dB: < 2,5°
- Windlast bis 20 m: 525 N

Energieversorgung
- 13 V DC, 1,6 A
- Kurzschlussfest

Verstärker ①
- Frequenzbereiche:
  85…862 MHz (terrestrisch)
  950…2,4 GHz (Satellit)
- Verstärkung:
  15…22 dB (terrestrisch);
  16…23 dB (Satellit)
- Dämpfungssteller 0…15 dB

Multischalter, Kaskaden ②③④
- Frequenzbereiche:
  5…862 MHz (terrestrisch);
  950…2,4 GHz (Satellit)
- 8, 6 bzw. 4 Teilnehmerausgänge
- Durchgangsdämpfung:
  5,5 dB (terrestrisch);
  1,3 dB…3,4 dB (Satellit)

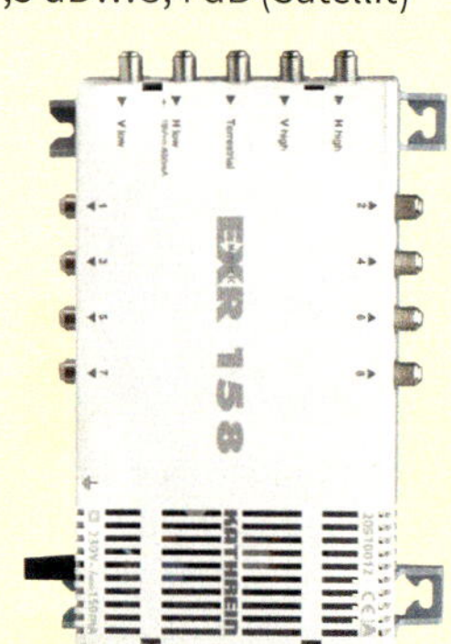

Abschlusswiderstände ⑤
- Die 4 Stammleitungen müssen am Ausgang des 3. Multischalters mit Widerständen abgeschlossen werden.

9.4.7 Videosignal-Anschlüsse

Aufgrund der technischen Entwicklungen gibt es für Videosignale bei Fernsehgeräten, Videorecordern, DVD-Playern … häufig unterschiedliche Ein- und Ausgänge.

SCART

SCART: **S**yndicat des **C**onstructeurs d'**A**ppareils **R**adio-récepteurs et **T**éléviseurs

Dieser Anschluss überträgt analoge Fernsehsignale (Abb. 1, Bild-, Ton- und Steuersignale).

Pin	Signal	Pin	Signal
1	Ausgang Stereo, Audio L (links) oder Monosignal	11	Grünsignal 0,7 Vss
		12	frei
2	Eingang Stereo, Audio L (links) oder Monosignal	13, 14	0
		15	Rotsignal 0,7 Vss
		16	Austastsignal
3	Ausgang Stereo, Audio R (rechts) oder Monosignal	17, 18	0
		19	Compositesignal[1] Ausgang
4, 5	0		
6	Eingang Stereo, Audio R (rechts) oder Monosignal	20	Compositesignal[1] Eingang
7	Blausignal 0,7 Vss	21	9
8	Schaltspannung		
9	0		
10	frei		

1) Farb- und Helligkeitssignale werden gemeinsam übertragen

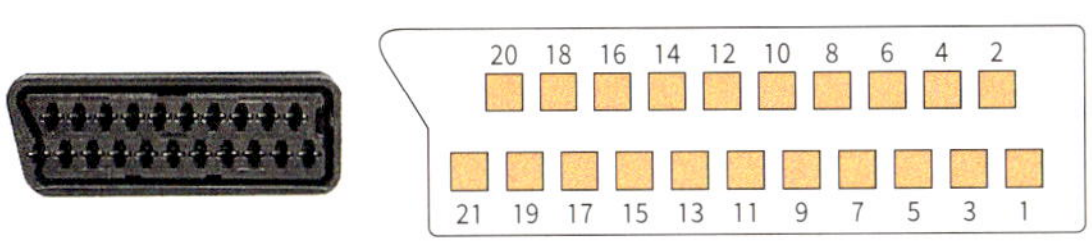

1: SCART-Anschluss

S-Video

Über den S-Video-Anschluss (**S**: **S**eparate Video, Y/C, Abb. 2) werden die analogen Helligkeits- ③ und Farbinformationen ④ (Luminanz Y, Chrominanz C) getrennt übertragen. ①, ②: Abschirmung Y und C

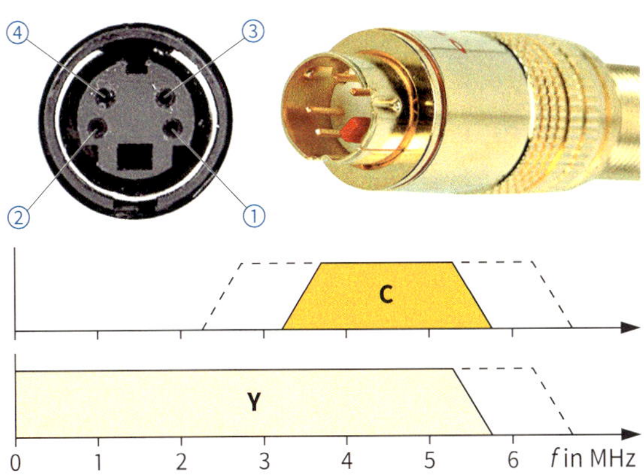

2: S-Video-Anschluss

Composite-Video

Die analogen Helligkeits- und Farbinformationen (**FBAS**: **F**arb-**B**ildinhalt-**A**ustast-**S**ynchronsignal) werden hier gemeinsam übertragen. Als Steckverbinder verwendet man Cinch-Buchen (häufig gelb), oft in Kombination mit weißer und roter Cinch-Buchse für linke und rechte Tonwiedergabesignale (to cinch: festzurren).

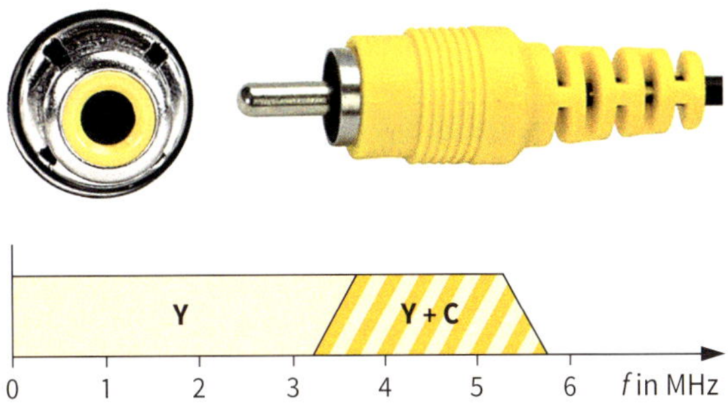

3: Composite-Video-Anschluss

HDMI

HDMI (**H**igh **D**efinition **M**ultimedia **I**nterface) ist eine digital arbeitende Schnittstelle für die Übertragung multimedialer Daten (Video, Audio und Steuersignale der Unterhaltungselektronik). Durch HDMI wird eine bisherige komplexe Leitungsverbindung zwischen Geräten vereinfacht. Es werden die Steckertypen A und B unterschieden (Abb. 4). Leitungslängen bis 15 m sind möglich.

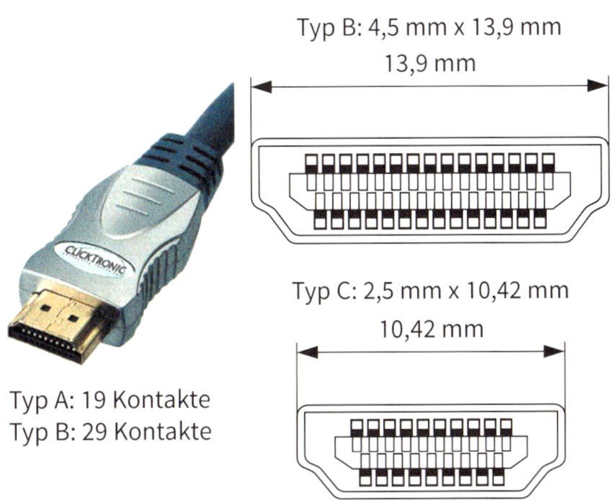

4: HDMI-Steckverbinder

Die Übertragung der Audiosignale erfolgt mit 24 Bit bei 192 kHz in bis zu 8 Kanälen. Die Bildübertragung reicht bis 165 MHz. Dadurch lassen sich HDTV-Signale (Auflösung bis 1080 p) übertragen.

Die Datenrate beträgt bis zu 8 GB/s (HDMI 1.4). Dadurch treten keine Störungen bei schnellen Bewegungsabläufen und komplexen Bildinhalten auf.

9.4.8 HbbTV

Durch HbbTV (**H**ybrid **b**roadcast **b**roadband **TV**) wird das digitale Fernsehsignal mit Inhalten aus dem Internet kombiniert. HbbTV baut auf existierende Fernsehstandards (DVB) und Internet-Technologien auf. Die Inhalte aus beiden Quellen können einzeln oder gemeinsam dargestellt werden. Dazu wird in die laufende Sendung weitere Signale (**AIT-Tabelle**, **A**pplication **I**nformation **T**able) eingefügt, die vom Empfänger ausgelesen werden können. Sie enthalten in der Regel URLs bestimmter HTML-Seiten, die dann vom Anwender über die zusätzlich vorhandene Internet-Verbindung geladen werden können.

Die Bedienung erfolgt in der Regel vereinfacht über die Fernbedienung (Knopfdruck).

HbbTV-System

Im HbbTV-System werden unterschiedliche Inhalte (Contents) unterschieden (Abb. 1):

Linear A/V-Content ①:

Lineare A/V-Inhalte (Audiovisuelle Medien) sind kontinuierliche Sendungen der Sendeanstalten ohne Eingriffsmöglichkeiten wie z. B. Navigation oder Steuerung.

Non-linear A/V-Content ②:

Diese nichtlinearen A/V Inhalte ermöglichen verschiedenste Interaktivitäten durch den Benutzer.

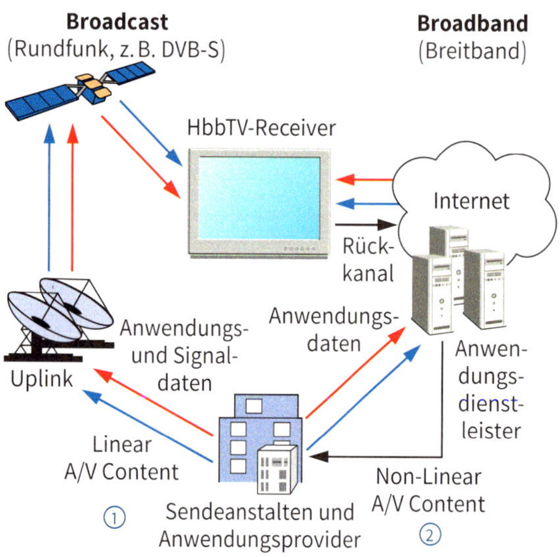

1: HbbTV-System

Zusatzdienste

Durch HbbTV können Zusatzdienste (Mehrwertangebote) über die Fernbedienung – neben der jeweiligen Fernsehübertragung – angewählt werden. Die Angebote sind kostenlos. IPTV ist nicht erforderlich.

Beispiele:

- **Video on Demand**: Fernsehen auf Abruf, z. B. aus den Mediatheken der Sendeanstalten.
- **Zuschauer-Votings**: Meinungen zu Quizsendungen, politischen Sendungen usw. auf Knopfdruck über die Fernbedienung
- Multimediale **elektronische TV-Führer** mit Bildern, Suchfunktion, Video-Preview usw. (qualitativ besser als Videotext)
- **Zugriffe** auf z. B. soziale Netzwerke oder bestimmte Seiten, z. B. Ebay und Amazon
- Begleitende **Zusatzinformationen** zum Programm aller Art (z. B. Bild, Text, Ton, Video)
- Interaktive und programmbegleitende Werbung, Einkaufsmöglichkeiten oder Spiele

Komponenten eines HbbTV-Empfängers

In Abb. 2 sind wesentliche Komponenten eines HbbTV-Empfängers dargestellt. Eine wichtige Komponente wird als **DSM-CC** (**D**igital **S**torage **M**edia **C**ommand and **C**ontrol) bezeichnet. Es handelt sich um ein Toolkit („Werkzeugkasten") zur Erzeugung von Steuerkanälen für die MPEG-1- und MPEG-2-Datenströme.

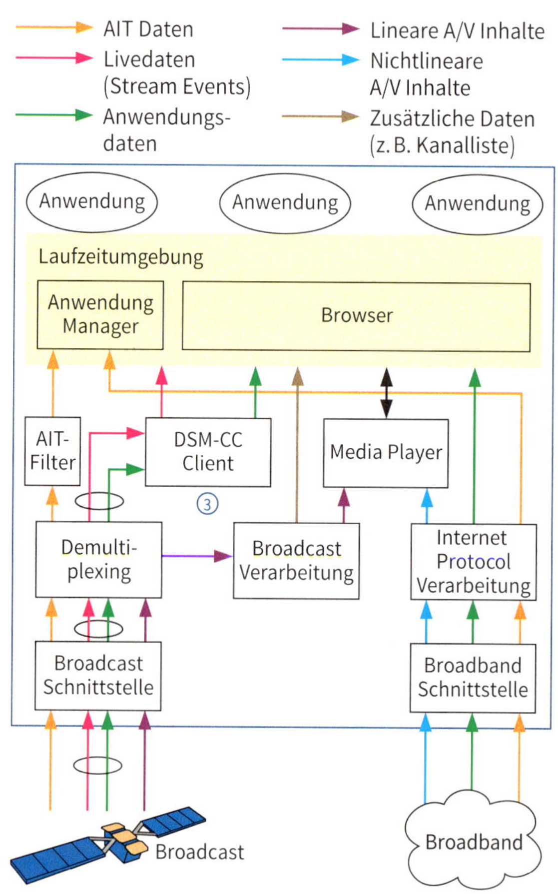

2: HbbTV-Empfänger (Prinzip)

10 Haustechnik

Die Familie Schwarz hat ein Wohnhaus gekauft. Es ist ein Altbau. Er besteht aus drei Stockwerken mit folgenden Räumen, die für die Haustechnik wichtig sind:

- Keller mit Vorratsraum
- Erdgeschoss mit Küche und Gäste-WC
- Obergeschoss mit Bad

Die Heizung muss erneuert werden. In der Küche gibt es einen alten Elektroherd. Der Vorbesitzer hatte ansonsten nur die gerade notwendigen elektrischen Leitungen verlegen lassen. Die neuen Eigentümer möchten ihr Zuhause aber zukunftssicher mit elektrischer Haustechnik ausstatten lassen.

Sie wenden sich daher an die Firma Elektroservice Döhring. Diese Firma hat sich auf Haustechnik einschließlich Service spezialisiert. Bei einem ersten Gespräch mit dem Firmenchef stellt sich heraus, dass die neuen Hausbesitzer noch keine klaren Vorstellungen von der elektrischen Ausstattung haben. Es wurde daraufhin ein weiteres Gespräch vereinbart, bei dem Herr Döhring dem Ehepaar Schwarz Vorschläge für die Anlagen und Hausgeräte machen soll.

Zuerst möchte sich Familie Schwarz über die **Hausgeräte** [*domestic appliances*] (z. B. Elektroherd) informieren lassen und später über die Anlagen der **Haustechnik** [*building services*] (z. B. Heizung). Herr Döhring stellt eine Liste mit den Hausgeräten zusammen, die er vorschlagen will.

An Hand dieser Aufstellung erläutert der Firmeninhaber dann seinen Kunden die

- unterschiedlichen Möglichkeiten und deren Wirkungsweisen,
- Vor- und Nachteile verschiedener Produkte,
- Anschaffungskosten und
- Folgekosten für Wartung und Reparaturen.

Außerdem bereitet er eine Mappe mit den Unterlagen zu den betreffenden Objekten vor. Darin befinden sich vor allen Dingen Broschüren der Hersteller. Diese Unterlagen gibt er dann an seine Kunden weiter, damit diese sich zu Hause mit den verschiedenen Vorschlägen auseinandersetzen können.

Entsprechend dieser Vorüberlegung beschäftigt sich dieses Kapitel mit

- Hausgeräten,
- Anlagen der Haustechnik,
- Beleuchtungstechnik und
- Überspannungsschutz.

Die Abb. 3 zeigt eine entsprechende Übersicht dazu.

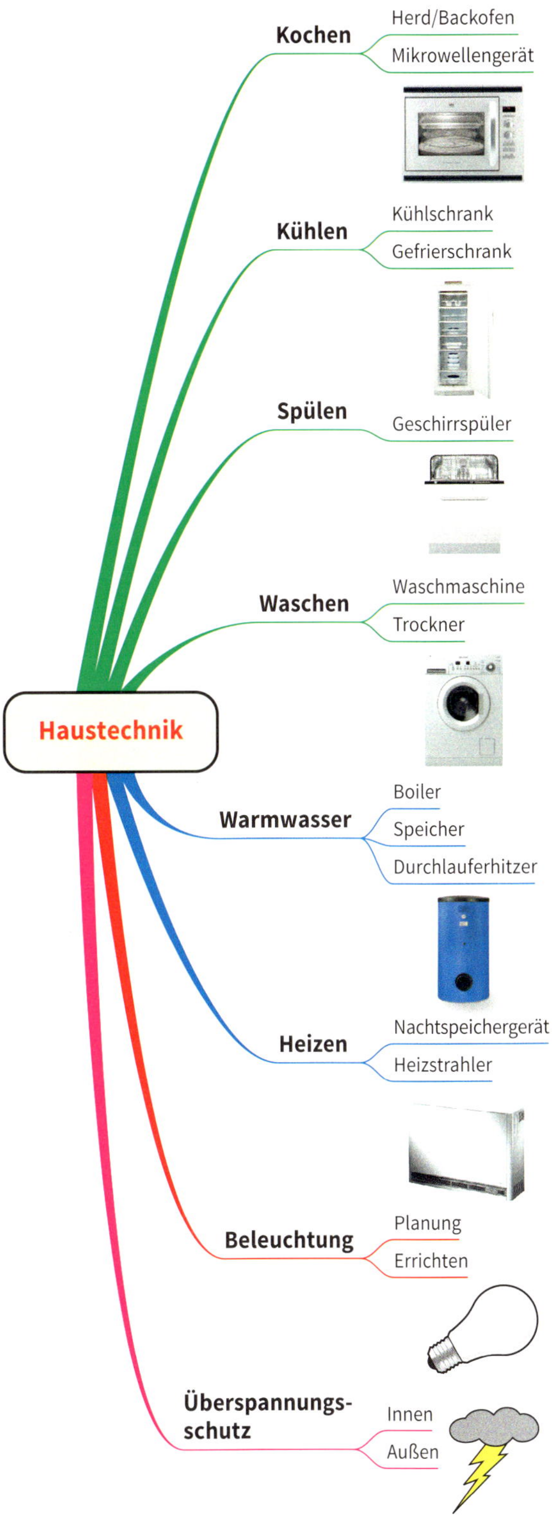

3: Übersicht zur Haustechnik

10.1 Beratung über Hausgeräte

10.1.1 Elektroherde

Bei dem Beratungsgespräch über Elektroherde muss Herr Döhring sehr darauf achten, dass er die Erfahrungen der Kundin oder auch des Kunden mit Elektroherden nutzt. Hier kann der Fachmann anknüpfen. Vorteile und Besonderheiten der modernen Heizsysteme werden umgangssprachlich erklärt.

Zuerst muss geklärt werden, ob der Kunde die Kochstelle und den Backofen an einer oder an verschiedenen Stellen haben möchte. Im ersten Fall werden die Kochstelle in die Arbeitsplatte eingelassen und der Backofen darunter eingebaut. Die Bedienelemente befinden sich meist in einer gemeinsamen Blende. Solche Herde werden Unter- oder **Einbauherde** genannt.

Wird der Backofen in Sichthöhe eingebaut, ist die Kochstelle ebenfalls in die Arbeitsplatte eingelassen. Man bezeichnet solche Objekte dann als **autark** [*autonomous*]. Die Bedienelemente sind dann entweder in einem separaten Schaltmodul untergebracht oder direkt im Kochfeld (Abb. 4).

Bei den Kochstellen wird zwischen **Kochmulde** (Abb. 2) und **Kochfeld** unterschieden. Die Kochmulden sind aus emailliertem Stahl oder Edelstahl hergestellt, in welche die gusseisernen Kochplatten eingelassen sind (Abb. 3). Die Kochfelder bestehen aus Glaskeramik (Ceran). Sie sind in **Kochzonen** [*cooking zones*] aufgeteilt (Abb. 4).

Wie wird die Wärme erzeugt?

Die Wärme entsteht auf unterschiedliche Art und Weise. Die Abb. 2 zeigt eine Übersicht, wie Wärme erzeugt werden kann. Dort sind auch die Bezeichnungen für die verschiedenen Heizgeräte genannt.

1: Kochmulde mit Kochplatten

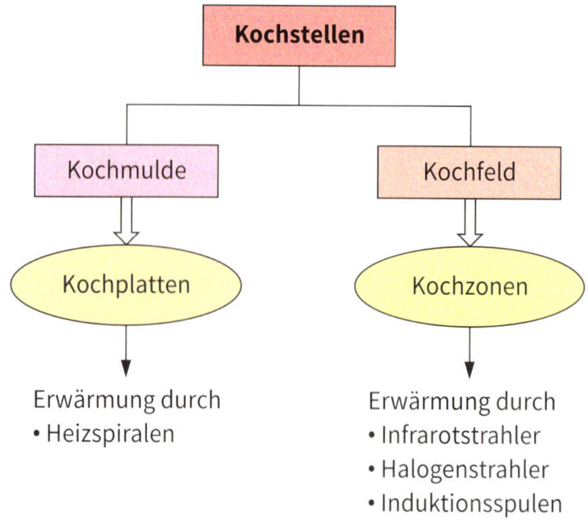

2: Arten der Wärmeerzeugung

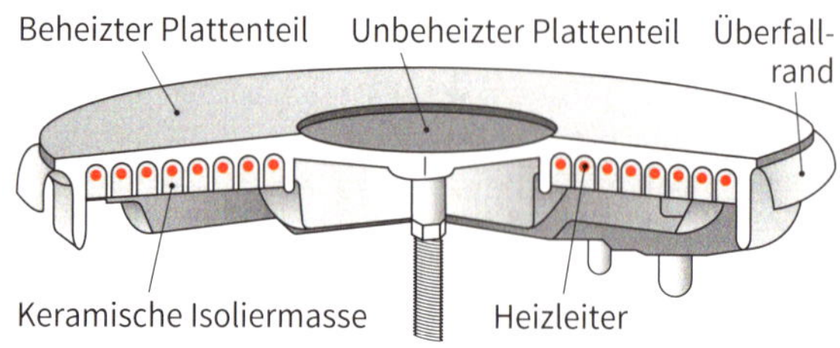

3: Kochplatte mit Heizwiderständen

Bei der herkömmlichen Kochplatte werden die **Heizwiderstände** [*heating resistors*] durch den Strom erhitzt. Die erzeugte Wärme geben sie dann durch Wärmeleitung an den Topf und damit an die Speisen weiter. Es dauert verhältnismäßig lange, bis diese Platten die richtige Temperatur erreicht haben. Sie halten dafür ihre Wärme über eine relativ lange Zeitdauer. Die Temperatur der Kochplatte reagiert also träge auf die Schaltereinstellungen.

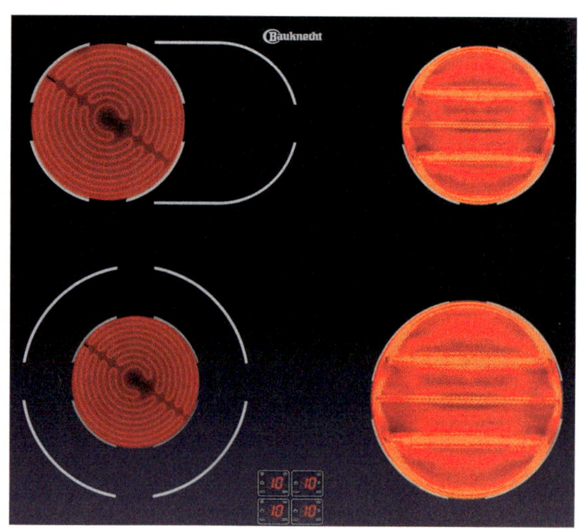

4: Glaskeramikkochfeld mit Kochzonen

Die Erwärmung ist auch durch **Wärmestrahlung** [*heat radiation*] möglich. Unter den Keramikglasplatten befinden sich Heizstrahler (Abb. 5). Es werden Infrarotstrahler oder auch zusätzlich Halogenstrahler eingesetzt.

Halogenstrahler arbeiten mit kurzwelligen Strahlen und erreichen bereits in kurzer Zeit (< 2 s) ihre Soll-Temperatur. Sie werden daher zum Ankochen eingesetzt. Für das Fortkochen wird dann auf die herkömmlichen Infrarotstrahler umgeschaltet.

Den größten Komfort bietet das Erwärmen durch **Induktion**. Hierbei durchfließen hochfrequente Ströme (20 kHz ... 60 kHz) die Spulen unter der Glasplatte. Das dadurch entstehende Magnetfeld erzeugt in einem Metalltopf Wirbelströme. Diese fließen wegen der hohen Frequenz nur in den äußeren Rändern des Topfes (Skin-Effekt). Dadurch wird der Querschnitt kleiner und somit der Widerstand groß. Die Folge ist eine große Wärmeentwicklung im Topf und damit auch in den Speisen.

Vorteile beim Erhitzen durch Induktion

- Die Speisen werden sehr schnell heiß. Die Zeiten liegen sogar unter denen von Gasherden.
- Diese Heizmethode ist sehr effizient, da keine Wärme „verloren" geht. Im Vergleich zu Gusseisen-Kochplatten wird etwa die Hälfte der Energie benötigt.
- Die Kochfelder reagieren ohne Verzögerung.
- Die Kochzone selber bleibt kalt. Nur der heiße Topf erwärmt die Glaskeramikplatte etwas.
- Die Kochzonen müssen kaum gereinigt werden, da nichts anbrennen kann.
- Die Kochstellen können sehr variabel eingesetzt werden, da immer nur der Teil der Kochzone benutzt wird, der von dem aufgestellten Topf bedeckt wird.

Nachteile

- Solche Kochfelder sind teurer als alle anderen Kochfelder.
- Für das Induktionskochen müssen Töpfe mit Böden aus magnetisierbarem Material verwendet werden.

Wie wird Wärme gesteuert?

Die einfachste **Wärmesteuerung** ist das Schalten in verschiedenen Leistungsstufen, z. B. mit dem **7-Takt-Schalter** [*7-position switch*] (Abb. 7). Hierbei werden die drei Heizwiderstände unterschiedlich zusammengeschaltet, sodass sechs Leistungsstufen entstehen.

Nachteilig bei dieser Steuerung ist, dass die eingestellte elektrische Leistung konstant bleibt. Es ist keine Temperaturregelung der Platte möglich. Außerdem reagiert die Kochplattentemperatur sehr träge auf Leistungsänderungen.

5: Kochfeld mit Heizstrahlern

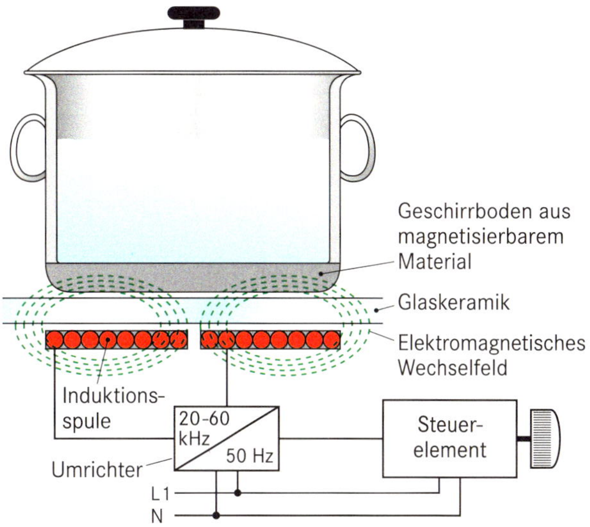

6: Erwärmen durch Induktion

Effektiver ist dagegen eine **Temperatur-Regelung**. Hierbei wird mit einem Wahlschalter entweder eine bestimmte Temperatur oder eine bestimmte Stufe ein gestellt. Die Platte erwärmt sich mit voller Leistung, bis die eingestellte Temperatur erreicht ist. Dann schaltet die Heizung ab. Anschließend wird durch selbsttätiges Ein- und Ausschalten die Heizleistung und damit die Temperatur der Platte geregelt (Abb. 5a). Diese Kochplatten heißen **Automatikkochplatten** [*automatic cooking plates*].

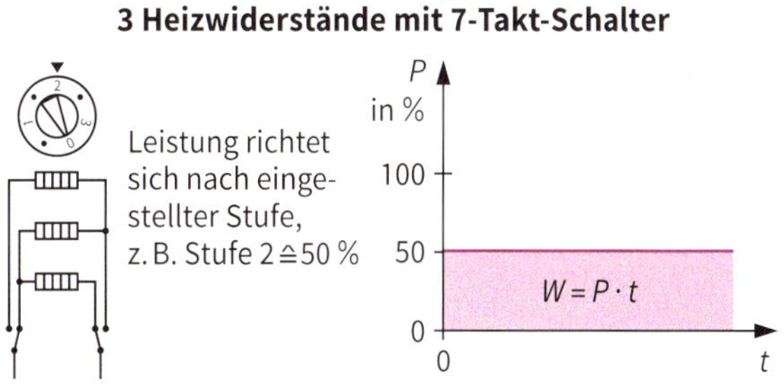

7: Steuerung mit 7-Takt-Schalter

Arbeitsweise des Reglers

Unter der Platte befindet sich ein mit Flüssigkeit gefüllter Fühler, der mit einer Ausdehnungsdose im Regler verbunden ist. An der Dose ist ein Kontakt angebracht.

- Dehnt sich die Flüssigkeit aus, beult sich eine Membran der Dose aus und betätigt den Kontakt. Damit wird die Heizung der Kochplatte abgeschaltet.
- Kühlt die Platte ab, zieht sich die Membran zurück und der Kontakt schaltet die Heizung wieder ein.

Der Regler schaltet bei einer bestimmten Temperatur ab und bei einer anderen wieder ein. Er hat also zwei Schaltstellungen und wird deshalb **Zwei-Punkt-Regler** [*two-state controller*] genannt. Seine Temperatur-Leistungs-Abhängigkeit ist in Abb. 1 dargestellt. Der Regler schaltet hier z. B. bei 50 °C die Leistung ab ① und bei 25 °C nach Abkühlung der Kochplatte wieder ein ②. Dann beginnt die Arbeitsweise wieder von vorn. Diesen Kurvenverlauf nennt man **Schalthysterese**.

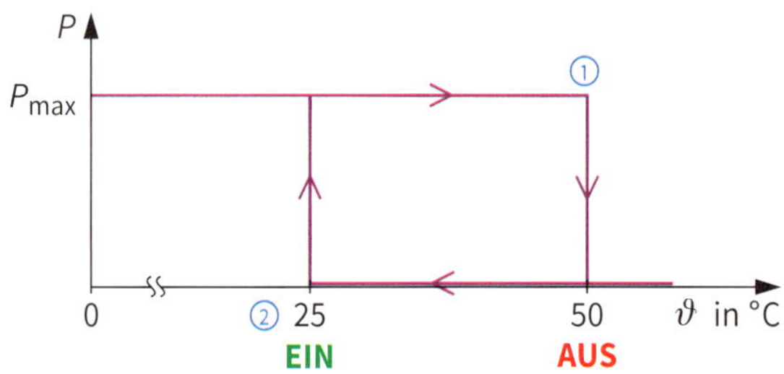

1: Kennlinie eines Zwei-Punkt-Reglers

Eine andere Heizmethode wird mit der **Blitzkochplatte** realisiert. Auch hier wird mit voller Leistung erwärmt, aber – anders als bei der Automatikkochplatte – nicht temperaturgeregelt, sondern mit einer vorher eingestellten Stufe weitergekocht (Abb. 2b).

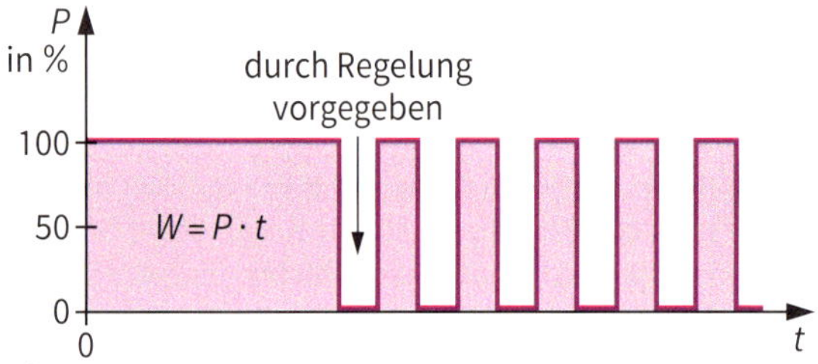

a) Automatikkochplatte

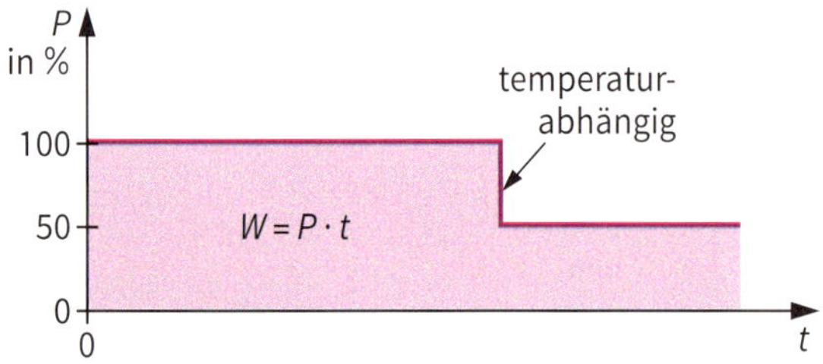

b) Blitzkochplatte

2: Leistungskennlinien von Kochplatten

Zusatzeinrichtungen von Kochfeldern

Die gefährlichen Temperaturen (Verbrennungsgefahr) werden bei allen Kochzonen angezeigt. Die betreffenden Melder arbeiten auch bei abgeschaltetem Herd und zeigen so die **Restwärme** [*residual temperature*] an.

Auch zur **Topferkennung** (Abb. 3) werden induktive Sensoren verwendet. Sie registrieren, ob ein Topf auf der Kochstelle vorhanden ist. Ohne Topf kann die Heizung entweder gar nicht erst eingeschaltet werden oder sie schaltet selbsttätig aus.

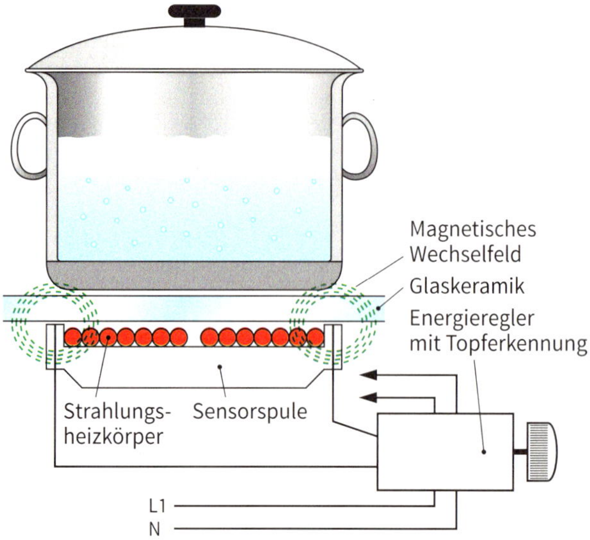

3: Topferkennung

Aufgaben

1. Nennen Sie die drei grundsätzlichen Heizmöglichkeiten für Kochstellen.
2. Nennen Sie wesentliche Nachteile einer Kochplatte mit 7-Takt-Schalter.
3. Beschreiben Sie die Arbeitsweise einer Induktionskochzone.

- Kochplatten der Elektroherde werden durch Widerstände erwärmt.
- Bei Kochplatten wird unterschieden zwischen Normalkochplatten (Steuerung durch 7-Takt-Schalter), Blitzkochplatte (Steuerung durch Stufenschalter) und Automatikkochplatte (Temperatur-Regelung).
- Bei Kochzonen werden Infrarot- und/oder Halogenstrahler zum Erwärmen verwendet.
- Beim Erwärmen durch Induktionsspulen wird bis zu 50 % Energie eingespart.

Haustechnik

10.1.2 Backöfen

Beim Beratungsgespräch über Herde wird natürlich auch über die Backöfen gesprochen. Wie schon erwähnt muss geklärt werden, ob der Backofen mit dem Kochherd eine Einheit bilden oder getrennt aufgestellt werden soll. Der Elektroniker wird die beiden grundsätzlichen Backofenarten erläutern, nämlich den Umluftofen und den Backofen mit Ober- und Unterhitze. Außerdem wird er besonders auf die Reinigung und die Energieeffizienz eingehen.

Umluftbacköfen haben einen Ventilator (Abb. 4), der die Wärme verteilt (erzwungene Konvektion). Geheizt wird dabei entweder durch einen Ringheizer oder durch je eine Heizung oben und unten. Der Vorteil dieses Systems ist die gleichmäßige Wärmeverteilung. Umluftbacköfen kommen daher mit niedrigeren Temperaturen aus, sodass Heizenergie gespart wird.

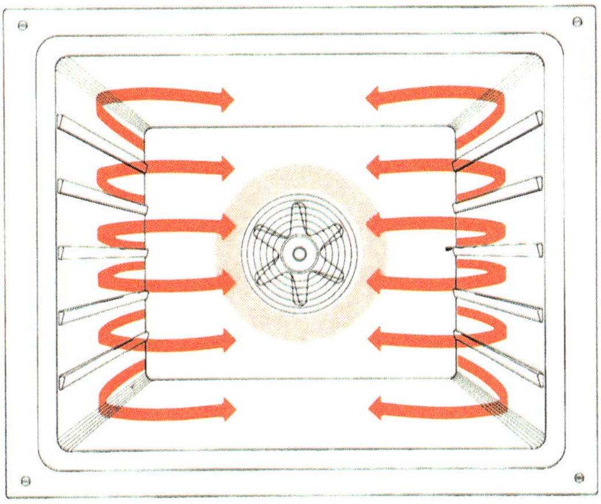

4: Umluftbackofen

Bei der zweiten Backofenart können **Ober- und Unterhitze** [*top and bottom heat*] getrennt eingeschaltet werden (Abb. 5). Die Wärme wird durch die natürliche Konvektion verteilt.

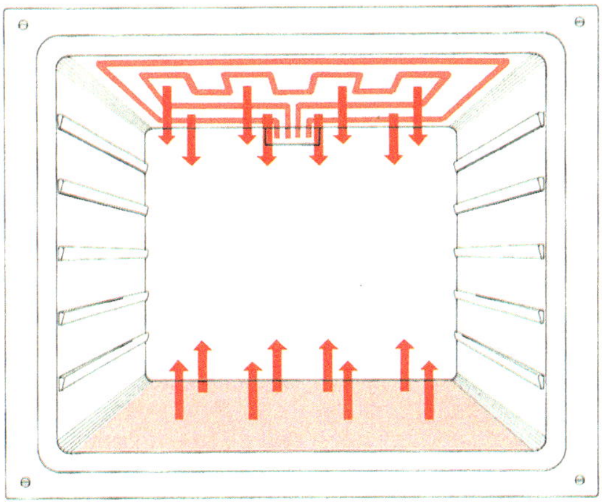

5: Backofen mit Ober- und Unterhitze

Die Backöfen sind meist mit einem Grill versehen. Auch ist häufig eine Mikrowellenheizung (Kap. 10.1.3) eingebaut. Um für alle Arten der Nahrungszubereitung mit einem Backofen gerüstet zu sein, werden Geräte mit verschiedenen Kombinationen aller Heizarten angeboten.

Am **Bedienelement** [*control element*] werden die verschiedenen Heizarten und die Temperatur eingestellt. Die Heizelemente reagieren dann auf Grund einer Regelung.

Bei der Wahl des Backofens ist auch die **Reinigung** ein wichtiges Kriterium. Es gibt vier Möglichkeiten, die teilweise auch kombiniert werden.

- **Reinigungshilfe**
  Bei diesem Verfahren wird eine wässrige Spülmittel-Lösung in die Bodenwanne gefüllt. Durch Verdampfen lösen sich dann die Schmutzrückstände.
- **Spezialemaille**
  Wird der Innenraum mit diesem Material ausgekleidet, können die Verunreinigungen nicht fest haften. Sie lassen sich daher leicht entfernen. Aus Kostengründen wird oft nur die Rückwand mit der Spezialemaille versehen.
- **Katalyse**
  Bei der Reinigung baut das Material der Auskleidung Fettspritzer bei 200 °C ab, sodass auch hier eine leichte Reinigung möglich ist.
- **Pyrolyse**
  Hierbei wird durch eine getrennte Heizung der Innenraum auf 500 °C erhitzt. Die Rückstände verbrennen dadurch. Die dabei entstehenden Abgase werden durch einen Katalysator geführt und neutralisiert, sodass sie geruchlos werden. Die Asche kann mit einem feuchten Tuch entfernt werden. Für dieses Verfahren werden bis zu 6 kWh je Reinigungsvorgang benötigt. Der Vorgang dauert etwa drei Stunden.

Aufgaben

1. Welche Vorteile hat ein Umluftbackofen?
2. Beschreiben Sie die Wirkungsweise der Reinigungsverfahren von Backöfen.
3. Nennen Sie Vor- und Nachteile der Pyrolyse.

- Backöfen werden entweder durch Umluft oder durch Ober- und Unterhitze erwärmt.
- Die Selbstreinigung der Backöfen geschieht mit Hilfe von Spezialemaille, Katalyse oder Pyrolyse.
- Pyrolytische Selbstreinigung ist sehr komfortabel, aber es entstehen hohe Energiekosten.

Ein wichtiger Aspekt beim Kauf eines Gerätes ist der Verbrauch an Energie. Der Verkäufer muss deshalb dem Kunden genaue und nachprüfbare Auskunft über die Energiekosten geben können. Eine Hilfe dabei ist das **Energielabel**.

Dieses Etikett muss auf allen zum Verkauf ausgestellten Geräten angebracht werden. Wird für die Backöfen anders geworben (z. B. im Internet), sind die Label nicht notwendig. Es müssen jedoch folgende Angaben in der genannten Reihenfolge vorhanden sein:

1. Handelszeichen, Modellkennzeichen
2. Energieeffizienzklasse
3. Energieverbrauch
4. Nutzbares Volumen
5. Abmessungen

Seit 2003 müssen auch alle Backöfen mit dem Energielabel ausgestattet sein. Die entsprechende Richtlinie gilt nur für ortsfeste Backöfen für den Hausgebrauch.

Die Einteilung der Effizienzklassen ist abhängig von der Größe des nutzbaren Backofen-Volumens. Die entsprechenden Verbrauchszahlen können der Abb. 1 entnommen werden. Die Werte werden mit dem genormten simulierten Backen eines Bratens festgestellt.

Volumen	klein 12 … 35 l	mittel 35 … 65 l	groß > 65 l
Effizienzklasse	Energieverbrauch in kWh		
A	< 0,6	< 0,8	< 1,0
B	0,6 … < 0,8	0,8 … < 1,0	1,0 … < 1,2
C	0,8 … < 1,0	1,0 … < 1,2	1,2 … < 1,4
D	1,0 … < 1,2	1,2 … < 1,4	1,4 … < 1,6
E	1,2 … < 1,4	1,4 … < 1,6	1,6 … < 1,8
F	1,4 … < 1,6	1,6 … < 1,8	1,8 … < 2,0
G	1,6 … < 1,8	ab 1,8	ab 2,0

1: Effizienzklassen von Backöfen

Die Effizienzklasse ist ein wichtiges Kriterium. Es muss aber im Zusammenhang mit den Heizarten beachtet werden. Eine hohe Klasse bedeutet noch lange nicht, dass der Backofen gute Ergebnisse liefert. So könnte z. B. auch bei Effizienzklasse A die Leistungsverteilung der Heizwiderstände ungleichmäßiges Braten oder Backen zur Folge haben.

- Energielabel ermöglichen eine erste Einschätzung über den Energieverbrauch eines Gerätes.
- Die Effizienzklassen sind dann von A (niedriger Energieverbrauch) bis G (hoher Verbrauch) eingeteilt.

Energielabel

Die Europäische Union hat im Jahr 1997 die Energieverbrauchs-Kennzeichnung eingeführt. Danach müssen alle ausgestellten Haushaltsgeräte mit einem Energielabel gekennzeichnet sein.

Für jedes Großhaushaltsgerät ist ein besonderes Label festgelegt. Auf ihnen ist die **Energieeffizienzklasse A … G** des betreffenden Gerätes angegeben. Sie werden als farbige Pfeile in unterschiedlicher Länge ① dargestellt.

Hierbei bedeutet:

Grün niedriger Verbrauch → sehr effizient

Rot hoher Verbrauch → wenig effizient

Viele Geräte, z. B. Kühlgeräte, sind inzwischen noch effizienter geworden, sodass die Klasse A nicht mehr ausreichte. Hier gibt es zusätzlich die Klassen A+, A++ und A+++.

Für die weiteren Merkmale sind die Grundetiketten der einzelnen Geräte unterschiedlich gestaltet. Hier ist das Label für **Elektrobacköfen** dargestellt. Auf der rechten Seite wird ein Datenstreifen ② aufgeklebt, der die Werte des betreffenden Gerätes enthält.

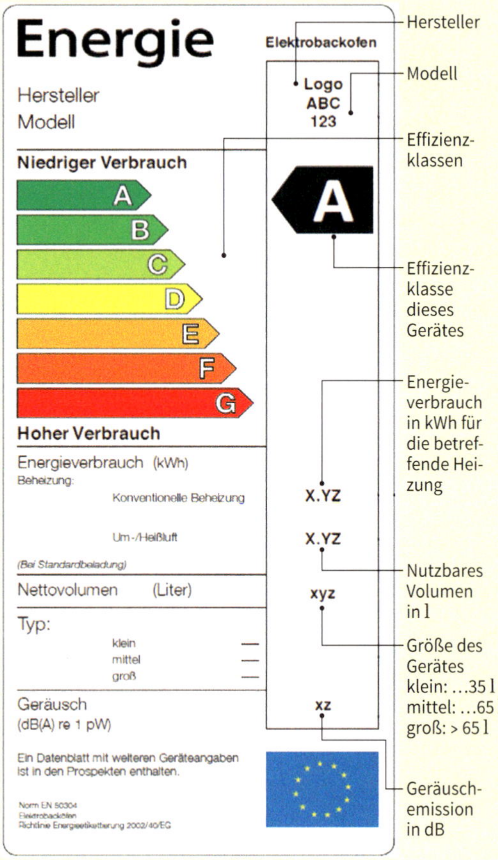

10.1.3 Mikrowellengeräte

Bei der Beratung über **Mikrowellengeräte** [*microwave devices*] trifft der Elektrofachhändler oft auf zwei Vorurteile. Zum einen meinen manche Kunden, dass die Mikrowellen die Nahrung zerstören, und zum anderen haben viele Menschen Angst vor den Strahlen. Um diese Befürchtungen auszuräumen, muss der Elektroniker die Wirkungsweise dieser Geräte genau kennen und erklären können.

Wie werden die Nahrungsmittel durch Mikrowellengeräte erwärmt?

Im Sender (**Magnetron**) werden kurze elektromagnetische Wellen (λ = 12,25 cm, f = 2,45 GHz) erzeugt. Diese werden durch einen **Hohlleiter** [*wave guide*] auf rotierende Reflektorflügel geleitet. Dadurch verteilen sich die Wellen gleichmäßig im Garraum. Dort treffen sie auf die Wassermoleküle der Speisen, die elektrisch polarisiert sind (Dipole). Die elektromagnetischen Wellen versuchen die Moleküle des Gargutes auszurichten. Dadurch geraten sie in Schwingungen und erwärmen die Lebensmittel von innen. Dies geschieht schnell, weil die Wärme direkt in den Speisen entsteht.

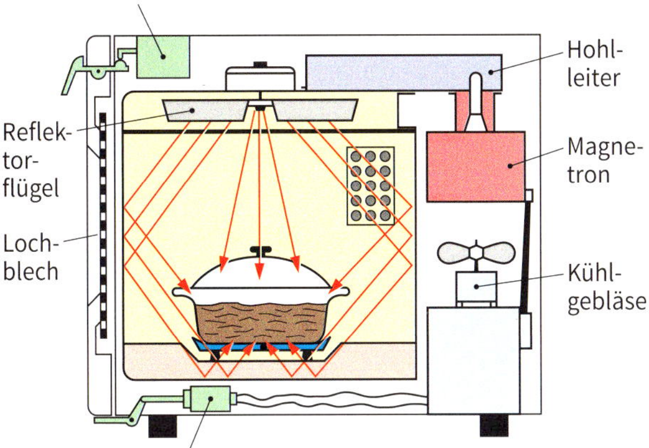

2: Grundsätzlicher Aufbau eines Mikrowellengerätes

Durch die Erwärmung wird ein Teil der Vitamine zerstört. Das geschieht aber bei jeder Erwärmung, also auch beim Herd oder Backofen. Je länger erwärmt wird, desto mehr Vitamine werden unwirksam. Beim Mikrowellengerät sind die Erwärmungszeiten aber sehr kurz, damit gehen hierbei wesentlich weniger Vitamine verloren als bei jeder anderen Erwärmungsart.

Wie gefährlich sind Mikrowellengeräte?

Um eine Gefährdung der Menschen zu vermeiden, werden mehrere **Sicherheitsvorkehrungen** [*safety precautions*] getroffen.

- Der Garraum ist mit reflektierenden Stahlwänden ausgestattet.
- Die Sichtscheibe ist mit einem engmaschigen, leitfähigen Netz oder Lochblech versehen, das die kurzen Wellen wegen der kleinen Löcher ($d \ll \lambda$) nicht durchlässt.
- Die Tür hat mindestens zwei Sicherheitsschalter (Abb. 2 ① ②), die bereits bei kleinem Öffnungswinkel das Magnetron abschalten.
- Der Türrahmen besteht aus λ/4-Kammern. Dadurch wird mit Hilfe der Reflektion erreicht, dass eventuell austretende Wellen gelöscht werden.
- Für die Strahlung, die unabsichtlich das Gerät verlassen darf (**Leckstrahlung** [*leakage radiation*]), sind Grenzwerte vorgeschrieben, und zwar

  bei Leerlauf: 10 mW/cm^2

  bei Belastung: 5 mW/cm^2

Hinweise zur Benutzung

Da die Mikrowellen fast verlustlos durch elektrische Isolierstoffe gehen, werden Gefäße aus Glas, Porzellan, Kunststoff und Pappe kaum warm. Metalle hingegen reflektieren die Wellen, somit können diese nicht an das betreffende Gargut gelangen.

Verpackungen mit **Metallteilen** (z. B. Becher mit Alu-Folien-Rest) oder Geschirr mit Metallauflagen dürfen nicht in die Geräte gestellt werden. Zwischen den Metallpartikeln können Funken überspringen, weil sie sich elektrisch aufladen.

Da die Strahlungsintensität mit zunehmender **Eindringtiefe** [*penetration depth*] nachlässt, sind die Speisen in der Mitte kälter als außen. Sie sollten deshalb in Intervallen erwärmt und möglichst zwischendurch umgerührt werden. So wird eine gleichmäßige Erwärmung des gesamten Inhalts erreicht.

Aufgaben

1. Erklären Sie die Arbeitsweise eines Mikrowellengerätes.
2. Nennen Sie die Sicherheitsmaßnahmen eines Mikrowellengerätes und beschreiben Sie deren Wirkungen.
3. Warum sollen in Mikrowellengeräten keine Teller mit Goldrand benutzt werden?

- Die kurzen Wellen der Mikrowellengeräte erwärmen Speisen von innen.
- Mikrowellengeräte eignen sich besonders für schnelles Erwärmen von Speisen.
- Um Menschen nicht zu gefährden, werden bei Mikrowellengeräten mehrere Sicherheitseinrichtungen eingebaut.

Haustechnik

10.1.4 Kühlgeräte

Bei der Beratung wird Herr Döhring seinen Kunden zuerst kurz das Prinzip aller Kühlgeräte erläutern, um damit die verschiedenen Möglichkeiten für Kühlschränke und Gefriergeräte aufzuzeigen.

Grundsätzlich verläuft das Kühlen wie folgt:
Ein flüssiger Stoff (Kältemittel) wird durch Zufuhr von Energie gasförmig (Abb. 1 ①).

⇓

Diese Energie wird dem Kühlgut in Form von Wärme entzogen ②.

⇓

Das Kühlgut kühlt ab. Das Kühlmittel erwärmt sich und wird gasförmig.

⇓

Das gasförmige Kältemittel wird an anderer Stelle gekühlt ③ und wird wieder flüssig ④.

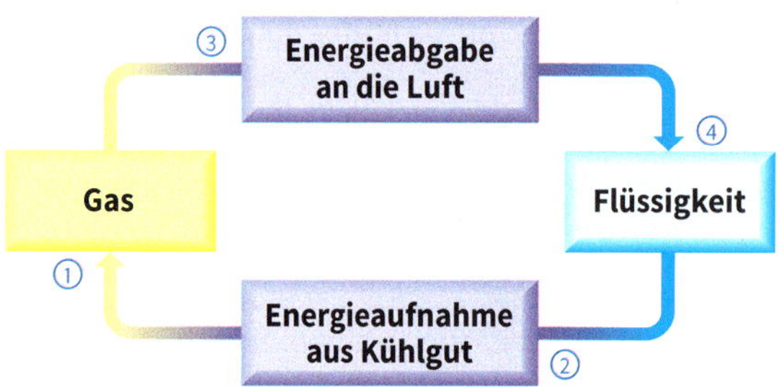

1: Kühlkreislauf

Um diesen Vorgang effizient zu machen, muss das Kühlmittel besonders gut verdunsten.

Das wird erreicht

- durch eine Flüssigkeit, die bereits bei niedrigen Temperaturen gasförmig wird (z. B. Isobutan), und/oder
- durch Verringerung des Flüssigkeitsdruckes.

Um den Druck des Kältemittels zu verringern, werden zwei Verfahren eingesetzt, entweder der Einsatz eines **Kompressors** oder eines **Absorbers**.

Kompressor-Kühlschrank

An Hand der Schnittdarstellung in Abb. 2 zeigen wir die Arbeitsweise dieses Kühlschranksystems.

- Im **Verdampfer** [*vaporiser*] wird das Kältemittel durch die Wärme des Kühlgutes gasförmig.
- Das Gas wird vom **Kompressor** angesaugt.
- Danach wird es in den **Verflüssiger** [*condenser*] gepresst.
- Außerhalb des Kühlschrankes wird die Wärme an die umgebende Luft abgegeben ⑤. Das Kühlmittel verflüssigt sich.
- Das Kältemittel strömt anschließend durch einen **Druckminderer** [*pressure reducer*] (meist ein Kapillarrohr). Es entsteht ein niedriger Druck, der das Verdunsten erleichtert.
- Das Kältemittel fließt wieder durch den Verdampfer.

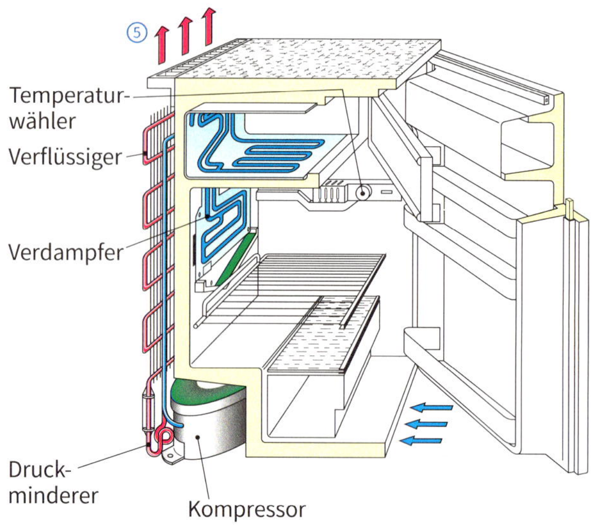

2: Kompressor-Kühlschrank (Schnittdarstellung)

Die Temperatur im Kühlschrank muss durch eine Regelung stets gleich bleiben. Sie wird mit einem Wahlschalter festgelegt.

Die Abb. 3 zeigt das Zusammenwirken der Objekte und deren Wirkungen auf die Kühlung. Da hier der Ist-Zustand der Temperatur mit dem Soll-Zustand verglichen wird, liegt eine Regelung vor. Der betreffende Regler (Thermostat) ist ein Zwei-Punkt-Regler.

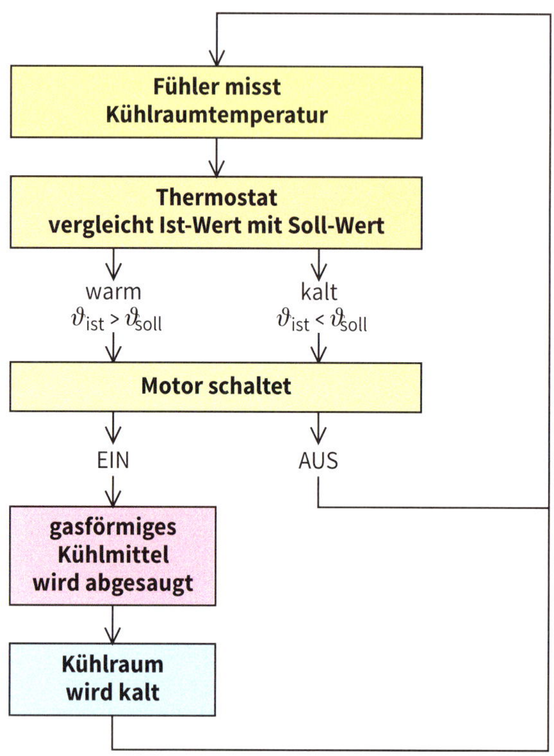

3: Funktionszusammenhang beim Kompressor-Kühlschrank

Absorber-Kühlschrank

Die Druckverminderung wird bei diesem System durch Mischung zweier Stoffe mit unterschiedlichem Druck erreicht. Dies geschieht folgendermaßen:

- Das flüssige Kühlmittel (Ammoniak) fließt unter hohem Druck in den **Verdampfer** (Abb. 4 ①). Dort befindet sich Wasserstoff mit niedrigem Druck. Durch die Mischung sinkt der Druck des Ammoniaks. Das Kühlmittel verdunstet und entzieht dafür Wärme aus dem Kühlgut.
- Beide Gase fließen dann zum **Absorber** ②. Dort wird Ammoniak vom Wasser aufgenommen (Absorption). Das Hilfsgas Wasserstoff wird durch einen Nebenkreis wieder zum Verdampfer geleitet.
- Die Wasser-Ammoniak-Mischung fließt in den **Kocher** ③ und wird dort erhitzt.
- Das gasförmige Kühlmittel gelangt in den **Verflüssiger**. Dort gibt es seine Wärme an die Außenluft ab, wird wieder flüssig und fließt zum Verdampfer zurück.

Absorber-Kühlschränke haben keinen Motor und sind deshalb leise. Sie werden für Barfächer in Wohnräumen und Hotels verwendet. Ihr Nachteil ist aber der höhere Energieverbrauch. Er ist ungefähr doppelt so hoch wie bei Kompressor-Kühlschränken.

Gefriergeräte

Diese Geräte sind mit Kompressor-Systemen ausgestattet. Sie werden als **Gefriertruhen** [*chest freezers*] oder **Gefrierschränke** [*up-right freezers*] hergestellt. Beim Öffnen von Gefriertruhen entweicht keine kalte Luftschicht, weil sie schwerer als die Raumluft ist. Deshalb sind diese Geräte günstiger im Energieverbrauch als Gefrierschränke. Dort lassen sich die Lebensmittel aber übersichtlicher lagern.

Damit die Lebensmittel lange Zeit gelagert werden können, sollte die Temperatur von Gefriergeräten etwa −20 °C betragen. Damit die Lebensmittel nicht verderben, darf die Temperatur nicht wesentlich höher sein. Aus diesem Grund sind die Geräte mit einem Tür- bzw. Temperatur-Tonwarner ausgerüstet. Er meldet akustisch und optisch, wenn eine bestimmte Innenraumtemperatur überschritten wird.

Wie werden Kühlgeräte abgetaut?

Da Eis ein sehr schlechter Wärmeleiter ist, muss das durch Kondenswasser entstandene Eis aus Kühlgeräten entfernt werden. Bei Gefriergeräten wird das fast ausschließlich manuell erledigt, bei den Kühlschränken hingegen gibt es auch automatische Verfahren.

Bei der **teilautomatischen Abtau-Vorrichtung** [*semi-automatic defrost system,*] wird durch einen Schalter die Temperaturregelung unterbrochen. Dadurch steigt die Temperatur und das Eis taut ab. Das Tauwasser fließt in einen Behälter, der dann entleert werden muss. Ist der Abtauvorgang beendet, schaltet sich die Temperaturregelung wieder ein.

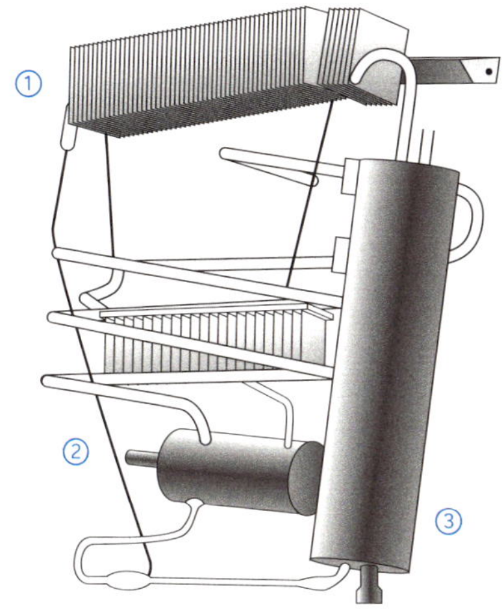

4: Kälteaggregat eines Absorber-Kühlschranks

Das **automatische** Abtauen geschieht durch zusätzliche Heizungen. Hierbei fließt das Tauwasser aus dem Kühlschrank heraus und verdunstet dort.

Bei den **No-Frost**-Geräten (Umluft-Geräten) wird die feuchte Luft durch einen Ventilator an eine Heizung geführt, die außerhalb des Lagerraums liegt. Die Luft wird entfeuchtet und wieder dem Innenraum zugeführt. Solche Geräte erhöhen den Energieverbrauch um bis zu 30 %.

Kühl-/Gefrierkombinationen

Die Temperatur eines Kühlschrankes liegt zwischen +4 °C (unten) und +10 °C (Türfach, oben). Sollen Tiefkühlkost aufbewahrt oder Nahrungsmittel eingefroren werden, sind spezielle Gefrierfächer mit eigenen Verdampfern erforderlich. Die betreffenden Fächer werden mit Sternen (Abb. 5) gekennzeichnet. Heute werden fast nur noch Geräte mit Vier-Sterne-Fächern angeboten.

Kennzeichnung	Temperatur	Anwendungsbeispiel	Lagerdauer
Eisfach	< 0 °C	Gefrieren von Wasser	
*	< −6 °C	Lagerung gefrorener Lebensmittel	eine Woche
**	< −12 °C	Lagerung gefrorener Lebensmittel	drei Wochen
***	< −18 °C	Lagerung gefrorener Lebensmittel	Monate
****	<< −18 °C	Einfrieren von Lebensmitteln	Monate

5: Stern-Kennzeichnung von Verdampferfächern

Haustechnik

Mehr-Zonen-Geräte

Um den Kundenforderungen nach nahrungsgerechter Lagerung zu entsprechen, gibt es Geräte mit mehreren Temperatur-Zonen. Zu den bereits bekannten Gefrier- und Kühlzonen gibt es eine **Kaltlagerzone** (auch: Frischlagerzone) mit einer Temperatur um 0 °C (−2 °C ... +3 °C). Man unterscheidet dabei zwischen „trocken" (bis 50 % Luftfeuchtigkeit) und „feucht" (bis 90 % Luftfeuchtigkeit). Zusätzlich wird auch ein **Lagerfach** mit einer Temperatur von +8 °C ... +14 °C angeboten (Kellerfach).

Energieeffizienz

Weil diese Geräte ständig im Gebrauch sind, ist bei der Auswahl von Kühlgeräten die Energieeffizienz besonders wichtig. Es kommt aber darauf an, wie oft und wie lange sie elektrische Energie benötigen. Der entsprechende Datenstreifen auf dem Energie-Etikett enthält daher die wichtige Angabe des **jährlichen Energieverbrauchs** in kWh (Abb. 1 ①). Dieser Wert wurde unter Laborbedingungen ermittelt und ist daher vom tatsächlichen Gebrauch durch den Kunden abhängig (z. B. Häufigkeit des Öffnens der Tür).

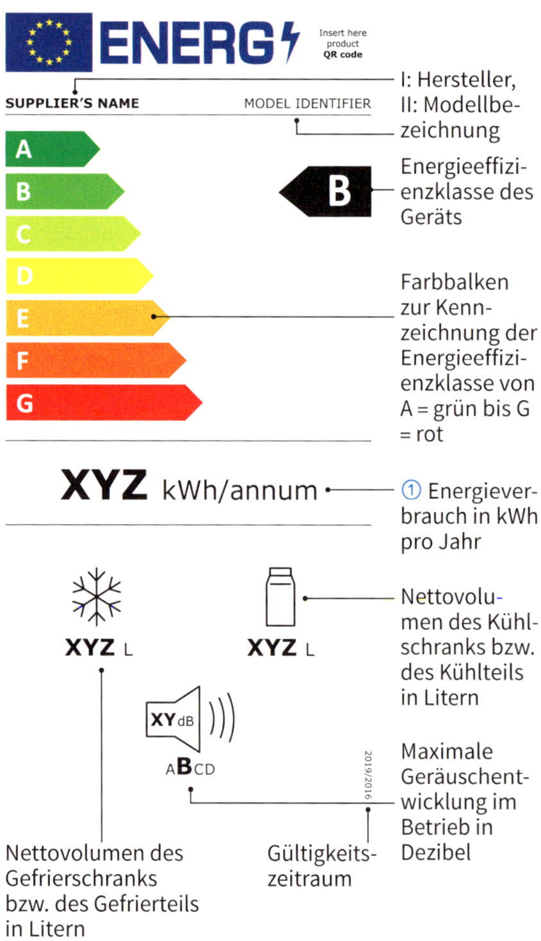

1: Energielabel eines Kühlschrankes

Die Hersteller haben besondere Anstrengungen unternommen, um vor allen Dingen die Wärmeisolation zu optimieren. Aus diesem Grund werden heute fast nur noch Kühlgeräte der Klassen A+ und A++ angeboten.

Ein weiterer Aspekt bei der Auswahl von Kühlgeräten ist der Aufstellungsort, also die Umgebungstemperatur. Hierfür sind **Klimaklassen** [*climatic classes*] (Abb. 2) festgelegt, bei denen die Geräte optimal arbeiten. Diese Klassen sind auf dem Typenschild angegeben. Für Deutschland kommen die Klassen „SN" und „N" in Frage.

Klimaklasse	Bezeichnung	Temperatur
N	Normal	16 °C ... 32 °C
SN	Erweiterte Normal	10 °C ... 32 °C
ST	Subtropen	18 °C ... 38 °C
T	Tropen	18 °C ... 43 °C

2: Klimaklassen

Aufgaben

1. Erläutern Sie anhand einer Skizze das Funktionsprinzip von Kühlschränken.
2. Welche Aufgabe hat das Kapillarrohr in einem Kompressorkühlschrank?
3. Welchen Vorteil haben Absorber-Kühlschränke gegenüber Kompressorgeräten?
4. Wie wird im Absorber-Kühlschrank der niedrige Druck des Kältemittels erzeugt?
5. Warum müssen Kühl- und Gefriergeräte enteist werden?
6. Beschreiben Sie drei Abtauverfahren.

- Im Inneren von Kühl- und Gefriergeräten wird dem Kühlgut Wärme entzogen und das noch flüssige Kältemittel verdunstet.
- Gasförmiges Kältemittel wird aus den Kühl- und Gefriergeräten herausgeleitet und gibt die aufgenommene Wärmeenergie dort ab.
- Kompressorkühlschränke erzeugen mit Hilfe des Motors einen niedrigen Druck im Verdampfer.
- Absorberkühlschränke haben keine Motoren und sind deshalb leise.

10.1.5 Geschirrspüler

Für den Vier-Personen-Haushalt der Familie Schwarz wird auch ein **Geschirrspüler** [*dishwasher*] gewünscht. Er wird unter der Arbeitsplatte eingebaut.

Aufbau

Üblicherweise sind zwei Geschirrkörbe vorhanden. Der obere läuft auf Teleskopschienen und der untere wird auf der Tür abgestützt. Unterhalb der Geschirrkörbe sind Sprüharme (Abb. 3) angebracht. Sie werden nach dem **Rückstoßprinzip** zum Drehen gebracht. Außerdem sind eine Heizung, eine Umwälz- ① und eine Ablaufpumpe ② vorhanden.

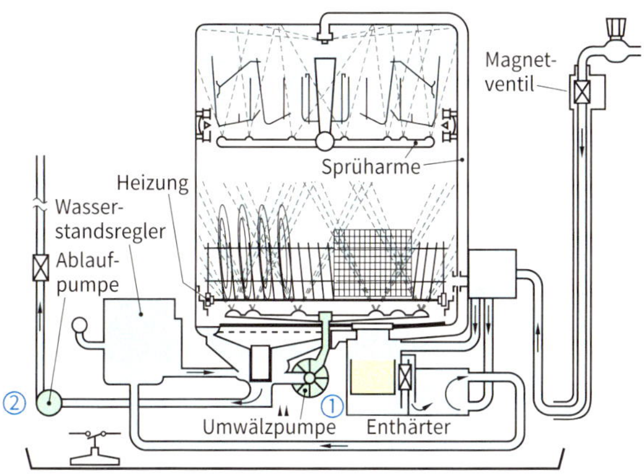

3: Prinzipieller Aufbau

Arbeitsweise

- Die Wasserzufuhr wird mit Magnetventilen gesteuert. Das Wasser fließt durch einen Enthärter (Ionentauscher).
- Während der Reinigungsphase wird die Lauge aufgeheizt. Ein **Trockengehschutz** [*dry running protection*] verhindert das Heizen ohne Wasser im Spülraum.
- Die Sprüharme reinigen das Geschirr mit Wasserstrahlen. Die Umwälzpumpe saugt dazu die Lauge durch eine Siebkombination aus dem Auffangbecken und presst das Wasser durch die Sprüharme.
- Danach entleert die Ablaufpumpe den Behälter und die Trockenphase beginnt. Durch die Wärme des Geschirrs verdunstet die Feuchtigkeit.

Energieverbrauch (Abb. 4)

Der Elektroniker muss bei der Beratung auf folgende Punkte besonders eingehen:

- Verbrauch der elektrischen Energie (Abb. 4 ③),
- Dauer des Spülzyklus im eco-Programm ④,
- Verbrauch von Wasser ⑤ und
- Geräuschbelastung ⑥.

Die Energieeffizienzklasse ⑦ entspricht einem bestimmten Verbrauchswert (Abb. 5) für die Reinigung einer festgelegten Geschirrmenge.

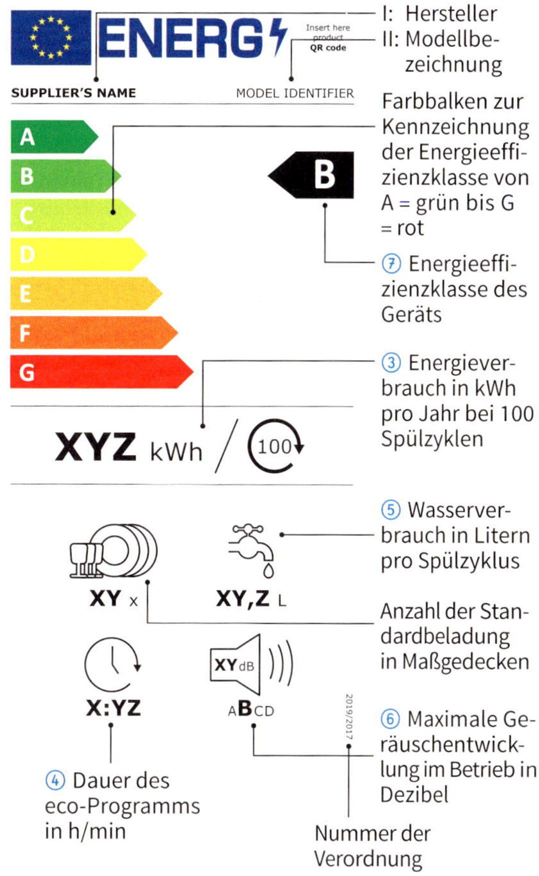

4: Energielabel eines Geschirrspülers

Für die Ermittlung der Kennwerte in Bezug auf den Energieverbrauch, die Nennkapazität, den Wasserverbrauch sowie die Dauer des Spülzyklus ist das jeweilige eco-Programm maßgebend.

Welche Vorrichtungen schützen gegen Wasserschäden?

- An der Verschraubung des Wasserzulaufschlauches sind **zwei Magnetventile** eingebaut, sodass beim Versagen eines Ventils das zweite schließen kann.
- Ein **Hüllschlauch** umschließt den Wasserzulaufschlauch. Das Leckwasser wird dadurch in die Bodenwanne des Geschirrspülers geleitet.
- Die Bodenwanne hat einen **Schwimmschalter**, der das Überlaufen der Wanne durch Schließen eines Magnetventils verhindern soll.
- Ein **Wasserstandssensor** überwacht das Wasserniveau des Geschirrspülers.

▪ Der Geschirrspüler reinigt das Geschirr durch Wasserstrahlen, die aus rotierenden Sprüharmen gesprüht werden.

10.1.6 Waschmaschinen

Heute werden fast ausnahmslos Waschvollautomaten verwendet. Das sind Waschmaschinen mit integrierter Schleuder. Auch das Ehepaar Schwarz hat sich für ein solches Gerät entschieden.

Jetzt muss noch festgelegt werden, ob es ein **Toplader** [*top loader*] (Beschickung von oben) oder ein **Frontlader** (Beschickung von vorn) sein soll. Da bei einem Frontlader die Abdeckplatte als Ablage benutzt werden kann, entscheidet sich Familie Schwarz für dieses Gerät.

Aufbau

Der **Laugenbehälter** [*leach tank*] befindet sich in einem Gehäuse. Er ist dort federnd gelagert. Um die Maschine auch beim Schleudern stabil zu halten, ist der Behälter mit Gewichten versehen. Die wichtigen Aggregate, z.B. Trommel und Heizung, befinden sich im Laugenbehälter. Die prinzipielle Anordnung ist aus Abb. 1 zu ersehen.

Arbeitsweise

1. Durch Drehschalter, Drucktaster oder Folientaster werden das Waschprogramm und die Temperatur gewählt sowie die Maschine gestartet.
2. Das Wasser läuft zu und spült dabei das Waschmittel ein. Dies geschieht je nach Programm und Einstellung (Vorwäsche, Hauptwäsche, Weichspülen u.a.) mehrfach während des gesamten Waschvorganges.
3. Die **Niveauwächter** [*level switches*] regeln den Wasserstand je nach Programm. Außerdem wirken sie als Trockengehschutz, sodass die Heizung nicht ohne Wasser arbeitet.
4. Die Heizung wird eingeschaltet und erwärmt das Wasser entsprechend der Vorwahl. Sie schaltet sich beim Erreichen der gewählten Temperatur aus und nach Bedarf wieder ein.
5. Die Trommel dreht sich abwechselnd rechts- oder linksherum (**Reversieren**). Dabei wird die Wäsche durch die eingebauten Rippen aus der Waschlauge herausgenommen. Während des Weiterdrehens fällt sie dann wieder herunter (Waschvorgang).

Die Fallhöhe, die Fallhäufigkeit und die Durchflutung entscheiden neben der Temperatur über das Waschergebnis. Da Energie gespart werden soll, wird möglichst wenig Wasser eingelassen. Damit die Wäsche trotzdem ausreichend nass ist, wird sie zusätzlich von oben mit Waschlauge besprüht.

In vielen Geräten wird zur Steuerung der Waschmittel- und der Wassermenge eine besondere Logik (z.B. Fuzzy-Logik) eingesetzt. Sie regelt die Werte in Abhängigkeit von der Verschmutzung und Menge der Wäsche.

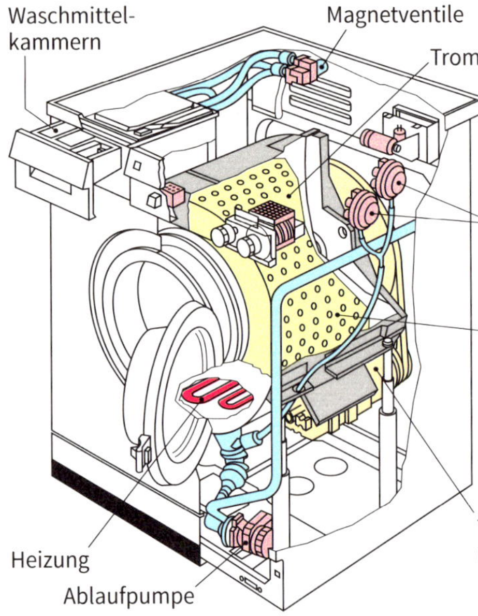

1: Prinzipieller Aufbau einer Waschmaschine

Bei Waschmaschinen werden die gleichen Vorkehrungen **gegen Wasserschäden** getroffen wie bei Geschirrspülern (Kap. 10.1.5).

Zur Beurteilung der Effizienz von Waschmaschinen enthalten die betreffenden Energieeffizienzlabel Angaben zu

- der Energieeffizienzklasse,
- dem Energieverbrauch pro Waschvorgang,
- der Waschwirkung,
- der Schleuderwirkung und
- dem Wasserverbrauch.

Aufgaben

1. Beschreiben Sie die Arbeitsweise eines Geschirrspülers mit Hilfe eines Ablaufdiagramms.
2. Nennen Sie drei wesentliche Sicherheitsmaßnahmen gegen Wasserschäden durch Geschirrspüler.
3. Durch welche Maßnahme wird bei Waschmaschinen Wasser eingespart?
4. Begründen Sie, warum die Waschtrommel reversiert wird.

- In Waschmaschinen wird die Wäsche gereinigt, indem sie angehoben und dann fallen gelassen wird.
- Der Waschvorgang wird durch einen Mikroprozessor in Abhängigkeit von Temperatur, Beladung und Wasserniveau geregelt.

Haustechnik

10.1.7 Wäschetrockner

In dem Hauswirtschaftsraum der Familie Schwarz soll auch ein **Wäschetrockner** [*laundry dryer*] untergebracht werden. Solche Geräte entziehen der Wäsche die Restfeuchtigkeit mit Hilfe von Wärme und Luftbewegung. Reversierende Trommeln lockern die Wäsche beim Trocknen.

Trockner sind „Energiefresser". Sie benötigen für das Trocknen etwa 50 % mehr elektrische Energie als Waschmaschinen für die gleiche Wäschemenge, wenn mit 1400 min^{-1} vorgeschleudert wird. Bei 800 min^{-1} steigt der Mehrverbrauch auf 100 %. Hinzu kommen unter Umständen noch Kosten für Wasser, das zum Kühlen benötigt wird (siehe Kondensationstrockner).

Es gibt zwei Arten von Wäschetrocknern, nämlich **Ablufttrockner** und **Kondensationstrockner** [*condenser dryer*].

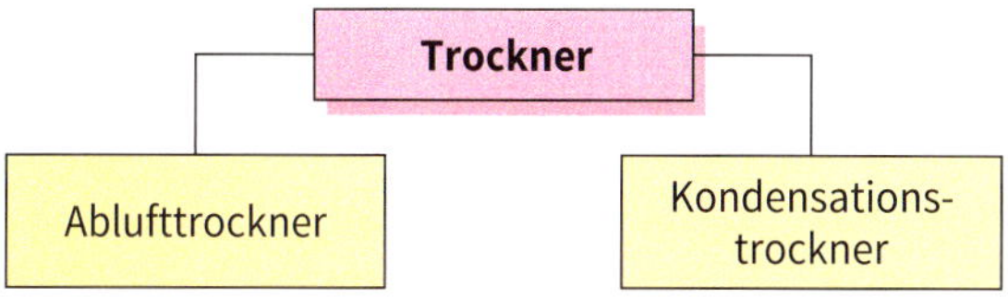

Ablufttrockner

Bei diesem Gerät wird die Raumluft angesaugt, erhitzt und durch die Wäsche geblasen (Abb. 2 ①). Die Luft nimmt dabei die Feuchtigkeit auf und leitet sie entweder in den Raum oder durch ein Abluftrohr ② ins Freie. Da ein **Trocknungsvorgang** [*drying process*] bis zu zwei Stunden dauern kann, wird dem Raum viel Luft entzogen. Es muss deshalb für ausreichende Luftzufuhr gesorgt werden. Abb. 2 lässt die prinzipielle Wirkungsweise dieses Gerätes erkennen.

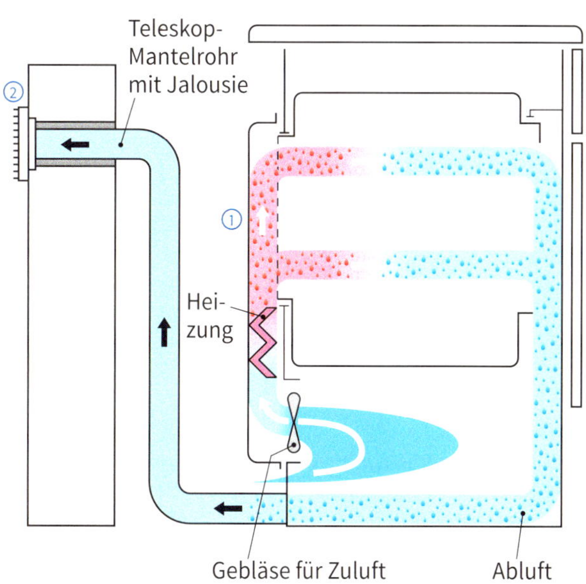

2: Ablufttrockner

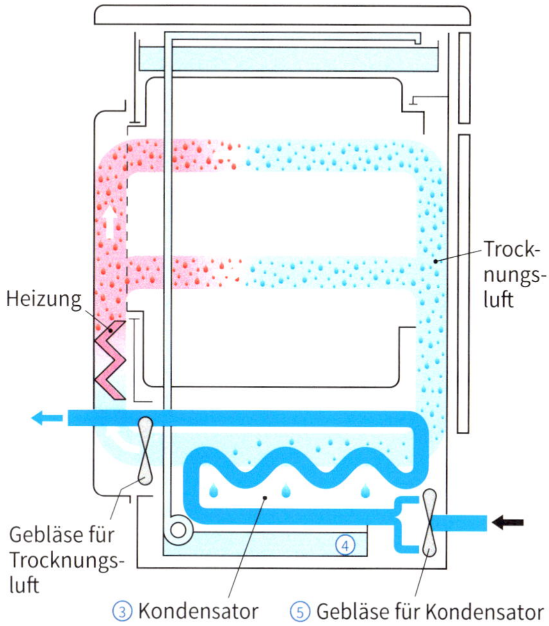

3: Kondensationstrockner

Kondensationstrockner

Die Wirkungsweise dieses Trockners unterscheidet sich von der beim Ablufttrockner durch die Art der Abkühlung der feuchten warmen Luft. Sie ist in Abb. 3 dargestellt. Die warme Luft wird an einem Kondensator (Abb. 3 ③) abgekühlt, wodurch die Feuchtigkeit zu Wasser kondensiert. Dieses Wasser sammelt sich in einem Behälter ④, der von Hand oder durch einen besonderen Schlauch entleert werden muss. Für die Kühlung des Kondensators wird ein zweites Gebläse ⑤ notwendig.

Bei Trocknern mit **Wärmepumpen** wird ein Teil der Energie der heißen Luft für den Trockenprozess genutzt, d. h. sie wird zum Erhitzen der Zuluft eingesetzt. Trotz der höheren Anschaffungskosten ergibt sich in wenigen Jahren eine Amortisierung der Kosten.

Energieverbrauch

Trockner benötigen relativ viel elektrische Energie. Ein Teil der Wärmeenergie wird nutzlos abgeleitet. Die Geräte gehören daher meist den Energieeffizienzklassen C und D an. Das sind nach EU-Definition 0,59 … 0,75 kWh/kg.

- Wäschtrockner entziehen der Wäsche die Feuchtigkeit durch die hindurch strömende angewärmte Luft.
- Kondensationstrockner sammeln die Feuchtigkeit als Wasser in einem Behälter.
- Ablufttrockner leiten die feuchte Luft ins Freie.

10.2 Installation von Hausgeräten

Die in Kap. 10.1 besprochenen Hausgeräte sollen durch einen eigenen Stromkreis mit Steckdose versorgt und separat abgesichert werden. Für die betreffenden LS-Schalter reicht die Charakteristik B aus, weil die Anlaufstromstärken weit unter dem 5-fachen der Bemessungsstromstärken liegen. Die Größe der Bemessungsstromstärke wird aus der Bemessungsleistung der betreffenden Geräte berechnet. Für die in Wohngebäuden übliche Leitungsverlegung mit NYM und dem Querschnitt von 1,5 mm² wird der LS-Schalter mit $I_N = 16$ A verwendet.

Bei der Installation der Hausgeräte sind stets zwei Aspekte zu beachten, nämlich

- **Aufstellung** [*installation*]
  Worauf muss beim Aufstellen des Gerätes geachtet werden?
- **Anschluss** [*connection*]
  Wie muss das Gerät angeschlossen werden?

Für die in Kap. 10.1 besprochenen Hausgeräte geben wir im Folgenden Hinweise zu den genannten Gesichtspunkten.

Elektroherd

- **Aufstellung**
  Hier muss unterschieden werden, ob der Herd als Einheit mit dem Backofen installiert wird oder ob beide Geräte getrennt eingebaut werden. Diese Entscheidung trifft der Kunde.
- **Anschluss**
  Für Leistungen über 4,6 kW ist ein Drehstromanschluss vorgeschrieben, daher wird eine fünfadrige Leitung mit einer Herdanschlussdose (Abb. 1) installiert. Als Querschnitt wird hier 2,5 mm² gewählt. Dies ergibt sich aus folgender Überlegung.

  Für Kochstellen und Backofen werden zusammen bis zu 14 kW berücksichtigt. Die Bemessungsstromstärke ermittelt sich dann wie folgt:

  $$I = \frac{S}{U \cdot \sqrt{3}} \qquad I = \frac{14\,000\ \text{W}}{400\ \text{V} \cdot 1{,}73} \qquad I = 20{,}2\ \text{A}$$

  Für diese Betriebsstromstärke muss ein LS-Schalter mit der Bemessungsstromstärke von 25 A gewählt werden. Aus der Tabelle A2 (DIN VDE 0289-4) ergibt sich als Leiterquerschnitt $q_n = 2{,}5$ mm². Nach DIN 18015-1:07-09 ist eine Belastbarkeit der Zuleitung zu Elektroherden von 20 A einzuhalten.

  Bei **getrenntem Einbau** [*separate installation*] von Backofen und Kochstellen könnten auch zwei separate Stromkreise mit $q = 1{,}5$ mm² und der entsprechenden Absicherung installiert werden.

1: Herdanschlussdose

Kühlschrank

- **Aufstellung**
  Diese Geräte sollen nicht direkt neben einem Elektroherd stehen, weil die Wärme der Kochstellen und Töpfe die Wirkung des Kühlschranks beeinträchtigt. Außerdem muss darauf geachtet werden, dass die Wärme des Verflüssigers gut abgeführt werden kann. Die **Luftzirkulation** [air *circulation*] muss also gewährleistet sein.
- **Anschluss**
  Kühlschränke werden an Steckdosen angeschlossen, deren Leitungen einen Leiterquerschnitt $q = 1{,}5$ mm² haben.

Gefriergerät

- **Aufstellung**
  Gefriergeräte werden häufig in Vorratsräumen aufgestellt, die sich in Kellern befinden. Wegen der Wärmeabfuhr des Verflüssigers muss auf eine gute Belüftung geachtet werden. Der betreffende Raum sollte daher unbedingt ein Fenster haben.
- **Anschluss**
  Gefriergeräte werden ebenfalls über Steckdosen an einen eigenen Wechselstromkreis angeschlossen. Dieser sollte nicht durch eine gemeinsame RCD abgesichert sein. Fällt diese nämlich wegen des Fehlers eines anderen Gerätes aus, wird auch das Gefriergerät stromlos und das Kühlgut taut auf.

Geschirrspüler

- **Aufstellung**
  Diese Hausgeräte werden üblicherweise in Küchenunterschränke eingebaut. Sie müssen in der Nähe des Wasseranschlusses liegen. Der Wasserablauf muss mindestens 40 cm höher als der Boden des Spülraums liegen, sonst kann das zulaufende Wasser gleich wieder ablaufen.

- **Anschluss**

  Geschirrspüler werden über Steckdosen an einen eigenen Wechselstromkreis angeschlossen. Je nach Bemessungsleistung wird dieser mit 10 A oder 16 A abgesichert.

  Beim Wasseranschluss muss der **Wasserdruck** [*water pressure*] beachtet werden. Er muss mindestens 30 kPa betragen, weil sonst die Magnetventile nicht richtig arbeiten. Er darf aber auch nicht größer als 1 MPa sein. In diesem Fall wird ein Druckminderer eingebaut. Der Ablaufschlauch darf nicht höher als 1,10 m angebracht sein, da die Ablaufpumpe die Lauge nicht höher pumpen kann.

Waschmaschinen

- **Aufstellung**

  Waschmaschinen werden in Baderäumen oder Hausarbeitsräumen untergebracht. Auch hier ist eine Lüftung notwendig. Damit beim Schleudern keine Unwucht entsteht, werden Waschmaschinen lotrecht aufgestellt. Der Wasserablauf muss wie beim Geschirrspüler mindestens 40 cm über dem Laugenabfluss liegen.

- **Anschluss**

  Auch Waschmaschinen erhalten einen eigenen Wechselstromkreis, der entsprechend der Bemessungsleistung abgesichert wird. Diese Geräte werden ebenfalls über Stecker und Steckdosen angeschlossen.

  Für die Anschlüsse an die Wasserversorgung gelten die gleichen Hinweise wie bei den Geschirrspülern.

Wäschetrockner

- **Aufstellung**

  Trockner werden in unmittelbarer Nähe zu Waschmaschinen aufgestellt. In dem betreffenden Raum muss für ausreichende **Luftzufuhr** [*air supply*] gesorgt sein, da ein Trockenvorgang bis zu zwei Stunden dauern kann. Wenn ein Ablufttrockner verwendet wird, der die feuchte Luft in den Raum leitet, muss diese Luft durch Fenster entweichen können. Ist das nicht der Fall, schlägt sich die Feuchtigkeit im Raum nieder und verursacht Schimmel.

- **Anschluss**

  Trockner erhalten ebenfalls einen eigenen Wechselstromkreis. Sie werden mit Stecker und Steckdosen angeschlossen.

  Bei **Ablufttrocknern**, die die Feuchtigkeit nach außen leiten, ist auf den **Luftwiderstand** [*air resistance*] der Abluftrohre zu achten. Die Hersteller geben dazu Werte für die einzelnen Bauteile der Abluftanlage an. Die Summe darf 100 E nicht überschreiten. „E" ist keine physikalische Größe, sondern stellt eine reine Berechnungshilfe dar. In Abb. 3 ist ein Beispiel durchgerechnet.

Verwendete Ablüftung	Verwendete Bauteile	Zur Berechnung des Widerstandes einzusetzende Einheit (E)
Flexibler Spiralschlauch rund Ø 102 mm	Gerades Stück	10 E je Meter Länge
	Bogen, 90° Umlenkung; Biegeradius *R* 100 bis 200 mm	18 E
Glatte Rohre lichter Ø 100 mm, z. B. Kunststoff, Abfluss, Ofenrohr	Gerades Stück	7 E je Meter Länge
	Bogen, 90° Umlenkung; Biegeradius *R* 100 bis 200 mm	4 E
	Knie	27 E
	Segmentbogen	7 E
	Faltenrohrbogen	9 E
Teleskop-Mauerkasten mit Lüftungsgitter		20 E

2: Luftwiderstandswerte

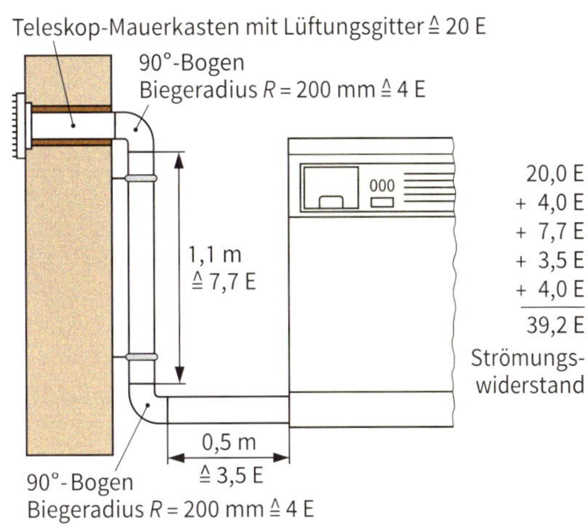

3: Berechnungsbeispiel

Aufgabe

1. Ein Gefriergerät ist im Keller untergebracht. Der gesamte Keller ist mit einer RCD abgesichert. Warum ist das kein sinnvoller Schutz?

- Für die Hausgeräte sind eigene Stromkreise zu installieren. Die Absicherung erfolgt mit LS-Schaltern der Charakteristik B.
- Elektroherde werden an ein Drehstromnetz angeschlossen.
- Beim Anschluss von Geschirrspülern und Waschmaschinen sind die Richtlinien der DVGW (Deutsche Vereinigung des Gas- und Wasserfaches e. V.) zu beachten.

10.3 Beratung über Hausanlagen

Damit die Firma Elektroservice Döhring der Familie Schwarz angemessene Vorschläge für die elektrischen Anlagen machen kann, findet eine eingehende Besichtigung und Prüfung der vorhandenen Installationen durch den Firmeninhaber statt. Seine Feststellungen und die daraus resultierenden Vorschläge sind in Abb. 1 dargestellt.

Elektro-Service Klaus Döhring
Meisterbetrieb
Weinsheimer Straße 2
55595 Hüffelsheim
Telefon 0671/27736
Fax 0671/9201250

Ergebnis der Besichtigung

Bvh: Nr. 123/07
Fam. Schwarz, Hauptstr. 39a, 55595 Gutenberg

Anlage	Zustand i.O.?	Bemerkungen	Vorschläge
Warmwasser	nein	Rohre verkalkt	Neue Geräte + Rohre
Heizung	teilweise	Einweisung	Überprüfen
Lüftung	xxx	nicht vorhanden	u.U. später einbauen

Vorgesehene Baumaßnahmen

Es wird folgende Vorgehensweise vereinbart.

- Die Warmwasserversorgung wird neu installiert.
- Die Elektroheizung (Nachtspeicherheizung) wird instand gesetzt. Familie Schwarz wird mit der Handhabung vertraut gemacht.
- Aus Kostengründen wird z.Z. von einer Lüftungsanlage abgesehen.

Gutenberg, den 30. 03. 2016

Schwarz — Auftraggeber
Döhring — Auftragnehmer

1: Vorgesehene Baumaßnahmen

10.3.1 Warmwassergeräte

Damit die Warmwasserversorgung geplant werden kann, muss erst einmal geklärt werden, an welchen Stellen warmes Wasser benötigt wird. Für das Wohnhaus der Familie Schwarz ergeben sich folgende Warmwasserentnahmestellen:

- Küche im Erdgeschoss
- Gäste-WC neben der Küche im Erdgeschoss
- Badezimmer im Obergeschoss
- WC neben dem Bad im Obergeschoss

Jetzt muss noch entschieden werden, ob eine Zentral- oder eine Einzelversorgung sinnvoll ist. Daraus ergibt sich dann, welche Geräte eingesetzt werden. Herr Döhring erläutert deshalb seinen Kunden die Funktion der verschiedenen Arten, deren Einsatzmöglichkeiten sowie die Vor- und Nachteile. In Abb. 2 ist eine Übersicht elektrischer **Warmwassergeräte** [*water heating devices*] dargestellt.

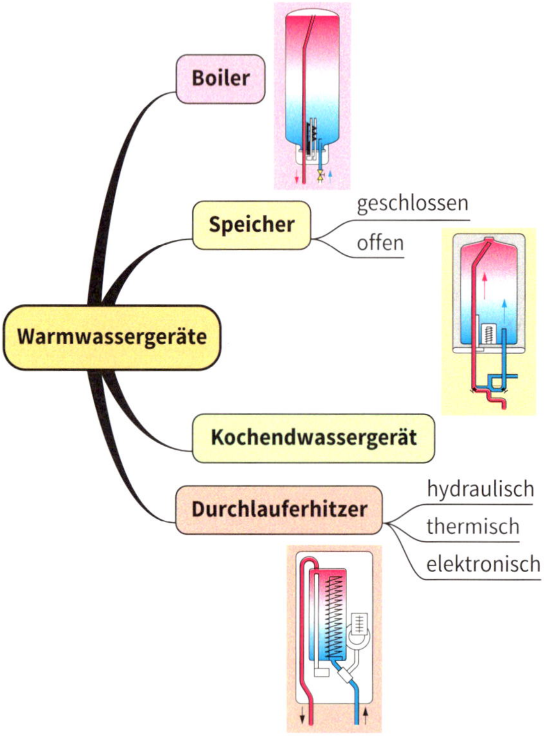

2: Arten von Warmwassergeräten

Boiler

Diese Geräte bestehen aus einem Behälter, der keine **Wärmeisolation** [*thermal insulation*] hat. Im Wasser befindet sich ein Heizer (Abb. 3 ①), der vor dem Aufheizen eingeschaltet werden muss. Bei Erreichen der gewählten Temperatur wird die Heizung ausgeschaltet. Sie schaltet sich nicht wieder automatisch ein. Das Wasser kühlt dann wieder ab. Es ist daher zum sofortigen Gebrauch bestimmt.

Anwendung:

Einzelversorgung, z. B. in Großküchen

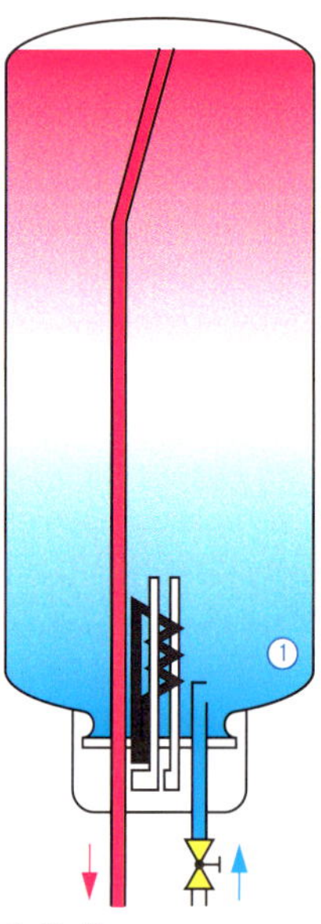

3: Boiler

Wie der Name vermuten lässt (engl. to boil = kochen), kann mit diesem Gerät das Wasser auf 100 °C erwärmt werden. Da der Kalkausfall (aus dem Leitungswasser) bei hohen Temperaturen groß ist, sollte das Wasser aber nur bis etwa 60 °C erwärmt werden.

Speicher

Auf den ersten Blick sehen Speicher wie Boiler aus, sodass das Wort „Boiler" auch oft für diese Geräte verwendet wird. Es gibt aber zwei wesentliche Unterschiede. Einmal sind Speicher im Gegensatz zu Boilern mit einer Wärmedämmschicht versehen. Zum anderen sind sie mit Temperaturwächtern ausgestattet, sodass die Wassertemperatur konstant gehalten wird.

In Speichern wird das Wasser bis zu der eingestellten Temperatur (in Stufen oder kontinuierlich) aufgeheizt. Der **Temperaturwächter** [*thermostat*] schaltet die Heizung ab. Kühlt das Wasser ab, schaltet der Temperaturwächter die Heizung ein. Das Wasser erwärmt sich wieder. Der Speicher liefert also stets Wasser einer festgelegten Temperatur.

Arten von Speichern

Abb. 4 zeigt zwei Arten von Speichern, nämlich offene und geschlossene. Bei den **offenen Geräten** ist der Behälter durch eine Öffnung ① mit der Außenluft verbunden. Es entsteht daher kein Überdruck durch Ausdehnung des erwärmten Wassers (druckloses System). Das Warmwasserventil befindet sich im Kaltwasserzulauf. Nach dem Öffnen fließt kaltes Wasser zu und drückt dadurch das warme Wasser oben ② heraus. Solche Speicher eignen sich für die Versorgung einer oder mehrerer benachbarter Zapfstellen (Gruppenversorgung), z. B. Spüle in der Küche und Waschbecken im benachbarten WC.

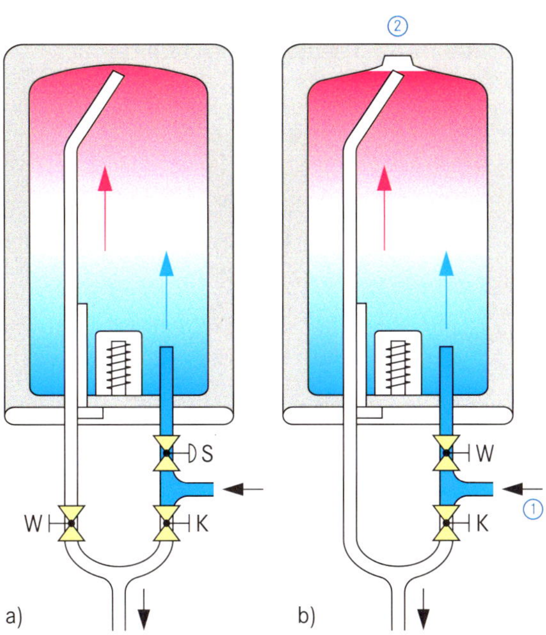

4: a) geschlossener und b) offener Speicher

Bei geschlossenen Systemen liegt das Warmwasserventil im Ablaufrohr des warmen Wassers. Der Wasserbehälter steht also ständig unter Druck. Dadurch wird eine zentrale Warmwasserversorgung mit mehreren **Zapfstellen** [*tapping points*] begünstigt.

Bauformen

Speicher werden in verschiedenen Bauformen hergestellt, z. B. als Untertischgeräte, Wandspeicher und Standspeicher. Die Letzteren sind häufig **Zweikreis-Geräte**. Sie haben eine Grundheizung und eine zuschaltbare Heizung (Abb. 5).

Das Wasser wird dabei meistens während der Niedrigtarifzeit (im Allgemeinen nachts) zu einem kostengünstigen Tarif aufgeheizt. Das Warmwasser reicht in der Regel für den Tagesbedarf. Wird mehr warmes Wasser benötigt, kann manuell die zweite Heizung dazugeschaltet werden. Sie arbeitet dann allerdings zum höheren Tarif.

Diese Geräte lassen sich besonders gut mit Solarthermen kombinieren. Hierbei übernimmt die Sonne die **Grundheizung** [*basic heating*], die eine Wärmeträgerflüssigkeit in den auf dem Dach befindlichen Rohrsystemen erwärmt. Über einen **Wärmetauscher** [*heat exchanger*] wird dann das Wasser erwärmt.

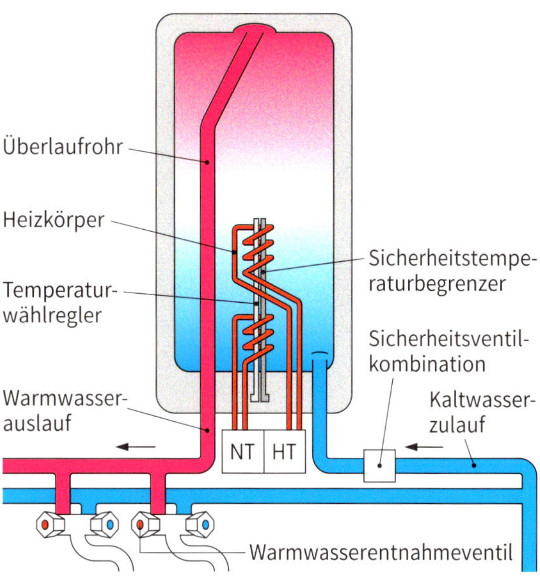

5: Zweikreis-Standspeicher

- Boiler schalten die Heizung bei Erreichen der eingestellten Temperatur ab. Sie schalten nicht selbsttätig wieder ein.
- Boiler sind wenig wärmegedämmt, da das Wasser zum sofortigen Gebrauch bestimmt ist.
- Warmwasserspeicher halten das Wasser automatisch auf der eingestellten Temperatur.
- Warmwasserspeicher sind gut wärmegedämmt.

Kochendwassergerät

Prinzipiell arbeiten diese Geräte wie Boiler. Sie werden an Steckdosen mit 230 V angeschlossen. Ihr Behälter besteht aus Kunststoff (unter Umständen mit Wasserstandsanzeige).

Da vor Gebrauch erst Wasser in den Behälter eingelassen werden muss, wird dafür ein weiteres Ventil benötigt. Die Armatur besteht daher aus drei Ventilen:

- Wasserzulauf (Abb. 1 ①),
- Warmwasserablauf ② und
- Kaltwasserablauf ③.

Wie arbeitet ein Kochendwassergerät?

Mit einem Schalter wird die Heizung ④ eingeschaltet. Aus dem Überlaufrohr ⑤ tritt während des Aufheizens Wasser aus, deshalb müssen diese Geräte über einem Spülbecken bzw. Ausguss installiert sein.

Ist die Temperatur erreicht, schaltet der Temperaturwählbegrenzer den Heizer aus. Wird die Wassertemperatur wieder niedriger, schaltet der Begrenzer aber nicht wieder ein. Dieses Betriebsmittel arbeitet auch als Trockengehschutz, d. h., die Heizwiderstände lassen sich ohne Wasser nicht einschalten.

Bei Geräten mit **Fortkochstufe** schaltet die Heizung bei Erreichen von 100 °C nicht ab. Es ertönt lediglich ein Summer und eine Signalleuchte leuchtet. Das Wasser kocht weiter und verdampft dabei. Erst wenn kein Wasser mehr im Behälter ist, wird die Heizung ausgeschaltet.

Geräte mit **Kochautomatik** haben eine Temperaturregelung, die das Wasser bei knapp 100 °C hält, ohne dass es verdampft.

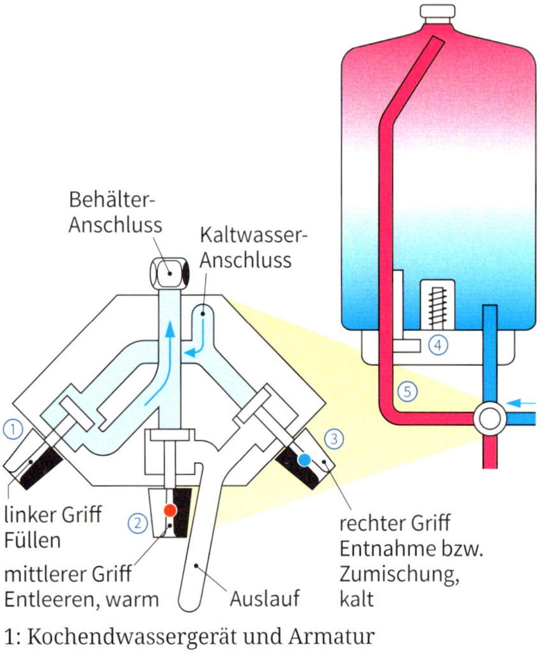

1: Kochendwassergerät und Armatur

Durchlauferhitzer

Diese Geräte haben ein Blech- oder Kunststoffgehäuse. Weil das Wasser zum sofortigen Gebrauch bestimmt ist, sind diese Geräte nicht wärmegedämmt.

Die Arbeitsweise unterscheidet sich von den bisher beschriebenen Geräten. Hierbei wird das Wasser erst dann erwärmt, wenn es gebraucht wird. Es fließt deshalb während der Benutzung an der Heizung vorbei (Abb. 2). Damit diese Funktion möglich ist, müssen folgende Voraussetzungen erfüllt sein:

- Die Heizleistung ist sehr groß (> 12 kW).
- Die Wärme muss schnell an das Wasser abgegeben werden.
- Beim Öffnen des Warmwasserventils muss die Heizung eingeschaltet werden.

Um die zweite Voraussetzung zu erfüllen, ist ein guter Wärmekontakt zwischen der Heizung und dem vorbeifließenden Wasser wichtig. Viele Heizer befinden sich daher ohne jegliche Isolation im Wasser, das dann die Spannung des elektrischen Leiters annimmt. Damit für den Menschen keine Gefahr entsteht, ist der Weg bis zum Auslauf des Wassers relativ lang. Die Rohre sind aus Isolierstoffen. Hinzu kommt noch, dass das Wasser einen hohen Widerstand (etwa 1 kΩ/cm) besitzt. Somit ergibt sich ein großer Spannungsfall, sodass keine unzulässig hohe Berührungsspannung entstehen kann.

Um die Heizung zu schalten, sind folgende drei Arten üblich:

- **Hydraulisch gesteuerte**,
- **thermisch geregelte** oder
- **elektronisch geregelte Durchlauferhitzer**.

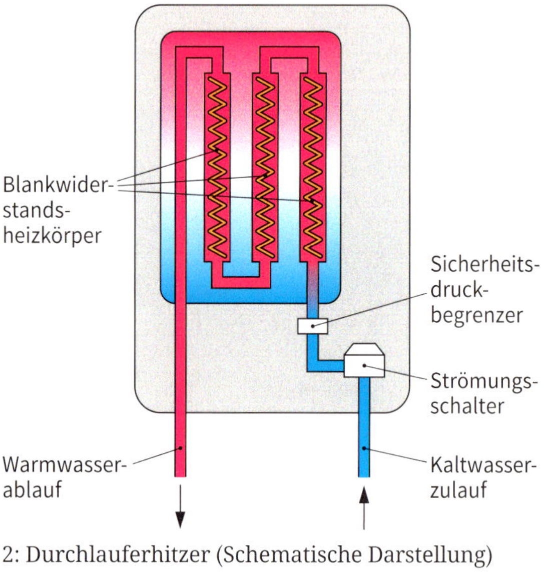

2: Durchlauferhitzer (Schematische Darstellung)

Hydraulisch gesteuerte Durchlauferhitzer

Bei diesen Geräten wird die Heizung mit Hilfe des Wasserdrucks bzw. Durchflusses gesteuert.

Das **Warmwasserventil** wird geöffnet. Dadurch strömt Wasser durch den **Druckdifferenzschalter** [*pressure difference switch*] (Abb. 3).

⇓

Die unterschiedlichen Querschnitte der Düse (Venturidüse ①) erzeugen in der oberen Kammer ② der **Druckdifferenzdose** einen Unterdruck und in der unteren einen Überdruck.

⇓

Die **Membran** [*membrane*] ③ bewegt sich mit dem **Stößel** nach oben und betätigt die Sprungfeder ④. Der **Kontakt** ⑤ schließt.

⇓

Die **Heizwiderstände** werden eingeschaltet und heizen so lange, wie Wasser durch die Venturidüse fließt.

Einige dieser Geräte haben eine Leistungssteuerung, sodass der Benutzer unterschiedliche Leistungen einschalten kann. Damit kann die Wassertemperatur gesteuert werden. Unabhängig davon wird auch durch Verringerung der Durchflussmenge die Temperatur erhöht. Schließt man das Warmwasserventil etwas, fließt weniger Wasser. Dadurch erhöht sich bei gleicher Leistung die Wassertemperatur.

Da die Steuerung der Heizwiderstände durch den Wasserdruck erfolgt, schreiben die Hersteller dieser Warmwassergeräte bestimmte Mindest- und Höchstdrücke für den Kaltwasseranschluss vor.

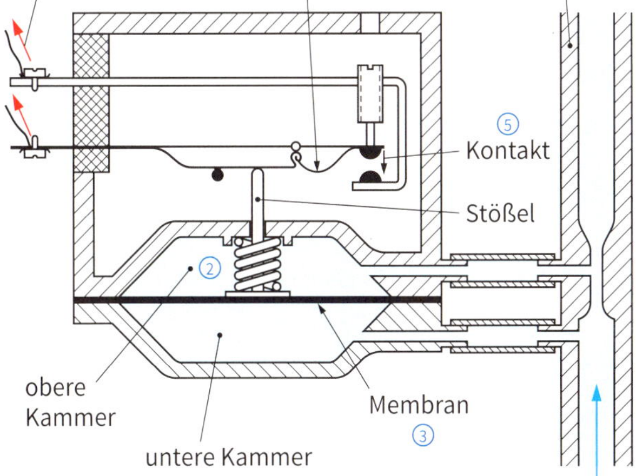

3: Druckdifferenzschalter

Thermisch geregelte Durchlauferhitzer

Solche Geräte sind Speicher, denn sie haben stets einen Warmwasservorrat. Sie sind demzufolge wärmeisoliert und verfügen über eine Temperaturregelung.

Der Temperaturwächter schaltet immer dann die Heizung ein, wenn das Wasser unter eine festgelegte Temperatur sinkt. Gleichgültig ob das durch

- Abkühlung oder
- zufließendes kaltes Wasser bei der Entnahme geschieht.

Solche Geräte sind unabhängig vom herrschenden Wasserdruck einsetzbar.

Elektronisch geregelte Durchlauferhitzer

Diese Warmwassergeräte bieten den höchsten Komfort. Die Temperaturregelung des ausfließenden Wassers wird durch einen Mikroprozessor (Abb. 4 ⑥) vorgenommen. Dort wird die aktuell benötigte Heizleistung ermittelt und eingestellt. Dazu werden folgende Daten verarbeitet:

- Temperatur des zulaufenden (kalten) Wassers.
  - Das kann z. B. auch das vorgewärmte Wasser einer Solaranlage sein.
- Menge des zulaufenden Wassers.
  - Bei mehreren Zapfstellen kann dies sehr unterschiedlich sein. Die Regelung muss daher sehr schnell reagieren.
- Gewünschte Temperatur des ablaufenden (warmen) Wassers.
  - Hier ist auch eine Eingabe per Funk aus verschiedenen Räumen möglich.

Vorteil dieser Durchlauferhitzer ist die strikte und gradgenaue Einhaltung der Wassertemperatur unabhängig von den Daten des zufließenden wie des abfließenden Wassers.

4: Elektronisch geregelter Durchlauferhitzer

Auswahl der Wärmegeräte

Zur besseren Übersicht hat Herr Döhring die vielen Informationen zu den Warmwassergeräten in einer Tabelle (Abb. 1) zusammengefasst. Familie Schwarz wählt daraus die für sie richtigen Geräte aus.

In einem zweiten Schritt werden dann die genauen Daten der Objekte festgelegt und die entsprechenden Modelle ausgewählt. Anschließend erläutert Herr Döhring die notwendigen Installationen (siehe auch Kap. 10.4.1).

Das Wohnhaus der Familie Schwarz soll nicht zentral mit Warmwasser versorgt werden. Die Gründe liegen einmal bei dem großen Aufwand für die Verlegung der Warmwasserrohre und dann bei dem **Wärmeverlust** [*heat loss*], der durch die großen Rohrlängen entstehen würde.

Für die beiden Räume im Obergeschoss, nämlich Bad und WC, wird eine Gruppenversorgung vorgesehen. Diese geschieht durch ein Warmwassergerät im Badezimmer. Die Zapfstellen Badewanne und Waschbecken sowie das Kleinwaschbecken im WC liegen nahe beieinander, sodass nur wenig Wärmeverluste auftreten werden. Es wird dafür ein druckfester Wandspeicher mit 80 l Inhalt gewählt. Es soll ein Zweikreiser sein, um für die Grundheizung den günstigen Niedrigtarif nutzen zu können. Ein Durchlauferhitzer kommt nicht in Frage, weil der zuständige VNB einen solchen wegen der großen Bemessungsleistung von mindestens 18 kW nicht genehmigt hat.

In der Küche werden zu unterschiedlichen Zeiten verschiedene Wassermengen benötigt, deshalb soll hier ein Kleindurchlauferhitzer (3 kW) unter der Spüle angebracht werden. Das Waschbecken im Gäste-WC wird dadurch mit versorgt.

- Kochendwassergeräte arbeiten wie Boiler. Sie besitzen keine Wärmedämmung.
- Durchlauferhitzer erwärmen das Wasser beim Durchströmen. Sie haben deshalb große Bemessungsleistungen.
- Die Heizwiderstände bei Durchlauferhitzern werden durch das Betätigen des Warmwasserventils geschaltet. Sie werden hydraulisch gesteuert bzw. thermisch oder elektronisch geregelt.

	Durchlauferhitzer	Speicher drucklos	Speicher druckfest	Kochendwassergerät	Boiler
Wärmedämmung	kaum	sehr groß		kaum	kaum
Arten	hydraulisch, thermisch (Durchlaufspeicher), elektronisch	Untertischspeicher, Wandspeicher	Standspeicher		
Inhalt	bis 0,5 l Durchlaufspeicher 10 l bis 100 l	Untertischsp.: 5 l bis 15 l Wandspeicher: 30 l bis 150 l	200 l bis 1000 l	5 l	15 l, 80 l
Armaturen	Mischbatterien mit 2 Ventilen	Mischbatterien mit 2 Ventilen	Sicherheitsarmatur	Mischbatterien mit 2 Ventilen und Wasserzulauf	2 Ventile und Wasserzulauf
Leistungen	18 kW, 21 kW, 24 kW	2 kW, 4 kW, 6 kW	9 kW, 18 kW	2 kW	4 kW, 6 kW
Temperaturen	bis 85 °C	35, 65, 85 °C/ bis 85 °C		bis 100 °C	bis 85 °C
warmes Wasser	ständig unbegrenzte Menge	ständig begrenzte Menge		nach Einschalten begrenzte Menge	
Funktionen	1. Warmwasserventil schaltet Heizwiderstände ein. 2. Wasser fließt an Heizwiderständen vorbei und wird erwärmt. 3. Heizwiderstände werden hydraulisch, thermisch oder elektronisch geregelt.	1. Thermostat schaltet Heizwiderstände ein. 2. Wasser im Behälter wird erwärmt. 3. Wasser erreicht eingestellte Temperatur. 4. Thermostat schaltet ab. 5. Temperatur sinkt. 6. Thermostat schaltet wieder ein.		1. Wasser wird eingelassen. 2. Heizwiderstände werden eingeschaltet. 3. Wasser im Behälter erwärmt sich. 4. Thermostat schaltet ab. 5. Wasser wird abgelassen.	
Einsatzbereich	Einzelzapfstellen	Einzelzapfstellen	Zentrale Versorgung	Einzelzapfstellen	

1: Übersicht zu Warmwassergeräten

10.3.2 Heizung

Das Haus der Familie Schwarz ist mit einer **Nachtspeicherheizung** [*night storage heating*] ausgestattet. In vier Räumen befindet sich je ein Speicherheizgerät (Abb. 3). Diese Geräte sind in einem einwandfreien Zustand. Auch die zugehörigen Steuergeräte sind in Ordnung. Die neuen Eigentümer kennen sich mit dieser Heizungsart jedoch nicht aus. Sie werden deshalb von Herrn Döhring in die Eigenschaften und die Handhabung eingewiesen.

10.3.2.1 Nachtspeicherheizung

Bei der Erklärung dieser Heizung müssen zwei Zustände unterschieden werden:

- Die Wärme muss erzeugt und gespeichert werden ⇒ Laden
- Die Wärme muss an die Raumluft abgegeben werden ⇒ Entladen

Laden ≙ Wärmespeicherung

Im **Speicherheizgerät** [*storage heater*] befinden sich Heizwiderstände, die bei Stromdurchfluss einen Speicherkern erwärmen. Dieser speichert die Wärme. Hat er ausreichend Wärme aufgenommen, wird die Heizung abgeschaltet. Dieses „Laden" der Heizgeräte geschieht zu Zeiten mit niedrigem Energie-Arbeitspreis (NT). Das ist meistens nachts der Fall, deshalb die Bezeichnung Nachtspeicherheizung.

Der **Speicherkern** muss gut isoliert sein, damit er die Wärme nicht unkontrolliert abgibt. Die Isolation älterer Speicherheizgeräte besteht aus Asbest. Dieses Material ist gesundheitsschädlich und darf deshalb nicht mehr verwendet werden. Geräte mit dieser Isolierung müssen durch spezialisierte und zugelassene Unternehmen entsorgt werden.

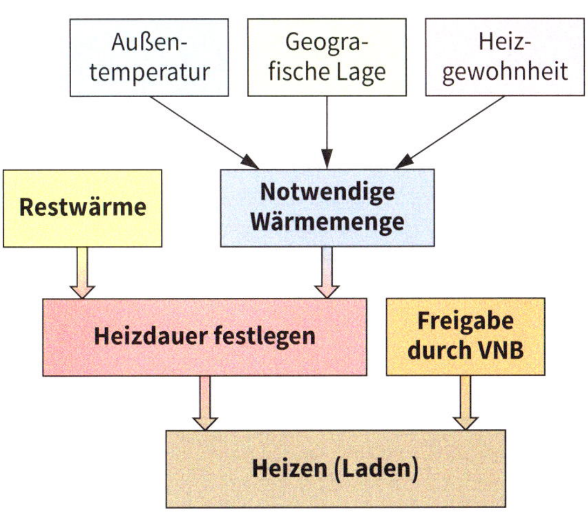

2: Abhängigkeiten beim Laden

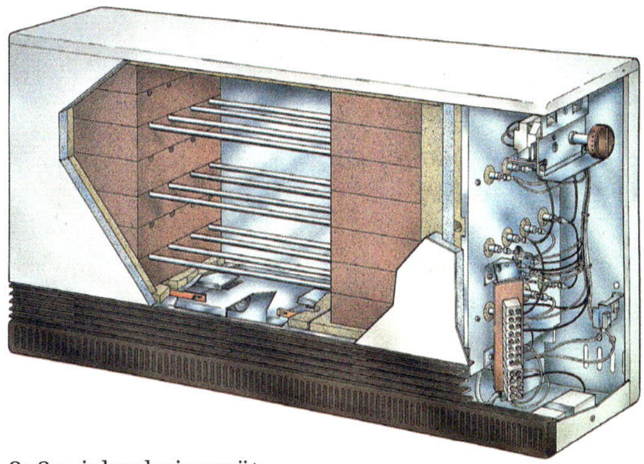

3: Speicherheizgerät

Wie geschieht das Laden der Speicherkerne?

Das Zentralsteuergerät steuert die Heizwiderstände. Es verarbeitet dabei folgende Informationen (Abb. 2):

- Außentemperatur,
- örtliche Gegebenheiten (z. B. geografische Lage) und
- Heizgewohnheiten der Nutzer.

Bei den genannten Parametern muss zwischen fest eingestellten Größen und veränderlichen Werten unterschieden werden. Die Daten für die örtlichen Gegebenheiten werden vom Errichter eingestellt oder sind bereits durch die Wahl des Steuergerätes werksseitig festgelegt.

Die Daten für die Heizgewohnheiten (z. B. Nachtabsenkung, Absenkung bei Abwesenheit) kann der Nutzer selbst einstellen.

Die Außentemperatur wird mit einem Temperaturfühler (**Witterungsfühler**) gemessen. Mit diesem Wert und den beiden bereits genannten Parametern ermittelt das Steuergerät Daten, die an die Laderegler (z. B. Q4.1 in Abb. 1, S. 366) der Speicherheizgeräte weitergegeben werden. Die Speicherkerne werden wegen der ungleichen Nutzung der Räume nicht gleichmäßig entladen. Es verbleiben deshalb unterschiedlich große **Restwärmemengen** [*residual heat energies*] in den Kernen. Eine entsprechende manuelle Einstellung wurde am Laderegler vorgenommen.

Mit Hilfe eines Rundsteuerempfängers schaltet der VNB die elektrische Energie (zum Niedrigtarif) ein. Die Heizwiderstände erwärmen die Speicherkerne. Das geschieht so lange, bis die Kontakte der Laderegler öffnen. Die Abb. 2 zeigt die Abhängigkeiten beim Laden.

Entladen ≙ Heizen der Räume

Die Wärmeabgabe an den Raum geschieht mit Hilfe von Gebläsen in den Speichergeräten. Sie führen die Raumluft durch den Speicherkern, die dabei erwärmt wird. Durch Luftschlitze gelangt die erwärmte Luft in den Raum.

Wie wird die Wärmeabgabe an die Raumluft geregelt?

Das Speicherheizgerät soll immer dann Wärme an den Raum abgeben, wenn die Temperatur unter einen bestimmten Wert gesunken ist. Dazu ist ein **Raumthermostat** *[room thermostat]* notwendig, der das Gebläse des Heizgerätes steuert.

Die Abb. 1 zeigt die Schaltung eines Speicherheizgerätes mit angeschlossenem Thermostat. Das Zusammenwirken der Objekte (markierter Stromlauf) wird im Folgenden erläutert.

- Der Gebläse-Motor M4.1 ist mit seiner Klemme U2 an die Klemme NT angeschlossen, die über die Verteilung (Klemme X2:8) mit dem Neutralleiter verbunden ist.
- Der Anschluss U1 ist über ED an den Thermostaten Q4 (Klemme ED) und mit Kontaktklemme 1 von K1 verbunden. Die Klemme 2 von K1 ist über Q4:LT an E4:LT angeschlossen.
- An E4:LT ist der Außenleiter L2 (in der Verteilung, X2:4) angeschlossen.

Ergebnis:

Der Ventilator wird also durch den **Temperaturregler** K1 im Thermostaten Q4 geregelt. Er schaltet das Gebläse **ein**, wenn die **Raumtemperatur** *[room temperature]* unter die eingestellte Temperatur (Soll-Wert) ① **sinkt**. Steigt die Temperatur wieder, öffnet der Kontakt und der Ventilator wird ausgeschaltet. Hier wird also die Erwärmung der Luft in Abhängigkeit von der Temperatur geregelt.

Die Energiezufuhr geschieht so lange, bis der Ist-Wert (z. B. Raumtemperatur) den Soll-Wert (z. B. eingestellte Temperatur) erreicht hat. Solch ein Vorgang wird als **Regelung** bezeichnet.

Für die Erwärmung eines Raumes ist die einwandfreie Funktion des Thermostaten wichtig. Dieses Betriebsmittel muss deshalb die Temperatur der Raumluft unbeeinflusst messen. Weil die Zugluft niedrige Temperaturen vortäuscht, darf das Gerät nicht in unmittelbarer Nähe von Fenstern oder Türen installiert sein. Das Gegenteil kann eintreten, wenn vor dem Thermostat Vorhänge hängen und sich die Wärme staut.

Auch bei den Speicherheizgeräten muss darauf geachtet werden, dass keine Vorhänge oder Möbel den Luftaustritt behindern. Es dürfen auch keine Kleidungsstücke zum Trocknen darauf gelegt werden, sonst tritt Überhitzung ein und es besteht Brandgefahr.

Zusatzheizung

Das Speicherheizgerät im Wohnzimmer hat eine **Zusatzheizung** *[supplementary heating]*. Sie besteht aus Heizwiderständen, die die Luft zusätzlich erwärmen. Da diese Heizung im Allgemeinen tagsüber eingeschaltet wird, arbeitet sie mit dem teuren Tarif für elektrische Energie (Hochtarif). Eingeschaltet wird sie durch einen Schalter im Raumthermostaten. Der Betriebszustand wird durch **Kontrollleuchten** *[indication lights]* angezeigt.

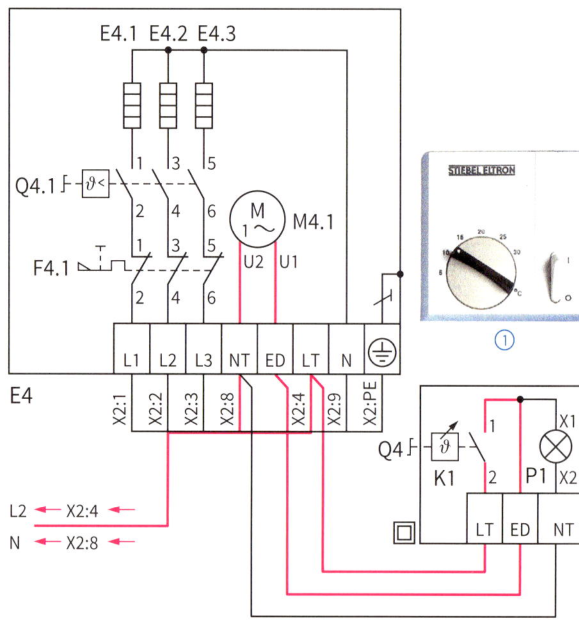

1: Speicherheizgerät und Thermostat

Aufgaben

1. Beschreiben Sie die Arbeitsweise eines hydraulisch gesteuerten Durchlauferhitzers.
2. Nennen Sie Gemeinsamkeiten und Unterschiede von Speichern und Boilern.
3. Nennen Sie die wesentlichen Teile eines Nachtspeicherheizgerätes.
4. Beschreiben Sie mit Hilfe einer Wirkungskette das „Laden" der Speicherkerne.
5. Skizzieren Sie eine Schaltung eines Raumthermostaten mit Schalter für Heizung und Zusatzheizung sowie Signalleuchten für Heizung und Zusatzheizung.

- In Speicherheizgeräten werden die Speicherkerne bei niedrigem Energie-Arbeitstarif erwärmt.
- Zentralsteuergeräte steuern das Laden der Speicherkerne in Abhängigkeit von Außentemperatur und Restwärme.
- Die Speicherheizgeräte geben ihre Wärme durch Ventilatoren an die Raumluft ab.
- Raumthermostate regeln das Entladen der Speicherkerne in Abhängigkeit von der Raumtemperatur.

Regelung

Arbeitsweise

Beim Regeln soll eine Größe auf einem festgelegten Wert gehalten werden. Die Regeleinrichtung wirkt auftretenden Störungen selbsttätig entgegen.

Beispiel:
Mit einer Speicherheizung soll die Raumtemperatur auf 22 °C gehalten werden. Der Thermostat schaltet je nach Temperatur das Gebläse ein bzw. aus.

Regelungen vergleichen ständig den Ist-Wert mit dem Soll-Wert und verändern abhängig davon den Energiefluss. Zu einer Regelung gehören daher

- Einstellen des Soll-Wertes
- Messen des Ist-Wertes
- Vergleichen von Soll- und Ist-Wert
- Ändern des Energieflusses

Regelkreis

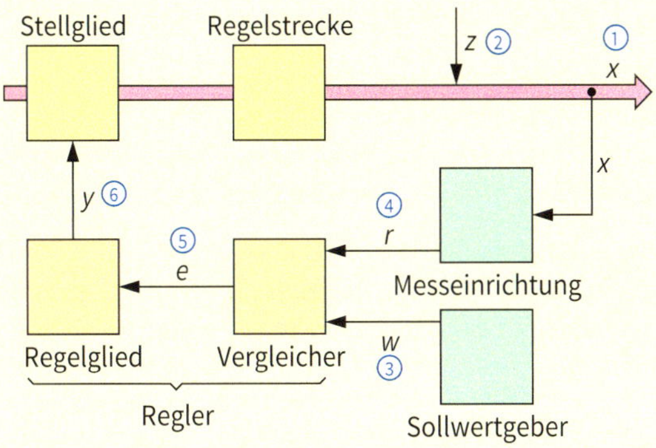

Begriffe

- Regelgröße *x* ① ist die zu regelnde Größe.
- Störgröße *z* ② ist die Größe, die die Regelgröße beeinträchtigt.
- Führungsgröße *w* ③ ist die Größe, der die zu regelnde Größe folgen soll (Soll-Wert).
- Rückführungsgröße *r* ④ ist die Ausgangsgröße der Messeinrichtung, die zum Vergleich mit der Führungsgröße benutzt wird.
- Regeldifferenz *e* ⑤ ist der Unterschied zwischen Führungsgröße *w* und Rückführungsgröße *r*.
- Stellgröße *y* ⑥ ist die Ausgangsgröße der Regeleinrichtung, die die zu regelnde Größe steuert.

Verhalten von Regelstrecken

Zur Beurteilung von Regelstrecken wird an den jeweiligen Eingang ein Signal *y* in Abhängigkeit von der Zeit mit sprungartigem Verhalten gelegt. Das Ausgangssignal *x* in Abhängigkeit von der Zeit (Fachwort: Sprungantwort) wird dann dargestellt.

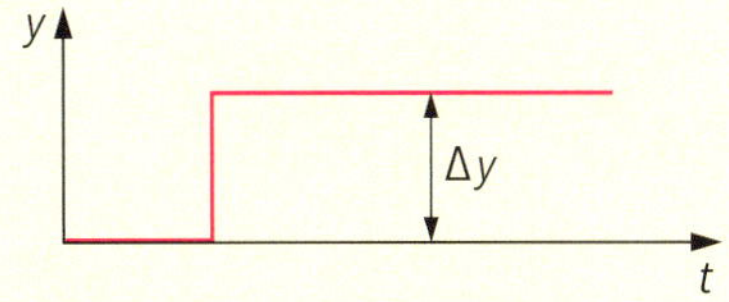

P-Regelstrecke (Proportional)

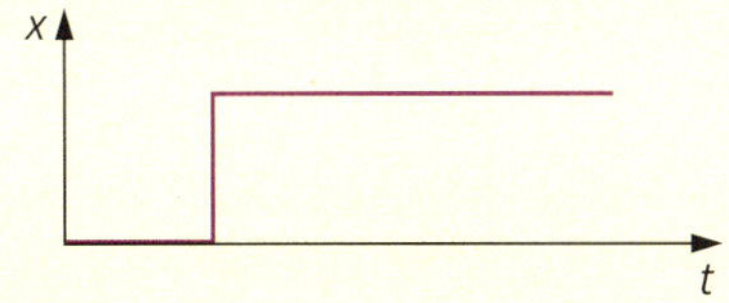

Die Regelgröße *x* folgt der Stellgrößenänderung Δ*y* ohne merkliche Verzögerung.

Beispiel: Regelung eines Wasserventils

PT_1-Regelstrecke

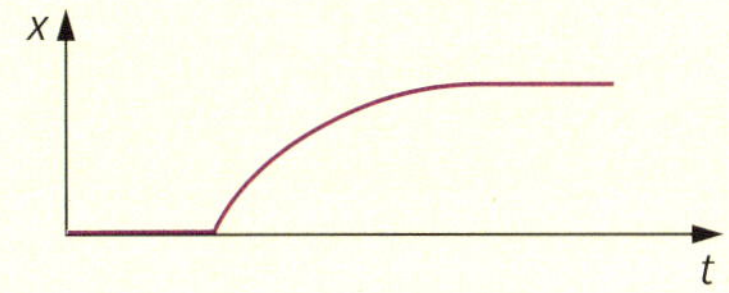

Die Regelgröße *x* folgt der Stellgrößenänderung Δ*y* nach einer Exponential-Funktion verzögert.

Beispiel: Regelung des Ankerstroms von Gleichstrommotoren

I-Regelstrecke (integral)

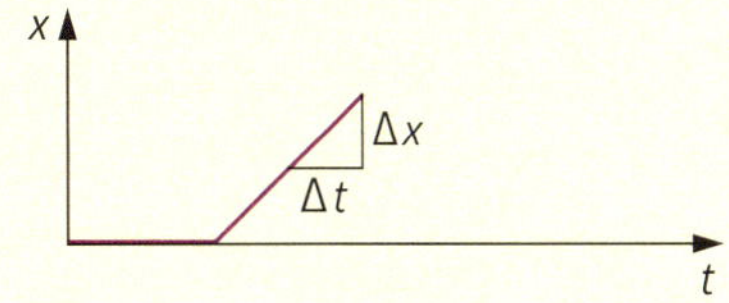

Die Regelgröße *x* steigt stetig mit der konstanten Steigung $\Delta y = \frac{\Delta x}{\Delta t}$

Beispiel:
Ständiger gleichmäßiger Stromanstieg an einer Spule

Unterscheidung Regeln/Steuern

Beim **Regeln** gibt es einen geschlossenen Wirkungskreis, weil der Wert der Ausgangsgröße (Ist-Wert) an den Vergleicher zurückgemeldet wird.

Beispiel: Heizungsregelung mit Thermostat

Beim **Steuern** gibt es keinen geschlossenen Wirkungskreis. Es erfolgt keine Rückmeldung. Steuern ist nur das Stellen einer physikalischen Größe.

Beispiel: Einschalten einer Heizung

10.3.2.2 Direktheizgeräte

Im Badezimmer der Familie Schwarz ist kein Speicherheizgerät installiert. Der Vorbesitzer hatte dort einen Infrarotstrahler angebracht, der aber nicht mehr funktionsfähig ist. Es muss deshalb eine neue Heizung installiert werden. Der Firmeninhaber stellt seinen Kunden die entsprechenden Heizgeräte vor und erläutert die Arbeitsweise (Abb. 1).

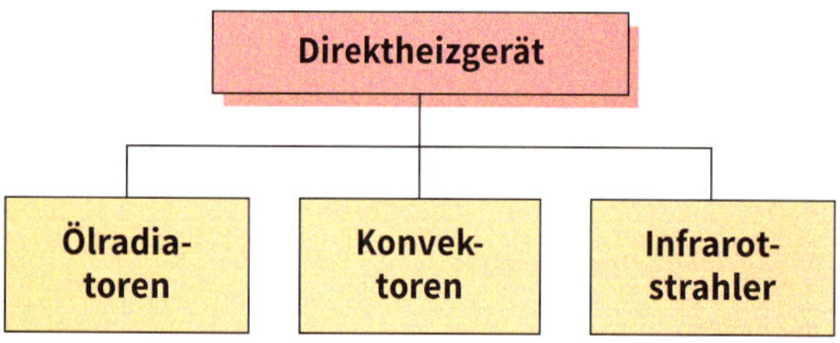

1: Direktheizgeräte

Grundsätzlich gilt für alle Direktheizgeräte, dass sie in kurzer Zeit große Wärmemengen erzeugen. Sie haben deshalb große Bemessungsleistungen. Direktheizgeräte werden vorwiegend am Tag benutzt. Da zu dieser Zeit ein hoher Arbeitspreis für elektrische Energie berechnet wird, ist der Betrieb solcher Geräte teuer.

Ölradiatoren

Die Heizgeräte (Abb. 2) bestehen aus einem lamellenartigen gegossenen Stahlbehälter, der mit Öl gefüllt ist. Darin befinden sich Heizwiderstände. Sie erwärmen das Öl und das Gehäuse. Im Öl wird die Wärme gespeichert, die dann an die Raumluft abgegeben wird. Die Temperaturregelung erfolgt über einen Thermostaten.

Meistens werden Ölradiatoren nur als Zusatzheizung eingesetzt. Ihr Anschluss wird über flexible Anschlussleitungen ohne besonderen Wärmeschutz (z. B. H05VV-F) vorgenommen. Ihre Bemessungsleistung beträgt maximal 3 kW.

Achtung! Bei der höchsten Einstellung werden diese Heizgeräte sehr warm.

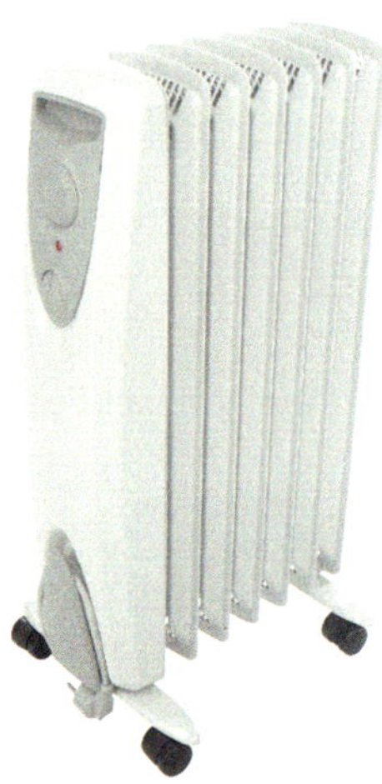

2: Ölradiator

Konvektoren

In diesen Geräten (Abb. 3) erwärmen Heizwiderstände die Luft. Diese steigt nach oben und tritt durch Schlitze in den Raum. Die Konvektoren haben häufig mehrere Heizstufen und einen Ventilator. Diese Geräte werden auch mit Thermostaten ausgestattet. Solche Heizgeräte können sowohl fest installiert als auch über flexible Leitungen angeschlossen sein. Es gibt sie auch in mobiler Bauart. Mobile Geräte sind für kleine Räume gut geeignet, die schnell für kurze Zeit erwärmt werden sollen. Die Bemessungsleistung von Konvektoren beträgt maximal 3 kW.

3: Konvektor

Wenn die Luftauslassschlitze verstopfen, werden die Heizwiderstände unzulässig hoch erwärmt. Es besteht Brandgefahr. Die Luftschlitze müssen daher regelmäßig gereinigt werden.

Infrarotstrahler [*infrared radiator*]

Diese Geräte (Abb. 4) bestehen aus einem Metallgehäuse mit **Quarzstäben** [*quartz bars*]. Bei Stromdurchfluss werden sie rotglühend und geben die Wärme durch Abstrahlung ab. Feste Körper (z. B. Wände, Menschen) werden dadurch erwärmt, nicht aber die umgebende Luft. Sie können deshalb auch im Freien (z. B. für Terrassen) benutzt werden.

Infrarotstrahler werden meistens in mehreren Stufen geschaltet. Sie werden fest angeschlossen und sollen mindestens 1,80 m hoch über dem Fußboden angebracht werden. Als Schutz gegen Verbrennungen sind die Quarzstäbe mit einem Gitter abgeschirmt. Die Bemessungsleistung beträgt maximal 2 kW.

Die Familie Schwarz entscheidet sich für einen fest installierten **Konvektor mit Thermostat**. Der Ölradiator kommt aus Platzgründen nicht in Frage. Außerdem dauert die Erwärmung des Raumes länger als mit einem Konvektor. Der Infrarotstrahler wird nicht eingesetzt, weil er nicht die Raumluft erwärmt.

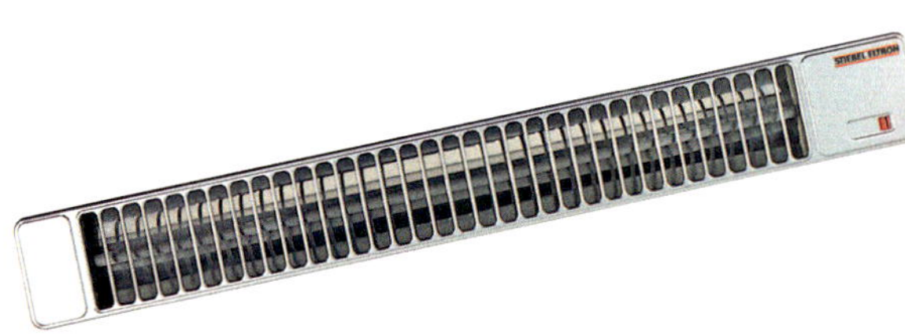

4: Infrarotstrahler

10.3.3 Lüftung

Damit beim Heizen keine Wärme verloren geht, hat Familie Schwarz bei der Renovierung ihres Hauses großen Wert auf Dichtigkeit gelegt. Für Fenster und Haustür wurden deshalb entsprechende Vorkehrungen getroffen.

Mit Hilfe des Differenzdruckverfahrens (**Blower-Door-Test**) wird jetzt festgestellt, wie oft ein Luftaustausch pro Stunde durch die noch verbliebenen undichten Stellen stattfindet. Bei diesem Messverfahren wird in die offene Außentür ein Rahmen mit Ventilator und mehreren Messgeräten eingesetzt. Luft wird dabei eingeblasen bzw. abgesaugt. Aus den Druckdifferenzen wird für das Haus ein Luftwechselwert von 1,5 h^{-1} ermittelt. Der Wert ergab sich bei künstlich erzeugten Drücken. Bei normalen Bedingungen ist der Luftaustausch wesentlich geringer. Das bedeutet, dass durch die vorhandenen Undichtigkeiten die Luft im Haus 1,5 Mal pro Stunde ausgetauscht wird. Diese gute Dichtigkeit führt aber dazu, dass die feuchte Luft der Räume nicht mehr ausreichend schnell abgeführt wird. Als Folge könnte sich Feuchtigkeit niederschlagen und unter Umständen auch Schimmel bilden. Für das Wohnhaus wird deshalb eine zwangsweise Lüftung vorgesehen.

Zuerst muss dazu entschieden werden, ob eine **Einzelraumlüftung** [*single room ventilation*] oder eine Zentrale Lüftung installiert werden soll.

Wird bei der **Zentralen Lüftung** [*central ventilation system*] mit Wärmerückgewinnung gearbeitet, kann die abgeführte Wärme des einen Raums (z. B. Küche) als Erwärmung für einen anderen Raum (z. B. Wohnzimmer) genutzt werden und so Heizenergie gespart werden. An Hand der Abb. 5 wird im Folgenden das Prinzip einer solchen Lüftungsanlage beschrieben.

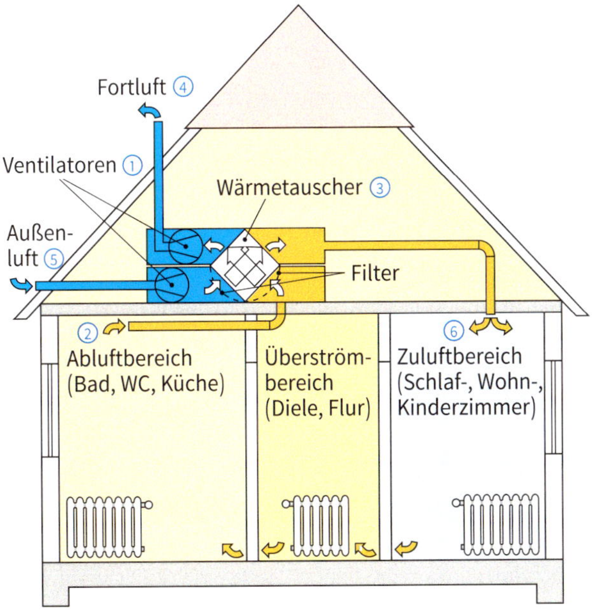

5: Prinzip einer Zentralen Lüftung

Ein Ventilator ① saugt die warme **Abluft** ② aus den betreffenden Räumen ab. Diese Luft gibt im Wärmetauscher ③ ihre Wärme ab und wird anschließend als **Fortluft** ④ nach außen geleitet.

Die kalte **Außenluft** [*outer air*] ⑤ wird ebenfalls durch einen Ventilator angesaugt und dem Wärmetauscher zugeführt. Dort nimmt sie die abgegebene Wärme der Abluft auf. Als vorgewärmte **Zuluft** ⑥ wird sie den Räumen zugeführt.

Es ergeben sich folgende Anforderungen an alle Einzelteile der Belüftungsanlage:

- Die Baugruppen müssen schallgedämmt sein.
- Die Objekte dürfen dem Luftstrom keinen Widerstand entgegensetzen.

Welche Komponenten sind notwendig?

Ein wesentliches Objekt der Anlage ist der **Wärmetauscher** (Abb. 6). Die beiden Luftströme der Abluft und der Zuluft werden durch getrennte Kanäle geführt. Der Wärmeaustausch erfolgt dabei über die Trennwände ⑦. Das Verhältnis der Temperatur-Differenzen von Zuluft ϑ_{zu} und Außenluft ϑ_{au} sowie von Abluft ϑ_{ab} und Außenluft wird als **Rückwärmzahl Φ** bezeichnet. Sie wird in Prozent angegeben.

$$\Phi = \frac{\vartheta_{zu} - \vartheta_{au}}{\vartheta_{ab} - \vartheta_{au}} \cdot 100\ \%$$

Bei Kreuzstrom-Wärmetauschern sind Werte bis 65 % möglich. In Gegenstrom-Wärmetauschern werden die Luftströme parallel geführt, dadurch ist der Wärmeaustausch über eine längere Strecke möglich. Es werden dabei bis zu 80 % erreicht.

Damit keine Verunreinigungen in die Räume gelangen können, sind in den Zuluft-Ventilatoren Filter eingebaut, die den Luftwiderstand erhöhen. Das muss bei der Bemessung der Ventilatoren berücksichtigt werden.

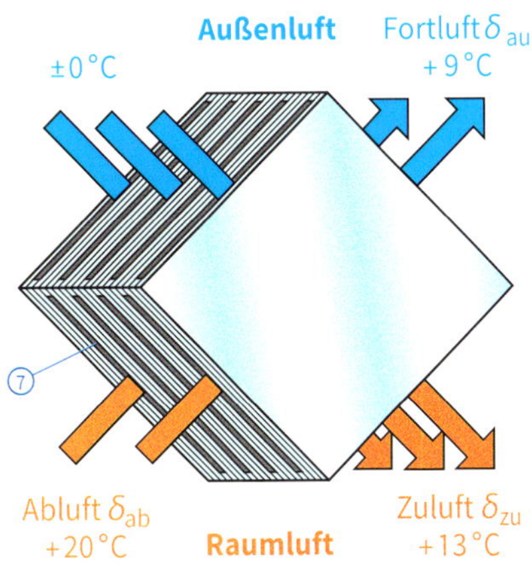

Die hier angegebenen Temperaturen sind Richtwerte

6: Kreuzstrom-Wärmetauscher

Haustechnik

Wartung

Zur einwandfreien Funktion einer Belüftungsanlage ist eine regelmäßige Wartung unerlässlich. Das gilt insbesondere für die Reinigung der **Grobfilter** und den Austausch der Feinfilter (Faser- oder Kohlefilter). Dies sollte alle drei bis sechs Monate geschehen.

Ventilatoren und **Wärmetauscher** sollen spätestens alle zwei Jahre gewartet werden.

Wichtig ist auch das Reinigen der **Siebe** vor den Einlässen bzw. Auslässen der Belüftungsrohre. Die Zeitabstände müssen hierbei je nach Außenluft bzw. Raumluft (z. B. Küche) individuell gewählt werden.

Die Familie Schwarz schließt mit der Firma Elektroservice Döhring einen Wartungsvertrag ab. Darin sind die Reinigungsintervalle festgelegt.

Aufgaben

1. Skizzieren Sie eine mögliche Innenschaltung eines Konvektors mit Heizung, Ventilator, Thermostat und Zeitschaltuhr als Stromlaufplan in zusammenhängender Darstellung.
2. Begründen Sie, warum Infrarotstrahler auch im Freien benutzt werden können.
3. Erläutern Sie den Zusammenhang zwischen Außenluft, Abluft, Zuluft und Fortluft.

- Lüftungsanlagen entziehen Räumen die verbrauchte Luft und führen ihnen frische Luft zu.
- Lüftungsanlagen mit Wärmerückgewinnung senken die Energiekosten.

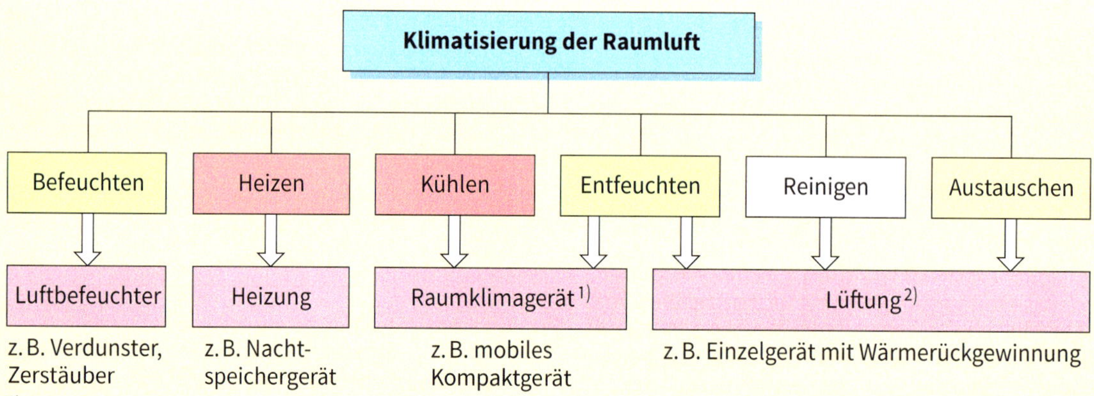

[1] Diese Bezeichnung ist irreführend, da diese Geräte nicht „Klimatisieren".

[2] In Lüftungsgeräten können Heizer eingebaut sein, die die Zuluft erwärmen.

Einflussgrößen auf das Raumklima

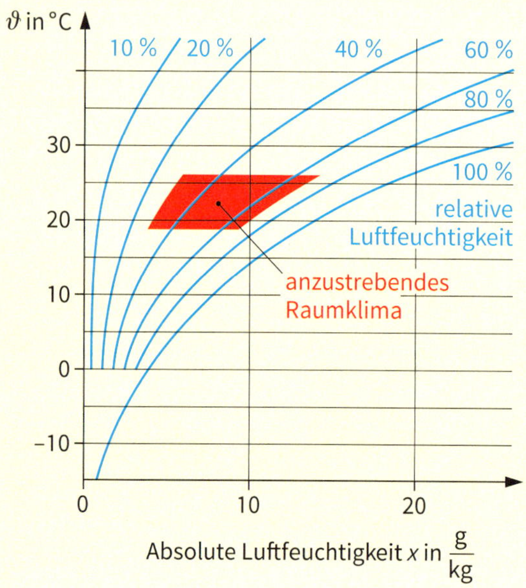

Gleichmäßige Temperatur
Im Raum soll die Temperatur möglichst konstant gehalten werden.

Empfundene Temperatur
Sie liegt ungefähr im Mittel zwischen Raumtemperatur und Gebäudewandtemperatur.

Luftströmung
Eine Strömungsgeschwindigkeit von über 0,2 m/s wird als unangenehmer „Zug" empfunden.

Relative Luftfeuchtigkeit
Sie ist das Verhältnis des vorhandenen Wasserdampfes in der Luft zum speicherbaren Wasserdampf. Je höher die Temperatur der Luft ist, desto größer ist die speicherbare Wassermenge.

Absolute Luftfeuchtigkeit
Vorhandener Wasserdampf in g bezogen auf die Luftmasse in kg.

10.4 Installation von Hausanlagen

10.4.1 Anschluss von Warmwassergeräten

Der Elektroniker muss sich vor dem Anschluss der Geräte auch davon überzeugen, dass der richtige Montageort gewählt wurde und die Sicherheitseinrichtungen in die Wasserrohrinstallation eingebaut sind. Im Folgenden wird deshalb auf diese drei Bereiche eingegangen.

- Elektroinstallation
- Montageort
- Wasserinstallation

Elektroinstallation

Wegen der großen Bemessungsleistungen haben die Warmwassergeräte eigene Stromkreise. Geräte mit $P_n > 4{,}6$ kW müssen an Drehstromkreise angeschlossen werden.

Die Heizwiderstände haben im kalten Zustand einen etwas geringeren Widerstand als im warmen. Die dadurch höheren Einschaltstromstärken liegen aber nur unwesentlich über den Bemessungsstromstärken der Geräte, sodass für die LS-Schalter die Charakteristik B ausreicht.

Sollen Geräte mit Bemessungsleistungen größer als 12 kW installiert werden, muss der zuständige VNB zustimmen. Kommen weitere große Belastungen in der Anlage hinzu, wie z. B. Nachtspeicherheizungen, muss möglicherweise der gleichzeitige Betrieb beider Objekte ausgeschlossen werden (vgl. TAB des zuständigen VNB). Hierzu wird ein **Lastabwurfrelais** [*load disconnecting relay*] verwendet. Die Spule liegt im Stromkreis des Warmwassergerätes und die Kontakte im Stromkreis der Speicherkerne. Beim Einschalten der Heizung der Warmwassergeräte wird dadurch das Laden der Nachtspeicherheizung kurzzeitig unterbrochen.

Montageort

Die Warmwassergeräte werden üblicherweise im Badezimmer oder in Waschräumen installiert. Sie dürfen dort auch in den Schutzbereichen 1 und 2 (Lernfeld 5) angebracht werden. Zu beachten ist dabei, dass die elektrischen Leitungen senkrecht oder von hinten an die Geräte geführt werden müssen. In den genannten Schutzbereichen dürfen zwar keine Schalter vorhanden sein, in Geräten eingebaute Schalter sind jedoch erlaubt.

Wasserinstallation

Bei nahe beieinander liegenden Zapfstellen ist eine **Gruppenversorgung** mit einem Speicher oder Durchlauferhitzer sinnvoll (Abb. 2). Sollen alle Zapfstellen einer Wohnung oder eines Hauses versorgt werden, wird ein Standspeicher oder Durchlauferhitzer die **Zentralversorgung** übernehmen.

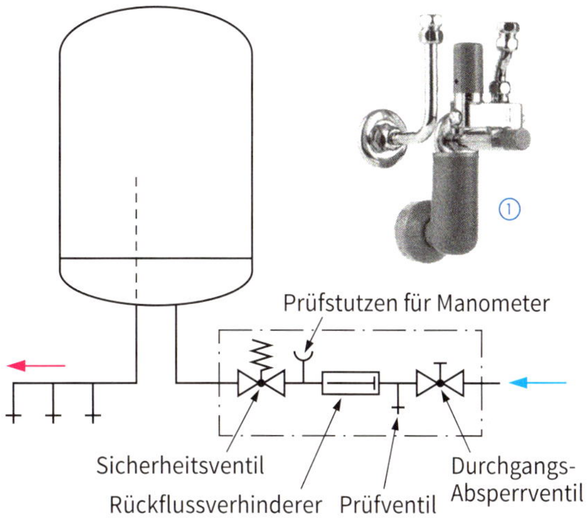

1: Sicherheitseinrichtung

Damit an allen Warmwasserventilen der gleiche Druck herrscht, wird die gesamte Anlage für den Versorgungsdruck ausgerüstet. Der Wasseranschluss muss über eine Sicherheitseinrichtung vorgenommen werden, die in der Kaltwasserzuleitung eingebaut ist (Abb. 1).

Das **Sicherheitsventil** [*safety valve*] baut zu hohe Leitungsdrücke ab, die z. B. durch die Ausdehnung des warmen Wassers entstehen können. Vermindert sich der Druck auf den Normalzustand, schaltet das Ventil wieder zurück. Das Objekt hat also Wächterfunktion. Der **Rückflussverhinderer** sorgt dafür, dass kein warmes Wasser in den Kaltwasserstrang fließen kann.

Wenn das Wasser erwärmt wird, dehnt es sich aus. Da aber der Behälter geschlossen ist, wird das überflüssige Wasser im **Trichter** ① aufgefangen, der sich unter der Sicherheitseinrichtung befindet. Außerdem nimmt der Trichter auch das kalte Wasser bei Überdruck auf.

- Warmwassergeräte werden über eigene Stromkreise angeschlossen.

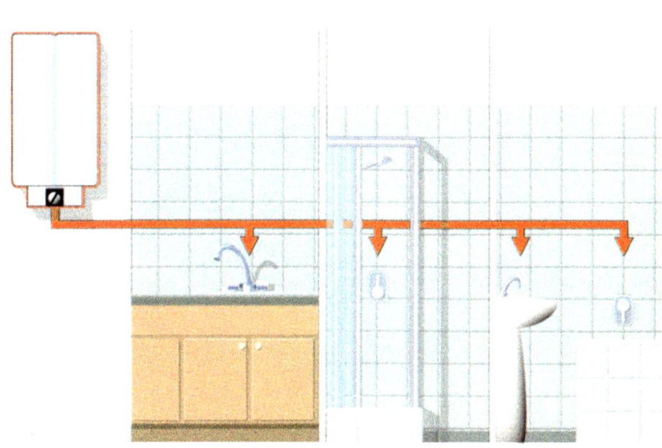

2: Beispiel einer Gruppenversorgung

Haustechnik

10.4.2 Anschluss von Speicherheizungen

Die Installation einer solchen Anlage ist sehr umfangreich. Es müssen dabei viele Einzelaspekte beachtet werden. Durch Beantwortung folgender Fragen beschreiben wir die Vorgehensweise.

Was muss vor der Installation geklärt werden?	⇒	**Vorbereitung**
Wo werden die Objekte angebracht?	⇒	**Montageorte**
Wie werden die Objekte installiert?	⇒	**Installation**
Wie wird die Anlage in Betrieb genommen?	⇒	**Inbetriebnahme**
Was geschieht nach der Inbetriebnahme?	⇒	**Wartung**

Vorbereitung

Zuerst muss geklärt werden, welche Wärmemenge für die Beheizung des Hauses oder der Wohnung sowie der einzelnen Räume notwendig ist. Es wird eine **Wärmebedarfsermittlung** [*required heat calculation*] nach DIN EN 12831 für jeden Raum durchgeführt. Die Hersteller der Speichergeräte haben dafür PC-Programme entwickelt. Hierzu sind die genauen Daten des betreffenden Hauses, wie z. B. Wärmedurchgangszahlen (*U*-Wert, früher: *k*-Wert) der Mauern, notwendig.

Der Energie- und Gebäudetechniker kann aber auch mit genügender Genauigkeit ein Überschlagsverfahren nach DIN 4701 anwenden. Hierzu findet der Elektroniker Berechnungsprogramme von Herstellern im Internet (Abb. 1).

Mit Hilfe von Tabellen kann dann aus der erforderlichen Heizleistung die Bemessungsleistung des Speicherheizgerätes ermittelt werden. Hierfür muss der Gerätetyp bereits ausgewählt sein. Aus diesem Grund werden die Geräte vorher im Beratungsgespräch mit dem Kunden ausgesucht.

Berechnung Norm-Gebäudeheizlast							
Haustyp	◉	freist. EFH	○	Doppelhaus	○	Reihenhaus	1
Baujahr	◉	bis 1960	○	1960 - 1977	○	1978 - 1994	2
Gebäudelage	◉	frei	○	normal			3
Windlage	◉	windschwach	○	windstark			4
Etagen	○	Erdgeschoss	◉	EG + OG	○	3 - 4 Etagen	5
Außenfenster	○	Einfachglas	◉	Doppelglas	○	Isolierglas	6
Fensterfläche	○	ab 20 %	◉	11 - 19 %	○	bis 10 %	7
Innentemperatur	◉	+ 22 °C	○	+ 20 °C	○	+15 °C	8
Außentemperatur	○	- 18 °C	◉	- 14 °C	○	- 10 °C	9
Dämmung	○	ungedämmt	◉	teilgedämmt	○	gedämmt	10
Wohnfläche in m²	100						11
Norm-Gebäudeheizlast	15.8	Kilowatt					

1: Heizlastrechner eines Geräteherstellers

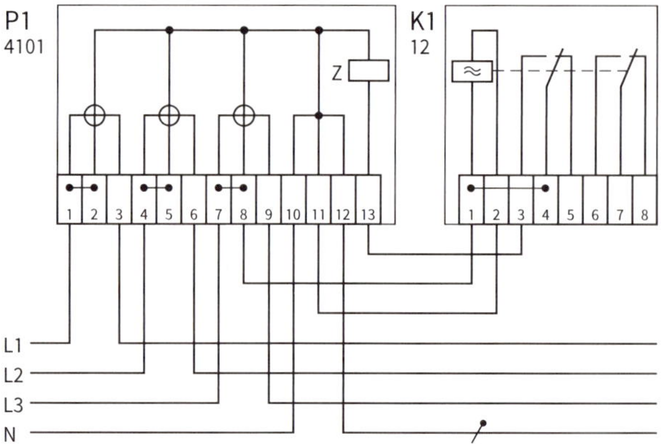

2: Zweitarif-Drehstromzähler P1 mit Rundsteuerempfänger K1

Da die Summe der Bemessungsleistungen der Geräte eine große Belastung für das Leitungsnetz ist, muss die Anlage beim zuständigen VNB beantragt werden. Der Kunde erhält die entsprechende **Genehmigung** zusammen mit einem Vertrag über die Lieferung von elektrischer Energie zum Niedrig-Tarif (z. B. von 22:00 bis 06:00 Uhr).

Der bisherige Eintarifzähler wird gegen einen **Zweitarifzähler** ausgewechselt, der mit dem Rundsteuerempfänger verbunden ist. Der VNB gibt die Verbindung von Zähler und Zusatzgerät vor. Die Abb. 2 zeigt eine mögliche Schaltung.

Montageorte

Bereits bei der Auswahl der **Speicherheizgeräte** wurden die **Montageorte** [*installation location*] ausgewählt. Grundsätzlich sind die Geräte an der kältesten Stelle eines Raumes anzubringen. In den meisten Fällen wird das unter einem Fenster sein.

Vorhänge oder Möbelstücke dürfen die Wärmeabfuhr nicht beeinträchtigen. In Abb. 3 sind übliche Maße für die Abstände angegeben. Die genauen Werte müssen den Montageanleitungen der betreffenden Speicherheizgeräte entnommen werden. Außerdem müssen Abstände zur Wand von mindestens 3 cm eingehalten werden, bei Holzwänden sogar 10 cm.

Damit die **Raumthermostate** ungefähr die mittlere Lufttemperatur des Raumes messen, sollten an der Befestigungsstelle

- keine starke Luftbewegung herrschen,
- keine direkte Sonneneinstrahlung vorhanden sein und
- keine Wärmequelle (z. B. Leuchten, Fernsehgerät o. Ä.) in der Nähe sein.

Die Objekte dürfen auch nicht in Regalen integriert sein. Man installiert sie zweckmäßigerweise bedienerfreundlich in der Nähe von sonstigen Schaltern in etwa 1,5 m Höhe.

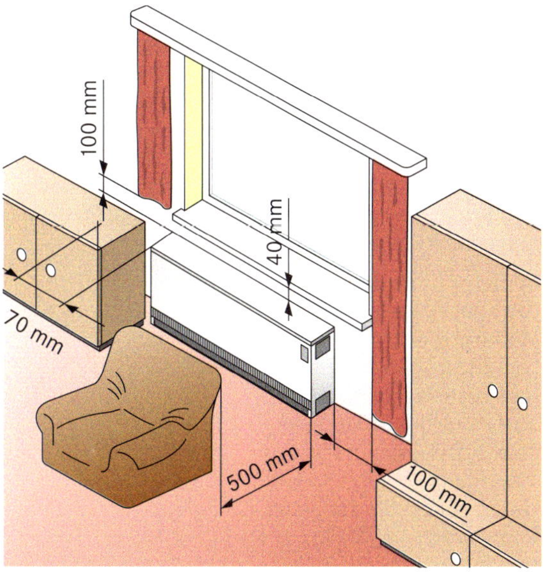

3: Abstände zu Speicherheizgeräten

Der **Witterungsfühler** wird an einer Außenwand des Gebäudes montiert. Es ist möglichst die Seite zu wählen, wo die meisten zu beheizenden Räume liegen und/oder wo die geringsten Witterungseinflüsse (z. B. Sonneneinstrahlung) auftreten. Um einwandfrei die Temperatur im Freien messen zu können, ragt der Fühler 1 cm aus der Wand. An den Installationsplatz werden noch weitere Anforderungen gestellt:

- Einbauhöhe mindestens 2,5 m über Erdboden
- Schutz vor Sonneneinstrahlung
- Nicht in der Nähe von Wärmequellen (z. B. Strahler)
- Abstand zu Öffnungen (z. B. Türen, Fenster, Luftkanälen)

Installation

Aus Transportgründen werden Gehäuse und Kerne häufig getrennt geliefert. Der Elektroniker muss die **Speicherheizgeräte** an Ort und Stelle zusammensetzen und verschalten. Die Hersteller liefern dazu genaue Montage- und Schaltanweisungen. Es muss für einen sicheren Stand gesorgt werden, deshalb werden die Speichergeräte mittels Abstandhalter an den Wänden befestigt.

Die Abb. 2 zeigt beispielhaft den Übersichtsschaltplan einer Anlage mit vier Speichergeräten. Die Geräte werden über flexible Leitungen (Abb. 4 ①) (H05VV-F5G1,5 und H05VV-F7G1,5) an die **Geräteanschlussdose** [*outlet box*] ② angeschlossen. Diese sind über die Leitungen ③ mit der Verteilung ④ und dem betreffenden Raumthermostaten ⑤ verbunden.

Bevor die Speicherheizgeräte mit den Wandauslassdosen verbunden werden, müssen noch die entsprechenden **Prüfungen** nach DIN VDE 0100-600 durchgeführt werden (vgl. Lernfeld 5).

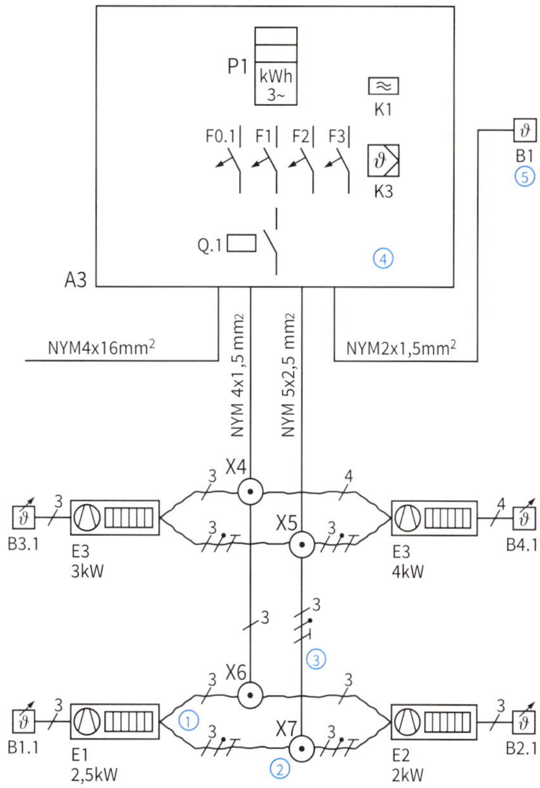

2: Speicherheizungsanlage mit vier Geräten (Übersichtsschaltplan)

Aufgaben

1. Begründen Sie, warum Speicherheizgeräte meistens unter dem Fenstersims aufgestellt werden sollen.
2. Mit welchem Abstand zu Holzwänden sollen Speichergeräte angebracht werden? Begründen Sie Ihre Anwort.
3. Nennen Sie drei Forderungen an den Montageort von Raumthermostaten.
4. Warum soll der Witterungsfühler nicht nach Süden gerichtet sein?

- Zur Ermittlung der Bemessungsleistungen von Speicherheizgeräten müssen Wärmebedarfsberechnungen durchgeführt werden.
- Nachtspeicherheizanlagen müssen vom zuständigen VNB genehmigt werden.
- Zur einwandfreien Wärmeabfuhr müssen Speicherheizgeräte frei aufgestellt sein.
- Raumthermostate werden meistens neben Türen installiert.
- Raumthermostate dürfen nicht in der Nähe von Wärmequellen angebracht werden.

Welche Prüfungen müssen durchgeführt werden?
Zuerst findet eine **Sichtprüfung** [*visual inspection*] statt. Hierbei wird überprüft, ob die

- richtigen Schutzorgane und Leiterquerschnitte installiert wurden,
- Leiterverbindungen und Zugentlastungen sicher hergestellt,
- Leitungen und Klemmen dauerhaft gekennzeichnet und
- Schaltungsunterlagen vollständig vorhanden sind.

Nach der Sichtprüfung wird die **Isolationswiderstandsmessung** vorgenommen. Hierzu werden die Stromkreise vom Netz getrennt. Außerdem wird das Steuergerät wegen der elektronischen Bauteile abgeklemmt, weil die Messung mit 500 V DC durchgeführt wird.

Gemessen werden die Widerstände zwischen

- jedem Außenleiter und Erde sowie dem Neutralleiter,
- Neutralleiter und Erde sowie
- den Außenleitern.

Die gemessenen Werte müssen über 0,5 MΩ liegen.

$$R_{iso} > 0{,}5\ \text{M}\Omega$$

Um sicheres Abschalten der Überstrom-Schutzorgane zu gewährleisten, müssen die Schleifenwiderstände klein sein. An den Geräteanschlussdosen werden deshalb **Schleifenimpedanzmessungen** durchgeführt, und zwar zwischen jedem Außenleiter und dem Schutzleiter. Die Messinstrumente geben dabei neben dem Widerstandswert auch die Kurzschluss-Stromstärke an. Ist diese 3 bis 5 Mal so hoch wie die Bemessungsstromstärke des betreffenden Leitungsschutz-Schalters, wird innerhalb von 5 s abgeschaltet. Somit ist der **Personenschutz** sichergestellt (vgl. LF 5).

$$I_K = 3 \text{ bis } 5 \cdot I_n$$

Inbetriebnahme

Bevor die Anlage übergeben wird, müssen die Nutzer genau in die **Handhabung** eingewiesen werden. Voraussetzung ist, dass die Kunden die grundsätzliche Wirkungsweise einer Nachtspeicherheizung kennen, nämlich

- **nachts** wird Wärme **gespeichert**, die
- **tagsüber** an die Räume **abgegeben** wird.

1: Zentralsteuergerät

Am **Zentralsteuergerät** [*central control unit*] (Abb. 1) werden Einstellungen vorgenommen. Dies sollte aber dem Fachmann überlassen bleiben. Der Elektroniker weist also daher besonders darauf hin.

Im Gegensatz dazu sind Einstellungen durch die Nutzer am **Raumthermostaten** und am **Laderegler** [*charge controller*] unbedingt erforderlich. Um die Raumtemperatur den Wünschen der Bewohner anzupassen, muss der Thermostat in jedem Raum entsprechend eingestellt werden. Wird der betreffende Raum nicht genutzt, z. B. nachts, sollte der Thermostat auf eine niedrige Temperatur eingestellt oder ausgeschaltet werden, um Energie zu sparen.

Werden Räume wenig genutzt, muss auch weniger Wärme gespeichert werden. Der Nutzer kann das am Speicherheizgerät durch Einstellung des **Ladereglers** (Abb. 2 ①) beeinflussen. Das Steuergerät verkürzt dadurch die Ladedauer für das betreffende Speichergerät (vgl. Kap. 10.3.2.1).

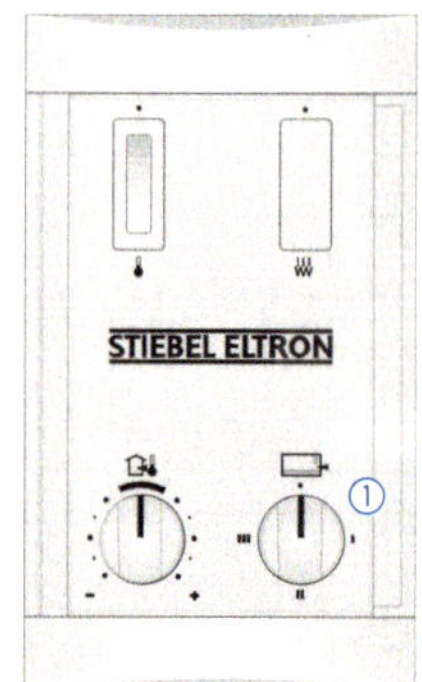

2: Bedienfeld eines Speicherheizgerätes

In diesem Zusammenhang muss der Elektroniker seinen Kunden darauf hinweisen, dass die Heizungsanlage ein **träges System** [*delayed system*] ist. Die Folgen von Einstellungsänderungen machen sich erst am nächsten oder übernächsten Tag bemerkbar.

Die Speicherheizgeräte geben ihre Wärme nicht nur mit Hilfe der Gebläse ab, sondern auch ständig über ihre Gehäuse.

Beim ersten Entladen der Speicherheizungen kann ein unangenehmer Geruch entstehen, weil fertigungsbedingte Schmutzteilchen im Inneren der Geräte verbrennen oder verdunsten. Die Räume sollten deshalb gut gelüftet werden.

Wartung

Eine Nachtspeicherheizung ist relativ **wartungsarm** [*low-maintenance*]. An den Gebläsen in den Speichergeräten sollte einmal jährlich eine Überprüfung vorgenommen werden. Wenn die Luftschlitze verstopft sind, erzeugen die Ventilatoren Geräusche und es ist nicht ausreichend Luft für die Wärmeabfuhr vorhanden.

- Speicherheizgeräte werden über flexible Leitungen an Geräteanschlussdosen angeschlossen.
- Speicherheizanlagen sind träge Systeme. Sie reagieren auf Einstellungsänderungen unter Umständen erst nach Tagen.
- Die Luftschlitze bei Speicherheizgeräten sollen jährlich einmal gereinigt werden.

10.4.3 Einbau von Lüftungsanlagen

Bei der Errichtung einer zentralen Lüftungsanlage sind viele Einzelheiten aus mehreren Gewerken zu beachten. Der Elektroniker muss gemeinsam mit dem Lüftungsbauer das Zentralgerät (Abb. 3) auswählen und installieren. Hierfür sind eine Reihe von Faktoren maßgebend, die nur aus der Kenntnis der gesamten Anlage erschlossen werden können.

Wir beschreiben die grundsätzliche Vorgehensweise unter Beachtung folgender Gesichtspunkte.

Welche Vorüberlegungen müssen angestellt werden?	⇒	**Vorbereitung**
Wo und wie werden die Objekte installiert?	⇒	**Montage**
Was geschieht nach der Inbetriebnahme?	⇒	**Wartung**

Vorbereitung

Um die Bemessungsleistung des Zentrallüftungsgerätes ermitteln zu können, muss die notwendige **Luftmenge** [*air volume*] berechnet werden. Dazu wird das Gesamtvolumen des Hauses benötigt. Um die Feuchtigkeit sicher aus den Räumen zu entfernen, soll die Raumluft 0,5 bis 0,8 Mal in der Stunde ausgewechselt werden. Aus diesen beiden Daten kann die benötigte Luftmenge berechnet werden. Diese ist auch maßgebend für den Querschnitt der Kanäle und die Größe der Ein- und Auslassventile.

Wie werden die Lüftungskanäle geplant?

Zuerst wird das Haus in drei Bereiche eingeteilt, in den

- **Abluftbereich** [*outlet air area*],
- **Zuluftbereich** [*supply air area*] und
- **Überströmbereich** [*overflow area*].

Zum **Abluftbereich** gehören Badezimmer, Toiletten und Küche sowie der Hauswirtschaftsraum. Hinzu kommen noch andere Räume mit großer Feuchtigkeit, z. B. eine Sauna.

Zum **Zuluftbereich** gehören Wohnzimmer, Schlafzimmer, Kinderzimmer, Arbeitszimmer, Gästezimmer u. Ä.

Alle anderen Räume bilden den **Überströmbereich**. Das sind Treppen, Flure, Abstellräume und andere selten genutzte Räume.

Aus den Bezeichnungen schließen wir, dass aus den Räumen mit hoher Luftfeuchtigkeit die Luft abgesaugt und in andere Räume Luft zugeführt wird. Dazwischen muss ein Ausgleich stattfinden können (Überströmbereich). Damit dieser möglich ist, müssen die Zimmertüren entsprechend vorbereitet sein. Entweder werden die Türblätter unten gekürzt (etwa 1 cm) oder es werden Schlitze in den Türen oder in den Wänden oberhalb angebracht. Dadurch wird der Luftaustausch gewährleistet.

3: Zentrallüftungsgerät

Für die gesamte Lüftungsanlage werden dann ein **Plan** und eine Liste aller benötigten Bauteile erstellt. Hierfür stellen die Hersteller Planungsprogramme zur Verfügung.

Montage

Beim Einbau der Lüftungsanlage müssen viele Details beachtet werden. Wir weisen hier nur auf Wesentliches hin, und zwar getrennt nach den Objekten.

Für den Aufstellungsort des **Zentrallüftungsgerätes** sind folgende Bedingungen zu beachten:

- Möglichst zentral, um kurze Rohrlängen zu erreichen.
- Frostfrei wegen des Kondenswassers.
- Gut zugänglicher Arbeitsbereich zum Filterwechsel.
- Kondenswasserabfluss muss möglich sein.

Um Schallübertragungen zu vermeiden, wird das Gerät auf **Schwingungsdämpfern** [*vibration damper*] gelagert und mit flexiblen Rohren an die Lüftungskanäle angeschlossen. Zur weiteren Verringerung der Schallausbreitung werden Rohrschalldämpfer verwendet.

Das Gerät wird über eine Anschlussleitung an eine Steckdose oder fest angeschlossen. Für die Absicherung genügt ein LS-Schalter der Charakteristik B, da keine hohen Anlaufströme auftreten. Die dazugehörende Regelung befindet sich in einem Schaltschrank. Dieser ist entweder in unmittelbarer Nähe des Zentrallüftungsgerätes oder in der Verteilung angebracht.

Die **Lüftungskanäle** [*ventilation ducts*] werden vorwiegend in Fluren untergebracht. Da in diesen Räumen die Raumhöhe nur 2,30 m sein muss, werden die Kanäle in abgehängten Decken montiert. Andere Möglichkeiten sind unausgebaute Dachböden, Kellerdecken, Wände oder auch im Estrich (Flachkanäle).

In allen Fällen müssen die Kanäle **schallgedämmt** sein. Das gilt besonders für die Befestigungen. Sie dürfen keine Schwingungen übertragen. Bei der Verwendung von Hartschaumrohren ist gleichzeitig auch eine ausreichende **Wärmedämmung** [*thermal insulation*] gewährleistet.

Die Kanäle müssen zur Verringerung des Luftwiderstandes innen glatt sein und dürfen keine Stoßstellen haben. Flexible Rohre sind deshalb nur für Anschlüsse geeignet. Außerdem sammelt sich Schmutz in den Rillen. Aber auch in glatten Rohren lagert sich im Laufe der Zeit Staub ab. Die Kanäle müssen daher regelmäßig gereinigt werden. Hierzu sind ausreichend **Reinigungsöffnungen** im Kanalsystem vorzusehen, die gut erreichbar sein müssen.

Wie werden die unterschiedlichen Luftmengen der Räume berücksichtigt?

Die Abb. 1 zeigt beispielhaft die Lüftungsanlage im Erdgeschoss eines Wohnhauses. Die einzelnen Räume haben unterschiedlich große Luftbewegungen, z. B.

- Küche: 60 m^3/h und
- WC: 20 m^3/h.

Je nach Luftmenge sind die Kanäle daher unterschiedlich groß ausgelegt.

Außerdem muss noch berücksichtigt werden, dass Lüftungskanäle, Anschlussstücke und Ventile dem Luftstrom Widerstand entgegensetzen. Es wird deshalb eine **Druckverlustberechnung** durchgeführt. Dazu werden aus Tabellen der Hersteller für die Einzelteile der Anlage die Druckverluste in Pa (Pascal) entnommen (Abb. 2).

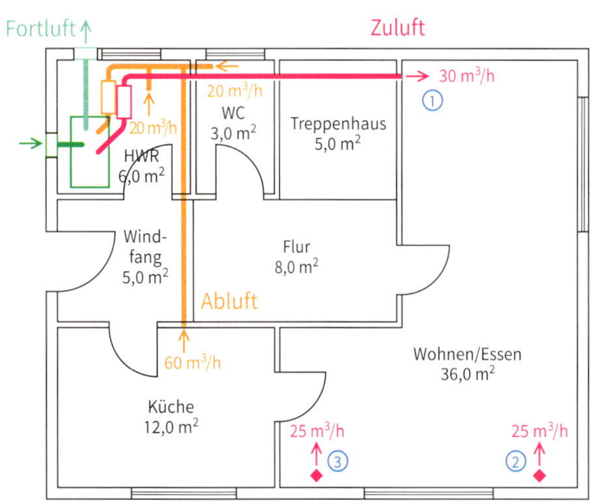

Raumhöhe: 2,50 m

1: Grundriss mit Lüftungskanälen

Bezeichnung	l in m	d in mm	$\dot{V}$ in m^3/h	R in Pa/m	Druckverluste in Pa
Rohr	1,2	125	160	1,5	1,8
Flexrohr	1,0	125	160	2,6	2,6
SD	0,6	125	160	1,8	1,1

2: Beispiele für Druckverlust

Aus der Zusammenfassung ergeben sich die Einstellwerte für die einzelnen Ventile an den Zu- und Abführungen, z. B. für Wohn-/Esszimmer ① ② ③. Damit werden die unterschiedlichen Luftströme eingestellt.

Bei der **Inbetriebnahme** der Anlage werden an allen Ventilen die Luftströme gemessen und bei Bedarf nachjustiert.

Wartung

Die unterschiedlichen Lebensgewohnheiten der Nutzer sind am Zentralgerät einstellbar. Sind z. B. bei einer Feier mehr Personen als sonst im Haus, kann auf einen höheren Luftaustausch umgeschaltet werden. Dies geschieht in der Regel mit einer Fernbedienung. Der Nutzer muss hierfür entsprechend eingewiesen werden.

In welchen zeitlichen Abständen die Lüftungskanäle gereinigt werden müssen, kommt auf die örtlichen Gegebenheiten und die Nutzung durch die Bewohner an. Um die **Reinigungsintervalle** [*cleaning intervals*] festzulegen, ist eine erste Überprüfung durch Mitarbeiter der installierenden Firma nach sechs Monaten sinnvoll.

Die Herstellerfirmen schreiben in ihren Bedienungsanleitungen für das Auswechseln der Filter bestimmte Zeiten vor. Diese Arbeiten werden von den Mitarbeitern der betreffenden Installationsfirma ausgeführt. Bei der Gelegenheit überprüfen die Wartungstechniker auch die Abflusseinrichtung für das Kondenswasser.

Aufgaben

1. Nennen Sie die Bedingungen für den Aufstellungsort und die Montage von Zentrallüftungsgeräten.
2. Berechnen Sie, wie oft pro Stunde die Luft der Küche (Abb. 1) gewechselt wird.

- Zentrallüftungsgeräte müssen an einem frostfreien Platz montiert werden.
- Von Zentrallüftungsgeräten darf kein Schall auf das Gebäude und die Lüftungskanäle übertragen werden.

10.5 Service

Von technischen Objekten und Systemen erwarten die Nutzer, dass sie möglichst lange benutzt werden können. Das gilt auch für Hausgeräte und -anlagen. Alle Geräte haben nur eine begrenzte Lebensdauer. Um diese zu verlängern, werden bestimmte Maßnahmen und Strategien angewendet.

Aus den dargestellten Bereichen in Abb. 3 besprechen wir in diesem Kapitel hauptsächlich die **Instandsetzung**. Damit nur wenige Reparaturen erforderlich sind, ist außerdem eine **Wartung** unerlässlich. In Kap. 10.4 wurde darauf bereits hingewiesen. Entsprechende Maßnahmen für einzelne Anlagen wurden erläutert.

Verbesserungen kommen vorwiegend bei gewerblichen Anlagen (vgl. Lernfeld 13) und bei der Haustechnik in der Form von Erweiterungen (z. B. Einbau eines weiteren Warmwassergerätes) vor. Darauf wird hier nicht eingegangen.

Die Bereiche Instandsetzung und Wartung werden als **Service** bezeichnet. Der zuständige Fachmann (Servicetechniker) muss die

- **Funktion** der Geräte kennen,
- **Fehler** lokalisieren,
- **Reparaturen** erledigen und
- **Prüfungen** durchführen.

Um seine Aufgaben erfüllen zu können, benötigt er sehr detaillierte Unterlagen für die Geräte und Anlagen. Das sind u. a. Funktionsbeschreibungen, Schaltpläne, Sollwertliste und Fehlerdiagnosepläne (Abb. 4). Häufig sind die Pläne nicht normgerecht dargestellt, weil sie entweder aus dem Ausland kommen oder im firmeneigenen Standard gezeichnet sind.

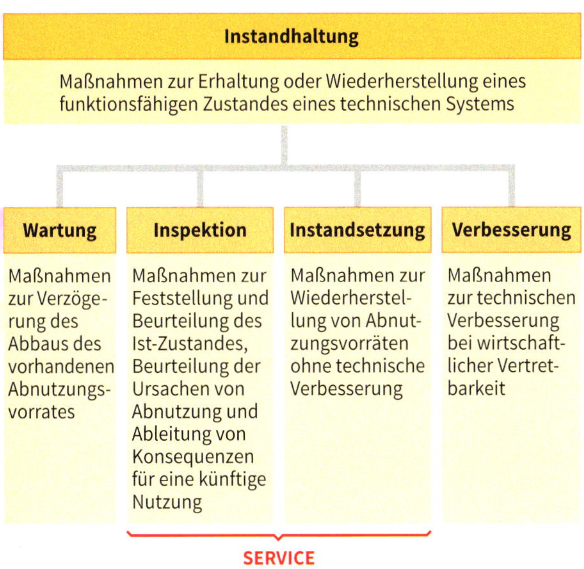

3: Instandhaltung (Übersicht)

4.4 AUSLAUFTEMPERATUR ZU NIEDRIG

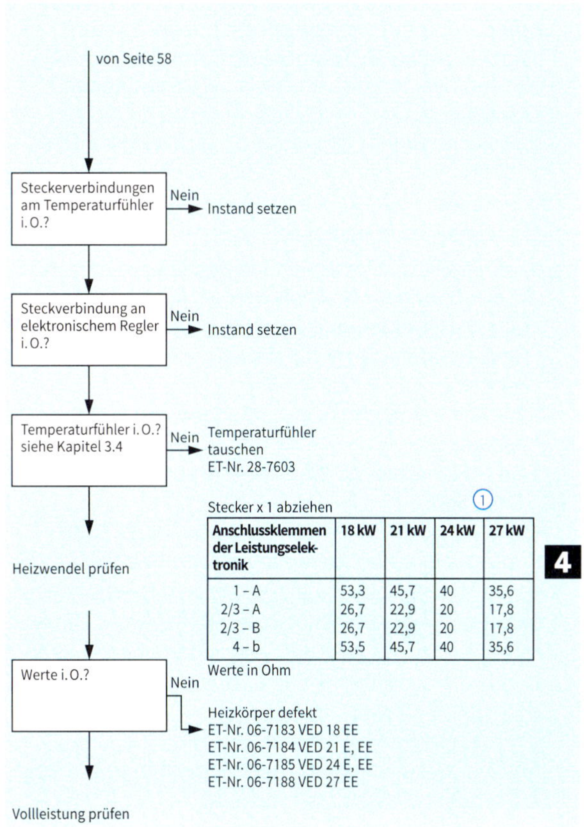

Anschlussklemmen der Leistungselektronik	18 kW	21 kW	24 kW	27 kW
1 – A	53,3	45,7	40	35,6
2/3 – A	26,7	22,9	20	17,8
2/3 – B	26,7	22,9	20	17,8
4 – b	53,5	45,7	40	35,6

4: Fehlerdiagnoseplan mit Sollwerten ①

10.5.1 Instandsetzen

Um eine sachbezogene **Reparatur** [*repair*] durchführen zu können, muss erst einmal das Fehlverhalten des Objektes oder der Anlage feststehen. Dann werden die Reparatur und anschließend die **Geräteprüfung** [*device test*] durchgeführt.

Wir beschreiben die Vorgehensweise in drei Schritten. Dabei wird zur Verdeutlichung jeweils auf einen Fehler bei einem Geschirrspüler Bezug genommen.

Wir markieren das mit einem grünen Balken.

Fehler feststellen

⇓

Reparieren

⇓

Prüfen

Fehler feststellen

Jeder Elektroniker hat aus seiner Erfahrung zur Fehlerermittlung seine eigene „Strategie" entwickelt. Dies gilt besonders für den Servicetechniker. Wir wollen hier aber eine grundsätzliche Vorgehensweise darstellen.

Zuerst wird eine **Vorprüfung** durchgeführt. Dabei beschreibt der Kunde die Fehlfunktion. Der Elektroniker stellt dazu gezielte Fragen, um die Umstände herauszufinden, die zum Fehler geführt haben. Er nimmt dann eine erste **Sichtkontrolle** [*visual inspection*] vor, und zwar möglichst in Gegenwart des Kunden. Es werden besonders die Teile untersucht, die als „Schwachstellen" bekannt sind, also häufige Fehlerorte sind.

Kunde: „Bei meinem Geschirrspüler wird das Wasser nicht mehr heiß."

Dann wird versucht das Gerät **in Betrieb** zu nehmen. Dabei muss darauf geachtet werden, dass

- alle nach **Bedienungsanleitung** [*user manual*] vorgeschriebenen Maßnahmen durchgeführt werden,
- die Schutzeinrichtungen vorhanden und funktionsfähig sind,
- im Fehlerfall kein gefährlicher Körperstrom fließen kann und
- durch mechanische Teile des Gerätes (z. B. Bohrmaschine) keine Gefährdung eintreten kann.

Das Gerät wird eingeschaltet und genau beobachtet. Oft geben ungewöhnliche Geräusche Hinweise auf den Fehler. Wichtig ist, dass das Gerät sofort abgeschaltet werden kann, wenn der Fehler eine Gefahr für den Menschen bedeutet.

Der Elektroniker schaltet den Geschirrspüler auf eine Reinigungsstufe. Nach einigen Minuten überprüft er die Wassertemperatur.

Meistens reicht die Vorprüfung nicht aus, sodass eine **systematische Fehlersuche** [*systematic fault locating*] durchgeführt werden muss. Hierfür gibt es zwei Möglichkeiten. Entweder nutzt der Servicetechniker eine Checkliste des Herstellers oder er geht nach der Teilsystem-Methode vor. Dabei wird das Betriebsmittel in mehrere Funktionseinheiten unterteilt. Diese werden dann nacheinander überprüft.

Der Elektroniker stellt mit Hilfe der Übersicht (Ausschnitt) fest, welche Bauteile für die Heizung maßgebend sind. Die markierten Objekte werden dann einzeln überprüft.

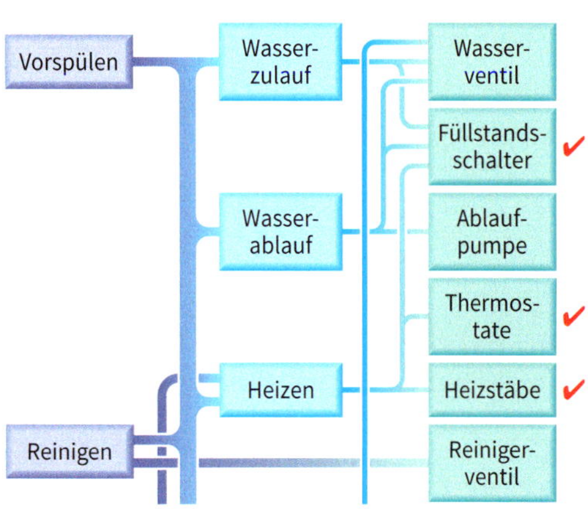

Reparieren

Der Mangel an dem betreffenden Objekt wird beseitigt. Sehr häufig geschieht das durch Auswechseln des fehlerhaften Teils. Vorher muss der Elektroniker noch eine Rentabilitätsprüfung anstellen. Er wird die Kosten für die Reparatur der Neuanschaffung des Gerätes gegenüberstellen. Der Kunde muss dann entscheiden, welche Maßnahme getroffen werden soll.

Die Heizstäbe werden ausgewechselt. Die Kosten für das Ersatzteil und die Arbeitszeit sind geringer als für den Kauf eines neuen Geschirrspülers.

10.5.2 Prüfen

Nach jeder **Instandsetzung** [*repair*] oder sonstigen **Änderung** [*modification*] eines elektrischen Gerätes muss eine Prüfung nach DIN VDE 0701-0702 durchgeführt werden. Die Reihenfolge der Prüfungsmaßnahmen ist darin vorgeschrieben. Zeigt eine Prüfung unzulässige Ergebnisse, darf die nächste nicht vorgenommen werden. Die betreffenden Werte werden in einem Prüfprotokoll festgehalten. Ein Exemplar dieser Unterlage erhält der Kunde.

Im Lernfeld 5 wurden im Rahmen der Prüfungen von Anlagen die Anforderungen an Prüfer und die Durchführung der verschiedenen Prüfungen besprochen. Wir beschränken uns daher hier auf eine Übersicht und Hinweise zu besonderen Maßnahmen bei Hausgeräten.

Alle Prüfungen bestehen aus den folgenden drei Bereichen.

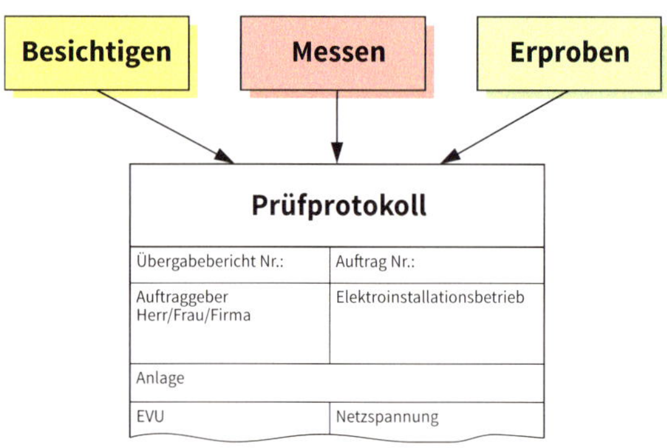

Besichtigen

Es wird überprüft, ob

- äußerliche Beschädigungen feststellbar,
- die Leiter richtig angeschlossen und
- alle Klemmen richtig festgeschraubt sind.

Besonderes Augenmerk wird dabei auf den Anschluss des **Schutzleiters** gelegt. Die **Zugentlastung** [*strain relief*] und die Einführung in die Gehäuse müssen überprüft werden. Beim Überprüfen von Klemmen und Leitungen sollten die Leitungen etwas bewegt werden. Es lassen sich dadurch eventuelle „Wackelkontakte" oder Bruchstellen erkennen.

Messen

Es werden grundsätzlich drei Größen gemessen:

- Schutzleiterwiderstand,
- Isolationswiderstand und
- Berührungsstromstärke.

Die Hausgeräte besitzen die Schutzklassen I, II oder III, deshalb werden auch unterschiedliche Messungen durchgeführt. Der Isolationswiderstand R_{iso} wird bei allen Geräten gemessen. Die Berührungsstromstärke I_{Ber} wird nur bei den Geräten der Schutzklasse I und II festgestellt. Bei den Geräten mit Schutzleiter wird der betreffende Widerstand R_{PE} überprüft. Die Abb. 1 zeigt eine Übersicht zu den Messungen in der vorgeschriebenen Reihenfolge.

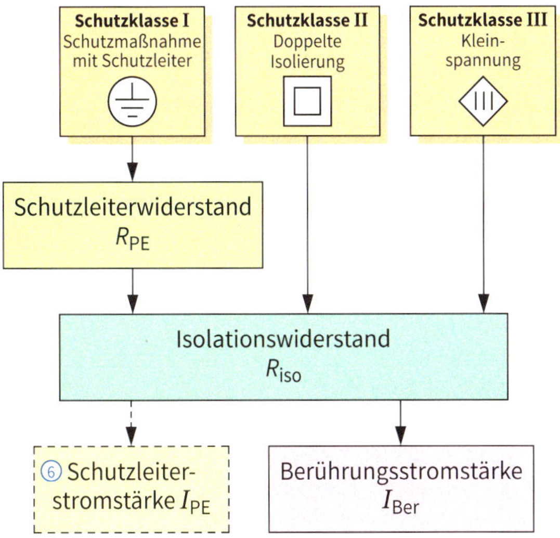

1: Zuordnung Messungen/Schutzklassen

Wie wird der Schutzleiterwiderstand gemessen?

Der **Schutzleiterwiderstand** [*grounding conductor resistance*] wird zwischen dem Gehäuse ① und dem Schutzkontakt des Gerätesteckers ② gemessen (Abb. 2). Bei Geräten mit Anschlussleitungen bis 5 m darf er maximal 0,3 Ω betragen, für jede weiteren 7,5 m dürfen noch 0,1 Ω hinzukommen. Insgesamt ist aber nur ein Wert von maximal 1 Ω erlaubt. Treten beim Bewegen des Schutzleiters Widerstandsänderungen auf, ist der Leiter beschädigt oder nicht einwandfrei angeschlossen.

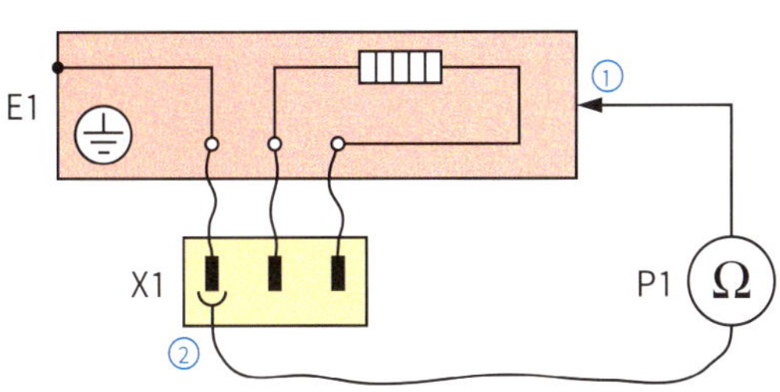

2: Messen von R_{PE}

Wie wird der Isolationswiderstand festgestellt?

Zwischen allen Leitern (Außenleiter, Neutralleiter, Schutzleiter) muss der Widerstand gemessen werden. Die Prüfspannung beträgt dabei mindestens 500 V DC. Die Geräte werden dazu vom Netz getrennt. Hier ist besonders auf elektronische Betriebsmittel zu achten. Zur Vereinfachung können die Außenleiter parallel geschaltet werden (Abb. 3 ③ ④).

Da die Geräte der Schutzklassen II und III keinen Schutzleiter besitzen, werden die leitfähigen Gehäuseteile zur Messung verwendet ⑤.

Je nach Schutzklasse des Gerätes müssen unterschiedliche Mindestwerte (Abb. 4) eingehalten werden, z. B. bei Schutzklasse II R_{iso} > 2 MΩ.

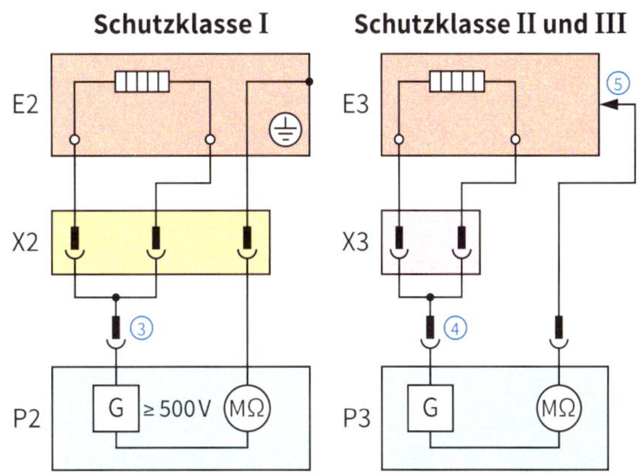

3: Messung des Isolationswiderstandes

Kann der Wert bei einem Gerät mit Heizwiderstand nicht eingehalten werden, muss als Ersatz die **Stromstärke im Schutzleiter** (Abb. 1 ⑥) gemessen werden. Hierfür gelten dann die Werte in Abb. 5, z. B. bei Heizleistung von 3,5 kW der Wert 3,5 mA. Der Strom I_{PE} wird je nach Ausrüstung des Prüfgerätes direkt oder als Differenzstromstärke gemessen. Während der Messung muss der Prüfling gegen Erde isoliert sein.

Schutzklasse	Gerät mit Heizelement	Isolationswiderstand
I	ja	0,3 MΩ
I	nein	1 MΩ
II		2 MΩ
III		0,25 MΩ

4: Isolationswiderstandswerte

Heizleistung	Schutzleiterstromstärke
≤ 3,5 kW	3,5 mA
> 3,5 kW	1 mA/kW

5: Grenzwerte des Schutzleiterstromes

Wie wird die Berührungsstromstärke gemessen?
Um eine gefährliche Spannung gegen Erde an Metallteilen eines elektrischen Gerätes zu verhindern, wird die Berührungsstromstärke vom leitfähigen Gehäuse (Abb. 1 ①) zur Erde ② gemessen.

Dabei wird das Gehäuseteil geprüft, das nicht mit dem Schutzleiter verbunden ist. Zumindest dieser Teil muss gegen Erde isoliert ④ sein, weil sonst das Messgerät überbrückt wird. Alle Verbindungen zum Erdpotenzial, wie Wasser-, Antennenanschluss u.A., müssen deshalb aufgetrennt werden.

Ein innerer Widerstand des Messgerätes von 2 kΩ ③ simuliert den Widerstand des Menschen. Die Berührungsstromstärke darf nicht größer als 0,5 mA sein.

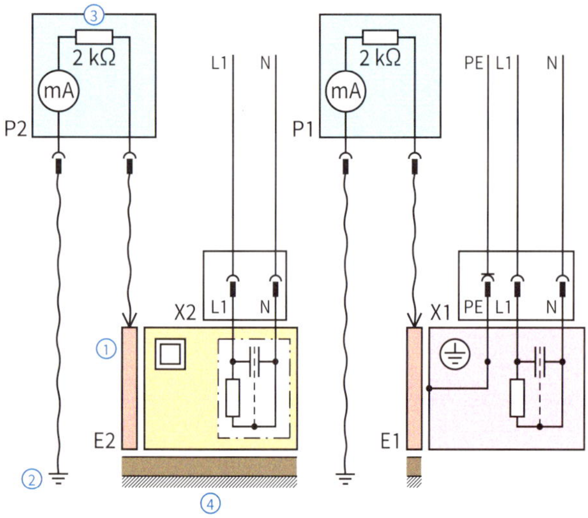

1: Messschaltungen für I_{Ber}

Alternativ zur Messung der Berührungsstromstärke kann auch die Ersatzableitstromstärke gemessen werden. Die Schaltung für ein Gerät der Schutzklasse I zeigt die Abb. 2.

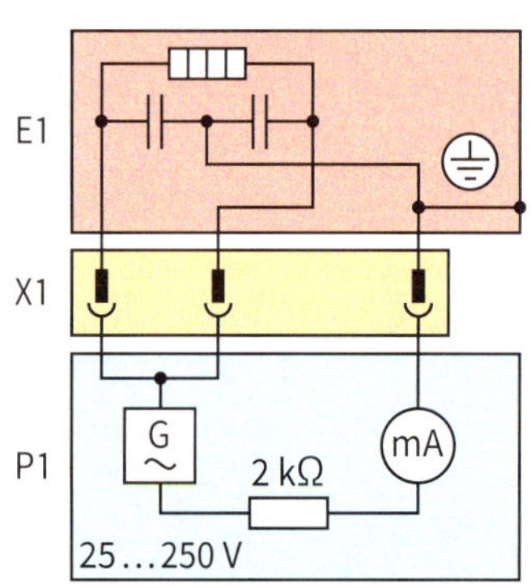

2: Ableitstrommessung

Erproben

Zum Abschluss werden alle Funktionen des reparierten Gerätes überprüft. Das sollte möglichst in Gegenwart des Kunden erfolgen. Bei der Gelegenheit wird auch das Prüfprotokoll übergeben und erläutert. Im Sinne der Kundenbindung ist wichtig, dass der Kunde die Telefonnummer des Service-Unternehmens erhält.

3: Messung der Berührungsstromstärke

Aufgaben

1. Stellen Sie fest, welche Baugruppen im Geschirrspüler beim Wasserablauf wesentlich sind.
2. Welche Kostenabwägung müssen Sie vor einer Reparatur durchführen?
3. Nennen Sie drei Bestandteile der Prüfung nach DIN VDE 0701-0702.
4. Welche drei Punkte müssen Sie beim Besichtigen reparierter Objekte beachten?
5. Warum ist für Geräte der Schutzklasse III nur eine Messung vorgeschrieben?
6. Wie lang dürfte bei Ausschöpfung der Höchstwerte des Schutzleiter-Widerstandes eine Anschlussleitung sein?
7. Wie groß darf die Schutzleiterstromstärke bei einem Herd von 10,5 kW höchstens sein?

- Unter Service wird Warten und Instandsetzen verstanden.
- Zum Feststellen von Fehlern werden häufig Checklisten der Hersteller benutzt.
- Vor einer Reparatur ist eine Rentabilitätsprüfung vorzunehmen.
- Nach jeder Reparatur ist das Gerät nach DIN VDE 0701-0702 zu prüfen.
- Bei allen Geräten ist nach der Reparatur eine Isolationswiderstands-Messung durchzuführen.
- Bei den Geräten mit Schutzleiter und den schutzisolierten Geräten muss nach der Reparatur die Berührungsstromstärke überprüft werden.

10.6 Planen von Beleuchtungsanlagen

Eine sanierungsbedürftige Beleuchtungsanlage und steigende Energiekosten sind der Anlass für einen Industriebetrieb, die Beleuchtung in einer **Montagehalle** *[assembly hall]* (Abb. 4) und im Verwaltungsbereich (Abb. 5) zu erneuern.

4: Montagehalle mit LED-Lichtbandleuchten

5: Büro-Arbeitsplatzbeleuchtung

10.6.1 Energie sparen

Angepasste Beleuchtungssysteme

Für die Projektierung der Beleuchtungsanlagen spielen wirtschaftliche Betrachtungen wie Energieeinsparung durch neue Beleuchtungssysteme eine wichtige Rolle.

Besonders in Betrieben, in denen durch lange Betriebszeiten (z. B. nachts) künstliche Beleuchtung erforderlich ist, haben sich energiesparende Beleuchtungsanlagen schnell amortisiert.

Vergleich von Anschaffungs- und Energiekosten

Für die Gesamtkosten von Beleuchtungsanlagen mit hohem Nutzungsgrad sind die Kosten für Lampen (Lichtquellen bzw. Leuchtmittel) bzw. Leuchten (Lampe mit Gehäuse bzw. Reflektor) im Vergleich zu den Energie-kosten niedrig, z. B. über zehn Jahre gesehen.

Eine teure LED- oder Energiesparlampe hat sich im Vergleich zu einer Glühlampe gleicher Beleuchtungsstärke in kurzer Zeit amortisiert und damit langfristig Kosten gespart (Abb. 6).

Die folgende Auflistung verdeutlicht weitere Möglichkeiten, mit welchen Objekten und **Beleuchtungssystemen** *[lighting systems]* Energie eingespart werden kann.

- Auswahl der **Leuchtmittel**
  - LED-Lampen oder Kompaktleuchtstofflampen
  - LED-Röhren anstelle T5-Leuchtstofflampen (Dreibanden-Leuchtstofflampen) bzw. T8-Leuchtstofflampen (vgl. Kap. 10.6.4.3)
- Auswahl des **Leuchtentyps**
  - Direkt statt indirekt strahlende Leuchte wählen, wobei der Lichtstrom von der Leuchte direkt auf den Arbeitsbereich gelenkt wird.
  - Einsatz von Spiegelreflektoren und Lamellenrastern statt matter Materialien in Wannenleuchten.
- **Lichtsteuergeräte**
  - Elektronische Vorschaltgeräte (EVGs) statt verlustarmer Vorschaltgeräte (VVGs)
- **Beleuchtungssteuerungen und -regelungen**
  - Manuelle Ansteuerung mit Dimmern
  - Tageslichtabhängige Regelung durch Lichtsensoren
  - Anwesenheitsabhängige Steuerung durch Präsenzmelder (vgl. Kap. 10.6.5)

Folgende Tabelle zeigt, wie Energiekosten durch den Einsatz von LED-Lampen eingespart werden können. Als Kosten werden 0,28 Euro/kWh, Anschaffungskosten für LEDs und die fachgerechte Entsorgung der Quecksilbergehalte eingesetzt. Der gesamte Kostenvergleich bezieht sich auf ein Jahr.

	Glühlampe	**Halogenlampe**	**Energiesparlampe**	**LED**
Helligkeit (Lumen)	1000 lm	1000 lm	1000 lm	1000 lm
Leistungsaufnahme	75 Watt	53 Watt	15 Watt	12 Watt
Stromverbrauch bei 1000 h/Jahr	75 kWh	53 kWh	15 kWh	12 kWh
Stromkosten	21,00 €	14,84 €	4,20 €	3,36 €
Kaufpreis	0,50 €	3 €	9 €	15 €
Lebensdauer	1 Jahr	2 Jahre	10 Jahre	25 Jahre
Gesamtkosten über 10 Jahre	215 €	163 €	51 €	40 €
Quecksilberemission pro Jahr	0,67 mg	0,40 mg	0,33 mg	0,11 mg

6: Anschaffungs- und Energiekostenvergleich

Wenn Leuchtstofflampen auf LED-Technik umgerüstet werden (Abb. 1), zeigt die Vergleichsrechnung (Abb. 2) eine erhebliche Stromkostenersparnis. Aufgrund der Betriebsdauer der LED-Röhren von ca. 50 000 h empfiehlt sich eine Umrüstung. Vor der Umrüstung sind die Angaben des Herstellers in Bezug auf die Auswahl der Vorschaltgeräte, z. B. EVG, zu beachten.

1: Umrüstung auf LEDtube (LED-Röhre)

Vergleichsrechnung der LED gegenüber einer konventionellen Lösung	**Leuchtstofflampe 58 W**	**MASTER LEDtube UE 21,5 W**
Lampenleistung	58 W	21,5 W
Stromverbrauch/Jahr	232 kW	86 kW
Stromkosten/Jahr	46,40 €	17,20 €
Ersparnis Stromkosten/Jahr [1]		**29,90 €**

[1] Berechnungsgrundlage: Strompreis 0,20 €/kWh, Brenndauer 4000 Std. pro Jahr (siehe Tabelle: 58 W – 21,5 W = 26,5 W, Ersparnis: 29,90 €)

2: Stromkostenvergleich

Für die Planung der Beleuchtungsanlagen stehen verschiedene Computerprogramme zur Verfügung (z. B. **DIALux**). Sie werden von vielen Lampen- und Leuchtenherstellern mit Planungsdaten unterstützt.

Um Beleuchtungsanlagen planen zu können, müssen folgende Angaben zum Raum gemacht werden:

- Abmessungen wie Länge, Breite und Höhe,
- Reflexionsgrad: Wände, Decke und Boden,
- Art der Tätigkeiten und
- spezielle Anforderungen an Leuchten und deren Steuerung bzw. Regelung.

Die Leuchten können dann aus verschiedenen Herstellerkatalogen ausgewählt werden.

10.6.2 Einflussgrößen

DIN EN 12464-1 schreibt für die **Beleuchtungsplanung** *[lighting planning]* von Arbeitsstätten in verschiedenen Arbeitsbereichen bestimmte Gütemerkmale vor (Abb. 3). Weiterhin enthält die Norm eine Vielzahl von Bestimmungen zur Beleuchtungsplanung, u. a. spezielle Anforderungen für Tätigkeiten z. B. in den Bereichen

- Elektroindustrie,
- Industriebetriebe für Metallverarbeitung und
- Büroräume mit Bildschirmarbeitsplätzen.

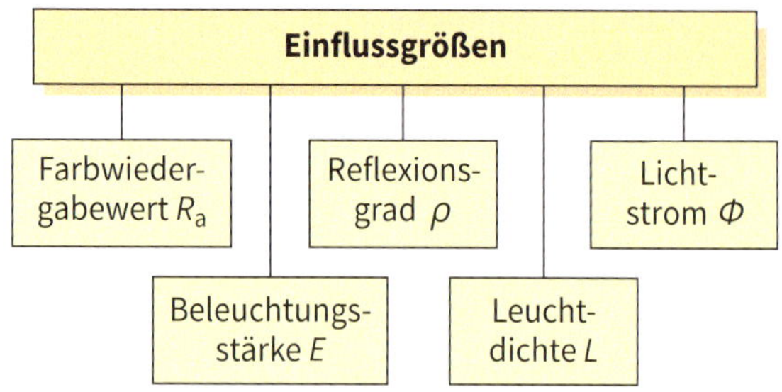

3: Gütemerkmale

Farbwiedergabewert
Bei Arbeiten an bestimmten Einsatzorten (z. B. Arbeiten in Druckereien) sollten die verwendeten Leuchten eine möglichst korrekte Farbwahrnehmung ermöglichen (vergleichbar dem Tageslicht). Ein Maß für die Farbwiedergabe einer Lichtquelle ist der **Farbwiedergabewert R_a**. Für feine Montagearbeiten sieht die Norm mindestens den Wert $R_a = 80$ vor. Die Tabelle (Abb. 4) enthält Lampenarten, mit denen unterschiedliche R_a-Werte erreicht werden können.

R_a-Wert	**Lampenart**
> 97	LED-Lampen
≥ 90	spezielle Leuchtstofflampen, Kompaktleuchtstofflampen, Glühlampen, Halogen-Metalldampflampen
80 – 90	Dreibanden- und Kompaktleuchtstofflampen, Halogen-Metalldampflampen
70 – 80	Standard-Leuchtstofflampen (universalweiß)
60 – 70	Standard-Leuchtstofflampen hellweiß, Halogen-Metalldampflampen
40 – 60	Standard-Leuchtstofflampen (warmton)
20 – 40	Natriumdampf-Hochdrucklampen
< 20	Natriumdampf-Niederdrucklampen (in Arbeitsstätten verboten)

4: R_a-Bereiche

Lichttechnische Größen

Der **Lichtstrom Φ** *[luminous flux]* ist die gesamte Strahlung, die von einer Lichtquelle in alle Richtungen abgegeben wird.

Einheit: lm (Lumen)

Die **Lichtstärke I** *[luminous intensity]* ist der Teil des Lichtstroms, der im Raumwinkel ω kegelförmig in eine bestimmte Richtung strahlt.

Einheit: cd (Candela)

$$I = \frac{\Phi}{\omega}$$

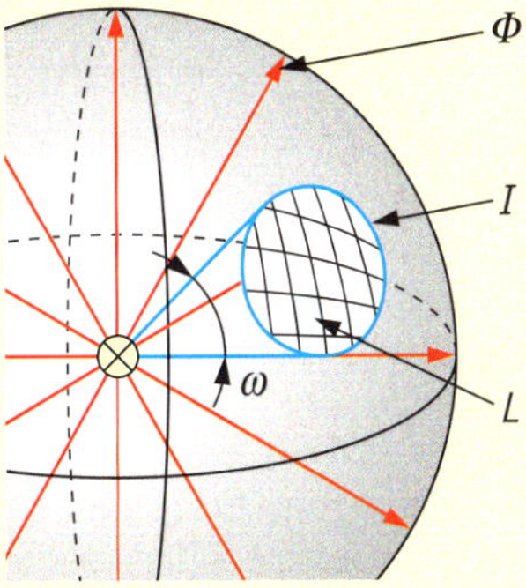

Die **Leuchtdichte L** *[luminance]* ist die Lichtstärke bezogen auf den strahlenden Flächenausschnitt.

$$L = \frac{I}{A} \qquad \text{Einheit: } \frac{\text{cd}}{\text{m2}}$$

Die Lichtstärkeverteilung im Raum ist dreidimensional und wird durch die **Lichtstärkeverteilungskurve** (**LVK**) *[light distribution curve]* dargestellt. Sie zeigt die räumliche Verteilung der Lichtstärke von Leuchten und wird im Polardiagramm als Lichtstärkewert in cd/1000 lm dargestellt.

LVKs werden von Leuchtenherstellern individuell für jede angebotene Leuchte angegeben.

Die **Beleuchtungsstärke E** ist der Lichtstrom bezogen auf die beleuchtete Fläche.

$$E = \frac{\Phi}{A}$$

$$\text{Einheit: } \frac{\text{lm}}{\text{m2}} = \text{lx}$$

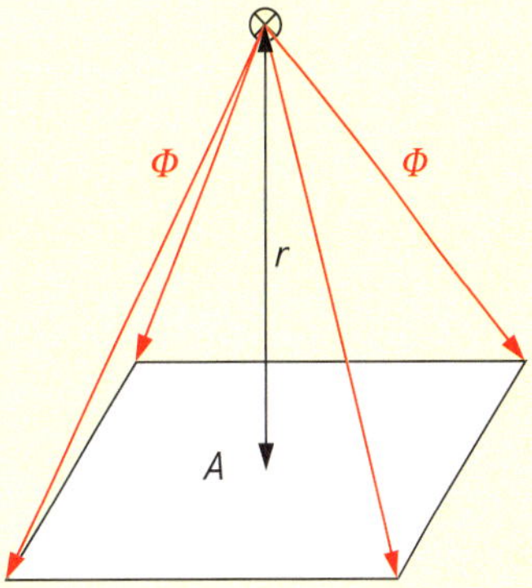

Die **mittlere Beleuchtungsstärke $\bar{E}$** ist der Mittelwert der Beleuchtungsstärken, die an festgelegten Punkten im Raum gemessen werden.

Der **Farbwiedergabewert R_a** *[colour rendering index]* ist ein Maß für die Übereinstimmung der gesehenen Farbe eines Gegenstandes mit dem Aussehen bei Beleuchtung durch eine Lichtquelle (bei $R_a = 100$ originalgetreue Farbwiedergabe durch die Lichtquelle).

Die **Lichtausbeute η** *[luminous efficiency]* ist der abgestrahlte Lichtstrom bezogen auf die aufgenommene Lampenleistung.

$$\eta = \frac{\Phi}{P} \qquad \text{Einheit: } \frac{\text{lm}}{\text{W}}$$

Der **Leuchtenbetriebswirkungsgrad η_{LB}** ist der von einer Leuchte ausgestrahlte Lichtstrom bezogen auf die Summe der Lichtströme der Lampen, die in der Leuchte betrieben werden (Herstellerangaben beachten).

Der **Wartungsfaktor WF** berücksichtigt die Verschmutzung und Alterung der Leuchten sowie die Verschmutzung des Raumes.

Beleuchtungsstärke

Einen wichtigen Einfluss auf die Sehleistung bei bestimmten Arbeiten an der Werkbank oder im Büro hat die Beleuchtungsstärke. Sie sollte deshalb unabhängig vom Alter der Beleuchtungsanlage einen vorgeschriebenen Wert nicht unterschreiten. Die Skala für **erforderliche Beleuchtungsstärken** reicht von

- 1 lx z. B. für Flucht- und Rettungswege an Arbeitsplätzen bis
- 5000 lx und mehr z. B. für bestimmte medizinische Bereiche wie in OP-Räumen.

Der Mindestwert für die Beleuchtungsstärke an ständig besetzten Arbeitsplätzen beträgt 200 lx. Laut DIN EN 12464-1 sind mittlere Beleuchtungsstärken für bestimmte Arbeitsplätze vorgeschrieben (Abb. 5).

E in lx	Tätigkeiten
500	Montagearbeiten in einer Elektrowerkstatt, z. B. Arbeiten an Schalttafeln Schreibarbeiten im Büro, z. B. Datenverarbeitung am PC
750	Arbeiten in einer Elektronikwerkstatt, z. B. Messen und Prüfen
1500	Arbeiten in einer Metallwerkstatt, z. B. präzise Montage von Bauteilen

5: Beleuchtungsstärken und Tätigkeiten

Die Beleuchtungsstärke sollte an Arbeitsplätzen gleichmäßig sein. Dabei müssen zu hohe Beleuchtungsstärken vermieden werden, da diese eine Blendung verursachen. Um Blendeffekte zu vermeiden, sollten größere Beleuchtungsstärkeverhältnisse als etwa 10:1 zwischen Arbeitsfläche und weiter entfernten Flächen im Gesichtsfeld vermieden werden. Folgende Angaben nach Abb. 1 müssen z. B. für einen Büroarbeitsplatz beachtet werden.

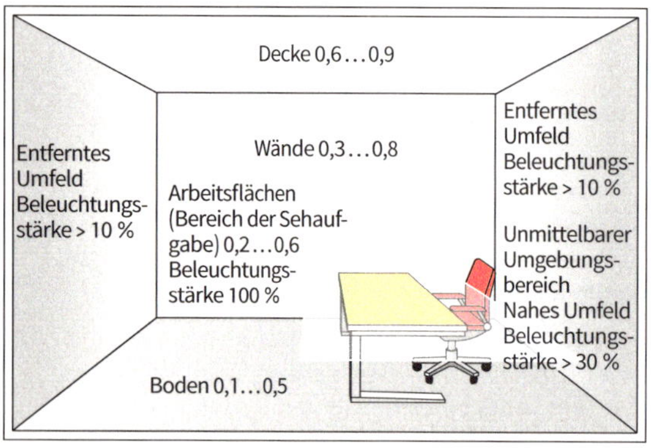

1: Beleuchtungsstärken und Reflexionsgrade

Reflexionsgrad [*reflection coefficient*]

Die Beleuchtungsstärke am Arbeitsplatz hängt u. a. von den **Reflexionsgraden** der Umgebung ab. Farben von Flächen im Sehbereich von Personen, also Decke, Wände und Boden, sind so zu wählen, dass eine angenehme Beleuchtungsstärkeverteilung im Raum entsteht (Abb. 2). Sind die Beleuchtungsstärke und Farbunterschiede zu gering, dann bewirken sie einen monotonen Raumeindruck.

Der **Reflexionsgrad** ρ ist das Verhältnis von reflektiertem Lichtstrom Φ_Z zum einfallenden Lichtstrom Φ, der von der Lichtquelle auf die Arbeitsfläche auftrifft. Für Montageflächen, also Oberflächen von Arbeitstischen und Werkbänken, liegt der Reflexionsgrad je nach Farbe zwischen den Werten 0,09 und 0,5.

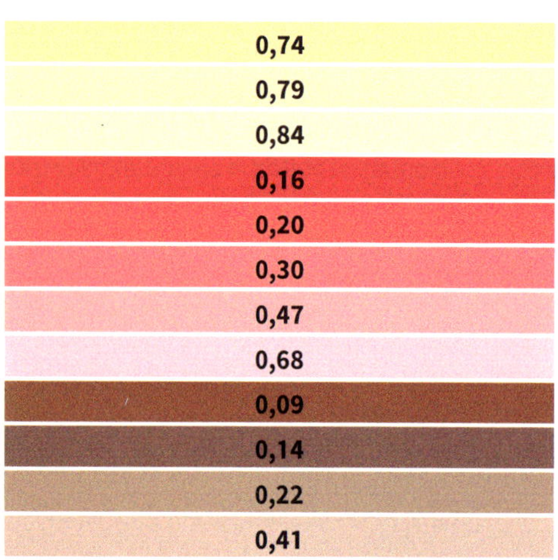

2: Farbskala für ρ (Auszug)

Beleuchtungsanlagen für Raumbereiche

Bei der Beleuchtung von Arbeitsplätzen wird zwischen drei Bereichen unterschieden (Abb. 3). Neben der **Grundbeleuchtung** [*basic lighting*], z. B. Leuchtstofflampen oder LED-Röhren als Deckenleuchten. sind zusätzliche Lichtquellen für bestimmte Arbeitsbereiche, z. B. LED-Lampen oder Kompaktleuchtstofflampen erforderlich.

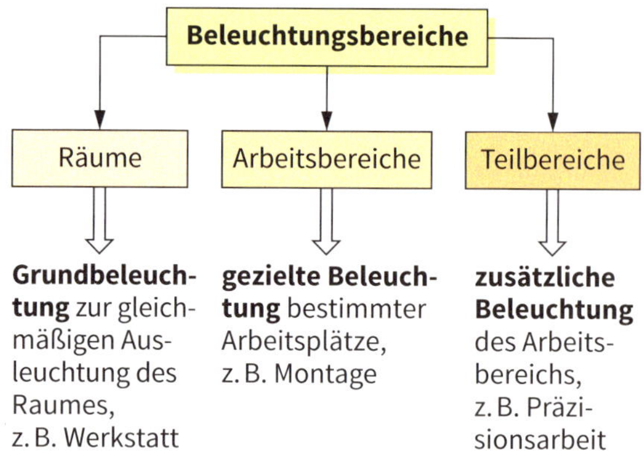

3: Beleuchtungsbereiche

Welchen Einfluss hat die Leuchtenauswahl?

Je nach Montage und Leuchtenart wird zwischen verschiedenen Beleuchtungsarten unterschieden. Darunter ist die Richtung des Lichtstromes zu verstehen, der von einer Lichtquelle abgestrahlt wird.

- **Direkte Beleuchtung** (Abb. 4)
  Hier wird vom Leuchtmittel der Lichtstrom direkt auf den Arbeitsbereich gelenkt (z. B. in Lagerhallen).

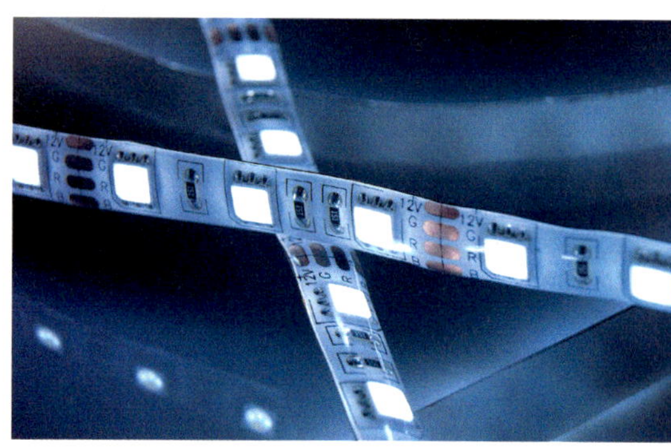
4: Direkte Beleuchtung mit LED-Strip

- **Indirekte Beleuchtung** (Abb. 5)
  Um Blendungen z. B. in Hallenbädern zu vermeiden, wird über Lampen an den Wänden der Lichtstrom durch Reflexion an Wänden und Decke auf den Tätigkeitsbereich gelenkt. Der von den Leuchten abgestrahlte Lichtstrom Φ nach oben ist hier um ein Vielfaches größer als nach unten. Indirekte Beleuchtung erfordert jedoch eine höhere Leistung der Beleuchtungsanlage und verursacht dadurch höhere Energiekosten.

5: Indirekte Beleuchtung einer Treppe

- **Direkte-indirekte Beleuchtung**
  Bei dieser Beleuchtungsart wird der Lichtstrom sowohl direkt als auch indirekt durch Reflexionen auf den Arbeitsbereich gelenkt (z. B. in Büro- und Konferenzräumen).

Durch die direkte-indirekte Beleuchtung wird ein größerer Spielraum in Bezug auf die räumliche Anordnung der Arbeitsplätze als bei der **Direktbeleuchtung** [*direct lighting*] erreicht. Diese Beleuchtungsart bewirkt eine bessere Leuchtdichteverteilung und Atmosphäre als bei direkter oder indirekter Beleuchtung. Die Raumdecke sollte zur besseren Reflexion einen hellen Farbton besitzen.

Kennzeichnung von Betriebsmitteln		
bis 12.04.2012	neu nach EN 60598-1: 2008	
Zeichen		**Einsatzort**
Montage auf normal entflammbaren Baustoffen		
	keine	**Anbauleuchten**: – geeignet
 oder Warnhinweis	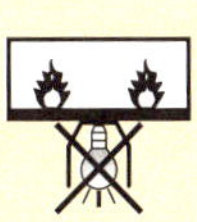	– **nicht** geeignet
 Zusätzlich Warnhinweis		**Einbauleuchten**: – geeignet, nicht mit Wärmedämmung bedecken
	keine	– geeignet, auch mit Wärmedämmung bedecken
 oder Warnhinweis		– **nicht** geeignet

6: Kennzeichnung und Einsatz von Leuchten

10.6.3 Kennzeichen von Leuchten

Schutzzeichen

Bei der Planung von Beleuchtungsanlagen sind die Leuchten so auszuwählen, dass bei normalem Betrieb und im Fehlerfall (z. B. Wassereinbruch) kein Schaden entstehen kann. Die Hersteller kennzeichnen den Sicherheitszustand der Betriebsmittel durch bestimmte Zeichen wie z. B. für

- die Schutzklassen I, II oder III und
- den Berührungs-, Fremdkörper- und Wasserschutz (**IP** = **I**nternational **P**rotection).

Das dargestellte **Leuchtenprüfzeichen** gibt u. a. an, dass die Leuchten

- den Anforderungen der europäischen Prüfstellen entsprechen (hier 10 = Nummer der Prüfstelle),
- die Brandschutzmaßnahmen und
- die Bestimmungen der Arbeits- und Unfallverhütungsvorschriften eingehalten werden.

Für Beleuchtungsanlagen und die Auswahl von Leuchten müssen verschiedene Angaben je nach Einsatzort (Abb. 6) beachtet werden:

- Zulässige **Gebrauchslage**,
- **Brandverhalten** des verwendeten Materials und der Montageflächen sowie
- **Mindestabstand** zu brennbaren Materialien.

Aufgaben

1. Beschreiben Sie anhand von vier Beispielen, wie durch spezielle Auswahl von Leuchten bzw. Beleuchtungssystemen Energie gespart werden kann.
2. Was versteht man unter dem Farbwiedergabewert?
3. Für bestimmte Tätigkeiten sind Mindestwerte von Beleuchtungsstärken vorgeschrieben. Wählen Sie dazu vier Beispiele aus und geben Sie den Wert für die Beleuchtungsstärke an.

- Energiekosten können durch geeignete Leuchtmittel, Leuchten, Lichtsteuergeräte, Beleuchtungssteuerungen und Beleuchtungsregelungen gespart werden.
- Bei der Planung von Beleuchtungsanlagen müssen vorher die Abmessungen des Raumes, die Reflexionsgrade, Art der Tätigkeiten im Raum und spezielle Anforderungen an die Leuchten festgelegt werden.
- Für die Beleuchtungsstärken an Arbeitsplätzen gelten Mindestwerte laut DIN EN 12464-1.
- Die Lenkung des Lichtstromes an Arbeitsplätzen kann durch direkte, indirekte und direkte-indirekte Beleuchtung beeinflusst werden.

10.6.4 Lampenarten

In **Beleuchtungsanlagen** können verschiedene Arten von Leuchten installiert sein. Die einzelnen Lampenarten (Abb. 1) mit ihren typischen Eigenschaften werden deshalb auf ihren möglichen Einsatz im Produktionsbereich und Büro einer Firma untersucht.

Beispiele	Lampenarten
Werkraum	**LED** in der Deckenleuchte, **LED-Röhren** im Arbeitsbereich
Büro	**LED** mit Netzspannung in der Schreibtischleuchte, **Halogen-Niedervoltlampen** zur Raumbeleuchtung
Flur	**Kompaktleuchtstofflampe** in der Wandleuchte
WC	**LED** in der Deckenleuchte, **Leuchtröhre** in der Spiegelleuchte
Kellerraum	LED-Röhren
Außenanlage	**Halogen-Metalldampflampe** für Hofbeleuchtung, **LEDs** für Markierungsbeleuchtung von Fahrwegen

1: Lampen mit Anwendungen

10.6.4.1 Glühlampen

In Räumen, in denen nur kurzzeitig Leuchten eingeschaltet werden, sind Glühlampen als Lichtquelle immer noch geeignet. Der dünne, einfach oder doppelt gewendelte Wolframdraht wird beim Betrieb auf eine Temperatur bis 2700 °C erhitzt. Wegen der hohen Wärmeentwicklung werden Glühlampen auch als **Temperaturstrahler** bezeichnet. Es wird ca. 90 % der elektrischen Energie in Wärme umgesetzt. Die Lichtausbeute ist deshalb gering. Die Betriebsstundenzahl beträgt ca. 1000 h.

In der **EU-Verordnung** von 2009 werden unter anderem Mindestanforderungen an Haushaltslampen gestellt. Glühlampen mit niedriger Energieeffizienz (Klasse E, F und G) sowie Halogen-Glühlampen (Klasse E) werden nach folgendem Stufenplan nicht mehr hergestellt:

- 01.09.2009: mattierte Glühlampen und 100 W-Glühlampen
- 01.09.2010: 75 W-Glühlampen
- 01.09.2011: 60 W-Glühlampen
- 01.09.2012: 25 W- und 40 W-Glühlampen
- 01.09.2018: Produktion von Halogen-Glühlampen für 230 V eingestellt.

10.6.4.2 Halogenlampen

Halogenlampen sind eine Weiterentwicklung der Glühlampe. Sie werden für Netz- und Kleinspannung gebaut (Abb. 2) und haben einen höheren Wirkungsgrad als Glühlampen. Ihre Lichtausbeute ist höher und die Betriebsdauer doppelt so hoch, also ca. 2000 h.

Eine spezielle Bauform sind die so genannten **IRC**-Niedervoltlampen (**I**nfra-**R**ed-**C**oating) mit einer Wärme reflektierenden Kolbenbeschichtung. Sie besitzen die gleiche Lichtstärke wie normale Halogenlampen, haben jedoch einen geringeren Energiebedarf. Diese Lampen haben eine Lichtausbeute bis zu 26 lm/W und eine Betriebsdauer von ca. 4000 h.

Die Halogenlampen sind ebenfalls Temperaturstrahler. Im Innern des Glaskolbens befindet sich ein **Schutzgas** *[protective gas]* (meistens Argon). Dieses verhindert das Verbrennen des Glühdrahtes. Da diese Lampen kleiner sind als Glühlampen gleicher Leistung, kann der Gasdruck im Inneren erhöht werden. Dies bewirkt, dass das Wolfram des Glühfadens langsamer verdampft. Die Lebensdauer der Lampen erhöht sich. Zusätzlich zum Schutzgas befinden sich Halogene (Brom- oder Jodverbindungen) im Glaskolben.

In Niedervoltlampen wird das Licht stark gebündelt. Bestimmte Flächen, z. B. Ausstellungsgegenstände und Arbeitsplätze, können punktgenau beleuchtet werden. Die Kleinspannungen (SELV) werden mit **Sicherheitstransformatoren** *[safety isolating transformer]* erzeugt (Abb. 3).

Beim **Auswechseln von Halogenlampen** darf der Glaskolben nicht mit den Fingern berührt werden, weil sich durch den Fingerabdruck z. B. fetthaltige Teilchen auf dem Glas ablagern. Im Betrieb wird an der Glasoberfläche eine Temperatur von ca. 250 °C erreicht, die dann zum Einbrennen der Rückstände führt. Die Lichtausbeute wird dadurch beeinträchtigt.

Eigenschaften der Halogenlampen:

- Hohe Lichtausbeute
- Lange Lebensdauer
- Konstant bleibender Lichtstrom
- Kleinere Abmessungen als bei Glühlampen
- Dimmen von 230 V-Lampen und Niedervolt-Lampen möglich

- **Netzspannung** (230 V)
- **Kleinspannung** (6 V, 12 V, 24 V)

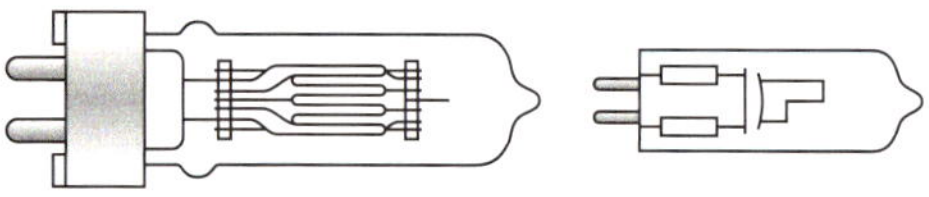

2: Halogenlampen

Netzaufbau für Niedervolt-Halogenlampen

Zur Beleuchtung in Ausstellungsräumen und Geschäften werden oft Niedervolt (NV)-Lampen verwendet, um z. B. mit einem Schienensystem die Leuchten nach Bedarf zu platzieren (Abb. 4). Um die Anlage bei Kurzschlüssen auf der Niederspannungsseite zu schützen, müssen die Transformatoren (Abb. 3)

- durch eine **Schutzeinrichtung** auf der Primärseite gesichert werden oder
- **kurzschlussfest** sein.

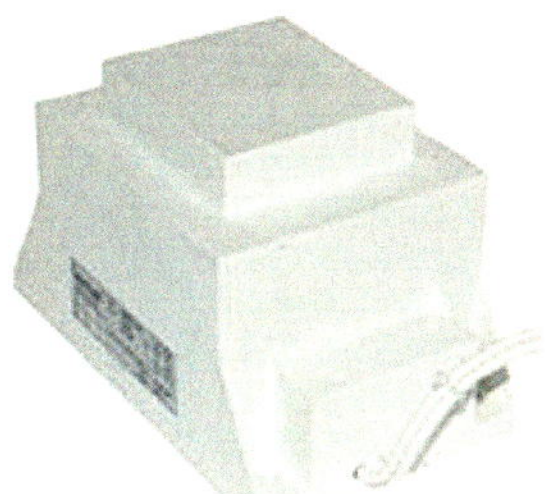

3: Sicherheitstransformator

Leiterquerschnitt und Leitungslänge

Im Vergleich zu einer Lampe an 230 V fließt bei einer NV-Lampe an 12 V bei gleicher Leistung ein 19-fach höherer Strom. Dies hat Folgen für die Installation von NV-Lampen im Hinblick auf Anschlussleitung oder Schiene und Klemmen. Die im Handel erhältlichen Leuchten-Sets enthalten alle für die NV-Anlage erforderlichen Materialien mit ausreichenden Abmessungen. Der Packung liegt eine Gebrauchsanweisung bei, die Verwendungs-, Sicherheits- und Montagehinweise enthält. Technische Daten auf der Verpackung beschreiben die Einzelteile der Anlage wie z. B.

- Transformator (230 V/12 V; 120 VA) mit flexibler Anschlussleitung (1,5 m) und Flachstecker,
- sechs NV-Leuchten (je 20 W),
- Zwischenleitung vom Transformator zum Steckverteiler,
- Steckverteiler mit Steckanschlüssen für sechs NV-Leuchten und
- Anschlussleitungen für Leuchten mit Steckern.

Der Leiterquerschnitt und die Leitungslängen müssen so bemessen sein, dass der Spannungsfall niedrig ist. Alle Niedervoltlampen erreichen dann fast ihre volle Leistung, sodass sich auch der Lichtstrom der Lampen nur wenig verringert.

4: NV-Schienensystem

Maximale Leitungslängen –
sternförmige Verlegung, gewählter Spannungsfall 4 %, 12 V

P in VA	***I*** in A	**Abstand vom Transformator** 1 m	2,5 m	5 m	10 m	15 m
		Leiterquerschnitt in mm²				
20	1,7	1,5	1,5	1,5	1,5	2,5
50	4,2	1,5	1,5	2,5	4,0	–
100	8,3	1,5	2,5	4,0	–	–
150	12,5	1,5	2,5	–	–	–

5: Spannungsfall und Leitungslängen

Aus der Tabelle in Abb. 5 können die Werte für maximale Leiterlängen und Leiterquerschnitt entnommen werden, wenn z. B. mit einem Spannungsfall von 4 % gerechnet wird. Nach DIN VDE 0100-715 soll der Spannungsfall zwischen Transformator und der am weitesten installierten Leuchte nicht größer als 5 % der Bemessungsspannung sein.

Niedervolt-Systeme

Wenn NV-Halogenlampen an freihängenden Leitungen, den **Trägerleitungen** oder **Stromschienen** [*busbars*], angeschlossen werden, können die Lampen parallel und hintereinander auf einer Doppelleitung angeordnet werden. Auch bei dieser Netzform verringert sich die Lampenspannung mit größer werdender Entfernung vom Sicherheitstransformator.

Den geringsten Spannungsfall erhält man, wenn nach dem Transformator in der Mitte der Beleuchtungsanlage ein Verteiler X1 installiert wird (Abb. 6). Die Leitungslängen zu den Lampen sind dann ungefähr gleich lang. Die Lampenspannung verringert sich nur wenig, weil der Spannungsfall klein ist. Auch die Leiterquerschnitte vom Verteiler zu den einzelnen Lampen können kleiner sein als bei den vorher beschriebenen Systemen. An allen Lampen liegt ungefähr die gleiche Betriebsspannung.

Eine weitere Einflussgröße auf die Betriebsspannung der NV-Halogenlampen sind die **Schwankungen der Netzspannung**. Es gelten folgende Abhängigkeiten:

$230\ \text{V} \downarrow (225\ \text{V}) \Rightarrow 12\ \text{V} \downarrow (11{,}7\ \text{V}) \Rightarrow \Phi \downarrow \Rightarrow \eta \downarrow$

$230\ \text{V} \uparrow (235\ \text{V}) \Rightarrow 12\ \text{V} \uparrow (12{,}3\ \text{V}) \Rightarrow \Phi \uparrow \Rightarrow \eta \uparrow$

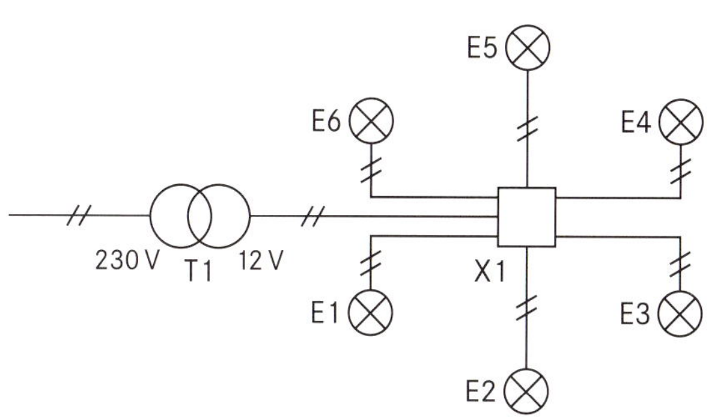

6: NV-Lampen im Strahlennetz

LED-Lampen statt NV-Halogenlampen

Eine weitere Möglichkeit zur Energieeinsparung bietet die Umrüstung auf LED-Lampen (Abb. 1). Beim **Umrüsten** [*retrofitting*] der NV-Halogenlampen auf LED-Lampen müssen folgende Eigenschaften der Betriebsmittel beachtet werden. Sind z. B. drei NV-Halogenlampen von je 35 W installiert, wird ein entsprechender Halogen-Transformator mit einer Bemessungsleistung von 105 VA benötigt. Ein solcher Transformator kann nicht für den Betrieb der drei LED-Lampen verwendet werden, da dieser Transformator mit einer Mindestlast von 20 bis 35 W belastet werden muss. Bei Ersatz durch drei LED-Lampen von je 3,5 W liegt eine Gesamtleistung von 10,5 W vor. Diese Leistung ist zu niedrig. Eine bessere Alternative (längere Betriebsdauer) zum Ersatz der drei NV-Halogenlampen durch drei LED-Lampen bietet der Einsatz eines geeigneten LED-Transformators mit einer Mindest-Bemessungsleistung von 1 bis 12 W.

Vor der Umrüstung sind die Herstellerangaben z. B. für die Dimmbarkeit der LED-Lampen zu beachten.

1: Umrüsten: LED-Lampe statt Halogenlampe

Aufgaben

1. Warum werden Glühlampen als Temperaturstrahler bezeichnet?
2. Wie wird das Verbrennen des Wolframfadens bei Halogenlampen verringert?
3. Warum haben Halogenlampen eine höhere Lebensdauer als Glühlampen? Begründen Sie die Antwort mit Hilfe des Kreisprozesses.
4. Worauf ist beim Auswechseln von Halogenlampen zu achten?

- Glühlampen und Halogenlampen sind Temperaturstrahler, bei denen das Licht durch einen glühenden Wolframdraht erzeugt wird.
- Halogenlampen haben eine höhere Lichtausbeute als Glühlampen.
- Bei Halogenlampen wird das Verdampfen des Wolframfadens durch höheren Gasinnendruck und Halogene verhindert.
- Der Spannungsfall in NV-Anlagen hängt von dem Leiterquerschnitt und der Leiterlänge ab.

10.6.4.3 Leuchtstofflampen

Leuchtstofflampen [*fluorescent lamps*] waren die am meisten eingesetzten Lampen zur Deckung des Lichtbedarfs. Die Lampen haben einen niedrigen Gasinnendruck (**Niederdrucklampen**). Leuchtstofflampen enthalten eine Edelgasfüllung aus Argon und Krypton mit etwas Quecksilber, die durch **Gasentladung** [*gas discharge*] zum Leuchten gebracht wird. Wegen des Quecksilberanteils müssen Leuchtstofflampen als Sondermüll entsorgt werden (vgl. Kap. 10.6.4.6).

Bauformen

Leuchtstofflampen werden mit verschiedenen Durchmessern gebaut, z. B. in der

- **T5-Form** (*d* = 16 mm) als Dreibanden-Leuchtstofflampe („Dreiband", d. h. drei ausgewählte Spektralbereiche im blauen, grünen und roten Bandbereich).

Die häufig eingesetzten stabförmigen Dreibanden-Leuchtstofflampen haben verbesserte Eigenschaften als z. B. Standard-Leuchtstofflampen. Sie besitzen eine höhere Lichtausbeute von 93 lm/W und eine verkürzte Lampenlänge. Der Rückgang des Lichtstromes nach einer Brenndauer von 10 000 Stunden beträgt nur ca. 8 %, bei Betrieb mit EVGs nach 20 000 Betriebsstunden ca. 12 %. Das Mischungsverhältnis des Dreibandenleuchtstoffes beeinflusst den Farbton des Lichtes. Die unterschiedlichen Lichtfarben der Leuchtstofflampen werden durch die Zusammensetzung der Leuchtschicht hervorgerufen. Sie befindet sich auf der Innenseite der Glasröhre.

Lichterzeugung in der Leuchtstofflampe (Abb. 2)

1. Der Strom bringt die Wendel zum Glühen ①.
2. Aus der Wendel treten Elektronen aus (Elektronenemission).
3. Es erfolgt das Zünden des Gases durch die hohe Spannung des Vorschaltgerätes. Das Gas wird leitend ②.
3. UV-Strahlen werden bei Gaszündung erzeugt.
5. UV-Strahlen werden von der Leuchtschicht ③ (Leuchtstoff) in sichtbares Licht umgewandelt.

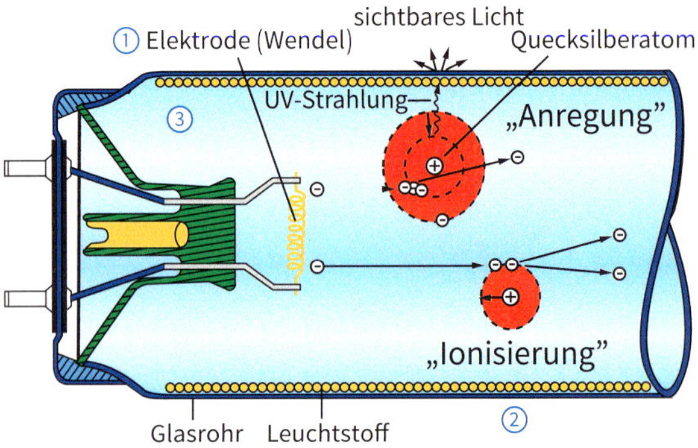

2: Gasentladung und Lichtentstehung

Kennziffer	Bedeutung	Anwendungen
11, 12	tageslichtweiße Lichtfarbe (tw)	Innenbeleuchtung
21, 22	neutralweiße Lichtfarbe (nw)	Arbeitsstätten
31, 32	warmweiße Lichtfarbe (ww)	Wohnbereich
72	ähnlich dem Sonnenlicht (Biolux)	Büros

3: Kennziffern bei Leuchtstofflampen

Kennzeichnung einer Leuchtstofflampe

Leuchtstofflampen besitzen auf der Außenseite u. a. die Angabe zur Lichtfarbe (Abb. 3). Bei den **Kennziffern** [*code numbers*] gibt es weitere Zwischenstufen, die eine gewünschte Farbe hervorheben. Sie werden von den jeweiligen Lampenherstellern festgelegt.

Bauformen von Kompaktleuchtstofflampen

Diese Lampen werden in drei Bauformen gebaut (Abb. 4 und 5). Weil Kompaktleuchtstofflampen geringere Abmessungen als Leuchtstofflampen besitzen, hat ihr Einsatzbereich stark zugenommen. Wegen der niedrigen Anschlussleistungen und der **Energieersparnis** gegenüber Glühlampen werden diese Lampen z. B. in ständig beleuchteten Räumen eingesetzt.

Lampentyp	P in W	η in lm/W	R_a
2-Rohrlampe	18 bis 80	67 bis 75	80 bis 89
4-Rohrlampe	18 bis 36	61 bis 78	
2D-Lampe	10 bis 55	65 bis 71	

4: Bauformen

Vorschaltgeräte

Zum Betrieb von bestimmten Lampen sind außer Leitungen, Schaltern, Fassungen usw. zusätzliche **Betriebsmittel** notwendig. Sie schützen die Lampen vor Zerstörung durch zu hohe Spannung, die z. B. bei der **Zündung** [*triggering*] entsteht. Die folgenden Vorschaltgeräte werden verwendet:

- **Konventionelle Vorschaltgeräte (KVGs)**
  Sie bestehen aus einer Spule, sodass ein induktiver Widerstand und ein Wirkwiderstand vorhanden sind. Der induktive Widerstand bewirkt eine Phasenverschiebung, sodass eine **Blindstromkompensation** [*reactive current compensation*] erforderlich wird (Reihen- oder Parallelkompensation je nach VNB-Bestimmungen), siehe Kap. 10.7.1. Der Wirkwiderstand der Spule verursacht den Leistungsverlust (P_{KVG}: Verlustleistung; P_L: Lampenleistung).
  $P_L = 26\text{ W}, P_{KVG} = 6\text{ W} \Rightarrow P_L + P_{KVG} = 32\text{ W}$
- **Verlustarme Vorschaltgeräte (VVGs)**
  Diese sind verbesserte KVGs, bei denen durch Legieren und Vergrößern des Eisenkerns die Verlustleistung verkleinert wird.
  $P_L = 26\text{ W}, P_{VVG} = 4\text{ W} \Rightarrow P_L + P_{VVG} = 30\text{ W}$
  Nachteile der KVG/VVG:
  Bei induktiven Vorschaltgeräten (KVG, VVG) und der Frequenz 50 Hz vergeht relativ viel Zeit zwischen zwei Nulldurchgängen der Wechselspannung.
  ⇒ Die Lampe verringert ihre Helligkeit. Ein Dimmen ist nicht möglich.
- **Elektronische Vorschaltgeräte (EVGs)**
  Sie erreichen bei einer Betriebsfrequenz von ca. 25 kHz eine höhere Lichtausbeute. Dies lässt sich folgendermaßen erklären:
  Bei EVGs wird die Katode bis zur Emissionstemperatur vorgeheizt. Dann wird das Gas in der Lampe mit einer festgelegten Zündspannung gezündet. Wegen der hohen Frequenz ist die Zeit zwischen den Nulldurchgängen der Wechselspannung klein, sodass das Gas ionisiert bleibt.
  ⇒ Die Lampe braucht nicht neu gezündet zu werden.
  $P_L = 26\text{ W}, P_{EVG} = 2\text{ W} \Rightarrow P_L + P_{EVG} = 28\text{ W}$

2-Rohr-Lampen

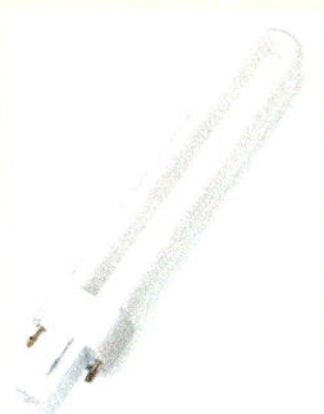

Lampen mit Zwei-Stift-Sockel
- Eingebautes Vorschaltgerät (VVG, EVG)
- Lichtfarbe: ww, nw, tw
- Lebensdauer: ca. 8-fach im Vergleich zu Glühlampen

Lampen mit Vier-Stift-Sockel
- Ohne eingebauten Starter
- Betrieb mit EVG, Abb. 2, nächste Seite
- Lichtfarbe: ww, nw, tw
- Lebensdauer: ca. 10-fach im Vergleich zu Glühlampen
- Anwendung z. B. auch in Batterie- und Solaranlagen

5: Bauformen von 2-Rohr-Lampen

Vorteile elektronischer Vorschaltgeräte

- Keine Spannungsspitzen durch Wiederzünden, deshalb Verlängerung der Betriebsdauer der Lampen von z. B. 8000 h auf etwa 12000 h.
- Flackerfreier Sofortstart ⇒ kein stroboskopischer Effekt
- Keine Lichtschwankungen durch Spannungsschwankungen im Netz.
- Keine Kompensation erforderlich, da keine induktive Last vorhanden.
- Anwendung auch in Notbeleuchtungsanlagen mit Gleichspannungsbetrieb möglich, wenn EVG geeignet.

Kompaktleuchtstofflampen

Diese Lampen sind eine Sonderbauform von Leuchtstofflampen mit kleineren Abmessungen und niedrigeren Leistungen (3 W bis 30 W). Sie besitzen im Vergleich zu den Glühlampen bei gleicher Leistung etwa die 8-fache Betriebsdauer und eine ca. 12-fach größere Lichtausbeute.

Bei dieser Bauform von Kompaktleuchtstofflampen ist das Vorschaltgerät bereits in die Lampe eingebaut (Abb. 1). Es versorgt die Lampe mit Wechselstrom höherer Frequenz (Hochfrequenzbetrieb: 25 kHz bis 70 kHz). Dadurch ergeben sich folgende Vorteile:

- flackerfreier Sofortstart,
- flimmerfreier Betrieb,
- hohe Schaltfestigkeit, d. h. häufiges Ein- und Ausschalten ist möglich,
- längere Lebensdauer.

Ein Nachteil ist, dass diese Lampen nicht sofort die volle Lichtstärke erreichen.

Kompaktleuchtstofflampen haben eine warmweiße Lichtfarbe, die mit der Lichtfarbe von Glühlampen vergleichbar ist.

Eine Kennziffer wird hier nicht angegeben. Ihr Farbwiedergabeindex R_a liegt zwischen 80 bis 89, sodass eine fast originalgetreue Farbwiedergabe erfolgt.

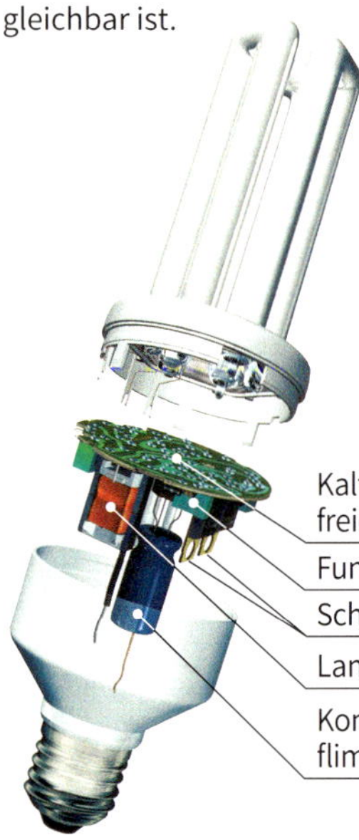

1: Aufbau einer Kompaktleuchtstofflampe

Kompensation von Leuchtstofflampen

Im Gegensatz zum KVG, das eine induktive Belastung und eine größere **Phasenverschiebung** [*phase shift*] bewirkt, entsteht beim Einsatz von EVGs nur eine kleine Phasenverschiebung ($\cos \varphi \approx 0{,}95$). Deswegen ist eine Kompensation nicht erforderlich.

EVGs (Abb. 2) verursachen jedoch einen nichtsinusförmigen Stromverlauf. Diese Verzerrungen werden durch Oberschwingungen beschrieben. Da der Oberschwingungsgehalt des Netzstromes durch nationale und internationale Vorschriften eingegrenzt ist, bauen die Hersteller in die EVGs **Filter** ein.

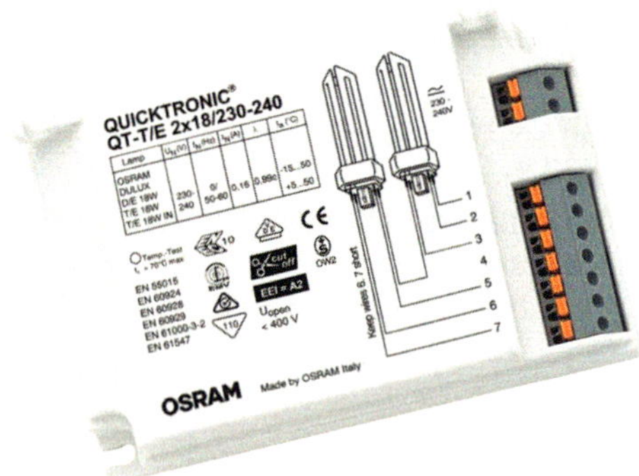

2: EVG einer Kompaktleuchtstofflampe

Aufgaben

1. Warum werden Leuchtstofflampen als Entladungslampen bezeichnet?
2. Beschreiben Sie die Erzeugung des sichtbaren Lichtes bei Leuchtstofflampen.
3. Berechnen Sie die Lichtausbeute folgender Lampen. Vergleichen Sie die Ergebnisse.
   a) Glühlampen: 60 W/730 lm; 100 W/1380 lm; 150 W/2220 lm
   b) Leuchtstofflampen: 5 W/250 lm; 18 W/1100 lm
   c) Kompaktleuchtstofflampen: 9 W/600 lm; 11 W/900 lm

- Die Leuchtschicht auf der Innenseite der Glasröhre wandelt UV-Licht in sichtbares Licht um.
- Die Kennziffern bei Leuchtstofflampen geben die Lichtfarbe an. Sie werden von den Herstellern festgelegt.
- Leuchtstofflampen müssen mit einem Vorschaltgerät installiert werden.
- Kompaktleuchtstofflampen benötigen im Vergleich zu Glühlampen bei gleicher Helligkeit nur 20 % bis 25 % der elektrischen Energie.
- EVGs bewirken einen flackerfreien Betrieb und verlängern die Betriebsdauer der Lampen.
- Leuchtstofflampen mit EVGs erfordern keine Kompensation.

Haustechnik

10.6.4.4 Hochdrucklampen

Zur Beleuchtung von Außenanlagen, Ausstellungs- und Industriehallen werden wegen ihrer **hohen Lichtausbeute** und langen Betriebsdauer meistens **Hochdrucklampen** [*high-pressure lamps*] eingesetzt. Die höhere Lichtausbeute dieser Lampen wird durch einen erhöhten Gasinnendruck erreicht. Er ist bis zu 10 Pa (Pascal) höher als bei den übrigen Gasentladungslampen. Zu den Hochdrucklampen (Abb. 4) gehören u. a. die

- Halogen-Metalldampflampen (Abb. 3) und
- Natriumdampf-Hochdrucklampen (Abb. 5).

Halogen-Metalldampflampen

Wegen des hohen Innendrucks und hoher Temperaturen wird in diesen Lampen keine UV-Strahlung sondern direkt sichtbares Licht erzeugt. Durch die Halogene erhöht sich die Lichtausbeute.

3: Bauform

Halogen-Metalldampflampen benötigen spezielle **Zündgeräte** [*starting devicess*]. Die Einschaltzeit beträgt ca. 3 Minuten, d. h. Lichtstrom, Lampenspannung und Lampenleistung steigen in dieser Zeit langsam an. Der Einschaltstrom beträgt das ca. 1,4-fache des Betriebsstromes. Für eine sofortige Wiederzündung nach vorherigem Ausschalten müssen spezielle Lampen und Zündgeräte verwendet werden (vgl. Herstellerangaben). Im Laufe der Betriebsdauer der Lampen verringert sich der Lichtstrom. Er beträgt nach 6000 Betriebsstunden nur noch ca. 75 % des Anfangswertes.

Natriumdampf-Hochdrucklampen

Die Natriumdampf-Hochdrucklampen werden in drei Bauformen hergestellt (Abb. 5). Sie erreichen eine Betriebstemperatur von etwa 1200 °C. Durch den Natriumdampf, der bei hoher Temperatur und hohem Druck entsteht, wird ein gelb-weißes Licht erzeugt. Es ermöglicht z. B. bei Nebel oder Dunst ein kontrastreiches und blendungsfreies Sehen.

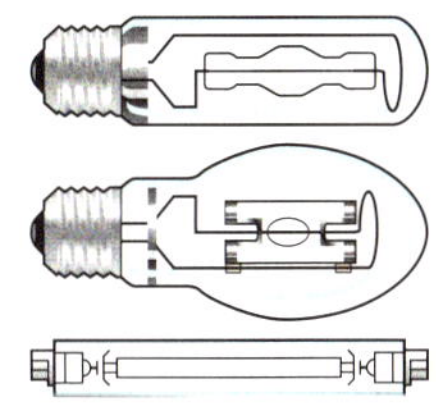

5: Bauformen

Einige Lampen erreichen wegen der Erwärmungszeit erst nach 6 bis 10 Minuten den vollen Lichtstrom. Bei bestimmten Lampen ist mit einem speziellen Zündgerät die sofortige Wiederzündung der heißen Lampe möglich. Die meisten Lampen benötigen zum Betrieb ein Hochspannungszündgerät mit der Verlustleistung P_Z (Abb. 6). Dadurch erhöht sich die Gesamtleistung. Während der Brenndauer (ca. 15 000 h) verringert sich der Lichtstrom der Lampen auf ca. 60 % des Anfangswertes.

Bemessungsleistung $P_L + P_Z$ in W	Lampenstrom in A	Lichtstrom in lm	Sockel	Länge in mm
70 + 13	1	5600	E27	156
150 + 20	1,8	14000	E40	226
400 + 40	4,4	47000	E40	290
1000 + 75	10,3	120000	E40	400

6: Bemessungsleistungen für Natriumdampf-Hochdrucklampen

	Halogen-Metalldampflampen	Natriumdampf-Hochdrucklampen
Kenndaten:		
• Sockelgrößen	– E27 und E40; zweiseitig gesockelt; G8.5; G12; G22	– E27 und E40; zweiseitig gesockelt
• Bemessungsleistung	– 70 W bis 2000 W	– 50 W bis 1000 W
• Lichtstrom	– 4900 lm bis 95000 lm	– 3500 lm bis 120000 lm
• Lichtausbeute	– bis zu 150 lm/W	– bis zu 150 lm/W
Eigenschaften:		
• Vorteile	– hoher Lichtstrom – hohe Lichtausbeute – Platz sparende Abmessungen – geringe Betriebskosten	– hohe Lichtausbeute und lange Betriebsdauer – Leistungsabsenkung für die Nachtschaltung bei bestimmten Lampentypen und Vorschaltgeräten auf ca. 50 %
• Nachteile	– geringe Schalthäufigkeit – nicht dimmbar – sofortige Wiederzündung nur mit speziellem Zündgerät	– Verringerung des Lichtstromes durch Alterung – nicht dimmbar – Wiederzündung bestimmter Lampen nur mit speziellem Zündgerät
Anwendungen:	– Innenbereich: Hallen, Verkaufsräume – Außenbereich: Baudenkmäler	– Werkhallen – Straßen und Tunnels

4: Daten zu Hochdrucklampen

10.6.4.5 LED-Lampen

LED-Leuchten gelten aufgrund ihrer langen Lebensdauer und des niedrigen Energieverbrauchs als effizientes Beleuchtungsmittel. Mit Leuchtdioden können Beleuchtungs- und Farbeffekte an Wänden, Decken (Abb. 1) und Fußböden erreicht werden. Außerdem werden LEDs zur Lichtwerbung und Raumgestaltung auch zur Markierung von Fluchtwegen (Notbeleuchtung) und als **Hinweisleuchten** [*illuminated signs*] zur Sicherheit in Innen- und Außenanlagen verwendet. In Abb. 1 ist das erforderliche Betriebsgerät mit Netzanschluss in die Leuchte direkt eingebaut.

1: LED Downlight als Deckenleuchte

Aufbau

Leuchtdioden bestehen aus zwei Schichten von dotierten Halbleitermaterialien, die bei Stromfluss elektrische Energie direkt in Lichtenergie umwandeln. Die Diode befindet sich auf einem Reflektor, der das Licht in die gewünschte Richtung leitet. Im Gegensatz zu Glühlampen wird in LEDs nur Licht einer Wellenlänge (Farbe) erzeugt. Durch Verwendung verschiedener Verbindungen werden LEDs mit großer Helligkeit und in den ver-schiedenen Lichtfarben GELB, ORANGE, ROT, GRÜN und BLAU hergestellt. Weißes Licht entsteht aus blauem Licht, das durch die Leuchtschicht umgewandelt wird oder durch die Kombination verschiedener LEDs entsteht (RGB). Die geringe Baugröße der LEDs und LED-Module ermöglicht den Einbau an Stellen, wo nur wenig Platz zur Verfügung ist.

LED-Leuchten mit Vorschaltgerät

LED-Module werden aus einer bestimmten Anzahl von LEDs auf starren oder flexiblen Leiterplatten zusammengeschaltet. Sie besitzen eine integrierte Energieversorgung. Flexible **Leiterplatten** [*printed circuit boards*] ermöglichen eine dreidimensionale Montage.

Ein LED-Modul kann z.B. aus acht Einzelplatinen mit je vier LEDs bestehen, die durch flexible Leitungen miteinander verbunden sind. Damit kann ein beliebig formbares Beleuchtungsmittel hergestellt werden (z.B. für Werbezwecke). Die LED-Module werden über ein Betriebsgerät (Vorschaltgerät) und ein Verlängerungskabel an 230 V AC angeschlossen.

Vorteile

Leuchtdioden haben u. a. folgende Eigenschaften:
- Lange Betriebsdauer, weiß ca. 20 000 Stunden und farbig ca. 100 000 Stunden
- Hohe Lichtausbeute, weiß bis 30 lm/W und farbig bis 60 lm/W
- Niedriger Energieverbrauch
- Keine UV- und Infrarot-Strahlung
- Niedrige Betriebsspannung, 10 V und 24 V DC
- Niedrige Betriebstemperatur
- Hohe Stoßfestigkeit, deshalb Einsatz als Lichtquelle im Fußboden und in Straßen
- Geringe Wärmeverluste

Nachteil

Mit zunehmender Betriebsdauer nimmt der Lichtstrom von LEDs ab. Der Rückgang der Leuchtkraft verläuft sehr langsam und kann deshalb nicht wahrgenommen werden.

LED-Lampen für E14- und E27-Fassungen

Die LED-Lampen mit E27-Gewinde ersetzen bisher verwendete Lampen (Abb. 2). Sie haben folgende Vorteile:
- keine Aufwärmzeit
- Betriebsdauer: ca. 25 000 h
- Wärmeangabe und Energieverbrauch sind gering im Vergleich zu Halogenlampen.
- Licht ohne UV- und IR-Anteil und quecksilberfrei
- Helligkeit dimmbar
- Lichtfarbe Warm White-Farbton

Vergleich der Wirtschaftlichkeit

Wird eine 8 W LED-Lampe mit einer 40 W-Glühlampe nach deren Wirtschaftlichkeit verglichen, so ergeben sich aufgrund von Herstellerangaben u. a. folgende Vorteile für den Einsatz von LED-Lampen:
- Höhere Betriebsdauer von LED-Lampen im Vergleich zu Glühlampen (1 000 h),
- hohe Energieeinsparung und
- dadurch Einsparung von Energiekosten.

Ergebnis:

Der Einsatz von LED-Lampen anstelle von Glühlampen amortisiert sich je nach Nutzung in kurzer Zeit.

Ein weiterer Einsatz für z. B. Kompaktleuchtstofflampen sind LED-Lampen mit neu entwickeltem **LED-Glühfaden**. Sie heißen Retro-Lampen (kurz „Retrofits") und werden in verschiedenen Bauformen hergestellt. Ihre mittlere Brenndauer beträgt 15 000 h.

2: LED-Lampe statt Kompaktleuchtstofflampe

Der Lichtstrom ist im Vergleich zu einer T8-Leuchtstofflampe um ca. 20 % größer.

Er beträgt je nach Lampentyp

- bei der 9 W-Lampe zwischen 800 lm und 900 lm und
- der 18 W-Lampe zwischen 1700 lm und 1900 lm.

Die Betriebsdauer beträgt das ca. 3-fache gegenüber Leuchtstofflampen. Es werden etwa 60 % Energie eingespart. Die LED-Lampen in Röhrenbauform gibt es je nach Hersteller in den drei Lichtfarben Warm White, Cool White und Cool Daylight. Sie sind frei von Quecksilber und UV-/IR-Strahlung.

Im Beispiel (Abb. 3) ist die Umrüstung einer herkömmlichen Leuchtstofflampen auf **LED-Röhre** [*LED tube*] dargestellt. Dabei sind unbedingt die Hinweise des Leuchtenherstellers zu beachten.

LED-Lampen als Strahler

Zur Anwendung für punktuelle Innen- und Außenbeleuchtung werden Strahler mit LEDs eingesetzt.
An 230 V erreichen sie einen Lichtstrom von ca. 570 lm bis 600 lm.

- Hochdrucklampen haben eine hohe Lichtausbeute und eine lange Lebensdauer.
- Hochdrucklampen benötigen zum sofortigen Wiedereinschaltbetrieb spezielle Zündgeräte.
- LEDs werden zu Modulen auf festen und flexiblen Leiterplatten zusammengeschaltet.
- LED-Lampen ersetzen u. a. Glühlampen und Leuchtstofflampen.
- LED-Lampen benötigen im Vergleich zu Glühlampen weniger Energie und haben eine längere Betriebsdauer.

LED-Lampen für öffentliche Bereiche

Für bestimmte Bereiche werden Leuchten eingesetzt, die eine Lichtstärkeverteilungskurve (LVK) wie in Abb. 4 aufweisen. Dabei wird eine breite Fläche unterhalb der Leuchte ausgeleuchtet. Dies ist für die Beleuchtung öffentlicher Plätze, Parkanlagen, Straßen usw. erforderlich.

Die Straßenleuchte hat z. B. eine Leistung von 90 W mit einem Lichtstrom von 5700 lm. Sie wird an Wechselspannung 230 V/50 Hz betrieben. Die LED-Leuchte besteht aus EVG und LED-Modul.

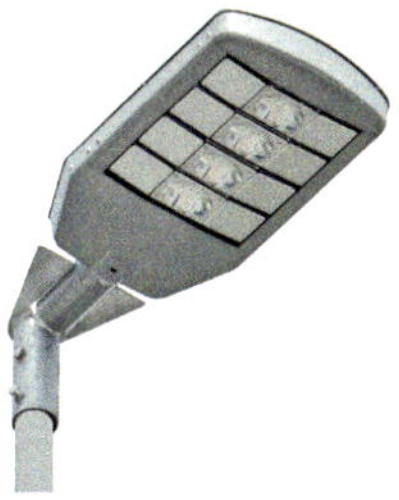

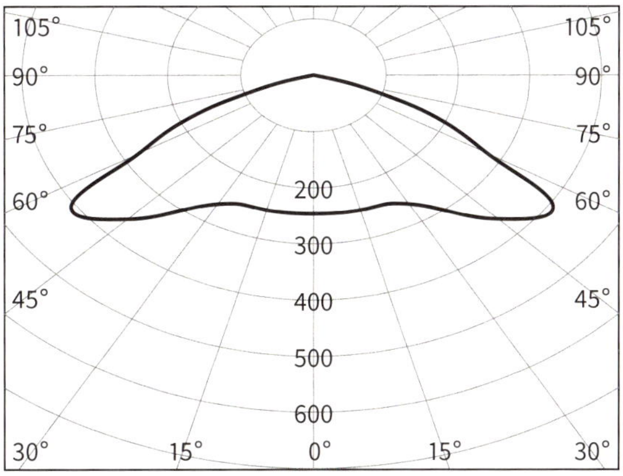

4: LVK einer LED-Straßenleuchte

Aufgaben

1. Wodurch wird bei Halogen-Metalldampflampen die direkte Umwandlung in sichtbares Licht erreicht?
2. Wodurch entsteht bei Natriumdampf-Hochdrucklampen das gelblich-weiße Licht?
3. Wie wird in LEDs weißes Licht erzeugt?
4. Nennen Sie fünf Eigenschaften von LEDs.

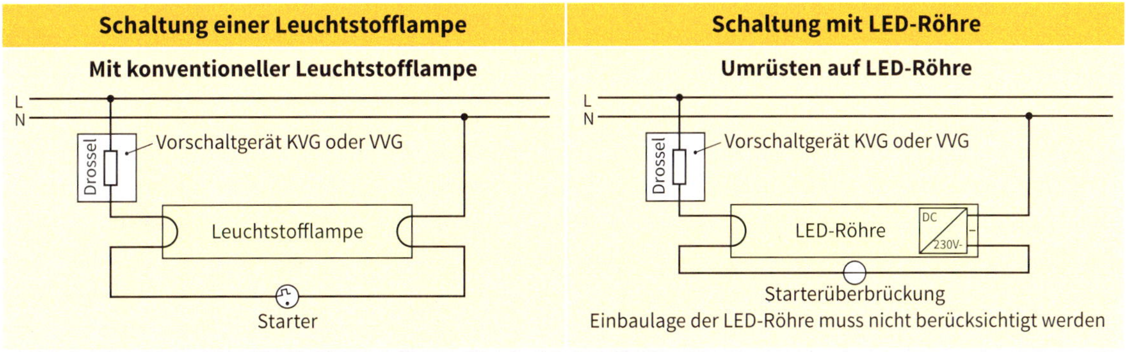

3: Umrüstung auf LED-Röhre (Schaltbilder laut Herstellerangaben)

10.6.4.6 Entsorgung und Energieeffizienz

Lampen und Vorschaltgeräte werden wie folgt entsorgt:

- Glühlampen, Halogenlampen ⟹ **Duales System** (Hausmüll)
- LED-Lampen, Leuchtstofflampen, Kompaktleuchtstofflampen, Na-Niederdrucklampen ⟹ **Wertstoffhof**
- Vorschaltgeräte ⟹ **Elektronikschrott**

Das Rücknahmesystem besteht seit 2006 und ist für Verbraucher kostenlos.

Rücknahmesystem (LIGHTCYCLE)

- **Kleinmengensammelstellen**
  Handelsübliche Mengen
  - Abgabe auf kommunalen Wertstoffhöfen und Sammelstellen im Handel
- **Großmengensammelstellen**
  Ab 50 Stück
  - Kostenlose Abgabe an über 400 Sammelstellen
- **Direktabholung**
  ~5000 Stück
  - Behältergestellung und Abhloung ab 1 t/Jahr

1: Rücknahmesystem

Kennzeichnung der Energieeffizienz

Bestimmte Lampen müssen seit 2001 mit einer Kennzeichnung zum Energieverbrauch auf der Verpackung versehen werden, ausgenommen davon sind Reflektor- und Niedervoltlampen. Wie elektrische Hausgeräte werden auch Lampen mit dem Energielabel gekennzeichnet (Abb. 3). Die entsprechenden Angaben befinden sich auf der Packung. Das Energielabel enthält die Angaben zu

- Effizienzklasse,
- Lichtstrom in lm,
- Leistung in W und
- mittlere Betriebsdauer in h.

Die Festlegung der **Energieeffizienzklasse** [*energy efficiency class*] wird nach der EU-Richtlinie 98/11/EG aus den Messwerten von Lichtstrom und Lichtleistung durchgeführt. So haben z. B. 40 W-Glühlampen die Effizienzklasse E. Sie sind also wenig effizient, da sie über 90 % der elektrischen Energie in Wärmeenergie umwandeln. Die Lampenhersteller machen darüber hinaus in ihren Katalogen weitere Angaben (Abb. 2).

Aufgaben

1. Wie erfolgt die Entsorgung von Lampen und Vorschaltgeräten?
2. Vergleichen Sie Energieeffizienz und Lichtausbeute von Glühlampen, Halogenlampen und Leuchtstofflampen.

- Das LIGHTCYCLE Rücknahmesystem ist für Verbraucher kostenlos.
- Vorschaltgeräte und Lampen müssen unterschiedlich entsorgt werden.
- Bestimmte Lampen werden je nach Art und Leistung den einzelnen Energieeffizienzklassen A bis G zugeordnet.

Kenngrößen / Arten	Effizienzklasse	Lichtausbeute in lm/W	Betriebsdauer in h [1]	Wirkungsgrad in %
Glühlampen	E, F, G	10 – 20	1000	5
Halogenlampen	B, C	22 – 27	4000	11
Halogenlampen (NV)	D, E	12 – 17	2000	8
Kompaktleuchtstofflampen	A, B	35 – 80	15000	20 – 25
Leuchtstofflampen	A, B	60 – 85	7500	25 – 30
Dreibanden-Leuchtstofflampen	A, B	70 – 100	20000	30
LEDs	A^{++}, A^{+}	30 (weiß) 55 (grün)	100000	20

2: Angaben zum Energielabel

[1] Durchschnitt

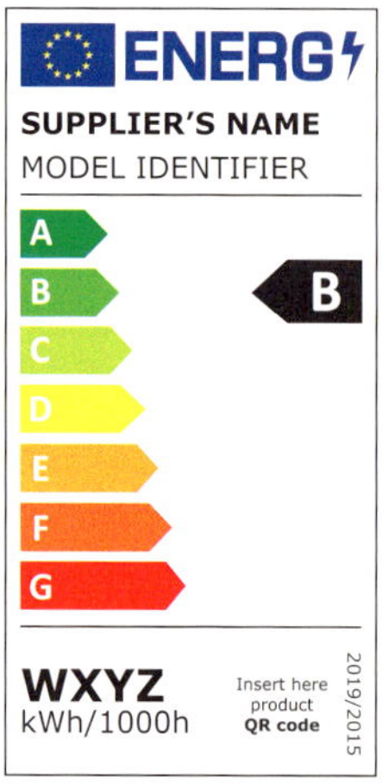

3: Energielabel einer LED-Lampe

10.6.5 Beleuchtungssysteme

Zum Steuern bzw. Regeln der Beleuchtungsstärke werden z. B. Dimmer eingesetzt. Es gibt weitere Lichtsteuersysteme. Sie unterscheiden sich nach Art der Steuerung bzw. Regelung sowie im Aufbau. Wir unterscheiden deshalb zwischen der

- **manuellen Steuerung** *[manual control]* und
- durch elektronische Bauteile **automatisch geregelten** Beleuchtungsstärke.

Bei der Regelung ergeben sich folgende Vorteile:

- Einsparen von Energiekosten durch Anpassung der Beleuchtungsstärke an das Tageslicht und
- individuelle Steuerung von Beleuchtungsanlagen je nach den örtlichen Anforderungen.

Die Darstellung in Abb. 4 gibt einen Überblick über Systeme, mit denen die Beleuchtungsstärke am Arbeitsplatz im Büro und in einer Montagewerkstatt

- manuell gesteuert oder
- zusätzlich durch Anwesenheit und Tageslicht geregelt werden kann.

Wie arbeiten Lichtsteuer- und Lichtregelungssysteme?

- **Dimmer** ①
  Die Beleuchtungsstärke wird manuell gesteuert.
- **Infrarot (IR)-Sensor** ②
  Die Beleuchtungsstärke einer Leuchte wird verändert durch Dimmen bzw. Schalten mit Hilfe von Fernbedienung ③, Empfänger ④ und Ausgangsmodul ⑤.
- **Bewegungsmelder** ⑥
  Die Leuchten werden durch den Bewegungsmelder automatisch ein- und ausgeschaltet.
- **Tageslichtsensor** ⑦
  Dieser Sensor (Fotosensor) erfasst die Tageshelligkeit und schaltet die Beleuchtung ein/aus.
- **Lichtregelung**
  Hier sind die Leuchten zur Regelung der Beleuchtungsstärke an einen Foto- und einen Bewegungssensor angeschlossen.

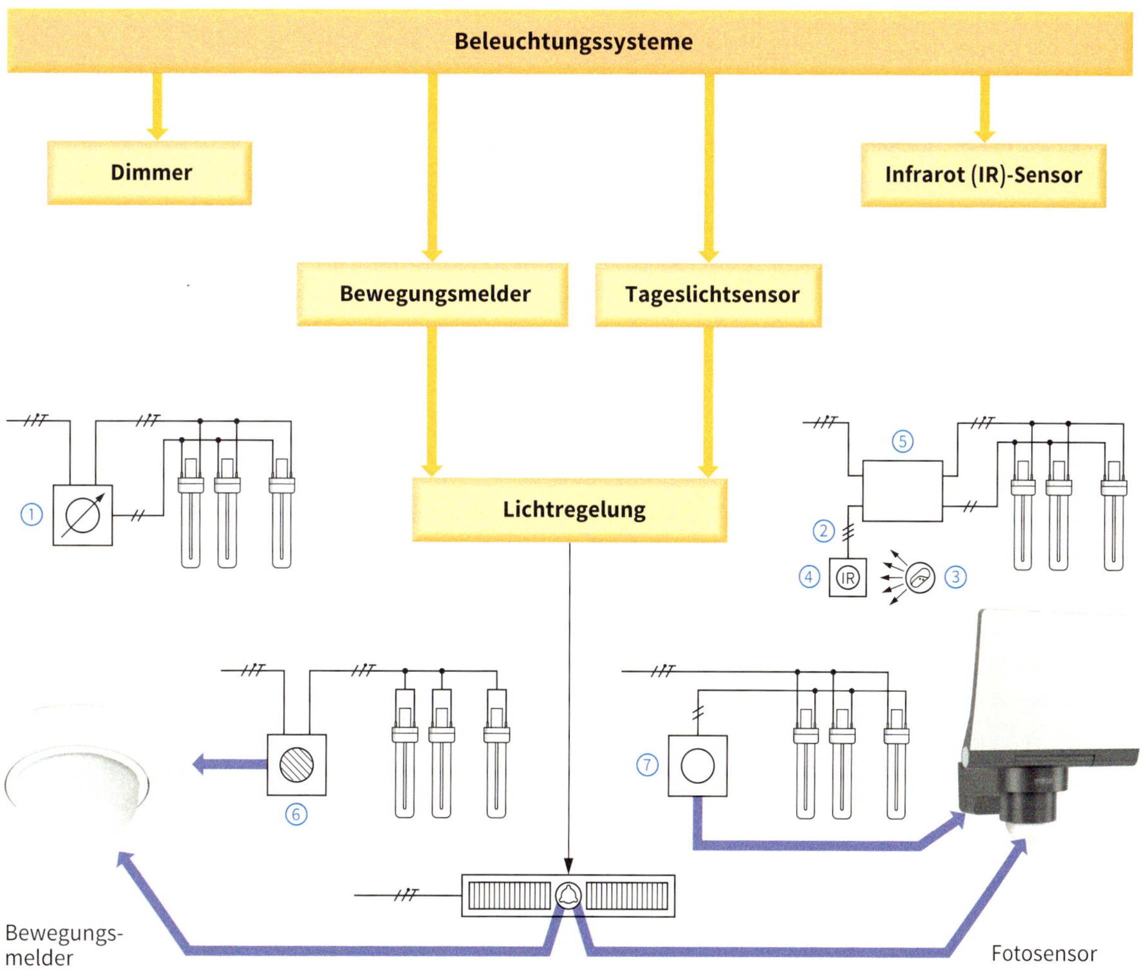

4: Übersicht

Wie kann die Helligkeit einer Lampe verändert werden?

Mit elektronischen Steuerschaltern (**Dimmer**) kann die Helligkeit von Leuchten stufenlos eingestellt werden. Sie arbeiten nach dem Prinzip der Phasenanschnitt- oder Phasenabschnittsteuerung bzw. geben ein Signal an das Vorschaltgerät. Dimmer werden für Dreh- und Tippbetätigung gebaut als

- Wechselschalter mit drei und
- Ausschalter mit zwei Anschlüssen.

Alle der in Kap. 10.6.2 vorgestellten Lampen, außer Halogen-Metalldampflampen, können an Wechselspannung 50 Hz gedimmt werden. Für folgende Lampen werden spezielle dimmbare Vorschaltgeräte hergestellt:

- Halogenlampen,
- Leuchtstofflampen,
- Kompaktleuchtstofflampen und
- LEDs.

Welche Dimmer müssen ausgewählt werden?

Für die einzelnen Lampenarten sind verschiedene Dimmer zur Lichtsteuerung erforderlich.

- **Glühlampen und Halogenlampen** ⇒ Phasenanschnitt- oder Phasenabschnittdimmer
- **Niedervolt-Halogenlampen** mit magnetischem Transformator ⇒ **Phasenanschnittdimmer** [*leading-edge phase dimmer*]
- **Niedervolt-Halogenlampen** mit elektronischem Transformator ⇒ **Phasenabschnittdimmer** [*trailing-edge phase dimmer*]

Bei den Niedervoltlampen liegt der Dimmer auf der Eingangsseite des Transformators. Die Größe des Dimmers richtet sich nach der Bemessungsscheinleistung des Transformators.

Phasenanschnittsteuerung

Hier wird die Spannung U_L an der Lampe nicht sinusförmig aufgebaut. Je nach der Einstellung des Dimmers wird vom Beginn jeder Halbschwingung ein Teil abgeschnitten.

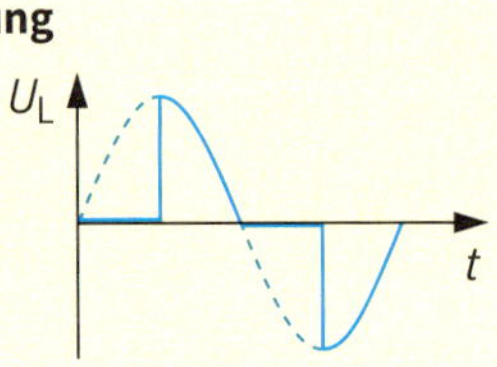

Phasenabschnittsteuerung

Bei dieser Steuerung wird die Lampe schon vom Nulldurchgang an vom Strom durchflossen. Es entsteht dadurch kein Flackern. Innerhalb der jeweiligen Halbschwingung erfolgt die Abschaltung.

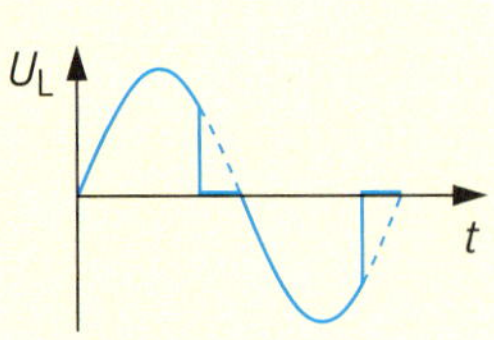

10.6.5.1 Helligkeitssteuerung bei LED-Lampen

Auch mit LED-Lampen kann die Helligkeit gesteuert werden. Jedoch müssen die LED-Lampe und der kompatible Dimmer laut Herstellerangabe gekennzeichnet sein und zueinander passen. So darf z. B. die Belastung des Dimmers durch die LED-Lampe nicht überschritten werden. Dimmer, die für Glüh- und Halogenlampen entwickelt wurden, können nicht für alle LED-Lampen verwendet werden.

Als Dimmer für LEDs können verwendet werden:

- **Phasenanschnittdimmer** mit konventionellen Transformatoren und
- **Phasenanschnittdimmer** mit elektronischen Transformatoren.

Eine weitere Möglichkeit zum Dimmen bietet die **DALI**-Schittstelle. Außerdem besteht die Dimmmöglichkeit für entsprechend ausgewählte LEDLampen und Lampengruppen z. B. in einem Wohnraum über herstellerspezifische Smartphone App.

Beispiel:

Die dargestellten Lampen, die zur Beleuchtung einen Raumes (Abb. 1) verwendet wird, besitzen folgende Eigenschaften:

- energiesparende Alternative zu herkömmlichen Spotleuchten mit Hochvolt-Halogenstrahlern,
- Änderung der Lichtfarbe Warm White (2.700 K) auf Extra Warm White (2.000 K),
- Farbwiedergabewert $R_a \geq 80$ und
- Steuerung über Standard-Dimmer.

1: Raumbeleuchtung mit LED Spots 4x3 W

10.6.5.2 Regelung in Beleuchtungssystemen

Die Beleuchtungsstärke einer Allgemeinbeleuchtung im Büro kann über unterschiedliche Sensoren geregelt werden.

Bewegungsmelder *[motion detector]*
Dieser Sensor schaltet die Leuchte direkt, wenn eine Person den Raum betritt oder verlässt. Die **Abschaltverzögerung** erfolgt je nach Einstellung, z. B. bis zu 30 Minuten.
Der **Erfassungsbereich** des Melders liegt im Umkreis von ca. 7 m Durchmesser bei einer Deckenhöhe von 2,5 m bis 3 m. Der Grenzwert für den Tageslichtanteil, d. h. wann der Sensor einschaltet, kann zwischen 100 lx und 1500 lx eingestellt werden.
Anwendungen: Treppenhäuser, Büros, WCs.

Tageslichtsensor *[daylight sensor]*
Der Tageslichtsensor (Fotosensor) erfasst die Tageshelligkeit und regelt die Beleuchtungsstärke. Der Mindestabstand des Sensors vom Fenster beträgt je nach Bautyp die Hälfte der Montagehöhe. Der Anschluss erfolgt über eine Installationsleitung für Kleinspannung an EVGs. Um die Leuchten auszuschalten, ist hier ein **zusätzlicher Schalter** erforderlich.
Anwendungen: Räume mit hohem Tageslichtanteil wie z. B. Klassenräume und Büros.

Lichtsteuerungs- und Lichtregelungssystem
Dieses System ist konzipiert für Beleuchtungsanlagen mit dimmbaren elektronischen Vorschaltgeräten. Je nach Ausführung können drei Funktionen eingestellt werden:
- Manuelle Lichtsteuerung
- Automatische tageslichtabhängige Lichtregelung
- Automatisches Schalten der Beleuchtung über Bewegungsmelder

Lichtmanagementsysteme

Beispiel: DALI[1)]
Aufbau von Beleuchtungssystemen:
- Manuelle Steuerung der Netzspannung für wenige Leuchten mit Dimmer durch Drücken des Tasters für ca. 2 s und Ansteuerung eines EVG oder mehrerer EVGs mit Funktionen:
  - Ein/Aus/Dimmen/Memory-Funktion
- Lichtsteuerung und -regelung mehrerer Leuchten über Taster und 1 bis 10 V-Steuereinheit mit Anschlussmöglichkeit für Sensoren:
  - Manuell Ein/Aus/Dimmen 1 – 100 %
  - Regelung: abhängig vom Tageslicht und automatisches Einschalten bei Bewegung
  - Abschaltautomatik mit 15 min. Verzögerung
- Einzel- und Mehrraum-Lichtsteuer- und Regelungssystem mit folgenden Funktionen:
  - Ein/Aus/Dimmen von Szenen und Gruppen

1) **DALI**: **D**igital **A**ddressable **L**ighting **I**nterface (vgl. www.osram.de)

Mit Hilfe von **Lichtwertschaltern** (Lichtregler) kann in Räumen mit großen Fenstern und Lichtkuppeln oder in Außenbereichen Energie für die Beleuchtung eingespart werden. Leuchtengruppen können dadurch tageslichtabhängig geregelt werden. An den **Lichtregler** sind Leuchtengruppen in Form von LED-Modulen für einen Raum angeschlossen (Abb. 2). Hersteller bauen die **Lichtregler** *[lighting controller]* so, dass sie zentral auf Hand- oder Automatikbetrieb umschaltbar sind.

Beispiel:
DALI-Beleuchtungsregelung

Eingangsbelegung mit Netzanschluss an 1 und 2 und DALI-Anschluss an 6 und 7

● 1 220-
● 2 240 V
○ 3
● 4 ⏚
○ 5
● 6 DA
● 7 DA

Ausgangsbelegung mit Durchgangsverdrahtung

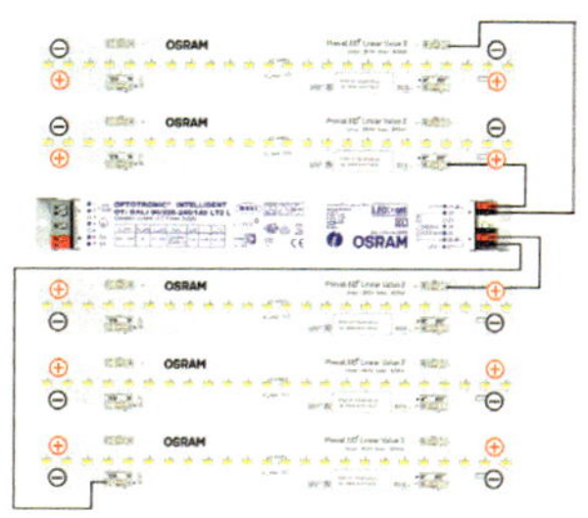

2: Anschluss von LED-Modulen

Aufgaben

1. Beschreiben Sie kurz vier Möglichkeiten zur Lichtsteuerung bzw. Lichtregelung.
2. Die Helligkeit einer Niedervoltlampe soll mit einem Dimmer gesteuert werden. Beschreiben Sie den Unterschied zwischen einer Phasenanschnitt- und einer Phasenabschnittsteuerung.
3. Nennen Sie jeweils zwei Anwendungen zum Einsatz von Dimmern, Bewegungsmeldern und Tageslichtsensoren.
4. Wie erfolgt die Lichtregelung bei Anwesenheits- und Tageslichtsensoren?

- Dimmer sind elektronische Steuerschalter zum Steuern des Lichtstromes.
- Bei Verwendung von elektronischen Transformatoren muss ein Dimmer mit Phasenabschnittsteuerung installiert werden.
- Bei Lichtsteuersystemen können mehrere Leuchtengruppen manuell oder mit Tageslicht und Anwesenheitssensor geschaltet werden.

10.6.6 Beleuchtung in einer Montagehalle

Um eine bessere **Raumausleuchtung** [*room illumination*] zu erreichen, soll in der Montagehalle einer Firma eine neue Beleuchtungsanlage installiert werden. In der Halle werden zukünftig präzise Montagearbeiten durchgeführt, die eine größere Beleuchtungsstärke erfordern (Abb. 1).

1: LED-Lichtbandsystem in einer Montagehalle

Die Entwicklung eines Beleuchtungskonzepts wird dem Planungsbüro für Lichttechnik in Auftrag gegeben. Für diesen Auftrag wird das Beleuchtungsprogramm von z. B. **DIALuxevo 8.1** verwendet. Das Programm läuft in folgenden Schritten ab:

1. **Projekteigenschaften** eingeben,
2. **Raumgeometrie**, Berechnungsparameter und Auswahl der Leuchten festlegen,
3. **Berechnung** durchführen, Positionen der Leuchten festlegen und Ergebnis anzeigen,
4. **Ergebnisse** visualisieren.

Außer einer optimalen Ausleuchtung der Montagehalle wünscht der Auftraggeber, dass **LED-Lichtbänder** [*LED continous rows of luminaires*] in 1-lampiger Ausführung verwendet werden. Dies bedeutet, dass die einzelnen LED-Leuchten (Abb. 2) der Lichtbänder u. a. aus folgenden Elementen bestehen:

- LED-Röhre,
- Geräteträger in 1-lampiger Ausführung mit EVG,
- Runder Reflektor und
- Lamellenraster.

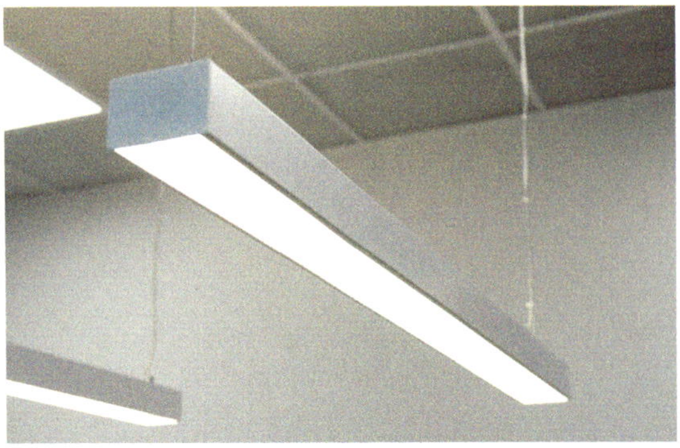

2: LED-Leuchte für Inneneinrichtung

Haustechnik

Ablauf der Beleuchtungsplanung:

1. Schritt:

Projekteigenschaften wie Daten vom Kunden und Bearbeiter des beauftragten Planungsbüros eingeben.

2. Schritt:

Raummaße und Leuchtenauswahl:

- **Raumgeometrie**
  Zur Montagehalle sind folgende Angaben bekannt: Länge: 15 m Breite: 8 m Höhe: 4 m
- **Reflexionsgrade**
  Sie sind frei wählbar. Die im Programm vorgegebenen Standardwerte werden übernommen.
- **Raumparameter**
  Aufgrund der Arbeiten wird die Halle als „Sauberer Raum mit 3-jährigem Wartungszyklus" eingestuft. Daraus folgt für die Leuchten der Wartungsfaktor 0,67. Als Nutzebene gilt eine Höhe von 0,85 m.
  Im Programmfenster werden dann spezielle Eingabedaten zur wählbaren Leuchte angezeigt.
- **Leuchtenauswahl**
  Sie erfolgt über Online- bzw. DIALux-Kataloge, spezielle Leuchtendateien oder den Import einer eigenen Datenbank des Planungsbüros. Zur ausgewählten Lampe werden Lichtstrom und Lichtverteilungskurve angezeigt.
- **Leuchtenmontage**
  Gewählt wird die Anbaumontage.
  Bei einer weiteren möglichen Option „Benutzer definiert" müssen Pendellänge, Lichtpunkthöhe und Montagehöhe eingetragen werden.

3. Schritt: Befestigung und Berechnung

- **Berechnungsparameter**
  Zur ausgewählten Leuchte werden deren Anordnung in Längs- und Querrichtung im Raum mit Abstandsmaßen der Leuchten sowie zur jeweiligen Wand angezeigt. In Abhängigkeit von der geplanten Beleuchtungsstärke E_m errechnet das Programm einen Vorschlag zur Gesamtzahl der Leuchten (hier: $5 \times 4 = 20$), die installiert werden müssen.
- **Beleuchtungsstärken**
  Die jeweiligen Beleuchtungsstärken an verschiedenen Stellen der Montagehalle werden in Form der Isoluxlinien in der Nutzebene dargestellt (vgl. nächste Seite).

4. Schritt: Ergebnis dokumentieren

- **Zusammenfassung**
  Diese besteht aus folgenden Teilen:
  - Projektdatenblatt, grafische Raumdarstellung
  - Leuchtdatenblatt,
  - Zusammenfassung der Berechnung,
  - Eingabeprotokoll,
  - Leuchtkoordinatenliste und
  - Ausgabe in PDF-Datei drucken.

Zusammenfassung

Leuchtenkataloge

Leuchten können aus dem DIALux-Katalog, Online-Katalogen der Leuchtenhersteller und eigenen Datenbanken ausgewählt werden.

Beispiel: Datenbank von OSRAM GmbH ⇒ Leuchte mit Lichtverteilungskurve und Beschreibung.

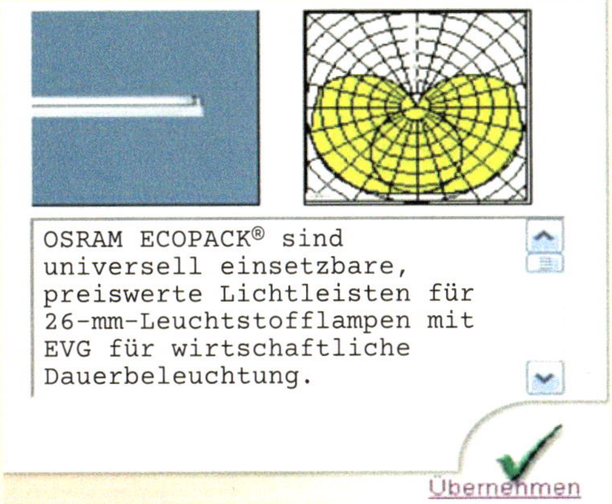

Isoluxlinien eines Raumes

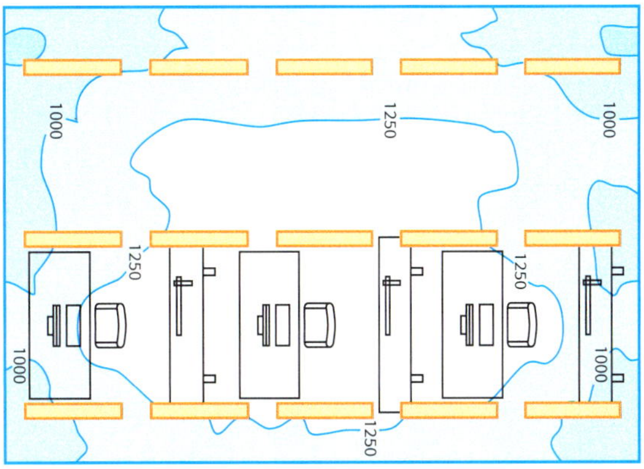

Zur Beleuchtungsplanung für einen bestimmten Raum, z. B. Werkstatt, sind die **Isoluxlinien** erforderlich. Das sind Linien mit gleicher Beleuchtungsstärke in gleicher Höhe zur Nutz- bzw. Arbeitsebene.

Die Beleuchtungsstärke kann an beliebigen Punkten auf der eingezeichneten schwarzen Linie, hier z. B. 1250 lx, gemessen werden.

Umrüsten von Leuchtstofflampen zu LED-Röhren

Duoschaltung

Mit konventionellen Leuchtstofflampen

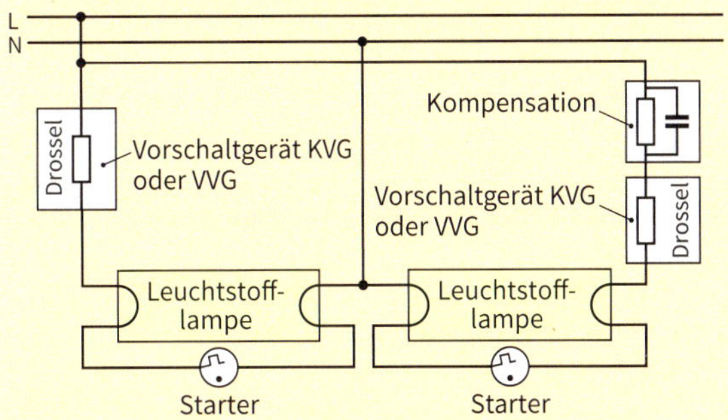

Umrüsten auf LED-Röhren

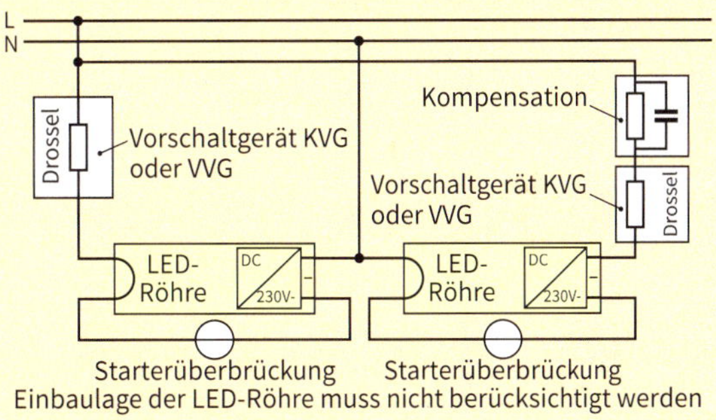

Tandemschaltung

Mit konventionellen Leuchtstofflampen

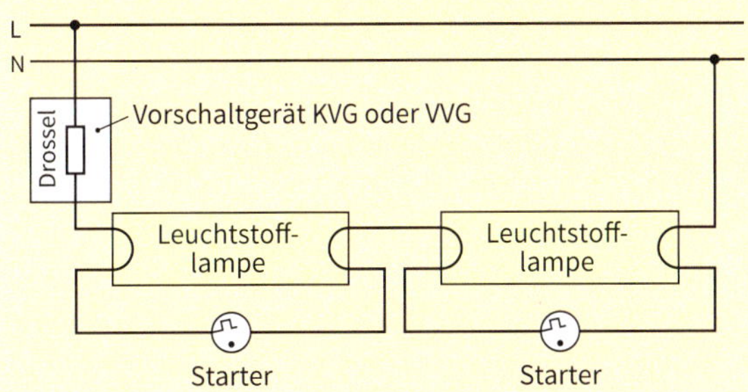

Umrüsten auf LED-Röhren

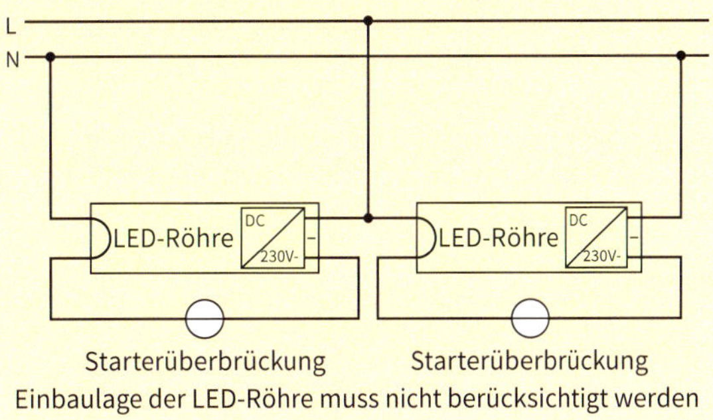

3: Umrüsten von Leuchtstofflampen zu LED-Röhren (Schaltbilder laut Herstellerangaben)

10.6.7 Beleuchtung im Büro

Im Bürotrakt einer Firma soll in Verbindung mit einer grundlegenden Renovierung auch die Beleuchtungsanlage erneuert werden. Die Arbeiten werden von einem Planungsbüro durchgeführt. Einer der insgesamt acht Büroräume präsentiert sich nach der Renovierung in folgendem Aussehen (Abb. 1).

1: Büroraum mit LED-Leuchten

In Büros überwiegt in der Regel die Arbeit am Bildschirmarbeitsplatz. Sie umfasst u. a. die Aufnahme von Informationen

- vom Bildschirm

  und

- von Vorlagen, Texten, grafischen Darstellungen und Symbolen auf der Tastatur.

Dazu sind von Personen häufige Blickwechsel erforderlich, die eine starke visuelle Belastung darstellen. Die lichttechnischen Anforderungen an die Beleuchtung sind deshalb hoch und beziehen sich besonders auf die Vermeidung von Blendung und **Reflexionen** [*reflections*].

Blendung am Arbeitsplatz

Die direkte **Blendung** [*glare*] tritt dann ein, wenn eine zu hohe Beleuchtungsstärke von Leuchten oder zu helles Licht von außen auf den Arbeitsplatz trifft. Deshalb ist es erforderlich, die Beleuchtungsanlage so zu planen, dass bei normaler Arbeitshaltung, z. B. am Bildschirmarbeitsplatz, keine Lichtquelle sichtbar wird und keine Reflexionen auftreten. Die Reflexblendung wird vermieden durch

- indirekte Beleuchtung,
- direkte-indirekte Beleuchtung,
- nicht glänzende Oberflächen,
- dem Arbeitsplatz angepasst montierte Leuchten und
- entspiegelte Leuchten ①.

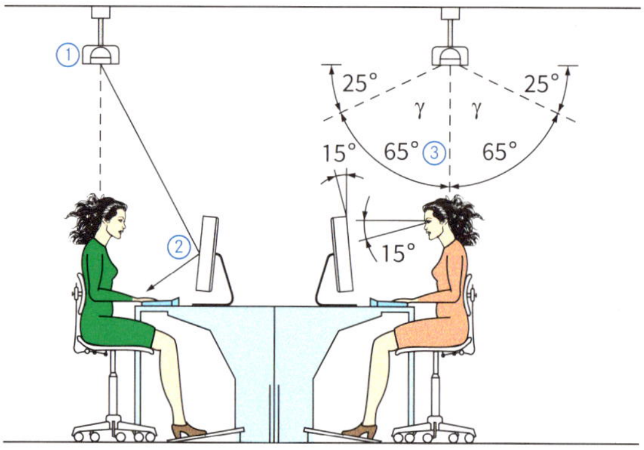

2: Bildschirmarbeitsplatz

Bei indirekter Beleuchtung muss das Licht der Leuchten von entsprechenden Materialien reflektiert werden. Die Leuchtenhersteller verwenden dazu die Reflexion verstärkendes beschichtetes Aluminium zur Raster- und Reflektorherstellung. Damit lässt sich eine Gesamtreflexion von ca. 98 % erreichen. Abb. 2 zeigt, wie das Licht der Leuchte auf den Bildschirm trifft und dort in Richtung unterhalb des Sichtfeldes reflektiert wird, sodass keine Blendung auftreten kann ②. Weiterhin sind auf der Abbildung die Sitzhöhe und die Einstellung des Bild-schirmes sichtbar. Der Ausstrahlungswinkel soll 65° betragen ③ (Bildschirmarbeitsplatzverordnung).

Welche Bürobeleuchtung wird gewählt?

Für eine optimale Beleuchtung im Büro (Arbeitsplätze mit Bildschirmgeräten) werden hier direkt-indirekt strahlende Pendelleuchten mit einem Reflexionsgrad von 98 % gewählt. Um einen günstigen Lichteinfall auf die Arbeitsplätze zu erreichen, werden die Leuchten parallel zum Fenster angeordnet. Die LED-Lampen sollen mit einem dimmbaren EVG gesteuert werden. Für die Leuchten wird die **Seilaufhängung** gewählt (vgl. Kap. 10.7.2.2). Sie ermöglicht die Ausrichtung und Höhenverstellung der Leuchten. Eine Höhenverstellung kann über eine Stellschraube ohne besonderes Werkzeug vorgenommen werden.

Aufgaben

1. Welche Raumdaten sind zur Durchführung des Beleuchtungsprogramms DIALux erforderlich? Geben Sie acht Daten an.
2. Was zeigen die Isoluxlinien an?
3. Wann treten in Beleuchtungsanlagen Blendung und Reflexion auf und wie lassen sich diese vermeiden?

- Beleuchtungsanlagen können mit verschiedenen Software-Programmen geplant und berechnet werden (z. B. DIALux).
- Reflexionen in Bildschirmen müssen durch geeignete Leuchten vermieden werden.

Haustechnik

10.6.8 Sicherheitsbeleuchtung

In einem Teil einer Montagehalle müssen aufgrund baulicher Erweiterungen einige **Rettungszeichen-Leuchten** (**RZL**) der Sicherheitsbeleuchtung, z. B. an Wegbiegungen, Kreuzungen und Durchgängen, ergänzt werden (Abb. 3).

3: Piktogramm einer RZL

Die Sicherheitsbeleuchtung in diesen Räumen ist eine Art der Notbeleuchtung (Abb. 4). Bei Netzausfall erfüllt die Notbeleuchtung je nach Erfordernis folgende Funktionen:

- **Sicherheitsbeleuchtung**
  - Sicheres Verlassen von Räumen ermöglichen,
  - Ausbruch von Panik verhindern und
  - wichtige Tätigkeiten gefahrlos beenden.
- **Ersatzbeleuchtung**
  - Ungehindertes Fortsetzen von Arbeiten, z. B. an wichtigen Produktionsstätten, ermöglichen.

Für Anlagen mit Sicherheitsbeleuchtung gelten u. a. Bestimmungen nach DIN VDE 0108-100 und DIN EN 1838 sowie DIN EN 1838 Bbl. 1.

Wo ist eine Sicherheitsbeleuchtung erforderlich?

Nach der Arbeitsstättenrichtlinie (ASR 7/4) sind z. B. für Rettungswege unter bestimmten Bedingungen Rettungszeichen-Leuchten erforderlich. Sie gewährleisten dann beim Ausfall der **Allgemeinbeleuchtung** [*general lighting*], z. B. im Brandfall, das sichere Verlassen des Arbeitsplatzes und des Gebäudes.

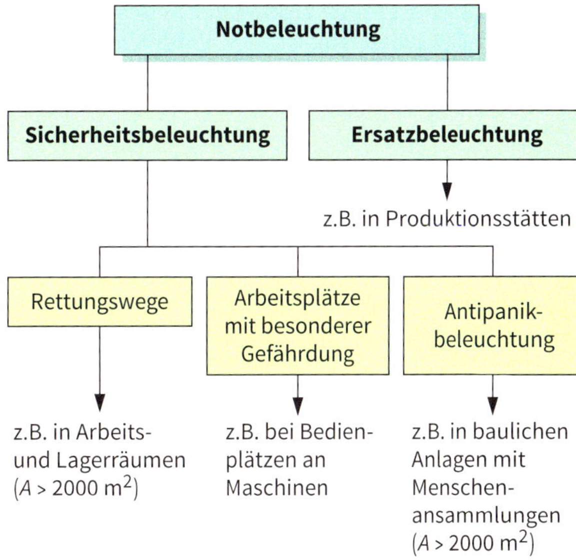

4: Notbeleuchtung

Eine Sicherheitsbeleuchtung für Rettungswege und Arbeitsplätze mit besonderer Gefährdung muss dort vorhanden sein, wo bei Ausfall der Allgemeinbeleuchtung eine Unfallgefahr entstehen kann.

Beispiele:

- Versammlungsstätten, Hotels, Krankenhäuser
- Räume mit laufenden Maschinen
- Überwachungsstellen, z. B. Messwarten
- Laboratorien mit gefährlichen Stoffen

Das **Fluchtwegleitsystem** [*escape route system*] muss in den genannten Bereichen die Fluchtrichtung sowohl gradlinig als auch richtungsändernd angeben.

Anlagen mit Sicherheitsbeleuchtung und Ersatzbeleuchtung

• Rettungsweg	• Arbeitsstätte	• Produktionsstätte
Mindestbeleuchtungsstärke *E*		
1 lx	10 % von E_N, mind. 15 lx	100 % von E_N
Umschaltzeit *t*		
≤ 15 Sekunden	≤ 0,5 Sekunden	< 0,5 Sekunden
Zulässige Spannungsquellen		
Einzel- oder Zentralbatterien, Ersatzstromaggregat	Einzel- oder Zentralbatterien, Ersatzstromaggregat	Ersatzstromaggregat

10.6.8.1 Energieversorgung der Sicherheitsbeleuchtung

Die Energieversorgung von Leuchten der Sicherheitsbeleuchtung kann unterschiedlich erfolgen. Neben der Batterie, die sich direkt in jeder einzelnen Leuchte befindet, werden folgende **Ersatzspannungsquellen** [*stand-by voltage sources*] verwendet.

Zentraler Akkumulator

Die Sicherheitsleuchten sind bei diesem System an einen zentralen Akkumulator angeschlossen, der mit einem Ladegerät verbunden ist. Dieses liegt dauernd an der Netzspannung, sodass der erforderliche Ladezustand gewährleistet ist, auch wenn kurzzeitig die Netzspannung ausfällt. Tritt dieses ein, wird über einen **Unterspannungswächter** [*undervoltage monitor*] die Leuchte von Netz- auf Akkubetrieb umgeschaltet. Ein zentraler Akkumulator versorgt dann die Sicherheitsbeleuchtungsanlage (Abb. 1). Dafür sind Lade- und Steuergerät ①, Batterieraum ②, Stromkreisverteilung ③ und Umschalter ④ erforderlich. Werden z. B. Kompaktleuchtstofflampen mit nach DIN VDE 0108 geeigneten EVGs ⑤ eingesetzt, ist deren Betrieb mit Gleich- und Wechselspannung möglich.

Notstromaggregat

In größeren Anlagen, z. B. in Industrie und Krankenhäusern, werden die Leuchten an die zentrale Sicherheitsstromversorgung angeschlossen. Diese wird über Notstromaggregate betrieben.

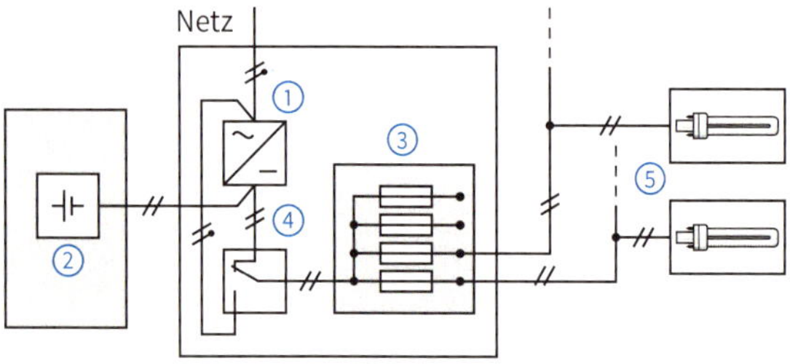

1: Sicherheitsbeleuchtung mit zentralem Akkumulator

10.6.8.2 Anforderungen an Sicherheitsbeleuchtungen

Die Anforderungen sind in der DIN 5035 festgelegt. Davon werden hier zwei Beispiele beschrieben, die sich auf die Sicherheitsbeleuchtung in der Montagehalle beziehen.

Rettungswege

Rettungswege in öffentlichen Gebäuden und Arbeitsstätten mit gefährlichen Arbeiten müssen durch eine zusätzliche Beleuchtung gekennzeichnet sein. Deshalb ist es erforderlich, den **Rettungsweg in der Montagehalle** mit Rettungszeichen-Leuchten und Sicherheitsleuchten auszustatten. Diese müssen ständig leuchten und werden bei Netzausfall auf eine Ersatzstromversorgung umgeschaltet. Die minimale Beleuchtungsstärke beträgt in der Mitte des Rettungsweges, z. B. Fußboden, auf der Höhe von 0,2 m horizontal $E \geq 1$ lx. Im Teil 5 der DIN 5035 sind zu den Lichtstärken der Notleuchten Maximalwerte zur jeweiligen Befestigungshöhe h angegeben. Laut Tabelle muss für diesen Raum die in $h = 3{,}30$ m Höhe aufgehängte Notleuchte eine Lichtstärke von $I_{max} = 1600$ cd besitzen (Abb. 2). Dieser Wert kann auf der markierten Messhöhe ⑥ gemessen werden. Die Leuchtenhersteller geben für bestimmte Lampenformen, z. B. Strahler mit Reflektor, den Lichtstärkewert I in cd an. Ebenso wird der Abstand der Sicherheitsleuchten voneinander angegeben. Er ist etwa doppelt so groß wie die Leuchtenhöhe.

Messhöhe für:

Beispiel:

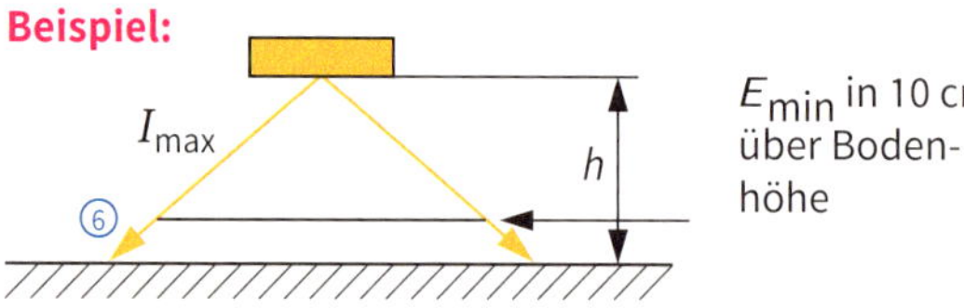

h in m	< 2,5	2,5 ≤ h < 3	3 ≤ h < 3,5	3,5 ≤ h < 4
I_{max} in cd	500	900	1600	2500

2: Befestigungs- und Messhöhen

Energieversorgung einer Sicherheits-/Rettungszeichenleuchte

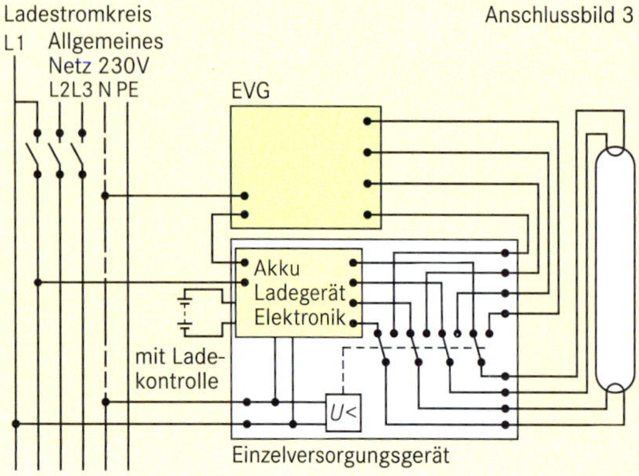

Die Schaltung laut Hersteller zeigt als Beispiel die Sicherheitsleuchte mit einer Leuchtstofflampe.

Die Lampe wird über folgende Objekte betrieben:

- EVG, das direkt mit dem Versorgungsnetz und im störungsfreien Zustand mit der Leuchte verbunden ist. ⇒ **Betrieb an Wechselspannung**
- Versorgungsgerät mit Unterspannungswächter, der bei Netzausfall die Leuchte unterbrechungsfrei mit dem Akkumulator verbindet. ⇒ **Betrieb an Gleichspannung**
- Ladegerät mit Ladekontrolleinrichtung, das direkt am Versorgungsnetz angeschlossen ist.

(Schaltbild laut Herstellerangaben)

Arbeitsplätze mit besonderer Gefährdung

Die Beleuchtungsstärke beträgt in diesen Anlagen mindestens 15 lx. Die jeweiligen Lichtstärken in Abhängigkeit von der Befestigungshöhe sind für diese Arbeitsplätze in Abb. 3 angegeben:

h in m	< 2,5	2,5 ≤ *h* < 3	3 ≤ *h* < 3,5	3,5 ≤ *h* < 4
I_{max} in cd	1000	1800	3200	5000

3: Befestigungshöhen

Eine weitere wichtige Anforderung an die Leuchten ist der **Farbwiedergabewert**. Durch ihn ist gewährleistet, dass Sicherheitsfarben eindeutig erkannt werden können. Er muss mindestens $R_a \geq 40$ betragen. Im Brandfall besteht die Gefahr, dass sich Rauch entwickeln kann und Fluchtwege und Notausgänge nicht mehr erkannt werden können. Um dann eine weitere Orientierungsmöglichkeit für Personen zu geben, bieten die **Fluchtwegleitsysteme** eine zusätzliche Sicherheit (Abb. 4). Diese dynamischen Leitwegesysteme sind mit der **Brandmeldeanlage** [*fire alarm system*] gekoppelt und weisen immer den Weg in die sichere Richtung. Sie werden zusätzlich zu den Rettungszeichen-Leuchten und zur Allgemeinbeleuchtung installiert.

Wo müssen RZL installiert werden?

Folgende Standorte müssen durch Sicherheitsleuchten kenntlich gemacht werden:

- Richtungsänderungen von Rettungswegen und Kreuzung von Fluren sowie Gängen,
- Fluchttüren, z. B. vorgeschriebene Notausgänge, und mögliche Ausgangstüren,
- Treppenstufen und Niveauänderungen im Boden,
- Erste-Hilfe-Stelle sowie Brandbekämpfungsvorrichtung und
- Meldeeinrichtungen.

Rettungswegbeleuchtung und -kennzeichnung

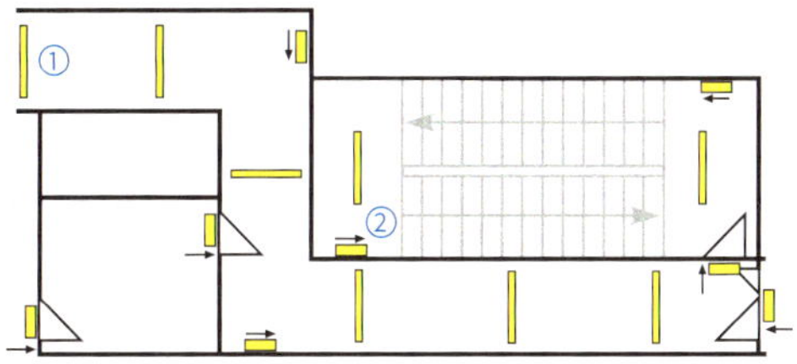

Sicherheitsleuchten ①
Kompaktleuchtstofflampe mit Anschluss an eine Batterie ③

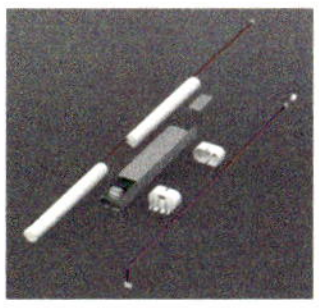

Rettungszeichen-Leuchten ②
Piktogramm (Symbol) mit Rettungswegkennzeichnung

4: Fluchtwegleitsystem

Planung der Installation von RZL

Für die Installation sind folgende Punkte zu beachten:

- **Akkumulatoren**: Wartung und Aufladung laut DIN VDE 0108-100.
- **Beleuchtungsstärken**: Mindestwerte zur sicheren Führung von Personen zum nächstliegenden Ausgang:
  - $E \geq 1$ lx waagerecht an jeder Stelle, $h = 0{,}2$ m,
  - $E \geq 5$ lx in der Mitte des Weges.
  - Beleuchtung so dimensionieren, dass im Notfall Panik vermieden wird, z. B. $E \geq 0{,}5$ lx am Boden und Einschaltzeit $t < 5$ s (Antipanikbeleuchtung).
- **Schutzart** der Leuchten: Auswahl je nach Eigenschaften des Raumes, z. B. Innenbereich ohne Staubentwicklung IP40, mit Staubentwicklung oder Feuchtigkeit und in Außenbereichen IP65.
- **Position** der Rettungszeichen-Leuchten, um folgende Voraussetzungen zu erfüllen:
  - Ausreichende Signalisierung der Fluchtwege
  - Gefährliche Bereiche wie z. B. Höhenunterschiede und Hindernisse sichtbar machen.
  - Arbeitsbereiche, in denen eine Fortführung des Arbeitsprozesses erforderlich ist, mit ausreichender Sicherheitsbeleuchtung ausstatten.

Verwendete Leuchten

Für Hinweisleuchten werden LEDs verwendet, weil sie eine geringere Wartung benötigen und einen niedrigen Energieverbrauch haben.

Die **LED-Rettungszeichen-Leuchte** (Abb. 5) besitzt 12 weiße LEDs, die an einen wiederaufladbaren, wartungsfreien und gasdichten NiCd-Akkumulator (4,8 V/1,6 Ah) angeschlossen sind. Die Hersteller geben zu den RZL Betriebseigenschaften an.

- Dauerlicht mit wöchentlichem, automatischem Funktionstest und
- Funktionsanzeige für Netz- und Akkumulatorbetrieb.

5: LED-Leuchte

Aufgaben

1. In welchen Räumen müssen nach DIN VDE Sicherheitsleuchten vorhanden sein? Nennen Sie vier Bereiche.
2. Nennen Sie sieben Stellen, wo Sicherheitsleuchten unbedingt installiert werden müssen.

- Die Sicherheitsbeleuchtung ersetzt die Allgemeinbeleuchtung mit verminderter Beleuchtungsstärke.
- Die Ersatzbeleuchtung ersetzt die Allgemeinbeleuchtung mit voller Beleuchtungsstärke.

Funktionserhalt

Begriffe

Bei Brand kann die elektrische Stromversorgung ausfallen. Bestimmte Anlagen **müssen** jedoch weiter versorgt werden. Das Baurecht der Bundesländer fordert für bestimmte Anlagen den Erhalt der Funktion für eine bestimmte Zeit. Das Schutzziel der Anlage gibt die Zeit vor.

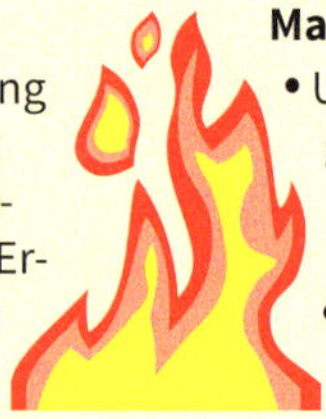

Maßnahmen

- Um die Funktion der elektrischen Stromversorgung auch bei einem Brand zu gewährleisten, müssen spezielle Materialien eingesetzt werden.
- Durch eine **Abschottung** mit Brandschutzmaterialien kann eine „normale" Elektroinstallation vor Brandfolgen geschützt werden.

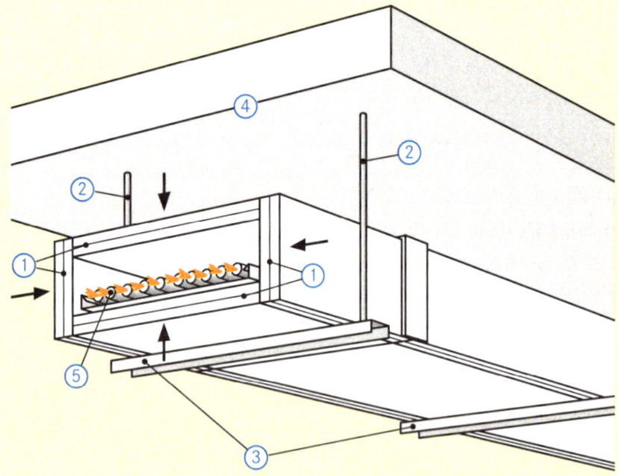

① feuerbeständige Platten
② Gewindestab
③ U-Profil
④ Decke
⑤ konventionelle Leitungen

Funktionserhalt für 30 Minuten (E30)

Sie ermöglicht eine **Gebäudeevakuierung** durch den Betrieb von
- Sicherheitsbeleuchtung,
- Brandmeldeanlagen,
- Alarmierungs-/Lautsprecheranlagen (ELA) und
- Lüftungs-/Rauchabzugsanlagen.

Funktionserhalt für 90 Minuten (E90)

Sie ermöglicht eine **Brandbekämpfung** durch den Betrieb von
- Feuerwehraufzug,
- Bettenaufzug in Krankenhäusern,
- maschinelle Rauchabzugsanlagen,
- Wasserdruckerhöhungsanlagen und
- Sprinkleranlagen.

Zu schützende Anlagenteile

Gebäude sind in **Brandabschnitte** unterteilt. Diese sind so gegeneinander zu schützen, dass für eine bestimmte Zeit ein Brand nicht von einem in den anderen Brandabschnitt überschlagen kann.

Leitungen, die einen Brandabschnitt queren, müssen in Funktionserhalt installiert werden ① ②. Brennt es hier, ist eine Energieübertragung von der Spannungsquelle zum Verbraucher gewährleistet.

Brennt es jedoch in dem Brandabschnitt, in dem die Sicherheitsstromversorgung ③ bzw. der letzte Verbraucher eines Stromkreises installiert ist ④, dann kann eine Standardinstallation vorgenommen werden. In diesem Fall werden die Objekte durch den Brand zerstört und können auch durch einen Funktionserhalt der Leitungen nicht geschützt werden.

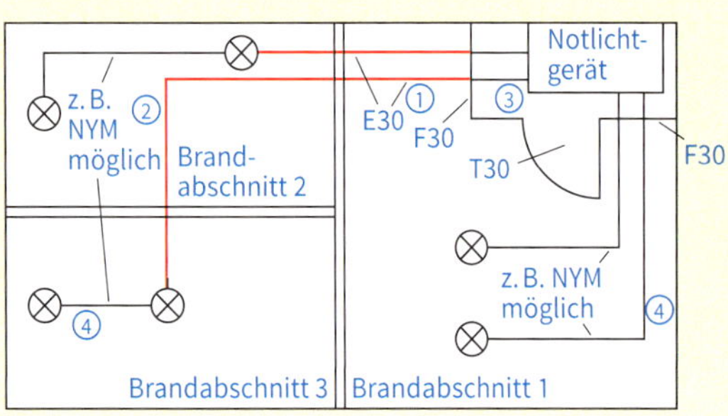

- Beim **integrierten Funktionserhalt** werden Materialien eingesetzt, die einen Brand für die vorgeschriebene Zeit aushalten. Hierbei müssen alle Komponenten eine bauaufsichtliche Zulassung besitzen (Prüfung durch Deutsches Institut für Bautechnik, DIBT). Dies betrifft z. B.:

Feuerbeständige Leitungen

Beispiele:

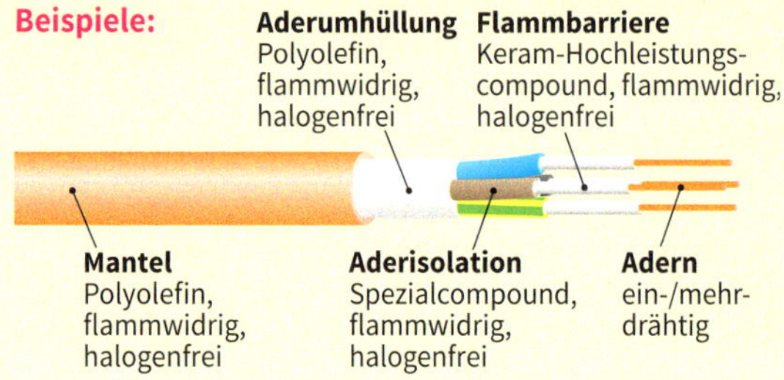

- **Feuerbeständige Befestigungssysteme**

Beispiel: Zugelassene Metalldübel und Metallschellen

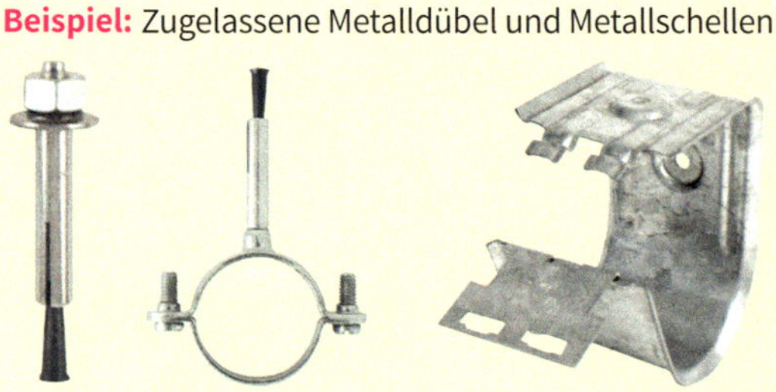

Die Leitungen müssen gemeinsam mit dem Befestigungssystem geprüft sein.

10.6.8.3 Übersicht

Energieversorgung von Sicherheitsbeleuchtungsanlagen		
Einzelbatterie	**Gruppenbatterie**	**Zentralbatterie**
Zulässige Rettungszeichen-Leuchten (RZL) *n*		
$n \leq 2$ RZL	$n \leq 20$ RZL	$n > 2$ RZL
Anforderungen an Batterien		
NiCd: 1,2 V/Zelle; Blei: 2,0 V/Zelle wartungsfrei und gasdicht Betriebsdauer: $t \geq 4$ Jahre	Blei: 2,0 V/Zelle ortsfest in geschlossenen Räumen und wartungsfrei Betriebsdauer: $t \geq 4$ Jahre	• NiCd: 1,2 V/Zelle; Blei: 2,0 V/Zelle Batteriespannung: 24 V ... 220 V • ortsfeste Batterien nach DIN EN 50272-2 • Regelmäßige Wartung oder wartungsfrei • Betriebsdauer: $t > 10$ Jahre

Betriebsarten

Einzelversorgung einer Kompaktleuchtstofflampe über NiCd-Akku

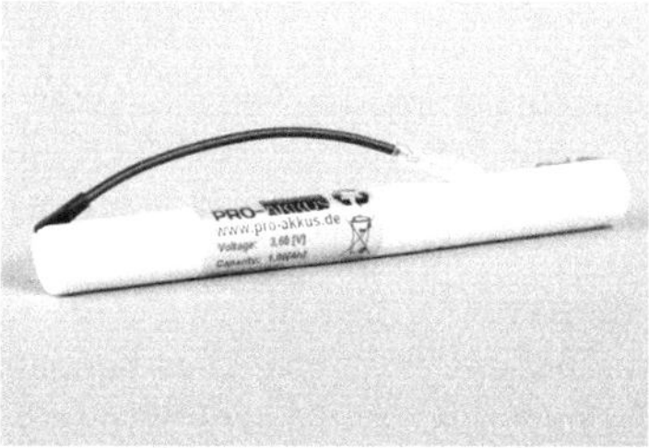

Dauerschaltung
Leuchte ist ständig eingeschaltet; Überwachung der Räume am Hauptverteiler der Sicherheitsstromversorgung; selbsttätiges Umschalten auf allgemeine Stromversorgung, wenn die Netzstörung behoben ist.

Geschaltetes Dauerlicht
Leuchte wird wie Allgemeinbeleuchtung genutzt. Bei Stromausfall erfolgt automatische Einschaltung.

Bereitschaftsschaltung
Überwachung der Stromversorgung aus dem Netz für Allgemeinbeleuchtung im Unterverteiler; Einschalten der Sicherheitsstromversorgung bei Netzausfall und selbsttätiges Abschalten nach Spannungswiederkehr.

Inspektionen und Überwachung

Regelmäßige Prüfung nach DIN EN 50272-2 und DIN EN 50172 unter Beachtung, dass Batterien vor Betriebsbeginn mit 90 % der für die Bemessungsbetriebsdauer erforderlichen Kapazität geladen sind.

Manueller wöchentlicher Funktionstest

Automatische Überwachung:
- Funktionstest aller Sicherheits-RZL
- Bei Einzelleuchtenüberwachung wird die defekte Leuchte in der Zentrale angezeigt.
- Umschaltung wird periodisch überwacht und Funktionsfähigkeit der Leuchten kontrolliert.

Manueller tägl. Funktionstest

- Fehler in der Sicherheitsstromversorgung werden in der Überwachungsstelle registriert.
- Meldung einer Störung bei Fehler in der Zuleitung erfolgt an der Überwachungsstelle.
- Prüfung der Anlage durch manuelle Auslösung am Gerät oder an der Überwachungsstelle.

Umschaltdauer bei Netzstörung

Energieversorgung der Sicherheitsbeleuchtungsanlage muss selbsttätig erfolgen, wenn die Netzspannung um mehr als 15 % abgefallen ist und für die Zeit $t > 0{,}5$ s gestört ist.

Instandsetzung

Austausch der Batterien, wenn weniger als zwei Drittel der Bemessungsbetriebsdauer erreicht ist.

Dokumentation

Regelmäßige Prüfungen dokumentieren, sodass Kontrolle über zwei Jahre möglich ist.

Installationshinweise

Bei mehr als einer Sicherheitsleuchte in einem Raum	⇒ Aufteilen abwechselnd auf zwei Stromkreise
Absicherung je Endstromkreis	⇒ max. mit 10 A (mit 60 % der Bemessungsstromstärke)
Leuchtenzahl je Endstromkreis	⇒ max. 12 Sicherheitsleuchten (nicht in Arbeitsstätten)

10.7 Errichten von Beleuchtungsanlagen

Bei Beleuchtungsanlagen werden an die einzelnen Objekte (vgl. Kap. 10.6.6) besondere Anforderungen gestellt. Hier sollen einige der in Abb. 1 dargestellten Objektgruppen genauer besprochen werden.

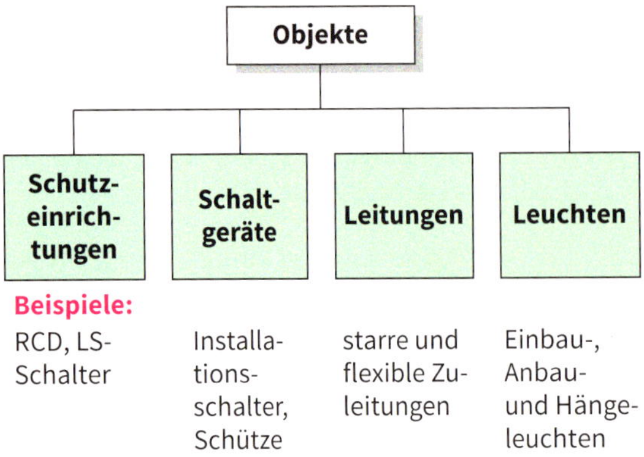

1: Übersicht

10.7.1 Installationsgeräte

In den Beleuchtungsanlagen der Montagehalle und des Büros werden einige der dargestellten Objekte verwendet.

Schaltvermögen von Schaltern und Schützen

Die **Installationsschalter** [*installation switches*] und Schaltschütze für Beleuchtungsanlagen müssen eine Bemessungsstromstärke von **mindestens 10 A** besitzen. Sie liegt hier deutlich unter 10 A. Bei größeren Anlagen, in denen die Leuchten auf die drei Außenleiter des Drehstromnetzes verteilt werden, muss nach DIN VDE 0100-559 außerdem ein **allpoliger Hauptschalter** verwendet werden. Die Belastung von Schaltern und damit deren Auswahl hängt ab von der

- Lampenleistung,
- Schaltungsart der Leuchtstofflampen und
- Art der Vorschaltgeräte.

Vorschriften zur Kompensation (VDEW/TAB)

Betrieb von Leuchtstofflampen mit induktiven Vorschaltgeräten:

$\Rightarrow \cos\varphi = 0{,}3$ bis $0{,}5$

Kompensation erforderlich bei $P_L > 130$ W

$\Rightarrow \cos\varphi = 0{,}9$ durch

- Einzelkompensation in Duo- oder Parallelschaltung
- Gruppenkompensation gemeinsam geschalteter Leuchten
- Zentralkompensation der gesamten Anlage (vgl. Kap. 11.4)

10.7.2 Befestigungssysteme für Leuchten

Für die Installation von Leuchtstofflampen und LED-Lampen gibt es verschiedene **Befestigungssysteme** [*mounting systems*] (Abb. 2).

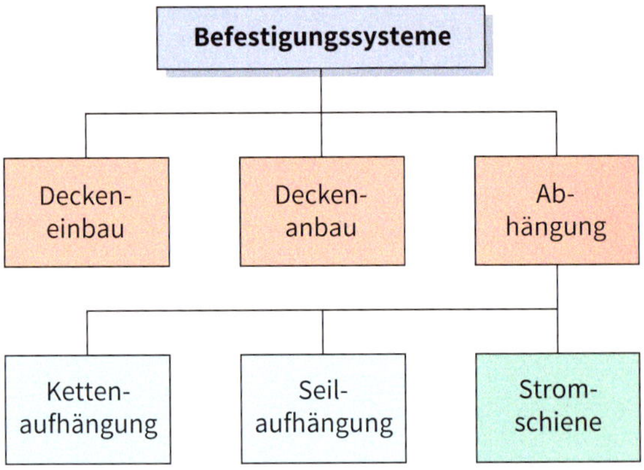

2: Übersicht zu Befestigungssystemen

10.7.2.1 Montagehalle

In der Montagehalle sollen für das Deckenanbausystem Rasteranbauleuchten installiert werden. Ein optimales Beleuchtungsniveau lässt sich dann z. B. durch Lichtbänder realisieren. Die einzelnen Leuchten werden zu Bändern verbunden (Abb. 3). Die einzelnen Tragschienen für die Lichtbänder werden vor Ort verbunden. Die Lichtbänder können auf werkseitig verdrahteten **Tragprofilen** [*mounting rails*] mit Blindabdeckungen in Lampenlänge befestigt werden. Die verdrahteten Profile ermöglichen beliebige Abstände zwischen den Geräteträgern für die LED-Leuchten.

Worauf muss bei der Montage von Leuchten geachtet werden?

Die Deckenmontage der Leuchten (Abb. 3) sollte z. B. bei abgehängten Decken mit dem Deckenbauer abgesprochen werden.

Folgendes ist zu beachten:

- Befestigungsmaße
- Aufbau der Decke
- Statische Belastung der Decke (Leuchtengewicht)
- Schutzart der Leuchte (z. B. keine Schrauben und Löcher in Ex-geschützten Leuchten)

3: Aufhängung von LED-Leuchten

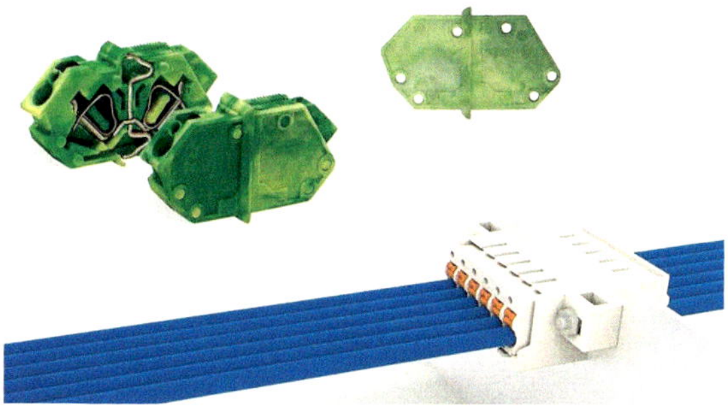

4: Durchgangsverdrahtung

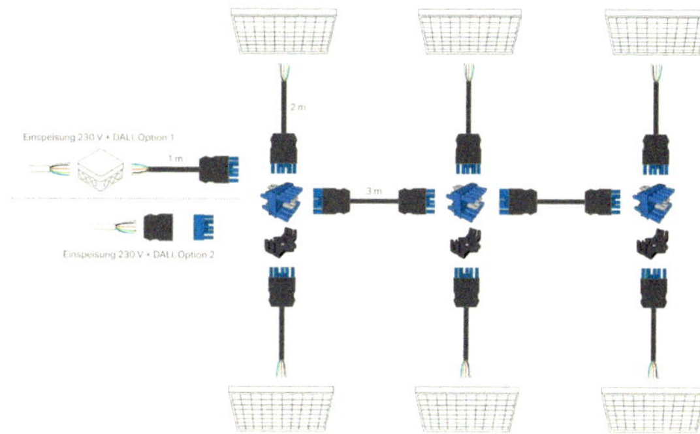

5: Leuchten mit Anschlussleitung

Durchgangsverdrahtung

Die Tragprofile für LED-Leuchten werden von den Leuchtenherstellern in verschiedenen Ausführungen angeboten.

- **Werksseitig anschlussfertig verdrahtet** mit 5-Leiter bis 7-Leiter-Durchgangsverdrahtung (Abb. 4) für Einzelleuchten und für modulare Systeme (Lichtbänder) sowie
- **unverdrahtet** mit entsprechendem Zubehör.

Unverdrahtete Tragprofile werden dann vor Ort mit einer Durchgangsverdrahtung für die modulare Anordnung der Geräteträger ausgerüstet. Für die Montagehalle wird der Aufbau des Systems z. B. mit Trennstecker-Abständen von 1230 mm bzw. 1530 mm je nach Lampenlänge in Modulform ausgewählt.

Der Vorteil dieses Befestigungssystems ist, dass ein **modularer Aufbau** des Lichtbandes mit einem Vielfachen der Leuchtenlänge möglich ist. Die Trennsteckeroberteile der Durchgangsverdrahtung befinden sich an eingeprägten Stellen der Leitung in den Tragprofilen und können ohne Werkzeuge fixiert werden. Mit 5- bzw. 7-adrigen Leitungen sind Schnellverbindungen von Drehstrom-Netzleitungen möglich. Die Trennstecker mit **Schneidklemmverbindern** [*insulation displacement connectors*] können an gewünschter Stelle mit einer Flachzange auf die Leitung aufgepresst werden. Dort werden über spezielle Stecker die Leuchtstofflampen angeschlossen.

Befestigung von Lichtbändern

Je nach Lichtbandlänge ist eine entsprechende Anzahl von **Befestigungspunkten** [*fixing points*] erforderlich. Für die Montagehalle ergeben sich nach Herstellerunterlagen z. B. folgende Werte zur Befestigung der Lichtbänder:

- Anzahl der Leuchten je Lichtband: 5
- Lichtbandlänge: 14,28 m
- Abstand zwischen den Geräteträgern: 1020 mm
- Länge der Geräteträger: 1530 mm
- Anzahl der Befestigungspunkte: 7

Netzanschluss der Leuchten

Eine 5-adrige Zuleitung kann mit einer 5-adrigen Buchse angeschlossen werden. Über das Stecken der Verbindungsleitungen erfolgt die Verdrahtung weiterer Leuchten mit dem Verteiler (Abb. 5), der eine 5-polige Buchse zur Durchgangsverdrahtung besitzt. Die Lichtbandverdrahtung besteht je Anlage aus einer 5- oder 7-adrigen Leitung. Für die Montagehalle wird die **5-adrige Leitung** gewählt, da kein Lichtsteuersystem vorgesehen ist (Abb. 6).

Verdrahtungsart	5 LV			7 LV	
Netzzuleitung	5	3	3	3	5
Dimmen	–	–	–	2	–
Notbeleuchtung					
• Einzelbatterie	–	2	–	–	–
• Umschaltrelais	–	–	2	2	2
Aderzahl	5	5	5	7	7

6: Leiterverdrahtung (LV) bei Lichtbändern und Leuchten

Der abgebildeten Tabelle entnehmen wir zwei Beispiele zur Erklärung der Leiterverdrahtung **5 LV** und **7 LV**.

Beispiele:

- **5-Leiter-Verdrahtung (5 LV)**
  Die 5 Leiter haben folgende Funktionen:
  - Außenleiter L1, L2 und L3
  - Neutralleiter N und
  - Schutzleiter PE
- **7-Leiter-Verdrahtung (7 LV)**
  Die 7 Leiter haben z. B. folgende Funktionen:
  - Außenleiter L1, Neutral- und Schutzleiter,
  - 2 Leiter (+/–) für den Steuerausgang der 1 bis 10 V-Schnittstelle zur Ansteuerung des dimmbaren EVG
  - 2 Leiter für das Umschaltrelais (Netz- bzw. Batteriebetrieb) zur Energieversorgung der Notbeleuchtung (vgl. Kap. 10.6.8.1).

10.7.2.2 Büro

Für die Beleuchtungsanlage im Büro können Leuchtstofflampen bzw. Leuchtröhren als Lichtband befestigt werden in

- direkter Deckenmontage oder
- abgehängter Montage.

Bei der **direkten Deckenmontage**, z. B. Deckenanbauleuchte oder Lichtband, sind keine Verbindungsstücke (Kupplungen) zwischen den Leuchten erforderlich, da jede Leuchte einzeln an der Decke befestigt wird. Der Befestigungsabstand wird vom Leuchtenhersteller vorgegeben. Die elektrische Verbindung erfolgt über eine Durchgangsverdrahtung mit einem Verbindungsrohr aus Kunststoff.

Bei **abgehängter Montage** (Abb. 1) gibt es folgende Möglichkeiten zur Aufhängung von Einzelleuchten und Lichtbändern.

- **Kettenaufhängung** [*chain suspension*] Gliederkette und Spannschloss zur Einstellung von z. B. 40 mm Höhenausgleich ①.

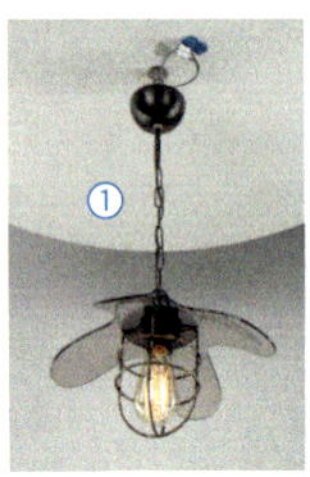

- **Seilaufhängung** [*rope suspension*] an einem Stahlseil mit stufenlos verstellbarer Seillänge nach erfolgter Montage ②.

Sicherheit bei Leuchtenaufhängung

Aus Sicherheitsgründen müssen alle Befestigungsmittel das **5-fache Gewicht** der Leuchten tragen können. Werden die maximalen Befestigungsabstände eingehalten, dann entsteht ein Gewicht von ca. 30 kg je Aufhängepunkt (Herstellerangaben). Die Aufhängemittel wie z. B. Kette und Seil müssen demnach mit mindestens 150 kg belastbar sein. Dies gilt auch für sonstiges Zubehör wie Dübel und Deckenhaken.

1: Seilaufhängung

Teile eines Lichtbandsystems

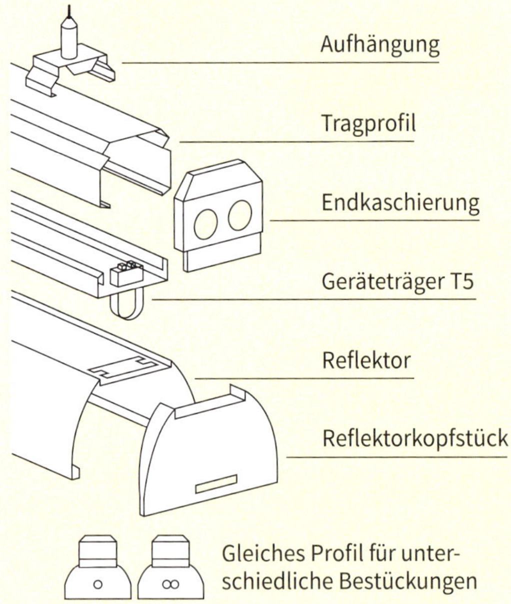

Aufgaben

1. Warum geben Lampenhersteller für die Installation von Lichtbändern eine maximale Leitungslänge für die entfernteste Leuchte an?
2. Nennen Sie fünf mögliche Befestigungssysteme für Leuchten.
3. Beschreiben Sie kurz, was man unter Durchgangsverdrahtung versteht.
4. Welche Sicherheitsmaßnahmen sind bei einer Leuchtenaufhängung zu beachten?

- Installationsschalter müssen eine Bemessungsstromstärke von mindestens 10 A besitzen.
- Leuchtstofflampen mit elektronischen Vorschaltgeräten brauchen nicht kompensiert zu werden.
- Leuchten mit der Schutzklasse I dürfen eine Ableitstromstärke von höchstens 1 mA besitzen.
- Die Aufhängemittel müssen mit dem 5-fachen Gewicht von Leuchtstofflampen und Lichtbändern belastbar sein.

10.7.3 Wartung und Prüfung

Bisher sind wir davon ausgegangen, dass sich die Beleuchtungsstärke während der Betriebsdauer der Lampen nicht ändert. Durch Verschmutzung und Alterung der Leuchtmittel kommt es jedoch zu einer Verringerung der Beleuchtungsstärken. Um E_n nicht zu unterschreiten, muss bereits bei der Planung mit einer größeren Beleuchtungsstärke gerechnet werden. Außerdem muss nach DIN EN 12464-1 für bestimmte Beleuchtungsanlagen eine Wartung durchgeführt werden.

Die Beleuchtungsstärke wird mit dem Luxmeter gemessen. Dabei sollten die **Messpunkte** [*measuring points*] mit dem Raster übereinstimmen, das bei der Beleuchtungsberechnung verwendet wurde. Werden die Wartungswerte erreicht oder sogar unterschritten, ist eine **Wartung** durchzuführen. Diese besteht darin, die Leuchten zu säubern oder die Leuchtmittel zu wechseln.

Was besagt der Wartungsfaktor WF?

In oben genannter DIN EN wird der Wartungswert E_{Wart} als der Wert angegeben, den die mittlere Beleuchtungsstärke E auf der Nutzebene nicht unterschreiten darf. Das Verhältnis von Wartungswert E_{Wart} zu Neuwert E_n heißt **Wartungsfaktor WF**. Dieser unterscheidet sich in den Raumeigenschaften (Abb. 2). Je nach Nutzung sind für Innenräume mit z. B. LED-Leuchten und Kompaktleuchtstofflampen bestimmte Wartungsfaktoren festgelegt.

Berechnung der Wartungswerte

Die Wartungswerte E_{Wart} lassen sich also mit Hilfe des Wartungsfaktors WF berechnen. Wir beziehen unsere Betrachtungen auf die in Kap. 9.6.6 und 9.6.7 beschriebenen Beleuchtungsanlagen.
Folgende Wartungsfaktoren werden festgelegt für
- die Montagehalle 0,67 und
- das Büro 0,8.

WF	Raumbeschreibung
0,8	Sehr sauberer Raum: Jährliche Wartung; Brenndauer ca. 2000 h/a[1]; Lampenwechsel nach 2000 h; direkt strahlende Leuchte; geringe Staubansammlung
0,67	Sauberer Raum: Wartungsintervall: 2 a; Brenndauer 2000 h/a; Lampenwechsel nach 4000 h; direkt-indirekt strahlende Leuchte; geringe Staubansammlung
0,5	Raum mit normaler Verschmutzung: Wartungsintervall: 2 a; Brenndauer 2000 h/a; Lampenwechsel nach 4000 h; normale Staubansammlung

[1] a: Jahr

2: Wartungfaktoren bei Beleuchtung mit Leuchtstofflampen

Beispiel:

Im Büro beträgt laut Berechnung am Arbeitsplatz die mittlere Beleuchtungsstärke 600 lx. Der Wert für E_{Wart} errechnet sich dann wie folgt:

$$E = \frac{E_{Wart}}{WF} \quad \Rightarrow E_{Wart} = E \cdot WF \Rightarrow$$

$$E = 600\ \text{lx} \cdot 0{,}8 \quad \Rightarrow \underline{\underline{E_{Wart} = 480\ \text{lx}}}$$

Was ist bei der Festlegung des Wartungsfaktors zu beachten?
- Rückgang des Lichtstroms der Lampen durch natürliche Alterung der Lampen
- Staubablagerungen auf Lampen bzw. Leuchten
- Schmutzablagerung auf den Arbeitsflächen

Wird der Wartungsfaktor falsch gewählt, dann kommt es bei einem
- **zu niedrig** gewähltem Wert zu hohem Energieverbrauch. Die Beleuchtungsanlage ist überdimensioniert.
  ⇒ **Wartungszyklus verlängern**
- **zu hoch** gewähltem Wert zur frühzeitigen Verringerung der Beleuchtungsstärke, die Beleuchtungsanlage ist unterdimensioniert.
  ⇒ **Wartungszyklus verkürzen**

Prüfungen und Dokumentation

Vor Inbetriebnahme elektrischer Anlagen, also auch bei Beleuchtungsanlagen, und nach Instandsetzung sind bestimmte Prüfungen erforderlich. Dabei wird zwischen **Erst- und Wiederholungsprüfungen** unterschieden. Die näheren Einzelheiten dazu sind bereits im Kap. 5.4.1 und 5.4.15 erklärt worden. Auch bei der Sanierung elektrischer Anlagen, z. B. bei Änderung und Erweiterung, muss auf die Einhaltung der Normen aus der Reihe nach DIN VDE 0100 geachtet werden. Nach der Prüfung ist ein **Prüfprotokoll** anzufertigen. Dieses enthält wesentliche Merkmale einer geprüften Anlage.

- Nach DIN EN 12464-1 werden zu bestimmten Räumen Wartungsfaktoren zugeordnet.
- Für Beleuchtungsanlagen sind nach Erstellung und Änderungen Prüfungen und deren Dokumentation erforderlich.

Aufgaben

1. Erläutern Sie den Begriff Wartungsfaktor.
2. Berechnen Sie die Beleuchtungsstärke E_{Wart}, bei der spätestens eine Wartung der Beleuchtungsanlage in der Montagehalle erforderlich wird (Wartungsfaktor: 0,5).
3. Nennen Sie drei Faktoren, die bei der Festlegung des Wartungsfaktors zu beachten sind.

10.8 Überspannungsschutz herstellen

10.8.1 Auswirkungen von Überspannungen

Im Verwaltungsbüro eines Industriebetriebes ist die Computeranlage ausgefallen. Der beauftragte Elektroniker stellt bei der Sichtprüfung fest, dass eine Überspannung den Schaden verursacht hat.

Wodurch können Überspannungen entstehen?
Überspannungen (Abb. 1) entstehen durch Schalthandlungen im Netz (ca. 80 %) und durch **Blitzeinschlag** [*lightning strike*] (ca. 20 %).

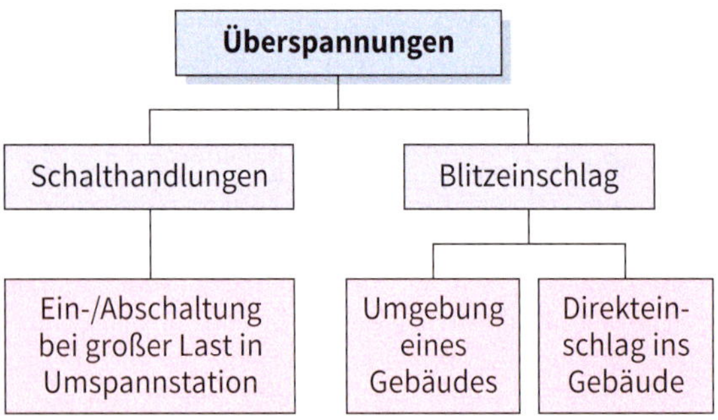

1: Übersicht

Gefährdungsbereich bei Blitzeinschlag
Der Gefährdungsbereich bei einem Blitzeinschlag erstreckt sich im Umkreis von bis zu 1,5 km um den Einschlagspunkt (Abb. 2). In diesem Bereich können sich Überspannungen zerstörend auf elektronische Anlagen auswirken. Wenn Gebäude von einem **Blitzeinschlag** getroffen werden, laufen im Bruchteil einer Sekunde folgende Vorgänge ab:

1. Die mit dem Schutzleiter verbundenen Gehäuse werden auf ein **hohes Potenzial** (Spannung gegen Außenleiter) angehoben.
2. Von den geerdeten Anlagenteilen fließt ein **hoher Strom** (Blitzstrom oder Ausgleichsstrom) über den N-Leiter in die elektrische Anlage.
3. Geräte können auch im ausgeschalteten Zustand beschädigt werden, da die hohe Spannung die **Isolierung** durchschlagen kann.

Gefährdungen können sich ergeben durch

- **Direkten Blitzeinschlag**, z. B. in Häuser.
  ⇒ Blitzstromableiter leiten dann die Blitzströme direkt zur Erde ab.
- **Ferneinschlag eines Blitzes**, z. B. in Versorgungsleitungen.
  ⇒ Überspannungen breiten sich aus und können durch Blitzstromableiter unwirksam gemacht werden.
- **Überspannungen**, z. B. durch Schalthandlungen im VNB-Netz.
  ⇒ Überspannungsschutzgeräte schützen sowohl das Gebäude als auch elektrische Betriebsmittel.

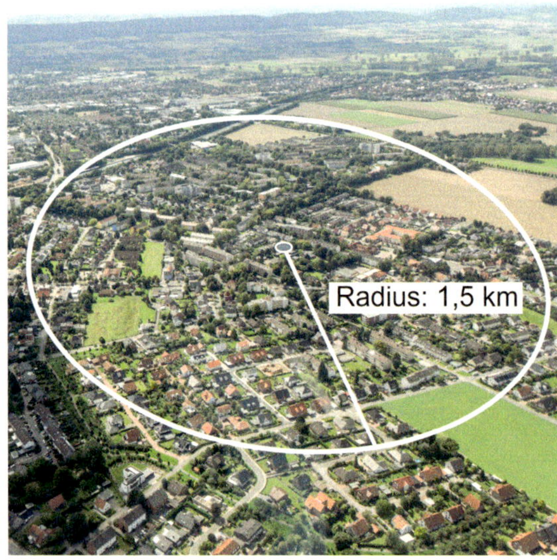

2: Gefährdungsbereich bei Blitzeinschlag

Jeder Blitz ist eine Entladung (**Gleichstrom-Stoßentladung**) in sehr kurzer Zeit (20 µs). Die Höhe des **Blitzstromes** [*lightning current*] kann Spitzenwerte von 100 kA und mehr erreichen. Wegen der sehr kurzen Zeit, in der der Blitzstrom über die Leitungen der Blitzschutzanlage zur Erde geleitet wird, werden die äußeren Teile des Gebäudes kaum zerstört.

Am zeitlichen Verlauf des Blitzstromes im *i*-*t*-Diagramm (Abb. 3) ist Folgendes zu erkennen:

- Der Blitzstrom steigt in kurzer Zeit stark an ①. Das dadurch entstehende hohe Magnetfeld verursacht an Energieleitungen eine hohe Induktionsspannung.
- Die Fläche unter der Blitzstromkurve ② entspricht der Ladung. Diese Ladung wird in das Netz eingespeist.

Wegen der großen Ströme und der in der elektrischen Anlage entstehenden hohen Induktionsspannung ist trotz der kurzen Zeit die **Wärmeentwicklung** sehr groß.

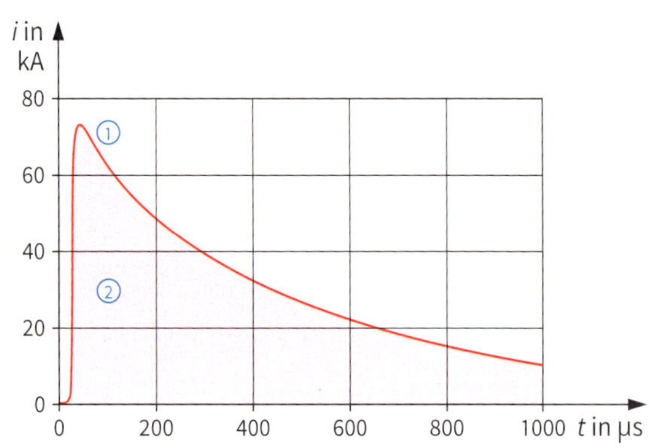

3: Blitzstromverlauf (aus Laborversuch)

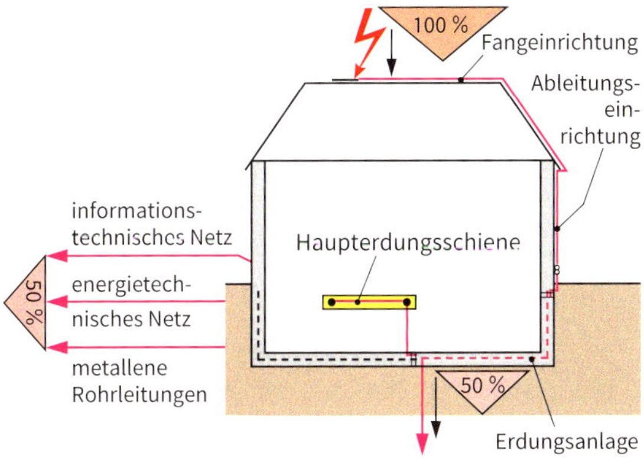

4: Aufteilung des Blitzstromes

Aufteilung des Blitzstromes nach dem Einschlag
Aufgrund von Hochspannungsuntersuchungen wurde festgestellt, wie sich der Blitzstrom auf die Anlagenteile folgendermaßen aufteilt (Abb. 4):

- ca. 50 % der „Blitzströme" fließen zur Erde,
- ca. 50 % auf weitere Anlagenbereiche.

Bei der Überspannung im Verwaltungsgebäude des Industriebetriebes war der innere Überspannungsschutz unzureichend. Da in diesem Fall Schalthandlungen im Versorgungsnetz die Ursache für die Überspannungen waren, konnten diese durch unzureichende **Überspannungsschutzgeräte** [*surge protective devices*] in der elektrischen Anlage nicht verhindert werden. Deshalb entstanden Schäden an der elektronischen Rechneranlage.

Um Überspannungen zu vermeiden, sind Schutzmaßnahmen erforderlich. Sie werden als **äußerer** und **innerer Blitzschutz** bezeichnet. Diese Maßnahmen sollen in den folgenden Kapiteln genauer besprochen werden.

10.8.2 Äußerer Blitzschutz

Blitzschutzanlagen sind für bestimmte Gebäude vorgeschrieben. Sie werden wie folgt unterschieden:

- **äußerer Blitzschutz** und
- **innerer Blitzschutz**.

Welche Gebäude müssen mit Objekten zum äußeren Blitzschutz ausgerüstet sein?
Überspannungsschutz ist ab 12. 2018 in allen neu errichteten Gebäuden verpflichtend. Überspannungsschutzeinrichtungen werden gefordert, wenn kurzzeitige Überspannungen (DIN VDE 0100-443) Auswirkungen haben können z. B. auf:

- **Gebäudeteile**, die ihre Umgebung überragen, z. B. Hochhäuser und hohe Schornsteine.
- **Betriebe**, die feuer- und explosionsgefährdet sind, z. B. Holzbearbeitungsbetriebe.
- **Bauten** mit Menschenansammlungen, z. B. Krankenhäuser, Verwaltungsgebäude, Schulen.
- Gebäude mit Freileitungsversorgung.
- Eigenerzeugte Schaltüberspannungen, z. B. Schalten hoher induktiver Lasten.

Der äußere Blitzschutz umfasst alle Einrichtungen außerhalb eines Gebäudes (Abb. 5) zum **Auffangen** und **Ableiten** des Blitzstromes in die Erde (Abb. 6).

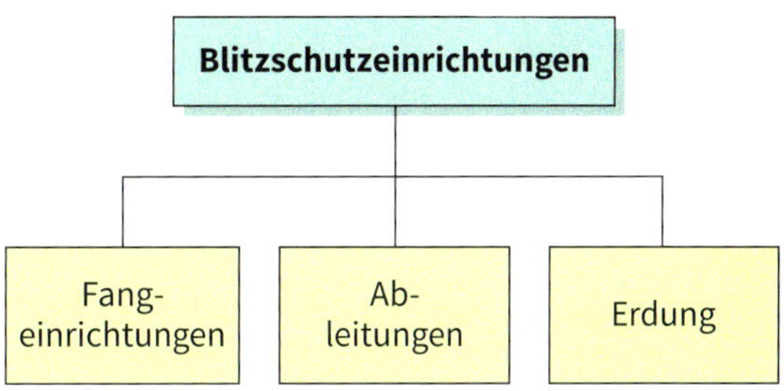

6: Teile der Blitzschutzanlage

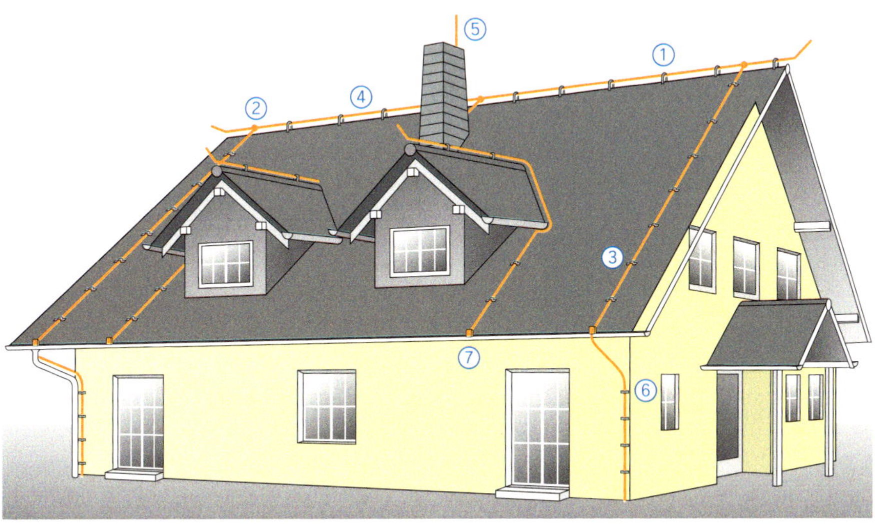

5: Teile der äußeren Blitzschutzanlage und Hausableitung (vgl. DIN 48803)

Teile der Blitz-Schutzanlage:

① Dachleitungshalter für Firstziegel
② Vario-Schnell-verbinder
③ Dachleitungshalter
④ Rundleiter
⑤ Fangstange
⑥ Leitungshalter
⑦ Rinnenklemme

Folgende **Begriffe zum Blitzschutz** sollen zum weiteren Verständnis erklärt werden (DIN EN 62305-1):

- **Elektromagnetische Blitzimpulse LEMP** (**L**ightning **E**lectro-**M**agnetic **P**ulses) sind elektromagnetische Auswirkungen des Blitzstromes, z. B. als Überspannung, die über die Energieleitung angeschlossene Elektrogeräte zerstören.
- **Blitzschutzsystem LPS** (**L**ightning **P**rotection **S**ystem) ist ein vollständiges System, das Schäden an Bauten durch direkte Blitzeinschläge verhindern soll. Das LPS besteht aus dem äußeren und dem inneren Blitzschutz.
- **Blitz-Schutzzone LPZ** (**L**ightning **P**rotection **Z**one) ist der Bereich, für den die Blitzgefährdung festgelegt ist. Die Blitz-Schutzzonen liegen außerhalb und innerhalb eines Gebäudes (vgl. Abb. 1, S. 414).
  - **LPZ 0**: Außenbereich mit direkten bzw. indirekten Blitzeinschlägen
    ⇒ starkes magnetisches Feld, sehr hohe Ströme
  - **LPZ 1**: Innenbereich ohne direkte Blitzeinschläge
    ⇒ schwaches magnetisches Feld
  - **LPZ 2**: Von LPZ 1 geschützter Innenbereich
    ⇒ weiter abgeschwächtes magnetisches Feld

Blitzschutzklassen

Nach DIN EN 62305-1 werden für Blitzschutzsysteme vier Blitzschutzklassen **I**, **II**, **III** und **IV** mit abnehmendem Gefährdungspegel definiert. Die erforderliche Blitzschutzklasse für ein LPS wird durch eine Risikobewertung der baulichen Anlage nach DIN EN 62305-2 festgelegt. Daraus ergeben sich z. B. auch bestimmte Maschenweiten für die äußere Blitzschutzanlage und bestimmte Abstände, die zwischen Ableitungen und Ringleitungen eingehalten werden sollten (Abb. 1).

An den Gebäudeaußenseiten werden je nach Größe weitmaschig (Abb. 2 ①) Metallleitungen verlegt. Dabei müssen die angegebenen Maße eingehalten werden. Das Gebäude befindet sich dann wie in einem weitmaschigen Metallkäfig ②. Weil die Fang- und Ableiteinrichtungen gegen das elektrische Feld des Blitzstromes abschirmen („Faradayscher Käfig"), ist ein Blitzeinschlag in den inneren Bereich unwahrscheinlich.

Blitzschutzklasse	Maschenweite in m	Abstände zwischen den Ableitungen in m
I	5 x 5	10
II	10 x 10	10
III	15 x 15	15
IV	20 x 20	20

1: Maschenweiten und Abstände je Blitzschutzklasse

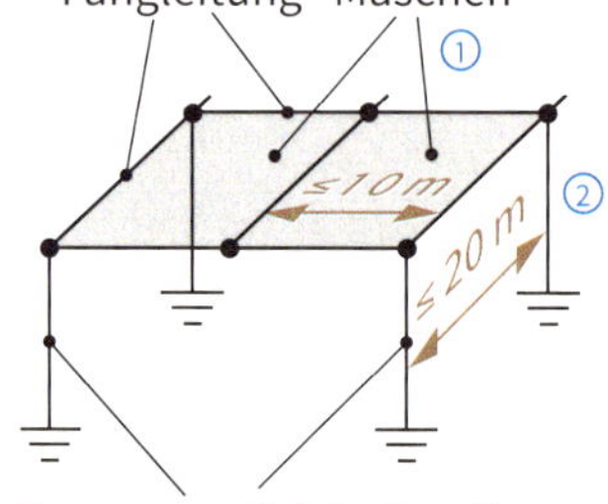

2: Abmessungen zu Maschen und Ableitungen

Fangeinrichtung

Zur **Fangeinrichtung** [*air terminator*] gehören alle metallenen Bauteile wie z. B. Fangleitungen, Fangstangen, die sich oberhalb, seitlich und neben dem Gebäude befinden. Sie sollen den Blitz „anziehen" und dienen somit als Einschlagpunkte. Meistens wird über ein Gebäude ein maschenförmiges Fangnetz mit einer bestimmten Maschenweite gelegt. Auch metallene Gebäudeteile, z. B. ein Blechdach, können als Teil eines LPS verwendet werden. Um ein Durchschmelzen bei Blitzeinschlag zu verhindern, gelten Mindestdicken (z. B. Kupfer 5 mm, verzinkter Stahl 4 mm).

Ableitungen

Ableitungen verbinden die Fangeinrichtung auf dem Dach mit der **Erdungsanlage** [*grounding system*]. Die Anzahl der Ableitungen hängt von der Form des Gebäudes, der Dachform und der Blitzschutzklasse ab. In Abb. 3 ist die Befestigung einer Fangeinrichtung aus Aluminium-Rundleiter mit der Dachrinne aus Kupfer dargestellt. Dafür sind besondere Zweimetall-Verbinder ③ aus Aluminium und Kupfer zu verwenden. Sie verhindern an dieser Stelle eine Elementbildung und damit Korrosion.

Anforderungen an Ableiteinrichtungen

Zur Verhinderung von Schäden durch Blitzströme werden an Ableitungen folgende Anforderungen gestellt:

- **Parallele Strompfade** durch entsprechende Installation der Ableiter herstellen.
- **Länge der Strompfade** verkürzen, z. B. auf Höhe des Erdbodens und je 10 m bis 20 m Höhe die Ableitungen mit Querverbindungen verknüpfen.
- **Schutzpotenzialausgleich** zwischen Ableitungen und metallenen Gebäudeteilen herstellen.

3: Zweimetall-Verbinder

Kenngrößen für Fangleitungen und Ableitungen
Als Werkstoffe für äußere Teile der Blitzschutzanlage werden unter Berücksichtigung des Korrosionsverhaltens Kupfer, verzinntes Kupfer, Aluminium, Aluminiumlegierungen und Stahl verwendet. Am Beispiel **nicht rostender Stahl** wird in Abb. 4 dargestellt, welche Mindestquerschnitte erforderlich sind.

q in mm²	Ausführung	Bemerkung
60[1)]	Band	Dicke: ≥ 2 mm
50[1)]	Rund	Durchmesser: 8 mm
70	Seil	Je Draht: $d \geq 1{,}7$ mm

[1)] Bei Verlegung in Beton: $q = 75$ mm²

4: Mindestmaße bei nicht rostendem Stahl

Erdungsanlage
Über die Erdungsanlage soll der Blitzstrom ins Erdreich fließen. Die Erdungsanlage kann wie folgt aufgebaut sein:

- Geschlossener Ringerder um das Gebäude, z. B. als Fundamenterder oder
- Einzelerder je Ableitung (Ausnahme).

Um Überspannungsschutz zu gewährleisten, ist die Erdungsanlage außerdem mit der **Haupterdungsschiene** verbunden.

Anforderungen an den Ringerder

- **Vermeidung von Korrosion** bei Änderung der Bodenqualität (z. B. Frost, Trockenheit) durch ausreichende Verlegungstiefe, $h \geq 0{,}5$ m
- **Abstand** zur Hauswand: $a = 1$ m
- **Überprüfungsmöglichkeit** während der Erderverlegung

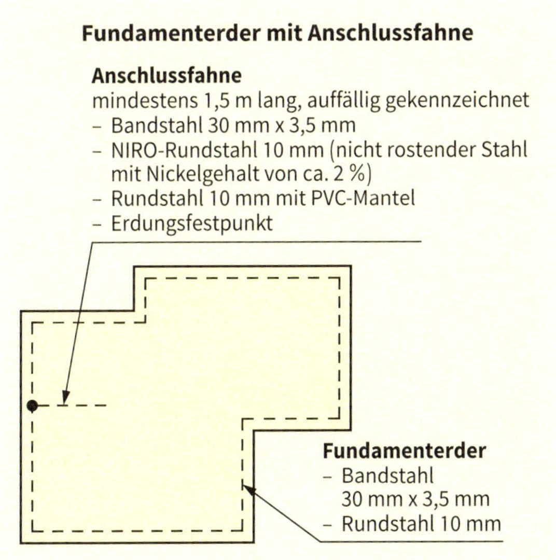

Anforderungen an Fundamenterder
Wenn Fundamenterder auch die Funktion eines **Blitzschutzerders** [*lightning protection earth electrode*] übernehmen, müssen bei der Verlegung folgende Anforderungen erfüllt sein:

- Geschlossene Ringverlegung
- Verzinkter Bandstahl: $q \geq 30$ mm x 3,5 mm oder verzinkter Rundstahl: $d \geq 10$ mm
- Metallene Querverbindungen bei größeren Gebäuden, sodass die umschlossene Fläche maximal 20 m x 20 m beträgt.
- Verbindung mit metallener Bewehrung durch blitzstromgeeignete Verbindungsklemmen oder Schweißverbindung.
- Anschlussfahnen oberhalb des Betons, z. B. aus feuerverzinktem Stahl.
- Verlegung im Fundament der Außenwände unter der untersten Isolation und der untersten Bewehrungsanlage bei Fundamenten aus bewehrtem Beton (Stahl- oder Spannbeton).
- Dicke der Bedeckung durch Beton ($d \geq 5$ cm).

Messstellen
Oberhalb einer Erdeinführung muss an jeder Ableitung eine Messstelle in Form einer **Trennstelle** [*disconnecting point*] vorhanden sein (Abb. 5). Diese sind erforderlich, um Blitzschutzsysteme überprüfen zu können (vgl. Kap. 10.8.4). Messstellen dürfen nur mit Werkzeugen und zu Messzwecken geöffnet werden. Im Plan des Blitzschutzsystems müssen diese Stellen markiert sein.

5: Messstelle mit Nummer

- Der Grad der Blitzgefährdung für ein Gebäude wird durch die Blitz-Schutzzonen (LPZ) festgelegt.
- Fangeinrichtungen, Ableitungen und Erdungen sind Teile der äußeren Blitzschutzanlage und dienen zum Auffangen des Blitzstromes und zum Ableiten zur Erde.
- Für Fangleitungen und Ableitungen sind bestimmte Abmessungen vorgeschrieben.
- An Fundamenterdern, die auch die Funktion eines Blitzschutzerders übernehmen, werden bestimmte Anforderungen hinsichtlich Verlegung und Materialdicke gestellt.
- In Ableitungen müssen zu Messzwecken Trennstellen eingebaut sein.

Haustechnik

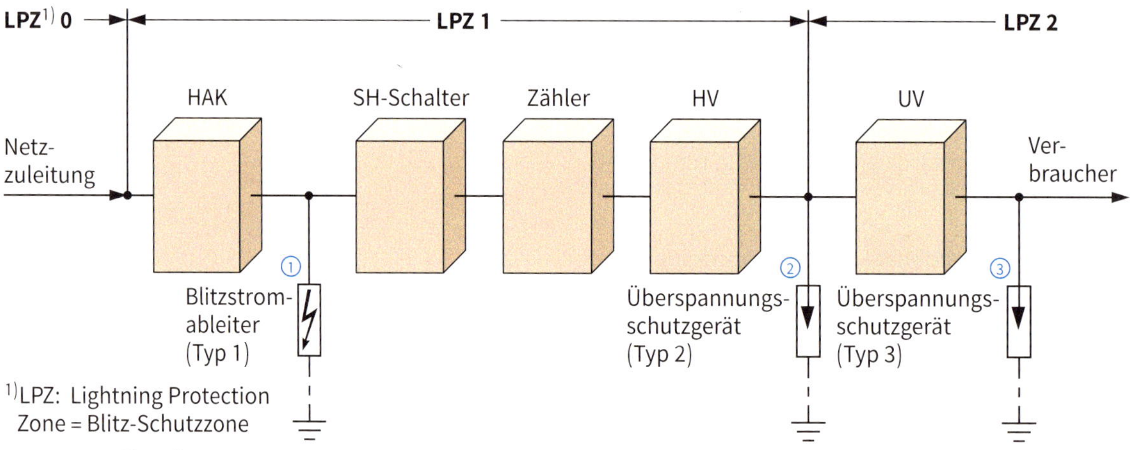

[1] LPZ: Lightning Protection Zone = Blitz-Schutzzone

1: Innerer Blitzschutz

10.8.3 Innerer Blitzschutz

Durch den Blitzstrom entstehen starke magnetische Felder. Durch Induktion werden **Überspannungen** in benachbarten Leitungen erzeugt. Deshalb müssen zum Schutz in Anlagen Vorrichtungen getroffen werden, die als innerer Blitzschutz bezeichnet werden. In Abb. 1 sind die Stellen gekennzeichnet, wo Blitzstromableiter und Überspannungsschutzgeräte (**SPD**, **S**urge **P**rotective **D**evices) installiert werden müssen.

Typenklassen von Schutzgeräten

Die Schutzgeräte werden entsprechend den Anforderungen und Belastungen an den Installationsstellen in die Typenklassen 1, 2 und 3 unterteilt.

- **Typ 1: Blitzstromableiter**
  - Höchste Anforderung hinsichtlich des Ableitvermögens; Einsatz an der Schnittstelle der **Blitz-Schutzzonen** 0 bis 1, also hinter der Eintrittsstelle der Energieleitung des VNB (HAK) ①.
  - Belastbarkeit durch Blitz-Teilströme, die mehrmals zerstörungsfrei geführt werden können.
  - Begrenzen das Eindringen von Blitzströmen in die elektrische Anlage eines Gebäudes.
- **Typ 2: Überspannungsschutzgerät**
  - Einsatz an der Schnittstelle der Blitz-Schutzzone 1 bis 2; Schutz vor Überspannungen in der elektrischen Anlage ②.
  - Ableitvermögen von mehr als 10 kA in 8/20 μs. Installation hinter der Hauptverteilung und vor der Fehlerstrom-Schutzeinrichtung (RCD).
- **Typ 3: Überspannungsschutzgerät**
  - Installation in Blitz-Schutzzone 2.
  - Ableiten von Überspannungen ③, die zwischen Außenleiter und N-Leiter auftreten und meistens durch Schalthandlungen verursacht werden.
  - Installation nahe dem zu schützenden Endgerät.

- **Blitzstromableitung**
  Diese erfolgt zwischen der Energieleitung des VNB im TT- und TN-System und dem Zähler zur Haupterdungsschiene (Abb. 2 ④). Die Vorzählerinstallation ist vom Gerätetyp abhängig und muss von dem VNB freigegeben werden.
- **Blitzschutz-Potenzialausgleich**
  Er besteht aus der Verbindung aller voneinander getrennten metallenen Teilen der Anlage mit dem Blitzschutzsystem. Der Blitzschutz-Potenzialausgleich wird durch direkten Anschluss an die Haupterdungsschiene hergestellt ⑤. In Abb. 3 sind diese und andere Anschlüsse an die Haupterdungsschiene dargestellt.

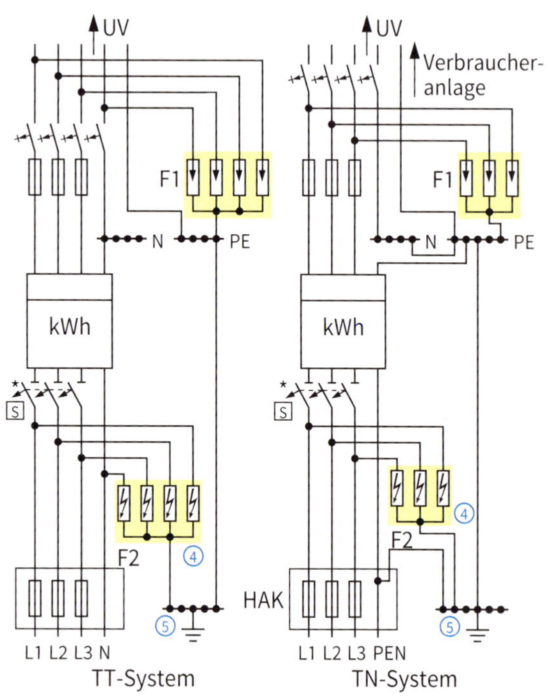

2: TT- und TN-Systeme mit Überspannungsschutz

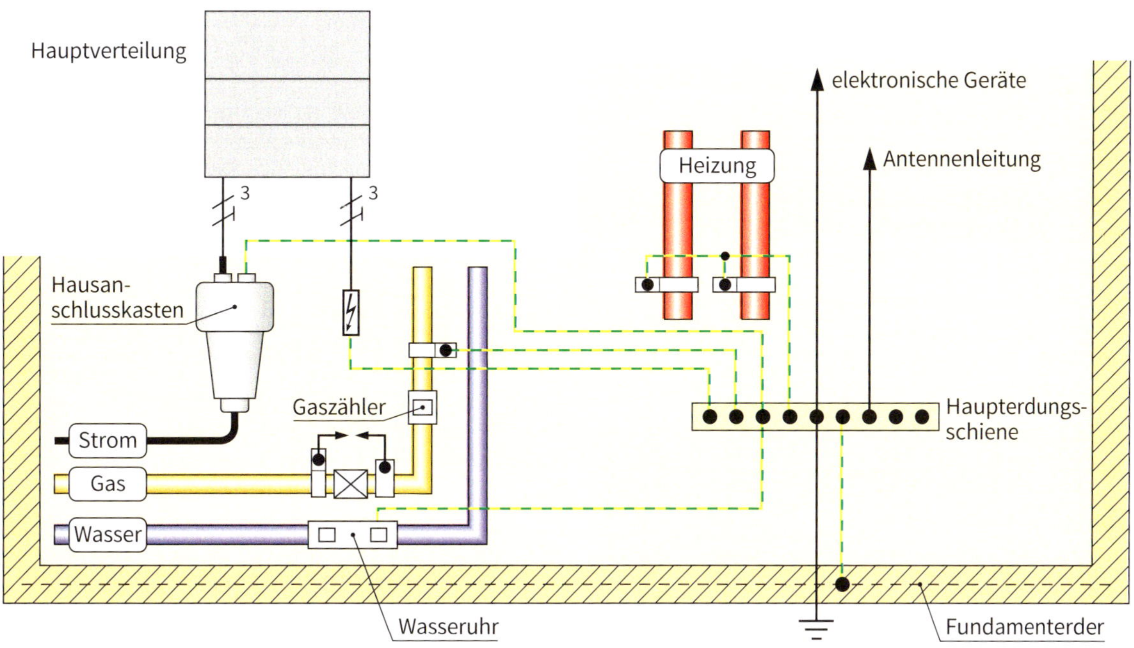

3: Blitzschutz- und Schutzpotenzialausgleich

Wo werden Überspannungsschutzgeräte eingebaut?

Die Schutzgeräte müssen vor den elektrischen Verbrauchern eingebaut werden. Dadurch wird erst die Ableitung der durch Überspannungen entstehenden Ströme über die Erdungsanlage ins Erdreich möglich.

Die Ableiter bestehen aus spannungsabhängigen Widerständen (VDR), deren Werte sich mit der Höhe der Spannung verringern. Bei hohen Spannungen stellen die Ableiter dann für den Blitzstrom einen Kurzschluss her. Nachgeschaltete Elektrogeräte werden dadurch geschützt. Die Abb. 4 zeigt die Installation der Überspannungsschutzgeräte ① vor den LS-Schaltern in einer Unterverteilung.

4: Überspannungsschutzgeräte in der Unterverteilung

Diese Überspannungsschutzgeräte werden als **Einbaugeräte** verwendet. Sie befinden sich an dem LPZ-Übergang von 1 nach 2. Die Restgröße einer vorgelagerten Überspannung wird dadurch weiter abgebaut. Die Geräte können auch direkt einem bestimmten Elektrogerät zugeordnet werden.

Überspannungsschutzgeräte werden in den Leitungszug des zu schützenden Gerätes eingebaut. Sie können angeschlossen werden

- in Verteilern,
- in Steckdosen oder
- als Steckereinsatz.

In Abb. 5 ist das Schutzgerät vor der Steckdose parallel angeschlossen, sodass beim Auslösen infolge einer Überspannung die Steckdose und ein eventuell angeschlossenes Elektrogerät nicht abgeschaltet werden. Die Steckdose bleibt funktionsfähig.

Andere Schutzgeräte lassen sich in die Steckdose einstecken. Über eine **Anschlussleitung** [*connecting lead*] wird die Verbindung z.B. zu einem elektronischen Endgerät hergestellt. Die Induktionsströme, die durch die Überspannung entstehen, werden dann über Schutzleiter und Haupterdungsschiene zum Erder abgeleitet.

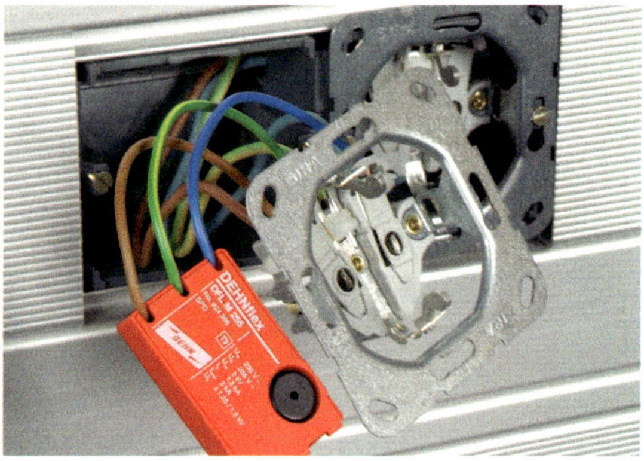

5: Schutzgerät im Kabelkanal

Anwendungen

Elektronische Bauteile sind sehr empfindlich gegen Überspannungen. Sie müssen deshalb besonders durch Überspannungsschutzgeräte geschützt werden. Der Einbau solcher Geräte kann z. B. in folgenden Anlagen erfolgen:

- EDV- und Photovoltaik-Anlagen,
- Mess-, Steuer- und Regelanlagen.

Installation

- **Mindest-Leiterquerschnitte** von Verbindungen zwischen Haupterdungsschiene (Abb. 1)
  - zum Erderband und
  - zu metallenen Gebäudeteilen.

Werkstoff	Leitung von Haupterdungsschiene zur Erde	zu Metallteilen	Blitzschutzklasse
	q in mm²		
Kupfer	14	5	I bis IV
Aluminium	22	8	
Stahl	50	16	

1: Leiterquerschnitte

- **Blitzstromableiter**
  - zwischen Hausanschlusskasten und Zähler
  - Verbindung mit Haupterdungsschiene
  - kurze Anschlussleitung zum Versorgungsnetz
  - kurze Leitungen (≤ 0,5 m) zur Haupterdungsschiene
- **Anschlussleitung** zum Ableiter
  - gleicher Querschnitt wie Außenleiter und Neutralleiter
- **Überspannungsschutzgeräte**
  - Anschluss nahe an zu schützende Verbraucher

Zusammenfassung

Wichtige Teile zum inneren Blitzschutz im TN- und TT-System sind in den Abb. 2 und 3 dargestellt. Befinden sich in elektrischen Anlagen Fehlerstrom-Schutzeinrichtungen (RCD), dann müssen Blitzstromableiter (Typ 1) und Überspannungsschutzgeräte (Typ 2) **vor der RCD** installiert werden.

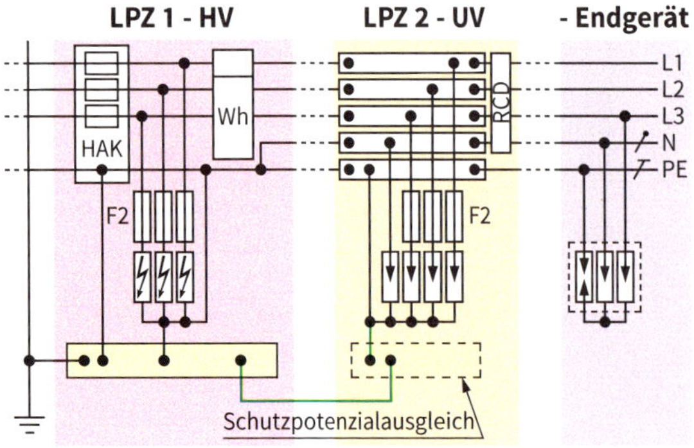

2: Innerer Blitzschutz im TN-C-S-System

Dadurch wird Folgendes erreicht:

- Die RCD kann den abgeleiteten Stoßstrom gegen PE nicht als Fehlerstrom erfassen.
  ⇒ Der Stromkreis wird nicht unterbrochen.
- Hohe Blitzteilströme, die über den Blitzstromableiter zur Erdungsanlage abfließen, beeinflussen die RCD nicht.
  ⇒ Die RCD wird nicht zerstört.

In Abb. 2 ist die Fehlerstrom-Schutzeinrichtung (RCD) vor dem Überspannungsschutzgerät (Typ 3) installiert. Dies ist möglich, weil in Endstromkreisen Überspannungen nur durch Schalthandlungen zwischen L und N auftreten können. Wegen der Überspannungsbegrenzung durch das Schutzgerät wird kein Stoßstrom über den PE-Leiter abgeleitet. Daraus folgt, dass die RCD keinen Fehlerstrom erfassen kann.

Aufgaben

1. Welche Gebäude müssen mit einer äußeren Blitzschutzanlage ausgestattet werden? Nennen Sie sechs Beispiele.
2. Beschreiben Sie drei Objekte, die zur äußeren Blitzschutzanlage gehören.
3. Welche Funktion haben Überspannungsschutzgeräte?

- Der innere Blitzschutz umfasst Blitzstromableiter und Überspannungsschutzgeräte.
- Überspannungsschutzgeräte besitzen einen spannungsabhängigen Widerstand, dessen Widerstandswert sich bei einer hohen Spannung verringert.
- Überspannungsschutzgeräte müssen direkt vor den zu schützenden Geräten eingebaut werden.
- Bei der Installation des inneren Blitzschutzsystems müssen die Mindestmaße von Ausgleichsleitungen beachtet werden.

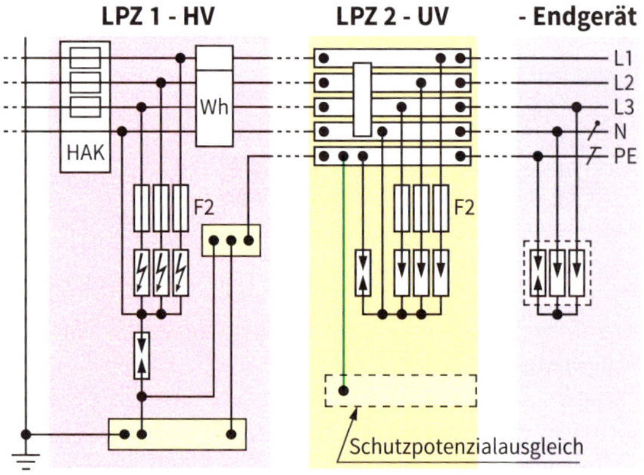

3: Innerer Blitzschutz im TT-System

10.8.4 Prüfung und Wartung

Bei der **Prüfung** von Blitzschutzanlagen ist laut DIN EN 62305-3 festzustellen, dass

- der Zustand des Blitzschutzsystems(LPS) normgerecht ist,
- keine Korrosionen vorhanden sind und
- bauliche Erweiterungen in das LPS einbezogen sind.

Die Prüfungen (Abb. 4) erfolgen durch Besichtigen und Messen.

Prüfungen

Besichtigen
- Anzahl der Ableitungen
- Abstände
- Anschlüsse
- Korrosionsschutz
- Erdeinführungen

Messen
- Widerstand (niederohmig) der Fang- und Ableitungen ab der Trennstelle
- Erdungswiderstand der Anlage

4: Übersicht

Die Prüfungen umfassen folgende Bereiche:

- **Baubegleitende Prüfungen**
  Sie erstrecken sich auf die Bereiche des Blitzschutzsystem, die nach Abschluss der Bautätigkeiten nicht mehr zugänglich sind. Dazu gehören
  - Fundamenterder mit Erdungsbändern und Klemmstellen,
  - Bewehrungsanschlüsse, Ableitungen und deren Verbindungen, die im Beton verlegt werden.
- **Abnahmeprüfung**
  Wenn die Arbeiten am Blitzschutzsystem beendet sind, müssen
  - der normgerechte Schutz und
  - die handwerkliche Ausführung
  geprüft werden.
- **Zusatzprüfungen**
  Diese Prüfungen sind erforderlich, wenn an der baulichen Anlage Erweiterungen und Reparaturen vorgenommen wurden. Sie müssen auch durchgeführt werden, wenn in das Gebäude ein Blitzeinschlag erfolgte.
- **Wiederholungsprüfungen**
  Sie dienen dazu, die Wirksamkeit des Blitzschutzsystems zu gewährleisten. Diese Prüfungen sind in regelmäßigen Abständen durchzuführen (Abb. 5).

Blitzschutzklasse	Intervall zwischen den vollständigen Prüfungen	Intervall zwischen den Sichtprüfungen
I, II	2 Jahre	1 Jahr
III, IV	4 Jahre	2 Jahre

5: Prüffristen für Prüfungen des LPS

Messen

Hierbei wird die **Durchgängigkeit** [*continuity*] von Verbindungen gemessen (vgl. Kap. 10.8.2), z. B.

- die Anschlüsse der Fangeinrichtungen, Ableitungen und Schutzpotenzialausgleichsleitungen (Richtwert: $R < 1\,\Omega$) sowie
- der Übergangswiderstand zur Erdungsanlage (Richtwert: $R_{Ü} < 1\,\Omega$).

Dokumentation

Für jede Prüfung des Blitzschutzsystems muss ein Bericht verfasst werden. Dieser ist beim Anlagenbetreiber zu hinterlegen. Im Prüfbericht muss neben den allgemeinen Angaben zum Anlagenbetreiber u. a. Folgendes beschrieben sein:

- **Bauliche Anlage**
  - Standort, Nutzung, Bauart
  - Art der Dacheindeckung und Blitzschutzklasse
- **Blitzschutzsystem**
  - Verwendete Werkstoffe und Leiterquerschnitte
  - Zahl der Ableitungen mit Angabe (z. B. Nummer) der Trennstellen
  - Art der Erdungsanlage, z. B. Fundamenterder
  - Ausführung des Blitzschutz-Potenzialausgleichs zu den metallenen Gebäudeteilen und zu den Haupterdungsschienen

Wartung

Die Häufigkeit der regelmäßigen Prüfungen und Messungen muss mit dem Anlagenbetreiber abgestimmt werden.

Folgende Faktoren sind zu beachten:

- Witterungseinflüsse, z. B. häufige Gewitter
- Einwirkungen von direkten Blitzeinschlägen mit möglichen Beschädigungen
- Festgelegte Blitzschutzklasse, z. B. häufigere Wartung bei den Blitzschutzklassen I und II.

Auch die **Wartungsarbeiten** [*maintenance works*] müssen dokumentiert werden. Genauere Angaben zum Umfang des Wartungsprogramms sind in der DIN EN 62305-3 festgelegt.

Aufgaben

1. Beschreiben Sie kurz vier Arten von Prüfungen, die in Blitzschutzanlagen durchgeführt werden müssen.
2. Begründen Sie, warum die Wartung von Blitzschutzanlagen erforderlich ist.

- Der Blitzschutz wird durch die erforderlichen Prüfungen während des Errichtens und nach äußeren Einflüssen, z. B. Blitzeinschlag, gewährleistet.
- In regelmäßigen Abständen sind in Blitzschutzanlagen Wiederholungsprüfungen erforderlich.

Elektrotechnisches Fachpersonal		
Bezeichnung	**Norm/Vorschrift**	**Merkmale und Tätigkeiten**
Elektrofachkraft (EFK)	DGUV Vorschrift 3, DIN VDE 0105-100, DIN VDE 1000-10	• Abgeschlossene, elektrotechnische Ausbildung als Ingenieur, Meister, Techniker bzw. Geselle • Kenntnisse der einschlägigen Normen **Tätigkeiten**: • Übertragene Arbeiten beurteilen und Gefahren erkennen. • Übernimmt die Fachaufsicht für elektrotechnisch unterwiesene Personen. • Anlagen planen, projektieren, errichten, prüfen, in Betrieb nehmen und ändern. • Organisiert die Arbeit.
verantwortliche Elektrofachkraft (vEFK)	DIN VDE 1000-10	• Fachliche Qualifikation entspricht der einer Elektrofachkraft für eine elektrische Anlage in einem Unternehmen. • Die vEFK ist weisungsfrei gegenüber den Vorgesetzten. • Wird vom Unternehmer dazu beauftragt (z. B. schriftlich). **Tätigkeiten**: • Übernimmt die Fach- und Aufsichtsverantwortung.
Elektrofachkraft für festgelegte Tätigkeiten (EFKffT)	Durchführungsanweisung zur DGUV Vorschrift 3	• Teilnahme an einer beruflichen Weiterbildung (z. B. bei einer Kammer) in Theorie und Praxis, die mit einer Prüfung abschließt. • Abgeschlossene Berufsausbildung, die durch die Weiterbildung im elektrotechnischen Bereich ergänzt werden kann. • Arbeiten sind vom Unternehmer schriftlich festzulegen. **Tätigkeiten**: • Gleichartige sich wiederholende Arbeiten • Festgelegte Tätigkeiten müssen im Zusammenhang mit der eigenen Arbeit stehen und dürfen nicht unter Spannung durchgeführt werden. • Arbeiten müssen sich auf die Instandhaltung und Inbetriebnahme von elektrischen Anlagen und Betriebsmitteln bis 100 V AC bzw. 1500 V DC beschränken.
Befähigte Person (bP)	BetrSichV, TRBS 1203	• Abgeschlossene elektrotechnische Berufsausbildung • Ausübung einer zeitnahen beruflichen Tätigkeit, die der Prüfertätigkeit entspricht. • Praktische Erfahrungen im Umgang mit den zu prüfenden Arbeitsmitteln sowie der erforderlichen technischen Regeln, die durch Weiterbildungen aktualisiert werden müssen. • Die befähigte Person unterliegt im Rahmen der Prüfaufgaben keiner fachlichen Weisung. • Die Bestellung zur befähigten Person erfolgt schriftlich. **Tätigkeiten**: • Prüfung von Arbeitsmitteln und überwachungsbedürftigen Anlagen (z.B. Aufzugsanlagen)
Elektrotechnisch unterwiesene Person (EuP)	DIN VDE 0105-100, DIN VDE 1000-10	• Wird von einer Fachkraft über die ihr übertragenen Aufgaben und Gefahren sowie die Schutzeinrichtungen und Schutzmaßnahmen angelernt. • Trägt keine Fachverantwortung **Tätigkeiten**: • Nimmt Prüfungen nur unter Leitung und Aufsicht einer Elektrofachkraft vor. • Darf keine Instandsetzungen/Installationen durchführen. • Gefahrloses Tauschen von Sicherungseinsetzen • Arbeiten in der Nähe von unter Spannung stehenden Betriebsmitteln.

11 Energietechnische Anlagen

11.1 Regenerative Energiequellen

Sonnenenergie aus der Sahara

London (afp). „Wüsten können zu kohlendioxidfreien Kraftwerken des 21. Jahrhunderts werden", heißt es in einem Bericht, der anlässlich des internationalen Tags der Umwelt gestern veröffentlicht wurde.

Das UN-Umweltprogramm (UNEP) warnt vor der Zerstörung der Wüsten. „Die Wüsten sind einzigartige und dynamische Ökosysteme. Wenn sie sorgsam behandelt werden, können sie Antworten für viele Herausforderungen bieten, denen wir uns heute gegenüber sehen, sei es in den Bereichen Energie, Nahrungsmittelerzeugung oder in der Medizin" sagte der Vizedirektor des UNEP World Conservation Monitoring Centre in Cambridge. In dem UN-Bericht heißt es weiter unter Verweis auf die Energiequellen Sonne und Wind, dass die Sahara genug Solarenergie für den gesamten Weltenergiebedarf hervorbringen könnte.

11.1.1 Stellenwert der regenerativen Energien

Regenerative Energien sind in den letzten Jahren zu einem energiewirtschaftlichen Faktor geworden. Während sie früher eher eine Randerscheinung waren, haben sie sich mittlerweile zu einer langfristigen Alternative zu fossilen Brennstoffen entwickelt (Abb. 1).

Weltweit werden jährlich ca. 25 Milliarden Tonnen Kohlendioxid bei der Verbrennung fossiler Energieträger freigesetzt. Dies führt massiv zu einer veränderten Zusammensetzung der Erdatmosphäre und damit zu einer Erhöhung des Treibhauseffekts. Eine globale Erderwärmung ist die Folge. Wenn keine Gegenmaßnahmen ergriffen werden, ist damit zu rechnen, dass in 100 Jahren die mittlere Temperatur auf der Erde um mehrere Grad und der Meeresspiegel ansteigen werden. Die Folgen einer solchen Entwicklung wären erheblich.

Die Zukunft der Energieversorgung muss also die regenerativen Energien berücksichtigen.
Insbesondere die Windenergie, aber auch die weit verbreitete Nutzung von Photovoltaikanlagen führte in den vergangenen Jahren zu einem Anstieg der Energiegewinnung aus natürlichen Ressourcen.
Nach Angaben vom Bundesverband Solarwirtschaft (BSW) sind derzeit fast 2 000 MW installierte Leistung am Netz. Das entspricht der Erzeugungsmenge von zwei Kern- oder Braunkohlekraftwerken. Es gibt Prognosen, dass langfristig die Solarenergie in Deutschland ein Drittel des Wärme- und Strombedarfs decken kann. Im Mix mit anderen regenerativen Energien (Abb. 2) ist theoretisch eine Vollversorgung möglich. Ein wichtiger Faktor ist dabei die Verbesserung des Wirkungsgrades, der das Verhältnis zwischen zugeführter und nutzbarer Energie beschreibt.

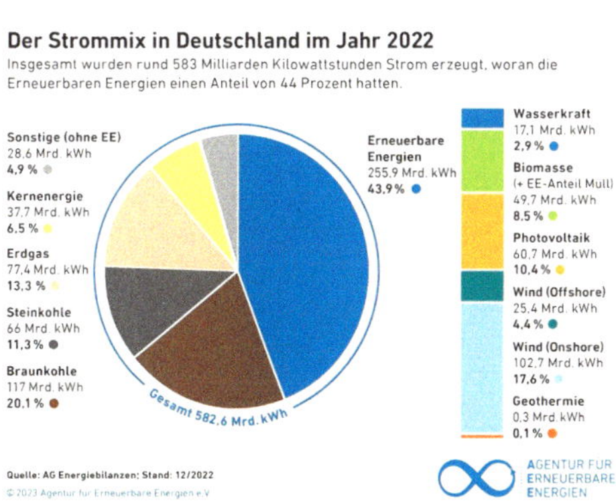

1: Energiegewinnung in Deutschland

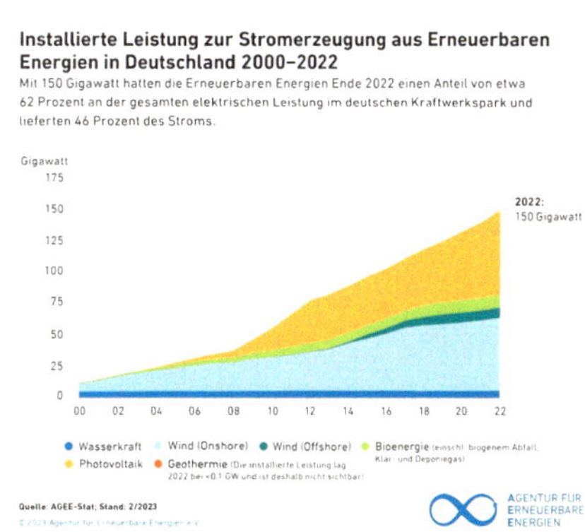

2: Regenerative Energien zur Stromerzeugung

Energietechnische Anlagen

Photovoltaik

Unter Photovoltaik versteht man die direkte **Umwandlung** der Energie des **Sonnenlichtes** in **elektrische Energie** mit Hilfe von **Solarzellen**.

Die Solarzellen bestehen aus zwei übereinander liegenden **Siliziumschichten** mit unterschiedlichen elektrischen Eigenschaften. Bei Lichteinstrahlung entsteht Gleichspannung.

Von einer 100 mm x 100 mm großen Zelle beträgt die **Leistung** bei voller Sonneneinstrahlung max. 1 W.

Mehrere Zellen werden zu einem **Modul** und mehrere Module zu einem **Solargenerator** zusammengesetzt.

Die „geerntete" Energie kann entweder in **Akkus** gespeichert oder auch direkt mit einem **Wechselrichter** in Wechselspannung umgeformt und ins **Netz eingespeist** werden.

Nach ca. 5 bis 6 Jahren ist die zur Herstellung einer Photovoltaikanlage benötigte Energie wieder „geerntet".

Ein Problem ist die sehr große **Wetterabhängigkeit** bei der Energiegewinnung.

Wirkungsgrad:
ca. 25 %

Mögliche Leistung je Anlage:
ca. 300 W pro Modul

Windenergie

Über 40 % der regenerativen Energien wird durch Windenergie erzeugt, die ebenfalls **wetterabhängig** ist.

Ab einer Windgeschwindigkeit von ca. 2 m/s startet ein Computer die **Windrichtungsführung** und dreht die Anlage in den Wind. Bei zu hohen Windgeschwindigkeiten sorgt er auch für die **Abschaltung** der Anlage.

Das aerodynamische Profil der **Rotorblätter** erzeugt auf der einen Seite **Überdruck** und auf der anderen Seite **Unterdruck**. Dabei wird die Energie des Windes auf die Blätter übertragen. Der Rotor dreht sich.

Der **Rotor** ist über eine **Antriebswelle** mit einem mehrstufigen **Getriebe** verbunden. Das Getriebe passt die Drehzahl des Rotors an die Generatordrehzahl an.

Wenn der **Generator** schnell genug läuft, wird der erzeugte Strom in das Energieversorgungsnetz eingespeist.

Neue Anlagen erzeugen bereits nach drei bis sechs Monaten so viel Energie, wie zu ihrer Herstellung aufgewendet wurde.

Wirkungsgrad:
ca. 60 %

Mögliche Leistung je Anlage:
5 MW

Wasserstoff

Wasserstoff ist Bestandteil von über 90 % der kosmischen Materie. In den Ozeanen kommt er in nahezu **unbegrenzter Menge** vor.

Um den Wasserstoff zur Energiegewinnung nutzbar zu machen, ist es notwendig ihn freizusetzen, also **Wasser** zu **spalten**. Dies geschieht z. B. durch **Wasserelektrolyse**.

Der freigesetzte Wasserstoff dient in **Brennstoffzellen** als Brennstoff. In diesen Zellen wird **chemische Energie** in **elektrische** und **thermische Energie** umgewandelt.

Eine Zelle besteht aus **zwei getrennten Kammern** und zwei **Elektroden**, die durch eine spezielle **Membran** getrennt sind.

Die mit der Anode bestückte Kammer wird mit **Wasserstoff** und die katodenseitige mit **Sauerstoff** befüllt.

Die Wasserstoffmoleküle teilen sich an der Anode in ihre zwei Wasserstoffatome. **Jedes Atom gibt ein Elektron ab**, das über einen elektrischen Leiter zur Katode wandert. Es fließt ein elektrischer Strom.

Als „Verbrennungsrückstand" entsteht Wasser.

Wirkungsgrad:
ca. 80 %

Mögliche Leistung je Anlage:
bis 250 kW je Brennstoffzelle

Wasserkraft

Bei der Energiegewinnung durch Wasserkraft wird die Energie einer Wasserströmung über ein Turbinenrad in mechanische **Rotationsenergie** umgewandelt und zum Antrieb von Maschinen genutzt.

Am häufigsten werden **Laufwasserkraftwerke** eingesetzt. Hierbei werden Flüsse gestaut und der entstehende Höhenunterschied zur Spannungserzeugung verwendet.

Speicherkraftwerke nutzen aufgestautes Wasser aus höher gelegenen Seen. Sie erzeugen große elektrische Leistungen und sind gut regelbar. **Pumpspeicherkraftwerke** können zu Schwachlastzeiten „überschüssige" Energie nutzen, um Wasser wieder nach oben zu pumpen und so **Energie zu speichern**.

Laufwasserkraftwerke decken die **Grundlast** des täglichen Energiebedarfs ab.

Speicher- und Pumpspeicherkraftwerke werden für die Abdeckung von **Spitzenlasten** eingesetzt.

Norwegen gewinnt über **90 %** seiner elektrischen Energie aus Wasserkraft.

Wirkungsgrad:
über 90 %

Mögliche Leistung je Anlage:
700 MW

Bioenergie

Biomasse stellt **gespeicherte Sonnenenergie** dar. Sie ist damit nicht direkt an die unmittelbare Sonnenstrahlung gekoppelt und **unterliegt** somit **nicht** den teilweise heftigen **Schwankungen des Energieangebots**, wie es bei einigen anderen erneuerbaren Energien der Fall ist.

Es sind keine zusätzlichen Speichersysteme notwendig. Für **jede Pflanzenart** wird ein **geeignetes Speichersystem** von der **Natur** „mitgeliefert".

Man unterscheidet zwischen **primärer Biomasse**, zu der schnell wachsende Pflanzen gehören, und **sekundärer Biomasse**, wie Stallmist, Gülle oder Klärschlamm.

Bei der **Gewinnung** von Bioenergie wird Biomasse entweder verbrannt, vergast oder vergärt.

Die dabei **entstehende Wärme** erhitzt Wasser, die eine **Dampfturbine** zur **Stromerzeugung** antreibt.

Die **Kohlenstoffdioxid-Bilanz** ist **neutral**. Die schnell nachwachsenden Bioenergieträger geben nur die CO_2-Menge an die Atmosphäre ab, die bei ihrer Entstehung gebunden wurde.

Wirkungsgrad:
ca. 85 %

Mögliche Leistung je Anlage:
5 MW

Geothermie

Nach der Sonne ist die Erdwärme die größte Energiequelle des erneuerbaren Energieangebotes. **Erdwärmevorkommen** lassen sich in vier verschiedene **Kategorien** einteilen:

Thermalwasserfelder
Sie liefern warmes Wasser mit einer Temperatur unter **100 °C**.

Nassdampffelder
Sie bestehen aus einem Gemisch von Wasser und Dampf. Die Lagerstätten stehen unter Druck, wodurch das Wasser-Dampf-Gemisch meist von selbst an die Oberfläche gelangt. Die Temperatur variiert und kann **weit über 100 °C** betragen.

Heißdampffelder
Sie liefern Dampf, der eine Temperatur **zwischen 120 °C und 250 °C** hat.

Geokomprimierte Heißwasserfelder
Sie sind unter sehr hohem Druck stehende unterirdische Wasservorkommen. Das Wassser oder der entstehende Dampf haben eine Temperatur **zwischen 150 °C und 200 °C** und eignen sich besonders gut zur **Energiegewinnung**.

Wirkungsgrad:
ca. 40 %

Mögliche Leistung je Anlage:
5 MW

11.1.2 Photovoltaik

In Deutschland trifft in nur acht Minuten so viel Energie durch Sonneneinstrahlung auf die Erdoberfläche, wie insgesamt in einem Jahr verbraucht wird. Eine Möglichkeit, diese Energie nutzbar zu machen, ist die Photovoltaik. Mit Hilfe von **Solarzellen** [*solar cells*] wird die Lichtenergie direkt in elektrische Energie umgewandelt (Abb. 1).

Trotz des gegenüber anderen regenerativen Energiequellen vergleichsweise geringen Wirkungsgrades einer Photovoltaikanlage sorgen zweistellige Zuwachsraten für neue Umsatzchancen im Handwerk. Die Anlagen sind einfach und schnell zu installieren und außerdem sehr wartungsarm.

11.1.2.1 Planen einer Photovoltaikanlage

Familie Diehl möchte eine Photovoltaikanlage auf dem Dach ihres Einfamilienhauses installieren lassen. Für ein erstes Beratungsgespräch besucht sie ein Mitarbeiter der Firma Elektro-Rauch, um die örtlichen Gegebenheiten in die Planung mit einbeziehen zu können.

Folgende Checkliste soll den Diehls Hilfestellung bei ihrem weiteren Vorgehen bis zum fertigen Solarkraftwerk geben.

1. Planung

- Fachliche Beratung einholen
- Bauliche Voraussetzungen prüfen
- Ausstattungskriterien festlegen
- Größe und Kosten ermitteln

2. Baugenehmigung

- Baugenehmigung einholen
- Einspeisebedingungen ins Netz abklären

3. Kosten und Finanzierung

- Finanzierungs- und Fördermöglichkeiten nutzen
- Förderanträge rechtzeitig stellen und Bewilligungsbescheid abwarten

4. Auftrag erteilen

- Werkvertrag abschließen
- Anmeldung beim VNB

5. Installation durch Fachbetrieb

- Montage der Solarmodule, der Gleichstromverkabelung und Blitzschutz
- Zählerplatzumbau
- Elektroinstallation und Netzanschluss
- Fertigstellungsmeldung beim VNB

6. Inbetriebnahme und Einweisung

- Einweisung durch den Fachbetrieb

7. Betrieb

- Energieernte
- Wartung

1: Photovoltaikanlage

Wo ist der geeignete Standort?

Grundsätzlich können Solarmodule fast überall aufgestellt werden, wie z. B. im Garten, an Häuserfassaden, an Balkonbrüstungen, Masten und natürlich auf Hausdächern. Wichtig ist, dass eine „Verschattung" der Anlage vermieden wird. Selbst kleine Schatten, z. B. durch Schornsteine oder benachbarte Bäume, wirken sich nachteilig auf den Ertrag der Anlage aus. Wird nur etwa 1,5 % der Fläche eines Moduls abgeschattet, verringert sich die Leistung schon um die Hälfte. Eine Schattenbildung durch Bäume oder Bauvorhaben auf einem benachbarten Grundstück ist nicht zu erwarten.

Der Mitarbeiter von der Firma Elektro-Rauch erkennt sofort, dass das Hausdach der Familie Diehl bestens für die Montage von Solarmodulen geeignet ist. Die Südausrichtung des Daches und dessen Neigung von ca. 35° sind optimal.

Welche Anlagengröße wird benötigt?

Da die Familie Diehl beabsichtigt, eine **netzgekoppelte Anlage** [*grid-connected system*] und kein Inselsystem zu installieren, muss die Anlage nicht die alleinige Versorgungssicherheit gewährleisten. Die Größe der Photovoltaikanlage kann nach folgenden Kriterien ausgewählt werden.

- Zur Verfügung stehende **Fläche**
- Gewünschter **Energieertrag**
- Verfügbares **Finanzierungsbudget**

Pro Kilowatt Spitzenleistung benötigt man etwa 10 m^2 Fläche. Je nach Ausstattung, Technik, Anlagengröße und Qualität muss dafür zur Zeit mit Kosten von ca. 5000 EUR gerechnet werden.

- Bereits kleine Schatten auf einem Solarmodul bewirken einen hohen Leistungsverlust.

Energietechnische Anlagen

11.1.2.2 Typen von Solarzellen

Für die Familie Diehl gilt es nun, aus der Vielfalt der verschiedenen Solarmodule die für sie beste Variante auszuwählen. Sie benötigen dazu den fachmännischen Rat der Fa. Rauch. Der betreffende Mitarbeiter erläutert wie folgt die einzelnen Typen.

Die Module haben unterschiedliche Größen, die Spitzenleistungen von 50 W bis 250 W erreichen. Module ab ca. 100 W werden vor allem in netzgekoppelten Anlagen verwendet.

Etwa zwei Drittel der Anlagenkosten entfallen auf die Solarmodule. Daher ist es wichtig, die unterschiedlichen Typen näher kennen zu lernen.

Da die Leistung einer einzigen Solarzelle nur gering ist, besteht ein Solarmodul aus vielen Solarzellen. In Abb. 2 werden Vor- und Nachteile der verschiedenen Solarzellen herausgestellt.

Wie werden Solarzellen hergestellt?

Als Grundstoff für die Herstellung klassischer Solarzellen wird z. B. das Halbleitermaterial Silizium verwendet. Es ist eines der häufigsten Elemente der Erdkruste und deshalb in sehr großen Mengen verfügbar. Das in einem aufwändigen Prozess gereinigte Silizium wird eingeschmolzen und erstarrt je nach Verfahren als Einkristall (monokristallin) oder mit Bereichen verschiedener Kristallorientierung (polykristallin). Es wird anschließend in quadratische Scheiben mit einer Dicke von ca. 0,2 mm geschnitten (**Wafer**).

Mit einer neuen Technologie werden Dünnschichtsolarzellen hergestellt. Hierbei werden Siliziumschichten aufgedampft, die je nach Material und Verfahren eine Dicke von nur wenigen µm haben (Abb. 3). Nach dem Aufdampfen werden sie mittels eines Lasers strukturiert und kontaktiert.

3: Herstellung von Dünnschichtsolarzellen

Monokristalline Solarzelle	Multikristalline Solarzelle	Dünnschichtsolarzelle
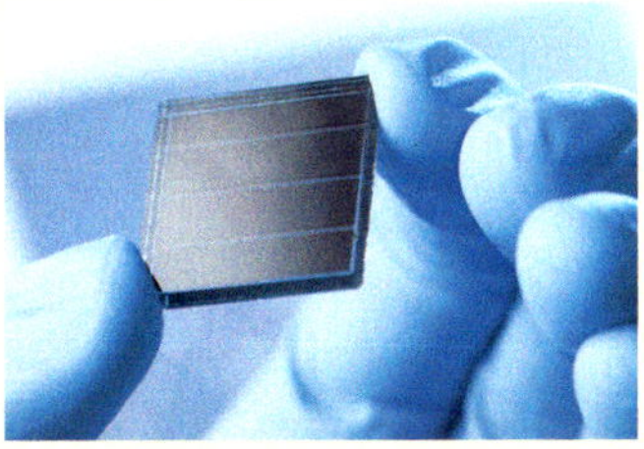	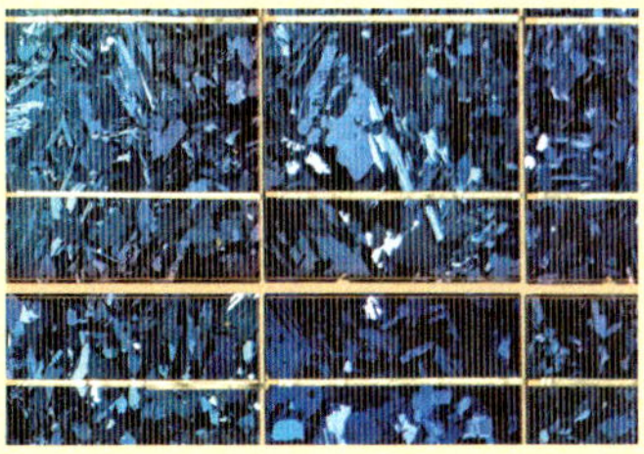	
Vorteile		
• Solarzellentyp mit dem höchsten Wirkungsgrad • Unter Laborbedingungen werden Wirkungsgrade von 25 % erreicht. • In der Serienproduktion werden Solarzellen mit einem Wirkungsgrad von 20 % hergestellt.	• Sie haben zur Zeit das beste Preis-Leistungsverhältnis. • In der Serienproduktion werden Solarzellen mit einem Wirkungsgrad von 15 % hergestellt. • Kostengünstigere Herstellung als bei monokristallinen Solarzellen	• Die Dicke der Siliziumschicht beträgt das 0,01-...0,02-fache von einer mono- oder polykristallinen Solarzelle. • Quadratmetergroße Flächen in Modulgröße können mit Siliziumschichten bedampft werden. Der Fertigungsaufwand wird wesentlich minimiert.
Nachteile		
• Sehr aufwändiges Herstellungsverfahren • Große Materialverluste beim Herstellen der Wafer • Hoher Siliziumbedarf	• Große Materialverluste beim Herstellen der Wafer • Hoher Siliziumbedarf	• Es wird zur Zeit lediglich ein Wirkungsgrad von 10 % erreicht.
Benötigte Fläche für eine Leistung von 1 kW		
• ca. 7 bis 9 m^2	• ca. 8 bis 10 m^2	• ca. 11 bis 13 m^2

2: Solarzellentypen

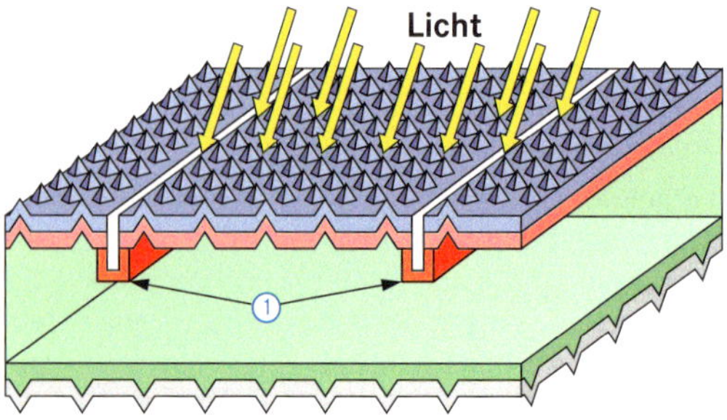

1: Lasergrabenzelle

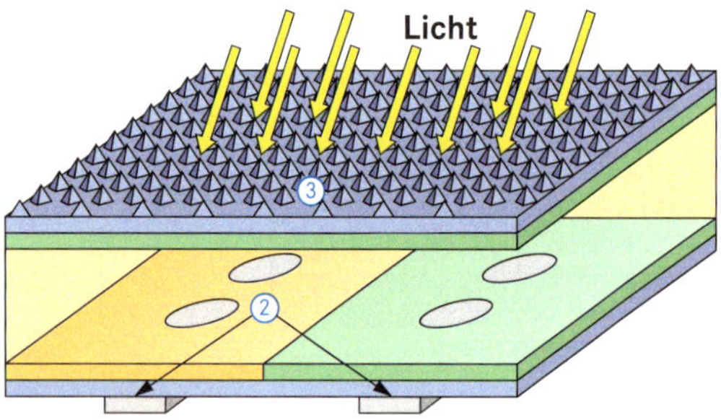

2: Rückseitenzelle

Wie werden Verluste der Solarzelle minimiert?

Theoretisch könnten Solarzellen aus Silizium-Wafern Wirkungsgrade über 30 % erreichen. Verhindert wird dies jedoch durch

- optische Verluste und
- Verluste bei der elektrischen Übertragung.

Um den theoretisch möglichen Wirkungsgrad zu erreichen, muss die Abschattung durch die an der Oberfläche verlaufenden Leitungsbahnen (**Frontkontakte**) verhindert werden. Lasergefertigte **Vertiefungen** (Abb. 1 ①) lassen die Frontkontakte darin fast verschwinden. Bei anderen Zellentypen befinden sich aufgrund spezieller Verfahren alle Kontakte auf der Rückseite (Abb. 2 ②).

Verluste entstehen auch durch den **Leitungs- und Kontaktwiderstand**. Der elektrische Widerstand wird umso größer, je kleiner die Frontkontakte sind. Die Verringerung der **Oberflächenabschattung** [*surface shading*] einer Solarzelle durch die Verkleinerung der Frontkontakte bewirkt nicht automatisch eine Verbesserung des Wirkungsgrades.

Die Oberfläche der Solarzelle kann durch eine Oberflächenstruktur optimiert werden.

- Kleine, pyramidenförmige Erhebungen auf der Waferoberfläche (Abb. 2 ③) vergrößern die Fläche für das schräg auftreffende Licht.
- Die Reflexion des Sonnenlichtes wird minimiert, indem eine spezielle **Antireflexschicht (ARC)** die Oberfläche der Frontseite schützt.

Viele Konzepte zur Verringerung der Verluste lassen sich fertigungstechnisch noch nicht auf die kostengünstigen multikristallinen Silizium-Wafer übertragen.

Energietechnische Anlagen

11.1.2.3 Kenndaten von Solarzellen

Strom-Spannungs-Kennlinie

Die Leistungsfähigkeit und die elektrischen Eigenschaften der Solarzelle lassen sich an der Strom-Spannungs-Kennlinie ablesen (Abb. 3). Der Punkt **MPP** (**M**aximum **P**ower **P**oint) gibt an, wo die elektrische Leistung P der Solarzelle am größten ist. Sie ergibt sich aus dem Produkt von Solarzellenspannung U_{MPP} und Solarzellenstromstärke I_{MPP}. ($U_{MPP} \cdot I_{MPP} = P_{MPP}$)

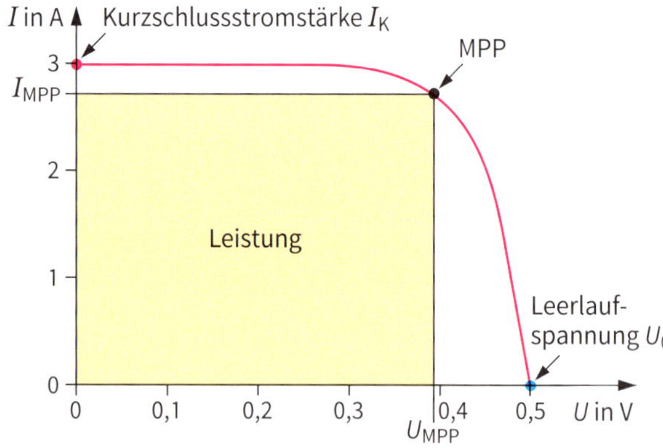

3: Strom-Spannungs-Kennlinie einer Solarzelle

Wirkungsgrad η

Der Wirkungsgrad einer Solarzelle (Abb. 4 ④) ist das Verhältnis der nutzbaren elektrischen Leistung P_{MPP} zum Produkt der Solarzellenfläche A und der pro m^2 einfallenden Sonnenenergie E.

$$\eta = \frac{P_{MPP}}{A \cdot E} \qquad P_{MPP} = U_{MPP} \cdot I_{MPP}$$

Füllfaktor *f*

Um eine Solarzelle beurteilen zu können, wird der Füllfaktor f (Abb. 4 ⑤) verwendet. Er setzt die nutzbare elektrische Leistung P_{MPP} ins Verhältnis zu einer fiktiven Leistung aus Leerlaufspannung U_0 mal Kurzschlussstromstärke I_K. Typische Werte des Füllfaktors liegen zwischen 70 % und 85 %.

$$f = \frac{P_{MPP}}{U_0 \cdot I_K}$$

Technische Daten

Bemessungsleistung in W	150
Wirkungsgrad in % ④	11,7
MPP-Spannung in V	23,1
MPP-Stromstärke in A	6,5
Leerlaufspannung in V	30,4
Kurzschlussstromstärke in A	7
Abmessungen (L x B) in mm	1600 x 800
Füllfaktor *f* ⑤	0,70

4: Datenblatt eines Solarmoduls

11.1.2.4 Modulschaltungen

Grundsätzlich werden Solarmodule in einer PV-Anlage in Reihe, parallel oder in einer Kombination aus beiden verschaltet. Wie sich die Modulverschaltung auf den Anlagenertrag auswirken kann, bekommt Familie Diehl durch einen Mitarbeiter der Firma Elektro-Rauch erläutert.

Die drei Anlagenkonzepte nach Abb. 5 stehen in der Regel zur Auswahl. Es sind Solarmodule mit

- zentralem Wechselrichter,
- Stringwechselrichtern oder
- Modulwechselrichtern.

Diese Konzepte unterscheiden sich vor allem durch die unterschiedliche Anordnung der Module und Anzahl der Wechselrichter (vgl. Kap. 11.1.2.5).

Reihen- oder Parallelschaltung der Module?
Wie die Module verschaltet werden, hängt stark von den Umgebungsbedingungen ab. Handelt es sich um eine **unbeschattete PV-Anlage**, versucht man möglichst viele **Module in Reihe** zu schalten und mit nur einem zentralen Wechselrichter zu versehen.

Bei der Reihenschaltung addieren sich die einzelnen Modulspannungen. Die geringeren Stromstärken ermöglichen kleinere Leitungsquerschnitte bzw. verringern die Leitungsverluste.

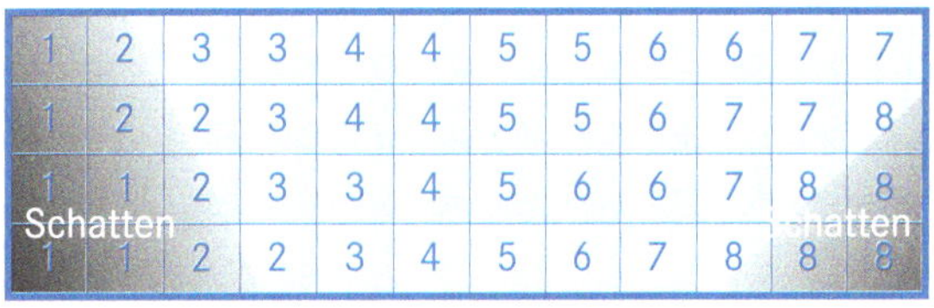

6: Anlagenkonzept bei Schattenwurf

Deshalb können kostengünstigere Bauteile für den Einsatz in der Leistungselektronik des Wechselrichters eingesetzt werden. Die Anzahl der Module wird durch den **Eingangsspannungsbereich** [*input voltage range*] des Wechselrichters begrenzt.

Sobald ein Solarmodul z. B. durch benachbarte Gebäude verschattet wird, fließt weniger Strom. Wie in Abb. 6 dargestellt, versucht man in einem solchen Fall die Module in dem schattigen Bereich (Modulstränge 1, 2 und 8) an einen separaten Wechselrichter anzuschließen oder sie parallel zu schalten.

- Bei der Reihenschaltung von Solarmodulen bestimmt die am wenigsten bestrahlte Solarzelle die Gesamtleistung der Anlage.
- Bei PV-Anlagen mit Modulwechselrichtern hat jedes Solarmodul einen eigenen integrierten Wechselrichter.

Zentralwechselrichter	Mehrere Stringwechselrichter	Integrierter Modulwechselrichter
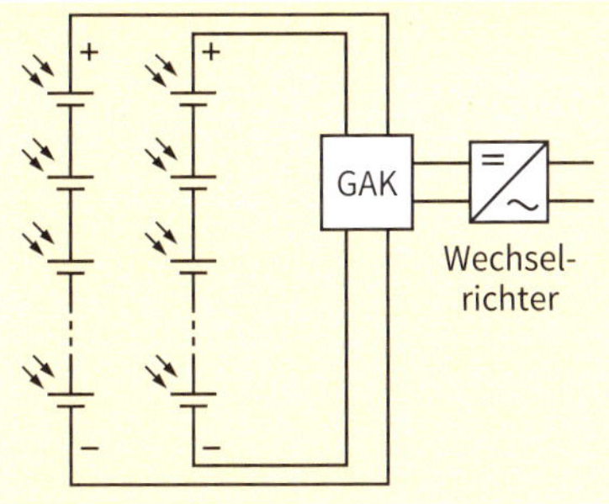 	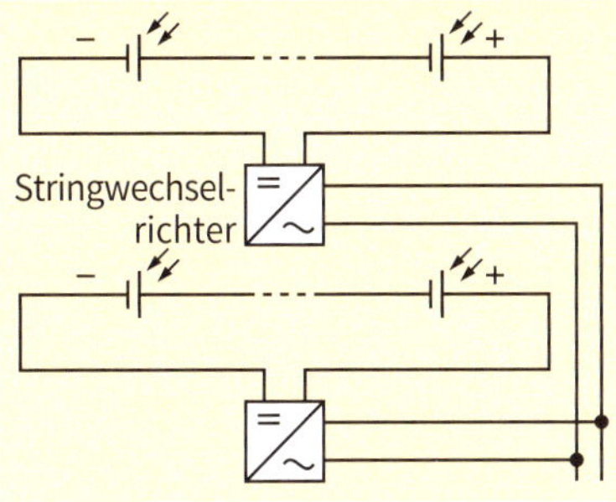 	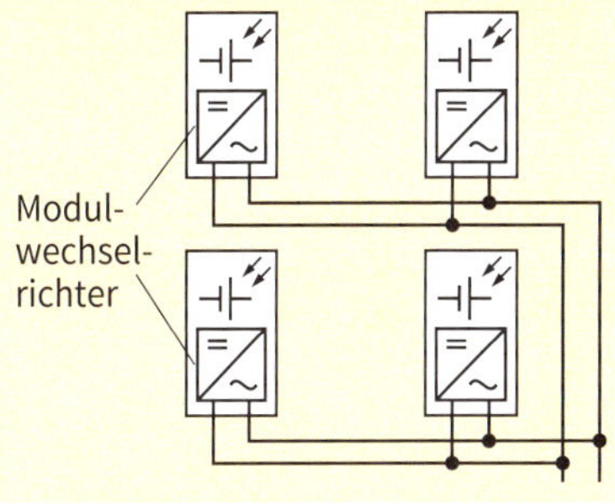
• Die gesamte PV-Anlage wird von einem zentralen Wechselrichter betrieben. • Die Anlage besteht in der Regel aus mehreren Strängen (Strings) mit vielen in Reihe geschalteten Modulen. • In einem Generatoranschlusskasten (GAK) werden die Stränge zusammengefasst. • Der Wechselrichter kann die Besonderheiten (z. B. Verschattung) der einzelnen Stränge nicht berücksichtigen. • Sehr hohe Erträge bei optimalen Umgebungsbedingungen	• Die Solarmodule werden in Reihe zu mehreren Strängen geschaltet. Jeder Strang erhält einen eigenen Stringwechselrichter. • Es entstehen mehrere unabhängig voneinander arbeitende Anlagen, die parallel in das Versorgungsnetz einspeisen. • Der höhere Verschaltungsaufwand AC-seitig gleicht sich durch die einfachere DC-seitige Installation wieder aus. • Kein Generatoranschlusskasten • Hohe Erträge durch das Ausnutzen der optimalen Leistung von jedem Strang	• Jedes Solarmodul hat einen optimal abgestimmten integrierten Modulwechselrichter. • Alle Module haben einen Wechselspannungsausgang. • Ein Vorteil ist die Vorfertigung der PV-Anlage und der Einsatz bei starken Teilverschattungen. • Da sich der Wechselrichter nur zusammen mit dem Modul austauschen lässt, steigen die Reparaturkosten. • In der Regel ist der Ertrag geringer als bei anderen Anlagentypen, da sich die Verluste der Wechselrichter summieren.

5: PV-Anlagenkonzepte

11.1.2.5 Komponenten einer PV-Anlage

Bei der Anlieferung der PV-Anlage findet Herr Diehl folgende Komponenten vor, über deren Funktion und Eigenschaften er mehr wissen möchte:

- Leitungen
- Generatoranschlusskasten
- Wechselrichter

Leitungen

Die Verschaltung der Solarmodule muss besondere Anforderungen erfüllen. Häufig sind die Leitungen mit dem Aufdruck „Solarkabel" versehen und bereits kundenspezifisch vorkonfektioniert (Abb. 1). Die Verschaltung ist durch verpolungs- und berührungssichere Steckverbinder einfach.

Die Leitungen müssen folgende Eigenschaften erfüllen:

- Kurz- und erdschlusssicher
- UV- und witterungsbeständig mit erhöhtem Temperaturbereich von −40 °C bis 120 °C
- Spannungsfestigkeit bis 2 kV
- Flammwidrig und halogenfrei

Wichtig ist auch, dass der Leiterquerschnitt groß genug dimensioniert wird. Er wird so ausgelegt, dass die Leitungsverluste kleiner als 1 % der installierten Leistung sind. Für die PV-Anlage wird der folgende **Leiterquerschnitt** ermittelt.

Die 2,1 kW-Anlage besteht aus 14 Modulen mit je 150 W Leistung. Die Module werden in 2 Stränge mit je 7 Modulen verschaltet und haben folgende Daten:

- Kurzschlussstromstärke eines Moduls: $I_K = 4{,}5\,\text{A}$
- Entfernung vom GAK zum Wechselrichter: 20 m
- I_K beider Stränge: $2 \cdot 4{,}5\,\text{A}$, $I_K = 9\,\text{A}$
- Max. Verlustleistung: 1 % von 2,1 kW, $P_V = 21\,\text{W}$

$$R_L = \frac{P_V}{I_K^2} \qquad R_L = \frac{21\,\text{W}}{(9\,\text{A})^2} \qquad R_L = 0{,}259\,\Omega$$

$$q = \frac{2 \cdot l}{\kappa \cdot R_L} \qquad q = \frac{2 \cdot 20\,\text{m}}{56\,\frac{\text{m}}{\Omega \cdot \text{mm}^2} \cdot 0{,}259\,\Omega}$$

$$q = 2{,}76\,\text{mm}^2$$

Es wird ein Leiterquerschnitt von 4 mm² gewählt.

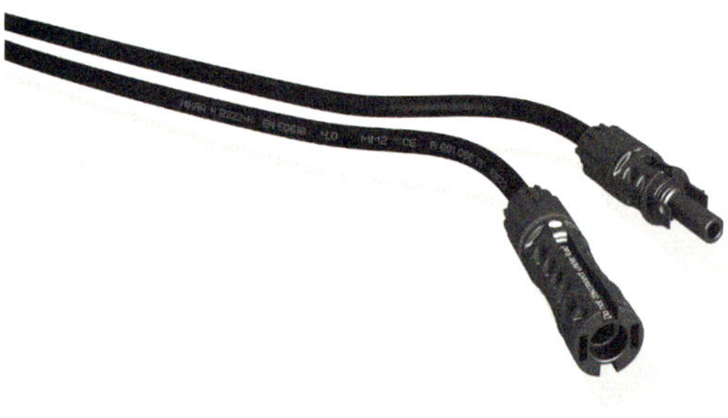

1: Vorkonfektionierte Solarleitungen

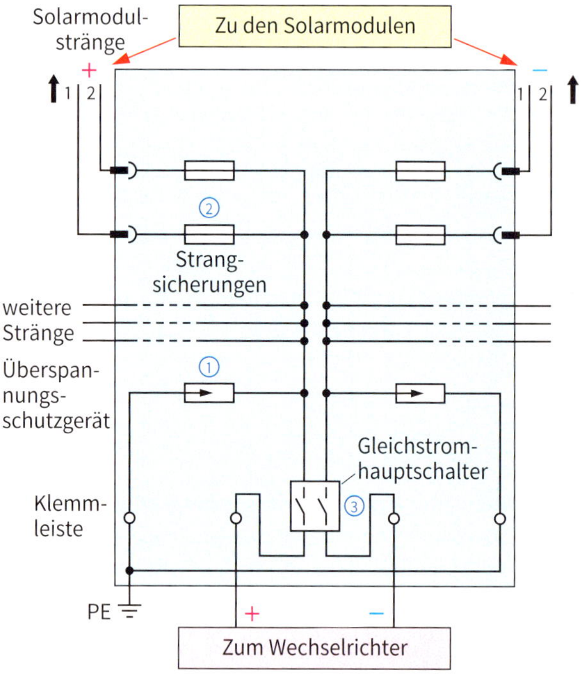

2: Generatoranschlusskasten (GAK)

Generatoranschlusskasten

Der Generatoranschlusskasten (Abb. 2) wird dann benötigt, wenn mehrere Solarmodulstränge vor dem Wechselrichter parallel zusammengeführt werden. Er ist nicht nur für die Zusammenführung der Stränge zuständig, sondern erfüllt noch folgende Funktionen:

- **Überspannungsschutz** ① für die Solarmodule und den Wechselrichter
- **Prüfmöglichkeit** für die einzelnen Solarmodulstränge
- **Strangsicherungen** ② im GAK schützen die Solarleitungen und Module vor Überlastung.
- Der GAK beinhaltet auch den **Gleichstromhauptschalter** ③ für die Spannungsfreischaltung des Wechselrichters.

Es ist möglich, kleinere Anlagen auch ohne GAK zu installieren. Dabei sollten auf jeden Fall Überspannungsschutzgeräte (vgl. Kap. 11.1.2.7) und Strangsicherungen zum Schutz der Strangleitungen berücksichtigt werden.

Für die Installation und anfallende Wartungsarbeiten muss man den Wechselrichter spannungsfrei schalten können. Um die DC-Bemessungsstromstärke aller Solarmodule unter Last schalten zu können, wird ein Gleichstromhauptschalter verwendet.

- Um den Wechselrichter für anfallende Wartungsarbeiten spannungsfrei schalten zu können, sind Gleichstromhauptschalter vorgeschrieben.
- Überspannungsschutzgeräte verhindern an Modulen und Wechselrichtern Schäden durch Blitzeinschlag.

3: Wechselrichter einer PV-Anlage

Wechselrichter

Die von den Solarmodulen gelieferte Gleichspannung wird vom Wechselrichter (Abb. 3) in einphasige Wechselspannung mit 230 V oder Dreiphasenwechselspannung mit 400 V umgewandelt.

Hinsichtlich der Energieeffizienz und Zuverlässigkeit einer PV-Anlage übernimmt der Wechselrichter eine Schlüsselrolle bei vier Funktionen (Abb. 4).

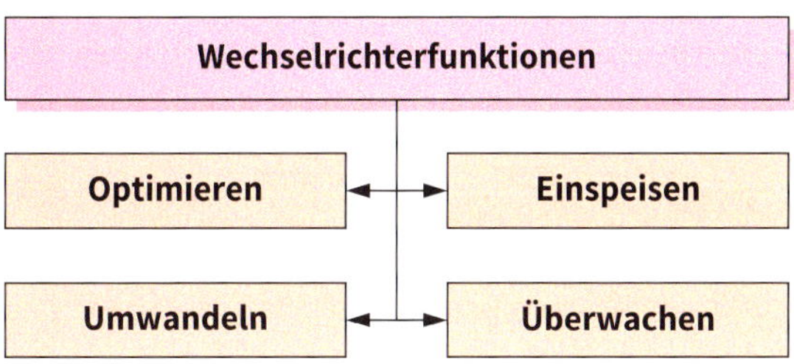

4: Wechselrichterfunktionen

Optimieren

Je nach Sonneneinstrahlung verändert sich der MPP (Strom-Spannungs-Kennlinie) eines Solarmoduls. Der Wechselrichter hat die Aufgabe, diesen Punkt ständig zu ermitteln und den **Arbeitspunkt** [*operating point*] nachzuführen. Die Suche und Nachführung wird als **MPP-Tracking** bezeichnet. Dabei wird die Eingangsspannung an die optimale Spannung (MPP-Spannung) der angeschlossenen Solarmodule angepasst.

Umwandeln

Das Umwandeln der Gleichspannung in eine Wechselspannung für den Netzanschluss ist die Hauptaufgabe des Wechselrichters (vgl. Lernfeld 8, Kap. 8.7.2.4).

Einspeisen

Um die erzeugte Spannung auf Netzspannungsniveau zu bringen, gibt es folgende Möglichkeiten:

- **PV-Anlagen mit galvanischer Trennung**
  Die erzeugte Wechselspannung wird durch einen Transformator an die Netzspannung angepasst. Damit wird eine **galvanische Trennung** [*galvanic isolation*] erreicht.
  Dünnschichtsolarmodule sind besonders anfällig für störende Einflüsse eines elektrischen Feldes. Die dadurch bedingte **Ertragsminderung** [*yield recuction*] lässt sich durch Erdung der negativen oder positiven Modulausgänge minimieren. Sie sind jedoch nur bei galvanisch trennenden Wechselrichtern zulässig.
- **PV-Anlagen ohne galvanische Trennung**
  Die Wechselspannung bei transformatorlosen Wechselrichtern entspricht der Netzspannung. Der Wirkungsgrad ist höher, da keine Transformatorverluste entstehen. Hochfrequente Störspitzen werden mit einem Filter gesperrt. Sie gelangen nicht in das Netz. Der Personenschutz ist durch eine redundante Fehlerstromüberwachung (Abb. 5 ①) gewährleistet.

Überwachen

Wechselrichter müssen jederzeit vom Netz trennbar sein, z. B. bei Störungen im VNB-Netz. Als Sicherheitsschnittstelle zwischen der PV-Anlage und dem Niederspannungsnetz wird die **E**inrichtung zur **N**etzüberwachung mit zugeordneten allpoligen **S**chaltorganen **ENS** (Abb. 5 ②) verwendet. Durch die ständige Überwachung von Frequenz, Spannung und Netzimpedanz werden Fehler umgehend erkannt und die PV-Anlage wird vom Netz genommen.

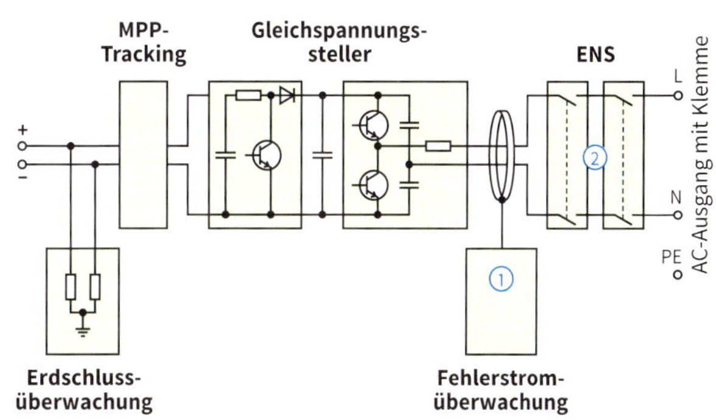

5: Tranformatorloser Wechselrichter

Aufgaben

1. Welche Vor- und Nachteile hat die Verwendung eines Zentralwechselrichters?
2. Nennen Sie drei wichtige Kenndaten zur Bestimmung der Leistungsfähigkeit einer Solarzelle.
3. Welche Eigenschaften müssen die Leitungen zur Verschaltung der Solarmodule erfüllen?
4. Welche Aufgabe hat die ENS?

- Der Wechselrichter ist wesentlich für die Energieeffizienz einer PV-Anlage verantwortlich.
- Der Wirkungsgrad eines Wechselrichters ohne galvanische Trennung ist größer als der eines Wechselrichters mit Transformator.

1: Aufdach-PV-Anlage

11.1.2.6 Montage der Photovoltaikanlage

Die PV-Anlage der Familie Diehl mit monokristallinen Modulen und einer Gesamtleistung von 2,1 kW wird als Aufdach-PV-Anlage montiert (Abb. 1). Um eine PV-Anlage elektrisch betriebssicher zu errichten, sind folgende Normen zu beachten:

- **DIN VDE 0100-712**
  Errichtung von Niederspannungsanlagen: Anforderungen für Betriebsstätten, Räume und Anlagen besonderer Art, Solar-Photovoltaik-Stromversorgungssysteme
- **DIN V VDE V 0126-1-1**
  Netzanschluss mit selbsttätig wirkender Freischaltstelle
- **DIN VDE 0298-4**
  Strombelastbarkeit von Leitungen
- **DIN VDE 0185-3**
  Blitz- und Überspannungsschutz

Warum wird eine Baugenehmigung benötig?

Die hier zu installierende Anlage ist in allen Bundesländern genehmigungsfrei. Ausnahmen bilden Photovoltaikanlagen auf oder an Kulturdenkmälern. Im Gegensatz zu den Aufdach-Anlagen sind Freiflächenanlagen baurechtlich **genehmigungspflichtig** [*subject to authorisation*] (Abb. 2).

Genehmigungsfrei bedeutet aber nicht das Außerachtlassen von öffentlich-rechtlichen Vorschriften. Die Anlage muss statisch in Ordnung sein und darf keine sonstigen Mängel aufweisen, die die Öffentlichkeit gefährden könnten.

Wie werden die Module montiert?

Mit Hilfe eines Erfassungsbogens hat die Firma Elektro-Rauch ein Anlagenkonzept entwickelt, das exakt auf die Kundenbedürfnisse abgestimmt ist.

Wichtig sind hierbei

- Angaben zur nutzbaren Dachfläche,
- die gewünschte Lage der Module und
- die Lage der Sparren.

Für die Montage der Solarmodule mit Dachhaken wird folgender Montageablauf festgelegt:

1. **Position der PV-Anlage und Befestigungspunkte festlegen**
   - Lage der Module auf dem Dach kennzeichnen
   - Dachhaken und Stützpunkte anzeichnen
2. **Befestigungspunkte montieren**
   - Dachziegel herausnehmen und Dachhaken befestigen (Abb. 3)
   - Dachziegel anpassen
   - Dach wieder sorgfältig schließen
3. **Tragprofile der Solarmodule montieren**
   - Tragprofile ausrichten und an den Dachhaken befestigen (Abb. 4)
   - Verbinder zwischen den Tragprofilen montieren
4. **Montage der Module**
   - Module auf den Tragprofilen montieren
   - Distanzhalter am Rand der Module einsetzen
5. **Verschalten der Module**
   - Anschließen der Module gemäß dem Verschaltungsplan
   - Verlegen der Strangleitung zum Generatoranschlusskasten und weiter zum Wechselrichter

- Die Montage einer Photovoltaikanlage auf oder an Kulturdenkmälern ist genehmigungspflichtig.
- Zur Planung einer Photovoltaikanlage werden die nutzbare Dachfläche, die gewünschte Lage der Module und der Sparrenabstand benötigt.

Energietechnische Anlagen

2: Freiflächenanlage

3: Dachhakenbefestigung

4: Tragprofile

Welche anderen Montagearten gibt es?

Am häufigsten werden Photovoltaikanlagen als Aufdachmontage auf Schrägdächern montiert. Die Dacheindeckung sollte in einem guten Zustand sein. Treten Schäden am Dach auf, müssen die Solarmodule abmontiert und nach erfolgter Dachreparatur wieder montiert werden.

Die Solarmodule können aus optischen Gründen auch in das Dach eingefügt werden (**Indachmontage**). Ist der Zustand der Dacheindeckung ohnehin reparaturbedürftig, spart das Einfügen der Module Kosten. Problematisch ist dabei die Dichtigkeit. Jedes Modul muss sorgfältig mit witterungsbeständigen Materialien (Abb. 5) abgedichtet werden.

Die Energiegewinnung einer Indach-Anlage ist geringer als die einer Aufdach-Anlage. Grund dafür ist die wesentlich **geringere Hinterlüftung** der Solarmodule und die damit verbundene größere Erwärmung der Solarzellen.

Eine weitere Bauart ist die **Fassadenmontage** (Abb. 6). Die Montagesysteme müssen für diesen Zweck zugelassen sein, da hierfür spezielle Normen gelten. Aufgrund der steilen Neigung und dem ungünstigen Lichteintrittswinkel bringen die Module deutlich weniger Ertrag.

Wer darf montieren und anschließen?

Die folgenden Aufgaben müssen von einem eingetragenen Elektroniker durchgeführt werden:

- **Anmeldung** beim VNB
- **Kopplung** der Anlage an das Niederspannungsnetz
- **Abnahme** der Anlage
- **Inbetriebnahme**

Der Elektroniker haftet für die komplette Elektroinstallation der PV-Anlage, auch wenn er die gleichstromseitige Montage nicht durchgeführt hat. Diese kann von jeder unterwiesenen Person montiert werden.

Bei der Montage von Solarmodulen können für den Monteur gefährliche Situationen entstehen. Diese werden im folgenden Abschnitt erläutert.

5: Abdichten

6: Fassadenmontage

Sicherheitshinweise

- Solarmodule lassen sich **nicht spannungsfrei** schalten, denn sie erzeugen bei Lichteinfall immer eine Gleichspannung.
- Die **Kurzschluss-Stromstärke** liegt nur ca. 20 % über der **Bemessungsstromstärke**, da der Innenwiderstand von Solarmodulen sehr groß ist. Bei Sicherungen oder RCDs ist auf die **Gleichstromtauglichkeit** [*suitable for d.c.*] für PV-Anlagen zu achten.
- Werden Kontakte unter Last getrennt, können **Lichtbögen** entstehen. Sie verlöschen bei Gleichstrom nicht selbsttätig. Verbrennung und Verblitzung können die Folge sein.
- Da der Stromfluss durch keine Sicherung unterbrochen wird, kann die Einwirkzeit bei einem elektrischen Schlag durch Berühren von frei liegenden Kontakten lang sein.

Das Befolgen einer Checkliste dient der passiven Sicherheit bei der Montage von Solarmodulen.

✓ Schalten Sie die PV-Anlage bei allen DC-seitigen Arbeiten mit dem Gleichstromhauptschalter lastfrei.
✓ Führen Sie keine elektrisch leitenden Teile in Stecker und Buchsen ein.
✓ Montieren Sie die Solarmodule nicht mit nassen Werkzeugen, Steckern und Buchsen.
✓ Verwenden Sie nur einadrige und doppelt isolierte Kabel zum Verschalten der Module.
✓ Führen Sie alle Arbeiten an den Kabeln mit äußerster Vorsicht durch und verwenden Sie isolierte Werkzeuge und Handschuhe.
✓ Überprüfen Sie vor Inbetriebnahme der Anlage noch einmal sorgfältig die Verschaltung der Solarmodule.

Aufgaben

1. Welche Aufgaben müssen bei der Montage einer PV-Anlage von einem eingetragenen Elektroniker durchgeführt werden?
2. Wer haftet für die komplette Elektroinstallation einer PV-Anlage?
3. Was ist bei der Verwendung von Sicherungen und RCDs für PV-Anlagen zu beachten?

- Die Erwärmung einer Solarzelle wirkt sich negativ auf deren Wirkungsgrad aus.
- Solarmodule lassen sich bei Lichteinfall nicht spannungsfrei schalten.
- Bei allen DC-seitigen Arbeiten ist die PV-Anlage mit dem Gleichstromhauptschalter lastfrei zu schalten.

Wechselrichter installieren

Um Ertragsverluste zu vermeiden, dürfen Wechselrichter nicht zu warm werden. Bei maximaler Auslastung werden bis zu 10 % der Bemessungsleistung eines Wechselrichters in Wärme umgewandelt. Folgende Hinweise helfen den optimalen Montageort für den Wechselrichter zu finden.

- Warme Montageorte, wie unausgebaute Dachräume (im Sommer), Schornsteinwände und Orte mit direkter Sonneneinstrahlung vermeiden.
- Um lange Wege der Gleichstromverkabelung einzusparen, sollten Wechselrichter möglichst nah an den Solarmodulen montiert werden.
- Staubige Montageorte verschmutzen die Lüftungsschlitze und beeinträchtigen die Kühlung des Wechselrichters.
- Wechselrichter sollten so montiert werden, dass eine gute Luftzirkulation gegeben ist.
- Das Montieren in Schränken und das Anordnen mehrerer Wechselrichter übereinander ist zu vermeiden.

Die elektrische Installation muss von einer Elektrofachkraft durchgeführt werden. Sie sollte folgende Hinweise beachten.

- Zur Vermeidung von Kurz- und Erdschluss Isolationswiderstand messen.
- Leiterquerschnitt der Gleichstromleitung durch Widerstandsmessung prüfen.
- Richtige Polung der Gleichstromhauptleitung überprüfen.
  - Verpolung führt zur Zerstörung des Wechselrichters.
- Verschaltung der Module untersuchen.
  - Stromstärke- und Spannungskennwerte der PV-Anlage messen und mit geplanten Bemessungswerten vergleichen.
  - Stromstärkemessung berührungslos mit einem Zangenstrommesser durchführen, um einen Lichtbogen zu vermeiden.
- Stromstärke nicht während des Betriebs zwischen Plus und Minus am Wechselrichter messen.
  - Der eingangsseitige Kondensator im Wechselrichter würde sich dabei über das Messgerät entladen und es überlasten.
- An den Eingangsklemmen des Wechselrichters liegt nach Abschaltung der Module noch einige Minuten eine Spannung.
  Hervorgerufen wird sie durch einen Kondensator, der bei normalem Betrieb der Anlage aufgeladen wird.

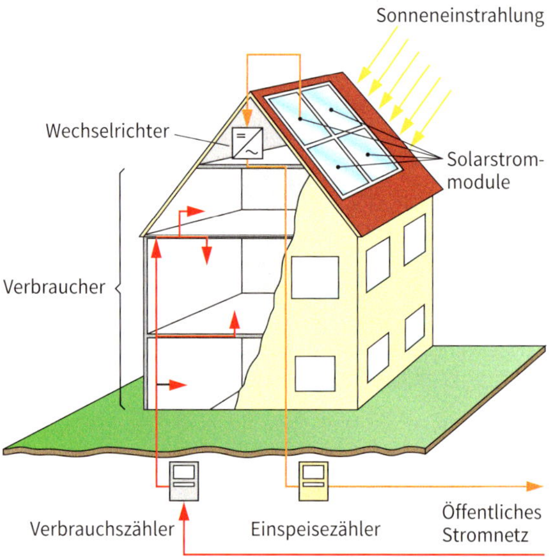

1: Netzanschluss der PV-Anlage

Einspeisezähler

Für die netzgekoppelte PV-Anlage wird ein separater Einspeisezähler benötigt und nach Abstimmung mit dem VNB ein geeichter Zähler ohne Rücklaufsperre verwendet.

Montiert und angeschlossen wird der Zähler von einem Mitarbeiter des VNB. Der Einspeisezähler wird in der Regel neben dem Bezugszähler im Zähleranschlusskasten angebracht.

Zu beachten ist, dass Familie Diehl nach BGB als Verkäufer der geernteten Energie grundsätzlich für die Messung und Abrechnung verantwortlich ist.

Leistungsdaten visualisieren

Schon ein einzelnes Blatt kann den Ertrag eines ganzen Moduls mindern (Abb. 2 ①). Um dies möglichst schnell erkennen und beseitigen zu können, ist eine Visualisierung der Leistungsdaten einer PV-Anlage sehr hilfreich. Mit Hilfe von Analysetools ist eine plötzliche Leistungsminderung der Anlage sehr gut erkennbar.

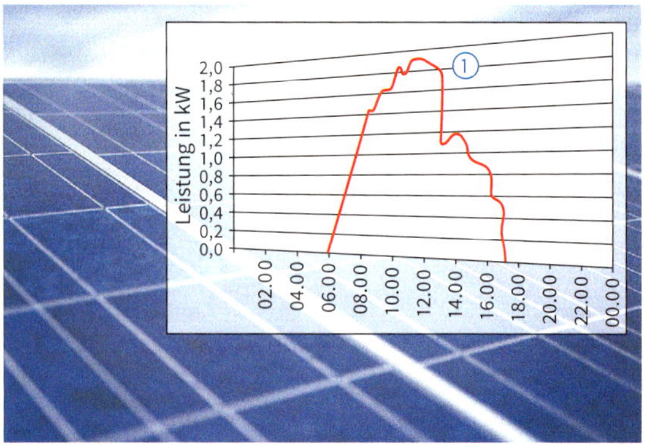

2: Analyse von Leistungsdaten

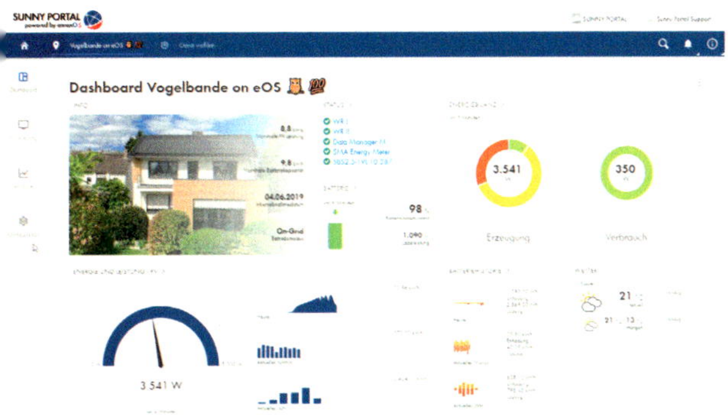

3: Anlagenkontrolle von SMA

Mit verschiedenen Hilfsmitteln lassen sich die Wechselrichter und Modulstränge überwachen und auswerten. Auf einen Blick sind z. B. die aktuelle Einspeiseleistung, der Gesamt- und Tagesertrag einer Anlage, die Betriebszeit und vorliegende Störungen der Anlage ablesbar (Abb. 3).

Wichtige Argumente der Familie Diehl für den Kauf einer **Datenfernanzeige** [data *remote indication*] sind:

- Alle wichtigen Daten der PV-Anlage sind auf einem Blick ablesbar.
- Schnelles Erkennen von Betriebsstörungen
- Einfache Speicherung und Auswertung der Ertragsdaten
- Konfiguration der Anlage „vom Wohnzimmer" aus

11.1.2.7 Blitz-und Überspannungsschutz

Da PV-Anlagen eine direkte Verbindung zur Elektroinstallation des Gebäudes herstellen, sollte ein aufeinander abgestimmter Blitz- und Überspannungsschutz installiert werden.

Für Anlagen ab einer Größe von 10 kW ist dieser Schutz vorgeschrieben.

Potenzialausgleich Anlage im Schutzbereich einer Fangeinrichtung		
Trennungsabstand eingehalten		Trennungsabstand **nicht** eingehalten
PV-Modul **mit** Schutzklasse II	PV-Modul **ohne** Schutzklasse II	
– Potenzialausgleich des PV-Gestells empfohlen – Überspannungsschutzgeräte empfohlen	– Potenzialausgleich des PV-Gestells notwendig – Querschnitt des Potenzialausgleichsleiters = Querschnitt der DC-Hauptleitung – Überspannungsschutzgeräte empfohlen	– Elektrisch leitende Verbindung zwischen äußerem Blitzschutz und PV-Modulrahmen notwendig – Überspannungsschutzgeräte notwendig

5: Auswahl des Potenzialausgleichs

Potenzialausgleich

Die erforderlichen Maßnahmen, wenn sich die PV-Anlage im Schutzbereich einer Fangeinrichtung befindet, zeigt die Abb. 5 (vgl. Kap. 10.8).

Um eine Ertragsminderung bei der Verwendung von Fangeinrichtungen zu verhindern, ist unbedingt darauf zu achten, dass diese keine linienförmige Beschattung der Module bewirken.

Überspannungsschutz

In der Abb. 4 ist dargestellt, wie der Überspannungsschutz einer PV-Anlage aussehen kann, wenn die Energie in ein TT- oder TN-System eingespeist wird.

Verwendet werden:

- Mehrpoliges Überspannungsschutzgerät für PV-Anlagen ①
- 2-poliges, teilbares Überspannungsschutzgerät ②, ③
- Mehrpoliges Überspannungsschutzgerät zum Einsatz im Stromversorgungssystem ④

Ausgewählt werden die Überspannungsschutzgeräte nach der maximalen Leerlaufspannung der PV-Anlage.

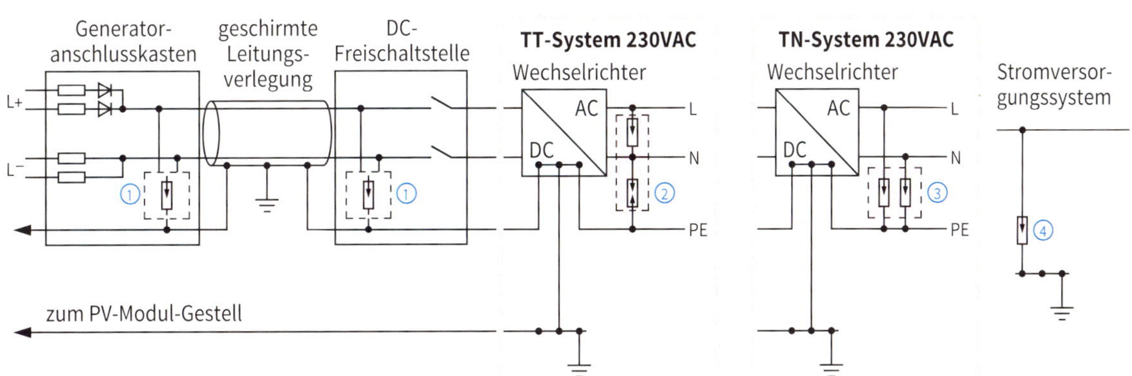

4: Überspannungsschutz einer PV-Anlage

Energietechnische Anlagen

11.1.2.8 Inbetriebnahme

Nachdem der VNB eine Fertigmeldung von Familie Diehl erhalten hat, wird ein Inbetriebnahmetermin festgelegt. Um die Funktion der PV-Anlage prüfen zu können, muss die Inbetriebnahme bei Tageslicht durchgeführt werden.

Nach Besichtigung der Anlage und Übereinstimmungsprüfung des Anlagenaufbaus mit der Planungsvorgabe werden die im Inbetriebnahmeprotokoll (Abb. 1) aufgeführten Messungen durchgeführt.

Im letzten Schritt werden der Wechselrichter AC-seitig mit dem Netz verbunden und DC-seitig die PV-Module mit dem Gleichstromhauptschalter zugeschaltet.

Abnahme

Ein Mitarbeiter der Firma Elektro-Rauch vergleicht mit Herrn Diehl den Angebotsumfang mit der montierten Anlage und den erbrachten Leistungen.

Einweisung

Funktion und Bedienung der Komponenten, wie z. B. die des Wechselrichters, werden detailliert besprochen. Auf mögliche Gefahren im Umgang mit der PV-Anlage wird besonders hingewiesen.

Übergabe

Eine ausführliche Dokumentation der Anlage, die u. a. Pläne und Datenblätter beinhaltet, wird Familie Diehl ausgehändigt. Anschließend muss sie das Abnahmeprotokoll unterzeichnen. Ab diesem Zeitpunkt beginnen die Garantie- und Gewährleistungsfristen.

Allgemeine Daten

Anschrift des Betreibers
Name: Klaus-Peter Diehl
Straße: Bergweg 18
Ort: 35713 Eschenburg

Anlagenstandort: siehe Anschrift

Inbetriebnahme am: 01.08.2015

Inbetriebnahme durch:
Firma: Elektro-Rauch
Name: Christoph Rauch
Straße: Marktplatz 2
Ort: 35713 Eschenburg

Daten der PV-Anlage

Module
Montageort: Schrägdach
Ausrichtung: Süd
Neigung: 35°
Anzahl der Module: 14 Stück
Anzahl der Modulstränge: 2
Abschattung von Modulen: nicht möglich

Leitungen
Leitungstyp der Modulverkabelung: Solar-Kab *C
Leitungstyp der Gleichstromhauptleitung: "
Generatoranschlusskastentyp: Max Connect plus
Gleichstromhauptschaltertyp: integriert
Wechselrichtertyp: Sunny Boy SB 2500
Verwendete Schutzeinrichtungen: siehe Anlage
Montagegestell geerdet: Ja
Überspannungsschutzgerät geerdet: Ja

Prüfung Solarmodule
Strangleerlaufspannung: 336 V
Strangkurzschluss-Stromstärke: 6,8 A
Leerlaufspannung am GAK-Ausgang: 334 V
Kurzschluss-Stromstärke aller Module: 13,6 A

Sichtprüfung und Funktionskontrolle
Feinsicherungen geprüft: i. O.
Überspannungsschutzgerät: i. O.

Prüfung Wechselrichter
Verbindung zwischen DC-Freischaltstelle und Wechselrichter herstellen. Verbindung zum Netz bleibt noch offen.

- Anzeige Wechselrichter: Netzfehler
  Verbindung zwischen Wechselrichter und Netz herstellen.
- Anzeige Wechselrichter: Bereitschaft

Gleichstrommesswerte
Solarspannung im MPP: 268 V
Stromstärke im MPP: 7,46 A
Leistung im MPP: 2,0 kW
Erzeugte Gesamtleistung: 14,8 kW

Wechselstrommesswerte
Netzspannung: 230 V
Stromstärke: 7,8 A
Netzfrequenz: 50 Hz
Einspeiseleistung: 1,8 kW
Eingespeiste Gesamtleistung: 13,3 kW

Prüfung der Netzüberwachung
Unterbricht der Wechselrichter die Einspeisung

- Abschalten des LS-Schalters: Ja
- Abschalten der RCD: Ja

1: Inbetriebnahmeprotokoll der PV-Anlage

11.1.2.9 Wartung

Bei einem unbemerkten Defekt an einer PV-Anlage ergeben sich sehr schnell finanzielle Nachteile durch den Ausfall der **Einspeisevergütung** [*feed-in rate*]. Wöchentliche Ertragskontrollen, regelmäßige Sichtkontrollen und Reinigung der Module übernimmt Familie Diehl.

Um eine fehlerfreie Funktion der PV-Anlage über viele Jahre zu gewährleisten, schließt Familie Diehl zusätzlich einen **Wartungsvertrag** mit der Firma Elektro-Rauch ab. In dem Wartungsvertrag verpflichtet sich die Firma Elektro-Rauch jährlich im März, also direkt vor den ertragsstärksten Monaten, eine Wartung nach folgender Checkliste durchzuführen.

Module und Leitungen
- Sichtprüfung der Module und Leitungen
- Überprüfung des Montagegestells der Module
- Intensive Reinigung der Module

Generatoranschlusskasten
- Überprüfung auf eventuelle Feuchtigkeit und Verschmutzung
- Leerlaufspannung der Modulstränge messen
- Überprüfung der Strangsicherungen und Überspannungsschutzgeräte
- Überprüfung der Schraubklemmen

Wechselrichter
- Prüfung der Wechselrichterfunktionen
- Reinigung der Wechselrichter-Lüftungsöffnungen
- Prüfung der Sicherheitseinrichtungen

Zähler
- Auslesen und dokumentieren des Anlagenertrages
- Überprüfung der Sicherungen

Mit einem Modultester können die Sonneneinstrahlung und Modultemperatur gemessen werden (Abb. 2). Die zu erwartende Soll-Leistung wird berechnet und mit der Ist-Leistung des Wechselrichters verglichen. Größere Abweichungen nach unten werden erkannt und direkt angezeigt.

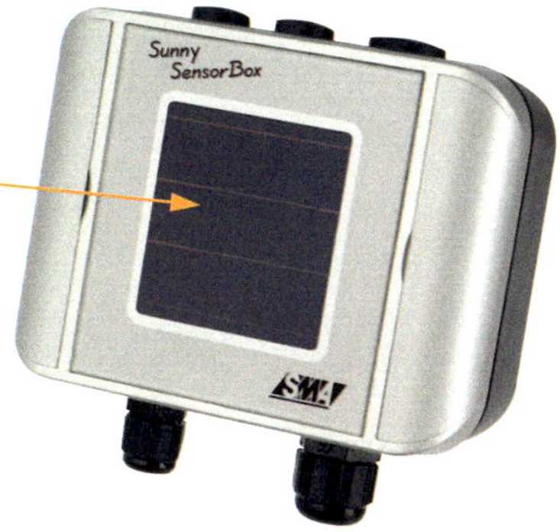

2: Modultester

11.1.3 Erneuerbare-Energien-Gesetz

Das Erneuerbare-Energien-Gesetz (EEG) garantiert eine gesetzliche Einspeisevergütung. Im Bereich der Photovoltaik erhält man diese Vergütung über 20 Jahre zuzüglich des Inbetriebnahmejahres. Um den durch Marktwachstum und Produktionsausweitungen diagnostizierten Kostensenkungen gerecht zu werden, sinkt die festgelegte Einspeisevergütung stetig, und zwar monatlich um 0,25 %.

Für die Familie Diehl kann der erwartete Ertrag folgendermaßen berechnet werden.

Daten:

Inbetriebnahme:	01.08.2015
Gesamtleistung der PV-Anlage:	2,1 kWp
Standort:	Raum Hannover
Mittlere Sonneneinstrahlung:	930 kWp/kWp/a
Vergütung:	12,34 Cent/kWh
Ende der Vergütungszeit:	31.12.2035

Berechnung:

930 kWh/kWp x 2,1 kWp = 1 953 kWh/a

1 953 kWh/a x (20 + 5/12) a = 39 874 kWh

39 874 kWh x 12,34 Ct/kWh = **4 920 Euro**

Familie Diehl kann bis Ende 2035 eine Einspeisevergütung von 4 920 Euro erwarten.

Aufgaben

1. Worauf ist bei der Auswahl des Montageortes eines Wechselrichters besonders zu achten?
2. Wer ist nach BGB grundsätzlich für die Messung und Abrechnung der „geernteten" Energie zuständig?
3. Nennen Sie drei wichtige Argumente für den Kauf einer Datenfernanzeige.
4. Ab welcher PV-Anlagengröße ist ein Blitz- und Überspannungsschutz vorgeschrieben?
5. Nennen Sie fünf Prüfverfahren bei der Inbetriebnahme für den Wechselrichter einer PV-Anlage.

- Modultester für Solarmodule berechnen aus der Sonneneinstrahlung und Modultemperatur die zu erwartende Soll-Leistung und vergleichen sie mit der Ist-Leistung.
- Die Höhe der Einspeisevergütung richtet sich nach dem Inbetriebnahmejahr und ist dann über 20 Jahre garantiert.

11.1.4 Wasserstoff-Brennstoffzellen

Wasserstoff ist ein wichtiger Energieträger. Er lässt sich durch folgende Verfahren herstellen:

- **Elektrolyse**
  Wasser wird mit Hilfe des elektrischen Stromes (z.B. aus Sonnen- und Windenergie) zersetzt.
- **Thermische Zersetzung**
  In einem chemotechnischen Gerät (Reformer) wird Wasserstoff aus wasserstoffreichen Energieträgern (z.B. Erdgas, Biomasse) freigesetzt.

In **Brennstoffzellen** wird mit Wasserstoff (H) und Sauerstoff (O) chemische Energie z.B. in elektrische Energie umgewandelt. Um unkontrollierte Reaktionen der beiden Gase zu verhindern, werden sie durch einen Elektrolyten voneinander getrennt. Mit Brennstoffzellen ist neben elektrischer Energie auch die Erzeugung von Wärmeenergie möglich, z.B. in Blockheizkraftwerken (BHKW).

Arten von Brennstoffzellen

Brennstoffzellen werden mit verschiedenen **Arbeitstemperaturen** [*working temperatures*] betrieben, die vom Material der Elektrolytmembran abhängen. Es gibt

- **Niedertemperaturzellen** (≤ 200 °C) und
- **Hochtemperaturzellen** (650 °C bis 1000 °C).

Brennstoffzellen unterscheiden sich also aufgrund der verwendeten Elektrolytmembranen. Zum Betrieb von **Niedertemperaturzellen** [*low temperature fuel cells*] wird als Brennstoff u.a. Wasserstoff verwendet. Bei den Hochtemperaturzellen mit Elektrolyten aus festen Materialien (z.B. Schmelzkarbonat) werden neben Wasserstoff auch kohlenstoffhaltige Brenngase (z.B. Erdgas) eingesetzt.

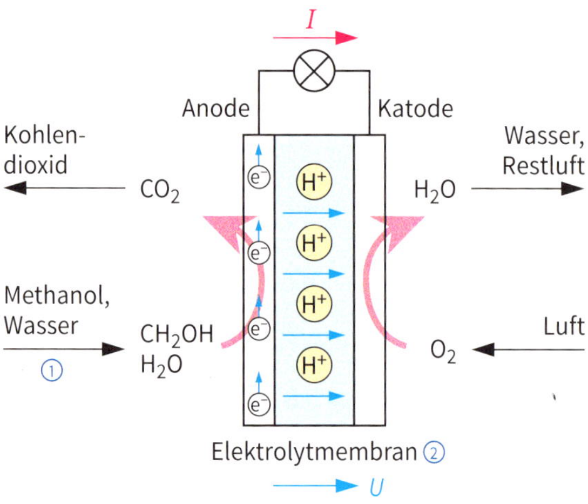

2: Prinzip einer DMFC-Brennstoffzelle

In Abb. 2 ist die Funktion einer Brennstoffzelle mit Methanol (Kohlenwasserstoff-Verbindung) dargestellt.

Die Energieumwandlung geschieht folgendermaßen:

1. Beim Zusammentreffen vom Sauerstoff der Luft mit flüssigem Methanol wandern die positiv geladenen Wasserstoff-Ionen zur Katode.
2. Es ist eine Ladungstrennung entstanden mit einer elektrischen Spannung von ca. 1 V/Zelle.

Das **flüssige Methanol**, z.B. aus der Tankpatrone eines Laptops, ist hier der Energiespeicher ①. Der Elektrolyt ② liegt als Trennschicht zwischen Anode und Katode. Er bewirkt eine kontrollierte elektrochemische Reaktion von Sauerstoff und Wasserstoff, bei der Wasser und Kohlendioxid (CO_2) entstehen.

Niedertemperaturzellen			
Bezeichnung	**Energieerzeugung**	**Anwendungen**	**Leistung *P***
AFC (**A**lkaline **F**uel **C**ell)	Elektrische Energie aus Wasserstoff u. Sauerstoff	Raumfahrt und U-Boote	1 kW bis 100 kW
PAFC (**P**hosphoric **A**cid **F**uel **C**ell)	Elektrische Energie und Wärme aus Wasserstoff, Erdgas und Methanol	BHKWs für Wohnblocks und Fabrikanlagen	50 kW bis 500 kW
PEMFC (**P**olymer **E**lectrolyt **M**embrane **F**uel **C**ell)	Elektrische Energie und Wärme aus Wasserstoff, Erdgas und Benzin	Autos und kleine BHKWs; Batterien in Laptops und Beleuchtungsanlagen	wenige W bis 100 kW
DMFC (**D**irect **M**ethanol **F**uel **C**ell)	Elektrische Energie aus flüssigem Methanol	Mobile Kleingeräte; Laptops	wenige Watt bzw. kW
Hochtemperaturzellen			
MCFC (**M**olton **C**arbonate **F**uel **C**ell)	Elektrische Energie, Wärme und Dampf aus Erdgas	BHKWs	300 kW bis mehrere MW
SOFC (**S**olid **O**xide **F**uel **C**ell)	Wärme und Dampf aus Erdgas	Kleinere Kraftwerke in Einfamilienhäusern	1 kW bis mehrere kW

1: Brennstoffzellentypen

11.1.5 Kraft-Wärme-Kopplung

Die zunehmende Klimaerwärmung und die Kostenexplosion auf dem Energiemarkt haben dazu geführt, dass nach umweltfreundlichen Technologien geforscht wird. Eine davon ist die **Kraft-Wärme-Kopplung** [*combined head and power*]. In herkömmlichen Wärmekraftwerken entstehen beim Verbrennungsprozess große Wärmeverluste, sodass nur Wirkungsgrade von ca. 35 % erreicht werden. Der Rest der eingesetzten Brennstoffenergie geht überwiegend als Abwärme verloren. Die Kraft-Wärme-Kopplung liefert eine große Ausnutzung von Brennstoffenergien, da beim Umwandlungsprozess die entstehende Wärmeenergie genutzt wird.

Mit der gleichzeitigen Erzeugung von elektrischer Energie und Wärmeenergie werden folgende Vorteile erzielt:

- Verbesserung des Wirkungsgrades auf über 95 % beim Vergleich von Nutzenergie zum Energiegehalt des Brennstoffes,
- Einsparen nicht erneuerbarer Energiequellen,
- Verringerung der CO_2-Emission.

Die Kraft-Wärme-Kopplung erfolgt z. B. in **Blockheizkraftwerken** (BHKWs). Diese werden dezentral zur Stromerzeugung eingesetzt und bedienen gleichzeitig Heizungssysteme von z. B. Verwaltungsgebäuden und Schulen. Als **Energieträger** können in diesen Kraftwerken Kohle, Öl, Gas, Biomasse und Müll eingesetzt werden.

Bei der Kraft-Wärme-Kopplung (Abb. 3) ergeben sich folgende **Zielenergien**, die bei der Energieumwandlung entstehen und für bestimmte Zwecke genutzt werden können.

- **Mechanische Energie** ⇒ elektrische Energie ① und Kühlung ② sowie
- **Wärmeenergie** ⇒ Dampf für Industrieanlagen ③ und Warmwasser für Fernheizungen ④

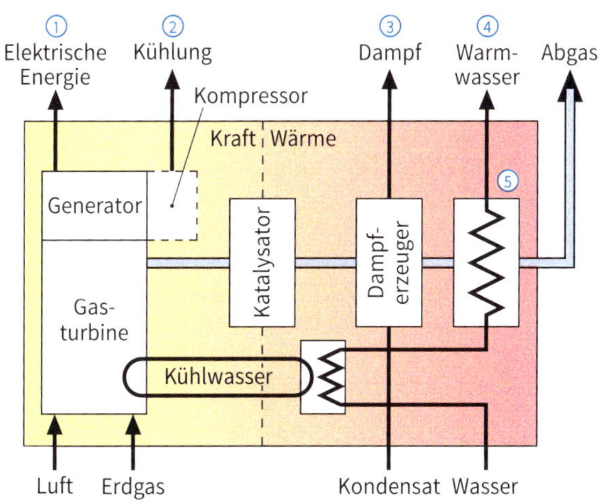

3: Kraft-Wärme-Kopplung in einer Gasturbine

Im BHKW treibt eine Verbrennungskraftmaschine, z. B. Gas- oder Dampfturbine, den Generator zur Erzeugung elektrischer Energie an. Die Abwärme wird durch einen **Wärmetauscher** [*heat exchanger*] ⑤ zum Aufheizen von Wasser genutzt. Je nach Kraftwerksgröße kann die im Abgas enthaltene Energie auch zur Dampferzeugung oder über einen Wärmetauscher zur Erwärmung von Brauchwasser, z. B. für eine Fernheizung, verwendet werden.

Die Leistungsregelung erfolgt entweder nach dem Strom- oder dem Wärmebedarf. Meistens werden die BHKWs wärmegeführt, indem das Kraftwerk nur eingeschaltet wird, wenn Wärmeenergie benötigt wird. Die gleichzeitig erzeugte elektrische Energie wird über spezielle Rückspeisezähler ins Netz des VNB eingespeist.

Beispiel: Mini-BHKW

Außer zur Wärmeerzeugung können Mini-BHKWs parallel zum Netz betrieben werden. Über den Wechselrichter wird die erforderliche Wechselspannung erzeugt. Diese Insellösungen (netzunabhängige Energieerzeuger) können in Ein- und Mehrfamilienhäusern sowie Gewerbebetrieben realisiert werden und gewährleisten eine Stromversorgung auch bei **Netzausfall** [*power failure*].

Die Kompaktbauweise ermöglicht eine einfache Installation. Die **Energienutzung** (Wirkungsgrad) ist wegen der gleichzeitigen Strom- und Wärmenutzung höher als bei Großkraftwerken. In Abb. 4 sind einige Kenngrößen eines Mini-BHKW aufgelistet.

Kenngrößen eines wärmegeführten Mini-BHKW	
Elektrische Leistung	1,3 bis 4,7 kW
Thermische Leistung	4,0 bis 12,5 kW
Gesamtwirkungsgrad	90 % bis 96 %
Brennstoff	Erdgas, Flüssiggas (Propan)
Netzparallelbetrieb	3 x 400 V, 50 Hz, cos $\varphi = 1$
Abmessungen	H x B x T: 108 x 74 x 137 in cm
Masse	395 kg

4: Kenngrößen (Beispiel)

Energietechnische Anlagen

BHKW bei größerem Energiebedarf

Größere Blockheizkraftwerke, die z. B. zur Energieversorgung eines Schulzentrums eingesetzt werden, besitzen große Wärmeleistungen. Sie sind meistens mit zwei Gas-/Öl-Kesseln und drei Gasmotoren ausgestattet.

Je nach Kraftwerkstyp werden z. B. folgende Leistungen erzielt:

- Elektrische Leistung 990 kW und
- thermische Leistung 1242 kW.

Diese Kraftwerke werden je nach Größe und verwendeten Energieträgern (z. B. auch Pflanzenöle) mit Oxydations-Katalysatoren zur **Schadstoffreduzierung** [*emission reduction*] und Geruchsminderung ausgestattet.

Einsatz von Blockheizkraftwerken

Die Auswahl und Dimensionierung von Blockheizkraftwerken richtet sich nach Einsatzort und Energiebedarf.

Es werden folgende Leistungsklassen unterschieden:

- $P = 30$ kW für Ein- und Zweifamilienhäuser
- $P = 50$ kW, 75 kW und 100 kW für Hotels und Gewerbebetriebe
- $P > 250$ kW für Großanlagen in der Industrie

BHKW mit Absorptionskälteanlage

Um auch im Sommer Blockheizkraftwerke wirtschaftlich nutzen zu können, wird von der Industrie ein z. B. mit Erdgas betriebenes BHKW-Modul gebaut, das mit einer **Absorptionskälteanlage** [*absorption cooling system*] kombiniert ist. Diese Anlage besitzt einen Niedertemperaturabsorber (vgl. Kap. 10.1.4), der auf die Systemtemperatur des BHKW angepasst ist. Das BHKW-Modul erzeugt im Winter Heiz- und Prozesswärme, im Sommer Energie für die Absorptionskälteanlage. Damit ist eine ganzjährige Nutzung des BHKW bei Volllast möglich. In Abb. 1 ist der Energiefluss einer Absorptionskälteanlage dargestellt, die mit Warmwasser im Temperaturbereich von 80 °C bis 90 °C (Systemtemperatur) betrieben wird.

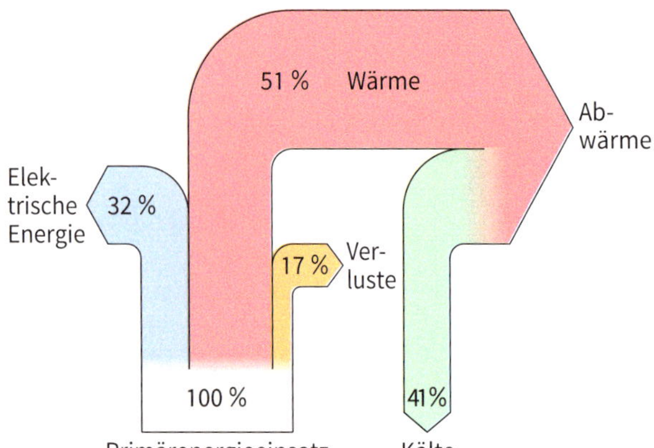

1: Beispiel – Energiefluss

Anwendungen in Verbindung mit Brennstoffzellen

Kraft-Wärme-Kopplungsanlagen können auch mit Brennstoffzellen betrieben werden. Besonders eignet sich dafür die PEMFC, kurz auch PEM genannt, die speziell für die Energieversorgung verschiedener Anlagen weiterentwickelt wird.

- Betrieb von Fahrzeugen
- Mobile Notstromversorgungen
- Kraft-Wärme-Kopplung z. B. für Ein- und Mehrfamilienhäuser (Abb. 2) sowie für größere Anlagen in Hochhäusern und Krankenhäusern

Zur Zeit werden Systeme mit PEM-Brennstoffzellen zur Kraft-Wärme-Kopplung entwickelt, bei denen Wasserstoff in Reformern aus Erdgas oder Flüssiggas erzeugt wird.

2: Hausbrennstoffzelle

Aufgaben

1. Nennen Sie jeweils zwei Beispiele für Nieder- und Hochtemperatur-Brennstoffzellen. Geben Sie die verwendeten Elektrolyte und die Anwendungsbereiche an.
2. Beschreiben Sie stichwortartig den Funktionsablauf bei der Kraft-Wärme-Kopplung.
3. Wodurch wird in Blockheizkraftwerken ein hoher Wirkungsgrad erreicht?

- In Brennstoffzellen werden durch die elektrochemische Reaktion von Sauerstoff und Wasserstoff elektrische Energie und Wärme erzeugt.
- Bei der Kraft-Wärme-Kopplung werden in wärmegeführten Blockheizkraftwerken Wärmeenergie und elektrische Energie erzeugt.
- Blockheizkraftwerke haben wegen der großen Brennstoffausnutzung einen hohen Wirkungsgrad.
- Wegen der geringen CO_2-Emission sind Blockheizkraftwerke bei der Energieumwandlung umweltfreundlich.

11.2 Unterbrechungsfreie Stromversorgung

Die Firma Schneider-Elektrotechnik erhält von der Stadtverwaltung Braunschweig den Auftrag, die **Unterbrechungsfreie Stromversorgung (USV)** [*uninterruptible power supply (ups)*] des Computernetzwerkes im Bereich der Servertechnik zu überprüfen. Die Überprüfung der USV-Anlage wurde erforderlich, nachdem die bestehende USV in Folge mehrerer Stromausfälle die Server nicht ausreichend versorgen konnte und somit durch Systemabstürze wichtige Daten verloren gingen.

Nach einer Bestandsaufnahme und einem Gespräch mit dem verantwortlichen Systemadministrator über die aufgetretenen Fehler der USV-Anlage stellt der Elektroniker folgendes fest:

- Die Anlage ist **unterdimensioniert**.
- Die Batterien verfügen nicht mehr über die **ausreichende Kapazität**.

Als Folge der Systemabstürze kann es im Bereich der Server (z. B. Datenbankserver) zu einem Datenverlust kommen, der nur mit einem hohem Personaleinsatz wieder behoben werden kann. Daher ist aus Gründen der **Datensicherheit** die Erneuerung der USV-Anlage dringend erforderlich.

Welchen Zweck erfüllt eine USV?

Die unterbrechungsfreie Stromversorgung wird überall dort eingesetzt, wo eine hohe **Systemverfügbarkeit** [*system availability*] gefordert wird. Dies ist dann notwendig, wenn ein System nach einem Ausfall nur mit hohen Kosten wieder hergestellt werden kann (z. B. verlorene Daten eines Datenbankservers erneut eingeben) oder Gefahr für den Menschen besteht (z. B. Geräte der Intensivmedizin). Untersuchungen haben ergeben, dass es durchschnittlich vier Stunden dauert, bis ein Computersystem nach einem Absturz wieder betriebsbereit ist. Die Rekonstruktion einer Netzwerkanlage kann bis zu 48 Stunden dauern. Bei 40 % aller von einem Systemausfall betroffenen Unternehmen lag der Schaden bei mehr als 250.000 EUR.

Somit stellt die USV eine Art „Lebensversicherung" für ein Unternehmen dar. Sie wird zwischen das Versorgungsnetz und die angeschlossenen Verbraucher installiert und erfüllt folgende Aufgaben (Abb. 3).

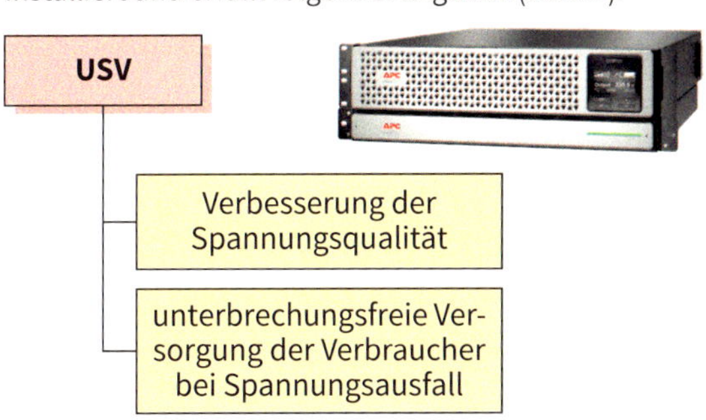

3: Aufgaben der USV

Die **Spannungsqualität** [*voltage quality*] wird durch Störungen (Abb. 4) beeinträchtigt, die entweder von außen über das Versorgungsnetz „eingeschleppt" oder durch angeschlossene Verbraucher verursacht werden (z. B. Oberschwingungen durch Schaltnetzteile der Computer).

Statistische Untersuchungen haben ergeben, dass lediglich 3 % der Ausfälle auf einen Totalausfall des Versorgungsnetzes zurückzuführen sind, während 97 % durch leitungsgebundene Störungen verursacht wurden.

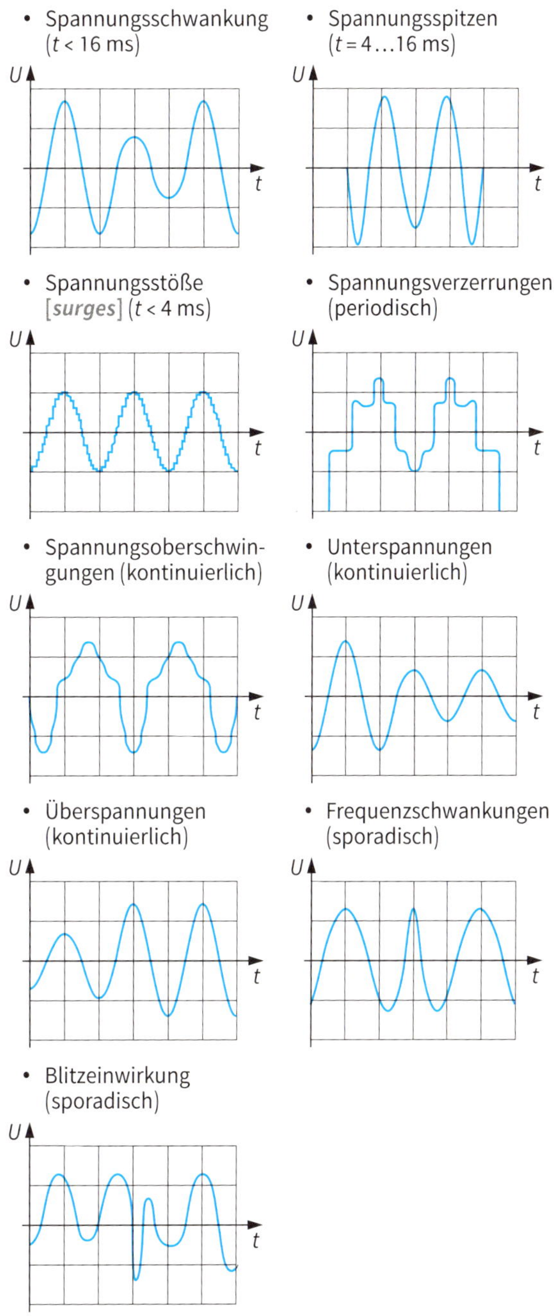

4: Einflüsse auf die Spannungsqualität

11.2.1 Klassifizierung der USV

Eine USV wird entsprechend ihrer Spannungsqualität am Ausgang in unterschiedliche Klassen eingeteilt (DIN VDE 0558-530). Diese **Klassifizierung** [*classification*] ist in drei Stufen gegliedert und orientiert sich am Ausgangsverhalten der USV.

Beispiel:

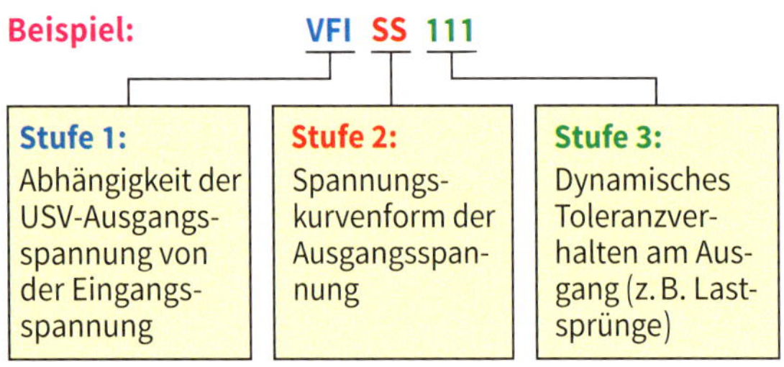

Was bedeutet die Kennzeichnung VFI?

Die Buchstaben **VFI** innerhalb der Klassifizierung aus dem obigen Beispiel bedeuten **V**oltage and **F**requency **I**ndependent. Dabei ist die Ausgangsspannung der USV von netzseitigen Schwankungen der Spannung und der Frequenz unabhängig. Abb. 1 gibt eine Übersicht über die möglichen Bezeichnungen der Stufe 1.

Spannungskurvenformen am Ausgang

Die Klassifizierungsstufe 2 beschreibt die **Kurvenformen** der Ausgangsspannung einer USV für die Betriebsarten

- **Netzbetrieb** (1. Buchstabe) und
- **Batteriebetrieb** (2. Buchstabe).

Zur Codierung werden die Buchstaben aus Abb. 2 verwendet. Die drei Ziffern der Stufe 3 (z. B. 111) kennzeichnen das **dynamische Toleranzverhalten** [*dynamic tolerance characteristics*] am Ausgang bei bestimmten Betriebsarten.

Code	Bedeutung
S	sinusförmig; $D < 8$ % bei linearer und nichtlinearer Belastung
X	nicht sinusförmig; $D > 8$ % bei nichtlinearer Belastung
Y	nicht sinusförmig; die Grenzwerte werden überschritten
D: Verzerrungsfaktor	

2: Codierung der Kurvenform (2. Stufe)

Die Ziffer 1 bedeutet, dass die Abweichung der Ausgangsspannung, z. B. bei einem Lastsprung, maximal +/– 30 % der Eingangsspannung betragen darf und bereits nach 0,1 s nur noch +/–10 % Toleranz erlaubt sind (Abb. 3 ①).

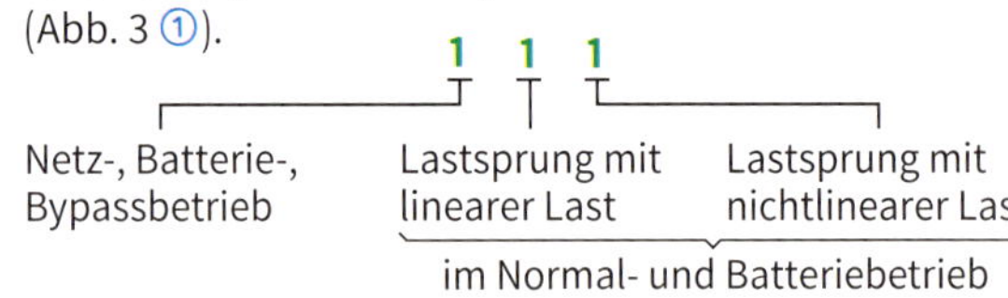

Ziffern-code	Abweichung der Ausgangsspannung in Abhängigkeit von der Zeit
1	max. +/– 30 %; nach 0,1 s max. +/– 10 % ①
2	nach 1 ms max. + 100 % nach 10 ms max. + 20 % … – 100 % nach 100 ms max. +/– 10 %
3	nach 1 ms max. + 100 % nach 10 ms max. + 20 % … – 100 % nach 100 ms max. + 10 % … – 20 %
4	Eigenschaften vom Hersteller definiert

3: Codierung des Toleranzverhaltens (3. Stufe)

Bezeichnung	Bedeutung	Erklärung	Blockschaltbild
VFD (Offline-USV)	**V**oltage and **F**requency **D**ependent	Die Ausgangsspannung ist abhängig von den Änderungen der Netzfrequenz und Netzspannung.	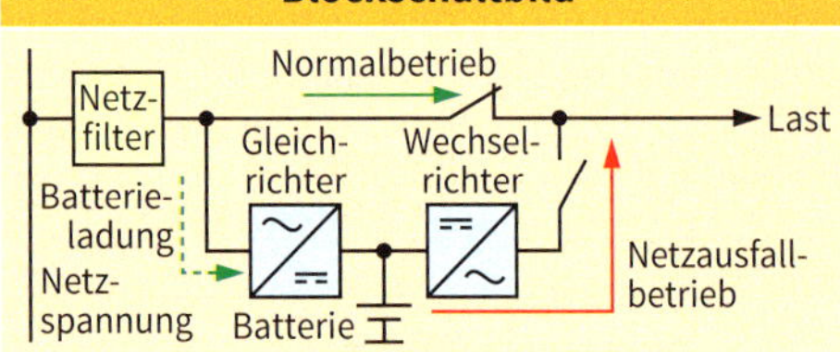
VI (Line Interactive-USV)	**V**oltage **I**ndependent	Die Höhe der Ausgangsspannung ist unabhängig von der Netzspannung. Die Netzfrequenz bestimmt jedoch die Frequenz der Ausgangsspannung.	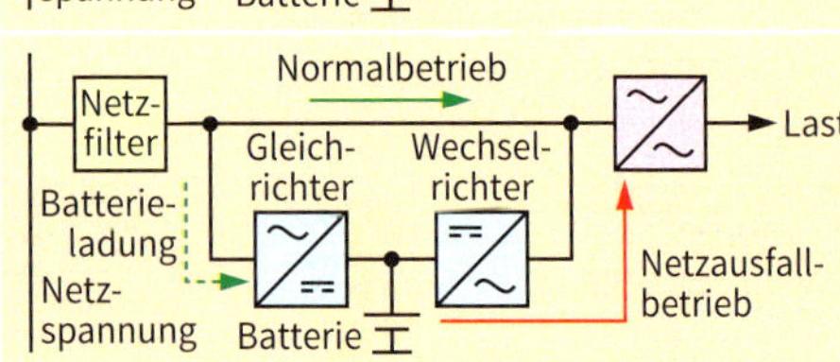
VFI (Online-USV)	**V**oltage and **F**requency **I**ndependent	Die Ausgangsspannung ist unabhängig von allen Spannungs- und Frequenzschwankungen.	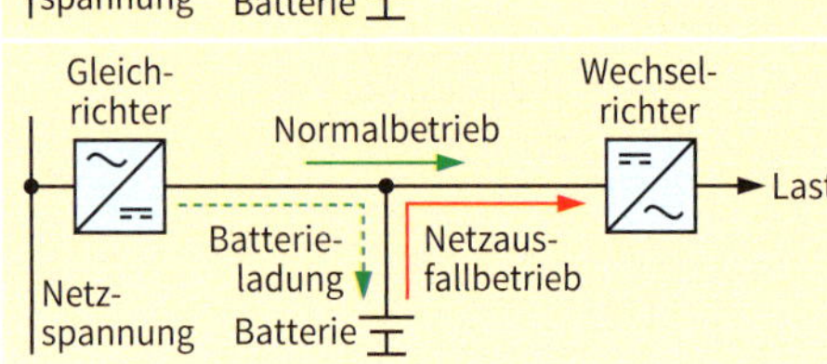

1: Bezeichnungen der USV-Klassen (Stufe 1)

Energietechnische Anlagen

11.2.2 Auswahl der USV

Zur Auswahl einer USV müssen je nach Verwendung unterschiedliche Dinge beachtet werden. Abb. 4 zeigt eine Übersicht möglicher Auswahlkriterien.

Im ersten Schritt wird die erforderliche Leistung der neuen USV bestimmt. Die bestehende USV hat eine Leistung von 8000 VA und versorgt insgesamt zehn Netzwerkserver und zwei Monitore (je 80 W). Die Leistungsaufnahme der übrigen Netzwerkperipheriegeräte beträgt zirka 200 W. Die Server verfügen über eine Anschlussleistung von je 600 W.

Berechnung der erforderlichen Leistung

Geg.: $P_S = 600\ \text{W}$ (Serverleistung) Ges.: P_{ges}

$P_M = 80\ \text{W}$ (Monitorleistung)

$P_N = 200\ \text{W}$ (Peripherie)

$$P_{ges} = 10 \cdot P_S + 2 \cdot P_M + P_N$$
$$P_{ges} = 10 \cdot 600\ \text{W} + 2 \cdot 80\ \text{W} + 200\ \text{W}$$
$$\underline{\underline{P_{ges} = 6360\ \text{W}}}$$

Da die Leistungsangaben einer USV häufig als Scheinleistungswert in VA angegeben werden, muss eine Umrechnung erfolgen. In der Praxis hat sich ein Umrechnungsfaktor von 1,4 zwischen Wirk- und Scheinleistung bewährt.

$$S = P_{ges} \cdot 1{,}4 = 6360\ \text{W} \cdot 1{,}4 = \underline{\underline{8904\ \text{VA}}}$$

Aus Sicherheitsgründen und im Hinblick auf spätere Netzwerkerweiterungen wird dieser Wert nochmals um 40 % erhöht.

$$S_{ges} = S \cdot 1{,}4 = 8904\ \text{VA} \cdot 1{,}4 = \underline{\underline{12465\ \text{VA}}}$$

Somit ist eine Ausgangsscheinleistung von **12465 VA** erforderlich.

Eignung der USV für verschiedene Netzstörungen

Netzstörungen	VFI	VI	VFD
Netzausfälle	✓	✓	✓
Spannungsschwankungen	✓	✓	✓
Spannungsspitzen	✓	✓	✓
Unterspannungen	✓	✓	
Überspannungen	✓	✓	
Spannungsstöße	✓		
Spannungsverzerrungen	✓		
Spannungsoberschwingungen	✓		
Frequenzschwankungen	✓		
Blitzeinwirkung	✓		

5: Vergleich der USV-Klassen

Im vorliegenden Fall wird die Installation einer USV der Klasse VFI SS 111 vorgeschlagen, da sie die beste Versorgungsqualität garantiert (Abb. 5).

- Eine USV wird dort eingesetzt, wo eine hohe Systemverfügbarkeit gefordert wird.
- Die USV dient zur Verbesserung der Spannungsqualität und zur Überbrückung der Spannungsversorgung bei Netzausfall.
- Die Qualität einer USV wird nach einer dreistufigen Klassifizierung beschrieben.
- Im Hinblick auf spätere Erweiterungen wird die berechnete Ausgangsscheinleistung der USV um 40 % erhöht.

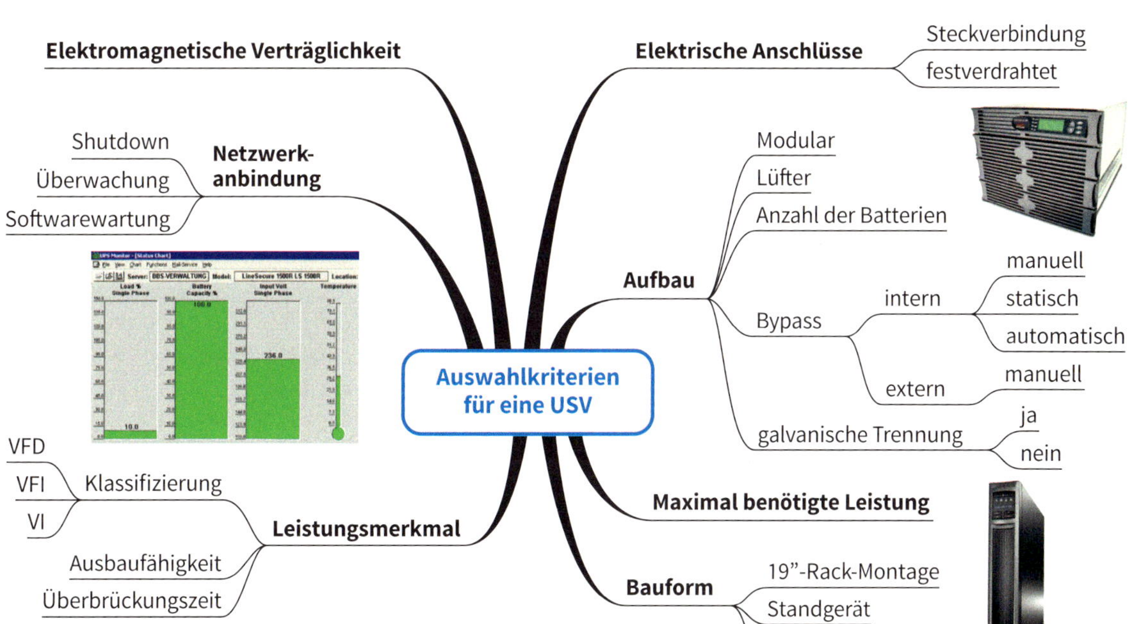

4: Auswahlkriterien

Technische Daten	
Baureihe	Smart UPS SRT 10000 VA
Leistung kVA/kW	10/10
Technologie	VFI
Eingangsspannung	160 V – 275 V
Eingangsfrequenz	40 … 70 Hz
Ausgangsfrequenz	47… 53 Hz
THD	< 2 %
Betriebstemperatur	0° … 40 °C
Überbrückungszeit	3,8 min. bei Volllast; 11,5 min. halbe Last
Batterieanzahl	4 Module
Ladedauer	1,5 h
Schnittstellen	RJ45, SmartSlot, USB
Control panel	LCD Status- u. Steuerungskonsole
Software	Power Shute
Abmessungen in cm	432 x 263 x 715
Masse in kg	112
Geräuschpegel	< 55 dB(A)

1: Technische Daten einer USV (Herstellerangaben)

Im konkreten Fall haben sich die verantwortlichen Administratoren für eine USV mit den in Abb. 1 aufgelisteten technische Daten entschieden. Diese USV ist in ihrer Batteriekapazität erweiterbar. Sie verfügt zur Verwaltung über eine umfangreiche Softwareausstattung. Der modulare Aufbau garantiert Servicefreundlichkeit und einen geringen Wartungsbedarf. Die Batterien (Abb. 2 ①) lassen sich während des laufenden Betriebes austauschen (hotswap-fähig) und werden in zyklischen Zeitabständen automatisch getestet. So verfügen die Module über eine Fehlerdiagnosefunktion. Über eine spezielle PC-Software lassen sich

- **Betriebsdaten der USV überwachen**
- **Ereignisse protokollieren** und
- die angeschlossenen Computer **herunterfahren** [*shut down*].

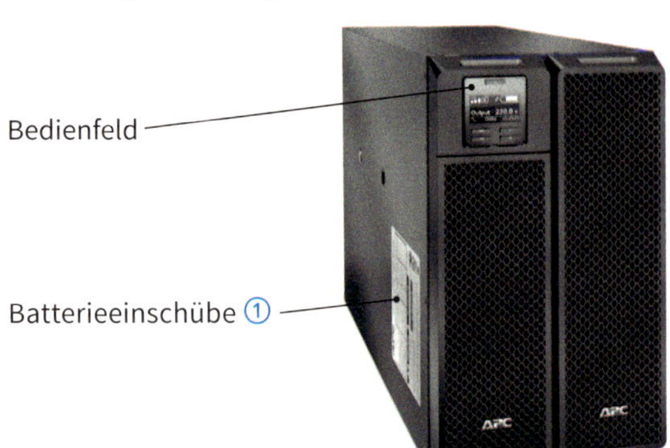

2: USV

Aufgabe des Bypass

Ein Bypass ist ein alternativer Versorgungsweg, der die Last bei Ausfall des Standardpfades (Normalbetrieb) mit Energie versorgt. Es wird dabei zwischen internen und externen Bypässen unterschieden.

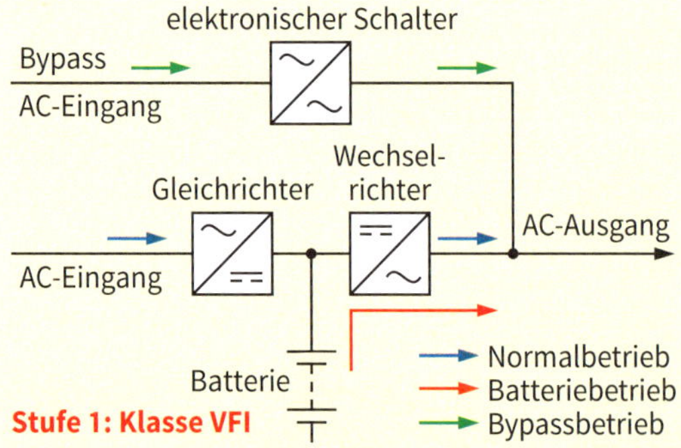

Anwendungen für einen Bypass

- Umgehen von beschädigten Komponenten
- Durchführung von Wartungsarbeiten an Geräten

Bei der Art der Umschaltung wird zwischen manuellen, statischen und automatischen Bypässen unterschieden.

Der **automatische Bypass** besteht aus einer elektronischen Schaltung (USV intern), die selbstständig

- bei Überlast oder
- bei einem Defekt im Standardpfad

die Energie direkt aus dem Netz zum Ausgang schaltet.

Der **manuelle Bypass** ist ein externer Schalter, der immer dann geschlossen wird, wenn die USV für Wartungsarbeiten ausgeschaltet werden muss. Die angeschlossenen Verbraucher bleiben somit weiterhin in Betrieb.

Aufgaben

1. Berechnen Sie für die folgende Belastung die erforderliche Ausgangsleistung der USV in VA.
   – 6 Server mit einem Netzteil von je 300 W
   – 1 Monitor 80 W
   – 200 W für Netzwerkperipherie
2. Bestimmen Sie den Leistungsfaktor cos φ, der sich aus dem Umrechnungsfaktor von 1,4 zwischen Wirk- und Scheinleistung ergibt.

■ Bei der Auswahl einer USV müssen unterschiedliche Kriterien berücksichtigt werden, wie z. B. Spannungsqualität (Klassifizierung), Ausgangsleistung, Überbrückungszeit usw.

11.2.3 USV-Management

Die Überwachung und Konfiguration einer USV ist für den Betrieb (z. B. im Netzwerk) sehr wichtig, da häufig mehrere Server über eine zentrale USV gespeist werden. Bei der Wahl der USV sollte darauf geachtet werden, dass folgende Merkmale erfüllt werden:

- Remote Control (Fernbedienung)
- Ausstattung der Hardwareschnittstellen
- Multiserver-Shutdown
- Automatische Testroutinen
- Umfangreiche Ereigniskonfiguration (Abb. 4)
- Protokollieren wichtiger Betriebsdaten
- Selbsttätige Benachrichtigung bei Störungen oder Netzausfall (per SMS oder E-Mail)

Die **Betriebsdaten** einer USV lassen sich prinzipiell von jedem Computer (Client) im Netzwerk abrufen und verändern. Dabei kann beispielsweise über eine **Softwareschnittstelle** [*software interface*] (Abb. 3a) und 3b)) auf die USV zugegriffen werden. Unterschieden werden der direkte Zugriff und der Zugriff über das Netzwerk.

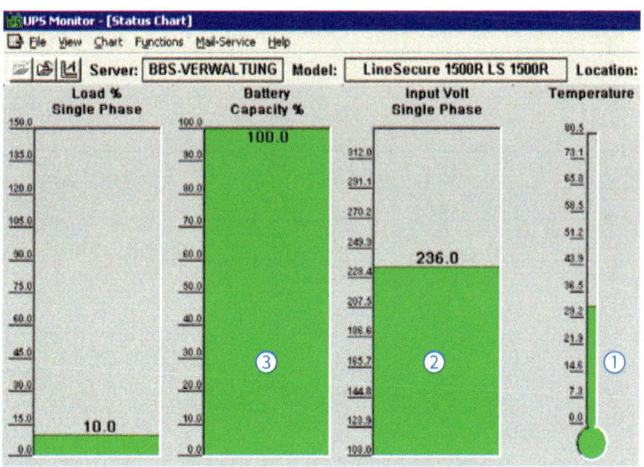

a) Direkter Zugriff per USV-Managementsoftware

Internal Temperature: ①	030.2 °C	
Runtime:	43 minutes	
Utility power status		
Input Voltage: ②	231.8	V AC
Input Frequency:	50.00	Hz
Maximum Line Voltage:	233.2	V AC
Minimum Line Voltage:	227.5	V AC
Output power status		
Output Voltage:	231.6	V AC
Output Frequency:	50.00	Hz
Load Power:	023.0	% Watts
Battery status		
Battery Capacity: ③	100.0	%
Battery Voltage:	217.0	V DC

b) Zugriff über das Netzwerk per Internetbrowser

3: Softwareschnittstellen

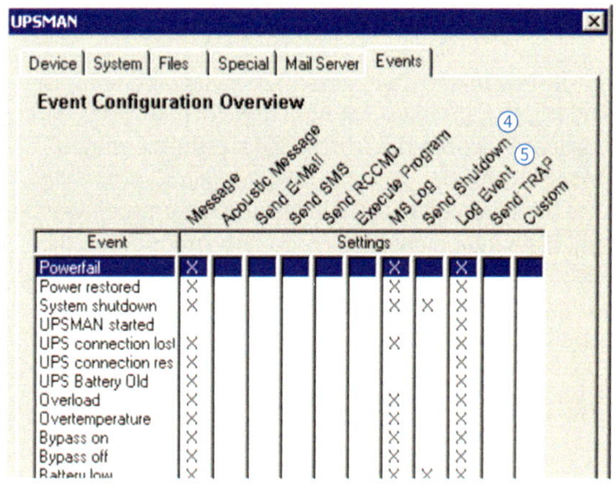

4: Ereigniskonfiguration

Bei beiden Varianten lassen sich wichtige Betriebsdaten wie die Temperatur ①, die Eingangsspannung ② und die Batteriekapazität ③ abrufen (Abb. 3).

Worauf ist bei der Konfiguration einer USV zu achten?

- **Automatischer Shutdown**
  Bei der Verwaltung eines Servers wird dieser direkt über eine RS 232-Schnittstelle mit der USV verbunden. Die auf dem Server installierte Software veranlasst alle notwendigen Schritte zum automatischen Herunterfahren ④ bei Netzausfall. Dabei lassen sich unmittelbar vorher Anwendungsprogramme individuell starten, z. B. zur Datensicherung. Sollen mehrere Server im Netzwerk heruntergefahren werden, versendet der an der USV angeschlossene Server eine Nachricht an alle anderen Server. Der Zeitpunkt des Herunterfahrens ist einstellbar und muss an die Überbrückungszeit der USV sowie die Shutdown-Zeit der Rechner angepasst werden.
- **Automatische Testroutinen**
  Diese Funktion sollte aktiviert werden, um einen Defekt der USV oder der Batterie frühzeitig zu erkennen. Eine Nachricht wird automatisch an den Administrator gesendet.
- **Automatische Benachrichtigung**
  Damit sofort auf ein Ereignis reagiert werden kann, sollte die Benachrichtigung per E-Mail oder SMS an einen Systemverantwortlichen versendet werden.
- **Protokolle der Betriebsdaten**
  Die Protokollierung der Betriebsdaten ⑤ sollte in zyklischen Zeitabständen erfolgen. Dabei werden alle Daten der USV in einer Datei gespeichert und stehen zur Analyse bei einem Fehler zur Verfügung.

- Die Betriebsdaten einer USV lassen sich über eine Softwareschnittstelle überwachen und konfigurieren.
- Die automatische Shutdownfunktion bewirkt ein kontrolliertes Herunterfahren aller angeschlossenen Geräte (z. B. Server).

11.3 Schaltanlagen

Für die Produktionsanlage der Firma Metallbau KG ist eine Mittelspannungs-Schaltanlage für 10 kV installiert worden. Es wurde der in Abb. 2 dargestellte metallgekapselte Aufbau gewählt. Die Anlage soll erstmalig unter Mitwirkung des VNB in Betrieb genommen werden. Die Aufgabe des Elektronikers besteht darin, die dafür notwendigen Schalthandlungen festzulegen. Dazu muss er den Aufbau der Anlage und die Funktionen der Schaltgeräte genau kennen.

11.3.1 Analyse der Anlage

Die Schaltanlage soll die Produktionsanlage aus dem Mittelspannungsnetz des VNB mit Niederspannung (400 V) versorgen. Aus dem vereinfacht dargestellten Übersichtsschaltplan auf den Schranktüren (Abb. 2) lässt sich folgende Struktur der Schaltanlage erkennen.

- Die Schränke 1 und 2 bilden eine Einheit,
- die Schränke 3 und 4 ebenfalls,
- während Schrank 5 separat zu sehen ist.

Diese Dreiteilung ist für solche Anlagen typisch. Die Anlagen im jeweiligen Schrank werden als Feld bezeichnet.

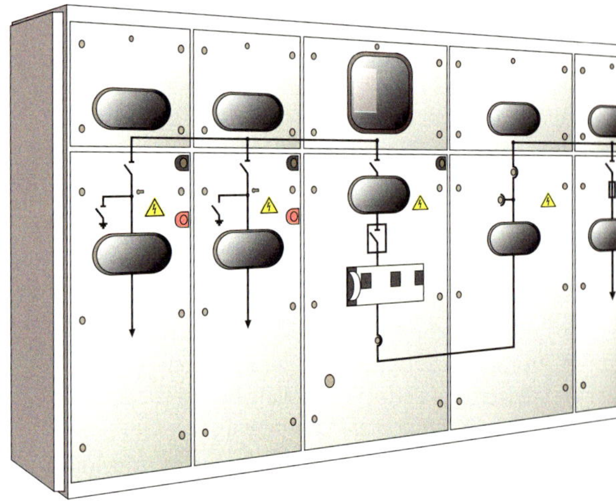

2: 10 kV-Schaltanlage

Der Übersichtsschaltplan (Abb. 1) zeigt die drei Bereiche der Schaltanlage:

- **Einspeisung**
- **Übergabe** (einschließlich Messung)
- **Abgang**

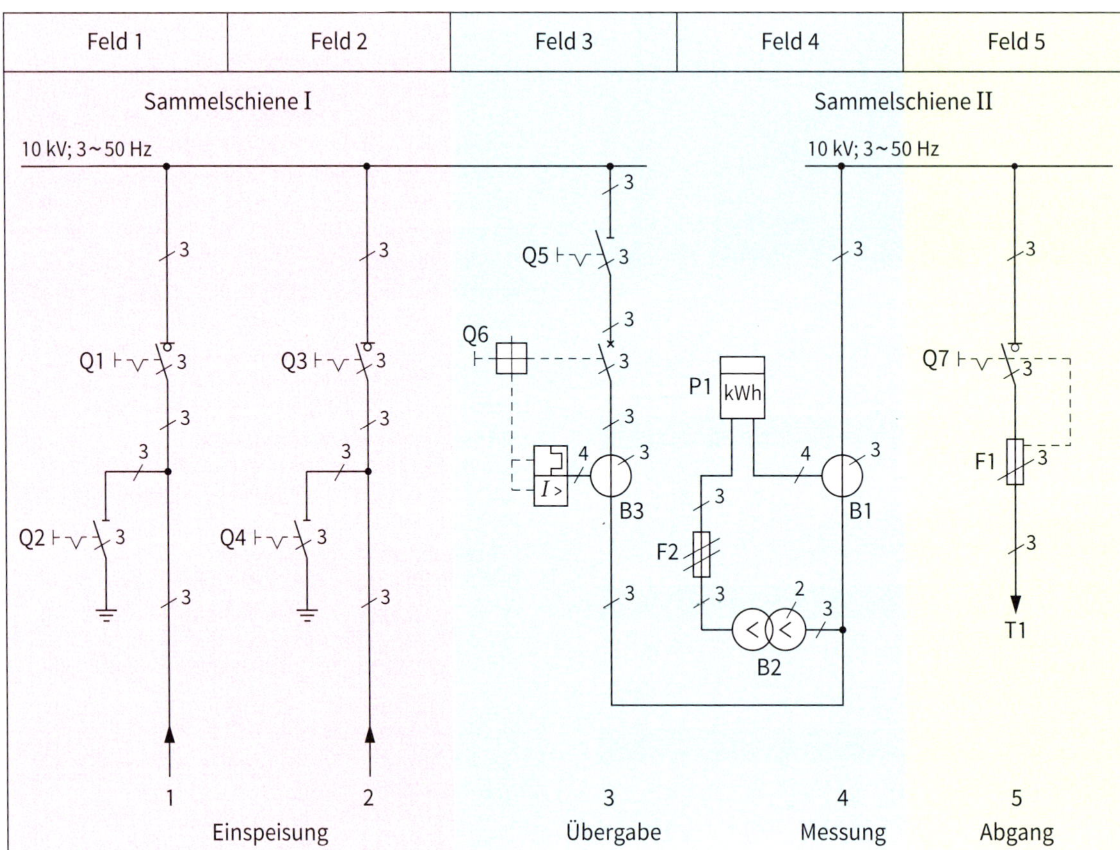

1: Übersichtsschaltplan

Energietechnische Anlagen

Einspeisung

Die Anlage wird aus dem 10 kV-Netz versorgt. Das betreffende System ist in Form einer Ringleitung aufgebaut, die hier nicht dargestellt ist. Mit den Lasttrennschaltern **Q1** und **Q3** wird die Spannung an die Sammelschiene I gelegt.

Lasttrennschalter [*switch disconnector*] können unter Belastung schalten, daher der Begriff „**Last**" in der Bezeichnung dieses Schalters. Sein **Schaltvermögen** [*switching capacity*] liegt in der Größenordnung der Bemessungsstromstärke der folgenden Anlage. Für **Trennschalter** ist laut DIN VDE 0100-537 vorgeschrieben, dass sie die Stromkreise einwandfrei öffnen. Die geöffnete Strecke (Trennstrecke) muss für den Bediener eindeutig erkennbar sein. Solche Schalter dürfen unter keinen Umständen selbsttätig schließen. Sie müssen also stoß- und vibrationssicher ausgeführt werden.

Beide ankommende Leitungen können über die **Erdungstrenner Q2** bzw. **Q4** (Abb. 1) geerdet werden. Die Erdung muss immer dann durchgeführt werden, wenn die betreffende Leitung wegen einer Netzstörung oder Reparatur abgeschaltet ist. Die Versorgung der Anlage wird dann durch die anderen Leiter sichergestellt. Die Einspeisung gehört zum Verantwortungsbereich des zuständigen VNB.

Übergabe

Von der Sammelschiene I wird die elektrische Energie über den Trennschalter **Q5** an die Schutz- und Messeinrichtung der Übergabezelle geführt. Q5 ist ein **Leertrennschalter** (kurz : **Trenner** [off-load *disconnector*]). Er kann nur unbelastet schalten.

Der **Leistungsselbstschalter Q6** (kurz: Leistungsschalter) schaltet bei Überstrom und Kurzschluss selbsttätig ab. Seine Kontakte müssen deshalb für die größtmögliche Kurzschlussstromstärke ausgelegt sein. Für die Auswerteelektronik des Schalters werden niedrige Stromstärken benötigt, deshalb werden die Überlast- und Kurzschlussstromstärken mit Hilfe des Stromwandlers B3 herabgesetzt.

Die Messung der gelieferten elektrischen Energie übernimmt der **Zähler P1**. Wegen der hohen Spannung und der großen Stromstärke wird P1 über den **Stromwandler B1** und den **Spannungswandler B2** angeschlossen. B2 wird mit der zweipoligen Sicherung F2 abgesichert.

Warum der Spannungswandler nur zwei Sicherungen hat und der Stromwandler nicht abgesichert ist, wird in Kapitel 11.3.4 beschrieben.

Abgang

Im Feld 5 trennt der **Lasttrennschalter Q7** dabei die Sammelschiene II vom nachfolgenden Transformator T1. Dieser befindet sich nicht in der Schaltanlage, sondern in einem anderen Raum. Q7 ist mit der dreipoligen **Hochspannungs-Hochleistungssicherung F1** verbunden. Wenn sie auslöst, schaltet Q7 automatisch allpolig aus.

Der **Transformator T1** transformiert die Spannung von 10 kV auf 400 V der Niederspannungsanlage. Er ist primärseitig im Dreieck geschaltet. Auf der Sekundärseite liegt eine Sternschaltung mit herausgeführtem Sternpunkt vor. Es sind somit die drei Außenleiter L1, L2, L3 und der Neutralleiter N vorhanden.

Aufgaben

1. Begründen Sie, ob ein Trenner zum Schalten von Bemessungsstromstärken eingesetzt werden darf.
2. Geben Sie an, zu welchem Verantwortungsbereich Spannungs- und Stromwandler des Zählers einer Schaltanlage gehören.

- Mittelspannungs-Schaltanlagen haben in der Regel drei Hauptaufgaben: Einspeisung, Übergabe und Abgang.
- Leerschalter schalten unbelastete Leitungen.
- Lastschalter schalten Bemessungsstromstärken.
- Leistungsschalter schalten Kurzschlussstromstärken.

Schaltereigenschaften

Leistungsselbstschalter

Schaltvermögen — Auslösung

Bezeichnung	Schaltvermögen	Symbol
Leer-	ohne Belastung (Leerlauf)	kein Symbol
Last-	Bemessungsstromstärke	○
Leistung-	Kurzschlussstromstärke	× ①

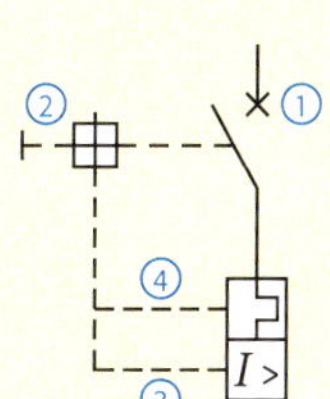

Bezeichnung	Auslösung	Symbol
keine Bezeichnung	mechanisch	② ⊢ – – –
-selbst	magnetisch thermisch	③ ④
-sicherung	durch Sicherungen	

Eine weitere Funktion ist das „**Trennen**". Symbol:

11.3.2 Schaltgeräte

Im vorangegangenen Kapitel wurde die Schaltanlage in ihren wesentlichen Teilen mit folgenden Objektarten vorgestellt.

- Schaltgeräte (Kap. 11.3.2)
- Transformatoren (Kap. 11.3.3)
- Messeinrichtungen (Kap. 11.3.4)

In diesem und in den angegebenen Kapiteln werden diese Betriebsmittel besprochen und dabei ihre Merkmale und Anwendungen erläutert. **Schaltgeräte** [*switching devices*] können entsprechend Abb. 1 eingeteilt werden.

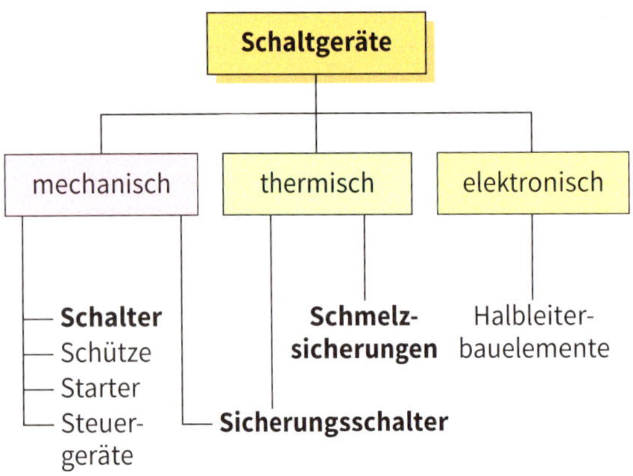

1: Übersicht zu Schaltgeräten

Wir besprechen hier nur die mechanischen Schalter und thermisch beeinflusste Schaltgeräte.

Was sind mechanische Schalter?

Geräte, die zum **vielfachen Ein- und Ausschalten** von Stromkreisen verwendet werden, bezeichnet man als Schalter. Sie haben bewegliche Schaltstücke. Ihre Betätigung kann per Hand, Motor, Pneumatik oder Hydraulik erfolgen.

Die **Schalter** [*switches*] werden unterschieden nach

- **Einsatzort**
  Innenraum bzw. Freiluft
- **Bemessungsspannung**
  Hoch-, Mittel- bzw. Niederspannung
- **Lebensdauer**
  Schaltspiele (Ein- und Ausschalten)
- **Schaltvermögen** (Gebrauchskategorien)
  Leistung-, Last- bzw. Leerschalter
- **Art der Lichtbogenlöschung**
  Luft, Öl, Druckgas, Schutzgas, Vakuum

Die Unterscheidungen innerhalb der ersten drei Merkmale ergeben sich aus den betreffenden Bezeichnungen. Das Schaltvermögen (**Gebrauchskategorie** [*utilization category*]) ist in DIN EN 60947 festgelegt (Abb. 2).

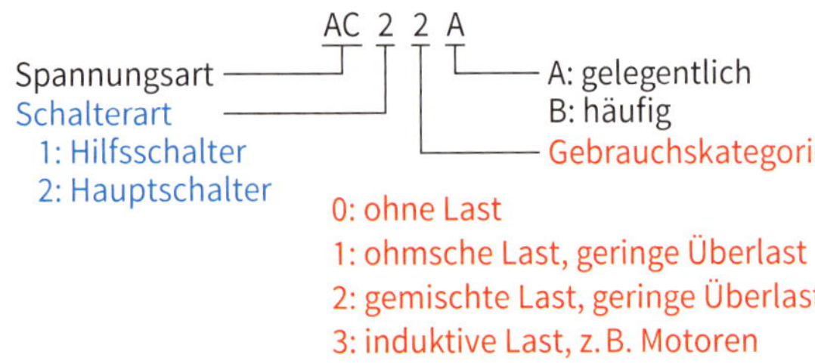

2: Schalter-Kennzeichnungen

Wie werden Lichtbögen gelöscht?

Um diese Frage beantworten zu können, muss erst geklärt werden, wie Lichtbögen entstehen und wie deren **Brenndauer** [*arcing time*] beeinflusst werden kann.

Wenn Kontakte geöffnet werden, fließt der Strom zwischen den Kontaktstücken durch die Luft. Da durch den großen Luftwiderstand zwischen den Kontakten eine hohe Temperatur entsteht, kommt es zur Abspaltung der Elektronen in den Luftmolekülen. Das Gas wird ionisiert (**thermische Ionisation**). Da jetzt mehr Ladungsträger zur Verfügung stehen, nimmt der Luftwiderstand ab und die Stromstärke zu. Außerdem werden die Ladungsträger beschleunigt, was zu weiteren Abspaltungen von Elektronen führt (**Stoßionisation**). Jetzt genügt eine relativ kleine Spannung U_{Brenn}, um den Lichtbogen aufrecht zu erhalten. Es ergibt sich folgende Wirkungskette.

Kontakt wird geöffnet
⇩
Strom fließt durch Luft
⇩
$R_{Luft}\uparrow$
⇩
$\vartheta\uparrow$
⇩
Elektronenanzahl ↑
⇩
$R_{Luft}\downarrow$
⇩
$I_{Luft}\uparrow$
⇩
$U_{Brenn}\downarrow$

Aus der dargestellten Ablaufkette können verschiedene Löschmöglichkeiten abgeleitet werden. Zur Verringerung der Lufttemperatur ϑ kann das Schaltstück gekühlt werden. Für die **Kühlung** werden Luft, Öl oder das Schutzgas SF_6 (Schwefelhexafluorid) verwendet. Das Schutzgas SF_6 vergrößert außerdem den Widerstand, weil sich dieses Gas schlechter als Luft ionisieren lässt. Solche Anlagen sind gekapselt und können sehr kompakt (kleine Abmessungen) hergestellt werden.

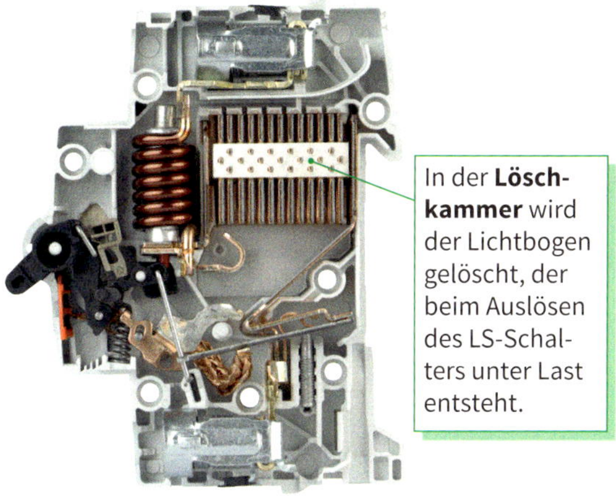

3: Leitungsschutz-Schalter

Eine **Widerstandserhöhung** kann auch durch die Verlängerung der **Lichtbogenstrecke** [*arc gap*] erfolgen. Eine Unterbrechung vergrößert den Widerstand ebenfalls. Hierfür werden gegeneinander isolierte Löschbleche eingesetzt. Diese Methode ist sehr effektiv und wird bei allen Niederspannungs-Leistungsschaltern und Leitungsschutz-Schaltern (Abb. 3) angewendet.

Eine andere Methode zur Lichtbogenlöschung ist der Einsatz eines **Blasmagneten**. Da der Strom durch einen Lichtbogen ein Magnetfeld (Abb. 4 ①) verursacht, kann dieser mit Hilfe eines zweiten Magnetfeldes beeinflusst werden. Hierfür wird der „Blasmagnet" eingesetzt. Durch seine Spule fließt der Abschaltstrom. Das entstehende Magnetfeld ② drängt den Lichtbogen nach außen. Die Kontaktstücke sind so gestaltet, dass der Lichtbogen über zwei „Hörner" ③ verlängert wird und schließlich abreißt.

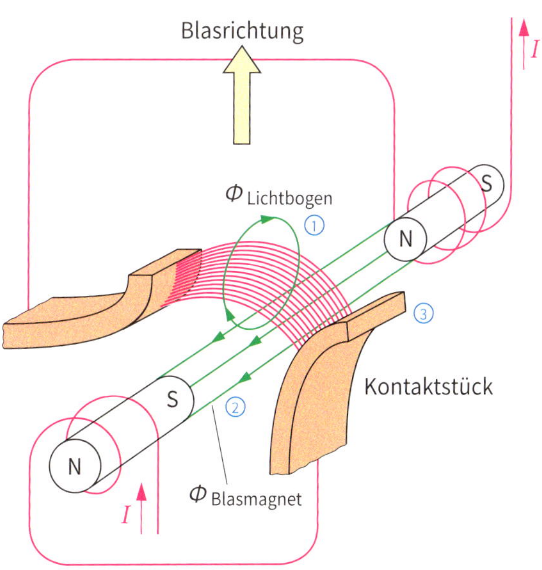

4: Lichtbogenlöschung mit Blasmagnet (Prinzipdarstellung)

Wie wirken sich mechanische Kräfte auf die Kontaktteile aus?

Neben den thermischen Beeinträchtigungen durch Lichtbögen wird die Lebensdauer der Kontakte auch durch mechanische Kräfte beeinflusst. Um diese Vorgänge zu untersuchen, müssen zuerst die zeitlichen Folgen definiert werden. Wir betrachten dazu den Schließvorgang eines Kontaktes (Abb. 5).

Die Zeit vom Befehl zur Betätigung des Schaltstückes bis zum Bewegungsbeginn heißt **Bewegungsverzug** ④. Das Schaltstückteil bewegt sich auf den festen Teil zu und schließt erstmalig (**Schließzeit** ⑤). Beide Zeiten zusammen ergeben den **Schließverzug** ⑥.

Weil die Kontaktwerkstoffe elastisch sind, federt der Kontakt und öffnet etwas, schließt wieder, öffnet usw. Dieser Vorgang wird **Prellen** [*bouncing*] genannt. Hierdurch treten Verformungen ein und es entstehen Lichtbögen, die Abbrand hervorrufen. Um den Prellvorgang zu verkürzen, wird ein möglichst hoher Kontaktdruck erzeugt. Das ist bei hohen Stromstärken erforderlich. Die Werkstofffestigkeit der Schaltstücke begrenzt den Einsatz der ersten Möglichkeit.

Das schließende Kontaktstück hat eine Masse, die mit einer gewissen Geschwindigkeit auf das feste Stück auftrifft. Durch diese **kinetische Energie** [*kinetic energy*] werden die Schaltstücke verformt. Abhilfe können hier geringe Schaltstückmassen und kleine Bewegungsgeschwindigkeiten schaffen.

Verringert man die Geschwindigkeit, tritt ein anderes Phänomen auf. Bevor nämlich der Kontakt schließt, kann bei hohen Spannungen ein Lichtbogen entstehen, der zum Abbrand und zum Verschweißen der Kontakte führt.

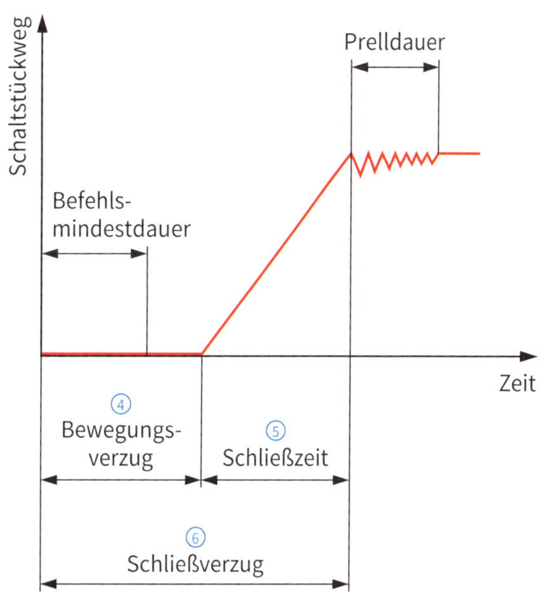

3: Zeiten beim Schließvorgang

Auslösen von Überstrom-Schutzeinrichtungen

Schmelzsicherungen unterbrechen den Stromweg durch Schmelzen des Metallfadens oder -streifens. Hierzu gehören die Sicherungseinsätze in den Niederspannungs-Verteilungen, die NH-Sicherungen in den Hauseinführungen und die HH-Sicherungen in Mittelspannungsanlagen. Die zuletzt genannte Sicherungsart besitzt einen Stift, der beim Abschalten zusätzlich einen Schalter betätigen kann. Diese Betätigungsart wird bei dem Sicherungs-Lasttrennschalter Q7 angewendet.

Bei Leistungsschaltern werden **Bimetallstreifen** [*bimetal strips*] verwendet. Sie biegen sich bei Erwärmung und schalten dadurch über Kontakte die gefährdeten Stromwege ab. Bei Kurzschlüssen dauert das Abschalten durch die Bimetallstreifen zu lange, deshalb werden zusätzlich Spulen eingebaut, die wesentlich schneller schalten. Diese beiden Methoden werden bei Leitungsschutz-Schaltern, Motorschutzschaltern und bei Selbstschaltern (z. B. Leistungsselbstschalter) angewendet.

Aus den **Auslösekennlinien** [*tripping characteristics*] (Abb. 1) können die Abschaltzeiten in Abhängigkeit von der Stromstärke abgelesen werden. Der obere Bereich stellt die thermische Auslösung dar, während der untere Teil den magnetischen Anteil verdeutlicht. Bei Leistungsschaltern können die Auslösestromstärken eingestellt werden. Die Breiten der Kennlinien geben die jeweiligen Einstellbereiche einschließlich der Streuung an.

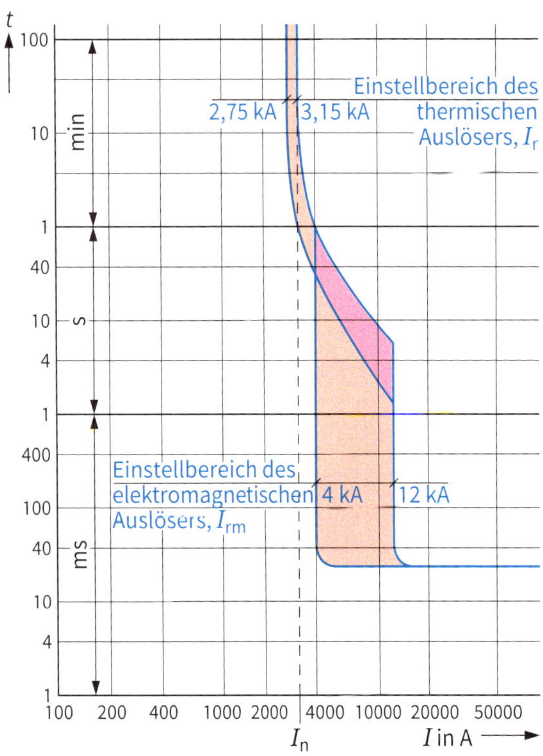

1: Auslösekennlinien eines Leistungsschalters

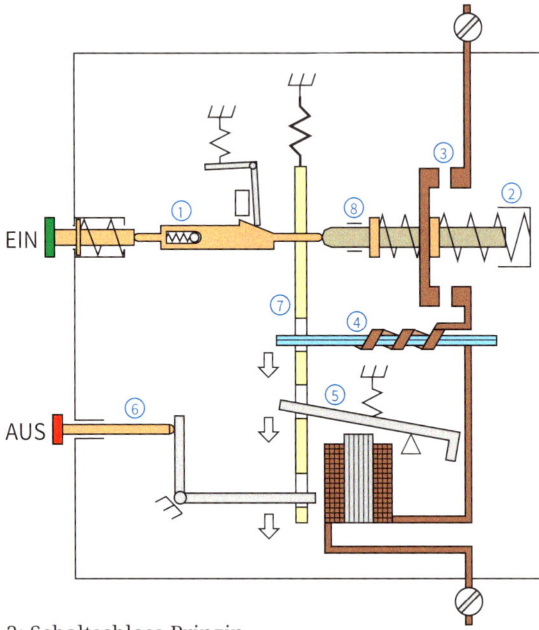

2: Schaltschloss-Prinzip

Welche Aufgabe haben Schaltschlösser?

Die thermischen und magnetischen Auslöser wirken nicht direkt auf die Schaltkontakte, sondern indirekt über ein **Schaltschloss**. Die Abb. 2 zeigt das entsprechende Wirkungsprinzip. Mit dem Einschalter wird das Schaltstück ① nach rechts bewegt, dadurch wird die Feder ② zusammengepresst. Der Kontakt ③ ist geschlossen. Durch das Bimetall ④, den Magnetanker ⑤ oder den mechanischen Austaster ⑥ kann der Riegel ⑦ nach unten verschoben werden und zieht das Schaltstück mit. Dadurch wird der Stößel ⑦ frei, die Feder entspannt sich und der Kontakt wird geöffnet.

Aus dieser Beschreibung können folgende Merkmale eines Schaltschlosses abgeleitet werden.

- Beim **Einschalten** wird eine Feder gespannt und **verriegelt**.
- Das **Ausschalten** geschieht nach **Entriegelung** einer Sperre durch Federdruck. Es wird dazu keine elektrische Energie benötigt.
- Das **Wiedereinschalten** kann nur manuell vorgenommen werden.

Die Betätigung des Eintasters und damit das Spannen der Feder kann bei großen Schaltern mit Motor, hydraulisch oder pneumatisch erfolgen. An den Schaltzeichen sind dann die entsprechenden Symbole (Abb. 3) angebracht.

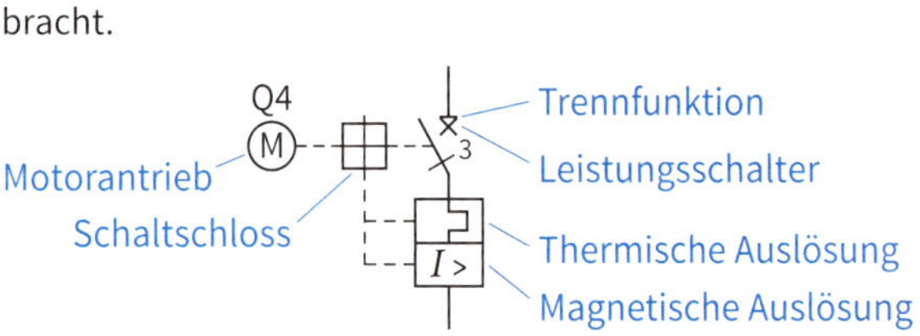

3: Schaltzeichen eines Leistungstrennschalters

11.3.3 Transformatoren

Die Drehstrom-Transformatoren wurden bereits im Lernfeld 5 behandelt. Die Schaltgruppen, deren Eigenschaften sowie der Schutz von Transformatoren wurden dort erläutert. Wir beschäftigen uns deshalb hier nur mit dem Transformator T1 der Anlage aus Kap. 11.3.1.

PAUWELS TRAFO BELGIUM

PAUWELS TRAFO

TRANSFORMATOR

	kVA	ERW.	kVA	ERW.	NORM	
LEISTUNG IP00 AN	250				DIN 42523	
AF					BAUJAHR	1996
					FREQUENZ	50 Hz
					MAT.KLASSE	F
		O.S.		U.S.	REIHE	12 kV
	1	11440			B.I.L.	60 kV
	2	11220		②	BETRIEB	DAUER
SPANNUNG V	3	11000	①	400	PHASEN	3
	4	10780			MAX. UMG. TEMP.	°C
	5	10560			KÜHLUNGSART	AN
					SCHUTZART	IP00
					SCHALTGRUPPE	Dyn5 ③
STROM A	250	13.1		361	KURZSCHL. SPG.	4,0 ④ %
MAX.STROM	250				KURZSCHL. STROM	xIN
TRANSFORMATORGEWICHT	1020	kg			KURZSCHL. DAUER	s
				Nr.	96 5 3282	

4: Leistungsschild des Transformators T1

Analyse wichtiger Bemessungsdaten (Abb. 4)

- **Oberspannung**: 11 kV ①
  Da der Transformator T1 für eine Bemessungsspannung von 10 kV benötigt wird, ist die Primärseite für eine Spannungserhöhung bis zu 10 % ausgelegt.
- **Unterspannung**: 400 V ②
  Die Sekundärseite gibt die gewünschte Netzspannung ab.
- **Schaltgruppe**: Dyn5 ③
  Die Wicklungen der Primärseite sind im Dreieck (D), die Sekundärseite ist im Stern (y) geschaltet, weil das anschließende Verbrauchernetz die verketteten Spannungen benötigt. Deshalb ist auch der Neutralleiter (n) herausgeführt. Die Kennzahl 5 gibt an, dass die Sekundärspannung der Primärspannung um 5 x 30° nacheilt.
- **Relative Kurzschlussspannung**: 4 % ④
  Die Kurzschlussspannung lässt Rückschlüsse auf den Spannungsfall zu. Sie kann durch den mechanischen Aufbau von Kern und Spulen beeinflusst werden. Je enger die Primär- und Sekundärspulen beieinander liegen, desto kleiner ist die Kurzschlussspannung. Der Wert u_K = 4 % ist für solche Transformatoren ein üblicher Wert.

Sollte die Leistung des Transformators T1 (250 kVA) für die Versorgung der Anlage nicht ausreichen, muss ein zweiter Transformator parallel geschaltet werden.

Welche Anforderungen muss der parallel zuschaltende Transformator erfüllen?

Wie bei jeder Parallelschaltung von Spannungsquellen muss auch hier darauf geachtet werden, dass kein **Ausgleichsstrom** [*circulating current*] zwischen den Objekten fließen kann. Dies wird immer dann erreicht, wenn beide Transformatoren identisch sind. Das ist aber üblicherweise nicht der Fall. Um angenähert diesen Zustand zu erreichen, schreibt DIN VDE 0532 folgende Bedingungen vor.

- **Gleiche Bemessungsspannungen**
  Ungleiche Sekundärspannungen führen zu Ausgleichsströmen (von der höheren Spannung zur niedrigeren Spannung).
- **Gleiche Kennzahlen**
  Ungleiche Kennzahlen bedeuten ungleiche Phasenlagen. Auch das führt zu Ausgleichsströmen.
- **Möglichst gleiche Übersetzungsverhältnisse**
  Damit wird erreicht, dass die Unterspannungen auch im Leerlauf gleich groß sind.
- **Nahezu gleiche Kurzschlussspannungen**
  Ungleiche Kurzschlussspannungen führen zu ungleichmäßigen Belastungen der Transformatoren. Der Transformator mit der geringeren Kurzschlussspannung wird möglicherweise überlastet.
- **Verhältnis der Bemessungsleistungen < 3:1**
  Bei größeren Leistungsverhältnissen würde der „kleinere" Transformator überlastet werden.

Aufgaben

1. In welchem Fall werden Schalter mit der Bezeichnung DC23B verwendet?
2. Beschreiben Sie das Entstehen von Schaltlichtbögen.
3. Warum ist bei Leistungsselbstschaltern eine magnetische Auslösung notwendig?

- Mechanische Schalter sind für häufiges Schalten konstruiert.
- Mechanische Schalter werden hauptsächlich unterschieden nach Einsatzort, Bemessungsspannung und Schaltvermögen.
- Schaltlichtbögen lassen sich durch Löschbleche, Blasmagnete oder Schutzgas SF_6 löschen.
- Schaltschlösser sind die mechanische Verbindung zwischen Auslösern und Kontakten.
- Schaltschlösser werden durch Entriegeln einer Feder ausgelöst.
- Beim Parallelschalten von Transformatoren ist auf passende Daten zu achten.

11.3.4 Messeinrichtungen

Die Abb. 1 zeigt einen Ausschnitt aus dem Übersichtsschaltplan der Mittelspannungsschaltanlage der Firma Metallbau KG (vgl. Kap. 11.3.1)

Für den Zähleranschluss sind die Wandler B1 und B2 vorbereitet. Bevor jetzt Zähler installiert werden, müssen die Aufgaben, Schaltungen und Schutzmaßnahmen der Wandler bekannt sein. Im Folgenden werden deshalb die notwendigen Erläuterungen gegeben.

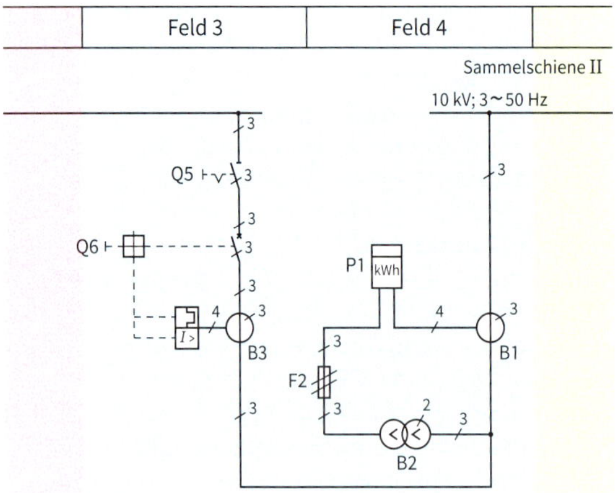

1: Ausschnitt aus Übersichtsschaltplan

Wie werden Wandler eingesetzt?

Wandler sind Transformatoren, die entweder

- hohe Spannungen (Spannungswandler) oder
- hohe Stromstärken (Stromwandler)

auf niedrige Werte transformieren. Die daran anzuschließenden Zähleinrichtungen können dann kleinere Abmessungen und eine geringe Isolation besitzen.

Spannungswandler [*voltage transformer*] werden häufig in der V-Schaltung (Abb. 2 ①) betrieben, weil dabei nur zwei Objekte notwendig sind. Um die Wicklungen und den angeschlossenen Zähler gegen Überlastung zu schützen, muss die Sekundärseite ② abgesichert werden.

Stromwandler [*current transformer*] dürfen auf keinen Fall im Leerlauf betrieben werden, weil offene Klemmen einen großen Widerstand darstellen. Durch das Transformieren wird der Primärkreis – und damit die Anlage – stark belastet ($R_1 = R_2 \cdot ü^2$). An den offenen Klemmen ergibt sich wegen des großen Widerstandes ($R_2 \to \infty$) eine hohe Spannung, die für Personen und Anlagen gefährlich ist. Daraus folgt, dass Stromwandler nicht abgesichert werden dürfen. Im Leerlauf werden die Sekundärwicklungen kurzgeschlossen, damit ist der Widerstand nahezu Null.

Beide Wandlerarten müssen in Mittel- und Hochspannungsanlagen sekundärseitig an den Schutzleiter ③ und damit an die Erde angeschlossen werden.

Wie werden die Zähler angeschlossen?

Hierzu muss eine Bestandsaufnahme gemacht und festgelegt werden, welche Größen gemessen werden sollen. Wir gehen deshalb in folgenden drei Schritten vor:

1. Welche Objekte sind vorhanden?
2. Was soll gezählt werden?
3. Wie werden die Messgeräte angeschlossen?

1. Vorhandene Objekte

Aus dem Übersichtsschaltplan ist zu ersehen, dass zwei Wandler installiert sind. Ihre Anschlüsse sind auf die Klemmleiste X1 geführt.

2. Benötigte Zähler

In der beschriebenen Anlage sollen die Wirkarbeit und die Blindarbeit gemessen werden. Es werden deshalb zwei Zähler benötigt.

Der **Wirkarbeitszähler** [*watthour meter*] misst die gelieferte elektrische Energie. Der Zähler wird in der Aron-Schaltung (vgl. LF 5) verwendet, weil damit sowohl symmetrische als auch unsymmetrische Belastungen gemessen werden können.

Der **Blindarbeitszähler** ist notwendig, weil der Produktionsbetrieb der Firma Metallbau KG viele Motoren installiert hat und die Kompensationsanlage die Blindleistung nicht vollständig kompensiert.

3. Anschluss der Zähler

Beide Zähler werden an die Klemmleiste X1 angeschlossen. In Abb. 3 ist der entsprechende Stromlaufplan dargestellt.

Für die vorgestellte Mittelspannungsanlage nimmt ein Mitarbeiter des betreffenden VNB diese Anschlussarbeiten vor. Da sie als neue Schaltanlage zunächst spannungsfrei ist, kann die Installation einfach durchgeführt werden. Sollen in einer bestehenden Anlage Zähler ausgewechselt werden, sind weitere Schalthandlungen notwendig, die im Folgenden beschrieben werden.

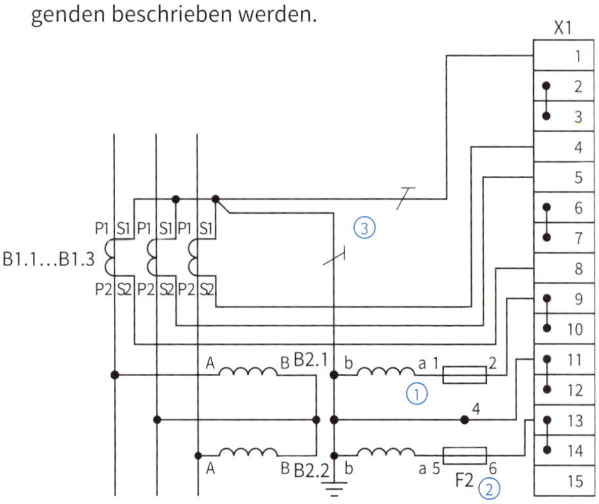

2: Wandler-Schaltung in der Messzelle

Beim Zähleraustausch müssen folgende Schritte in der aufgeführten Reihenfolge eingehalten werden:

1. Stromwandler kurzschließen
2. Sicherungen aus den Spannungswandler-Leitungen entfernen.
3. Zähler entfernen
4. Neuen Zähler einbauen und anschließen
5. Sicherungen in Spannungswandler-Zuleitungen einsetzen
6. Kurzschluss-Brücken bei Stromwandlern entfernen.

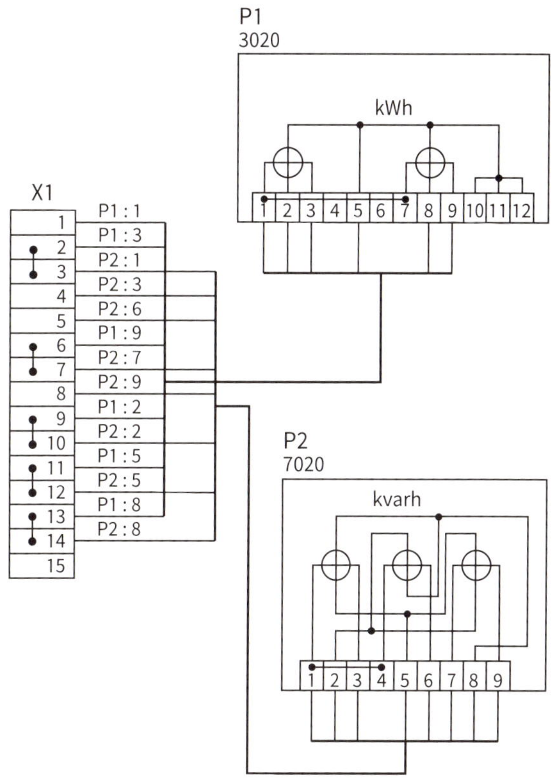

3: Zähler-Anschlüsse

Aufgaben

1. Warum dürfen Stromwandler nicht mit offenen Klemmen betrieben werden?
2. Geben Sie die Arbeitsschritte beim Zählerwechsel in einer Mittelspannungsanlage an.

- In Mittel- und Hochspannungs-Schaltanlagen werden die Zähler über Wandler angeschlossen.
- Stromwandlerklemmen dürfen nicht offen sein. Entweder ist ein Gerät angeschlossen oder die Klemmen sind kurzgeschlossen.
- Stromwandler dürfen nicht abgesichert werden.
- Spannungswandler müssen abgesichert werden.

Schaltungsnummern

Beispiel: 3 0 2 0

1. Ziffer		Grundart	2. Ziffer	Zusatzeinrichtung	3. Ziffer	Anschluss	4. Ziffer		Schaltung von 2.
			0	keine	0	direkt	0		kein äußerer Anschluss
1	Wirkverbrauchszähler	L1/N (Klemmen: 1…6)	1	Zweitarif (Klemmen: 13, 15)	1	Strom-wandler	1		einpoliger innerer Anschluss (Klemmen: 13 oder 14)
2		L1/L2 (Klemmen: 1…6)	2	Maximum (Klemmen: 14, 16)	2	Strom- und Spannungs-wandler	2		äußerer Anschluss (Klemmen: 13, 15 oder 14, 16)
3		L1/L2/L3 (Klemmen: 1…9)	3	Zweitarif und Maximum (Klemmen: 13, 16)			3	innerer Anschluss	Maximumauslöser in Öffnungsschaltung
4		L1/L2/L3/N (Klemmen: 1…12)	4	Maximum mit elektr. Rückstellung (Klemmen: 14, 16…19)			4		Maximumauslöser in Kurzschließ-schaltung
5	Blindverbrauchszähler	L1/L2/L3 60° Abgleich (Klemmen: 1…9)	5	Zweitarif und Maximum mit elektr. Rückstellung (Klemmen: 13…15, 18, 19)			5	äußerer Anschluss	Maximumauslöser in Öffnungsschaltung
6		L1/L2/L3 90° Abgleich (Klemmen: 1…9)					6		Maximumauslöser in Kurzschließ-schaltung
7		L1/L2/L3/N 90° Abgleich (Klemmen: 1…12)							

Tarifschaltuhr

Ziffern-folge	Ausführung
01	Tagesschalter
02	Maximumschalter
03	Tages- und Maximumschalter
04	Tages- und Wochenschalter
05	Maximum- und Wochenschalter
06	Tages-, Maximum- u. Wochenschalter
07	Wochenschalter

Rundsteuerempfänger

Ziffern-folge	Ausführung
11	Ein Umschalter
12	Zwei Umschalter
13	Drei Umschalter
14	Vier Umschalter

Zähler P1: 1. Ziffer: Dreileiter-Wirkverbrauchszähler (L1, L2, L3) ⇒ 3
2. Ziffer: keine Zusatzeinrichtung ⇒ 0
3. Ziffer: Anschluss über Stromwandler ⇒ 2
4. Ziffer: kein äußerer Anschluss ⇒ 0

11.3.5 Schalthandlungen

Die **Mittelspannungs-Schaltanlage** der Firma Metallbau KG ist neu errichtet worden. Sie soll erstmalig in Betrieb genommen werden. Alle vorgeschriebenen Prüfungen sind ordnungsgemäß durchgeführt worden. Die Ergebnisse entsprechen den Vorschriften. Um die Anlage in Betrieb nehmen zu können, müssen verschiedene Schalthandlungen durchgeführt werden. Wir erläutern dazu im Folgenden die grundsätzliche Vorgehensweise.

Das Schalten in Mittelspannungsanlagen muss wegen des erhöhten **Gefährdungspotenzials** besonders sorgfältig geplant werden. Um Gefahren für Personen zu vermeiden, gibt es in DIN VDE 0105-100 eine Reihe von Regelungen für das Arbeiten und damit auch das Schalten in elektrischen Anlagen. Im Folgenden werden drei Bereiche besprochen.

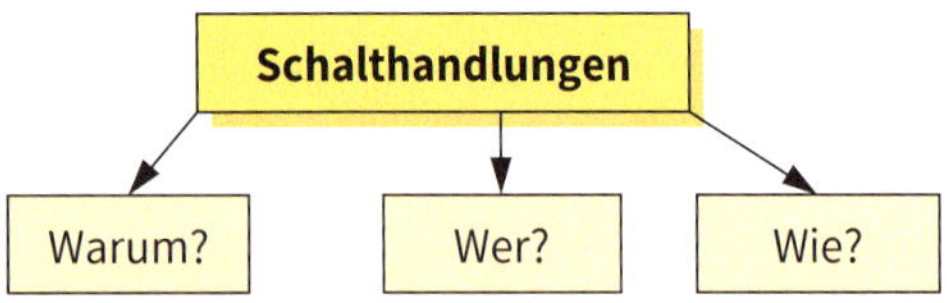

Grund der Schalthandlungen	Verantwortlichkeiten	Verwendete Werkzeuge
Soll die Anlage erstmalig in Betrieb genommen werden oder liegt ein Störungsfall vor?	Welche Person darf die Arbeiten vornehmen?	Unter welchen Bedingungen muss gearbeitet werden?

1: Übersicht zu Schalthandlungen

Warum werden Schalthandlungen notwendig?

Unter **Schalthandlungen** [*switching actions*] werden sämtliche Schaltvorgänge in Anlagen verstanden.

Es wird unterschieden zwischen

- **betriebs**bedingtem Schalten,
  z. B. Starten oder Stillsetzen von Betriebsmitteln und
- **arbeits**bedingtem Schalten,
  z. B. Ausschalten von Trennern.

Die arbeitsbedingten Schalthandlungen sind erforderlich, um Reparaturen durchzuführen, Störungen zu beseitigen oder Wartungsarbeiten zu erledigen. Wenn Anlagen keinen ausreichenden Schutz für Personen gegen Auswirkungen von Störlichtbögen haben, dürfen z. B. beim Schalten von Trennschaltern nur Personen anwesend sein, die mit der Schalthandlung zu tun haben. Alle Beteiligten müssen dabei die **persönliche Schutzausrüstung** tragen, die je nach Gefährdungsgrad der betreffenden Anlage festgelegt wurde.

Beim Schalten in **Anlagen über 1 kV** sind die Reihenfolge der Schaltvorgänge und die beteiligten Schalteinrichtungen schriftlich festzuhalten.

Wer ist für die Arbeiten verantwortlich?

Zunächst müssen die Zuständigkeiten der betreffenden Personen eindeutig definiert sein. Hierbei gibt es zwei Unterscheidungsmerkmale, nämlich die **Fachkompetenz** [*professional competence*] und die **Verantwortlichkeit** [*responsibility*].

Auf Grund der unterschiedlichen Fähigkeiten ergeben sich zwei Gruppen von Arbeitsausführenden. Die **Elektrofachkraft** (EFK) hat die geeignete elektrische Ausbildung, die fachlichen Kenntnisse und betreffende Erfahrungen. Dadurch kann sie die Gefahren einschätzen und vermeiden.

Eine **elektrotechnisch unterwiesene Person** (EUP) wird durch Elektrofachkräfte für bestimmte elektrotechnische Aufgaben unterrichtet. Sie kann daher die möglichen Gefahren erkennen und setzt die Schutzmaßnahmen und -einrichtungen richtig ein.

Bei der Verantwortlichkeit wird zwischen dem **Anlagenverantwortlichen** und dem **Arbeitsverantwortlichen** unterschieden. Sie tragen jeweils die unmittelbare Verantwortung und haben damit die betreffende Entscheidungsbefugnis. Arbeitsverantwortliche sind besonders für die Freigabe zur Arbeit und nach Erledigung der Arbeit für das Unterspannungsetzen zuständig. Häufig sind Anlagenverantwortliche und Arbeitsverantwortliche ein und dieselbe Person.

Der Arbeitsverantwortliche legt zusammen mit dem Anlagenverantwortlichen die Arbeitsschritte und damit auch die Schaltvorgänge fest. Er führt als Elektrofachkraft die Arbeiten selbst aus oder gibt sie verantwortlich an eine andere Person (EFK oder EUP) weiter.

Aufgaben

1. Nennen Sie drei Beispiele für arbeitsbedingte Schalthandlungen.
2. Erläutern Sie den Aufgabenbereich eines Arbeitsverantwortlichen.
3. Geben Sie die Unterschiede und Gemeinsamkeiten der Anforderungen an Elektrofachkraft und elektrotechnisch unterwiesene Person an.

- Schalthandlungen müssen bei Mittelspannungsanlagen besonders sorgfältig geplant, durchgeführt und dokumentiert werden.
- Eine Elektrofachkraft hat eine elektrotechnische Ausbildung.
- Eine elektrotechnisch unterwiesene Person ist für bestimmte elektrotechnische Arbeiten unterwiesen.
- Die Arbeitsschritte werden von Anlagen- und Arbeitsverantwortlichen gemeinsam festgelegt.

Durchführung von Schalthandlungen

Als Beispiel für Schalthandlungen wird hier der Einbau der Zähler in die Schaltanlage der Firma Metallbau KG dargestellt. Hierfür sind die Mitarbeiter des betreffenden VNB zuständig. Sie gehen nach erfolgtem Zählereinbau folgendermaßen vor (Abb. 2).

1. Erdungstrennschalter **Q2** und **Q4 öffnen**
   ⇒ Erdschluss aufgehoben
   und **verriegeln** (Wiedereinschaltsperre)
   ⇒ neuen Erdschluss verhindert
2. **Schließen** der Schalter (nicht dargestellt) in **Einspeisungen 1** und **2**
   ⇒ 10 kV an Zuleitungen
3. Lasttrennschalter **Q1** und **Q3 schließen**
   ⇒ 10 kV an Sammelschine I
4. Trennschalter **Q5 schließen**
   ⇒ Übergabe eingeleitet
5. Leistungsschalter **Q6 schließen**
   ⇒ 10 kV an Sammelschiene II
   ⇒ Übergabe vollzogen

Der Arbeitsverantwortliche schaltet die Niederspannungsverteilung mit folgenden Schalthandlungen zu.

- Hochspannungs-Hochleistungs-Sicherung **F1 einsetzen**
  ⇒ Abgang gegen Überlastung gesichert
- Lasttrennschalter **Q7 schließen**
  ⇒ Transformator mit Niederspannungsanlage in Betrieb

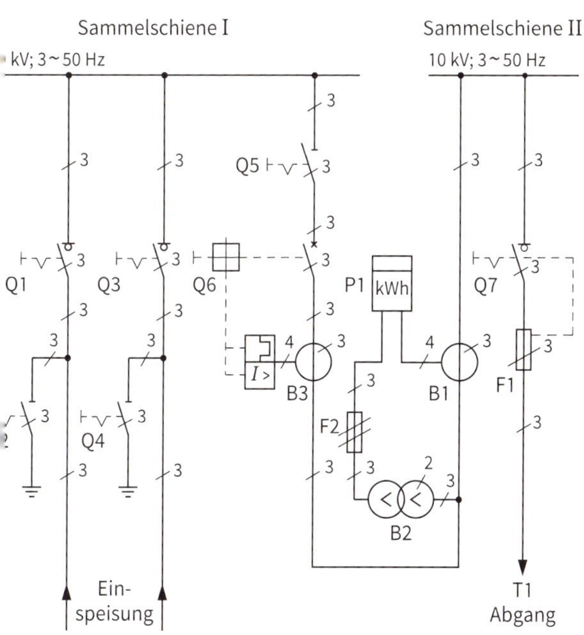

2: Übersichtsschaltplan

Aus dem nebenstehenden Beispiel ergibt sich folgende grundsätzliche Reihenfolge beim Inbetriebsetzen.

1. Maßnahmen zum **Wiedereinschaltschutz** aufheben.
2. Anlagenteile in Richtung Verbraucher zuschalten, d. h. Schaltgeräte in der Reihenfolge „steigendes Schaltvermögen" (Leer-, Last , Leistungsschalter) einschalten.
3. Verbraucheranlage zuschalten.

Wie sehen die Arbeitsbedingungen aus?

Bei allen Arbeiten in elektrischen Anlagen müssen die „Fünf Sicherheitsregeln" befolgt werden. Der Arbeitsverantwortliche führt diese selbst durch oder lässt sie von einer anderen Fachkraft erledigen. Dann muss er sich aber die Durchführung bestätigen lassen.

Die Einhaltung der Regel „Freischalten" kann besonders bei Mittelspannungsanlagen zu Problemen führen. Oft versorgen sie Produktionsanlagen, deren Abschaltung finanziellen Schaden für die betreffende Firma verursacht oder es sind lebenswichtige Objekte (z. B. im Krankenhaus) angeschlossen. In beiden Fällen darf die Anlage nicht abgeschaltet werden. Der Elektroniker muss dann entweder unter Spannung oder in der Nähe von Spannung führenden Objekten arbeiten.

Es ergeben sich daraus drei Arbeitsbedingungen mit den entsprechenden Folgerungen.

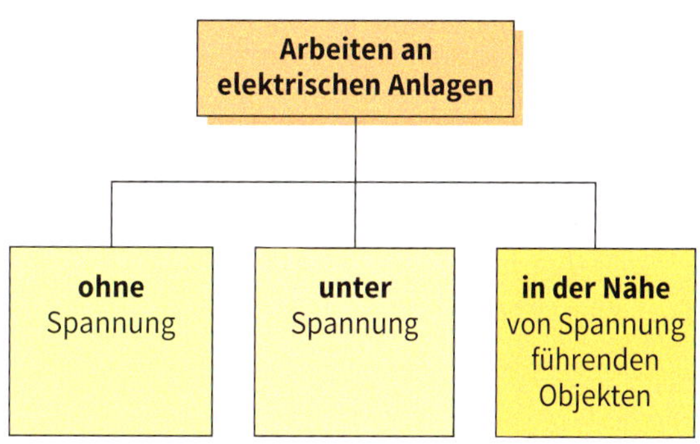

3: Arbeitsbedingungen

Arbeiten ohne Spannung

Wegen der hohen Spannung müssen beim Befolgen der Sicherheitsregeln folgende Hinweise beachtet werden.

- Nach dem Freischalten müssen die Trennstellen gegen Überschlag abgesichert werden, z. B. durch Isolierstücke.
- Wenn zum Schalten der Objekte **Hilfsenergie** [*auxiliary energy*] benötigt wird, muss diese während der Arbeitszeit abgeschaltet werden.
- Von der Arbeitsstelle aus muss die Erdungs- und Kurzschlusseinrichtung eingesehen werden können.

Arbeiten unter Spannung

Unter Spannung darf nur gearbeitet werden, wenn keine Brand- oder Explosionsgefahr besteht. Bei ungünstigen Witterungsverhältnissen (z. B. hohe Luftfeuchtigkeit) müssen Arbeiten im Freien sofort abgebrochen werden. In Notfällen muss die betreffende Leitung abgeschaltet werden.

An den Elektroniker und sein Werkzeug werden folgende Voraussetzungen geknüpft.

- Die Elektrofachkraft oder die elektrotechnisch unterwiesene Person müssen eine spezielle Ausbildung haben.
- Die Elektroniker müssen die vorgeschriebene **persönliche Schutzausrüstung** [*personal protective equipment*] tragen (Abb. 2).
- Das Werkzeug muss für die Bemessungsspannung geeignet und entsprechend gekennzeichnet sein.
- Der ordnungsgemäße Zustand der Werkzeuge und Schutzeinrichtungen muss regelmäßig überprüft werden.
- Nach Absprache der Verantwortlichen ergeht an den Ausführenden eine spezielle Anweisung.

Arbeiten in der Nähe von Spannung führenden Objekten

Hierunter sind Arbeiten zu verstehen, die innerhalb eines bestimmten Bereiches um den Spannung führenden Teil (z. B. blanke Leiterschienen) durchgeführt werden müssen. Dieses Gebiet ist die **Annäherungszone** [*vicinity zone*] (Abstand D_V). Sie hängt von der Bemessungsspannung ab.

Beispiele:

U_N = 3 kV D_V = 1,12 m
U_N = 110 kV D_V = 2,00 m

Gemäß der Sicherheitsregel 5 müssen alle unter Spannung stehenden Anlagenteile sicher abgedeckt sein. Ist das nicht gewährleistet, wird nach der Arbeitsmethode „**Abstand und Aufsicht**" verfahren. Hierbei wird in der Annäherungszone unter Aufsicht gearbeitet, damit die Elektrofachkräfte nicht in die **Gefahrenzone** [*live working zone*] geraten. In dieser Zone dürfen keine Arbeiten vorgenommen werden. Der Abstand D_L vom Spannung führenden Objekt ist ebenfalls abhängig von der Bemessungsspannung.

Beispiele:

U_N = 3 kV D_L = 6 cm
U_N = 110 kV D_L = 1 m

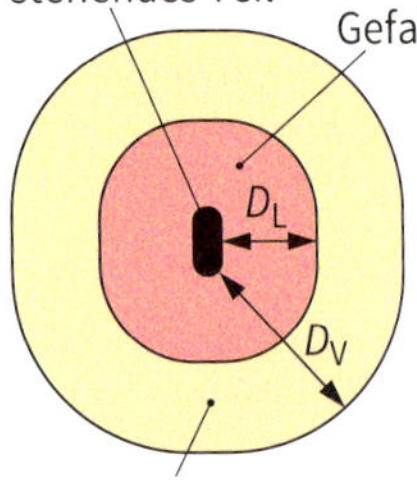

1: Abstände in Luft

In Abb. 1 ist der Zusammenhang zwischen der Gefahrenzone und der Annäherungszone dargestellt.

2: Arbeiten mit persönlicher Schutzausrüstung

Auch für Arbeiten in der Nähe von unter Spannung stehenden Teilen gelten besondere Anforderungen.

- Jeder Arbeitende muss eine Zusatzqualifikation für diese Arbeiten haben.
- Der Arbeitsverantwortliche muss die Arbeitenden vor Ort einweisen und beaufsichtigen.
- Die Arbeitsstelle muss nach außen kenntlich gemacht werden, z. B. durch Abschrankungen und Schilder.

Aufgaben

1. Warum kann das Freischalten bei Mittelspannungsanlagen zu Problemen führen?
2. Wie werden Trennstellen nach dem Freischalten in Mittelspannungsanlagen gesichert?
3. Welche Voraussetzungen müssen erfüllt sein, um unter Spannung arbeiten zu dürfen?
4. Welche besondere Aufgabe hat der Arbeitsverantwortliche bei Arbeiten in der Nähe von unter Spannung stehenden Objekten?

- Arbeiten in Mittelspannungs-Schaltanlagen werden durchgeführt:
  – ohne Spannung,
  – unter Spannung oder
  – in der Nähe von Spannung führenden Teilen.
- Nach dem Freischalten von Anlagen mit hoher Spannung müssen die Trennstrecken besonders isoliert werden.
- Für Arbeiten unter Spannung muss der Arbeitende eine spezielle Ausbildung besitzen und eine entsprechende persönliche Schutzausrüstung tragen.
- Beim Arbeiten in der Nähe von unter Spannung stehenden Teilen ist eine Aufsicht erforderlich, um den Arbeitenden vor Erreichen der Gefahrenzone zu bewahren.

11.4 Kompensationsanlagen

11.4.1 Anlagenerweiterung

Die Anlage einer kleinen Maschinenfabrik soll durch zusätzliche Fertigungsplätze erweitert werden (Abb. 3). Vorgesehen sind dafür einige geregelte Motoren mit Frequenzumrichtern. Diese nichtlinearen Belastungen erzeugen **Oberschwingungen** [*harmonics*], die im Netz Störungen verursachen. Damit eine gute Netzqualität auch weiterhin gewährleistet ist, müssen Oberschwingungen durch geeignete Schaltungen reduziert (kompensiert) werden.

Die Elektroniker der Fa. Huber stellen vor Ort fest, dass die Energieversorgung mit den entsprechenden Schutzmaßnahmen für die neu zu installierenden Motoren mit den Frequenzumrichtern problemlos hergestellt werden kann.

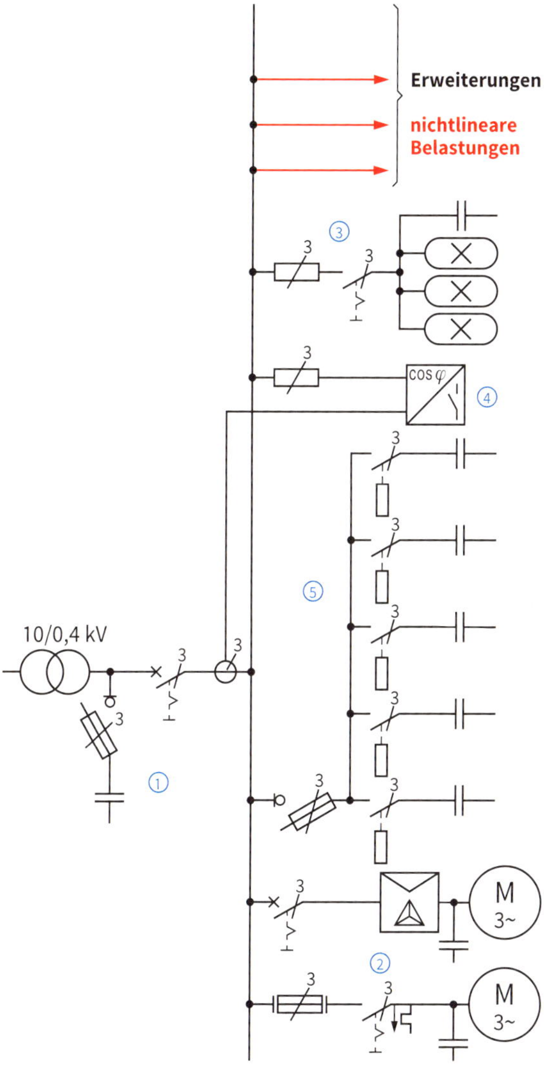

3: Übersichtsschaltplan (vereinfacht) – Anlage mit Kompensationen

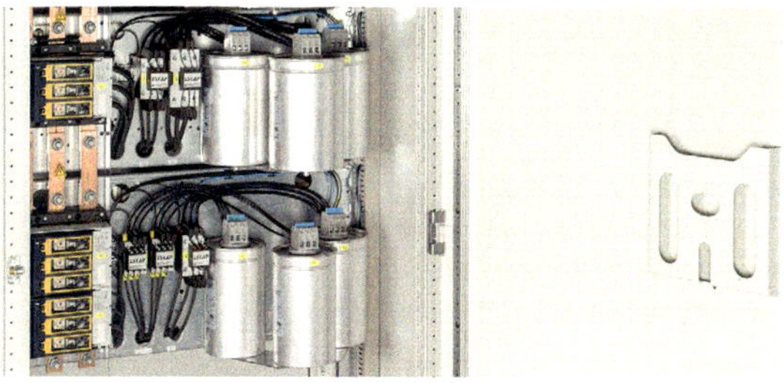

4: Kondensatoren zur Kompensation

Auch sind in der Anlage für die bereits vorhandenen linearen Belastungen (z. B. Induktivitäten in Motoren, Leuchtstofflampenschaltungen) Kompensationsschaltungen installiert. Verwendet werden dazu Kondensatoren nach Abb. 4. Die Kompensationsschaltungen sind unterschiedlich und werden als Einzel-, Gruppen- und Zentralkompensation bezeichnet (Abb. 5).

Kompensation

- **Einzelkompensation** (Sie erfolgt direkt am Objekt ①②)
- **Gruppenkompensation** (Mehrere Objekte werden gemeinsam kompensiert ③)
- **Zentralkompensation** (Sie erfolgt bei Bedarf durch eine Regelung ④⑤)

5: Kompensationsarten

Durch die vorzunehmenden Erweiterungen werden somit lineare und nichtlineare Belastungen (Abb. 4) gemeinsam in der Anlage vorkommen. Dieses muss bei der Installation berücksichtigt werden.

Belastung

linear	nichtlinear
z.B. Transformatoren, Motoren, Leuchtstofflampenschaltungen	z.B.Frequenzumrichter, Schaltnetzteile, Computer

4: Belastungsfälle

Auf den folgenden Seiten wird zunächst geklärt, was Kompensation bei induktiven und sinusförmigen Belastungen bedeutet und warum Kondensatoren dafür eingesetzt werden.

- Lineare und nichtlineare Belastungen (Oberschwingungen) werden in der Regel durch geeignete Schaltungen kompensiert.

11.4.2 Kompensation bei sinusförmiger Belastung

11.4.2.1 Kompensationsprinzip

Bei induktiven Belastungen im Netz (z. B. Motoren, Transformatoren und Schweißmaschinen) kommt es zu einer **Phasenverschiebung** [*phase shift*] (Phasenverschiebungswinkel φ) zwischen der anliegenden Spannung U und der Stromstärke I (Abb. 1).

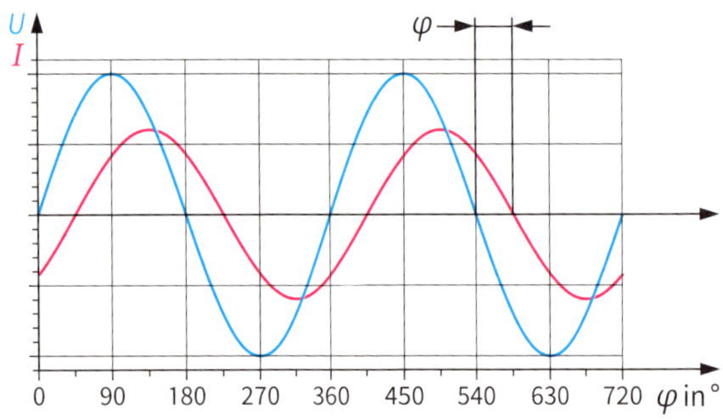

1: Phasenverschiebung bei induktiver Belastung

Als Folge entsteht neben der Wirkleistung auch Blindleistung (z. B. beim Motor). Die vom Energieversorger gelieferte Scheinleistung ist somit größer als die tatsächlich benötigte Wirkleistung (Abb. 2a).

Mit einem Kondensator kann die Phasenverschiebung verringert bzw. ganz aufgehoben (kompensiert) werden, sodass die vom Energieversorger bereitgestellte Leistung der tatsächlich benötigten Wirkleistung entspricht. Die zum Aufbau des Magnetfeldes benötigte **Blindleistung** [*reactive power*] pendelt dann gewissermaßen zwischen der induktiven (Spule) und der kapazitiven Belastung (Kondensator) hin und her (Abb. 2b).

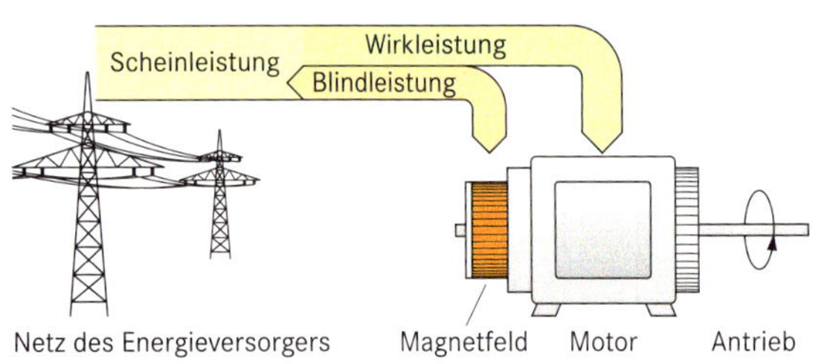

a) ohne Kompensation

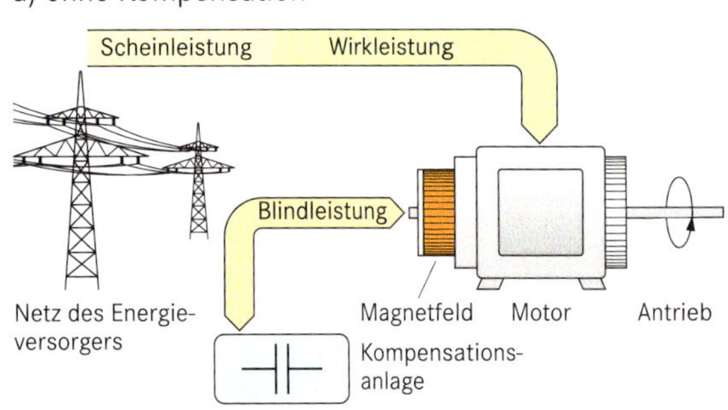

b) mit Kompensation

2: Kompensation beim Motor

Was erreicht man durch Blindleistungskompensation?

- Verringerung der Energiekosten (Blindleistung wird von den meisten VNBs ab einer bestimmten Höhe in Rechnung gestellt)
- Geringere Belastung der Objekte (z. B. Leitungen, Schaltgeräte)
- Verbesserung des Leistungsfaktors cos φ
- Verringerung der Verluste auf Leitungen
- Erhöhung der Leistungsreserve
- Umweltschonender Energieeinsatz

An welchen Objekten sollte Blindleistung kompensiert werden?

- Asynchronmotoren
- Stromrichter zur Kommutierung
- Transformatoren
- Schweißgeräte
- Leuchtstofflampen-Schaltungen mit VVGs, Entladungslampen mit Induktivitäten
- Drosselspulen

Kompensationsbeispiel

In einer elektrischen Anlage mit Wirkwiderständen und induktiven Blindwiderständen werden folgende Größen ermittelt:

$U = 230$ V; $I = 45{,}68$ A; cos $\varphi = 0{,}6$; $f = 50$ Hz

Aus diesen Werten lassen sich die folgenden Leistungen berechnen:

$S = U \cdot I$	$S = 230\text{ V} \cdot 45{,}68\text{ A}$	$S = 10{,}5$ kVA
$P = S \cdot \cos\varphi$	$P = 10{,}5\text{ kVA} \cdot 0{,}6$	$P = 6{,}3$ kW
$Q_L = S \cdot \sin\varphi$	$Q_L = 10{,}5\text{ kVA} \cdot 0{,}8$	$Q_L = 8{,}4$ kvar

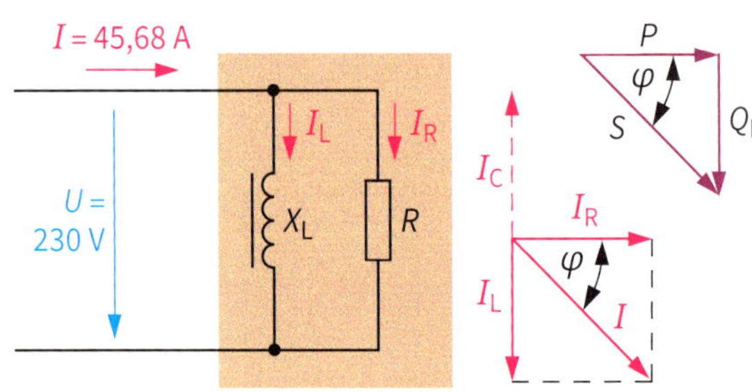

3: Induktive Belastung

Nutzbringend ist nur die **Wirkleistung** [*active power*] von 6,3 kW. Die Blindleistung von Q_L ist unerwünscht. Wenn nur Wirkwiderstände in der Anlage vorhanden wären, würde ein Strom von 27,4 A (6,3 kW/230 V) fließen. Erreichen lässt sich das durch einen parallel zu schaltenden Kondensator, der im Vergleich zur Induktivität ein entgegengesetztes Verhalten zeigt.

Der induktive Blindstrom I_L wird durch den um 180° phasenverschobenen kapazitiven Blindstrom I_C aufgehoben (Abb. 4). Entsprechendes gilt für die beiden Blindleistungen Q_L und Q_C. Sie heben sich in ihren Wirkungen auf.

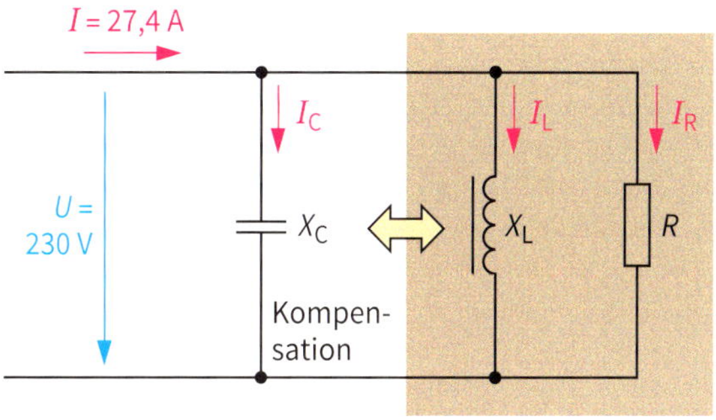

4: Kompensation

Wie groß in diesem Fall die Kapazität des Kondensators sein muss, lässt sich aus den gegebenen Daten errechnen.

Kapazität des Kompensationskondensators

Blindleistung: $Q_C = U \cdot I_C \Rightarrow I_C = \frac{U}{X_C}$

$Q_C = \frac{U2}{X_C} \quad \Rightarrow X_C = \frac{1}{2 \cdot \pi \cdot f \cdot C}$

$$C = \frac{Q_C}{2 \cdot \pi \cdot f \cdot U^2}$$

Mit $Q_C = 8{,}4$ kvar; $U = 230$ V und $f = 50$ Hz folgt $C = 505\ \mu F$

In der Praxis ist es oft hilfreich, wenn man weiß, wie groß die Kapazität eines Kondensators sein muss, um eine induktive Blindleistung von 1 kvar zu kompensieren. Der Wert ergibt sich aus folgender Berechnung:

$\frac{505\ \mu F}{8{,}4\ \text{kvar}} = \frac{C}{1\ \text{kvar}}$

$$\frac{C}{Q_C} = 60\ \frac{\mu F}{\text{kvar}}$$

Kondensatoren zur Kompensation

- **MPP (MKV)-Kondensatoren**
  - Beidseitig metallisiertes Papier als Elektroden
  - Polypropylenfolie als Dielektrikum
  - Hohlräume werden mit Isolieröl gefüllt
- **MKP (MKK, MKF)-Kondensatoren**
  - Polypropylenfolie wird direkt bedampft (metallisiert)
  - Kleinere Abmessungen und höhere Spannungsfestigkeit als bei MPP-Kondensatoren

Beide Kondensatorarten sind **selbstheilend** [*self-healing*]. Bei einem Durchschlag verdampft die dünne Metallschicht und die Isolation ist wieder hergestellt.

- Induktive Blindleistungen lassen sich durch kapazitive Blindleistungen kompensieren.
- Ein Kondensator von 60 μF kompensiert eine induktive Blindleistung von 1 kvar bei 230 V und 50 Hz (20 μF für 400 V und 50 Hz).

11.4.2.2 Praktische Kompensation

In den meisten Anlagen wird nicht bis zum Wert $\cos \varphi = 1$ kompensiert, da sonst Resonanzerscheinungen auftreten können. VNBs begnügen sich mit einem Wert von 0,9. Zu beachten sind dabei die „Technischen Anschlussbedingungen für den Anschluss an das Niederspannungsnetz" (TAB 2000) und die „Verordnung über Allgemeine Bedingungen für die Elektrizitätsversorgung von Tarifkunden" (AVBEltV).

Zur Berechnung der erforderlichen kapazitiven Blindleistung wird eine Formel verwendet, in der der Phasenverschiebungswinkel der Anlage und der Winkel eingesetzt werden, bis zu dem kompensiert wird. Die Abb. 5 zeigt die Zusammenhänge zur Ermittlung der Blindleistung.

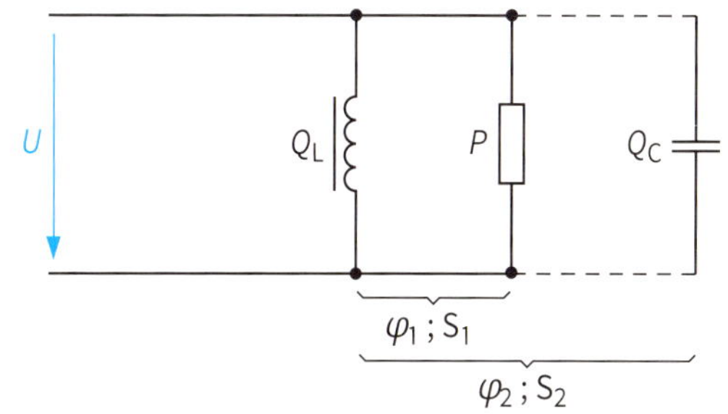

φ_1: Phasenverschiebungswinkel vor der Kompensation

φ_2: Phasenverschiebungswinkel nach der Kompensation

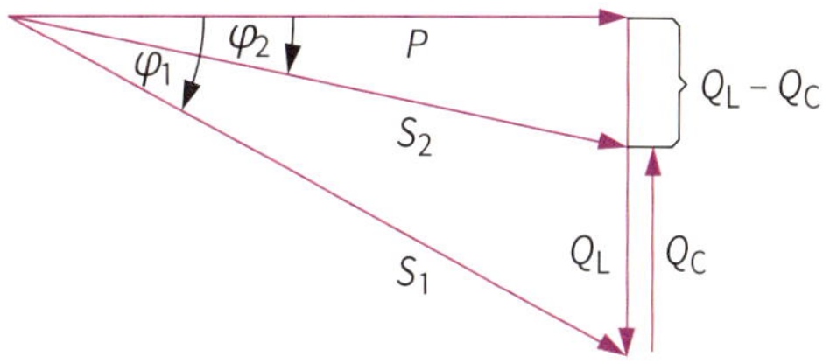

$\tan \varphi_1 = \frac{Q_L}{P} \qquad \tan \varphi_2 = \frac{Q_L - Q_C}{P}$

$Q_L = P \cdot \tan \varphi_1 \qquad Q_L - Q_C = P \cdot \tan \varphi_2$

$$Q_C = P\,(\tan \varphi_1 - \tan \varphi_2) \quad (1)$$

5: Parallelkompensation

In dem angeführten Beispiel betrug der Leistungsfaktor der Anlage 0,6. Dies entspricht einem Phasenverschiebungswinkel von $\varphi_1 = 53{,}1°$. Soll die Anlage auf den $\cos \varphi = 0{,}9$ kompensiert werden, dann beträgt $\varphi_2 = 25{,}84°$. Die Blindleistung des Kondensators errechnet sich dann wie folgt:

$Q_C = P\,(\tan \varphi_1 - \tan \varphi_2)$; Abb. 5 (1)

$Q_C = 6{,}3\ \text{kW}\,(\tan 53{,}1° - \tan 25{,}84°)$

$Q_C = 5{,}34$ kvar

Energietechnische Anlagen

11.4.2.3 Kompensationsschaltungen

In der Produktionshalle (vgl. Kap. 11.4.1) werden zur Verringerung der Blindleistung bei induktiven und rein sinusförmigen Belastungen verschiedene Kompensationsschaltungen verwendet (Abb. 1). Jede Schaltung besitzt Vor- und Nachteile.

- Bei der Blindleistungskompensation wird zwischen Einzel-, Gruppen- und Zentralkompensation unterschieden.

Einzelkompensation *[individual compensation]*

Vorteile:
- Durch die zu den induktiven Objekten parallel geschalteten Kondensatoren wird das innerbetriebliche Netz vom Blindstrom entlastet (z. B. Leerlauf-Blindleistung bei Transformatoren, Antriebe im Dauerbetrieb).

Nachteile:
- Durch die direkte Installation der Kondensatoren an den Objekten können Platzprobleme auftreten.
- Die Kondensatoren sind auch dann angeschlossen, wenn die betreffenden Objekte nicht in Betrieb sind.
- Der Installationsaufwand ist im Vergleich zu den anderen Kompensationsarten recht hoch.
- Die Kompensationskondensatoren sind über den gesamten Betrieb verstreut.

Die Einzelkompensation erfolgt direkt an den induktiven Objekten durch Einzelkondensatoren.

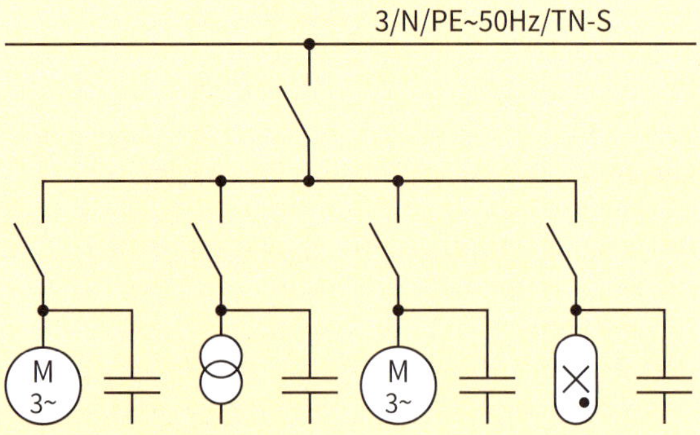

Gruppenkompensation *[group compensation]*

Vorteile:
- Die Blindleistung der gemeinsam eingeschalteten Objekte wird durch einen einzelnen Kondensator geeigneter Größe kompensiert.
- Im Vergleich zur Einzelkompensation ist die Gruppenkompensation wirtschaftlicher.

Nachteile:
- Die Gruppenkompensation ist nur für Gruppen von gemeinsam betriebenen Objekten anwendbar.
- Sind nicht alle Objekte in Betrieb, besteht die Gefahr der Überkompensation.

Bei der Gruppenkompensation werden induktive Objekte in Gruppen zusammengefasst und dann gemeinsam kompensiert.

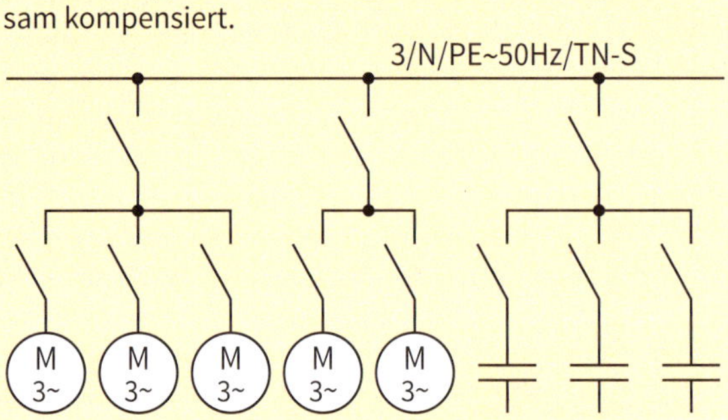

Zentralkompensation *[central compensation]*

Die Kondensatorleistung ist auf mehrere Schaltstufen aufgeteilt und wird durch einen automatischen Blindleistungsregler über Schaltschütze den Lastverhältnissen angepasst.

Vorteile:
- Die Kompensationsanordnung ist überschaubar und einfach zu installieren.
- Die installierte Kompensationsleistung kann optimaler eingesetzt werden.

Nachteile:
- Das innerbetriebliche Netz wird nicht entlastet.
- Für die Anschaffung der Regeleinrichtung entstehen höhere Kosten.

Die Zentralkompensation erfolgt an einer zentralen Stelle, z. B. beim Niederspannungs-Hauptverteiler.

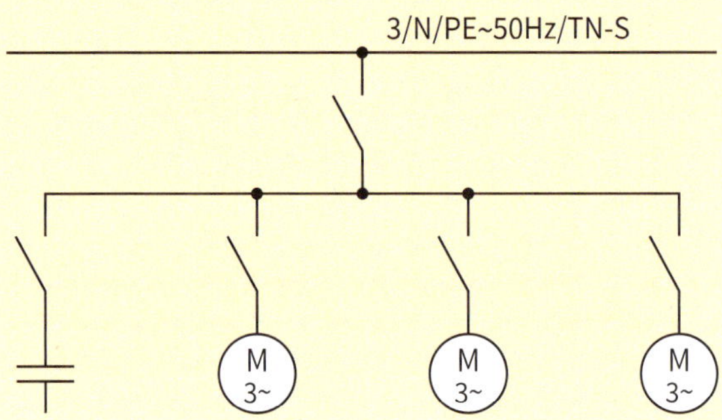

1: Kompensationsschaltungen

11.4.3 Kompensation bei nichtsinusförmigen Größen

Durch nichtlineare Belastungen entstehen im Energienetz **Oberschwingungen** [*harmonics*]. Diese führen zu verzerrten Strom- und Spannungskurven. In Abb. 2 sind beispielsweise von einer Netzanalyse die zeitlichen Verläufe der Leiterstromstärken und die Strom- stärke im N-Leiter (I1 ≙ I_{L1}, I2 ≙ I_{L2}, I3 ≙ I_{L3}, IN ≙ I_N) eines Frequenzumrichters dargestellt.

Den genauen Anteil der Oberschwingungen erhält man durch die Darstellung des Frequenzspektrums (Abb. 3). Erkennbar ist, dass besonders die ungeraden Oberschwingungen (250 Hz ①, 350 Hz ②, ...) stark vertreten sind.

Oberschwingungen verschlechtern in hohem Maße die Netzqualität und verursachen Störungen. Sie müssen deshalb durch geeignete Schaltungen verringert (kompensiert) werden.

Die Ströme der Oberschwingungen stellen für das Energienetz eine zusätzliche Belastung dar und können Kondensatoren überlasten. Besonders gefährlich sind Resonanzfälle.

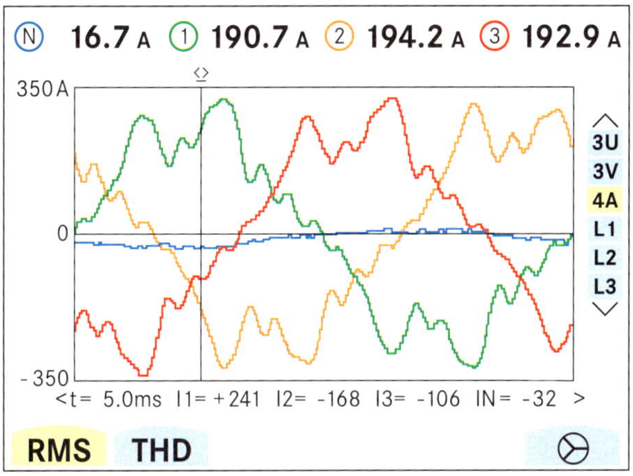

2: Stromverläufe eines Frequenzumrichters

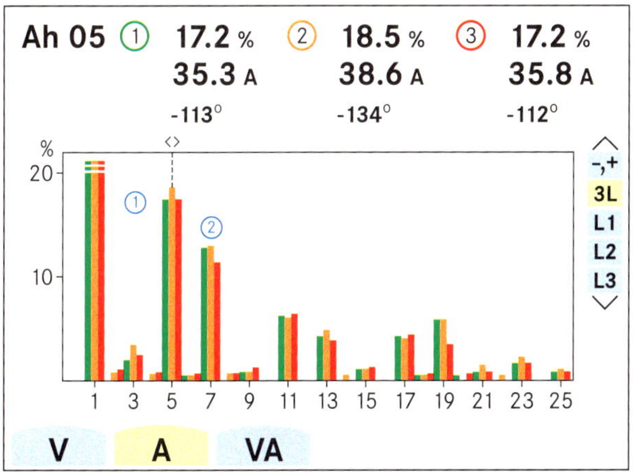

3: Frequenzspektrum eines Frequenzumrichters

Resonanz [*resonance*] tritt immer dann auf, wenn bei einer bestimmten Frequenz die Blindwiderstände von Kondensatoren und Spulen gleich sind ($X_L = X_C$). Die Spulen und Kondensatoren können in Reihe oder parallel geschaltet werden.

Die Ströme der Oberschwingungen schaukeln sich zwischen Kapazitäten und Induktivitäten auf und verursachen dadurch eine höhere Belastung. Schaltungen dieser Art bezeichnet man deshalb als **Schwingkreise** [*resonant circuits*].

Es gilt nun zu prüfen, ob Resonanzen durch den Einbau von Frequenzumrichtern in der Produktionshalle (Quellen von Oberschwingungen) und den im Netz installierten Kompensationskondensatoren auftreten können.

Resonanz beim Serienschwingkreis

Zunächst wird ermittelt, wie groß die Belastung der Kompensationskondensatoren durch Oberschwingungen sein könnte. Zur Lösung werden die im Netz eingesetzte Gesamtkapazität der Kompensationskondensatoren und die im Netz vorkommende Induktivität benötigt. Die Kapazität lässt sich über die Kondensatorleistung bestimmen, die Induktivität kann gemessen werden oder es kann ein Standardwert eingesetzt werden.

Kondensatorleistung: $Q_C = 250$ kvar (installiert)

$C = \frac{60\ \mu F}{\text{kvar}} \cdot 250\ \text{kvar}$ $\quad C = 15000\ \mu F$

Netzinduktivität: $L = 13{,}8\ \mu H$ (ermittelt)

Resonanzfrequenz: $f_0 = \frac{1}{2 \cdot \pi \sqrt{L \cdot C}}$

$\underline{\underline{f_0 = 350\ \text{Hz}}}$

Diese Frequenz entspricht der 7. Oberschwingung. Bei ihr tritt also Resonanz auf, d. h., die Blindwiderstände sind gleich groß (30,3 mΩ). Für diesen Fall ist im Schwingkreis nur der Wirkwiderstand (z. B. $R = 0{,}1\ \Omega$) für die Stromstärke verantwortlich (Abb. 4).

Die dazugehörige Spannung bei der Resonanzfrequenz darf 3 % der Spannung von 230 V betragen.

$\Rightarrow U_0 = 6{,}9$ V

Die Stromstärke ergibt sich dann mit:

$I_0 = \frac{U_0}{R}$ $\quad \underline{\underline{I_0 = 69\ \text{A}}}$

Dieser Wert führt zu einer zusätzlichen und erheblichen Belastung der Kondensatoren.

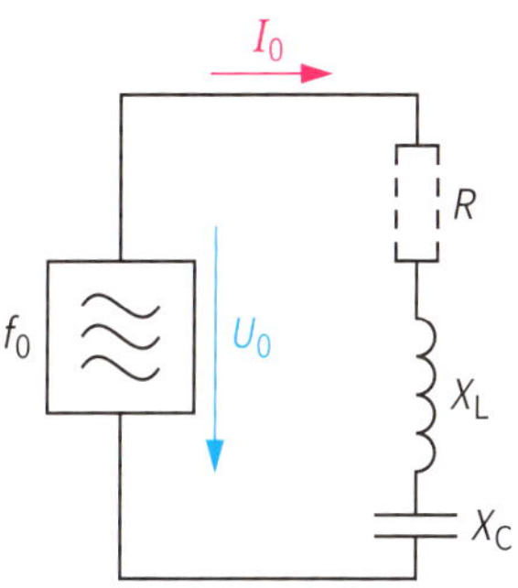

4: Resonanz

Für die Ermittlung der Resonanzfrequenz in Energieversorgungsnetzen werden Näherungsformeln verwendet, in denen die Transformatorleistung, die Kompensationsleistung, die Netzfrequenz und die relative Kurzschlussspannung des Transformators vorkommen. Die Tabelle in Abb. 1 zeigt beispielhaft den Zusammenhang zwischen der Kondensatorleistung und der Netzresonanzfrequenz.

Q_C in kvar	f_0 in Hz	Q_C in kvar	f_0 in Hz
50	724	200	362
100	512	250	324
150	418	300	295

1: Kondensatorblindleistung und Netzresonanzfrequenz

Resonanzprobleme in der Energietechnik werden gelöst, indem man durch geeignete Schaltungsmaßnahmen die Resonanzfrequenz des Netzes zu tieferen Frequenzen hin verschiebt. Verwendet werden dazu **Drosseln** [*chokes*], die in Reihe mit den Kompensationskondensatoren geschaltet werden (**Verdrosselung** [*choking*], Abb. 2). Die dadurch erzielbaren Resonanzfrequenzen liegen dann zwischen 134 Hz ... 214 Hz.

Verdrosselung

Der Grad der Verdrosselung wird durch den **Verdrosselungsfaktor** [*choking factor*] ***p*** angegeben. Er ist die Verhältniszahl der Kompensationsblindwiderstände X_L und X_C und wird in Prozent angegeben.

$$p = \frac{X_L}{X_C} \cdot 100\,\%$$

Wenn der Verdrosselungsfaktor bekannt ist, kann die Resonanzfrequenz der Kompensationsanlage f_0 mit folgender Formel berechnet werden:

$$f_0 = f_n \cdot \sqrt{\frac{1}{p}}$$

f_n: Netzfrequenz

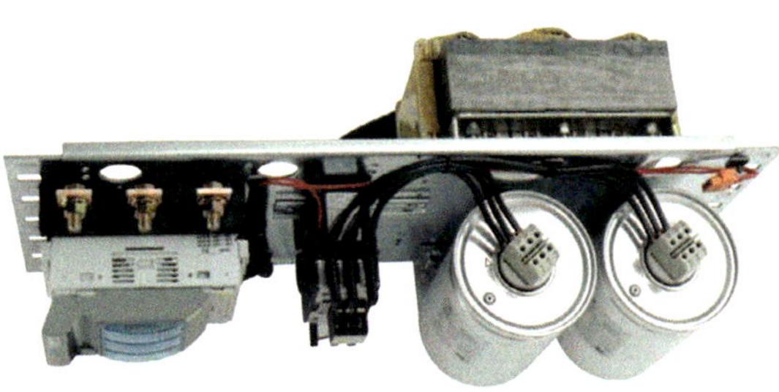

2: Verdrosselte Kondensatoren

Verdrosselungsfaktor *p*

Die Formel für den Verdrosselungsfaktor lässt sich aus der allgemeinen Definition und der allgemeinen Formel für die Resonanzfrequenz f_0 herleiten.

Ausgangsformel: $p = \frac{X_L}{X_C}$

Resonanzfrequenz: $f_0 = \frac{1}{2 \cdot \pi \sqrt{L \cdot C}}$

$$p = 2 \cdot \pi \cdot f_n \cdot L \cdot 2 \cdot \pi \cdot f_n \cdot C$$

$$L \cdot C = \frac{1}{4 \cdot \pi^2 \cdot f_0^2}$$

$$p = 4 \cdot \pi^2 \cdot f_n^2 \cdot L \cdot C$$

$$p = \frac{4 \cdot \pi^2 \cdot f_n^2}{4 \cdot \pi^2 \cdot f_0^2}$$

$$p = \frac{f_n^2}{f_0^2} \qquad f_0 = f_n \cdot \sqrt{\frac{1}{p}}$$

f_0: Resonanzfrequenz (bei $X_L = X_C$)

f_n: Netzfrequenz (50 Hz)

Für die Drosseln der Kompensationskondensatoren werden Standardwerte verwendet. In der Abb. 3 sind diese mit den sich ergebenden Resonanzfrequenzen aufgeführt ($f_n = 50$ Hz).

Verdrosselungsfaktor *p* in %	Resonanzfrequenz f_0 in Hz
5,5	214
7	189
8	176
12,5	141
14	134

3: Verdrosselungsfaktor und Resonanzfrequenz

- Bei verdrosselten Kompensationsanlagen wird zu jedem Kondensator eine Drossel in Reihe geschaltet.
- Der Verdrosselungsfaktor *p* ist das prozentuale Verhältnis von X_L zu X_C.
- Für die Verdrosselung von Kompensationskondensatoren werden Standardwerte verwendet (z. B. 5,5 %, 7 % und 14 %).

Unverdrosselte und verdrosselte Kompensationskondensatoren

Der Unterschied bei der Verdrosselung wird deutlich, wenn der Scheinwiderstand Z in Abhängigkeit von der Frequenz f dargestellt wird (Abb. 4). Bei unverdrosselten Kondensatoren verhält sich der Blindwiderstand umgekehrt proportional zur Frequenz. Es gilt für den ganzen Frequenzbereich:

f größer $\Rightarrow$ Z kleiner ①

Verdrosselte Kondensatoren zeigen ein anderes Verhalten. Von der Resonanzfrequenz ② aus steigt der Widerstand Z mit zunehmender Frequenz f an ③.

Aus dem Diagramm wird auch deutlich, dass bei dieser 7 %igen Verdrosselung der Reihenschwingkreis sein Widerstandsminimum bei 189 Hz hat. Oberschwingungen in diesem Frequenzbereich werden gewissermaßen „abgesaugt". Verdrosselte Kompensationskondensatoren sorgen also neben der Verschiebung der Netzresonanzfrequenz auch für die Qualitätsverbesserung der Netzspannung (**„Netzreinigung"**).

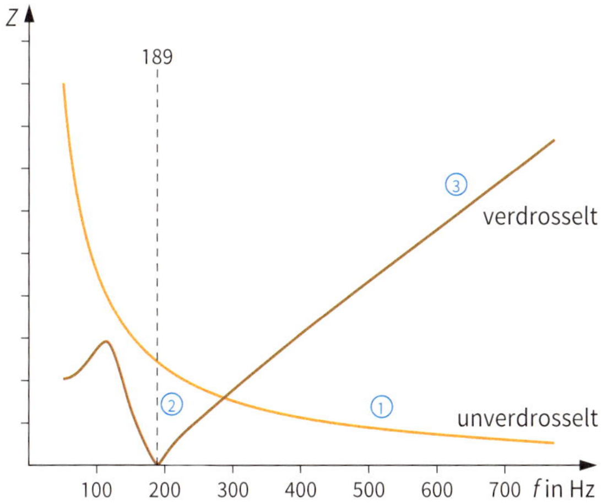

4: Unverdrosselte und verdrosselte Kondensatoren

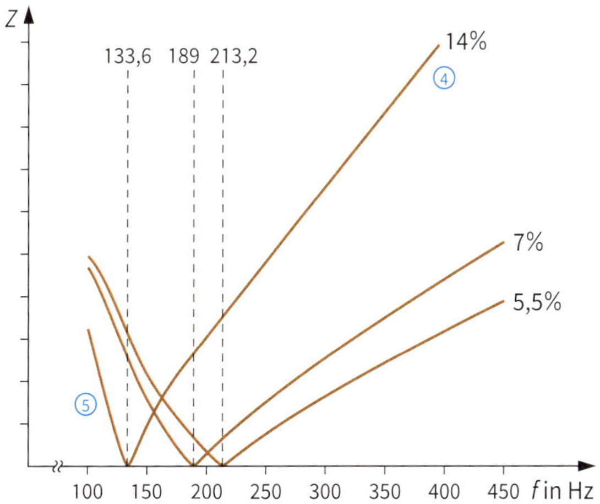

5: Scheinwiderstand verdrosselter Kondensatoren bei verschiedenen Verdrosselungsfaktoren

Wie sich die Kurven für verschiedene Verdrosselungsfaktoren verändern, zeigt Abb. 5. Je höher der Verdrosselungsfaktor ④, desto kleiner die Resonanzfrequenz ⑤ und je steiler der Widerstandsverlauf oberhalb der Resonanzfrequenz.

Die Kurvenverläufe in Abb. 5 machen auch deutlich, dass je nach Netzaufbau und gegebenenfalls unterschiedlichen Belastungen verschiedene Kompensationsmaßnahmen ergriffen werden müssten. Sinnvoll ist deshalb der Einsatz von **Kombifiltern** [*combination filters*], bei denen stufig verschiedene verdrosselte Kompensationskondensatoren zu- bzw. abgeschaltet werden können (Abb. 6).

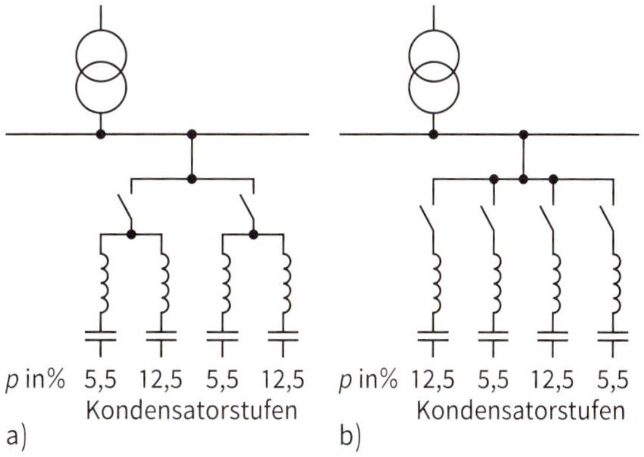

6: Beispiele für Kombifilter

Aufgaben

1. Erklären Sie das grundsätzliche Verfahren zur Kompensation von rein sinusförmigen Belastungen.
2. Was muss bei der Kompensation bedacht werden, wenn nichtlineare Objekte mit Oberschwingungen im Netz vorhanden sind?
3. Ermitteln Sie aus Abb. 4 bei der 7. Netzoberschwingung den relativen Unterschied zwischen den Scheinwiderständen einer verdrosselten und unverdrosselten Kompensationsanlage.
4. Welche Unterschiede bestehen, wenn in einem Netz die 5. Oberschwingung vorkommt und die Kompensationsgrade 5,5 %, 7 % und 14 % betragen (s. Abb. 5)?
5. Erklären Sie die Unterschiede der in Abb. 6 dargestellten Kombifilter.

- Verdrosselte Kompensationskondensatoren sind Serienschwingkreise (Saugkreise), die für bestimmte Oberfrequenzen einen kleinen Widerstand darstellen.
- Durch stufig schaltbare Kombifilter lassen sich die Kompensationsmaßnahmen den Erfordernissen anpassen.

11.4.4 Kompensation und Rundsteuersignale

Um z. B. Zweitarifzähler bei Nachtspeicherheizungen, Wärmepumpen und Straßenbeleuchtungen zu steuern, senden Energieversorgungsunternehmen **Rundsteuersignale** [*ripple control signals*] (Tonfrequenzen, TF-Signale) aus. Diese Signale sind der Netzspannung überlagert und liegen je nach VNB zwischen 165 Hz und 1350 Hz.

1: Rundsteuerempfänger

In Rundsteuer-Empfängern (Abb. 1) werden die Signale aufgenommen und dann entsprechende Schaltungen ausgelöst. Wichtig ist dabei, dass die Signale mit einer ausreichend hohen Spannung beim Empfänger ankommen.

Kondensatoren – unverdrosselt oder verdrossselt – wirken dabei wie Saugkreise und würden den Empfang der Signale erheblich schwächen. Aus diesem Grunde werden **Tonfrequenzsperrkreise** [*audio frequency line trap*] als TF-Sperren in Reihe zu den Kompensationsanlagen geschaltet (Abb. 2).

Sperrkreise sind **Parallelschwingkreise** [*parallel resonant circuits*], bei denen Kondensator und Spule parallel liegen. Bei der jeweiligen Resonanzfrequenz entsteht ein hoher Wirkwiderstand, sodass die Signale durch die Kompensationsanlage (Serienschwingkreis) nicht beeinträchtigt werden.

In Abb. 3 ist beispielhaft das Widerstandsverhalten einer verdrosselten Kompensationsanlage mit einer TF-Sperre in Abhängigkeit von der Frequenz dargestellt. Die Frequenz der Rundsteuersignale beträgt hier 216 2/3 Hz. Die Kompensationsanlage ist mit 7 % verdrosselt.

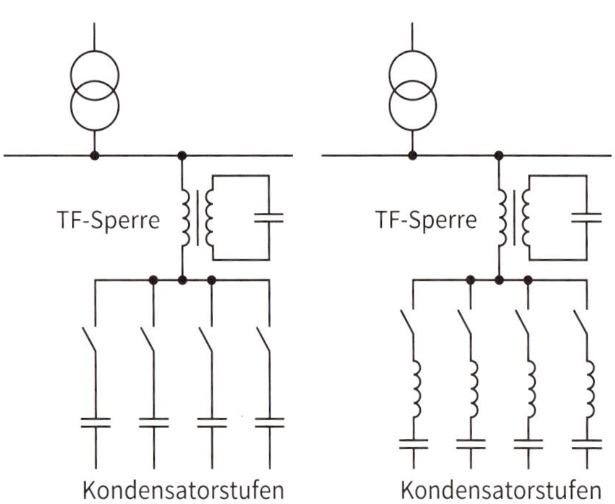

a) Unverdrosselt b) Verdrosselt

2: Kompensation und Tonfrequenzsperrkreis

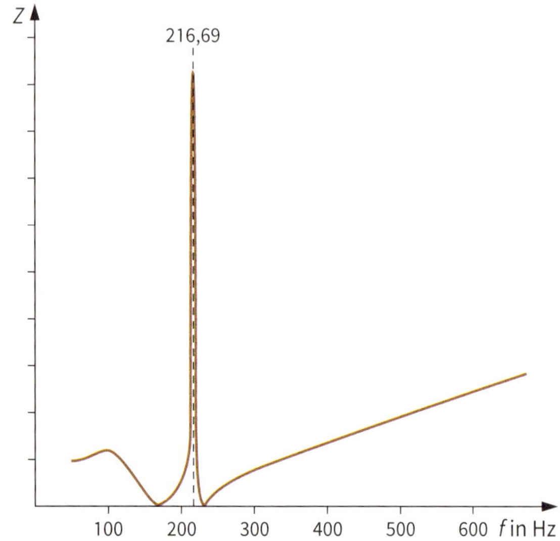

3: Widerstandsverhalten einer Kompensationsanlage (verdrosselt) mit TF-Sperre

Empfehlungen der VNBs

Die meisten VNBs lassen mit Einschränkungen noch unverdrosselte Kompensationsanlagen zu. Allerdings muss gewährleistet sein, dass der Empfang der Rundsteuersignale nicht beeinträchtigt wird. Wenn TF-Signale mit höheren Frequenzen ausgesendet werden (z. B. > 750 Hz), treten bei unverdrosselten Anlagen keine Probleme auf. Die Blindwiderstände in den Anlagen sind ausreichend groß, sodass keine Spannungsabsenkungen auftreten.

Bei der Verwendung von Rundsteuersignalen mit niedrigeren Tonfrequenzen sind dagegen hochverdrosselte Kompensationsanlagen erforderlich, damit diese den Empfang nicht vermindern bzw. vollständig unterbinden. Nachteilig ist dabei, dass die „Netzreinigung" von Oberschwingungen geringer ausfällt. Niedrig verdrosselte Anlagen wären dann vorteilhafter.

Aus diesem Grunde empfehlen VNBs bei Neuinstallationen niedrig verdrosselte Kompensationsanlagen mit vorgeschalteten Parallelschwingkreisen als Tonfrequenzsperren.

- Ein Tonfrequenzsperrkreis besteht aus einem Parallelschwingkreis (Induktivität und Kapazität parallel), der auf die Rundsteuerfrequenz abgestimmt ist.
- Die TF-Sperre wirkt bei der Resonanzfrequenz wie ein großer Widerstand.
- Tonfrequenzsperrkreise werden vor die Kompensationsanlage geschaltet. Sie verhindern, dass Rundsteuersignale durch die Kompensationsanlage verkleinert bzw. vollständig abgesaugt werden.

12 Planen und Realisieren

12.1 Ausstellungs- und Präsentationsraum

12.1.1 Anforderungen des Kunden

Der Chef der Firma „Fenster- und Türenstudio" hat die Absicht, den Ausstellungs- und Präsentationsraum umzugestalten. In diesem Zusammenhang sollen auch die Elektroinstallationen den neuen Bedürfnissen angepasst werden.

Aufgrund der bisher guten Zusammenarbeit mit der Firma „Kruskop Elektrotechnik" wurden in einer Besprechung vor Ort die folgenden Kundenwünsche aufgelistet und rot in die Raumskizze eingetragen (Abb. 4).

- **Energieversorgung**
  Bisher sind vier Steckdosen im Wandbereich vorhanden (Abb. 4 ①). Da die ausgestellten Fenster und Türen durch zahlreiche Lichtquellen künftig optimaler ausgeleuchtet werden sollen, sind zusätzliche Steckdosen erforderlich. Außerdem wird der Raum etwa zweimal im Jahr umgestaltet, sodass an anderen Orten Steckdosen benötigt werden. Es soll deshalb möglich sein, die Energieversorgung den neuen Anforderungen rasch und kostengünstig anzupassen. Verlängerungsleitungen mit Mehrfachsteckdosen im Raum sollen vermieden werden.
- **Beschattung**
  Die bisherige Beschattung der vier Fenster besteht aus vier **Markisen** [*awnings*]. Mit den jeweils im Fensterbereich angebrachten Doppeltastern (Abb. 4 ②), können die Markisen auf und ab bewegt werden. Die Taster sind unter Putz eingebaut.

  Folgende Änderungen sollen nun durchgeführt werden:
  - Die Steuerung der vier Markisen soll von einem zentralen Ort mit 8 Tastern (2 x 4) möglich sein (Abb. 4 ③).
  - Außerdem sollen die vier Markisen über einen zentralen Taster gemeinsam bedienbar (auf- bzw. abfahren) sein.
  - Bei starkem Wind sollen aus Sicherheitsgründen die Markisen automatisch eingefahren werden ④ (**Windwächter** [*wind sensor*]).

  Diese Änderungen sollen möglichst mit einem geringen Installationaufwand durchgeführt werden.
- **Beleuchtung**
  Die bestehende Beleuchtung konnte bisher nur ein- und ausgeschaltet werden. Zukünftig soll sie auch dimmbar sein ⑤.
- **Meldung**
  Mit einem Melder ⑥ soll ein helligkeits- und bewegungsabhängiges Schalten bzw. Dimmen von Zusatzbeleuchtungen möglich gemacht werden. Besucher können dadurch gemeldet und besonders beachtet werden.

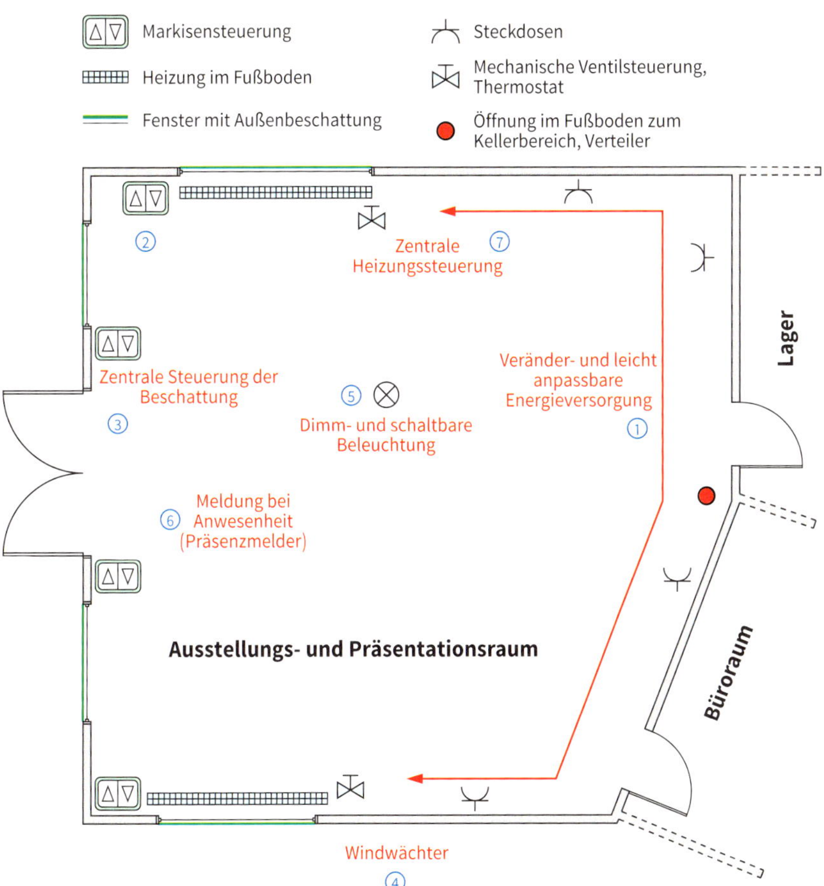

4: Raumskizze mit Kundenwünschen

- **Heizung**
  Die bisherige Heizungssteuerung erfolgt über mechanische Thermostatventile. Sie sollen durch elektrisch angetriebene Ventile ersetzt werden (vgl. S. 461, Abb. 4 ⑦).

Zeitvorgabe

Um den Verkaufsbetrieb möglichst wenig zu beeinträchtigen, sollen die Umbauarbeiten innerhalb einer Woche abgeschlossen sein.

Überwachen und Steuern

Der Inhaber des „Fenster- und Türenstudios" möchte nach Abschluss der Installationsarbeiten im Rahmen einer Erweiterung informiert werden, welche Möglichkeiten der Überwachung und der Steuerung bestehen (vgl. Kap. 12.1.9). Er möchte beispielsweise die Beleuchtung und Heizung über das Telefon schalten und mit einer Video-Kamera den Ausstellungs- und Präsentationsraum überwachen. Die Überwachung soll von verschiedenen Orten möglich sein.

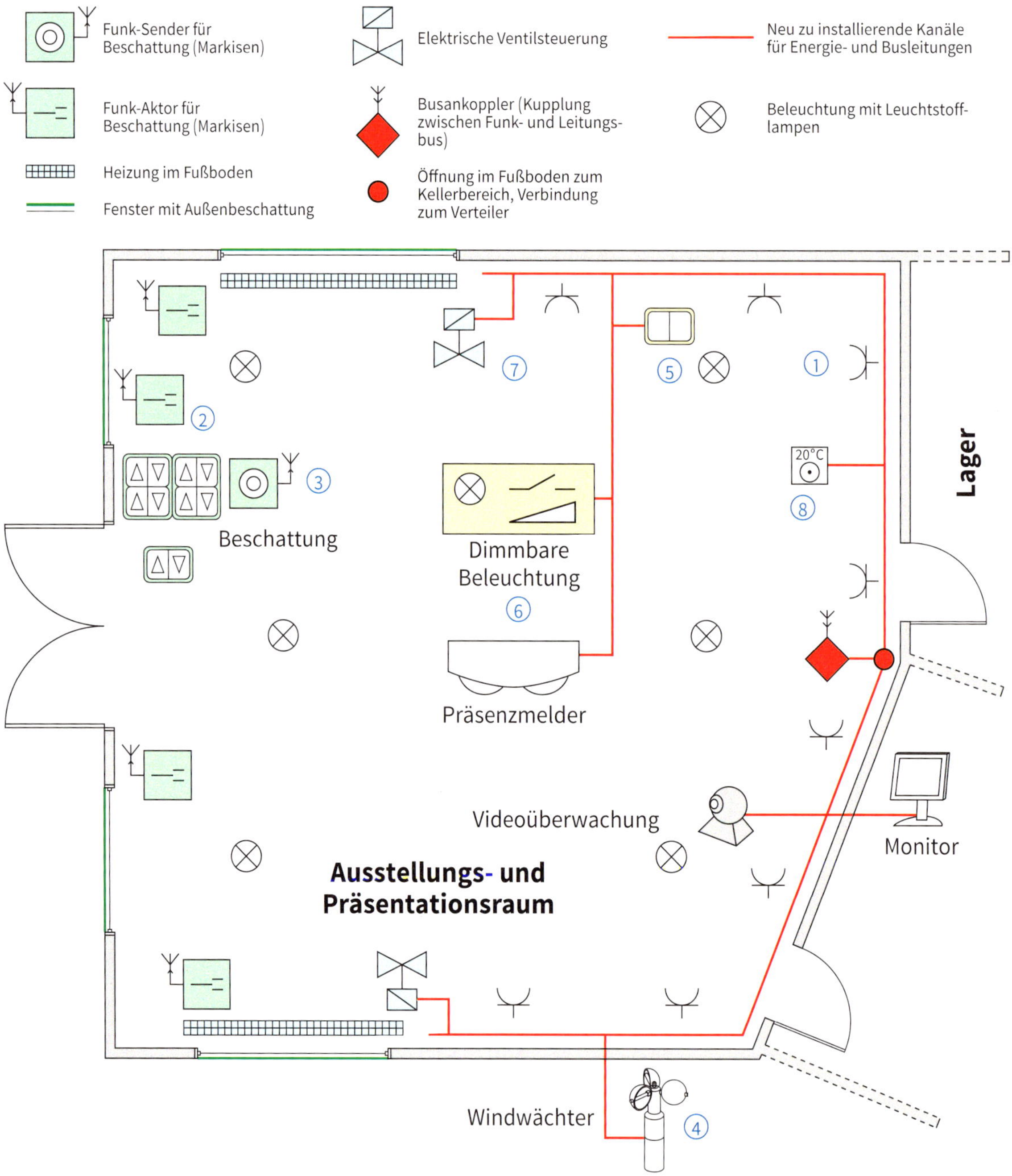

1: Spezifizierte Kundenwünsche für den Ausstellungs- und Präsentationsraum

12.1.2 Projektplanung

Für die Firma Kruskop weichen die Umbau- und Modernisierungsmaßnahmen im Ausstellungs- und Präsentationsraum des „Fenster- und Türenstudios" etwas von den bisher durchgeführten Elektroinstallationen ab.

Das Vorhaben ist

- abgrenzbar und einmalig
- zeitlich und örtlich begrenzt und
- in einem festgelegten Kostenrahmen durchzuführen.

Darüber hinaus müssen energie- und kommunikationstechnische Aufgaben gelöst werden (Komplexität).

Herr Kruskop entschließt sich deshalb, das Vorhaben in Form eines **Projektes** durchzuführen. Dazu ruft er die Mitarbeiter zusammen, die das Projekt durchführen sollen. Bei der Besprechung sollen die einzelnen Maßnahmen erläutert und der **Projektplan** *[project plan]* vorgestellt werden.

Aus Gründen der Veranschaulichung hat Herr Kruskop die Vorstellungen des Kunden (vgl. Kap. 12.1.1) zunächst in einer Skizze dargestellt und darin die Wünsche ansatzweise in technische Lösungen umgesetzt (Abb. 2, S. 467). Das gesamte Projekt soll dabei in die nachfolgenden Teilprojekte aufgeteilt werden.

Energieversorgung (Kap. 12.1.3)
Der Wunsch des Kunden nach einer veränder- und leicht anpassbaren Energieversorgung lässt sich durch die Verlegung eines **Installationskanals** *[installation duct]* realisieren (Abb. 2 ①). Steckdosen können an unterschiedlichen Stellen eingefügt und bei Bedarf örtlich verändert werden. Eine Verlegung von Leitungen unter Putz ist nicht erforderlich.

Außerdem werden in dem Installationskanal die erforderlichen Datenleitungen (Abb. 1, DK) für die anderen Objekte (z. B. Dimmen, Heizungssteuerung) untergebracht.

Beschattung (Kap. 12.1.4)
Um im Fensterbereich möglichst wenige Leitungen installieren zu müssen, soll ein funkbasiertes System die bisherigen vier Taster (Abb. 1 ②) ersetzen. Dazu sind im Tür-Eingangsbereich ein Sender ③ und an den Fenstern die jeweiligen Empfänger mit der Energieversorgung einzubauen. Die Funk-Empfänger mit den dazugehörigen Tastern müssen dazu nur in die vorhandenen Tasterdosen eingesetzt werden. Damit bei Sturm die Markisen nicht beschädigt werden, ist eine Steuerung über einen Windwächter (Abb. 1) ④ vorzusehen.

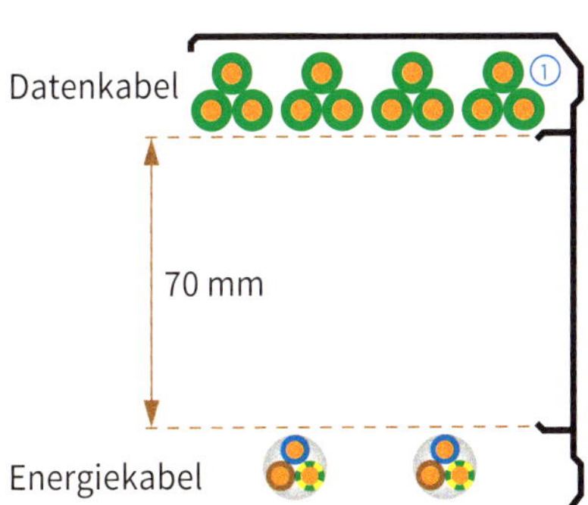

2: Installationskanal für Energie und Daten

Beleuchtung (Kap. 12.1.5)
Die bisherige Deckenbeleuchtung bleibt erhalten. Mit einem Zusatzgerät soll sie zentral ⑤ schalt- und dimmbar werden.

Meldung (Kap. 12.1.6)
Für diesen Kundenwunsch wird ein **Präsenzmelder** ⑥ *[presence detector]* zusätzlich im Deckenbereich installiert. Mit ihm kann eine Lichtquelle über die Datenleitung geschaltet und die Anwesenheit einer Person im Erfassungsbereich (Abb. 3) gemeldet werden.

Heizung (Kap. 12.1.7)
Die Raumtemperatur wurde bisher mechanisch durch die Ventileinstellung und über eingebaute Thermostate geregelt. Die mechanisch arbeitenden Ventile werden jetzt durch einen Stellantrieb ⑦ ersetzt. Die Einstellung erfolgt zentral über einen Raumthermostaten ⑧. Die dazugehörigen Daten werden über die Busleitung übertragen.

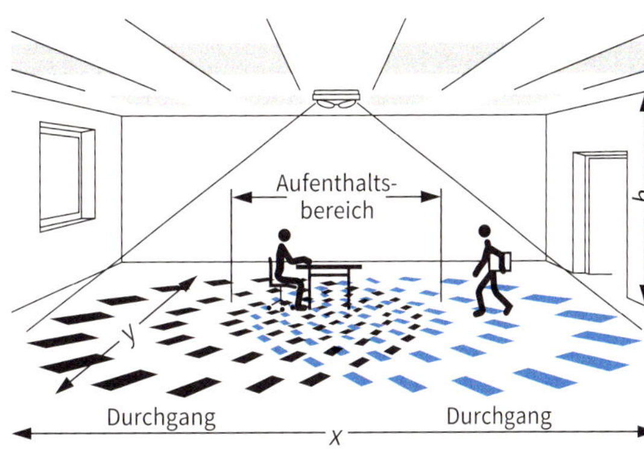

3: Erfassungsbereich eines Präsenzmelders

Aufgabe

1. Formulieren Sie wesentliche Merkmale eines Projektes und grenzen Sie dieses von Routinearbeiten ab.

- Projekte sind durch einen Auftraggeber hervorgerufene einmalige, zeitlich, finanziell und personell begrenzte Vorhaben.
- Projekte erfordern spezifische Organisationsformen und Organisationsstrukturen.
- Bei Projekten stehen die Sache, der Termin und die Kosten im Mittelpunkt.
- Bei der Projektplanung sind vorher wesentliche Fragen zu klären (z. B. was, wann, wer, wo, womit usw.).

Nachdem Herrn Kruskop in groben Umrissen seinen Mitarbeitern das Projekt vorgestellt und eine Aufteilung in Teilprojekte vorgenommen hat, werden von ihm als Projektleiter grundlegende Strukturen der durchzuführenden Installationen verdeutlicht.

Im Projekt wird elektrische Energie auf verschiedene Weise gesteuert bzw. geregelt. Ausgelöst wird dieser Vorgang auf der Eingangsseite durch Sensoren, die binäre (Schalten) bzw. kontinuierliche Signale abgeben können. Diese Daten sollen an der Ausgangsseite (Aktoren) die Energie steuern.

Die Daten werden dazu durch einen **Datenübertragungskanal** [*data transmission channel*] transportiert (Abb. 1). Grundsätzlich lassen sich leitungsgebundene und nicht leitungsgebundene Datenübertragungen unterscheiden. Die jeweilige Anpassung (umwandeln, codieren, decodieren, adressieren, …) an den Übertragungskanal erfolgt durch Ein- und Ausgangsgeräte. Je nach System können die Informationen nur in eine Richtung (**unidirektional** [*unidirectional*]) oder wechselseitig (**bidirektional** [*bidirectional*]) geschickt werden (Abb. 1).

Im Projekt erfolgt die Steuerung der Beschattung über einen Funkkanal (Abb. 2). Die in der Gebäudesystemtechnik verwendete Frequenz beträgt 868 MHz. Weil diese Frequenz recht hoch ist, können die Abmessungen der Sende- und Empfangsantennen klein sein. Mit heutigen Ein- und Ausgangsgeräten lassen sich verschiedene Funktionen realisieren. Die Geräte besitzen in der Regel eine Grundeinstellung. Diese lässt sich dann vor Ort durch eine entsprechende Konfiguration anpassen (vgl. Kap. 12.1.4.5).

Für die Steuerung der Beleuchtung (Abb. 3) ist eine leitungsgebundene Datenübertragung vorgesehen. Es sollten Geräte verwendet werden, deren Kommunikation nach dem **KNX-Standard** abläuft. Dieser Standard entspricht der EIB-Datenübertragung und ist eine einheitliche Systemplattform für die Haus- und Gebäudesystemtechnik (siehe nächste Seite).

Die Datenübertragung bei der Heizungsregelung (Abb. 4) erfolgt wie bei der Beleuchtungssteuerung über den leitungsgebundenen Datenkanal. Es handelt sich hierbei um eine Regelung, weil die Ausgangsgrößen auf den Eingang zurückgeführt werden ①. Die Differenz zwischen Ausgangs- und Eingangsgröße bestimmt das Verhalten der Regelstrecke.

- Bei Steuerungen bzw. Regelungen kann der Datenaustausch zwischen Ein- und Ausgangsgeräten über leitungsgebundene oder nicht leitungsgebundene Kanäle erfolgen.

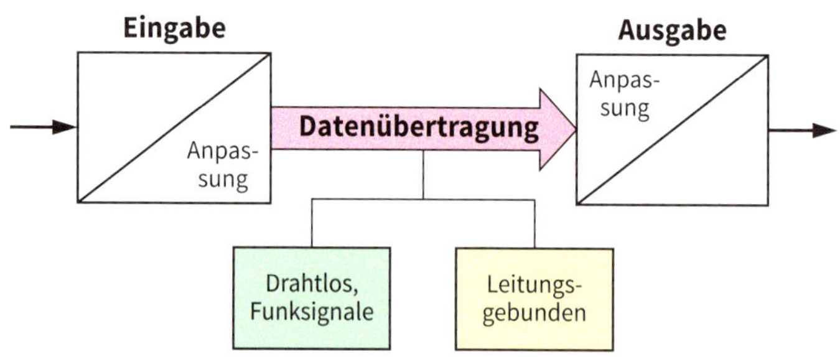

1: Prinzip der Datenübertragung

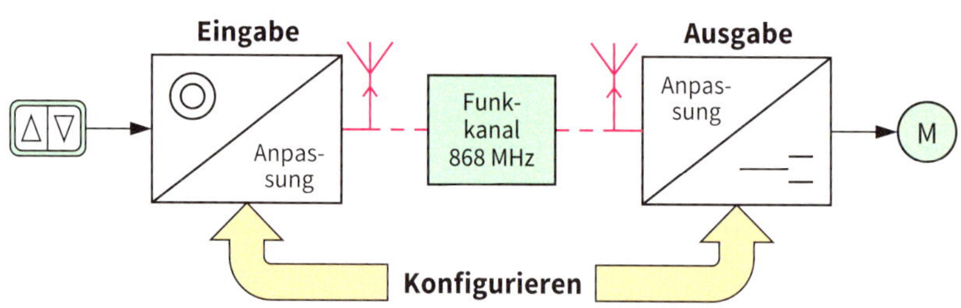

2: Datenübertragung bei der Steuerung der Beschattung

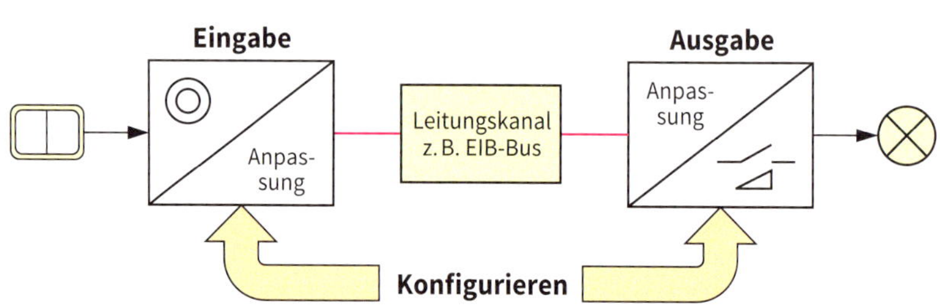

3: Datenübertragung bei der Steuerung der Beleuchtung

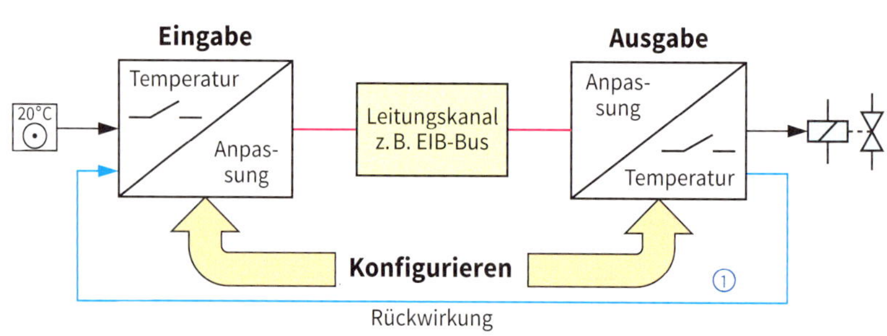

4: Datenübertragung bei der Regelung der Heizung

Was bedeutet KNX-Standard?

Die Konnex Association wurde 1990 mit dem Ziel gegründet, die folgenden Bussysteme zu einer einheitlichen, gewerkeübergreifenden Systemplattform (Abb. 6) für die Haus- und Gebäudesystemtechnik zusammenzuführen:

- **EIB** [**E**uropean **I**nstallation **B**us]
  (Bussystem zur Steuerung von Beleuchtungsgeräten, Jalousien, Markisen, ...)
- **EHS** [**E**uropean **H**ome **S**ystem]
  (Bussystem zur Vernetzung von Hausgeräten)
- **BCI, Batibus**
  (Bussystem zur Vernetzung von Heizungs-, Klima- und Lüftungsanlagen)

Ergebnis ist der gemeinsame KNX-Standard (Konnex-Standard).

Zur Konnex Association gehören zahlreiche Unternehmen der elektrischen Installationstechnik. Inzwischen werden ca. 4000 Produktgruppen von etwa 100 Firmen angeboten. Durch diese Standardisierung ist gewährleistet, dass Produkte von unterschiedlichen Herstellern in unterschiedlichen Anwendungen funktionieren und miteinander kommunizieren können.

Der KNX-Standard ist so ausgelegt, dass bestehende Systeme und Komponenten zu KNX-Systemen und Komponenten kompatibel sind (Symbol in Abb. 5). Das bedeutet also, dass bisherige EIB-Installationen zu Nachinstallationen mit KNX-Geräten voll kompatibel bleiben.

Im KNX-Standard sind folgende **Kommunikationsmedien** für die Datenkanäle festgelegt:

- **TP-0** (Twisted Pair, Typ 0, verdrillte 2-Draht-Leitung)
  Datenrate 4,8 kbit/s, kein Austausch der Informationen, Arbeitsweise wie beim Batibus
- **TP-1** (Twisted Pair, Typ 1)
  Datenrate 9,6 kbit/s, Austausch der Informationen, Arbeitsweise wie bei EIB
- **PL-110** (Powerline, 110 kHz)
  Datenrate 1,2 kbit/s über das Energienetz, Austausch der Informationen, Arbeitsweise wie bei EIB
- **PL-132** (Powerline, 132 kHz)
  Datenrate 2,4 kbit/s über das Energienetz, Arbeitsweise wie bei EHS
- **RF** (Funk mit 868 MHz)
  Datenrate 38,4 kbit/s

Eine Anbindung an Ethernet und Internet sowie die Kommunikation über das Telekommunikationsnetz (ISDN) bzw. Lichtwellenleiter ist möglich.

5: Symbole

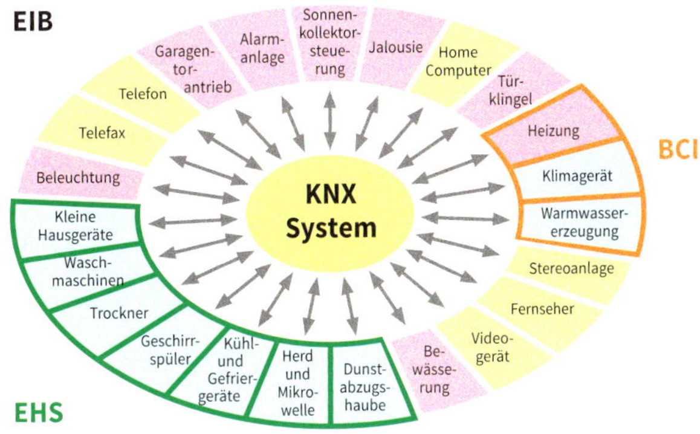

6: KNX-System

Im KNX-Standard sind darüber hinaus drei unterschiedliche **Programmierungsmodie** (Parametrierung, Konfiguration) für die Geräte festgelegt. Den Herstellern ist freigestellt, welchen Modus sie für ihre Produkte verwenden.

S-Mode ([*System-Mode*], Software-Modus, Systemmodus)
Dieser Modus bietet den höchsten Grad an Flexibilität hinsichtlich Funktionalität und Datenaustausch. Die Programmierung erfolgt mit der ETS-Software (vgl. Kap. 9.1). Hierfür sind speziell geschulte Fachkräfte erforderlich.

E-Mode ([*Easy-Mode*], Einfacher Modus)
Für die Konfiguration in diesem Modus ist ein geringer Geräteaufwand (ohne PC) erforderlich. Konfigurationsgeräte sind in der Regel über die Hersteller zu beziehen. Für ihre Bedienung reichen grundlegende Kenntnisse aus. Der E-Modus ist deshalb für schnelle und einfache Lösungen gut geeignet. Allerdings ist der Funktionsumfang geringer als bei Geräten mit dem S-Modus. Es ist auch möglich, in einem KNX-Netzwerk Geräte mit E- und S-Modus gemeinsam zu verwenden.

A-Mode ([*Automation-Mode*], Automatischer Modus, Automatik-Modus)
Geräte mit diesem Modus verfügen über festgelegte Einstellungen, Parameter und Anweisungen, wie sie mit anderen Geräten mit demselben A-Modus kommunizieren sollen. Beim Einfügen in das Netzwerk erfolgt eine automatische Erkennung (Plug and Play). Verwendet wird dieser Modus besonders bei Haushaltsgeräten (z. B. Kühlschrank).

Da es sich im Projekt um einfache Steuerungen und Regelungen handelt, wird die Konfiguration der Geräte vor Ort im E-Modus vorgenommen (vgl. Kap. 12.1.4.5).

- Der KNX-Standard bietet eine gewerkeübergreifende Plattform, um Objekte verschiedener Hersteller in Netzen der Haus- und Gebäudesystemtechnik zu installieren.
- Im KNX-Standard werden entsprechend dem Programmierungsaufwand der A-, E- und S-Mode unterschieden.

Auftrag
- Kundengespräch
- Beratung
- Angebot

Vorbereitung ①
- Projektstruktur
- Materialbeschaffung
- Zeitplan
- Personalplanung

Durchführung ②

1. Energieversorgung
- Installationskanal mechanisch installieren
- Elektroleitungen im Kanal verlegen
- Steckdosen anschließen
- Unterverteilung montieren
- Objekte in der Unterverteilung installieren
- Energieversorgung überprüfen

2. Beschattung
- Eingabegeräte einbauen
- Ausgabegeräte einbauen
- Windwächter installieren
- Anlage konfigurieren und in Betrieb nehmen

3. Beleuchtung
- Datenleitung (Twisted Pair für EIB) verlegen
- Dimmer für bestehende Beleuchtung einbauen
- Bedientaster installieren
- Beleuchtung konfigurieren

4. Meldung
- Präsenzmelder einbauen und konfigurieren

5. Heizung
- Bestehende mechanische Heizungsventile abbauen
- Datenleitung (Twisted Pair für EIB) verlegen
- Elektrische Stellantriebe einbauen
- Anlage konfigurieren

6. Dokumentation und Übergabe
- Dokumentation erstellen
- Kunden über die Gesamtinstallation informieren

1: Projektstruktur

Da das Projekt innerhalb einer Woche realisiert werden soll, müssen die einzelnen Schritte sorgfältig geplant werden. Zur Orientierung dient die Projektstruktur in Abb. 1. In ihr sind auch die Tätigkeiten aufgeführt ①, die vor Beginn der Installationsaufgaben erledigt werden müssen. Danach sind in der Übersicht die Installationsarbeiten als **Teilprojekte** [*subprojects*] ② mit den jeweiligen Tätigkeiten aufgeführt. Sie sollen für die beiden Mitarbeiter als Orientierung dienen. Vor Ort muss dann eine Anpassung an die jeweiligen Gegebenheiten erfolgen. Auf jeden Fall muss aber der Abschluss am Freitag dem 09. 03. 2019 realisiert werden.

Der Zeitplan für die Teilprojekte ist in Abb. 2 dargestellt. Er dient der Groborientierung. Von diesem Plan kann abgewichen werden ③, wenn die Umstände dieses erfordern. Da der Plan eine Woche umfasst, sind keine **Pufferzeiten** [*buffer times*] eingeplant. Wenn Schwierigkeiten auftreten, kann ein dritter Mitarbeiter kurzfristig eingesetzt werden.

Für die rechtzeitige Anlieferung der Materialien und die Personalplanung ist Herr Kruskop zuständig. Er ist auch während der Arbeit für seine beiden Mitarbeiter telefonisch erreichbar. Darüber hinaus wird er sich täglich über den Arbeitsfortschritt informieren (**Projektmanagement** [*project management*].

Aufgaben

1. Welche wesentlichen Merkmale besitzen Objekte bzw. Installationen, die im E-Modus des KNX-Standards konfiguriert werden können?
2. Weshalb ist es sinnvoll, ein Projekt in Teilprojekte zu gliedern?

- In einem Projektplan sind detailliert die Teilaufgaben, der Anfang, der Abschluss und die Dauer aufgelistet.
- Unter Projektmanagement versteht man Führungsaufgaben, -organisationen, -techniken und -mittel für die Abwicklung eines Projekts.

Nr.	Teilprojekt	Anfang	Abschluss	Dauer ③	4 Mrz 2020						
					5	6	7	8	9	10	11
1	**Energieversorgung**	05.03.2019	05.03.2019	1d							
2	**Beschattung**	06.03.2019	07.03.2019	1d 4h							
3	**Beleuchtung**	07.03.2019	07.03.2019	1d							
4	**Meldung**	07.03.2019	08.03.2019	4h							
5	**Heizung**	08.03.2019	09.03.2019	1d 2h							
6	**Dokumentation, Übergabe**	09.03.2019	09.03.2019	4h							

d: Tage
h: Stunden

2: Zeitplan

12.1.3 Energieversorgung

12.1.3.1 Mechanische Installation

Laut Projektplan soll zunächst der aus PVC bestehende Installationskanal (Ausführung als **Brüstungskanal** [*dado duct*]) für die Energieversorgung und die Datenleitungen in 1,2 m Höhe vom Fußboden installiert werden.

Aus der Raumskizze (Abb. 3) lässt sich für den Wandbereich eine Gesamtlänge von etwa 22 m ermitteln.

Verwendet wird ein System mit drei Kammern (Abb. 4), in denen folgende Objekte untergebracht werden:

- Energieleitungen ①
- Steckdosen ②
- Datenleitungen ③

Das hier verwendete Dreikammerprofil besitzt folgende Vorteile:

- **Elektromagnetische Entkopplung**
  Durch einen Mindestabstand von 80 mm zwischen den Energie- und Datenleitungen wird eine sehr gute Entkopplung erreicht (erhöhte EMV-Störsicherheit). Nach EN 50174-2 (Informationstechnik – Installation von Kommunikationsverkabelung) soll ein Mindestabstand von 50 mm eingehalten werden, der bei dem hier verwendeten System eingehalten wird.
- **Flexibilität bei der Installation**
  Die Kammern ① und ③ (Abb. 4) sind für die Leitungsführung vorgesehen. Sie können durch eine leichte Drehbewegung nach innen (Pfeile in Abb. 4), bei gleichzeitigem Zug nach oben und vom Grundprofil weg, leicht aus der Verschlusskontur des Grundprofils geöffnet werden. Einfaches Nachlegen von Leitungen bei laufendem Betrieb ist möglich. Getrennt werden die Leitungskammern durch den Bereich ②, der für den Einbau der Objekte (Steckdosen usw.) vorgesehen ist.

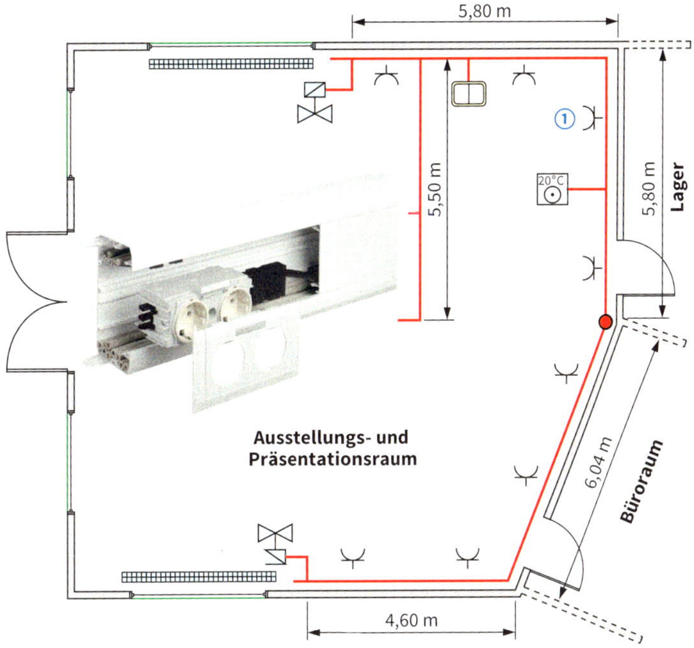

3: Installationskanäle im Ausstellungs- und Präsentationsraum

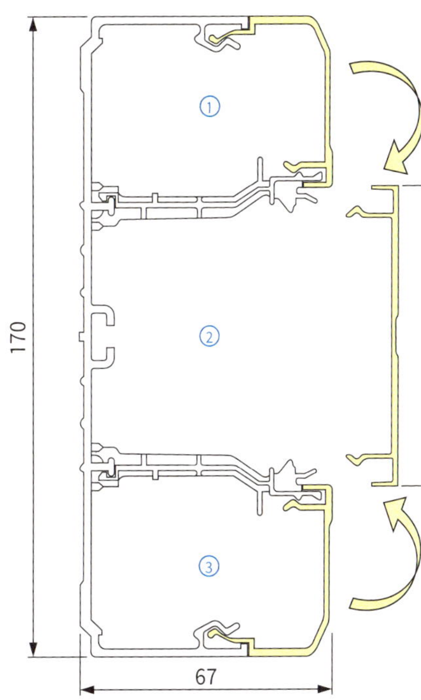

4: Profil des Installationskanals

Installationskanäle

Es handelt sich hierbei um eckige, halbrunde oder runde Leerräume für die Verlegung von Leitungen, die mit einer Kanalabdeckung versehen sind.

- **Verlegungsmöglichkeiten**:
  Decke, Wand im oder auf dem Fußboden
- **Abmessungen**:
  Kanalbreite: 80 mm bis 220 mm
  Kanaltiefe: 60 mm bis 120 mm
- **Ausführungen** (Kunststoff, Metall):
  PVC, halogenfreier Kunststoff, V2A-Stahl, Stahlblech, Federstahl, Aluminium

Metallene Installationskanäle wirken abschirmend und müssen geerdet werden.

- Mit Hilfe von Installationskanälen lassen sich rasch und flexibel Elektroinstallationen auf Wand- und Deckenflächen herstellen.
- In Installationskanälen können Energie- und Datenleitungen gemeinsam verlegt werden.

Bearbeitung von Kunststoffkanälen

- **Hand- und Stichsäge**
  Eisen oder Kunststoffsägeblatt, feine Zahnung
- **Kreissäge**
  - Sägeblatt für Kunststoff,
  - Durchmesser 250 mm bis 350 mm,
  - Zahnung 80 bis 108 Zähne/Zoll,
  - Schnittgeschwindigkeit 37 m/s bis 51 m/s bei einer Drehzahl von 2800 1/min
- **Bohrungen**
  Geeignet sind Metallbohrer, Zentrumsbohrer, Kreisschneider, Fräser
- **Kanalschere**
  Besonders geeignet für Winkelschnitte durch verstellbaren Anschlag.

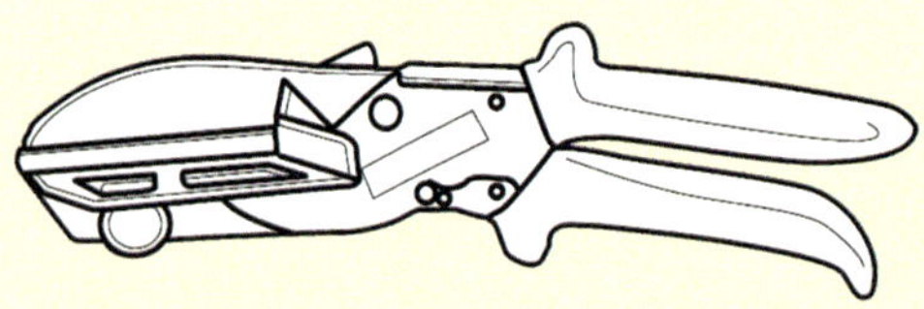

- **Ausklinkzange**
  Geeignet zur Herstellung von Ausschnitten besonders in Außenwänden.

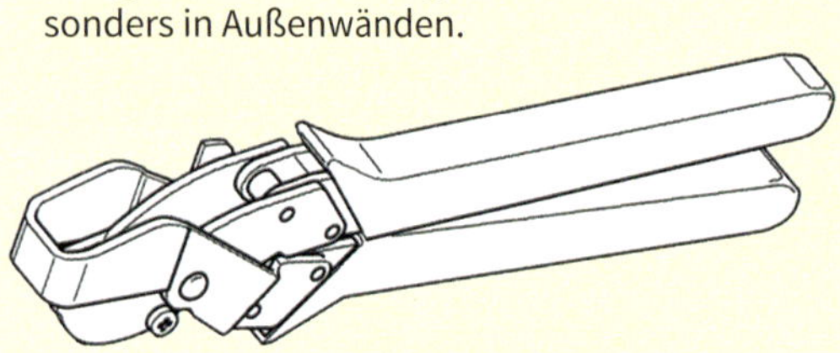

Verbinder für Kanalsteckdosen

Eingangsbuchse 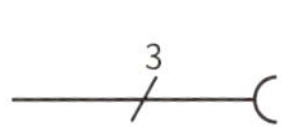	
Ausgangsstecker 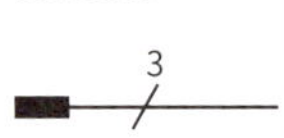	
Verteiler 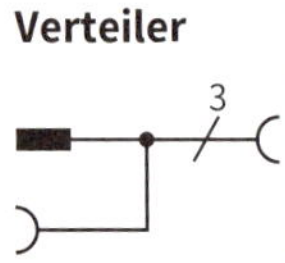	
Energiebus 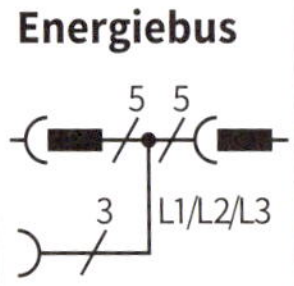	

12.1.3.2 Elektrische Installation

Etwa in der Mitte des Brüstungskanals befindet sich ein Durchbruch im Fußboden zum Keller (Abb. 3, S. 523), sodass von dort die Energiezuführung erfolgen kann. Im Kellerbereich ist die Hauptverteilung untergebracht. Für die neuen Installationen soll eine zusätzliche Unterverteilung eingebaut werden. Von dort führen zwei Leitungen zu den Steckdosen im Brüstungskanal.

Die grundsätzliche Installation ist in Abb. 1 zu sehen (Herstellerunterlage). Jeweils zwei Steckdosen befinden sich in einem Gehäuse (**Kanalsteckdose**). Diese Doppelsteckdosen besitzen folgende Merkmale:

- Länge x Breite x Höhe: 120 mm x 50 mm x 55 mm
- Das Gehäuse der Kanalsteckdose (Abb. 3 ①) beteht aus einer vollständigen Kunststoffisolierung. Die Erdung entfällt somit.
- Zur Verbindung mit dem Netz können Steckvorrichtungen (Abb. 3, Stecker ② und Buchsen ③) verwendet werden.
- Die Kontakte der Stecker und Buchsen sind gegen direktes Berühren geschützt, sodass bei Erweiterungen der Stromkreis nicht abgeschaltet werden muss. Die Arbeit an anderen Arbeitsplätzen wird dadurch nicht beeinträchtigt.
- Zur Unterscheidung der Steckbuchse und des Steckers sind diese mit den jeweiligen Schaltzeichen versehen.
- Durch jede Doppelsteckdose werden die Leiter L1, PE und N durchgeschleift (**Energiebus** [*power bus*], Abb. 2). Die Buchsen der Steckdosen sind parallel an die jeweiligen Leitungen des Energiebusses angeschlossen.
- Die maximale Durchleitungsstromstärke eines Steckdosengehäuses beträgt hier 25 A (Abb. 2).
- Die Bemessungsstromstärke der einzelnen Steckdosen ist mit 16 A angegeben.

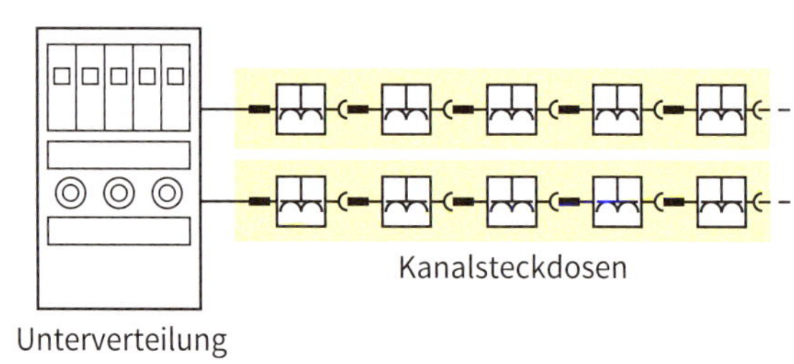

1: Energieversorgung für Kanalsteckdosen

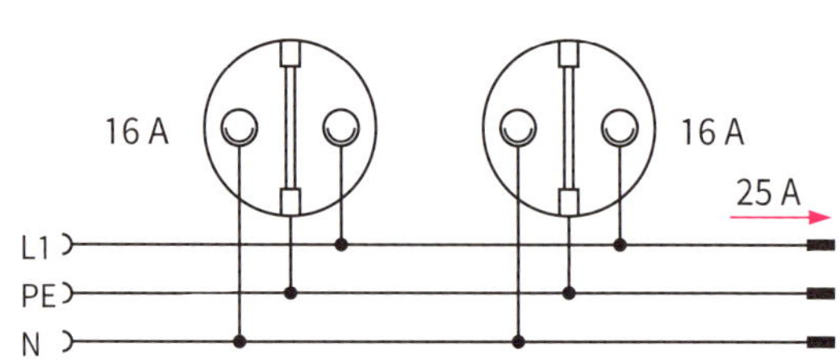

2: Anschluss der Kanalsteckdosen

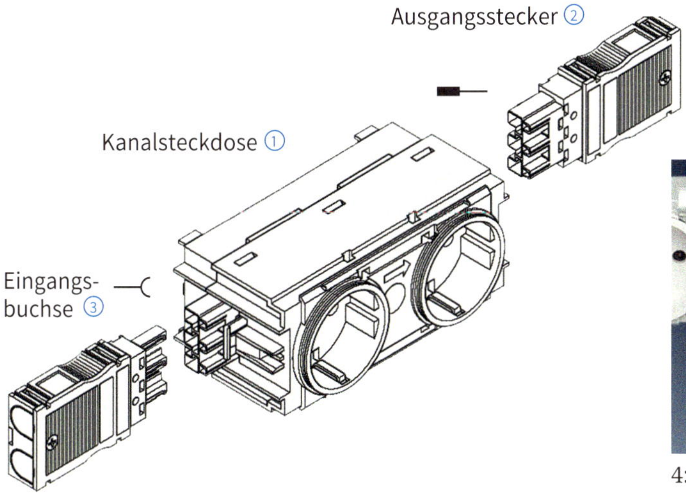

3: Kanalsteckdose mit Steckverbindungen

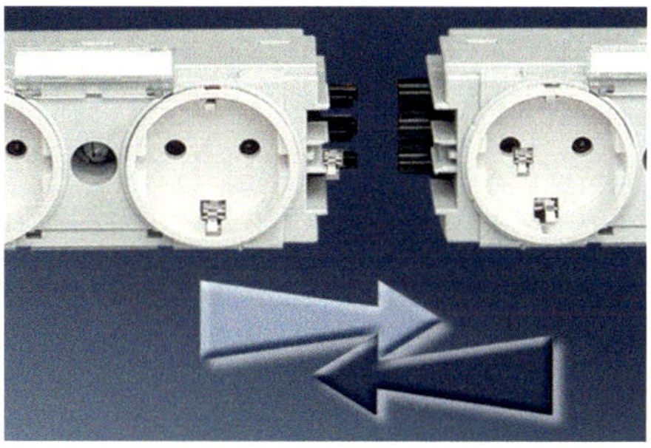

4: Zusammensteckbare Kanalsteckdosen

Die Kanalsteckdosen besitzen an ihren Enden die jeweiligen Eingangsbuchsen und Ausgangsstecker. Sie lassen sich also auch direkt ohne Leitungen miteinander verbinden, sodass 4, 6, … Steckdosen nebeneinander möglich sind (Abb. 4).

- In Installationskanälen muss zwischen Energie- und Datenleitungen ein Abstand von mindestens 50 mm eingehalten werden.
- Innerhalb der Kanalsteckdosen wird das Energiebusprinzip angewendet.

Dezentrale Energieverteilung

Bei der Verlegung von Leitungen in Installationkanälen muss die Strombelastbarkeit beachtet werden. Es ist deshalb mitunter sinnvoll, eine dezentrale Energieversorgung herzustellen. Die Abbildung zeigt eine Möglichkeit, bei der maximal 2 Leitungen mit 5 Adern (5 x 10 mm²) parallel geführt werden (Energiebus ①).

Vom Energiebus aus erfolgt eine Umschaltung ② auf die dreiadrigen Leitungen (3 x 2,5 mm²) ③.

Vorteile der dezentralen gegenüber der zentralen Energieversorgung sind:

- Geringere Leitungszahl ⇒ Reduzierung der Brandlast
- Mehr Ordnung im Installationskanal
- Kleinere Kanalabmessungen sind möglich.

Energiebusprinzip (Herstellerunterlage)

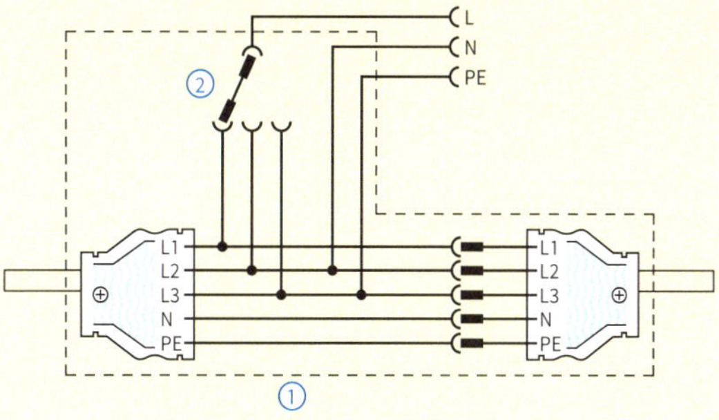

Beispiel:

Herstellerunterlagen

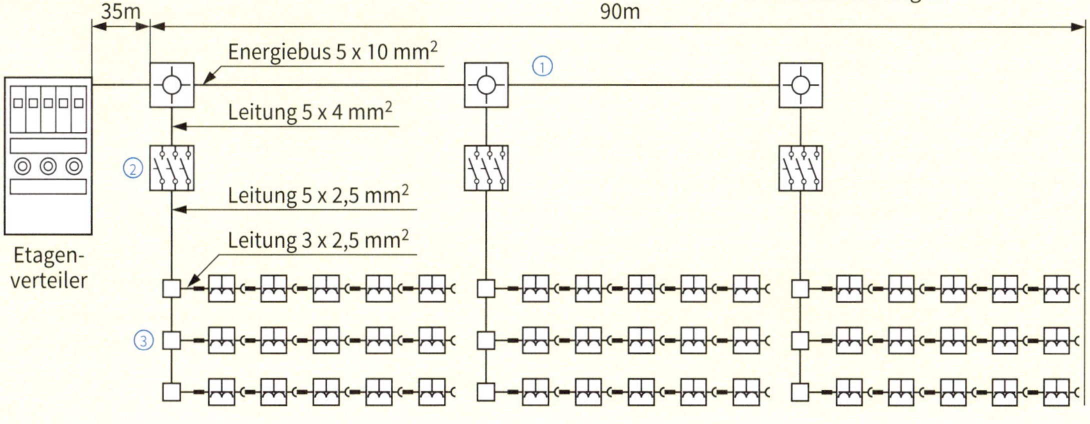

Unterverteilung

Die Unterverteilung für das Projekt wird so ausgewählt, dass die später durchzuführenden Erweiterungen problemlos möglich sind. Eine deutliche Trennung zwischen energie-, daten- und kommunikationstechnischen Objekten wird dabei vorgenommen (Abb. 1, beispielhaft). Dementsprechend wird die Unterverteilung in drei Bereiche eingeteilt.

- **Energieversorgung**
  Aus arbeitsorganisatorischen Gründen ist es sinnvoll, vor dem Beginn der Teilprojekte (Beschattung, Beleuchtung, ...), die Energiezuführungen herzustellen sowie wesentlich Objekte der Energieversorgung zu installieren. Hierfür ist der Bereich ① der Unterverteilung (Abb. 1) vorgesehen. Im Einzelnen sind folgende Tätigkeiten auszuführen bzw. Objekte zu installieren:
  - Leitungszuführung von der Hauptverteilung L1, L2, L3, N und PE herstellen
  - Leitungsschutz-Schalter installieren
  - Netzteil für das Bussystem (Kap. 12.1.5) installieren
  - Ausgangsgeräte für die Beleuchtung (vgl. Kap. 12.1.5) installieren

  Bei der Installation werden die Anschlüsse vorwiegend in **Schnellstecktechnik** [*push-in connection technology*] hergestellt (Abb. 2). Umständliche Handgriffe bei der Schraubverdrahtung fallen weg. Massive Leiter können einfach eingesteckt werden. Ebenso unkompliziert ist das Lösen der Drähte auf Knopfdruck. Bei flexiblen Leitern kann bei geeigneten Klemmen auf Aderendhülsen verzichtet werden. Bei all diesem Installationskomfort ist die Klemmung auch bei mechanischen Schwingungen und thermischen Ausdehnungen zuverlässig.
- **Datentechnik**
  Da die Absicht besteht, in einem Folgeauftrag (vgl. Kap. 12.2) die datentechnische Vernetzung der Büroarbeitsplätze zentral in der Unterverteilung vorzunehmen, wird hierfür der Bereich ② in der Unterverteilung reserviert. In ihm werden im Wesentlichen Patchfelder, Patchkabel und Hubs bzw. Switches untergebracht. Eine Änderung der Vernetzung ist somit rasch möglich.
- **Kommunikationstechnik**
  Im Bereich ③ der Unterverteilung sollen die an verschiedenen Stellen des Kellers installierten Objekte der Telekommunikation zentral zusammengeführt werden. Es sind dies beispielsweise die Telekommunikationsanlage sowie der Internetzugang mit DSL-Anschluss.

■ Wenn in Installationen Energie-, Daten- und Kommunikationsleitungen gemeinsam verlegt werden, ist eine deutliche Trennung innerhalb der Unterverteilung erforderlich.

① ② ③

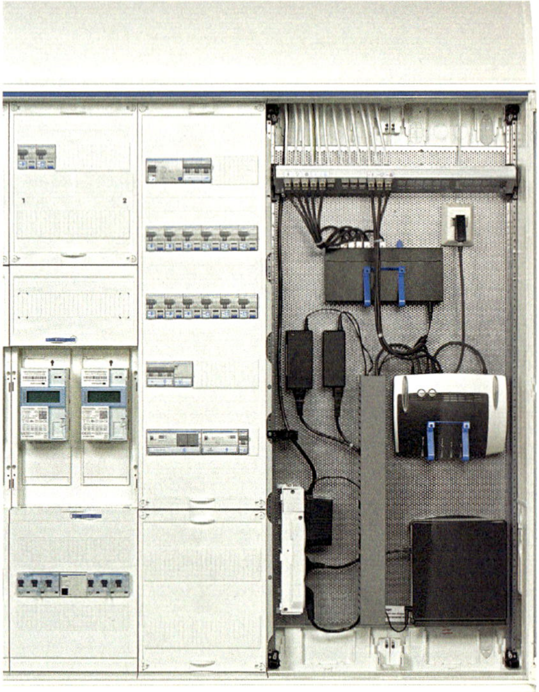

1: Beispielhafte Unterverteilung mit Trennung zwischen Energie-, Daten- und Kommunikationstechnik

2: Installationen

Aufgaben

1. Beschreiben Sie die Vorteile einer Kanalinstallation gegenüber einer Installation unter Putz.
2. Erklären Sie das Energiebusprinzip bei einer Kanalinstallation.

12.1.4 Beschattung

12.1.4.1 Projektstruktur

Bevor mit der Installation begonnen wird, ist es sinnvoll, sich einen Überblick über die **Struktur** [*structure*] dieses Teilprojektes zu verschaffen. Dadurch erhält man ein vereinfachtes Abbild der realen Situation, mit dessen Hilfe sich die einzelnen Arbeitsschritte folgerichtig und sachgerecht abarbeiten lassen.

In dem Teilprojekt werden als Objekte **Eingangsgeräte** und **Ausgangsgeräte** eingebaut, zwischen denen bestimmte Beziehungen (**Verknüpfung** [*linkage*]) hergestellt werden sollen.

Die Verknüpfung zwischen dem Eingangs- und Ausgangsgerät wird mit einem externen **Verknüpfungsgerät** hergestellt, das in diesem Fall drahtlos wie die Objekte arbeitet (Abb. 3). Darüber hinaus wird mit dem Verknüpfungsgerät die **Funktionszuweisung** (z. B. Markise AUF, Markise AB, Abb. 4) vorgenommen.

Beispiel einer Funktionszuweisung:
Wenn der Taster 1 (Eingangsgerät 1) betätigt wird, soll sich die Markise durch den Motor in der Beschattung nach oben bewegen (Funktionszuweisung: AUF, Ausgangsgerät 1).

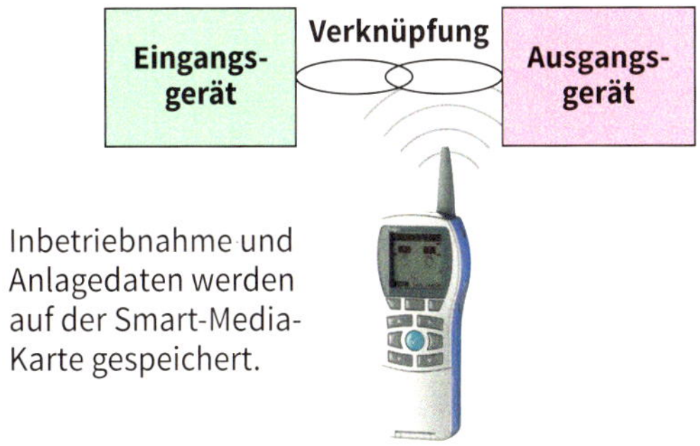

3: Verknüpfung zwischen Ein- und Ausgangsgerät

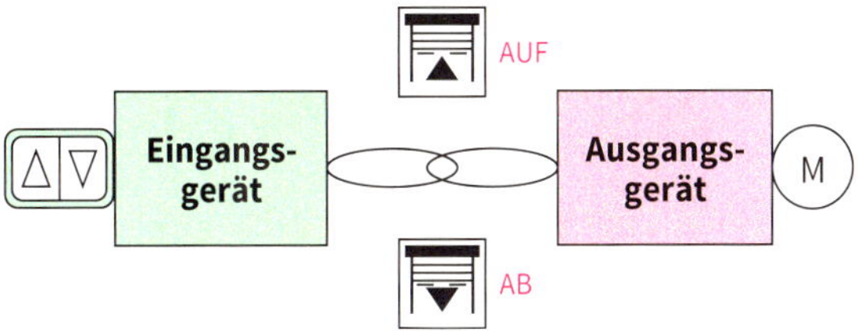

4: Verknüpfung und Funktionszuweisungen

Welche Verknüpfungen und Funktionszuweisungen entsprechend dem Kundenauftrag konfiguriert werden sollen, verdeutlichen die Abb. 5 bis 7. Dabei werden drei Steuerungsarten unterschieden.

1. Einzelsteuerung (separate Steuerung, Abb. 5)
Mit den Eingangsgeräten 1 bis 4 und den dazugehörigen 2-fach-Tastern sollen die Markisen 1 bis 4 (Ausgangsgeräte 1 bis 4) auf- und abwärts gesteuert werden. Jedes dieser Eingangsgeräte besitzt somit zwei Eingänge.

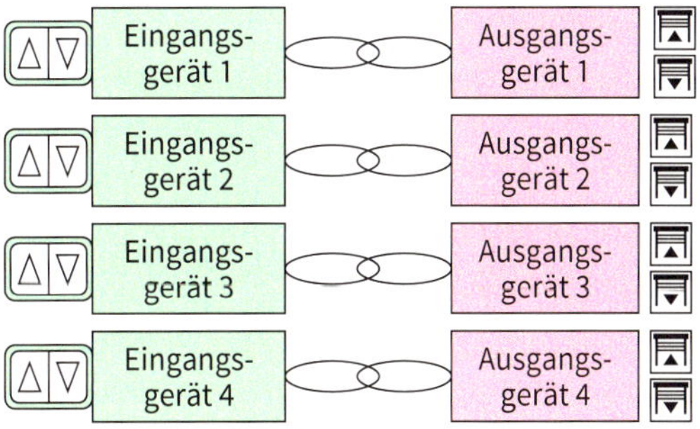

5: Einzelsteuerung der Markisen

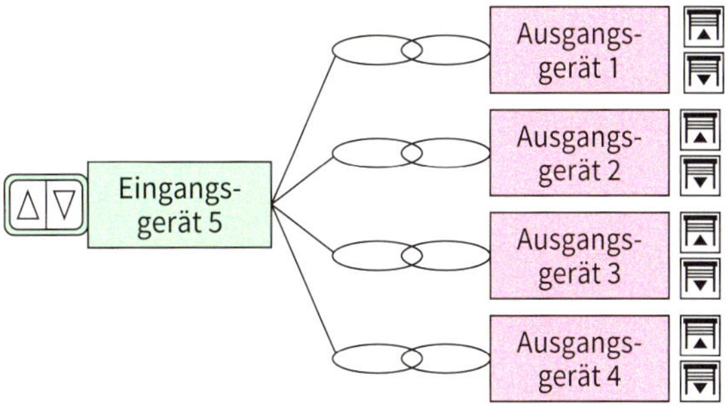

6: Zentralsteuerung aller vier Markisen

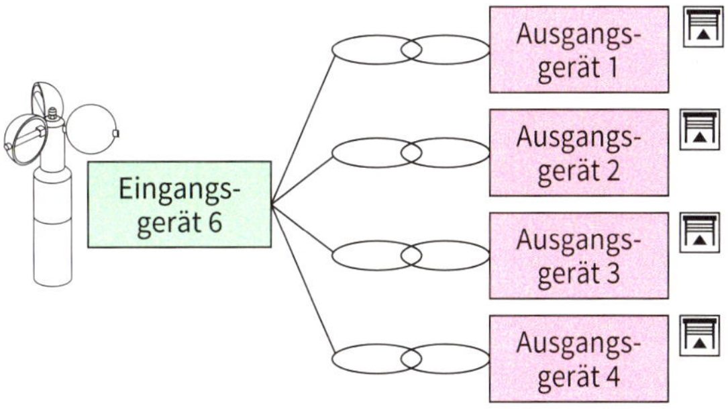

7: Zentralsteuerung mit Windwächter

2. Zentralsteuerung (Abb. 6)
Mit dem Eingangsgerät 5 (ein 2-fach-Taster, zwei Eingänge) sollen alle vier Markisen auf- und abwärts gesteuert werden.

3. Zentralsteuerung mit Windwächter (Abb. 7)
Mit dem Windwächter (Eingangsgerät 6, ein Eingang) sollen alle 4 Markisen nur aufwärts gesteuert werden.

Bevor die Konfiguration der Steuerung mit dem Verknüpfungsgerät vorgenommen wird (vgl. Kap. 12.1.4.5), müssen die Eingangs- und Ausgangsgeräte installiert werden (s. nachfolgendes Kapitel).

- Eine Struktur wird durch seine Objekte und ihre Beziehungen gekennzeichnet.
- Mit dem Verknüpfungsgerät wird zwischen den Objekten eine Verknüpfung hergestellt und eine Funktionszuweisung der Objekte vorgenommen.

Planen und Realisieren

12.1.4.2 Eingangsgeräte

In dem zu realisierenden Gesamtprojekt soll die Übertragung der Steuersignale zwischen den Elektroinstallationen

- mit Hilfe von Leitungen (verdrahtete Geräte mit Twisted-Pair-Leitungen, EIB) und
- drahtlos über Funkkanäle erfolgen.

Weil für die Steuerung zur Beschattung der Fenster (Teilprojekt 2) möglichst keine zusätzlichen Leitungen im Fensterbereich verlegt werden sollen, wurde dafür ein Funksystem gewählt.

Funksysteme bestehen aus **Ein- und Ausgangsgeräten**, die über zwei oder mehrere Funkkanäle miteinander gekoppelt sind (vgl. Kap. 12.1.2). Die Sendungen sind störsicher und verschlüsselt. Für die Eingabe der Markisensteuerung werden Taster verwendet (Abb. 1).

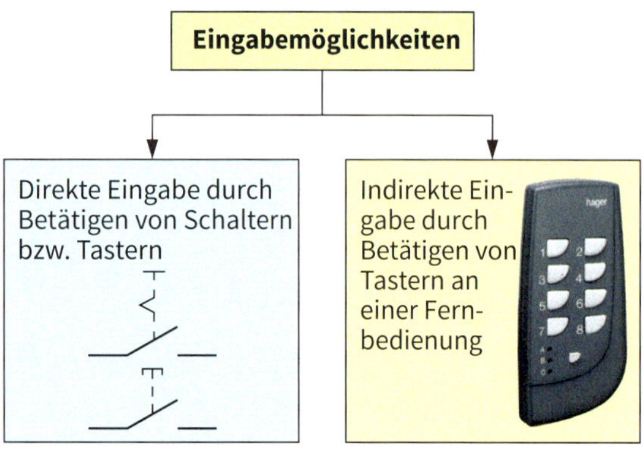

1: Eingabemöglichkeiten

Eingangsgerät [*input device*]
Die grundsätzliche Funktion des Eingangsgerätes für eine funkbasierte Steuerung (auch als Funkmodul bezeichnet) ist im Schaltzeichen der Abb. 2 dargestellt.

Es enthält die folgenden Funktionseinheiten:

- **Eingabe**
  Schalter, Taster oder Fernbedienung
- **Wandler**
  Durch den Wandler erfolgt eine Anpassung der Eingangssignale an die Senderendstufe.
- **Antenne**
  Über die Antenne erfolgt die Abstrahlung der elektromagnetischen Wellen.

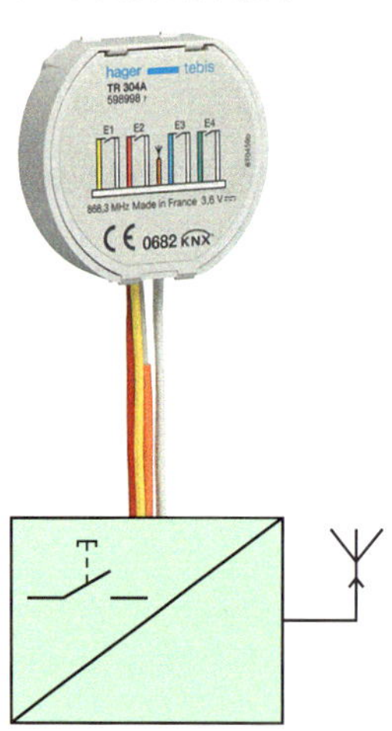

2: Eingangsgerät

Für die Funktion des Eingangsgerätes ist elektrische Energie erforderlich. Diese kann durch Batterien oder wie in diesem Fall über die Netzwechselspannung von 230 V bezogen werden. Wie das Eingabegerät installiert werden muss, zeigt Abb. 3.

Installation des Eingangsgerätes

- **Spannungsversorgung**
  230 V ①, Stromstärke 19 mA
- **Steckverbinder** ② mit
  - Funkantenne ③ und
  - Anschlüssen für zwei Taster ④.
- **LED** ⑤
  Die LED zeigt den Funktionszustand des Gerätes nach Betätigung eines Tasters an.
  - Kurzes Aufleuchten (250 ms) ⇒ OK (konfiguriert),
  - Blinken (1 Hz, 2 s) ⇒ Gerät ist nicht konfiguriert.

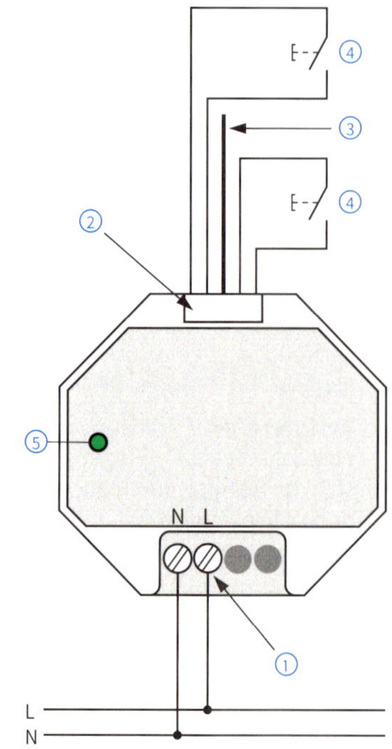

3: Anschlüsse am Eingangsgerät (Herstellerunterlage)

Wie das Eingangsgerät mit den beiden Tastern in eine Unterputzverteilerdose (Durchmesser 60 mm) eingebaut wird, zeigt Abb. 4. Die Taster sind direkt vor das Eingangsgerät montiert. Sie können aber auch an anderen Stellen untergebracht werden.

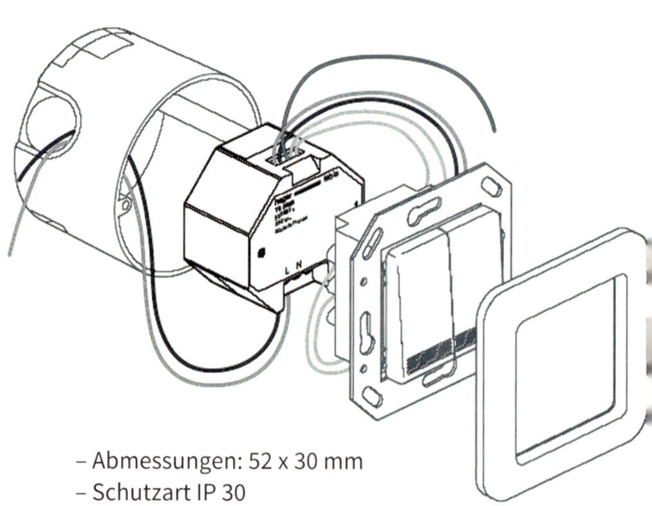

4: Einbau des Eingangsgerätes

12.1.4.3 Ausgangsgeräte

Die im Ausstellungs- und Präsentationsraum bereits installierte Markisensteuerung erfolgte an jedem Fenster mit separaten Umschaltern (Abb. 5 ①). Die drei Stellungen AUF, AUS (Nullstellung) und AB waren möglich. Der Umschalter wird jetzt durch ein Ausgangsgerät ersetzt, das die Steuersignale empfängt und die gewünschten Schaltungen ausführt.

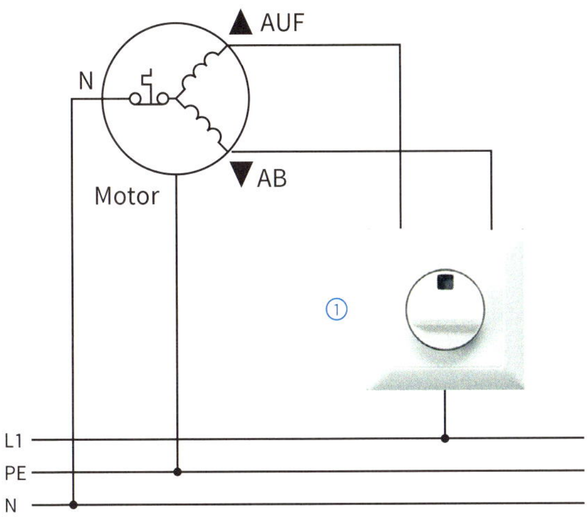

5: Ursprüngliche Motorsteuerung

Der grundsätzliche Aufbau des Ausgangsgerätes (Steuergerät) ist im Schaltzeichen der Abb. 6 dargestellt. Es enthält folgende Funktionseinheiten:

- **Antenne**
  Die Antenne empfängt die elektromagnetischen Wellen des Eingangsgerätes (unidirektional).
- **Wandler**
  Durch den Wandler erfolgt die Anpassung der Eingangssignale an die nachfolgende Schaltstufe.
- **Ausgabe**
  Mit dem gewählten Ausgangsgerät können die bisherigen Schaltfunktionen ausgelöst werden.

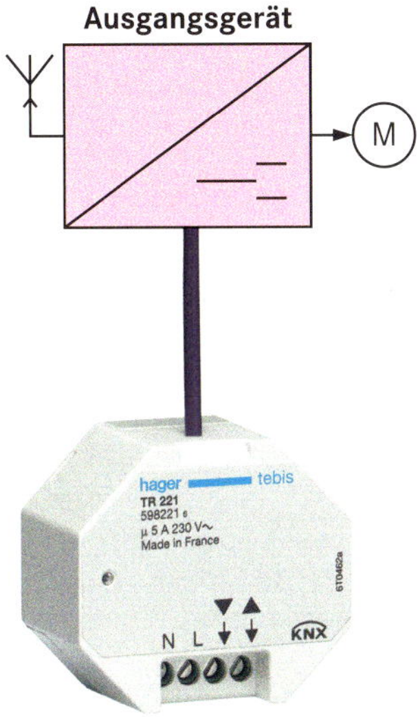

6: Ausgangsgerät

Mit dem abgebildeten Ausgangsgerät sind nicht nur die drei ursprünglichen Steuerfunktionen der Markisensteuerung realisierbar. Durch eine entsprechende Konfiguration können auch andere Funktionen eingestellt werden (Abb. 7).

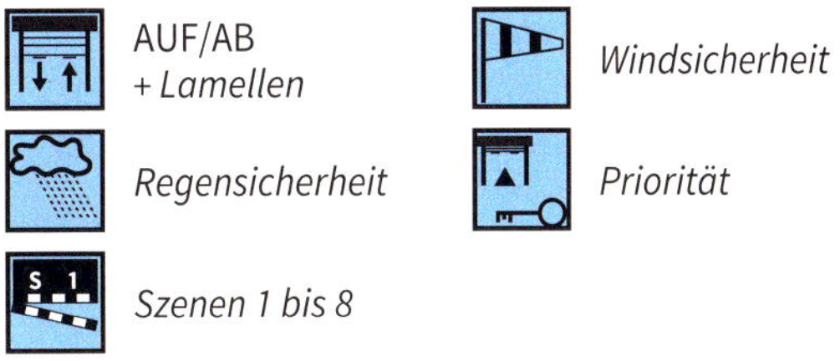

7: Konfigurierbare Funktionen am Ausgangsgerät

Installation des Ausgangsgerätes

Der vorhandene Umschalter der Markisensteuerung (Abb. 5 ①) in der Unterputzdose wird gegen das Ausgangsgerät (52 x 27 mm) getauscht. Folgende Leitungen sind anzuschließen (Abb. 8):

- Spannungsversorgung 230 V (2 W)
- Motoranschlüsse für die Markise ②

Beachtet werden muss beim Einbau, dass die Empfangsmöglichkeiten der Antenne ③ nicht beeinträchtigt werden. Die LED ④ dient zur Anzeige der Übertragung.

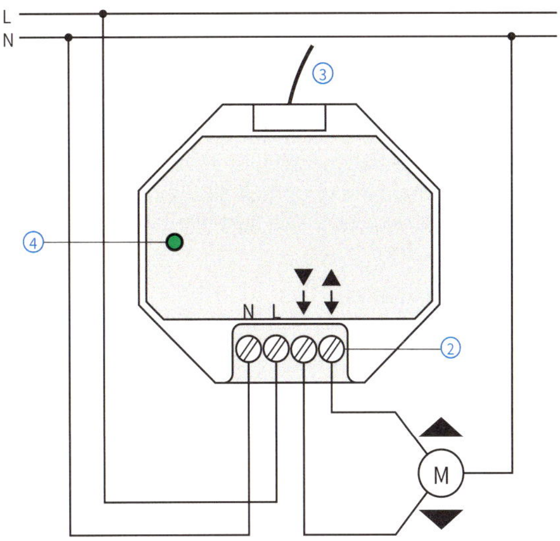

8: Anschluss des Ausgangsgerätes für die Markisen-Steuerung

Aufgabe

1. Aus welchen Komponenten bestehen funkbasierte Ein- und Ausgangsgeräte?

- Eine funkbasierte Steuerung in der Haus- und Gebäudesystemtechnik besteht aus Ein- und Ausgangsgeräten.
- Die Kopplung zwischen den Ein- und Ausgangsgeräten erfolgt über Sende- und Empfangsantennen in einem Funkkanal bei 868,3 MHz.
- Je nach Konfiguration können Ausgangsgeräte unterschiedliche Funktionen ausführen.

12.1.4.4 Windwächter

Die Markisen bestehen aus Stoff- bzw. Kunststoffbahnen, die sich außerhalb und vor den Fensterscheiben befinden. Um Beschädigungen bei zu hoher **Windgeschwindigkeit** [*wind speed*] zu vermeiden, müssen alle Markisen eingefahren werden können. Deshalb wird als Überwachungseinrichtung ein **Windwächter** [*wind sensor*] eingebaut.

Funktionsbeschreibung

Der Wind sorgt für die Rotation des Windrades (Abb. 1). Diese Rotationsgeschwindigkeit wird mit einem Sensor gemessen und mit dem eingestellten **Grenzwert** [*limit value*] verglichen. Der Einstellbereich für die Windgeschwindigkeiten reicht von 5 km/h bis 55 km/h (Abb. 2 ①). Voreingestellt ist ein Wert von 25 km/h.

Das Ausgangsverhalten des Windwächters ist binär. Wenn die Windgeschwindigkeit den eingestellten Grenzwert länger als drei Sekunden überschreitet, schließt ein Kontakt (Abb. 2 ②). Wird der eingestellte Grenzwert nicht erreicht, bleibt der Kontakt geöffnet.

Die Umschaltung von einem in den anderen Zustand erfolgt nicht sofort. Aus Sicherheitsgründen bleibt der Kontakt mindestens zehn Minuten lang (fest vorgegeben) geschlossen (**Sicherheitsfunktion** [*safety function*]). Wenn die Windgeschwindigkeit nach diesen zehn Minuten unterhalb des eingestellten Grenzwertes liegt, öffnet der Kontakt wieder. Die Sicherheitsfunktion ist aufgehoben.

Installationshinweise

- Grundsätzlich soll der Windwächter so installiert werden, dass seine Funktion nicht behindert wird (Markisenbewegung, Äste von Bäumen, …).
- Da der Windwächter die auf die Markisen einwirkende Windgeschwindigkeit messen soll, darf er nicht im „Windschatten" des Gebäudes angebracht werden.

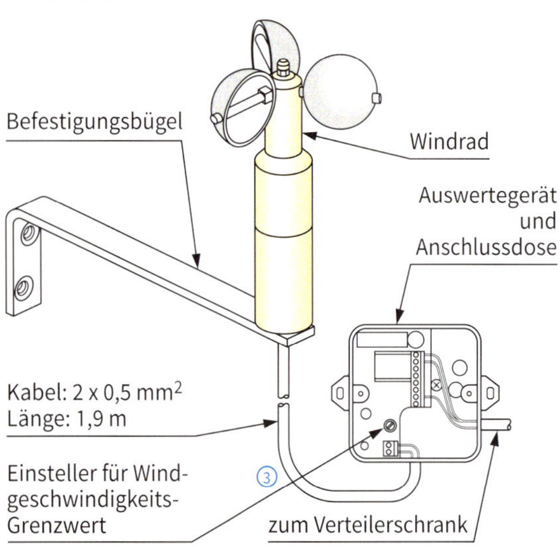

1: Windwächter-Montage

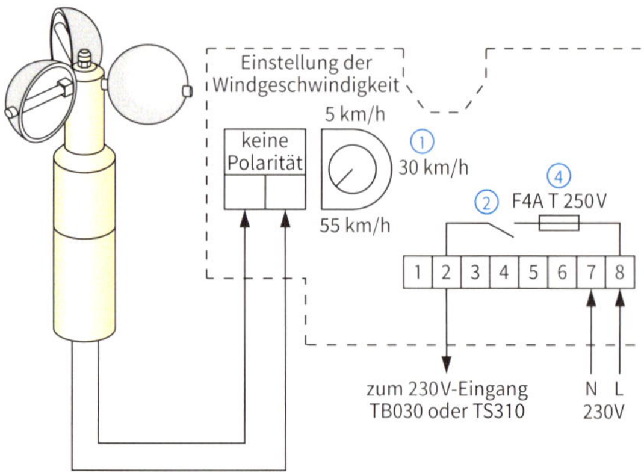

2: Elektrische Anschlüsse am Windwächter

- Der Grenzwert für die Windgeschwindigkeit ist entsprechend den Angaben des Herstellers einzustellen.
- Die Wasserdichtigkeit muss gewährleistet sein.
- Ein Mindestabstand von 1 cm zwischen Leitungen des Windwächters und anderen Leitungen ist einzuhalten.
- Die Anschlussleitung ist im Bogen zu verlegen (Tropfwasser-Schutz, Abb. 1 ③).
- Die Spannungsversorgung beträgt 230 V AC.
- Kontaktbelastbarkeit des Ausgangskontaktes: 4 A, 230 V AC, interner Schutz durch Feinsicherung 4 A (Abb. 2 ④).
- Schutzklasse II
- Schutzart IP 65

Um diesen Windwächter für die Beschattung einsetzen zu können, muss der binäre Ausgang noch an das Funksystem angepasst werden. Verwendet wird das in Kap. 12.1.4.2 behandelte Eingangsgerät. Anstelle eines Eingangstasters wird der Schaltausgang des Windwächters verwendet (Abb. 3).

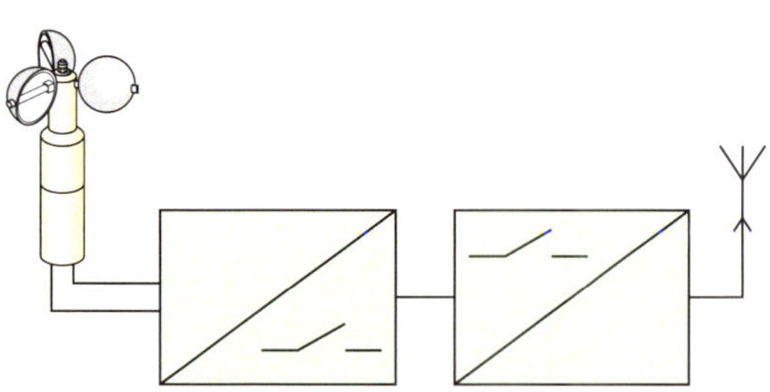

3: Anpassung des Windwächters

- Windwächter werden als Schutzgeräte für außen liegende Beschattungssysteme gegen starken Wind eingesetzt (Windsicherheitsfunktion).
- Windwächter müssen so montiert werden, dass ihre Sicherheitsfunktion nicht durch Gebäude, Bäume usw. gestört wird.

12.1.4.5 Inbetriebnahme

Nach der elektrischen Installation sind die Eingangs- und Ausgangsgeräte noch nicht funktionsfähig, weil keine Verknüpfungen zwischen den Geräten bestehen und noch keine Zuweisung von Funktionen stattgefunden hat.

Da in diesem Projekt einfache Verknüpfungen herzustellen sind und die installierten Geräte dem KNX-Standard entsprechen, erfolgt die Verknüpfung im E-Modus (vgl. Kap. 12.1.2). Der E-Modus besitzt folgende Vorteile:

- Die Verknüpfungen werden in dem Raum hergestellt, in dem die Installationen vorgenommen wurden (sichtbarer Bereich).
- Die Funktionszuweisungen lassen sich sofort überprüfen.

Verwendet wird das vom Hersteller vorgesehene **Verknüpfungsgerät** *[programming device]* (vgl. Kap. 12.1.4.1). Der Abstand zwischen den Verknüpfungs- und Eingangsgeräten darf nicht größer als 15 bis 20 m sein. Mit der Eingabe über Tasten (Abb. 5) und über die daraus folgenden Anzeigen im Display (Abb. 4) lassen sich die Verknüpfungen herstellen und die gewünschten Funktionszuweisungen vornehmen.

Im Display lassen sich folgende Bereiche unterscheiden:

- Linke Seite ①:
  Informationen zu den Eingangsgeräten
- Rechte Seite ②:
  Informationen zu den Ausgangsgeräten
- Mittlerer Bereich ③:
  Betriebsarten
- Unterer Bereich ④:
  Tastenfunktionen des Displays

Vor der Inbetriebnahme ist es sinnvoll, sich z. B. in Form einer Skizze Klarheit über die Zahl der Eingangsgeräte mit ihren Eingängen und die Zahl der Ausgangsgeräte zu verschaffen (vgl. Kap. 12.1.4.1). Im Teilprojekt „Beschattung" müssen also

- 6 Eingangsgeräte mit insgesamt 11 Eingängen (8 + 2 + 1) mit
- 4 Ausgangsgeräten verknüpft werden.

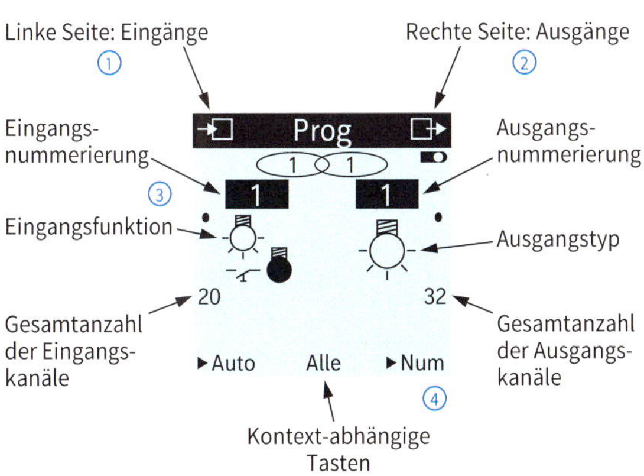

4: Displayanzeige des Verküpfungsgerätes (Beispiel)

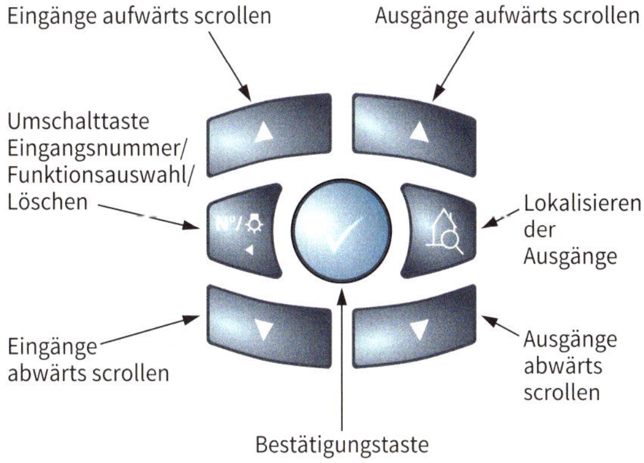

5: Tastatur des Verknüpfungsgerätes

Bei der Inbetriebnahme sind folgende wesentliche Schritte durchzuführen:

1. Vorbereiten

- Neue SmartMedia Karte einlegen
- Anlagentyp eingeben
- Wechsel in den Programmiermodus

2. Ausgänge lokalisieren

- Suchvorgang einleiten
- Ausgänge werden automatisch nummeriert
- Zahl der Ausgänge und Funktion werden angezeigt

3. Eingang vorbereiten

- Eingang „1" betätigen
- Dem Eingang eine Nummer zuweisen, bestätigen

4. Eingang „1" eine Funktion zuweisen

- Eine Funktion für den Eingang „1" wählen
- Funktion bestätigen

5. Eingangsgerät mit Ausgangsgerät verknüpfen

- Ausgangsgerät (Nummer) auswählen
- Den Eingang „1" mit einem gewählten Ausgang verknüpfen

Die Schritte 3 und 4 müssen für jeden Eingang wiederholt werden. Als Abschluss kann die Anlage im AUTO-Modus getestet werden.

Eine ausführlichere Darstellung der Konfiguration ist in Abb. 3 mit Eingabetasten und ausgewählten Displayanzeigen dargestellt.

- Die grundsätzliche Konfiguration einer KNX-Anlage im E-Modus läuft in folgenden Schritten ab:
  1. Ausgangsgeräte lokalisieren
  2. Eingänge nummerieren und Funktion zuweisen
  3. Eingang mit Ausgangsgerät verknüpfen

Aktionen	Schritte	Beschreibung	Anzeige, Display
– Gerät einschalten – Bei Anzeige TP „NEIN" eingeben, da in diesem Teilprojekt alle Daten per Funk übertragen werden.	**1. Vorbereiten**	– Nach dem Einschalten muss am Verknüpfungsgerät zwischen TP (Twisted Pair) und RF (radio frequency, Funk) gewählt werden.	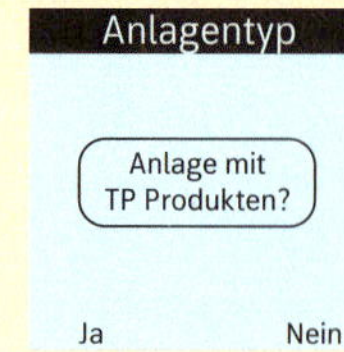
– Scan-Taste drücken 	**2. Ausgänge lokalisieren**	– Die Installation nach Ausgangsgeräten scannen. – Die sechs Ausgangsgeräte der Anlage werden gefunden. – Sie werden automatisch von 1 bis 6 durchnummeriert.	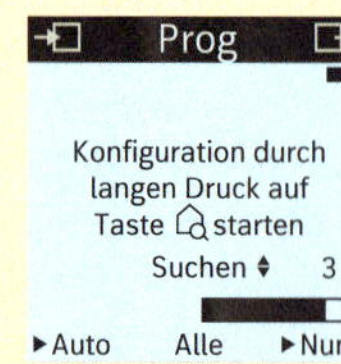
– Taster 1 (z. B. als „AUF") am Eingangsgerät betätigen. – Nummer 1 am Verknüpfungsgerät für diese Betätigung vergeben.	**3. Eingang vorbereiten**	– Das Verknüpfungsgerät registriert ein Signal vom Eingangsgerät 1. – Diesem Signal wird die Nummer 1 zugeordnet.	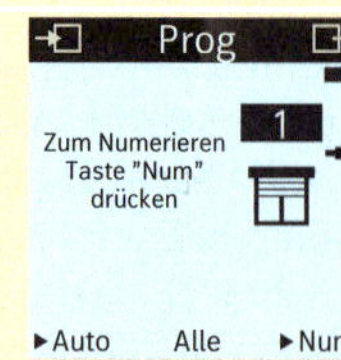
– Funktionstaste betätigen – Funktion auswählen – Auswahl bestätigen Tasten: 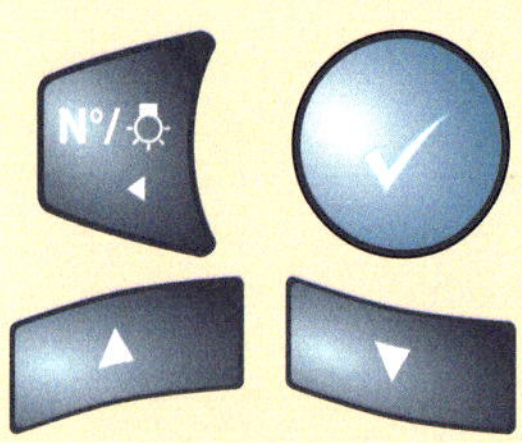	**4. Eingang 1 eine Funktion zuweisen**	– Die Funktion „AUF" wird aus den verschiedenen Möglichkeiten ausgewählt. – Die gewählte Funktion muss bestätigt werden. – Nach der Bestätigung ist diese Funktion im Eingangsgerät bei der Betätigung des Tasters 1 gespeichert.	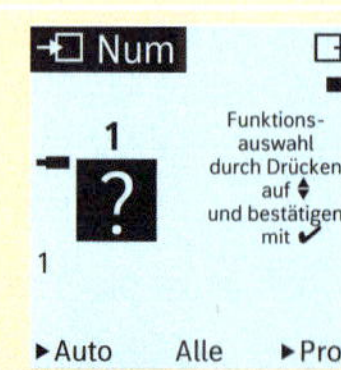
– Ausgangsziffer 1 wählen – Vorbereiten und Bestätigen Tasten: 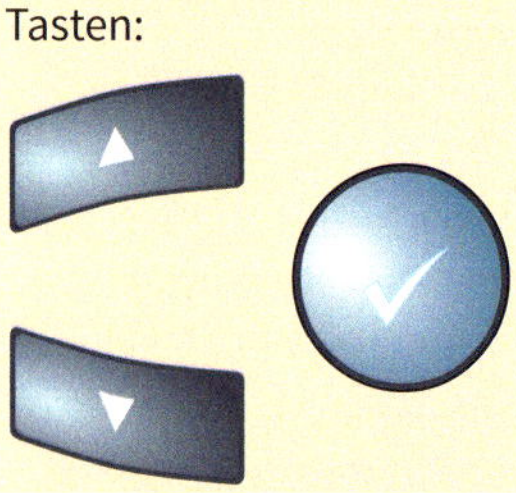	**5. Eingangsgerät mit Ausgangsgerät verknüpfen**	– Es wird das Ausgangsgerät 1 gewählt, das mit dem Eingang 1 verknüpft werden soll. – Verknüpfungen müssen stets vorbereitet und bestätigt werden. – Der Ladevorgang läuft, dabei wandern zwei Ellipsen ineinander. – Verknüpfung besteht	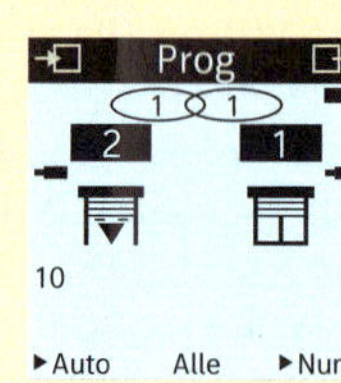
– Taster 2 (z. B. als „AB") am Eingangsgerät betätigen. – Nummer 2 am Verknüpfungsgerät vergeben.	**6. Eingang 2 vorbereiten …**	– Für jeden weiteren Eingang muss der Vorgang ab Schritt 3 wiederholt werden, bis der letzte Eingang mit dem zugehörigen Ausgangsgerät verknüpft ist und die richtigen Funktionen zugewiesen worden sind.	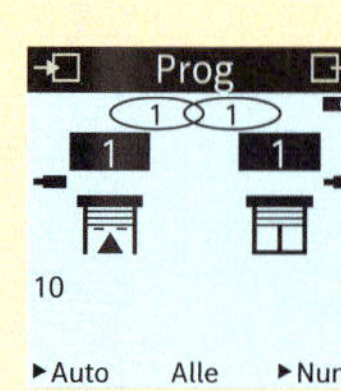

1: Konfiguration des Teilprojekts „Beschattung"

12.1.5 Beleuchtung

12.1.5.1 Projektstruktur

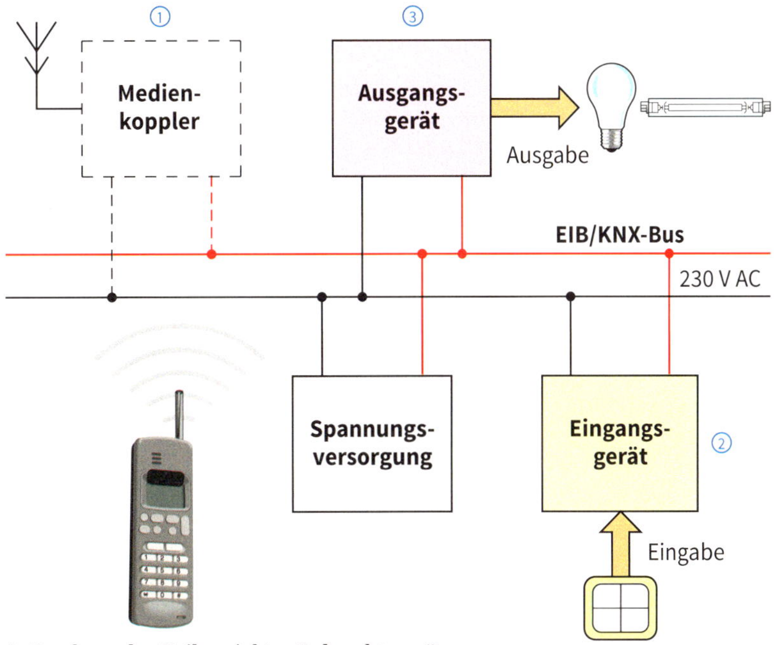

2: Struktur des Teilprojekts „Beleuchtung"

Die bisherige Deckenbeleuchtung im Ausstellungs- und Präsentationsraum des „Fenster- und Türenstudios" soll erhalten bleiben. Sie ist in zwei Zonen (vgl. Kap. 12.1.2) aufgeteilt, wobei jede separat mit einem Schalter gesteuert werden kann. Die Gesamtleistung der Leuchten in jeder Zone beträgt 400 W. Die Energieversorgung erfolgt über eine Verteilung, die sich im darunter liegenden Kellerraum befindet.

Auf Wunsch des Kunden soll die Deckenbeleuchtung in den verschiedenen Zonen unterschiedlich steuerbar sein (EIN/AUS, Dimmen, Zeitschalterbetrieb). Die Schalter müssen also entfernt werden. Die Eingabe für die gewünschten Funktionen übernehmen jetzt vier Taster, die in den Installationskanal einzubauen sind.

Die Steuerung der Lampen an den Ausgangsgeräten soll nicht wie im Teilprojekt „Beschattung" per Funk, sondern über eine EIB/KNX-Busleitung erfolgen.

Um sich das Zusammenwirken der einzelnen Objekte besser vorstellen zu können, wird für die durchzuführende Bus-Installation eine Strukturskizze (Abb. 2) erstellt. In ihr sind die einzubauenden Objekte und ihre Beziehungen verdeutlicht.

Wie bei der vorher besprochenen Beschattungssteuerung (vgl. Kap. 12.1.4) sind auch hier einfache Verknüpfungen zwischen Ein- und Ausgangsgeräten herzustellen (KNX-Standard). Die Konfiguration erfolgt deshalb im E-Modus mit dem bereits in Kap. 12.1.4.1 vorgestellten Verknüpfungsgerät. Da dieses Gerät drahtlos arbeitet, muss für die Dauer der Konfiguration ein **Medienkoppler** *[media coupler]* (Abb. 2 ①) an den Bus angeschlossen werden. Er übersetzt die per Funk eingehenden Daten in leitungsgebundene Signale.

Nach der Konfiguration kann der Medienkoppler wieder entfernt werden. Bei Änderungen muss er für die Dauer der Konfiguration wieder eingefügt werden.

Die Busleitung besteht aus zwei parallel verlaufenden Leitern (Twisted Pair), über die die Daten entsprechend dem **KNX/EIB-Standard** verschickt werden.

Für die Beleuchtungssteuerung sind in jeder Zone ein Eingangs- und ein Ausgangsgerät vorgesehen. Am Eingangsgerät (Abb. 2 ②) sind zur Eingabe Taster anzuschließen. Mit dem Ausgangsgerät ③ lassen sich verschiedene Lampen mit unterschiedlichen Funktionen steuern.

Da die Steuerung für die Beleuchtung über den EIB-Bus durchgeführt wird, können in den Schaltplänen auch EIB-Schaltzeichen verwendet werden (Abb. 3). Allerdings sind bei heutigen Ein- und Ausgangsgeräten die einstellbaren Funktionen recht vielfältig, sodass diese Vielfalt mit einem einzelnen Symbol nicht gekennzeichnet werden kann. Hersteller verwenden deshalb häufig für die Bausteine Abbildungen, an denen die Anschlüsse für eine fachgerechte Installation gekennzeichnet sind. Die einstellbaren Funktionen können dann aus Tabellen oder Funktionsbeschreibungen entnommen werden.

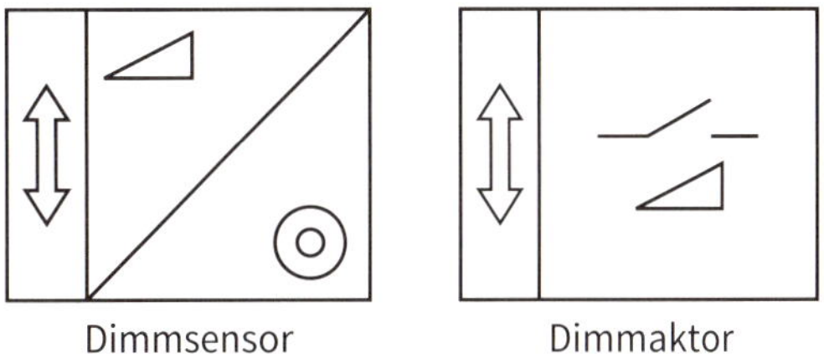

3: EIB-Schaltzeichen

- Für die Beleuchtungssteuerung über den EIB/KNX-Bus sind Eingangsgeräte erforderlich, die über Taster bzw. Schalter bedient werden.
- Die Ein- und Ausgangsgeräte der Lampensteuerung sind über die Busleitung miteinander gekoppelt.
- Die Ausgangsgeräte der Lampensteuerung arbeiten als Aktoren innerhalb der Steuerungskette.

12.1.5.2 Installation

Medienkoppler

Der Medienkoppler ist die Schnittstelle zwischen den leitungs- und funkgesteuerten Objekten (868,3 MHz). Angekoppelt wird er über den EIB/KNX-Bus. Die Spannungsversorgung beträgt 230 V (Abb. 1a). Die Anschlüsse befinden sich unter einer Abdeckkappe (Abb. 1b ①). Die Betriebsbereitschaft wird durch kurzes Aufleuchten der LED ② angezeigt. Die Integration des Medienkopplers in die Anlage erfolgt mit der Drucktaste ③. Folgende Einstellungen sind möglich:

- **Anpassungsmodus** (langer Tastendruck $4\,s \le t < 10\,s$), LED ⑤ leuchtet (zur Anpassung zwischen Verknüpfungsgerät und Medienkoppler)
- **Adressiermodus** (kurzer Tastendruck $200\,ms \le t < 4\,s$), LED ④ leuchtet
- **Löschen** der Einstellungen ($t \ge 12\,s$)
  Dieses Zurücksetzen wird durch fünfmaliges Blinken der LED ⑤ signalisiert.

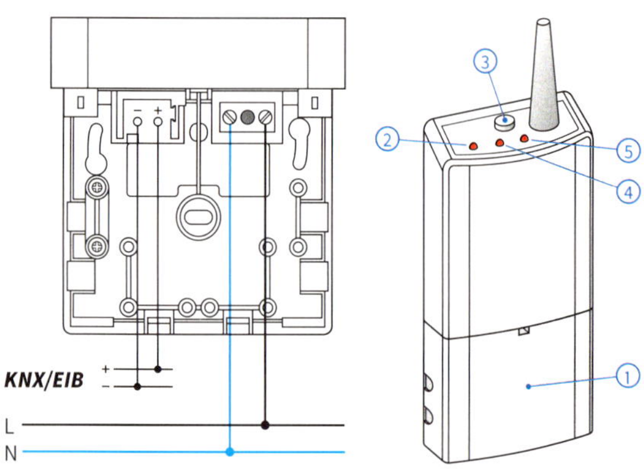

a) b)

1: Medienkoppler

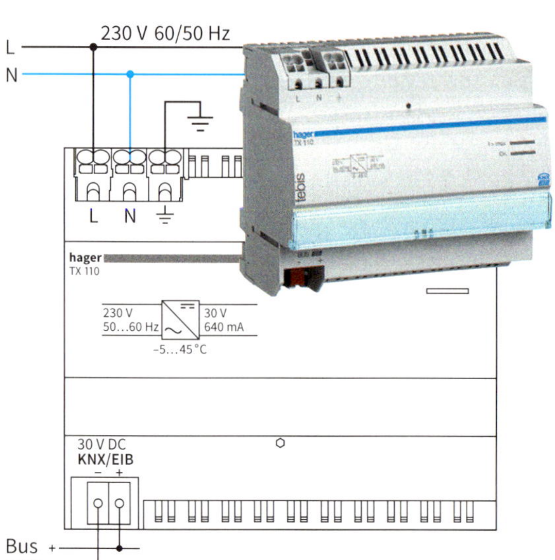

2: Spannungsversorgung für den Bus

Spannungsversorgung

Die Spannungsversorgung für den Bus erfolgt mit dem in Abb. 2 dargestellten Netzteil. Es besitzt folgende Kenndaten:

- Schutzmaßnahme: SELV
- Betriebsspannung: 230 V AC, 50/60 Hz
- Leistung: 24 W
- Abmessungen: 6 cm x 17,5 mm
- Ausgangsspannung: 30 V +/– 2 V
- Ausgangsstromstärke: 640 mA
- Anschlussquerschnitt: 1,5 – 2,5 mm^2 (massiv oder flexibel)

Das Netzteil wird auf einer Hutschiene montiert und in der Unterverteilung installiert (vgl. Kap. 12.1.3.2).

Eingangsgerät

Für die Steuerung der Beleuchtung (Glühlampen und Leuchtstofflampen) werden zur Eingabe Taster ausgewählt (Abb. 3). Zur Ankopplung an den EIB-Bus wird ein Eingangsgerät mit vier unabhängigen Eingängen verwendet. Das Eingangsgerät besitzt folgende Kenndaten:

- Eingangskreise: 4
- Eingangsspannung: 5 V
- Stromstärke pro Eingang: 0,5 mA
- Anschlussmöglichkeiten: Taster oder Schalter
- Maximale Leitungslänge zum Taster: 5 m
- Systemspannung: 30 V DC über den EIB-Bus
- Montageart: Unter Putz
- Abmessungen: 38 x 35 x 12 cm

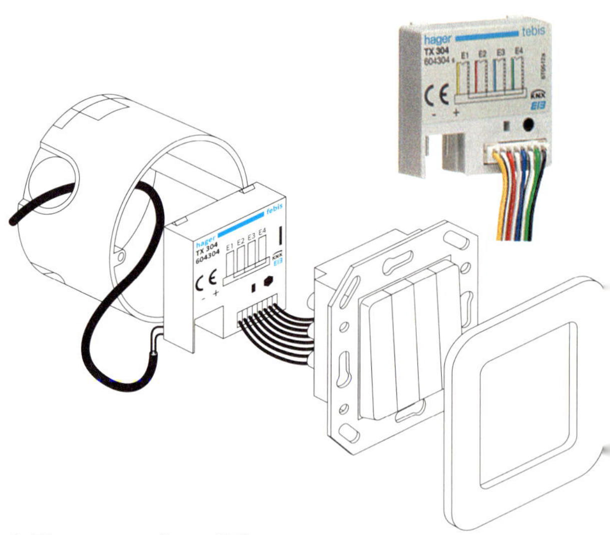

3: Eingangsgerät und Eingangstaster

- Medienkoppler sind Bausteine, die eine Datenübertragung per Funk an den Datenbus (Leitung) anpassen.
- Die Spannungsversorgung für alle am EIB-Bus installierten Objekte erfolgt über ein gemeinsames Netzteil (30 V DC).

Ausgangsgerät

Das Ausgangsgerät arbeitet als Dimmer und Schnittstelle zwischen den dimmbaren Leuchtmitteln (20 W bis 600 W) und dem KNX/EIB-Bus. In Abb. 4 sind anschließbare Leuchtmittel dargestellt.

Mit dem Verknüpfungsgerät lassen sich die in Abb. 5 aufgeführten Funktionen konfigurieren. Wie das Bedienelement angeschlossen wird, zeigt die Abb. 6.

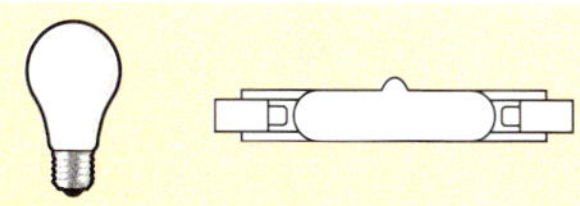	Glühlampen, Halogenlampen 230 V
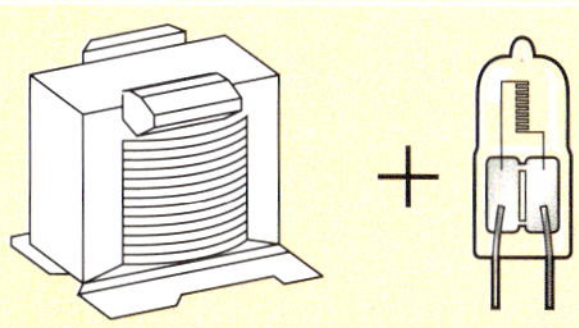	Niederspannungs-Halogenlampen (12 V oder 24 V) mit konventionellem Transformator
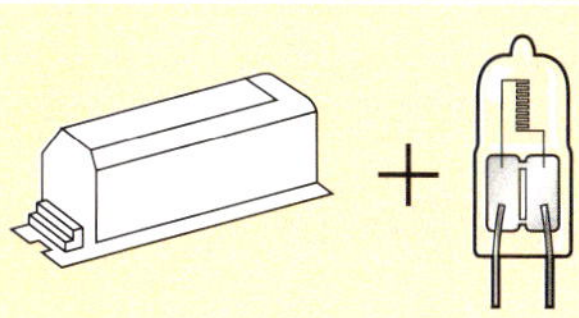	Niederspannungs-Halogenlampen (12 V oder 24 V) mit elektronischem Transformator

4: Anschließbare Leuchtmittel für das Ausgangsgerät

Funktion	Beschreibung
EIN/AUS 	EIN: Einschalten auf parametrierte Helligkeit, Andimmen ist möglich AUS: Direktes Ausschalten, Ausdimmen ist möglich
Dimmen 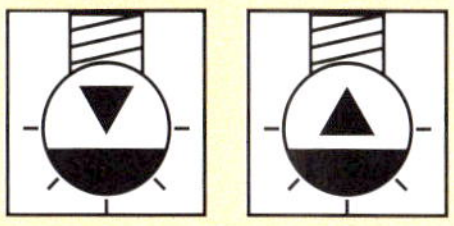	Die Dimmzeit ist parametrierbar, langer Tastendruck dient zum Auf- bzw. Abdimmen
Zeitschaltbetrieb 	Ein- bzw. Ausschalten für eine bestimmte einstellbare Zeit. Der Ausgang kann zeitverzögert EIN oder AUS parametriert werden.
Zwangssteuerung 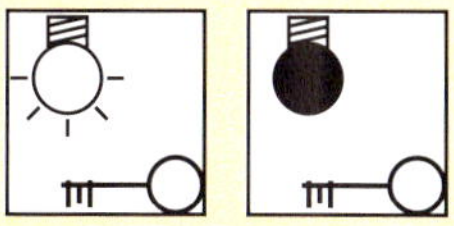	Der Ausgang wird in einen bestimmten Zustand versetzt, dessen Helligkeit parametrierbar ist. Dieser Steuerbefehl hat höchste Priorität.
Szene 	Mehrere Ausgänge können zusammen in einen vordefinierten Zustand geschaltet werden (Helligkeit, Andimmzeit, ...)

5: Konfigurierbare Funktionen des Ausgangsgerätes

① Schalter für auto/min/max/Hand
② Kontrollleuchte
③ Taster zur lokalen Ansteuerung
④ Überhitzungskontrollleuchte
⑤ Kurzschluss- und Überlastungskontrollleuchte
⑥ Leuchttaster zur physikalischen Adressierung

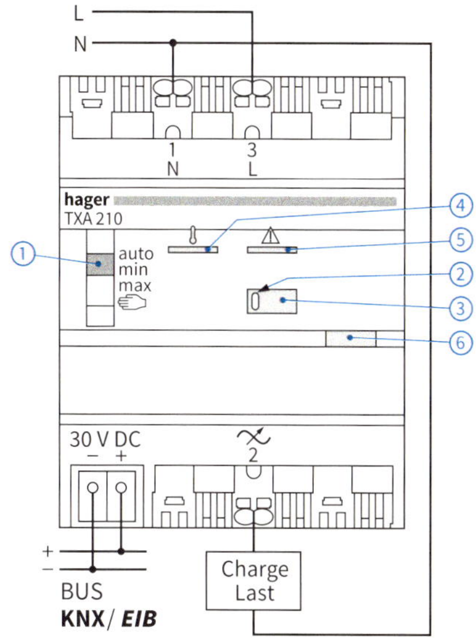

6: Ausgangsgerät

Busleitung

Vom Netzteil in der Unterverteilung wird die Busleitung (Abb. 7b) bis in den Installationskanal als offener Ring verlegt. Als Leitung wird J-Y(ST)Y 2 x 2 x 0,8 mit entsprechenden Busklemmen (Abb. 4a) verwendet.

7a: Busklemme

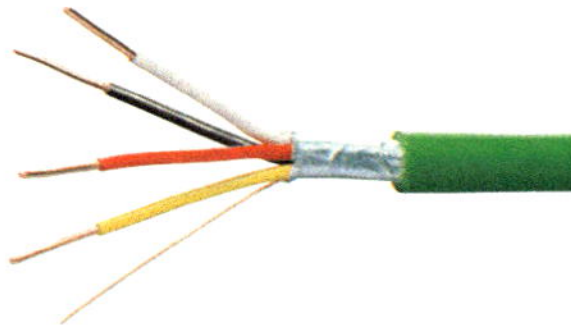

7b: Busleitung

Kenndaten der Busleitung:

- Leiter: Zwei verdrillte Aderpaare (14 Verdrillungen/m)
  Paar 1: rot/schwarz (zum Anschluss an das EIB-Netz)
  Paar 2: gelb/weiß (Reserve)
- Busbemessungsspannung: 30 V
- maximale Anwendungsspannung: 225 V
- Isolationsspannung: 4 kV
- Isolationsspannung zwischen Leitern: 800 V
- Kapazität: 100 nF/km (800 Hz, 20 °C)
- Spezifischer Widerstand: 100 mΩ/km (20 °C)

- Am Ausgangsgerät für die Beleuchtungssteuerung können verschiedene Funktionen konfiguriert werden.

12.1.5.3 Inbetriebnahme

Nachdem die elektrische Installation abgeschlossen ist, wird mit dem Kunden die gewünschte Steuerung der **Deckenbeleuchtung** [*ceiling lighting*] abgesprochen.

Im Deckenbereich soll die Beleuchtungsstärke in zwei Zonen (1 und 2) mit jeweils 400 W gesteuert werden. Dieses soll über vier Taster realisiert werden (Abb. 1). Die Symbole (vgl. Kap. 12.1.5.2) an den abgebildeten Tastern entsprechen den Abbildungen auf dem Verknüpfungsgerät.

Folgende Möglichkeiten sollen konfiguriert werden:

- **Zone 1**, Steuerung durch die zwei oberen Taster:
  ① EIN/AUS
  ② Dimmen der Lampen
- **Zone 2**, Steuerung durch die zwei unteren Taster:
  ③ Nachtbeleuchtung mit Ein- und Ausschalten für eine einstellbare Zeit
  ④ Dimmen der Lampen

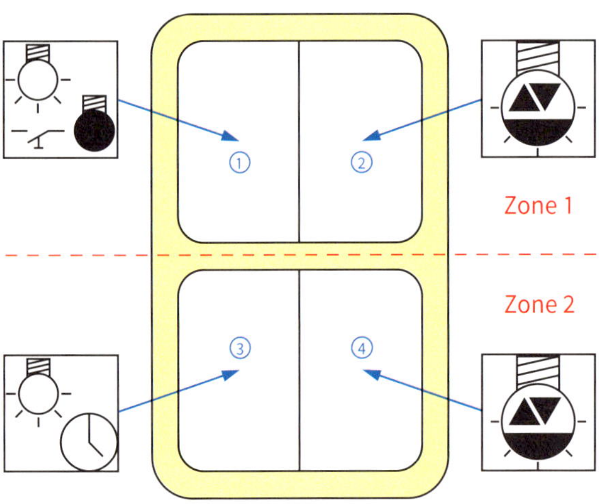

1: Funktionen der Taster zur Beleuchtungssteuerung

Die Inbetriebnahme der Beleuchtung erfolgt nun in den Schritten, wie sie bei der Markisensteuerung beschrieben worden sind (vgl. Kap. 12.1.4.5).

Bei der nachfolgenden Beschreibung wird von einem vorbereiteten Verknüpfungsgerät ausgegangen. Anschließend sind die folgenden wesentlichen Schritte auszuführen (vereinfacht dargestellt):

Ausgänge lokalisieren

Die beiden Ausgangsgeräte werden gefunden und nummeriert.

Eingang vorbereiten

Für die Beleuchtungssteuerung werden insgesamt vier Taster verwendet. Der erste Eingang wird vorbereitet (aktiviert), indem er betätigt wird. Danach wird er im Verknüpfungsgerät zur Kennzeichnung mit der Nummer 1 versehen.

Eingang „1" eine Funktion zuweisen

Dem Taster 1 soll die Funktion EIN/AUS zugewiesen werden. Aus den verschiedenen Möglichkeiten wird nun das entsprechende Symbol (Abb. 1) im Verknüpfungsgerät ausgewählt.

Eingangsgerät mit Ausgangsgerät verknüpfen

Das gewählte Ausgangsgerät erhält in diesem Fall die Nummer 1. Sie wird im Display angezeigt und die Funktion des Ausgangsgerätes als Glühlampe dargestellt. Diese gewünschte Verknüpfung muss nun durch Tastendruck bestätigt werden.

Der Vorgang der Verknüpfung wird im Display visualisiert. Dabei wandern zwei Ellipsen aufeinander zu (Abb. 2b). Der Ladezustand wird in Form eines Fortschrittbalkens am unteren Bildrand angezeigt (Abb. 2c). Die erfolgreiche Verknüpfung wird abschließend durch die zwei überlappten Ellipsen veranschaulicht (Abb. 2d).

Der hier in Kurzform beschriebene Konfigurierungsvorgang läuft für die drei anderen Taster entsprechend ab. Am Ende kann die Anlage im AUTO-Modus getestet werden.

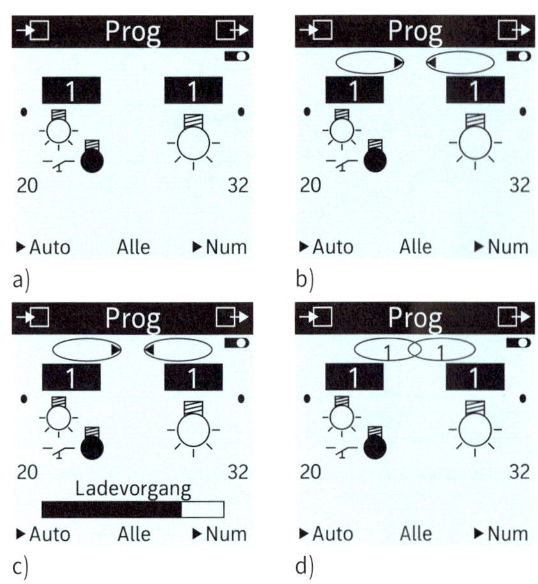

2: Verknüpfung zwischen Taster 1 und Ausgangsgerät 1

- Die Konfiguration einer KNX-EIB-Anlage im E-Modus erfolgt im Wesentlichen nach folgenden Schritten:
  1. Ausgänge lokalisieren und nummerieren
  2. Eingang aktivieren und nummerieren
  3. Dem aktivierten Eingang eine Funktion zuweisen
  4. Ausgang auswählen
  5. Eingangs- mit Ausgangsgerät verknüpfen

12.1.6 Meldung

Wenn Personen den Ausstellungs- und Präsentationsraum des „Fenster- und Türenstudios" betreten bzw. sich im Raum aufhalten, soll eine später zu installierende Zusatzbeleuchtung geschaltet werden. Der Schaltvorgang muss sich dabei der Helligkeit anpassen. Für diese Funktion wird ein **Präsenzmelder** [*presence detector*] installiert.

Mit dem Präsenzmelder soll eine separate Lichtquelle über einen 1 bis 10 V-Ausgang (vgl. Kap. 10.6.5.1) und ein elektronisches Vorschaltgerät gesteuert werden.

Der Präsenzmelder wird an der Decke installiert (Abb. 3). Die Höhe beträgt etwa h = 3,5 m, sodass sich eine Erfassungsfläche von 18 x 9 m ergibt (Abb. 4). Umfeldbedingte Störungen durch Wärmequellen, Trennwände, Grünpflanzen, Lüftungsaustritte usw. sind zu vermeiden.

Folgende Einstellungen können mit Potenziometern vorgenommen werden (Abb. 5):

- **Helligkeit** ①:
  Auto (400 lx), 5 bis 1200 lx, OFF
- **Einschaltzeit** ②:
  1 min, 5 min, 10 min, 30 min, Test, Impuls
- **Schaltzeit für Bewegungsmeldung** ③:
  30 s bis 1 h

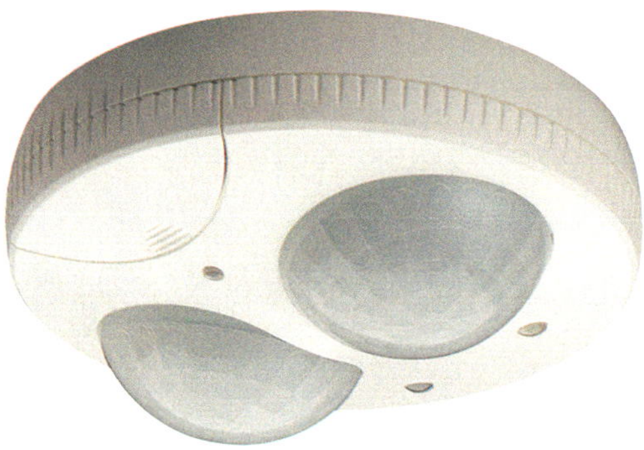

3: Präsenzmelder

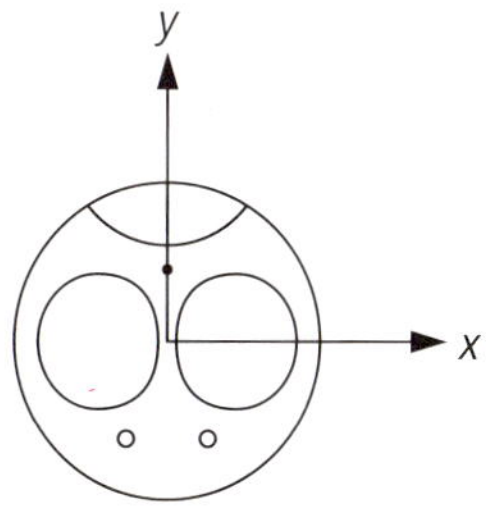

Der Erfassungsbereich (Fläche am Boden) hängt von der Höhe h des installierten Präsenzmelders ab.

***h* in m**	2,5	3	3,5
***x* in m**	13	15,5	18
***y* in m**	7	8	9

4: Erfassungsbereich des Präsenzmelders

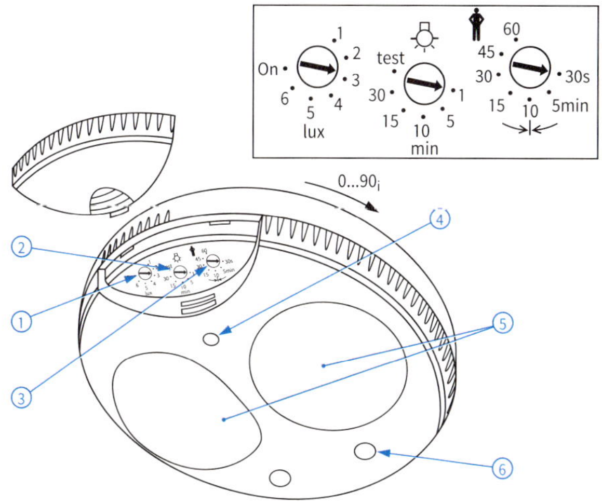

① Helligkeits-Einstellpotenziometer
② Einstellpotenziometer Beleuchtungs-Abschaltverzögerung
③ Einstellpotenziometer (TX510) Bewegungsmelder-Ausgang
④ Kontroll-Leuchte V1
⑤ Melderlinsen
⑥ Helligkeits-Messsensor

5: Einstellmöglichkeiten am Präsenzmelder

Zum Testen des Erfassungsbereichs wird das Potenziometer (Abb. 5 ①) in Stellung „test" gedreht. Beim Überschreiten der aktuellen Beleuchtungsstärke leuchtet die Kontrolllampe ④ für eine Sekunde.

Der Präsenzmelder soll als separate Steuerung arbeiten und wird deshalb nicht an das Bus-System angeschlossen. Eingeschaltet wird mit dem Taster (Abb. 6). Über den 1 bis 10 V-Ausgang wird die Leuchte geschaltet.

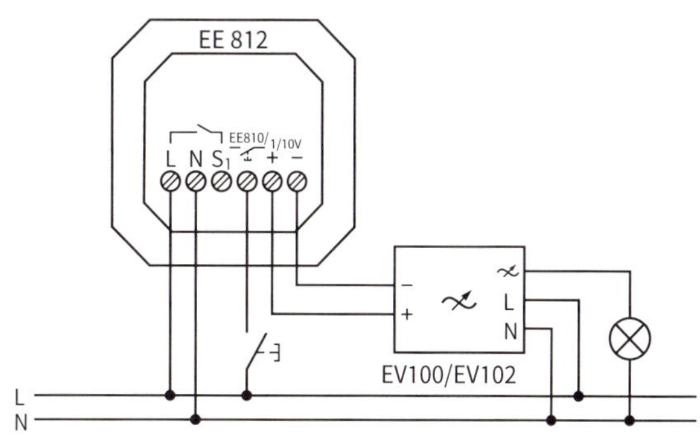

6: Installation des Präsenzmelders (Herstellerunterlage)

Aufgaben

1. Welche Funktion hat der Medienkoppler in einem KNX/EIB-System?
2. Welche physikalischen Größen erfasst ein Präsenzmelder?

- Präsenzmelder werden für helligkeits- und bewegungsabhängiges Schalten und Dimmen von Beleuchtungsquellen verwendet.

12.1.7 Heizung

Bisher erfolgte die Einstellung der Temperatur im Ausstellungs- und Präsentationsraum durch Einzelthermostate direkt an jedem Heizkörper (Abb. 1). Diese sollen jetzt durch **elektrische Stellantriebe** [*electric actuator*] ersetzt werden. Die Regelung erfolgt dann über den EIB-Bus mit einem **Raumthermostaten** [*room thermostat*].

1: Heizkörperthermostat

Bei der Installation werden zunächst die Stellantriebe und danach der Raumthermostat montiert.

Wirkungsweise elektrischer Stellantriebe

Der zu installierende elektrische Stellantrieb ist ein **elektromotorischer, proportionaler Stellantrieb** [*proportional electric actuator*]. Mit ihm kann jede Stellung zwischen zwei definierten Grenzwerten erreicht werden (stetige Regelung). Die Stellbefehle werden vom Raumthermostaten gesendet. Die Anzeige der Ventilstellung wird durch eine LED angezeigt (Abb. 2).

Technische Daten

– Spannungsversorgung:	Busspannung
– Stromstärke:	< 10 mA
– Stellkraft:	> 120 N
– Maximaler Reglerhub:	6 mm
– Laufzeit:	< 20 s/mm
– Abmessungen:	82 x 50 x 65 mm
– Schutzklasse:	III
– Schutzart:	IP 21

- Ventil-Endanschläge werden automatisch erkannt.
- Die Linearisierung der Ventilkennlinie ist über Software möglich.

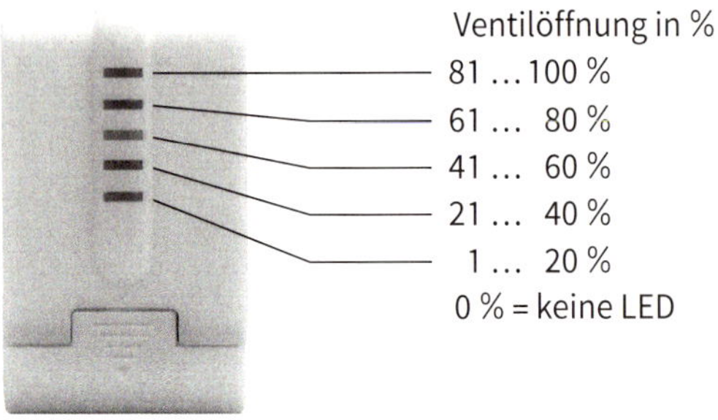

2: Anzeige der Ventilstellungen

Montage des elektrischen Stellantriebs

Für die Montage (Abb. 3) muss der passende Adapterring ausgewählt werden (z. B. Adapterringe von Danfoss, Heimeier, ...). Der Stellantrieb wird dann auf den Adapterring geschoben, bis dieser hörbar einrastet.

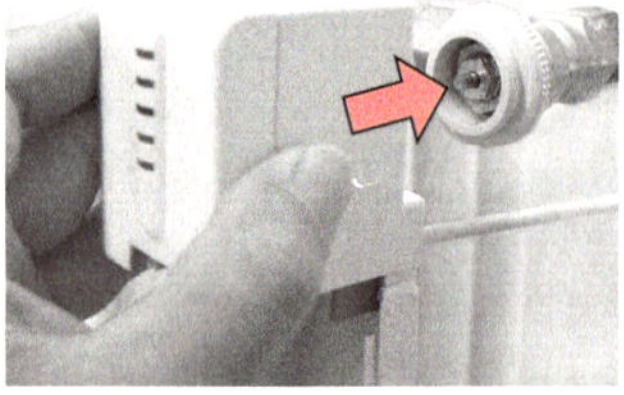

3: Montage des Stellantriebs

Eingabe der physikalischen Adresse

Die Vergabe der physikalischen Adresse, der Gruppenadressen sowie das Einstellen der Parameter kann nur mit der entsprechenden Software (ETS) erfolgen. Zuerst wird die physikalische Adresse und danach die Applikation geladen. Dazu muss die Taste (Abb. 4 ①) gedrückt werden. Die LED ② leuchtet.

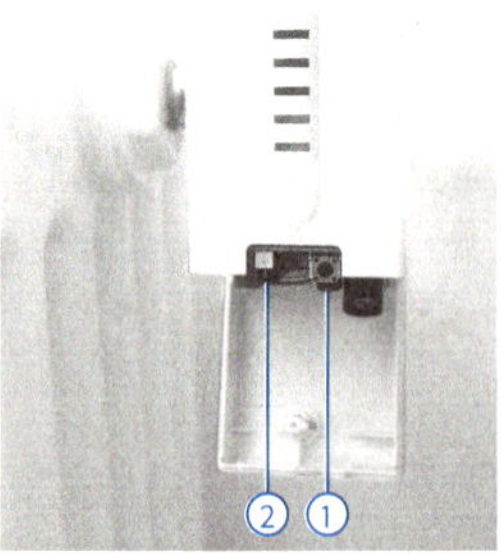

4: Konfiguration

Installation des Raumthermostats

Der Raumthermostat arbeitet als **PI-Regler** [*PI-controller*]. Bei der Wahl des Montageortes muss beachtet werden, dass von ihm möglichst ungestört die Raumtemperatur erfasst werden kann (Abb. 5).

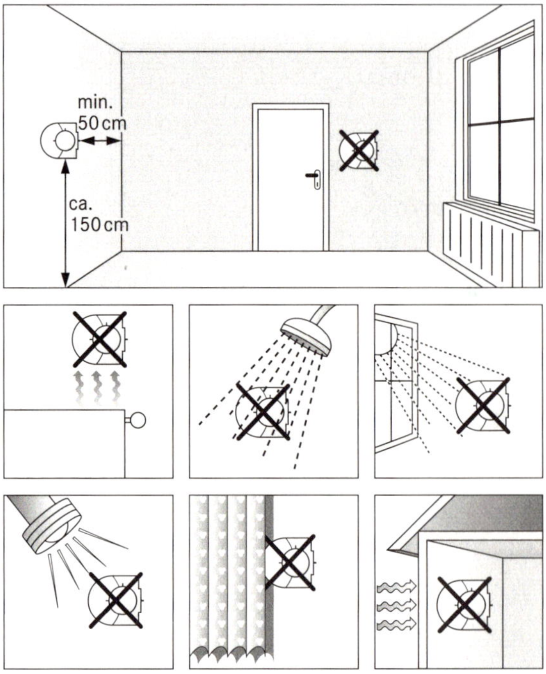

5: Montagehinweise für den Raumthermostaten

Gerätebeschreibung und Bedienung

Mit dem Wählgerät (Abb. 1 ①) können folgende Betriebsarten eingestellt werden:

- Komfortbetrieb
- Standby-Betrieb
- Nachtabsenkung
- Frostschutz

Mit dem Stellrad ② wird die Solltemperatur eingestellt. Die rote bzw. blaue LED signalisiert drei Betriebszustände (Abb. 6).

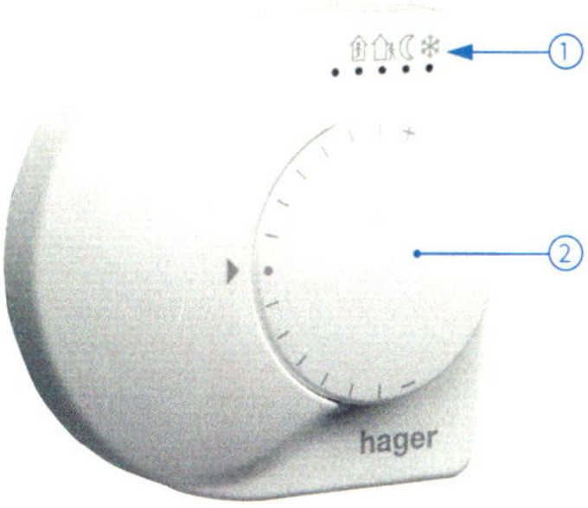

Rot: Heizen

Blau: Kühlen

Aus: Gewünschte-Temperatur erreicht

6: Einstellungen am Raumthermostaten

Technische Daten

- Spannungsversorgung: Busspannung
- Stromstärke: < 10 mA
- Zul. Betriebstemperatur: 0 °C … + 45 °C
- Schutzart: IP 21

Eingänge und Busleitung

Am Raumthermostaten können externe Eingänge, Potenzialbereiche und Kontakte angeschlossen werden (Abb. 7 ③).

Die Busleitung wird an die Klemmen ④ angeschlossen (rot +/schwarz –).

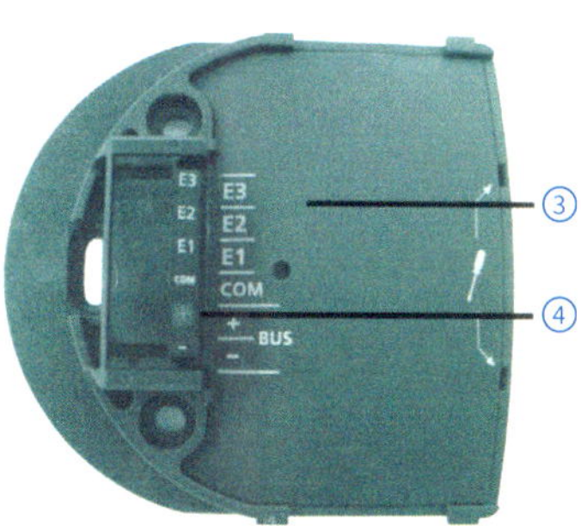

E1, E2: Jalousien zum Dimmen oder Schalten

E3: Schalten oder externer Istwert

7: Eingänge und Busleitung

- Mit dem proportionalen Stellantrieb wird der Wasserdurchfluss im Heizkörper verändert und dadurch die Raumtemperatur geregelt.
- Das proportional arbeitende Stellglied am Heizkörper und der Raumthermostat sind Bestandteile eines Regelkreises.

12.1.8 Prüfung und Projektdokumentation

Vor der Übergabe des installierten „Ausstellungs- und Präsentationsraumes" an den Kunden muss durch eine **Erstprüfung** [*initial inspection*] die Sicherheit gewährleistet sein. Sie umfasst die in Abb. 8 gekennzeichneten zwei Schritte.

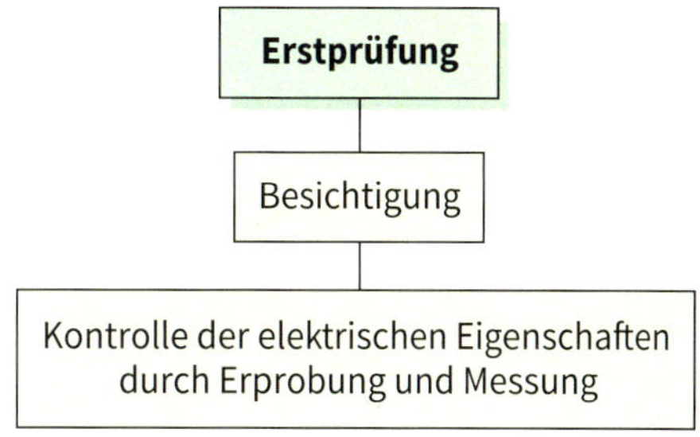

8: Erstprüfung

Folgende Überprüfungen bei der Besichtigung werden durchgeführt:

- Schutzmaßnahmen und Schutzeinrichtungen
- Leiterauswahl (Spannungsbelastbarkeit und Spannungsfall)
- Festigkeit der Leiterverbindungen
- Zugänglichkeit der Objekte
- Kennzeichnung der Stromkreise und Objekte

Die Sicherheit der Elektroinstallation wurde wie folgt erprobt und gemessen:

- Niederohmmessung aller Schutzleiter
- Messung des Isolationswiderstandes
- Prüfung der Fehlerstrom-Schutzeinrichtung (RCD)

Zusätzlich erfolgt am Ende eine umfassende Funktionsüberprüfung.

Das Ergebnis der Erstprüfung wird in einem **Prüfbericht** [*test report*] dokumentiert (Abb. 9). Verwendet werden z. B. die vom Zentralverband der Deutschen Elektrohandwerke (ZVEH) vorgefertigten Prüfprotokolle und Übergabe-/Zustandsberichte.

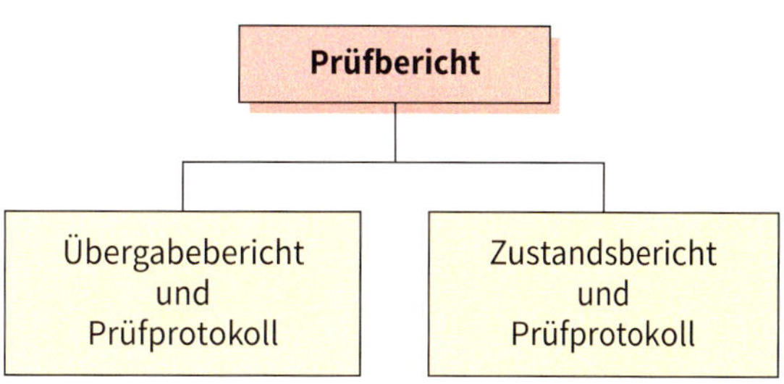

9: Prüfbericht

Wichtig für diese Installation ist eine Dokumentation der vorgenommenen Verknüpfungen. Sie erfolgt in Form einer Tabelle (vgl. nächste Seite). Neben den Verknüpfungen sind auch die installierten Objekte angegeben.

Ort der installierten Objekte:
Ausstellungs- und Präsentationsraum
Fenster- und Türenstudio

Verwendetes **Verknüpfungsgerät**: TX100
Die Installationsdaten sind auf einer SmartMedia-Karte gespeichert.

Name:	Projekt: ....
Datum:	Firma: ....

Beschattung		**Ausgangsgeräte**, Funk KNX Rolladen/Jalousieausgang 1-fach							
		Fenster 1		Fenster 2		Fenster 3		Fenster 4	

Eingangsgeräte Funk KNX UP-Eingang 2-fach		TR221		TR221		TR221		TR221	
1 TR302B		X							
			X						
2 TR302B				X					
					X				
3 TR302B						X			
							X		
4 TR302B								X	
									X
5 TR302B		X		X		X		X	
			X		X		X		X
Windwächter									
6 TG050		X		X		X		X	

Beleuchtung		**Ausgangsgerät**							
		Universaldimmer 1Kanal EIB/KNX							

Eingangsseite		TXA210							
1 TX304 Taster-eingang 4-fach		X							
			X						
				X					
					X				

Planen und Realisieren

12.1.9 Überwachen und Steuern

Nach Abschluss des Projekts im „Fenster- und Türenstudio" will der Inhaber sich beraten lassen, welche Möglichkeiten der **Fernüberwachung** [*remote monitoring*] und -steuerung seiner elektrischen Anlagen bestehen. Zur Vorbereitung der Beratung dienen die nachfolgenden Informationen.

Grundsätzlich sind folgende Netze zur Fernüberwachung und -steuerung von gebäudetechnischen Elektroanlagen geeignet:

- Telekommunikationsnetz (TK-Netz)
  Die Bedienung erfolgt über das Telefon.
- Ethernet (Datennetz)
  Bedienung, Anzeige und Speicherung erfolgen über PC und Monitor an bestimmten Orten.
- Internet
  Die Bedienung und Anzeige erfolgt an jedem beliebigen Internetzugang.

Für die Überwachung und Steuerung im TK-Netz lässt sich ein **Telefoninterface** (Telefonschaltmodul) verwenden. Es wandelt die über das TK-Netz einlaufenden Signale (Abb. 1 ①) in elektrische Schaltvorgänge um ②.

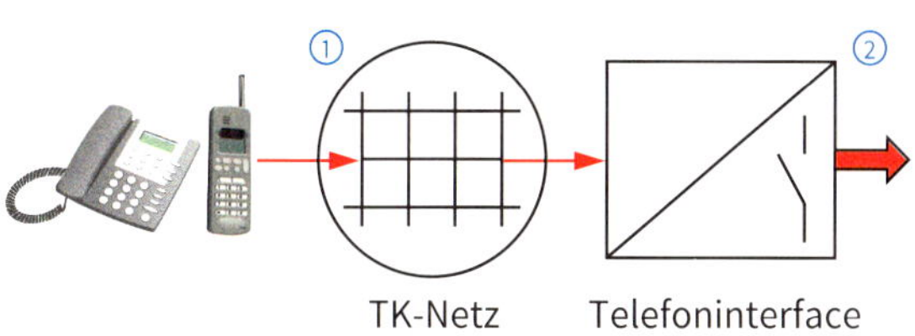

1: Überwachen und Schalten mit dem Telefoninterface

Über jedes beliebige Festnetztelefon oder Handy kann ferngesteuert bzw. geschaltet werden.

Die Benutzerführung erfolgt sprachgesteuert. Das Telefoninterface ist durch einen Zugangscode gegen unbefugten Zugang geschützt.

Mit dem in Abb. 2 dargestellten Telefoninterface sind folgende Möglichkeiten realisierbar:

- Über drei Schaltausgänge können Fernsteuerungen (z. B. Beleuchtung, Heizung, Rollläden) vorgenommen werden.
- Die Raumtemperatur kann jederzeit abgefragt werden.
- Technische Alarmmeldungen (z. B. Störung bei Stromausfall, Temperaturen unter 10 °C) können durch einen einfachen Telefonanruf mit sprachgestützter Meldung aktiviert werden.

Kenndaten (Abb. 2)

– Versorgungsspannung:	230 V AC, 50/60 Hz, 2 W
– Anschlussquerschnitt:	2,5 mm^2
– Schutzart:	IP 30
– TK-Anschluss:	analog
– Eingangsstromkreise:	3
– Ausgangsstromkreise:	3
– Kontaktbelastbarkeit:	5 A 250 V
– Kontaktart:	Schließer

■ Mit einem Telefonschaltmodul (Telefoninterface) können über das TK-Netz Schaltvorgänge ausgelöst und Parameter abgefragt werden.

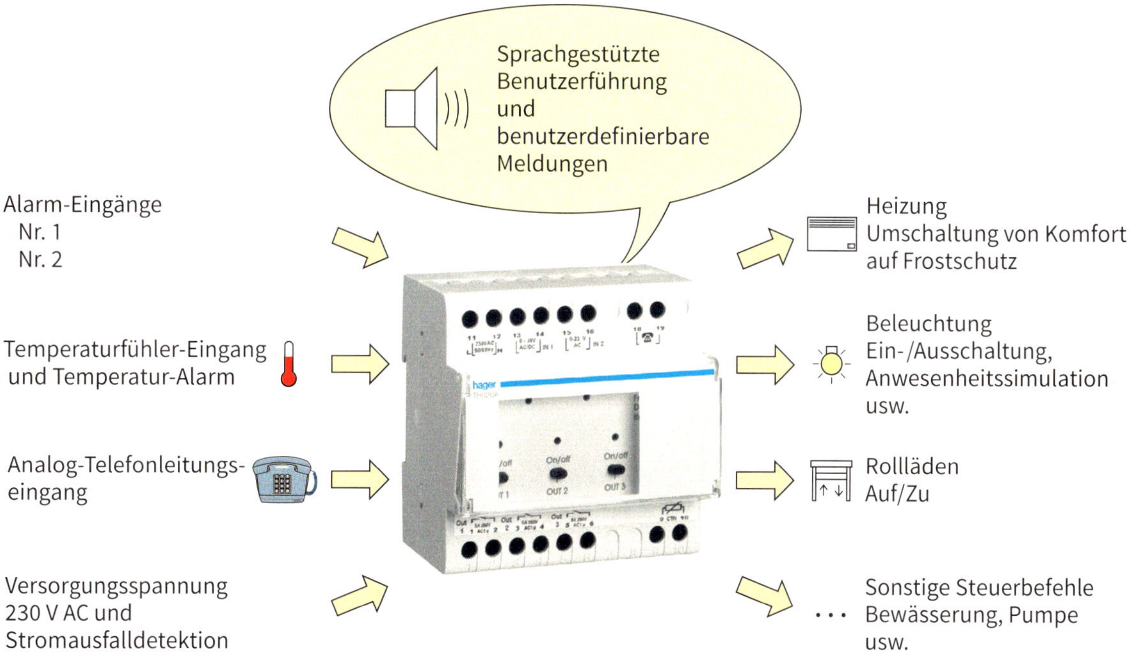

2: Möglichkeiten eines Telefoninterfaces

Eine beispielhafte Installation ist in Abb. 1 dargestellt. Die Anschlussklemmen werden wie folgt beschaltet:

- 1 und 2, 3 und 4, 5 und 6:
  Drei Schaltausgänge 250 V/5 A AC
- 9 u. 10:
  Temperaturfühlereingang NTC 10 kΩ
- 11 u. 12:
  Versorgungsspannung 230 V AC, 50/60 Hz, < 2 W
- 13 u. 14:
  Alarmeingang 1 (IN1) 0 – 30 V AC/DC, 5 mA
- 15 u. 16:
  Alarmeingang 2 (IN2) 0 – 230 V AC, 5 mA
- 18 u. 19:
  Analoger TK-Anschluss, 48 V DC
  Aus Sicherheitsgründen ist ein Überspannungsschutz am TK-Eingang sinnvoll.

Vor dem Einsatz sind im Menü „Parametrierung" folgende Einstellungen vorzunehmen:

- Lautstärke der sprachgestützten Führung
- Zugangscode (vier Zahlen auf der Telefontastatur)
- Aufzeichnung eigener Sprachmeldungen (max. 10 s)
- Abschaltverzögerung einzelner Schaltkreise
- Anzahl der Rufzeichen vor Abnahme

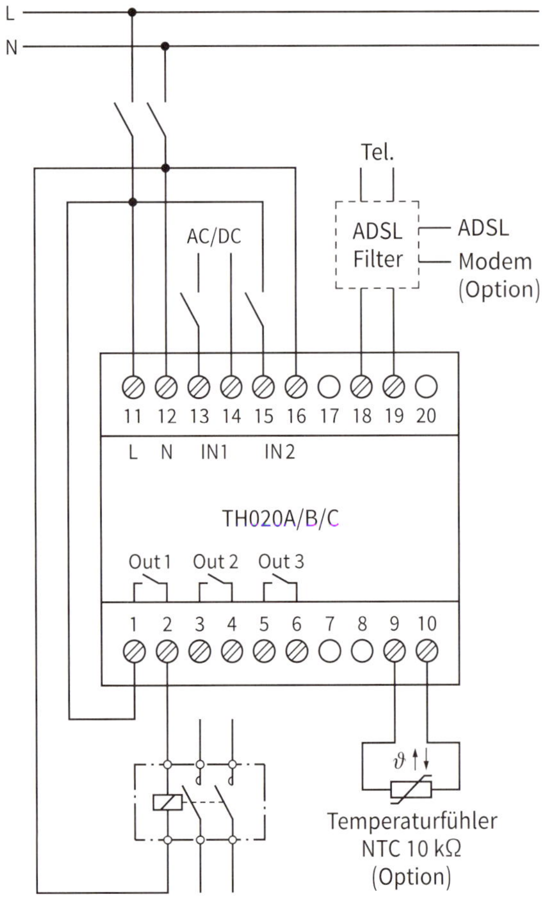

1: Anschlüsse am Telefoninterface (nach Hersteller)

Für den Anwender ist wichtig, dass die Bedienung über das Telefon möglichst einfach ist. In Abb. 2 wird dieses in einem Ablaufschema für eine Fernabfrage und Fernbedienung verdeutlicht. Nach der Anwahl ① und Eingabe des Zugangscodes ② kann durch die Wahl des betreffenden Ausgangs (hier bespielsweise die Ziffer 1) die Temperatur abgefragt werden ③. Danach können weitere Abfragen erfolgen ④ (beispielsweise die Ziffer 2). Die **Abfrage** wird durch Auflegen beendet.

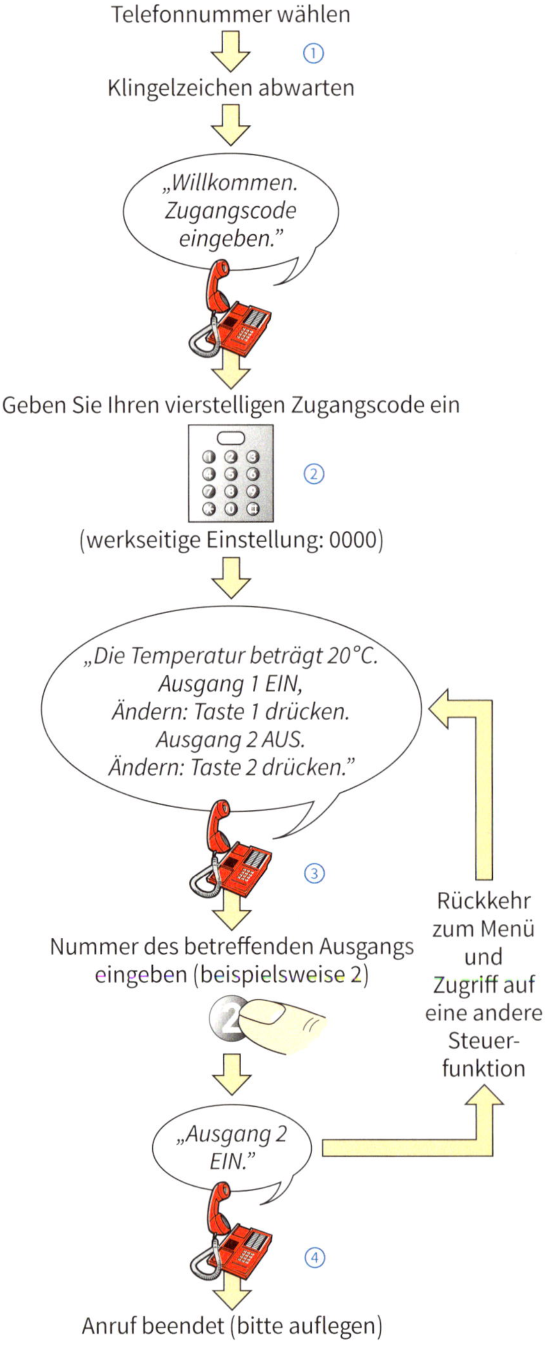

2: Beispiel für eine Fernabfrage

Für eine Fernüberwachung und -steuerung von elektrischen Geräten der Gebäude- und Anlagentechnik über das Internet ist ein **Gateway** (Übergang, Einfahrt) erforderlich. Er arbeitet als Protokollumsetzer und kann dadurch unterschiedliche Netze miteinander verbinden, sodass eine Kommunikation möglich ist. Ein Schaltungsbeispiel zeigt Abb. 3.

Die Information über die elektrischen Geräte und Anlagen gelangen über den EIB/KNX-Bus ① an das Gateway. Die Anbindung an das Internet erfolgt über den Telefonanschluss (PHONE LINE ②). Mit dem abgebildeten Gateway können beispielsweise folgende Funktionen realisiert werden:

- Fernsteuerung und Funktionsüberwachung
- Videoüberwachung mit Live-Videobildern
- Fernalarmierung über E-Mail, Mobilfunk und Telefon
- Schalten über eine Zeitschaltuhr
- Visualisierung, Aufzeichnung und Speicherung wichtiger Daten

Für die Videoüberwachung wird ein Videomodul verwendet ④. In ihm werden die analogen Farb-Videosignale in digitale Signale umgewandelt und über die **USB**-Schnittstelle (**U**niversal **S**erial **B**us) ausgegeben. Die Spannungsversorgung des Videomoduls erfolgt über die USB-Schnittstelle, sodass keine weitere, externe Spannungsversorgung benötigt wird. Als Video-Eingangssignal kann jede handelsübliche Videokamera mit 1 Vss/75 Ω Signalausgang angeschlossen werden.

Aufgaben

1. Beschreiben Sie den Ablauf einer Fernabfrage mit einem Telefoninterface.
2. Welche grundsätzlichen Aufgaben hat ein Gateway?

- Ein Gateway ermöglicht die Kommunikation zwischen Netzen mit unterschiedlichen Protokollen.
- Mit einem Internet Gateway ist eine Fernüberwachung und -steuerung von beliebigen Internetzugängen möglich.

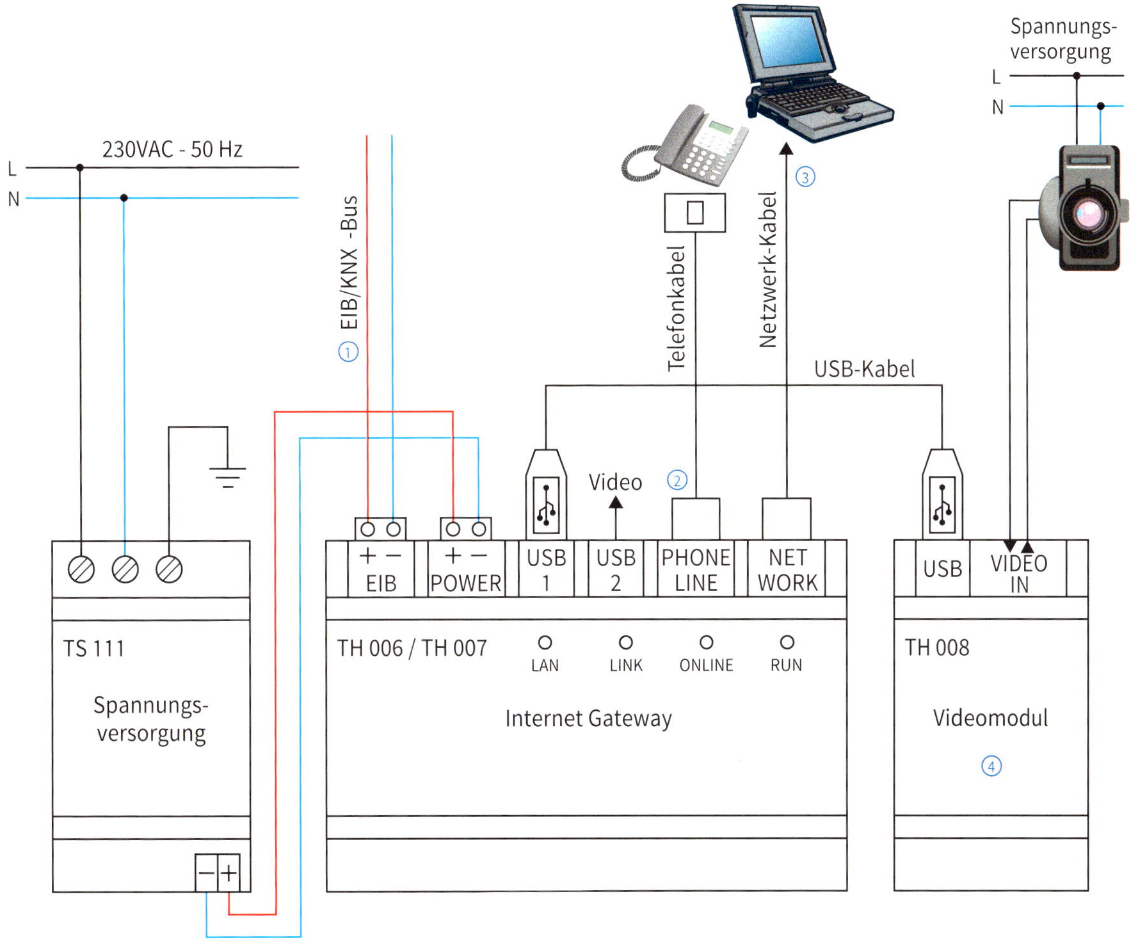

3: Internet Gateway mit Videomodul

12.2 Bürovernetzung

12.2.1 Kundenauftrag

Als Folgeauftrag für die Installationen im Ausstellungs- und Präsentationsraum des „Fenster- und Türenstudios" (vgl. Kap. 12.1)sollen nun auch die Büro- und Lagerräume elektro-, daten- und kommunikationstechnisch modernisiert werden. Bevor damit begonnen wird, erfolgt eine Ortsbesichtigung im Büroraum.

Im Laufe der Jahre wurden zahlreiche EDV-Geräte zur Arbeitserleichterung angeschafft. Die Installation ist kontinuierlich erweitert worden, sodass jedes neue Gerät teilweise über Mehrfachsteckdosen mit elektrischer Energie versorgt werden musste. Zusätzlich sind Telekommunikations-Anschlüsse vorhanden. Darüber hinaus sind einige Geräte vernetzt, sodass hinter den Geräten keine geordnete Leitungsführung mehr erkennbar ist (Abb. 1). Änderungen sind nur unter schwierigen Bedingungen durchführbar, eine Reinigung des Raumes ist erheblich erschwert und es besteht Stolper- und damit eine Verletzungsgefahr. Der Auftraggeber hat deshalb folgenden Wunsch: Leitungsführung ordnen und Leitungsanzahl möglichst verringern.

Dieser Kundenwunsch führte im Gespräch zu folgender Auftragspräzisierung:

- Es soll erreicht werden, dass an jedem Arbeitsplatz die Energieversorgung für die Geräte, der TK-Anschluss und die PC-Vernetzung möglichst zentral erfolgt.
- Da sich die Aufgaben an den einzelnen Arbeitsplätzen gelegentlich verändern werden, soll der Zugriff auf bestimmte Datenspeicher, Drucker und PCs möglichst rasch und zentral änderbar sein.

Entsprechend dieser allgemeinen Zielsetzung soll das Elektrounternehmen zunächst für den Büroraum einen Vorschlag erarbeiten. Er ist wie folgt einzurichten:

- Zwei PCs sind miteinander zu vernetzen.
- An jedem Arbeitsplatz soll ein vorhandenes ISDN-Telefon angeschlossen werden.
- Ein PC soll mit einem DSL-Anschluss vernetzt sein.

1: „Kabelsalat" im Büroraum hinter EDV-Geräten

12.2.2 Planung

Um jeden Arbeitsplatz möglichst zentral mit Energie und Daten versorgen zu können, werden dort die Leitungen sternförmig zusammengeführt. Es entstehen **Sammelpunkte** [*consolidation points*].

Sammelpunkte haben folgende Vorteile:

- Die Installation ist übersichtlich.
- Änderungen in der Nutzung sind schnell möglich.
- Eine bedarfsgerechte dezentrale Anpassung an die vorhandene Infrastruktur ist rasch möglich.
- Eine Ausfallsicherheit kann eingeplant werden.
- Die Messstellen sind nahe am Arbeitsplatz.

Für die Installation von Sammelpunkten gibt es im Prinzip die drei folgenden Möglichkeiten:

Sammelpunkt im Deckenkanalsystem
Wenn abgehängte Decken vorhanden sind (Abb. 2 ①), können die Hohlräume für diese Installationsart genutzt werden. Die Versorgung des Arbeitsplatzes erfolgt über vorkonfektionierte Raumsäulen.

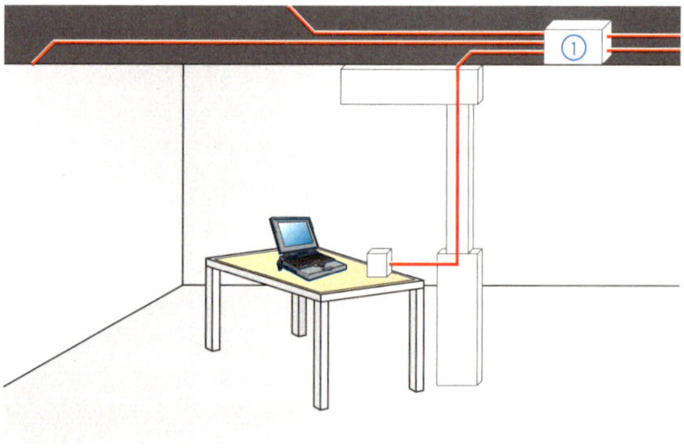

2: Sammelpunkt im Deckenkanalsystem

Sammelpunkt im Hohl- und Unterboden
Erforderlich sind hierfür (Abb. 3 ②) vorkonfektionierte Bodentanks. Über Raumverteiler oder Raumsäulen können mobile Arbeitsplätze versorgt werden.

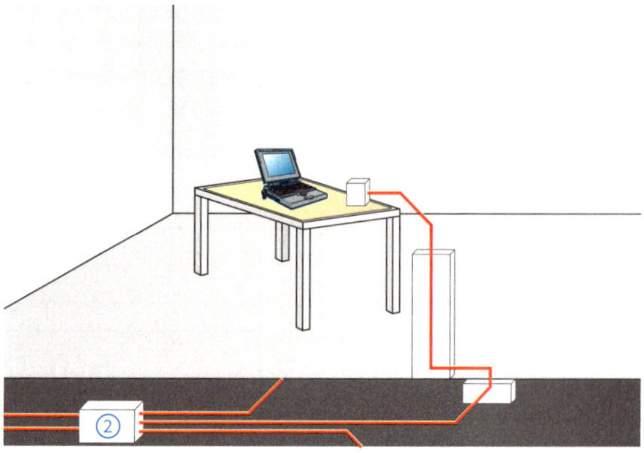

3: Sammelpunkt im Hohl- und Unterboden

Planen und Realisieren

Sammelpunkt im Brüstungskanal

Der Sammelpunkt (Abb. 4 ①) ist in einem horizontal verlaufenden Mehrkammer-Brüstungskanal untergebracht. In ihm befinden sich die Leitungen. Die Versorgung des Arbeitsplatzes kann über ein auf dem Schreibtisch platziertes Anschlussmodul erfolgen.

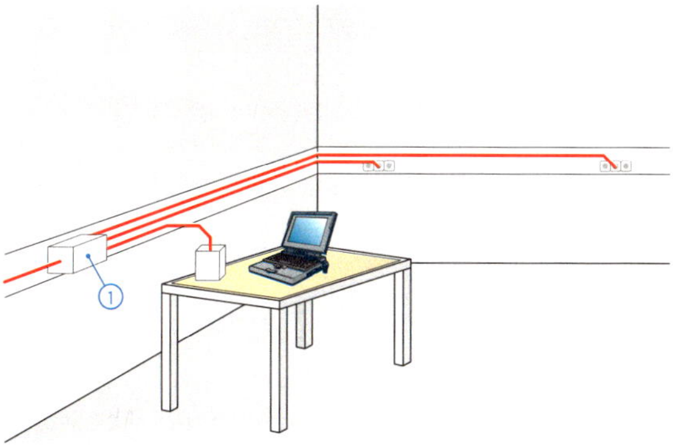

4: Sammelpunkt im Brüstungskanal

Durch die räumlichen Besonderheiten des Büroraumes soll die Installation über einen Brüstungskanal erfolgen. Die Energie- und Datenversorgung kann über entsprechende Steckdosen im Kanal (Abb. 5) oder über Raumsäulen erfolgen (Abb. 6).

Kommunikations- und Datennetz

Bei der Installation der Energiezuführung wird entsprechend Kap. 12.1.3 vorgegangen. Um das Kommunikations- und Datennetz fachgerecht installieren zu können, wird zunächst die Struktur ermittelt (Abb. 7).

5: Energie- und Datensteckdosen im Brüstungskanal

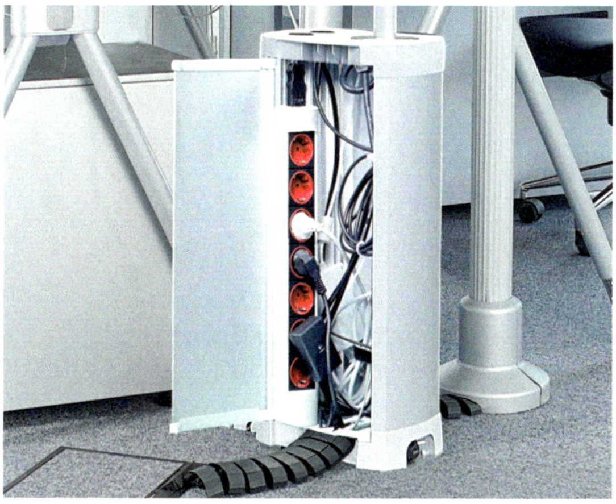

6: Versorgung über eine Raumsäule

Es sind drei bidirektionale Informationskanäle vorhanden.

- Telekommunikations-Anschlüsse ①
- PC-Vernetzung ②
- DSL-Anschluss ③ für den Internetzugang

Diese Verkabelung ist im Sinne der **„Strukturierten Verkabelung"** [*structured cabeling*] eine Etagenverteilung (Tertiärbereich, Erklärungen siehe Kap. 12.2.4). ISO/IEC 11801 und EN 50173 beschreiben die Anforderungen an eine strukturierte Verkabelung im Bürobereich. EN 50173 ist die europäische Anpassung des internationalen Standards. Darüber gibt es die Fachnormen EN 60603 (Steckverbinder) und EN 50288 (Kabel).

Da sich entsprechend dem Kundenwunsch die Aufgaben an den Arbeitsplätzen gelegentlich ändern werden, erfolgt die Verbindung zwischen den Arbeitsplätzen nicht im Büroraum. Von jedem Arbeitsplatz ④ gehen die Leitungen sternförmig zu einem in der Unterverteilung befindlichen **Patchfeld** (Rangierfeld). Es handelt sich dabei um ein Verbindungselement für Leitungen. In ihm sind auch Steckdbuchsen vorhanden, sodass die gewünschte Vernetzung durch kurze flexible Leitungen (**Patchkabel**) hergestellt werden kann.

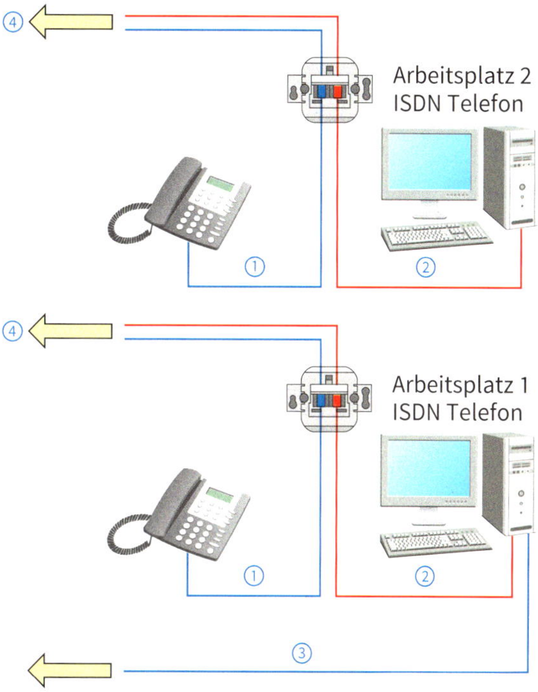

7: Struktur des Kommunikations- und Datennetzes

- In einem Patchfeld befinden sich Steckbuchsen, über die durch steckbare Patchkabel Verbindungen zwischen EDV-Geräten hergestellt werden können.

Im Verteilerkasten befindet sich ein elektronischer Schalter, der auch als **Switch** bezeichnet wird (Abb. 1). Mit ihm lassen sich mehrere PCs bzw. Netz-Segmente zu einem **l**ok**a**len **N**etz (**LAN**) über Ports verbinden (Stern-Topologie).

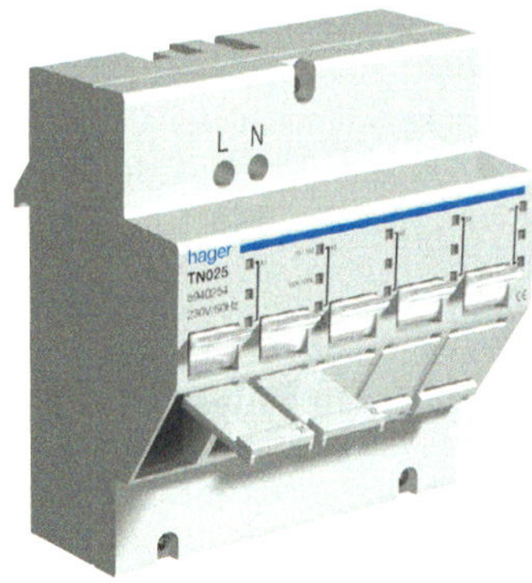

1: Switch

Die Installation erfolgt in drei Schritten:

1. Verlegung der Leitungen von den Steckdosen bis in die Unterverteilung.
2. Einbau der Doppelsteckdosen imBrüstungskanal (2 x RJ45).
3. Einbau und Verdrahtung des erforderlichen Patchfeldes in der Unterverteilung.

Die für die Datenübertragung verwendeten Leitungen werden als **Twisted-Pair-Kabel** (**TP**) bezeichnet. Die beiden Adern eines Adernpaares (Abb. 2) sind miteinander verdrillt (verdreht). Dadurch entsteht zwischen Hin- und Rückleiter eine Stromschleife, sodass die Datenübertragung weniger störanfällig ist (vgl. Kap. 12.2.3).

2: Verdrillte Adern beim Datenkabel

Für ungeschirmte und geschirmte Kabel werden folgende Kurzzeichen verwendet (Abb. 3):
U: **U**ngeschirmt **F**: **F**olienschirm **S**: Geflecht**s**chirm

Ungeschirmt	**Geschirmt**
UTP **U**nshielded **T**wisted **P**air	**STP** **S**hielded **T**wisted **P**air
• **Einsatz**: Etagen und Endgeräteverkabelung • **Problem**: Die Signale auf den einzelnen Aderpaaren beeinflussen sich gegenseitig (**Übersprechen** [*cross talk*]). • **Vorteile**: Geringer Außendurchmesser, leicht zu verarbeiten, preisgünstig	• **Aufbau**: Adernpaare sind mit einem metallischen Schirm (aluminiumkaschierte Kunststofffolie) versehen. • **Nachteile**: Größerer Außendurchmesser, schlechter zu verlegen (größerer Biegeradius), teurer als UTP-Kabel • **Vorteil**: Geringeres Übersprechen als bei UTP-Kabel

3: UTP und STP

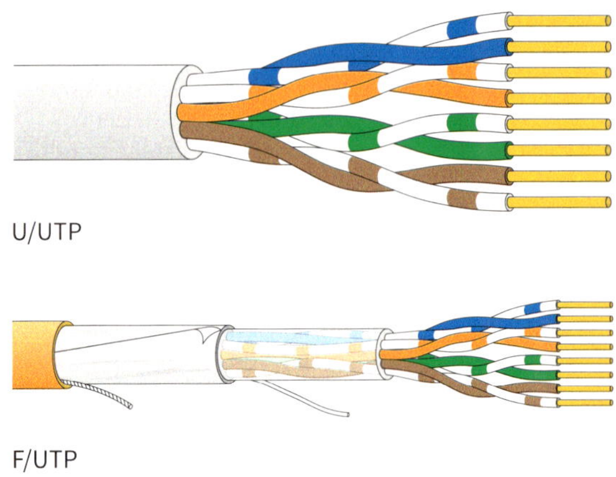

4: Beispiele für Datenkabel

Für die Anschlüsse werden genormte 8-polige Steckdosen verwendet (Abb. 5). Sie werden auch als **RJ45** bezeichnet. Diese Steckverbindung wurde von der US-amerikanischen **F**ederal **C**ommunications **C**ommission (**FCC**) genormt. **RJ** bedeutet **R**egistered **J**ack (genormte Buchse). Üblich ist auch die Bezeichnung **Westernstecker**, der auf das US-amerikanische Unternehmen „Western Electric" zurückzuführen ist. Für die Pinbelegung mit Leitungen gibt es zwei genormte Varianten (Abb. 5, **TIA**: **T**elecommunications **I**ndustry **A**ssociation).

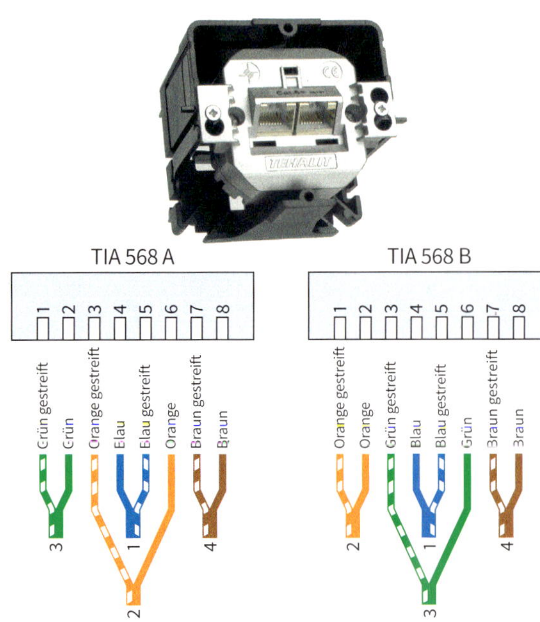

5: RJ-45 Buchse und Leitungsbelegung

- Der Einfluss von Störungen auf Datenkabel wird durch verdrillte Adernpaare (Twisted Pair) und Aluminium-Abschirmungen verringert.

Hinweise zur Installation

Beim Anschluss der Adern im Patchfeld und den Datendosen ist Folgendes zu beachten:

- Die Schirmung aus Geflecht und/oder Folie darf nicht beschädigt werden. Die Ummantelung muss deshalb vorsichtig entfernt werden.
- Die Schirmung soll so nah wie möglich an die Kontaktstellen geführt werden.
- Wenn sich ein Beidraht im Kabel befindet, muss dieser zusammen mit der Schirmung angeschlossen werden.
- Die Schirmung darf nicht abgeschnitten werden.
- Lose Schirmungen sind mit einer selbstklebenden Folie zu befestigen.
- Die Verdrillung darf nicht gelöst werden.
- Leitungen sollten nicht nachträglich verdrillt werden.
- Die vorgeschriebenen Biegeradien der Leitungen müssen eingehalten werden. Aus diesem Grund sollte dafür in der Verteilung genügend Platz gelassen werden.

Mögliche Fehler bei der Netzwerkinstallation

- Metallteile im Verteiler sind nicht oder falsch geerdet.
- Die Anschlüsse für die Schirmungen fehlen oder sind fehlerhaft.
- Zwischen Verteiler und Endgeräten besteht eine Erdschleife.
- Die TP-Kabel liegen parallel zu den Energieleitungen (230 V).
- Die Datenstrecken sind zu lang (Tertiärbereich < 100 m).
- Die Schirmung fehlt oder ist falsch angeschlossen.
- Die Verseilung der Adernpaare ist aufgehoben.
- Der Farbcode wurde nicht eingehalten.
- Leitungen sind vertauscht.
- Datenkabel sind zu stark gebogen.
- Kurzschlüsse durch unsaubere Klemmstellen.

Aufgaben

1. Geben Sie Gründe für die Verwendung eines Patchfeldes an.
2. Welche Funktion hat ein Switch in einem Netzwerk?

Messgerät zur Fehlersuche in Netzwerkinstallationen

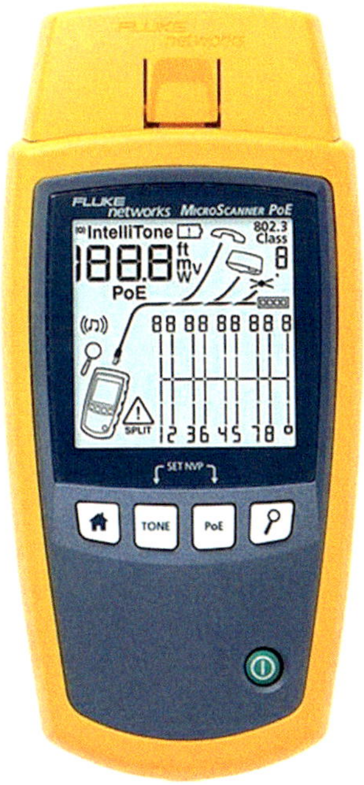

6: MicroScanner MS-PoE

Möglichkeiten:

- Grafische Anzeige von Leitungslängen.
- Grafische Anzeige der leistungsführenden Paare, einschließlich ihrer dualen Signatur.
- Darstellung von Verdrahtungsplänen.
- Ermittlung von Unterbrechungen/Kurzschlüssen.
- Entfernung zur Fehlerstelle.
- Kabeltests: Identifizieren kurzgeschlossener, offener oder gekreuzter Drähte an beiden Enden sowie die Länge jedes Paares und Senden von Tönen zum Auffinden von Kabeln.
- Feststellung der Switch-Klassen (z. B. 802.3 at, af und bt).
- Feststellen, ob ein Switch an das Kabel angeschlossen und er aktiv ist.
- Ermittlung der Geschwindigkeit der Datenübertragung.
- Prüfung von RJ45-Verbindungen.
- Ermittlung, ob eine unzureichende Spannungsversorgung vorliegt.
- Ermittlung, ob ein Switch-Anschluss ausreichend Spannung liefern kann.
- Messung der Spannungsversorgung für angeschlossene Geräte.

12.2.3 Messungen

Bevor die Netzwerkinstallation an den Kunden übergeben wird, sind Messungen erforderlich. Die Messdaten sollten gespeichert und in den Prüfbericht eingefügt werden.

An welchen Stellen wird gemessen?

Für die Tertiärverkabelung beträgt die maximale **Übertragungsstrecke** [*channel link*] ① 100 m (Abb. 1). Darin sind die Verkabelungsstrecke und die Patchkabel (z. B. jeweils 5 m in Abb. 1) enthalten. Zu der Verkabelungsstrecke (**dauerhafte Verbindung** [*permanent link*] ②) gehören das Datenkabel, die Dosen und das Patchfeld.

Mit der Messanordnung werden der ordnungsgemäße Zustand der Installation sowie die Qualität der Datenübertragung überprüft. Die Messanordnung besteht aus dem Messgerät ③ und der Remote-Einheit ④.

Eine Messanordnung zwischen Patchfeld und Anschlussdose (permanent link) ist in Abb. 5 skizziert. Am Messgerät wird das Messverfahren eingestellt. Anschließend erfolgt die Messung automatisch zwischen dem Messgerät und der Remote-Einheit. Dabei werden die Messergebnisse mit den eingestellten Normwerten verglichen und als erfüllt (pass) bzw. nicht erfüllt (fail) gekennzeichnet. Die Daten können gespeichert, ausgewertet und in einen Prüfbericht eingefügt werden.

Was wird gemessen?

- **Widerstand**
  Hierbei wird der Widerstand der Adernpaare (Hin- und Rückleitung, Schleifenimpedanz) gemessen. Die Remote-Einheit schließt dazu das Ende „kurz".
- **Dämpfung** [*attenuation*]
  Sie ist abhängig von Länge, Frequenz, Wirkwiderstand, dem induktiven und kapazitiven Belag des Kabels und wird in dB angegeben.
- **Durchgang, Vertauschung von Adern** [*wiremap*] (Abb. 2)

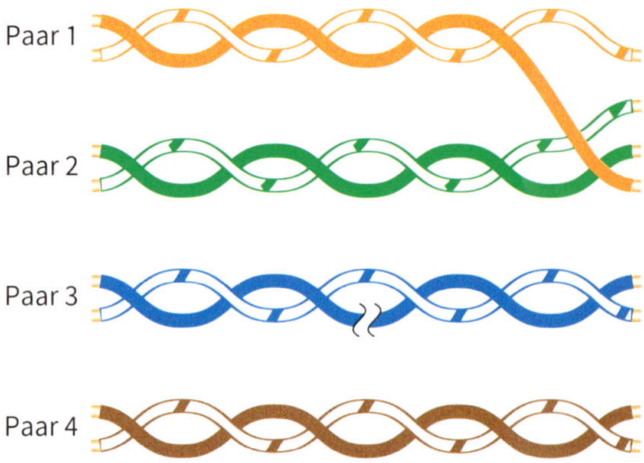

2: Unterbrechung und Vertauschung

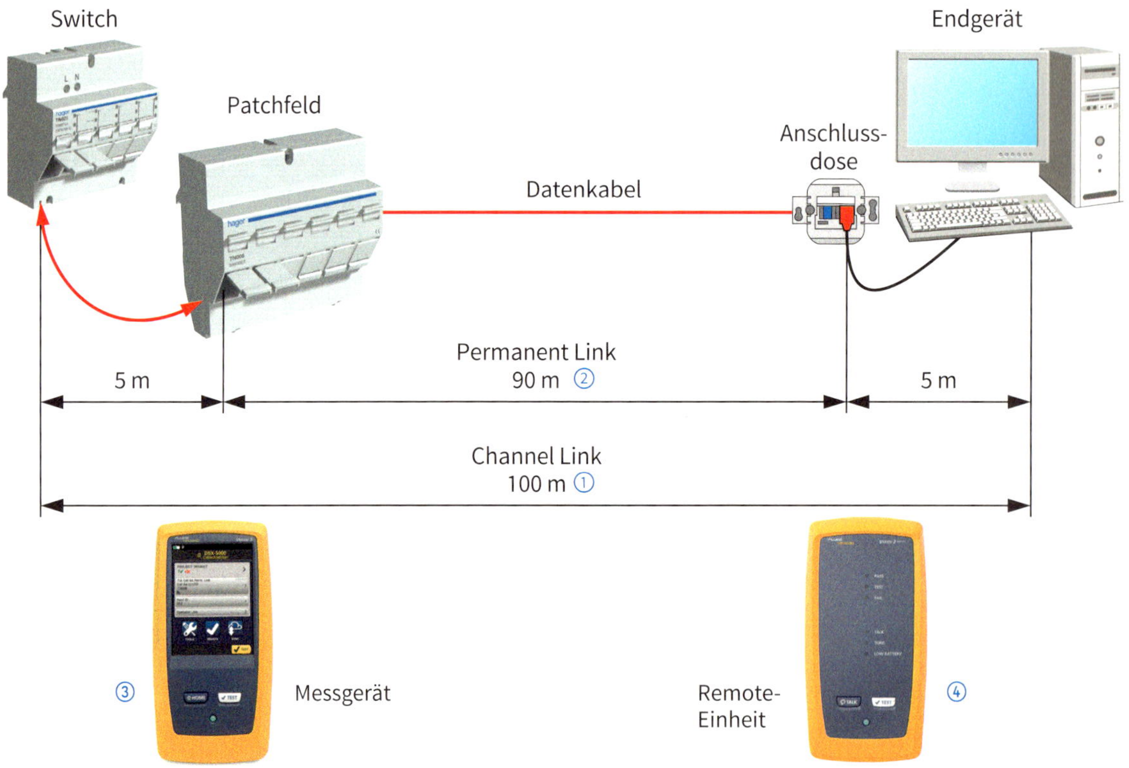

1: Datenübertragungsstrecke

- **Länge** [*length*]
  Wenn Signale über eine Leitung gesendet werden (Abb. 3), benötigen sie eine bestimmte Zeit, bis sie das Leitungsende erreichen. Außerdem werden die Signale am offenen Ende reflektiert und erreichen nach einer bestimmten Zeit (Signalaufzeit) den Anfang der Leitung. Dieses Prinzip verwendet man bei der Längenmessung. Die Signallaufzeit ist dabei ein Maß für die Leitungslänge.
- **Signallaufzeit** [*delay*]
  Die Signallaufzeit auf den einzelnen Adernpaaren wird ermittelt und auf Konformität geprüft (Abb. 3).

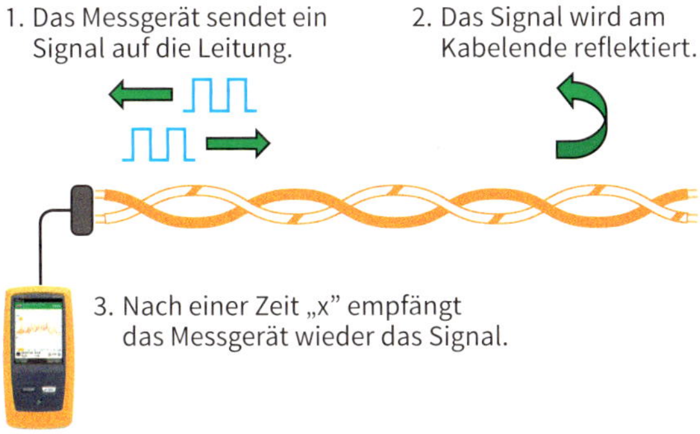

3: Längen-, Signallaufzeit- und Längenunterschiedsmessung

- **Längenunterschiede zwischen Aderpaaren** [*delay-skew*]
  Fertigungsbedingt und durch den speziellen Kabelaufbau haben die einzelnen Adernpaare unterschiedliche Längen. Dieser Unterschied kann z. B. bei 100 m Kabellänge mehrere Meter (bis zu 5 m) betragen. Bei der Messung wird geprüft, ob die Unterschiede innerhalb einer akzeptablen Toleranz liegen.
- **Nebensprechen** [*crosstalk*]
  Das Nebensprechen ist eine der häufigsten Fehlerursachen bei der Datenübertragung. Mit Abb. 2 wird das Prinzip verdeutlicht. Über das Leitungspaar 1 werden Daten gesendet. Es entsteht ein Stromfluss mit entsprechenden Magnetfeldern um die Leiter. Durch ihre Magnetfelder werden in die anliegenden Leiterpaare 2, 3 und 4 Spannungen induziert. In Abb. 4 ist diese Beeinflussung durch schwarze Pfeile verdeutlicht worden. Sie ist am Anfang am größten und nimmt mit zunehmender Leiterlänge auf Grund der Kabeldämpfung ab. Das empfangene Störsignal ist deshalb im Leitungspaar 2 am größten.

  Es werden unterschiedliche Arten des Nebensprechens unterschieden:
  - **Nahes Nebensprechen, NEXT** [*near end crosstalk*]
    Dies ist das Nebensprechen zwischen anliegenden Leitungspaaren (Abb. 4, zwischen 1 und 2). NEXT ist frequenzabhängig (Abb. 5) und dadurch einer der häufigsten Fehler.

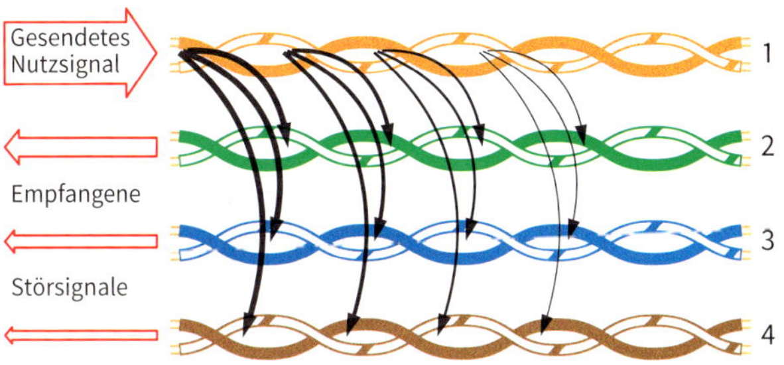

4: Nebensprechen

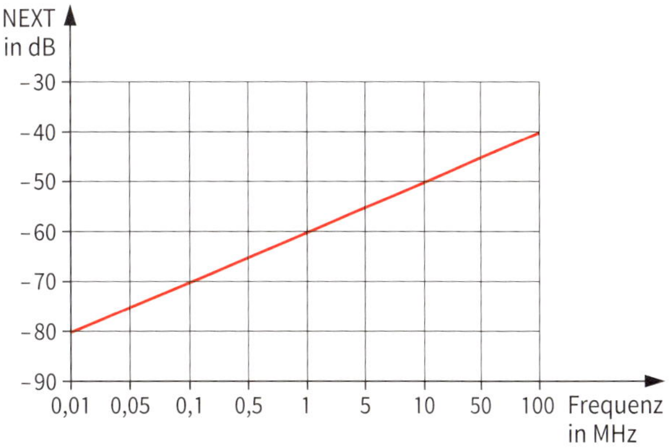

5: NEXT in Abhängigkeit von der Frequenz

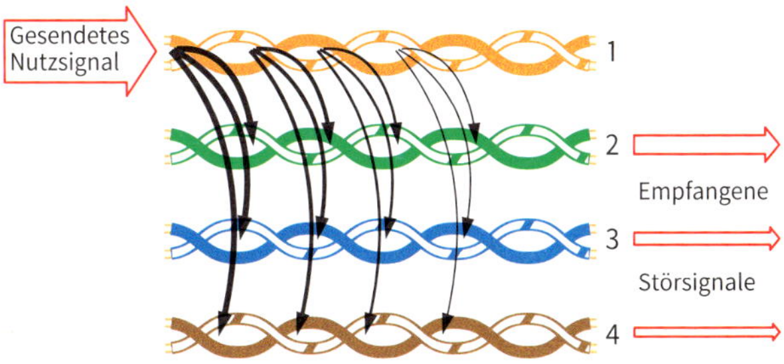

6: Fernes Nebensprechen (FEXT)

  - **Fernes Nebensprechen, FEXT** (Abb. 6) [*far end crosstalk*]
    Entspricht dem Nahen Nebensprechen (NEXT), es wird jedoch am fernen Ende gemessen.
  - **Längenabhängiges Nebensprechen am fernen Ende, ELFEXT** [*equal level far end crosstalk*]
    Diesen ELFEXT-Wert erhält man, wenn man die Differenz zwischen FEXT und Dämpfung bildet. Er ist somit längenunabhängig. Man kann ihn mit verschieden langen Installationsleitungen vergleichen.

- **Rückflussdämpfung** [*return loss*]
  Durch z. B. Klemmen oder Anschlüsse von Dosen ändert sich die Dämpfung der Übertragungsstrecke. Die Signale werden teilweise reflektiert. Bei der Messung wird die Leitung mit einem Widerstand abgeschlossen (Abb. 1, S. 494).

Bei geringer Rückflussdämpfung sind alle Komponenten sehr gut aufeinander abgestimmt.

- **Rausch-Signal-Abstand, ACR** [*attenuation to crosstalk ratio*]
  Dies ist die Differenz aus dem NEXT-Wert und der Dämpfung (ACR = NEXT – Dämpfung). Sie ist also der „Abstand" zwischen Nutzsignal und Störsignal. Je größer der ACR-Wert, desto besser kann das Nutzsignal erkannt werden (Abb. 2). Der ACR-Wert wird deshalb als Maßstab für die Qualität der gesamten Verbindung angesehen.

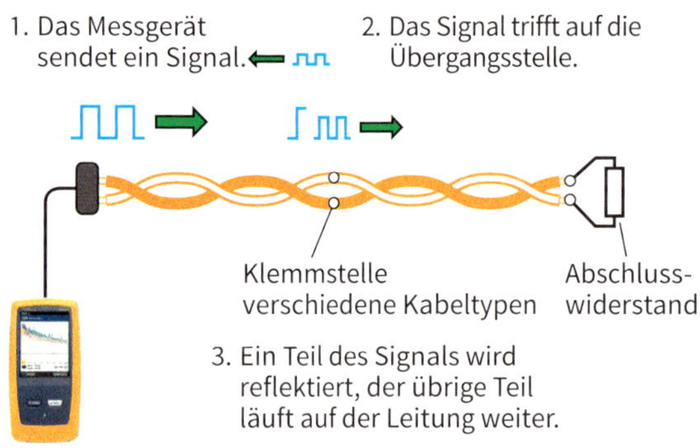

1: Rückflussdämpfung

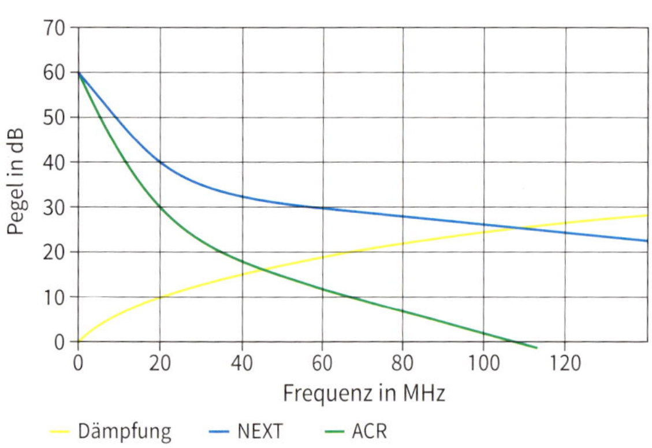

a) Diagramm

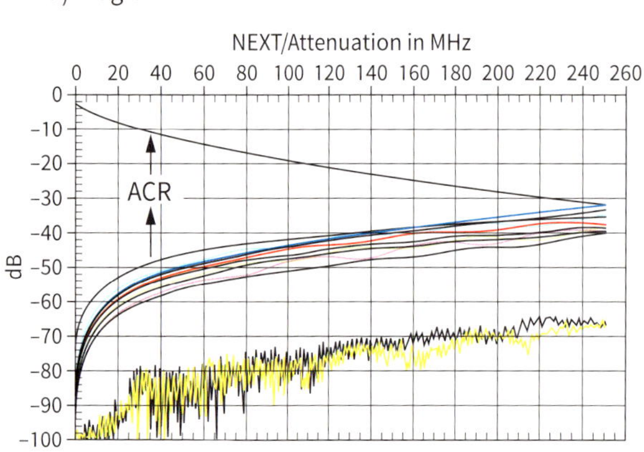

b) Messausdruck

2: Rausch-Signal-Abstand ACR

- **Einflüsse einzelner Leitungspaare auf alle anderen Paare (PS)** [*power sum*]
  Bei der Cat. 6-Verkabelung können über alle vier Adernpaare Signale übertragen werden. Deshalb findet durch Induktion eine gegenseitige Beeinflussung aller vier Leitungspaare statt. Bei der Störungsermittlung geht man davon aus, dass drei Leitungspaare Signale senden und ein Leitungspaar Signale empfängt (Abb. 3). Aus den zuvor gemessenen Werten errechnet das Messgerät die sog. PS-Werte für NEXT (PSNEXT), ACR (PSACR) und ELFEXT (PSELFEXT).

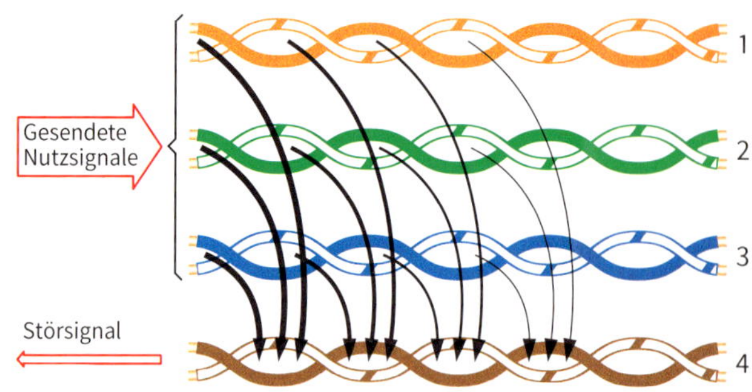

3: Gegenseitige Beeinflussung

Die Installation im Büroraum ist in die Klasse D eingeordnet (vgl. Kap. 12.2.2). Demnach sind folgende Messungen durchzuführen:

- Signallaufzeit (delay)
- Längenunterschied zwischen Adernpaaren (delay-skew)
- Rückflussdämpfung (return loss)
- Übersprechen auf das ferne Ende (ELFEXT)
- Einflüsse einzelner Leitungspaare auf alle anderen Paare (power sum)

Aufgaben

1. Begründen Sie, weshalb bei einer Datenübertragungsstrecke der ACR-Wert möglichst groß sein sollte.
2. Ermitteln Sie aus Abb. 2a) die Leitungsdämpfung bei 100 MHz.
3. Ermitteln Sie aus Abb. 2 b) den ACR-Wert bei 100 MHz.

- Zur Überprüfung von Datenleitungen können der Leitungswiderstand, die Dämpfung, die Leitungslänge sowie die Signallaufzeit gemessen werden.
- Bei der Datenübertragung entstehen Fehler durch nahes (NEXT), fernes (FEXT) und längenabhängiges Nebensprechen (ELFEXT).
- Ein wesentliches Maß für die Qualität einer Datenübertragung ist der Rausch-Signal-Abstand (ACR).

12.2.4 Strukturierte Verkabelung

Bei einem Netzwerk gehört die Kabelanlage zur fest installierten Struktur und erfordert einen großen Teil der Investitionskosten. Während Endgeräte in der Regel nach 3 bis 5 Jahren durch neue Geräte ausgetauscht werden, ist die Verkabelung für eine längere Gebrauchsdauer auszulegen (ca. 10 bis 15 Jahre). Deshalb sind bereits bei der Planung des Netzwerks vorausschauende Überlegungen hinsichtlich der zukünftigen Nutzung bzw. der möglichen Erweiterung anzustellen.

Die strukturierte Verkabelung stellt einen einheitlichen Aufbauplan für die Verkabelung zur Übertragung unterschiedlicher Dienste dar. Sie wird auch als **UGV** (**U**niverselle **G**ebäude**v**erkabelung) bezeichnet und ist in einer Reihe von Normen festgelegt.

Bei der strukturierten Verkabelung werden drei **Verkabelungsbereiche** unterschieden (Abb. 4):

- **Primärer Bereich** (zwischen Gebäuden ①)
- **Sekundärer Bereich** (zwischen Stockwerken ②)
- **Tertiärer Bereich** (Flurebene ③).

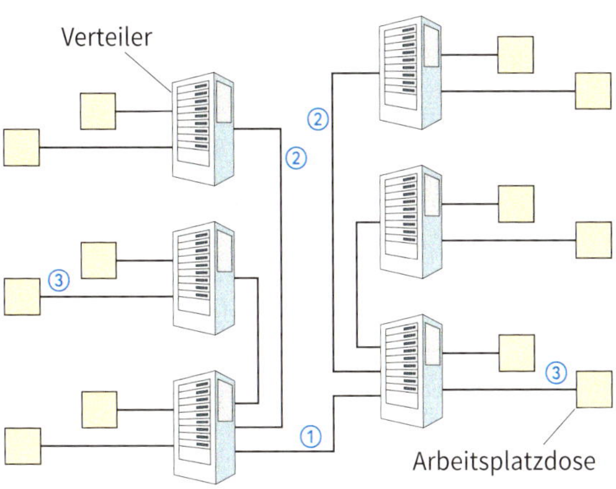

4: Verkabelungsbereiche

Die Kabellängen sind entsprechend festgelegt:

- **Tertiär** (horizontal), maximal 100 m mit Kupferkabeln oder Lichtwellenleitern
- **Sekundär** (vertikal), maximal 500 m bei Lichtwellenleitern oder Kupferkabeln
- **Primär** (Gelände), maximal 1500 m bei Lichtwellenleitern

Grundsätzlich ist für die Verbindung zwischen Gebäuden eine LWL-Verkabelung anzuwenden, da dadurch eine galvanische Entkopplung zwischen den angeschlossenen Geräten und eine störungsempfindliche Übertragungsstrecke realisiert wird.

Verkabelungs- und Übertragungsstrecke

- Verkabelungsstrecke (**Permanent Link**) und
- Übertragungsstrecke (**Channel Link**), Abb. 5.

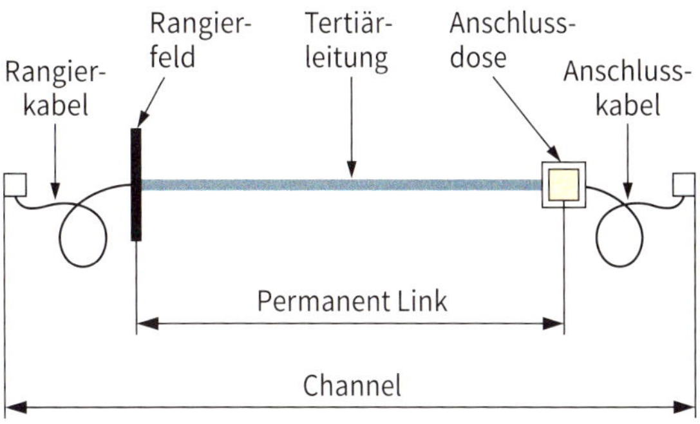

5: Verkabelungs- und Übertragungsstrecken

Die **Verkabelungsstrecke** beinhaltet das festverlegte Kommunikationskabel und reicht vom Rangierfeld bis zur Anschlussdose. Die Kabellänge beträgt minimal 15 m und maximal 90 m.

Für die **Übertragungsstrecke** wird zusätzlich zur Verkabelungsstrecke an beiden Enden noch jeweils ein Anschlusskabel hinzugerechnet. Die Anschlusskabel dürfen dabei maximal 5 m lang sein. Insgesamt ergibt sich für die Übertragungsstrecke eine Länge von maximal 100 m.

Die Übertragungsstrecken werden anhand ihrer Leistungsfähigkeit in **Klassen** (Classes) eingeteilt. Für jede Klasse ist eine maximale Datenübertragungsrate festgelegt. Damit eine Übertragungsstrecke einer entsprechenden Klasse zugeordnet werden kann, müssen auch die eingesetzten Komponenten (Kabel, Steckverbinder) die spezifischen Anforderungen der Klasse erfüllen. Zu den Anforderungen gehören z. B. der Wellenwiderstand, die Dämpfung und das Übersprechen. Die Komponenten werden in **Kategorien** [*categories*] eingeteilt (Abb. 6).

Kategorie	f_{max} in MHz	Kabelaufbau	Anwendung
Cat 1	0,1	U/UTP	TK-Kabel für Sprache
Cat 2	1,5	U/UTP	TK-Kabel für Sprache, ISDN
Cat 3	16	U/UTP	TK-Kabel für Sprache, Daten bis 10 Mbit/s
Cat 4	20	U/STP	Daten bis 16 Mbit/s
Cat 5	100	F/UTP S/FTP	Daten bis 100 Mbit/s (ggf. 1 Gbit/s)
Cat 6	250	S/FTP	Sprache, Daten (bis 10 Gbit/s), Multimedia
Cat 7	600	S/FTP	Daten bis 10 Gbit/s
Cat 8	In Vorbereitung, HDTV (hochauflösend)		

6: TP-Kabelkategorien

12.2.5 Ethernet

Mit Ethernet bezeichnet man eine Datennetztechnik, die in lokalen Netzen (LAN) eingesetzt wird. Diese Netzwerktechnologie wird heute vorwiegend verwendet. Der englische Begriff stammt aus der Anfangszeit der Netzwerktechnik und bedeutet soviel wie „Äther". Damit kennzeichnete man damals das Ausbreitungsmedium für Funkwellen.

Ethernet ist in der Norm IEEE 802.3 standardisiert und umfasst Paketformate und Protokolle sowie auch die Festlegung für Kabel und Stecker. Der Datenaustausch erfolgt seriell zwischen den angeschlossenen Geräten (Computer, Drucker, usw.). In Abb. 1 sind Ethernet-Varianten mit ihren Merkmalen aufgeführt. Der Name kennzeichnet die jeweils verwendete Technologie.

Beispiel: 10Base2

- 10: 10 Mbit/s Datenübertragungsrate
- Base: Basisbandübertragung, es erfolgt keine Datenübertragung in einem anderen Frequenzbereich.
- 2: Max. Segmentlänge als Vielfaches von 100 m

	10Base2	100BaseT	100BaseFX
Topologie	Bus	Stern	Stern
Kabeltyp	RG58 Thinnet Koaxial	Twisted Pair	Lichtwellenleiter
Verbindung	BNC T-Stecker	RJ 45	ST-Stecker
Abschluss	50 Ω	–	–
Entfernung zum PC	min. 0,5 m zu PCs	max. 100 m PC-Hub	max. 1 km PC-Fiber-Hub
Max. Kabellänge	200 m	100 m	1 km
Max. Segmente	5 über Repeater	5 Kaskaden	16 Kaskaden
Höchstzahl der PCs	30 pro Segment	24 pro Hub	384 pro Fiber-Hub
Datenrate	≤10 Mbit/s	≤100 Mbit/s	>100 Mbit/s

1: Ethernet-Technologien

Bei 10Base2 wird die Verkabelung mit dünnem Koaxialkabel in Bustechnik vorgenommen. 100BaseT wird auch als Fast-Ethernet bezeichnet und ermöglicht eine Datenübertragungsrate von 100 Mbit/s über Kupferleiter. Bei 100BaseFX erfolgt die Datenübertragung mit Glasfasern. Bei 1000BaseT überträgt man die Daten mit 1 Gbit/s über Kupferleitungen. Dieses Netz wird deshalb auch als Gigabit-Ethernet bezeichnet.

Zum Ethernet-Standard gehört auch „**Power over Ethernet**" (**PoE**). Bei diesem Verfahren werden Ethernet-Geräte über das Twisted-Pair-Kabel mit elektrischer Energie versorgt (Abb. 2). Dabei werden ungenutzte Adern der Leitung für die Speisung mit 48 V verwendet. Die Leistung kann etwa 15 W betragen.

2: PoE

Wie wird der Zugriff im Netzwerk organisiert?

Diese Frage stellt sich bei allen Systemen, bei denen nur eine Leitung mit einer gemeinsam genutzten Frequenz zur Verfügung steht. Man spricht hier von der **Basisbandübertragung** [*baseband transmission*] (kurz: **base**).

Bei der Basisbandübertragung gibt es 3 Verfahren:

1. **CSMA/CD** (**C**arrier **S**ense **M**ultiple **A**ccess/ **C**ollision **D**etection): Alle Computer sind zur Datenübertragung gleichberechtigt. Der Computer, der senden will, wartet, bis das Netz inaktiv ist und sendet dann seine Daten. Wenn zufällig ein anderer Computer zeitgleich mit dem Senden begonnen hat, kommt es zur Datenkollision. Diese wird registriert und die Computer senden zeitversetzt ihre Daten erneut.
2. **CSMA/CA** (**C**arrier **S**ense **M**ultiple **A**ccess/ **C**ollision **A**voidance): Alle Computer sind zur Datenübertragung gleichberechtigt. Der Computer, der senden will, wartet, bis das Netz inaktiv ist und sendet dann ein Signal, das die Sendeabsicht bekannt gibt. Das Netz bleibt daraufhin inaktiv und der Computer sendet seine Daten. Eine Datenkollision wird immer verhindert.
3. **Token Ring**: Eine Sendeberechtigung (das Token) wird kontinuierlich im Kreis von Rechner zu Rechner weitergegeben. Nur der Rechner, der das Token momentan hat, sendet seine Daten. Eine Datenkollision wird immer verhindert. Token Ring setzt eine Ringtopologie voraus.

- Ethernet ist das am meisten verwendete Datennetz im LAN-Bereich.
- Mit den Varianten Fast-Ethernet und Gigabit-Ethernet können Datenübertragungsraten von 100 Mbit/s und 1 Gbit/s erreicht werden.

12.2.6 WLAN

Mit WLAN (**W**ireless **LAN**: Drahtloses LAN) bezeichnet man eine Netzwerktechnik, bei der die Übertragung der Informationen/Daten mit elektromagnetischen Wellen (Funktechnik) erfolgt. Die technischen Merkmale sind in der IEEE 802.11 (**IEEE**: **I**nstitute of **E**lectrical and **E**lectronics **E**ngineers) festgelegt. Es werden Funkfrequenzen aus dem ISM-Bereich (**ISM**: **I**ndustrial, **S**cientific and **M**edical Band) verwendet.

Ein Beispiel für ein Funknetz ist in Abb. 3 zu sehen. Es handelt sich dabei um **WAP** (**W**ireless **A**ccess-**P**oint, ein Gerät für den Funkverkehr zu kabellosen Kommunikationsgeräten) mit DSL-Anschluss, WLAN und integrierter Switch-Funktion für ein leitungsgebundenes Netzwerk (LAN).

3: LAN und WLAN

Der Vorteil von WLAN gegenüber LAN besteht im einfachen Aufbau bzw. Ergänzung von bestehenden Netzwerken ohne zusätzliche Verkabelung.

Die WLAN-Übertragungsreichweiten sind unterschiedlich (z. B. IEEE 802.11n max. 70 m innerhalb von Gebäuden, im freien Gelände bis zu 120 m). Die Reichweite ist von der Sendeleistung und den baulichen Gegebenheiten abhängig. Besonders Leichtbauwände aus Metall und metallene Büroeinrichtungen verursachen erheblichen Dämpfungen, wodurch sich die Wellenausbreitung und damit die Reichweite verringert.

Übertragungsstörungen können auch durch andere Geräte auftreten, die in diesen Frequenzbereichen arbeiten (z. B. Mikrowellenherde).

Aufgrund technischer Entwicklungen enthält die IEEE 802.11 eine Reihe von Teilstandards, die sich u. a. in den Datenübertragungsraten unterscheiden (Abb. 4).

Bezeichnung	Datenübertragungsrate	Frequenzbereiche (Kanäle)
IEEE 802.11a	54 Mbit/s max.	5,15 GHz bis 5,725 GHz (19 Kanäle, alle überlappungsfrei)
IEEE 802.11b	11 Mbit/s	2,4 GHz bis 2,4835 GHz (13 Kanäle, davon 3 überlappungsfrei)
IEEE 802.11g	54 Mbit/s	2,4 GHz bis 2,4835 GHz (13 Kanäle, davon 4 überlappungsfrei)
IEEE 802.11h	54 Mbit/s	5,15 GHz bis 5,725 GHz (19 Kanäle, alle überlappungsfrei)
IEEE 802.11n	600 Mbit/s (mit MIMO-Technik)	2,4 GHz und 5 GHz (13 und 19 Kanäle)
IEEE 802.11ac[1)]	> 1,3 Gbit/s	5 GHz
IEEE 802.11ad[1)]	ca. 6,7 Gbit/s	60 GHz (4 Kanäle)

[1)] Standard in der Entwicklung

4: IEEE 802

Die in der Praxis erreichbaren Datenraten (Nettodatenraten) liegen in der Regel 50 % unter den theoretischen Datenraten (Bruttodatenraten). Außerdem wird die vorhandene Bandbreite zwischen allen Netzteilnehmern für Up- und Download aufgeteilt.

Bei WLAN werden zwei grundsätzliche Betriebsarten unterschieden.

Im **Infrastruktur-Modus** wird die Koordination der vorhandenen Clients durch einen Wireless Access Point (Drahtloser Zugangspunkt) übernommen. Dieser ist in der Regel an ein kabelgebundenes Ethernet-Netzwerk angeschlossen und somit Bestandteil dieses Netzwerks.

Im **Ad-hoc-Modus** sind alle Stationen gleichberechtigt. Es gibt keine zentrale Koordinierungsstelle. Aus diesem Grunde ist diese Betriebsart für die zeitlich begrenzte Vernetzung mit wenigen Teilnehmern gut geeignet.

Die Funkübertragungsstrecken erfordern besondere Schutzmaßnahmen für die Sicherheit des Netzwerks. Dazu gehören u. a. der Einsatz einer geeigneten Verschlüsselung wie z. B. **WPA2** (**W**ireless **P**rotected **A**ccess: Drahtloser Zugangsschutz), die Abschaltung der Fernkonfiguration des Access Points und die Deaktivierung der SSID-Broadcast-Aussendung (**SSID**: **S**ervice **S**et **Id**entifier: Name des einzurichtenden drahtlosen Netzwerks).

12.2.7 Kabelführungssysteme

Bei der Verkabelung von Kommunikationsanlagen, z. B. in Datennetzwerken oder anwendungsneutralen Netzwerken zur Übertragung von Audio- oder Videosignalen, in Wohngebäuden und Industrieanlagen müssen zur Vermeidung von Störeinflüssen nach DIN EN 50174-2 besondere Anforderungen erfüllt werden. Dabei gilt ein besonderes Augenmark der **Kabelauswahl** und **Kabelführung**.

Bei der **Einführung von Kabeln** aus entflammbaren Materialien in ein Gebäude müssen diese innerhalb von 2 m nach dem Durchtritt der äußeren Brandschottung (Wand, Decke usw.)

- fest angeschlossen werden oder
- innerhalb eines Kabelführungssystems (z. B. Kanal oder Rohr) installiert werden, das als Brandschottung zugelassen ist.

Die Kabel müssen für die Umgebungsbedingungen am Einsatzort geeignet sein, z. B. bei besonderer mechanischer Beanspruchung.

Bei der **Installation in Gebäuden** müssen besondere Vorsichtsmaßnahmen überall dort getroffen werden, wo informationstechnische Netze gemeinsam mit Stromversorgungssystemen verlaufen.

Die Kabelwege müssen

- die installierten Kabel schützen,
- vom Platzbedarf so ausgelegt werden, dass die Reserve für die Erweiterung des Kabelsystems von mindestens 50 % vorhanden ist,
- ausreichend Platz für Kabelreserven und die Einhaltung der Biegeradien r bieten (Richtwerte: symmetrische Kupferkabel $r \geq 8 \cdot d$; Lichtwellenleiter bzw. Koaxialkabel $r \geq 10 \cdot d$),
- z. B. für Instandhaltung und Erweiterungen zugänglich sein und
- den Mindestabstand zwischen Kommunikationskabeln und Stromversorgungssystemen einhalten.

Bei Stapelung der Kabel in einem Kabelweg mit geschlossener Auflagefläche (Kabelrinne Abb. 1 ①) darf die zulässige Stapelhöhe von 150 mm nicht überschritten werden. Bei der Verwendung von Sammelhaltern (Abb. 1 ②) darf der Abstand zwischen den Auflagepunkten nicht größer als 1,5 m betragen. Die Stapelhöhe h ist abhängig vom Abstand l zwischen den Auflagepunkten.

Die **Stapelhöhe** berechnet sich nach folgender zugeschnittener Größengleichung:

$$h = \frac{150}{1 + l \cdot 0{,}0007} \qquad h, l \text{ in mm}$$

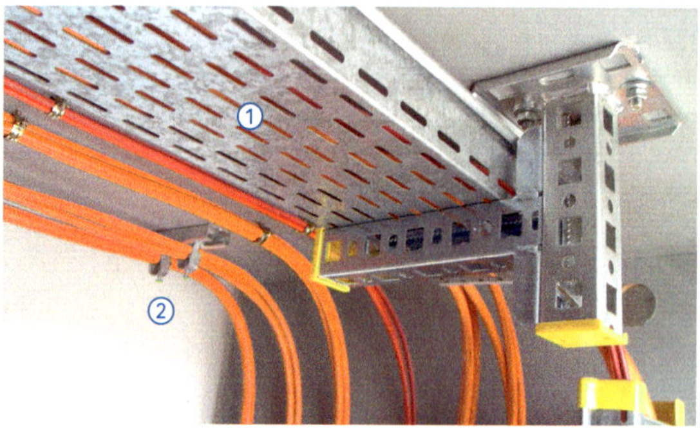

1: Kabelführungssysteme
(Centrovox Kabelvertriebs-Gesellschaft m.b.H.)

Mindestabstand

Zur Vermeidung von elektromagnetischen Einflüssen muss zwischen Kommunikationskabelanlagen und Stromversorgungssystemen ein Mindestabstand A (Abb. 2) eingehalten werden. Er ist abhängig von

- der Trennklasse, die durch das Datenkabel ③ bestimmt wird,
- dem eingesetzten Kabelführungssystem ④ und
- einem Faktor, der sich aus dem gemeinsam geführten Stromversorgungssystem ⑤ bestimmt.

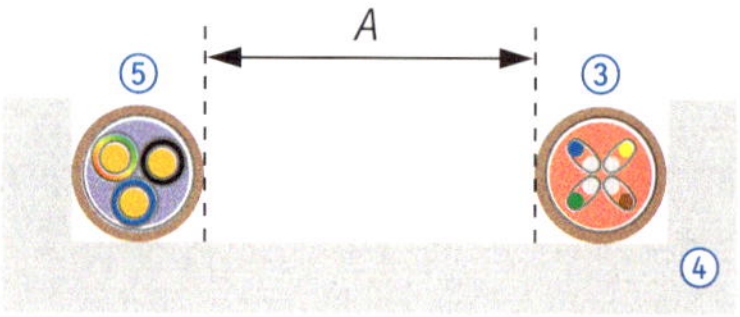

2: Mindestabstand

Zusätzliche Vorkehrungen zum Schutz vor EMV-Einflüssen lassen sich durch folgende Maßnahmen erreichen:

- Verwendung geschirmter Kabel und Leitungen
- Installation eines gemeinsamen durchgängigen Schutzpotenzialausgleichs für sämtliche metallene Anlagenteile (Kabelwege, Kabelschirmung, usw.)
- Vollflächige Verbindung des Schirms mit dem Schutzpotenzialausgleich an beiden Kabelenden
- Verlegesysteme an beiden Enden mit dem Schutzpotenzialausgleich bzw. an den Stoßstellen miteinander verbinden
- Verwendung von metallenen Kabelverlegesystemen mit hohen Seitenwänden
- Parallel geführte metallene Verlegesysteme in einem Abstand von 10 m bis max. 20 m verbinden

- Bei der Planung der Kabelwege müssen Mindestabstände zwischen Kommunikationskabeln und Stromversorgungssystemen eingehalten werden.
- Ein gemeinsamer Schutzpotenzialausgleich in Verbindung mit einer Kabelschirmung und metallenen Kabelführungssytemen verhindert störende EMV-Einflüsse.

13 Instandhalten und Ändern

Der Inhaber der Fa. Blechservice KG hat in einem Blog für Geschäftsführer gelesen, dass er zur Instandhaltung seiner elektrischen Anlagen und Geräte verpflichtet sei. Da er selbst keine Elektrofachkraft ist und ihm das Thema unbekannt ist, erkundigt er sich bei einem Fachbetrieb und wird dort umfassend beraten.

Dabei sollen unter anderem die folgenden Fragen geklärt werden:

- Warum wird Instandhaltung durchgeführt?
- Was gehört zur Instandhaltung?
- Welche Instandhaltungstätigkeiten und -strategien gibt es?
- Wie wird die Instandhaltung richtig geplant?

13.1 Instandhaltungsgründe

Zur **Instandhaltung** [*maintenance*] gehören alle Maßnahmen, die ein technisches System in einem funktionsfähigen Zustand halten oder diesen Zustand wieder herstellen. Sie kann z. B. regelmäßige Kontrollen, den rechtzeitigen Austausch von Verschleißteilen oder Reparaturen beinhalten.

Für alle diese Maßnahmen ist der Einsatz von Personal und Material (z. B. Ersatzteile) erforderlich, die dem Unternehmen hohe Kosten verursachen. Unternehmen müssen wirtschaftlich handeln. Daher muss es Gründe geben, warum Geld für Instandhaltung investiert wird (Abb. 3).

Als Begründungen lassen sich z. B. anführen:

- Der Aufwand ist gerechtfertigt, da dadurch andere Kosten vermieden werden.
- Es besteht ein Zwang durch Gesetze oder vertragliche Verpflichtungen.

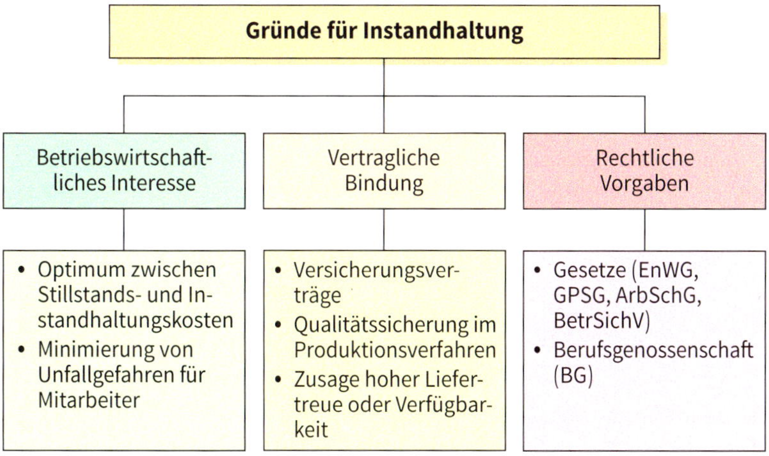

3: Instandhaltungsgründe

Welches betriebswirtschaftliche Interesse gibt es für die Instandhaltung?

Ein Hauptziel aller Firmen ist der wirtschaftliche Erfolg. Finanzielle und personelle Ressourcen müssen daher so eingesetzt werden, dass ein größtmöglicher Nutzen entsteht.

Je nachdem wie hoch der Instandhaltungsaufwand ist, verändern sich die Folgekosten für den Betrieb (Abb. 4). Wird beispielsweise überhaupt keine Instandhaltung betrieben, werden im Laufe der Zeit zahlreiche Anlagen ausfallen. Der dadurch verursachte Produktionsausfall verursacht hohe Kosten ①.

Wird die Instandhaltung sehr aufwändig betrieben, kann es sein, dass mit dem hohen Aufwand kaum noch eine Verbesserung der Anlagen erreicht wird ②.

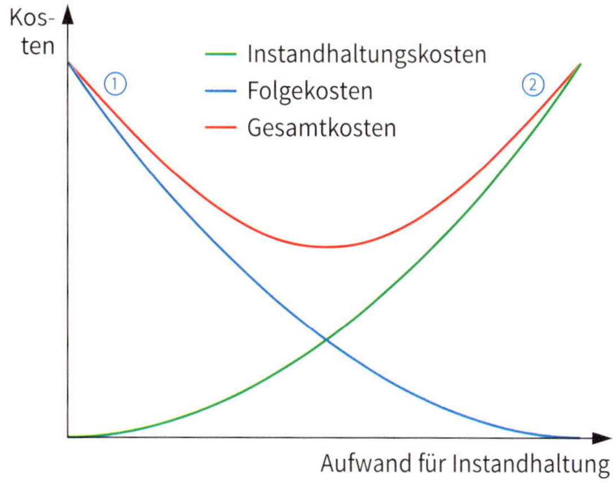

4: Instandhaltungskosten

In beiden Extremfällen entstehen hohe Gesamtkosten. Durch gute Instandhaltungsplanung muss versucht werden, ein wirtschaftliches Optimum zwischen Instandhaltungsaufwand und Nutzen zu erzielen.

Auch die Gefährdung der Mitarbeiter durch technische Systeme spielt bei der Instandhaltung eine Rolle.

Sind wenig Gefahrenquellen vorhanden, muss auch die Instandhaltung nicht so intensiv sein wie bei Anlagen mit hohem Gefahrenpotenzial. Auch der Ausfall von Personal hat letztendlich hohe Kosten für den Unternehmer zur Folge.

Welche Verträge verpflichten zur Instandhaltung?

Anforderungen an Instandhaltungsmaßnahmen können auch durch zusätzliche **Verträge** [*contracts*] beschrieben werden. Diese Verträge nutzen z. B. Versicherungen, um durch rechtzeitige Prüfungen die Brandursachen zu reduzieren.

Feuerversicherung

Etwa ein Drittel aller Brände (Abb. 1), die von Sachversicherern registriert werden, haben die Ursache in elektrischen Anlagen oder Geräten. Daher sind die Versicherungen daran interessiert, durch vertragliche Instandhaltungspflichten die elektrotechnischen Brandursachen zu minimieren.

1: Feuerschaden

Die gewerbliche Feuerversicherung fordert beispielsweise regelmäßige Prüfungen elektrotechnischer Anlagen. In Anlagen mit besonderer Gefährdung kann sogar die Prüfung durch VdS-Sachverständige (VdS: Verband der Sachversicherer) gefordert werden.

Nur wenn im Schadensfall auch der Nachweis über die durchgeführten Prüfungen erbracht werden kann, muss die Versicherung in vollem Umfang für den Schaden aufkommen.

Werden bestimmte zusätzliche Prüfungen vertraglich vereinbart, kann dies auch zur Senkung der Versicherungsprämie führen.

Produktanforderungen

2: Prüfplakette

Einige Kunden haben besonders hohe Anforderungen an die Produktqualität oder Liefertermine. Um diese hohen Anforderungen abzusichern, werden oft konkrete Instandhaltungsmaßnahmen gefordert.

Die Automobilindustrie ist beispielsweise darauf angewiesen, dass die gelieferten Teile rechtzeitig am Montageband eintreffen.

Fehlen diese Teile, kann die gesamte Autoproduktion zum Stillstand kommen. Um das Risiko eines solchen Ausfalls zu minimieren, werden neben der Termintreue häufig konkrete Instandhaltungsmaßnahmen gefordert und auch kontrolliert.

Welche Gesetze verpflichten zur Instandhaltung?

Durch verschiedene **Gesetze** [*laws*] oder rechtlich bindende Vorschriften sind die Unternehmen gezwungen, Instandhaltungsmaßnahmen durchzuführen. Diese geforderte Instandhaltung bezieht sich hauptsächlich auf den Schutz von Personen.

Die Hauptforderungen kommen hierbei von den Berufsgenossenschaften und der Betriebssicherheitsverordnung.

3: Jurist

Berufsgenossenschaften

Sie sind gesetzlich vorgeschriebene Pflichtversicherungen. Alle Mitarbeiter von Unternehmen müssen bei einer Berufsgenossenschaft gemeldet und dadurch versichert sein. Verunglückt ein Mitarbeiter auf dem Weg von oder zur bzw. während seiner Arbeit, kommt die Berufsgenossenschaft z. B. für die Kosten der medizinischen Behandlung auf.

Da die Berufsgenossenschaften (BG) die Anzahl und Schwere der Unfälle gering halten möchten, haben sie zahlreiche Verordnungen erlassen. Hierin sind Rechte und Pflichten von Arbeitgebern und Arbeitnehmern festgelegt, welche eine sicherere Arbeit gewährleisten sollen.

Unter anderem werden in den Vorschriften der Deutschen gesetzlichen Unfallversicherung (DGUV) regelmäßige Prüfungen elektrischer Anlagen und Geräte gefordert (DGUV Vorschrift 3). Je nach Einsatz und Art der Geräte sind hier Umfang und Häufigkeit der Prüfungen festgesetzt.

Betriebs-Sicherheitsverordnung (BetrSichV)

Die BetrSichV verpflichtet alle Arbeitgeber, ihren Mitarbeitern sichere Arbeitsmittel zur Verfügung zu stellen. Als Arbeitsmittel gilt hierbei alles, was für die Arbeit benötigt wird. Dies kann vom Kugelschreiber über Kleinwerkzeug, Werkzeugmaschinen bis zu elektrischen Anlagen reichen.

Alle Arbeitsmittel müssen sicher sein. Der entsprechende Nachweis ist durch Prüfungen zu führen. Der Arbeitgeber hat hierbei die Freiheit, die Häufigkeit der Prüfungen selbst festzulegen. Hierzu muss er zuvor die Gefahr beurteilen, der ein Mitarbeiter während des Gebrauchs eines defekten Arbeitsmittels ausgesetzt wird.

Details zur Anwendung von DGUV Vorschriften und BetrSichV werden im Kapitel 13.5 erläutert.

13.2 Merkmale der Instandhaltung

In vielen Fällen ist es wichtig, den Erfolg von Instandhaltungsmaßnahmen bewerten zu können. Dies ist z. B. dann der Fall, wenn bei betriebswirtschaftlicher Betrachtung Instandhaltungskosten, Ausfälle und Folgekosten durch Anlagenausfälle verglichen werden sollen. Um diese Bewertung durchführen zu können, muss genau festgelegt sein, was ein Ausfall ist und wie er mit rechnerischen Kenngrößen beschrieben wird.

Was ist ein Ausfall?

Für technische Systeme kann ein bestimmter Sollzustand beschrieben werden, bei dem sie ihre gewünschten Funktionen erfüllen können. Diese sind bei einer Produktionsmaschine z. B.:

- Bearbeitung eines Werkstücks mit bestimmter Geschwindigkeit und Qualität,
- begrenzter Energieverbrauch bei festgelegter Produktionsmenge,
- Sicherheitsfunktionen (z. B. automatischer Stopp bei geöffnetem Schutzgitter) und
- Schutz gegen elektrischen Schlag.

Wird eine Funktion benötigt und kann sie nicht ausgeführt werden, wird dies als **Ausfall** [*failure*] bezeichnet.

Die Folgekosten für einen Ausfall sind unter anderem abhängig von

- der Häufigkeit,
- der Dauer und
- den Kosten für die Reparatur.

Lfd.-Nr.	Datum Uhrzeit	Ereignis	Name
1	06.01.2020 7:45	stillgesetzt für Wartung	Klaue
2	06.01.2020 8:15-12:00	Ölwechsel, Messung nach VDE …	Jagla
3	06.01.2020 12:50	in Betrieb gesetzt	Klaue
4	16.02.2020 8:45-9:15	Sichtkontrolle	Dzieia
5	14.04.2020 14:50	Maschinenausfall	Reh
6	26.05.2020 6:20-11:05	Fehlersuche und Reparatur (siehe Bericht 2345)	Dzieia
7	26.05.2020 12:30	in Betrieb gesetzt	Klaue
…	…	…	…

4: Beispiel eines Maschinenlogbuchs (Auszug)

Wie werden Ausfälle dokumentiert?

Um die genannten Größen errechnen zu können, ist eine gute Dokumentation über Anlagenzustände und alle Arbeiten an den Anlagen erforderlich.

Zu dieser Dokumentation gehören in Betrieben mit hohem Maschinenanteil z. B. Logbücher, in denen alle Zustandsänderungen und Tätigkeiten an den Anlagen eingetragen werden (Abb. 4). Diese Logbücher können handschriftlich vor Ort an den Maschinen geführt werden (Abb. 5a). Eine Auswertung der Daten ist dann aber nur umständlich möglich.

Komplexe Anlagen, die vielleicht gemeinsam über eine zentrale Steuerung vernetzt sind, können auch elektronisch geführte Logbücher enthalten (Abb. 5b). Liegen die Daten elektronisch vor, können sie auch komfortabel mit EDV-Systemen weiterverarbeitet werden.

Nur wenn eine detaillierte Dokumentation gepflegt wird, lässt sich die Instandhaltung wirtschaftlich und technisch optimieren.

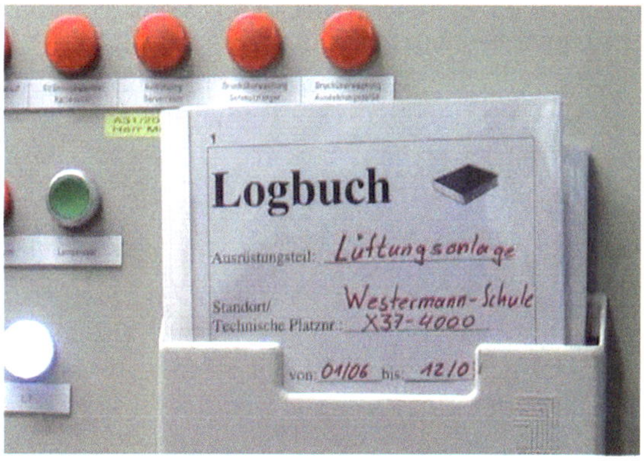

a) handschriftliches Logbuch

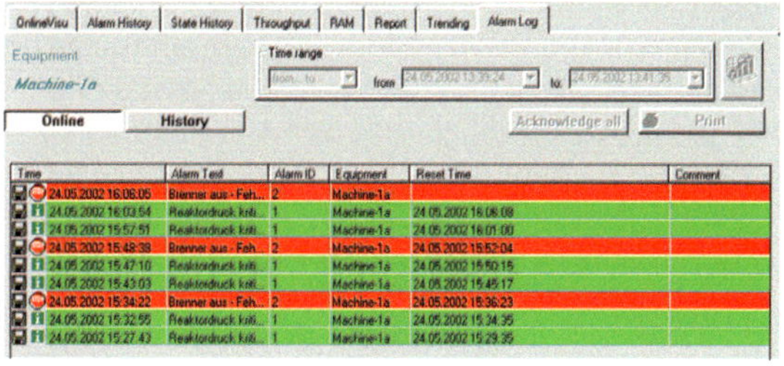

b) elektronisches Logbuch

5: Ausführungen von Logbüchern

Nur wenn eine detaillierte Dokumentation gepflegt wird, lässt sich die Instandhaltung wirtschaftlich und technisch optimieren.

- Instandhaltung muss in sinnvollem Umfang betrieben werden, um wirtschaftlich zu sein.
- Gute Dokumentation ist Voraussetzung für eine Instandhaltungsoptimierung.

Wie werden Ausfälle beschrieben?

Der Betriebszustand von technischen Systemen wechselt zwischen betriebsbereit und gestört. In der betriebsbereiten Zeit kann die Anlage genutzt werden. Während der gestörten Zeit müssen die Störung gesucht, Ersatzteile besorgt und die Reparatur durchgeführt werden.

Die einfachste Kenngröße von Ausfällen ist die **Ausfallrate λ**. Sie ergibt sich aus der Anzahl der Ausfälle n_A in einer Zeitspanne Δ*t*. Je nachdem wie häufig die Ausfälle auftreten, wird die Ausfallrate in 1/Jahr (1/a), 1/Tag (1/d), 1/Stunde (1/h), … angegeben.

$$\lambda = \frac{n_A}{\Delta t}; \quad \lambda \text{ in } a^{-1}$$

Für manche Überlegungen ist es günstiger, die Zeit zwischen dem Beginn zweier Ausfälle zu kennen. Sie wird als ***TBF*** (**t**ime **b**etween **f**ailure) bezeichnet (Abb. 1 ①). Da die Zeit zwischen zwei Ausfällen meistens nicht konstant ist ($TBF_2 \neq TBF_3$), wird der Mittelwert aller *TBF*-Werte ermittelt. Diesen nennt man dann ***MTBF*** (**mean** **time** **b**etween **f**ailure). Zur Berechnung bildet man entweder den Mittelwert aus den einzelnen *TBF*-Werten oder verwendet den Kehrwert der Ausfallrate.

$$MTBF = \frac{TBF_1 + TBF_2 + TBF_3 + \ldots}{n_A}$$

$$MTBF = \frac{\Delta t}{n_A} = \frac{1}{\lambda}; \quad MTBF \text{ in a}$$

Die bisher vorgestellten Kenngrößen sind Aussagen über die Häufigkeit bzw. Wahrscheinlichkeit von Ausfällen.

Oft interessiert aber die Zeit, die man benötigt, um ein System wieder in einen funktionsfähigen Zustand zu bringen. Erfordert ein gestörtes System eine lange Reparaturzeit, kann dies trotz geringerer Ausfallrate eine große Beeinträchtigung für den Anwender sein.

Die Reparaturzeit bei einem Ausfall wird als ***TTR*** (**t**ime **t**o **r**epair, Abb. 1 ②) bezeichnet.

Die **mittlere Reparaturzeit** wird als ***MTTR*** (**m**ean **t**ime **t**o **r**epair) angegeben. Zur Berechnung werden die einzelnen *TTR*-Werte und die Anzahl der Ausfälle benötigt.

$$MTTR = \frac{TTR_1 + TTR_2 + TTR_3 + \ldots}{n_A}$$

$$MTTR \text{ in a}$$

Die Zeitspanne zwischen Reparaturende und dem nächsten Ausfall nennt man die „Zeit bis zum Ausfall" ***TTF*** (**t**ime **t**o **f**ailure) (Abb. 1 ③). Es ist die Zeit, in der die Produktionsanlage betriebsbereit ist. Da die einzelnen *TTF*-Werte wieder voneinander abweichen, wird auch hier der Mittelwert der einzelnen *TTF*- Werte gebildet. Man bezeichnet ihn dann als ***MTTF*** (**m**ean **t**ime **t**o **f**ailure). Aus Abb. 1 lässt sich ablesen, dass die Zeit bis zum Ausfall (*TTF*) die Differenz zwischen *TBF* und *TTR* ist. Das Gleiche gilt auch für die Mittelwerte.

$$MTTF = MTBF - MTTR \quad MTTF \text{ in a}$$

Für die Produktionsplanung ist es häufig erforderlich zu wissen, wie sehr eine Anlage ausgenutzt werden kann, d. h. wie hoch der prozentuale Anteil der funktionsfähigen Zeit zur Gesamtzeit ist. Diese Größe nennt man **Verfügbarkeit *A*** [*availability*]. Sie lässt sich mit Hilfe der einzelnen *TTF*-Werte oder der schon bekannten Kenngrößen *MTBF* und *MTTR* berechnen.

$$A = \frac{TTF_1 + TTF_2 + TTF_3 + \ldots}{\Delta t} \cdot 100\,\%$$

$$A = \frac{MTBF - MTTR}{MTBF} \cdot 100\,\% \quad A \text{ in } \%$$

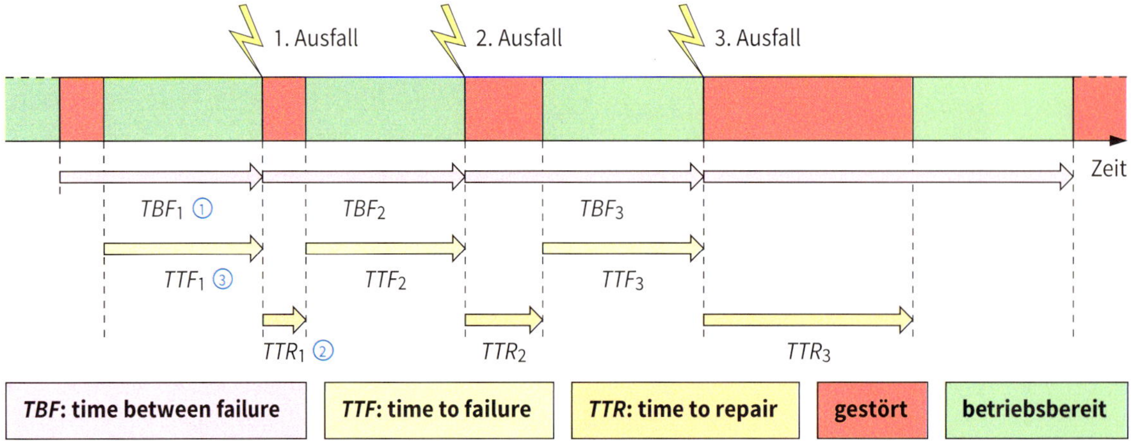

1: Zeitliche Kenngrößen der Instandhaltung

Welche der Kenngrößen verwendet wird, ist von den betrachteten Systemen abhängig. Wir zeigen dies an folgenden Beispielen.

- Kurzzeitige **Spannungsausfälle** [*voltage dips*] können z. B. dazu führen, dass IT-Systeme aufwändig wieder angefahren werden müssen. Hier bedeutet jeder Ausfall eine erhebliche Beeinträchtigung des Betriebs. Ob ein Spannungsausfall 0,5 s oder 5 min dauert, ist bei solchen Anwendungen nebensächlich. Daher ist hier die Ausfallrate λ bzw. *MTBF* eine aussagekräftige Größe.
- In der chemischen Industrie werden viele elektrische Antriebe verwendet. Diese sind gegen kurzzeitige Spannungsausfälle unempfindlich, da sie sich durch ihre Trägheit weiter drehen. Dauert ein Spannungsausfall länger, führt dies zu einem Produktionsausfall, bei dem z. B. eine komplette Produktions charge unbrauchbar wird. In diesem Fall sind die Verfügbarkeit *A*, *MTTF* und *MTTR* wichtige Kenngrößen.

Aufgaben

1. Nennen Sie drei Gründe für die Durchführung der Instandhaltung.
2. Die Abbildung zeigt die grafische Auswertung eines Maschinenlogbuchs.
   Berechnen Sie aus den Angaben der Grafik die Kenngrößen:
   - *MTTR*,
   - *MTBF*,
   - *MTTF* und
   - Verfügbarkeit.

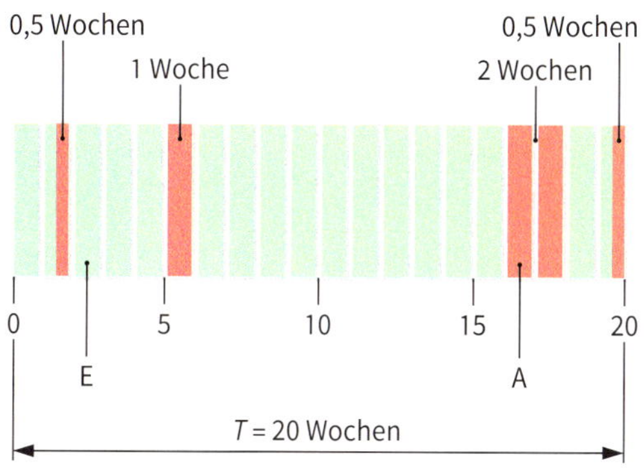

3. Was ist ein Ausfall?
   Nennen Sie zwei Beispiele.

- Ausfallrate λ und *MTBF* sind Kenngrößen für die Häufigkeit von Ausfällen.
- *MTTR* gibt die durchschnittliche Reparaturzeit an.

Begriffe in der Instandhaltung

(DIN 31051: 2012-09; DIN EN 13306: 2010-12)

Geforderte Funktion
Eine oder mehrere Funktionen, die notwendig sind, um eine geforderte Leistung zu erbringen.

Fehler
Er führt dazu, dass das System nicht fähig ist, seine geforderte Funktion zu erfüllen. Eine geplante Abschaltung (z. B. für Wartungsarbeiten) gehört nicht dazu.

Abnutzung
Sie wird durch physikalische und/oder chemische Vorgänge hervorgerufen.

Ausfall
Die Funktionsfähigkeit eines Systems wird ungeplant unterbrochen.

Ausfallursache
Sie ist der Grund, der zu einem Ausfall führt.

Abnutzungsbedingter Ausfall
Ein Ausfall, dessen Auftretenswahrscheinlichkeit mit der Nutzungszeit oder der Zahl der Arbeitsvorgänge zunimmt.

Altersbedingter Ausfall
Ein Ausfall, dessen Auftretenswahrscheinlichkeit mit dem Ablauf der Zeit zunimmt und unabhängig von der Nutzung ist.

Stillstand
Das System ist in einem funktionsfähigen Zustand. Seine Funktion wird aber aufgrund einer betriebsfreien Zeit nicht benötigt.

Stillsetzung
Die Ausführung der Funktion wird z. B. für eine Instandhaltung unterbrochen. Die Stillsetzung ist immer eine geplante Maßnahme.

Ersatzteil
Das Teil, welches zum Austausch eines defekten Objektes verwendet wird, um die Funktion wieder herzustellen.

Brauchbarkeitsdauer
Die Brauchbarkeitsdauer ist erreicht, wenn die Ausfallrate eines Systems unvertretbar hoch wird oder eine Reparatur nicht mehr vertreten werden kann.

Lebenszyklus
Die Zeit von der Einführung eines Produktes bis zur Entsorgung.

13.3 Instandhaltungsmaßnahmen

Technische Systeme könnten ohne „Pflegemaßnahmen" betrieben werden. Irgendwann käme es zu einem Ausfall der Systeme und damit zum Ende der Lebensdauer. Eine Reparatur ist dann häufig wirtschaftlich nicht zu vertreten, sodass ein „Totalschaden" vorliegt.

Warum kommt es zu Ausfällen?

Beim Betrieb werden bestimmte Komponenten abgenutzt. Hat die **Abnutzung** [*wear*] eine bestimmte Grenze überschritten (Abnutzungsgrenze, Abb. 1 ①), kommt es zum Ausfall. Abnutzungen sind z. B. der Verlust von Motorenöl beim PKW oder Abschleifen von Kollektorbürsten bei Elektromotoren. Den Abstand zwischen dem Ist-Zustand und vollständiger Abnutzung nennt man Abnutzungsvorrat. Im Neuzustand beträgt dieser 100 % ②.

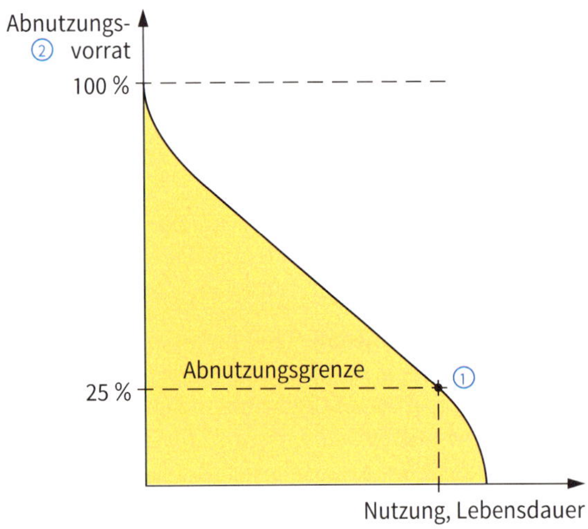

1: Abnutzungsvorrat

Wie wird die Lebensdauer verlängert?

Werden die Anlagen gepflegt und Verschleißteile rechtzeitig ausgetauscht (Kohlebürsten) oder ergänzt (Motorenöl), kann die Abnutzung verzögert und eine längere Lebensdauer erreicht werden.

Alle Einzelmaßnahmen zum Vorbeugen von Ausfällen an technischen Systemen bezeichnet man als **Instandhaltung** [*maintenance*]. Dazu gehört auch die Reparatur, wenn es schon zu Ausfällen gekommen ist. Die Instandhaltungstätigkeiten werden gemäß DIN 31051 in vier Bereiche gegliedert (Abb. 2).

13.3.1 Inspektion

Ziel einer Inspektion ist es, Abnutzungserscheinungen frühzeitig zu erkennen. So können rechtzeitig geeignete Maßnahmen eingeleitet und Ausfälle verhindert werden. Beim Inspizieren sind drei Punkte zu berücksichtigen (Abb. 3).

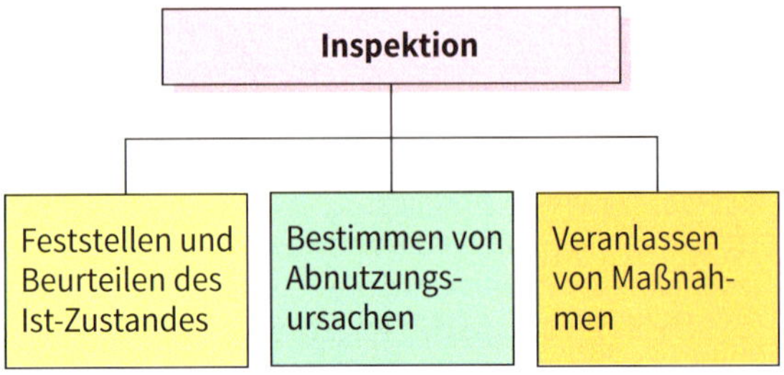

3: Maßnahmen bei einer Inspektion

Ist-Zustand feststellen und beurteilen

Die Inspektion beginnt mit der **Besichtigung** [*visual inspection*] der Anlagen. Hierbei werden Veränderungen gesucht, die mit den menschlichen Sinnen wahrgenommen werden können (Abb.. 4).

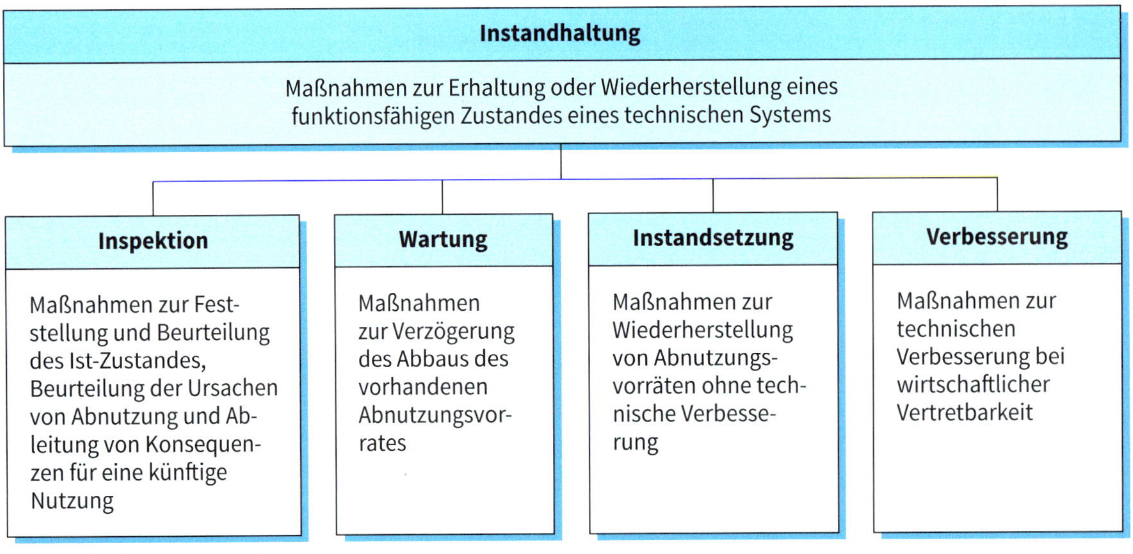

2: Begriffe der Instandhaltung

Sehen
- beschädigte Gehäuse, Abdeckungen usw.
- durch Temperatureinwirkung verfärbte Anlagenteile
- Form- oder Bewegungsänderungen

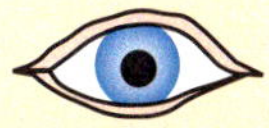

Hören
- Rauschen
- Knacken
- Knirschen

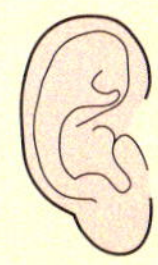

Riechen
- Schmoren von Kabeln
- ausgelaufene Flüssigkeiten

Fühlen
- Temperatur
- Vibration
- Feuchtigkeit

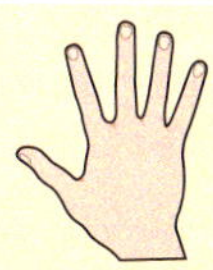

Schmecken
Durch Schmecken sollten keine Veränderungen überprüft werden, da dies leicht zu gesundheitlichen Beeinträchtigungen führen kann.

4: Menschliche Sinne bei der Inspektion

Weitere Methoden zum Feststellen des Ist-Zustandes sind **Messungen** (Abb. 5). Die zu messenden Größen sind meistens durch Normen festgelegt oder vom Anlagenhersteller in Wartungs- und Inspektionsplänen vorgegeben.

Mögliche Messgrößen sind z. B.
- Schleifenwiderstand,
- Ableitstromstärke,
- Betriebsstromstärke,
- Temperatur und
- Geschwindigkeit.

Die Ergebnisse der Besichtigung sowie Messungen müssen anschließend bewertet werden. Erst die Bewertung der Ergebnisse gibt Aufschluss über den Zustand technischer Systeme. So kann ein Kratzer am Schaltschrankgehäuse unbedeutend sein, wogegen der gleiche Kratzer an einer Sensorlinse erhebliche Fehler verursachen kann.

Für die Bewertung von Besichtigungs- und Messergebnissen ist daher viel Erfahrung erforderlich. Um das Instandhaltungspersonal zu unterstützen, werden für viele Systeme **Inspektionspläne** erstellt.

Diese enthalten neben den einzelnen Prüftätigkeiten und Messungen auch Grenzwerte. So kann vor Ort bei der Inspektion schon eine Aussage über den Zustand der Anlagen getroffen werden.

5: Messgeräte für Inspektionen

Abnutzungsursachen bestimmen

Auch die Suche nach Abnutzungsursachen erfordert viel Erfahrung. Ziel ist es, die Ursache für eine Abnutzung zu erkennen und daraus mögliche Veränderungen zu veranlassen.

Ursachen kann man erkennen, indem man z. B.
- Umgebungsbedingungen beachtet,
- Messwerte und Größen zwischen ähnlichen Anlagen oder früheren Inspektionen vergleicht,
- Soll-, Ist- und Grenzwerte vergleicht und
- Gesetzmäßigkeiten sucht.

Maßnahmen veranlassen

Aus den Ergebnissen der Ist-Zustandsbewertung und der Suche nach Abnutzungsursachen können Maßnahmen veranlasst werden, die eine weitere Abnutzung verhindern oder verzögern.

Beispiele:

- **Instandsetzungsmaßnahmen**
  - Sie sind erforderlich bei einem schlechten Anlagenzustand.
- **Änderung der Inspektionszyklen**
  - Bei langsamen Änderungen des Ist-Zustandes können die Abstände zwischen zwei Inspektionen vergrößert werden.
  - Verändert sich der Ist-Zustand schnell, müssen Inspektionen gegebenenfalls häufiger erfolgen, um einen Ausfall zu vermeiden.
- **Technische Veränderungen**
  Durch eine verbesserte Anlage wird
  - die Abnutzung verringert,
  - das Arbeiten bei Inspektion, Wartung, Instandsetzung vereinfacht,
  - eine Zustandsüberwachung eingeführt oder
  - der Betriebskostenanteil verringert.

Bei allen Maßnahmen ist jedoch immer auch die Bewertung von wirtschaftlichen Gesichtspunkten zu beachten. Ein hoher finanzieller Aufwand für technische Veränderungen muss mittelfristig auch ausreichend Einsparungen zur Folge haben.

13.3.2 Wartung

Beim Betrieb und durch Alterung eines technischen Systems nimmt sein Abnutzungsvorrat ab, bis es zum Ausfall kommt. Verlangsamt man die Abnahme des Abnutzungsvorrates, kann die Nutzungsdauer erhöht werden (Abb. 1).

Sind beispielsweise Zu- und Abluftöffnungen verschmutzt, kann die Kühlung von Geräten nicht mehr ausreichen. Die Geräte arbeiten dann bei erhöhter Temperatur. Dies führt zu einer schnelleren Alterung. Mit einer regelmäßigen Wartung und damit verbundenen Reinigung wird die Kühlung erhalten. Das Gerät arbeitet bei seiner Soll-Temperatur. Hierdurch verlangsamt sich die Alterung und die Zeit bis zu einem Ausfall verlängert sich.

Mit der Wartung soll also durch „Pflegemaßnahmen" die Abnutzung verzögert werden. Es wird dafür gesorgt, dass alle Komponenten immer unter den vorgesehenen Umgebungsbedingungen arbeiten können.

Typische Wartungstätigkeiten sind
- Ergänzen/Auswechseln (Batterien, Leuchtmittel, Öle, Fette, Kühlmittel)
- Nachstellen/Justieren (Sensoren, Anschläge, Uhren, ...)
- Reinigen (Lüfter, Kontaktstellen, Sichtfenster, ...)
- Schmieren (Getriebe, Lager, Führungen, ...)

13.3.3 Instandsetzung und Verbesserung

Bei der Inbetriebnahme einer neuen Anlage hat diese noch den vollen Abnutzungsvorrat (Abb. 2 ①). Durch die Nutzung nimmt der Abnutzungsvorrat ab. Dies wird bei jeder Inspektion festgestellt, wenn der Ist-Zustand ermittelt wird (Abb. 2 ② ③). Hierbei misst man z. B. an Schleifringläufern die Dicke der Kohlebürsten. So lässt sich erkennen, ob die Maschine noch weiter betrieben werden kann. Würden aus den Inspektionsergebnissen keine Maßnahmen abgeleitet, käme es noch vor der nächsten Inspektion zu einem Ausfall ④. Die wichtigste Maßnahme, die nach einer Inspektion veranlasst werden kann, ist die **Instandsetzung** [*repair*]. Durch die Instandsetzung (Reparatur) oder den Austausch (z. B. Kohlebürsten) von Komponenten wird der Abnutzungsvorrat wieder „aufgefüllt" ⑤. Ein Anheben des Abnutzungsvorrates auf 100 % (Neuzustand) ist dabei meistens nicht möglich.

Dokumentation

Alle Instandhaltungsmaßnahmen müssen sorgfältig dokumentiert und archiviert werden. So können über die Betriebszeit einer Anlage wichtige Informationen gewonnen werden. Die Dokumentation sollte so abgelegt sein, dass eine Auswertung der Aufzeichnungen möglich wird. Dies ist z. B. bei sorgfältiger Ablage und Nutzung der Maschinenlogbücher gegeben.

Die Analyse dieser Unterlagen kann z. B. zu folgenden Auffälligkeiten führen.
- Bei Inspektionen werden nie Mängel festgestellt.
- Gleiche Teile fallen häufig aus.
- Eine Instandsetzung ist häufig mit hohem Aufwand verbunden (komplizierte Arbeit, langwierige Ersatzteilbeschaffung, ...)

Alle diese Auffälligkeiten können Anlass für eine Veränderung in den Instandhaltungsprozessen sein und dadurch zu Verbesserungen führen.

Keine Mängel bei Inspektionen

Werden bei Inspektionen nie Mängel festgestellt, dann nimmt der Abnutzungsvorrat nur langsam ab. In diesem Fall ist es sinnvoll, die Zeitspanne zwischen zwei Inspektionen (**Inspektionszyklus**) zu verlängern. Dies führt nicht zu technischen, sondern organisatorischen Veränderungen. Da hierdurch Kosten eingespart werden, handelt es sich auch um eine Verbesserung.

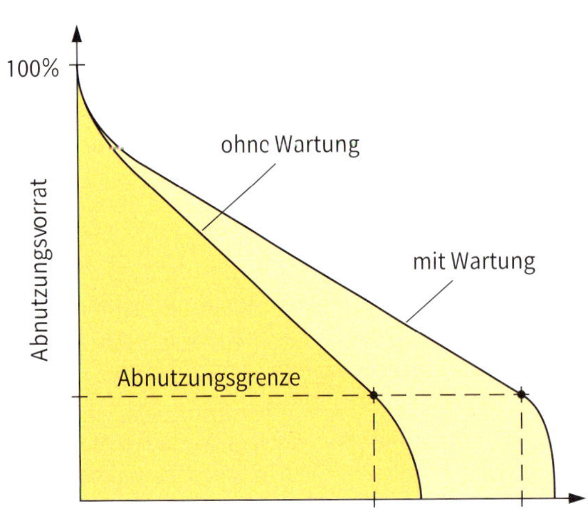

1: Abnutzungsvorrat mit Wartung

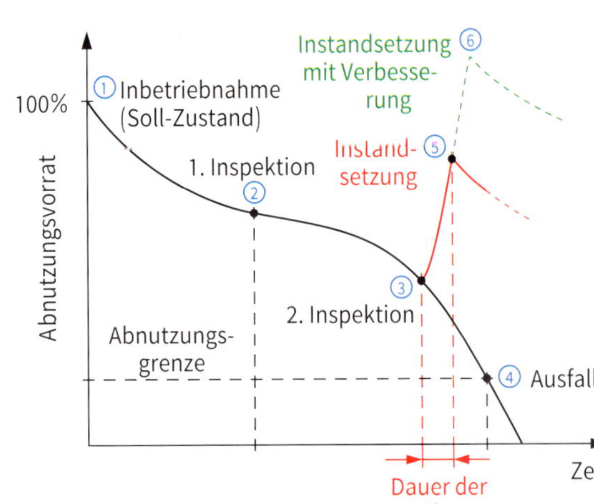

2: Verlauf des Abnutzungsvorrates bei Inspektion und Instandsetzung

Häufiger Ausfall gleicher Teile

Fallen immer wieder die gleichen Teile aus, könnte eine **Schwachstelle** [*weak point*] im technischen System vorliegen. Ein häufig auslösender Motorschutz ist z. B. ein Indiz für einen falsch eingestellten Schutzschalter oder eine zu geringe Motor-Bemessungsleistung.

Wird eine solche Schwachstelle beseitigt, erhöht sich dadurch der Abnutzungsvorrat eines Systems. In diesem Fall kann der Abnutzungsvorrat sogar den einer Neuanlage überschreiten (Abb. 2 ⑥).

Ist eine technische Verbesserung nicht möglich oder unwirtschaftlich, dann kann durch Verkürzung von **Inspektionsintervallen** unter Umständen einem ungeplanten Ausfall vorgebeugt werden.

Hoher Aufwand bei Instandsetzung

Verursacht eine Instandsetzung einen hohen Aufwand, kann eine technische Verbesserung sinnvoll sein. Es ist z. B. möglich, die Zugänglichkeit zu störanfälligen Teilen zu verbessern und damit die benötigte Instandsetzungsdauer zu verringern.

Bei langen Lieferzeiten von **Ersatzteilen** [*spare parts*] kann es sinnvoll sein, Ersatzteile auf Lager zu nehmen. Da hierdurch Folgekosten eines Produktionsausfalls reduziert werden, ist auch dies eine Verbesserungsmaßnahme.

Aufgaben

1. Beschreiben Sie, warum regelmäßiges Schmieren von Lagern die Abnutzung vermindert.
2. Erläutern Sie am Beispiel der regelmäßigen Prüfung von Kohlebürsten das Prinzip der Inspektion. Welche Maßnahmen können hieraus abgeleitet werden?
3. Nennen Sie die menschlichen Sinne, die für eine Inspektion genutzt werden können. Geben Sie jeweils zwei Beispiele an.
4. Warum sollen bei der Inspektion Abnutzungsursachen ermittelt werden?
5. Wie lässt sich der Abnutzungsvorrat auf über 100 % steigern?

- Instandhaltung besteht aus Wartung, Inspektion, Instandsetzung und Verbesserung.
- Wartung vermindert den Abbau von Abnutzungsvorrat.
- Bei Inspektionen wird der Zustand von Systemen ermittelt und bewertet.
- Durch Instandsetzung wird der Soll-Zustand von Systemen wieder hergestellt.

13.4 Instandhaltungsstrategien

Für jedes System müssen die Instandhaltungsmaßnahmen geplant werden. Bei der Planung wird festgelegt, wann und in welchem Umfang Wartungen und Inspektionen durchgeführt werden. Hierfür gibt es viele verschiedene Möglichkeiten. Der Fachbegriff dafür ist **Instandhaltungsstrategie** [*maintenance strategy*].

Das Ziel ist es, dass dabei für den Nutzer einer Anlage möglichst geringe Gesamtkosten aus Wartung, Inspektion, Instandsetzung und Ausfallkosten entstehen.

Um dies zu erreichen, müssen verschiedene Punkte berücksichtigt werden.

Beispiele:

- Ausfallwahrscheinlichkeit
- Folgen bei Systemausfall
- Reparaturdauer und Kosten

Woher kommen die Informationen für die Instandhaltungsplanung?

Häufig erhält man die Informationen aus einer ausführlichen Dokumentation von Anlagenzuständen und Instandhaltungsmaßnahmen. Hieraus lassen sich die in Kap. 13.2 beschriebenen Kenngrößen errechnen.
Die errechneten Größen beschreiben das Verhalten in der Vergangenheit.

Werden gleiche Gerätetypen jedoch auch gleich genutzt, kann man davon ausgehen, dass sich das bisher beobachtete Verhalten auch in der Zukunft zeigen wird. Aus der beobachteten Ausfallhäufigkeit λ wird dann die zukünftige Ausfallwahrscheinlichkeit p_A ($\lambda = p_A$) (Abb. 3).

Beobachtungen zeigen auch, dass sich die Ausfallhäufigkeit bzw. Ausfallwahrscheinlichkeit mit dem Alter der Systeme verändert. Dieses Verhalten gibt wichtige Hinweise für die Planung der Instandhaltung an, da sich so z. B. ein wahrscheinlicher Störungszeitpunkt vorhersagen lässt.

Im Folgenden beschreiben wir die verschiedenen Entwicklungen der Ausfallwahrscheinlichkeit mit zunehmendem Anlagenalter.

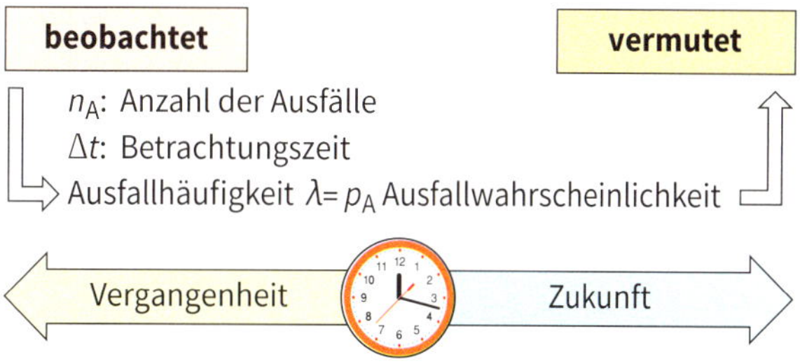

3: Ausfallrate und -wahrscheinlichkeit

Wie verändert sich die Ausfallwahrscheinlichkeit?
Um das Alterungsverhalten zu beschreiben, unterscheidet man sechs typische Muster (Abb. 1).

Für die Instandhaltungsplanung eignet sich die **Verschleißkurve** (Abb. 1a) besonders gut. Sie zeigt bei einem bestimmten Alter einen deutlichen Anstieg der Ausfallwahrscheinlichkeit. Diese Systeme haben Komponenten, die einem Verschleiß unterliegen. Dadurch wird bei einer bestimmten Betriebszeit die Abnutzungsgrenze erreicht. Ist das Alter mit dem deutlichen Anstieg der Ausfallwahrscheinlichkeit bekannt, können rechtzeitig vor diesem Zeitpunkt Wartungstätigkeiten eingeplant werden.

Ein weiteres Alterungsverhalten beschreibt die „**Burn-In-Kurve**" (Abb. 1b). Viele technische Systeme haben zu Beginn ihrer Nutzung vermehrt Ausfälle. Diese hohe Ausfallwahrscheinlichkeit hängt häufig mit Fehlern bei der Konstruktion, Fertigung oder Montage zusammen. Mit beginnendem Betrieb werden diese Fehler erkannt und behoben, sodass sich anschließend eine geringere Ausfallhäufigkeit einstellt.

Das bekannteste Alterungsverhalten zeigt die **Badewannenkurve** *[bathtub curve]* (Abb. 1c). Dieses Verhalten ist eine Kombination der Burn-In- und der Verschleißkurve.

Weiterhin kommt bei technischen Systemen auch eine langsame **Alterung** (Abb. 1d) oder der zufällige Ausfall ohne Einfluss von Alterung bzw. Abnutzung (Abb. 1e) vor.

Einige Systeme verhalten sich wie in Abb. 1f und zeigen eine gleichmäßige Ausfallwahrscheinlichkeit, welche jedoch erst mit Beginn ihrer Nutzung einsetzt.

Wenn sich Systeme entsprechend
- Burn-In,
- Alterung,
- Zufall oder
- betriebsbedingtem Verlauf verhalten,

ist eine Vorhersage von Ausfällen praktisch nicht möglich. Es können daher auch keine geeigneten Zeitpunkte für eine Wartung festgelegt werden.

Bei solchem Verhalten ist es häufig sinnvoll, einen möglichen Fehlereintritt zu akzeptieren. Um die Dauer und Auswirkung des Ausfalls zu begrenzen und die Folgen für den Betrieb gering zu halten, müssen geeignete Maßnahmen getroffen werden.

Solche Maßnahmen sind z. B.:
- **Lagerhaltung** von Ersatzteilen mit langer Lieferzeit,
- Vorhalten von **Ersatzgeräten**.

Um eine schnelle Reaktion bei einem Ausfall zu garantieren, sollten entsprechende Serviceverträge mit dem Hersteller abgeschlossen werden.

Wenn das Alterungs- und Verschleißverhalten der Systeme bekannt ist, liegt ein wichtiger Hinweis zur Wahl der Instandhaltungsstrategie vor.

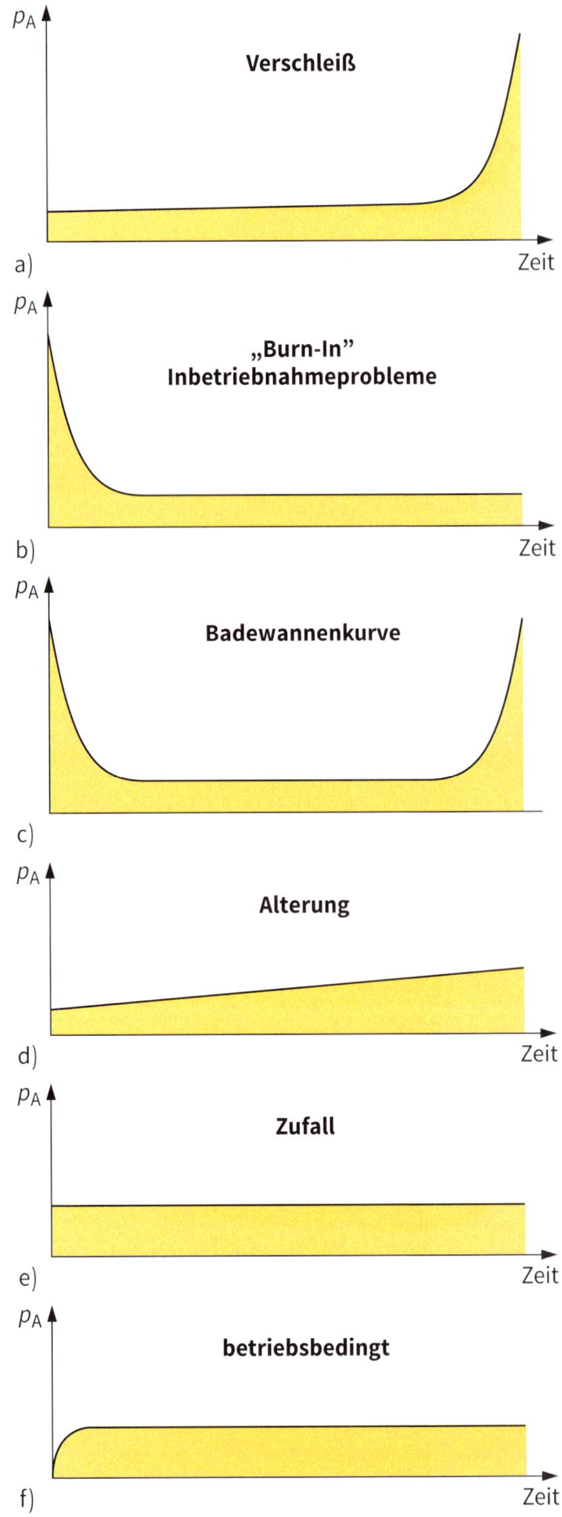

1: Alterungsverhalten

13.4.1 Strategieauswahl

Je nachdem, ob die Instandhaltung vorbeugend oder erst bei einem Ausfall durchgeführt werden soll, unterscheidet man verschiedene Instandhaltungsstrategien (Abb. 2). Dies sind die **korrektive Instandhaltung** [*corrective maintenance*] ① und die **vorbeugende Instandhaltung** [*preventive maintenance*] ②.

Korrektive Instandhaltung

Bei der korrektiven Instandhaltung werden erst dann Maßnahmen ergriffen, wenn es bereits zum Fehler gekommen ist. Sie wird z. B. häufig bei Leuchten angewendet, bei denen das Leuchtmittel erst gewechselt wird, wenn es defekt ist. Vorher gibt es keine Wartung oder Inspektion.

Die korrektive Instandhaltung wird auch als **ereignisorientierte Instandhaltung** bezeichnet.

Diese Strategie ist dann sinnvoll, wenn Anlagen wenig genutzt werden oder nur geringe Anforderungen an die Zuverlässigkeit gestellt werden. Wenn ungeplante Stillstände keine Lieferschwierigkeiten verursachen oder eine schnelle Reparatur durchführbar ist, kann die korrektive Instandhaltung ebenfalls angewendet werden.

Die Maßnahmen zur Wiederherstellung des Soll-Zustandes (Instandsetzung, Reparatur) können entweder **aufgeschoben** [*deferred*] werden, bis reguläre Instandhaltungsarbeiten anstehen, oder **sofort** [*immediately*] abgearbeitet werden.

Aufschiebbare Fälle liegen vor, wenn

- Ersatzsysteme vorhanden sind oder
- geringe Auswirkungen durch den Ausfall entstehen.

Sofortige Maßnahmen sind z.B. erforderlich, wenn

- eine hohe Beeinträchtigung durch den Ausfall entsteht oder
- Gefahren für Personen und Anlagen bestehen.

Um die sofortige Instandsetzung schnell durchführen zu können, muss immer ausreichend Personal und Material (Ersatzteile) verfügbar sein.

Vorbeugende Instandhaltung

Bei der vorbeugenden Instandhaltung werden regelmäßige Wartungen und Inspektionen durchgeführt, um einem möglichen Ausfall vorzubeugen.

Beispielsweise wird für manche Maschinen eine vorbeugende Instandhaltung (nach Betriebsstunden oder Zeitintervall) empfohlen.

Mit der **präventiven** (vorbeugenden) Instandhaltung hat man das Ziel, Ausfälle zu vermeiden. Dies geschieht, indem durch Wartung und Inspektion der Ist-Zustand der Systeme gesteigert wird, bevor es zu einem Ausfall kommt (vgl. Abb. 1, S. 510).

Insbesondere bei dieser Instandhaltungsstrategie ist zu klären, wie häufig und wie umfangreich vorbeugende Maßnahmen getroffen werden müssen.

Die Abstände zwischen zwei Wartungen/Inspektionen können fest vorgegeben sein oder sich am aktuellen Zustand der Anlage orientieren. Es wird zwischen der **vorausbestimmten** (z. B. zeitorientierte) und **zustandsorientierten** Instandhaltung unterschieden.

- Eine Instadhaltungsstrategie ist entweder präventiv oder korrektiv.
- Die Wahl der Instandhaltungsstrategie hängt auch vom Alterungsverhalten der Systeme ab.

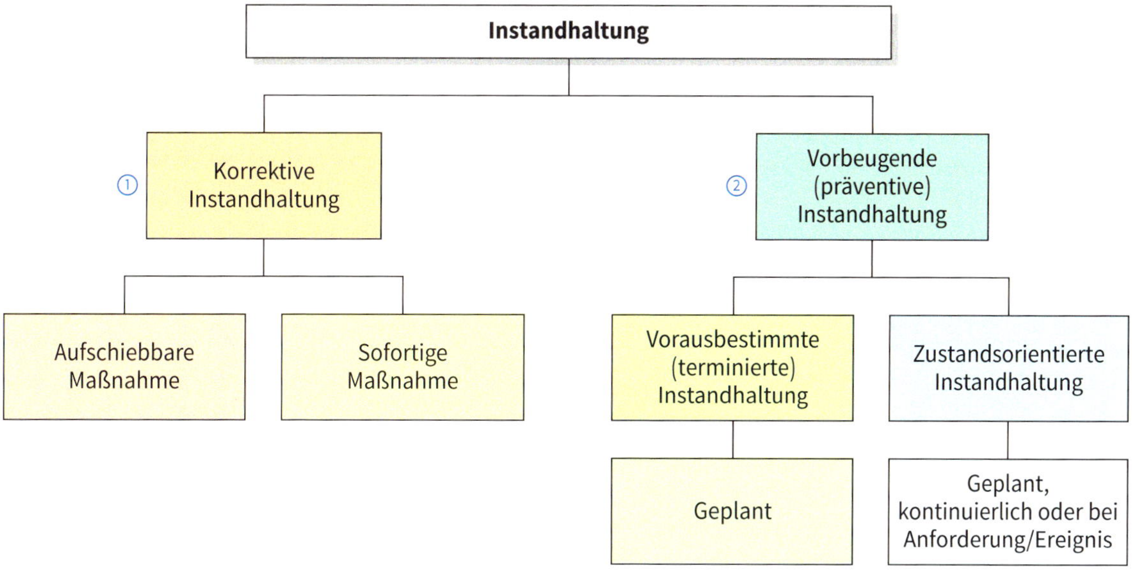

2: Strategien zur Instandhaltung

Vorausbestimmte Instandhaltung

Bei der vorausbestimmten Instandhaltung sind die Intervalle zwischen den Inspektions-/Wartungsmaßnahmen fest vorgegeben. Zur Bestimmung des Intervalls können verschiedene Größen dienen, z. B.

- Alter,
- Betriebsstunden,
- Laufleistung und
- Anzahl produzierter Teile.

Um die vorausbestimmte Instandhaltung optimal durchführen zu können, muss die Lebensdauer der einzelnen Komponenten bekannt sein. Da diese vom Betreiber der Anlagen nicht im Einzelnen ermittelt werden können, sind Herstellerangaben und Erfahrungswerte häufig die Basis für die Instandhaltungsplanung.

Die vorausbestimmte Instandhaltung ist nach der korrektiven Instandhaltung die am meisten verwendete Instandhaltungsstrategie.

Vergleich der Instandhaltungsstrategien

	Korrektive Instandhaltung aufschiebbar/sofort	**Vorbeugende** Instandhaltung	
		Vorausbestimmte Instandhaltung	**Zustandsorientierte** Instandhaltung
Vorteile	• Die Lebensdauer der Komponenten wird voll genutzt, da ein Austausch erst nach einem Bauteilversagen erfolgt. • Der Planungsaufwand für die Instandhaltungsarbeiten ist gering, da nur auf Ausfallereignisse reagiert werden muss.	• Produktion und Instandhaltungsarbeiten lassen sich gut aufeinander abstimmen. • Unvorhergesehene Ausfälle werden reduziert. • Der Ersatzteilbedarf ist planbar. Eine umfangreiche und langfristige Lagerhaltung entfällt. • Fehler, die durch Zeitdruck entstehen, werden vermieden. • Der Personaleinsatz ist gut planbar.	• Abgenutzte Bauteile können in planbaren Stillstandszeiten ausgewechselt werden. •Der Abnutzungsvorrat wird weitgehend ausgeschöpft. • Erkenntnisse über den Verschleißzustand tragen zur Betriebssicherheit bei. • Da die Maßnahmen geplant werden können, ist nur eine geringe Lagerhaltung von Ersatzteilen erforderlich. • Gegenüber der korrektiven Instandhaltung besteht eine wesentlich höhere Verfügbarkeit der Systeme.
Nachteile	• Die Instandsetzung erfolgt oft unter hohem Zeitdruck. • Gelagerte Ersatzteile verursachen Lagerhaltungskosten. • Nicht vorrätige Ersatzteile können ungeplant lange Stillstandszeiten mit Produktionsausfall verursachen. • Da eine vorausschauende Einsatzplanung kaum möglich ist, wird die Koordination von Personal und Material für die Instandsetzung erschwert.	• Die Lebensdauer der Komponenten wird nicht voll ausgenutzt. • Der Ersatzteilbedarf ist höher als bei der korrektiven Instandhaltung. • Da **vor** dem Ausfall ein Austausch erfolgt, kann das Ausfallverhalten der Komponenten nicht ermittelt werden.	• Regelmäßige Inspektionen können Kosten verursachen, die höher liegen als Kosten für einen vorbeugenden Komponentenaustausch. • Durch Arbeiten bei Inspektionen können Fehler entstehen, die im Normalbetrieb nicht aufgetreten wären.
Typische Anwendungen	• Leuchtmittel • Hausgeräte (Waschmaschine, Kaffeemaschine, …)	• Motoren, Pumpen (Betriebsstunden) • Überprüfung nach DGUV Vorschrift 3, E-Check (nach Zeit) • Auto (Zeit-/km-Vorgaben)	• Motoren (Schleifringläufer), Wechsel von Kohlebürsten nach Abnutzung • Auto (automatische Wartungsaufforderung)

1: Eigenschaften der Instandhaltungsstrategien

Zustandsorientierte Instandhaltung

Die vorausbestimmte Instandhaltung „verschenkt“ immer einen Teil des Abnutzungsvorrates, da eine Wartung häufig deutlich vor einem möglichen Ausfall erfolgt.

Um diesen Rest des Abnutzungsvorrates mit ausnutzen zu können, gibt es die Möglichkeit, den Zustand eines Systems ständig zu überwachen.

Dies geschieht entweder durch
- häufige, regelmäßige Inspektion oder
- dauerhafte Überwachung durch automatisierte Messsysteme.

Voraussetzung ist dabei, dass sich die Abnutzung direkt in einer zu beobachtenden Größe zeigt. Das ist z. B. bei der Abnutzung von Kohlebürsten der Fall. Auch Ölstände, Temperaturen, Stromstärken lassen sich gut messen und auswerten.

Wird durch die dauerhafte Überwachung (Online-Diagnostik) oder eine Inspektion eine hohe Abnutzung festgestellt, können die Wartungs- und Instandsetzungsarbeiten geplant werden. Um die Beeinflussung z. B. von Produktionsbetrieben gering zu halten, erfolgen die eigentlichen Arbeiten zu einem im Voraus festgelegten Zeitpunkt. So können in Produktionsanlagen beispielsweise reguläre Stillstandszeiten genutzt werden, ohne dass es durch die Wartungstätigkeiten zu Produktionsausfällen kommt.

Insgesamt hängt die Entscheidung für eine Instandhaltungsstrategie von vielen Faktoren ab. Es ist auch möglich, dass an einer Anlage verschiedene Strategien zum Einsatz kommen.

Aufgaben

1. Welche Alterungsverhalten geben einen deutlichen Hinweis auf den optimalen Wartungszeitpunkt? Begründen Sie die Antwort.
2. Welche Instandhaltungsstrategie führt zur geringsten Zuverlässigkeit? Begründen Sie Ihre Antwort.
3. Warum ist die korrektive Instandhaltungsstrategie nicht immer die günstigste? Nennen Sie ein Beispiel.
4. Welches Verhalten beschreibt die Badewannenkurve?

- Instandhaltung kann vor Ausfällen (präventiv) oder nach Ausfällen (korrektiv) erfolgen.
- Für präventive Instandhaltung müssen die Wartungs- und Inspektionszyklen bestimmt werden.
- Die Zyklen für Wartungen und Inspektionen können fest vorgegeben oder vom Zustand der Systeme abhängig sein.

13.5 Planen der Instandhaltung

Für die Firma Blechservice KG soll ein Instandhaltungskonzept für die elektrotechnischen Systeme erarbeitet werden. Hierfür wird ein Aktionsplan aufgestellt, der schrittweise abgearbeitet wird (Abb. 2).

1. Analyse des Anlagenbestandes

⇩

2. Planen gesetzlich geforderter Maßnahmen (Kap. 13.5)
   - Berufsgenossenschaft (Kap. 13.5.1)
   - Betriebs-Sicherheitsverordnung (Kap. 13.5.3)

⇩

3. Sicherstellung vertraglicher Pflichten (Kap. 13.6)

⇩

4. Optimieren des betriebswirtschaftlichen Nutzens (Kap. 13.7)

2: Aktionsplan

Analyse des Anlagenbestandes

Über die elektrotechnischen Anlagen der Firma Blechservice KG liegt keine brauchbare Dokumentation vor, sodass alle relevanten Informationen neu gesammelt werden müssen.

Bei einer Vor-Ort-Begehung sollen die vorhandenen Anlagen und Betriebsmittel aufgelistet werden. Um die gesammelten Daten möglichst gut für die Instandhaltungsplanung nutzen zu können, muss festgestellt werden, welche Informationen benötigt werden (Abb. 3).

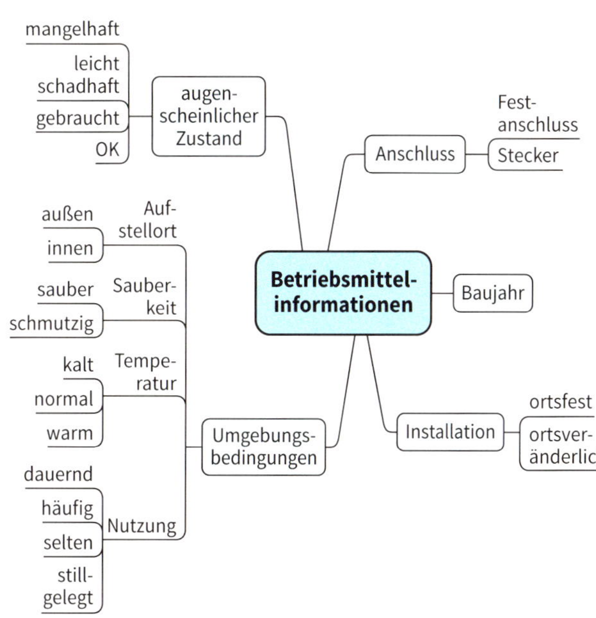

3: Informationen für die Instandhaltung

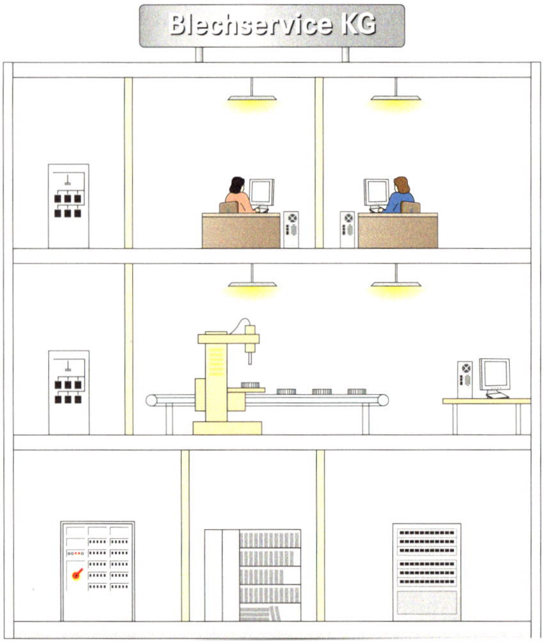

1: Betriebsräume

Gemeinsam mit einem ortskundigen Mitarbeiter der Firma Blechservice KG wird ein **Betriebsrundgang** durchgeführt. Dabei werden dem Elektroniker alle elektrischen Anlagen und Betriebsmittel gezeigt (Abb. 1).

Die Ergebnisse werden in eine vorbereitete Tabelle eingetragen (Abb. 2).

13.5.1 Planen entsprechend berufsgenossenschaftlicher Vorgaben

Unternehmen, die als Mitglied bei Berufsgenossenschaften (BG) gemeldet sind, müssen die Vorschriften der BG einhalten. Hierzu zählt auch die Berufsgenossenschaftliche Vorschrift A3 (BGV A3). Diese verpflichtet den Unternehmer (Firmeninhaber) dazu, dass alle elektrotechnischen Anlagen und Betriebsmittel nur von einer Elektrofachkraft und nach den elektrotechnischen Regeln errichtet, geändert und instandgehalten werden. Ähnliche Anforderungen bestehen bei anderen Unfallversicherungen (GUV) wie z. B. im öffentlichen Dienst.

Der Inhaber der Fa. Blechservice KG ist selbst keine Elektrofachkraft und hat daher richtig gehandelt, indem er einen Elektrofachbetrieb mit der Instandhaltung beauftragt hat.

Die Berufsgenossenschaften verpflichten ihre Mitglieder weiterhin zu regelmäßigen Prüfungen der elektrotechnischen Anlagen und Betriebsmittel. Diese Prüfungen müssen immer erfolgen, wenn

- Anlagen/Betriebsmittel erstmalig in Betrieb genommen werden (**Erstprüfung**).
- Anlagen/Betriebsmittel repariert wurden und
- bestimmte Zeitabstände verstrichen sind (**Wiederholungsprüfungen**).

Die Zeitabstände für Wiederholungsprüfungen sind so zu wählen, dass mögliche Mängel, mit denen gerechnet werden muss, rechtzeitig erkannt werden. Erkannte Mängel müssen unverzüglich behoben werden.

Ortsveränderliche Betriebsmittel							
Betriebsmittel	Baujahr	Anschluss	Zustand	Aufstellung	Sauberkeit	Temperatur	Nutzung
Handbohrmaschine	1998	Stecker	gebraucht	verschieden	mittel		häufig
Handleuchte	2010	Stecker	gebraucht	verschieden	mittel		selten
...							
PC	2020	Stecker	neu	innen	sauber	25 °C	dauernd
Monitor	2018	Stecker	gebraucht	innen	sauber	25 °C	dauernd
Drucker	2020	Stecker	neu	innen	sauber	25 °C	häufig
...							
Ortsfeste Betriebsmittel							
Betriebsmittel	Baujahr	Anschluss	Zustand	Aufstellung	Sauberkeit	Temperatur	Nutzung
Büroleuchten (35 x)	2010	fest	leicht schadhaft	innen	mittel	25 °C	häufig
Werkstattleuchten (45 x)	1998	fest	leicht schadhaft	innen	mittel	35 °C	häufig
...							
Fräsmaschine	1991	fest	gebraucht	innen	mittel	30 °C	häufig
Unterverteilung	1983	fest	leicht schadhaft	innen	schmutzig	30 °C	dauernd
...							
USV-Anlage	2019	fest	neu	innen	sauber	35 °C	dauernd
Sicherheitsbeleuchtung	2012	fest	neu	innen	sauber	35 °C	dauernd
...							

2: Erfasste Betriebsmittel

Richtwerte für Prüffristen				
Ortsfeste Betriebsmittel		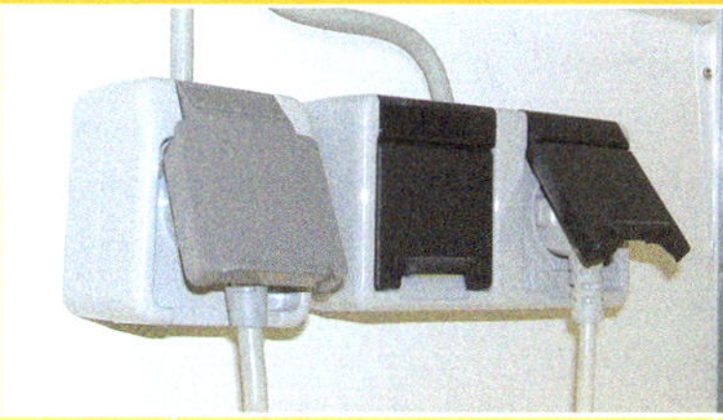	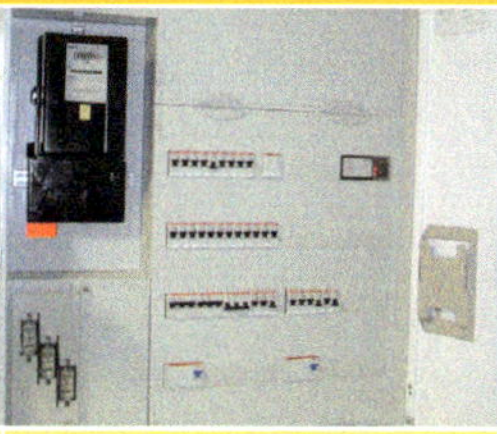	
Pos.	**Was wird geprüft?**	**Wie oft?**	**Wie wird geprüft?**	**Wer prüft?**
1	Elektrische Anlagen und ortsfeste Betriebsmittel	4 Jahre	auf ordnungsgemäßen Zustand	Elektrofachkraft
2	Wie Pos.1 bei „Betriebsstätten, Räumen und Anlagen besonderer Art" (DIN VDE 0100 Gruppe 700)	1 Jahr	auf ordnungsgemäßen Zustand	Elektrofachkraft
3	Schutzmaßnahmen mit RCD in **nicht**stationären Anlagen (z. B. Baustelle)	1 Monat	auf Wirksamkeit	Elektrofachkraft oder elektrotechnisch unterwiesene Personen
4	RCD, Differenzstrom- und Fehlerspannungsschutzschalter in – stationären Anlagen – nichtstationären Anlagen	 – 6 Monate – arbeitstäglich	auf einwandfreie Funktion durch Betätigen der Prüfeinrichtung	Benutzer
Ortsveränderliche Betriebsmittel				
Pos.	**Was wird geprüft?**	**Wie oft?**	**Wie wird geprüft?**	**Wer prüft?**
1	Ortsveränderliche elektrische Betriebsmittel (wenn benutzt)	**Richtwerte**: – allgemein: 6 Monate – Baustellen: 3 Monate Verlängerung möglich, wenn Fehlerquote < 2 % **Maximalwerte**: – Baustellen, Fertigungsstätten, Werkstätten, … 1 Jahr	Auf ordnungsgemäßen Zustand	Elektrofachkraft oder elektrotechnisch unterwiesene Personen
2	Verlängerungs-/Geräteanschlussleitungen mit Steckvorrichtung			
3	Anschlussleitungen mit Stecker			
4	Bewegliche Leitungen mit Stecker und Festanschluss			

3: Richtwerte nach DGUV Vorschrift 3

Die Forderung für die Zeitabstände von Wiederholungsprüfungen sind sehr allgemein.

Werden die von der BG empfohlenen Prüffristen (Abb. 3) eingehalten, kann bei normaler Nutzung der Betriebsmittel davon ausgegangen werden, dass die Prüffristen angemessen ausgewählt wurden.

Neben starr festgelegten Fristen lässt die DGUV Vorschrift 3 bei ortsveränderlichen Betriebsmitteln aber Fristverlängerungen zu, wenn eine bestimmte Fehlerquote unterschritten wird. Hierzu ist es aber erforderlich, dass die Fehlerquote nachgewiesen werden kann.

Dies erfordert eine detaillierte Dokumentation über durchgeführte Prüfungen und Prüfergebnisse.

Erfahrungsgemäß haben z. B. Heizlüfter oder Wasserkocher eine höhere Fehlerquote als Monitore oder Drucker. Es empfiehlt sich daher, die Fehlerquoten nach Gerätegruppen aufzugliedern. So können für weniger genutzte **Gerätegruppen** die Prüffristen verlängert werden. Dies ist z. B. der Fall, wenn

- Spezialwerkzeuge nur wenige Male pro Jahr genutzt werden oder
- Serveranlagen ohne Hardwareänderungen durchgängig betrieben werden.

Bei häufig genutzten und stark belasteten Geräten wie Kaffeemaschinen, Wasserkochern, Elektrowerkzeugen kann der Richtwert von sechs Monaten beibehalten werden.

Welche Instandhaltungsstrategie wird angewendet?

Bei den Betriebsmitteln mit fest vorgeschriebenen Prüffristen handelt es sich ausschließlich um eine **vorausbestimmte** (zeitabhängige) **Instandhaltung**.

Wenn die Prüffristen verlängert werden können, wird der Prüfzyklus angepasst. Die Entscheidung für die nächste Prüfung ist jedoch weiterhin zeitabhängig, sodass auch hier eine vorausbestimmte Instandhaltung vorliegt.

Welche Prüfungen müssen gemacht werden?

Die BG und GUV fordert allgemein einen sicheren Zustand und Prüfungen von elektrotechnischen Anlagen und Betriebsmitteln. Zu den genauen Prüftätigkeiten werden hier keine Angaben gemacht.

Das VDE-Vorschriftenwerk gibt hierzu den Stand der Technik wieder.

Insbesondere sind dies

- DIN VDE 0100-600
  Errichten von Niederspannungsanlagen
  Teil 6-61: Prüfungen-Erstprüfungen
- DIN VDE 0108
  Starkstromanlagen und Sicherheitsstromversorgungen
- DIN VDE 0701-702
  Prüfung nach Instandsetzung, Änderung elektrischer Geräte – Wiederholungsprüfung elektrischer Geräte. Allgemeine Anforderungen für die elektrische Sicherheit.

Hinweis:

Für besondere Anlagen wie medizinisch genutzte Anlagen/Geräte, Baustellen usw. gelten ergänzende Vorschriften.

Aufgaben

1. Welche Informationen werden bei der Bestandsaufnahme elektrischer Anlagen und Geräte benötigt? Notieren Sie fünf Hauptkriterien.
2. Bei der Überprüfung von elektrischen Betriebsmitteln wurde ein Mangel entdeckt. Was ist sofort zu tun?
3. Aus welchem Anlass müssen elektrische Betriebsmittel geprüft werden? Nennen Sie drei Möglichkeiten.
4. Wie oft ist die Funktion der RCD zu prüfen?
   a) In Bürogebäuden
   b) Auf Baustellen (nichtstationäre Anlage)
5. Unter welchen Voraussetzungen dürfen Prüffristen über die Richtwerte der DGUV Vorschrift 3 verlängert werden?

Prüftätigkeiten (Auszug)

Besichtigung

- Richtige Auswahl der Betriebsmittel
- Schäden an Betriebsmitteln
- Basisschutz (Schutz gegen direktes Berühren)
- Sicherheitseinrichtungen, Brandabschottung
- Wärmeerzeugende Betriebsmittel
- Zielbezeichnung der Leitungen im Verteiler, Leitungsverlegung
- Kleinspannung mit sicherer Trennung, Schutztrennung
- Doppelte Isolierung
- Schutzpotenzialausgleich über die Haupterdungsschiene
- Anordnung der Busgeräte im Stromkreisverteiler
- Busleitungen/Aktoren

Erprobung/Funktionsprüfung

- Rechtsdrehfeld der Drehstromsteckdosen
- Drehrichtung der Motoren
- RCD-Test durch Anwender (Prüftaste betätigen)
- NOT AUS-Funktionen
- Funktion der Schutz- und Überwachungseinrichtungen
- Funktion der Starkstromanlage
- Funktion der Installationsbus-Anlage EIB

Messung

- Durchgängigkeit der Schutz- und Schutzpotenzialausgleichsleiter
- Isolationswiderstand der elektrischen Anlage
- Schutz durch sichere Trennung der Stromkreise bei SELV/PELV
- Schutztrennung
- Widerstand isolierender Fußböden und Wände
- Schutz durch automatisches Abschalten der Stromversorgung (Schleifenwiderstand/Abschaltstrom, Berührungsspannung und RCD-Auslösung/Erdungswiderstand)
- Spannungspolarität

Die Durchführung aller Prüfschritte ist zu protokollieren.

- Regelmäßige Prüfungen nach DGUV Vorschrift 3 sind vorausbestimmte Maßnahmen.
- Betreiber elektrischer Anlagen sind verpflichtet, ihre Anlagen nach den elektrotechnischen Regeln zu errichten, zu ändern und instand zu halten.
- Die elektrotechnischen Arbeiten müssen von einer Elektrofachkraft oder unter deren Aufsicht durchgeführt werden.

13.5.2 Planen der zeitabhängigen Instandhaltung

Für jede Prüfung ist eine separate Prüffrist festgesetzt. Würde man alle Prüfungen unabhängig voneinander durchführen, käme es zu sehr vielen einzelnen Prüfterminen. Diese führten zu einem hohen Personalaufwand beim prüfenden Betrieb und zu häufigen Beeinträchtigungen des Betriebsablaufs beim geprüften Betrieb. Daher ist es sinnvoll, Prüfmaßnahmen soweit wie möglich zusammenzufassen.

Die Maßnahmen müssen in mehreren Schritten geplant werden.

1. Auflisten aller Maßnahmen, Fristen und erforderlicher Personen (Abb. 1)
2. Umrechnen aller Fristen in die kleinste vorkommende Zeiteinheit (im Beispiel → **Wochen**)
3. Anpassen der Prüffristen, um diese terminlich zusammenzufassen (Abb. 2)
4. Auflisten aller Maßnahmen je Prüftermin (Abb. 3)

Ein solcher Prüfplan gibt sowohl dem Prüfer als auch dem geprüften Betrieb eine gute Übersicht über anstehende Prüfungen. So können sich beide rechtzeitig auf eine bevorstehende Prüfung vorbereiten bzw. betriebliche Belange frühzeitig in die Planung mit einbeziehen.

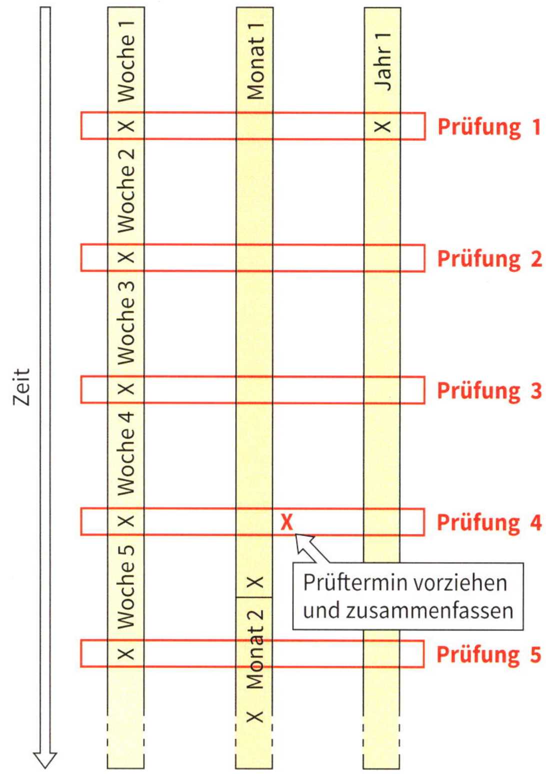

2: Zusammengefasste Prüfzyklen

	Maßnahme	Frist
1	Anlagen, ortsfeste Betriebsmittel (Elektrofachkraft)	4 Jahre (**208,6 Wochen**)
2	Ortsveränderliche Betriebsmittel, Büro (Elektrofachkraft)	2 Jahre (**104,3 Wochen**)
3	Ortsfeste RCD (Elektrofachkraft)	6 Monate (**26 Wochen**)
4	Ortsveränderliche Betriebsmittel in Produktion (Elektrofachkraft)	6 Monate (**26 Wochen**)
5	Sicherheitsbeleuchtung, Funktionstest (Elektrofachkraft)	1 Woche
6	Sicherheitsbeleuchtung, Kapazitätstest (Elektrofachkraft)	1 Jahr (**52,1 Wochen**)
7	Prüfung von Krankenbetten	1 Monat (**4,4 Wochen**)
8	…	…

1: Liste mit Einzelprüfungen

	Maßnahme
1. Woche	– Funktionstest Sicherheitsbeleuchtung – Anlagen besonderer Art – ortsfeste RCD – ortsveränderliche Betriebsmittel – Anlagen, ortsfeste Betriebsmittel
2. Woche	– Funktionstest Sicherheitsbeleuchtung
3. Woche	– Funktionstest Sicherheitsbeleuchtung
4. Woche	– Funktionstest Sicherheitsbeleuchtung – Anlagen besonderer Art
…	…
26. Woche	– Funktionstest Sicherheitsbeleuchtung – ortsfeste RCD – ortsveränderliche Betriebsmittel (Produktion)
27. Woche	– Funktionstest Sicherheitsbeleuchtung
…	…

3: Zusammenfassung zum Prüfplan

13.5.3 Planen nach Betriebssicherheitsverordnung

Diese Verordnung ist ein deutsches Gesetz, das europäische Vorgaben für den Arbeitsschutz umsetzt. Sie regelt, dass der Arbeitgeber seinen Beschäftigten sichere **Arbeitsmittel** zur Verfügung stellen muss. Ar-beitsmittel sind alle Gegenstände, die zur Ausführung der beruflichen Tätigkeit erforderlich sind. Dies reicht vom Kugelschreiber über Werkzeug bis zu großen Produktionsanlagen.

Elektrische Geräte und Anlagen sind Arbeitsmittel, für die die BetrSichV gilt.

Für alle Arbeitsmittel muss der Arbeitgeber die Gefährdung beurteilen und dann Umfang und Fristen für die Prüfungen festlegen. Er muss auch festlegen, welche Anforderungen die Personen erfüllen müssen, die die Prüfungen durchführen sollen. Arbeitsmittel müssen dann durch befähigte Personen geprüft werden.

Diese Prüfungen erfolgen

- vor der **ersten Inbetriebnahme**, wenn die Sicherheit der Arbeitsmittel von der Montage abhängt. Dies ist bei elektrischen Geräten und Anlagen der Fall.
- wenn Arbeitsmittel **instand gesetzt** worden sind und die Instandsetzung die Sicherheit beeinflussen kann.
- nach **Ablauf der Prüffrist**, welche in der Gefährdungsbeurteilung festgelegt wurde.
- wenn **außergewöhnliche, schädigende Ereignisse** stattgefunden haben (Sonderprüfung).

Für die Prüfungen elektrischer Betriebsmittel bestehen somit zwei Anforderungen (Abb. 1).

Die Prüffristen der Berufsgenossenschaften sind seit langer Zeit eingeführt, bekannt und haben sich häufig auch bewährt. Dennoch ersetzen sie nicht die Anforderungen der BetrSichV. Der Arbeitgeber muss eine Gefährdungsbeurteilung durchführen und daraus Prüffristen und Prüfumfang festlegen.

Bei der Gefährdungsanalyse und Festlegung der Prüffristen können die bisherigen Erfahrungen aus der DGUV Vorschrift 3 hilfreich sein. Hier zeigt sich wieder der Vorteil einer detaillierten Dokumentation.

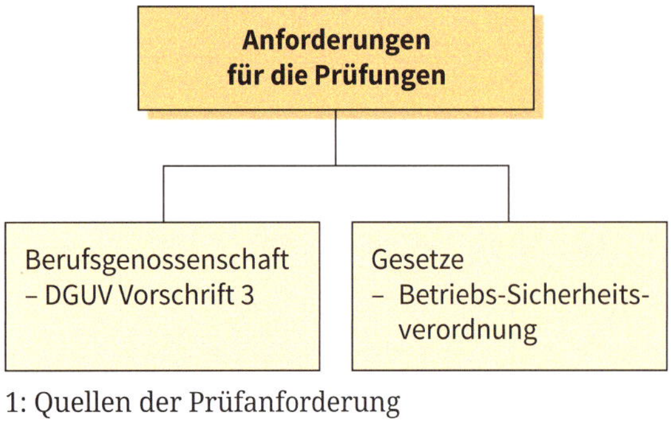

1: Quellen der Prüfanforderung

Betriebssicherheitsverordnung (BetrSichV)

Anwendungsbereich:

a) Bereitstellung von Arbeitsmitteln durch Arbeitgeber

b) Benutzung von Arbeitsmitteln durch Beschäftigte

c) Überwachungsbedürftige Anlagen, z. B.

- Aufzugsanlagen
- Anlagen in explosionsgefährdeten Bereichen
- Druckgeräte, Abfüllstationen, ...

Arbeitsmittel

sind Werkzeuge, Geräte, Maschinen oder Anlagen. Sie umfassen nicht nur elektrische Anlagen, sondern **alle** denkbaren Arbeitsmittel.

Überwachungsbedürftige Anlagen

müssen durch sogenannte zugelassene Überwachungsstellen (z. B. TÜV) oder zur Prüfung befähigten Personen geprüft werden. Manche Anlagen dürfen nur durch zugelassene Überwachungsstellen geprüft werden (z. B. Aufzüge).

Zur Prüfung befähigte Personen

sind Personen, die aufgrund ihrer Berufsausbildung, Berufserfahrung und zeitnahen beruflichen Tätigkeit über die erforderliche Fachkenntnis zur Prüfung der Arbeitsmittel verfügen. Je nach Art der Prüfung und zu prüfenden Anlagen können sich die Anforderungen unterscheiden.

Der Arbeitgeber sollte seine Mitarbeiter ausdrücklich für einen bestimmten Verantwortungsbereich (z. B. Prüfungen nach VDE) als befähigte Person ernennen.

Gefährdungsbeurteilung

Der Arbeitgeber muss eine Gefährdungsbeurteilung für die sichere Benutzung der Arbeitsmittel durchführen. Diese orientiert sich u. a. am Arbeitsschutzgesetz und an der Gefahrstoffverordnung.

Prüfungen

Sie sind Pflicht, wenn

- die sichere Benutzung der Arbeitsmittel von der Montage abhängt,
- die Sicherheit durch schädliche Einflüsse beeinträchtigt wird oder
- sie Ergebnis der Gefährdungsbeurteilung sind.

Prüfungen erfolgen,

- vor der ersten Inbetriebnahme,
- wiederkehrend oder
- nach behördlicher Anordnung, z. B. nach Schadensfällen oder Verdacht auf Sicherheitsmängel.

Gefährdungsbeurteilung

Die Anforderungen an eine Gefährdungsbeurteilung sind nur sehr allgemein formuliert.

- Für die sichere Bereitstellung und Benutzung der Arbeitsmittel sind die notwendigen Maßnahmen zu ermitteln.
- Zu berücksichtigen sind insbesondere die Gefährdungen, die mit der Benutzung des Arbeitsmittels selbst verbunden sind und die am Arbeitsplatz durch Wechselwirkungen der Arbeitsmittel untereinander oder der Arbeitsumgebung hervorgerufen werden.

Bei der Beurteilung von Gefährdungen werden nicht nur elektrische Gefahren berücksichtigt. Um vergleichbare Ergebnisse zu bekommen, ist ein systematisches Vorgehen notwendig.

Wie der Arbeitgeber zu den Ergebnissen kommt, ist nicht vorgeschrieben. Da diese Beurteilung nicht zu den Kernaufgaben von Firmen gehört, empfiehlt es sich, auf bestehende Erfahrungen zurückzugreifen.

Dies können bei wenigen Beurteilungen **Checklisten** in Papierform sein. Werden größere Mengen an Arbeitsmitteln bewertet und geprüft, ist es sinnvoll, **softwaregestützte Systeme** zu benutzen. Mit diesen sind Verwaltung, Bewertung und Analyse großer Mengen besser durchführbar.

Die Software führt den Anwender in mehreren Schritten durch die Gefährdungsbeurteilung, sodass keine Punkte vergessen werden.

Zunächst werden die zu bewertenden Arbeitsmittel erfasst. Danach werden die einzelnen Arbeitsmittel (z. B. elektrische Geräte) in einer Datenbank gespeichert (Abb. 2).

Zu jedem einzelnen Gerät oder einer Geräteart kann nun eine Gefährdungsbeurteilung gestartet werden. Dieses Softwaremodul fragt zahlreiche Punkte ab, die zur Beurteilung von Gefahren dienen (Abb. 3).

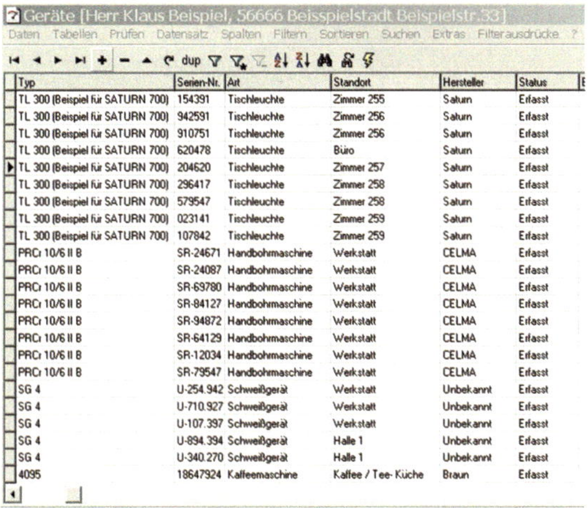

Typ	Serien-Nr.	Art	Standort	Hersteller	Status
TL 300 (Beispiel für SATURN 700)	154391	Tischleuchte	Zimmer 255	Saturn	Erfasst
TL 300 (Beispiel für SATURN 700)	942591	Tischleuchte	Zimmer 256	Saturn	Erfasst
TL 300 (Beispiel für SATURN 700)	910751	Tischleuchte	Zimmer 256	Saturn	Erfasst
TL 300 (Beispiel für SATURN 700)	620478	Tischleuchte	Büro	Saturn	Erfasst
TL 300 (Beispiel für SATURN 700)	204620	Tischleuchte	Zimmer 257	Saturn	Erfasst
TL 300 (Beispiel für SATURN 700)	296417	Tischleuchte	Zimmer 258	Saturn	Erfasst
TL 300 (Beispiel für SATURN 700)	579547	Tischleuchte	Zimmer 258	Saturn	Erfasst
TL 300 (Beispiel für SATURN 700)	023141	Tischleuchte	Zimmer 259	Saturn	Erfasst
TL 300 (Beispiel für SATURN 700)	107842	Tischleuchte	Zimmer 259	Saturn	Erfasst
PRCr 10/6 II B	SR-24671	Handbohrmaschine	Werkstatt	CELMA	Erfasst
PRCr 10/6 II B	SR-24087	Handbohrmaschine	Werkstatt	CELMA	Erfasst
PRCr 10/6 II B	SR-69780	Handbohrmaschine	Werkstatt	CELMA	Erfasst
PRCr 10/6 II B	SR-84127	Handbohrmaschine	Werkstatt	CELMA	Erfasst
PRCr 10/6 II B	SR-94872	Handbohrmaschine	Werkstatt	CELMA	Erfasst
PRCr 10/6 II B	SR-64129	Handbohrmaschine	Werkstatt	CELMA	Erfasst
PRCr 10/6 II B	SR-12034	Handbohrmaschine	Werkstatt	CELMA	Erfasst
PRCr 10/6 II B	SR-79547	Handbohrmaschine	Werkstatt	CELMA	Erfasst
SG 4	U-254.942	Schweißgerät	Werkstatt	Unbekannt	Erfasst
SG 4	U-710.927	Schweißgerät	Werkstatt	Unbekannt	Erfasst
SG 4	U-107.397	Schweißgerät	Werkstatt	Unbekannt	Erfasst
SG 4	U-894.394	Schweißgerät	Halle 1	Unbekannt	Erfasst
SG 4	U-340.270	Schweißgerät	Halle 1	Unbekannt	Erfasst
4095	18647924	Kaffeemaschine	Kaffee / Tee- Küche	Braun	Erfasst

2: Erfasste Gerätedaten

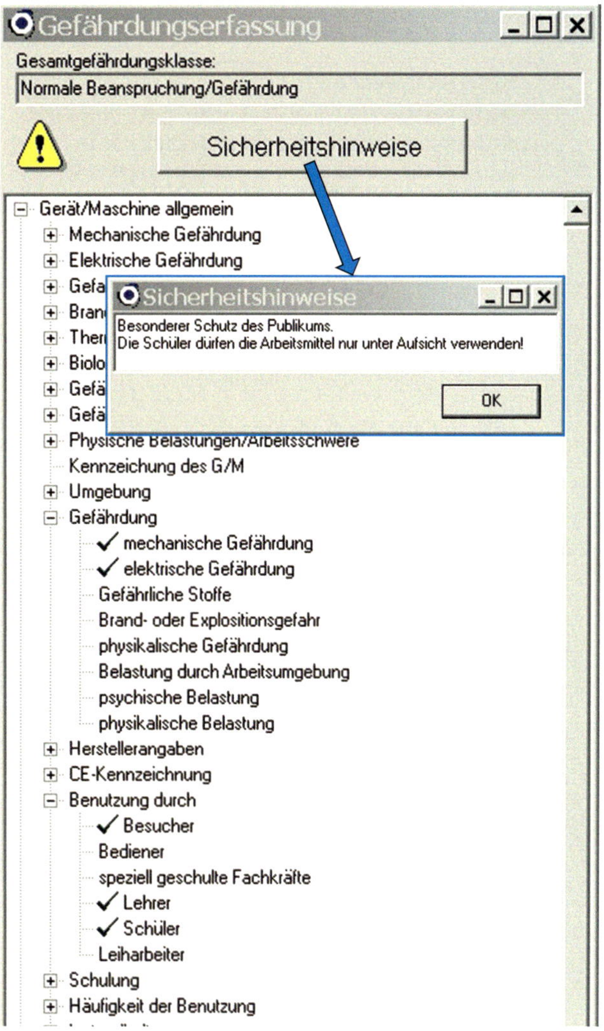

3: Gefährdungserfassung

Für verschiedene Anwendungsfälle (Gerät/Maschine, Veranstaltungsräume, ...) sind die zugehörigen möglichen Kriterien aufgelistet. Durch Markieren der zutreffenden Antworten wird die Analyse durchgeführt.

Auf der Basis der eingegebenen Bewertungen werden Maßnahmen vorgeschlagen. Das sind z. B. empfohlene Prüfzyklen oder organisatorische Maßnahmen (Abb. 3). Die einzelnen Gefährdungen werden nach ihrer Auswirkung gewichtet. Alle Gefährdungen gemeinsam reduzieren dann den maximal möglichen Prüfzyklus auf einen Empfehlungswert.

- An einem Prüftermin sollten möglichst viele verschiedene Prüfungen durchgeführt werden.
- DGUV Vorschriften geben Richtwerte für Prüffristen vor.
- Die BetrSichV fordert für alle Arbeitsmittel eine Gefährdungsbeurteilung, aus der eine Prüffrist ermittelt wird.

Elektronische Dokumentation von Prüfungen

Softwareanwendung

Die Dokumentation von Prüfungen mit Computerprogrammen ist bei einer hohen Anzahl von Prüfungen sinnvoll und bietet einige Vorteile gegenüber der Papierdokumentation.

- Geringer Platzbedarf für Dokumentation (keine Aktenordner)
- Vermeidung von Dokumentationsfehlern (Ablesefehler, Schreibfehler)
- Automatisierung von Prüfabläufen

Automatisierungsfunktionen

Es ist möglich, die von Messgeräten erfassten Daten direkt in die elektronische Dokumentation zu übernehmen. Hierzu wird ein geeignetes Messgerät mit einem Datenkabel am PC angeschlossen. Anschließend können die einzelnen Mess-/Prüfergebnisse übertragen werden.

Bei dieser Dokumentation müssen keine Werte oder Ergebnisse handschriftlich notiert werden. Ablese- und Übertragungsfehler sind so ausgeschlossen.

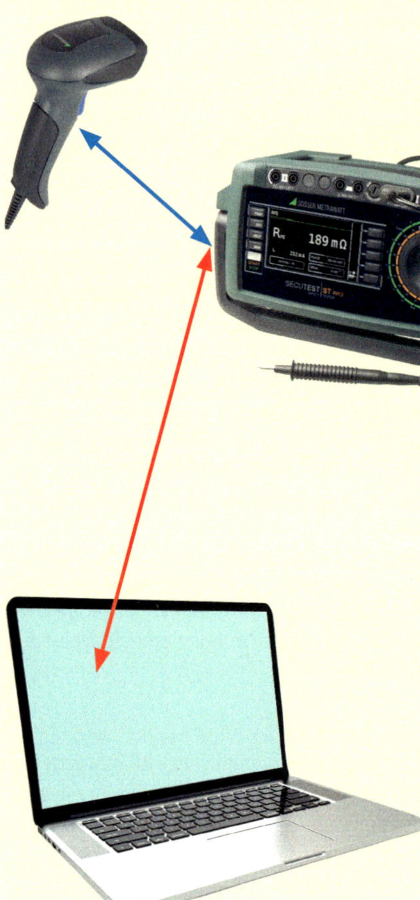

Softwareauswahl

Für die elektronische Dokumentation gibt es unterschiedliche Anbieter.

Softwareanbieter	
Herstellerspezifische Software Sie kann nur Messgeräte des eigenen Herstellers benutzen.	**Integrierende Software** Sie kann Messgeräte mehrerer Hersteller benutzen.

Geräteidentifizierung (Kennzeichnung)

Soll nach einem Schadensfall nachgewiesen werden, dass das betreffende Gerät ordnungsgemäß geprüft wurde, muss entweder

- das Prüfergebnis am Gerät dokumentiert werden (z. B. über eine unterschriebene Prüfplakette) oder
- das Gerät **eindeutig** einem Messprotokoll zuzuordnen sein.

Eine eindeutige Zuordnung von Messprotokoll und Gerät ist nur möglich, wenn die Geräte unverwechselbar gekennzeichnet sind. Dies ist entweder durch manuell erzeugte Inventarnummern möglich oder es werden maschinenlesbare Kennzeichnungen verwendet. Das elektronische Prüfsystem ordnet das Prüfergebnis dann automatisch dem richtigen Gerät zu.

Kennzeichnungen über:

- Barcodeaufkleber

- Transponder (RFID) per Funk auslesbarer Speicher

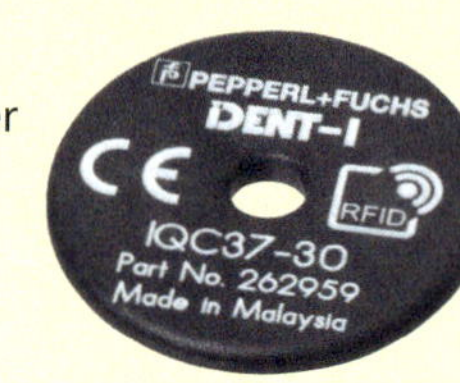

13.6 Sicherstellen vertraglicher Pflichten

In Verträgen können zahlreiche Vereinbarungen getroffen werden. Hierbei kann auch festgelegt werden, dass bestimmte Instandhaltungsleistungen zu erbringen sind. Diese müssen dann gemeinsam mit den weiteren Instandhaltungsarbeiten geplant werden.

Da die Möglichkeiten vertraglicher Regelungen sehr vielseitig sind, werden hier nur die Beispiele einer Brandversicherung und Qualitätssicherung behandelt.

13.6.1 Brandversicherung

In einem Brandversicherungsvertrag wird zwischen Versicherung und Versicherungsnehmer vereinbart, dass die Versicherung nach einem Brand bestimmte Kosten für Schäden übernimmt. Um einen günstigen Tarif anbieten zu können, muss die Versicherung überzeugt sein, dass bestimmte Brandursachen auf ein Minimum begrenzt werden. Daher legt sie vertraglich fest, dass nur dann für einen Schaden gezahlt wird, wenn der Versicherungsnehmer regelmäßige Prüfungen an seinen Anlagen durchführen lässt (Abb. 1).

Versicherungsvertrag

Versicherung: Feuerschutz AG, Braunschweig

Versicherungsnehmer: Blechservice KG

...

§8 Der Versicherungsnehmer verpflichtet sich:

- ...①
- alle elektrischen Anlagen und Betriebsmittel mit maximal zweijähriger Frist auf ordnungsgemäßen Zustand überprüfen zu lassen. Die Prüfungen müssen von einem Elektrofachbetrieb durchgeführt werden.

§9 Sondervereinbarungen

Die Versicherungsprämie wird um 2 % gemindert, wenn die elektrischen Anlagen einer regelmäßigen Thermografie unterzogen werden. Hierbei ist speziell ausgebildetes Personal einzusetzen②.

...

Köln, 26.05.2016

Klaus Brand (Feuerschutz AG)

Claudia Blech (Blechservice KG)

1: Versicherungsklauseln

Aufgrund des Versicherungsvertrages (Abb. 1, §8 ①) muss die Firma Blechservice ihre Prüfintervalle überprüfen. Wurden Intervalle festgelegt, die über zwei Jahren liegen, müssen diese verkürzt werden.

Bestehen verschiedene Anforderungen an die Prüfungen, müssen immer die schärfsten Regelungen angewendet werden. Andernfalls wird eine rechtliche oder vertragliche Regelung verletzt. Dies kann bei gesetzlichen Regelungen bis zum Verhängen von Bußgeldern oder Strafverfahren führen. Im Beispiel der Brandversicherung könnte die Versicherung die Zahlung für einen Schaden verweigern, wenn die Prüfungen nicht in der geforderten Häufigkeit nachgewiesen werden können.

Da die Gefährdungsbeurteilung eine schärfere Prüffrist als die DGUV Vorschrift 3 ergeben hat, werden im Beispiel aus Abb. 2 die Prüffristen für „**Anlagen besonderer Art**" (z. B. Krankenhausanlagen) 1/2-jährlich geprüft. Die Einschränkung der Versicherung ergibt, dass die Prüffrist für ortsfeste Anlagen von vier Jahren auf zwei Jahre halbiert werden muss.

Der Versicherungsvertrag ermöglicht eine Reduzierung der Versicherungsprämie ②. Hierfür muss an den Anlagen eine berührungslose Temperaturmessung (**Thermografie** [*thermography*], vgl. S. 520) durchgeführt werden. Da hierfür eine spezialisierte Firma beauftragt werden muss, entstehen zusätzliche Kosten. Diese Kosten liegen bei der Fa. Blechservice über den Einsparungen aus der Versicherungsprämie. Da sich durch die Messung jedoch auch eine zusätzliche Sicherheit für den Betrieb ergibt, wird eine Spezialfirma mit dieser Messung beauftragt.

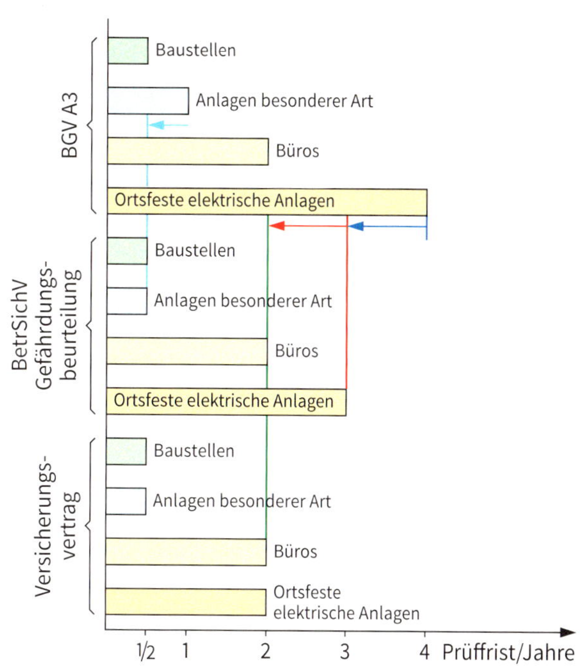

2: Verkürzung von Prüffristen

Thermografie

Was ist Thermografie?

Mit Hilfe einer speziellen Kamera werden Bilder gemacht, welche die Infrarotstrahlung von Messobjekten darstellen und speichern.

Aus der Intensität der Infrarotstrahlung (Wärmeabstrahlung) wird die Objekttemperatur errechnet. Das Bild wird mit verschiedenen Farben dargestellt, wobei jede Farbe einer bestimmten Temperatur entspricht. Häufig wird parallel ein „normales" Digitalfoto gemacht, um die Messergebnisse besser dem Messobjekt zuordnen zu können.

a) 

b) 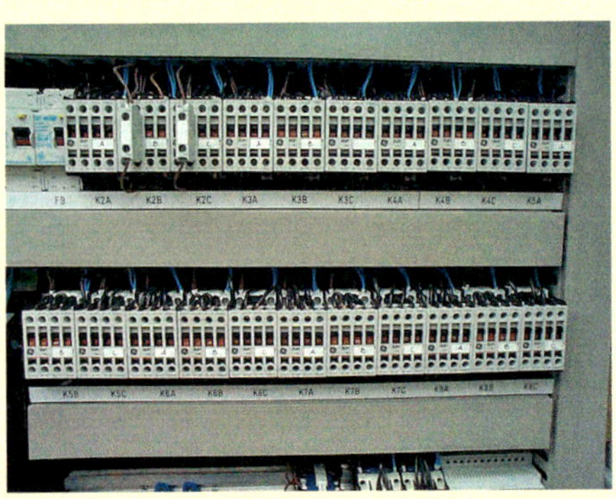

Schraubverbindung mit schlechtem Übergangswiderstand: a) Infrarot; b) Foto

Wie funktioniert Thermografie?

Jeder Körper emittiert infrarote Strahlung. Das sind elektromagnetische Wellen, die mit dem menschlichen Auge nicht sichtbar sind.

Wie viel Strahlungsenergie W_ε emittiert wird, ist von der Temperatur sowie dem Material und der Oberfläche des Messobjektes abhängig. Für jedes Material gibt es einen spezifischen **Strahlungskoeffizienten ε**. Dieser Strahlungskoeffizient wird Tabellen entnommen oder bei einer Kalibrierung der Kamera ermittelt und vor der Messung in die Kamera eingegeben.

Die Infrarotstrahlung wird durch die Atmosphäre (Luft, Nebel, Staub) geschwächt. Für eine korrekte Temperaturberechnung müssen daher relative Luftfeuchtigkeit, Umgebungstemperatur und die Messentfernung berücksichtigt werden.

Das Errechnen der Objekttemperatur *T* führt die Kamera automatisch durch.

Einsatzgebiete

Thermografie wird immer dann eingesetzt, wenn aus der Temperaturverteilung an Objekten auf den Zustand des Objekts geschlossen werden kann. Bei elektrotechnischen Objekten sucht man häufig nach heißen Stellen (Hotspots).

Beispiele:

- Motoren (Lager mit erhöhter Reibung)
- Klemmen (erhöhter Übergangswiderstand)
- Transformatoren
- Leiterplatten (schlechte Lötstellen)
- Schaltschränke (Wärmestau)

Darüber hinaus gibt es zahlreiche weitere Anwendungen, die hier nur beispielsweise genannt werden:

- Gebäudethermografie (Wärmebrücken)
- Prüfen von Wärmeisolierung
- Lager- und Keilriemenprüfung

Fehlerquellen

Zusätzlich zur Infrarotstrahlung des Messobjekts können weitere Strahlungsanteile von anderen Objekten gemessen werden. Wie beim Licht kann es zum Durchscheinen (Transmission ①) oder Spiegeln (Reflexion ②) kommen. Durch Korrekturrechnungen und geeignete Messaufbauten müssen mögliche Fehlerquellen minimiert werden.

Besonderheiten

Das Bedienen einer Infrarotkamera ist relativ einfach. Für die richtigen Einstellungen und Interpretationen der Messergebnisse ist jedoch viel Erfahrung notwendig. Häufig werden Messungen nur anerkannt, wenn spezielle Schulungen und gegebenenfalls Prüfungen vorgewiesen werden können.

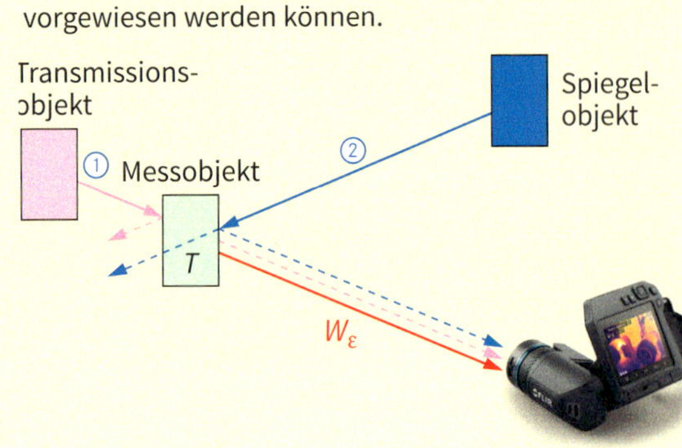

13.6.2 Qualitätssicherung

Die Firma Blechservice KG liefert Teile für die Automobilindustrie. Sollte die Blechservice KG z. B. aufgrund eines Maschinenschadens nicht pünktlich liefern können, müsste die gesamte PKW-Produktionslinie gestoppt werden. Dies hätte erhebliche finanzielle Schäden zur Folge.

Um das Risiko für solche Schäden gering zu halten, hat der Kunde (PKW-Hersteller) einen **Liefervertrag** mit Blechservice KG abgeschlossen. Darin wird vereinbart, dass alle Anlagenteile, die einen Produktionsausfall verursachen können, einer zustandsabhängigen Instandhaltung unterzogen werden müssen (Abb. 1). Zusätzlich muss die Blechservice KG während des Produktionsprozesses immer wieder Stichproben einzelner Teile überprüfen. So soll ausgeschlossen werden, dass einzelne Maschinen langsam schlechtere Qualität produzieren und gegebenenfalls ausfallen können.

Um die Vereinbarungen des Liefervertrages (Abb. 1) erfüllen zu können, wird bei der Blechservice KG ein Qualitätssicherungsprozess eingeführt.

Liefervertrag

zwischen Blechservice KG (Lieferant) und Autobauer AG (Abnehmer).

...

4. Pflichten des Lieferanten:

- Alle Produktionsanlagen, die bei auftretenden Fehlern zu einem Produktionsaufall führen, müssen zustandsabhängig instand gehalten werden.
- Um Maschinenschäden und mangelnde Produktqualität auszuschließen, sind die Produkte während der Produktion stichprobenweise auf ihre Qualität zu prüfen.
- Über alle Instandhaltungsmaßnahmen sind Aufzeichnungen zu führen, die vom Abnehmer mindestens jährlich in einem Kundenaudit überprüft werden.

5. ...

Hamburg, 27.08.2015

Peter Schneller (Autobauer AG)

Claudia Blech (Blechservice KG)

1: Liefervertrag mit Qualitätsanforderungen

Dieser beginnt mit einer Analyse von Produktionsprozessen und Anlagenkomponenten. Aus dieser Analyse werden Maßnahmen abgeleitet, die zu einer Qualitätsprüfung der Produkte sowie einer Instandhaltung mit Anlagenüberwachung führen (Abb. 2).

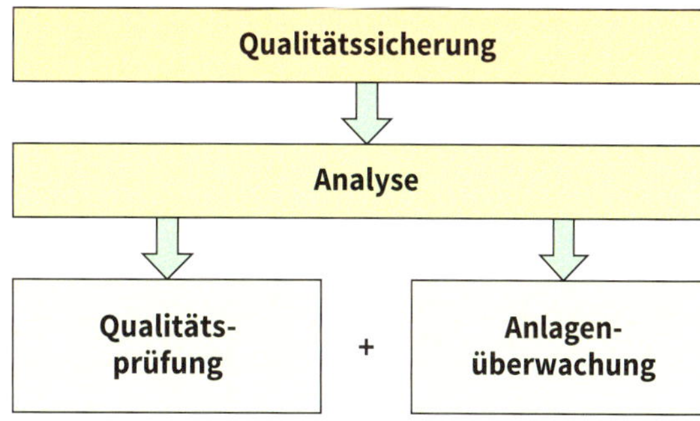

2: Komponenten einer Qualitätssicherung

Analyse des Produktionsprozesses

Bei der Betrachtung der einzelnen Produktionsschritte wurde festgestellt, dass die meisten Maschinen doppelt vorhanden sind oder schnell beschafft werden können. Lediglich der große Stanzautomat (Abb. 3) ist eine so spezielle und teure Maschine, dass diese nicht doppelt vorgehalten werden kann und auch nicht leihweise bei anderen Firmen zur Verfügung steht.

Der Stanzautomat spannt ein großes Blech ein und bewegt dieses programmgesteuert in X- und Y-Richtung so, dass das Stanzwerkzeug an der richtigen Stelle eine Aussparung stanzt. So können aus einem großen Blech automatisch viele einzelne Stanzteile gefertigt werden. Aufgrund der Automatisierung, Präzision und Geschwindigkeit dieser Automaten sind diese sehr effektiv, aber auch teuer.

Es ist daher besonders wichtig, eine sorgfältige Wartung und Inspektion an dieser Maschine durchzuführen.

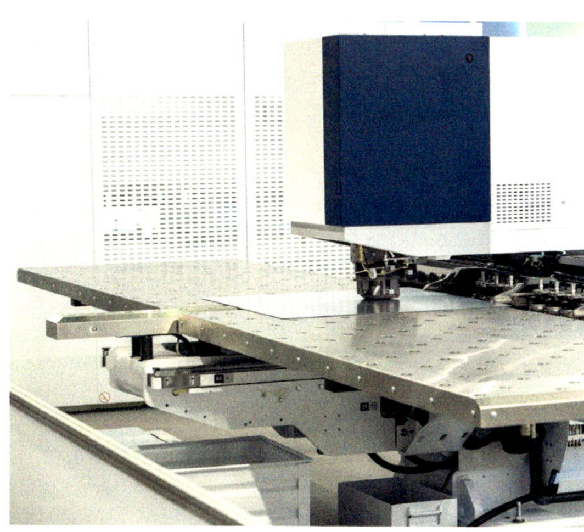

3: Stanzautomat

Qualitätsprüfung

Um sicherzustellen, dass die Maschine immer korrekt arbeitet und der Liefervertrag erfüllt wird, werden in regelmäßigen Abständen **Stichproben** [*samples*] der gefertigten Stanzteile gezogen. Das bedeutet, dass eine vorher festgelegte Anzahl an Teilen (z. B. fünf Stück) aus dem Produktionsprozess genommen wird. An den Teilen aus dieser Stichprobe werden nun vorher definierte Eigenschaften, z. B. die Maße, genau geprüft und in einer Tabelle (Qualitätsregelkarte) dokumentiert (Abb. 1a).

Aus den einzelnen Messwerten lässt sich z.B. der **Mittelwert $\bar{x}$** der Stichprobe berechnen.

$$\bar{x} = \frac{x1 + x2 + \dots xn}{n}$$

$\bar{x}$: Arithmetischer Mittelwert einer Stichprobe

$x_1, x_2, \dots x_n$: Einzelwerte

n: Anzahl der Einzelwerte einer Stichprobe

Den arithmetischen Mittelwert berechnet man, indem man alle Messwerte der Stichprobe addiert und durch die Anzahl der Einzelwerte dividiert.

Die **Mittelwerte** [*mean values*] sind ein Maß dafür, ob der gewünschte Sollwert (z. B. Länge des Stanzteils) bei der Fertigung eingehalten wird. Weicht der Mittel- wert zu stark vom Soll-Wert ab, sind Korrekturmaßnahmen notwendig.

Die errechneten Mittelwerte werden in ein Diagramm der Qualitätsregelkarte (Abb. 1b) eingetragen. Überschreiten diese Größen vorgegebene Warngrenzen (OWG, UWG ①), können noch vorbeugend Korrekturmaßnahmen getroffen werden. Dies kann z. B. eine Wartung der Anlage mit Justieren der Sensoren sein. Die produzierten Stanzteile erfüllen jedoch noch die Qualitätsanforderungen.

Weichen die Mittelwerte noch weiter vom Sollwert ab und überschreiten die Eingriffsgrenzen (OEG, UEG ②), muss die Produktion sofort unterbrochen werden, da die Produkte nicht mehr die Anforderungen des Kunden erfüllen. Jetzt muss sofort eine Instandsetzung erfolgen.

Laufende Nummer der Stichproben	Datum	Messwerte in mm					Mittelwert in mm
		1	2	3	4	5	
1	02.05.2016	50,0	52,0	51,0	49,0	48,0	50,00
2	03.05.2016	49,7	51,7	50,7	48,7	47,7	49,70
3	04.05.2016	50,2	52,2	51,2	49,2	48,2	50,20
4	05.05.2016	50,7	52,7	51,7	49,7	48,7	50,70
5	06.05.2016	50,0	52,0	51,0	49,0	48,0	50,00
6	07.05.2016	51,0	53,0	52,0	50,0	49,0	51,00
7	08.05.2016	51,5	53,5	52,5	50,5	49,5	51,50
8	09.05.2016	51,2	53,2	52,2	50,2	49,2	51,20
9	10.05.2016	52,1	54,0	53,2	51,2	50,0	52,10
10	11.05.2016	53,5	54,5	52,5	50,5	51,5	

a)

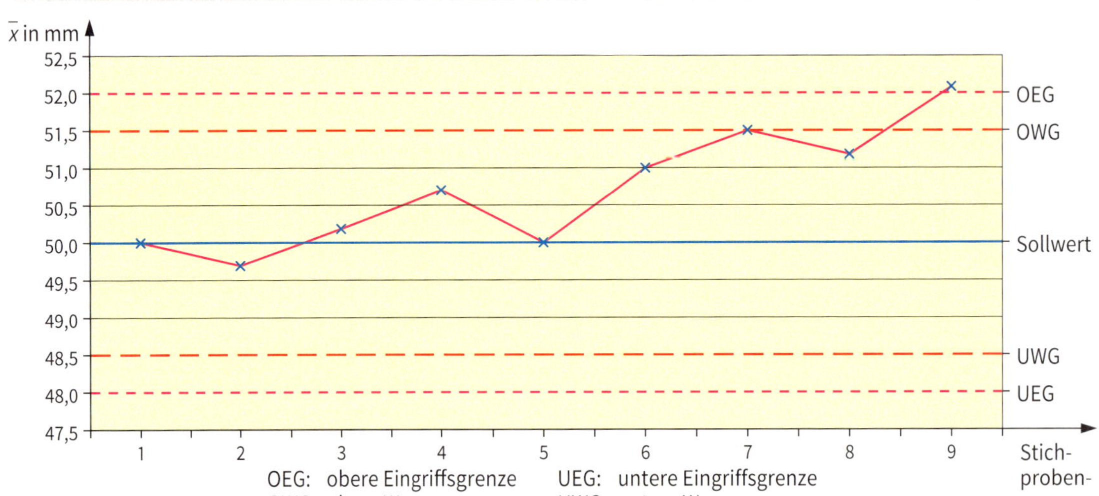

b)

1: Qualitätsregelkarte mit a) Messwertdokumentation und b) Ergebnisdiagramm

Aussagen von Qualitätsregelkarten

Je nachdem, wie sich die Mittelwerte der einzelnen Stichproben entwickeln, kann auf den Zustand des Produktionsprozesses geschlossen werden.

Neben Verletzungen von Warn-/Eingriffsgrenzen kann auch aus Trendverläufen ein Instandsetzungsbedarf ermittelt werden.

Natürlicher Verlauf	Eingriffsgrenzen verletzt	Run	Trend
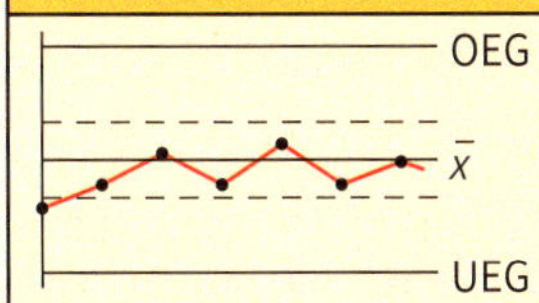	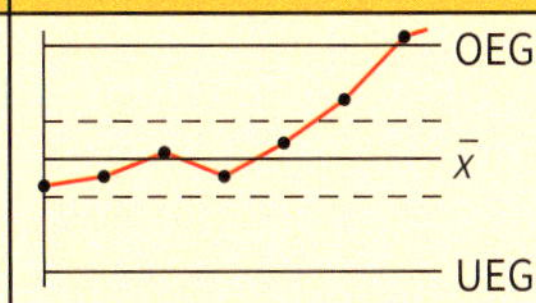	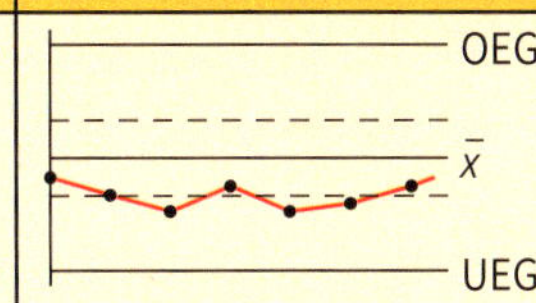	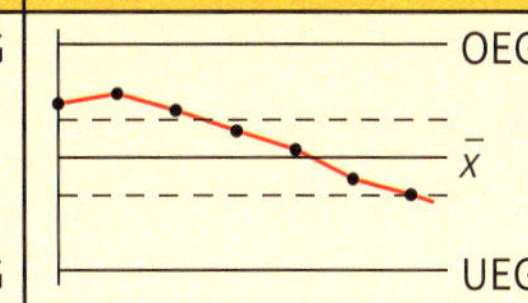
Prozess ist ungestört. Weniger als 6 Punkte liegen oberhalb oder unterhalb des Mittelwertes $\bar{x}$. 70 % der Punkte liegen im mittleren Drittel zwischen UEG und OEG.	Prozess ist gestört. Die Eingriffsgrenze OEG ist überschritten, der Prozess muss sofort korrigiert werden. Fehlerhafte Teile müssen aussortiert werden.	Prozess ist gestört. Mehr als 6 Punkte liegen unterhalb des Mittelwertes $\bar{x}$. Sofort weitere Stichproben entnehmen, gegebenenfalls muss der Prozess sofort korrigiert werden.	Prozess ist gestört. Es ist zu erwarten, dass mehr als 6 Punkte unterhalb des Mittelwertes liegen. Der Prozess muss sofort korrigiert werden, da das Erreichen von UEG wahrscheinlich ist.

Zustandsüberwachung

Da das Stanzen in der Produktionskette ein kritischer Produktionsschritt ist, muss der Stanzautomat zustandsabhängig instand gehalten werden.

Gemeinsam mit dem Hersteller des Stanzautomaten wird eine **Analyse** durchgeführt. Hierbei werden folgende Punkte betrachtet:

- Welche Fehler können auftreten?
- Welchen Einfluss haben diese auf die Funktion der Anlage?
- Wie schnell können die Fehler behoben werden?

Für diese Analyse wird die Anlage in mehrere Teilsysteme unterteilt.

- **Antriebseinheiten** (z. B. Elektromotor)
- **Arbeitseinheiten** (z. B. Stanzwerkzeug)
- **Stütz- und Trageeinheiten** (z. B. Anlagengestell)
- **Energieübertragungseinheiten** (z. B. Leitungen)
- **Steuerungseinheiten** (z. B. Schütze, SPS)
- **Versorgungseinheiten** (z. B. Stromnetz)

Ein standardisiertes Vorgehen für solche Analysen wird als Fehler-Möglichkeits- und Einfluss-Analyse (**FMEA**) [*failure mode effects analysis*] bezeichnet.

Bei dieser Analyse werden die Komponenten als kritisch oder unkritisch eingestuft. Die Einstufungskriterien und Beispiele zeigt Abb. 2.

Kritische Komponenten sind nach dieser Analyse das Stanzwerkzeug und der Antrieb (Motor, Getriebe). Das Stanzwerkzeug ist besonders für die Qualität bedeutsam. Ein mangelhafter Zustand zeigt sich anhand der Stichprobenauswertung.

Durch die Qualitätsprüfung der Produkte kann der Zustand von Motor und Getriebe jedoch nicht ermittelt werden. Da es sich aber um eine kritische Komponente handelt, soll der Zustand mit einer speziellen Messung ermittelt werden.

Bewertungskriterien für Anlagenkomponenten

unkritisch	kritisch
• Selten auftretende Fehler (z. B. verschweißtes Anlagengestell) • Fehler ohne Einfluss auf die Anlagenfunktion bzw. den Produktionsprozess (z. B. Gehäuselackierung) • Ersatzkomponenten sind schnell zu beschaffen und auszutauschen (z. B. Standardsensoren, Steuerungskomponenten)	• Bei Fehler großer Einfluss auf Produktionsprozess/Qualität (z. B. Stanzwerkzeug) • Fehler haben großen Einfluss auf Funktionsfähigkeit der Anlage (z. B. Motor, Getriebe) • Reparatur ist nur schwierig möglich bzw. Ersatz ist nur schwer zu beschaffen (z. B. Stanzwerkzeug, Antriebskomponenten)

2: Bewertung von Anlagenkomponenten

1: Getriebemotor

Der Antrieb für die Stanzmaschine besteht aus:

- Frequenzumrichter,
- Motor und
- Getriebe.

Die elektrischen Größen können gut über den Frequenzumrichter überwacht werden. Er ermittelt u. a. die elektrische Leistung, Drehzahl und Motor Wicklungstemperatur.

Die **mechanischen Komponenten** (z. B. **Lager** [*bearing*], **Zahnräder** [*gear wheels*], **Wellen** [*shafts*]) werden jedoch nicht überwacht. Ein dort entstehender Fehler kann nicht rechtzeitig erkannt werden.

Daher hat die Firma Blechservice Spezialisten eines Beratungsunternehmens beauftragt. Sie erarbeiten eine Lösung für diese „Überwachungslücke". Der Berater empfiehlt eine **Schwingungsüberwachung** [*vibration analysis*]. Mit Hilfe von mehreren Beschleunigungssensoren wird die Stärke und Frequenz der mechanischen Schwingung (Vibration) gemessen und ausgewertet. Ein automatisches Auswertegerät gibt dann über eine LED-Anzeige den Zustand der Antriebsmechanik aus. Verschlechtert sich der Anzeigewert, kann rechtzeitig ein regulärer Produktionsstillstand genutzt werden, um den Antrieb instand zu setzen.

Aufgaben

1. Welche Prüffrist ist zu wählen, wenn verschiedene Vorgaben bestehen (z. B. DGUV Vorschrift und Versicherungsvertrag)?
2. Berechnen Sie den Mittelwert der Stichprobe 10 in Abb. 1, S. 522. Sind Maßnahmen erforderlich? Wenn ja, welche?
3. Gehören Schmelzsicherungen zu kritischen oder unkritischen Komponenten einer Fertigungsstation? Begründen Sie Ihre Antwort.

- Nach BetrSichV muss der Betreiber die Prüffristen selbst festlegen.

Schwingungsüberwachung

Rotierende Anlagenteile erzeugen Geräusche. Diese sind u. a. von der Drehzahl, dem Aufbau und Zustand der rotierenden Komponenten abhängig. Erfahrene Instandhalter konnten schon lange anhand der Geräusche auf den Zustand schließen. Hierzu verwendeten sie früher ein Hörrohr. Das Ergebnis war jedoch sehr subjektiv.

Spezifische Geräusche

Hat beispielsweise ein Wälzlager einen Schaden, so wird bei jedem Überfahren der Schadensstelle ein Stoß auf das Lager ausgeübt. Die Anzahl der Stöße je Lagerumdrehung unterscheidet sich danach, wo der Schaden auftritt (Innen-/Außenring oder Wälzkörper). Die Anzahl der Stoßimpulse je Umdrehung (und damit die Schwingungsfrequenz) ist daher abhängig

- vom Schadensort,
- der Drehzahl und
- der Anzahl der Wälzkörper.

Die Stärke der Schwingung (Lautstärke) ist vom Ausmaß der Schäden abhängig.

Messaufbau

Der Schwingungssensor ist fest mit dem Maschinengehäuse verbunden. Schwingungen des Antriebs werden auf den Sensor übertragen. Je nach Anwendungsfall kann es erforderlich sein, mehrere Sensoren in unterschiedlichen Richtungen zu installieren.

Auswertung

Die Auswerteelektronik erfasst die Schwingungen. Diese können in Bestandteile einzelner Frequenzen zerlegt werden (Fourieranalyse). Aus den auftretenden Frequenzen und ihrer Intensität wird ein Zustandswert errechnet und angezeigt.

Zustandsanzeige

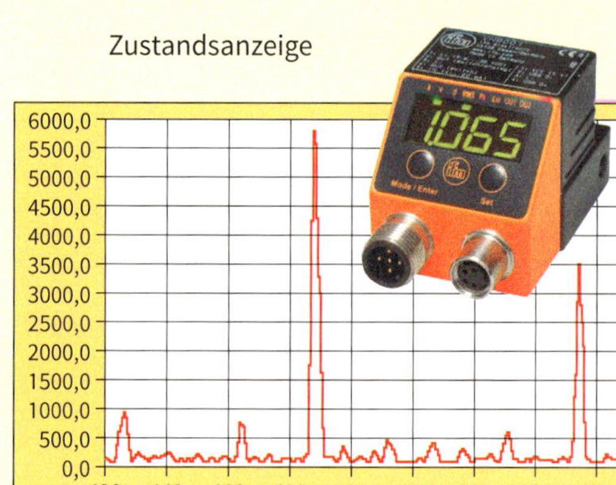

Frequenzspektrum

13.7 Optimieren des betriebswirtschaftlichen Nutzens

Mitarbeiter in Firmen wie der Blechservice KG haben ihren Arbeitsschwerpunkt meistens in der Entwicklung, Produktion und dem Vertrieb ihrer Produkte. Sie haben in der Regel nur einen geringen Bezug zu ihren technischen Anlagen. Dennoch sind die technischen Anlagen eine Grundvoraussetzung für das Funktionieren einer Firma. Die Mitarbeiter müssen sich daher auf die beauftragte Instandhaltungsfirma verlassen können.

In unserem Fall ist der Elektroniker der E-Test GmbH beauftragt, die Instandhaltung der elektrischen Anlage zu übernehmen. Er arbeitet stark **kundenorientiert** [*customer oriented*] und versucht daher eine technisch und **betriebswirtschaftlich** [*economic*] gute Instandhaltung anzubieten.

Dabei hat er das Ziel,

- bei gleicher Qualität die Instandhaltungskosten zu minimieren bzw.
- bei gleichen Instandhaltungskosten die Zuverlässigkeit der Anlagen zu erhöhen.

In seiner mehrjährigen Tätigkeit bei der Blechservice KG sind ihm besonders die USV-Anlage und die Sicherheitsbeleuchtungsanlage aufgefallen, die häufige und umfangreiche Serviceeinsätze erforderte.

Diese Anlagen hat er analysiert und schlägt folgende Änderungen vor.

13.7.1 USV-Anlage verbessern

Bisher galt für die USV-Anlage (Abb. 3) und die zugehörige Batterieanlage (Abb. 4) ein einjähriger Wartungszyklus.

Die durchgeführten Arbeiten und Prüfergebnisse wurden in einem Formular dokumentiert (Abb. 2).

3: USV-Anlage

4: Batterieanlage

Beim Batterietest wird die Batterie von der USV getrennt. Anschließend wird jeder einzelne Batterieblock mit einem Widerstand belastet. Dabei wird die Blockspannung gemessen. Sie darf bei Belastung nur gering einbrechen.

Anlage: USV (Blechservice KG) Prüfer: P. Klee (E-Test GmbH)
Datum: 27.08.2019

	Wartungs-/ Prüfarbeiten	Ergebnis	Bemerkung
1	Sichtkontrolle (USV + Batterien)	OK	–
2	Reinigung von • Lüftern • Filtern • Batteriepolen	 OK OK OK	normale Verschmutzung, Filtermatten getauscht
3	USV auf Bypass (Netzbetrieb) stellen, Batterien von USV trennen Pole einzeln mit Widerstand belasten und Spannung prüfen	Fehler	Bei 3 Batterieblöcken bricht die Spannung bei Belastung ein. Bereits 2006 waren 2 Blöcke defekt und wurden getauscht. → komplette Batterieanlage muss getauscht werden
4	Funktionstest USV-Umschaltung	OK	–
5	Raumtemperatur messen	32°C	

Hinweis: Ein zuverlässiger Betrieb der Anlage ist erst nach Tausch der Batterieanlage möglich.
Eine detaillierte Fehleranalyse wird empfohlen!

Paul Klee — Unterschrift (Prüfer)

E. [illegible] — Unterschrift (Kunde)

2: Prüfprotokoll der USV-Anlage

Beim Prüfen fällt auf, dass die Batteriespannung bei drei Blöcken unter Belastung stark einbricht. Diese Blöcke hätten bei Spannungsausfall nicht mehr ihre volle Energie liefern können. In den technischen Unterlagen sind die bisher drei Jahre alten Batterien als 10-Jahresbatterien beschrieben. Der Elektroniker ist daher überrascht, dass diese schon jetzt defekt sind. Da der gleiche Schaden bereits vor einem Jahr aufgetreten ist, informiert sich der Elektroniker beim Batteriehersteller über mögliche Ursachen.

Als Antwort bekommt er vom Batteriehersteller folgende Empfehlung:

⋮

Ist die Batterieanlage älter als 1 Jahr und sind einzelne Blöcke defekt, empfehlen wir den Austausch des gesamten Batteriestranges. Dies ist erforderlich, da sich die elektrischen Kenngrößen der einzelnen Blöcke mit dem Alter verändern. Einzelne Ersatzblöcke würden aufgrund veränderter Kenngrößen eine ungleichmäßige Spannungsaufteilung hervorrufen und zu weiteren Schäden führen …

Prüfen Sie, ob die Temperatur im Batterieraum 20 °C deutlich übersteigt. Eine dauernde Temperaturerhöhung von +10 °C halbiert die angegebene Lebensdauer von verschlossenen Bleiakkumulatoren (siehe Grafik).

Gebrauchsdauer als Funktion der Betriebstemperatur

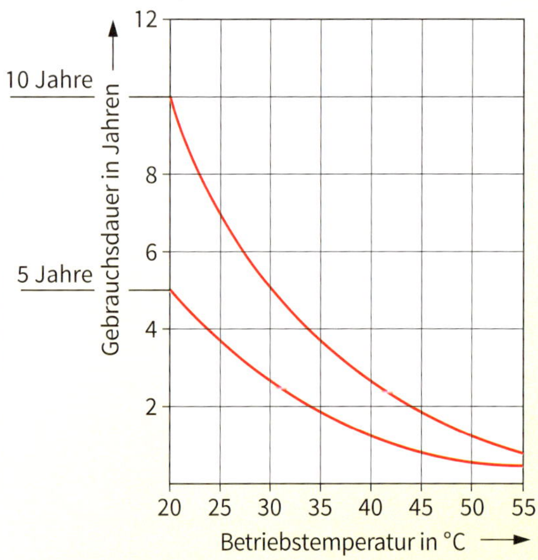

Mit freundlichen Grüßen

S. Troer

Battery Service GmbH

Aufgrund dieser Fachinformationen macht die Elektrofirma einen Verbesserungsvorschlag. Sie erläutert die Maßnahme, den technischen Nutzen und hat bereits einen **Angebotspreis** [*offer price*] kalkuliert.

- **Austausch der Batterieanlage**
  → Wiederherstellung einer sicheren Stromversorgung
  → Möglicher Schaden je Systemausfall 150 000 EUR
  Kosten: 3000,00 EUR

- **Installation einer Klimaanlage im Batterieraum**
  → Vermeidung erneuter, vorzeitiger Batterieschäden (3000 EUR alle 2 Jahre)
  → Sichere Stromversorgung
  Kosten: 2500,00 EUR

Als Sofortmaßnahme werden alle Batterieblöcke ausgetauscht. Batterieblöcke, die aufgrund der hohen Temperaturen schon Vorschädigungen haben, können dann zu keinem Anlagenausfall mehr führen.

Der gut begründete Verbesserungsvorschlag überzeugt den Geschäftsführer der Blechservice KG. Er plant die Kosten für das kommende Geschäftsjahr mit ein und beauftragt seine Servicefirma die vorgeschlagenen Änderungen durchzuführen.

Die Blechservice KG bestellt alle erforderlichen Komponenten, um den Auftrag termingerecht ausführen zu können. Nach Installation und Inbetriebnahme der Klimaanlage (Abb. 1) sowie Einstellung des Temperaturreglers herrscht im USV-Raum eine konstante Temperatur von 20 °C. Nach Angaben des Batterieherstellers ist nun mit einer vollen Ausnutzung der angegebenen Batterielebensdauer zu rechnen. Die jährliche Inspektion der Anlage wird wegen der hohen Wichtigkeit der Anlage beibehalten. Da aber die Instandsetzungskosten sinken werden (kein vorzeitiger Batterietausch), führt die Verbesserungsmaßnahme zu einer deutlichen Reduzierung der Instandhaltungskosten für die USV-Anlage.

Hinweis:
Für einen vollständigen Nachweis der Wirtschaftlichkeit sind auch Instandhaltungs- sowie Energiekosten der Klimaanlage zu berücksichtigen.

1: Decken-Klimagerät

13.7.2 Sicherheitsbeleuchtung verbessern

Für die Sicherheitsbeleuchtungsanlage ist ein wöchentlicher Funktionstest erforderlich. Hierzu wird am Zentralbatteriegerät (Abb. 2) ein Spannungsausfall simuliert, wodurch alle Sicherheits- und Rettungszeichenleuchten automatisch eingeschaltet werden. Die Anlage zeigt dann die Entladestromstärke der Batterie an. Diese ist abhängig von der Anzahl der angeschlossenen Leuchten. Liegt die **Entladestromstärke** [*discharge current*] unterhalb vom Messwert der Vorwoche, muss von defekten Leuchten ausgegangen werden. Um die defekte Leuchte zu finden, muss die gesamte Anlage abgegangen werden.

Da diese Messmethode jedoch Ungenauigkeiten enthält, kann erst durch Besichtigen jeder einzelnen Leuchte die vollständige Funktionsfähigkeit nachgewiesen werden.

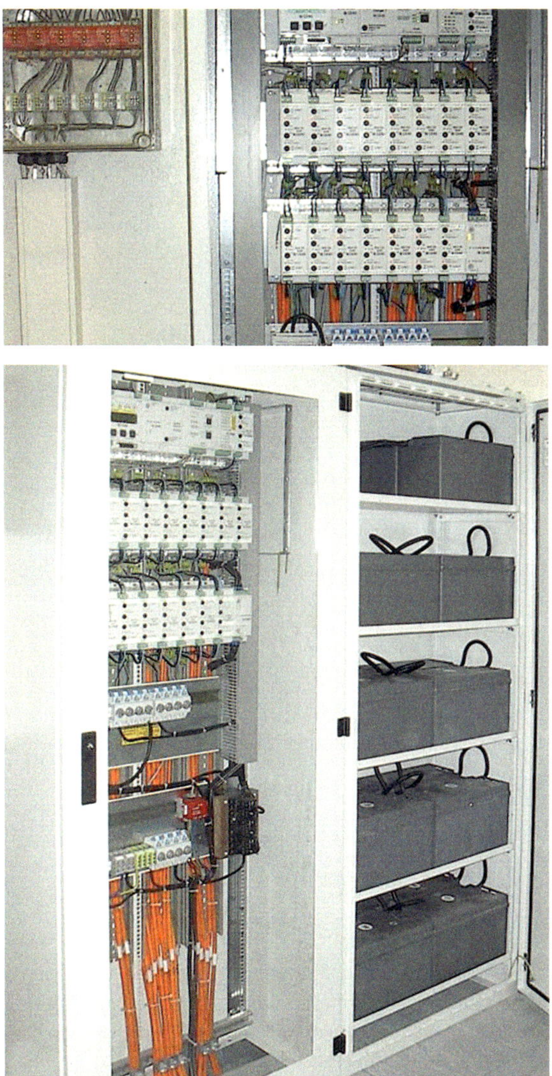

2: Zentralbatteriegerät mit verschlossenen Batterien

Der geschlossene Bleiakkumulator wird einer Sichtkontrolle unterzogen, da bei Unterschreiten eines Flüssigkeitsstandes der Elektrolyt nachgefüllt werden muss.

Diese Art der Instandhaltung ist teuer, denn sie erfordert

- die wöchentliche Anfahrt des Servicetechnikers und
- eine aufwändige Prüfung, Fehlersuche und Dokumentation (z. B. Abgehen aller Leuchten).

Die regelmäßigen Instandhaltungskosten für die Sicherheitsbeleuchtung sollen deshalb gesenkt werden. Hierbei darf jedoch keine Verschlechterung der Sicherheit entstehen. Für diese Aufgabe wird ein Berater einer Sicherheitsbeleuchtungsfirma hinzugezogen. Er analysiert die bestehende Anlage und erstellt gemeinsam mit der Installationsfirma ein Angebot.

Das bestehende Zentralbatteriegerät ist schon über 25 Jahre alt. Aufgrund der Erfahrung mit vergleichbaren Anlagen wird in Zukunft vermehrt mit Ausfällen gerechnet. Auch die Ersatzteilbeschaffung wird immer schwieriger. Daher wird ein Angebot zum Austausch der Sicherheitsbeleuchtungsanlage erarbeitet.

Dieser **Austausch** [*replacement*] gegen eine moderne Sicherheitsbeleuchtungsanlage bietet bezüglich der Instandhaltung folgende Vorteile:

- Automatischer, wöchentlicher Funktionstest
- Erkennung einzelner defekter Leuchten
- Verwendung moderner Leuchtmittel (Leuchtstofflampen, LEDs)
  - Geringerer Energieverbrauch
    ⇒ Kleinere, kostengünstigere Batterie
  - Längere Lebensdauer
- **Fernwartung** [*teleservice*] der Anlage
  ⇒ Geringere Servicekosten

Austausch

Der Austausch erfolgt in mehreren Schritten:

1. Bauliche Veränderungen (z. B. separater F30-gekapselter Raum)
2. Demontage und Entsorgung des alten Zentralbatteriegerätes und der alten Leuchten
3. Montage, Anschluss, Adressierung neuer Leuchten
4. Aufstellung, Anschluss und Inbetriebnahme des neuen Zentralbatteriegerätes
5. Inbetriebnahme von Kommunikationsdiensten (z. B. Fernwartung)

1. Bauliche Veränderungen

Da die Anlage bei der Modernisierung ausgetauscht wird, muss sie auch alle zur Zeit geltenden Anforderungen erfüllen. Diese betreffen z. B. die Anlagenfunktionen, bauliche Maßnahmen und Installationstechnik.

Die vorhandene Installation ist demnach zu prüfen und bei Bedarf nachzubessern.

Dies betrifft besonders den

- separaten F30-gekapselten Raum für die Sicherheitsbeleuchtungsanlage und die
- Kabelverlegung im Funktionserhalt

2. Demontage und Entsorgung

Vor der Demontage ist die Anlage vollständig außer Betrieb zu nehmen. Nach der Demontage sind alle alten Komponenten sachgerecht zu entsorgen. Für Elektroartikel gibt es besondere Anforderungen an die Entsorgung (z.B. Leuchtmittel, Batterien usw.).

3. Leuchten montieren

Für den Anschluss der neuen Leuchten können die bestehenden Leitungen verwendet werden, wenn sie nach heutigen Anforderungen korrekt ausgewählt und installiert sind. Bei Montage und Anschluss sind die herstellerspezifischen Angaben zu beachten. Um die Leuchten später erkennen und zuordnen zu können, muss an jeder Leuchte eine Adresse eingestellt werden (Abb. 1 ①). Eine Adresse kann in jedem Stromkreis nur einmal vergeben werden.

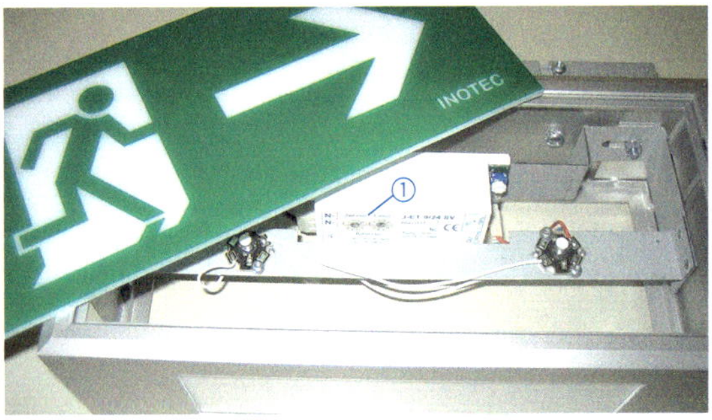

1: Rettungszeichenleuchte mit Adresswahl am Vorschaltgerät

4. Zentralbatteriegerät installieren

Nach Einführung und Anschluss aller Leitungen wird die neue Anlage (Abb. 2) in Betrieb genommen. Hierbei sind die Hinweise der **Bedienungsanleitung** [*instruction manual*] genau zu beachten. Lieferanten von Notlichtsystemen bieten auch an, die Inbetriebnahme nach fertiggestellter Installation durchzuführen.

Über das Bedienfeld ② können die Einstellungen der Anlage vorgenommen werden.

2: Neue Sicherheitsbeleuchtungsanlage

Mögliche Anzeige-/Bedienfunktionen sind:

- Statusmeldungen von Stromkreisen, Leuchten und Zentralbatterieanlage im Klartext ablesen
- Anlage und Leuchten parametrieren
- Funktionstest starten und überwachen
- Isolationstest durchführen
- Störungsliste auf PC laden oder drucken

Die neuen Batterien ③ befinden sich hier im gleichen Schaltschrank und werden temperaturüberwacht geladen. Diese **wartungsarmen** [*minimum-maintenance*] Batterien sind komplett **verschlossen**, sodass ein Entweichen des Elektrolyts nicht möglich ist. Somit entfällt auch das Nachfüllen bei Wartungsarbeiten.

5. Kommunikationsdienste in Betrieb nehmen

Im Schaltschrank der Zentralbatterieanlage befindet sich ein Kommunikationsmodul ④ (Abb. 3). Dieses verbindet die Zentralbatterieanlage mit dem firmeninternen Netzwerk. Zum Anschluss sind lediglich eine Netzwerkdose und ein Patchkabel erforderlich.

Im Netzwerk muss für die Zentralbatterieanlage eine Netzwerkadresse (IP-Adresse) reserviert werden. Diese einmalige Netzwerkadresse wird im Steuergerät der Anlage eingegeben.

3: Kommunikationsmodul

Eine Anlagenfernüberwachung ist jetzt möglich, indem die IP-Adresse in einen beliebigen Internetbrowser eingegeben wird. Nach Abfrage von **Benutzername** [*username*] und **Passwort** [*password*] wird der Status der Notlichtanlage angezeigt (Abb. 4). Es gibt dann z. B. die folgenden Bedienmöglichkeiten:

- Gerät blockieren/freigeben
- Funktionstest starten
- Reset auslösen

Neben den Bedienmöglichkeiten gibt es zahlreiche Informationen, die so an jedem PC mit Netzwerkzugang angezeigt werden können:

- Anlagenstatus (Betrieb, blockiert, Störung)
- Batteriespannung, Batterie(ent)ladestrom
- Dauer des letzten Batterietests
- Status der einzelnen Stromkreise (Abb. 4 ⑤) und Leuchten (Abb. 5 ⑥)

Wird auf einen der Stromkreise geklickt, erscheint ein separates Fenster, in dem der Status jeder einzelnen Leuchte angezeigt wird (Abb. 5). Ein weiterer Klick auf die einzelne Leuchte zeigt Details an. Dies sind z. B. Montageort oder Leuchtmitteltyp.

Hat eine Leuchte den letzten Funktionstest nicht bestanden, färbt sich die betroffene Leuchte bzw. das betroffene Stromkreismodul rot.

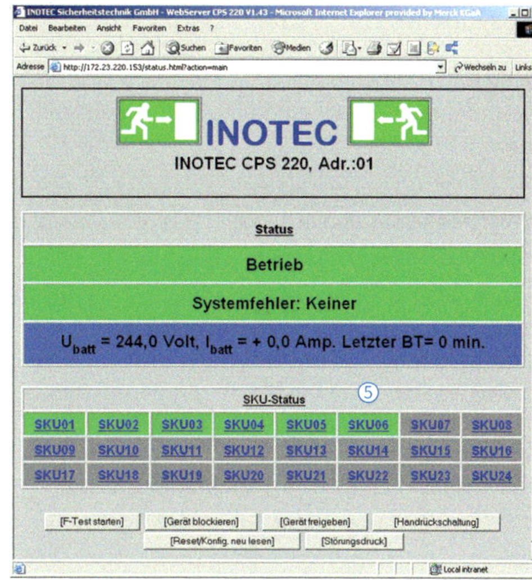

4: Fernanzeige des Anlagenstatus

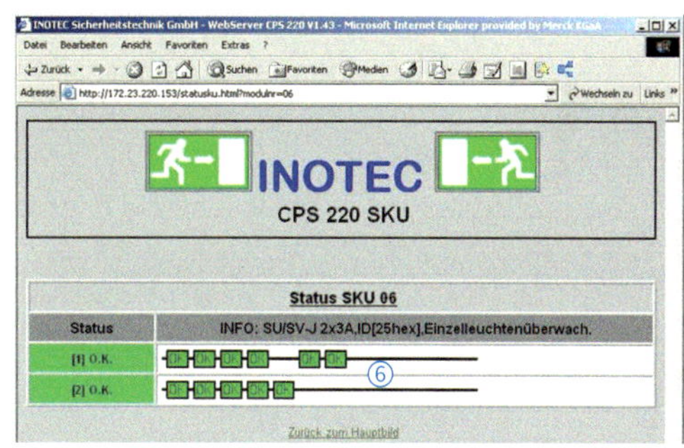

5: Fernabfrage des Leuchtenstatus

Aufgaben

1. Eine Batterie (Bemessungs-Lebensdauer acht Jahre) wird bei 25 °C betrieben. Wann ist mit einem Ausfall zu rechnen?
2. Welche baulichen Anforderungen müssen bei Erneuerung einer Sicherheitsbeleuchtungsanlage überprüft werden?
3. Nennen Sie drei Vorteile für die Instandhaltung einer fernüberwachten Notlichtanlage gegenüber der bisherigen Technik.

- Um den betriebswirtschaftlichen Nutzen zu erhöhen, muss einer Maßnahme (Investition) die langfristige Einsparung gegenüberstehen.
- Batterieanlagen erreichen ihre spezifizierte Lebensdauer nur bei konstanter Temperatur (20 °C).
- Eine funktionsfähige Sicherheitsbeleuchtungsanlage kann nur durch Besichtigen aller Leuchten oder automatische Selbsttests moderner Anlagen nachgewiesen werden.

Was ist ein Projekt?

Es ist
- **einmalig** und
- zeitlich (Anfang und Ende), finanziell und personell **begrenzt**.

Es hat
- einen **Auftraggeber** und
- eine **Zielvorgabe**.

Es
- lässt sich gegenüber anderen Aufgaben bzw. Vorhaben **abgrenzen**,
- unterscheidet sich von üblichen Routineaufgaben,
- wird in der Regel für **komplexe Problemlösungen** verwendet und
- bedarf während des Ablaufs **projektspezifischer Organisationsformen** und **Organisationsstrukturen**.

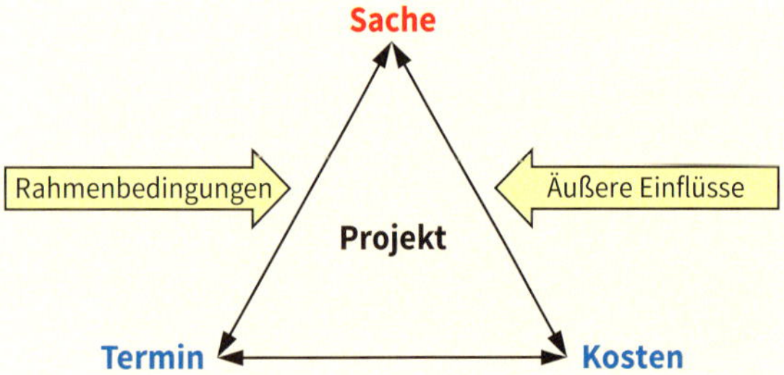

Welche Fragen sollten bei der Planung beantwortet werden?

- **Was** muss getan werden, um das Projektziel zu erreichen?
- **Wann** müssen die Aufgaben erledigt werden?
- **Wie** groß ist der Aufwand an Ressourcen?
- **Wer** erledigt **welche** Aufgaben?
- **Wo** können bei der Durchführung Risiken auftreten?
- **Womit** ...

Beispiel für einen Projektplan (Auszug)

Merkmale:
- Detaillierte Auflistung der Teilaufgaben mit Anfang, Abschluss und Dauer.
- Die benötigte Zeit wird beispielsweise durch Balken (hier blau) visualisiert.

Welche Projektphasen gibt es?

1 Analysieren, entscheiden und planen

- Absprache mit dem Auftraggeber
- Prüfen auf Wirtschaftlichkeit und Machbarkeit
- Festlegen der Vorgehensweise

⇨ Das Ziel und der Weg werden festgelegt.

2 Realisieren, bearbeiten

- Ziele werden schrittweise umgesetzt.
- Projektleiter steuert, koordiniert und kontrolliert

⇨ Projekt wird durchgeführt, Ziel wird erreicht.

3 Beenden und auswerten

- Das Ergebnis wird überprüft (Soll-Ist-Vergleich), dokumentiert und abgenommen.
- Erworbenes Wissen wird gefestigt.

⇨ Bewertung des Projektergebnisses

	Aufgabe	Anfang	Abschluss	Dauer	Februar 2016										
					14	15	16	17	18	19	20	21	22	23	24
1	Baustelleneinrichtung	14.02.2016	14.02.2016	4 h											
2	Überprüfung des Netzes	14.02.2016	15.02.2016	1 d 4 h											
3	Materialanlieferung	15.02.2016	16.02.2016	2 d											
4	Montage des Verteilers	19.02.2016	19.02.2016	1 d											
5	Installation der Leitungen	19.02.2016	23.02.2016	5 d											
6	...														

Was versteht man unter Projektmanagement?
Es ist die Gesamtheit von
Führungs-
aufgaben,
organisationen,
techniken und
mitteln
für die Abwicklung eines Projekts.

Hauptaufgaben

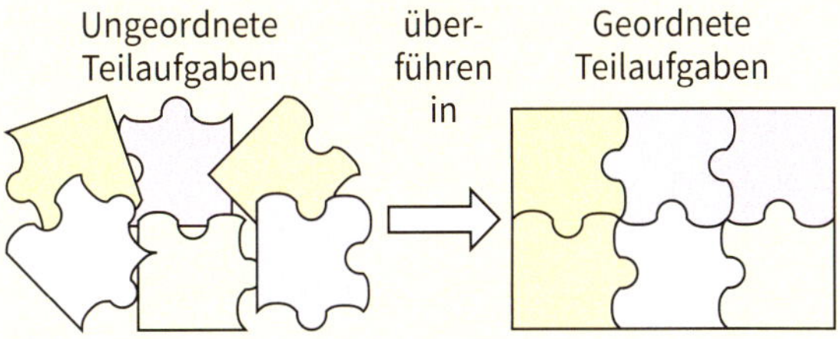

- Projektablauf strukturieren, transparent und jederzeit nachvollziehbar gestalten
- Risiken abschätzen
- Steuernd eingreifen
- Qualitätsstandards überwachen
- Projektteams optimal einsetzen
- Konflikte in den Projetteams lösen
- Ständig Ist-Zustand mit Soll-Zustand vergleichen

Aufgaben in einzelnen Projektphasen

- Aufnehmen der Projektanforderungen
- Analyse des Ist-Zustandes
- Auswerten der Daten

- Festlegen der Umsetzungsstrategie
- Planen der Termine
- Begleiten der Projektdurchführung
- Unterstützen bei Problemen und Fehlern

- Erstellen der Dokumentation
- Übergabe des Projektergebnisses

Projektstruktur (Beispiel)

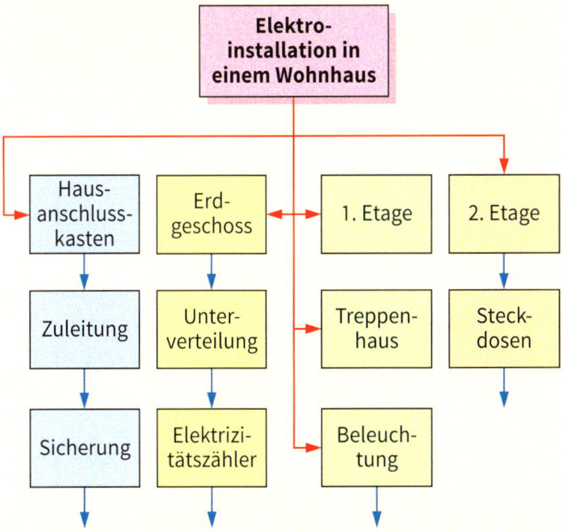

Phasenmodell für Projekte
(Wasserfallmodell)

Das Projekt wird in zeitlichen Stufen nacheinander bis zum Ende bearbeitet.

Wenn es innerhalb eines Projektes zu Problemen kommt, muss die Planung verändert werden (Rückführung, revolvierender Ablauf).

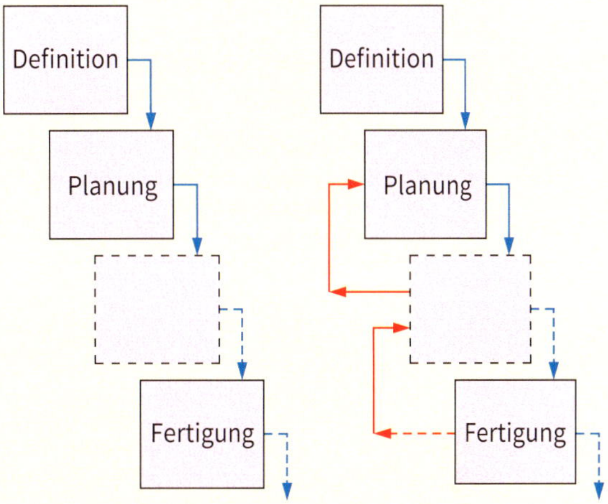

Software-Hilfen für das Projektmanagement
Software zur/zum

- **Strukturplanung**
  - Netzpläne
  - Balkenpläne
  - Ablaufpläne
  - …
- **Ressourcenverwaltung**
  - Mitarbeiter, Maschinen, Räume
  - Zuordnung der Aufgaben
  - Erfassung des Projektfortschritts
  - …
- **Controlling**
  - Überwachung der Mittel (Buchhaltung)
  - vorausschauende Kostenplanung
  - …
- **Qualitätssicherung**
  - Qualitätsstandard
  - Kontrolle und Überwachung
  - …
- **Risikoanalyse**
  - Soll-Ist-Vergleich
  - Problemfelder
  - …
- **Dokumentation und Präsentation**
  - Textverarbeitung
  - Tabellenkalkulation
  - Grafik
  - …
- **Telekommunikation**
  - E-Mail
  - Datenfernübertragung
  - …

Welchen Sinn hat mein Arbeitsplan?

- Gibt einen guten Überblick über die zu erledigenden Aufgaben
- Bevorstehende Aufgaben und die erforderliche Zeit werden festgehalten
- Ermöglicht effektives Einteilen der zur Verfügung stehenden Zeit
- Planungsgrundlage: „Vom Groben zum Feinen planen!"

Dinge, die ich bei der Planung beachte!

Tagesplan verwenden	– Vorhaben nicht nur langfristig planen, sondern abends einen Arbeitsplan für den nächsten Tag aufstellen.
Arbeitsunterbrechungen vermeiden	– Arbeit delegieren – „Nein" sagen – Besprechungen gut vorbereiten – Klare Ziele festlegen
Ziele und Aufgaben definieren	– Was möchte ich erreichen? – Was möchte ich vermeiden? – Zeitbedarf abschätzen – Keine Zeit mit Nebensächlichkeiten vertrödeln.
Schriftlich planen	– Der Arbeitsplan zeigt auf einen Blick, was wann erledigt werden muss.
Persönliche Leistungskurve beachten	– Den Tag so planen, dass die wichtigen Aufgaben in den effektiven Tageszeiten erledigt werden, z. B. zwischen 8.00 und 12.00 Uhr.
Prioritäten setzen	– Nach Bedeutung und Dringlichkeit planen – Entscheiden, was zuerst erledigt werden muss. – Was kann warten? – Was kann delegiert werden?
Pufferzeiten einplanen	– Unverplante Zeitreserven über den Tag verteilen – Reserven für unvorhergesehene Aufgaben schaffen
Positiv denken	– Arbeitstag positiv beginnen – Sich selbst motivieren – Arbeitstag positiv beenden
Konsequent bleiben und die Zeit nutzen	– Regeln konsequent einhalten – Effektiv, erfolgreich und stressfrei arbeiten „Stress macht krank"

Planungsprinzipien

- **Wichtigkeits-Dringlichkeits-Prinzip**
  Aufgaben den verschiedenen Kategorien (z. B. A2) zuordnen.

Wichtigkeit ↑

A2 Aufgabe beenden	**A1** Aufgabe sofort erledigen
C unwichtige Aufgabe	**B** Aufgabe delegieren

Dringlichkeit →

A1-Aufgaben: Aufgaben sofort und selbst erledigen
A2-Aufgaben: Aufgaben unbedingt beenden
B-Aufgaben: Aufgaben delegieren
C-Aufgaben: unwichtige Aufgaben

- **Sofort-Prinzip**
  Aufgaben nicht unnötig hinauszögern, da sie sonst mehr Zeit verschlingen als alles andere!

Alle Aufgaben, die weniger als 5 Minuten beanspruchen, sofort bearbeiten.

Aufgaben, die nicht sofort erledigt werden, sollten jedoch einen Bearbeitungs-/Fertigstellungstermin bekommen.

Beispiel für einen Zeit- und Arbeitsplan

Tätigkeit	Priorität	Zeit	Bemerkung
Baubegehung mit Herrn und Frau Klein	1	2 h	Pläne mitnehmen
Gespräch mit Herrn Berger	2	1 h	Lieferkonditionen
Angebot für Frau Schneider erstellen	1	1 h	per E-Mail verschicken
Tagesbestellungen erledigen	1	0,5 h	nach Absprache mit Herrn Bernd
Zeitpuffer		1 h	

1: hoch 2: mittel 3: niedrig

Anlass einer Kostenkalkulation

Angebotserstellung
Soll ein Angebot erstellt werden, müssen die hierfür entstehenden Kosten vorher kalkuliert werden. Nur so kann ein konkurrenzfähiges Angebot und ein gewinnbringender Auftrag erzielt werden.

Nachkalkulation
Nach Abschluss eines Auftrages werden stichprobenartig Nachkalkulationen durchgeführt. Es wird überprüft, ob angenommene Größen mit den tatsächlichen Werten übereinstimmt oder für künftige Angebotskalkulationen korrigiert werden müssen.

Welche Kostenbestandteile werden unterschieden?

Einzelkosten können dem Auftrag direkt zugeordnet werden. Dies sind z. B. Kosten für Material, welches auf der Baustelle benötigt wird.

Gemeinkosten können einem einzelnen Auftrag nicht direkt zugeordnet werden. Kosten für eine Werbeanzeige oder Buchhaltungsdienste lassen sich nicht einem einzelnen Auftrag zuordnen.

Verwaltungs- und Vertriebskosten sind immer Gemeinkosten, die auf die Summe aus Material- und Personalkosten (Herstellkosten) umgeschlagen werden.

Materialkosten fallen für alle Materialien an, die für die Auftragsausführung anfallen.

- Einzelkosten ergeben sich aus den Mengen und Einkaufspreisen
- Gemeinkostenzuschläge sind für Lagerung, Transport, Bestellwesen, …

Personalkosten werden für die eigentliche Auftragsausführung kalkuliert (Montage-, Wartungspersonal, …)

- Einzelkosten sind die Löhne
- Gemeinkosten sind z. B. Sozialversicherungen, Lohnfortzahlung bei Krankheit, …

Beispiel: Zuschlagskalkulation

		7.500,00 €	Materialeinzelkosten	①
	+	375,00 €	Materialgemeinkostenzuschlag (5 %)	③
	=	7.875,00 €	Materialkosten	
		80.000,00 €	Personaleinzelkosten	②
	+	5.600,00 €	Personalgemeinkosten (7 %)	④
	=	85.600,00 €	Personalkosten	
		2.400,00 €	Produktionssonderkosten	⑤
①+②+③				
④+⑤	=	95.875,00 €	Herstellkosten des Betriebs	⑥
	+	3.835,00 €	Verwaltung und Vertrieb (4 %)	⑦
	=	99.710,00 €	Selbstkosten	
	+	7.976,80 €	Zuschlag für Wagnis und Gewinn (8 %)	⑧
	=	107.686,80 €	Nettopreis des Angebots	
	+	20.460,49 €	Umsatzsteuer (19 %)	⑨
	=	128.147,29 €	Bruttopreis des Angebots	

Wie werden Gemeinkosten ermittelt?

Gemeinkosten können nicht wie Einzelkosten auftragsbezogen kalkuliert werden. Die Ermittlung erfolgt in mehreren Schritten.

1. Gemeinkosten auf Kostenträger verteilen

In einem typischen Arbeitsmonat werden alle Gemeinkosten ermittelt. Sie werden je nach Verwendung bestimmten Aufgaben (Kostenträger) zugeordnet. Diese Kostenträger sind z. B.

- Materialbeschaffung
- Verwaltung
- Vertrieb

Diese Registrierung und Aufteilung der Kosten geschieht z. B. mit einem Betriebs-Abrechnungsbogen (BAB). Als Ergebnis stehen die Gemeinkosten je Kostenträger.

2. Gemeinkosten auf Leistung beziehen

Die Gemeinkosten je Kostenträger werden auf die betriebliche Leistung bezogen. Dies sind z. B. die Materialkosten, Umsatz, Personaleinsatzkosten. Das Ergebnis sind die **Gemeinkosten-Zuschlagsätze**.

Beispiel:
Materialkosten/Monat = 4,16 Mio. EUR
Materialgemeinkosten/Monat = 208.000 EUR (s. BAB)
Zuschlagsatz = $208 \cdot 10^3$ EUR/$4{,}16 \cdot 10^6$ EUR = 5 %

3. Gemeinkostenkalkulation für Angebotserstellung

Für jede Angebotskalkulation werden die ermittelten Zuschlagsätze verwendet. So erhält jede Kalkulation einen Teil der betriebsinternen Gemeinkosten.

Wie wird kalkuliert?

1. Einzelkosten feststellen ① ②
2. Gemeinkostenzuschläge errechnen ③ ④
3. Produktionssonderkosten feststellen (z. B. verschleißanfälliges Werkzeug, welches speziell für diesen Auftrag benötigt wird) ⑤
4. **Herstellkosten** addieren ⑥
5. Zuschlag für Verwaltung und Vertrieb addieren (**Selbstkosten**). ⑦
6. Zuschlag für Wagnis und Gewinn (Risiko) addieren. Der Nettopreis wird vom Unternehmer festgelegt. ⑧
7. Je nach Art der Leistung muss der gültige Umsatzsteuersatz berücksichtigt werden (Bruttopreis). ⑨

Für die Beschaffung von Material für Montageaufträge oder Ersatzteile gibt es verschiedene Möglichkeiten.

Je nach erforderlicher Lieferzeit und Häufigkeit der Ersatzteilanforderung werden Ersatzteile in einem firmeneigenen Lager gehalten oder individuell und auftragsbezogen bestellt.

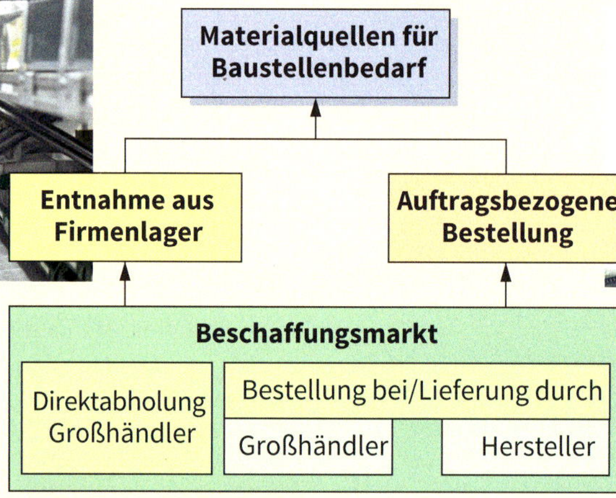

Das Unternehmen ist bestrebt, den Wert der gelagerten Ware möglichst gering zu halten. Für die eingelagerte und schon bezahlte Ware muss der Firmeninhaber entweder selbst oder über Kredite Geld bereitstellen.

Firmeneigene Lager

Vorteil:
- Ersatzteile schnell verfügbar

Nachteile:
- Kapitalbindung
- Platzbedarf
- aufwändige Lagerorganisation

Das Material wird entweder direkt vom Hersteller oder von einem Großhändler bezogen. Um günstige Einkaufspreise zu erzielen, wird häufig die Exklusivbeschaffung über einen Großhändler vereinbart.

Auftragsbezogene Materialbeschaffung

Vorteile:
- geringe Kapitalbindung
- kein Aufwand für Lagerorganisation
- Platzbedarf nur für Anlieferung

Nachteile:
- Lieferzeit
- bei eiligen Artikeln höhere Preise

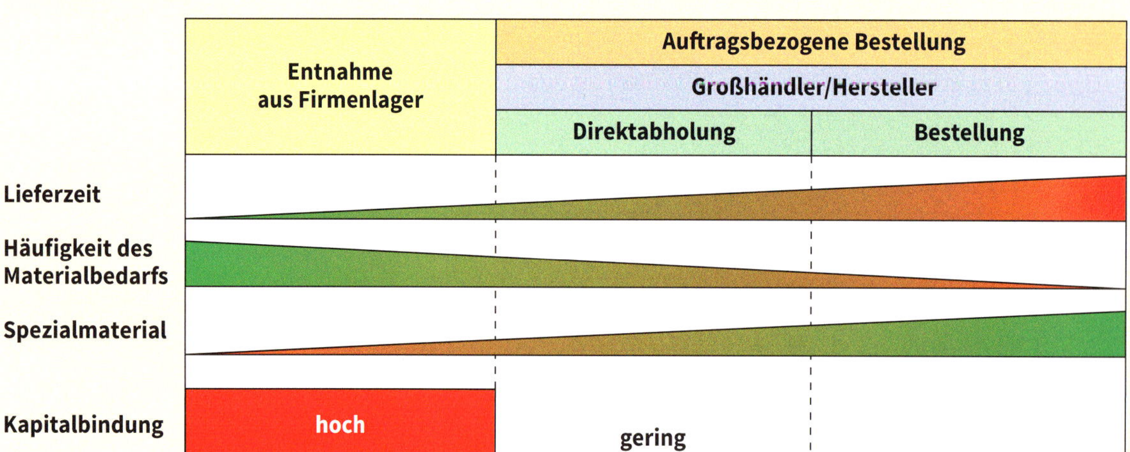

Wie empfange ich Nachrichten?

Kommunikationsbeispiel

Der Meister sagt zum Auszubildenden bevor dieser mit dem Gesellen zur Montage einer Satellitenantenne losfährt: *„Aber auf dem Dach anschnallen!"*

Meister sendet ⇨ Auszubildender empfängt

Je nach Vorerfahrungen mit dem Auszubildenden, den vorherrschenden Stimmungen usw. kann diese Nachricht auf verschiedene Weise vom Auszubildenden aufgenommen (decodiert) werden:

Als

- **Sachinformation**
  (Erinnerung an die Gefährlichkeit)
- **Appell**
  (Aufforderung, dass auf jeden Fall Sicherheitsmaßnahmen einzuhalten sind)
- **Selbstoffenbarung**
  (Ausdruck von Sorge und Angst, damit nichts passiert; der Meister teilt dabei etwas über sich selbst mit)
- **Beziehungsbotschaft**
  (Verantwortung und Fürsorgepflicht; der Meister fühlt sich für meine Gesundheit verantwortlich)

Vier-Ohren-Modell

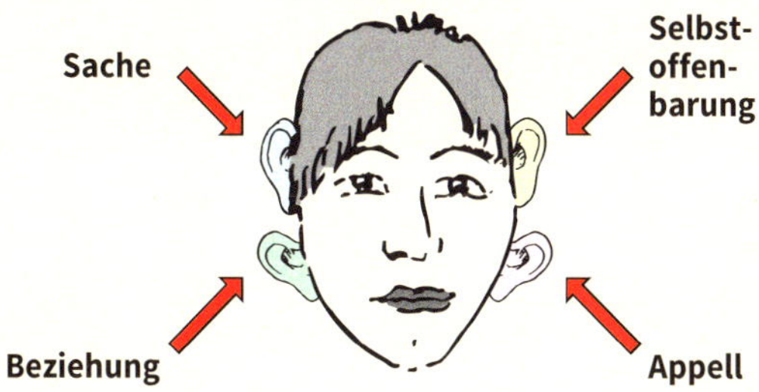

Ergebnis:
Je nach Absicht des Senders können die verschiedenen Aspekte unterschiedlich stark in Erscheinung treten (codiert sein) bzw. wahrgenommen werden (Schulz v. Thun).

Ich beachte Gesprächsregeln

- Zuerst überlegen, dann Sprechen
- Beim Thema bleiben, nicht abschweifen
- Richtig nachfragen
- Antworten genau und präzise formulieren
- Fehler zugeben
- Keine Killerphrasen verwenden (z. B. „Das wird nicht funktionieren, … das haben wir schon immer so gemacht, …)
- Ich-Botschaften einfügen (z. B. „Ich habe das noch nicht verstanden, …)
- Das „Verstandene" überprüfen (z. B. „Habe ich Sie richtig verstanden, dass …)
- Offenheit zeigen
- Anstand wahren
- Positive Ausdrücke verwenden
- Ärger nicht zeigen, unterdrücken (evtl. als Ich-Botschaft ausdrücken: „Ich ärgere mich über …")

Ich atme ruhig und mache Pausen zwischen den Sätzen.

Ich spreche laut, deutlich und betone wichtige Aspekte.

Mein Sprechtempo ist der Situation angemessen.

Meine Körperhaltung ist aufrecht locker und entspannt.

Ich benutze in geeigneter Weise meinen Körper zur Unterstützung der Sprache (**Körpersprache**).

So nicht:

Kommunikationsmodell

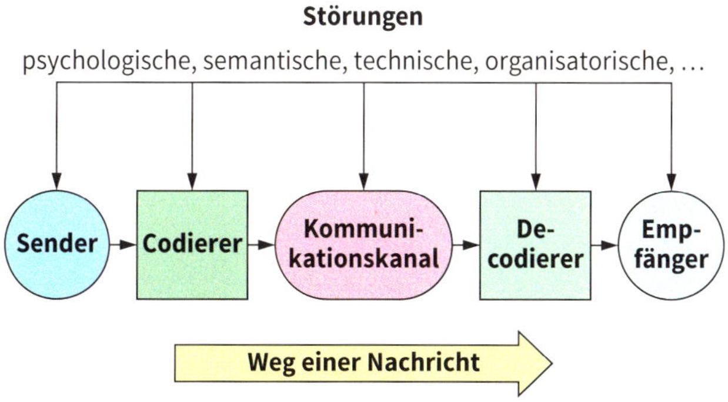

- Die Nachricht geht vom **Sender** aus und ist codiert.
- Auf dem Weg zum **Empfänger** können „Störungen" die Nachricht verändern.
- Die Nachricht enthält sprachliche und nichtsprachliche (nonverbale) Anteile.
- Der Empfänger **decodiert** die Nachricht entsprechend seiner Wahrnehmung (mit seinem eigenen „Vorrat" an Decodiermöglichkeiten).
- Eine ungestörte Kommunikation kann nur dann stattfinden, wenn Sender und Empfänger den angewendeten Code aufeinander abstimmen.

Sie wird angewendet,

um Themen, Aufgaben, Probleme, Projekte, … in einer hierarchiefreien Atmosphäre selbst organisiert, gemeinsam und zielgerichtet zu bearbeiten.

Das Ziel ist

eine möglichst vielfältige, breite und effektive Beteiligung der Gruppenmitglieder unter Berücksichtigung ihrer Bedürfnisse und Interessen.

Welche **Aufgaben** haben Moderatorinnen und Moderatoren?

Strukturieren durch
- Themen akzentuieren
- Medien einsetzen
- Zeiten festlegen
- Vorgehen festhalten
- …

Ergebnisse sichern durch
- Ideen sammeln
- Lösungen festhalten
- Maßnahmen ergreifen
- Beschlüsse festhalten
- …

Konsens herbeiführen durch
- Vorschläge unterbreiten
- Meinungen hervorrufen
- Kritik verdeutlichen
- Differenzen aufzeigen
- Widerstände benennen
- …

Teilnehmer/innen beteiligen durch
- Ziele festlegen
- Arbeitsklima optimieren
- mitbestimmen lassen
- Mitarbeit
- Motivation
- …

Welche Hilfsmittel werden verwendet?
Pinwand, Papier (ca. 125 x 150 cm), Filzstifte, Karten

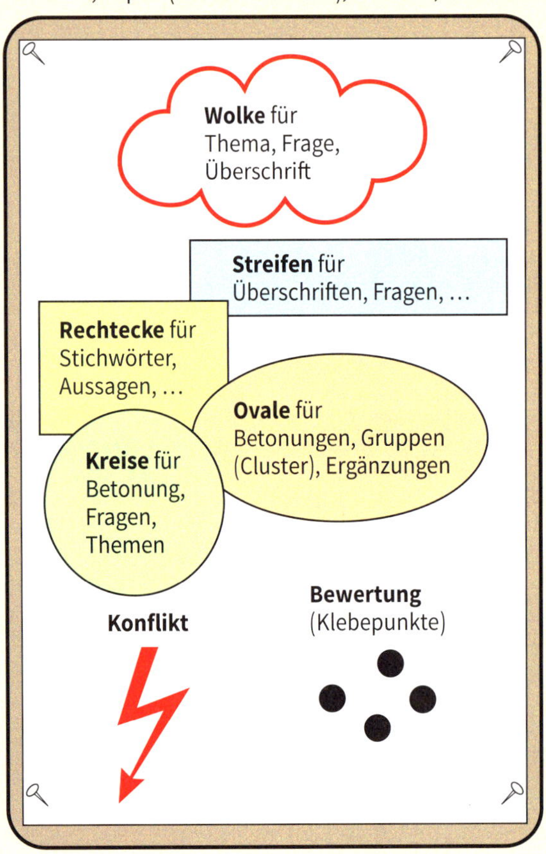

Regeln: Große Schrift, wenig Text, Farbe als Bedeutungsträger

Wie läuft eine Moderation ab?

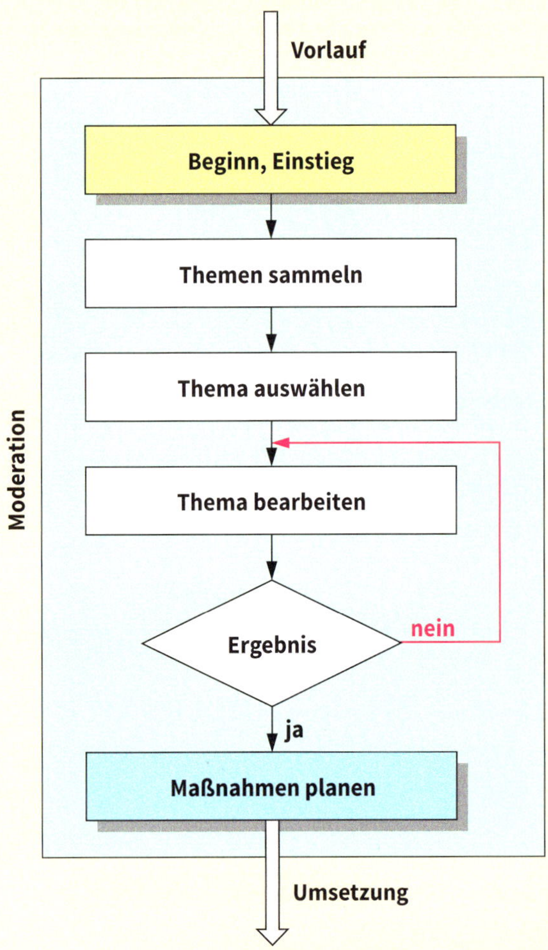

Der Konflikt ist ein „Eisberg"

- Ein Zusammenleben ohne Konflikte gibt es nicht.
- Der sichtbare Konflikt ϟ entspricht nur der Spitze eines Eisberges.
- Unter der Oberfläche befinden sich zahlreiche Gründe für den Konflikt.
- Fragen zum Konflikt:
  - Wer?
  - Was?
  - Wann?

Wie reagieren Menschen auf Konflikte?

• Flucht

Man geht „aus der Schusslinie", man will „nichts wie weg", Konflikt wird verdrängt.

Vorteil:
Man entzieht sich rasch der Konfliktsituation.

Nachteil:
Der Konflikt wird nicht gelöst, er „schwelt" weiter.

• Anpassung, Unterordnung

Man verhält sich unterwürfig, akzeptiert unwidersprochen alle Anweisungen, es finden keine Lösungsgespräche statt.

Nachteil:
Konflikt wird nicht gelöst und es besteht auch nicht die Absicht einer Lösung.

• Kampf, Vernichtung

Der Gegner wird auf verschiedenste Weise geschädigt (z. B. Entlassung, Verleumdung).

Nachteil:
Die Konfliktlösung erfolgt auf Kosten des Anderen, es gibt Sieger und Verlierer, es entstehen Aggressionen, „Vernichtungskämpfe" usw.

• Verlagerung auf die „Dritte Instanz"

Es bestehen grundsätzlich zwei Lösungsmöglichkeiten:
- Lösung durch Rechtsprechung
- Lösung durch professionelle Konfliktberatung

Vorteil:
Der Konflikt wird formal gelöst. Wenn die Konfliktparteien einsichtig sind, ist der Konflikt gelöst.

• Kompromiss

Eine Einigung in bestimmten Teilbereichen wird erzielt.

Nachteil:
Nicht alle Konfliktpunkte werden ausgeräumt.

• Konsens

Die Konfliktparteien erzielen nach einer Konfliktanalyse gemeinsam eine Lösung. Oft machen beide Seiten Zugeständnisse. Der Konsens erfordert Verständnis, Kommunikations- und Innovationsbereitschaft.

Vorteil:
Das Lösungsergebnis ist besonders stabil.

Wie vermeide ich Konflikte?

Selbstverantwortung	Selbstbestimmung
Bewusst handeln	Positiv denken
Distanz und Gelassenheit zeigen	Freude an Erfolgserlebnissen entwickeln
Sich entspannen	Stress vermeiden

Wie löse ich Konflikte?
(Konstruktive, kooperative Konfliktlösung)

1. Analyse
- Die Konfliktparteien analysieren gründlich und gemeinsam in gegenseitiger Achtung die Konfliktsituation.
- Bei der Analyse wird unterschieden zwischen Wahrnehmung, Interpretation und Realität.
- Geachtet wird dabei auf körperliche, geistige und seelische Stabilität der Parteien.
- Ein tiefer gehendes Verständnis über die Konfliktsituation ist Voraussetzung für eine Lösung.

2. Präzisierung
- Vorstellungen werden ohne Bewertung durch die gegnerische Partei artikuliert.
- Ziele und Probleme werden in einer offenen Gesprächsatmosphäre benannt.

3. Lösung
- Im Dialog wird gemeinsam nach Lösungen gesucht.
- Es geht darum, andere zu verstehen und sich selbst verständlich zu machen.
- Mögliche Kompromisse werden benannt.

4. Vereinbarung
- Die Ziele, Wege und Änderungen werden artikuliert und festgehalten.
- Ein für beide Seiten akzeptabler Konsens wird gesucht.
- Ein „Vertrag" über die Vereinbarung wird „geschlossen".
- Ein Termin für die Überprüfung wird festgelegt.
- Es darf keinen Sieger und keinen Besiegten geben.

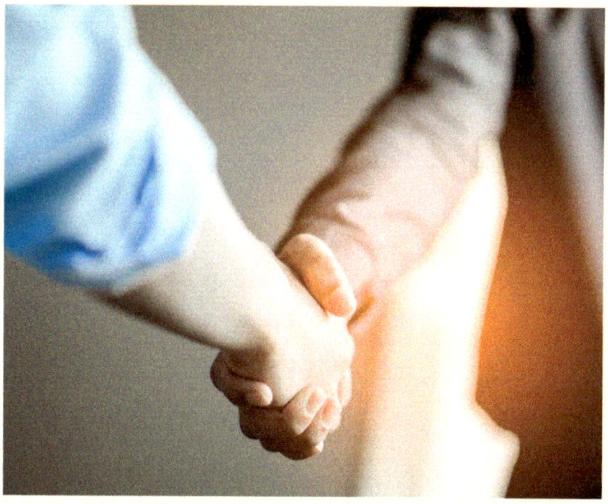

Was versteht man unter Wissensmanagement?

- Ein effektives Erschließen und Übertragen von Wissen.
- Ein bewusster, systematischer und effektiver Umgang mit Wissen.

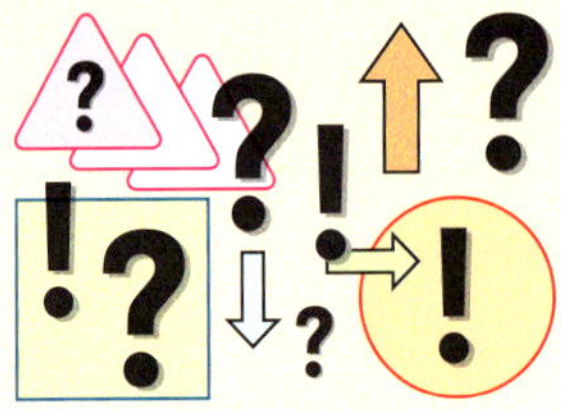

Bedeutung von Wissensmanagement für

- das **Unternehmen**: Steigerung der Wettbewerbsfähigkeit
- den **Einzelnen**: Steigerung der beruflichen Chancen

Wie entwickle ich ein eigenes Wissensmanagement?

- **Bewusst vorgehen**

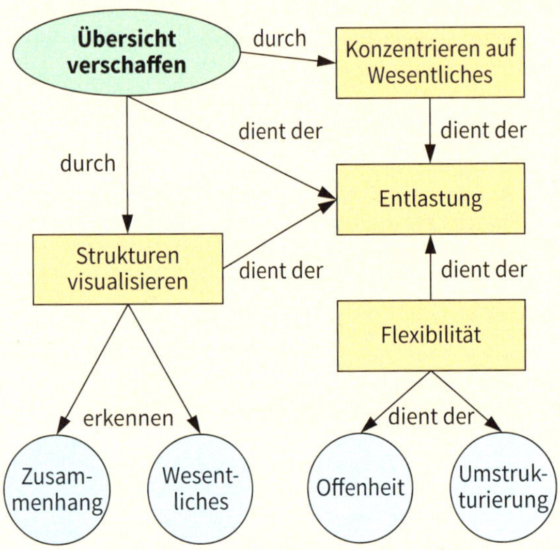

- **Leitfragen stellen**

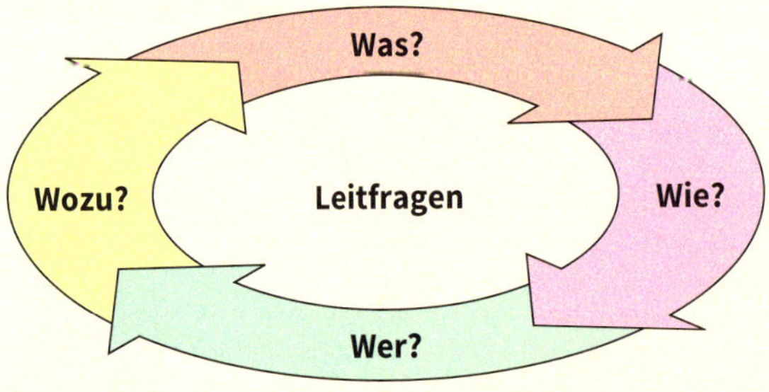

- **Zusammenhänge verstehen**

Nur was ich verstanden habe, kann ich schreiben.

Nur was ich beschreiben kann, kann ich verändern.

Wissensmanagement als Regelkreis

- Ausgegangen wird von der Zielsetzung (Soll-Wert) ①.
- Diese Ziele beeinflussen den Wissenserwerb, die Entwicklung von Wissen und die Verteilung von Wissen ②.
- Die Ergebnisse, Strategien und Prozesse müssen bewahrt (gespeichert) werden ③.
- Bei allen diesen Vorgängen kommt es zu Rückwirkungen ④.
- Ergebnisse, Strategien und Prozesse müssen ständig bewertet werden ⑤.

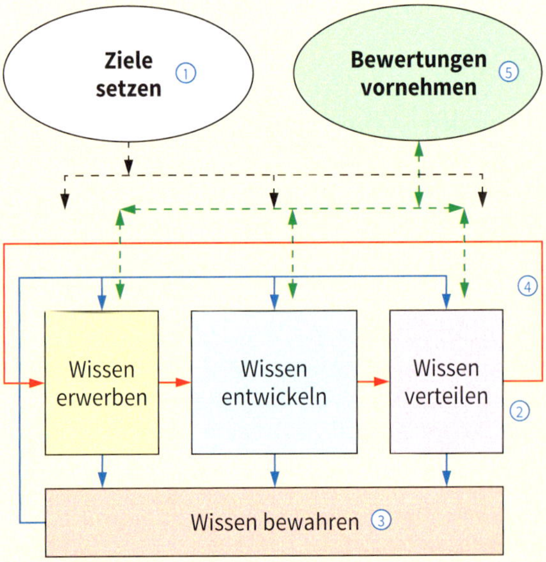

⇒ Wissensmanagement ist nicht statisch, sondern dynamisch und verändert sich ständig.

Wissen erwerbe ich durch

- Beschaffen von Informationen aus unterschiedlichen Quellen (Voraussetzung von Wissen)
- Datenbank-, Web-, Literaturrecherche
- Rückgriff auf Expertenwissen
- Kooperation

Wissen entwickle ich durch

- Entfalten noch nicht bestehender Fähigkeiten
- Kreatives Vorgehen
- Systematisches Problemlösen
- Kommunikation
- Weiterbildung

Wissen verteile ich durch

- Teilen und Mitteilen
- Veröffentlichen
- Netzwerke

Wissen bewahre ich durch

- Auswählen
- Überprüfen
- Aktualisieren
- Reorganisieren
- Speichern in effektiven Strukturen und Systemen

Ablauf

Eröffnung
- Sie dient als Aufwärm-Phase und Kontaktaufnahme.
- Diese kurze Phase ist abhängig davon, ob ich einen Neukunden oder einen bekannten Kunden vor mir habe.

„Wie geht es Ihnen …"

„Es ist schön, dass Sie wieder den Weg zu uns gefunden haben, …"

„Was kann ich für Sie tun …"

Bedarfsklärung
- Vertiefende Fragen zur Bedarfsanalyse stellen
- Blickkontakt halten
- Ich-Botschaften senden
- Zusammenfassung mit eigenen Worten (Wunsch des Kunden präzisieren) vornehmen

„Um Ihnen ein Angebot machen zu können, benötige ich noch folgende Informationen: …"

„Wenn ich jetzt zusammenfassen darf, wollen Sie …"

Präsentation
- Prospekte, Folien, Broschüren, Modelle, … in Richtung Kunden übersichtlich und in einer bestimmten Reihenfolge ausbreiten.
- Hinweise zu den Präsentationsmaterialien geben.
- Die Präsentation mit dem Kundenwunsch verbinden.
- Auf den Kunden eingehen.
- Einwände berücksichtigen
- Fragen beantworten

„Hier sehen Sie in einem Überblick …"

„Dieses ist ein Beispiel mit den von Ihnen gewünschten Möglichkeiten, …"

„Haben Sie Fragen zu …"

„Was kann ich Ihnen noch erklären?"

Angebot und Abschluss
- Zusammenfassung der Ergebnisse

„Als Ergebnis halte ich fest …"

Verabschiedung
- Dank aussprechen
- Hinweise über den weiteren Ablauf geben (Termine, Kontaktaufnahmen, Zahlungsweise, …)

„Ich freue mich, dass …"

„Ich hoffe, dass wir Ihre Wünsche erfüllen und …"

„Auf weiterhin gute Zusammenarbeit …"

Merkmale
- Zielgerichteter Ablauf
- Auf einen Vertragsabschluss hin ausgerichtet
- Dialog zwischen Verkäufer und Käufer
- Erwartungshaltung auf beiden Seiten

Verhaltensregeln und Strategien
- Positive Grundeinstellung zu sich selbst, zum Produkt, zum Unternehmen, zum Kunden
- Wichtige Begriffe und Aussagen wiederholen (einmal ist keinmal)
- Spannungsbogen in der Argumentation aufbauen
- Klare Argumentation
- Diskussionen vermeiden
- Reizwörter entsprechend dem Kunden verwenden
- Effektiver Umgang mit der Zeit
- Eindeutige Körpersprache
- Persönliche Beziehung aufbauen

Arten von Fragen
- **Offene Fragen**
  Die Antwort ist offen (Fragewörter „was, warum, wie, wann, …").
- **Geschlossene Fragen**
  Nur vorher festgelegte Antworten sind zugelassen (Alternativfragen ja oder nein, Auswahlantworten a oder b oder c). Sie sollten nur gestellt werden, wenn eine eindeutige Antwort erwartet werden kann.
- **Direkte Fragen**
  Es wird unmittelbar das erfragt, was man wissen möchte.
- **Indirekte Fragen**
  Sie eröffnen ein breites Antwortspektrum mit verschiedenen Anknüpfungspunkten.

Der Kunde ist …

- …die wichtigste Person für das Unternehmen und hat Wünsche, die erfüllt werden sollen.
- …aufmerksam, höflich und freundlich zu behandeln.
- …nicht auf uns, sondern wir sind auf ihn angewiesen.
- …kein Störfaktor im innerbetrieblichen Arbeitsablauf.
- …kein Partner zum Streiten und Überzeugen.
- …kein Außenseiter, sondern in die Geschäftsprozesse eingebunden.
- …ein menschliches Wesen mit seinen Besonderheiten (Wertvorstellungen, Gefühlen, Empfindungen, …).

Der Kunde ist Mittelpunkt einer Dreiecksbeziehung

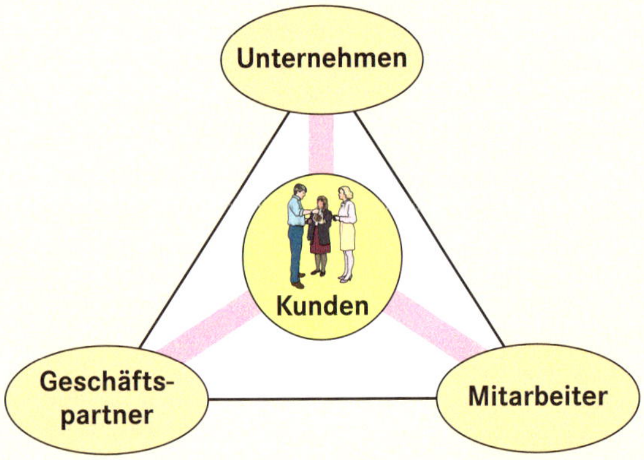

Kundenerwartungen > Leistungen	⇒	Kunden-**unzufriedenheit**
Kundenerwartungen = Leistungen	⇒	Kunden-**zufriedenheit**
Kundenerwartungen < Leistungen	⇒	Kunden-**begeisterung**

Wovon hängt die Qualität der Kundenberatung ab?

Eine erfolgreiche Kundenberatung hängt im Wesentlichen von der **Qualität der Beziehung** ab.

Sie drückt sich aus durch:

Beratungskompetenz	Umfassende Fähigkeiten und Fertigkeiten der Mitarbeiter in einem Unternehmen
Glaubwürdigkeit	Vertrauen, Ruf, Ansehen, Ehrlichkeit
Sicherheit	Materiell und finanziell, Vertraulichkeit
Kommunikationsfähigkeit	Positive Ansprache, sachlich und kundenorientiert
Reaktionen	Schnell, pünktlich, direkt; Anfragen werden umgehend bearbeitet.
Kontakt	Einfach, schnell und unkompliziert erreichbar; geringe Wartezeiten
Höflichkeit	Zuvorkommend, respektvoll, freundlich; positives äußeres Erscheinungsbild
Verlässlichkeit	Leistungen werden vollständig und rechtzeitig erbracht; Reklamationen werden zuverlässig bearbeitet.
Verständnis	Bedürfnisse werden sofort erkannt und berücksichtigt.
Erkennen	Stammkunden erfahren besondere Betreuung und Aufmerksamkeit.

Eine Kundenorientierung führt zu …

Kundenzufriedenheit ⇩	Übereinstimmung zwischen den Erwartungen und den Ergebnissen
Kundenbindung ⇩	Erklärtes Ziel aller Unternehmen
Kundenbegeisterung ⇩	Positiv-emotionale Grundeinstellung zum Unternehmen
Unternehmenserfolg	

Was beachte ich bei Texten?

- Folie in Querformat einrichten.
- Folie nicht bis zum Rand beschriften.
- Textumfang begrenzen (nicht mehr als acht Informationseinheiten).
- Etwa sechs Wörter pro Zeile verwenden.
- Schriftgröße soll aus der Entfernung gut lesbar (z. B. 20 pt) sein (im Beispiel: Überschrift 36 pt ①, Teilüberschrift 28 pt ②, Text 20 pt ③).
- Genügend großen Zeilenabstand (mindestens 1,5 pt) verwenden.
- Geringe Anzahl von Schriftgrößen (3), Schriftarten, Schriftstile (Fett ①, ②, Kursiv ③, …) und Schriftfarben verwenden.
- Gliederungen (z. B. Punkte) einfügen.
- Grafiktext ④ für besondere Hinweise spärlich einsetzen.

Wozu und wie verwende ich Zeichnungs- und Grafikobjekte?

- Zeichnungsobjekte veranschaulichen.
- Auf einer Folie wenige Formen von Zeichnungsobjekten (z. B. Kreis, Rechteck, Pfeil) einsetzen ⑤.
- Füllfarben und Rahmenfarben entsprechend ihrer Bedeutung einsetzen (z. B. ist Rot eine Signalfarbe ⑥).
- Füllfarben nur mit geringer Sättigung (blasse Farben) einsetzen, wenn sich Texte in den Zeichnungsobjekten befinden.
- Fülleffekte sparsam einsetzen (Farbverlauf ⑦, Struktur, …).
- Räumlichkeit durch 3D-Ansicht verdeutlichen ⑧.
- Räumlichkeit durch Überlappungen andeuten ⑨.
- Objekte gruppieren, um sie gemeinsam zu bearbeiten.
- Objekte automatisch ausrichten (z. B. an Führungslinie).
- Farbe von Folienhintergründen mit den Farben der Objekte abstimmen (dunkle Hintergründe bei Projektion, helle Hintergründe für den Ausdruck).
- Bilder oder ClipArts importieren und sinnvoll einfügen.

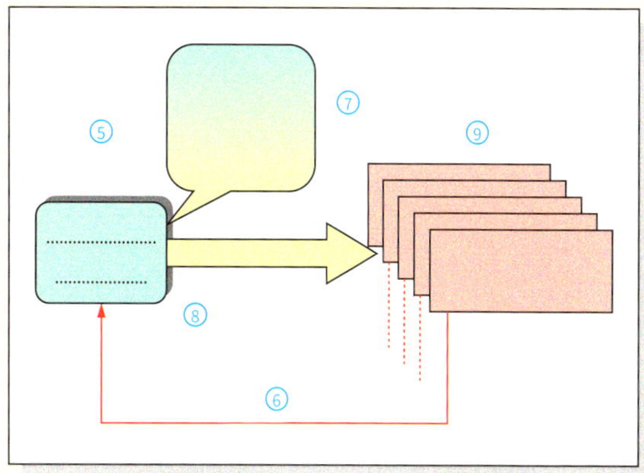

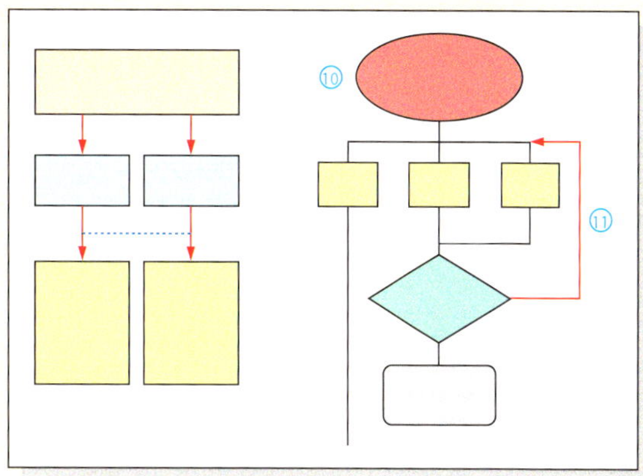

Wie stelle ich Strukturen, Abläufe und Zahlen dar?

- Sinnvolle Organigramme, Flussdiagramme und Ablaufdiagramme einsetzen ⑩.
- Diagramme selbst erstellen bzw. Vorlagen verändern.
- Strukturen, Richtungen und Abläufe durch Linien und Pfeile verdeutlichen ⑪.
- Zahlen in Tabellen durch Diagramme verdeutlichen.
- Geeignete Diagramme auswählen (Säulen- ⑫, Balken-, Linien- oder Kreisdiagramme ⑬).
- Diagramme aus Tabellenkalkulationsprogramm einfügen.

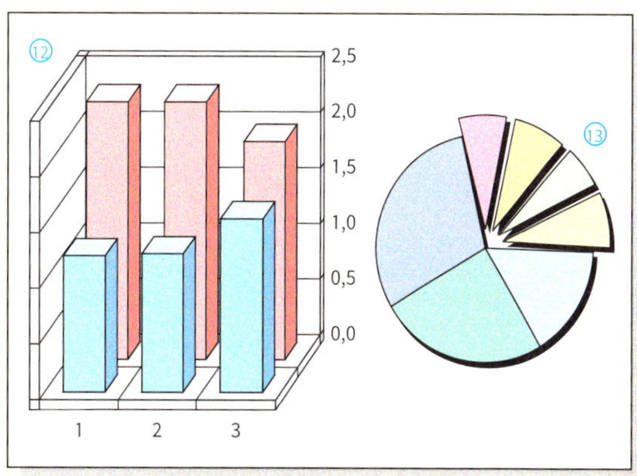

Welche Bedeutung haben die verwendeten Farben?

Verbotszeichen rot-schwarz

Verbot
Halt, Achtung

Warnzeichen gelb-schwarz

Gefahr
Vorsicht

Gebotszeichen blau-weiß

Gebot
Hinweis

Rettungszeichen grün-weiß

Erste Hilfe
Gefahrlosigkeit

Beispiele:

Welche persönliche Schutzausrüstung muss der Unternehmer bei Unfall- oder Gesundheitsgefahren zur Verfügung stellen?

Unfallverhütungsvorschrift § 4

BGFE Berufsgenossenschaft der Feinmechanik und Elektrotechnik

1. **Kopfschutz**
   (Gefahr durch pendelnde, herabfallende, umfallende, wegfliegende Gegenstände, ...; lose hängende Haare)
2. **Fußschutz**
   (Gefahr durch Einklemmen, umfallende, herabfallende, abrollende Gegenstände, ...; Hineintreten in spitze, scharfe Gegenstände, heiße Stoffe, ätzende Flüssigkeiten, ...)
3. **Augen- oder Gesichtsschutz**
   (Gefahr durch wegfliegende Teile, Verspritzen von Flüssigkeiten, gefährliche Strahlung, ...)
4. **Atemschutz**
   (Gefahr durch giftige, ätzende, reizende Gase, Dämpfe, Nebel oder Stäube, ...)
5. **Körperschutz**
   (Gefahr durch Stoffe, die Hautverletzungen verursachen können; Gefahr durch Verbrennung, Verätzung, Verbrühung, Unterkühlung, ...)

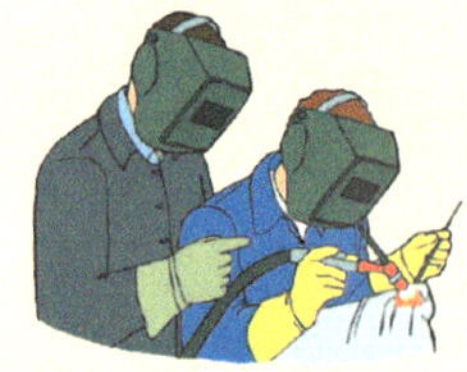

Bildquelle für alle Zeichnungen: BGFE www.bgfe.de

Welche Pflichten habe ich als Arbeitnehmer?

Damit ich mich bei der Arbeit im Elektrobereich möglichst geringen Gefährdungen aussetze, beachte ich Folgendes:

- Sicherheitstechnische Bestimmungen halte ich strikt ein.
- Vor dem Arbeitsbeginn überprüfe ich alle für die Sicherheit bedeutsamen Arbeitsmittel und Hilfsmittel.
- Die elektrotechnischen Bestimmungen werden von mir eingehalten.
- Bei der Arbeit in besonders gefährlichen Bereichen trage ich eine persönliche Schutzausrüstung.

Welche Pflichten hat der Unternehmer?

§ 2: Unfallverhütungsvorschrift DGUV Vorschrift 1 (BGV A1)

- Maßnahmen zur Verhütung von
  - Arbeitsunfällen
  - Berufskrankheiten
  - Arbeitsbedingten Gesundheitsgefahren
- Maßnahmen für eine wirksame Erste Hilfe
- Einrichtungen bereitstellen und Anordnungen treffen, die den Bestimmungen der Unfallverhütungsvorschrift und den allgemein anerkannten sicherheitstechnischen und arbeitsmedizinischen Regeln entsprechen.

Bauvorhaben

Auftraggeber erstellt ein Leistungsverzeichnis (LV)

Auftragsvergabe mit Ausschreibung nach VOB (Verdingungsordnung für Bauleistungen)

Welche Regelungen werden durch die VOB getroffen?
(Die VOB als Vertragsbestandteil ist nur komplett möglich.)

VOB Teil A	VOB Teil B	VOB Teil C
Regelt die Vergabe der Bauleistungen: • Art der Vergabe • Vergabeunterlagen • Angebotsprüfung • Vertragsart • Gewährleistung • Fristen	Regelt die Vertragsbedingungen für die Ausführung der Bauleistung: • Umfang der Leistung • Vergütung und Haftung • Kündigung/Vertragsstrafen • Abnahme	• Allgemeine technische Vertragsbedingungen (ATV) und • Spezielle Bedingungen für jedes Gewerk (z. B. Nieder- und Mittelspannungsanlagen bis 36 kV ⇒ DIN 18382)

Auftragsvergabe ohne Ausschreibung

Auftragsnehmer erstellt ein Angebot

Auftraggeber vergibt den Auftrag

Hinweis:
Bauverträge werden laut BGB (Bürgerliches Gesetzbuch) als Bauwerkverträge bezeichnet.

Was muss die ausführende Firma bei der Ausführung eines Auftrages nach VOB beachten?

- ☑ Der Auftragnehmer erstellt die Leistungen **in eigener Verantwortung**.
- ☑ Der Auftragnehmer muss **mangelhafte Leistungen** auf eigene Kosten ersetzen.
- ☑ Ist der **Arbeitsbeginn** nicht exakt vereinbart, muss der Auftragnehmer innerhalb von 12 Werktagen nach der Aufforderung beginnen.
- ☑ Um die **Ausführungsfristen** nicht zu gefährden, muss der Auftragnehmer Arbeitskräfte, Geräte und Bauteile in ausreichender Menge bereitstellen.
- ☑ Der Auftraggeber kann den Vertrag jederzeit oder aber auch in Folge einer **Fristüberschreitung** kündigen.
- ☑ Nach einer **Vertragskündigung** kann der Auftraggeber die Arbeiten zu Lasten des Auftragnehmers durch Dritte fertig stellen lassen.
- ☑ Folgende **Nebenleistungen** sind automatisch Bestandteil des Vertrages:
  - Baustelle einrichten, eigene Abfälle entsorgen
  - Unfallverhütungsvorschriften einhalten
  - Betriebsstoffe und Bauteile liefern
  - Gerüste, Kleingeräte und Werkzeuge bereitstellen
  - Stemm-, Fräs- und Bohrarbeiten durchführen
- ☑ **Abrechnung der Leistungen**:
  - Der Umfang ist aus der Zeichnung oder durch eine Messung vor Ort zu ermitteln. (Als Grundlage dienen die Maße der Anlagenteile.)
  - Kabel, Leitungen, Rohre usw. werden nach den tatsächlich verlegten Längen berechnet. Der Verschnitt wird nicht gesondert berechnet.
  - Elektrische Betriebsmittel und Bauteile werden gemessen und gesondert berechnet.

Bei der Durchführung einer Nutzereinweisung sollten folgende Punkte beachtet werden:

- Ausreichend Zeit für die Einweisung einplanen

- Kundenorientierte Sprache verwenden
- Alle Anlagenteile ausführlich besprechen

- Kunden Gelegenheit zu Rückfragen geben
- Begehung der Örtlichkeiten vorsehen

- Die Durchführung der Nutzereinweisung schriftlich bestätigen lassen (Protokoll/Checkliste)

Welcher Personenkreis wird bei der Nutzereinweisung angesprochen?

Personenkreis	Anlage
Nutzer der Wohnung (Eigentümer, Mieter), Hausmeister	Wohnhaus, Mietwohnung
Anlagenverantwortlicher, beauftragte Elektrofachkraft, Sicherheitsbeauftragter	Anlagen zur elektrischen Spannungsversorgung in Betrieben (Verteiler usw.)
Anlagenverantwortlicher, Sicherheitsbeauftragter	Sicherheitstechnische Einrichtungen
Bedienpersonal unter Aufsicht des Anlagenverantwortlichen	Frei zugängliche Einrichtungen zum Steuern, Schalten usw.

Wie ist eine Checkliste zur Nutzereinweisung aufgebaut?

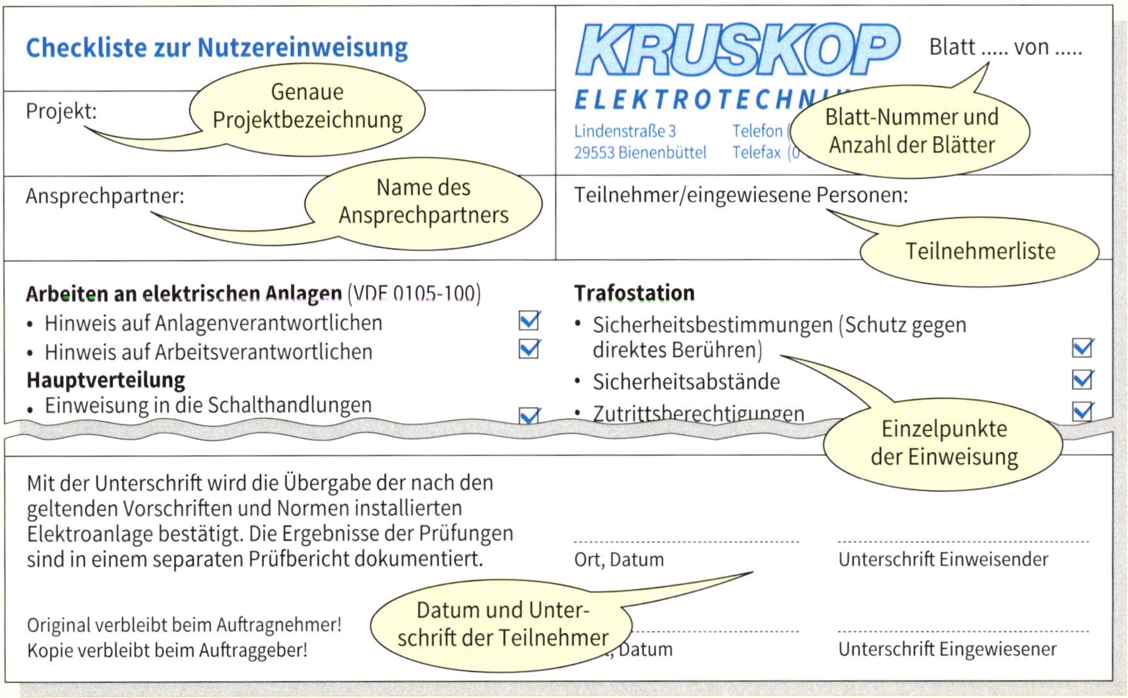

- **Maschinendokumentation**
  - **Bedienungsanleitung**
  - **Montagehinweise**
  - **Wartungs-/Inspektionspläne**
  - **Elektrodokumentation**
    - **Deckblatt**
    - **Übersicht Bedien- und Anzeigeelemente**
    - **Stromlaufplan (meistens in aufgelöster Darstellung)**
    - **Klemmenplan**
    - **Stückliste**
  - **Prüfprotokolle**
  - **Konformitätserklärung**

Bedienungsanleitung

- Für den Bediener der Anlage von Bedeutung.
- Wichtig für die Inbetriebnahme und das Instandsetzungspersonal.
- Meistens sind hier Hinweise zum sicheren Umgang mit der Anlage zu finden.

Montagehinweise

Für die Vorbereitung und Durchführung der Montage sind diese Dokumente wichtig. Sie enthalten z. B.

- Aufstellungspläne,
- Leistungsangaben (elektrisch/mechanisch),
- Gewicht für die Prüfung von Tragfähigkeit des Fußbodens bzw. Erstellung von Maschinenfundamenten,
- Hinweise zur Entfernung von Transportsicherungen.

Wartungs-/Inspektionspläne

- Der Hersteller schreibt spezielle Wartungs- und Inspektionstätigkeiten vor.
- Beachtung ist wichtig, um im Garantiefall eine Reparaturleistung zu erhalten.
- Bei Anlagen, die aus mehreren Maschinen bestehen, werden Wartungs- und Inspektionspläne häufig zu einem Gesamtplan zusammengefasst.

Prüfprotokolle/Konformitätserklärung

- Hersteller weist hiermit die vorgeschriebenen und vereinbarten Prüfungen nach.
- Bescheinigung über Einhaltung der Europäischen Richtlinien. Dies berechtigt den Hersteller zur Anbringung des CE-Zeichens.

Deckblatt

Das Deckblatt gibt Informationen über

- Hersteller,
- Errichtungsvorschriften,
- Standort und
- benötigte Gesamtleistung

der Anlage.

Übersicht Bedien- und Anzeigeelemente

Hier bekommt der Leser Informationen über alle Schnittstellen zum Bediener (**M**ensch-**M**aschine-**S**chnittstelle: **MMS**) [**m**an-**m**achine-**i**nterface: **MMI**].

Stromlaufplan

- Der Stromlaufplan enthält alle elektrischen Objekte und deren Verbindungen.
- Textkommentare beschreiben die Funktion einzelner Schaltungsteile.
- Der Stromlaufplan wird zur Inbetriebnahme und Fehlersuche benötigt.

Klemmenplan

- Er enthält jede Klemme der Steuerung mit Objektkennzeichnung, Anschlussleitung, Brücken und Funktion.
- Klemmen dienen der Verbindung von Objekten, z. B. im Schaltschrank zu außen liegenden Objekten.
- Der Plan gibt eine gute Übersicht zu den Schnittstellen der Steuerung.
- An den Klemmen lassen sich viele Signale messen, die verteilt in der Anlage entstehen.

Stückliste

Bei defekten Baugruppen können aus der Stückliste die genaue Spezifikation, Hersteller und Typnummer entnommen werden. Sie hilft daher beim Bestellen von Ersatzteilen.

Schaltpläne informieren über die Objekte der Anlage

Art	Nummerierung	Verbindung	Aufgabe

Objekte werden durch **Schaltzeichen** dargestellt, z. B.: Schmelzsicherung F1

Schaltzeichen für die verschiedenen Planarten siehe Tabellenbuch.

Gleichartige Objekte werden mit **Nummern** versehen.

Zwei Methoden:

1. Fortlaufende Nummerierung, z. B.: F1, F2, F3
2. Blattnummer und Spaltennummer angeben, z. B.: F3.2 statt F3

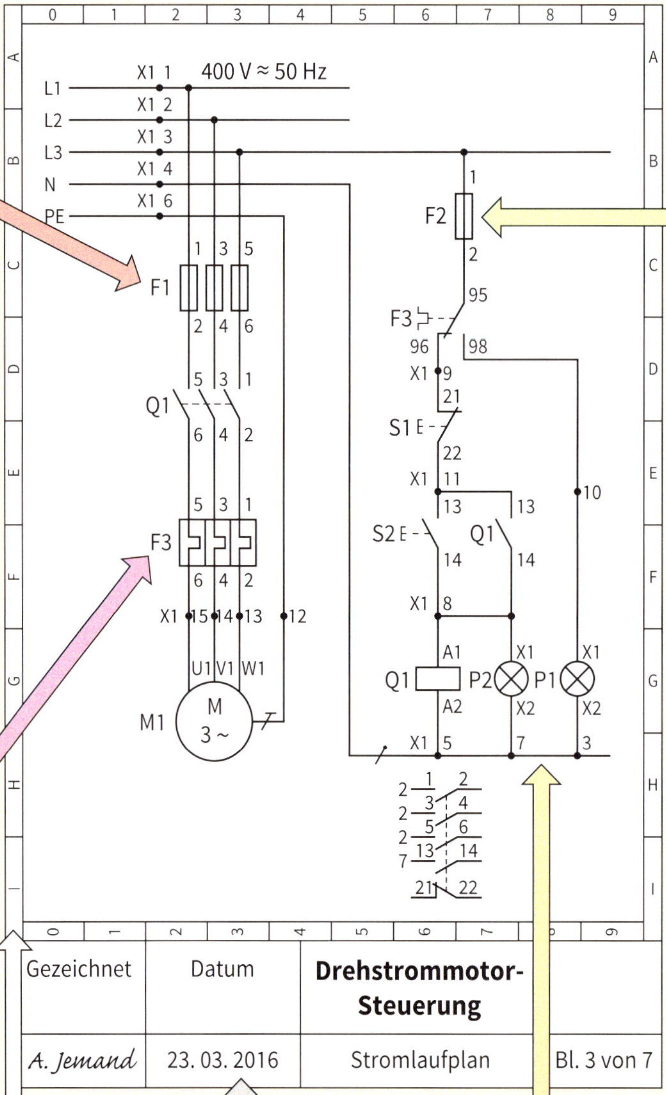

Die Aufgabe der Objekte wird durch **Kennbuchstaben** angegeben, z. B.: F2 schützt den Steuerstromkreis.

Bedeutung von Kennbuchstaben:

- **F**: Schutz von Personen und Objekten
- **M**: Bereitstellen mechanischer Energie
- **S**: Umwandeln von manueller Betätigung in Signal
- **P**: Darstellen von Informationen
- **Q**: Schalten von Energie

Weitere siehe Tabellenbuch und Auftragsband (B-Nr.: 221533)

Um Objekte auf einem Blatt leichter zu finden, sind die Blätter häufig in Spalten und Zeilen eingeteilt.

Im **Schriftfeld** befinden sich Angaben zur Anlagebezeichnung, Blattnummerierung, zum Herstellungsdatum und Zeichner dieses Blattes.

Um die Verbindungen der Objekte herzustellen und im Fehlerfall kontrollieren zu können, werden alle **Klemmen** (z. B. **X1:7**) und **Anschlüsse** (z.B. **P2:X2**) gekennzeichnet.

Die Bezeichnung steht rechts neben der Klemme bzw. dem Anschluss.

Wie entsteht eine Sinus- bzw. Cosinuskurve?

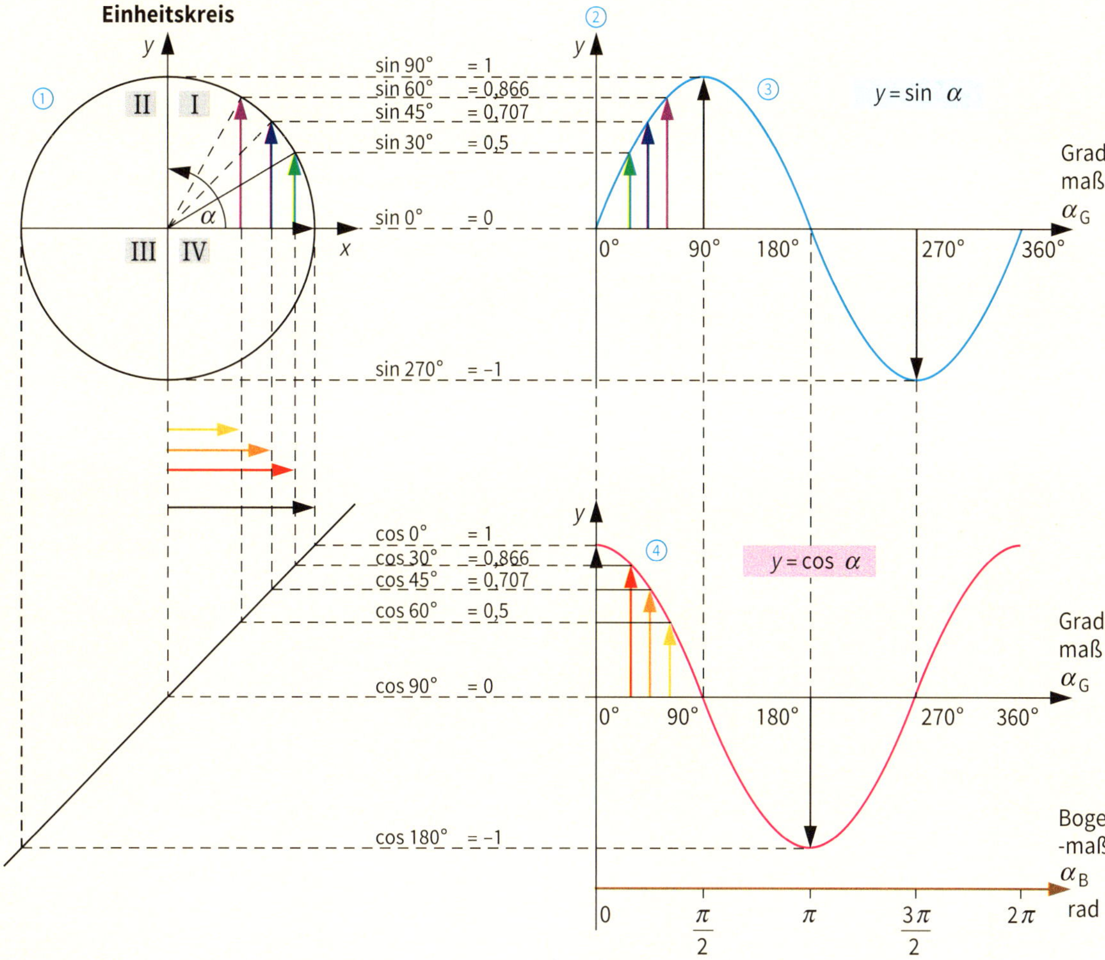

Erklärung

- Kreis mit dem Radius 1 (z. B. 1 cm) zeichnen (Einheitskreis ①).
- Zeiger mit der Radiuslänge 1 in x-Richtung des Einheitskreises zeichnen.
- Diagramm mit folgender Abhängigkeit zeichnen ②: y in Abhängigkeit vom Winkel α_G (Winkeleinteilung im Gradmaß 0 bis 360°)
- Zeiger im Einheitskreis gegen den Uhrzeigersinn um den Winkel α drehen.
- Zeiger auf die y-Achse (grüner Pfeil) projizieren und die Länge in das Diagramm einzeichnen.
- Weitere Winkel einzeichnen und die Länge der Zeigerprojektionen (blauer, violetter Pfeil) einzeichnen usw.
- Anschließend alle Punkte durch eine Linie miteinander verbinden ③.

Ergebnis

Es entsteht eine Kurve mit folgenden Merkmalen:

- Nulldurchgänge bei 0°, 180° und 360°
- Positiver Maximalwert bei 90°
- Negativer Maximalwert bei 270°

Die Kurve wird als **Sinuskurve** bezeichnet (blaue Kurve).

Weil diese Kurve eine durchgehende Linie ist, nennt man das Diagramm **Liniendiagramm**.

Weil die Kurve durch einen rotierenden Zeiger entstanden ist, können diese Größen auch durch einen Zeiger dargestellt werden. Diese Diagramme heißen dann **Zeigerdiagramme**.

Wenn die Zeiger auf die x-Achse projiziert werden, entsteht die abgebildete **Cosinuskurve** ④ (rote Kurve).

Sinus- und cosinusförmige Größen lassen sich durch

- **Zeiger (Zeigerdiagramme) oder**
- **Linien (Liniendiagramme) darstellen.**

Wie interpretiere ich Linien- und Zeigerdiagramme?

Zeigerdiagramm

- Die Spannung und Stromstärke werden durch einen Zeiger dargestellt, den man sich rotierend ① vorstellen kann (vgl. Einheitskreis).
- Die Länge des Zeigers ist der Maximalwert (**Amplitude**) $\hat{u}$ ② der Spannng bzw. Stromstärke (sprich: *u*- bzw. *i*-Dach).
- Den momentanen (augenblicklichen) Wert erhält man durch Projektion des Zeigers auf die Ordinatenachse (z.B. u_3 ③).
- Eine vollständige Umdrehung des Zeigers entspricht dem Winkel 360° bzw. einer Zeit für eine Periode *T*.

Liniendiagramm

- Die Spannung bzw. Stromstärke wird durch eine winkel- bzw. zeitabhängige Linie (Sinus- oder Cosinuskurve) dargestellt. Der Verlauf der Größen wird sichtbar.
  - Ordinate (y-Achse): Spannung bzw. Stromstärke
  - Abszisse (x-Achse): Winkel oder Zeit
- Die Maximalwerte (positive und negative Amplitude) sind die Scheitelwerte oder Amplituden $\hat{u}$ ④ bzw. $\hat{i}$.
- Den momentanen (augenblicklichen) Wert erhält man durch Projektion des Wertes auf die Ordinatenachse ⑤.
- Die Zeit für einen vollständigen Kurvenverlauf ist die Periodendauer *T* ⑥. Diese Zeit entspricht einem Winkel von 360°.

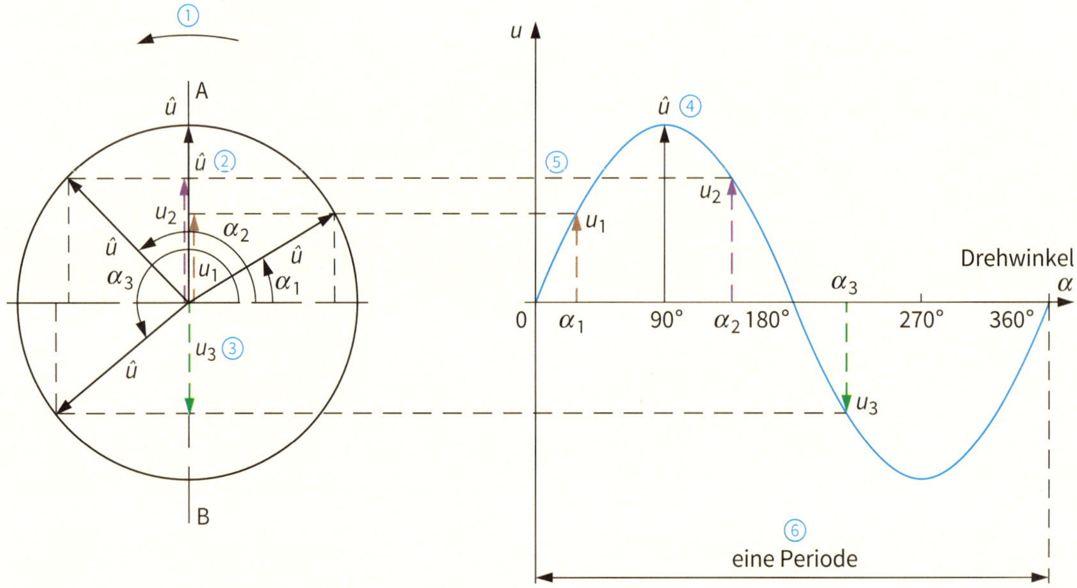

Was sind Gradmaße und Bogenmaße?

Gradmaß
Kreisumfang in 360 Teile aufteilen (360°)

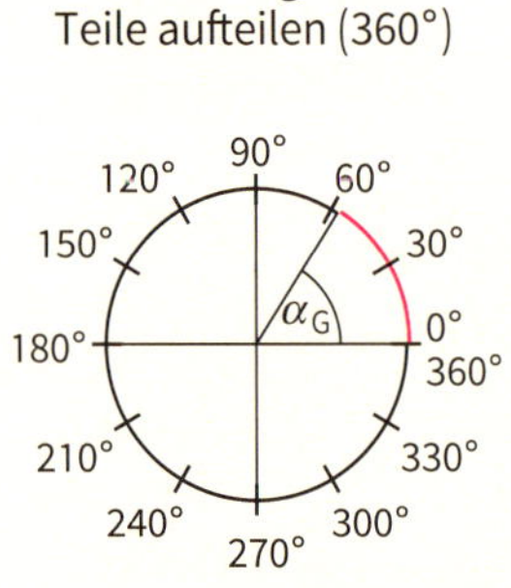

$\alpha_G \approx 57{,}3°$

Bogenmaß
Kreisumfang in Teile von 2π aufteilen

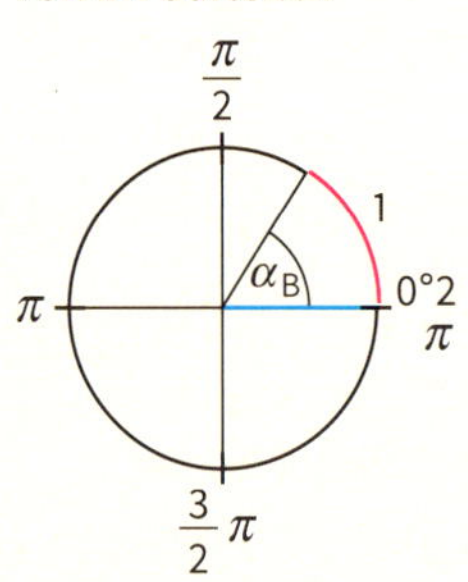

$\alpha_B \approx 1$ rad

$$\frac{\alpha_G}{\alpha_B} = \frac{360°}{2 \cdot \pi} \qquad \frac{\alpha_G}{\alpha_B} = \frac{57{,}3°}{1 \text{ rad}}$$

$$\frac{\alpha_B}{\alpha_G} = \frac{2 \cdot \pi}{360°} \qquad \frac{\alpha_B}{\alpha_G} = 0{,}01745 \ \frac{1 \text{ rad}}{1°}$$

Wie lassen sich Winkelmaße ineinander umrechnen?

Beispiel:

Welches Bogenmaß entspricht dem Winkel $\alpha_G = 35°$?

$$\alpha_B = \frac{35° \cdot 2 \cdot \pi}{360°} = 0{,}61085238$$

Berechnung mit dem **Taschenrechner**:

35 ⇨ SIN ⇨ RAD ⇨ SIN^{-1}

Hinweise:

- Die Umstellung von Gradmaß in Bogenmaß wird bei den Taschenrechnern unterschiedlich vorgenommen.

  Sehr häufig geschieht das über die Taste RAD bzw. DRG
- Anstelle der Sinusfunktion kann zum Umrechnen auch jede andere Winkelfunktion benutzt werden.

Beispiel

Zwei Spannungsquellen mit
$\hat{u}_1 = 25$ V und
$\hat{u}_2 = 15$ V
sind in Reihe geschaltet.

Die Spannung u_2 eilt der Spannung u_1 um 90° voraus.

Wie groß ist die Gesamtspannung u_g und welchen Verlauf hat sie?

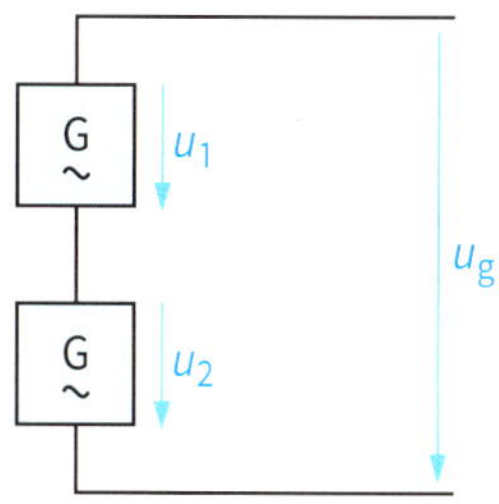

Lösung mit einem Liniendiagramm

- Ein Liniendiagramm mit der Spannung in Abhängigkeit vom Winkel α zeichnen.
- Den Linienverlauf der Spannung u_1 ① von 0° beginnend bis 360° zeichnen.
- Den Linienverlauf der Spannung u_2 von 0° beginnend bis 360° zeichnen. Da die Spannung u_2 der Spannung u_1 um 90° vorauseilt ②, besitzt sie bei 0° bereits ihren positiven Maximalwert.
- Für weitere Winkel die Momentanwerte für u_1 und u_2 ermitteln, addieren und so die Momentanwerte für die Gesamtspannung u_g ③ berechnen.

Beispiele:

Winkel	u_1	u_2	u_g
0°	0 V	15 V	15 V
45°	17 V	11 V	28 V
90°	25 V	0 V	25 V

- Alle ermittelten Momentanwerte für die Gesamtspannung durch eine Linie verbinden ④.

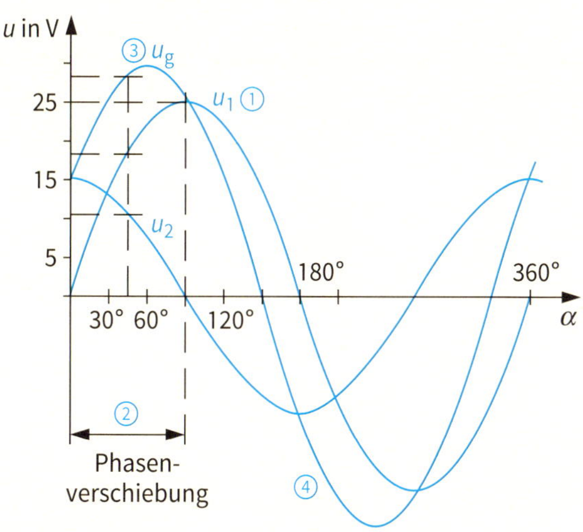

Ergebnis:
Man erhält den Verlauf der Gesamtspannung, indem man für einzelne Winkel die Momentanwerte der Einzelspannungen abliest, die Werte addiert und diese dann grafisch durch einen Kurvenzug darstellt.

Lösung mit einem Zeigerdiagramm

- Die Spannungen u_1 und u_2 werden als Zeiger mit ihren Maximalwerten dargestellt. Im Diagramm wird von u_1 ausgegangen. Der Zeiger wird deshalb waagerecht nach rechts gezeichnet ⑤.
- Da die Spannung u_2 um 90° vorauseilt, muss der Zeiger dementsprechend senkrecht nach oben gezeichnet werden ⑥ (Drehrichtung gegen den Uhrzeigersinn).
- Der Spannungszeiger u_2 wird parallel nach rechts verschoben. Es entsteht ein rechtwinkliges Dreieck. Die dem rechten Winkel gegenüberliegende Seite (Hypotenuse) ist die Gesamtspannung u_g ⑦.
- Vereinfachung:
  Der Zeiger der Spannung u_2 kann sofort – ausgehend von der Spitze des Zeigers u_1 ⑧ – mit einem Winkel von 90° eingezeichnet werden. Es entsteht das rechtwinklige Spannungsdreieck.

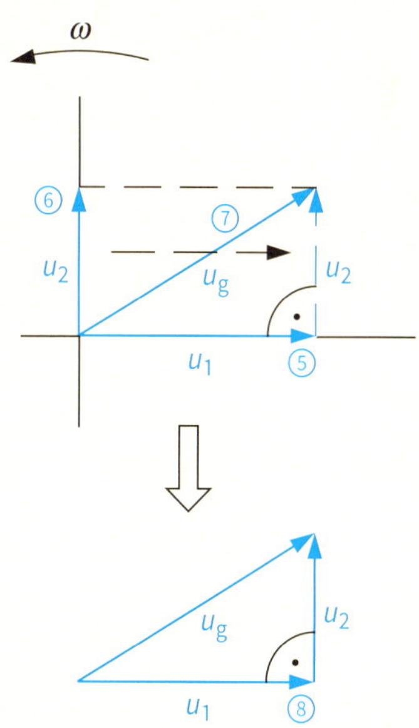

Ergebnis:
Man erhält die Amplitude der Gesamtspannung, indem man die beiden Zeiger unter Berücksichtigung des Phasenverschiebungswinkels aneinanderfügt. Die dritte Seite des Dreiecks ist die Gesamtspannung.

Was bedeutet „Lehrsatz des Pythagoras"?

- Anwendung: Rechtwinkliges Dreieck
- Folgende Seiten werden unterschieden:
  Katheten a, b
  Sie sind die Seiten, die den rechten Winkel bilden.
  Hypotenuse c
  Sie ist die längste Seite und liegt dem rechten Winkel gegenüber.
- Lehrsatz:
  Das Quadrat über der Hypotenuse ist gleich der Summe der Kathetenquadrate ($c^2 = a^2 + b^2$).

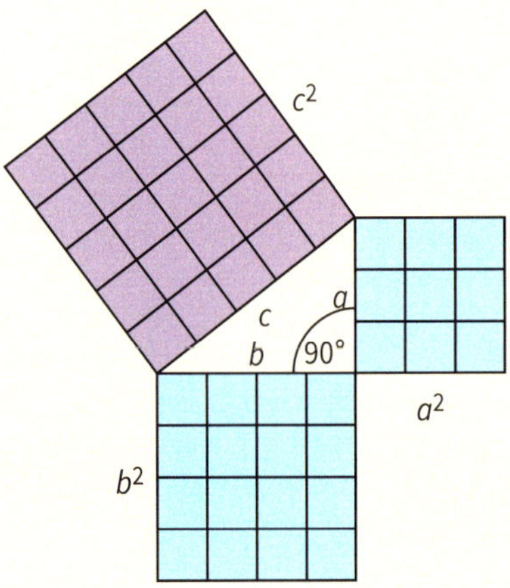

$$c^2 = a^2 + b^2$$
$$a^2 = c^2 - b^2$$
$$b^2 = c^2 - a^2$$
$$c = \sqrt{a^2 + b^2}$$
$$a = \sqrt{c^2 - b^2}$$
$$b = \sqrt{c^2 - a^2}$$

Wo kommen in Wechselstromkreisen rechtwinklige Dreiecke vor?

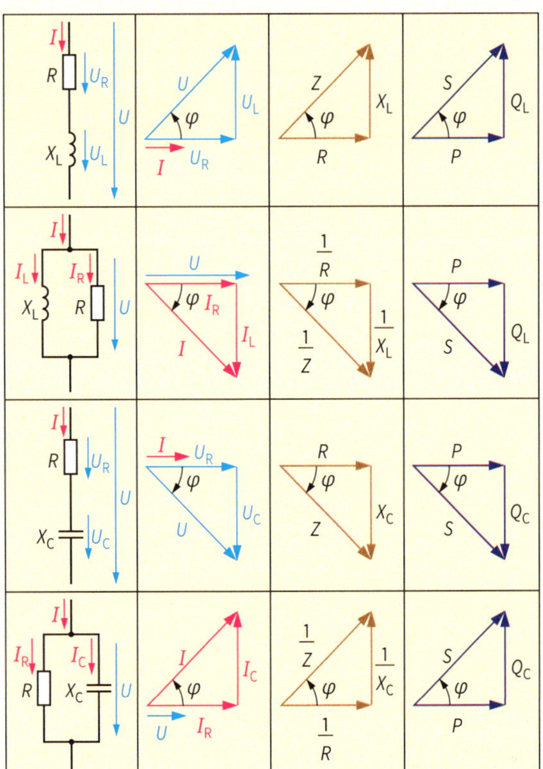

Was sind Winkelfunktionen?

- Winkelfunktionen sind Seitenverhältnisse in einem rechtwinkligen Dreieck. Sie können für die Winkel α und β aufgestellt werden. Für jeden Winkel gibt es vier verschiedene Möglichkeiten. Für den Winkel α gibt es dann folgende Kombinationen:
  $\frac{a}{c}; \frac{b}{c}; \frac{a}{b}; \frac{b}{a}$
- Jedes Verhältnis hat einen eigenen Namen (s. unten)
- Die Seiten haben folgende Bezeichnungen:
  Die **Ankathete** ist die Seite, die an dem jeweils betrachteten Winkel anliegt.
  Die **Gegenkathete** ist die Seite, die dem jeweils be-

Wie sind Winkelfunktionen definiert?

Beispiel: Winkel α

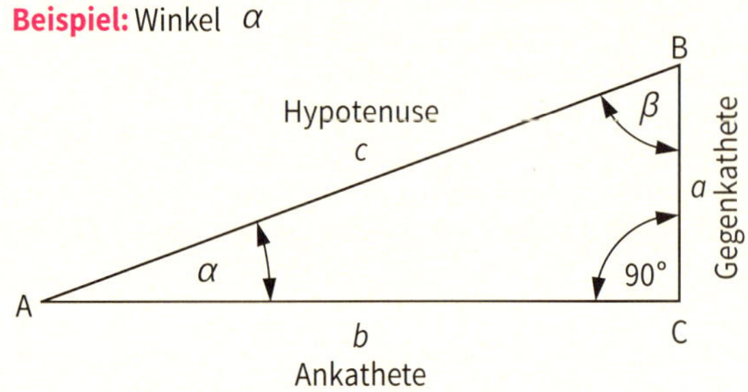

sinus

$\sin\alpha = \frac{a}{c}$ $\sin\alpha = \frac{\text{Gegenkathete}}{\text{Hypotenuse}}$

cosinus

$\cos\alpha = \frac{b}{c}$ $\cos\alpha = \frac{\text{Ankathete}}{\text{Hypotenuse}}$

tangens

$\tan\alpha = \frac{a}{b}$ $\tan\alpha = \frac{\text{Gegenkathete}}{\text{Ankathete}}$

cotangens

$\cot\alpha = \frac{b}{a}$ $\cot\alpha = \frac{\text{Ankathete}}{\text{Gegenkathete}}$

Beispiel: Winkel β

$\sin\beta = \frac{b}{c}$ $\tan\beta = \frac{b}{a}$

$\cos\beta = \frac{a}{c}$ $\cot\beta = \frac{a}{b}$

Bei welchen Berechnungen in Wechselstromkreisen werden Winkelfunktionen verwendet?

Überall dort, wo rechtwinklige Dreiecke durch die Phasenverschiebung entstehen (s. linke Spalte).

Mit einer Risikoanalyse werden Sicherheitskategorien für Steuerungen ermittelt. Diese sind ein Maß für die Zuverlässigkeit einer Sicherheitseinrichtung.
Je nach Sicherheitskategorie werden unterschiedliche Anforderungen an die Steuerung gestellt.

Kat.	Steuerungsverhalten	Anforderungen	Prinzip
B	**Ein Fehler** darf schon zum Verlust der Sicherheitsfunktion führen.	Die sicherheitsbezogene Steuerung muss normgerecht gebaut werden und den zu erwartenden Bedingungen stand halten.	Meistens durch Auswahl der Bauteile realisiert.
1	**Ein Fehler** darf schon zum Verlust der Sicherheitsfunktion führen. Die Eintrittswahrscheinlichkeit ist geringer als bei Kategorie B.	Zusätzlich zu Anforderungen von Kategorie B müssen bewährte Bauteile und Sicherheitsprinzipien angewendet werden.	
2	**Ein Fehler** darf zwischen zwei Prüfungen zum Verlust der Sicherheitsfunktion führen. Fehler werden durch die Prüfung erkannt.	Zusätzlich zu Anforderungen von Kategorie 1 müssen die Sicherheitsfunktionen durch die Steuerung regelmäßig geprüft werden.	Meistens durch geeignete Struktur der Steuerung realisiert.
3	Ein Fehler führt **nicht** zum Verlust der Sicherheitsfunktion. Einige Fehler können erkannt werden. Erst bei mehreren Fehlern ist die Sicherheitsfunktion beeinträchtigt.	Zusätzlich zu Anforderungen von Kategorie 1 müssen sicherheitsbezogene Teile so gestaltet sein, dass – einzelne Fehler nicht zum Verlust der Sicherheitsfunktion führen und – durch Prüfungen in angemessener Weise einzelne Fehler erkannt werden.	
4	Bei Fehlern bleibt die Sicherheitsfunktion erhalten. Fehler werden rechtzeitig erkannt, um einen Ausfall der Sicherheitsfunktion zu vermeiden.	Zusätzlich zu Anforderungen von Kategorie 3 müssen sicherheitsbezogene Teile so gestaltet sein, dass – einzelne Fehler vor einer Anforderung an die Sicherheitsfunktion erkannt wird oder – eine Anhäufung von Fehlern nicht zum Verlust der Sicherheitsfunktion führt.	

Beispiele:

Kategorie 1

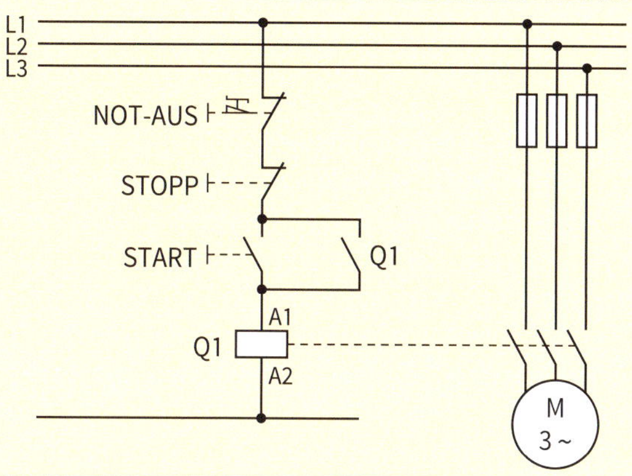

- Verminderte Fehlerwahrscheinlichkeit, z. B.
  - Not-Aus-Schalter mit Zwangsöffnung
- Bewährte Bauteile, z. B.
  - erhöhtes Schaltvermögen von Q1, zur Vermeidung von Kontaktverschweißen
- Mögliche Fehler:
  - Drahtbruch → sicherer Zustand (AUS)
  - Erdschluss → sicherer Zustand (AUS)
  - Kurzschluss (L1 – Q1(A1)) → unsicherer Zustand (EIN)
  - Verschweißen von Kontakten (Q1)

Kategorie 4

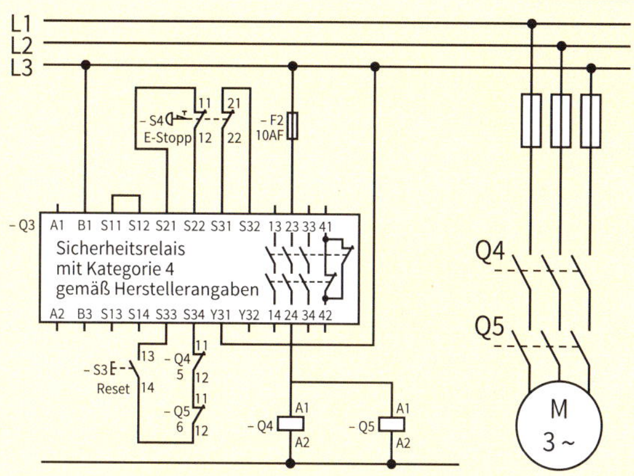

Durch Redundanzen bleibt die Sicherheitsfunktion (Not-Aus) trotz Fehler erhalten.

- Mögliche Fehler mit sicherem Zustand (AUS)
  - Kurzschluss (S4 -11 ↔ S4 -12)
  - Kontaktverschweißen an Q4, Q5 oder innerhalb Q3
- Fehlererkennung
  - vor jedem Einschalten von Q3 erfolgt ein automatischer Selbsttest
  - Kontaktverschweißen an Q4 oder Q5 wird durch zwangsgeführte Hilfskontakte an Q3 gemeldet.

Wie hoch sind die Energiekosten eines Motors?

$$K = P \cdot t_B \cdot P_{el}$$

K: jährliche Kosten (für Energie) [EUR]
P: Energiepreis [EUR/kWh]
t_B: Betriebsstunden pro Jahr [Std.]
P_{el}: aufgenommene elektrische Leistung [kW]

Angaben für diese Berechnung werden dem Typenschild entnommen. Die dort angegebene Leistung ist die mechanische Leistung. Die elektrische Leistung ergibt sich wie folgt.

$$P_{el} = \sqrt{3} \cdot U_r \cdot I_r \cdot \cos\varphi$$

Wofür entstehen die Kosten?

Es entstehen Kosten für die genutzte (mechanische) Energie und für die Verlustenergie.

① $$K_{mech} = K_E \cdot t_B \cdot P_{mech} = K_E \cdot t_B \cdot \eta \cdot P_{el}$$
$$K_V = K_E \cdot t_B \cdot P_V = K_E \cdot t_B \cdot (1 - \eta)\, P_{el}$$

K_{mech}: jährliche Kosten für genutzte Energie [EUR]
K_V: jährliche Kosten für Verlustenergie [EUR]

Beispiel:
Ein Motor hat folgendes Typenschild. Er wird mit Bemessungsgrößen betrieben und läuft 5000 Std. pro Jahr. Wie groß sind die Energiekosten, wenn eine kWh 0,1 EUR kostet.

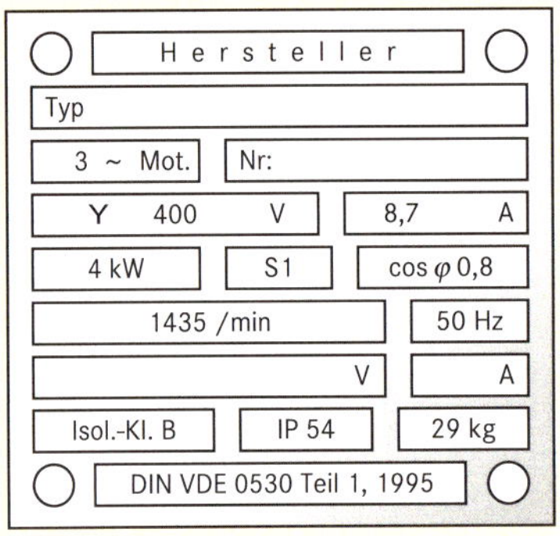

$$P_{el} = \sqrt{3} \cdot U_r \cdot I_r \cdot \cos\varphi$$
$$P_{el} = \sqrt{3} \cdot 400\text{ V} \cdot 8{,}7\text{ A} \cdot 0{,}8$$
$$P_{el} = 4{,}82\text{ kW}$$

$$\eta = \frac{P_{mech}}{P_{el}}$$
$$\eta = \frac{4\text{ kW}}{4{,}82\text{ kW}}$$
$$\eta = 83{,}0\,\%$$

$$K = K_E \cdot t_B \cdot P_{el}$$
$$K = 0{,}1\frac{\text{EUR}}{\text{kWh}}\, 5000\text{ h} \cdot 4{,}82\text{ kW}$$
$$\underline{\underline{K = 2410\text{ EUR}}}$$

$$K_V = K_E \cdot t_B \cdot (1 - \eta)\, P_{el}$$
$$K_V = 0{,}1\frac{\text{EUR}}{\text{kWh}}\, 5000\text{ h} \cdot (1 - 0{,}83) \cdot 4{,}82\text{ kW}$$
$$\underline{\underline{K_V = 409{,}70\text{ EUR}}}$$

Von 2410 EUR jährlichen Stromkosten entfallen 409,70 EUR auf die Verlustenergie. Diese Kosten können durch verbesserte Wirkungsgrade verringert werden.

Wie können die Energiekosten gesenkt werden?

Die mechanische Leistung ist durch die Anwendung vorgegeben. Auch auf die Betriebszeit und den Energiepreis kann kein Einfluss genommen werden. Damit bleibt nur der Wirkungsgrad η als mögliche Einflussgröße ①.

Durch ein Verbesserung des Wirkungsgrades können Energiekosten gesenkt werden. Je nach Wirkungsgrad werden Elektromotoren mit Effizienzklassen (IE: International Efficiency Code) gekennzeichnet.

IE1: Standardmotor mit niedrigem Wirkungsgrad

IE2: Motoren mit verbessertem Wirkungsgrad (ca. 20 % geringere Verluste als IE1)

IE3: Hocheffizienzmotoren (ca. 40 % weniger Verluste als IE1)

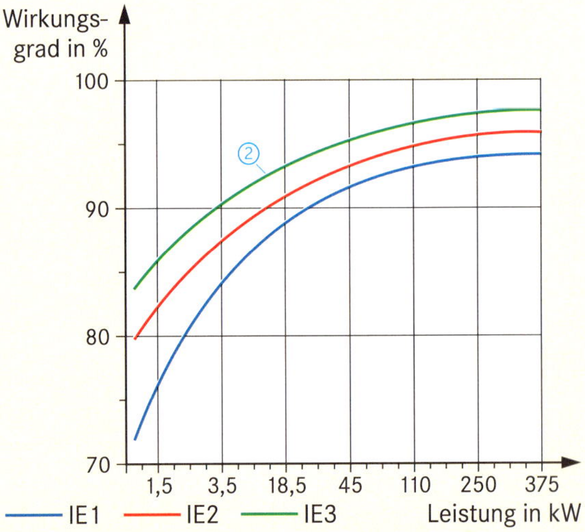

Wann setze ich welche Effizienzklasse ein?

IE1: Nur bei sehr kurzen Laufzeiten sinnvoll; Einsatz nur in Bestandsanlagen.

IE2: Bei mittleren Laufzeiten < 2000 h/Jahr

IE3: Bei allen Antrieben mit hohen jährlichen Laufzeiten.

Wieviel Geld wird gespart?

Beispiel:
Wird der Beispielmotor gegen einen IE3-Motor getauscht, steigt der Wirkungsgrad auf mindestens 91 % (Diagramm ②).

Kosten für Verluste

$$K_{V,neu} = K_E \cdot t_B \cdot (1 - \eta)\, P_{el.}$$
$$K_{V,neu} = 0{,}1\frac{\text{EUR}}{\text{kWh}}\, 5000\text{ h} \cdot (1 - 0{,}91) \cdot 4{,}82\text{ kW}$$
$$K_{V,neu} = 216{,}50\text{ EUR}$$

jährliche Ersparnis

$$\Delta K_V = K_{V,alt} - K_{V,neu}$$
$$\Delta K_V = 409{,}70\text{ EUR} - 216{,}50\text{ EUR}$$
$$\Delta K_V = 193{,}20\text{ EUR}$$

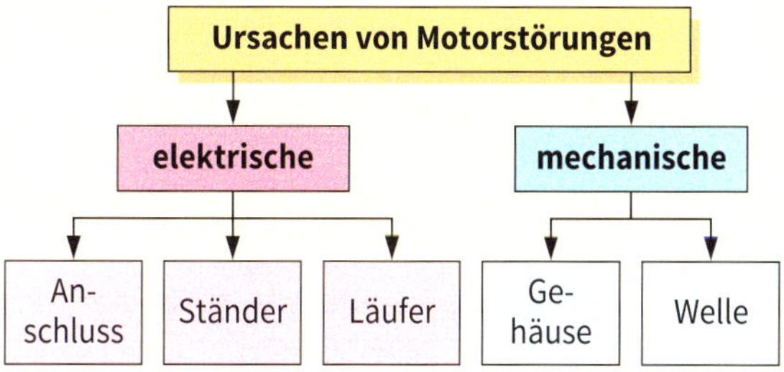

Was mache ich?

1. Ich beschreibe den **Fehler** genau.
2. Ich stelle die **Ursache** fest.
3. Ich **prüfe** das betreffende Objekt.
4. Ich **setze** das fehlerhafte Teil **instand**.

Fehler	Ursache	Prüfung	Abhilfe
Motor läuft nicht an	Sicherung ausgelöst	Sichtprüfung der Sicherungseinsätze	Neue Sicherung
	Zuleitung unterbrochen	Leitungen und Klemmen prüfen	Leitungen befestigen
	Motor überlastet	Last prüfen	Last verringern
	Bürsten liegen nicht sauber auf	Bürstenfedern überprüfen	Bürsten nachstellen
	Welle sitzt fest	Welle und Lager prüfen	Lager schmieren
Motor läuft nicht hoch	Belastung zu hoch	Last prüfen	Last verringern
Motor läuft stoßartig an	Anlasswiderstand falsch	Widerstand messen	Widerstand ändern
	Anlasser defekt (Kontaktabbrand, Unterbrechung)	Messung und Sichtprüfung	Anlasser instand setzen
	Bürsten abgenutzt	Sichtkontrolle	Bürsten austauschen
	Kurzschluss zwischen mehreren Stromwendersegmenten	Stromwender überprüfen	Stromwender säubern
Falsche Drehrichtung	Phasenfolge falsch	Drehfeld prüfen	Phase tauschen
Bürstenfeuer	Zu große Stromaufnahme	Messung der Leiterströme	Last verringern
	Bürsten liegen nicht richtig auf	Bürstenstellung prüfen	Neueinstellung
	Stromwender verdreckt (z. B. mit Öl)	Sichtprüfung	Stromwender säubern

Fehler	Ursache	Prüfung	Abhilfe
Motorgeräusch zu laut	Läufer hat Unwucht	Messung des Läufers	Läufer auswuchten
	Läufer nicht zentriert eingebaut	Lagerschilde, Lager prüfen	Nachstellen
Unruhiger Lauf des Motors	Gehäuse verspannt	Schrauben entlasten	Korrekt ausrichten
	Unterbau (Fundament instabil)	Unterbau kontrollieren	Unterbau nachbessern
	Lager defekt	Lager auf Schäden prüfen	Lager austauschen
Motor überhitzt im Betrieb	Belastung zu groß	Belastung messen	Motor entlasten
	Lüftung unzureichend	Lüftungslöcher und Lüfter kontrollieren	Luftwege säubern
	Zu große Schalthäufigkeit	Motorbetriebsart kontrollieren	Nach Betriebsart belasten
	Unsymmetrische Klemmenspannung	Netzanschluss des Motors überprüfen	Anschluss instand setzen
	Motorphase ausgefallen	Anschluss prüfen	Anschluss instand setzen
Zu große Lagertemperatur	Welle beschädigt	Sichtprüfung der Welle	Läufer austauschen
	Ungenügende Ausrichtung	Messung der Motorlage	Motor neu ausrichten
	Mangelnde Lagerschmierung	Sichtprüfung der Lagerschmierung	Lager nachschmieren
	Schmiermittel verschmutzt	Sichtprüfung der Lagerschmierung	Lager reinigen, Neuschmierung
Stern-Dreieck-Anlauf: Motor läuft nicht an	Stern-Dreieck-Umschalter defekt	Messung durchführen	Schalter erneuern

Sachwortverzeichnis

B

C

D

E

L

M

S

T

U

V

W

Bildquellenverzeichnis

|ABB AG, Ladenburg: 234.2. |ABB STOTZ-KONTAKT GmbH, Heidelberg: 451.1. |ABUS: 322.3, 322.4. |Agentur für Erneuerbare Energien e.V., Berlin: 425.2, 425.3. |Airflow Lufttechnik GmbH, Rheinbach: 381.1. |Alamy Stock Photo, Abingdon/Oxfordshire: Bulgar, Wladimir 429.1. |Albrecht JUNG GmbH & Co. KG, Schalksmühle: 149.3, 306.6, 306.7. |ams OSRAM Group: Abbildungen von Leuchtmitteln mit freundlicher Genehmigung der LEDVANCE GmbH, Garching bei München. 117.2, 395.1, 395.3, 397.2. |BAER Energie- & Messtechnik GmbH, Merseburg: 23.4. |Bauknecht Hausgeräte GmbH, Stuttgart: 352.3, 352.4. |BC GmbH Verlags- und Medien-, Forschungs- und Beratungsgesellschaft, Ingelheim: 61.5, 407.2, 409.5. |BENDER GmbH & Co. KG, Grünberg: 32.2. |Brandenburger Kabelwerk GmbH, Zehdenick: 17.5. |Buderus Deutschland, Wetzlar: 441.1. |Busch-Jaeger Elektro GmbH, Lüdenscheid: Foto: Busch-Jaeger 49.1, 295.1, 297.3, 297.4, 297.5, 297.6, 307.3. |Centrovox Kabelvertriebs- Gesellschaft m.b.H., Leobendorf: www.centrovox.at 504.1. |Danfoss GmbH, Offenbach/Main: 252.1, 255.1, 264.2. |Dätwyler IT Infra GmbH, Hattersheim: 410.4, 410.5, 410.6. |deckermedia GbR, Rostock: 172.3, 202.12, 234.3, 240.2, 241.2, 274.2, 274.3, 275.1, 275.2, 275.3, 275.4, 275.5, 276.1, 276.2, 277.1, 277.2, 277.3, 278.2, 278.3, 279.1, 279.2, 279.3, 279.4, 281.1, 282.1, 282.2, 283.2, 284.3, 285.1, 288.1, 290.1, 290.2, 290.3. |DEHN SE, Neumarkt: 299.2, 299.3, 419.1, 421.2, 421.3. |Deutsche Gesetzliche Unfallversicherung e. V. (DGUV), Berlin: DGUV Information 204-001 „Erste Hilfe“ der Deutschen Gesetzlichen Unfallversicherung e.V. (DGUV), Glinkastr. 40, 10117 Berlin www.dguv.de © DGUV 2.1. |Deutsche Telekom AG, Bonn: 311.2, 317.2. |Di Gaspare, Michele (Bild und Technik Agentur für technische Grafik und Visualisierung), Bergheim: 149.2. |Druwe & Polastri, Cremlingen/Weddel: 48.4, 77.4, 85.3, 134.4. |Dzieia, Michael Dr., Darmstadt: 9.2, 111.1, 111.2, 118.3, 120.3, 127.1, 127.2, 507.1, 511.2, 519.1, 519.2, 519.3, 519.4, 519.5, 519.6, 523.2, 524.4, 531.1, 531.2, 532.2, 534.1, 534.2, 535.1, 535.2, 535.3. |Eaton Industries GmbH, Bonn: 48.1, 48.2, 115.6, 120.4, 140.3, 140.5, 144.1. |ebm-papst, Mulfingen: 243.1, 291.2. |ELEKTRA TAILFINGEN Schaltgeräte GmbH & Co. KG, Albstadt: 264.3. |ESKAP GmbH, Nürnberg: 459.1. |EUCHNER GmbH + Co. KG, Leinfelden-Echterdingen: 115.7. |Europäische Kommission, Berlin: 360.1, 361.1, 400.2; 1995-2020 114.1. |FINDER GmbH, Trebur: 129.1, 129.4. |Flamro Brandschutz Vertriebs GmbH, Leiningen: 61.2. |FLIR Systems GmbH, Frankfurt/Main: 526.1, 526.2, 526.3, 526.5. |Fluke Deutschland GmbH, Glottertal: 24.4, 63.4, 89.1, 90.2, 272.2, 497.1, 498.3, 498.4, 499.4, 500.3. |fotolia.com, New York: alexlmx 244.2; alfernec 458.1; Artur Synenko 24.1; auremar 211.3; Bartussek, Ingo 231.2; Christian Schwier 416.1; cirquedesprit 536.5; contrastwerkstatt 211.2; DDRockstar 488.1; gui yong nian 425.1; industrieblick 407.4, 407.5, 540.1; Jargstorff, Wolfgang 16.1; Karin & Uwe Annas 540.3; kurt_kreibich 407.3; Laurent Hamels 541.3; magicbeam 428.1; Pink Badger 429.3; thomasklee 97.1. |Fritz Driescher KG, Wegberg: 18.2. |GINO AG, Bonn: 221.1, 264.1. |Gossen Metrawatt GmbH, Nürnberg: 62.2, 66.1, 66.2, 270.2, 524.2, 524.3. |Günther Spelsberg GmbH + Co.KG, Schalksmühle: 53.3. |Gustav Hensel GmbH & Co. KG, Lennestadt: 35.1, 35.2, 35.3, 35.4, 56.6. |hager.de, Blieskastel: 57.1, 473.1, 488.3, 489.2, 489.3; hager.de 474.1, 474.2, 474.4, 474.7, 474.9, 474.12, 475.2, 476.1, 487.2, 488.2, 495.3, 495.4, 496.1; hager.de/Lithos 478.2, 478.3, 479.2, 479.4, 484.2, 484.3, 491.2, 496.5, 498.2. |Heise Medien GmbH & Co. KG, Hannover: 94.1. |Helukabel GmbH, Hemmingen: 13.1, 13.2, 17.2, 17.3, 19.1, 19.2, 19.3, 19.4, 117.4, 298.2, 327.2, 331.1, 485.7. |HIK GmbH, Oberzent: HIS Renewables GmbH 432.2. |Hoheisel, Andreas, Coswig: 175.2, 178.4, 186.3, 195.5, 195.6. |Hübscher, Heinrich, Lüneburg: 82.3, 82.4, 309.2, 309.3, 309.4, 346.1, 346.2, 349.1, 349.2, 349.4, 349.7, 349.8, 349.9, 464.1, 494.3. |ifm electronic gmbh, Essen: Eigentum der Firma ifm 530.2, 530.4. |iStockphoto.com, Calgary: -VICTOR- 308.1, 308.3, 308.4, 308.5; ahornfoto 506.2; alexdobysh 140.4; AndreyPopov 506.1; buydeephoto 409.1; choness 426.3; elxeneize 426.2; Ershov_Maks 427.3; fotojog 427.2; Grassetto 287.1; IPGGutenbergUKLtd 77.5; Juan Enrique del Barrio Arri 427.1; Jultud 394.1; madsci 77.3; MarkusBeck 335.1; MartinaM 435.3; nevodka 429.2; Pridannikov 115.4; SergiyMolchenko 426.1; sl-f 434.1; Urupong 546.4; Vanchaichana, Nutthaseth 543.3. |KATHREIN Digital Systems GmbH, Rosenheim: 340.2, 348.2. |Klaue, Jürgen, Bad Kreuznach: 236.1, 331.2. |KNX, Diegem (Brüssel): 301.1, 301.3, 303.1, 303.2, 304.4, 304.6, 305.3, 305.5, 306.5. |Krehbiel, Michael, Neutraubling: 211.9, 213.1, 213.2, 213.3, 213.4, 213.5, 213.6, 213.7, 217.1, 229.3, 292.1. |Kreuzburg, Armin, Braunschweig: 132.1. |Leibing GmbH & Co. KG, Holzminden: 533.1. |Lithos, Wolfenbüttel: 9.1, 10.1, 10.2, 11.1, 11.2, 11.3, 12.3, 13.3, 14.1, 14.4, 15.1, 15.2, 16.2, 16.3, 17.1, 17.4, 17.6, 17.7, 18.1, 18.3, 19.5, 19.7, 20.1, 20.2, 20.3, 20.4, 21.1, 21.2, 21.3, 21.4, 21.5, 21.6, 21.7, 21.8, 21.9, 21.10, 21.11, 21.12, 21.13, 22.1, 22.2, 22.3, 22.4, 23.1, 23.2, 23.3, 24.2, 24.3, 24.5, 25.1, 25.2, 25.3, 25.4, 26.1, 26.2, 27.1, 28.1, 28.2, 28.3, 29.1, 29.2, 29.3, 30.1, 31.1, 31.2, 31.3, 32.1, 33.1, 33.2, 34.1, 34.2, 34.3, 34.4, 34.5, 34.6, 34.7, 36.1, 36.2, 36.3, 37.1, 37.2, 37.3, 37.4, 37.5, 37.6, 39.1, 39.2, 40.1, 41.1, 41.2, 42.1, 42.2, 43.1, 43.2, 43.3, 44.1, 45.1, 45.3, 45.4, 46.1, 46.2, 47.1, 47.2, 47.4, 49.2, 49.3, 49.4, 50.1, 50.2, 50.3, 51.1, 51.2, 51.3, 52.1, 52.2, 53.1, 54.1, 54.2, 55.1, 55.2, 55.3, 56.1, 57.2, 57.3, 57.4, 58.3, 59.1, 59.2, 60.1, 61.1, 61.3, 62.1, 62.3, 63.1, 63.2, 63.3, 64.1, 64.3, 65.1, 65.2, 65.3, 66.3, 68.1, 68.2, 69.1, 69.2, 70.1, 70.2, 71.1, 72.1, 72.3, 73.1, 73.2, 73.3, 74.1, 75.1, 76.1, 76.2, 77.1, 77.2, 78.1, 78.2, 78.3, 79.1, 79.2, 80.1, 80.2, 81.1, 82.1, 82.2, 83.1, 83.2, 83.3, 84.1, 84.2, 84.3, 85.1, 85.2, 86.1, 86.3, 86.4, 86.5, 87.1, 87.2, 88.1, 88.2, 88.3, 89.2, 89.3, 90.1, 90.3, 91.1, 91.2, 91.3, 92.1, 92.2, 93.1, 94.2, 94.3, 95.1, 95.2, 96.1, 96.2, 96.3, 96.4, 97.2, 97.3, 97.4, 98.1, 98.2, 98.3, 98.4, 99.1, 100.1, 100.2, 100.3, 100.4, 101.1, 101.2, 101.3, 101.4, 101.5, 101.6, 102.1, 102.2, 102.3, 102.4, 102.5, 103.1, 103.2, 103.3, 103.4, 104.1, 104.2, 105.1, 105.2, 105.3, 106.1, 106.2, 106.3, 106.4, 107.1, 107.2, 107.3, 108.1, 108.2, 108.3, 108.4, 109.1, 109.2, 109.3, 109.4, 109.5, 109.6, 110.1, 110.2, 110.3, 110.4, 112.1, 112.2, 113.1, 115.1, 115.2, 115.3, 116.1, 116.2, 116.3, 117.1, 118.1, 118.2, 119.1, 119.2, 120.1, 120.2, 121.1, 122.1, 122.2, 123.1, 123.2, 124.1, 124.2, 124.3, 124.4, 125.1, 125.2, 126.1, 126.2, 126.3, 127.3, 128.1, 128.2, 129.2, 129.3, 129.5, 130.1, 130.2, 130.3, 130.4, 130.5, 131.1, 131.2, 131.3, 131.4, 131.5, 131.6, 131.7, 131.8, 131.9, 132.2, 132.3, 133.1, 133.2, 133.3, 133.4, 133.5, 134.1, 134.2, 134.3, 135.1, 135.2, 135.3, 135.4, 136.1, 137.1, 137.2, 137.6, 138.1, 138.2, 138.3, 138.4, 139.1, 139.2, 139.3, 140.1, 140.2, 141.1, 141.2, 141.3, 142.1, 143.1, 143.2, 143.3, 145.2, 146.1, 146.2, 146.4, 146.5, 147.1, 147.2, 148.1, 148.8, 149.1, 149.4, 150.1, 150.2, 151.3, 152.3, 153.1, 153.2, 154.1, 154.2, 155.1, 155.2, 156.1, 156.2, 156.3, 156.5, 157.1, 158.3, 160.1, 160.2, 160.3, 162.4, 163.1, 163.2, 164.1, 164.2, 164.3, 165.1, 165.2, 165.3, 166.1, 166.2, 166.3, 166.4, 166.5, 167.1, 167.2, 167.3, 168.4,

168.7, 169.2, 169.7, 170.1, 170.3, 170.4, 170.5, 170.6, 170.7, 171.1, 171.5, 172.2, 172.4, 172.7, 173.2, 174.1, 176.3, 177.2, 181.1, 181.2, 182.2, 182.5, 182.7, 183.3, 183.4, 184.1, 184.2, 184.3, 185.1, 186.2, 195.1, 195.2, 195.3, 199.3, 199.7, 200.12, 200.14, 201.1, 201.2, 201.3, 202.1, 202.4, 202.9, 202.11, 202.13, 203.1, 203.2, 203.3, 203.4, 203.5, 204.3, 205.2, 205.3, 205.4, 205.6, 206.2, 206.4, 206.5, 207.1, 208.1, 208.6, 208.8, 208.10, 209.1, 209.3, 209.4, 209.7, 209.8, 209.9, 209.10, 209.11, 209.12, 209.13, 209.15, 209.17, 209.20, 209.21, 209.22, 209.24, 210.2, 211.1, 211.4, 211.5, 211.7, 211.8, 211.10, 211.11, 212.1, 214.1, 214.2, 215.1, 215.2, 216.1, 217.2, 217.3, 217.4, 217.5, 217.6, 217.7, 217.8, 217.9, 218.1, 218.2, 218.3, 218.4, 218.5, 218.6, 219.1, 219.2, 219.3, 219.4, 220.2, 220.4, 221.2, 222.1, 222.2, 222.3, 222.4, 223.1, 223.2, 223.3, 223.4, 223.5, 223.6, 223.7, 223.8, 223.9, 224.1, 224.2, 224.3, 224.4, 224.5, 225.1, 225.2, 225.3, 225.4, 225.5, 225.6, 225.7, 225.8, 225.9, 226.1, 226.2, 226.3, 226.4, 226.5, 226.6, 226.7, 227.1, 227.2, 227.3, 227.4, 228.1, 228.2, 228.3, 229.1, 229.2, 229.4, 230.1, 230.2, 230.3, 230.4, 230.5, 230.6, 231.3, 232.1, 232.2, 232.3, 233.1, 233.2, 233.4, 234.1, 235.1, 235.2, 235.3, 236.2, 236.3, 236.4, 237.1, 237.2, 237.3, 237.4, 237.5, 238.1, 238.3, 238.4, 239.1, 239.2, 239.3, 240.1, 242.1, 242.2, 242.3, 243.2, 243.3, 243.4, 244.4, 245.1, 245.2, 246.1, 246.2, 247.1, 247.2, 247.3, 248.1, 249.1, 249.2, 249.3, 249.4, 250.1, 250.2, 251.1, 251.2, 251.3, 252.2, 252.3, 252.4, 253.1, 253.2, 253.3, 253.4, 254.1, 254.2, 254.3, 254.4, 254.5, 255.2, 255.3, 256.1, 256.2, 256.3, 257.1, 257.2, 257.3, 258.1, 258.2, 259.1, 260.1, 261.1, 261.2, 261.3, 262.1, 262.2, 263.1, 263.2, 263.3, 263.4, 263.5, 265.1, 265.2, 266.1, 267.1, 268.1, 268.2, 268.3, 269.1, 269.2, 269.3, 270.1, 271.1, 272.1, 272.3, 272.4, 272.6, 273.1, 273.2, 278.1, 280.1, 280.2, 280.3, 280.5, 281.2, 284.1, 291.1, 291.3, 291.4, 292.2, 292.3, 292.5, 293.1, 293.2, 294.1, 294.2, 294.3, 294.4, 294.5, 295.2, 295.3, 296.1, 296.2, 296.3, 297.1, 297.2, 298.1, 298.3, 298.4, 299.1, 299.4, 300.1, 300.2, 300.3, 300.4, 301.2, 304.5, 306.2, 306.3, 306.4, 307.1, 307.2, 307.4, 308.2, 309.1, 309.5, 310.1, 311.1, 312.1, 312.2, 313.1, 313.2, 313.4, 314.1, 315.1, 315.2, 316.1, 316.2, 316.3, 316.4, 317.1, 317.3, 317.4, 317.5, 318.1, 318.2, 318.3, 318.4, 318.5, 318.6, 319.1, 319.2, 320.1, 320.2, 320.3, 320.4, 321.1, 321.2, 321.3, 321.4, 321.5, 322.1, 322.2, 322.5, 323.1, 323.2, 323.3, 324.1, 324.2, 324.4, 325.1, 325.2, 325.3, 325.4, 326.1, 326.2, 326.4, 327.1, 327.3, 328.1, 328.2, 329.1, 329.2, 329.3, 330.1, 330.2, 330.3, 331.3, 332.1, 332.6, 333.1, 333.2, 333.3, 334.1, 334.2, 334.3, 335.2, 335.3, 336.1, 336.2, 336.3, 336.4, 337.1, 337.2, 337.3, 337.4, 337.5, 337.6, 337.7, 338.1, 338.2, 338.3, 339.2, 339.3, 340.1, 340.3, 340.4, 341.1, 341.2, 341.3, 342.1, 342.2, 342.3, 342.4, 342.5, 343.1, 343.2, 343.3, 343.4, 344.1, 344.2, 344.3, 345.1, 345.3, 345.4, 345.5, 346.3, 346.4, 347.1, 347.2, 347.3, 348.1, 349.3, 349.5, 349.6, 349.10, 350.1, 350.2, 351.1, 352.1, 352.2, 353.1, 353.2, 353.3, 354.1, 354.2, 354.3, 354.4, 355.1, 355.2, 355.3, 356.1, 357.1, 357.2, 358.1, 358.2, 358.3, 359.1, 360.2, 361.2, 362.1, 362.2, 363.1, 363.2, 363.3, 365.1, 365.2, 365.3, 365.4, 365.5, 365.6, 365.7, 365.8, 365.9, 365.10, 366.1, 366.2, 366.3, 367.1, 367.2, 368.1, 368.2, 369.1, 369.2, 371.1, 371.2, 372.1, 372.2, 373.1, 373.2, 373.3, 373.4, 373.5, 374.2, 375.1, 375.2, 376.1, 376.2, 376.3, 377.1, 377.2, 378.1, 378.2, 379.1, 379.2, 379.3, 382.1, 382.2, 383.1, 383.2, 384.1, 384.2, 385.1, 385.2, 385.3, 386.2, 386.3, 386.4, 388.2, 389.2, 389.3, 390.1, 390.2, 390.4, 391.2, 391.3, 391.4, 391.5, 391.6, 391.7, 391.8, 391.9, 391.10, 391.11, 392.1, 393.2, 394.2, 394.3, 396.2, 396.3, 397.1, 399.2, 399.4, 399.5, 399.6, 400.1, 401.1, 402.2, 402.4, 403.1, 403.3, 405.1, 405.2, 405.3, 405.4, 405.5, 405.6, 406.1, 406.3, 407.1, 408.1, 408.2, 408.3, 409.2, 409.3, 410.1, 410.2, 410.3, 410.7, 412.1, 412.2, 414.1, 414.3, 415.1, 416.2, 416.3, 417.1, 417.2, 417.3, 418.1, 419.2, 420.1, 420.2, 421.1, 422.1, 422.2, 422.3, 423.1, 423.2, 430.1, 430.2, 430.3, 430.4, 431.1, 431.2, 431.3, 431.4, 432.1, 433.2, 433.3, 433.4, 435.1, 436.1, 436.2, 437.2, 438.1, 439.1, 439.2, 440.1, 441.2, 442.2, 442.3, 443.1, 443.3, 444.1, 444.2, 444.3, 444.4, 444.5, 445.1, 446.1, 446.2, 447.3, 448.1, 448.2, 449.1, 449.2, 450.1, 450.2, 450.3, 451.2, 451.3, 452.1, 452.2, 452.3, 453.1, 453.2, 454.1, 454.2, 455.1, 455.2, 455.3, 456.1, 456.2, 457.1, 457.2, 458.2, 458.3, 459.2, 459.3, 459.4, 460.1, 460.2, 460.3, 461.1, 461.2, 462.1, 462.2, 462.3, 463.1, 463.2, 463.3, 465.1, 465.2, 465.3, 465.4, 466.1, 466.3, 467.1, 468.1, 469.1, 469.2, 469.3, 470.1, 470.2, 470.3, 470.4, 471.1, 471.2, 472.1, 472.2, 473.2, 474.3, 474.5, 474.6, 474.8, 474.10, 474.11, 475.1, 475.3, 475.4, 476.4, 477.1, 477.2, 477.3, 477.4, 477.5, 478.1, 478.4, 479.1, 479.3, 479.5, 480.1, 480.2, 480.3, 481.1, 481.2, 482.1, 482.2, 482.3, 482.4, 482.5, 482.6, 482.7, 482.8, 482.9, 482.10, 482.11, 482.12, 482.13, 482.14, 482.15, 483.1, 483.2, 484.1, 485.1, 485.2, 485.3, 485.4, 485.5, 485.8, 485.9, 485.10, 485.11, 486.1, 486.2, 487.1, 487.3, 487.4, 487.5, 488.4, 488.5, 489.1, 489.4, 490.1, 491.1, 492.1, 492.2, 493.1, 493.2, 494.1, 494.2, 495.1, 495.2, 496.2, 496.3, 496.4, 497.2, 498.1, 499.1, 499.2, 499.3, 499.5, 500.1, 500.2, 500.4, 500.5, 501.1, 501.2, 503.1, 504.2, 505.1, 505.2, 506.3, 508.1, 509.1, 509.2, 510.1, 510.2, 510.3, 511.1, 511.3, 511.4, 511.5, 511.6, 512.1, 512.2, 513.1, 513.2, 514.1, 515.1, 517.1, 517.2, 517.3, 518.1, 520.1, 521.1, 523.1, 524.1, 525.1, 525.2, 526.4, 527.1, 527.2, 528.1, 529.1, 529.2, 529.3, 529.4, 529.5, 530.3, 530.5, 531.3, 532.1, 535.4, 536.1, 536.2, 536.3, 536.4, 537.1, 537.2, 537.3, 537.4, 538.1, 538.2, 538.3, 539.1, 539.2, 540.2, 540.6, 541.1, 541.2, 541.4, 542.1, 543.1, 543.2, 544.1, 544.2, 544.3, 544.4, 544.5, 545.1, 546.1, 546.2, 546.3, 547.1, 548.1, 549.1, 550.1, 551.1, 552.1, 553.1, 554.1, 555.1, 556.1, 557.1, 558.1, 559.1. |LTN Servotechnik GmbH, Otterfing: 280.4. |Megger GmbH, Aachen: 64.2. |MENNEKES Elektrotechnik GmbH & Co. KG, Kirchhundem: 47.3, 47.5. |Miele & Cie. KG, Gütersloh: 386.1. |Nanotec Electronic GmbH & Co. KG, Feldkirchen: 292.4. |OBO Bettermann Holding GmbH & Co. KG, Menden: 418.2. |OSRAM GmbH, München: 396.1, 403.2. |PantherMedia GmbH (panthermedia.net), München: prescott10 527.3. |Paulmann Licht GmbH/www.paulmann.com, Springe-Völksen: 393.3. |Pepperl+Fuchs SE, Mannheim: 137.5, 524.6. |PHOENIX CONTACT GmbH & Co. KG, Blomberg: 83.4, 137.3, 208.3. |Pollin Electronic GmbH, Pförring: Simac 502.1. |PQ ENGINEERING Nosswitz GmbH, Otterfing: 86.2. |pro-akkus e.K., Seevetal: 411.1. |ProMATIC d.o.o., Varaždin: 466.2. |REDUR GmbH & Co. KG, Niederzier: 46.3, 53.2, 393.1. |Römisch, Heinrich, Braunschweig: 238.2. |RZB Lighting: 409.4. |Schletter Solar GmbH, Kirchdorf/Haag: 434.2, 434.3, 435.2. |Schneider Electric: 443.2, 445.2, 445.4, 446.3. |SEW-EURODRIVE GmbH & Co KG, Bruchsal: www.sew-eurodrive.de 283.1. |Shutterstock.com, New York: agolndr 324.3; ALPA PROD 540.4; Aydogan, Selin 414.2; bestv 398.2, 398.3; BigBlueStudio 540.5; cla78 389.1; David_V 346.5; DifferR 387.1; Eddie Phantana 399.1; Giedriusok 404.2; Gorodenkoff 45.2; ImageFlow 406.2; Kostenyukova, Nataliya 345.2; Lavoie, Reggie 56.2; Libor Fousek 395.2; MAKFALI 398.1; Martynyuk, Ivan 313.3; Mary Ann Azar 391.1; Mosichev, Valentin 44.2; murattellioglu 414.4; Ostranitsa Stanis 48.3, 72.2; Patrik555 390.3; Stjepan Tafra 402.3; USJ 402.1; Vershinin89 412.3; Werihukka 404.1; Zabawna 399.3; ZenStockers 308.6; zhu difeng 387.2. |Siemens AG, München: 44.3, 44.4, 56.3, 56.4, 56.5, 115.5, 117.5, 144.2, 147.3, 158.1, 158.2, 159.1, 159.2, 159.3, 159.4, 162.1, 162.2, 186.4, 200.4, 200.11, 201.4, 204.1, 204.4, 205.1, 206.3, 208.4, 208.5, 208.11, 209.14, 209.16, 209.23, 210.1, 210.4, 210.5, 210.6, 210.7, 211.6, 231.1, 233.3, 233.5, 241.1, 244.1, 244.3, 246.3, 264.4, 286.1, 289.1, 530.1; 2021, Alle Rechte vorbehalten 58.1, 58.2, 117.3, 137.4, 208.2, 209.18, 274.1; aus: Simatic

S7-Software mit TIA Portal 162.3, 168.1, 168.2, 168.3, 168.5, 168.6, 169.1, 169.3, 169.4, 169.5, 169.6, 170.2, 171.2, 171.3, 171.4, 172.1, 172.5, 172.6, 173.1, 173.3, 173.4, 173.5, 175.1, 175.3, 175.4, 175.5, 175.6, 175.7, 175.8, 176.1, 176.2, 176.4, 177.1, 177.3, 177.4, 177.5, 178.1, 178.2, 178.3, 179.1, 179.2, 179.3, 179.4, 179.5, 179.6, 179.7, 179.8, 180.1, 180.2, 180.3, 180.4, 180.5, 180.6, 180.7, 181.3, 181.4, 182.1, 182.3, 182.4, 182.6, 183.1, 183.2, 186.1, 186.5, 186.6, 187.1, 187.2, 187.3, 187.4, 187.5, 188.1, 188.2, 188.3, 188.4, 188.5, 188.6, 189.1, 189.2, 189.6, 189.7, 190.2, 190.3, 190.4, 190.5, 190.6, 190.7, 190.8, 191.1, 191.2, 191.3, 191.4, 191.5, 192.1, 192.2, 192.3, 192.4, 192.5, 192.6, 192.7, 192.8, 192.9, 193.1, 193.2, 193.3, 193.4, 193.5, 193.6, 193.7, 193.8, 194.1, 194.2, 194.3, 194.4, 194.5, 194.6, 194.7, 194.8, 194.9, 194.10, 194.11, 195.4, 196.1, 196.2, 197.1, 197.2, 197.3, 197.4, 197.5, 197.6, 197.7, 197.8, 197.9, 197.10, 198.1, 198.2, 198.3, 198.4, 198.5, 198.6, 199.1, 199.2, 199.4, 199.5, 199.6, 199.8, 201.5, 202.2, 204.2, 204.5, 204.6, 205.5, 206.1, 207.2, 208.7, 208.9, 209.2, 209.5, 209.6, 210.3; Siemens AG 2017, Alle Rechte vorbehalten 202.3; Siemens AG Industry 485.6; © Siemens AG 2017, Alle Rechte vorbehalten 200.1, 200.2, 200.3, 200.5, 200.6, 200.7, 200.8, 200.9, 200.10, 200.13, 202.5, 202.6, 202.7, 202.8, 202.10, 209.19. |Sitron Sensor GmbH, Isernhagen: 332.2, 332.3, 332.4, 332.5. |SMA Solar Technology AG, Niestetal: 433.1, 437.1. |STEINEL Vertrieb GmbH, Herzebrock-Clarholz: 401.2, 401.3. |STIEBEL ELTRON: 374.1, 374.4, 380.1, 380.2. |stock.adobe.com, Dublin: Diesel, Max 374.3; Fälchle, Jürgen 434.4; marcus_hofmann Titel; Naparat 388.1; playstuff 326.3; rod5150 524.5. |Stolzenburg, Roland, Dillenburg: 156.4, 189.3, 189.4, 189.5, 190.1. |Thalheimer Transformatorenwerke GmbH, Thalheim: 53.4. |TIRAX GmbH, Pliezhausen: 347.4. |TÜV SÜD AG, München: 272.5. |Valentinelli, Mario, Rostock: 284.2. |Viessmann Climate Solutions SE, Allendorf (Eder): 442.1. |WAGO GmbH & Co. KG, Minden: 413.1, 413.2; Alle Rechte bei WAGO, eine Weiternutzung der Abbildung ist unzulässig. 476.2, 476.3. |Wenzl, Ludwig, Zandt: 143.4, 145.1, 145.3, 146.3, 146.6, 147.4, 148.2, 148.3, 148.4, 148.5, 148.6, 148.7, 150.3, 151.1, 151.2, 152.1, 152.2, 447.1. |Wickert, Harald, Emmelshausen: 12.1, 12.2, 14.2, 14.3, 19.6, 27.2, 27.3, 35.5, 42.3, 61.4, 302.1, 302.2, 302.3, 302.4, 302.5, 302.6, 303.3, 304.1, 304.2, 304.3, 305.1, 305.2, 305.4, 306.1, 364.1, 445.3, 447.2. |www.DVB-T2HD.de, München: 339.1. |Zeljko Weiss Siebert Elektromaschinenbau GmbH, Darmstadt: 220.1, 220.3. |©Fraunhofer ISE: 429.4.

Duales Ausbildungssystem in Deutschland

Die berufliche Erstausbildung der staatlich anerkannten Ausbildungsberufe erfolgt an zwei Lernorten.

Duales Ausbildungssystem

Berufsschule | **Ausbildungsbetrieb**

Das Berufsbildungsgesetz (**BBiG**) bildet die gesetzliche Grundlage für die Ausbildungsberufe im Dualen System.

Es benennt Rechte und Pflichten der an der Ausbildung beteiligten Personen und Institutionen und beschreibt die Ordnung und Organisation der Berufsbildung.

Weitere wichtige Ordnungsmittel und Gesetze sind:
Ausbildungsverordnung (**AO**), Berufsbildungsvertrag, Jugendarbeitsschutzgesetz (**JArSchG**)

Rechte des Auszubildenden

Auszubildende haben das Recht auf

- **ordnungsgemäße Ausbildung**.
  Dazu gehört die Vermittlung der zum Erreichen des Ausbildungsziels erforderlichen Fertigkeiten und Kenntnisse.
  § 14 BBiG
- **kostenlose Bereitstellung der** zur Berufsausbildung **erforderlichen Arbeitsmittel** (Werkzeuge, Materialien, usw.).
  § 14 BBiG
- **angemessene Vergütung**.
  §§ 17, 18 BBiG
- **Entgeltfortzahlung** an gesetzlichen Feiertagen sowie im unverschuldeten Krankheitsfall bis zu sechs Wochen.
  § 19 BBiG
- **Fürsorge**, z. B. Schutz vor Gesundheitsschäden.
  § 14 BBiG, § 22 JArbSchG, §§ 28, 29 JArbSchG
- **Freistellung zum Berufsschulunterricht** und zur Prüfung.
  § 15 BBiG, §§ 9, 10 JArbSchG, § 4 Berufsausbildungsvertrag
- **Ausstellung eines Zeugnisses** nach Beendigung des Berufsausbildungsverhältnisses (Art, Dauer der Berufsausbildung, erworbene Fertigkeiten).
  § 16 BBiG
- **Urlaub**.
  § 11 BBiG, § 6 Berufsausbildungsvertrag, § 19 JArbSchG

Pflichten des Auszubildenden

Auszubildende haben die Pflicht,

- die zum Ausbildungsziel erforderlichen Kenntnisse und Fertigkeiten zu erwerben. Sie sind verpflichtet, die ihm im Rahmen seiner Berufsausbildung aufgetragenen Verrichtungen sorgfältig auszuführen.
  Bemühungspflicht: § 13 BBiG
- Weisungen der Vorgesetzten zu befolgen, die die Berufsausbildung betreffen.
  Befolgungspflicht: § 13 BBiG
- Werkzeuge, Maschinen und sonstige Einrichtungen pfleglich zu behandeln.
  Sorgfaltspflicht (§ 13 BBiG)
- bei vorsätzlich verursachten Schäden, für diese aufzukommen.
  Haftungspflicht
- die für die Ausbildungsstätte geltende Betriebsordnung zu beachten.
  Beachtungspflicht (§ 13 BBiG)
- über Betriebs- und Geschäftsgeheimnisse Stillschweigen zu wahren.
  Schweige- und Treuepflicht (§ 13 BBiG)
- die Berufsschule und andere Fortbildungsveranstaltungen zu besuchen.
  Berufsschulpflicht (§ 4 Berufsausbildungsvertrag)
- ordnungsgemäß und regelmäßig ein Berichtsheft zu führen.
  Berichtspflicht (§§ 5, 14, 43, 79 BBiG, § 7 AO, § 3 Berufsausbildungsvertrag)